U0559307

辽宁植物检索表

KEYS TO THE FLORA OF LIAONING

张淑梅　李宏博　孙文松　许　亮　张彦文　李丁男　编著

辽宁科学技术出版社
·沈阳·

内容提要：

《辽宁植物检索表》是辽宁迄今首部检索表类学术著作，采用形态分类学系统——《Flora of China》概念。收载辽宁产野生及常见露地栽培维管植物179科972属3399种及种下单位（含2724种64亚种471变种140变型）。其中，蕨类植物19科42属106种及种下单位（含97种1亚种8变种）；裸子植物7科19属69种及种下单位（含47种1亚种19变种2变型）；被子植物153科911属3224种及种下单位（含2580种62亚种444变种138变型）。

本书在秉承传统检索表基本属性的基础上，为90%以上的物种各自配上1~2张精选出来的最能反映该物种分类学特征的原生态植物科学照片，累计配图3700余张，直观地诠释了一些分类学术语，使得检索表不再枯燥、难懂，从而呈现更好的阅读体验，使得更多人逐渐喜欢用检索表来解决植物识别问题，更好地发挥了检索表在植物分类上的作用。

图书在版编目（CIP）数据

辽宁植物检索表 / 张淑梅等编著.—沈阳：辽宁科学技术出版社，2022.6

ISBN 978-7-5591-2455-5

Ⅰ.①辽… Ⅱ.①张… Ⅲ.①植物—目录索引—辽宁 Ⅳ.①Q948.523.1

中国版本图书馆CIP数据核字（2022）第C41547号

出版发行：辽宁科学技术出版社
（地址：沈阳市和平区十一纬路25号　邮编：110003）
印　刷　者：辽宁鼎籍数码科技有限公司
幅面尺寸：210 mm × 285 mm
印　　张：45.75
插　　页：4
字　　数：1050千字
出版时间：2022年6月第1版
印刷时间：2022年6月第1次印刷
责任编辑：陈广鹏　乔志雄　王西萌
封面设计：张　超
版式设计：姿　兰
责任校对：李淑敏

书　　号：ISBN 978-7-5591-2455-5
定　　价：360.00元

联系电话：024-23280036
邮购电话：024-23284502
http://www.lnkj.com.cn

前　言

　　用归纳与歧分法把植物的许多类别（如科、属等）、许多种及种下单位编成一个表，将它们区分开来，这就是植物检索表。它是根据大量形态或其他信息归纳总结出来的，每个选择有且仅有两个特征选项，且这两个选项针对相同结构且特征互斥，因而能够清晰、准确地体现植物类别，植物种的本质特征及其与其他类别、其他种的主要区别。在分类学研究比较充分的类群里，如果能够正确使用检索表，可以大大节约检索时间，从而迅速确定植物标本是否为一个已知种。因而，检索表被认为是方便、快捷鉴定植物的重要工具书。

　　辽宁省至今未出版过植物检索表类学术著作。广大的农业、林业、牧业、医药业、园林工作者和植物科研、教学工作者及植物爱好者迫切需要能够反映辽宁省植物现状、方便、实用的植物检索表。本书基于辽宁省植物研究的现状和各方面的需求，用作者30多年野外调查、研究的一手资料，并结合前人留下的可靠资料编撰而成，也充分体现了辽宁省植物分类学几十年、几代人的研究成果。本书既是植物分类学研究的重要工具书，也是生态环境建设和植物资源开发利用不可或缺的参考资料，可供植物、农业、林业、牧业、园艺、医药等科研、教学及生产部门相关人员参考，也可供相关专业的学生和植物爱好者学习，还可为政府决策提供基础数据。

　　本书收载辽宁产野生及常见露地栽培维管植物179科972属3399种及种下单位（含2724种64亚种471变种140变型）。其中，蕨类植物19科42属106种及种下单位（含97种1亚种8变种）；裸子植物7科19属69种及种下单位（含47种1亚种19变种2变型）；被子植物153科911属3224种及种下单位（含2580种62亚种444变种138变型）。

　　本书文字内容包括分属检索表、分种检索表、附录（新分类等级记载）、中文名索引和拉丁名索引。在分种检索表中，不仅有种及种下单位的标志性特征、中文名和学名，还将生境和产地编入其中，产地标注到县区级。

　　从理论上讲，"检索表是识别植物的好工具"。为此，迄今，我国各地出版了不少多种级别的植物检索表。但实际应用上，大多数读者并不认同这一做法，相反却认为检索表枯燥、难懂、阅读体验不好、检索效率不高。究其原因，主要有两点：一是检索表太枯燥，大多数只有文字没有图片，少数配有直观性不是很好的墨线图；二是检索表太专业，非专业人员对一些专业术语感到头疼。为使检索表真正成为识别植物的好工具，本书在秉承检索表基本属性的基础上，创造性地为90%以上的物种附上1~2张精选而出的主编及编委亲临每种植物的生长地，依照植物志墨线图和检索表提供的检索线索拍摄的最能反映该种分类学特征的原生态植物科学照片，累计配图3700余张，直观地诠释了一些分类学术语，使得检索表不再枯燥、难懂，从而让更多人逐渐喜欢用检索表来轻松解决植物识别问题，更好地发挥检索表在植物分类上所发挥的作用。

　　本书采用形态分类学系统——《Flora of China》概念。各科编号依照在《Flora of China》中各科出现的先后顺序编排，只对葫芦科和小檗科的位置做了调整。分属检索表各属的编号依照各个属在检索表中出现的先后顺序编排。分种检索表各种或种下单位的编号依照各个种或种下单位在检索表中出现的先后顺序编排。

　　本书属和种的中文名采用《Flora of China》的中文名。《Flora of China》的中文名绝大多数与《中国植物志》相同，少数不一致的种，在括号内标注了《中国植物志》的中文名。考虑本书是区域性学术著作，读者中有相当一部分可能是辽宁地区的专业或业余人士，他们可能更加熟悉使用已久的《辽宁植物志》或者《东北植物检索表》（第二版）的属和种的中文名，在括号内还标注了《辽宁植物志》和《东北植物检索表》（第二版）的中文名。

另外，《Flora of China》《中国植物志》没有记录或没有详细介绍的植物或鉴定有误或被合并的种或同名异物的种，采用《东北植物检索表》（第二版）或《东北草本植物志》的中文名；《Flora of China》《中国植物志》《东北植物检索表》（第二版）和《东北草本植物志》均无记录的植物，采用《辽宁植物志》的中文名；各级志书皆无的种以其他正式出版的文献资料为准；各种文献资料皆无的植物，以新拟名称出现。

本书学名（即拉丁正名）以Species 2000接受的名为标准，少数种根据实际情况灵活对待。如木根黄芩 *Scutellaria planipes* Nakai et Kitag.，《中国植物志》、《Flora of China》和Species 2000均定其是京黄芩 *S. pekinensis* Maxim.的同物异名。但我们研究发现，二者生长习性、根部、茎部及花均有明显的区别：木根黄芩为多年生草本，根茎粗长，木质；茎常丛生，被粗硬毛；花冠长24~29毫米。京黄芩是一年生草本，根茎细长，非木质；茎常单生，被上曲柔毛；花冠长15~18毫米。故没有采纳《中国植物志》《Flora of China》和Species 2000的意见。

需要特别说明的是，Species 2000对于种下单位（亚种、变种、变型等）的基本原则是与原种合并，只保留了少数种下单位。本书考虑以下3个因素，将大多数种下单位予以保留：一是使用者的习惯，二是物种多方面应用的角度，三是物种遗传多样性之形态表现多样性的角度。

读者在使用检索表时，要注意以下几个问题：

① 使用检索表的时候，最好使用针对本地区编制的检索表。在没有本地区的物种鉴定检索表可用时，使用不同地理区域的检索表来进行本地的物种鉴定，那么很可能产生错误的鉴定。

② 应全面观察植物，然后才进行查阅检索表，当查阅到某一分类等级名称时，必须将植物特征与该分类等级的特征进行全面的核对，若两者相符合，则表示所查阅的结果是准确的。

③ 在鉴定时，要根据看到的特征，从头按次序逐项检索，不要跳过某一项而去查另一项，并且在确定待查植物属于某个特征两个对应状态中的哪一类时，最好把两个对应状态的描述都看一看，然后再根据待查植物的特点，确定属于哪一类，以免发生错误。

④ 检索表中没有包含的未知物种。如果未知物种的性状包括在检索表中则可能导致错误鉴定。

⑤ 杂交种在某些植物类群中很常见。如果标本是个杂交后代，可能检索表很难解决其分类问题。

⑥ 标本不完整的时候，通常很难依靠检索表完成分类。

⑦ 当某些关键性状的表现介于检索表中两个物和之间，一种可能是标本发育不完全，另一种可能是检索表的制作问题。鉴于此，本书在编制的时候，尽量选择那些离散的性状，尽量避免连续性的性状，比如大小、长短、粗细这类性状。如果在检索表中遇到如大小、长短、粗细这类连续性的性状表述时，则要谨慎下结论。

本检索表在编写过程中，倾注了编著者很多心血，但仍难免会有疏漏或错误，敬请专家、学者及各位读者批评指正。另外，以下几位朋友为本书提供了部分照片：董上（提供毛蕊卷耳、水田碎米荠、细果野菱、灰毛费菜、矮茶藨子、红果类叶升麻、睡菜、水甸附地菜、羽叶风毛菊、毛梗鸦葱）、于立敏（提供薄蒴草、单叶毛茛、鸡娃草、亚澳薹草、鸭巴前胡、楔叶毛茛、泽珍珠菜、竹灵消、华湖瓜草）、尚佰晓（提供贝加尔唐松草、小果酸模、长刺酸模、紫斑大戟、红花鹿蹄草、水芋）、李忠宇（提供东北雷公藤、高山龙胆、金莲花、狭叶蔓乌头、长瓣铁线莲、紫点杓兰）、肇谡（提供粗糙金鱼藻、三蕊沟繁缕、田葛缕子、蓼叶堇菜、隐花草）、白瑞兴（提供白花马蔺、红纹马先蒿、穿叶眼子菜、细毛火烧兰）、庞爱佳（提供拟漆姑、卵唇盔花兰）、张粤（提供紫花杯冠藤、蓼子朴、球尾珍珠菜）、李继爱（全缘铁线莲、齿叶溲疏、毛地黄钓钟柳）、李光波（提供普通铁角蕨、睫毛蕨、山西杓兰）、史军（提供缫丝花、臭芥）、毛云中（提供斑叶兜被兰、长果婆婆纳、畦畔飘拂草）和于德林（美丽茶藨子）。在此对他们表示衷心感谢！

张淑梅

2020年12月

目　录

第一章　蕨类植物PTERIDOPHYTA

一、石松科Lycopodiaceae

Lycopodiaceae P. Beauv. ex Mirb.，Hist. Nat. Vég.［Lam. & Mirbel］4：293（1802）.

本科全世界有5属360~400种。中国有5属66种。东北有3属10种4变种1变型。辽宁有2属4种。

分属检索表

1. 地上茎通常短而直立或斜升，等位二叉分枝；孢子叶与营养叶同型，同色，几乎同大，散生于茎枝上部或全部叶腋，不形成孢子囊穗；孢子具蜂窝状孔穴纹饰 ······················· 1. 石杉属Huperzia
1. 地上茎通常长而匍匐，不等位二叉分枝；孢子叶与营养叶异型，苞片状，在枝端形成孢子囊穗；孢子具网状或拟网状稀为颗粒状纹饰 ···························· 2. 石松属Lycopodium

1. 石杉属Huperzia Bernh.

Huperzia Bernh. in Schrader's J. Bot. 1800（2）：126. 1801.

本属全世界约55种，分布热带与亚热带地区，温带也有。我国有27种，主产西南，其他地区也有少量分布。东北产4种1变种。辽宁产2种。

分种检索表

1. 叶全缘。生林下。产宽甸、庄河等地 ········ 1. 东北石杉Huperzia miyoshiana（Makino）Ching【P.467】
1. 叶边缘有不规则细锯齿。生暗针叶林下或针阔叶混交林下。产本溪、宽甸、桓仁、凤城、新宾等地 ······························ 2. 蛇足石杉Huperzia serrata（Thunb. ex Murray）Trev.【P.467】

2. 石松属Lycopodium L.

Lycopodium L.，Sp. Pl. 2：1100. 1753.

本属全世界40~50种。我国有14种。东北产4种1变种1变型。辽宁产2种。

分种检索表

1. 匍匐主茎地上生，一级侧枝斜升，上部二叉分枝次数较少，不呈小松树状。孢子叶穗单生枝顶，无梗。分枝疏离；营养叶线状披针形至狭披针形，上部边缘稍具微细齿，渐尖头，近平展或反折向下，绿色。生山坡林下或林缘。产宽甸、桓仁等地 ········ 1. 多穗石松（杉蔓石松）Lycopodium annotinum L.【P.467】
1. 匍匐主茎地下生，一级侧枝直立，茎干状，上部密生多回二叉分枝，分枝开展，外形似小松树；营养叶多少异型。生林下。产桓仁、宽甸等地 ·············· 2. 玉柏（玉柏石松）Lycopodium obscurum L.【P.467】

二、卷柏科 Selaginellaceae

Selaginellaceae Willk.，Anleit. Stud. Bot. 2：163（1854）.

本科全世界有1属约700种，主产热带地区。中国有72种，各地均有分布。东北有12种1变种。辽宁有9种。

卷柏属 Selaginella Beauv.

Selaginella P. Beauv.，Magasin Encycl. 9：478. 1804.

属的特征与地理分布同科。

分种检索表

1. 孢子叶不集成典型的孢子叶穗，而散生于孢子叶枝上。生林下阴湿地或石塘上。产北镇、凌源、义县、本溪、凤城、鞍山、营口、金州等地 ················· **1. 小卷柏** Selaginella helvetica（L.）Link【P.467】
1. 孢子叶集生成典型的孢子叶穗。
  2. 主茎明显，通常匍匐，稀近直立，但不形成莲座状枝丛，小枝干时不拳卷。
    3. 主茎和老枝红色至灰棕色。
      4. 营养叶同型；末回小枝带叶近圆柱形或多少具棱。生阳坡岩石上。产大连、瓦房店、金州、建平、凌源 ·················· **2. 红枝卷柏（圆枝卷柏）** Selaginella sanguinolenta（L.）spring【P.467】
      4. 营养叶异型；末回小枝带叶腹背压扁。
        5. 主茎和老枝灰棕色。直立侧枝似茎，上部多回二叉分枝，状如蒲扇。生干旱山坡或石缝。产桓仁、丹东、凌源 ·················· **3. 旱生卷柏** Selaginella stautoniana Spring【P.467】
        5. 主茎和老枝红色，侧枝分枝不成蒲扇状。
          6. 分枝直立或斜升，侧叶斜上开展。生林下岩石上。产鞍山、义县等地 ·····························
····················· **4. 北方卷柏** Selaginella borealis（Kaulf.）Spring【P.467】
          6. 分枝匍匐，侧叶斜下开展。生山坡林下或岩石上。产辽宁各地 ·····························
····················· **5. 鹿角卷柏** Selaginella fossil（Baker）Warbr.【P.467】
    3. 主茎和老枝禾秆色或淡禾秆色。
      7. 侧叶边缘有微细齿或纤毛。主茎圆柱形，其上侧叶与中叶基本同型，略卷贴，中叶钝尖头；末回小枝带叶宽2~3.5毫米。生干旱山坡。产辽宁各地 ·····························
····················· **6. 中华卷柏** Selaginella sinensis（Desv.）Spring【P.467】
      7. 侧叶全缘。营养叶带灰蓝色，具膜质白边，中叶全缘；孢子叶全缘。生山谷林下、多腐殖质土壤或溪边阴湿杂草丛、岩洞内、湿石上或石缝中。产清原 ·····························
····················· **7. 翠云草** Selaginella uncinata（Desv.）Spring【P.467】
  2. 主茎极短或不明显，直立，顶端丛生分枝，如莲垫丛状，枝带叶干时向内拳卷；老枝上的两行中斜上开展，基部内缘部分重叠，侧叶上半部不为中叶覆盖。
    8. 中叶和侧叶的叶缘具细齿。生干旱山坡岩石上。产辽宁各地 ·····························
····················· **8. 卷柏** Selaginella tamariscina（Beauv.）Spring【P.468】
    8. 中叶和侧叶的叶缘不具细齿，中叶的叶缘向下反卷，侧叶上侧边缘棕褐色，膜质，撕裂状。生干旱山坡岩石上。产辽宁各地 ········· **9. 垫状卷柏** Selaginella pulvinata（Hook. et Grev.）Maxim.【P.467】

三、木贼科 Equisetaceae

Equisetaceae Michx.ex DC., Essai Propr. Méd. Pl. : 49（1804）。
本科全世界1属约15种，广布世界各地。中国有10种。东北有9种2亚种。辽宁有1属6种1亚种。

木贼属（问荆属）Equisetum L.

Equisetum L., Sp. Pl. 1061. 1753.
属的特征及地理分布等同科。

分种检索表

1. 气孔下陷于表皮细胞之下；孢子叶穗尖头；茎同型，经冬不枯萎。
  2. 无明显的单一主茎，植株较大，高20厘米以上；分枝自根状茎顶端发出，茎状，直立，节间中空，具12~16条棱脊；叶鞘鞘筒稍膨胀，鞘齿4~6，内弯，黑色或稍具膜质白边。生林下湿地。产彰武、凌源等地 …… 1b. 阿拉斯加木贼 Equisetum variegatum Schleich. ex F. Weber et D. Mohr subsp. alaskanum (A. A. Eaton) Hulten【P.468】
  2. 主茎通常单一，稀丛生状；叶鞘具6~30鞘齿。
    3. 主茎通常无分枝，每条棱脊具2行硅质瘤；鞘齿10~30，无膜质白边，鞘齿黑褐色，脱落。生林下或河边湿地。产桓仁、本溪、宽甸、岫岩、清原、凌源等地 …… 2. 木贼 Equisetum hyemale L.【P.468】
    3. 主茎通常分枝，稀无明显主茎而分枝呈丛生状，每条棱脊具1行硅质瘤；鞘齿6~20，具膜质白边，易脱落。生河边、沙地或路旁。产凌源、彰武、沈阳、辽阳、海城、本溪、盖州、长海、普兰店等地 …………………………… 3. 节节草（多枝木贼）Equisetum ramosissimum Desf.【P.468】
1. 气孔不下陷于表皮细胞之下；孢子叶穗钝头；茎同型或异型，入冬即枯萎。
  4. 茎或分枝表面显具硅质刺瘤，小枝常向下弧曲。
    5. 侧枝较少，不再分枝；主茎叶鞘通常具10~16（~20）鞘齿，鞘齿分离，具宽膜质白边。生林缘湿地及灌丛。辽宁有记载 ………………………… 4. 草问荆 Equisetum pratense Ehrh.【P.468】
    5. 侧枝多而密，再次分枝；主茎叶鞘鞘齿常数枚合生成2~4片，褐色。生林下及林缘灌丛中。产庄河 ………………………… 5. 林木贼（林问荆）Equisetum sylvaticum L.【P.468】
  4. 茎或分枝表面光滑，有时粗糙，但不具硅质刺瘤，小枝通常不向下弧曲；茎中心孔（髓腔）约占茎断面的1/3以下；主茎叶鞘具8~12鞘齿。
    6. 侧枝的第一个节间长于该侧枝发生处茎生叶鞘的长度；绿色的营养茎不育，即顶端不产生孢子叶穗，侧枝多从茎上部发出，多而长，不再分枝。生河边、路旁湿地或林缘。产抚顺、清原、沈阳、新民、本溪、凤城、鞍山、丹东、庄河、大连等地 … 6. 问荆（问荆木贼）Equisetum arvense L.【P.468】
    6. 侧枝的第一个节间短于该侧枝发生处茎生叶鞘的长度；主茎单一或自基部发出少数茎状枝，主茎或茎状枝上部轮生分枝，茎端产生孢子叶穗。生林下湿地或沼泽旁。产沈阳浑河边 ………………………… 7. 犬问荆（犬木贼）Equisetum palustre L.【P.468】

四、瓶尔小草科 Ophioglossaceae

Ophioglossaceae Martinov, Tekhno-Bot. Slovar 438（1820）。
本科全世界有4~9属，约80种，近乎广泛分布。中国有4属22种。东北有4属9种。辽宁有3属5种。

1. 蕨萁属（假阴地蕨属）Botrypus Michx.

Botrypus Rich., Cat. Pl. Jard. Méd. Paris 121. 1801.

本属全世界2~3种。中国产2~3种。东北产2种。辽宁产1种。

劲直阴地蕨（劲直假阴地蕨）Botrypus stricture Underw.【P.468】

孢子叶自不育叶片的基部生出；营养叶三回羽状或三至四回羽裂，第一对羽片下部的二回羽片无柄或几乎无柄；孢子叶二回羽状，呈复穗状。生林下。产本溪、桓仁、宽甸、鞍山（千山）等地。

2. 阴地蕨属 Sceptridium Lyon

Sceptridium Lyon，Bot. Gaz. 40（6）：457. 1905.

本属全世界28种。东北产3种，辽宁均有分布。

3. 瓶尔小草属 Ophioglossum L.

Ophioglossum L. Sp. Pl. II（1753）1062.

本属全世界约28种，主要分布于北半球。中国有9种。东北产1种，辽宁有分布。

狭叶瓶尔小草（温泉瓶尔小草）Ophioglossum thermale Kom.【P.468】

多年生草本。2~3叶自根部生出，总叶柄长3~6厘米，纤细；营养叶为单叶，每梗一片，无柄，倒披针形或长圆倒披针形，向基部为狭楔形，全缘，先端微尖或稍钝，草质，淡绿色，具不明显的网状脉。孢子叶自营养叶的基部生出，孢子囊穗狭线形。生山地草坡或温泉附近。产桓仁、宽甸。

五、紫萁科（紫萁蕨科）Osmundaceae

Osmundaceae Martinov, Tekhno-Bot. Slovar 445（1820）.

本科全世界有4属，约20种，广布温带和热带地区。中国有2属8种。东北有2属2种，辽宁均有分布。

分属检索表

1. 不育叶为二回羽状深裂，羽片披针形，羽裂，不以关节着生于叶轴 ········· 1. 桂皮紫萁属 Osmundastrum

1. 不育叶为二回羽状，羽片长圆形，羽状，不以关节着生于叶轴 ·········· 2. 紫萁属（紫萁蕨属）Osmunda

1. 桂皮紫萁属 Osmundastrum C. Presl

Osmundastrum C. Presl, Gefässbündel Farrn. 18. 1847.

本属全世界仅1种，分布中国、印度、日本、朝鲜、俄罗斯、越南及北美洲。东北地区黑龙江、吉林、辽宁有分布。

桂皮紫萁（分株紫萁）Osmundastrum cinnamomeum（L.）C. Presl【P.468】

植株高达1米。叶二型，幼时密被红棕色绒毛，成长后近无毛；营养叶长圆形至狭长圆形，长40~80厘米，宽18~25厘米，基部渐变狭，先端短锐尖，二回羽状深裂；能育叶比不育叶短，羽片紧缩，裂片线形，密被棕色带黑色绒毛。孢子囊球状圆形，密生，棕褐色。生林下或灌丛湿地。产本溪、凤城、宽甸、丹东等地。

2. 紫萁属（紫萁蕨属）Osmunda L.

Osmunda L. Sp. Pl. II（1753）1065.

本属全世界约10种，分布于北半球的温带和热带地区。中国有7种。东北地区吉林、辽宁有分布。

绒紫萁 Osmunda claytoniana L.【P.469】

根状茎短粗，顶端叶丛簇生。叶一型；叶片长圆形，幼时通体被淡棕色茸毛，成长后逐渐落或部分残留叶轴上，二回羽状深裂，羽片无柄、异型；孢子囊群黑褐色。生林区河岸湿地。产宽甸、桓仁。

六、膜蕨科 Hymenophyllaceae

Hymenophyllaceae Mart., Consp. Regn. Veg.［Martius］3（1835）.

本科全世界有9属，约600种，分布热带、亚热带、温带地区。中国有7属50种。东北有1属1种，辽宁有分布。

假脉蕨属 Crepidomanes C. Presl

Crepidomanes Presl, Epim. Bot.（1851）258.

本属全世界约30种，分布于旧大陆热带及亚热带地区，从非洲东岸的马达加斯加岛至日本、塔希提、波利尼西亚及新西兰。我国现有11种，主要分布于南部及西南部的台湾、福建、广东、海南、广西、四川、贵州及云南等地，少数达到江西及浙江等地。

团扇蕨 Crepidomanes minutum（Blume）K. Iwats.【P.469】

小型植物。叶远生，具细柄；叶片团扇形至圆状肾形，掌状分裂，裂片线形；生囊苞的裂片通常较不育裂片短或近等长，叶脉多回分叉，每小裂片有小脉各1条；叶质薄，半透明，干后暗绿色，两面光滑无毛。孢子囊群生短裂片顶端。生林下水湿的岩石上。产凤城、宽甸、鞍山、庄河等地。

七、苹科 Marsileaceae

Marsileaceae Mirb., Hist. Nat. Vég.［Lam. & Mirbel］5：126（1802）.

本科全世界有3属，约60种，主要分布非洲和澳大利亚。中国有1属3种。东北有1种，辽宁有分布。

苹属 Marsilea L.

Marsilea L. Sp. Pl. 2：1099. 1757.

本属全世界约52种，遍布世界各地，尤以大洋洲及南部非洲为最多。中国有3种。

苹 Marsilea quadrifolia L. 【P.469】

小型多年生水草。叶二列互生，叶柄细长，沉水，叶片浮水，十字形，通常由4片倒三角形小叶组成，小叶基部楔形，外缘半圆形，全缘，幼时被毛，叶脉由小叶基部射出，分叉，伸达叶边。孢子囊果卵圆形至卵状长圆形，常2~3簇生于叶柄基部的短梗上。生水田或沟塘中。产大连、普兰店、庄河等地。

八、槐叶苹科 Salviniaceae

Salviniaceae Martinov，Tekhno-Bot. Slovar 559（1820）.

本科全世界有2属，约17种，广布热带和温带地区。中国有2属4种。东北有2属2种1亚种，辽宁都有分布。

分属检索表

1. 植株无真根；三叶轮生于细长的茎上，上面二叶长圆形，漂浮水面，下面一叶特化细裂成须根状，悬垂水中 ·· 1. 槐叶苹属 Salvinia
1. 植株有丝状真根；叶鳞片状，二列互生，每叶有上下二裂片，上裂片漂浮，下裂片沉浸水中 ··· 2. 满江红属 Azolla

1. 槐叶苹属 Salvinia Séguier

Salvinia Séguier, Fl. Veron. 3: 52. 1754.

本属全世界约10种，广布各大洲，其中以美洲和非洲热带地区为主。中国有2种。东北产1种，产黑龙江、吉林、辽宁、内蒙古。

槐叶苹 Salvinia natans（L.）All. 【P.469】

浮水植物。茎细长，密被褐色多细胞短毛。叶3片轮生，沿茎排成三列，上侧二列浮水，具短柄，叶片长圆形至椭圆形，基部圆形或近心形，钝圆头，全缘，下侧一列叶细裂成须状假根。孢子囊果近圆形，4~8簇生于沉水叶基部。生水田、沟塘和静水溪河内。产沈阳、新民、盘山、鞍山等地。

2. 满江红属 Azolla Lam.

Azolla Lam.，Encycl. Meth. 1：343. 1783.

本属全世界有7种，广布热带、温带地区。中国产2种。东北仅辽宁产1种1亚种。

分种检索表

1. 植物体通常绿色，主茎较明显；大孢子囊内有3个浮膘，泡胶块上有锚状毛；侧枝腋外生，少于茎上叶片数目。原产美洲，营口、沈阳、凤城、丹东等地有养殖，有些地方已归化成为野生 ··· 1. 细叶满江红 Azolla filiculoides Lam. 【P.469】
1. 植物体常变紫红色，主茎不明显；大孢子囊有9个浮膘，泡胶块上仅有单一或分枝的丝状毛，稀有锥形突起；侧枝明显腋生，与茎上叶片数目相等。生水田或池塘。产新民、鞍山、庄河等地 ················· 2b. 满江红 Azolla pinnata R. Br. subsp. asiatica R. M. K. Saunders & K. Fowler 【P.469】

九、碗蕨科 Dennstaedtiaceae

Dennstaedtiaceae Pic. Serm., Webbia 24：704（1970）.

本科全世界有 10~15 属，170~300 种，主要分布于热带地区，延伸分布于温带地区。中国有 7 属 52 种。东北有 2 属 2 种 1 变种，辽宁全部有分布。

分属检索表

1. 孢子囊群生于近叶缘处的一条连结脉上；假囊群盖下还有一层真囊群盖 ···················· 1. 蕨属 Pteridium
1. 孢子囊群靠近叶片边缘；囊群盖与变质的叶缘部分联合成碗状 ······················ 2. 碗蕨属 Dennstaedtia

1. 蕨属 Pteridium Scopoli

Pteridium Scopoli, Fl. Carniolica 169. 1760.

本属全世界约有 13 种，分布世界各地，以泛热带地区为中心。中国有 6 种，产全国各地。东北产 1 变种，产黑龙江、吉林、辽宁、内蒙古。

蕨（蕨菜）Pteridium aquilinum var. latiusculum（Desv.）Underw. ex A. Heller【P.469】

叶远生，叶柄深麦秆色；叶片卵状三角形或广三角形，三出状，三回羽状；羽片约 10 对，基部 1 对最大；小羽片与羽轴相交成锐角；末回小羽片长圆形至椭圆形，钝圆、全缘或下部有 1~3 对波状圆齿，裂片叶脉羽状，侧脉 2~3 叉。孢子囊群线形，沿裂片边缘分布。生山坡向阳处、林缘或林间空地。产辽宁各山区。

2. 碗蕨属 Dennstaedtia Bernh.

Dennstaedtia Bernh. in Schrad. Journ.（1801）124.

本属全世界约 70 种，主要分布于热带地区，向北到达亚洲东北部及北美洲。中国有 8 种。东北产 2 种，辽宁全部有分布。

分种检索表

1. 叶柄基部多栗黑色，全株无毛。生山坡林下、沟旁或砾石间。产西丰、新宾、桓仁、本溪、宽甸、凤城、丹东、鞍山、长海、大连、北镇等地 ··········· 1. 溪洞碗蕨 Dennstaedtia wilfordii（Moore）Christ【P.469】
1. 叶柄基部多为禾秆色，全株被灰白色多细胞长毛。生林缘岩石缝。产凤城、丹东、鞍山、庄河、长海、金州、大连、北镇等地 ···················· 2. 细毛碗蕨 Dennstaedtia hirsute（Swartz）Mett. ex Miquel【P.469】

十、凤尾蕨科 Pteridaceae

Pteridaceae E. D. M. Kirchn., Schul-Bot. 109（1831）.

本科全世界有 50 属，约 950 种，广布世界各地。中国有 20 属 233 种。东北有 4 属 6 种 3 变种。辽宁有 3 属 6 种 2 变种。

分属检索表

1. 孢子囊群为反折而变态的叶边（即假囊群盖）所掩护。
  2. 小羽片或裂片不为扇形或近扇形，其叶脉羽状分歧；孢子囊群由几个较小而不具阔环带的孢子囊组成，近叶边着生，假囊群盖不具叶脉 ···················· 1. 粉背蕨属 Aleuritopteris
  2. 小羽片扇形或近扇形，其叶脉扇形二叉分歧；孢子囊群生于反折而变态的叶边下面的小脉顶端，假囊群

盖上具叶脉 ··· 2. 铁线蕨属 Adiantum

1. 孢子囊群不为反折而变态的叶边所掩护，孢子囊群沿侧脉着生，线形或网状，不到叶边，无盖 ··········
·· 3. 凤丫蕨属 Coniogramme

1. 粉背蕨属 Aleuritopteris Fee

Aleuritopteris Fée，Mém. Foug. 5：153. 1852.

本属全世界约40种，分布热带、亚热带地区。中国产29种。东北产2种1变种，辽宁全部有分布。

分种检索表

1. 夏绿中生植物；根状茎及叶柄上的鳞片较大而薄，卵状披针形，边缘具睫毛齿；叶片阔披针形，长显著大于宽。生林下或路边岩石上。产本溪、凤城、建昌等地 ·······························
················· 1. 华北薄鳞蕨（华北粉背蕨）Aleuritopteris kuhnii（Milde）Ching【P.470】

1. 常绿旱生植物；根状茎及叶柄上的鳞片较小而厚，披针形，全缘；叶片卵圆披针形，长宽近等。

2. 叶背面白色或雪白色，有蜡质粉粒。生石灰质的岩石缝中。产本溪、桓仁、凤城、鞍山、海城、长海、金州、大连、建昌、凌源等地 ·····································
··············· 2a. 银粉背蕨 Aleuritopteris argentea（Gmel.）Fée var. argentea【P.470】

2. 叶背面淡绿色，无蜡质粉粒。生境同正种。产本溪、桓仁、凤城、鞍山、海城、长海、金州、大连、建昌、凌源等地 ·················· 2b. 无银粉背蕨 Aleuritopteris argentea var. obscura（Christ）Ching

2. 铁线蕨属 Adiantum L.

Adiantum L.，Sp. P1. 1094. 1753.

本属全世界有200多种，广布于世界各地，自寒温带到热带地区，尤以南美洲为最多。中国现有34种，主要分布于温暖地区。东北产3种，辽宁全部有分布。

分种检索表

1. 叶片一回羽状，叶轴顶端常延伸成鞭状，着地生根可产生新植株。

2. 羽片团扇形或近圆形，具短柄。生石灰岩山地或墙缝。产凌源 ·····························
················· 1. 团羽铁线蕨 Adiantum calpillus-junenis Rupr.【P.470】

2. 羽片三角形或斜方形，几乎无柄。生林下阴湿处石缝中。资料记载产瓦房店得利寺 ·····················
··············· 2. 普通铁线蕨 Adiantum edgeworthii Hook.

1. 叶片二回羽状，羽片指状排列，羽轴顶端不延伸成鞭状。生林下或林缘。产西丰、清原、本溪、凤城、宽甸、桓仁、岫岩、丹东、庄河、鞍山、营口等地 ·········· 3. 掌叶铁线蕨 Adiantum pedatum L.【P.470】

3. 凤丫蕨属 Coniogramme Fee

Coniogramme Fee，Gen. Fil. 167，t. 14，f. 1，2. 1850-1852.

本属全世界有25~30种，主产我国长江以南和西南亚热带温凉山地阴湿处，北至我国秦岭，西至喜马拉雅山西部，东到中国东北以及朝鲜、日本、菲律宾，南到越南、老挝、柬埔寨、马来西亚、印度尼西亚；墨西哥和非洲各有1~2种。中国有22种。东北产1种1变种，辽宁全部有分布。

分种检索表

1. 羽片边缘的锯齿尖而细密，略上弯，小脉先端的水囊体稍膨大，伸达锯齿下侧边并多少与之靠合。生林下。产本溪、宽甸、桓仁、凤城等地 ········ 1. 尖齿凤丫蕨 Coniogramme affinis（Wall.）Hieron.【P.470】

1. 羽片边缘的锯齿不甚规则而稍张开，小脉先端的水囊体膨大，粗为小脉的2~3倍，伸达锯齿基部中央，但不伸入锯齿并与之靠合。生林下。产辽阳、本溪、桓仁等地 ·····························
··············· 2b. 无毛凤丫蕨 Coniogramme intermedia Hiron. var. glabra Ching【P.470】

十一、冷蕨科 Cystopteridaceae

Cystopteridaceae（Payer）Shmakov, Turczaninowia 4（1~2）：60. 2001.

本科全世界有4属30多种，广布世界各地，主产温带和寒温带地区及热带高山。中国有4属20种。东北有2属5种。辽宁产2属4种。

分属检索表

1. 孢子囊群圆形，囊群盖卵形，以基部着生并压于成熟的孢子囊群下面；叶片披针形至卵形，基部羽片的基部不狭缩 ·· **1. 冷蕨属 Cystopteris**
1. 孢子囊群无囊群盖；叶片为三角状卵形至五角状广卵形，先端渐尖，基部以关节着生于叶柄先端，并与叶柄呈倾斜面 ·· **2. 羽节蕨属 Gymnocarpium**

1. 冷蕨属 Cystopteris Bernh.

Cystopteris Bernh. in Schrad. Neu. Journ. Bot. 1（2）：5、26. 1806.

本属全世界有20余种，分布于世界温带、寒温带及热带高山地区。中国有11种，分布于东北、华北、西北、西南高寒山地和台湾高山。东北产2种。辽宁产1种。

冷蕨 Cystopteris fragilis（L.）Bernh.【P.470】

叶近生或簇生。叶片披针形至阔披针形，通常二回羽裂至二回羽状，小羽片羽裂；羽片12~15对，一回小羽片5~7对；中部羽片与基部羽片同形，略长；顶部羽片羽状深裂。孢子囊群小、圆形，背生每小脉中部，每一小羽片2~4对，向顶端的小羽片上侧有1~2枚。生林下岩石上。产鞍山、宽甸、凤城、建昌等地。

2. 羽节蕨属 Gymnocarpium Newman

Gymnocarpium Newman in Phytologist 4：371. 1851.

本属全世界有10种及一些杂交种，广布于北半球温带（亚洲、北美洲和欧洲）和亚洲亚热带山地。中国有5种。东北产3种，辽宁全部有分布。

分种检索表

1. 叶轴光滑无毛，不具腺体。
    2. 植株高20~35厘米；叶片二回羽状。生针叶林下阴湿处。产新宾、桓仁等地···
       ············ **1. 欧洲羽节蕨（鳞毛羽节蕨）Gymnocarpium dryopteris（L.）Newman【P.470】**
    2. 植株较大，高达50厘米；叶片三回羽状。生林下、山坡阴岩石缝间。产凌源 ·································
       ·· **2. 大羽节蕨 Gymnocarpium disjunctum Rupr.**
1. 叶轴背面多少具腺体。生山坡林下。产凌源、建昌、鞍山、大连等地 ···
    ··· **3. 羽节蕨 Gymnocarpium jessoense（Koidz.）Koidz.【P.470】**

十二、铁角蕨科 Aspleniaceae

Aspleniaceae Newman, Hist. Brit. Ferns 6. 1840.

本科全世界有2属，约700种，几乎广布世界各地，但主要分布于山地和热带、亚热带地区。中国有2属108种。东北有1属11种1变种。辽宁产1属8种1变种。

铁角蕨属 Asplenium L.

Asplenium L. Sp. Pl. 2：1078. 1753.

本属全世界约700种，广布于世界各地，尤以热带地区为多。中国有90种，以热带和亚热带地区为分布中心。东北有11种1变种。辽宁产8种1变种。

分种检索表

1. 叶脉羽状分离或在近叶缘处连结；叶片一至三回羽裂；孢子囊群通常沿叶脉上侧着生，成熟时开向主脉一侧。
  2. 叶轴顶端无芽胞。
    3. 囊群盖全缘；叶片草质或坚草质。
      4. 叶一回羽裂或羽状，能育羽片无柄，基部明显下延。生海边岩石上。产大连、瓦房店 ……………………………………………… 1. 东海铁角蕨（栗绿铁角蕨）Asplenium castaneo-viride Baker【P.471】
      4. 叶二至三回羽裂或羽状，能育羽片通常多少具柄，不下延。
        5. 成熟叶柄及叶轴红棕色至栗褐色，叶下部羽片渐缩短。生林缘岩石或海边石缝。产抚顺、凤城等地 ……………………………… 2. 虎尾铁角蕨 Asplenium incisum Thunb.【P.471】
        5. 成熟叶柄麦秆色至淡绿色。
          6. 叶坚草质或近坚草质，羽轴无沟，裂片具锐齿或钝尖齿。
            7. 叶柄基部的鳞片着生点处有毛，叶片多为披针形，裂片小脉伸达齿端，齿锐尖。生岩石缝。产大连、朝阳 ……………………… 3. 北京铁角蕨 Asplenium pekinense Hance【P.471】
            7. 叶柄基部的鳞片着生点处无毛，叶片多为长圆形，裂片小脉不伸达齿端，齿钝尖。生岩石缝。产鞍山（千山）、大连（凌水寺）…… 4. 华中铁角蕨 Asplenium sarelii Hook.【P.471】
          6. 叶草质，羽轴有沟。
            8. 羽片柄长达3毫米；二倍体。生林下岩石上。产鞍山、凤城、建昌 …………………………………… 5b. 钝齿铁角蕨（普通铁角蕨）Asplenium tenuicaule var. subvarians（Ching）Viane【P.471】
            8. 羽片柄长不超过1毫米；四倍体。生岩石缝隙中。辽宁有记载 ………………………………………………… 6. 内蒙铁角蕨 Asplenium mae Viane & Reichst.
    3. 囊群盖具睫毛或边缘啮蚀状；叶近革质，小羽片或裂片倒卵形。生山坡岩石上。辽宁省曾有记录 ………………………… 7. 卵叶铁角蕨（卵羽铁角蕨）Asplenium ruta-muraria L.
  2. 叶轴顶端生有芽胞，芽胞着地生根；叶片一回羽状，羽片镰状长圆形。生岩石上。产金州大黑山有记录，待调查核实 ……………… 8. 倒挂铁角蕨 Asplenium normale Don
1. 叶脉网状；叶片单一，叶轴顶端常延伸成鞭状，芽胞着地形成新植株。生阴湿岩石上。产铁岭、本溪、凤城、宽甸、桓仁、丹东、岫岩、鞍山、金州、大连、绥中、凌源等地 ………………………………………………… 9. 过山蕨 Asplenium ruprechtii Sa. Kurata【P.471】

十三、金星蕨科 Thelypteridaceae

Thelypteridaceae Pic. Serm., Webbia 24：709（1970）.

本科全世界有20属，约1000种。中国有18属199种。东北有4属5种。辽宁产2属1种1变种。

分属检索表

1. 孢子囊群无囊群盖；叶片卵状三角形，被星状毛、单细胞毛和鳞片 ………………… 1. 卵果蕨属 Phegopteris
1. 孢子囊群有囊群盖；叶片多为披针形至长圆形，裂片侧脉通常分叉，叶轴、羽轴及中脉无鳞片（通常仅叶柄基部有鳞片），而被多数针状毛 ·· 2. 沼泽蕨属 Thelypteris

1. 卵果蕨属 Phegopteris Fée

Phegopteris Fée, Gen. Fil. 242. 1852.

本属全世界有4种，广布北温带地区，1种产东南亚。中国有3种。东北产1种，产黑龙江、吉林、辽宁。

卵果蕨 Phegopteris connectilis（Michx.）Watt【P.471，472】

叶远生，叶片三角形，先端渐尖并羽裂，二回羽裂；羽片约10对；叶脉羽状，侧脉单一或偶有分叉。叶草质或纸质，干后灰绿色或黄绿色，两面疏被灰白色针状长毛，沿叶轴和羽轴多少被小鳞片。孢子囊群卵圆形或圆形，背生侧脉的近顶端，靠近叶边。生林下。产本溪、宽甸、凤城、桓仁等地。

2. 沼泽蕨属 Thelypteris Schmidt.

Thelypteris Schmidel, Ic. Pl.（ed. Keller）1：45. t. 11（Oct.）. 1762.

本属全世界有4种，广布于北半球温带地区，向南经我国云南及印度南部达热带非洲（阿尔及利亚及大西洋沿岸）和新西兰南部。中国有2种1变种。东北产1变种，辽宁有分布。

毛叶沼泽蕨（沼泽蕨）Thelypteris palustris（L.）Schott var. pubescens（Lawson）Fernald 【P.472】

叶远生，幼叶拳卷；沿叶轴、羽轴和叶脉下面被多细胞针状长毛；叶片长圆形至长圆状披针形，基部略狭缩，先端突渐尖，二回羽状深裂；羽片16~25对，具短柄；孢子叶比营养叶长，边缘反卷。孢子囊群背生裂片侧脉中部，囊群盖小，圆肾形。生湿草甸或沼泽旁。产西丰、丹东、凤城、清原、新宾、鞍山、大连等地。

十四、岩蕨科 Woodsiaceae

Woodsiaceae Herter, Revista Sudamer. Bot. 9：14. 1949.

本科全世界有4属，约43种，广布北温带和寒带地区，少数分布于中南美洲、非洲和马达加斯加。中国有3属24种。东北有2属9种2变种。辽宁产2属7种1变种。

分属检索表

1. 叶柄无关节；囊群盖膨大成顶端有孔口的球形，不具假囊群盖 ····················· 1. 膀胱蕨属 Protowoodsia
1. 叶柄有关节，稀无关节；囊群盖为边缘撕裂的盘状或为鳞片状、毛状，稀为球形但常具假囊群盖 ········· ··· 2. 岩蕨属 Woodsia

1. 膀胱蕨属 Protowoodsia Ching

Protowoodsia Ching in Sunyatsenia 5（4）：245. 1940.

本属全世界约12种，分布于北半球温带地区，有的种分布至南美洲，有1种分布于非洲，有1种分布于亚洲。我国有分布。东北各地均有分布。

膀胱蕨（膀胱岩蕨）Protowoodsia manchuriensis（Hook.）Ching【P.472】

叶簇生，叶柄疏生鳞片及短毛，叶片披针形，二回羽状深裂，羽片15~25对，互生，下部羽片渐缩小，中部羽片较大，长1~2厘米，宽5~7毫米，卵状长圆形，羽状深裂，裂片长圆形，具齿。孢子囊群圆形，囊群盖膨大成膜质球形，灰白色，顶端有一孔口。生阴湿的岩石缝。产凤城、本溪、宽甸、桓仁、岫岩、鞍山、金州、瓦房店、庄河、大连等地。

2. 岩蕨属 Woodsia R. Br.

Woodsia R. Br. Prodr. Fl. Nov. Holl. 158. 1810.

本属全世界约38种，产北半球温带及寒带地区，向北至极地，亚洲、欧洲及北美洲均有分布。我国有20种，产东北、华北、西北及西南高山。东北产8种2变种。辽宁产6种1变种。

分种检索表

1. 叶柄有关节；囊群盖边缘具多细胞节状毛或混生有单细胞毛。
 2. 叶柄关节基羽下位（常远离基部羽片）；叶柄、叶轴及叶片背面密被毛和鳞片。生林下岩石上。产凤城、瓦房店 ⋯⋯⋯⋯⋯⋯⋯⋯⋯⋯⋯⋯⋯⋯ **1. 岩蕨 Woodsia ilvensis** R. Br.【P.472】
 2. 叶柄关节基羽准位（关节在外观上有时位于基部羽片略下处）。
  3. 叶轴及羽片被毛但无鳞片，羽片无柄且与叶轴汇合。生山坡岩石上。产东港、庄河、瓦房店、金州、大连等地⋯⋯⋯⋯⋯⋯⋯ **2. 大囊岩蕨 Woodsia macrochlaena** Meet. ex Kuhn.【P.472】
  3. 叶轴及羽片被毛和鳞片，羽片多少有柄，至少不与叶轴汇合。
   4. 中部羽片基部基本对称，心形或略呈耳状，叶片披针形，羽片卵状长圆形，10~15对。生山坡岩石上。产鞍山、盖州、凤城、桓仁、丹东、庄河等地 ⋯⋯⋯⋯⋯⋯⋯⋯⋯⋯⋯⋯⋯⋯⋯⋯⋯⋯⋯⋯⋯⋯⋯⋯⋯⋯⋯ **3. 等基岩蕨（心岩蕨）Woodsia subcordata** Turcz.【P.473】
   4. 中部羽片基部不对称，歪楔形，上侧耳状，羽片多少呈耳状镰形。
    5. 囊群盖浅盘状，边缘毛状；叶柄深禾秆色，羽片边缘粗齿状浅裂。生岩石上。产北镇、建昌、凤城、鞍山、盖州、金州、大连等地 **4. 东亚岩蕨（中岩蕨）Woodsia intermedia** Tagawa【P.473】
    5. 囊群盖深盘状，边缘碎裂；叶柄禾秆色或棕禾秆色。
     6. 羽片全缘、近全缘或微波状。生林下岩石上。产西丰、鞍山、本溪、凤城、宽甸、丹东、新宾、清原、岫岩、庄河、金州等地 ⋯⋯⋯⋯⋯⋯⋯⋯⋯⋯⋯⋯⋯⋯⋯⋯⋯⋯⋯ **5a. 耳羽岩蕨 Woodsia polystichoides** Eaton var. **polystichoides**【P.473】
     6. 羽片边缘深裂，裂片圆头。生林下岩石上。产凤城、鞍山、大连 ⋯⋯⋯⋯⋯⋯⋯⋯⋯⋯⋯⋯⋯⋯⋯⋯ **5b. 深波岩蕨 Woodsia polystichoides** var. **sinuata** Hook.
1. 叶柄无关节；囊群盖浅盘状，边缘具单细胞头状毛；叶轴常多少弯曲，被褐色毛。生岩石缝。产瓦房店、金州 ⋯⋯⋯⋯⋯⋯⋯⋯⋯⋯⋯⋯⋯⋯⋯⋯ **6. 密毛岩蕨 Woodsia rosthorniana** Diels【P.473】

十五、球子蕨科 Onocleaceae

Onocleaceae Pic. Serm.，Webbia 24：708. 1970.

本科全世界有4属5种，分布北半球和墨西哥的温带地区。中国有3属4种。东北有3属2种2变种。辽宁产2属1种1变种。

分属检索表

1. 根状茎短而直立；营养叶叶脉羽状分离，能育羽片反卷成荚果状 ⋯⋯⋯⋯⋯⋯⋯ **1. 荚果蕨属 Matteuccia**
1. 根状茎长而匍匐；营养叶叶脉网状连结，能育叶的小羽片反卷成分离的小球 ⋯⋯⋯ **2. 球子蕨属 Onoclea**

1. 荚果蕨属 Matteuccia Todaro

Matteuccia Todaro，Syn. Pl. Picil. 30. 1866.

本属全世界仅1种，分布于北半球温带地区，广布我国南岭山脉以北各省区。东北产1种1变种。辽宁产1种。

荚果蕨 Matteuccia struthiopteris（L.）Todaro【P.473】

叶簇生，有柄，二型。营养叶叶柄棕褐色，叶片倒披针形，二回羽状深裂；羽片30~60对，互生，无柄。孢子叶较短，具粗长柄，叶片倒披针形，一回羽状，羽片两侧向背面反卷成荚状，包卷孢子囊群，成熟时深褐色。孢子囊群圆形，背生小脉上，成熟时汇合成线形。生林下、林缘或湿草地。产西丰、宽甸、桓仁、大连、庄河、本溪、丹东、鞍山等地。

2. 球子蕨属 Onoclea L.

Onoclea L. Sp. Pl. 2：1062. 1753.

本属全世界仅1种，分布于北美洲及东亚。我国分布于东北及华北各省区。东北产1变种，辽宁有分布。

球子蕨 Onoclea sensibilis L. var. interrupta L.【P.473】

叶远生，二型。营养叶叶片广卵形或广卵状三角形，长宽近相等，一回羽状；羽片5~8对，披针形。孢子叶二回羽状，羽片线形，斜展；小羽片幼时匙形或倒长卵形，后紧缩成小球形，包被着孢子囊群，彼此分离，沿羽轴排列成念珠状，成熟时开裂。孢子囊群圆形。生草甸或灌丛中。产宽甸、岫岩、桓仁、凤城、丹东、本溪、西丰、清原、长海、庄河、普兰店、彰武等地。

十六、蹄盖蕨科 Athyriaceae

Athyriaceae Alston，Taxon 5：25（1956）.

本科全世界有5属、约600种，广布两半球的热带至寒带地区。中国有5属278种。东北有5属13种2变种。辽宁有5属11种1变种。

分属检索表

1. 孢子囊群无囊群盖 ·· 1. **角蕨属 Cornopteris**
1. 孢子囊群有囊群盖。
  2. 叶轴、羽轴和叶脉上被多细胞节状毛，有时伏生有厚壁筛孔的褐色鳞毛；叶片二回羽裂；根状茎斜升至短横卧；叶簇生或近生，叶柄下端明显尖削，叶片下部多少狭缩，裂片侧脉1~2叉 ·························
  ·· 2. **对囊蕨属 Deparia**
  2. 叶轴、羽轴和叶脉上光滑或被单细胞短毛、腺毛及头垢状鳞片（稀有狭鳞片或多细胞节状毛，但叶片三回羽状深裂）。
    3. 囊群盖短线形或线形，有时线状长圆形，一般通直，在裂片基部有时背靠背双生一脉 ·················
    ·· 3. **双盖蕨属 Diplazium**
    3. 囊群盖弓弯或弧曲线形，有时钩形或马蹄形，从不背靠背双生一脉上。
      4. 叶脉合生；孢子囊群小，圆形 ······················· 4. **安蕨属 Anisocampium**
      4. 叶脉离生；孢子囊群突出，细长，呈马蹄形 ··········· 5. **蹄盖蕨属 Athyrium**

1. 角蕨属 Cornopteris Nakai

Cornopteris Nakai in Bot. Mag. Tokyo 44：7. 1930.

本属全世界约16种，主要分布于亚洲热带和亚热带地区，向北到达亚洲东北部温带地区，向南到达非洲东部（马达加斯加）。中国有12种。东北产1种，辽宁有分布。

细齿角蕨（东北角蕨、新蹄盖蕨）Cornopteris crenulatoserrulata Nakai【P.473】

叶远生。叶片广卵形，三回羽状深裂；羽片10~15对，阔披针形，近对生，基部2对羽片最大；小羽片8~

20对，披针形，几乎无柄，在羽片下部的近对生，上部的互生，深羽裂；末回裂片5~10对，边缘有钝锯齿。孢子囊群圆形或椭圆形，无盖，背生小脉中部。生林下草地。产本溪、凤城、桓仁、庄河等地。

2. 对囊蕨属 Deparia Hooker & Greville

Deparia Hooker & Greville Icon. Filic. 2：t. 154. 1829.

本属全世界约70种，分布于东半球温带及亚热带地区，个别种可达热带非洲东部至马达加斯加，向东北分布到日本、朝鲜半岛和俄罗斯远东地区，向西分布到喜马拉雅的西北部。中国有53种，秦岭、鄂西、四川和云南东北部为本属的分布中心。东北产3种1变种。辽宁产2种。

分种检索表

1. 下部羽片的基部略微狭缩，中部羽片宽2~4厘米，裂片锯齿缘至浅裂，侧脉常2叉形、弯弓形、钩形或马蹄形。生林下或沟谷。产庄河、鞍山、西丰、本溪、凤城、桓仁、新宾、清原等地 ……………………………………………… 1. 朝鲜对囊蕨（朝鲜蛾眉蕨）Deparia coreana（H. Christ）M. Kato【P.473，474】
1. 下部羽片的基部不狭缩，中部羽片宽1~1.5厘米，裂片近全缘或有浅齿，侧脉通常为短线形，偶尔成弯钩形。生林下、林缘或沟谷。产西丰、鞍山、本溪、凤城、宽甸、桓仁、庄河、长海等地 ……………………………………………… 2. 东北对囊蕨（东北蛾眉蕨）Deparia pycnosora（H. Christ）M. Kato【P.474】

3. 双盖蕨属 Diplazium Swartz

Diplazium Sw. in Schrad. Journ. Bot. 1800（2）：61. 1801.

本属全世界300~400种，广布于亚洲和美洲热带、亚热带地区。中国有86种，主要分布于华南及云南东南部至西部。东北产2种，辽宁均有分布。

分种检索表

1. 叶轴疏被毛及黑褐色鳞片，叶片宽不足35厘米，下部羽片长椭圆形。生阔叶林下。产凤城 ……………………… 1. 黑鳞双盖蕨（黑鳞短肠蕨）Diplazium sibiricum（Turczaninow ex Kunze）Sa. Kurata【P.474】
1. 叶轴光滑或偶有褐色鳞片，叶片宽达50厘米，下部羽片三角形。生沟谷。产鞍山 ……………………………………………… 2. 东北双盖蕨（东北短肠蕨）Diplazium taquetii C. Chr.

4. 安蕨属 Anisocampium Presl

Anisocampium C. Presl, Epimel. Bot. 58. 1851.

本属全世界有4种，产东南亚的热带和亚热带地区，东亚的温带地区。中国有4种。东北产1种，辽宁有分布。

日本安蕨（华东蹄盖蕨、日本蹄盖蕨）Anisocampium niponicum（Mett.）Y. C. Liu【P.474】

叶近生或近簇生，叶片卵形至卵状长圆形，基部圆形或楔形，先端尾状急尖，二至三回羽状分裂，草质，叶轴疏生小鳞片，羽轴具窄翅，各级羽轴略带红色。侧脉单一，伸达齿端。孢子囊群长圆形、短线形或弯钩形，沿小脉中下部上侧着生。生林下或林缘湿地。产沈阳、鞍山、凤城、宽甸、长海、大连等地。

5. 蹄盖蕨属 Athyrium Roth

Athyrium Roth in Rom. Mag. 2（1）：105. 1799.

本属全世界约220种。我国有123种和一些变种和杂种，以西南高山地区为分布中心，各省区均有。东北产6种1变种。辽宁产5种1变种。

分种检索表

1. 孢子囊群长形，囊群盖弓弯或弧曲线形，有时钩形或马蹄形。

2. 囊群盖边缘啮蚀状至流苏状；叶表面叶轴和小羽轴交接处无肉质角状突起。

 3. 叶片倒披针形至长椭圆形，下部5~6对羽片渐缩短。羽片羽状半裂；宽1~1.5厘米，短尖头；孢子显具周壁。生林下或潮湿岩石上。产庄河、岫岩、凌源等地 …… 1. 麦秆蹄盖蕨 Athyrium fallaciosum Milde【P.474】

 3. 叶片长圆形至广卵形，基部1~3对羽片稍缩短或不缩短。

  4. 根状茎上的鳞片多为黑褐色；叶片多为卵状长圆形至广卵形，通常基部1~2对羽片略缩短。生林缘、疏林下、采伐迹地及草坡。产西丰、本溪、凤城、宽甸、桓仁、北镇、鞍山、庄河、大连等地 ……………………… 2. 东北蹄盖蕨（猴腿蹄盖蕨）Athyrium brevifrons Nakai ex Kitagawa【P.474】

  4. 根状茎上的鳞片多为棕褐色；叶片长圆形至狭卵形，通常基部2~3对弱片缩短。生林下或林缘草丛。产西丰、开原、本溪、凤城、宽甸、桓仁、新宾、清原、鞍山、营口、北镇、建昌、普兰店等地 ……………………………………………………… 3. 中华蹄盖蕨 Athyrium sinense Rupr.【P.474，475】

2. 囊群盖全缘或几乎全缘；叶表面羽轴和小羽轴交接处具肉质角状突起；孢子显具周壁；叶二至三回羽裂。

 5. 小羽片无柄；根状茎上的鳞片线形至披针状线形。生林下石缝或林缘石壁。产沈阳、盖州、凤城、宽甸、桓仁、东港、普兰店、金州、庄河、丹东、岫岩等地 ……………………………………………………………………………………………………… 4a. 禾秆蹄盖蕨 Athyrium yokoscense（Franch. et Sav.）Christ var. yokoscense【P.475】

 5. 小羽片多少具柄；根状茎上的鳞片披针形至狭卵状披针形。生林下。产凤城、长海、大连等地 ……………………… 4b. 宽鳞蹄盖蕨 Athyrium yokoscense var. kirisimaense（Tag.）Li & J. Z. Wang

1. 孢子囊群圆形，囊群盖圆肾形；叶片三角形，长宽近等，基部羽片的基部通常狭缩。生针叶林、混交林下或灌丛中阴湿处。产桓仁、宽甸等地…………… 5. 假冷蕨 Athyrium spinulosum（Maxim.）Milde【P.475】

十七、鳞毛蕨科 Dryopteridaceae

Dryopteridaceae Herter，Revista Sudamer. Bot. 9：15．1949．

本科全世界有25属，约2100种。我国有10属493种。东北有4属19种。辽宁产4属18种。

分属检索表

1. 叶脉羽状分离，叶片羽裂渐尖头，无顶生羽片。

 2. 囊群盖圆肾形，以缺刻着生。

  3. 根状茎直立或斜升，有时短匍匐；叶多簇生，除基部一对羽片的小羽片上先出外，其余小羽片均为下先出 ……………………………………………………………………………… 1. 鳞毛蕨属 Dryopteris

  3. 根状茎长匍匐；叶远生，各小羽片均为上先出 …………………………… 2. 复叶耳蕨属 Arachniodes

 2. 囊群盖圆形或盾形，盾状着生 …………………………………………………… 3. 耳蕨属 Polystichum

1. 叶脉网状连结，叶片常具顶生羽片 …………………………………………………… 4. 贯众属 Cyrtomium

1. 鳞毛蕨属 Dryopteris Adans.

Dryopteris Adanson Fam. Pl. 2：20，551．1763．

本属全世界约400种，广泛分布两半球，主要分布于亚洲，尤其是中国、日本和朝鲜。中国有167种。东北产14种。辽宁产13种。

分种检索表

1. 羽轴、小羽轴或中脉背面被泡状或瓢状小鳞片。

 2. 叶柄和叶轴上的鳞片通常斜上开展或多少伏贴于叶柄和叶轴上。

  3. 叶柄散生淡褐色鳞片，叶裂片锯齿具刺芒。生林下。产金州、宽甸、桓仁等地 ……………………………………………………………………………………… 1. 黑水鳞毛蕨 Dryopteris amurensis（Milde）Christ【P.475】

3. 叶柄密生黑褐色鳞片，叶裂片锯齿不具刺芒。生林下。大连曾有记录，标本未见 ……………
……………………………………………………… 2. 棕边鳞毛蕨 Dryopteris sacrosancta Koidz.
2. 叶柄和叶轴上的鳞片几乎成水平开展或略微斜下开展。生林下岩石上。产桓仁、凤城、丹东、岫岩、庄
河、大连等地 …………………………… 3. 虎耳鳞毛蕨 Dryopteris saxifrage（Hayata）H. Ito【P.475】
1. 羽轴、小羽轴背面被非泡状鳞片或兼有鳞片状毛。
4. 叶二回深羽裂至全裂。
5. 叶长达70厘米以上，通常无明显腺体或腺毛。
6. 叶下部羽片不缩短或基本不缩短。
7. 通常仅上部羽片能育，裂片锯齿无刺芒；根状茎略微斜升。
8. 叶柄具红褐色鳞片，能育羽片骤然缩小。生山坡疏林下。产本溪、丹东、大连、长海等地 …
……………………………… 4. 狭顶鳞毛蕨 Dryopteris lacera（Thunb.）O. Kuntze【P.475】
8. 叶柄具暗棕色至黑棕色鳞片，能育羽片逐渐缩小。生草丛中。产庄河、长海、大连等地 ……
……………………………………… 5. 半岛鳞毛蕨 Dryopteris peninsulae Kitag.【P.475】
7. 羽片几乎全部能育，裂片锯齿具内弯的刺芒；根状茎匍匐。生林下或林缘草地。产凤城、宽甸、
岫岩、桓仁、丹东、本溪、鞍山、庄河等地 ……………………………………………………
………………………… 6. 山地鳞毛蕨 Dryopteris monticola（Makino）C. Chr.【P.475，476】
6. 叶下部羽片逐渐缩短。叶片浓绿色，裂片全缘或具浅锯齿，革质，两面被毛状鳞片。生林下及林
缘。产凤城、本溪、岫岩、西丰、桓仁、宽甸、清原、新宾、鞍山、庄河等地 ………………
………………………………… 7. 粗茎鳞毛蕨 Dryopteris crassirhizoma Nakai【P.476】
5. 叶长不足60厘米，显具腺体或腺毛。
9. 叶片通常倒披针形，宽4厘米以下，基部狭缩，羽片宽7~10毫米，彼此靠近；囊群盖圆肾形，边缘
啮蚀状，被多数腺体。生山坡石缝。产庄河、大连、桓仁等地 ……………………………………
……………………………………… 8. 香鳞毛蕨 Dryopteris fragrans（L.）Schott【P.476】
9. 叶片卵状长圆形，宽5厘米以上。基部不狭缩；囊群盖蚌壳状，全缘，疏被短腺毛。生悬崖上。产
庄河 ………………………………… 9. 细叶鳞毛蕨 Dryopteris woodsiisora Hayata【P.476】
4. 叶三至四回羽裂。
10. 末回小羽片或裂片的锯齿先端不为刺芒状。
11. 叶轴及羽轴具褐色至黑褐色鳞片。基部1对羽片三角形。生林下或林缘。产凤城、丹东、庄河、鞍
山、金州等地 …………………… 10. 中华鳞毛蕨 Dryopteris chinensis（Baker）Koidz.【P.476】
11. 叶轴及羽轴通常无鳞片，基部1对羽片三角状广披针形至卵状广披针形。生林下。产庄河、鞍山、
岫岩等地 ………………… 11. 裸叶鳞毛蕨 Dryopteris gymnophylla（Baker）C. Chr.【P.476】
10. 末回小羽片或裂片的锯齿先端刺芒状。
12. 根状茎斜升；叶通常三至四回羽裂，基部1对羽片三角形。生林下。产新宾、清原、本溪、宽甸、
桓仁、鞍山、凤城、建昌等地 ……………………………………………………………………
……………… 12. 广布鳞毛蕨 Dryopteris expansa（Presl）Fraser-Jenkins et Jermy【P.476，477】
12. 根状茎短横卧；叶通常三回羽状深裂，基部1对羽片长椭圆形或广披针形。生林缘草地或疏林下。
产西丰、开原、清原、义县、北镇、建昌、凌源、沈阳、鞍山、长海、大连等地 ………………
………………………………… 13. 华北鳞毛蕨 Dryopteris goeringiana（Kuntze）Koidz.【P.477】

2. 复叶耳蕨属 Arachniodes Blume Enum.

Arachniodes Blume, Enum. Pl. Jav. 241. 1828.

本属全世界约有60种，广布于热带、亚热带和南温带地区，非洲、亚洲、大洋洲和中南美洲均产。中国
有40种，长江流域及其以南各省区为本属现代分布中心。东北仅辽宁产1种。

毛枝蕨 Arachniodes miqueliana（Maximowicz ex Franchet & Savatier）Ohwi【P.477】

叶远生，叶柄基部黑褐色，密被褐色线状披针形而易早落的膜质鳞片，叶片五角状广卵形，三至四回羽裂，基部羽片最大，具柄，三角状广披针形，渐尖头，其余羽片披针形，羽轴背面有泡状鳞片。孢子囊群背生于小脉上，囊群盖圆肾形。生山谷疏林下或岩壁阴湿处。产桓仁、宽甸等地。

3. 耳蕨属 Polystichum Roth.

Polystichum Roth Tent. Fl. Germ. 3：31、69. 1799.

本属全世界约500种，主要分布北半球温带和亚热带地区。中国有208种。东北产3种，辽宁全部有分布。

分种检索表

1. 叶一回羽状，披针形，叶轴先端常延伸，生有芽胞并产生新植株。生林下岩石上或林缘草地。产本溪、岫岩、凤城、宽甸、丹东、大连、凌源等地 ……………………………………………………………………… 1. 鞭叶耳蕨（华北耳蕨）Polystichum craspedosorum（Maxim.）Diels【P.477】
1. 叶二回羽状或三出羽状，叶轴先端无芽胞。
  2. 叶二回羽状，小羽片多镰状长圆形。生林缘湿草地。产凤城、桓仁、宽甸、丹东、本溪、清原、鞍山、海城、庄河等地 ……………………… 2. 布朗耳蕨 Polystichum Braunii（Spenn.）Fèe【P.477】
  2. 叶三出羽状，小羽片镰状披针形。生林缘或疏林下。产宽甸、桓仁、凤城、本溪、鞍山、庄河等地 …………………………………… 3. 戟叶耳蕨（三叉耳蕨）Polystichum tripteron（Kuntze）Presl【P.477】

4. 贯众属 Cyrtomium Presl

Cyrtomium Presl, Tent. Pterid. 86. 1836.

本属全世界约35种，主要分布于亚洲东部，以中国西南为中心，极少种类达印度南部和非洲东部。中国有31种。东北仅辽宁产1种。

全缘贯众 Cyrtomium falcatum（L. f.）Presl【P.477】

叶簇生，叶柄麦秆色，连同叶轴密被鳞片；叶片长圆形，一回羽状；羽片3~11对，互生，具短柄，广卵状镰刀形，基部圆形，先端尾状，几乎全缘或微有波状齿；叶片革质，表面绿色，羽片小柄、羽轴及裂片主脉散生纤维状鳞片。孢子囊群圆形，散生整个羽片背面。生海边岩石缝隙中。产大连、旅顺口、长海等地。

十八、骨碎补科 Davalliaceae

Davalliaceae M. R. Schomb., Reis. Br.–Guiana［Ri. Schomburgk］2：883. 1848.

本科全世界有5属，约35种，主产亚洲热带、亚热带地区。中国有4属17种。东北有1属1种，仅辽宁有分布。

骨碎补属 Davallia Smith

Davallia Smith in Mem. Acad. Turin 5：414. 1793.

本属全世界约40种，分布很广，从大西洋岛屿横跨非洲至亚洲南部达马来西亚，向东南分布至澳大利亚及萨摩亚等太平洋岛屿，北达日本，其中以马来西亚的种类最为丰富。我国有6种，主要分布于南部及西南部，由台湾经海南、广东、广西至云南，只有1种向北经江苏达河北、山东及辽东半岛。

骨碎补 Davallia trichomanoides Blume【P.477】

叶远生，叶柄基部棕褐色，被棕色鳞片，上部麦秆色，散生棕色小鳞片；叶片五角状卵形，基部心形，三至四回羽状分裂；羽片7~10对，基部1对羽片最大，三回羽状深裂，其余羽片向上依次变小，一至二回羽裂，小羽片5~7对。孢子囊群长圆形，顶生小脉，每裂片1枚。生岩石或树干上。产庄河、大连等地。

十九、水龙骨科Polypodiaceae

Polypodiaceae J. Presl & C. Presl，Delic. Prag. 159（1822）.

本科全世界约50多属，约1200种，泛热带分布，少数种类分布于温带地区。中国有39属267种。东北有5属7种，辽宁全部有分布。

分属检索表

1. 小型草本；根状茎有2条左右排列的维管束；叶片披针形，二回深羽裂裂片近舌形，钝头，全缘或近全缘；叶脉分离，每裂片有小脉1条；孢子囊群粗线形；孢子囊有短柄 ……………………………………………………………………………………………………… 1. 睫毛蕨属Pleurosoriopsis
1. 中型或小型蕨类；根状茎有网状中柱；叶全缘或分裂或羽状；叶脉网状，少为分离的；孢子囊群圆形、椭圆形、线形，或有时布满能育叶片下面一部分或全部；孢子囊具长柄。
　2. 叶片羽状深裂，叶脉通常分离；孢子囊群沿裂片中脉排列 ……… 2. 水龙骨属（多足蕨属）Polypodium
　2. 叶片单一，不分裂或偶尔指状三裂。
　　3. 叶片不具星状毛。
　　　4. 叶片梭状披针形；孢子囊群幼时有盾状或伞形隔丝覆盖 …………………… 3. 瓦韦属Lepisorus
　　　4. 叶片广椭圆形、长圆形或长卵形，不分裂或指状三裂；孢子囊群无盾状或伞形隔丝覆盖 …………………………………………………………………………………………………… 4. 修蕨属Selliguea
　　3. 叶特别是叶片背面密被星状毛 ………………………………………………… 5. 石韦属Pyrrosia

1. 睫毛蕨属Pleurosoriopsis Fomin

Pleurosoriopsis Fomin in Bull. Jard. Bot. Kieff 11：8~9. 1930.

本属全世界仅1种，分布中国、日本、朝鲜、俄罗斯。东北有分布，产黑龙江、吉林、辽宁。

睫毛蕨Pleurosoriopsis makinoi（Maxim. ex Makino）Fomin【P.477】

叶远生；叶片披针形，二回羽状深裂；羽片4~7对，互生，有短柄，卵圆形至三角状卵形，中部羽片较大，深羽裂；裂片1~3对，互生，斜向上，近舌形，圆头，全缘。叶薄草质，两面均密被棕色节状毛，边缘密被睫毛。孢子囊群短线形，沿叶脉着生，不达叶脉先端。生树干上或苔藓层中。产凤城、桓仁。

2. 水龙骨属（多足蕨属）Polypodium L.

Polypodium L.，Sp. Pl. 2：1082. 1753.

本属全世界约10种，分布于北温带地区（欧洲、亚洲北部和北美洲）。中国有2种，产东北、华北和西北（新疆）。东北产1种，产黑龙江、吉林、辽宁、内蒙古。

东北水龙骨（水龙骨、东北多足蕨）Polypodium sibiricum Sipliv.【P.478】

叶近生或疏生，叶片披针形至长圆状披针形，羽状深裂几乎达中脉，裂片12~15对，互生，近平展，长圆状披针形，钝圆头，近全缘，无毛，仅沿中脉散生小鳞片。孢子囊群圆形，近裂片边缘排列，无囊群盖；孢子椭圆形至肾形，周壁具波状纹饰。附生树干上或石上。产宽甸、桓仁、大连。

3. 瓦韦属Lepisorus（J. Smith）Ching

Lepisorus（J. Smith）Ching in Bull. Fam. Inst. Biol. 4：47. 1933.

本属全世界约80余种，主要分布亚洲东部，少数到非洲。中国有49种，广布全国各地，是本属的分布中心。东北产1种，产黑龙江、吉林、辽宁、内蒙古。

乌苏里瓦韦 Lepisorus ussuriensis（Regl et Maack）Ching【P.478】

叶疏生，叶柄深麦秆色；叶片梭状披针形，宽0.5~1厘米，先端渐尖，基部常沿叶柄下延，全缘，干后纸质，边缘稍反卷，两面光滑无毛，主脉在叶两面隆起，小脉不明显。孢子囊群较明显，圆形，米黄色，在主脉与叶边之间各排成1行，彼此疏离。生林下岩石、枯朽木及树皮上。产清原、新宾、桓仁、宽甸、凤城、本溪、丹东、鞍山、岫岩、盖州、庄河、金州等地。

4. 修蕨属 Selliguea Bory

Selliguea Bory，Dict. Class. Hist. Nat. 6：587. 1824.

本属全世界约75种，分布于亚洲热带、太平洋岛屿、澳大利亚、南非和马达加斯加。中国有48种。东北仅辽宁产1种。

金鸡脚假瘤蕨（钝头假瘤蕨、金鸡脚假密网蕨）Selliguea hastata（Thunb.）Fraser-Jenk.【P.478】

叶远生，有叶柄，单叶不分裂或戟状2~3分裂；不分裂叶的形态变化极大，从卵圆形至长条形，顶端短渐尖或钝圆，基部楔形至圆形；分裂叶的形态也极其多样。孢子囊群圆形，在叶片中脉或裂片中脉两侧各一行，着生中脉与叶缘之间。生山坡林下湿地、溪边或岩石上。产丹东、凤城、东港、大连等地。

5. 石韦属 Pyrrosia Mirbel

Pyrrosia Mirbel in Lamk. et Mirbel，Hist. Nat. des Veg. 5. 91. 1803.

本属全世界约60种，主产亚洲热带和亚热带地区，少数达非洲及大洋洲。中国有32种，主要分布于长江流域、华南和西南等温暖地区。东北产3种，辽宁全部有分布。

分种检索表

1. 孢子囊群沿叶片中脉排成两行；叶肉质，棒状线形，宽仅3~5毫米。生林下岩石上。产凤城、宽甸、桓仁、丹东等地 ·························· 1. 线叶石韦 Pyrrosia linearifolia（Hook.）Ching【P.478】
1. 孢子囊群满布叶背面；叶片革质，线状披针形至卵状长圆形，宽1~2.5厘米。
　2. 叶片线状披针形，宽约1厘米，背面密被黄棕色星状毛，稍内卷。生岩石上。产凌源、宽甸、丹东 ·························· 2. **华北石韦（北京石韦）Pyrrosia pekinensis（C. Chr.）Ching【P.478】**
　2. 叶片长圆形至卵状长圆形，宽1厘米以上，背面密被灰棕色星状毛，着生孢子囊的叶较大，常内卷。生岩石上。产西丰、法库、本溪、凤城、宽甸、丹东、北镇、凌源、鞍山、盖州、普兰店、金州、大连等地 ·························· 3. 有柄石韦 Pyrrosia petiolosa（Christ et Bar.）Ching【P.478】

第二章　裸子植物GYMNOSPERMAE

二十、银杏科Ginkgoaceae

Ginkgoaceae Engl., Nat. Pflanzenfam. Nachtr. [Engler & Prantl] 1: 19 (1897), nom. cons.

本科全世界1属1种，特产于我国。东北仅辽宁有栽培。

银杏属Ginkgo L.

Ginkgo L., Mant. Pl. 2: 313. 1771.

属的特征和地理分布同科。

银杏Ginkgo biloba L.【P.478】

乔木。叶片扇形，叶脉叉状分歧，无主脉，先端常二裂或具波状缺刻。雌雄异株；雄球花柔荑花序状，下垂；雌球花具长梗，梗端常分二叉，每叉顶生一盘状珠座，珠座上着生直立胚珠。种子具长梗，下垂，近球形。原产浙江、湖北等地，丹东、大连、鞍山、沈阳等地栽培。

二十一、松科Pinaceae

Pinaceae Spreng. ex F. Rudolphi, Syst. Orb. Veg. 35 (1830), nom. cons.

本科全世界有10~11属，约235种。中国有10属108种。东北有7属30种1亚种12变种2变型，其中栽培20种1亚种2变种。辽宁有7属28种1亚种8变种2变型，其中栽培23种4变种1变型。

分属检索表

1. 叶线形或针状，单一，螺旋状着生或于短枝上簇生。
  2. 叶扁平或四棱形，质硬；枝无长、短二型；球果当年成熟。
    3. 球果直立，生于叶腋，成熟后种鳞和种子一起脱落，中轴宿存；叶扁平；枝上无叶枕，仅具圆形或微凹的叶痕 ·· **1. 冷杉属Abies**
    3. 球果下垂，生于枝顶，成熟后（或干后）种鳞宿存。
      4. 小枝有微隆起的叶枕或叶枕不明显；叶扁平，有短柄，上面中脉凹下或微凹，稀平或微隆起，仅下面有气孔线，稀上面有气孔线 ····································· **2. 黄杉属Pseudotsuga**
      4. 小枝有显著隆起的叶枕；叶四棱状或扁棱状条形，或条形扁平，无柄，四面有气孔线，或仅上面有气孔线 ·· **3. 云杉属Picea**
  2. 叶线形、扁平，柔软，或针状、坚硬；枝有长、短二型，叶于长枝上螺旋状着生，于短枝上簇生；球果当年或次年成熟。
    5. 叶扁平，柔软，倒披针状线形或线形；落叶乔木；球果当年成熟。
      6. 雄球花单生于短枝顶端；种鳞革质，成熟后不脱落；叶较狭，通常不超过2毫米 ··· **4. 落叶松属Larix**

6. 雄球花数个簇生于短枝顶端；种鳞木质，成熟后脱落；叶较宽，通常宽2毫米以上 ……………… …………………………………………………………………………… 5. 金钱松属 Pseudolarix

　　5. 叶常为三棱状或四棱状线形，坚硬；常绿乔木；球果次年成熟，成熟后种鳞自宿存的中轴脱落 ……………………………………………………………………………………… 6. 雪松属 Cedrus

1. 叶针状，通常2、3、5针一束，着生于极度退化之短枝顶端，基部有叶鞘（宿存或脱落），常绿乔木；球果次年成熟，种鳞宿存 ……………………………………………………… 7. 松属 Pinus

1. 冷杉属 Abies Mill.

Abies Mill. Gard. Dict. 1754.

　　本属全世界约50种，分布于亚洲、欧洲、北美洲、中美洲及非洲北部的高山地带。我国有22种。分布于东北、华北、西北、西南及浙江、台湾各省区的高山地带。东北产2种，辽宁均有分布。

分种检索表

1. 一年生枝被密毛；叶先端常凹缺或钝头；种鳞肾形或扇状肾形，稀扇状四边形；苞鳞长为种鳞的1/2以上；种翅短于种子或近等长。生针阔混交林中。宽甸、桓仁、本溪有少量分布，大连、鞍山、沈阳等地有栽培 ……………………………… 1. 臭冷杉 Abies nephrolepis（Trautv.）Maxim.【P.478】

1. 一年生枝无毛；叶先端尖，不凹陷；种鳞近扇状四边形或倒三角状扇形；苞鳞长不及种鳞的1/2，不外露，种翅长于种子。生针阔叶混交林中。产本溪、凤城、宽甸、桓仁、新宾、庄河等地 ……………………… …………………………………… 2. 杉松（松杉冷杉）Abies holophylla Maxim.【P.478】

2. 黄杉属 Pseudotsuga Carr.

Pseudotsuga Carr. Traite Conif. ed. 2. 256. 1867.

　　本属全世界约6种，分布于亚洲东部及北美洲。我国产5种，分布于台湾、福建、浙江、安徽、湖北、湖南、四川、西藏、云南、贵州、广西等地，另有引入栽培种。东北仅辽宁栽培1种。

花旗松 Pseudotsuga menziesii（Mirbel）Franco【P.478】

　　乔木。幼树树皮平滑，老树树皮厚，深裂成鳞状；一年生枝淡黄色，干时红褐色，微被毛。叶条形，长1.5~3厘米，宽1~2毫米，先端钝或微尖，无凹缺，上面深绿色，下面色较浅，有2条灰绿色气孔带。球果椭圆状卵圆形，长约8厘米，径3.5~4厘米，褐色，有光泽；种鳞斜方形或近菱形，长宽相等或长大于宽；苞鳞直伸，长于种鳞，显著露出，中裂窄长渐尖，长6~10毫米，两侧裂片较宽而短，边缘有锯齿。原产美国太平洋沿岸。熊岳树木园栽培。

3. 云杉属 Picea Dietr.

Picea Dietr. Fl. Gen. Berl. 2；794. 1824.

　　本属全世界约35种，分布于北半球。我国有18种。东北产6种5变种，其中栽培5种2变种。辽宁有6种3变种，其中栽培5种2变种。

分种检索表

1. 叶横切面四方形、菱形或扁菱形，四面均有气孔线。
　　2. 叶四面气孔线数目相等或近相等，横切面高、宽相等或宽大于高，稀高大于宽。
　　　3. 一年生枝有毛；小枝颜色通常较深，常为红褐色、橘红色、褐黄色或淡橘红色，基部宿存芽鳞或多或少向外反曲。
　　　　4. 一年生枝密生或疏生毛，但非腺毛，稀无毛。
　　　　　5. 叶先端尖或锐尖。
　　　　　　6. 冬芽芽鳞显著反卷；一年生枝红褐色或橘红色，被疏毛或无毛；种鳞先端截形或凹缺。原产欧

洲中部和北部。大连、盖州、沈阳有栽培 ·························

························· 1. 欧洲云杉 Picea abies（L.）Karst.【P.478】

      6. 冬芽芽鳞不反卷或顶端芽鳞微反曲；一年生枝黄褐色或淡橘红色；种鳞先端圆钝。生针阔混交林中。宽甸、桓仁有野生，其他地方有栽培 ·····················

························· 2. 红皮云杉 Picea koraiensis Nakai【P.478】

    5. 叶先端钝或微钝。

  7. 一年生枝淡橙黄色或黄色，有密毛；二、三年生枝淡黄色或灰黄色；冬芽淡红褐色；球果成熟前紫色，成熟后褐色。生山地阴坡或半阴坡，或沙地。我国特有树种，产山西、河北、内蒙古、盖州、沈阳、兴城、大连等地栽培 ········· 3a. 白扦（白扦云杉）Picea meyeri Rehd. & Wils. var. meyeri【P.479】

  7. 一年生枝淡黄褐色，有疏短毛或密毛或无毛；二、三年生枝黄褐色或淡褐色；冬芽黄褐色或褐色；球果成熟前绿色，成熟后褐黄色。生海拔 1000 米沙地。沈阳有栽培 ·················

······················· 3b. 蒙古云杉（沙地云杉）Picea meyeri var. mongolica H. Q. Wu

   4. 一年生枝密生微小腺毛，黄色或褐黄色。分布于新疆阿尔泰山西北部及东南部。沈阳有栽培 ······

······················· 4. 西伯利亚云杉（新疆云杉）Picea obovata Ledeb.

  3. 一年生枝无毛或微被疏短毛。

    8. 小枝颜色较浅，常为淡灰色、灰色或褐灰色，基部宿存芽鳞不反卷。生山地阴坡或半阴坡。沈阳、盖州、大连等地有栽培 ········· 5. 青扦（青扦云杉）Picea wilsonii Rehder.【P.479】

    8. 小枝黄褐色，无毛。原产北美洲西部。大连、旅顺口有栽培 ·····················

························· 6. 蓝粉云杉 Picea pungens Engelmann【P.479】

2. 叶背面每侧仅具 3~4 条不完全气孔线，比表面每侧少一半；一年生枝有较密的毛；球果成熟前红紫色或黑紫色。产云南西北部、四川西南部。大连有栽培 ·····················

·················· 7b. 川西云杉 Picea likiangensis var. rubescens Rehder & E. H. Wilson【P.479】

1. 叶横切面扁平，背面有 2 条气孔线；球果长 3~4 厘米，径 2~2.2 厘米，种鳞菱状卵形。生针阔混交林中。宽甸、桓仁、本溪等地有野生，各地园林栽培 ·····················

·················· 8b. 长白鱼鳞云杉 Picea jezoensis var. komarovii（V. Vassil.）Cheng et L. K. Fu【P.479】

4. 落叶松属 Larix Mill.

Larix Mill. Gard. Dict. 2：2. 1754.

    本属全世界约 15 种，分布于北半球的亚洲、欧洲及北美洲的温带高山与寒温带、寒带地区。我国产 10 种，分布于东北、河北北部、山西、陕西秦岭、甘肃南部、四川北部、西部及西南部、云南西北部、西藏南部及东部，新疆阿尔泰山及天山东部。东北产 4 种 1 变种 1 变型，其中栽培 2 种。辽宁产 4 种 1 变种 1 变型，其中栽培 3 种 1 变种 1 变型。

分种检索表

1. 种鳞先端不向外反曲或微反曲；一年生枝淡黄色、黄色、淡黄灰色、淡褐黄色或淡褐色，通常无白粉。

  2. 球果中部种鳞长大于宽，呈五角状卵形，背面无毛，常有光泽，先端平截或微凹。

    3. 一年生长枝较细，径约 1 毫米；短枝径 2~3 毫米，顶端叶枕间被黄白色长柔毛；球果长 1.2~2.5 厘米，具种鳞 16~30 枚，成熟时上端种鳞张开。生山地的各种立地环境。辽宁有栽培 ·················

························· 1a. 落叶松（兴安落叶松）Larix gmelinii（Rupr.）Rupr. var. gmelinii【P.479】

    3. 一年生长枝较粗，径 1.4~2.5 毫米；短枝径 3~4 毫米，顶端叶枕间被黄褐色或淡褐色柔毛；球果长 2~4 厘米，具种鳞 26~45 枚，成熟时上端种鳞微张开或不张开。生海拔 1400~1800 米的山坡及沟谷边。辽宁各地栽培 ········· 1b. 华北落叶松 Larix gmelinii var. principis-rupprechtii（Mayr）Pilger.【P.479】

  2. 球果中部种鳞长、宽近相等，或宽稍大于长或长稍大于宽，近圆形、方圆形或四方状广卵形。

    4. 一年生枝淡褐色或淡红褐色，密生或散生或长或短的毛；球果具种鳞 16~40 枚，中部种鳞四方形、广卵形或方圆形，苞鳞先端不露出。

5. 幼果淡红紫色或紫红色。生针阔混交林中。辽东山区有野生，各地有栽培 ……………………………………………… 2a. 黄花落叶松（长白落叶松）Larix olgensis A. Henry f. olgensis 【P.479】

5. 幼果绿色。生海拔1300~1700米地带，散生黄花落叶松林内。新宾、凤城等辽东山区有栽培 ……………… 2b. 绿果黄花落叶松 Larix olgensis f. viridis（Wils.）Nakai【P.479】

4. 一年生枝淡黄色或淡灰黄色，无毛；球果具种鳞40~50枚，中部种鳞近圆形，苞鳞先端微露出。原产欧洲。辽宁省熊岳有引种 ……………………… 3. 欧洲落叶松 Larix decidua Mill.【P.479】

1. 种鳞先端显著向外反曲，中部种鳞卵状长圆形，背面有小疣状突起和短粗毛；一年生枝淡黄色或淡红褐色，有白粉。原产日本。抚顺、清原、本溪、桓仁、丹东、大连、鞍山、沈阳等地栽培 ……………………………………………… 4. 日本落叶松 Larix kaempferi（Lamb.）Carr.【P.479】

5. 金钱松属 Pseudolarix Gord.

Pseudolarix Gord. pinet, 292. 1858.

本属为我国特产，仅有金钱松1种，分布于长江中下游各省温暖地带。东北仅辽宁有栽培。

金钱松 Pseudolarix amabilis（Nelson）Rehd.【P.479】

乔木。叶条形，柔软，镰状或直，长2~5.5厘米，宽1.5~4毫米；幼树及萌生枝之叶长达7厘米，宽达5毫米。雄球花黄色，圆柱状，下垂；雌球花紫红色，直立，椭圆形，长约1.3厘米，有短梗。球果卵圆形或倒卵圆形，成熟前绿色或淡黄绿色，熟时淡红褐色，有短梗；中部的种鳞卵状披针形，两侧耳状，先端钝有凹缺。为我国特有树种，熊岳树木园栽培。

6. 雪松属 Cedrus Trew

Cedrus Trew, Cedrorum Libani Hist. 1：6. 1757.

本属全世界有4种，分布于非洲北部、亚洲西部及喜马拉雅山西部。我国有2种。东北仅辽宁栽培1种。

雪松 Cedrus deodara（Roxb.）G. Don【P.480】

乔木。叶在长枝上辐射伸展，短枝之叶成簇生状，针形，坚硬，淡绿色或深绿色，上部较宽，先端锐尖，下部渐窄，常成三棱形。雄球花长卵圆形；雌球花卵圆形。球果成熟前淡绿色，微有白粉，熟时红褐色，卵圆形或宽椭圆形，顶端圆钝，有短梗。原产喜马拉雅山西部。大连有栽培。

7. 松属 Pinus L.

Pinus L. Sp. Pl. 1000. 1753.

本属全世界约110余种，分布于北半球，北至北极地区，南至北非、中美洲、中南半岛至苏门答腊赤道以南地方。我国产22种，几乎遍布全国，另引入栽培20种左右。东北产15种1亚种6变种1变型，其中栽培10种1亚种。辽宁产13种1亚种5变种1变型，其中栽培11种2变种。

分种检索表

1. 叶鞘早落，针叶基部的鳞叶不下延，叶内具1条维管束。
　2. 鳞脐顶生，无刺状尖头；叶通常5针一束。
　　3. 种子无翅。
　　　4. 球果成熟时种鳞不张开或张开，种子不脱落；小枝被黄褐色或红褐色毛；叶腹面气孔线每侧有6~8条；球果长8~15厘米，种鳞先端微外曲，鳞盾黄褐色，稍带灰绿色。生湿润缓山坡及排水良好的平地。产宽甸、凤城、桓仁、本溪、新宾等地 ……………… 1. 红松 Pinus koraiensis Sieb.【P.480】
　　　4. 球果成熟时种鳞张开，种子脱落；小枝绿色或灰绿色，无毛。原产山西、甘肃、河南、湖北及西南各省。大连、沈阳、新民等地栽培 ……………… 2. 华山松 Pinus armandii Franch.【P.480】
　　3. 种子具长翅。

5. 针叶长 7~20 厘米；小枝无毛或初时有毛后脱落；球果圆柱形或狭圆柱形，长 8~25 厘米，有梗；种翅长于种子。

 6. 小枝无毛，微被白粉；球果长 15~25 厘米。产西藏南部、云南西北部海拔 1600~3300 米地带的针、阔混交林中。熊岳树木园有栽培 ·············· 3. **乔松** Pinus wallichiana A.B. Jacks.【P.480】

 6. 小枝被毛，后脱落；球果长 8~12 厘米。原产北美洲。熊岳树木园及旅顺口有引种栽培 ·············
··· 4. **北美乔松** Pinus strobus L.【P.480】

5. 针叶长 3.5~5.5 厘米；小枝有密毛；球果卵圆形或卵状椭圆形，长 8 厘米以下，无梗；种翅与种子近等长。原产日本。大连有少量栽培 ·············· 5. **日本五针松** Pinus parviflora Sieb. et Zucc.【P.480】

2. 鳞脐背生，顶端有刺；针叶 3 针一束；小枝平滑；树皮平滑而呈灰白色，裂成不规则鳞片脱落，白褐相间成斑鳞状。中国特产，分布西北、华北。沈阳、鞍山、盖州、大连、锦州等地有栽培 ·················
··· 6. **白皮松** Pinus bungeana Zucc. ex Endl.【P.480】

1. 叶鞘宿存，稀脱落，针叶基部的鳞叶下延，叶内有 2 维管束。

7. 枝条每年生一轮；一年生小球果生于枝顶。

 8. 针叶 2 针一束，稀间有 3 针一束。

  9. 叶内树脂道边生，稀中生。

   10. 一年生枝有白粉或不甚明显；幼球果直立、斜向上或平伸；种鳞较薄。

    11. 一年生幼球果直立、斜向上；鳞盾平坦或下部者微凸起。

     12. 树干上部树皮淡黄褐色、淡红褐色至红褐色，裂成薄片脱落。生山坡。产丹东、宽甸、凤城、岫岩、东港、桓仁、本溪、西丰、庄河、长海、大连、普兰店、金州、瓦房店、盖州、营口等地 ·············· 7aa. **赤松** Pinus densiflora Sieb. et Zucc. f. densiflora【P.480】

     12. 树干上、下部树皮均为黑色，深纵裂。生山坡。产辽宁
      ·············· 7ab. **黑皮赤松** Pinus densiflora f. nigricorticalis Q. L. Wang

    11. 一年生幼球果斜向上、平伸（半下垂）；鳞盾微凸起或下部者极凸起。

     13. 针长 5~8 厘米；种子长约 4 毫米，连翅长约 2 厘米。生 800~1600 米的山坡。产吉林（长白山北坡）。沈阳、大连有栽培 ·····································
     ·············· 7b. **长白松** Pinus densiflora var. sylvestriformis (Taken.) Q. L. Wang【P.480】

     13. 针长 13~15 厘米；种子大，5~7 毫米，连翅长 2~2.2 厘米。天然杂交种。生一片人工樟子松林中。产章古台 ········· 7c. **彰武松** Pinus densiflora var. zhangwuensis S. J. Zhang et al.

   10. 一年生枝无白粉；幼球果直立或下垂；种鳞较厚。

    14. 幼球果下垂；鳞盾明显凸起，有明显纵脊和横脊，鳞脊刺尖脱落；叶常扭转。

     15. 全部树皮红褐色；冬芽赤褐色；球果熟时暗黄褐色。原产欧洲。熊岳、旅顺口等有栽培
     ·············· 8a. **欧洲赤松** Pinus sylvestris L. var. sylvestris

     15. 树干下部的树皮灰褐色或黑褐色，上部树皮黄色至褐黄色；冬芽淡褐黄色；球果熟时淡褐灰色。辽宁各地有栽培 ····· 8b. **樟子松** Pinus sylvestris L. var. mongoliea Litv.【P.480】

    14. 一年生幼球果直立；鳞盾肥厚，微凸起，鳞脊不明显，鳞脐凸起有尖刺；叶不扭转。

     16. 树有主干。

      17. 树皮灰褐色或褐灰色，上部淡红褐色；枝褐黄色。生山坡干燥的微酸性及中性沙壤土。产大连、庄河、金州、鞍山、本溪、新宾、清原、抚顺、开原、铁岭、沈阳、彰武、建平、建昌、凌源、绥中等地 ·····································
      ·············· 9a. **油松** Pinus tabuliformis Carr. var. tabuliformis【P.480】

      17. 树皮黑灰色，深纵裂，枝深黑灰色。生山坡干燥的微酸性及中性沙壤土。产沈阳、鞍山（千山）、北镇（医巫闾山） ····· 9b. **黑皮油松** Pinus tabuliformis var. mukdensis Uyeki

     16. 树无主干，树冠扫帚状。生山坡干燥的微酸性及中性沙壤土。产鞍山（千山） ·············
     ·············· 9c. **扫帚油松** Pinus tabuliformis var. umbraculifera (Liou et Wang) Q. L. Wang

  9. 叶内树脂道中生。

18. 冬芽褐色；球果长5~8厘米；叶内树脂道3~6；鳞脐隆起。原产欧洲南部及小亚细亚半岛。熊岳、旅顺口有栽培 ······· 10b. 南欧黑松Pinus nigra subsp. laricio Maire【P.480】

18. 冬芽银白色；球果长4~6厘米；叶内树脂道6~11；鳞脐下陷。原产日本和朝鲜南部海岸。大连常见栽培 ··············· 11. 黑松（日本黑松）Pinus thunbergii Parl.【P.480】

8. 针叶3针一束，稀间有2针一束；叶鞘长约1厘米；树脂道5，中生。原产北美洲。熊岳、旅顺口、大连等地有栽培 ·············· 12. 西黄松Pinus ponderosa Dongl. ex Laws.【P.481】

7. 枝条每年生2轮至数轮；一年生小球果生于小枝侧面。

19. 针叶3针一束，长7~16厘米；球果成熟后种鳞张开，鳞盾极凸起，鳞脐具长刺尖。原产美国东部。东港、大连、盖州、沈阳等地有栽培 ·············· 13. 刚松Pinus rigida Mill.【P.481】

19. 针叶2针一束，长2~4厘米，扭转，微弯；球果狭长卵形，弯曲，成熟时种鳞不张开，鳞盾平，鳞脐无刺尖，宿存树上达数年之久。原产北美洲东部。大连、盖州、抚顺、沈阳等地有栽培 ·············· ·············· 14. 北美短叶松Pinus banksiana Lamb.【P.481】

二十二、杉科Taxodiaceae

Taxodiaceae Saporta, Ann. Sci. Nat., Bot. ser. 5, 4：44（1855），nom. cons.

本科全世界有9属12种，分布亚洲、北美洲和塔斯马尼亚。中国有8属9种。东北仅辽宁栽培3属3种。

分属检索表

1. 叶及种鳞均螺旋状着生。
  2. 叶披针形，有锯齿；种鳞（或苞鳞）扁平，革质，小于苞鳞，上部3裂，裂片先端具不规则细齿，每种鳞腹面具3粒种子，种子两侧具狭翅 ·············· 1. 杉木属Cunninghamia
  2. 叶钻形；种鳞盾形，木质，大于苞鳞，上部边缘具3~7裂齿，每种鳞具2~5粒种子，种子周围有狭翅 ·············· 2. 柳杉属Cryptomeria

1. 叶及种鳞均对生；叶线形，排成2列；侧生小枝于冬季与叶一起脱落；种鳞盾形，木质，每种鳞具5~9粒种子；种子周围有翅 ·············· 3. 水杉属Metasequoia

1. 杉木属Cunninghamia R. Br

Cunninghamia R. Br. in P. p. King, Narr. Surv. Austral. 2（Appx.）：564. 1826. in nota.

本属为全世界有2种及2栽培变种，产于我国秦岭以南、长江以南温暖地区及台湾，越南。东北仅辽宁栽培1种。

杉木Cunninghamia lanceolata（Lamb.）Hook.【P.481】

乔木。叶披针形或条状披针形，革质。雄球花圆锥状，有短梗；雌球花单生或2~4个集生，绿色。球果卵圆形，熟时苞鳞革质，棕黄色，三角状卵形，先端有坚硬的刺状尖头，边缘有不规则的锯齿。中国长江流域、秦岭以南地区栽培最广。大连有试验栽培。

2. 柳杉属Cryptomeria D. Don

Cryptomeria D. Don in Trans. Linn. Soc. Lond. 18：166. 1841.

本属全世界仅1种，分布于我国及日本。东北仅辽宁有栽培。

日本柳杉（柳杉）Cryptomeria japonica（Thunb. ex L.f.）D. Don【P.481】

乔木；树皮红棕色，纤维状，裂成长条片脱落。叶钻形略向内弯曲，先端内曲。雄球花单生叶腋，长椭圆形，长约7毫米，集生小枝上部，成短穗状花序；雌球花顶生短枝上。球果圆球形或扁球形。中国特有树种，产浙江、福建、江西。大连有试验栽培。

3. 水杉属 Metasequoia Miki ex Hu et Cheng

Metasequoia Miki in Jap. Journ. Bot. 9：261. 1841.

本属在中生代白垩纪及新生代约有10种，曾广布于北美洲、日本、中国东北、俄罗斯西伯利亚、欧洲及格陵兰，北达北纬82°。第四纪冰期之后，几乎全部绝灭，现仅有一孑遗种，产于中国四川东部石柱县及湖北西南部利川、湖南西北部龙山及桑植山区。东北仅辽宁有栽培。

水杉 Metasequoia glyptostroboides Hu et Cheng【P.481】

乔木。叶线形，在侧生小枝上排成2列，羽状，冬季与小枝一同脱落。球果下垂，近四棱状球形，成熟前绿色，熟时深褐色；种鳞木质，盾形，常11~12对，交叉对生，鳞顶扁菱形，中央具一条横槽，基部楔形，能育种鳞具5~9种子。中国特产，仅分布四川、湖北及湖南三省毗邻的局部地区。丹东、本溪、大连、鞍山、沈阳有栽培。

二十三、柏科 Cupressaceae

Cupressaceae Gray，Nat. Arr. Brit. Pl. 2：222，225. 1822，nom. cons.

本科全世界有19属125种左右，广布世界各地。中国有8属46种。东北有5属10种10变种，其中栽培5种8变种。辽宁产5属10种8变种，其中栽培7种7变种。

分属检索表

1. 种鳞木质或革质，成熟时张开；种子通常有翅，稀无翅。
  2. 种鳞扁平或鳞背隆起，但不为盾形。
    3. 鳞叶较小，长不及4毫米，背面无明显白粉带；球果卵圆形或卵状长圆形，发育种鳞具2粒种子，种子两侧具狭翅或无翅。
      4. 生鳞叶的小枝平展；种子两侧有狭翅 ·· 1. 崖柏属 Thuja
      4. 生鳞叶的小枝直展或斜展，排成一平面，两面同型，种鳞厚，4对；种子无翅 ·············
        ··· 2. 侧柏属 Platycladus
    3. 鳞叶较大，两侧的鳞叶长4~7毫米，背面有明显的宽白粉带；球果近球形，发育种鳞具3~5粒种子，种子两侧具翅 ··· 3. 罗汉柏属 Thujopsis
  2. 种鳞盾形 ··· 4. 扁柏属 Chamaecyparis
1. 种鳞肉质，成熟时不张开；种子无翅 ································· 5. 刺柏属 Juniperus

1. 崖柏属 Thuja L.

Thuja L. Gen. Pl. ed. 5. 435. 1754. pro parte.

本属全世界有5种，分布于美洲北部及亚洲东部。我国产2种，分布于吉林南部及四川东北部，另有栽培多种。东北产2种，其中栽培1种。辽宁栽培1种。

北美香柏 Thuja occidentalis L.【P.481】

乔木。树皮红褐色或橘红色，纵裂成条状块片脱落；当年生小枝扁，2~3年后逐渐变成圆柱形。鳞叶先端尖或急尖，两侧鳞叶较中央鳞叶稍短或等长，中央鳞叶尖头下方有明显透明腺点。球果幼时直立，成熟时向下弯垂，长椭圆形；种鳞通常4~5对，卵状椭圆形。原产北美洲。沈阳、熊岳、大连、旅顺口有栽培。

2. 侧柏属 Platycladus Spach

Platycladus Spach，Hist. Nat. veg. Phan. 11：333. 1842.

本属仅侧柏1种，分布几乎遍布全国。朝鲜也有分布。东北仅辽宁产1种2栽培变种。

分种下单位检索表

1. 乔木。生向阳山坡。产北镇、朝阳、凌源等地，其他地方常见栽培 ··
·· 1a. 侧柏 Platycladus orientalis（L.）Franco【P.481】
1. 灌木。
　2. 丛生灌木，无主干；枝密，上伸；树冠卵圆形或球形；叶绿色。辽宁各地栽培 ····························
··· 1b. 千头柏 Platycladus orientalis cv. 'Sieboldii'
　2. 矮型灌木，树冠球形，叶全年为金黄色。辽宁各地栽培 ··
·································· 1c. 金黄球柏 Platycladus orientalis cv. 'Semperaurescens'

3. 罗汉柏属 Thujopsis Sieb. et Zucc.

Thujopsis Sieb. et Zucc. Fl. Jap. 2：32. 1842–1870.

本属全世界仅1种，产于日本。我国引种栽培作庭园树。东北仅辽宁有栽培。

罗汉柏 Thujopsis dolabrata（Linn. f.）Sieb. et Zucc.【P.481】

乔木。生鳞叶的小枝扁而平展，鳞叶质地较厚，两侧之叶卵状披针形，先端通常较钝，微内曲，上侧面深绿色，下侧面具一条较宽的粉白色气孔带；中央之叶稍短于两侧之叶，露出部分呈倒卵状椭圆形，先端钝圆或近三角状。球果近圆球形，种鳞木质。原产日本。旅顺口有少量栽培。

4. 扁柏属 Chamaecyparis Spach

Chamaecyparis Spach，Hist. Nat. Veg. Phan. 11：329. 1842.

本属全世界约6种，分布于北美洲、日本及中国。中国产1种及1变种，均产台湾；另有引入栽培4种。东北仅辽宁栽培1种。

日本花柏 Chamaecyparis pisifera（Sieb. et Zucc.）Endl.【P.481】

常绿乔木；树皮红褐色，裂成薄皮脱落；树冠尖塔形；生鳞叶的小枝排列成一平面。鳞叶先端锐尖。球果圆球形，直径6毫米，熟时暗褐色；种鳞5~6对，先端微凹，具小尖头；种子1~2粒，三角状卵圆形，直径2~3毫米，有棱脊，两侧有宽翅。原产日本。沈阳、大连、庄河等地栽培。

5. 刺柏属 Juniperus Linn.

Juniperus L. Sp. Pl. 1038. 1753.

本属全世界约60种，分布于亚洲、欧洲及北美洲。我国有23种。东北产6种8变种，其中，栽培4种6变种。辽宁产6种7变种，其中栽培5种6变种。

分种检索表

1. 叶全为刺叶。
　2. 灌木；刺叶基部无关节，下延；冬芽不显著；球花单生于枝顶；雌球花珠鳞3~8枚轮生或交互对生。
　　3. 球果具2~3粒种子；匍匐灌木。原产日本。沈阳、大连、丹东等地有栽培。··························
·············· 1. 铺地柏 Juniperus procumbens（Siebold ex Endl.）Miq.【P.481】
　　3. 球果具1粒种子；直立灌木。栽培品种。大连等地栽培 ··
························· 2. 粉柏 Juniperus squamata Buch.-Ham. ex D. Don cv. "Meyeri"【P.482】

2. 乔木或灌木；刺叶基部有关节，不下延；冬芽显著；球花单生于叶腋；雌球花3枚轮生。生较干燥的山地。产开原、抚顺、本溪、宽甸、桓仁、普兰店、岫岩、营口、丹东等地 ……………………………………………………………………… 3. 杜松 Juniperus rigida Sieb. et Zucc.【P.482】
1. 叶全为鳞叶或兼有鳞叶和刺叶，或仅幼株全为刺叶。
　　4. 匍匐灌木；球果通常倒三角形或倒卵状球形；生鳞叶小枝圆柱形，刺叶交叉对生。
　　　　5. 壮龄及老龄植株全为鳞叶，仅幼株有刺叶，刺叶宽，近直伸或微斜展。生海拔1100~2800米的多石山坡上，或针叶林或针阔混交林下或固定沙丘上。产内蒙古。大连、沈阳有栽培。 ……………………………………………………… 4a. 叉子圆柏 Juniperus sabina L. var. sabina【P.482】
　　　　5. 壮龄及老龄植株上兼有刺叶和鳞叶，幼株全为刺叶，刺叶狭，斜伸或平展。喜生多石山地及山峰岩石缝、沙丘上。产黑龙江、吉林、内蒙古。沈阳有栽培 ……………………………………………………… 4b. 兴安圆柏 Juniperus sabina var. davurica（Pall.）Farjon【P.482】
　　4. 乔木或灌木；球果卵圆形或近球形，稀倒卵圆形。
　　　　6. 鳞叶先端钝，腺体位于叶背的中部，生鳞叶的小枝圆柱形或微呈四棱形；刺叶三枚交互轮生或交互对生，等长；球果具1~4粒种子。
　　　　　　7. 乔木。
　　　　　　　　8. 植株兼有刺叶和鳞叶，刺叶3枚交互轮生，排列疏松。分布中国华北、西北各省区及长江流域。辽宁各地有栽培。 ……………… 5a. 圆柏 Juniperus chinensis L. var. chinensis【P.482】
　　　　　　　　8. 植株极少刺叶或极少鳞叶。
　　　　　　　　　　9. 树冠柱状塔形；叶多为鳞叶，刺叶极为少见。栽培品种。大连有栽培 ……………………………………………………… 5b. 龙柏 Juniperus chinensis cv. 'Kaizucz'
　　　　　　　　　　9. 树冠圆柱状；叶多为刺叶，鳞叶极为少见。栽培品种。辽宁各地有栽培 ……………………………………………………… 5c. 塔柏 Juniperus chinensis cv. "Pyramidalis"
　　　　　　7. 灌木。
　　　　　　　　10. 直立丛生灌木。
　　　　　　　　　　11. 幼枝绿叶中无金黄色枝叶。栽培品种。辽宁各地有栽培 ……………………………………………………… 5d. 鹿角桧 Juniperus chinensis cv. "Pftzeriana"
　　　　　　　　　　11. 幼枝绿叶中常有金黄色枝叶。栽培品种。辽宁各地有栽培 ……………………………………………………… 5e. 金球桧 Juniperus chinensis cv. "Aureoglobosa"
　　　　　　　　10. 匍匐灌木。
　　　　　　　　　　12. 幼树或老龄树均以鳞叶为主，刺叶极为少见。栽培品种。大连有栽培 ……………………………………………………… 5f. 匍地龙柏 Juniperus chinensis cv. "Kaizuna Procumbens"
　　　　　　　　　　12. 幼树刺叶为主，常交叉对生，排列紧密，老龄树鳞叶为主。生海拔千米以上的山顶岩石上。产宽甸、本溪、凤城等地 ……………… 5g. 偃柏 Juniperus chinensis var. sargentii A. Henry
　　　　6. 鳞叶先端急尖或渐尖，腺体位于叶背的中下部或近中部，生鳞叶的小枝常呈四棱形；幼树上的刺叶交叉对生，不等长；球果具1~2粒种子。原产北美洲。我国华东地区引种栽培作庭园树。辽宁省旅顺口有少量栽培 ……………………………………………………… 6. 北美圆柏 Juniperus virginiana L.【P.482】

二十四、三尖杉科 Cephalotaxaceae

Cephalotaxaceae Neger，Nadelh. 23. 30. 1907.
　　本科全世界有1属8~11种，分布中国、印度、日本、朝鲜、老挝、缅甸、泰国、越南。中国有6种。东北仅辽宁栽培1种。

三尖杉属Cephalotaxus Sieb. et Zucc. ex Endl.

Cephalotaxus Sieb. et Zucc. ex Endl. Gen. Suppl. 2：27. 1842.

属的特征与地理分布同科。

粗榧 Cephalotaxus sinensis（Rehd. et Wils.）Li【P.482】

常绿灌木或小乔木。树皮灰色或灰褐色，呈薄片状脱落。叶条形，通常直，很少微弯，长约3.5厘米，宽约3毫米，先端有微急尖或渐尖的短尖头，基部近圆形或广楔形，几乎无柄，上面绿色，下面气孔带白色，较绿色边带宽3~4倍。为中国特有树种，产江苏、浙江、安徽、福建、江西、湖南等地。熊岳树木园有栽培。

二十五、红豆杉科Taxaceae

Taxaceae Gray，Nat. Arr. Brit. Pl. 2：222，226（1822）.

本科全世界有5属21种，主要分布北半球。中国有4属11种。东北有1属1种2变种，其中栽培1变种，辽宁全部有分布。

红豆杉属Taxus L.

Taxus L. Gen. Pl. 312. 1737.

本属全世界约9种，分布于北半球。中国有3种。

分种下单位检索表

1. 常绿乔木。多见于以红松为主的针阔混交林内。产宽甸、桓仁、本溪等地，其他地方有栽培 ……………… ……………………………… 1a. 东北红豆杉Taxus cuspidata Sieb. et Zucc. var. cuspidata【P.482】
1. 常绿灌木。
　2. 茎无主干，匍匐蔓延，生不定根。生水沟边。产宽甸 ……………………………………………… ……………………………… 1b. 大山伽罗木Taxus cuspidata var. caespitosa（Nakai）Q. L. Wang
　2. 茎有主干，株高1.5~2米。原产日本。辽宁有栽培 ……………………………………………………… ………………………………………… 1c. 矮东北红豆杉Taxus cuspidata var. nana Rehd.

二十六、麻黄科Ephedraceae

Ephedraceae Dumort.，Anal. Fam. Pl. 11，12（1829），nom. cons.

本科全世界有1属40种左右，分布东北、北非、亚洲、欧洲、北美洲、南美洲。中国有14种。东北有4种，其中栽培1种。辽宁产3种，其中栽培1种。

麻黄属Ephedra Tourn ex L.

Ephedra Tourn ex L. Gen. Pl. 321. 1727.

属的特征与地理分布同科。

分种检索表

1. 植株无直立木质茎，草木状，高20~40厘米；叶2裂；球花苞片交互对生，珠被管直或稍弯；种子通常2。生草原、山坡、平原或河床。产彰武、建平、葫芦岛、朝阳、瓦房店、盖州等地 …………………… …………………………………………………… 1. 草麻黄Ephedra sinica Stapf【P.482】

1. 植株通常有直立木质茎，灌木状，高40~80厘米。
　　2. 叶3裂和2裂并存；球花的苞片2片对生或3片轮生，苞片的膜质边缘较明显；雌花的胚珠具长而曲折的珠被管；小枝径约1.5毫米；植株高度多在40~80厘米。生山坡、沙滩。辽宁有记载 ·····················
　　··· 2. **中麻黄** Ephedra intermedia Schrenk. ex Mey. 【P.482】
　　2. 叶2裂，稀在个别的枝上呈3裂；球花的苞片全为2片对生；雌花胚珠的珠被管一般较短且较直，稀长而稍曲；小枝径约1毫米；植株高达1米。金州有引种栽培 ··
　　··· 3. **木贼麻黄** Ephedra equisetina Bunge 【P.482】

第三章　被子植物 ANGIOSPERMAE

二十七、三白草科 Saururaceae

Saururaceae Rich. ex T.Lestib.，Botanogr. Élém. 453. 1826.

本科全世界有4属、约6种，分布东亚和南亚。中国有3属4种。东北地区栽培1属1种。辽宁栽培1属1种。

蕺菜属 Houttuynia Thunb.

Houttuynia Thunb. Fl. Jap. 234. 1784.

本属全世界仅1种，分布于亚洲东部和东南部。中国在长江流域及其以南各省区常见。东北地区黑龙江、辽宁有栽培。

蕺菜（鱼腥草）Houttuynia cordata Thunb.【P.482】

腥臭草本。叶薄纸质、有腺点，卵形，背面常呈紫红色；叶脉5~7条，全部基出或最内1对离基约5毫米从中脉发出。花序长约2厘米；总苞片4片，白色，长圆形或倒卵形，顶端钝圆；雄蕊长于子房，花丝长为花药的3倍。蒴果顶端有宿存的花柱。分布中国陕西、甘肃及长江流域以南各省；大连有栽培。

二十八、金粟兰科 Chloranthaceae

Chloranthaceae R. Br. ex Sims，Bot. Mag. 48：ad t. 2190（1820），nom. cons.

本科全世界有5属70种左右，分布热带和亚热带地区。中国有3属15种。东北地区有1属2种，其中栽培1种。辽宁产1属1种。

金粟兰属 Chloranthus Swartz

Chloranthus Swartz in Phil. Trans. London 77：359. 1787.

本属全世界约17种，分布于亚洲的温带和热带地区。中国约有13种和5变种，产西南至东北地区。东北地区产2种，其中栽培1种。

银线草 Chloranthus japonicus Sieb.【P.483】

多年生草本。茎直立。叶对生，通常4片生茎顶，成假轮生，叶片纸质，广椭圆形或倒卵形。穗状花序单一，顶生；花白色，苞片卵状或宽三角状；雄蕊3，药隔基部连合；子房卵形，无花柱，柱头平截。核果歪倒卵形，成熟时褐色。生山坡杂木林下或沟边草丛中阴湿处。产西丰、本溪、鞍山、桓仁、宽甸、凤城、丹东、凌源、岫岩、庄河、长海、金州、普兰店、瓦房店、旅顺口等地。

二十九、杨柳科Salicaceae

Salicaceae Mirb., Elém. Physiol. Vég. Bot. 2：905. 1815.

本科全世界有3属620种左右，主要分布于北半球，少数分布于南半球。中国有3属347种。东北地区有3属68种25变种14变型，其中栽培19种8变种11变型。辽宁产3属50种17变种8变型，其中栽培17种7变种5变型。

分属检索表

1. 芽鳞多数；叶片通常宽大，叶柄较长；雌雄花序下垂，苞片先端分裂，花盘杯状；有顶芽；萌枝髓心常五角状 ·········· **1. 杨属Populus**
1. 芽鳞1枚（有时于萌动时芽先端尚能见到内面露出1~2枚鳞片）；叶片通常狭长，叶柄短；雌花序直立或斜展，稀近下垂，苞片全缘，无杯状花盘；顶芽分化为花芽；萌枝髓心圆形。
  2. 雄花序下垂，花无腺体（或雌花残留有不甚发育的小腺），花丝下部与苞片合生 ··· **2. 钻天柳属Chosenia**
  2. 雄花序直立，花有腺体，花丝与苞片离生 ··········· **3. 柳属Salix**

1. 杨属Populus L.

Populus L. Sp. Pl. 1034. 1753.

本属全世界约100多种，广泛分布于欧洲、亚洲、北美洲，在北纬30°~72°范围内，垂直分布多在海拔3000米以下。中国有71种，其中本土分布有47种。东北产24种8变种7变型，其中栽培15种2变种5变型。辽宁产16种6变种4变型，其中栽培12种3变种1变型。

分种检索表

1. 叶缘分裂或波状锯齿。
  2. 叶背面密被茸毛，在长枝与萌枝的叶中更明显，成熟的短枝叶有或无毛。
    3. 叶3~5（~7）裂。
      4. 侧裂片不对称；树皮灰白色；枝条斜展；树冠宽大。中国新疆有野生天然林分布。大连、盖州等地有栽培 ·········· **1a. 银白杨Populus alba L. var. alba**【P.483】
      4. 叶的侧裂片对称；树皮灰绿色；枝直立；树冠圆柱形。中国北方各省区常栽培，以新疆为普遍。大连、盖州、鞍山、彰武等地有栽培 ····················· **b. 新疆杨Populus alba var. pyramidalis Bunge**【P.483】
    3. 叶缘不分裂，具波状齿，叶三角状卵形。喜生于海拔1500米以下的温和平原地区。以黄河流域中、下游为中心分布区。丹东、盖州、大连等地栽培 ······················· **2. 毛白杨Populus tomentosa Carr.**【P.483】
  2. 叶背面无毛，或长枝叶和萌枝叶背面有毛。
    5. 叶三角状圆形或圆形，边缘有浅波状齿，短枝叶幼时无毛。
      6. 小枝不下垂。
        7. 叶三角状卵圆形或近圆形，基部圆形、截形或浅心形。生山地阳坡。产辽宁各地山区 ··········· **3a. 山杨Populus davidiana Dode f. davidiana**【P.483】
        7. 叶卵圆形、广菱状圆形，基部广楔形。生山坡林中。产清原等地 ··········· **3b. 楔叶山杨Populus davidiana f. iaticuneata Nakai**
      6. 小枝下垂。生境不详。产黑龙江。辽宁有栽培 ··········· **3c. 垂枝山杨Populus davidiana f. pendula（Sky.）C. Wang et Tung**
    5. 叶卵形，稀近圆形，边缘有深波状粗齿，齿端常内弯，短枝叶幼时背面被茸毛。生海拔700~1600米的河流两岸、沟谷阴坡及冲积阶地上。产华北、西北各省区。辽宁有栽培 ……… 4. 河北杨 Populus hopeiensis Hu et Chow【P.483】

1. 叶缘有锯齿或全缘，不具裂片和波状齿。

8. 叶柄侧扁或微侧扁，若为圆柱形时（中东杨），则叶边缘有半透明的边；叶两面均绿色，或稀背面绿白色。

9. 叶柄侧扁；叶三角形、三角状卵形或菱状卵圆形，先端短渐尖。

10. 短枝叶三角形，基部截形，边缘有极细短的缘毛；蒴果2~3瓣裂。原产北美洲东部。辽宁各地普遍栽培 …………………………………………… 5. 加杨 Populus canadensis Moench【P.483】

10. 短枝叶菱状卵圆形或菱状三角形和菱形，边缘无毛；蒴果2瓣裂。

11. 长短枝叶同型，叶柄与叶片近等长；雌花序长10厘米。

12. 树冠阔椭圆形；树皮暗灰色，老时沟裂；叶在长短枝上同形，菱形、菱状卵圆形或三角形。生河岸、河湾，少在沿岸沙丘。产中国新疆。旅顺口有栽培 ……………………………………………………………………………………………………… 6a. 黑杨 Populus nigra L. var. nigra【P.483】

12. 树冠比钻天杨狭窄；树皮灰白色，光滑；长枝叶三角形，长宽近相等。为青杨和小叶杨的杂交种。辽宁有栽培 ………………… 6b. 箭杆杨 Populus nigra var. thevestina（Dode）Bean

11. 长短枝叶异型，叶柄较叶片短1/3~1/2；雌花序长于10厘米。起源不详，有人认为是黑杨的无性系。辽宁有栽培 ………………… 6c. 钻天杨 Populus nigra var. italica（Moench）Koehne

9. 叶柄圆柱形或中上部侧扁；叶卵形、菱状卵形或菱状椭圆形，先端长渐尖或尾状尖。

13. 小枝圆柱形，微有棱；短枝叶卵形，边缘具锯齿；苗期放叶时，叶腋内有白色乳液。人工杂交种。大连、沈阳、新民、辽中、台安、鞍山等地栽培 …… 7. 北京杨 Populus × beijingensis W. Y. Hsu【P.483】

13. 小棱明显具棱；短枝叶菱状卵形，稀卵形，边缘具圆锯齿；苗期放叶时叶腋内含黄色乳液。

14. 叶先端尾状尖至长渐尖，基部楔形或广楔形。人工杂交种。辽宁各地均有栽培 ……………… 8. 小黑杨 Populus × xiaohei T. S. Hwang et Liang【P.483】

14. 叶先端长渐尖，基部圆形或广楔形。杂交种。熊岳、大连有栽培 ……………………………………………………………………………………… 9. 中东杨 Populus × berolinensis Dipp.【P.483】

8. 叶柄圆柱形，若叶柄微侧扁时（小钻杨），则叶缘无半透明边；叶两面异色。

15. 叶最宽处在中部或中上部，萌枝与长枝叶常倒卵形、倒卵状圆形或菱状三角形；蒴果2瓣裂；若在同一植株上有少数叶最宽处在中部或下部时，则蒴果3~4瓣裂。

16. 短枝叶基部楔形或广楔形，叶较窄。

17. 小枝具棱；蒴果较小，卵形，2瓣裂。

18. 叶两面、果穗轴及蒴果均无毛。

19. 长枝叶与短枝叶中部以上最宽。生山谷。凌源有自生。各地常见栽培 ………………… 10aa. 小叶杨 Populus simonii Carr. var. simonii f. simonii【P.483】

19. 长枝叶与短枝叶中部或中部以下最宽。模式标本采自金州大黑山 …………………………… 10ab. 菱叶小叶杨 Populus simonii var. simonii f. rhombifolia（Kitag.）C. Wang et Tung

18. 叶面沿主侧脉有柔毛。

21. 叶柄有稀柔毛；果序轴有短柔毛；蒴果具有短柔毛的短柄。常在河滩沙地上生长。模式标本采自金州 ……… 10b. 辽东小叶杨 Populus simonii var. liaotungensis（C. Wang et Sky.）C. Wang et Tung

21. 叶柄两端有毛；果穗轴及蒴果均无毛。产辽宁鞍山一带 …………………………………… 10c. 宽叶小叶杨 Populus simonii var. latifolia C. W. ang et Tung

17. 小枝圆柱形，微有棱，但树干上及枝上部新萌的当年小枝有棱；蒴果较大，圆球形，2~3瓣裂。自然杂交种。本溪、沈阳、鞍山、锦州、阜新、营口等地有栽培 ………………………………………………………………………………………………………

·························· 11. 小钻杨 Populus × xiaozhuanica W. Y. Hsu et Liang【P.484】
 16. 短枝叶基部圆形、心形或圆楔形，叶较宽。
  22. 短枝叶圆形、稀卵圆形或卵形，长宽近相等；果序长 10~12 厘米，轴无毛，蒴果较小，2 瓣裂；树干基部皮厚，分裂深；干形通直圆满，尖削度小；短枝、成熟叶柄上面均有短柔毛。辽宁北部地区有栽培 ······ 12b. **厚皮哈青杨** Populus charbinensis var. pachydermis C. Wang et Tung
  22. 短枝叶不为圆形；蒴果不为 2 瓣裂。
   23. 小枝无毛；叶表面有皱纹。背面白色或稍呈粉红色；蒴果 2~4 瓣裂。多生河岸、溪边谷地。产辽宁东部山区 ························· 13. **香杨** Populus koreana Rehd.【P.484】
   23. 小枝密被短柔毛；叶表面无皱纹；蒴果 3~4 瓣裂。
    24. 小枝圆柱形；叶干后背面常为赤褐色；果序轴无毛。生溪谷林内。产宽甸等辽宁东部林区 ·············· 14. **辽杨** Populus maximowiczii A. Henry
    24. 小枝有棱，横切面近方形；叶干后背面常变黑色；果序轴被毛，近基部更密。生河岸边、沟谷坡地的针阔混交林中。产辽宁东部林区 ··· ·························· 15. **大青杨** Populus ussuriensis Kom.【P.484】
 15. 叶最宽处在中下部。
  25. 短枝叶基部楔形、广楔形或少近圆形，边缘具细密交错起伏的锯齿；柱头 2 裂；蒴果 2~3 瓣裂。生山坡、山沟和河流两岸。辽宁各地有栽培 ·········· 16. **小青杨** P. pseudo-simonii Kitag.【P.484】
  25. 短枝叶基部圆形，稀近心形或阔楔形，边缘具腺圆锯齿；柱头 2~4 裂；蒴果卵圆形，3~4 瓣裂，稀 2 瓣裂。生沟谷、河岸和阴坡山麓。大连、丹东、盖州等地栽培 ······ 17. **青杨** P. cathayana Reh

2. 钻天柳属 Chosenia Nakai

Chosenia Nakai in Tokyo Bot. Mag. 34：68. 1920.
 本属全世界仅 1 种，分布于亚洲东部。东北地区黑龙江、吉林、辽宁、内蒙古有分布。

钻天柳（红梢柳）Chosenia arbutifolia（Pall.）A. Akv.【P.484】

 乔木，小枝紫红色或带黄色，无毛。叶柄短；叶片披针形。雄花序下垂，长 2~3 厘米；雌花序直立，长约 2 厘米；雄蕊 5，生于宿存的苞片基部；子房有柄，无毛，花柱明显，受粉后常脱落，无腺体或残存小腺体。蒴果 2 瓣裂。生林区溪流旁的河滩地上。产西丰、桓仁、宽甸、凤城等地。

3. 柳属 Salix L.

Salix L. Sp. Pl. 1015 1753.
 本属全世界约 520 种，主产北半球温带地区，寒带次之，亚热带和南半球极少。我国有 257 种。东北地区产 43 种 17 变种 7 变型，其中栽培 4 种 6 变种 6 变型。辽宁产 33 种 11 变种 4 变型，其中栽培 5 种 4 变种 4 变型。

分种检索表

1. 匍匐小灌木；叶小，革质，圆形或近圆形。生山顶草地。产桓仁 ··························· ···························· 1. **圆叶柳** Salix rotundifolia Trautv.【P.484】
1. 乔木或灌木，一般高 60 厘米以上。
 2. 苞片黄绿色；雄花有背腺、腹腺，雌花仅有腹腺；多为乔木。
  3. 果期苞片宿存；雄蕊 2；子房无柄或近无柄；叶披针形至狭卵状披针形。
   4. 小枝下垂，节间通常长 1.5 厘米以上。
    5. 雌花、雄花的苞片披针形，子房无毛或仅基部稍有毛；叶基部楔形，一般中下部最宽。自然分布长江流域及其以南各省区。辽宁各地栽培 ·················· 2. **垂柳** Salix babylonica L.【P.484】
    5. 雌花、雄花的苞片卵形，子房中部以下有毛；叶基部狭楔形，通常下部最宽，微呈镰刀形。

6. 花药黄色。为朝鲜特产。辽宁有栽培 ……………………………………………………………
……………………… 3a. 朝鲜垂柳 Salix pseudo-lasiogyne Leveille var. pseudo-lasiogyne
6. 花药红色。辽宁有栽培 ……………………………………………………………………
……………………… 3b. 红花朝鲜垂柳 Salix pseudo-lasiogyne var. erythrantha C. F. Fang
4. 小枝直立或开展，不下垂。
  7. 雌株。
    8. 子房有毛。
      9. 雌花有背腺、腹腺。
        10. 小枝黄灰色或黄褐色，常有黑色斑点和虫瘿；花序有梗；苞片长圆形，先端圆形、钝或
          微凹；幼叶背面带蓝绿色。多沿河边生长。产桓仁、宽甸、丹东、东港、凤城、沈阳、
          鞍山、海城、岫岩、庄河、普兰店等地 ……………………………………………………
          ……………………………… 4. 长柱柳 Salix eriocarpa Franch. et Sav.【P.484】
        10. 小枝灰褐色、褐色或褐栗色；花序近无梗；苞片卵状长圆形或卵形，先端急尖或钝；幼
          叶背面苍白色。
          11. 花柱较长，柱头2~4裂，红色。生河边、路旁和山坡。产北票、北镇、丹东、凤城、本
            溪、新宾、清原、鞍山、沈阳、盖州、普兰店、庄河等地 ……………………………
            ……………………… 5a. 朝鲜柳 Salix koreensis Anders.Salix var. koreensis【P.484】
          11. 花柱短至近无。绿化树种。模式标本采自黑龙江省哈尔滨。沈阳有栽培 ……………
            ……………………… 5b. 短柱朝鲜柳 Salix koreensis var. brevistyla Y. L. Chou et Skv
      9. 雌花仅有腹腺。沿河岸生长。产本溪 ………………………… 6. 白皮柳 Salix pierotii Miq.
    8. 子房无毛。
      12. 雌花有背腺、腹腺。
        13. 雌花有2腹腺，雌花的苞片基部多少有短柔毛。
          14. 小枝不下垂。生河流、水塘岸边。产辽宁各地 ………………………………………
            ……………… 7aa. 旱柳 Salix matsudana Koidz. var. matsudana f. matsudana【P.484】
          14. 小枝长而下垂。多作绿化树种栽培。产辽宁 …………………………………………
            ……………………… 7ab. 绦柳 Salix matsudana var. matsudana f. pendula Schneid.
        13. 雌花仅1腹腺，雌花的苞片无毛。自生或引种。产桓仁、东港、北镇、彰武等地 ………
          …… 7b. 旱垂柳 Salix matsudana var. pseudo-matsudana (Y. L. Chou et Skv.) Y. L. Chou
      12. 雌花仅有腹腺。生海拔100~300米。沈阳、鞍山、盖州、大连、兴城等地有栽培 …………
        ……………………………………… 8. 圆头柳 Salix capitata Y. L. Chou et Skv.
  7. 雄株及枝叶（花序或果序已经脱落）。
    15. 雄花或具幼叶。
      16. 雄蕊2，花丝完全合生。生河岸。产本溪等地 ………………… 6. 白皮柳 Salix pierotii Miq.
      16. 雄蕊2，稀混有3枚，花丝离生，有时下部合生。
        17. 小枝淡褐绿色。原产欧洲，沈阳、北镇、鞍山、大连等地栽培 ……………………
          ……………………………………………… 9. 爆竹柳 Salix fragilis L.
        17. 小枝不为淡褐绿色。
          18. 雄花序有短梗，苞片卵形，基部有毛。
            19. 小枝不卷曲。
              20. 花药黄色；苞片黄绿色。生河流、水塘岸边。产辽宁各地 …………………
                ……………… 7aa. 旱柳 Salix matsudana Koidz. var. matsudana f. matsudana
              20. 花药红色，苞片黄色。辽宁有栽培 ……………………………………………
                ……………… 7ac. 红花龙须柳 Salix matsudana var. matsudanaf. rubriflora C. F. Fang
            19. 小枝卷曲。多作为绿化树种栽于庭院。辽宁常见栽培 ……………………………

.... 7ad. **龙爪柳** Salix matsudana var. matsudana f. tortuosa （Vilm.）Rehd.

 18. 雄花序近无梗，苞片卵状长圆形。

  21. 花丝离生，稀基部合生，白色；幼叶背面苍白色。生河边、路旁和山坡。产北票、北镇、丹东、凤城、本溪、新宾、清原、鞍山、沈阳、盖州、普兰店、庄河等地
.... 5a. **朝鲜柳** Salix koreensis AndersSalix var. koreensis

  21. 花丝多半合生，黄色；幼叶背面带蓝绿色。多沿河边生长。产桓仁、宽甸、丹东、东港、凤城、沈阳、鞍山、海城、岫岩、庄河、普兰店等地 ....
.... 4. **长柱柳** Salix erioearpa Franeh. et Sav。

 15. 枝叶（花序或果序已经脱落）。

  22. 小枝淡褐绿色，较粗壮；叶表面暗绿色或沿中脉有短柔毛，背面苍白色，无毛。原产欧洲，沈阳、北镇、鞍山、大连等地栽培 .... 9. **爆竹柳** Salix fragilis L.

  22. 小枝为其他色泽；叶亦不同上述特征。

   23. 叶背面淡绿色或带蓝绿色。多沿河边生长。产桓仁、宽甸、丹东、东港、凤城、沈阳、鞍山、海城、岫岩、庄河、普兰店等地 .... 4. **长柱柳** Salix eriocarpa Franch. et Say.

   23. 叶背面苍白色或带白色。

    24. 叶柄较短，长 2~4 毫米。生海拔 100~300 米。沈阳、鞍山、盖州、大连、兴城等地有栽培 .... 8. **圆头柳** Salix capitata Y. L. Chou et Skv.

    24. 叶柄较长，超过 4 毫米以上。

     25. 叶背面无毛或仅小枝先端嫩叶稍有柔毛。

      26. 叶披针形，长通常为宽的 3.5~4.5 倍，先端渐尖，背面苍白色，沿中脉有密柔毛。生河边、路旁和山坡。产北票、北镇、丹东、凤城、本溪、新宾、清原、鞍山、沈阳、盖州、普兰店、庄河等地 ....
.... 5a. **朝鲜柳** Salix koreensis AndersSalix var. koreensis

      26. 叶披针形，长通常为宽的 5 倍以上，先端长渐尖，背面带白色，沿中脉近无毛，叶基部微圆形。

       27. 树皮暗灰黑色，有裂沟；叶披针形，基部窄圆形或楔形，表面绿色。

        28. 小枝不下垂。

         29. 小枝不卷曲。

          30. 树冠广圆形。生河流、水塘岸边。产辽宁各地 ....
...... 7aa. **旱柳** Salix matsudana Koidz. var. matsudana f. matsudana

          30. 树冠半圆形。辽宁省有引种 ....
...... 7ae. **馒头柳** Salix matsudana var. matsudanaf. umbraculifera Rehd.

         29. 小枝卷曲。多作为绿化树种栽于庭院。辽宁常见栽培 ....
...... 7ad. **龙爪柳** Salix matsudana var. matsudana f. tortuosa （Vilm.）Rehd.

        28. 小枝长而下垂。多作绿化树种栽培。产辽宁 ....
.... 7ab. **绦柳** Salix matsudana var. matsudana f. pendula Schneid.

       27. 树皮淡灰色，有规则的细沟裂；叶线状披针形，基部楔形，表面暗绿色。辽宁省多地有引种 ....
.... 7c. **旱快柳** Salix matsudana var. nshanensis C. Wang et J. Z. Yan

     25. 叶背面多少有残存的毛；小枝先端嫩叶密被柔毛。生河岸。产本溪等地
.... 6. **白皮柳** Salix pierotii Miq.

 3. 果期苞片多少脱落；雄蕊 3 或 3 枚以上；子房近无柄至长柄；叶披针形、狭长圆形至近圆形。

  31. 雄蕊 3；雌花有背、腹腺（稀背腺缺），花柱极短或无；叶通常宽 1.5 厘米以下，花序梗上的小叶有锯齿。生林子溪流旁。产桓仁、本溪、沈阳、新民、凤城、东港、海城、台安、盖州、庄河、普兰店、大连等地 .... 10. **日本三蕊柳（三蕊柳）** Salix nipponica Franch. et Sav 【P.484】

31. 雄蕊（4~）5以上；雌花有1至多腺，若仅为1腹腺，只花柱明显；叶通常宽2厘米以上。

 32. 苞片草质，雌花序向上斜展（果序常下垂），柱头不脱落；雄蕊不贴生在苞片上；叶椭圆形至近圆形，长一般不超过8厘米，背面淡绿色或稍发白色。

  33. 子房柄长1~3毫米；雄花序疏花（花盛开期），直径约8毫米；叶边缘的腺锯齿不反卷或微反卷，幼叶无黏质。多生山沟水旁。产丹东，盖州有栽培 …………………………………………
   …………………………… 11. 腺柳Salix chaenomeioides Kimura【P.484】

  33. 子房柄无或短；雄花序密花，直径1~1.2厘米；叶缘腺锯齿常向背面反卷，幼叶有黏质。生水甸或山间溪流旁和湿地。辽宁有记载 ………………… 12. 五蕊柳Salix pentandra L.【P.485】

 32. 苞片膜质，雌花序及果序细长，下垂，果期柱头连同部分花柱常脱落；雄蕊贴生于苞片基部，雄花序斜展；叶通常长8厘米以上，卵状披针形或微卵状长圆形，背面白色，脉纹明显。生林区河边。产桓仁、宽甸、岫岩、庄河 ………………… 13. 大白柳Salix maximowiczii Kom.【P.485】

2. 苞片黑色或棕褐色，或仅先端边缘带紫色，下部黄绿色；雌、雄花都只有1腹腺；多灌木，稀乔木。

 34. 叶长圆状椭圆形至近圆形，长为宽的2~3倍。

  35. 苞片仅先端多少发紫色，黄绿色，有疏长毛；叶小，长2.5厘米以下，无托叶；小枝细，直径不足1.5毫米；雄花与叶同时开放；植株高不超过1米。常在林区沼泽化草甸内成丛生长。辽宁有记载…
   ………………………………… 14. 越桔柳Salix myrtuloides L.【P.485】

  35. 苞片上部褐色或黑色，密被长毛；叶大，通常长3厘米以上；在萌枝或小枝上部托叶发达，小枝较粗，直径2毫米以上；雄花多先叶开放；植株通常高1米以上。

   36. 雌花序近无梗，雌、雄花序粗1.5厘米以上；叶大，长6~8厘米以上，质厚，表面发皱。

    37. 叶背面密被茸毛。生山坡、林中。产凤城、本溪、抚顺、沈阳、北票、北镇、鞍山、海城、盖州、庄河等地 … 15a. 大黄柳 Salix raddeana Lacksch. ex Nasarowis var. raddeana【P.485】

    37. 叶背面近无毛。生山坡。产鞍山、抚顺、清原等地 ………………………………………
     ……………… 15b. 稀毛大黄柳Salix raddeana var. subglabra Y. L. Chang et Skv.

   36. 雌花序有梗；雄花序粗约1厘米；叶较小，质较薄，表面不发皱。

    38. 一年生小枝有毛；叶背面多被绢毛。生沼泽地或较湿润山坡。产西丰、北票、新民、沈阳、本溪、抚顺、桓仁、鞍山、海城、岫岩、庄河、盖州等地 …………………………………
     ……………………………… 16. 崖柳Salix floderusii Nakai【P.485】

    38. 一年生小枝无毛；幼叶背面有或无柔毛，成熟叶背面无毛。

     39. 叶椭圆状倒卵形或椭圆状卵形。生湿润的山沟、林内或山坡林缘。产清原、宽甸、凤城、东港、本溪、抚顺、沈阳、铁岭、北镇、北票、凌源、鞍山、盖州等地 ………………………
      ………………………… 17a. 谷柳 Salix taraikensis Kimura var. taraikensis

     39. 叶倒披针形。生林中。产辽宁 …………………………………………………………
      …………… 17b. 倒披针叶谷柳Salix taraikensis var. oblanceolata C. Wang et C. F. Fang

 34. 叶线形至披针形，稀倒卵状长圆形或长圆形，长为宽的3.5倍以上。

  40. 叶背面有绢毛，如无毛，则边缘浅波状。

   41. 小枝叶通常长6厘米以上。

    42. 叶无毛或幼叶稍有毛，成熟叶边缘浅波状；苞片披针形或舌状；花柱长不超过子房的1/3。生河边或山坡上。产沈阳、本溪、海城、盖州、庄河等地 … 18. 卷边柳Salix siuzevii Seemen

    42. 叶背面多少被绢毛；苞片为其他形状；花柱长达子房的1/2以上。

     43. 叶线状披针形至广披针形；花序成串地排列在上年小枝的中上部。

      44. 叶线状披针形，背面密被绢毛；雄花序盛开时粗1.5厘米以上。生溪流旁、河边。产西丰、桓仁、新宾、沈阳、抚顺、鞍山、海城、盖州、本溪、宽甸、凤城、丹东、东港、岫岩、普兰店、大连、庄河等地 ………………… 19. 蒿柳Salix schwerinii Wolf【P.485】

      44. 叶广披针形，背面被疏薄的绢毛；雄花粗约1厘米以下。沿河生长。产桓仁、本溪等地 ……………………………… 20. 龙江柳Salix sachalinensis Fr. Schmidt【P.485】

43. 叶倒披针形、倒卵状披针形或长圆状披针形；仅有少量的花序着生在小枝上。多生水边湿地。产桓仁、凤城等地 ················· **21. 毛枝柳 Salix dasyclados** Wimm.【P.485】

41. 小枝中下部的叶通常长不超过6厘米。

  45. 叶线形至线状披针形，或长圆状披针形；花柱短或近无。

    46. 叶边缘有不明显的锯齿，稀全缘，初两面有丝状柔毛，后近无毛；雄蕊的花丝合生为一，花药红色；子房无毛；小枝灰紫褐色，稀灰绿色。生固定沙丘间湿地或河边低湿地。产彰武 ·············· **22b. 小红柳 Salix microstachya** var. **bordensis**（Nakai）C. F. Fang【P.485】

    46. 叶全缘，背面苍白色，或有白柔毛或白绒毛，嫩叶两面有丝状长柔毛或白绒毛；雄蕊的花丝离生，花药黄色；子房被密毛；小枝褐色或带黄色。生林区沼泽化草甸内。产桓仁 ······ ················· **23. 细叶沼柳 Salix rosmarinifolia** L.【P.485】

  45. 叶倒披针形、倒卵状长圆形或倒卵状狭椭圆形；花柱长；雄蕊合生为一，花药红色。生山区溪流旁。产宽甸、桓仁、新宾、丹东、凤城、本溪、东港、沈阳、新民、鞍山、盖州、庄河、瓦房店、普兰店、大连等地 ················· **24. 细柱柳 Salix gracilistyla** Miq.【P.485】

40. 叶无毛，稀有柔毛，边缘有齿或全缘，但不为浅波状。

  47. 叶线状披针形、披针形、倒披针形或倒卵状长圆形。

    48. 花柱短或无，长不超过子房的1/3；雄蕊的花丝部分合生或合生为一，花药红色；子房被密毛；芽长不超过8毫米。

      49. 叶线状披针形、披针形，长5厘米以上。

        50. 叶、花序对生，少互生，花先叶开放。生山坡湿地及河边。产桓仁、新宾、宽甸、沈阳、北镇、盖州、庄河、大连等地 ····· **25. 尖叶紫柳 Salix koriyanagi** Kimura【P.485】

        50. 叶、花序互生，花与叶几乎同时开放。

          51. 花柱明显；雌花、雄花序无梗；基部鳞状小叶常脱落；叶较宽大，长8~12厘米，宽8~12毫米。生河流及水泡岸边，常栽培。产北票、沈阳、盖州、东港、大连等地 ········· ················· **26. 筐柳 Salix linearistipularis** Hao【P.486】

          51. 花柱极短或缺；雌花、雄花序有梗，梗上的小叶不脱落，花序较细；叶较狭长。

            52. 苞片无毛或仅有疏毛，叶长达8厘米以上，宽为3~4毫米。生河边、沟渠边、沙区低湿地。产彰武、北镇、新民、抚顺、西丰、桓仁、新宾、鞍山、台安、海城、岫岩、盖州、庄河、普兰店、大连等地 ······································ ················· **27. 细枝柳 Salix gracilior**（Siuz.）Nakai【P.486】

            52. 苞片有白柔毛；叶长3~6厘米，宽7~10毫米。

              53. 叶常倒披针形，边缘有密细锯齿；子房柄无或不明显，花柱短或无。生于河流附近空旷地。辽宁有记载 ··· **28. 白河柳 Salix yanbianica** C. F. Fang et Ch. Y. Yang

              53. 叶线状披针形，边缘有疏钝锯齿；子房有柄，花柱无。生河滩沙地上。产东港 ················· **29. 东沟柳 Salix donggouxianica** C. F. Fang【P.486】

      49. 叶椭圆状长圆形，长2~5厘米，近对生或对生，萌枝叶有时3叶轮生。生山地、河边及水甸子。产西丰、新宾、桓仁、宽甸、本溪、沈阳、抚顺、新民、北镇、阜新、丹东、东港、岫岩、盖州、庄河、大连等地 ················· **30. 杞柳 Salix integra** Thunb.【P.486】

    48. 花柱长于或等于子房；雄蕊2，花丝离生，花药黄色，稀黄红色；子房有毛或无毛；芽大，长1厘米以上。

      54. 二年生小枝常有白粉；子房无毛；托叶卵圆形。

        55. 雌花、雄花的苞片近基部两侧边缘有3~4腺点；托叶正常发育。生林区山地及溪流旁。产西丰、凤城、本溪、沈阳、盖州、大连等地 ······································ ················· **31a. 粉枝柳 Salix rorida** Laksch. var. **rorida**【P.486】

        55. 雌花、雄花的苞片近基部两侧无腺点；托叶不发达。生林区低海拔山地林缘或疏灌丛中。产凤城、沈阳等地······ **31b. 伪粉枝柳 Salix rorida** var. **roridaeformis**（Nakai）Ohwi

54. 小枝无白粉；子房有毛；托叶披针形或卵状披针形。

  56. 叶背面有白柔毛。

    57. 子房有毛。生林区内低海拔河岸或溪流边。产东港 ……………………………………
    …………………………… **32a. 江界柳** Salix kangensis Nakai var. kangensis

    57. 子房无毛，仅子房柄有短柔毛。生河边。产凤城 ……………………………………
    …………………………… **32b. 光果江界柳** Salix kangensis var. leiocarpa Kitag。

  56. 叶背面无毛。生林缘较湿处或河边。新民、沈阳、盖州等地栽培 ……………………………
  …………………………… **33. 司氏柳** Salix skvortzovii Y. L. Chang et Y. L. Chou【P.486】

47. 叶线形，细长；雄蕊2，花药黄色；小枝黄色。生流动沙丘上。产彰武、新民、台安等地 ……
……………………………… **34. 黄柳** Salix gordejevii Y. L. Chang et Sky.【P.486】

三十、胡桃科 Juglandaceae

Juglandaceae DC. ex Perleb（1818）.

    本科全世界有9属60多种，主要分布于北半球温带和亚热带地区。中国有7属20种。东北地区有2属6种，其中栽培4种，辽宁全部有分布。

分属检索表

1. 果实为坚果，具果翅；叶轴具翅 ……………………………………………… 1. 枫杨属 Pterocarya
1. 果实为核果，无翅；叶轴无翅 ……………………………………………………… 2. 胡桃属 Juglans

1. 枫杨属 Pterocarya Kunth

Pterocarya Kunth in Ann. Sci. Nat. 2：345. 1824.

    本属全世界有6种，分布东亚和西南亚。中国有5种。东北地区产1种，仅分布辽宁。

枫杨 Pterocarya stenoptera DC.【P.486】

    乔木。叶通常为偶数羽状复叶，小叶8~18枚，叶轴具翅或不具翅。雄柔黄花序生上年枝的叶痕上，雄花花被片13，雄蕊5~10；雌柔黄花序顶生，被银白色丝状长毛，雌花无梗。果序长达40厘米；小坚果球状椭圆形，稍带棱角，果翅长圆形或线状长圆形。生河滩或山涧溪谷两岸。产大连、庄河、丹东、东港、岫岩、宽甸、本溪、沈阳、盖州等地。

2. 胡桃属 Juglans L.

Juglans L.，Sp. Pl. 997. 1753.

    本属全世界约20种，分布于两半球温、热带区域。我国产5种1变种，南北普遍分布。东北地区产5种，其中栽培4种，辽宁全部有分布。

分种检索表

1. 小叶5~7（~9），全缘；雌花序具1~4花；核壳薄，易开裂。原产欧洲东南部及亚洲西部，辽宁南部和西部有栽培 …………………………………………… 1. 胡桃 Juglans regia L.【P.486】
1. 小叶9~23，边缘具锯齿；雌花序具5~20花；核壳厚，不易开裂。
  2. 果实表面刻沟深，有6~8条棱线。
    3. 小叶（~9）15~23，长圆形或卵状长圆形；果实卵球形。生阔叶林或沟谷。产辽宁各山区 ………
    …………………………… 2. 胡桃楸 Juglans mandshurica Maxim.【P.486】
    3. 小叶7~19枚；果实球形或近球形。

4. 小叶7~15枚，叶缘具不明显的疏浅锯齿或近于全缘。产北京、河北。辽宁省经济林研究所基地有栽培 ………………………………………… 3. 麻核桃 Juglans hopeiensis Hu【P.486】

4. 小叶13~17枚，叶缘具锐细锯齿。原产日本。辽宁省经济林研究所基地有栽培 ………… …………………………………………………………… 4. 日本胡桃 Juglans sieboldiana Maxim

2. 果实表面光滑，扁心形。原产日本。大连有栽培 …………………………………………………………………… 5. 心形胡桃（心胡桃）Juglans subcordiformis Dode【P.486】

三十一、桦木科 Betulaceae

Betulaceae Gray, Nat. Arr. Brit. Pl. 2：222，243（1822），nom. cons.

本科全世界有6属150~200种，主要分布于亚洲、欧洲、南美洲和北美洲。中国有6属89种。东北有5属27种5变种，其中栽培3种。辽宁产5属20种2变种，其中栽培4种。

分属检索表

1. 雄花2~6朵生于每一苞鳞的腋间，有4枚膜质花被；雌花无花被；果为具翅的小坚果，连同果苞排列为球果状或穗状；小枝常具树脂疣或黏质。
  2. 果苞革质，成熟后脱落，具3裂片，每果苞内有3枚小坚果；果序呈穗状；雄蕊2枚；叶2列排列 ……… …………………………………………………………………………………………… 1. 桦木属 Betula
  2. 果苞木质，宿存，具5裂片，每果苞内具2枚小坚果；果序呈球果状；雄蕊4枚；叶螺旋状排列 ……… ……………………………………………………………………………………… 2. 桤木属（赤杨属）Alnus
1. 雄花单生于每一苞鳞的腋间，无花被；雌花具花被；果为坚果或小坚果，连同果苞排列为总状或头状；小枝无树脂疣。
  3. 果序为总状，下垂；叶有9对以上侧脉 ……………………………… 3. 鹅耳枥属 Carpinus
  3. 果序簇生呈头状；叶有9对以下侧脉。
    4. 果为坚果，大部分或全部为果苞所包；果苞钟状或管状；花药药室分离，顶端具簇毛 …………………………………………………………………………………………………… 4. 榛属 Corylus
    4. 果为小坚果，全部为果苞所包；果苞囊状；花药药室不分离，顶端无毛 …… 5. 虎榛子属 Ostryopsis

1. 桦木属 Betula L.

Betula L.，Sp. Pl. 982. 1753.

本属全世界50~60种，主要分布于北温带地区，少数种类分布至北极区内。我国产32种，全国均有分布。东北地区产16种3变种，其中栽培1种。辽宁产10种，其中栽培1种。

分种检索表

1. 乔木。
  2. 叶脉通常在8对以上。
    3. 树皮黄褐色，呈纸状剥裂；叶长卵形，先端长渐尖，侧脉9~16对；果翅为果宽的1/2至与果宽近等。生山腰及上部的杂木林内。产清原、抚顺、新宾、本溪、桓仁、宽甸、凤城、岫岩、庄河等地 ……………………………………………………………… 1. 硕桦（风桦）Betula costata Trautv.【P.487】
    3. 树皮不为黄褐色；叶卵形或广卵形，先端渐尖或短渐尖，侧脉8~12对；果翅不及果宽1/2或近无翅。
      4. 树皮黑褐色，具浅裂纹；小枝黑褐色，叶质厚；小坚果近无翅。常生向阳山坡或多岩石处。产庄河、本溪、凤城、宽甸等地 …………………… 2. 赛黑桦 Betula schmidtii Regel【P.487】
      4. 树皮灰白色，大片状剥裂；小枝褐色，叶质较薄，果序梗较短，长3~5毫米；果翅为果宽的1/3~1/2。生山坡林中。庄河、新宾、本溪、桓仁、宽甸、凤城、岫岩等地有少量分布 ………………

·· 3. 岳桦Betula ermanii Cham.【P.487】

  2. 叶脉通常在8对以下。

    5. 树皮白色、灰色或黄白色，成层片状剥裂，不具木栓层；叶三角状卵形、三角状菱形、三角形，较少卵状菱形或宽卵形，顶端渐尖至尾状渐尖。

      6. 枝条斜上，通常不下垂；小坚果之翅与果近等宽。散生山地中上部杂木林内。产桓仁、宽甸、建昌等地 ·· **4. 白桦Betula platyphylla Suk.【P.487】**

      6. 枝条细长，通常下垂；小坚果之翅较果宽1倍。产欧洲和中国新疆。大连有栽培 ························· ·· **5. 垂枝桦Betula pendula Roth.【P.487】**

    5. 树皮黑褐色，龟裂；叶卵形或椭圆状卵形，稀菱状卵形；果翅为小坚果宽的1/2或更小。生低山向阳山坡、山麓较干燥处或杂木林内。产清原、抚顺、新宾、本溪、桓仁、宽甸、凤城、岫岩、旅顺口、金州、庄河等地 ···································· **6. 黑桦Betula davurica Pall.【P.487】**

1. 灌木，稀小乔木。

  7. 侧脉6~10对；果苞中裂片长为侧裂片2倍以上。生山脊、干旱山坡或多石地。产清原、抚顺、新宾、本溪、桓仁、宽甸、凤城、岫岩、庄河、北票、朝阳、建平、凌源、喀左、建昌等地 ························· ·· **7. 坚桦Betula chinensis Maxim.【P.487】**

  7. 侧脉7对以下；果苞中裂片长不超过侧裂片的2倍。

    8. 小坚果狭倒卵形，果翅为果宽的1.5~2倍；果苞侧裂片斜展至横展。生沙丘间或沙地上。辽宁北部有记载 ·· **8. 砂生桦 Betula gmelinii Bunge**

    8. 小坚果椭圆形，果翅为果宽的1/3~1/2；果苞侧裂片微开展至斜展，稀直立。

      9. 幼枝密被腺体，有时被极短的柔毛；幼叶两面无毛；果苞侧裂片微开展至斜展，稀近直立。生老林林缘的沼泽地或水甸子，或沙丘间地，或沙地上。产本溪等地 ···································· ·· **9. 柴桦 Betula fruticosa Pall.【P.487】**

      9. 幼枝及幼叶的两面均密被长柔毛；果苞之侧裂片多为直立。生海拔500~1200米的潮湿地区、苔藓沼泽区以及沿河湿地。产辽东山区················· **10. 油桦Betula ovalifolia Rupr.**

2. 桤木属（赤杨属）Alnus Mill.

Alnus Mill. Gard. dict. ed. 4. 1754.

    本属全世界有40余种，分布于亚洲、非洲、欧洲及北美洲，最南分布于南美洲的秘鲁。我国有10种，分布于东北、华北、华东、华南、华中及西南地区。东北地区产5种1变种，其中栽培1种。辽宁产4种1变种，其中栽培2种。

分种检索表

1. 球穗状果序2至多数排列成总状或圆锥状；果梗较短或几乎无梗。

  2. 叶圆形，稀近卵形，常为浅裂，边缘具钝齿。生林中湿地、河岸。瓦房店、庄河、铁岭、抚顺、本溪、凤城、丹东等地有栽培 ················ **1. 辽东桤木（水冬瓜赤杨）Alnus hirsuta（Spach）Rupr.【P.487】**

  2. 叶广椭圆形或长椭圆形，不分裂，边缘具锯齿。

    3. 叶椭圆形至长椭圆形，边缘具尖锯齿，基部楔形或广楔形；芽具短柄，芽鳞2~3；小坚果近无翅。

      4. 叶柄幼时疏被短柔毛，后渐无毛。生河、溪岸旁。产营口、岫岩、丹东、瓦房店、金州、大连等地 ················ **2a. 日本桤木（日本赤杨）Alnus japonica（Thunb.）Steud. var. japonica【P.487】**

      4. 叶柄密被淡棕褐色长毛，至秋冬也不脱落。生林缘。产岫岩、凤城、庄河等地 ··················· **2b. 毛枝日本桤木Alnus japonica var. villosa L. Zhao et D. Chen**

    3. 叶广椭圆形或广卵形，边缘具尖细齿牙状锯齿，基部广楔形、圆形或近心形；芽无柄，芽鳞3~6；小坚果具翅。生林边、河岸或山坡的林中。产宽甸、凤城等地 ·· ················ **3. 东北桤木（东北赤杨）Alnus mandshurica（Call.）Hand.-Mazz.【P.487】**

1. 球穗状果序单生；果梗通常较长，长约2厘米。原产日本。沈阳、旅顺口有栽培 ·····························

.... 4. 旅顺桤木（旅顺赤杨）Alnus sieboldianum Matsum

3. 鹅耳枥属 Carpinus L.

Carpinus L., Gen. Pl. 292. 1737.

本属全世界约50种，分布于北温带及北亚热带地区。中国有33种，分布于东北、华北、西北、西南、华东、华中及华南地区。东北地区产2种，辽宁全部有分布。

分种检索表

1. 叶长2~5厘米，基部圆形，侧脉7~14对；果序松散，长2~3厘米；小坚果卵形。生山坡或山谷林中。产朝阳、建平、喀左、凌源、建昌、丹东、东港、长海、大连等地 .... 1. 鹅耳枥 Carpinus turczaninovii Hance【P.487】
1. 叶长7~12厘米，基部心形，侧脉5~21对；果序较紧密，长6~10厘米；小坚果椭圆形。生杂木林内。产抚顺、新宾、本溪、桓仁、凤城、宽甸、岫岩、庄河等地 ...... 2. 千金榆 Carpinus cordata Blume【P.488】

4. 榛属 Corylus L.

Corylus L., Gen. Pl. 730. 1753.

本属全世界约20种，分布于亚洲、欧洲及北美洲。中国有7种3变种，分布于东北、华北、西北及西南地区。东北地区产3种1变种，其中栽培1种，辽宁全部有分布。

分种检索表

1. 果苞管状，长为坚果的3~6倍。散生低山地的林内或灌丛中。产抚顺、新宾、本溪、桓仁、宽甸、凤城、北镇、朝阳、建平、凌源、建昌、瓦房店、庄河等地 .... 1b. 毛榛 Corylus sieboldiana Blume. var. mandshurica（Maxim.）C. K. Schneid.【P.488】
1. 果苞钟状，与果等长或稍长。
2. 叶片近圆形，先端不凹、不平截。原产中亚、西亚以及欧洲地中海沿岸。辽宁省经济林研究所有试验栽培 .... 2. 欧榛 Corylus avellana L.【P.488】
2. 叶轮廓为矩圆形或宽倒卵形，先端微凹或平截，中央常凸尖。
3. 果苞钟状，稍短于果或长于果1倍以下。常丛生裸露向阳坡地或林缘低平处。产辽宁各地 .... 3a. 榛 Corylus heterophylla Fisch. ex Trautv.【P.488】
3. 果苞管状钟形，长为坚果的2~3倍。生低山林内、灌丛。产沈阳、凤城、新宾等地 .... 3b. 长苞榛 Corylus heterophylla var. shenyangensis L. Zhao & D. Chen

5. 虎榛子属 Ostryopsis Decne.

Ostryopsis Decne. in Bull. Soc. France 20. 155. 1873.

本属全世界有2种，为我国特有，分布于北方及西南地区。东北地区产1种，辽宁有分布。

虎榛子 Ostryopsis davidiana Deene.【P.488】

丛生灌木，高2米左右。叶卵形或椭圆状卵形。基部近心形，先端短渐尖，边缘具较钝重锯齿，中部以上有浅裂，两面被短柔毛，侧脉直达锯齿的先端。花序顶生于当年枝上，花4~7朵簇生。小坚果卵形，包藏于果苞内。常生干旱山坡。产建平、凌源、喀左、建昌等地。

三十二、壳斗科 Fagaceae

Fagaceae Dumort., Anal. Fam. Pl. 11. 1829.

本科全世界有7~12属，900~1000种，除热带非洲和南非地区不产外，几乎遍布世界各地，以亚洲的种类最多。中国有7属294种。东北地区有2属14种1亚种4变种2变型，其中栽培5种，辽宁全部有分布。

分属检索表

1. 枝无顶芽；雄花序直立；果全部为刺状总苞所包围 ································· 1. 栗属 Castanea
1. 枝具顶芽；雄花序下垂；果部分为壳斗所包围 ································· 2. 栎属 Quercus

1. 栗属 Castanea Mill.

Castanea Mill. Gard. Dict. abridg. ed. 4，1. 1754.

本属全世界约12种，分布亚洲、欧洲南部及其以东地区、非洲北部、北美洲东部；在亚洲，东至日本、朝鲜，西至伊朗，南部稍越过北回归线以南。中国有5种，其东北自吉林、西北至甘肃南部，东至台湾、南至广州近郊，均有分布。东北地区仅辽宁栽培3种。

分种检索表

1. 每壳斗有坚果1~3个；叶片顶部短尖或渐尖。
  2. 一年生枝粗壮，灰色或灰褐色，被疏长毛及鳞腺；坚果脐部小而狭，长椭圆形，不占坚果的全部基底。产黄河流域中下游地区，海城、盖州、丹东、庄河、瓦房店、金州、大连等地栽培 ·····················
 ······················· 1. 栗（板栗）Castanea mollissima Blume【P.488】
  2. 一年生枝细长，紫褐色或红褐色，无长毛；坚果脐部大而宽，广椭圆形，近占坚果的全部基底。原产日本，朝鲜南部也有分布。丹东、大连有栽培 ·····································
 ······················· 2. 日本栗 Castanea crenata Sieb. et Zucc.【P.488】
1. 每壳斗有坚果1个；叶片顶部长渐尖至尾状长尖。广布于秦岭南坡以南、五岭以北各地。辽宁省经济林研究所基地有栽培 ·················· 3. 锥栗 Castanea henryi（Skan）Rehd. et Wils.【P.488】

2. 栎属 Quercus L.

Quercus L. Sp. Pl. 1：994. 1753.

本属全世界约300种，广布于亚洲、非洲、欧洲、美洲。中国有35种，分布全国各省区。东北地区产11种1亚种4变种2变型，其中栽培2种，辽宁全部有分布。

分种检索表

1. 叶柄较长，通常长1厘米以上（短柄枹栎除外）。
  2. 叶边缘有缺刻状羽裂。
    3. 叶卵形，基部楔形，叶缘具5~7羽状深裂，裂片具细裂齿；壳斗杯形，包着坚果1/4~1/3。原产美洲。熊岳、大连有栽培 ···························· 1. 沼生栎 Quercus palustris Muench.【P.488】
    3. 叶椭圆状倒卵形，边缘有3~4对缺刻状的羽裂，裂片有尖头，接近先端处有2~3个线状锯齿；壳斗浅皿状，果实1/4包在壳斗内。原产美国东部，大连、熊岳等地栽培 ·····························
 ······················· 2. 红槲栎 Quercus rubra L.【P.488】
  2. 叶边缘为刺芒状锯齿或粗锯齿或锐锯齿。
    4. 叶边缘为刺芒状锯齿。
      5. 叶背面浅绿色，无毛或仅脉腋有毛；树皮暗灰色或黑灰色，木栓层不发达。生低山缓坡土层深厚肥沃处。产海城、盖州、金州、大连等地 ·················· 3. 麻栎 Quercus acutissima Carr.【P.488】
      5. 叶背面灰白色，密被星状毛；树皮暗灰褐色或黑褐色，木栓层较发达。常生向阳坡地或杂木林内。产丹东、东港、庄河、大连、金州、兴城、绥中等地 ·······························
 ······················· 4. 栓皮栎 Quercus variabilis Blume【P.488】
    4. 叶边缘为粗锯齿或锐锯齿，不为刺芒状锯齿。

6. 叶缘具波状钝齿，叶背被灰棕色细绒毛；壳斗杯状，包着坚果 1/2~3/4。

  7. 叶片较大，长 10~20（~30）厘米，叶背被灰棕色细绒毛；壳斗杯状，包着坚果 1/2。

    8. 叶缘具波状钝齿。生杂木林内。产抚顺、新宾、本溪、桓仁、鞍山、宽甸、凤城、丹东、庄河、金州、大连等地 ·················· **5a. 槲栎**Quercus aliena Bl. var. aliena【P.489】

    8. 叶缘具粗大锯齿，齿端尖锐，内弯。生杂木林内。产庄河、岫岩及辽宁东部 ············· ·················· **5b. 锐齿槲栎（尖齿槲栎）**Quercus aliena var. acuteserrata Maxim.

  7. 叶片较小，长 5~11（~13）厘米，叶背无毛或被疏毛；壳斗杯状，包着坚果 1/2~3/4。

    9. 壳斗包着坚果约 1/2，小苞片扁平，有时小苞片在壳斗顶端向内卷曲，形成厚缘壳斗。生杂木林内。产丹东、庄河······ **5ca. 北京槲栎**Quercus aliena var. pekingensis Schott f. pekingensis

    9. 壳斗包着坚果 3/4 以上，小苞片背部呈瘤状突起。生杂木林内。产凤城 ············· ·················· **5cb. 高壳槲栎**Quercus aliena var. pekingensis Schott f. jeholensis（Liou et Li）H. W. Jen et L. M. Wang

  6. 叶缘具锐锯齿，背面被白色平伏毛；壳斗杯状，包着坚果 1/4~1/3。

    10. 叶倒卵形或倒卵状椭圆形，长 7~17 厘米，宽 3~9 厘米；叶缘齿不内弯；叶柄长 1~3 厘米。生山地或沟谷林中。产本溪、凤城、宽甸、桓仁等地 ··· **6a. 枹栎**Quercus serrata Thunb. var. serrata

    10. 叶常聚生于枝顶，叶片较小，长椭圆状倒卵形或卵状披针形，长 5~11 厘米，宽 1.5~5 厘米；叶缘具内弯浅锯齿；叶柄长 2~5 毫米。生于山地。产辽宁南部 ············· ·················· **6b. 短柄枹栎**Quercusserrata Thunb. var. brevipetiolata（A. DC.）Nakai

1. 叶柄较短，通常长 0.5 厘米以下，最长不超过 1 厘米。

  11. 壳斗鳞片线状披针形。

    12. 壳斗鳞片长，长约 1 厘米或更长，开展或反卷；小枝被毛或无毛。

      13. 小枝粗壮，密被黄褐色短柔毛；叶较大，长 10~20（~30）厘米，背面密被星状毛。

        14. 叶长 10~20 厘米。常生山麓阳坡的杂木林内。产辽宁各地 ············· ·················· **7a. 槲树**Quercus dentata Thunb. f. dentata【P.489】

        14. 叶大，长 20~30 厘米。常生山麓阳坡的杂木林内。产大连 ············· ·················· **7b. 大叶槲树**Quercus dentata f. grandifolia（Koidz.）Kitag.

      13. 小枝较细，柔毛较少或近无毛；叶较小，背面无毛或仅沿叶脉有星状毛。生海拔 100~200 米的山坡。产金州、鞍山、丹东、北镇等地 ·················· **8. 柞槲栎** Quercus × mongolico-dentata Nakai【P.489】

    12. 壳斗鳞片短，长 0.3~0.6 厘米，近直立；小枝近无毛。生山坡杂木林中。产金州、凤城 ············· ·················· **9. 金州栎（凤城栎）**Quercus mccormickii Carr.

  11. 壳斗鳞片疣状或鳞状，紧贴壳斗。

    15. 叶较大，波状齿 7~10 对，侧脉 7~13（~18）对；壳斗鳞片疣状突起显著，少见鳞片密而不为疣状。

      16. 叶侧脉 7~13 对，叶缘具波状齿；壳斗鳞片疣状突起显著。

        17. 壳斗直径 1.5~1.8 厘米；坚果直径 1.3~1.8 厘米；叶片长 7~19 厘米；宽 3~11 厘米。生阳坡。产辽宁各地·················· **10aa. 蒙古栎**Quercus mongolica Fisch. ex Turcz. subsp. mongolica var. mongolica【P.489】

        17. 壳斗直径 2.2~2.8 厘米；坚果直径 1.8~2.3 厘米；叶片较大，长 15~23 厘米，宽 6~14 厘米。生海拔 300 米处。产辽宁凤城凤凰山。熊岳树木园有栽培 ············· ·················· **10ab. 大果蒙古栎**Quercus mongolica subsp. mongolica var. macrocarpa H. Wei Jen & L. M. Wang

      16. 叶较窄长，侧脉通常 14~18 对，叶缘具向上弯曲粗锯齿；壳斗鳞片密，不为疣状。生境、产地同正种 ·················· **10b. 粗齿蒙古栎**Quercus mongolica subsp. crispula（Blume）Menitsky

    15. 叶较小，波状齿 5~7 对，侧脉 5~10 对；壳斗鳞片扁平微凸起。生低山向阳坡地杂木林中。产铁岭、清原、沈阳、抚顺、新宾、本溪、桓仁、宽甸、凤城、岫岩、丹东、金州、大连等地 ··················

三十三、榆科 Ulmaceae

Ulmaceae Mirb., Elém. Physiol. Vég. Bot. 2：905（1815），nom. cons.

本科全世界约有16属230种，广布温带和热带地区。中国有8属46种。东北地区有5属19种3变种，其中栽培8种。辽宁产5属19种3变种，其中栽培7种。

分属检索表

1. 枝无刺。
  2. 叶具羽状脉。
    3. 翅果 ····································· 1. 榆属 Uimus
    3. 核果 ······································· 2. 榉属 Zelkova
  2. 叶具三对较明显的脉。
    4. 翅果 ··································· 3. 青檀属 Pteroceltis
    4. 核果 ···································· 4. 朴属 Celtis
1. 枝有刺 ······································· 5. 刺榆属 Hemiptelea

1. 榆属 Ulmus L.

Ulmus L. Gen. Pl. ed. 5，106. 1754。

本属全世界约40种，分布于北半球。中国有21种，分布遍及全国，以长江流域以北较多。东北地区产12种3变种，其中栽培6种。辽宁产10种3变种，其中栽培3种。

分种检索表

1. 花梗、果梗长4~20毫米，不等长，多少下垂。
  2. 叶中上部较宽，先端短急尖，叶面有毛或仅主侧脉的近基部有疏毛；冬芽纺锤形；花序常有花20余朵至30余朵；花被筒扁；花梗长6~20毫米，果梗长达30毫米。原产欧洲。熊岳有栽培 ························
    ····································· 1. 欧洲白榆 Ulmus laevis Pall.【P.489】
  2. 叶中部或中下部较宽，先端渐尖，叶背常有疏生毛，脉腋处有簇生毛；冬芽卵圆形；花序常有花10余朵；花被筒圆；花梗长4~10毫米；果梗长达15毫米。原产美国。旅顺口、大连、沈阳有栽培
    ····································· 2. 美国榆 Ulmus americana L.【P.489】
1. 花（果）梗短，长一般不超过5毫米，近等长，不下垂。
  3. 秋季开花；叶革质，较小，长2~5.5厘米，宽1~3厘米。生平原、丘陵、山坡及谷地。熊岳、大连、旅顺口有栽培 ························· 3. 榔榆 Ulmus parvifolia Jacq.【P.489】
  3. 春季开花；叶纸质，较大。
    4. 叶先端常3~7裂，稀不裂。生溪流旁或山坡上。产大连、庄河、沈阳、鞍山、本溪、桓仁、宽甸、凤城等地 ····················· 4. 裂叶榆 Ulmus laciniata（Trautv.）Mayr.【P.489】
    4. 叶不裂。
      5. 果核（种子）位于翅果的上部或中部，上端接近缺口。
        6. 翅果的果核部分常被毛，果翅无毛或疏被毛。生石灰岩山地及谷地。产旅顺口、鞍山、盖州、凤城等地 ····· 5a. 黑榆 Ulmus davidiana Planch. var. davidiana【P.489】
        6. 翅果除顶端柱头被毛外，余处无毛。生山麓、河谷。产辽南、辽东各地等 ····················
          ····················· 5b. 春榆 Ulmus davidiana var. japonica（Rehd.）Nakai【P.489】
      5. 果核（种子）位于翅果的中部或近中部，上端不接近缺口。

7. 翅果除顶端柱头被毛外，其他部分完全无毛（毛果旱榆除外）。

  8. 翅果近圆形，直径8~17毫米；叶通常椭圆形，稀卵形至卵状披针形，基部常偏斜。

    9. 枝向上或斜展。生山麓、丘陵、沙地及村舍旁或栽培。产辽宁各地 ……………………… …………………………………… 6a. 榆树 Ulmus pumila L. var. pumila【P.490】

    9. 枝细而下垂。生山地，常见栽培。产喀左等地。其他地方有栽培 ……………………… ………………………………………… 6b. 垂枝榆 Ulmus pumila L. cv. "Tenue"

  8. 翅果卵圆形或倒卵形至倒卵状圆形，长15~25毫米；叶倒卵状椭圆形或倒卵形或卵形。

    10. 翅果广椭圆状卵形，长20~25毫米；叶卵形，基部圆形，叶缘具钝而整齐的单锯齿或近单锯齿

      11. 翅果除顶端缺口柱头面有毛外，余处无毛。生山坡。产朝阳 ……………………… …………………… 7a. 旱榆 Ulmus glaucescens Franch. var. glaucescens【P.490】

      11. 翅果幼时密生柔毛，熟时有散生毛。生山坡。产朝阳 ……………………… ………………………………… 7b. 毛果旱榆 Ulmus glaucescens Franch. var. lasiocarpa Rehd.

    10. 翅果倒卵状椭圆形，叶缘重锯齿。旅顺口有野生记录。旅顺口、凌源等地有栽培 ………… ………………………………… 8. 假春榆 Ulmus pseudo-propinqua Wang et Li【P.490】

7. 翅果两面及边缘有密毛（光秃大果榆除外）；叶缘具重锯齿或兼有单锯齿。

  12. 小枝（尤其幼枝）常有对生而扁平的木栓质翅；叶表面常有凸起的毛迹，背面密被短糙毛，粗糙；叶缘具大而浅钝的重锯齿或兼有单锯齿；树皮灰褐色，浅纵裂，裂片表层易脱落；翅果广倒卵状圆形或近圆形，两面及边缘有密毛。生山地、丘陵及固定沙丘上。产辽宁各地 ……………………………………… 9. 大果榆 Ulmus macrocarpa Hance【P.490】

  12. 小枝无木栓质翅；叶表面有毛，通常无毛迹，背面微粗糙，成叶仅中脉及叶柄有柔毛；叶缘兼有单锯齿和重锯齿；树皮灰色或淡灰色，不规则开裂，裂片呈薄片状脱落；翅果长圆形至圆形。自然分布河北、山西等地。熊岳有栽培 ………………………………………………… ……………………… 10. 脱皮榆 Ulmus lamellosa C. Wang & S. L. Chang【P.490】

2. 榉属 Zelkova Spach

Zelkova Spack. Ann. Sci. Nat. ser. 2. 15：356. 1841.

    本属全世界有5种，分布于地中海东部至亚洲东部。中国有3种，分布辽东半岛至西南以东的广大地区。东北仅辽宁栽培2种。

分种检索表

1. 当年生枝紫褐色或棕褐色，无毛或疏被短柔毛；叶两面光滑无毛，或在背面沿脉疏生柔毛，在叶面疏生短糙毛。生河谷、溪边疏林中。大连、沈阳有栽培 ……………………………………… ……………………… 1. 榉树（光叶榉）Zelkova serrata（Thunb.）Makino【P.490】

1. 当年生枝灰色或灰褐色，密生灰白色柔毛；叶背密生柔毛，叶面被糙毛。产淮河流域、长江中下游及其以南各省。大连有栽培 …………………… 2. 大叶榉树 Zelkova schneideriana Hang.-Mazz.【P.490】

3. 青檀属 Pteroceltis Maxim.

Pteroceltis Maxim. Bull. Acad. St. Petersb. 18：292. 1873.

    本属全世界仅1种，特产我国东北、华北、西北和中南地区。东北地区仅辽宁有分布。

青檀 Pteroceltis tatarinowii Maxim.【P.490】

    落叶乔木。叶互生，广卵形，不规则锯齿缘。花单性，雌雄同株，雄花簇生叶腋，花被5深裂，雄蕊5，与裂片对生，花药先端有毛；雌花单生，花被4深裂，子房两侧压扁，被疏软毛，花柱2裂。果实为具翅的小坚果。生山谷溪边石灰岩山地疏林中。旅顺口（蛇岛）有少量分布。

4. 朴属 Celtis L.

Celtis L. Sp. Pl. 1043. 1754.

本属全世界约60种，广布于全世界热带和温带地区。中国有11种2变种，产辽东半岛以南广大地区。东北地区产5种，其中栽培2种，辽宁全部有分布。

分种检索表

1. 叶大，近圆形，长6~12厘米，宽4~9厘米，先端有齿状裂片，尾状尖毛。生山坡或沟谷杂木林中。产沈阳、北镇以南各地 ·· 1. 大叶朴 Celtis koraiensis Nakai【P.490】
1. 叶的先端非上述情况。
　2. 果梗（1.5~）2~4倍长于其邻近的叶柄。
　　3. 果较小，直径6~8毫米，熟时黑紫色；叶卵形或卵状披针形。
　　　4. 叶中部以下全缘，两面无毛。生路旁、山坡、灌丛中或林边。产大连、凌源、彰武、建昌、北镇、沈阳、鞍山、凤城等地 ·················· 2. 黑弹树（小叶朴）Celtis bungeana Bl.【P.490】
　　　4. 叶基部全缘，两面有毛。生向阳湿润的山坡。产沈阳、鞍山、本溪、建昌、北镇 ··· 3. 狭叶朴 Celtis jessoensis Koidz.【P.490】
　　3. 果较大，直径10~13毫米，熟时紫红色；叶卵状椭圆形。原产美洲。彰武有栽培 ··· 4. 美洲朴 Celtis occidentalis Magnifica【P.490】
　2. 果梗短于至1.5（~2）倍长于其邻近的叶柄。产山东、河南、江苏、安徽、浙江、福建、江西、湖南、湖北、四川、贵州、广西、广东、台湾。大连有栽培 ·················· 5. 朴树 Celtis sinensis Pers.【P.490】

5. 刺榆属 Hemiptelea Planch.

Hemiptelea Planch. Comp. Rend. Acad. Sci. Paris 74：131. 1872.

本属全世界仅1种，分布于中国及朝鲜。东北有分布，产吉林和辽宁。

刺榆 Hemiptelea davidii（Hance）Planch.【P.491】

刺小乔木。树皮暗灰色，条状深裂，枝生有长刺。叶互生，椭圆形或长圆形，基部狭，浅心形，先端钝尖，边缘有整齐的粗锯齿，两面无毛。花杂性，1~4杂生于新枝的叶腋。翅果扁，花萼宿存。生村旁路边及山坡次生林中。产彰武、葫芦岛、沈阳、鞍山、海城、大连、丹东、凤城、庄河等地。

三十四、桑科 Moraceae

Moraceae Gaudich., Gen. Pl.〔Trinius〕13（1835），nom. cons.

本科全世界有37~43属，1100~1400种，主产热带、亚热带地区，少数种分布于温带地区。中国有9属144种。东北地区有5属7种1变种，其中栽培2种。辽宁有4属6种1变种，其中栽培2种。

分属检索表

1. 雄蕊在花芽时内折，花药外向。
　2. 雌花序为柔荑花序，花被片4；聚花果长圆形，熟时暗紫红色，子房柄不伸长 ·············· 1. 桑属 Morus
　2. 雌花序头状球形，花被筒状合生；聚花果球形，熟时红色，子房柄伸长 ··········· 2. 构属 Broussonetia
1. 雄蕊在芽时直立稀内折，花药内向稀外向。
　3. 雌雄花序均为球形头状花序；花4数；植物体具刺 ························ 3. 柘属（柘树属）Maclura
　3. 花生于壶形花序托内壁，雄蕊1~3枚或更多；植物体不具刺 ··················· 4. 榕属 Ficus

1. 桑属 Morus L.

Morus L. Sp. Pl. 986. 1753.

本属全世界约16种，主要分布于北温带地区，但在亚洲热带山区达印度尼西亚，在非洲南达热带，在美洲可达安第斯山。中国产11种，各地均有分布。东北地区产3种1变种，其中栽培1变种，辽宁均有分布。

分种检索表

1. 叶缘锯齿先端锐或稍钝，无芒尖。
  2. 叶缘为单锯齿，叶先端短尖，表面无毛，背面沿脉有疏毛，脉腋有簇毛；无花柱，柱头 2 裂，向外反卷。
    3. 枝不扭曲。生山坡疏林中，常见栽培。产凌源、黑山、彰武、法库、沈阳、辽阳、鞍山、本溪、凤城、宽甸、庄河、金州、大连、长海等地 ·················· 1a. 桑 Morus alba L. var. alba【P.491】
    3. 枝条扭曲。大连、鞍山等地栽培 ··················· 1b. 龙桑 Morus alba 'Tortuosa'
  2. 叶缘有不整齐的锐深锯齿和重锯齿，叶先端尾状，表面粗糙，密生短刺毛，背面疏被粗毛；花柱明显，几乎与柱头等长。生石灰岩山地或林缘及荒地。产本溪、凤城、宽甸、旅顺口（蛇岛）等地
    ···················· 2. 鸡桑 Morus australis Poir.【P.491】
1. 叶缘锯齿先端为刺芒状。生向阳山坡及低地。产凌源、建平、义县、北镇、鞍山、金州、大连等地
··············· 3. 蒙桑 Morus mongolica（Bureau）Schneid.【P.491】

2. 构属 Broussonetia L'Hert. ex Vent.

Broussonetia L' Hert. ex Vent. Tableau Regn. Veget. 3：547. 1799.

本属全世界约4种，分布于亚洲东部和太平洋岛屿。中国均产，主要分布于西南部至东南部各省区。东北仅辽宁产1种。

构树 Broussonetia papyrifera（L.）L' Herit. ex Vent.【P.491】

乔木。叶片歪卵形至广卵形，不分裂或3~5深裂。雌雄异株；雄花序圆柱形下垂；雌花穗球形，雌花密生，花被筒状，先端具3~4齿，包着子房，花柱丝状，红紫色，柱头长于花被。聚花果球形，肉质多汁，小核果橙红色。生山坡、山谷或平原。长海县有野生，大连、盖州等地有栽培。

3. 柘属（柘树属）Maclura Nuttall

Maclura Trec. in Ann. Sci. Nat. Ser. 3，8：122. 1847.

本属全世界约12种，分布于大洋洲至亚洲。中国产5种，主产西南部至东南与海南，只有1种北达华北地区。东北地区仅辽宁栽培1种。

柘树（柘）Maclura tricuspidata Carrière【P.491】

落叶灌木或小乔木。叶片卵形，全缘或3裂，侧脉3~5对。花单性，雌雄花序皆为头状，单一或成对腋生；雄花序直径约5毫米，雌花序直径1.3~1.5厘米；雌花被片4。聚花果近球形，肉质，黄色至红色。产华北、华东、中南、西南各省区。大连、盖州、丹东有栽培。

4. 榕属 Ficus L.

Ficus L. Sp. Pl. 1059. 1753.

本属全世界约1000种，主要分布热带、亚热带地区。中国约99种。东北地区仅辽宁栽培1种。

无花果 Ficus carica L.【P.491】

落叶灌木。叶互生，厚纸质，广卵圆形，长宽近相等，通常3~5裂，小裂片卵形。雌雄异株，雄花和瘿

花同生一榕果内壁，雄花生内壁口部，花被片4~5；雌花花被与雄花同，子房卵圆形，光滑，花柱侧生，柱头2裂，线形。榕果单生叶腋，梨形。产欧洲地中海沿岸和中亚地区，大连有少量栽培。

三十五、大麻科 Cannabaceae

Cannabaceae Martinov, Tekhno-Bot. Slovar 99（1820），nom. cons.

本科全世界有2属4种，分布北非、亚洲、欧洲、北美洲。中国有2属4种。东北地区有2属3种，辽宁均有分布，其中栽培1种。

分属检索表

1. 一年生直立草本，无钩刺；叶互生，掌状全裂 ┄┄┄┄┄┄┄┄┄┄┄┄┄┄┄┄┄┄ 1. 大麻属 Cannabis
1. 多年生攀援性草本，具钩刺；叶对生，掌状3~7裂或不裂 ┄┄┄┄┄┄┄┄┄┄┄┄ 2. 葎草属 Humulus

1. 大麻属 Cannabis L.

Cannabis L. Sp. Pl. 1：1027. 1953.

本属全世界1~2种，原产亚洲。中国南北各地栽培1种。东北各地有栽培。

大麻 Cannabis sativa L.【P.491】

一年生直立草本。叶互生或茎下部叶对生，掌状全裂，裂片3~11。花单性，雌雄异株；雄花序圆锥状，雄花黄绿色，花被片5，长圆形，雄蕊5；雌花序短，生叶腋，球形或穗形，雌花绿色，花被退化，雌蕊1，子房球形，花柱2分叉。瘦果扁卵形。原产中亚及印度，辽宁有栽培，现多为野生。

2. 葎草属 Humulus L.

Humulus L. Sp. Pl. 1：1028. 1753.

本属全世界有3种，主要分布北半球温带及亚热带地区。中国均产，主要分布于东南部和西南部。东北地区产2种，其中栽培1种，辽宁均有分布。

分种检索表

1. 叶掌状5裂；雌穗果期不胀大；苞片卵状披针形。生沟边、路旁、田野间、石砾质沙地及灌丛间。产辽宁各地 ┄┄┄┄┄┄┄┄┄┄┄┄┄┄┄ 1. 葎草 Humulus scandens（Lour.）Merr.【P.491】
1. 叶卵形，不裂或3~5裂；雌穗膨大成球果状；苞片膜质，卵形，宽大。原产欧洲。辽宁有栽培 ┄┄┄┄┄┄┄┄┄┄┄┄┄┄┄┄┄┄┄┄┄┄ 2. 啤酒花 Humulus lupulus L.【P.491】

三十六、荨麻科 Urticaceae

Urticaceae Juss., Gen. Pl.［Jussieu］400（1789），nom. cons.

本科全世界有47属，约1300种，分布于两半球热带与温带地区。中国有25属341种，分布全国各地，以长江流域以南亚热带和热带地区分布最多。东北地区有6属12种2亚种1变种，辽宁全部有分布。

分属检索表

1. 植株有螫毛；雌花被片4或2，无退化雄蕊。
  2. 叶对生；雌花被片4，柱头具多数放射式的细毛，形如画笔状 ┄┄┄┄┄┄┄┄┄┄┄ 1. 荨麻属 Urtica
  2. 叶互生；雌花被片4或2，柱头线形或钻形。

3. 叶缘具锯齿或全缘；叶腋有珠芽；雌花被片4；瘦果扁平 ·················· **2. 艾麻属 Laportea**

3. 叶缘具缺刻状大齿；叶腋无珠芽；雌花被片2；瘦果两面凸出 ·················· **3. 蝎子草属 Girardinia**

1. 植株无螫毛；雌花被片2~5，有退化雄蕊。

  4. 叶对生，边缘有锯齿或分裂，有托叶，常早落。

    5. 托叶合生；柱头画笔状；花序为聚伞花序；雌花被片3或5，离生或基部合生 ··· **4. 冷水花属 Pilea**

    5. 托叶离生；柱头丝状；花序为穗状团聚伞花序；雌花被管状，具2~4齿 ····· **5. 苎麻属 Boehmeria**

  4. 叶互生，全缘，无托叶；花序为团聚伞花序 ·················· **6. 墙草属 Parietaria**

1. 荨麻属 Urtica L.

Urtica L. Sp. Pl. 983. 1753.

本属全世界约有30种，主要分布于北半球温带和亚热带地区，少数分布于热带和南半球温带。中国产14种，主产北部和西南部。东北地区产4种1亚种，辽宁均有分布。

分种检索表

1. 叶掌状全裂，裂片成缺刻状羽状深裂。生丘陵性草原、沙丘坡地、干燥山野路旁。产沈阳、朝阳、北镇等地 ·················· **1. 麻叶荨麻 Urtica cannabina L.【P.491】**

1. 叶不分裂，边缘有锯齿。

  2. 雌、雄花混生于同一花序上；叶广椭圆状卵形。生庭院附近、杂草地及路旁。产鞍山等地 ·············· **2. 欧荨麻 Urtica urens L.【P.492】**

  2. 有雌花序及雄花序之别；叶卵形至广椭圆状卵形或披针形至狭卵形。

    3. 叶长圆状披针形、披针形或卵状披针形。生林下、林缘湿地、水沟子边。产沈阳、鞍山、宽甸、桓仁、大连等地 ·················· **3. 狭叶荨麻 Urtica angustifolia Fisch ex Hornem.【P.492】**

    3. 叶广椭圆状卵形、广卵形或卵形。

      4. 雌雄同株。生山沟林下、林缘、溪流旁。产清原、西丰、鞍山、凤城、宽甸、桓仁、庄河等地 ······ ·················· **4. 宽叶荨麻 Urtica laetevirens Maxim. subsp. laetevirens【P.492】**

      4. 雌雄异株。生红松林或混交林下和溪谷阴湿处。产鞍山 ·················· ·················· **4b. 乌苏里荨麻 Urtica laetevirens subsp. cyanescens（Kom.）C. J. Chen**

2. 艾麻属 Laportea Gaudich.

Laportea Gaudich. in Freyc. Voy. Monde Bot. 498. 1826.

本属全世界约28种，分布于热带和亚热带地区，少数种分布于温带地区。中国有7种，主要分布于长江流域以南省区。东北地区产1种，产黑龙江、吉林、辽宁、内蒙古。

珠芽艾麻 Laportea bulbifera（Sieb. et Zucc.）Wedd.【P.492】

多年生草本。茎直立，有棱，具短毛或疏生螫毛。叶互生，叶腋生有珠芽。雌雄同株；雄花序圆锥状，生茎上部叶腋，呈水平状开展；雌花序圆锥状，近顶生，具总梗，直而斜上，向一侧分出短枝。瘦果扁平，平滑，淡黄色；花柱宿存。生山地林下或林边。产本溪、凤城、宽甸、桓仁、丹东、大连、新宾、清原、西丰等地。

3. 蝎子草属 Girardinia Gaudich.

Girardinia Freyc., Voy. Bot. 498. 1830.

本属全世界约有2种，产亚洲和非洲的北部及马达加斯加。中国有1种，分布西南、华东和东北地区。东北地区产1亚种，产黑龙江、吉林、辽宁、内蒙古。

蝎子草 Girardinia diversifolia subsp. suborbiculata（C. J. Chen）C. J. Chen & Friis【P.492】

一年生草本。茎直立，具条棱，伏生糙硬毛及螫毛。叶互生；叶片卵圆形，边缘具缺刻状大齿牙。花单性，雌雄同株，花序腋生，单一或分枝；雄花序生茎下部；雌花为穗状二歧聚伞花序。瘦果广卵形，双凸镜状，密着于果序的一侧。生山坡阔叶疏林内。产庄河、普兰店、鞍山、凤城、宽甸、岫岩、朝阳等地。

4. 冷水花属 Pilea Lindl.

Pilea Lindl. Collect. Bot. ad t. 4. 1821.

本属全世界约有400种，分布于美洲热带，亚洲东南部热带与亚热带，非洲热带，巴布亚新几内亚。中国约有80种，主要分布长江以南省区，少数可分布到东北、甘肃等地。东北地区产3种1变种，辽宁均有分布。

分种检索表

1. 叶全缘或具微波状锯齿，背面有褐色斑点；雌花花被片2，其中一片大。生山坡阴湿地、湿润石砬子缝中。产新民、凤城、宽甸、庄河、岫岩等地 ………………………………………………………………………
………………………………… 1. 苔水花（矮冷水花）Pilea peploides（Gaud.）Hook. et Arn.【P.492】
1. 叶具粗钝锯齿，背面无褐色斑点。
  2. 叶缘具1~4对粗钝锯齿；雌花花被片5。生山顶石砬子下背阴地、裂缝间，阔叶林下。产本溪、桓仁、凤城、大连、鞍山等地 ………………………… 2. 山冷水花 Pilea japonica（Maxim.）Hand.-Mazz.【P.492】
  2. 叶缘具多数锯齿；雌花花被片3。
    3. 雌花花被片近等长，比瘦果短；花序较长，长1~3厘米。生林下、林缘、河边草甸。产沈阳、鞍山、本溪、桓仁、庄河、金州等地 …… 3a. 透茎冷水花 Pilea pumila（L.）A. Gray var. pumila【P.492】
    3. 雌花花被片不等长，其中2枚特大，比瘦果长或近等长；花序较短，长0.5~2厘米。生湿润而多荫的林下、山坡、岩石间。产宽甸、桓仁等地 …………………………………………………………………………
………………………………… 3b. 荫地冷水花 Pilea pumila var. Hamaoi（Makino）C. J. Chen

5. 苎麻属 Boehmeria Jacq.

Boehmeria Jacq. Enum. Pl. Carib. 9. 1760.

本属全世界约65种，分布于热带或亚热带，少数分布到温带地区。中国有25种，自西南、华南至东北广布，多数分布于西南和华南。东北地区产2种，辽宁均有分布。

分种检索表

1. 叶片卵圆形，顶端具1个骤尖。生山坡草地及沟旁草地。产鞍山、桓仁、本溪、凤城、普兰店等地 ………
………………………………………… 1. 小赤麻（细穗苎麻）Boehmeria japonica（L. f.）Miq.【P.492】
1. 叶片卵形或宽卵形，顶端具3个骤尖或3浅裂。生沟边草地、林下或山坡路旁。产庄河、宽甸、本溪、桓仁等地 …………………………………… 2. 赤麻（三裂苎麻）Boehmeria silvestrii（Pamp.）W. T. Wang【P.492】

6. 墙草属 Parietaria L.

Parietaria L. Sp. Pl. 1052. 1753.

本属全世界约20种，分布温带和亚热带地区。中国有1种，产除华东与华南地区外的省区。东北地区黑龙江、辽宁、内蒙古有分布。

墙草 Parietaria debilis G. Forst.【P.492】

一年生细弱草本。叶互生，叶片广卵形或菱状卵形，全缘。花杂性同株，聚伞花序腋生，具3~5花，分枝细而扁，两性花生花序下部，雌花居上部，花白色。瘦果广卵形，稍扁，黑褐色，有光泽，包于宿存花被内，长于花被。生石砬子裂缝间、岩石下阴湿地上。产桓仁、岫岩、大连、凌源、建昌、北镇等地。

三十七、檀香科Santalaceae

Santalaceae R. Br., Prodr. Fl. Nov. Holland. 350（1810），nom. cons.

本科全世界约有36属500种，广布热带和温带地区。中国有7属33种。东北地区有1属5种1变种。辽宁产1属3种1变种。

百蕊草属Thesium L.

Thesium L. Sp. Pl. 207. 1753.

本属全世界约245种，广布于全世界温带地区，少数产于热带。中国有16种，南北大部省区有分布。东北地区产5种1变种。辽宁产3种1变种。

分种检索表

1. 果实表面具明显的网状脉棱；子房无子房柄。
  2. 果柄长3~3.5毫米。生山坡灌丛间、林缘、石砾质地、干燥草地等处。产沈阳、抚顺、鞍山、营口、凤城、丹东、东港、熊岳、长海、建昌、锦州、义县、昌图、开原、新宾等地 ……………………………………………… 1a. 百蕊草 Thesium chinense Turcz. var. chinense【P.492】
  2. 果柄长4~8毫米。生干燥山坡。产沈阳、鞍山 …………………………………………… 1b. 长梗百蕊草 Thesium chinense var. longipedunculatum Y. C. Chu
1. 果实表面具明显的纵脉棱，纵脉棱偶有分叉，但不形成网状脉棱；子房有子房柄。
  3. 果实成熟后果柄不反折；叶具3脉。生沙地、沙质草原、山坡、山地草原、林缘、灌丛中。产凤城、宽甸等地 …………………………… 2. 长叶百蕊草 Thesium longifolium Turcz.【P.493】
  3. 果实成熟后果柄反折；叶具1脉。生草甸和多沙砾的坡地。产彰武、建平等地 …………………………………………… 3. 急折百蕊草 Thesium refractum C. A. Mey.【P.493】

三十八、桑寄生科Loranthaceae

Loranthaceae Juss., Ann. Mus. Natl. Hist. Nat. 12：292（1808），nom. cons。

本科全世界有60~68属，700~950种，主要分布于热带和亚热带地区。中国有8属51种。东北地区仅辽宁有1属1种。

桑寄生属Loranthus Jacq.

Loranthus Jacq. Enum. Stirp. Vindob. 55：230，t. 3. 1762.

本属全世界约10种，分布于欧洲和亚洲的温带和亚热带地区。中国有6种，温暖地区和亚热带各省区均有分布。东北地区仅辽宁产1种。

北桑寄生 Loranthus tanakae Franch.【P.493】

落叶小灌木，丛生寄主枝上。幼时绿色至褐色，老时黑褐色至黑色。叶对生，叶片纸质，绿色，倒卵形至椭圆形，全缘。花两性或单性，雌雄同株或异株，穗状花序，具5~8对近对生的花。果实球形，半透明，橙黄色。常寄生栎树、桦树、榆树、苹果树等植物上。产庄河、朝阳、凌源等地。

三十九、槲寄生科 Viscaceae

Viscaceae Batsch，Tab. Affin. Regni Veg. 240. 1802.

　　本科全世界约有7属350种，主产热带和亚热带地区。中国有3属18种。东北地区有1属1种，辽宁有分布。

槲寄生属 Viscum L.

Viscum L. Sp. Pl. 1023. 1753.

　　本属全世界约70种，分布于东半球，主产热带和亚热带地区，少数种类分布于温带地区。中国有12种，除新疆外，各省区均有。东北地区有1种，产黑龙江、吉林、辽宁、内蒙古。

槲寄生 Viscum coloratum（Kom）Nakai【P.493】

　　常绿小灌木。枝2~3叉状分枝，圆柱形，强韧，黄绿色。叶对生枝端，叶片稍肉质，长圆形或倒披针形，通常具3脉，全缘。花单性，雌雄异株，绿黄色，雄花3~5朵簇生，雌花1~3朵簇生。果实球形，熟时为黄色或橙红色。寄生杨树、柳树、梨树、榆树等树枝上。产庄河、瓦房店、沈阳、鞍山、本溪、盖州、岫岩、开原、新宾等地。

四十、马兜铃科 Aristolochiaceae

Aristolochiaceae Juss.，Gen. Pl.［Jussieu］72（1789），nom. cons.

　　本科全世界有8属450~600种，主产热带和亚热带地区。中国有4属86种。东北地区有2属3种1变种，辽宁均有分布。

分属检索表

1. 草质或木质藤本；花通常两侧对称，花被管通常弯曲；果实开裂 ⋯⋯⋯⋯⋯⋯⋯⋯ 1. 马兜铃属 Aristolochia
1. 多年生草本；花通常辐射对称，花被筒壶状杯形；果实不开裂 ⋯⋯⋯⋯⋯⋯⋯⋯⋯ 2. 细辛属 Asarum

1. 马兜铃属 Aristolochia L.

Aristolochia L. Sp. Pl. 960. 1753.

　　本属全世界约400种，分布于热带和温带地区。中国有45种，广布于南北各省区，但以西南和南部地区较多。东北地区产2种，辽宁均有分布。

分种检索表

1. 本质藤本；叶圆状心形；果实圆柱形，顶端开裂。生山坡杂木林内或河流附近潮湿地。产清原、新宾、桓仁、宽甸等地⋯⋯⋯⋯⋯⋯⋯⋯⋯⋯⋯ 1. 木通马兜铃 Aristolochia manshuriensis Kom.【P.493】
1. 草质藤本；叶广卵状心形或三角状心形；果实椭圆状倒卵形，由基部向果梗分裂。生山沟灌丛间、林缘、溪流旁灌丛中。产铁岭、西丰、新宾、沈阳、鞍山、凤城、宽甸、长海、金州、庄河等地 ⋯⋯⋯⋯⋯⋯⋯⋯⋯⋯⋯⋯⋯⋯⋯⋯⋯⋯⋯⋯ 2. 北马兜铃 Aristolochia contorta Bunge【P.493】

2. 细辛属 Asarum L.

Asarum L. Sp. Pl. 422. 1753.

　　本属全世界约90种，分布于较温暖的地区，主产亚洲东部和南部，少数种类分布亚洲北部、欧洲和北美洲。中国有39种，南北各地均有分布，长江流域以南各省区最多。东北地区产1种1变种，辽宁均有分布。

分种检索表

1. 花被裂片由基部向外反折；叶柄无毛。生林下或山坡腐殖质层深厚稍湿润土壤上。产鞍山、本溪、凤城、
   庄河、瓦房店、兴城、西丰、新宾、桓仁等地 ···
   ························· 1b. 辽细辛 Asarum heterotropoides var. mandshuricum（Maxim.）Kitag.【P.493】
1. 花被裂片平展或直立；叶柄有毛。生针叶林及混交林下稍湿润处。产宽甸、桓仁等地 ·····················
   ·· 2. 汉城细辛 Asarum sieboldii Miq.【P.493】

四十一、蓼科 Polygonaceae

Polygonaceae Juss., Gen. Pl. [Jussieu] 82（1789），nom. cons.

本科全世界有50属1120种，广布世界各地，但主产于北温带，少数分布于热带。中国有13属238种。东北地区有9属83种11变种2变型，其中栽培7种。辽宁产7属58种8变种1变型，其中栽培5种。

分属检索表

1. 木本 ··· 1. 木蓼属 Atraphaxis
1. 草本。
　2. 花被片5，或花被5裂，稀4~6裂。
　　3. 花被片5 ··· 2. 荞麦属 Fagopyrum
　　3. 花被5裂，稀4~6裂。
　　　4. 花被的一部分具龙骨状凸起或具翅。
　　　　5. 柱头头状 ··· 3. 何首乌属（蔓蓼属）Fallopia
　　　　5. 柱头画笔状 ··· 4. 虎杖属 Reynoutria
　　　4. 花被无龙骨状凸起或翅 ····································· 5. 蓼属 Polygonum
　2. 花被片6。
　　6. 柱头画笔状，内花被片通常在果期增大；小坚果无翅 ·········· 6. 酸模属 Rumex
　　6. 柱头头状，内花被片在果期不增大；小坚果有翅 ·········· 7. 大黄属 Rheum

1. 木蓼属 Atraphaxis L.

Atraphaxis L. Sp. Pl. ed. 1. 333. 1753.

本属全世界约25种，分布于北非、欧洲西南部至喜马拉雅山、俄罗斯（西伯利亚东部）。中国有12种，主产新疆，辽宁、内蒙古、宁夏、青海、甘肃、陕西、河北也有少量分布。东北地区产4种。辽宁产1种。

东北木蓼（木蓼）Atraphaxis manshurica Kitag.【P.493】

灌木。托叶鞘圆筒状，短于节间的1/2，或脱落。叶革质，近无柄，线形，全缘或稍具波状齿。花2~4生一苞内，总状花序生当年生枝顶端；花被片5，粉红色。瘦果狭卵形，具3棱，顶端尖，基部宽楔形，暗褐色，密被颗粒状小点。生沙丘、干旱沙质山坡及沙漠地带。产彰武县。

2. 荞麦属 Fagopyrum Mill.

Fagopyrum Mill. Gard. Dict. ed. 4, 1. 1754.

本属全世界约有15种，广布于亚洲及欧洲。中国有10种1变种，南北各省区均有。东北地区栽培2种，辽宁均产。

分种检索表

1. 花梗中部具关节；叶宽三角形；小坚果的棱角仅上部尖锐，下部钝，呈波状；总状伞房花序细长开展，由叶腋生出，顶端不密集。栽培或生村边、荒地成半自生状态。产大连、金州、普兰店、瓦房店等地 …… 1. 苦荞麦（苦荞）Fagopyrum tataricum（L.）Gaertn.【P.493】
1. 花梗无关节；叶三角形或卵状三角形；小坚果的棱角锐利；总状伞房花序短而密集成簇。原产中亚。辽宁各地栽培，有逸生 …… 2. 荞麦 Fagopyrum esculentum Moench【P.493】

3. 何首乌属（蔓蓼属）Fallopia Adans.

Fallopia Adans. Fam. Pl. 2：277. 1763.

本属全世界7~9种，主要分布于北半球的温带。中国有7~8种，分布东北到西北、西南的各省区。东北地区产5种2变种，其中栽培2种。辽宁产5种1变种，其中栽培2种。

分种检索表

1. 半灌木或多年生草本；圆锥花序。
　2. 半灌木；叶通常簇生。散生荒漠区山地林缘和灌丛间。自然分布西北、西南地区。大连有栽培 …… 1. 木藤首乌（木藤蓼）Fallopia aubertii（L. Henry）Holub【P.493】
　2. 多年生草本；叶单生。
　　3. 叶下面无小突起。生山谷灌丛、山坡林下、沟边石隙。产西北、华东、华中、华南、西南地区。沈阳、大连有栽培 …… 2a. 何首乌 Fallopia multiflora（Thunb.）Harald. var. multiflora【P.494】
　　3. 叶下面沿叶脉具小突起。生山谷灌丛，山坡石缝。产大连（瓦房店得利寺） …… 2b. 毛脉首乌（毛脉蓼）Fallopia multiflora var. ciliinervis（Nakai）Yonek. & H. Ohashi
1. 一年生草本；总状花序。
　4. 小花梗在果期比花被短；花被通常无翅，微钝。小坚果无光泽。生湿草地、沟边、耕地等处。产彰武、铁岭、抚顺、瓦房店、大连等地 …… 3. 蔓首乌（卷茎蓼）Fallopia convolvulus（L.）A. Löve【P.494】
　4. 小花梗在果期比花被长或等长，花被具翅；小坚果有光泽。
　　5. 花被翅全缘，基部微下延。生耕地旁、河岸沙地或湿润的灌丛间。产凌源、本溪、大连等地 …… 4. 篱首乌（篱蓼）Fallopia dumetorum（L.）Holub.【P.494】
　　5. 花被翅宽、上部边缘通常具齿或波状，翅基部楔状下延至花梗上。生河岸、山坡荒地及园地上。产凌源、西丰、抚顺、本溪、桓仁、凤城、岫岩、鞍山、海城、营口、庄河、金州、瓦房店、大连、旅顺口等地 …… 5. 齿翅首乌（齿翅蓼）Fallopia dentatoalata（Fr. Schm.）Holub【P.494】

4. 虎杖属 Reynoutria Houtt.

Reynoutria Houtt. Nat. Hist. 2（8）：640. 1777.

本属全世界约2种，分布于东亚。中国有1种，产陕西、甘肃、华东、华中、华南至西南地区。东北地区仅辽宁栽培1种。

虎杖 Reynoutria japonica Houtt.【P.494】

多年生直立草本。茎上散生紫红斑点。叶宽卵形，全缘。花单性，雌雄异株，圆锥花序；花被5深裂，淡绿色；雄花花被片具绿色中脉，雄蕊长于花被；雌花花被片外面3片背部具翅，花柱3，柱头流苏状。瘦果卵形，包于宿存花被内。产陕西、甘肃、华东、华中、华南地区；大连、沈阳、宽甸等地栽培。

5. 蓼属 Polygonum L.

Polygonum L. Sp. Pl. 359. 1753.

本属全世界约230种，广布于全世界，主要分布于北温带。中国有113种26变种，南北各省（区）均有。东北地区产49种8变种1变型。辽宁产35种6变种1变型。

分种检索表

1. 叶基部有关节；托叶鞘常2裂，并再分裂成多裂的裂片；花丝基部增大或内侧者膨大。
   2. 花梗中部具关节；瘦果平滑，有光泽。生田边、路旁、水边湿地。产大连、沈阳等地 ……………………………………………… 1. 铁马鞭（习见蓼、小果蓼）Polygonum plebeium R. Br.【P.494】
   2. 花梗顶部具关节；瘦果密被小点或由小点组成的细条纹，无光泽或微有光泽。
      3. 瘦果散乱分布瘤状颗粒或不规则洼点或密被小点；托叶鞘下部褐色、上部白色。生荒地、路旁。产西丰、沈阳、法库、建平、建昌、葫芦岛、彰武、抚顺、新宾、营口、丹东、庄河、金州、大连等地 ……………………… 2. 普通萹蓄（普通蓼）Polygonum humifusum Pall. ex Ledeb.【P.494】
      3. 瘦果密被由小点组成的细条纹。
         4. 花被开裂至2/3~3/4。
            5. 花2~7，簇生于叶腋，在侧枝上部排列较紧密；短果类型在解剖镜下观察到其表面具散乱小点。生田边路旁、山谷湿地。辽宁有记载…… 3. 尖果萹蓄（尖果蓼、紧穗蓼）Polygonum rigidum Skv.
            5. 花单生或数朵簇生于叶腋，遍布于植株；短果类型在解剖镜下观察到其表面小点组成的细条纹。
               6. 托叶鞘植株下部褐色、上部白色。生荒地、路旁及河边沙地上。产大连、西丰、开原、法库、丹东、凌源等地………… 4a. 萹蓄（萹蓄蓼）Polygonum aviculare L. var. aviculare【P.494】
               6. 托叶鞘全株为褐色。生荒地、路旁及河边沙地上。产彰武、锦州、桓仁、普兰店、庄河等地 ………………… 4b. 褐鞘萹蓄（褐鞘蓼）Polygonum aviculare var. fusco-ochreatum（Kom.）A. J. Li【P.494】
         4. 花被开裂至1/2。
            7. 瘦果无光泽；托叶鞘白色。生河岸沙滩、林间草地。产沈阳 …………………………………………………………… 5. 伏地萹蓄（伏地蓼）Polygonum arenastrum Boreau
            7. 瘦果有光泽；托叶鞘初透明膜质，后褐色。生海边沙地。大连有记载 …………………………………………………… 6. 辽东蓼 Polygonum liaotungense Kitag.
1. 叶基部无关节；托叶鞘不裂或不裂成上述情况；花丝不膨大。
   8. 托叶鞘圆筒形，先端截形或斜截形，在茎的上部更显著。
      9. 花序头状，花被裂片4~5，雄蕊6~8；托叶鞘斜截形。生水边湿地。产桓仁、宽甸、本溪、凤城、岫岩、庄河、普兰店等地 ………… 7. 尼泊尔蓼（头状蓼）Polygonum nepalense Meisn.【P.494】
      9. 花序穗状，花被裂片3~5，雄蕊4~8；托叶鞘几乎截形。
         10. 多年生草本；根状茎分枝，横走；叶柄由托叶鞘中部以上伸出。
            11. 水生植物；叶无毛，飘浮水面。生水塘及河流中。产大连、旅顺口、长海、凌源、彰武、北镇、沈阳、宽甸等地 ………… 8a. 两栖蓼 Polygonum amphibium L. var. amphibium【P.494】
            11. 陆生；叶两面生伏硬毛。生河边沙地。产辽中 ……………………………………………………… 8b. 毛叶两栖蓼 Polygonum amphibium var. terrestre Leyss.【P.494】
         10. 一年生草本；无根状茎；叶柄自托叶鞘中下部或近基部伸出。
            12. 总状花序呈穗状，圆柱形，密花。
               13. 托叶鞘上部边缘具绿色的叶状物或为干膜质状裂片。生荒废处、沟旁及近水肥沃湿地。产辽宁各地 ………… 9. 红蓼（东方蓼）Polygonum orientale L.【P.495】
               13. 托叶鞘上部边缘平，无裂片。
                  14. 托叶鞘具伏毛，狭，紧密包茎，在茎上部更明显。生山坡草地及路旁潮湿地及水旁岸边。产大连、西丰、北镇、宽甸、本溪等地 ………………………………………………… 10. 蓼（桃叶蓼）Polygonum persicaria L.【P.495】
                  14. 托叶鞘宽，不紧密包茎。

15. 茎密被开展直立的长毛；花鲜紫红色。生湿地、湿草地、水沟及水塘边。产新宾、桓
　仁、本溪、凤城、沈阳、辽阳、鞍山、普兰店、瓦房店、庄河等地 ··················
　·················· 11. 香蓼 Polygonum viscosum Buch–Ham. ex D. Don【P.495】
15. 茎无上述长毛；花粉色或白色。
　16. 茎有稀疏的倒生刺。生沙地、路旁湿地和水边。产大连、长海、彰武、葫芦岛、北
　　镇、新民、沈阳、抚顺、辽阳、盖州、盘山等地 ·····················
　　·················· 12. 柳叶刺蓼（本氏蓼）Polygonum bungeanum Turcz.【P.495】
　16. 茎平滑或稀具软毛，无刺。
　　17. 叶两面仅沿中脉被短硬伏毛。生沟渠边、废耕地或湿草地。产大连、西丰、铁岭、
　　　沈阳、本溪、宽甸、桓仁、清原、绥中、彰武、锦州等地 ················
　　　····· 13a. 马蓼（酸模叶蓼）Polygonum lapathifolium L. var. lapathifolium【P.495】
　　17. 叶背面密被白色绵毛。生境同正种。产大连、长海、彰武、阜新、新民、西丰、沈
　　　阳 ············· 13b. 绵毛马蓼（绵毛酸模叶蓼）Polygonum lapathifolium
　　　var. salicifolium Sibthorp
12. 总状花序虽呈穗状，较细或呈线形，疏花，常间断。
　18. 花被具腺；叶有辣味。
　　19. 总状花序长3~8厘米；花稀疏，下部间断。生水边及路旁湿地。产彰武、凌源、西丰、新
　　　民、沈阳、新宾、清原、本溪、桓仁、岫岩、金州、庄河、大连等地 ············
　　　·················· 14a. 辣蓼（水蓼）Polygonum hydropiper L. var. hydropiper【P.495】
　　19. 总状花序长达10厘米；花较密。生水边及路旁湿地。产凤城、宽甸等地 ············
　　　·················· 14b. 长穗水蓼 Polygonum hydropiper var. longistachyum Chang et Li
　18. 花被无腺；叶无辣味。
　　20. 小坚果扁压，两面凸；花柱通常2。生水边及水中浅滩处。产建平、桓仁、庄河等地
　　　·················· 15. 小蓼 Polygonum minus Huds.【P.495】
　　20. 小坚果三棱形；花柱通常3。
　　　21. 叶基部通常圆形。
　　　　22. 叶狭线形；茎无毛；花被紫红色。生湿草地。产彰武 ·····················
　　　　　········ 16b. 红花被松江蓼 Polygonum sungareense f. rubriflorum Li et Chang
　　　　22. 叶披针形；茎有伏毛；花被粉红色。生山地、沟底湿地及沿河的灌丛间。产丹东
　　　　　·················· 17. 粘蓼（中轴蓼）Polygonum viscoferum Mak.
　　　21. 叶基部通常楔形（圆基长鬃蓼除外）。
　　　　23. 叶质薄，绿色，具伏毛，先端急狭呈尾状尖；小花梗明显比苞长。生山地灌丛间。产
　　　　　长海、大连、庄河、宽甸、本溪、凤城、宽甸、丹东等地 ···············
　　　　　·········· 18. 丛枝蓼（长尾叶蓼、匍枝蓼）Polygonum posumbu Buch.-Ham. ex
　　　　　D. Don【P.495】
　　　　23. 叶质厚，浓绿色，无毛，先端渐尖；小花梗与苞等长。
　　　　　24. 叶基部楔形。生草地上。产桓仁、鞍山、金州等地 ·····················
　　　　　　········· 19a. 长鬃蓼（假长尾叶蓼、两色蓼）Polygonum longisetum DC. var.
　　　　　　longisetum【P.495】
　　　　　24. 叶基部圆形或近圆形。生山谷水边、河边草地。产辽宁省彰武 ············
　　　　　　········· 19b. 圆基长鬃蓼（红被松江蓼）Polygonum longisetum var. rotundatum
　　　　　　A. J. Li
8. 托叶鞘不成圆筒形。
　25. 圆锥状花序。
　　26. 叶基部戟形，具2个钝的、稀锐尖的叶耳；小坚果黑色。生盐碱地。产绥中、北镇、东港、大连、

金州、长海等地 ……… 20. 西伯利亚神血宁（西伯利亚蓼）Polygonum sibiricum Laxm.【P.495】

26. 叶基部楔形或圆形，无叶耳；小坚果褐色。

 27. 叶较宽，通常卵形，有时上部者为卵状披针形。

  28. 叶基部圆形，有长柄（2~4厘米）；小坚果成熟后下垂。生河岸或河谷地。产宽甸、桓仁、新宾等辽东山区 …………… 21. 谷地神血宁（谷地蓼）Polygonum limosum Kom.【P.495】

  28. 叶基部楔形或广楔形，具短柄或无柄；小坚果常直立。生山坡草地。产建昌、西丰、桓仁、鞍山、本溪、凤城、丹东、庄河、瓦房店、金州等地 ……………………………………………………
    ………… 22. 宽叶神血宁（宽叶蓼）Polygonum platyphyllum Li et Chang【P.495】

 27. 叶较狭，长圆形、线形；茎常自基部叉状分枝，呈圆球形。生山坡草地。产凌源、建平、葫芦岛、锦州、彰武、北镇、西丰、辽阳、鞍山、金州、庄河、瓦房店等地 …………………………
    ………… 23. 叉分神血宁（叉分蓼、分叉蓼）Polygonum divaricatum L.【P.496】

25. 穗状或总状花序。

 29. 根状茎粗，肉质或木质；茎单一，无刺；花序单一，穗状。

  30. 花穗较细，中下部常具珠芽；叶柄上部不具下延的翼，叶片披针形、长圆形至卵形，叶缘突起的脉端成细齿状。生森林中草地或高山冻原上。辽宁有记载 …………………………………………
    …………………………… 24. 珠芽拳参（珠芽蓼）Polygonum viviparum L.【P.496】

  30. 花穗较粗，无珠芽（倒根蓼有时有珠芽）；叶柄上部具下延的翼。

   31. 叶近革质。

    32. 叶宽大，基生叶和茎下部叶长圆状卵形或广椭圆状卵形，宽3~8厘米或更宽，网脉明显，边缘有不明显的乳头状突起。生山坡、林缘、草甸。产喀左、本溪、桓仁、宽甸、新宾、清原等地 ……………… 25. 太平洋拳参（太平洋蓼）Polygonum pacificum V. Petr.【P.496】

    32. 叶较狭，基生叶和茎下部叶披针形或卵状长圆形，小叶宽3厘米，两面光滑无毛，叶缘无乳头状突起，但常具凸起的脉端。生山坡或干草地。产凌源、北镇、法库、普兰店、金州、大连、桓仁、宽甸等地 …………… 26. 拳参（石生蓼）Polygonum bistorta L.【P.496】

   31. 叶草质。

    33. 茎中上部叶抱茎，叶耳明显，上部叶不呈丝状或刺毛状。生山坡草地、林缘、山谷湿地。产法库、北票等地 ……………………………………………………………………………………
      ………… 27. 耳叶拳参（耳叶蓼）Polygonum manshuriense V. Petr. ex Kom.【P.496】

    33. 茎生叶不抱茎，无毛，无叶耳，上部叶常呈丝状或刺毛状。生湿草地、塔头甸子、山坡等处。辽宁有记载 …… 28. 狐尾拳参（狐尾蓼）Polygonum alopecuroides Turcz. ex Besser

29. 植株无根状茎或为根状茎细长，但不为肉质或木质；茎分枝，常有刺；花序分枝。

 34. 茎缠绕或攀援。

  35. 叶正三角形；叶柄盾状着生；托叶鞘大，近圆形，叶状，抱茎；花被果期变蓝色，稍肉质。生湿地、河边及路旁。产西丰、北镇、本溪、桓仁、丹东、岫岩、大连、长海、金州等地
    ………………………… 29. 杠板归（穿叶蓼）Polygonum perfoliatum L.【P.496】

  35. 叶三角形或三角状戟形；叶柄不为盾状着生；托叶鞘漏斗状；花被果期变干包着小坚果。生山沟、林内。产建昌、绥中、新宾、清原、桓仁、本溪、鞍山、庄河、大连等地
    ………………… 30. 刺蓼 Polygonum senticosum（Meisn.）Franch et Sav.【P.496】

 34. 茎直立或半平卧。

  36. 叶基部箭形。

   37. 花梗具腺毛。

    38. 叶较狭，基部箭形，叶长3~7厘米，宽约1厘米。生水边湿地。产彰武、盖州等地
      ………………… 31. 长箭叶蓼（乌苏里蓼）Polygonum hastato-sagittatum Mak.

    38. 叶较宽，基部浅心形或截形的箭形。生水边湿地。产凤城 …………………………………
      ………………… 32. 糙毛蓼（水湿蓼）Polygonum strigosum R. Br.【P.496】

37. 花梗平滑无毛。

    39. 茎较粗，具明显的倒生钩刺；叶较大，长卵状披针形，长达10厘米。生山脚路旁、水边。产凌源、沈阳、鞍山、本溪、宽甸、凤城、岫岩、庄河、普兰店、金州等地 ……………………… 33a. 箭头蓼（箭叶蓼）Polygonum sieboldii Meisn. var. sieboldii【P.496】

    39. 茎较细，具短刺；叶较小，长约2厘米。生于湿地。产于彰武、朝阳、凤城、大连等地 ……………………… 33b. 草甸箭叶蓼 Polygonum sieboldii var. pratense Chang et Li

  36. 叶基部戟形。

    40. 叶卵状椭圆形，具短而宽的叶耳；花梗密被枣红色腺毛。生山谷溪流旁潮湿地。产西丰、桓仁、本溪、新宾、清原、凤城、鞍山、岫岩、瓦房店、普兰店、庄河等地 …………………………………… 34. 稀花蓼 Polygonum dissitiflorum Hemsl.【P.496】

    40. 叶外形为卵状三角形，基部两侧小裂片显著向外，中裂片卵形或披针形。

      41. 茎通常无毛；叶较宽；小坚果无光泽。生湿草地及水边。产西丰、沈阳、鞍山、营口、桓仁、本溪、抚顺、宽甸、岫岩、普兰店、金州等地 …………………………………… 35. 戟叶蓼 Polygonum thunbergii Sieb. et Zucc.【P.496】

      41. 茎密被星状毛；叶较狭；小坚果有光泽。生山谷水边、山坡湿地。产彰武、盖州、辽中、新宾等地 ……… 36. 长戟叶蓼（马氏蓼）Polygonum maackianum Regel【P.496】

6. 酸模属 Rumex L.

Rumex L. Sp. Pl. 105. 1753.

    本属全世界约200种，分布于全世界，主产北温带地区。中国有27种，广布全国各省区。东北地区产17种1变种。辽宁产13种1变种。

分种检索表

1. 基生叶或茎下部叶的基部戟形或箭形；单性花，雌雄异株。
  2. 内花被片花后不增大或稍增大；叶基部戟形。生山坡草地、林缘、山谷路旁。产庄河、鞍山（千山）、抚顺等地 ………………………………………………… 1. 小酸模 Rumex acetosella L.【P.497】
  2. 内花被片花后显著增大；叶基部箭形。
    3. 根为须根；叶较宽短。生湿地、草地、山坡、路旁及林缘。产西丰、开原、昌图、沈阳、北镇、本溪、丹东、鞍山、金州、庄河等地 ……………………… 2. 酸模 Rumex acetosa L.【P.497】
    3. 根为直根，粗大；叶较狭长。生山坡草地、山谷水边。产大连 …………………………………… 3. 直根酸模（东北酸模）Rumex thyrsiflorus Fingerh.

1. 基生叶或茎下部叶基部不为戟形或箭形；两性花。
  4. 花被片背面不具小瘤，稀有1枚小瘤。
    5. 叶长宽之比，小于1倍，基部深心形。生水边、山谷湿地。产本溪 …………………………………… 4. 毛脉酸模 Rumex gmelinii Turcz. ex Ledeb.【P.497】
    5. 叶长宽之比为1.5~3.5倍，基部圆形、楔形、微心形至心形。
      6. 叶基部圆形、楔形，稀微心形，叶片长圆状卵形或卵状披针形。生山谷水边、山坡林缘。产大连 …………………………………… 5. 长叶酸模（直穗酸模）Rumex longifolius DC.
      6. 叶基部心形，叶片多为长圆状卵形至长圆状披针形；内花被片长圆状卵形至卵状心形，基部心形。生山谷水边、沟边湿地。辽宁有记载 ……………… 6. 水生酸模 Rumex aquaticus L.【P.497】
  4. 花被片背面具瘤。
    7. 内花被片全缘（或微波状），或具锐齿，但不为针刺。
      8. 内花被片全缘或下部微有齿。
        9. 一年生草本。生河边、田边路旁、山谷湿地。产铁岭 …………………………………… 7. 小果酸模 Rumex microcarpus Campd.【P.497】

9. 多年生草本。

  10. 基生叶或茎下部叶披针形或长圆状披针形，基部楔形；内花被片圆卵形，基部心形。

    11. 内花被片全部具小瘤。生湿地及河沟、水塘沿岸。产新民、沈阳、庄河、长海、大连、瓦房店等地 ·················· **8a. 皱叶酸模 Rumex crispus** L. var. crispus【P.497】

    11. 仅1枚内花被片有小瘤。生路旁、水湿地、河边。产沈阳、抚顺、长海等地 ··················
               8b. 单瘤皱叶酸模 Rumex crispus var. unicallosus Peterm.

  10. 基生叶或茎下部叶卵状披针形，基部微心形或圆形；内花被片圆心形。生草甸和河、塘沿岸及湿荒地。产辽宁各地 ·············· **9. 巴天酸模（洋铁酸模）Rumex patientia** L.【P.497】

  8. 内花被片边缘具小而尖锐的齿；茎下部叶基部楔形，中部较宽。生草甸、河岸、湿地。产普兰店等地 ·············· **10. 狭叶酸模（乌苏里酸模）Rumex stenophyllus** Ledeb.【P.497】

7. 内花被片边缘具针刺。

  12. 仅1枚内花被片边缘具2对针刺。生湿地、水甸子、水塘、河流沿岸。产铁岭、北镇、台安、大连等地 ·············· **11. 黑龙江酸模（黑水酸模）Rumex amurensis** Fr. Schmidt【P.498】

  12. 内花被片果时狭三角形，宽1.5~2毫米（不包括针刺），边缘全部具针刺。

    13. 内花被片果时，边缘每侧具1个针刺，针刺长3~4毫米。生田边湿地、水边、山坡草地。产铁岭 ·············· **12. 长刺酸模 Rumex trisetifer** Stokes【P.498】

    13. 内花被片果时，边缘每侧具2~3个针刺，并有小瘤。生湿地及水塘、河岸边和路旁。产沈阳、辽阳、新民、庄河、大连、长海、新宾、北镇等地 ······ **13. 刺酸模 Rumex maritimus** L.【P.498】

7. 大黄属 Rheum L.

Rheum L. Gen. Pl. ed. 1：371. 1754.

本属全世界约60种，分布于亚洲温带及亚热带的高寒山区。中国有38种，主要分布于西北、西南及华北地区。东北地区产3种，其中栽培2种。辽宁栽培1种。

波叶大黄 Rheum rhabarbarum L.【P.498】

多年生草本。直根肥厚。茎中空，无毛，具细沟。托叶鞘宽、暗褐色，抱茎；叶大，有长柄，叶片卵形至广卵形，基部心形，先端钝尖，边缘波状。圆锥花序顶生，苞肉质，内具3~5朵花；花白绿色，花被片6。小坚果三棱形，有翅。生山沟、峰顶岩石间及石砬子上。辽宁各地栽培。

四十二、藜科 Chenopodiaceae

Chenopodiaceae Vent., Tabl. Regn. Vég. 2：253.（1799），nom. cons.

本科全世界100余属，1400余种，主要分布于非洲南部、中亚、南美洲、北美洲及大洋洲的干草原、荒漠、盐碱地，以及地中海、黑海、红海沿岸。中国有42属190种，主要分布于西北、东北各省区及内蒙古，尤以新疆最为丰富。东北地区有16属59种4亚种10变种，其中栽培5种2变种。辽宁产14属47种2亚种7变种，其中栽培4种。

分属检索表

1. 灌木，全体密被星状毛，后期毛部分脱落 ·································· **1. 驼绒藜属 Krascheninnikovia**
1. 一年生或多年生草本，仅木地肤 *Kochia prostrata* 为半灌木。
  2. 叶扁平。
    3. 植株多少有毛。
      4. 花两性。
        5. 花被不发达或缺，常为透明膜质；植株被分枝状或星状毛。

6. 胞果两面微凸或扁平，喙与果核近等长；叶及苞片顶端针刺状；种子与果皮分离 ………… …………………………………………………………………… 2. 沙蓬属 Agriophyllum

6. 胞果一面凸一面平，喙明显短于果核；叶及苞片顶端锐尖，但决不为针刺状；种子与果皮贴生 …………………………………………………………………… 3. 虫实属 Corispermum

5. 花被通常发达，绿色和其他色；植株上的毛不分枝；花被附属物翅状，有脉 ………………… …………………………………………………………………………………… 4. 地肤属 Kochia

4. 花单性，雌雄同株；雌花具花被；苞片离生；胞果无毛而具角状突起物 ………… 5. 轴藜属 Axyris

3. 植株光滑无毛。

7. 花单性，雌花无花被，子房由苞片所包。

8. 植株无粉；雌雄异株 …………………………………………………………… 6. 菠菜属 Spinacia

8. 植株多少有粉；雌雄同株 ………………………………………………………… 7. 滨藜属 Atriplex

7. 花两性，有花被而无苞片。

9. 子房与花被下部合生，合生部分在果期变硬；有大的基生叶及肥大多汁的根 …… 8. 甜菜属 Beta

9. 子房与花被离生，果期不变硬；无肥大多汁的根。

10. 非二歧式聚伞花序，植物体无腺体和香味 ………………………………… 9. 藜属 Chenopodium

10. 复二歧式聚伞花序，若不是复二歧式聚伞花序，则植物体具腺体有香味 ……………………… …………………………………………………………………………… 10. 刺藜属 Dysphania

2. 叶非扁平，常圆柱状或半圆柱状。

11. 花嵌入肉质花序轴；无叶或叶呈鳞片状 ………………………………… 11. 盐角草属 Salicornia

11. 花不嵌入花序轴；有叶。

12. 植株光滑无毛；花被片近球形无附属物或花被片本身增厚或延伸而形成翅状或角状突起物；小苞片不发达 ……………………………………………………… 12. 碱蓬属 Suaeda

12. 植株多少有毛；花被片在果期有附属物；小苞片发达或无小苞片。

13. 花被片附属物刺状，无脉纹；无小苞片 ………………………………… 13. 雾冰藜属 Bassia

13. 花被片附属物翅状，发自花被片的中部；小苞片发达 ………………………… 14. 猪毛菜属 Salsola

1. 驼绒藜属 Krascheninnikovia Gueldenstaedt

Krascheninnikovia Gueldenstaedt, Novi Comment. Acad. Sci. Imp. Petrop. 16: 551. 1772.

本属全世界6~7种，除2种产于北美洲西部外，其他均分布于欧亚大陆，其中以亚洲中部最多。中国产4种，主要分布于东北、华北、西北地区和青藏高原。东北地区产2种。辽宁栽培1种。

华北驼绒藜 Krascheninnikovia arborescens (Losinsk.) Czerep.【P.498】

株高1~2米，分枝多集中于上部。叶较大，柄短；叶片披针形或矩圆状披针形，通常具明显的羽状叶脉。雄花序细长而柔软；雌花管倒卵形，花管裂片粗短，为管长的1/5~1/4。果实狭倒卵形，被毛。我国特产植物。生于固定沙丘、沙地、荒地或山坡上。辽宁有野生记录，熊岳、沈阳有栽培。

2. 沙蓬属 Agriophyllum M. Bieb.

Agriophyllum Bieb Bieb. Fl. Taur.-Cauc. 3: 6. 1819.

本属全世界5~6种，分布于中亚及西亚。中国有3种，产东北、华北和西北地区。东北地区产1种，分布黑龙江、辽宁、内蒙古。

沙蓬 Agriophyllum squarrosum (L.) Moq.【P.498】

一年生直立草本。叶互生，无柄，披针形至线状披针形，被分枝状毛。穗状花序腋生，无柄；苞片广卵形，顶端具刺尖；花被片3，膜质；雄蕊3；柱头2。胞果卵圆形或椭圆形，幼时被毛，上部边缘具膜质翅，翅二叉分枝。喜生沙丘或流动沙丘之背风坡上。产沈阳、锦州、北票、彰武等地。

3. 虫实属 Corispermum L.

Corispermum L. Gen. Pl. ed. 5，5. 1754.

本属全世界有60余种，全都分布于北半球温带地区，除少数种类出现于北美洲外，绝大多数种类分布于欧亚大陆，以亚洲最多。中国有27种，主要分布于东北、华北、西北地区和青藏高原等地区。东北地区产15种8变种。辽宁产14种5变种。

分种检索表

1. 果实顶端急尖或圆形，不成缺刻。
  2. 果实长度为宽度的2倍或近2倍。
    3. 果实长3~4毫米，宽1.3~2.5毫米，无斑点；穗状花序细长而稀疏。
      4. 果实无毛。生沙质荒地、田边、路旁和河滩中。产朝阳等辽宁西部地区 ……………………………………… **1a. 绳虫实 Corispermum declinatum** Steph. ex Stev. var. declinatum【P.498】
      4. 果实两面密被星状毛。生沙质荒地、田边、路旁和河滩中。产朝阳等辽宁西部地区 ………………………… **1b. 毛果绳虫实 Corispermum declinatum** var. tylocarpum（Hance）Tsien et C. G. Ma
    3. 果实长3~3.75毫米，宽1.5~2毫米，具暗褐色斑点；穗状花序稍紧密。生水边沙丘、半固定沙丘或草原。产彰武 …………………………………………………………… **2. 兴安虫实 Corispermum chinganicum** Iljin
  2. 果实长度小于宽度的2倍。
    5. 果实较小，长1.5~2.25（~3）毫米，宽1~1.5毫米。生于沙质戈壁、固定沙丘或沙质草原。产内蒙古 …………………………………………………………… **3. 蒙古虫实 Corispermum mongolicum** Iljin
    5. 果实较大，长3.5~4毫米，宽2.5~3.3毫米。
      6. 果密被星状毛，基部近圆形或心形，背部凸起而中央压扁，斑点不明显。生半固定沙丘或河边沙滩。辽宁西部有记载 …………………………………… **4. 烛台虫实 Corispermum candelabrum** Iljin
      6. 果两面无毛。
        7. 穗状花序短而粗；果有光泽，斑点暗黑色，翅较宽。生沙地或固定沙丘。辽宁西部有记载 …………………………………………… **5. 华虫实 Corispermum stauntonii** Moq.【P.498】
        7. 穗状花序较细；果光泽不明显，斑点浅红褐色，翅狭。生沙丘上。产彰武 ………………………………………… **6. 西伯利亚虫实 Corispermum sibiricum** Iljin【P.498，499】
1. 果实顶端成不同程度的缺刻。
  8. 苞片线形或锥形，比果实显著狭。
    9. 果实两面被星状毛。生草地、河滩及固定沙丘。产朝阳等辽宁西部地区 ……………………………………… **7a. 细苞虫实 Corispermum stenolepis** Kitag. var. stenolepis【P.499】
    9. 果实两面无星状毛。生草地、河滩及固定沙丘。产朝阳等辽宁西部地区 ………………………………… **7b. 光果细苞虫实 Corispermum stenolepis** var. psilocarpum Kitag.
  8. 苞片不为线形或锥形，比果实宽或狭。
    10. 果上具红色或褐色斑点。
      11. 果具宽翅，翅宽1毫米以上。
        12. 果的宽度明显比苞片宽，背部凹，翅宽约1毫米；穗状花序狭长而稀疏。生沙质耕地、固定沙丘及海边沙地。产大连 ………………… **8. 宽翅虫实 Corispermum platypterum** Kitag.【P.499】
        12. 果的宽度比苞片狭或基部稍宽，背部浅凹或不凹，翅宽1.2~1.5毫米；穗状花序粗壮而紧密。
          13. 果实无毛。生沙地或固定沙丘上。产金州、彰武、北票等地 …………………………………… **9a. 大果虫实 Corispermum macrocarpum** Bunge var. macrocarpum【P.499】
          13. 果实有星状毛。生沙地。产金州 ……………………………………………………………… **9b. 毛大果虫实（红虫实）Corispermum macrocarpum** var. rubrum Fu et Wang-wei
      11. 果具狭翅，翅宽1毫米以下。

14. 穗状花序圆柱状，细长而疏松；果长圆状椭圆形，长3.1~4毫米，宽2.5~3毫米，顶端缺刻状浅而宽，翅宽0.4~0.7毫米。

    15. 果实无毛。生海滨沙地、固定沙丘或沙丘边缘。产沈阳、丹东、大连、海城、锦州等地 ……
    …………………… **10a. 长穗虫实 Corispermum elongatum** Bunge var. elongatum【P.499】

    15. 果实被星状毛。生海滨沙地、固定沙丘或沙丘边缘。产彰武等地 …………………………
    ………… **10b. 毛果长穗虫实 Corispermum elongatum** var. stellatopilosum Wang-wei et Fuh

14. 穗状花序棍棒状，粗壮而紧密。

    16. 果倒卵形，黄绿色，具少数褐色斑点和泡状突起，翅浅黄色，不透明。生流动沙丘底部、沙丘或河滩沙地。产彰武等地 …… **11. 辽西虫实 Corispermum dilutum**（Kitag.）Tsien et Ma

    16. 果圆形或近圆形，浅黄色，具深褐色斑点，翅不透明而色浅。生沙地或固定沙丘。辽宁有记载 ……………………………………………… **12. 密穗虫实 Corispermum confertum** Bunge

10. 果实上无红色或褐色斑点。

    17. 果顶端圆，喙不明显；雄蕊5；枝常作"之"字形屈曲。生固定沙丘、河岸沙地。产彰武、沈阳 …………………… **13. 屈枝虫实 Corispermum flexuosum** Wang-wei et Fuh【P.499】

    17. 果顶端凹，喙长；雄蕊1；枝直或稍弯。

        18. 果实被毛。生河边沙地或海滨沙滩。产大连等地 ……………………………………
        …………… **14a. 软毛虫实 Corispermum puberulum** Iljin var. puberulum

        18. 果实光滑无毛。生沙地或固定沙丘。产辽西地区 ……………………………………
        ……… **14b. 光果软毛虫实 Corispermum puberulum** var. ellipsocarpum Tsien et C. G. Ma

4. 地肤属 Kochia Roth.

Kochia Roth in Schrad. Journ. Bot. 1：307. 1800（1801）.

    本属全世界10~15种，分布于非洲、中欧、亚洲温带地区，美洲的北部和西部。中国产7种。东北地区产2种2变型，辽宁产2种1变型。

分种检索表

1. 小半灌木。生山坡、沙地、荒漠等处。产彰武 ………… **1. 木地肤 Kochia prostrata**（L.）Schrad.【P.499】
1. 一年生草本。

    2. 分枝稀疏，斜上；叶披针形或条状披针形。生村旁、路旁、荒地及田间。产辽宁各地 …………………
    ………………………… **2a. 地肤 Kochia scoparia**（L.）Schrad. f. scoparia【P.499】

    2. 分枝极多，紧密向上；叶狭线形。辽宁各地常见栽培 ………………………………………………
    …………………… **2b. 扫帚菜 Kochia scoparia** f. trichophylla Sching et Thell.

5. 轴藜属 Axyris L.

Axyris L. Gen. Pl. ed. 5，420. 1974.

    本属全世界约6种，主要分布于亚洲北部和中部、欧洲和美洲北部。中国现有3种，主要分布于东北、华北、西北地区和青藏高原。东北地区产2种。辽宁产1种。

轴藜 Axyris amaranthoides L.【P.499】

    一年生直立草本。茎粗壮，幼时被星状毛。叶披针形，具短柄，全缘。花单性，雌雄同株。雄花序穗状，雌花数朵构成紧密的腋生二歧聚伞花序。胞果倒卵形，侧扁，顶端具一冠状附属物，其中央微凹。生山坡、杂草地、路旁、河边等处。产建昌、凌源、西丰、新宾、宽甸、本溪、营口、鞍山、海城、庄河等地。

6. 菠菜属 Spinacia L.

Spinacia L. Gen. Pl. ed. 5，452. 1754.

本属全世界3种，分布于地中海地区。中国仅有1栽培种。东北各地常见栽培。

菠菜 Spinacia oleracea L.【P.499】

一年生直立草本。茎中空。叶于幼苗期根出，丛生；抽茎后，茎叶互生；叶片长三角形或卵形。花单性，雌雄异株。果实上之花被具2刺，花柱4，胞果包于花被内。原产伊朗，辽宁各地栽培作蔬菜。

7. 滨藜属 Atriplex L.

Atriplex L. Gen. Pl. ed. 5，472. 1754.

本属全世界约250种，分布于世界的温带及亚热带地区。中国产17种，主要分布于北方各省，尤以新疆荒漠地区最为丰富。东北地区产8种，其中栽培2种。辽宁产6种，其中栽培1种。

分种检索表

1. 苞片在果期边缘有齿，不为卵形或圆形。
  2. 叶披针形至线形，长度为宽度的3倍以上；果苞边缘合生的部位几乎达到中部。生轻度盐碱草地、海滨、沙土地等。产营口、葫芦岛、大连、长海等地 ……… 1. **滨藜 Atriplex patens**（Litv.）Iljin【P.499】
  2. 叶较宽，长度不超过宽度2倍。
    3. 苞片果期呈扁筒形，边缘全部合生或仅顶部分离。
      4. 苞片果期满布棘状突起。生海边盐碱地。辽宁有记载 ………… 2. **西伯利亚滨藜 Atriplex sibirica** L.
      4. 苞片果期仅具1~3个棘状突起。生河滩、渠沿、路边等含盐碱的地方。产营口 ………………………………………………………………… 3. **野滨藜 Atriplex fera**（L.）Bunge
    3. 苞片于果期非上述形状，仅中部以下的边缘合生。
      5. 一年生草本，高15~30厘米；叶片卵状三角形至菱状卵形，边缘具疏锯齿，近基部的1对锯齿较大而呈裂片状，或仅有1对浅裂片而其余部分全缘，基部圆形至宽楔形；花集成腋生团伞花序。生荒地、海岸沙地。产大连、营口、葫芦岛等地 …… 4. **中亚滨藜 Atriplex centralasiatica** Iljin【P.500】
      5. 多年生草本，高可达2米；叶片宽卵形至菱状卵形，边缘具1~3对波状齿或全缘，基部近截形至宽楔形并下延；花簇腋生，并在枝端集成收缩的小形穗状圆锥花序。原产澳大利亚。辽宁有归化记录 ………………… 5. **大洋洲滨藜 Atriplex nummularia** Lindl.
1. 苞片在果期全缘，卵形至圆形，似榆树翅果。原产欧洲。辽宁有栽培 …… 6. **榆钱菠菜 Atriplex hortensis** L.

8. 甜菜属 Beta L.

Beta L. Gen. Pl. ed. 5，103. 1754.

本属全世界约10种，分布于欧洲、亚洲及非洲北部。中国栽培1种。东北各地常见栽培。

分种下单位检索表

1. 根圆锥状或纺锤状，紫红色；叶脉紫红色。原产欧洲及北美洲。辽宁有栽培 ………………………………………………………… 1a. **甜菜 Beta vulgaris** L. var. **vulgaris**【P.500】
1. 根肥大或肥厚，白色或淡橙黄色；叶脉非紫红色。
  2. 根纺锤形，肥厚，白色，富含糖分。辽宁有栽培 …………… 1b. **糖萝卜 Beta vulgaris** L. var. **altissima**
  2. 根肥大，淡橙黄色，糖分少。辽宁有栽培 ………………… 1c. **饲用甜菜 Beta vulgaris** L. var. **lutea**

9. 藜属 Chenopodium L.

Chenopodium L. Gen. Pl. ed. 5，103. 1754.

本属全世界约170种，遍布世界各地。中国产15种。东北地区产11种2亚种。辽宁产9种2亚种。

分种检索表

1. 植株高10厘米以上。
  2. 花被通常3~4深裂，但花序顶端的5深裂；植株有粉；叶背面灰白色，长2~4厘米，宽0.5~2厘米；茎平卧或斜升。生盐碱地、河滨、荒地及住宅附近。产辽宁各地 ……………………………………………………………… 1. 灰绿藜 Chenopodium glaucum L.【P.500】
  2. 花被裂片5。
    3. 叶全缘或中部以下仅具1对不裂或2裂的侧裂片。
      4. 花紧密；花序轴上具透明管状毛；花被大部分在果时增厚，并呈五角状；叶缘具半透明膜质边。
        5. 叶片宽卵形至卵形，茎上部的叶片有时呈卵状披针形，长2~4厘米，宽1~3厘米。生河岸沙地、杂草地、沙碱地等处。产铁岭、沈阳、彰武、普兰店、旅顺口、大连、金州等地 …………………………………… 2a. 尖头叶藜 Chenopodium acuminatum Willd. subsp. acuminatum【P.500】
        5. 叶狭卵形、长圆状至披针形，长显著大于宽。生湖边或海边荒地。产金州 …………………………………… 2b. 狭叶尖头叶藜 Chenopodium acuminatum subsp. virgatum（Thunb.）Kitam.
      4. 花稀疏；花序轴上无透明管状毛；花被果时不增厚；叶缘无透明边。生林缘、草地、阴山坡及路旁。产庄河、沈阳、鞍山（千山）、新宾、清原、宽甸等地 …………………………………… 3. 菱叶藜 Chenopodium bryoniifolium Bunge【P.500】
    3. 叶多少有齿。
      6. 全株无粉；叶菱形至菱状卵形。生荒地、盐碱地、田边等处。产康平 …………………………………… 4b. 东亚市藜 Chenopodium urbicum L. subsp. sinicum Kung et G. L. Chu【P.500】
      6. 植株多少有粉。
        7. 叶掌状浅裂。生路边、住宅附近、水边、林缘、山坡灌丛等处。产沈阳、丹东、鞍山、大连、旅顺口、庄河等地 …………………………………… 5. 杂配藜（大叶藜）Chenopodium hybridum L.【P.500】
        7. 叶非掌状浅裂。
          8. 植株粗壮高大，高达3米；下部叶长达20厘米；花序果期常下垂。生田园、路旁。产建平、岫岩、铁岭、大连等地 …………………………………… 6. 杖藜 Chenopodium giganteum D. Don【P.500】
          8. 植株较矮，高20~50厘米；叶长不超过8厘米；花序果期直立。
            9. 叶明显呈三裂状，中裂片及侧裂片均有齿；种子表面有清楚六角形细注；花被裂片锯合状闭合。生撂荒地、河岸、沟谷。产沈阳、桓仁、本溪、营口、大连、北镇等地 …………………………………… 7. 小藜 Chenopodium ficifolium Smith【P.500】
            9. 叶非三裂状；种子表面有浅沟纹；花被裂片覆瓦状闭合或展开。
              10. 叶狭线形、线形或披针形，长2~5厘米，宽3~20毫米。生路旁、杂草地。产沈阳、朝阳、彰武、北票等地 …………………………………… 8. 细叶藜 Chenopodium stenophyllum Koidz。
              10. 叶卵状三角形、长圆状卵形或菱状卵形，长3~6厘米，宽2.5~5厘米。生于路旁、荒地及田间。产辽宁各地 …………………………………… 9. 藜 Chenopodium album L.【P.500】
1. 植株高3~7厘米，叶厚，无柄，线形或倒披针状线形，全缘。生山坡砾地。产阜蒙县 …………………………………… 10. 矮藜 Chenopodium minimum Wang et Fuh【P.500】

10. 刺藜属 Dysphania R. Br.

Dysphania R. Brown, Prodr. 411. 1810.

本属全世界大约30种，广布全世界热带、亚热带和温暖的温带区。中国有4种。东北地区产3种，其中栽培1种，辽宁均产。

分种检索表

1. 植物体不具腺体，无气味；花序分枝末端有针刺状的不育枝；叶条形至狭披针形，全缘。生山坡、荒地或农田等处。产清原、凤城、新民、彰武、辽阳等地 ···
······························· 1. 刺藜 Dysphania aristata（L.）Mosyakin & Clemants【P.501】
1. 植物体具腺体或腺毛，有强烈气味；花序不具针刺状的不育枝。
 2. 叶矩圆形至卵形，羽状深裂至浅裂。生林缘草地、沟岸、河沿、居民区附近。产凌源、朝阳等地 ······
    2. 菊叶香藜 Dysphania schraderiana（Schult.）Mosyakin & Clemants【P.501】
 2. 叶披针形，边缘具稀疏不整齐的大锯齿。原产热带美洲。沈阳有少量栽培 ·································
   ·············· 3. 土荆芥 Dysphania ambrosioides（L.）Mosyakin & Clemants【P.501】

11. 盐角草属 Salicornia L.

Salicornia L. Sp. Pl. 3. 1753.

 本属全世界20~30种，分布于亚洲、欧洲、非洲及美洲。中国有1种。东北地区有分布，产辽宁、内蒙古。

盐角草 Salicornia europaea L.【P.501】

 一年生直立草本。叶退化成鳞片状，基部连合成鞘状，边缘膜质。穗状花序有短梗，圆柱状；每3花1簇，嵌入肉质花序轴上；花被上部扁平；雄蕊1~2，花药长圆形。胞果卵形，果皮膜质。生盐碱地、海边。产辽宁南部沿海。

12. 碱蓬属 Suaeda Forsk. ex Scop.

Suaeda Forsk. ex Scop. Intr. Hist. Nat. 333. 1777.

 本属全世界100余种，广布世界各地。中国有20种，主产于新疆及北方各省。东北地区产4种2亚种。辽宁产3种1亚种。

分种检索表

1. 花簇有柄。生海边、河边、草甸、田边等含盐碱的土壤上。产葫芦岛、北票、丹东、大连、铁岭等地 ······
·································· 1. 碱蓬 Suaeda glauca Bunge【P.501】
1. 花簇无柄。
 2. 果期花被无附属物及翅，不发育成角状。生沙碱地。产大连、营口、葫芦岛等地 ·······················
   ·············· 2. 辽宁碱蓬 Suaeda liaotungensis Kitag.【P.501】
 2. 果期花被有翅或突起物，或发育成角状。
  3. 花期花被裂片的形状、大小不相等，其中之一较发达，果期各发育成小角伸出物。生盐碱地及碱性草原。辽宁有记载 ·················· 3. 角果碱蓬（角碱蓬）Suaeda corniculata（C. A. Mey.）Bunge
  3. 花期花被裂片略均等，果期各花被裂片的背部发育成隆脊或突起物，不发育成外伸的角，基部发育成横生的翅状物或突起物。生海边、碱性草地及湿草地。产葫芦岛、兴城、营口、大连、金州、长海、旅顺口等地 ·············· 4b. 盐地碱蓬（翅碱蓬）Suaeda maritima subsp. salsa（L.）Soó【P.501】

13. 雾冰藜属 Bassia All.

Bassia Allioni, Melanges Philos. Math. Soc. Roy. Turin. 3：177. 1766.

 本属全世界10~12种，分布于东半球的温带地区和大洋洲。中国有3种，产北方各省及青藏高原。东北地区产1种，辽宁有分布。

雾冰藜 Bassia dasyphylla（Fisch. et Mey.）O. Kuntze【P.501】

 一年生草本，全株被长软毛，分枝开展。叶互生，肉质，线形、披针形或半圆柱形，无柄。花两性，无柄，单生或二花簇生于叶腋；花被筒被长柔毛，顶端5裂，果期裂片背部具针刺状附属物，呈五角状。胞果卵圆形，上下压扁。生盐碱地、沙丘、草地、河滩、阶地及洪积扇上。产彰武县。

14. 猪毛菜属Salsola L.

Salsola L., Sp. Pl. 1：222. 1753。

本属全世界约有130种，分布于亚洲、非洲及欧洲，有少数种分布于大洋洲及美洲。中国有36种。东北产地区4种。辽宁产3种。

分种检索表

1. 花被片果期具发达干膜质或革质的翅，翅上具多数扇状脉纹。生沙丘、沙质草原、石砾质山坡或沙质土壤中。产彰武、沈阳、新民、辽阳等地 ··· 1. 刺沙蓬 Salsola kali L.【P.501】
1. 花被片果期有不发达的翅。
  2. 苞片贴向穗轴，果期花被片顶端内弯，不完全包被果实，顶端不形成截面形，在花被上方常生出短翅。生路旁沟边、荒地、沙质地。产西丰、开原、阜新、建平、锦州、沈阳、抚顺、大连等地 ··············
  ·· 2. 猪毛菜 Salsola collina Pall.【P.501】
  2. 苞片开展，不贴向穗轴，果期花被片上端急剧内弯，包住果实，顶端形成截面，稀发育成微翅。生海滨及河岸沙地。产大连、长海、庄河、旅顺口 ··············· 3. 无翅猪毛菜 Salsola komarovii Iljin【P.501】

四十三、苋科Amaranthaceae

Amaranthaceae Juss., Gen. Pl.〔Jussieu〕87（1789），nom. cons.

本科全世界有70属，约900种，广布世界各地。中国有15属44种。东北地区有6属21种，其中栽培8种。辽宁产6属19种，其中栽培8种。

分属检索表

1. 叶互生。
  2. 胚珠或种子1个 ·· 1. 苋属 Amaranthus
  2. 胚珠或种子2个至数个 ·································· 2. 青葙属 Celosia
1. 叶对生或茎上部叶互生。
  3. 雄蕊花药2室 ·· 3. 牛膝属 Achyranthes
  3. 雄蕊花药1室。
    4. 花单性或两性，成穗状花序，再排成圆锥花序 ·············· 4. 血苋属 Iresine
    4. 花两性，成头状花序。
      5. 有退化雄蕊；柱头1，头状 ·························· 5. 莲子草属 Alternanthera
      5. 无退化雄蕊；柱头2~3或2裂 ·················· 6. 千日红属 Gomphrena

1. 苋属Amaranthus L.

Amaranthus L. Sp. Pl. 989. 1753.

本属全世界约40种，分布于全世界。中国产14种。东北地区产14种，其中栽培3种。辽宁产12种，其中栽培3种。

分种检索表

1. 花被片通常5，稀4或3；雄蕊3~5。
  2. 花被片5。
    3. 植株无毛或近无毛。
      4. 雌雄同株。

5. 圆锥花序下垂，中央花穗特长，成长尾状；苞片及花被片顶端芒刺不明显。原产南美洲。辽宁各地栽培 ……………………………………… 1. 老枪谷（尾穗苋）Amaranthus caudatus L.【P.501】
5. 顶生花序直立。
　6. 雌花苞片为花被片的1.5倍，花被片先端钝圆。原产北美洲。庄河等地栽培 …………………… ………………………………………… 2. 老鸦谷（繁穗苋）Amaranthus cruentus L.【P.502】
　6. 雌花苞片为花被片的2倍，花被片先端急尖或渐尖。原产北美洲。大连、庄河等地有栽培 …… …………………………………… 3. 千穗谷 Amaranthus hypochondriacus L.【P.502】
4. 雌雄异株。
　7. 花序生茎顶或侧枝顶端或叶腋，生于茎顶或侧枝顶端的花序呈穗状，生于叶腋的花序短圆柱状或头状；雄花花被片5，极不等长；雌花花被片5；苞片钻状披针形，先端芒刺状。生荒地。原产美国西南部至加拿大北部。金州有分布 ………… 4. 长芒苋 Amaranthus palmeri S.Watson【P.502】
　7. 圆锥花序顶生；雄花花被片5，等长或不等长；雌花花被片缺失；雄花苞片具极细的中脉；雌花苞片具不明显龙骨突。原产北美洲。辽宁有分布 ………………………………………………… …………………………………… 5. 糙果苋 Amaranthus tuberculatus（Moq.）J. D. Sauer
3. 植株密被毛；圆锥花序较粗；苞片较长，长4~6毫米；胞果包于宿存花被片内。生田间、农田旁、宅旁及杂草地。原产北美洲。产辽宁各地 ……………………………………………………… ……………………………………… 6. 反枝苋 Amaranthus retroflexus L.【P.502】
2. 花被片4或3。
　8. 花被片通常4；茎伏卧上升，由基部分枝；花簇生于叶腋。生田园、路旁及杂草地上。原产北美洲。建平、西丰、普兰店、大连、庄河、长海、北镇等地有分布 ………………………………………… ……………………………………… 7. 北美苋 Amaranthus blitoides S. Watson【P.502】
　8. 花被片3。
　　9. 苞比花被片显著长，锥状渐尖，反卷；叶长圆状倒卵形或匙形，长8~20毫米，宽3~6毫米。生宅旁、路边、杂草地。产金州 ………………………… 8. 白苋 Amaranthus albus L.【P.502】
　　9. 苞比花被片短，卵状披针形，具长芒；叶卵形或菱状卵形，长5~8厘米，宽3~5厘米。原产印度。辽宁常见栽培，有的逸为半野生 ………………………… 9. 苋 Amaranthus tricolor L.【P.502】
1. 花被片2~4或基部联合上部5裂；雄蕊2~3。
10. 花被片3，基部不联合。
　11. 茎通常直立，稍分枝；穗状花序腋生，再形成顶生或侧生圆锥花序；胞果极皱缩。生宅旁、杂草地或田野。原产北美洲。分布辽宁各地………… 10. 皱果苋（绿苋）Amaranthus viridis L.【P.502】
　11. 茎通常平卧而上升；花簇生于叶腋，生茎顶或枝端者呈穗状或圆锥花序；胞果稍皱缩。生田野及宅旁的杂草地上。产辽宁各地 ……………… 11. 凹头苋 Amaranthus blitum L.【P.502】
10. 花被片基部联合，上部4~5裂。生荒地。原产加勒比海岛屿、美国、墨西哥。大连、辽中等地有分布 ……………………………………… 12. 合被苋 Amaranthus polygonoides L.【P.502】

2. 青葙属 Celosia L.

Celosia L. Sp. Pl. 205. 1753.

　本属全世界45~60种，分布于非洲、美洲、亚洲亚热带和温带地区，中国产3种。东北地区栽培2种，辽宁均有栽培。

分种检索表

1. 穗状花序鸡冠状，卷冠状或羽毛状，多分枝，分枝圆锥状、矩圆形；花被片颜色丰富。广布于世界温暖地区。辽宁各地常见栽培 ……………………………… 1. 鸡冠花 Celosia cristata L.【P.502】
1. 穗状花序塔状或圆柱状，无分枝；花被片白色或粉红色。生平原、田边、丘陵、山坡，野生或栽培。大连有栽培，有逸生 ……………………………………… 2. 青葙 Celosia argentea L.【P.503】

3. 牛膝属 Achyranthes L.

Achyranthes L. Sp. Pl. 204. 1753.

本属全世界约15种，分布于两半球热带及亚热带地区。中国产3种。东北地区仅辽宁产1种。

牛膝 Achyranthes bidentata Blume【P.503】

多年生草本。茎有棱角或四方形，分枝对生。叶片椭圆形或椭圆披针形，顶端尾尖，基部楔形或宽楔形。穗状花序顶生及腋生，花期后反折；花多数，密生；苞片宽卵形，顶端长渐尖；花被片披针形。胞果矩圆形，黄褐色，光滑。生山坡林下。产大连、昌图、凤城、东港、丹东等地。

4. 血苋属 Iresine P. Br.

Iresine P. Br. Hist. Jamaica 358. 1756.

本属全世界约70种，分布于美洲热带、西印度群岛及大洋洲。中国栽培1种。东北仅辽宁有栽培。

血苋 Iresine herbstii Hook. f. ex Lindl.【P.503】

多年生草本；茎常带红色，初有柔毛，后除节部外几乎无毛，具纵棱及沟；叶片宽卵形至近圆形，顶端凹缺或2浅裂，全缘，两面有贴生毛，紫红色；雌雄异株，花成顶生及腋生圆锥花序；苞片及小苞片卵形，绿白色或黄白色；雌花绿白色或黄白色，外面基部疏生白色柔毛。原产巴西。辽宁有栽培，有归化记录。

5. 莲子草属 Alternanthera Forsk.

Alternanthera Forsk. Fl. Aeg. Arab. 28. 1775.

本属全世界约200种，分布美洲热带及暖温带地区。中国有5种。东北地区产2种，其中栽培1种。辽宁产1种。

喜旱莲子草 Alternanthera philoxeroides（Mart.）Griseb.【P.503】

多年生草本。茎基部匍匐，上部上升。叶片矩圆形至倒卵状披针形，全缘。花在叶腋密生成头状花序；苞片及小苞片白色，顶端渐尖，具1脉；花被片矩圆形，白色，光亮。原产巴西，中国引种后逃逸。大连在草坪中发现。

6. 千日红属 Gomphrena L.

Gomphrena L. Sp. Pl. 224. 1753.

本属全世界约100种，大部产热带美洲，有些种产大洋洲及马来西亚。中国有2种。东北地区2种，辽宁均有分布。

分种检索表

1. 总苞为2绿色对生叶状苞片。原产美洲热带，大连市各地常见栽培 ···
   ··· 1. 千日红 Gomphrena globosa L.【P.503】
1. 总苞为4绿色对生叶状苞片。原产美洲热带，大连市区有栽培 ···
   ··· 2. 灰毛千日红 Gomphrena canescens R. Br.【P.503】

四十四、紫茉莉科 Nyctaginaceae

Nyctaginaceae Juss., Gen. Pl.［Jussieu］90（1789），nom. cons.

本科全世界约30属300种，分布热带、亚热带，主要分布热带美洲。中国有6属13种。东北地区栽培2

属2种，辽宁均有栽培。

1. 紫茉莉属 Mirabilis L.

Mirabilis L., Sp. Pl. 177. 1753.

本属全世界约50种，主产热带美洲。中国栽培1种，有时逸为野生。东北各地常见栽培。

紫茉莉 Mirabilis jalapa L.【P.503】

一年生草本。茎直立、圆柱形、多分枝。叶片卵形，全缘，脉隆起。花常数朵簇生枝端；总苞钟形，5裂；花被紫红色、黄色、白色或杂色，高脚碟状，5浅裂。瘦果球形，黑色，表面具皱纹。原产热带美洲。辽宁各地栽培。

2. 叶子花属 Bougainvillea Comm. ex Juss.

Bougainvillea Comm. ex Juss., Gen. Pl. 91. 1789（"Bugivillaea"）.

本属全世界约18种。原产南美洲，有一些种常栽培于热带及亚热带地区。中国栽培2种。东北仅辽宁栽培1种。

叶子花 Bougainvillea spectabilis Willd.【P.503】

藤状灌木。枝、叶密生柔毛；枝有刺。叶片椭圆形或卵形，基部圆形，有柄。花序腋生或顶生；苞片椭圆状卵形，基部圆形至心形，暗红色或淡紫红色；花被管狭筒形，绿色，密被柔毛，顶端5~6裂，裂片开展，黄色。果实密生毛。原产热带美洲。大连偶见朝阳避风处露地栽培，易发生冻害。

四十五、商陆科 Phytolaccaceae

Phytolaccaceae R. Br., Narr. Exped. Zaire 454（1818），nom. cons.

本科全世界17属，约70种，广布于热带至温带地区，主产热带美洲、非洲南部，少数产亚洲。中国有2属5种。东北地区有1属2种，其中栽培1种，辽宁均有分布。

商陆属 Phytolacca L.

Phytolacca L., Sp. Pl. 441. 1753.

本属全世界约25种，分布热带至温带地区，绝大部分产南美洲，少数种产非洲和亚洲。中国有4种。东北地区有2种，其中栽培1种，辽宁均有分布。

四十六、粟米草科Molluginaceae

Molluginaceae Bartl., Beitr. Bot.〔Bartling & H. L. Wendland〕2：158（1825），nom. cons.
本科全世界约14属120种，分布于两半球热带至亚热带干旱地区。中国有3属8种。东北地区仅辽宁产1属2种。

粟米草属Mollugo L.

Mollugo L., Sp. Pl. 89. 1753.
本属全世界约35种，分布于热带和亚热带地区，欧洲和北美洲温暖地区也有。中国有4种。东北地区仅辽宁产2种。

分种检索表

1. 茎生叶叶片披针形或线状披针形；疏松聚伞花序；种子具颗粒状凸起。生空旷荒地、农田和海岸沙地。产铁岭 ………………………………………………………… 1. 粟米草Mollugo stricta L.
1. 茎生叶叶片倒披针形或线状倒披针形；花簇生；种子平滑有光泽，脊具3~5条弧形肋棱。生于草地瘠土或旱田中。产金州 ……………………………………… 2. 种棱粟米草Mollugo verticillata L.【P.503】

四十七、番杏科Aizoaceae

Aizoaceae Martinov，Tekhno-Bot. Slovar 15（1820）.
本科全世界约135属1800种，主产非洲南部，其次在大洋洲，有些分布于全热带至亚热带干旱地区，少数为广布种。中国有3属3种。东北地区仅辽宁栽培1属1种。

番杏属Tetragonia L.

Tetragonia L., Sp. Pl. 480. 1753.
本属全世界约60种，分布非洲、亚洲东部、澳大利亚、新西兰、南美洲温带地区。中国有1种。东北地区仅辽宁有栽培。

番杏Tetragonia tetragonioides（Pall.）Kuntze【P.503】

一年生肉质草本。茎初直立，后平卧上升，肥粗，淡绿色，从基部分枝。叶片卵状菱形或卵状三角形，边缘波状；叶柄肥粗。花单生或2~3朵簇生叶腋；花被筒长2~3毫米，裂片3~5，内面黄绿色；雄蕊4~13。坚果陀螺形，具钝棱，有4~5角。江苏、浙江、福建、台湾、广东、云南有栽培，也野生海滩。日本、亚洲南部、大洋洲、南美洲也有。大连有栽培。

四十八、马齿苋科Portulacaceae

Portulacaceae Juss.，Gen. Pl.〔Jussieu〕312（1789），nom. cons.
本科全世界约19属500种，广布于全世界，主产非洲、南美和澳大利亚，少数种分布于亚洲、欧洲和北美洲。中国有2属6种。东北地区有2属4种，其中栽培3种，辽宁均产。

分属检索表

1. 平卧或斜升草本；花单生或簇生，子房半下位；蒴果盖裂 …………………………… 1. 马齿苋属Portulaca

1. 直立草本或半灌木；总状或圆锥花序，子房上位；蒴果瓣裂 ……………………………… 2. 土人参属 Talinu

1. 马齿苋属 Portulaca L.

Portulaca L., Sp. Pl. 445. 1753.

　　本属全世界约150种，广布热带、亚热带至温带地区，大部分种分布区在非洲和南美洲，少数种分布区达温带地区。中国有5种。东北地区产3种，其中栽培2种，辽宁均有分布。

分种检索表

1. 叶倒卵状匙形。
　　2. 花小，径3~4毫米，黄色。生田间、路旁、荒地。产辽宁各地 ………………………………
　　…………………………………………………… 1. 马齿苋 Portulaca oleracea L.【P.504】
　　2. 花大，径8~15毫米，花色丰富。原产巴西。大连有栽培 ………………………………………
　　…………………………………… 2. 环翅马齿苋 Portulaca umbraticola Kunth【P.504】
1. 叶圆柱形；花大，径2.5~4厘米，花色丰富。原产巴西。辽宁常见栽培 ……………………………
　　…………………………………… 3. 大花马齿苋 Portulaca grandiflora Hook.【P.504】

2. 土人参属 Talinum Adans.

Talinum Adans., Fam. Pl. 2：145. 1763.

　　本属全世界约50种，主产美洲暖地，主产墨西哥；非洲、亚洲暖地多有逸生。中国有1种，栽培后逸生。东北地区黑龙江、辽宁有栽培。

土人参 Talinum paniculatum（Jacq.）Gaertn.【P.504】

　　一年生或多年生草本。主根粗壮，圆锥形，有少数分枝。茎直立，肉质，基部近木质。叶互生或近对生，具短柄或近无柄；叶片稍肉质，倒卵形。圆锥花序；花直径约6毫米，花瓣粉红色或淡紫红色。蒴果近球形，3瓣裂。原产热带美洲。大连、庄河等地栽培。

四十九、落葵科 Basellaceae

Basellaceae Raf., Fl. Tellur. 3：44（1837），nom. cons.

　　本科全世界约4属25种，主要分布亚洲、非洲及拉丁美洲热带地区。中国栽培2属3种。东北地区仅辽宁栽培2属2种。

分属检索表

1. 穗状花序；花无梗，花被片肉质，花期几乎不开展 …………………………………… 1. 落葵属 Basella
1. 总状花序；花有梗，花被片非肉质，花期开展 ………………………………………… 2. 落葵薯属 Anredera

1. 落葵属 Basella L.

Basella L., Sp. Pl. 272. 1753.

　　本属全世界5种，1种产热带非洲，3种产马达加斯加，1种产全热带。中国栽培1种。东北地区仅辽宁有栽培。

落葵 Basella alba L.【P.504】

　　一年生肉质缠绕草本。叶片卵形，基部下延成柄，全缘。穗状花序腋生；花被片淡红色或淡紫色，卵状长圆形，全缘。果实球形，红色至深红色或黑色，多汁液，外包宿存小苞片及花被。原产亚洲热带地区。大连、沈阳有栽培。

2. 落葵薯属 Anredera Juss.

Anredera Juss., Gen. Pl. 84. 1789.

本属全世界5~10种，产美国南部、西印度群岛至阿根廷、加拉帕哥斯群岛。中国栽培2种。东北地区仅辽宁栽培1种。

落葵薯 Anredera cordifolia（Tenore）Steenis【P.504】

缠绕藤本。叶具短柄，叶片卵形至近圆形，顶端急尖，基部圆形或心形，稍肉质，腋生珠芽。总状花序具多花，花序轴纤细，下垂；花径约5毫米；花被片白色，开花时张开，卵形至椭圆形，顶端钝圆。原产南美洲热带地区。大连有栽培。

五十、石竹科 Caryophyllaceae

Caryophyllaceae Juss., Gen. Pl.［Jussieu］299. 1789.

本科全世界75~80属、2000种左右，广布世界各地，但主要分布于北半球的温带和暖温带地区，少数种分布于非洲、大洋洲和南美洲。中国有30属，约390种，几乎遍布全国，以北部和西部为主要分布区。东北地区有18属80种4亚种23变种5变型，其中栽培5种。辽宁产16属50种3亚种11变种2变型，其中栽培5种1变种。

分属检索表

1. 托叶膜质，稀不明显；萼离生或稍连合；花柱3 ………………………………… 1. 拟漆姑属 Spergularia
1. 无托叶。
  2. 萼离生，稀基部连合；花瓣近无爪，稀无花瓣；雄蕊常周位生，稀下位生。
    3. 花两型；植株具块根 ……………………………………… 2. 孩儿参属（假繁缕属）Pseudostellaria
    3. 花非两型；植株无块根。
      4. 花柱通常4或5，与萼片同数。
        5. 花瓣全缘，通常显著比萼片短、不明显或缺；叶线形 ………………………… 3. 漆姑草属 Sagina
        5. 花瓣2深裂或2浅裂，稀微缺，如为全缘则花瓣比萼片长。
          6. 蒴果卵形，5瓣裂至中部，裂片顶端二齿状，向外弯曲；花瓣几裂至基部 ………………………… …………………………………………………………………………… 4. 鹅肠菜属 Myosoton
          6. 蒴果圆筒形或长圆状圆筒形，10齿裂，裂片相等；花瓣裂至中部或全缘 ………… …………………………………………………………………………… 5. 卷耳属 Cerastium
      4. 花柱通常2或3，比萼片少。
        7. 花瓣2深裂或2中裂，稀为多裂，有时无花瓣；蒴果3瓣裂，每裂片再次2裂 …………………… …………………………………………………………………………… 6. 繁缕属 Stellaria
        7. 花瓣全缘或顶端略凹缺。
          8. 蒴果裂齿与花柱均为2，稀3………………………………… 7. 薄蒴草属 Lepyrodiclis
          8. 蒴果裂齿与为花柱数的2倍。
            9. 种子平滑，有光泽，种脐旁具附属物 ………………… 8. 种阜草属（莫石竹属）Moehringia
            9. 种子周边被小丘状突起，无光泽，种脐旁无附属物 …… 9. 无心菜属（鹅不食属）Arenaria
  2. 萼合生；花瓣通常具爪；雄蕊下位生。
    10. 花柱3或5。
      11. 花柱3或5；蒴果6齿裂或10齿裂，齿数倍于花柱 ……………… 10. 蝇子草属（麦瓶草属）Silene
      11. 花柱5；蒴果5齿裂或5瓣裂，齿数同于花柱。

12. 心皮与萼齿互生；萼5深裂，裂片线形，萼与花瓣间无雌雄蕊柄；花瓣无附属物 ………………
　　　　………………………………………………………… 11. 麦仙翁属（麦毒草属）Agrostemma

　　12. 心皮与萼齿对生；萼5齿裂，萼与花瓣间具明显的雌雄蕊柄；花瓣有鳞片状附属物 …………
　　　　……………………………………………………………………… 12. 剪秋罗属 Lychnis

10. 花柱 2。

　　13. 萼基部膨大，顶端非常狭窄，具5条翅状凸起的脉棱；蒴果为不完全4室 ………………………
　　　　………………………………………………………… 13. 麦蓝菜属（王不留行属）Vaccaria

　　13. 萼通常筒形或钟形，无凸起的脉棱；蒴果1室。

　　　　14. 萼下具1至数对苞片，萼筒具多数细脉；花瓣上缘齿状或细裂为流苏状；种子圆盾状 ………
　　　　…………………………………………………………………… 14. 石竹属 Dianthus

　　　　14. 萼片无苞片；花瓣全缘、微缺或2裂；种通常肾形。

　　　　　　15. 花瓣渐狭成爪，无附属物；萼具5脉，脉间显著呈膜质 …………………………………
　　　　　　…………………………………………………… 15. 石头花属（丝石竹属）Gypsophila

　　　　　　15. 花瓣骤狭成爪，具鳞片状附属物；萼具多数细脉，脉间不为膜质 … 16. 肥皂草属 Saponaria

1. 拟漆姑属（牛漆姑草属）Spergularia（Pers.）J. et C. Presl

Spergularia J. et C. Presl, Fl. Cechica 94. 1819.

　　本属全世界约25种，分布于温带地区。中国有4种，分布于东北和西北地区。东北产1种，辽宁有分布。

拟漆姑（牛漆姑草）Spergularia marina（L.）Griseb.【P.504】

　　一年生或二年生小草本。茎铺散，从基部开始分枝，枝上被腺毛。叶线形，稍肉质。花单生茎顶叶腋；花瓣5，小，淡紫色或白色，卵状长圆形或卵形，长2~3毫米，先端钝圆，比萼短。蒴果卵形，成熟时长于萼近1/2，3瓣裂。生海滨泥沙岸、盐碱地、河边、水塘等湿润沙质轻盐碱地。产大连、长海、金州、瓦房店、普兰店、绥中、兴城、北镇、铁岭、康平、沈阳等地。

2. 孩儿参属（假繁缕属）Pseudostellaria Pax

Pseudostellaria Pax, Nat. Pflanzenfam., ed. 2. 16c：318. 1934.

　　本属全世界约18种，分布于亚洲东部和北部、欧洲东部。中国有9种，广布于长江流域以北地区。东北地区产7种1变型。辽宁产5种1变型。

分种检索表

1. 叶全部为线形、线状披针形或长圆状线形；花瓣2浅裂；块根长卵形或短纺锤形，通常数个连串生。生松林或混交林下。产凤城、宽甸、桓仁等地 ………………………………………………………………
　　………………………… 1. 细叶孩儿参（森林假繁缕）Pseudostellaria sylvatica（Maxim.）Pax【P.504】

1. 茎中部以上的叶非上述形状，宽阔。

　　2. 叶边缘及背部中脉被开展的长毛，表面疏生毛，卵形或长卵形，基部圆形，几乎无柄；花瓣微缺。生针阔混交疏林下阴湿地。产凤城、宽甸、桓仁、本溪等地 …………………………………………………
　　………………………… 2. 毛脉孩儿参（毛假繁缕）Pseudostellaria japonica（Korsh.）Pax【P.504】

　　2. 叶通常无毛，稀下部边缘稍有毛，基部多少渐狭，常具短柄。

　　　　3. 茎伏卧或上升，常叉状分枝，花后茎顶端渐延伸为细长的鞭状匍枝；叶卵状披针形、长卵形或卵形；花瓣全缘；块根短纺锤形，单生。生阔叶林湿地、林下溪流旁及林缘向阳石质的坡地。产普兰店、瓦房店、庄河、岫岩、凤城、宽甸、桓仁、本溪、鞍山、凌源、建昌、绥中等地 ……………………………
　　　　………………………… 3. 蔓孩儿参（蔓假繁缕）Pseudostellaria davidii（Franch.）Pax【P.504】

　　　　3. 茎直立或上升，花后茎顶端也不形成鞭状匍枝。

　　　　　　4. 花梗和花萼均有毛；花萼5（~6）片；花瓣长圆形或倒卵形，顶端2浅裂。

5. 花单瓣，花瓣5（~6）片。生山坡杂木林或柞木林内、灌丛间、林下岩石旁。产金州、大连、普兰店、瓦房店、庄河、东港、岫岩、凤城、宽甸、桓仁、本溪、丹东、鞍山等地 ·················
··················· 4a. 孩儿参 Pseudostellaria heterophylla（Miq.）Pax f. heterophylla【P.504】

5. 花重瓣，花瓣15片以上。生林下。产丹东 ········· 4b. 重瓣孩儿参 Pseudostellaria heterophylla
（Miq.）Pax f. polypetalus S. M. Zhang, f. nov. in Addenda P.465.【P.504】

4. 花梗、花萼光滑；花萼、花瓣6~8片；花瓣狭披针形，先端尖而不裂。生林缘。产宽甸 ·············
·························· 5. 狭瓣孩儿参 Pseudostellaria palibiniana（Takeda）Ohwi【P.505】

3. 漆姑草属 Sagina L.

Sagina L., Sp. Pl. 128. 1753.

本属全世界约30种，分布于北温带地区。中国有4种，南北均产。东北地区产3种。辽宁产2种。

分种检索表

1. 花单生枝端；花瓣稍短于萼片；种子表面具明显的小疣。生河岸边、住宅旁、阔叶林下阴湿地。产大连、庄河、凤城、桓仁、丹东等地 ····················· 1. 漆姑草 Sagina japonica（Sw.）Ohwi【P.505】
1. 花单生于茎上部的叶腋；花瓣比萼片稍短或等长；种子表面具线条纹或平滑。生田野。产宽甸、凤城、本溪、新宾等地 ····················· 2. 根叶漆姑草 Sagina maxima A. Gray【P.505】

4. 鹅肠菜属 Myosoton Moench

Myosoton Moench，Meth. Pl. 225. 1794.

本属全世界仅1种，分布于欧洲、亚洲、非洲的温带和亚热带地区。产中国东北、华北、华东、华中、西南、西北等省区。辽宁有分布。

鹅肠菜 Myosoton aquaticum（L.）Moench【P.505】

二年生或多年生草本。茎下部伏卧。茎下部叶有柄，茎中上部叶无柄；叶片椭圆状卵形或长圆状卵形，基部圆形或近心形。顶生二歧聚伞花序；花瓣白色，2深裂至基部附近；雄蕊10，花柱5~6。蒴果卵圆形，比萼稍长，5瓣裂，每瓣再2裂。生林缘及山地潮湿地、河岸沙石地、山区耕地、路旁及沟旁湿地等。产凤城、桓仁、本溪、清原、凌源、建昌、大连、庄河、普兰店、丹东、鞍山、沈阳、抚顺等地。

5. 卷耳属 Cerastium L.

Cerastium L., Sp. Pl., 437. 1753.

本属全世界约100种，主要分布于北温带地区，多见于欧洲至西伯利亚，极少数种见于亚热带山区。中国有23种，产北部至西南。东北地区产5种2亚种2变种。辽宁产2种1亚种2变种。

分种检索表

1. 花柱3；蒴果6齿裂。生山谷水边草地。产沈阳等地 ····· 1. 六齿卷耳 Cerastium cerastoides（L.）Britton
1. 花柱5；蒴果10齿裂。
  2. 花瓣全缘或近全缘，比萼片长1.5~2倍；果的齿片顶端外卷。生林下、山区路旁湿润处及草甸中。产本溪、抚顺等地 ········· 2b. 毛蕊卷耳 Cerastium pauciflorum var. oxalidiflorum（Makino）Ohwi【P.505】
  2. 花瓣叉状2裂；果的齿片直立或稍外倾。
    3. 茎生下部顶端急尖或钝尖；聚伞花序不簇生呈头状；花瓣等长或微短于萼片，基部无毛；花梗长5~25毫米；蒴果圆柱形，长为宿存萼的2倍。生疏林下、林缘草地及山沟、山坡、河滩沙地和沙质地及路旁草地。产金州、普兰店、庄河、瓦房店、东港、岫岩、凤城、宽甸、本溪、西丰、丹东、沈阳、鞍山等地 ··················· 3b. 簇生泉卷耳（簇生卷耳）Cerastium fontanum subsp. vulgare（Hartm.）Greuter & Burdet【P.505】

3. 茎下部叶顶端钝；聚伞花序呈簇生状或呈头状；花瓣与萼片近等长或微长，基部被疏柔毛；花梗长1~3毫米；蒴果长圆柱形，长于宿存萼0.5~1倍或与宿存萼近等长。

    4. 蒴果长是花萼的1.5~2倍。生于山坡草地。原产北非、欧洲温带地区和亚洲马德拉岛及加那利岛至巴基斯坦。辽宁有分布记录 ········ **4a. 球序卷耳**Cerastium glomeratum Thuill. var. glomeratum

    4. 蒴果与花萼近等长。生林缘、河旁沙质地。产金州 ·········· **4b. 短果卷耳**Cerastium glomeratum var. brachycarpum L. H. Zhou & Q. Z. Han【P.505】

6. 繁缕属Stellaria L.

Stellaria L., Sp. Pl. 421. 1753.

本属全世界约190种，广布于温带至寒带。中国有64种，广布于全国。东北地区产15种4变种1变型。辽宁产8种1变种。

分种检索表

1. 花瓣掌状5~7中裂；全株伏生绢毛。生海拔丘陵灌丛或林缘草地。产桓仁、丹东等地 ······································
    ···································· **1. 缢瓣繁缕（垂梗繁缕）**Stellaria radians L.【P.505】
1. 花瓣2裂或无花瓣；茎具其他毛或无毛。
  2. 茎下部叶具长柄，上部叶无柄或近无柄；茎圆形，茎上部及花梗具一列毛。
    3. 多年生；叶大型，长达9厘米余，叶及苞边缘疏生睫毛；花瓣比萼片稍长。生杂木林下或山坡草丛中。产庄河老黑山 ············· **2b. 林繁缕**Stellaria bungeana var. stubendorfii（Regel）Y. C. Chu
    3. 一或二年生；叶小型，长达2厘米，叶及苞边缘无毛；花瓣比萼片稍短。生山坡路旁、果园、住宅周围以及田间和林缘。产大连、丹东、桓仁等地 ········ **3. 繁缕**Stellaria media（L.）Cyrillus【P.505】
  2. 叶全部无柄或近无柄；茎通常有棱。
    4. 蒴果约为萼片长的1/2，具1~2（~3）种子；植株密丛生，根粗大；茎稍带棱；叶卵形、长卵形、卵状披针形，长5~16毫米，宽3~4毫米。生向阳石质山坡、石缝间或固定沙丘。产北镇 ······················
    ··················· **4. 叉歧繁缕（叉繁缕）**Stellaria dichotoma L.【P.505】
    4. 蒴果比萼片长或近等长，稀稍短，具多数种子；植株不形成密丛，根不粗大；茎四棱。
      5. 一年生小草本；叶短小，边缘多少呈皱波状；花柱极短；花瓣与萼片等长或稍短，有时无花瓣。生河边、水田附近、水池边、溪流旁、沙质土地。产长海、瓦房店、凤城、桓仁、清原、新民、丹东等地 ··············· **5. 雀舌草（雀舌繁缕）**Stellaria alsine Grimm【P.505】
      5. 多年生；叶狭长，边缘不为皱波状；花柱较长。
        6. 萼片长2.5~3毫米，短或稍尖，无明显脉；蒴果渐变黑褐色；种子近平滑；茎棱上及叶缘常粗糙，叶缘具稀疏短缘毛。生林缘或林下。产凤城、本溪、清原等地 ··························
        ··········· **6. 长叶繁缕（伞繁缕）**Stellaria longifolia Muehl. ex Willd.【P.505】
        6. 萼片长3毫米以上，渐尖或急尖，具明显的脉；蒴果不变色；种子被皱缩状凸起；茎平滑。
          7. 叶线形或狭线形，质薄，通常比节间短得多，宽1~1.5（~2）毫米；萼片长3.5~4.5毫米；花瓣比萼片长1/2。生湿润草地或河岸平原。产凤城、本溪、彰武、沈阳、丹东等地 ··············
          ··········· **7. 细叶繁缕**Stellaria filicaulis Makino【P.506】
          7. 叶较宽大，质较厚，通常比节间长，宽2毫米以上；萼片长4~6毫米；花瓣短、等于或微长于萼片。
            8. 叶长圆状披针形或披针形，宽4~9毫米，基部加宽成圆楔形或近圆形。生山间草地、林缘或林下湿润处。产凤城、宽甸、丹东、抚顺、沈阳等地 ····················
            ············· **8. 翻白繁缕**Stellaria discolor Turcz.【P.506】
            8. 叶线状披针形或近线形，宽2~5毫米，基部稍狭。生山坡草地或山谷疏林地。产凤城、西丰等地 ·········· **9. 沼生繁缕（沼繁缕、东北繁缕）**Stellaria palustris Ehrh. ex Retz.【P.506】

7. 薄蒴草属Lepyrodiclis Fenzl

Lepyrodiclis Fenzl in Endl. Gen. Pl. 966. 1840.

本属全世界约3种，分布于亚洲西部。中国有2种，产西部地区。东北地区绿化带有1种，可能是引种带入。

薄蒴草Lepyrodiclis holosteoides（C. A. Mey.）Fisch. et Mey.【P.506】

一年生草本，全株被腺毛。叶片披针形。圆锥花序开展；苞片草质，披针形或线状披针形；萼片5，线状披针形；花瓣5，白色，与萼片等长或稍长，顶端全缘；雄蕊通常10；花柱2。蒴果卵圆形，短于宿存萼，2瓣裂；种子扁卵圆形，红褐色，具凸起。生于海拔1000多米的山坡草地、荒芜农地或林缘。主产我国西部地区。兴城地区绿化带有分布，可能是引种带入。

8. 种阜草属（莫石竹属）Moehringia L.

Moehringia L., Gen. Pl. 170. 1754.

本属全世界约25种，分布于北温带地区。中国有3种，产于东北、华北、西北、华东、华中、西南及西北地区。东北地区有1种，辽宁有分布。

种阜草（莫石竹）Moehringia lateriflora（L.）Fenzl【P.506】

多年生草本。茎直立，细弱。近无柄，叶椭圆形至长圆状披针形。花通常1~3朵成聚伞状，顶生或腋生上部叶腋；花梗细，被短毛；萼片全缘，具白膜质的边缘；花瓣白色，比萼长1~2倍。蒴果卵形，比萼长1倍，3瓣裂，裂片再2裂。生林下、林缘、河溪边、山坡灌丛间、湿草甸。产庄河、凤城、本溪、桓仁、新宾、宽甸、昌图等地。

9. 无心菜属（鹅不食属）Arenaria L.

Arenaria L., Sp. Pl. 423. 1753.

本属全世界约300种，分布于北温带或寒带地区。中国有102种，集中分布于西南至西北的高山、亚高山地区，华北、东北、华东地区较少，中南地区仅有极少数的种。东北地区产5种2变种。辽宁产2种1变种。

分种检索表

1. 一年生草本，不形成密丛；叶非簇生，卵形；花瓣比萼片短。生沙质或石质荒地、田野、园圃、山坡草地。产大连、丹东等 ·························· 1. 无心菜（蚤缀、鹅不食草）Arenaria serpyllifolia L.【P.506】
1. 多年生草本，形成密丛；基生叶簇生，狭线形或狭线状锥形；花瓣比萼片长。
  2. 茎基部宿存较硬的淡褐色枯萎叶茎；聚伞花序；花梗密被腺柔毛。生向阳的干山坡草地。产法库、建昌等地·················· 2a. 老牛筋（毛轴鹅不食）Arenaria juncea Bieb. var. juncea【P.506】
  2. 茎基部无淡褐色长而硬的枯萎叶茎；圆锥状聚伞形花序；花梗无毛。生山顶石缝和沙坨地。产长海、瓦房店、康平、鞍山、彰武、建平、建昌等地 ···
 ························· 2b. 无毛老牛筋（光轴鹅不食）Arenaria juncea var. glabra Regel

10. 蝇子草属（麦瓶草属）Silene L.

Silene L., Gen. Pl. 132. 1737.

本属全世界约600种，主要分布北温带地区，其次为非洲和南美洲。中国有110种，广布长江流域和北部各省区，以西北和西南地区较多。东北地区产18种1亚种6变种3变型。辽宁产11种1亚种3变种1变型，其中栽培1种。

分种检索表

1. 蒴果浆果状，圆球形，直径6~8毫米，成熟时薄壳质，黑色，具光泽；花瓣基部渐狭成长爪，顶端2叉裂。生山沟溪流旁灌丛、草丛间及林缘、山坡路旁的灌丛等地。产普兰店、瓦房店、庄河、大连、凤城、宽甸、桓仁、本溪、新宾、清原、抚顺、开原、铁岭、绥中、丹东、鞍山等地 ……………………………………………………………………… 1. 狗筋蔓Silene baccifera（L.）Roth【P.506】
1. 蒴果非浆果状。
　2. 蒴果及子房1室。
　　3. 花柱3；蒴果6齿裂。
　　　4. 萼及茎、叶无毛，稀疏生软毛。
　　　　5. 紧密复伞形花序；花瓣粉红或白色。原产欧洲南部。大连、宽甸等地有栽培，也有逸生 ……… …………………………………………………………… 2. 高雪轮 Silene armeria L.【P.506】
　　　　5. 假轮伞状间断式总状花序；花瓣白色。
　　　　　6. 全株无毛，有时仅基部被短毛。生山坡草地、林缘、灌丛间、河谷、草甸及山沟路旁。产大连、长海、金州、瓦房店、普兰店、庄河、凤城、宽甸、桓仁、西丰、铁岭、丹东、鞍山、沈阳等地 ……… 3a. 坚硬女娄菜（光萼女娄菜）Silene firma Sieb. et Zucc. var. firma【P.506】
　　　　　6. 茎、叶和花梗多少被短柔毛；花萼有时被柔毛。生山坡草地、杂草草甸、林下、林缘、灌丛、河边。产庄河、岫岩、鞍山、丹东等地 ……………………………………………… ……………………………… 3b. 疏毛女娄菜Silene firma var. pubescens（Makino）Silene Y. He
　　　4. 萼及茎、叶密被毛。
　　　　7. 花瓣与花萼近等长或稍长。生向阳干山坡、石砬子坡地、林下、山坡草地等处。产大连、金州、庄河、瓦房店、普兰店、东港、凤城、本溪、铁岭、彰武、北镇、丹东、鞍山、岫岩等地 ……………………… 4a. 女娄菜 Silene aprica Turcz. ex Fisch. et Mey. var. aprica【P.506】
　　　　7. 花瓣比花萼长约1/3。生山坡草地。产凌源、绥中、兴城、北镇、黑山、盖州、本溪、凤城、庄河、普兰店、金州、长海、大连、鞍山、沈阳等地 …………………………………………… …………………………… 4b. 长冠女娄菜Silene aprica var. oldhamiana（Miq.）C. Y. Wu
　　3. 花柱5；蒴果10齿裂；花瓣白色，比萼约长出1倍；茎下部被短柔毛，上部被腺毛。原产欧洲，引进后逃逸，生农田旁或沟渠边。产沈阳 ………………………………………………………………… …… 5b. 白花蝇子草（异株女娄菜）Silene latifolia subsp. alba（Mill.）Greuter & Burdet【P.507】
　2. 蒴果及子房基部3~5室。
　　8. 萼筒囊泡状膨大，具20脉；叶披针形至卵状披针形，基部渐狭。生草甸、灌丛中、林下多砾石的草地或撂荒地或农田中。产黑龙江、内蒙古。沈阳有栽培 ………………………………………………… ……………………… 6. 白玉草（狗筋麦瓶草）Silene vulgaris（Moench.）Garcke【P.507】
　　8. 萼筒不膨大，具10脉。
　　　9. 萼被毛。
　　　　10. 花序密集成头状；萼钟形，长约8毫米，密被柔毛及腺毛；叶广卵形、心状卵形或卵形，密被短卷毛；花粉红色或稍带紫堇色。分布于鸭绿江沿岸朝鲜境内。辽宁省可能有分布 ………… …………………………………………………… 7. 头序蝇子草（头序麦瓶草）Silene capitata Kom.
　　　　10. 花序稀疏，不为头状；萼筒状棍棒形，长（10~）12~15毫米，被短柔毛；叶不如上述形状；花白色。
　　　　　11. 茎平铺、俯仰或上升，多分枝；花瓣2叉状浅裂，两侧各具1狭长齿片。生山坡、崖坡及石墙缝内。产大连、凌源 ……… 8. 石生蝇子草（石生麦瓶草）Silene tatarinowii Regel【P.507】
　　　　　11. 茎通常直立，不分枝；花瓣2中裂，两侧无齿片。
　　　　　　12. 叶线状披针形、狭披针形或倒披针形，宽3~8毫米。生河岸、山坡、湿草地、林下及山顶石砬子间。产彰武、丹东等地 …………………………………………………………………

······················· 9a. 蔓茎蝇子草（毛萼麦瓶草）Silene repens Patr. var. repens【P.507】

  12. 叶长圆状披针形至广倒披针形，宽达12毫米。生山地林下、山沟路旁、草甸子、河套边岗
      地。产丹东市大鹿岛 ················ 9b. 宽叶毛萼麦瓶草Silene repens var. latifolia Turcz.

 9. 萼无毛。

  13. 萼广钟形，基部渐狭；花瓣裂片稍叉开，通常无鳞片状附属物；雄蕊及花柱超出花冠很长；茎
     下部倒生疏短毛，上部无毛。生山坡、山顶石砬子中、阔叶林下。产金州、普兰店、庄河、长
     海、西丰、铁岭等地 ········ 10. 长柱蝇子草（长柱麦瓶草）Silene macrostyla Maxim.【P.507】

  13. 萼筒筒形、筒状钟形或棍棒形。

   14. 基生叶多数，簇生，花期不枯萎。

    15. 花萼长8~10（~12）毫米；蒴果长6~7毫米。生多石质干山坡、石砬子缝间、林缘地。产庄
      河、彰武、本溪、宽甸等地 ··
      ·········· 11a. 山蚂蚱草（旱麦瓶草）Silene jenisseensis Willd. f. jenisseensis【P.507】

    15. 花萼长6~7毫米；蒴果长约5毫米。生山地草坡或沙质草原。产阜新 ··········
      ····· 11b. 小花山蚂蚱草（小花旱麦瓶草）Silene jenisseensis f. parviflora (Turcz.) Schischk.

   14. 基生叶花期早枯；茎生叶叶腋具短小叶簇或具短缩的枝叶；茎上部及花梗分泌黏液；萼花期
     筒状棍棒形。生山坡石砬子缝间及向阳山顶。产庄河、丹东等地 ·····················
     ····································· 12. 石缝蝇子草（叶麦瓶草）Silene foliosa Maxim.【P.507】

11. 麦仙翁属（麦毒草属）Agrostemma L.

Agrostemma L., Gen. Pl. 135. 1737.

    本属全世界约3种，产地中海沿岸，现传播至欧洲、亚洲西部和北部、北非和北美洲。中国栽培或逸生1种，分布东北和西北地区，辽宁有分布。

麦仙翁（麦毒草）Agrostemma githago L.【P.507】

    一年生直立草本，全株被白色长硬毛。叶线形，基部合生或稍联合，抱茎。花单生；花萼筒长圆筒形，有10条隆起的脉，萼裂片5；花瓣5，紫红色，比花萼短，爪狭楔形，白色，瓣片倒卵形，微凹缺。蒴果卵形，裂齿5，裂片向外卷。原产欧洲。大连栽培，有逃逸。

12. 剪秋罗属Lychnis L.

Lychnis L., Sp. Pl. 436. 1753.

    本属全世界约25种，分布于北温带地区。中国有7种，产东北、华北、西北东部和长江流域。东北地区产4种，其中栽培1种。辽宁产3种，其中栽培1种。

分种检索表

1. 花橙红色或淡红色，顶端2叉状浅裂；萼无毛或稍被毛；叶基部通常楔形，有时具短柄。生林缘草地、灌
  丛间、山沟路旁及草甸子处。产庄河、岫岩、凤城、本溪、桓仁、清原、铁岭、鞍山等地 ·················
  ··················· 1. 浅裂剪秋罗（浅裂剪秋萝）Lychnis cognata Maxim.【P.508】

1. 花瓣鲜深红色，顶端2叉状深裂；萼被毛；叶基部圆形、宽楔形或心形，无柄。
  2. 全株被柔毛；茎生叶基部通常圆形，稀宽楔形；二歧聚伞花序紧缩呈伞房状，具数花，稀多数花。生山
   坡草地、灌丛间、林缘、林下及山坡阴湿地。产庄河、岫岩、凤城、宽甸、本溪、桓仁、新宾、清原、
   开原等地 ·················· 2. 剪秋罗（大花剪秋萝）Lychnis fulgens Fisch.【P.508】
  2. 全株被粗毛；茎生叶基部心形；花序紧缩呈头状，具10至多数花。产新疆。长海等地有栽培 ··········
  ····································· 3. 皱叶剪秋罗Lychnis chalcedonica L.【P.508】

13. 麦蓝菜属（王不留行属）Vaccaria Madic.

Vaccaria Medic., Phil. Bot. 1：96. 1789.

本属全世界仅1种，产欧洲、亚洲西部和北部。中国有1种，分布于北部至长江流域。东北各地有栽培。

麦蓝菜（王不留行）Vaccaria hispanica（Mill.）Rauschert【P.508】

一或二年生直立草本，全株呈灰绿色。叶无柄；叶片卵状椭圆形，稍抱茎。疏生聚伞花序；萼卵状圆筒形，具5条翅状凸起棱和5条绿色宽脉；花瓣5，淡红色，边缘具不整齐齿裂，基部具长爪。蒴果卵形，顶端4齿裂。原产欧洲。辽宁有栽培，有逸生。

14. 石竹属 Dianthus L.

Dianthus L., Sp. Pl. 409. 1753.

本属全世界约600种，广布于北温带地区，大部分产欧洲和亚洲，少数产美洲和非洲。我国有16种10变种，多分布于北方草原和山区草地。东北地区产8种1亚种7变种1变型，其中栽培4种。辽宁产7种4变种1变型，其中栽培4种。

分种检索表

1. 花梗极短，聚伞花序密集成头状；苞片卵形，与花萼等长或稍长。原产欧洲和亚洲。黑龙江、大连有栽培
  ·· 1. 须苞石竹 Dianthus barbatus L.【P.508】
1. 花梗长，花单生或2~3花集生，不密集成头状。
  2. 花瓣瓣片流苏状细裂至中部或更深，小裂片狭线状或丝状。
    3. 苞片2对。
      4. 萼齿先端具突尖；茎被白粉。原产欧洲。大连等地有栽培 ··
      ······································· 2. 羽裂石竹 Dianthus plumarius L.【P.508】
      4. 萼齿先端渐尖；茎无白粉。生山地疏林下、林缘、沟谷溪边。产凌源 ·······························
      ······································· 3. 瞿麦 Dianthus superbus L.【P.508】
    3. 苞片3~4对。生山坡林缘草地、疏林下、沟谷等处。产营口、本溪、大连、庄河、金州、丹东等地
    ································· 4. 长萼瞿麦（长筒瞿麦）Dianthus longicalyx Miq.【P.508】
  2. 花瓣瓣片上缘具不规则的齿。
    5. 花小，花瓣有髯毛；蒴果圆筒形。
      6. 茎无毛；萼下苞片2~3对。
        7. 苞片长为花萼1/4~1/2或略多。
          8. 花瓣紫红色、粉红色。
            9. 茎单生或疏丛生；苞片卵形，顶端长渐尖，边缘膜质，有缘毛；花萼长15~25毫米，苞片长为花萼1/2或略多。生向阳山坡草地、林缘、灌丛、岩石裂隙。产辽宁各地 ·····················
            ························· 5a. 石竹 Dianthus chinensis L. var. chinensis【P.508】
            9. 茎密丛生。
              10. 花萼长23~27毫米，苞片长仅为花萼1/4左右。生山沟石砾质地、干山坡。产建昌、绥中、葫芦岛、瓦房店、普兰店、金州、大连等地 ······································
              ·········· 5b. 辽东石竹（长萼石竹）Dianthus chinensis var. liaotungensis Y. C. Chu
              10. 花萼长15~25毫米，苞片长为花萼1/2或略多。
                11. 叶较宽，条状披针形或条形，宽2~6毫米；茎稍粗壮。生向阳山坡草地、林缘、灌丛、岩石裂隙。产普兰店、金州、建平、康平、彰武等地 ·····················
                ·········· 5c. 兴安石竹 Dianthus chinensis var. versicolor（Fisch. ex Link）Y. C. Ma
                11. 叶较狭，条状钻形，宽1~2毫米；茎较纤细。生固定沙丘、草原沙质地、森林草原、干

山坡及山坡石碴子。产普兰店、康平、彰武等地 ……………………………………………
… 5d. 钻叶石竹（蒙古石竹）Dianthus chinensis var. subulifolius（Kitag.）Y. C. Ma

8. 花瓣火红色。生向阳山坡草地、林缘、灌丛、岩石裂隙。产凌源、建平、建昌、朝阳、北票、兴城、北镇、大连等地 ……………… 5e. 火红石竹 Dianthus chinensis var. ignescens Nakai

7. 苞片长为花萼1倍或更长。生山顶沙质地、山坡或高山草甸上。产大连、鞍山（千山）…………
………………………… 5f. 长苞石竹 Dianthus chinensis var. longisquama Nakai et Kitag.

6. 茎被细小短粗毛；萼下苞片1对。原产欧洲。大连等地有栽培 ……………………………………
……………………………………………………… 6. 西洋石竹 Dianthus deltoides L.【P.508】

5. 花大，花瓣无髯毛；蒴果卵球形；花柱长，伸出花外；苞片宽卵形，长为花萼1/4。原产欧亚温带地区。大连等地有栽培 …………………… 7. 香石竹（康乃馨）Dianthus caryophyllus L.【P.508】

15. 石头花属（丝石竹属）Gypsophila L.

Gypsophila L., Sp. Pl. 406. 1753.

本属全世界约150种，主要分布欧亚大陆温带地区，北美洲偶见3种，北非东北角（埃及）和大洋洲各1种。中国有17种，主要分布东北、华北和西北地区。东北地区产6种1变种。辽宁产3种。

分种检索表

1. 雄蕊超出花瓣；花瓣顶端截形或微凹。生向阳山坡、山顶及山沟旁多石质地、海滨荒山及沙坡地。产辽宁各地 ……………… 1. 长蕊石头花（长蕊丝石竹）Gypsophila oldhamiana Miq.【P.508】
1. 雄蕊比花瓣短。
  2. 叶线状披针形至披针形；花瓣白色或带粉红色，顶端微凹或截形。生草原、丘陵、固定沙丘及石砾质干山坡。辽宁有记载 …………………… 2. 草原石头花（北丝石竹）Gypsophila davurica Turcz. ex Fenzl
  2. 叶卵形、卵状披针形或长圆状披针形，宽1~3厘米；花瓣淡紫色或粉红色，顶端圆。生山坡、林缘草地。产铁岭、清原、开原、西丰、本溪等地 ……………………………………………………
  ……………………………… 3. 大叶石头花（细梗丝石竹）Gypsophila pacifica Kom.【P.509】

16. 肥皂草属 Saponaria L.

Saponaria L., Sp. Pl. 408. 17531.

本属全世界约30种，分布亚洲温带和欧洲，主产地中海沿岸。中国有1种，为引进或栽培逸生种。东北各地常见栽培。

肥皂草 Saponaria officinalis L.【P.509】

多年生草本。叶椭圆形，基部抱茎并稍连生。聚伞状圆锥花序；苞叶披针形，长渐尖；花瓣白色或粉色，较萼长半倍左右，爪部狭长，瓣片长圆卵形，先端微凹，瓣片与爪部之间有2线形鳞片状附属物。蒴果1室，长圆状卵形，4齿裂。原产土耳其、俄罗斯及其他一些欧洲国家。辽宁各地常见栽培。

各地尚常见栽培重瓣肥皂草 *S. officinalis* var. *florepleno* Hort.，花重瓣。

五十一、莲科 Nelumbonaceae

Nelumbonaceae A. Rich., Dict. Class. Hist. Nat.［Bory］11：492. 1827.

本科全世界1属2种，分布亚洲东部和南部、澳大利亚北部、美国中部和北部。中国有1种。东北各地有分布。

莲属 Nelumbo Adanson

Nelumbo Adanson，Fam. Pl. 2：76、582. 1763.

属的特征和地理分布同科。

莲 Nelumbo nucifera Gaertn.【P.509】

多年生水生草本。根状茎肥厚，横生，节部缢缩，节间膨大。叶基生，叶片圆盾形，伸出水面，波状近全缘。花顶生，大形，直径10~24厘米，粉红色或白色，芳香，花梗与叶柄等长或稍长，散生小刺；花瓣多数。坚果椭圆形或卵圆形。自生或栽培于池塘内。产桓仁、金州、普兰店、海城、辽阳、辽中、新民、台安、绥中、彰武、沈阳等地。

五十二、睡莲科 Nymphaeaceae

Nymphaeaceae Salisb.，Ann. Bot.［König & Sims］. 2：70. 1805.

本科全世界6属约70种，广泛分布温带和热带地区。中国产3属约8种。东北地区有3属5种1变种，其中栽培2种1变种。辽宁产3属5种1变种，其中栽培2种1变种。

分属检索表

1. 叶片、叶柄具刺；果实鸡头状，多刺；种子较大，直径1厘米以上 ························· 1. 芡属 Euryale
1. 叶片、叶柄平滑无刺；种子小，直径2~3毫米。
  2. 萼片5，花瓣状，黄色；花瓣小；雄蕊下位生 ······························· 2. 萍蓬草属 Nuphar
  2. 萼片4，绿色；花瓣宽；雄蕊周位生 ·································· 3. 睡莲属 Nymphaea

1. 芡属 Euryale Salisb.

Euryale Salisb. ex DC. in Reg. Veg. Syst. Nat. 2：48. 1821.

本属全世界仅1种，产中国、俄罗斯、朝鲜、日本及印度。东北地区有分布，产黑龙江、吉林、辽宁。

芡实（芡）Euryale ferox Salisb. ex Koenig【P.509】

一年生草本，全株多刺。浮水叶柄长，圆柱状，中空，多刺；叶片圆状盾形，径20~200厘米，被绒毛，叶脉分歧处有尖刺。花径约4厘米；萼片4，外面密生皮刺；花瓣约20，带紫色。浆果近球形，上有宿存萼片，状似鸡头，密被皮刺。生池沼、水泡中。产沈阳、新民、法库、铁岭、辽中、彰武、黑山、辽阳、海城、庄河、长海等地。

2. 萍蓬草属 Nuphar Smith

Nuphar J. E. Smith in Sibth. et Smith，Fl. Graec. Prodr. 1：361. 1809.

本属全世界约10种，分布于亚洲、欧洲及美洲。中国有2种。东北地区产1种，辽宁有分布。

萍蓬草 Nuphar pumila（Timm）DC.【P.509】

多年水生草本。叶纸质，宽卵形或卵形，先端圆钝，基部具弯缺，心形，裂片远离，圆钝，侧脉羽状；叶柄有柔毛。花径3~4厘米；萼片黄色，外面中央绿色，矩圆形或椭圆形；花瓣窄楔形，先端微凹。浆果卵形，长约3厘米。生水塘中。产凤城、东港等地。

3. 睡莲属 Nymphaea L.

Nymphaea L. Sp. Pl. 510. 1753.

本属全世界约50种，广泛分布于温带及热带地区。中国产5种。东北地区产3种1变种，其中栽培2种1变种，辽宁均有分布。

分种检索表

1. 花瓣20~25；花径10~20厘米；花白色、粉色或黄色；叶近圆形，直径10~25厘米。
 2. 根状茎匍匐。
  3. 花白色。生池沼中。原产瑞典。辽宁各地栽培 …… 1a. **白睡莲 Nymphaea alba** L. var. **alba**【P.509】
  3. 花粉红色或玫瑰色。生池沼中。原产瑞典。辽宁各地栽培 ……………………………………
    ……………………………………………… 1b. **红睡莲 Nymphaea alba** L. var. **rubra** Lonnr.
 2. 根状茎直立；花黄色。原产墨西哥。大连有栽培 …… 2. **黄睡莲 Nymphaea mexicana** Zucc.【P.509】
1. 花瓣8~12；花径2.5~4厘米；花白色；叶心状卵形或卵状椭圆形，长6~14厘米，宽4.5~11厘米。生池沼中。产昌图、铁岭、新民等地………………………………… 3. **睡莲 Nymphaea tetragona** Georgi【P.509】

五十三、金鱼藻科 Ceratophyllaceae

Ceratophyllaceae Gray，Nat. Arr. Brit. Pl. 2：395，554. 1822.
本科全世界1属6种，广布世界各地。中国有3种。东北地区有1种2亚种，辽宁均有分布。

金鱼藻属 Ceratophyllum L.

Ceratophyllum L. Sp. Pl. 922. 1753.
属的特征与地理分布同科。

分种检索表

1. 叶一至二回二叉状分歧；果实边缘无翅，表面无疣状突起。
 2. 果实具3刺，顶生1个，基部以上2个。生池塘、河沟。辽宁有记载 ……………………………………
  …………………………………… 1. **金鱼藻 Ceratophyllum demersum** L.【P.509】
 2. 果实具5刺，顶生1个，近顶端1/3处有2短刺，近基部有2长刺。生在河沟或池沼中。产康平、铁岭、新民、沈阳、抚顺、宽甸、旅顺口、大连等地 …………………… 2b. **五刺金鱼藻（五针金鱼藻）**
  Ceratophyllum platyacanthum subsp. **oryzetorum**（Kom.）Les【P.509】
1. 叶三至四回二叉状分歧；果实边缘有翅，表面有疣状突起，具3刺。生淡水池塘、水沟及水库中。产康平、铁岭、新民、营口、辽阳等地 ……………………………………………………
 …… 3b. **粗糙金鱼藻（东北金鱼藻）Ceratophyllum muricatum** subsp. **kossinskyi**（Kuzen.）Les【P.509】

五十四、芍药科 Paeoniaceae

Paeoniaceae Raf.，Anal. Nat. 176（1815），nom. cons.
本科全世界1属约30种，分布于欧亚大陆温带地区。中国有15种，主要分布于西南、西北地区，少数种类分布于东北、华北地区及长江两岸各省。东北地区有4种2变种，其中栽培1种1变种，辽宁均有分布。

芍药属 Paeonia L.

Paeonia L. Gen Pl. 678. 1737.
属的特征和地理分布同科。

分种检索表

1. 多年生草本；花盘肉质，仅包住心皮基部。

　2. 小叶倒卵形，纸质，全缘；花单生茎顶。

　　3. 花淡红色，花丝淡绿色，柱头稍长向外反卷；叶草绿色，上举，背面沿叶脉有毛。生阔叶林或针阔混交林下或林缘。产抚顺、西丰、清原、新宾、岫岩、本溪、宽甸、桓仁、凤城、丹东、庄河、营口、鞍山、凌源等地 ················· 1. 草芍药 Paeonia obovata Maxim.【P.510】

　　3. 花白色，花丝紫红色，柱头短稍外卷；叶深绿色，平展，通常无毛。生山坡杂木林下。产鞍山、岫岩、本溪、凤城、庄河等地 ······· 2. 山芍药 Paeonia japonica（Makino）Miyabe et Takeda【P.510】

　2. 小叶卵形，革质，边缘具骨质小细齿；花白色或红色，通常数朵顶生。

　　4. 心皮无毛。生山坡、阔叶林下。产沈阳、鞍山、西丰、彰武、建平、凌源、兴城、宽甸等地，各地常见栽培 ·················· 3a. 芍药 Paeonia lactiflora Pall. var. lactiflora【P.510】

　　4. 心皮密生柔毛。生山坡、阔叶林下。产岫岩 ··································

　　　·········· 3b. 毛果芍药 Paeonia lactiflora var. trichocarpa（Bunge）Stern【P.510】

1. 灌木；花盘发达，革质，完全包住心皮。

　5. 顶生小叶3裂至中部，裂片不裂或2~3浅裂；花瓣玫瑰色、红紫色、粉红色至白色，花瓣内面基部不具深紫色斑块。原产陕西。辽宁常见栽培 ················

　　　·················· 4a. 牡丹 Paeonia suffruticosa Andr. var. suffruticosa【P.510】

　5. 小叶不分裂，稀不等2~4浅裂；花瓣白色，花瓣内面基部具深紫色斑块。分布于四川北部、甘肃南部、陕西南部（太白山区）。丹东等地栽培 ··························

　　　·············· 4b. 紫斑牡丹 Paeonia suffruticosa var. papaveracea（Andr.）Kerner

五十五、毛茛科 Ranunculaceae

Ranunculaceae Juss., Gen. Pl.〔Jussieu〕231. 1789.

　　本科全世界约60属，2500余种，广布世界各洲，主要分布于北半球温带和寒温带地区。中国有38属921种，广布各地，大多数属、种分布于西南部山地。东北地区有22属143种3亚种48变种11变型，其中栽培4种。辽宁产21属85种1亚种28变种4变型，其中栽培5种。

分属检索表

1. 花两侧对称。

　2. 上萼片无距；花瓣有爪 ··· 1. 乌头属 Aconitum

　2. 上萼片有距，花瓣无爪。

　　3. 退化雄蕊2，有爪；花瓣2，分生；心皮3~7 ·············· 2. 翠雀属（翠雀花属）Delphinium

　　3. 退化雄蕊不存在；花瓣2，合生；心皮1 ······················· 3. 飞燕草属 Consolida

1. 花辐射对称。

　4. 果实为浆果或蓇果。

　　5. 果实为浆果；心皮1；总状花序 ······································· 4. 类叶升麻属 Actaea

　　5. 果实为蓇果；心皮3~10枚；花单生于茎或枝端 ······················· 5. 黑种草属 Nigella

　4. 果实为菁荚果或瘦果。

　　6. 果实为菁荚果，子房有多数胚珠。

　　　7. 单花被，无花瓣。

　　　　8. 叶为单叶，圆状心形；萼片黄色，呈花瓣状；聚伞花序 ·············· 6. 驴蹄草属 Caltha

　　　　8. 叶为二回三出复叶；萼片白色，呈花瓣状；伞形花序 ··············· 7. 拟扁果草属 Enemion

7. 异花被，有花瓣。
　　9. 花瓣有距；萼片蓝紫色或黄色；叶二至三回三出复叶 ·················· 8. 耧斗菜属 Aquilegia
　　9. 花瓣无距。
　　　10. 叶为三出复叶或羽状复叶。
　　　　11. 总状花序多花，白色 ································· 9. 升麻属 Cimicifuga
　　　　11. 聚伞花序。
　　　　　12. 多年生草本；心皮 1~5 ···················· 10. 扁果草属 Isopyrum
　　　　　12. 一年生草本；心皮 6~20 ················· 11. 蓝堇草属 Leptopyrum
　　　10. 叶为单叶，掌状分裂。
　　　　13. 萼片白色；花瓣小，白色，近匙形，先端 2 裂；花下有总苞；植株高 10~20 厘米 ··········
　　　　　　·· 12. 菟葵属 Eranthis
　　　　13. 萼片橘黄色；花瓣橘黄色，线形；花下无总苞；植株高达 1 米 ········ 13. 金莲花属 Trollius
6. 果实为瘦果，子房有 1 胚珠。
　　14. 叶通常对生；萼片镊合状排列，花瓣无；花柱在果期伸长呈羽毛状 ········ 14. 铁线莲属 Clematis
　　14. 叶互生或基生；萼片覆瓦状排列。
　　　15. 无花瓣，萼片通常呈花瓣状。
　　　　16. 花下有总苞。
　　　　　17. 总苞紧接于花下，呈花萼状；叶浅裂 ··············· 15. 獐耳细辛属 Hepatica
　　　　　17. 总苞不紧接花下，着生于花葶的中上部。
　　　　　　18. 花柱在果期不伸长成羽毛状 ··············· 16. 银莲花属 Anemone
　　　　　　18. 花柱在果期伸长成羽毛状 ··············· 17. 白头翁属 Pulsatilla
　　　　16. 花下无总苞 ································· 18. 唐松草属 Thalictrum
　　　15. 有花瓣。
　　　　19. 花瓣无蜜槽 ································· 19. 侧金盏花属 Adonis
　　　　19. 花瓣有蜜槽。
　　　　　20. 瘦果无纵肋；茎通常具叶 ················· 20. 毛茛属 Ranunculus
　　　　　20. 瘦果具纵肋；叶全部基生，无茎生叶 ··············· 21. 碱毛茛属 Halerpestes

1. 乌头属 Aconitum L.

Aconitum L. Gen. Pl. ed. 5，236. 1754.

　　本属全世界约 400 种，分布于北半球温带地区，主要分布于亚洲，其次分布于欧洲和北美洲。中国有 211 种，除海南岛外，各省区都有分布，大多数分布于云南北部、四川西部和西藏东部的高山地带。东北地区产 29 种 1 亚种 15 变种。辽宁产 14 种 11 变种。

分种检索表

1. 根为直根；心皮 3。
　　2. 茎缠绕。
　　　3. 萼片上部白色，下部淡紫色。生阔叶林下或灌丛中潮湿的腐殖土上。产清原、新宾、本溪、宽甸、桓仁、岫岩、凤城、东港、庄河、大连等地 ···
　　　　·················· 1a. 两色乌头 Aconitum alboviolaceum Kom. var. alboviolaceum【P.510】
　　　3. 萼片全部白色或全部紫色。
　　　　4. 萼片全部白色。生阔叶林下、溪流旁。产丹东、桓仁、庄河、大连、岫岩等地 ·············
　　　　　········ 1b. 白花乌头 Aconitum alboviolaceum var. albiflorum（S. H. Li et Y. H. Huang）S. H. Li
　　　　4. 萼片全部紫色。生林下。产本溪、桓仁、北镇等地 ···································
　　　　　·············· 1c. 紫花乌头 Aconitum alboviolaceum var. purpurascens Nakai

2. 茎直立。

  5. 叶掌状 5~7 浅裂或深裂；萼片紫色或黄色。

    6. 叶肾状圆形，5~7 浅裂；上萼片长圆筒状，花瓣的距呈半环状；萼片紫色。生山地。产大连 ………
    ………………………………………… **2. 高帽乌头 Aconitum longecassidatum** Nakai

    6. 叶掌状，5 深裂；上萼片粗圆筒状，花瓣的距呈螺旋状弯曲；萼片黄色。生山地杂木林或落叶松林中潮湿处。产宽甸 ……… **3. 草地乌头（白山乌头）Aconitum umbrosum**（Korsh.）Kom.【P.510】

  5. 叶掌状深裂至全裂；萼片黄色。

    7. 叶掌状 3 全裂。生山地草坡、林边或红松林中。产西丰、新宾、本溪、凤城、宽甸、桓仁、海城、北镇等地 …………………………………… **4. 吉林乌头 Aconitum kirinense** Nakai【P.510】

    7. 叶掌状 5 全裂，裂片再二回羽状分裂，终裂片线形。

      8. 叶的全裂片近细裂，较狭而端尖，末回裂片条形。生山地草坡或多石处、林下或林缘草地。辽宁有记载 ……………………… **5a. 细叶黄乌头 Aconitum barbatum** Pers. var. barbatum【P.510】

      8. 叶的全裂分裂程度小，较宽而端钝，末回裂片披针形或狭卵形。

        9. 茎下部的毛开展。生山地林下、林缘及中生灌丛。产桓仁、凤城、辽阳 …………………………
        ………………………… **5b. 西伯利亚乌头 Aconitum barbatum** var. hispidum（DC.）DC.

        9. 茎下部的毛贴伏。生山地疏林下或较阴湿处。产朝阳 …………………………………
        ………………………… **5c. 牛扁（牛扁乌头）Aconitum barbatum** var. puberullum Ledeb.

1. 根为块根；心皮 3~8。

  10. 萼片黄色，稀粉色；心皮 3，密被短柔毛；花序轴与花梗密被反曲短柔毛；叶的全裂片细裂，末回裂片条形或狭条形；上萼片船状盔形。

    11. 萼片黄色。生山坡草地、灌丛及疏林中。产辽宁各地 …………………………………
    ………………… **6a. 黄花乌头 Aconitum coreanum**（Levl.）Rap. var. coreanum【P.510】

    11. 萼片粉色。生山坡草地。产岫岩 ………………………… **6b. 粉花乌头 Aconitum coreanum** var. roseolum S. M. Zhang, var. nov. in Addenda P.465.【P.510】

  10. 萼片通常蓝紫色或紫色，稀白色；心皮 3~8。

    12. 茎缠绕或上部稍缠绕。

      13. 花序轴与花梗被伸展毛；叶掌状 3 全裂。

        14. 裂片较宽，有柄，中裂片菱形或菱状卵形；心皮 5 或 3，子房疏生短柔毛。生山地草坡或林中。产西丰、鞍山、本溪、桓仁、岫岩、庄河等地 …………………………………
        ………………………… **7. 宽叶蔓乌头 Aconitum sczukinii** Turcz.【P.510】

        14. 裂片再羽状分裂，终裂片披针形至卵状披针形；心皮 5，子房被伸展的短柔毛。生针阔叶混交林下或林缘、湿草甸子。产本溪 ……………………………………………
        ……… **8a. 蔓乌头（狭叶蔓乌头）Aconitum volubile** Pall. ex Koelle var. volubile【P.511】

      13. 花序轴与花梗被短卷毛；茎无毛或仅在上部疏被短卷毛；叶掌状 3 全裂，终裂片披针形；心皮 3~5，无毛，稀被长柔毛。生山地草坡或林中。产本溪、凤城、宽甸 …………………………
      …………………… **8b. 卷毛蔓乌头 Aconitum volubile** var. Pubescens Regel

    12. 茎直立，稀上部呈之字形弯曲或稍缠绕。

      15. 花序轴与花梗被短卷毛或伸展毛。

        16. 花序轴与花梗密被短卷毛，稀被伸展毛（如展毛乌头）；心皮疏或密被短柔毛，稀无毛。

          17. 花序轴与花梗密被反曲而紧贴的短柔毛。生山地草坡或灌丛中。产绥中、朝阳、建平、建昌、凌源、普兰店、瓦房店、庄河、大连、丹东、凤城、岫岩等地 …………………………
          ……………………… **9a. 乌头 Aconitum carmichaeli** Debx. var. carmichaeli

          17. 花序轴和花梗有开展的柔毛。生山阴坡林下或沟谷。产大连等地 ……………… **9b. 展毛乌头**
          ……………… **Aconitum carmichaelii** var. truppelianum（Ulbr.）W. T. Wang et Hsiao【P.511】

        16. 花序轴与花梗被伸展毛。

18. 花序水平开展或上升；心皮3~5，多少被毛或近无毛。
  19. 叶的中全裂片浅裂，边缘有粗疏粗齿；花丝全缘或有2小齿；心皮3（~4），无毛或被毛。
    20. 花梗通常密被伸展的短毛。生阔叶林下或针阔叶混交林下。产本溪、桓仁、凤城、宽甸、丹东、岫岩、庄河等地 ⋯⋯ **10a. 鸭绿乌头 Aconitum jaluense** Kom. var. **jaluense**
    20. 仅花梗顶部具伸展毛。生阔叶林下。产鞍山、本溪、宽甸、桓仁等地 ⋯⋯⋯⋯⋯⋯⋯⋯⋯⋯⋯⋯⋯ **10b. 光梗鸭绿乌头 Aconitum jaluense** var. **glabrescens** Nakai
  19. 叶的中全裂片分裂较深，二回裂片三角形至披针形；花丝全缘；心皮（3~）5，无毛。生海拔600~1200米间山地林边或林中。产辽宁东南部 ⋯⋯⋯⋯⋯⋯⋯⋯ **11. 圆锥乌头 Aconitum paniculigerum** Nakai【P.511】
18. 花序非水平状，多花密集，顶生或上部叶腋生，花深紫色，上萼片具短喙；心皮3~5，无毛。生灌丛或草地。产辽宁南部 ⋯⋯⋯⋯⋯ **12. 蛇岛乌头 Aconitum fauriei** Levl. et Vant.【P.511】
15. 花序轴与花梗无毛或仅花梗顶端被毛。
  21. 总状花序至圆锥花序，花密集，多达40朵；心皮（3~）5，通常无毛；叶裂片较宽。
    22. 叶三全裂，中央全裂片菱形，近羽状分裂，小裂片披针形。
      23. 茎、花序轴和花梗均无毛。生疏林下、山坡、草甸。产辽宁各地 ⋯⋯⋯⋯⋯⋯⋯⋯⋯ **13a. 北乌头 Aconitum kusnezoffii** Reichb. var. **kusnezoffii**【P.511】
      23. 花梗上部或顶部被短卷毛，有时花轴及花梗略被短卷毛。生山地林缘及沟谷溪边。产凌源、瓦房店 ⋯⋯⋯⋯⋯ **13b. 伏毛北乌头 Aconitum kusnezoffii** var. **crispulum** W. T. Wang
    22. 叶分裂程度较小，全裂片较宽，浅裂。生山坡草地、林缘。产西丰、辽阳、鞍山、北镇、本溪等地 ⋯⋯⋯⋯⋯ **13c. 宽裂北乌头 Aconitum kusnezoffii** var. **gibbiferum**（Reichb.）Regel
  21. 花单生或数花组成总状花序，花稀疏；心皮3（~4）；叶裂片较狭。
    24. 总状花序；上萼片船形，高1.5~1.8厘米；植株高大，高70~120厘米。生桦树林下、林缘及山地草甸。辽宁西部有记载 ⋯⋯⋯⋯⋯⋯ **14b. 华北乌头（大华北乌头）Aconitum jeholense** var. **angustius**（W. T. Wang）Y. Z. Zhao
    24. 花单生至聚伞状总状花序；上萼片盔帽状，高2.5~3厘米；株高14~30厘米。生高山冻原、火山灰陡坡或山顶草甸。产桓仁 ⋯⋯⋯⋯ **15. 高山乌头 Aconitum monanthum** Nakai【P.511】

2. 翠雀属（翠雀花属）Delphinium L.

Delphinium L. Sp. Pl. 530. 1753.

    本属全世界约有350种以上，广布于北温带地区，少数种分布于赤道非洲。中国有173种，除广东、台湾和海南岛以外，其他各省区均有分布。东北地区产8种2变种1变型，其中栽培1种。辽宁产4种，其中栽培1种。

分种检索表

1. 野生；总状花序不密集；距长于萼片。
  2. 叶掌状3~5深裂，裂片较宽。
    3. 茎被伸展的长柔毛；叶三深裂至距基部1.7~2.2厘米处。生林缘、林下。产新宾、桓仁 ⋯⋯⋯⋯⋯⋯⋯⋯ **1. 宽苞翠雀花（宽苞翠雀）Delphinium maackianum** Regel【P.511】
    3. 茎无毛；叶三深裂至距基部2~4毫米处。生林缘和高山顶部。产凤城 ⋯⋯⋯⋯⋯⋯⋯⋯⋯⋯⋯⋯⋯⋯ **2. 兴安翠雀花（兴安翠雀）Delphinium hsinganense** S. H. Li et Z. F. Fang【P.511】
  2. 叶掌状多裂，裂片线形，宽1~2毫米。生山坡草地、固定沙丘、油松林下。产宽甸、桓仁、法库、康平、彰武、朝阳、建平、建昌、凌源、金州等地 ⋯⋯⋯ **3. 翠雀 Delphinium grandiflorum** L.【P.512】
1. 栽培；总状花序有较密集的花；距与萼片近等长。原产法国及西班牙山区以及亚洲西部一带。大连有栽培 ⋯⋯⋯⋯⋯⋯⋯⋯⋯⋯⋯⋯ **4. 高翠雀花（大花飞燕草）Delphinium elatum** L.【P.512】

3. 飞燕草属 Consolida（DC.）S. F. Gray

Consolida（DC.）S. F. Gray in Nat. Arr. Brit. Pl. 2：711. 1821.

本属全世界约有43种，分布于欧洲南部、非洲北部和亚洲西部的较干旱地区。中国栽培1种。东北地区辽宁、内蒙古有栽培逸生记录。

飞燕草 Consolida ajacis（L.）Schur【P.512】

茎与花序均被略微弯曲的短柔毛；茎下部叶有长柄，在开花时多枯萎，中部以上叶具短柄；叶片掌状细裂，有短柔毛；花序生茎或分枝顶端；下部苞片叶状，上部苞片小，不分裂，线形；萼片紫色、粉红色或白色，距钻形，长约1.6厘米；花瓣的瓣片三裂；蓇葖长达1.8厘米，直，密被短柔毛。原产欧洲南部和亚洲西南部。辽宁有栽培逸生记录。

4. 类叶升麻属 Actaea L.

Actaea L. Sp. Pl. 504. 1753.

本属全世界约8种，分布北温带地区。中国有2种，分布西南、西北、华北、东北等地区。辽宁2种均有分布。

分种检索表

1. 果实黑色，果梗粗约1毫米；顶生小叶基部楔形或3深裂，中裂片楔形。生林缘草地、山坡、林下。产西丰、宽甸、桓仁、鞍山、岫岩、庄河等地 ………………… 1. 类叶升麻 Actaea asiatica Hara【P.512】
1. 果实红色，果梗粗约0.6毫米；顶生小叶3浅裂，基部圆形或截形。生海拔700~1500米的山地林下或路旁。辽宁东部山区有记载 ………………… 2. 红果类叶升麻 Actaea erythrocarpa Fisch.【P.512】

5. 黑种草属 Nigella L.

Nigella L. Sp. Pl. 543. 1753.

本属全世界约有20种，主要分布于地中海地区。中国栽培2种。东北地区仅辽宁栽培1种。

黑种草 Nigella damascena L.【P.512】

植株全部无毛；茎不分枝或上部分枝；叶为二至三回羽状复叶，末回裂片狭线形或丝形；花径约2.8厘米，下面有叶状总苞；萼片蓝色；花瓣约8，有短爪，上唇比下唇稍短，披针形，下唇二裂超过中部，顶端近球状变粗，基部有蜜槽；心皮通常5；蒴果椭圆球形。原产欧洲南部。大连有栽培，长海见归化。

6. 驴蹄草属 Caltha L.

Caltha L. Sp. Pl. 558. 1753.

本属全世界约10种，分布于南、北两半球温带或寒温带地区。中国约有4种。东北地区产1种2变种。辽宁产2变种。

分种下单位检索表

1. 叶质薄，干时色暗，叶缘具明显的齿。生湿草甸子、沼泽。产本溪、凤城、桓仁、丹东等地 ………………… 1b. 膜叶驴蹄草（薄叶驴蹄草）Caltha palustris var. membranacea Turcz.【P.512】
1. 叶质厚，干时绿色，叶缘仅基部具明显的齿或近全缘。生湿草甸或浅水中。产本溪、凤城、桓仁、丹东等地 ………………… 1c. 三角叶驴蹄草（驴蹄草）Caltha palustris var. sibirica Regel【P.512】

7. 拟扁果草属 Enemion Raf.

Enemion Rafin. in Journ. Phys. 91：70. 1820.

本属全世界有6种，分布于北美洲、亚洲东北部。中国有1种，分布于东北地区，产黑龙江、吉林、辽宁。

拟扁果草（假扁果草）Enemion raddeanum Regel【P.512】

多年生草本。根状茎短，具多数细长的根。叶基生或茎生，二回三出复叶。伞形花序顶生或腋生，总苞叶状；萼片5，花瓣状，白色，椭圆形，长5~7毫米；花瓣无；雄蕊多数；心皮2~5，无毛。蓇葖果长倒卵形，花柱宿存，微弯。生山地林下。产凤城、宽甸、本溪等地。

8. 耧斗菜属Aquilegia L.

Aquilegia L. Sp. Pl. 533. 1753.

本属全世界约70种，分布于北温带地区。中国有13种，分布于西南、西北、华北及东北地区。东北地区产7种2变种2变型，其中栽培1种。辽宁产5种1变种2变型，其中栽培1种。

分种检索表

1. 野生种。
  2. 距直，先端不弯或稍弯曲。
    3. 萼片及花瓣黄绿色。生山坡石质地、湿草地。产旅顺口、大连、长海 ………………………… 1a. 耧斗菜 Aquilegia viridiflora Pall. var. viridiflora
    3. 萼片及花瓣暗紫色。生山谷林中或沟边多石处。产大连、旅顺口、金州、长海、凌源 ………… 1b. 紫花耧斗菜（铁山耧斗菜）Aquilegia viridiflora var. atropurpurea（Willd.）Trevir.【P.512】
  2. 距末端呈钩状至螺旋状卷曲。
    4. 萼片长圆状披针形至卵状披针形，先端渐尖。
      5. 萼片与距紫色或淡黄色，花瓣淡黄色，花药黑色，退化雄蕊边缘不为皱波状；叶背面淡绿色，无毛。
        6. 萼片与距紫色，花瓣淡黄色。生林下、林缘及山麓草地。产本溪、凤城、宽甸、桓仁、岫岩、庄河、瓦房店等地 ……… 2a. 尖萼耧斗菜 Aquilegia oxysepala Trautv. et C. Aquilegia Mey. f. oxysepala【P.512】
        6. 萼片及花瓣均为淡黄色。生林下、林缘及山麓草地。产本溪、凤城、岫岩、鞍山（千山）、清原、庄河、瓦房店、绥中等地 ……………………… 2b. 黄花尖萼耧斗菜Aquilegia oxysepala f. pallidiflora（Nakai）Kitag.
      5. 萼片、距及花瓣均为紫色或淡黄色，花药黄色，退化雄蕊边缘为皱波状；叶背面灰白色，被白色短伏毛，稀近无毛。
        7. 萼片、距及花瓣均为紫色。生山地草坡或林边。产喀左、凌源、建昌等地 ……………………… 3a. 华北耧斗菜 Aquilegia yabeana Kitag. f. yabeana【P.513】
        7. 萼片及花瓣均为淡黄色。生阔叶林下。产绥中 ……………………… 3b. 黄花华北耧斗菜Aquilegia yabeana f. luteola S. H. Li et Y. H. Huang
    4. 萼片卵状椭圆形或狭卵形，顶端钝或近圆形；萼片与距蓝紫色。生高山冻原或岳桦林缘或石质山坡。产桓仁 ……………… 4. 白山耧斗菜（长白耧斗菜、黑水耧斗菜）Aquilegia flabellate Siebold & Zucc.【P.513】
1. 杂交栽培种；距细长直立，先端不弯曲或略弯曲；花色丰富。原产北美洲。辽宁各大城市常有栽培 ……………………… 5. 杂种耧斗菜Aquilegia hybrida Sims【P.513】

9. 升麻属Cimicifuga L.

Cimicifuga L. Amoen. Acd. 8：7. 1785.

本属全世界约18种，分布北半球温带地区。中国有8种，分布于西藏、云南、四川、贵州、广东、湖南、江西、浙江、安徽、河南、青海、甘肃、陕西、山西、河北、内蒙古以及东北各省区。东北地区产3种，辽宁均产。

分种检索表

1. 花序多分枝，花单性，雌雄异株，退化雄蕊先端2裂，具2乳白色空花药。生林缘灌丛、草垫、疏林下或山坡草地。产抚顺、新宾、清原、本溪、宽甸、桓仁、庄河、鞍山、岫岩、凌源、建昌等地 ……………
………………………………… 1. 兴安升麻 Cimicifuga dahurica（Turcz.）Maxim.【P.513】
1. 花序不分枝或稍分枝，花两性。
　2. 退化雄蕊先端微2裂，白色，子房无毛；小叶较大，倒卵形。生林下、灌丛或山坡草地。产抚顺、本溪、丹东、岫岩、大连、庄河、金州、普兰店等地 …………………………………………
………………………………… 2. 大三叶升麻 Cimicifuga heracleifolia Kom.【P.513】
　2. 退化雄蕊近全缘，膜质，无附属物，子房密被柔毛；小叶长圆形或卵形。生林缘、草甸或河岸湿草地。产本溪、桓仁、宽甸、岫岩、庄河、西丰、新宾等地 ……………………………………
………………………………… 3. 单穗升麻 Cimicifuga simplex Wormsk ex DC.【P.513】

10. 扁果草属 Isopyrum L.

Isopyrum L. Gen. Pl. ed. 2，245. 1742.
　本属全世界有4种，分布于亚洲和欧洲。中国有2种，分布于西部和东北部。东北地区产1种，辽宁有分布。

东北扁果草 Isopyrum manshuricum Kom.【P.513】

　多年生草本。根状茎细长而横走，生多数纺锤状小块根和须根。茎直立，细弱，近无毛。叶为二回三出复叶，小叶近扇形，3深裂，裂片具钝齿。花1~3，萼片5，白色，椭圆形；花瓣倒卵状椭圆形，下部合生成浅杯状；雄蕊多数。蓇葖果具数粒种子。生海拔800米左右的山地针阔混交林下的湿地。产本溪、宽甸、桓仁等地。

11. 蓝堇草属 Leptopyrum Rchb.

Leptopyrum Reichb. Consp. 192. 1828.
　本属全世界仅1种，分布于亚洲北部和欧洲。我国东北至西北地区有分布。东北地区分布于黑龙江、辽宁、内蒙古。

蓝堇草 Leptopyrum fumarioides（L.）Reichb.【P.513】

　一年生草本。茎稍斜升，无毛。叶为一至二回三出复叶，小叶再细裂。花序为聚伞状；苞叶叶状；花小，辐射对称；萼片5，花瓣状，淡黄色；花瓣2~3，近2唇形，比萼片短；雄蕊10~15，心皮5~20。蓇葖果狭披针形，表面具凸起的网脉。生田边、路边或干燥草地上。产沈阳、辽阳、凌源。

12. 菟葵属 Eranthis Salisb.

Eranthis Salisb. in Trans. Linn. Soc. 8：303. 1807.
　本属全世界约有8种，分布于欧洲和亚洲。中国有3种，分布于四川西部和东北地区。东北地区产1种，辽宁有分布。

菟葵 Eranthis stellata Maxim.【P.513】

　多年生草本。根状茎球形。基生叶1或无，早枯；叶片圆状肾形，3全裂。花白色，萼片通常5，花瓣状，椭圆形或长圆状披针形，先端稍钝；花瓣8~12，漏斗形；雄蕊多数。蓇葖果呈星状，长约1.5厘米，被短柔毛。生阔叶林下、林缘、红松林采伐迹地。产鞍山、庄河、桓仁、宽甸、凤城等地。

13. 金莲花属 Trollius L.

Trollius L. Sp. Pl. 556. 1753.
　本属全世界约30种，分布于北半球温带及寒温带地区。中国有16种，分布于西藏、云南、四川西部、青

海、新疆、甘肃、陕西、山西、河南、河北、辽宁、吉林、黑龙江、内蒙古及台湾。东北地区产5种。辽宁产4种。

分种检索表

1. 花瓣比雄蕊长。
  2. 花2~9朵，花瓣比萼片长；果喙长3.5~5毫米。生海拔450~600米湿草地。产新宾 ……………………
  ……………………………………………… 1. 长瓣金莲花 Trollius macropetalus Fr. Schmidt【P.513】
  2. 花1~3朵，花瓣比萼片短、近等长或稍长；果喙长1~1.5毫米。
    3. 萼片5~11；花瓣比萼片短或近等长。生海拔110~900米湿草地或林间草地或河边。产宽甸、凤城等地
    ………………………………………………… 2. 短瓣金莲花 Trollius ledebourii Reichb.【P.513】
    3. 萼片10~20；花瓣比萼片稍长或近等长。生海拔1000~2200米山地草坡或疏林下。产辽西 …………
    ……………………………………………………… 3. 金莲花 Trollius chinensis Bunge【P.513】
1. 花瓣与雄蕊近等长。生海拔1200~2300米潮湿草坡。产桓仁 …………………………………………………
  …………………………………………………… 4. 长白金莲花 Trollius japonicus Miq.【P.513】

14. 铁线莲属 Clematis L.

Clematis L. Sp. Pl. 1：543. 1753.

本属全世界约300种，各大洲都有分布，主要分布于热带及亚热带地区，寒带地区有少量分布。中国有147种，全国各地都有分布，尤以西南地区种类较多。东北地区有16种8变种1变型。辽宁产12种5变种1变型，其中栽培1种。

分种检索表

1. 茎直立。
  2. 单叶对生；叶片卵圆形至菱状椭圆形，边缘全缘，无叶柄，基部抱茎；单花顶生，下垂，萼片紫红色、蓝色或白色。在我国产于新疆北部。沈阳有栽培 ……… 1. 全缘铁线莲 Clematis integrifolia L.【P.514】
  2. 叶为三出复叶或一至二回羽状分裂。
    3. 叶为三出复叶，小叶广椭圆状卵形、卵形至近圆形，顶小叶先端3浅裂；花萼蓝紫色，下部连合成筒状。
      4. 花萼中上部不反卷；花丝比花药短。生山坡、灌丛、阔叶林下、沟谷。产铁岭、沈阳、长海、庄河、岫岩、海城、本溪、凤城、宽甸、丹东、朝阳、喀左等地
      ………………………… 2a. 大叶铁线莲 Clematis heracleifolia DC. var. heracleifolia【P.514】
      4. 萼片中上部反卷，反卷部分宽5~12毫米；花丝比花药短。生山坡、灌丛、阔叶林下、沟谷。产鞍山、海城、凤城、丹东、锦州、绥中、朝阳、建平、建昌等地 …………………………………
      ………………… 2b. 卷萼铁线莲 Clematis heracleifolia var. davidiana（Dcne. ex Verlot）O. Kuntze
    3. 叶一至二回羽状分裂，裂片长圆状披针形；花萼白色，萼片开展。
      5. 叶两面或沿叶脉疏生长柔毛；萼片外面密被白色毛。
        6. 叶裂片宽达2厘米。生山坡草地、林缘、固定沙丘。产辽宁各地 ………………………………
        ………… 3aa. 棉团铁线莲 Clematis hexapetala Pall. var. hexapetala f. hexapetala【P.514】
        6. 叶裂片宽1~3毫米，线状披针形至狭线形。生山坡草地、固定沙丘。产北镇 ………………
        ……… 3ab. 小叶棉团铁线莲 Clematis hexapetala var. hexapetala f. breviloba（Freyn）Nakai
      5. 叶片两面无毛或下面疏生长柔毛；萼片除外面边缘有毛外，其余无毛。生山坡草地。产瓦房店 ……
      ………………… 3b. 长冬草 Clematis hexapetala var. tchefouensis（Debeaux）S. Y. Hu
1. 茎攀援或基部直立而上部攀援。
  7. 雄蕊全部能育。
    8. 小叶通常全缘。

9. 花单生，大型，萼片8~10，长3.5~6厘米，宽1.5~3厘米，呈淡黄色或白色；小叶边缘及表面沿叶脉被黄褐色毛。生山坡草地或灌丛。产丹东、东港、凤城、宽甸、普兰店、金州、庄河等地 ………………
………………………………… 4. 转子莲（大花铁线莲）Clematis patens Morr. et Decne.【P.514】

9. 聚伞花序或圆锥花序，花较小，萼片4~6；小叶无毛或散生毛。
10. 圆锥花序多花，萼片白色；小叶全缘。生林缘、山坡灌丛、阔叶林下。产沈阳、抚顺、西丰、清原、昌图、鞍山、本溪、凤城、宽甸、桓仁、丹东、庄河、长海、大连、北镇、锦州等地
………………… 5b. 辣蓼铁线莲 Clematis terniflora DC. var. mandshurica（Rupr.）Ohwi【P.514】
10. 聚伞花序1~3花，萼片褐色或红紫色；小叶全缘或近基部小叶具2~3缺刻。
11. 花梗及萼片外面被褐色毛，萼片褐色。生林缘、灌丛或山坡草地。产辽阳、瓦房店、大连、庄河、岫岩、凤城、清原、义县、北镇、凌源等地 …………………………………………
……………………………… 6a. 褐毛铁线莲 Clematis fusca Turcz. var. fusca【P.514】
11. 花梗及萼片外面无毛或近无毛，萼片红紫色。生山坡和灌丛。产本溪、宽甸、桓仁、新宾、清原、建昌、瓦房店、庄河 ………… 6b. 紫花铁线莲 Clematis fusca var. violacea Maxim。

8. 小叶边缘具齿或分裂。
12. 聚伞花序，雄蕊有毛。
13. 叶三至四回羽状分裂，终裂片披针条形；花萼淡黄色。生山坡及水沟边。辽宁有记载 …………
…………………………… 7. 芹叶铁线莲 Clematis aethusifolia Turcz.【P.514】
13. 叶一至二回三出复叶或羽状复叶；花萼黄色。
14. 二回三出复叶，小叶卵状披针形，边缘具不整齐的齿牙；萼片里面被长毛。生山坡、林下、山沟溪流旁灌丛及河套。产抚顺、新宾、清原、西丰、本溪、宽甸、桓仁、凤城、岫岩、丹东、庄河、凌源等地 …………………… 8. 齿叶铁线莲 Clematis serratifolia Rehd.【P.514】
14. 一至二回三出羽状复叶，小叶2~3裂，裂片线状披针形，全缘或具少数齿牙；萼片里面无毛。生山坡、路旁或灌丛中。产本溪、宽甸、桓仁、凌源等地 …………………………………
………………………… 9. 黄花铁线莲 Clematis intricata Bunge【P.514】
12. 复聚伞花序成圆锥状，雄蕊无毛。
15. 一至二回羽状复叶或二回三出复叶，有5~15小叶，有时茎上部为三出叶；小叶片边缘疏生粗锯齿或牙齿，有时3裂；花径1.5~2厘米；花药长2~2.5毫米。生山坡灌丛、林缘、林下。产新民、海城、营口、朝阳、凌源、建昌、瓦房店、金州、庄河、普兰店等地 …………………………
………………………… 10. 短尾铁线莲（林地铁线莲）Clematis brevicaudata DC.【P.514】
15. 一回羽状复叶，有5小叶，基部一对常2~3裂以至2~3小叶；小叶片边缘有锯齿或重锯齿；花径2.5~3.5厘米；花药长3~5毫米。生山坡上。产沈阳、凌源 …………………………………
………………………… 11. 羽叶铁线莲 Clematis pinnata Maxim.【P.515】
7. 外轮雄蕊退化成花瓣状。
16. 萼片黄色或浅紫色，退化雄蕊近匙形，比萼片短约1/2；三出复叶，小叶卵状心形，边缘有整齐的锯齿。生红松林及针阔混交林内和灌木丛中。产本溪、桓仁、宽甸、凤城、庄河等地 …………………
………………………… 12. 朝鲜铁线莲 Clematis koreana Kom.【P.515】
16. 萼片蓝紫色，退化雄蕊匙形或披针形。
17. 退化雄蕊比萼片短1/2。萼片椭圆形至椭圆状披针形，退化雄蕊线形，先端加宽呈匙形；小叶长圆状披针形，边缘具不整齐的锯齿。生海拔600~1200米的山谷、林边及灌丛中。产凌源 …………
… 13b. 半钟铁线莲 Clematis sibirica var. ochotensis（Pallas）S. H. Li & Y. H. Huang【P.515】
17. 退化雄蕊披针形，先端尖，与萼片近等长或稍短。生荒山坡、草坡岩石缝中及林下。产建昌、凌源 ………………………… 14. 长瓣铁线莲 Clematis macropetala Ledeb.【P.515】

15. 獐耳细辛属 Hepatica Mill.

Hepatica Mill. Gard. Dict. Abridg. ed. 4. 1754.

本属全世界约7种，分布于北半球温带地区。中国有2种。东北地区仅辽宁产1种。

獐耳细辛 Hepatica nobilis Schreb. var. asiatica（Nakai）Hara【P.515】

多年生草本。根状茎短，多须根。叶基生，具长柄；叶片三角状广卵形，基部深心形，3浅裂至3中裂，裂片广卵形，全缘。花葶密被开展的白色长毛；苞叶3，狭卵形；萼片6~11，白色、粉色至紫色；雄蕊多数；子房密被长柔毛。瘦果卵球形，长约4毫米，花柱宿存。生山地杂木林内或草坡石下阴处。产本溪、凤城、宽甸、桓仁、东港等地。

16. 银莲花属 Anemone L.

Anemone L. Syst. ed. 1. 1735.

本属全世界约有150种，各大洲均有分布，主产亚洲和欧洲。中国有53种，除海南外，各省区均有分布，多数分布于西南部高山地区。东北地区产12种1亚种3变种1变型，其中栽培1种。辽宁产7种1亚种2变种，其中栽培1种。

分种检索表

1. 野生。
  2. 聚伞花序稀伞形花序；茎基部具枯叶纤维。
    3. 聚伞花序一至三回分枝，花径约1.5厘米，苞叶具鞘状柄。生山地林边或草坡上。产辽宁西部 ………
           1b. 小花草玉梅（小花银莲花）Anemone rivularis Hamilt. ex DC. var. floreminore Maxim. 【P.515】
    3. 花2~5朵组成伞形花序，花径2~3厘米，苞叶无柄。
      4. 花葶与叶柄无毛，心皮无毛或疏被毛。生山坡草地、山谷沟边或多石砾坡地。产凤城、辽阳 ……
                  2. 银莲花 Anemone cathayensis Kitag.【P.515】
      4. 花葶与叶柄被长柔毛，心皮无毛。生山地草坡或林下。产凌源 ………
         3b. 长毛银莲花 Anemone narcissiflora subsp. crinita（Juz.）Kitag.【P.515】
  2. 花仅1（2）朵；茎基部无枯叶纤维。
    5. 萼片10~15。生山地林中或草地阴湿处。产西丰、本溪、桓仁、凤城、宽甸、庄河等地 ………
           4. 多被银莲花 Anemone raddeana Regel【P.515】
    5. 萼片5~9。
      6. 总苞叶三出，具柄。
        7. 总苞叶柄具翼，柄长1~2.5厘米。生山地林下或灌丛下。产本溪、桓仁、宽甸、凤城等地 ………
              5. 黑水银莲花 Anemone amurensis（Korsh.）Kom.【P.515】
        7. 总苞叶柄无翼，柄长1~2厘米。生低山阴坡草地或林下阴处。产西丰、本溪、桓仁、宽甸、丹东、鞍山等地 ………… **6. 阴地银莲花 Anemone umbrosa** C. Anemone Mey.【P.515】
      6. 总苞叶3~5深裂，无柄或近无柄。
        8. 萼片反曲，宽1~1.5毫米。生山地谷中灌丛下。产桓仁 ………
                   7. 反萼银莲花 Anemone reflexa Steph.【P.515】
        8. 萼片不反曲，宽4~9毫米。
          9. 花葶和叶柄被伸展毛；萼片倒卵形，长10~15毫米，宽6~9毫米；心皮6~16，密被伏毛。生山地林下、灌丛中或阴坡湿地。产本溪、凤城、宽甸、桓仁等地 ………
            8a. 毛果银莲花 Anemone baicalensis Turcz. var. baicalensis【P.516】
          9. 花葶和叶柄无毛；萼片椭圆形或卵形，长8~12毫米，宽4~6毫米；心皮7~8，密被白色柔毛。生阔叶林下。产新宾、桓仁、宽甸、凤城、庄河等地 ………
       8b. 细茎银莲花（小银莲花）Anemone baicalensis var. Rossii（S. Moore）Kitag.【P.516】
1. 栽培；花单生茎顶，直径4~10厘米，有红色、粉色、蓝色、橙色、白色及复色等。原产地中海地区。大连、沈阳有栽培 ……………………………………………………… 9. 欧洲银莲花Anemone coronaria L.【P.516】

17. 白头翁属Pulsatilla Adans.

Pulsatilla Adans. Fam. 2：460. 1763.

本属全世界约33种，主要分布于欧洲和亚洲。中国有11种，分布于云南东北部、四川西部、青海、新疆、甘肃、陕西、江苏、安徽、河南、山西、山东、河北、内蒙古、辽宁、吉林、黑龙江等省区。东北地区产10种3变种3变型。辽宁产5种1变种1变型。

分种检索表

1. 叶三全裂，中裂片具长柄，侧裂片近无柄，2~3浅裂至深裂，具大圆齿或缺刻；花钟形，向上开，暗紫红色或紫堇色，外面被白毛。
    2. 叶三全裂，中全裂片宽卵形。
        3. 花暗紫色。生山坡草地、林缘。产昌图、沈阳、抚顺、新宾、清原、彰武、锦州、葫芦岛、建平、绥中、鞍山、金州、大连、庄河、宽甸、丹东等地 ……………………
            ……………… 1aa. 白头翁 Pulsatilla chinensis（Bunge）Regel var. chinensis f. chinensis【P.516】
        3. 花乳白色。生山坡草地。产葫芦岛南票
            ……………………………… 1ab. 白花白头翁 Pulsatilla chinensis var. chinensis f. alba D. K. Zang
    2. 叶三出羽状分裂。生干山坡、山沟溪流旁。产瓦房店、金州、大连等地 ……………………
        ………………… 1b. 金州白头翁 Pulsatilla chinensis var. kissii（Mandl）S. H. Li et Y. H. Huang
1. 叶羽状分裂。
    4. 叶二至三回羽状分裂，终裂片细，宽1~2毫米；花蓝紫色；总苞掌状分裂；第一回叶裂片具长柄。生草原或山地草坡或林边。产彰武 ………… 2. 细叶白头翁 Pulsatilla turczaninovii Kryl. et Serg.【P.516】
    4. 叶一至二回羽状分裂或基生叶三出羽状分裂，终裂片宽。
        5. 花期叶展开；花蓝紫色或淡蓝紫色、淡紫色至带白色。
            6. 花蓝紫色；基生叶二回羽状分裂。生山地草坡。产西丰 ………………………………………
                ………………………… 3. 延边白头翁Pulsatilla × yanbianensis H. Z. LV【P.516】
            6. 花淡蓝紫色、淡紫色至带白色；基生叶三出羽状分裂。生高山峭壁岩石缝中。产凤城、辽阳
                ………………… 4. 岩生白头翁 Pulsatilla saxatilis L. Xu & H. Z. LV【P.516】
        5. 花期叶未完全展开；花红紫色。生山坡。产沈阳、本溪、桓仁、宽甸、凤城、清原、新宾、鞍山、丹东、普兰店、瓦房店、金州等地 ……… 5. 朝鲜白头翁Pulsatilla cernua（Thunb.）Bercht. et Opiz【P.516】

18. 唐松草属Thalictrum L.

Thalictrum L. Gen. Pl. 164. 1737.

本属全世界约有150种，分布于亚洲、欧洲、非洲、北美洲和南美洲。中国约有76种，在全国各省区均有分布，多数分布于西南部。东北地区产14种6变种2变型。辽宁产8种4变种1变型。

分种检索表

1. 叶片圆状盾形，边缘具粗大圆齿，一回三出复叶。生山地溪流旁石砬子上、阔叶林下阴湿岩石上。产沈阳、鞍山、庄河、岫岩、丹东、凤城、宽甸、本溪、清原、新宾等地 ………………………………
    ………………………… 1. 盾叶唐松草（朝鲜唐松草）Thalictrum ichangense Lecoyer ex Oliv.【P.516】
1. 叶非盾状，二至四回三出羽状复叶。
    2. 小叶丝状。
        3. 花单瓣。生干燥山坡、沙地或多石砾处。产大连 ………………………………………………
            ………………………………… 2a. 丝叶唐松草 Thalictrum foeniculaceum Bunge【P.516】
        3. 花重瓣。生干燥山坡、沙地或多石砾处。产大连 …… 2b. 重瓣丝叶唐松草Thalictrum foeniculaceum

f. plenum S. M. Zhang, f. nov. in Addenda P.465.【P.516】

2. 小叶非丝状，而为近圆形、卵形或披针形。

    4. 瘦果具棱翼，倒卵形，长5~8毫米；果梗长4~6毫米，下垂；花丝上部加粗；三至四回三出羽状复叶，小叶倒卵形或近圆形。生山坡灌丛、溪流旁、林缘草地、阔叶林下。产西丰、本溪、凤城、宽甸、桓仁、新宾、岫岩、庄河等地 ……………………………………………………………………

       …… 3b. 唐松草（翼果唐松草）Thalictrum aquilegiifolium L. var. sibiricum Regel et Tiling【P.516】

    4. 瘦果无翼。

      5. 花丝上部逐渐加粗成棒状，比花药粗。

        6. 瘦果有梗；基生叶为二至三回三出羽状复叶，小叶较大，长1.5~6厘米。

          7. 茎生叶对生；茎生叶为一至二回三出复叶有柄，小叶卵形至倒卵状菱形；瘦果有梗，梗长1.5~2.5毫米；根有多数纺锤状块根。生山地草坡或灌丛边。产岫岩、本溪、凤城、宽甸、桓仁等地 …………………………………………………… 4. 深山唐松草 Thalictrum tuberiferum Maxim.【P.517】

          7. 茎生叶互生。

            8. 瘦果膨大，球状倒卵形，有8条纵肋；小果梗长0.5~1毫米，果皮具凸起的网状脉；小叶较大，长1.5~5厘米。生山地林下或湿润草坡。产宽甸、桓仁等地 ……………………………………………………………… 5. 贝加尔唐松草（球果唐松草）Thalictrum baicalense Turcz.【P.517】

            8. 瘦果不膨大而稍扁，歪倒卵形，具明显的弓形脉；小果梗直立，长1.5~3毫米；小叶较小，长0.5~2毫米。生山坡石质地。产辽宁西部 …………………………………………………… 6. 长柄唐松草（直梗唐松草）Thalictrum przewalskii Maxim.

        6. 瘦果无梗，直立，卵状椭圆形，具凸出的纵脉；基生叶为二至四回三出羽状复叶。

          9. 小叶近圆形、披针形至倒卵形，先端2~3浅裂，裂片边缘不反卷。生于山坡或林缘。产宽甸等地 …… 7a. 瓣蕊唐松草（肾叶唐松草）Thalictrum petaloideum L. var. petaloideum【P.517】

          9. 小叶狭卵状披针形或披针形，全缘或2~3深裂，裂片线状披针形，边缘反卷。生低山干燥山坡或草原多沙草地或田边。产建平 …………………………………………………… 7b. 狭裂瓣蕊唐松草 Thalictrum petaloideum var. supradecompositum（Nakai）Kitag.

      5. 花丝不加粗，比花药细。

        10. 心皮1~3；瘦果具8~12条弓形纵脉；茎多分枝；叶集生于茎中部，二至四回三出羽状复叶，小叶卵形或广倒卵形，顶端具3个钝齿或全缘。生石砾质山坡、森林草原。产彰武、宽甸、桓仁等地 …………………………………… 8. 展枝唐松草 Thalictrum squarrosum Steph. ex Willd.【P.517】

        10. 心皮5~12。

          11. 叶二至三回三出羽状复叶，小叶圆状菱形至倒卵形；花梗长2~7毫米。

            12. 小叶圆状菱形至倒卵形，基部近圆形。生山坡草地、沟谷湿地、林缘草地。产沈阳、开原、彰武、北镇、鞍山、岫岩、本溪、宽甸、东港、长海、大连等地 ……………………………………………………… 9a. 箭头唐松草 Thalictrum simplex L. var. simplex【P.517】

            12. 小叶楔形，基部狭楔形。生山坡草地、湿草地。产鞍山、沈阳等地 …………………………… 9b. 短梗箭头唐松草 Thalictrum simplex var. brevipes Hara【P.517】

          11. 叶三至四回三出羽状复叶，小叶倒卵形至近圆形；花梗长3~8毫米；小叶背面粉绿色。生丘陵或山地林边或山谷沟边。产沈阳、鞍山、瓦房店、大连、庄河、桓仁、凤城、清原、西丰、北镇、葫芦岛、建平、建昌、凌源等地 …………………………………………………… 10b. 东亚唐松草 Thalictrum minus var. hypoleucum（Sieb. et Zucc.）Miq.【P.517】

19. 侧金盏花属 Adonis L.

Adonis L. Gen. Pl. 166. 1737.

本属全世界约30种，分布于亚洲和欧洲。中国有10种，分布于西南、西北、东北地区和山西等。东北地区产3种。辽宁产2种。

分种检索表

1. 萼片4~5，近乎花瓣1/2长；茎生叶无柄或近无柄。生山坡阳处。产庄河、凤城、宽甸、桓仁等地 ……… ………………………………………………………… 1. 辽吉侧金盏花 Adonis ramosa Franch.【P.517】

1. 萼片4~10，与花瓣等长或稍长；茎下部叶有长柄，中部以上叶有稍长柄或短柄。生针阔混交林、阔叶林内 及林缘、山坡、路旁及灌丛中。产西丰、新宾、鞍山、本溪、凤城、宽甸、桓仁、丹东、开原、庄河等地 ………………………………………………… 2. 侧金盏花 Adonis amurensis Regel et Radde【P.517】

20. 毛茛属 Ranunculus L.

Ranunculus L. Syst. ed. 1. 1735.

　　本属全世界约有550种，广布全世界温寒地带地区，多数分布于亚洲和欧洲。中国有125种，广布各地， 多数种分布于西北和西南高山地区。东北地区产24种1亚种6变种1变型。辽宁产11种2变种1变型。

分种检索表

1. 水生植物；沉水叶细裂成毛发状；花白色。
　　2. 叶片直径1.5~2.5厘米，叶柄短，长约2毫米；花径1.5~1.8厘米，瘦果长约1毫米。生河边水中或沼泽水 中。产康平、彰武等地 ……………… 1. 毛柄水毛茛 Ranunculus trichophyllus Chaix. ex Vill.【P.517】
　　2. 叶片直径2~4厘米，叶柄长1~2厘米；花径1~1.5厘米；瘦果长1~2毫米。生山谷溪流、河滩积水地或水 塘中。产凌源、建昌等地 ………………… 2. 水毛茛（扇叶水毛茛）Ranunculus bungei Steud.【P.518】
1. 陆生植物，稀水生；叶不为毛发状；花黄色。
　　3. 水生或沼泽植物；花托散生短毛；花径7~8毫米；聚合果径6~8毫米。生山谷溪沟浅水中或沼泽湿地。 产金州、普兰店等地 ……………………………… 3. 浮毛茛 Ranunculus natans C. A. Mey.【P.518】
　　3. 陆生植物
　　　4. 茎直立，茎和叶柄被开展的长毛；花较小，径7~13毫米。
　　　　5. 一年生草本；聚合果椭圆形，长10~13毫米，宽7~8毫米，果喙短，长约0.2毫米。生山谷、溪流 旁、路旁湿草地。产沈阳、西丰、彰武、北镇、凌源、鞍山、大连、庄河、岫岩等地 ………… ………………………… 4. 茴茴蒜（回回蒜毛茛）Ranunculus chinensis Bunge【P.518】
　　　　5. 多年生草本；聚合果近球形，径8~9毫米，果喙长约1.5毫米。生水边湿地。产丹东、宽甸、桓仁、 本溪等地 ……………………… 5. 长嘴毛茛 Ranunculus tachiroei Franch. et Sav.【P.518】
　　　4. 茎斜升或近直立。
　　　　6. 具匍匐枝，节上生根；花径15~25毫米。
　　　　　7. 花单瓣。生湿草甸子、水边湿地。产本溪、桓仁、抚顺、新宾等地 ……………………… ………………………………… 6a. 匍枝毛茛 Ranunculus repens L. f. repens【P.518】
　　　　　7. 花重瓣。生河滩湿草地。产桓仁 ………………………………………………………………… ………………… 6b. 重瓣毛茛 Ranunculus repens f. polypetalus S. H. Li et Y. H. Huang
　　　　6. 无匍匐枝。
　　　　　8. 瘦果两面扁或稍扁，无毛。
　　　　　　9. 聚合果长圆形；瘦果小，长约1毫米，稍扁；花径6~8毫米；叶片3~5深裂，无毛。生山沟湿 地、河边湿地。产沈阳、新宾、长海、庄河、普兰店、金州、大连等地 ………… ………………………… 7. 石龙芮（石龙芮毛茛）Ranunculus sceleratus L.【P.518】
　　　　　　9. 聚合果近球形；瘦果长2毫米以上；花径15~25毫米。
　　　　　　　10. 根状茎发达，横走；叶片楔形，3深裂。
　　　　　　　　11. 叶线状披针形或披针形，中裂片上部最宽处宽4~7毫米，上部边缘具2齿；茎基部被伏 毛；聚伞花序，花2~5朵。生湿草甸子或沟边湿地。产庄河、新民、康平等地 ………… ……………… 8a. 楔叶毛茛 Ranunculus cuneifolius Maxim. var. cuneifolius【P.518】

11. 叶裂片较宽，中裂片上部最宽处宽1.5~2厘米，上部边缘具10枚左右的不整齐齿；茎基部被伸展毛；花多数，达20~30朵。生水沟边湿地。产葫芦岛 ····························

·········· 8b. 宽楔叶毛茛 Ranunculus cuneifolius var. latisectus S. H. Li et Y. H. Huang
10. 根状茎短不发达。

12. 茎高而粗，花较大；叶两面贴生柔毛，下面或幼时的毛较密。生湿草地、水边、沟谷、山坡、林下。产辽宁各地 ··

··························· 9a. 毛茛 Ranunculus japonicus Thunb. var. japonicus【P.518】

12. 茎矮而细，花较小；叶毛少，有时茎下部及叶近无毛。生草地。产沈阳、铁岭、本溪、丹东等地·················· 9b. 草地毛茛 Ranunculus japonicus var. pratensis Kitag.

8. 瘦果两面鼓凸，被短毛或无毛。

13. 基生叶通常1~2，基部有2枚膜质鞘；瘦果近圆形被短绒毛或近无毛，果喙直，仅顶端弯曲。生踏头甸子、林边灌丛或溪边湿草甸中。产庄河 ·································

·························· 10. 单叶毛茛 Ranunculus monophyllus Ovcz.【P.518】

13. 基生叶3~10，基部无膜质鞘；瘦果近球形，密被短毛，果喙先端钩状弯曲。生杂木林缘、灌丛下或沟边湿地。产本溪、凤城、桓仁等地 ·····························

·························· 11. 深山毛茛 Ranunculus franchetii De Boiss.【P.518】

21. 碱毛茛属 Halerpestes E. L. Greene

Halerpestes E. L. Greene in Pittonia 4：207. 1900.

本属全世界有10种，分布于温寒地带和热带高山地区。中国有5种，分布于西藏、四川、西北、华北和东北地区。东北地区产2种1变种1变型。辽宁产2种1变种。

分种检索表

1. 叶片近圆形；花瓣5，花径6~8毫米；聚合果椭圆状球形。

2. 叶缘有3~10个圆齿。生山谷溪流旁、海岸沙地、盐碱性湿草地。产铁岭、法库、康平、沈阳、盘山、阜新、黑山、葫芦岛、绥中、建平、凌源、丹东等地 ···································

··· 1. 碱毛茛（水葫芦苗、圆叶碱毛茛）Halerpestes sarmentosa（Adams）Komarov & Alissova【P.518】

2. 叶掌状3~5深裂，裂片长倒卵状楔形或长匙形，具圆齿。生盐碱性湿草地、河岸碱地。产北镇·········

······ 1b. 裂叶碱毛茛 Halerpestes sarmentosa var. multisecta（S. H. Li & Y. H. Huang）W. T. Wang

1. 叶片卵形或长圆形，顶端具3~5钝齿；花瓣7~13，花径1.5~2厘米；聚合果卵球形。生盐碱沼泽地或湿草地。产彰武、康平、建平等地 ·················· 2. 长叶碱毛茛 Halerpestes ruthenica（Jacq.）Ovcz.【P.519】

五十六、小檗科 Berberidaceae

Berberidaceae Juss., Gen. Pl. [Jussieu] 286. 1789, nom. cons.

本科全世界17属，约有650种，主产北温带和亚热带高山地区。中国有11属303种。全国各地均有分布，但以四川、云南、西藏种类最多。东北地区有8属13种1变型，其中栽培3种。辽宁产7属11种1变型，其中栽培3种。

分属检索表

1. 灌木。

2. 叶为单叶 ··· 1. 小檗属 Berberis

2. 叶为复叶。

3. 圆锥花序；叶为二至三回羽状复叶；小叶全缘 ······················ 2. 南天竹属 Nandina

3. 总状花序；叶为奇数羽状复叶；小叶边缘具粗齿或细锯齿，少有全缘 ········ **3. 十大功劳属 Mahonia**

1. 多年生草本。

  4. 叶基生，1枚，无茎生叶；花单生，淡紫色 ···················· **4. 鲜黄连属 Plagiorhegma**

  4. 有茎生叶；花成总状或聚伞状圆锥花序。

    5. 花瓣有距，花4数；叶二回三出，具9枚小叶 ·············· **5. 淫羊藿属 Epimedium**

    5. 花瓣无距，花6数；叶二至三回三出复叶，小叶常2~3裂。

      6. 根状茎横生；聚伞状圆锥花序，花后心皮脱落，种子裸出 ·····················
··································· **6. 红毛七属（类叶牡丹属）Caulophyllum**

      6. 根状茎肥厚呈块状；总状花序，花后子房壁膨大，成熟时开裂而不脱落 ···········
··································· **7. 牡丹草属 Gymnospermium**

1. 小檗属 Berberis L.

Berberis L., in Sp. Pl. 1：330，1753.

  本属全世界约500种，主产北温带地区，是小檗科中唯一分布于热带非洲山区和南美洲的属。中国有250多种，主产西部和西南部。东北地区产6种1品种，其中栽培1种1品种。辽宁产5种1品种，其中栽培1种1品种。

分种检索表

1. 花单生；刺3~7分叉，叶状或部分叶状。生高山碎石坡、陡峭山坡、荒漠地区、林下。产朝阳·········
·········· **1. 西伯利亚小檗（刺叶小檗）Berberis sibirica Pall.【P.519】**

1. 花排列成总状花序；刺单一或3~5分叉。

  2. 刺明显叶状或掌状3~7分叉。生山坡灌丛。产建昌、桓仁························
·············· **2. 掌刺小檗 Berberis koreana Palib.【P.519】**

  2. 刺单一或3分叉。

    3. 刺单一或为不显著的3叉状刺；叶全缘或稀有不明显锯齿；总状花序或成簇生状，花2~15，稀单花。

      4. 刺单一，细长，长达1.8厘米；叶较小，倒卵形，长5~30毫米，全缘；短总状或簇生状花序，花2~5，稀单花。

        5. 叶两面均为绿色。原产日本。沈阳、大连等地栽培 ·············
·············· **3a. 日本小檗（小檗）Berberis thunbergii DC.【P.519】**

        5. 在阳光充足的情况下，叶常年紫红色。沈阳、大连等地栽培 ···········
·············· **3b. 紫叶小檗 Berberis thunbergii 'Atropurea'**

      4. 刺3分叉，不显著，长约5毫米；叶较大，倒披针形，长2~6（10）厘米，全缘或稀有不明显锯齿；总状花序，花4~15。生山坡路旁或溪边。产沈阳、庄河、鞍山、本溪、凤城、宽甸、昌图、新宾、清原、凌源、建昌、兴城、锦州等地 ··············· **4. 细叶小檗 Berberis poiretii Schneid.【P.519】**

    3. 刺常3分叉，稀单一，粗大；叶缘具密的刺状细锯齿；总状花序，具10~25花。生山地林缘、溪边或灌丛中。产本溪、凤城、盖州、桓仁、宽甸、庄河、大连、凌源、建平、朝阳等地 ··············
·············· **5. 黄芦木（大叶小檗）Berberis amurensis Rupr.【P.519】**

2. 南天竹属 Nandina Thunb.

Nandina Thunb. in Nov. Gen. Pl. 1：14，1781.

  本属全世界仅有1种，分布于中国和日本。东北地区仅辽宁有栽培。

南天竹 Nandina domestica Thunb.【P.519】

  常绿小灌木。叶互生，三回羽状复叶。圆锥花序直立；花小、白色，具芳香，直径6~7毫米；萼片多轮，外轮萼片卵状三角形，长1~2毫米，向内各轮渐大；花瓣长圆形，先端圆钝；雄蕊6，子房1室。浆果球形，熟时红色。分布中国长江流域及陕西、河北、山东、湖北等省。大连有栽培。

3. 十大功劳属 Mahonia

Mahonia Nuttall Gen. Amer. Pl. 1：211，n. 307，1818.

本属全世界约60种，分布于东亚、东南亚、北美洲、中美洲和南美洲西部。中国有31种，主要分布四川、云南、贵州和西藏东南部。东北地区仅辽宁栽培1种。

阔叶十大功劳 Mahonia bealei (Fort.) Carr.【P.519】

灌木或小乔木；叶狭倒卵形至长圆形，具4~10对小叶；小叶厚革质，边缘每边具2~6粗锯齿；总状花序直立，通常3~9个簇生；花黄色；雄蕊长3.2~4.5毫米，药隔不延伸，顶端圆形至截形；子房长圆状卵形，长约3.2毫米，花柱短；浆果卵形，深蓝色，被白粉。产于浙江、安徽、江西、福建、湖南、湖北、陕西、河南、广东、广西、四川等地。大连有庭院栽培。

4. 鲜黄连属 Plagiorhegma Maxim.

Plagiorhegma Maim. in Prim. Fl. Amur.：34. t 2. 1859.

本属全世界仅1种，分布于中国、朝鲜和俄罗斯阿穆尔河沿岸。东北地区有分布，产黑龙江、吉林、辽宁。

鲜黄连 Plagiorhegma dubium Maxim.【P.519】

多年生草本。叶基生，具长柄；叶片近圆形，基部深心形，先端宽，微凹，不规整的波状缘。花茎单一，由基生叶间抽出，较叶高或近等长，顶端着生1朵花；花两性，直径2~2.5厘米；萼片4，卵形，紫红色，早落；花瓣6~8，天蓝色。蒴果纺锤形，成熟时由顶部往下沿一斜线开裂。生山坡灌丛间、针阔叶混交林下或阔叶林下。产庄河、本溪、凤城、桓仁、宽甸等地。

5. 淫羊藿属 Epimedium L.

Epimedium L. Sp. Pl. 117，1753.

本属全世界约50种，产北非、意大利北部至黑海、西喜马拉雅、中国、朝鲜和日本，包括东北亚。中国约有40种，是该属的现代地理分布中心。东北地区产1种，辽宁有分布。

朝鲜淫羊藿 Epimedium koreanum Nakai【P.519】

多年生草本。茎直立，有棱。茎生叶为二回三出复叶，生茎顶，有长柄，通常小叶9。总状花序比叶短，与茎生叶对生茎顶而侧向，基部具2枚小苞，顶端着生4~6朵花；萼片8，卵状披针形，带淡紫色；花瓣4，淡黄色或黄白色。蒴果狭纺锤形。生多荫的林下或灌丛间。产本溪、凤城、宽甸、桓仁、庄河、岫岩、丹东等地。

6. 红毛七属（类叶牡丹属）Caulophyllum Michx.

Caulophyllum Michx. in Fl. Bor. Amer. 1：204. 1803.

本属全世界3种，分布于北美洲和东亚。中国产1种。东北三省都有分布。

红毛七（类叶牡丹）Caulophyllum robustum Maxim.【P.519】

多年生直立草本。叶互生，二至三回三出复叶；叶片长椭圆形，全缘或2~3浅裂至全裂，表面绿色，背面灰白色。聚伞圆锥花序顶生；花绿黄色，每1~3朵集生1长梗上；萼片6，花瓣状；花瓣6，远较萼片小。浆果球形，成熟时呈黑蓝色，被白粉。生山坡阴湿肥沃地或针阔叶混交林下。产庄河、鞍山、本溪、凤城、桓仁、宽甸、清原、西丰等地。

7. 牡丹草属 Gymnospermium Spach

Gymnospermium Spach in Hist. Veg. Plan. 8：66. 1839.

本属全世界6~8种，星散分布于北温带地区。中国有3种，分布东北、西北和华东地区。东北地区产1种1变型，辽宁均有分布。

分种下单位检索表

1. 叶为三出或二回三出羽状复叶。生林中或林缘。产凤城、宽甸、桓仁等地 ……………………………
…………… 1a. 牡丹草 Gymnospermium microrrhynchum（S. Moore）Takht. f. microrrhynchum【P.519】
1. 叶一回三出。生林中或林缘。产宽甸 ……………………………………………………………………
………………………… 1b. 小牡丹草 Gymnospermium microrrhynchum f. venosa（S. Moore）Kitag.

五十七、防己科 Menispermaceae

Menispermaceae Juss., Gen. Pl.〔Jussieu〕284（1789），nom. cons.
　　本科全世界约65属，350余种，分布全世界的热带和亚热带地区，温带地区很少。中国有19属77种，主产长江流域及其以南各省区，尤以南部和西南部各省区为多，北部很少。东北地区有2属2种1变型，辽宁均有分布。

分属检索表

1. 草质藤本；叶盾形，5~7浅裂或具5~7角；花瓣顶端不裂 ………………………… 1. 蝙蝠葛属 Menispermum
1. 木质藤本；叶三角状卵形，有时3浅裂；花瓣顶端2裂 ………………………………… 2. 木防己属 Cocculus

1. 蝙蝠葛属 Menispermum L.

Menispermum L. Gen. 1131. 1737.
　　本属全世界3~4种，分布北美洲、亚洲。中国有1种。东北地区产1种1变型，辽宁均有分布。

分种下单位检索表

1. 叶两面光滑无毛。生林缘、沟谷、河边灌丛间或沙丘上。产北镇、彰武、清原、沈阳、鞍山、凤城、宽甸、桓仁、丹东、岫岩、金州、大连等地 …… 1a. 蝙蝠葛 Menispermum dauricum DC. f. dauricum【P.520】
1. 叶两面及边缘密被毛。生林缘。产义县、北镇、彰武、昌图、清原、沈阳、鞍山、营口、凤城、桓仁、盖州、大连等地 ………………………… 1b. 毛蝙蝠葛 Menispermum dauricum f. pilosum（Schneid.）Kitag

2. 木防己属 Cocculus DC.

Cocculus DC. Syst. 1：515. 1817.
　　本属全世界约8种，广布于美洲中部和北部，非洲，亚洲东部、东南部和南部以及太平洋的某些岛屿上。中国有2种。东北地区仅辽宁产1种。

木防己 Cocculus orbiculatus（Linn.）DC.【P.520】

　　木质藤本。叶片纸质至近革质，形状变异极大，边全缘或3裂，有时掌状5裂。聚伞花序顶生或腋生，被柔毛。雄花：萼片6，外轮卵形或椭圆状卵形，内轮阔椭圆形至近圆形；花瓣6，下部边缘内折，抱着花丝，顶端2裂。核果近球形，红色至紫红色。生丘陵、山坡低地、路旁草地及低山灌木丛中。产大连、旅顺口、长海等地。

五十八、五味子科 Schisandraceae

Schisandraceae Blume，Fl. Javae 32~33：3（1830），nom. cons.

本科全世界2属39种，主要分布于东亚和东南亚，北美洲有1种。中国有2属27种。东北地区有1属1种，各地均有分布。

五味子属Schisandra Michx.

Schisandra Michx. Fl. Bor. Amer. 2：218. 1803.

本属全世界有22种，主产于亚洲东部和东南部。中国约有19种，南北各地均有。

五味子Schisandra chinensis（Turcz.）Baill.【P.520】

木质藤本。叶片广椭圆形、倒卵形或卵形。花单性，雌雄同株或异株，雄花多生枝条的基部或下部，雌花生中上部，单生或2~4花簇生叶腋；花被片6~9，乳白色。浆果近球形，红色，肉质。生阔叶林或山沟溪流旁。产本溪、凤城、宽甸、桓仁、岫岩、丹东、西丰、新宾、清原、建昌、海城、盖州、普兰店、瓦房店、庄河等地。

五十九、木兰科Magnoliaceae

Magnoliaceae Juss., Gen. Pl.［Jussieu］280（1789），nom. cons.

本科全世界2属，约330种，主要分布于亚洲东南部、南部，北部较少；北美洲东南部、中美洲、南美洲北部及中部较少。中国有2属112种，主要分布于我国东南部至西南部，渐向东北及西北而渐少。东北地区有2属11种1亚种，其中栽培10种1亚种，辽宁均产。

分属检索表

1. 叶全缘；花药内向开裂；聚合果由蓇葖果组成，开裂 ……………………………… 1. 木兰属 Magnolia
1. 叶通常4~6裂，先端截形；花药外向开裂；聚合果由翅状小坚果组成，不开裂… 2. 鹅掌楸属 Liriodendron

1. 木兰属Magnolia L.

Magnolia L. Sp. Pl. 1：535. 1753.

本属全世界约120种，产亚洲东南部温带及热带地区，印度东北部，马来群岛，日本，北美洲东南部，美洲中部，大、小安的列斯群岛。中国约有31种，分布于西南部、秦岭以南至华东、东北地区。东北地区有9种1亚种，其中栽培8种1亚种，辽宁均产，其中仅辽宁有栽培种。

分种检索表

1. 花后于叶开放。
2. 托叶与叶柄连生；叶柄上留有托叶痕
   3. 叶互生；花径8~10厘米。生阔叶林中。产本溪、宽甸、桓仁、岫岩、凤城、海城、丹东、普兰店、大连、庄河等地 …………………………………… 1. 天女木兰 Magnolia sieboldii K. Koch【P.520】
   3. 叶集生枝顶；花径14~20厘米。
      4. 花盛开时内轮花被片展开不直立，外轮花被片平展不反卷；叶先端钝圆。原产日本。大连、丹东、熊岳等地有栽培 ………………… 2. 日本厚朴（日本厚朴木兰）Magnolia obovata Thunb.【P.520】
      4. 花盛开时内轮花被片直立，外轮花被片反卷；叶先端凹缺，成2钝圆的浅裂片，但幼苗之叶先端钝圆，并不凹缺。生林中。产安徽、浙江、江西、福建、湖南、广东、广西。熊岳树木园有栽培 ………………………… 3b. 厚朴（凹叶厚朴）Magnolia officinalis Rehd. et Wils. subsp. biloba (Rehd. et Wils.) Law【P.520】
2. 托叶与叶柄离生；叶柄上无托叶痕；花大，直径15~20厘米；聚合果大，圆柱状长圆体形或卵圆形，直径4~5厘米；种子近卵圆形，两侧不压扁；常绿大乔木。原产北美洲东南部。大连有栽培……………

.... 4. 荷花玉兰 Magnolia grandiflora L.【P.520】

1. 花先叶开放或同时开放。

  5. 花被片9~12，大小近相等，不分化为外轮萼片状、内轮花瓣状；花先叶开放。

    6. 叶先端圆钝；花在枝上近平展。生高海拔林间。产四川中部。大连英歌石植物园有栽培 .... 5. 光叶玉兰 Magnolia dawsoniana Rehd. et Wils.【P.520】

    6. 叶先端急尖或急短渐尖；花在枝上直立。

      7. 乔木；花被片纯白色，有时基部外面带红色，外轮与内轮近等长；花凋谢后出叶。自然分布中国长江流域。大连、丹东、熊岳有栽培 .... 6. 玉兰（白木兰）Magnolia denudata Dasr.【P.520】

      7. 小乔木；花被片浅红色至深红色，外轮花被片稍短或为内轮长的2/3，但不成萼片状；花期延至出叶。杂交种。大连、熊岳等地有栽培 .... 7. 二乔玉兰（二乔木兰）Magnolia soulangeana（Lindl.）Soul-Bod.【P.520】

  5. 花被片外轮与内轮不相等，外轮退化变小而呈萼片状，常早落。

    8. 花先于叶开放，瓣状花被片白色、淡红色或紫色；叶片基部不下延；托叶痕不及叶柄长的1/2。

      9. 叶最宽处在中部以上或以下；瓣状花被片9。生山林间。自然分布陕西、甘肃、河南、湖北、四川等省。大连、熊岳有栽培 .... 8. 望春玉兰 Magnolia biondii Pampan.【P.520】

      9. 叶最宽处在中部以上；瓣状花被片12~45。原产日本。大连、旅顺口等地有栽培 .... 9. 星花木兰 Magnolia stellata Maxim.【P.520】

    8. 花与叶同时或稍后于叶开放；瓣状花被片紫色或紫红色；叶片基部明显下延；托叶痕达叶柄长的1/2。中国湖北有自然分布。丹东、大连偶见栽培 ... 10. 紫玉兰（紫木兰）Magnolia liliflora Desr.【P.521】

2. 鹅掌楸属 Liriodendron L.

Liriodendron L. Sp. Pl. 535. 1753.

本属全世界2种，分布北美洲和亚洲。中国有2种。东北仅辽宁栽培2种。

分种检索表

1. 小枝褐色或紫褐色；叶近基部具1~2对侧裂片，背面无白粉；花被片绿黄色，具不规则的橙黄色带。原产北美东南部。大连、庄河、熊岳有栽培 .... 1. 北美鹅掌楸 Liriodendron tulipifera L.【P.521】

1. 小枝灰色或灰褐色；叶近基部具1对侧裂片，背面被乳头状白粉；花被片绿色具黄色纵条纹。自然分布中国长江流域以南。大连、盖州有栽培 .... 2. 鹅掌楸 Liriodendron chinense（Hemsl.）Sarg.【P.521】

六十、蜡梅科 Calycanthaceae

Calycanthaceae Lindl., Bot. Reg. 5: ad t. 404（1819）, nom. cons.

本科全世界2属9种，分布于亚洲东部和美洲北部。中国有2属7种，分布于山东、江苏、安徽、浙江、江西、福建、湖北、湖南、广东、广西、云南、贵州、四川、陕西等省区。东北地区仅辽宁栽培1属1种2变种。

蜡梅属 Chimonanthus Lindl.

Chimonanthus Lindl. in Bot. Reg. 5：t. 404. 1819.

本属全世界有6种，特产我国。

蜡梅 Chimonanthus praecox（L.）Link.【P.521】

落叶灌木。叶卵圆形至卵状椭圆形。花先叶开放，芳香；花被片圆形至匙形，内部花被片比外部花被片短，基部有爪；花丝比花药长或等长，花药向内弯；心皮基部被疏硬毛，花柱长达子房3倍，基部被毛。果托近木质化，坛状或倒卵状椭圆形。自然分布山东、江苏、安徽、浙江、江西、湖南、湖北、河南、陕西等省。大连有少量栽培，在避风向阳处长势良好。

常见栽培以下2变种：

素心蜡梅var. concolor Makino 花被纯黄。

馨口蜡梅var. grandiflorus（Lindl.）Makino叶及花均较大，外轮花被黄色，内轮黄色上有紫色条纹。

六十一、樟科Lauraceae

Lauraceae Juss., Gen. Pl.［Jussieu］80（1789），nom. cons.

本科全世界约45属，2000~2500种，分布于热带及亚热带地区，分布中心在东南亚及巴西。中国有25属445种，大多数种分布集中在长江以南各省区，只有少数落叶种类分布长江以北。东北地区仅辽宁有1属1种1变型。辽宁是樟科植物分布的最北界。

山胡椒属Lindera Thunb.

Lindera Thunb. Dissert. Nov. Gen. Pl. 3：64，t. 3. 1983.

本属全世界约100种，分布于亚洲、北美洲温热带地区。中国有38种。

分种下单位检索表

1. 叶背面光滑无毛。生山沟及山坡阔叶林中。产庄河、金州、普兰店、大连、长海、东港、岫岩等地 ……
………………………………… 1a. 三桠乌药Lindera obtusiloba Bl. f. obtusiloba【P.521】
1. 叶背面密被长绢毛。生山沟及山坡阔叶林中。产大连、金州、丹东 …………………………………
………………………………………… 1b. 长毛三桠乌药Lindera obtusiloba f. villosa（Blume）Kitag.

六十二、罂粟科Papaveraceae

Papaveraceae Juss., Gen. Pl.［Jussieu］235（1789），nom. cons.

本科全世界有40属、800多种，主产北温带地区，尤以地中海区域、西亚、中亚至东亚及北美洲西南部为多。中国有19属443种，南北均产，但以西南部最为集中。东北地区有11属38种5变种，其中栽培7种1变种。辽宁产9属25种2变种1变型，其中栽培6种1变种。

分属检索表

1. 植株具浆汁；雄蕊多数，分离。
  2. 花被3基数；雌蕊多至3心皮；花单个顶生，稀聚伞状排列；茎和叶裂片先端具刺；蒴果4~6瓣自先端微裂，疏生硬刺 ……………………………………………………… 1. 蓟罂粟属Argemone
  2. 花被2基数或无花瓣。
    3. 花瓣无；花极多，排列成大型圆锥花序；亚灌木；叶宽卵形至近圆形，基部心形；蒴果狭倒卵形或近圆形 ……………………………………………………………… 2. 博落回属Macleaya
    3. 花瓣4，稀较多。
      4. 花单生或组成总状花序；种子无鸡冠状种阜。
        5. 雌蕊3至多心皮；花单生或组成总状花序，稀圆锥状花序；蒴果顶孔开裂 …………………………
        ……………………………………………………………………………… 3. 罂粟属Papaver
        5. 雌蕊2心皮（稀4）；花单个顶生；蒴果2瓣裂。
          6. 花药线形，比花丝长；基生叶和茎生叶同形，均具柄，叶片三出多回羽状细裂，裂片线形；蒴果自基部向先端开裂 ·· 4. 花菱草属 Eschscholzia

　　6. 花药不为线形，比花丝短；基生叶和茎生叶不同形，基生叶羽状浅裂或深裂，裂片具齿，有柄；茎生叶明显小于基生叶，无柄；蒴果自顶端开裂至近基部 ······ 5. 秃疮花属 Dicranostigma

　　4. 花通常排列成伞房花序或圆锥花序；种子具鸡冠状种阜。

　　　7. 叶互生于茎上下部；茎聚伞状分枝；蒴果近念珠状；花多数，排列成腋生的伞形花序 ···········
·· 6. 白屈菜属 Chelidonium

　　　7. 叶近对生于茎先端；茎不分枝；蒴果不为念珠状；1~3花排列成伞房花序 ···········
··· 7. 荷青花属 Hylomecon

1. 植株无浆汁；雄蕊6，合生成2束。

　　8. 外层2花瓣基部成囊状 ··· 8. 荷包牡丹属 Lamprocapnos

　　8. 外层仅1花瓣基部成距 ··· 9. 紫堇属 Corydalis

1. 蓟罂粟属 Argemone L.

Argemone L. Sp. Pl. 508. 1753.

本属全世界29种，主产美洲。中国南北庭园栽培1种。东北地区黑龙江、辽宁有栽培。

蓟罂粟 Argemone mexicana L.【P.521】

一年生草本。基生叶密聚，叶片倒卵形或椭圆形，边缘羽状深裂，裂片具波状齿，齿端具尖刺，沿脉散生尖刺，表面绿色，背面灰绿色。花单生短枝顶；花瓣6，宽倒卵形，黄色或橙黄色。蒴果长圆形或宽椭圆形，疏被黄褐色的刺。原产中美洲和热带美洲。沈阳有栽培。

2. 博落回属 Macleaya R. Br.

Macleaya R. Br., Narr. Travels Afric. 218. 1826.

本属全世界2种，分布于我国及日本。中国有2种。东北栽培2种。辽宁栽培1种。

小果博落回 Macleaya microcarpa（Maxim.）Fedde【P.521】

直立草本，基部木质化，具乳黄色浆汁。叶片宽卵形或近圆形，通常7裂或9裂，表面绿色，无毛，背面多白粉，被绒毛。大型圆锥花序多花，生茎和分枝顶端；萼片狭长圆形，舟状；花瓣无；雄蕊8~12，花丝远短于花药。蒴果近圆形。产山西、江苏、江西、河南、湖北、陕西、甘肃等地，沈阳有栽培。

3. 罂粟属 Papaver L.

Papaver L. Sp. Pl. ed. 1：506. 1753.

本属全世界约100种，主产中欧、南欧至亚洲温带，少数种产美洲、大洋洲和非洲南部。中国有7种3变种3变型，分布于东北和西北地区。东北地区产5种3变种1品种，其中栽培2种1品种。辽宁产2种1变种1品种，其中栽培2种1品种。

分种检索表

1. 野生植物；花淡绿黄色；花葶、花蕾及蒴果上的刚毛为淡棕色至深棕色；柱头约6。生高山冻原及高山草甸以上的石砾地、干山坡。产桓仁 ···
········ 1b. 长白山罂粟（白山罂粟）Papaver radicatum var. pseudo-radicatum（Kitag.）Kitag.【P.521】

1. 栽培植物。

　　2. 叶全部基生，无茎生叶。原产两半球的北极区及中亚和北美洲等地。大连等地有栽培 ··················
·· 2b. 冰岛罂粟 Papaver nudicaule "Iceland Poppy Flower"【P.521】

　　2. 有茎生叶。

　　　3. 叶基部抱茎，为不规则的缺刻状浅裂；茎叶无毛或有微毛；花丝白色；蒴果球形或长圆状椭圆形。原产欧洲。辽宁各地有少量栽培 ………………………………… 3. 罂粟 Papaver somniferum L.【P.521】

  3. 叶基部不抱茎，羽状深裂近于全裂；茎叶被刚毛；花丝紫红或深紫色；蒴果宽倒卵形。原产欧洲。辽

    宁各地常见栽培，有逸生 ………………………………… 4. 虞美人 Papaver rhoeas L.【P.521】

4. 花菱草属 Eschscholzia Chami

Eschscholzia Chami in Nees Horae Phys. Berol. 73, t. 15. 1820.

本属全世界约12种，分布北美洲太平洋沿岸的荒漠和草原区。中国引进栽培1种。东北地区仅辽宁有栽培。

花菱草 Eschscholzia californica Cham.【P.521】

多年生草本，栽培常为一年生。茎直立。基生叶数枚，多回三出羽状细裂。花单生茎和分枝顶端；花瓣4，三角状扇形，黄色或橙红色；雄蕊多数，花丝丝状，花药条形；子房狭长，花柱短，柱头4。蒴果狭长圆柱形。原产美国加利福尼亚。大连有栽培。

5. 秃疮花属 Dicranostigma J. D. Hooker & Thomson

Dicranostigma J. D. Hooker & Thomson, Fl. Ind. 1: 255. 1855.

本属全世界3种，我国均产。东北地区仅辽宁产1种。

秃疮花 Dicranostigma leptopodum（Maxim.）Fedde【P.522】

多年生草本，全体含淡黄色液汁。茎绿色，具粉。基生叶丛生，叶片狭倒披针形，羽状深裂；茎生叶少数，生茎上部，羽状深裂、浅裂或二回羽状深裂。聚伞花序，花1~5朵；萼片先端渐尖成距；花瓣黄色；雄蕊多数，柱头2裂。蒴果线形。生草坡或路旁、田埂、墙头、屋顶也常见。产旅顺口、金州。

6. 白屈菜属 Chelidonium L.

Chelidonium L. Sp. Pl. 505. 1753.

本属全世界仅1种，分布于旧大陆温带，从欧洲到日本均有。中国广泛分布。东北各地均有分布。

白屈菜 Chelidonium majus L.【P.522】

多年生草本，含橘黄色乳汁。茎直立，多分枝，具白色细长柔毛。叶互生，一至二回奇数羽状分裂。花数朵，排列成伞状聚伞花序；萼片2枚，早落；花瓣4枚，卵圆形或长卵状倒卵形，黄色，两面光滑。蒴果长角形，直立，灰绿色。生山谷湿润地、水沟边、住宅附近。产辽宁各地。

7. 荷青花属 Hylomecon Maxim.

Hylomecon Maxim in Mem. Acad. Lmp. Sci. St. Petersb. 9：36. 1858.

本属全世界仅1种，分布于中国东北、华北、华中、华东。日本、朝鲜、俄罗斯东西伯利亚有分布。辽宁有分布。

荷青花 Hylomecon japonica（Thunb.）Prant. et Kundig【P.522】

多年生直立草本。基生叶少数，叶片羽状全裂，裂片2~3对。花1~3朵排列成伞房状；萼片卵形；花瓣倒卵圆形或近圆形，芽时覆瓦状排列，花期突然增大，基部具短爪；雄蕊黄色，花丝丝状，花药圆形或长圆形；花柱极短，柱头2裂。蒴果，2瓣裂。生多阴的山地灌丛、林下、溪沟湿地。产鞍山、本溪、凤城、宽甸、开原、庄河、西丰等地。

8. 荷包牡丹属 Lamprocapnos Endlicher

Lamprocapnos Endlicher, Gen. Suppl. 5：32. 1850.

本属全世界约12种，3种分布自西喜马拉雅至朝鲜、日本、俄罗斯（东西伯利亚、萨哈林岛），9种分布

于北美洲。中国产2种。东北地区栽培1种，辽宁有栽培。

荷包牡丹Lamprocapnos spectabilis（L.）Fukuhara【P.522】

多年生草本。茎带紫红色。叶片三角形，二回三出全裂。总状花序顶生或腋生，弯垂；花两侧对称；花瓣4枚，外侧2枚蔷薇色，下部心形，囊状，上部变狭，向外反曲；内侧2枚狭长，突出，白色，顶端内面紫红色，中部之上缢缩。蒴果细长。产中国北方，辽宁各地均有栽培。

9. 紫堇属Corydalis Vent.

Corydalis DC. in Lamarck et DC., Fl. Franc. ed. 3, 4：657，17 Sept. 1805.

本属全世界约468种，除北极地区外，广布于北温带地区，南至北非至印度沙漠区的边缘，个别种分布到东非的草原地区。中国有357种，南北各地均有分布，但以西南部最集中。东北地区产23种1变种。辽宁产16种1变种。

分种检索表

1. 多年生草本，具细长地下茎、根状茎或块茎。
  2. 植株具细长地下茎且有兽角状突起。
    3. 叶二回三出，小叶不具锯齿；茎无腋生块茎，有分支，基部具少数鳞片；新块茎形成于匍匐茎的末端；蒴果线形，弯曲，稍呈串珠状。生海拔460~1120米的林下阴湿地。产丹东 ………………………… ……………………………………………………… 1. 东紫堇Corydalis buschii Nakai【P.522】
    3. 叶三出，小叶具锯齿；茎具腋生块茎。生于近水低地。产凤城、丹东、宽甸等地 ………………… ……………………………………………………… 2. 三裂延胡索Corydalis ternata（Nakai）Nakai
  2. 具坚实的球形块茎。
    4. 蜜腺体末端急尖至渐尖。
      5. 蒴果线形，具1列种子。
        6. 叶二至三回三出分裂；距短于瓣片；蜜腺体约占距长的1/3或更短。生于海拔600米左右的林缘或灌木丛中。产鸭绿江、凤城、兴城、绥中 …… 3. 堇叶延胡索Corydalis fumariifolia Maxim.【P.522】
        6. 叶三出分裂；距长于瓣片；蜜腺体约占距长的2/3。生林下。产凤城 ……………………… ……………………………………… 4. 临江延胡索Corydalis linjiangensis Z. Y. Su ex Liden【P.522】
      5. 蒴果不为线形，具2列种子。
        7. 花梗约与苞片等长；内花瓣鸡冠状突起不伸出顶端。
          8. 花淡蓝紫色，下花瓣基部明显具囊；蒴果卵圆形至倒卵形，长约1厘米。生潮湿地。产丹东 ……………………………………… 5. 囊瓣延胡索Corydalis saccata Z. Y. Su et Liden
          8. 花蓝色，内花瓣淡白色；下花瓣直，近无囊；蒴果纺锤形，长1.5~2.2厘米。生落叶林下。产凤城 ……………………………………… 6. 矮生延胡索Corydalis humilis Oh et Kim【P.522】
        7. 花梗明显长于苞片；内花瓣鸡冠状突起伸出顶端。
          9. 苞片全缘或分裂，多数为顶端多少分裂，果期常增大；花紫色；果实披针形至近线形，长约2厘米，直立或斜伸。生石间阴湿地或沙质土地。产凤城、宽甸、普兰店、本溪、桓仁、大连、鞍山、沈阳等地 ………………… 7. 胶州延胡索Corydalis kiautschouensis V. Poelln.【P.522】
          9. 苞片全缘或多数全缘；花淡蓝色至白色；果实椭圆形至卵圆形，长6~10毫米，常随纤细弯曲的果梗俯垂。
            10. 内花瓣鸡冠状突起半圆形，伸出顶端不多。生林缘、林间草地、山坡路旁。产大连、凤城、宽甸、清原等地 ……………………………………… ……………… 8a. 全叶延胡索Corydalis repens Mandl et Muhldorf. var. repens【P.522】
            10. 内花瓣鸡冠状突起角状，伸出顶端很多。生林缘或林间空地。产旅顺口、凤城、宽甸、清原等地 …… 8b. 角瓣延胡索Corydalis repens var. watanabei（Kitag.）Y. Corydalis Chou

4. 蜜腺体通常占距长的1/2以上，末端钝。

  11. 茎粗壮，直立，不分枝或仅鳞片内分枝；叶柄基部不鞘状宽展，有时具腋生块茎；花蓝色，外花瓣瓣片具齿，顶端微凹处具短尖。生林缘、林下、山坡、沟边或河滩地。产绥中、金州、大连、宽甸等地 ·············· **9. 齿瓣延胡索 Corydalis turtschaninovii** Bess.【P.522】

  11. 茎纤细柔软，基部常弯曲，分枝发自茎生叶腋；下部的叶柄鞘状宽展，无腋生块茎；花紫红色，稀蓝色，外花瓣瓣片全缘，顶端凹陷处无短尖或具不明显短尖。生山坡、灌丛、阴湿地。产长海 ·············· **10. 北京延胡索（海岛延胡索）Corydalis gamosepala** Maxim

1. 1~2年生草本，一般具圆锥形主根而不具根状茎或块茎。

 12. 花黄色；植株高20~70厘米，通常不自基部分枝不成丛生状。

  13. 距短囊状，占上花瓣全长的1/5~1/3；蒴果常呈念珠状。

   14. 叶的末回裂片较狭，总状花序密具多花；花金黄色；种子边缘具密集的小点状印痕。生林缘、林间、石砾质地、河滩等处。产鞍山、凤城、宽甸、桓仁、本溪、庄河、瓦房店、大连等地 ·············· **11. 珠果黄堇（狭裂珠果紫堇）Corydalis speciosa** Maxim.【P.523】

   14. 叶的末回裂片较宽展；总状花序疏具多花；花黄色或淡黄色；种子表面密被圆锥状突起。生林缘、林间、石砾质地、河滩等处。产凤城、开原、绥中、凌源、宽甸、桓仁、本溪、金州、大连、鞍山等地 ·············· **12. 黄堇（珠果紫堇）Corydalis pallida** (Thunb.) Pers.【P.523】

  13. 距圆筒形，约与瓣片等长或稍长，少数稍短于瓣片；蒴果不呈念珠状。

   15. 总状花序长5~9厘米，有13~20花；苞片狭卵形至披针形；蒴果圆柱形，长1.5~2厘米，粗约2毫米，有1列种子。生林内石砬子旁、杂木林下、溪流两旁、采伐迹地。产岫岩、凤城、普兰店、西丰、宽甸、本溪、大连、丹东等地 ·············· ·············· **13. 黄花地丁（小黄紫堇）Corydalis raddeana** Regel【P.523】

   15. 总状花序长3~5厘米，有4~6花；苞片宽卵形至卵形；蒴果狭倒披针形，长1~1.4厘米，粗约3毫米，有2列种子。生林缘、林下、溪流旁及湿草地等处。产海城等地 ·············· ·············· **14. 黄紫堇 Corydalis ochotensis** Turcz.【P.523】

 12. 花粉红色、紫色或紫蓝色；一年生小草本。

  16. 蒴果卵圆形；二年生灰绿色草本；叶片二至三回羽状全裂，一回羽片3~5对；花较小，上花瓣长1.1~1.4厘米。生山坡、山沟、砂砾质地、杂草丛中或溪旁。产大连、旅顺口、锦州、绥中、阜新、凌源、建昌、彰武、义县、北票等地 ·············· **15. 地丁草 Corydalis bungeana** Turcz.【P.523】

  16. 蒴果线形，下垂；一年生灰绿色草本；叶片一至二回羽状全裂，一回羽片2~3对；花较大，上花瓣长1.5~2厘米。生于丘陵、沟边或多石地。产鞍山（千山） ·········· **16. 紫堇 Corydalis edulis** Maxim.

六十三、白花菜科 Cleomaceae

Cleomaceae Horan., Prim. Lin. Syst. Nat. 92. 1834.
本科全世界17属150种左右，广布热带和温带地区。中国有5属5种。东北栽培2属2种。辽宁栽培1属1种。

醉蝶花属 Tarenaya Rafinesque

Tarenaya Rafinesque, Sylva Tellur. 111. 1838.
本属全世界约33种，分布西非和南美洲。中国栽培1种。东北各地均有栽培。

醉蝶花 Tarenaya hassleriana (Chodat) H. H. Iltis【P.523】

  一年生草本。植株有强烈的气味。叶片掌状裂开，小叶5~7枚，矩圆状披针形。总状花序顶生，花由底部向上层层开放，花瓣披针形向外反卷，玫瑰色和白色，花苞红色，雄蕊特长。蒴果圆柱形，种子浅褐色。原产美洲热带地区和西印度群岛。大连、鞍山、凤城等地栽培。

六十四、十字花科 Brassicaceae（Cruciferae）

Brassicaceae Burnett，Outlines Bot.（Burnett）854，1093，1123（1835），nom. cons.

本科全世界有300属以上，约3500种，主产于北温带地区，尤以地中海区域分布较多。中国有102属412种，全国各地均有分布，以西南、西北、东北地区高山区及丘陵地带为多，平原及沿海地区较少。东北地区有45属109种3亚种15变种1变型，其中栽培16种12变种1变型。辽宁产35属73种1亚种14变种1变型，其中栽培12种12变种1变型。

分属检索表

1. 果实为长角果。
　2. 果实为无节的长角果，开裂。
　　3. 子叶纵折。
　　　4. 种子成1行排列。
　　　　5. 花黄色或淡黄色；长角果圆柱形或稍扁；长雄蕊基部有蜜腺。
　　　　　6. 果喙圆柱形，果瓣有1条明显脉或有时兼有2条不明显侧脉 ················· 1. 芸苔属 Brassica
　　　　　6. 果喙剑形，扁平，果瓣有3~7条均等的脉 ······························· 2. 白芥属 Sinapis
　　　　5. 花紫色或淡红色；长角果线形而有四棱；长雄蕊基部无蜜腺 ····· 3. 诸葛菜属 Orychophragmus
　　　4. 种子成2行排列。
　　　　7. 果喙剑形；花瓣有明显的紫色脉纹；柱头小，2浅裂，裂片靠合，中间只有一缝痕 ·················
　　　　　 ··· 4. 芝麻菜属 Eruca
　　　　7. 果喙圆柱形；花瓣无紫色脉纹；柱头较大，2浅裂，裂片分离、不靠合 ·····························
　　　　　 ·· 5. 二行芥属（二列芥属）Diplotaxis
　　3. 子叶背倚或缘倚。
　　　8. 子叶背倚。
　　　　9. 柱头长圆形，2深裂，裂片靠合，中间只有1条缝痕 ················· 6. 香花芥属 Hesperis
　　　　9. 柱头头状，通常2浅裂。
　　　　　10. 植株有二叉状毛、分枝毛、星状毛或混有腺毛或单毛。
　　　　　　11. 花黄色。
　　　　　　　12. 叶全缘或有浅波状齿；雄蕊比花瓣短；种子浸湿后不带黏性 ········· 7. 糖芥属 Erysimum
　　　　　　　12. 叶羽状分裂；雄蕊比花瓣长；种子浸湿后带黏性 ········· 8. 播娘蒿属 Descurainia
　　　　　　11. 花白色、蔷薇色或粉紫色；一、二年生草本；叶全缘；长雄蕊基部无蜜腺；长角果被星状毛 ··· 9. 锥果芥属（星毛芥属）Berteroella
　　　　　10. 植株无毛或有单毛和腺毛。
　　　　　　13. 花黄色；果瓣有3条纵脉；植株无毛或有单毛，但不杂有腺毛 ··· 10. 大蒜芥属 Sisymbrium
　　　　　　13. 花白色，淡紫色或紫红色；果瓣有1条中脉；植株有单毛，并时常杂有腺毛；长雄蕊成对合生，花丝无凸出物；叶全缘或有齿，不分裂 ····················· 11. 花旗竿属 Dontostemon
　　　8. 子叶缘倚。
　　　　14. 花黄色。
　　　　　15. 种子在长角果中排列成2行；长角果长圆形或圆柱形，幼果近圆柱形 ······ 12. 蔊菜属 Rorippa
　　　　　15. 种子在长角果中排列成1行；长角果线状，近四棱形，幼果明显四棱形 ·····················
　　　　　　 ··· 13. 山芥属 Barbarea
　　　　14. 花白色、蔷薇色、淡紫色或紫红色，稀为淡黄白色。
　　　　　16. 植株无毛或有单毛，无分枝毛与星状毛。

17. 花淡黄白色或草黄色 ·· 14. 旗杆芥属 Turritis

17. 花白色、蔷薇色、淡紫色或紫红色。

    18. 果瓣无中脉；长雄蕊基部有蜜腺 ···················· 15. 碎米荠属 Cardamine

    18. 果瓣有明显中脉；长雄蕊基部无蜜腺 ·················· 16. 香芥属 Clausia

16. 植株被有分枝毛或星状毛，有时也混有单毛。

    19. 柱头头状不分裂或稍微分裂。

        20. 茎生叶无柄，半抱茎或抱茎；角果稍压扁；种子多有翅，湿时不发黏，子叶缘倚胚根 ···

        ·· 17. 南芥属 Arabis

        20. 茎生叶无柄或有柄；角果圆筒状；种子无翅，湿时发黏，子叶背倚胚根 ···········

        ··· 18. 鼠耳芥属 Arabidopsis

    19. 柱头 2 深裂 ··· 19. 紫罗兰属 Matthiola

2. 果实为具节或种子间明显缢缩的长角果，节间为横隔膜所隔开，各含 1~2 粒种子，果实不开裂。

    21. 子叶纵折；长角果在种子间形成缢缩或具有横壁而成为单种子的节段，有长喙 ···············

    ··· 20. 萝卜属 Raphanus

    21. 子叶缘倚；长角果每节段含 1~2 粒种子 ············· 21. 离子芥属（离子草属）Chorispora

1. 果实为短角果。

2. 短角果开裂。

    23. 短角果 2 裂，较小，果瓣球形，无翅，加厚，具网状点及瘤状体；总状花序头状；花两性；花瓣微小

       或不存在；雄蕊 6 个，或退化成 4 或 2 个；一年或二年生草本 ··········· 22. 臭荠属 Coronopus

23. 短角果非 2 裂。

    24. 短角果具极狭的隔膜，隔膜比果瓣显著狭，常与果瓣垂直。

        25. 子叶背倚。

           26. 短角果圆形、卵形或椭圆形，每室有 1 粒种子 ············· 23. 独行菜属 Lepidium

           26. 短角果倒三角形，每室有多数种子 ····················· 24. 荠属 Capsella

        25. 子叶缘倚

           27. 花瓣大小不等，2 外花瓣常比 2 内花瓣大 ············· 25. 屈曲花属 Iberis

           27. 花瓣大小相等；茎生叶抱茎；短角果常存明显翅，长大于宽；花柱长 ···············

           ·· 26. 菥蓂属（遏蓝菜属）Thlaspi

    24. 短角果具宽隔膜，隔膜与果瓣近等宽或至少与果实直径近相等。

        28. 子叶背倚 ····································· 27. 亚麻荠属 Camelina

        28. 子叶缘倚。

           29. 植株无毛或有单毛；短角果球形或椭圆形，横断面为圆形。

               30. 花白色；短角果膨大，椭圆形；基生叶长圆形，不分裂；根肥大，肉质 ···········

               ·· 28. 辣根属（马萝卜属）Armoracia

               30. 花黄色；短角果不膨大，球形或广椭圆形；基生叶羽状分裂；根非肉质 ···········

               ·· 12. 蔊菜属 Rorippa

           29. 植株具分枝毛或星状毛，有时还有单毛；短角果压扁或稍凸起，横断面不为圆形。

               31. 花黄色。

                  32. 短角果长圆形或倒卵状长圆形，每室有多粒种子 ········· 29. 葶苈属 Draba

                  32. 短角果圆形或广椭圆形，每室有 1~2 粒种子 ············· 30. 庭荠属 Alyssum

               31. 花白色或蔷薇色。

                  33. 花瓣 2 深裂；短雄蕊的花丝基部有齿 ·············· 31. 团扇荠属 Berteroa

                  33. 花瓣全缘或微凹；花丝均无齿 ··················· 29. 葶苈属 Draba

2. 短角果不开裂。

    34. 短角果不为坚果状，膨胀 ······························· 32. 群心菜属 Cardaria

34. 短角果坚果状，不膨胀。

    35. 子叶背倚；短角果通常1室，有1粒种子。

        36. 短角果椭圆形，无翅 ·· **33. 香雪球属Lobularia**

        36. 短角果周围有翅；茎生叶基部箭形 ································ **34. 菘蓝属Isatis**

    35. 子叶卷折；短角果2室，每室含1粒种子 ····················· **35. 匙荠属Bunias**

1. 芸苔属 **Brassica** L.

Brassica L. Sp. Pl. 666. 1753.

    本属全世界约40种，多分布于地中海地区，尤其是欧洲西南部和非洲西北部。中国有6种。东北地区栽培2种10变种1变型。辽宁栽培2种9变种1变型。

分种检索表

1. 叶厚，肉质，被白霜。

  2. 花序肉质，形成紧密的球形或倒锥形的头状体。

    3. 花芽白色；花序轴和花梗均白色。原产欧洲。辽宁有栽培 ·····························

      ·········· **1b. 花椰菜（菜花）Brassica oleracea var. botrytis L.【P.523】**

    3. 花芽绿色；花序轴和花梗均绿色。辽宁有栽培 ·····························

      ·········· **1c. 绿花菜 Brassica oleracea var. italica Plenck【P.523】**

  2. 花序不为肉质，开展。

    4. 茎基部节间极度短缩，膨大呈球形或扁球形。原产欧洲。辽宁各地常见栽培 ··················

      ·········· **1d. 擘蓝 Brassica oleracea var. gongylodes L.【P.523】**

    4. 茎基部节间不短缩，呈圆柱形或狭圆锥形；基生叶和下部茎生叶多数，排列成紧密封闭的或疏松的头状体。

      5. 叶绿色并相互重叠包裹，形成紧密封闭的球形或扁球形头状体。原产欧洲。辽宁各地常见栽培 ······

      ··········· **1e. 结球甘蓝（甘蓝、卷心菜）Brassica oleracea var. capitata L.【P.523】**

      5. 叶黄色、粉红色、紫色、红色，稀绿色，相互重叠成疏松的头状体。辽宁各大城市常见栽培 ······

      ··········· **1f. 羽衣甘蓝 Brassica oleracea var. acephala de Candolle.【P.523】**

1. 叶薄，草质，通常无白霜。

  6. 植物体有辛辣味；茎上部叶叶片基部楔形或渐狭，不抱茎。

    7. 一年生草本；主根细长，圆筒状。黑龙江和吉林有野生。大连有栽培 ·····························

      ·········· **2a. 芥菜 Brassica juncea (L.) Czern. et Coss. var. juncea【P.523】**

    7. 二年生草本；主根肉质，圆锥状、长圆形或倒卵球形，直径7~10厘米。模式标本采自欧洲。辽宁各地常见栽培 ············ **2b. 芥菜疙瘩 Brassica juncea var. napiformis (Paillieux & Bois) Kitam.【P.524】**

  6. 植物体无辛辣味；茎上部叶叶片基部深心形或具耳，抱茎。

    8. 植株具粉霜，有块根。大连有栽培 ·····························

      ·········· **3b. 芜菁甘蓝（布留克）Brassica napus var. napobrassica (L.) Rchb.【P.524】**

    8. 植株无粉霜或稍带粉霜，有块根或无块根。

      9. 块根肉质，皮红色；基生叶大头羽裂或成复叶，叶柄长。模式标本采自欧洲。大连有栽培 ··········

      ·········· **4a. 蔓菁（芜青、芜菁）Brassica rapa L. var. rapa**

      9. 无块根；基生叶非羽裂。

        10. 基生叶很少达到10，不呈莲座状或稍呈莲座状；叶柄不同上。辽宁各地常见栽培 ·················

        ·········· **4b. 芸苔（油菜）Brassica rapa var. oleifera DC.【P.524】**

        10. 基生叶10以上，往往很多，形成紧凑的花环或头；叶柄肉质增厚或强烈扁平。

          11. 基生叶相互重叠，密集成甚紧密的圆柱形或近长圆体形的头状体；叶柄宽而扁平，具翅，翅边缘缺状或齿裂。辽宁常见栽培 ·········· **4c. 白菜 Brassica rapa var. glabra Regel【P.524】**

11. 基生叶不形成紧密的头状体；叶柄基部抱茎。辽宁常见栽培 ………………………………
………………………………… 4d. 青菜 Brassica rapa var. chinensis（L.）Kitam.【P.524】

2. 白芥属 Sinapis L.

Sinapis L. Sp. Pl. 668. 1753.

本属全世界约7种，主产地中海地区。中国栽培2种，有逸生。东北地区有2种，或为栽培，或为逸生。辽宁栽培1种。

白芥 Sinapis alba L.【P.524】

一年生直立草本。下部叶大头羽裂，有2~3对裂片，边缘有不规则粗锯齿，两面粗糙；上部叶卵形或长圆卵形，边缘有缺刻状裂齿。总状花序有多数花；花淡黄色；萼片长圆形或长圆状卵形，具白色膜质边缘；花瓣倒卵形，具短爪。长角果近圆柱形。原产欧洲。庄河等地有栽培，南关岭一带有逸生。

3. 诸葛菜属 Orychophragmus Bunge

Orychophragmus Bunge in Mertt. Acad. Sci. st. Petersb. 2；81. 1833.

本属全世界2种，分布亚洲中部和东部。中国有2种。东北地区产1种2变种，其中栽培2变种，辽宁均产。

分种下单位检索表

1. 花瓣全缘无杂色。生山坡杂木林缘或路旁。产北镇、鞍山、金州、庄河、大连等地，各地常见栽培 ……
…………………… 1a. 诸葛菜 Orychophragmus violaceus（L.）O. E. Schulz var. violaceus【P.524】
1. 花瓣有齿或有杂色。
　2. 花瓣有5个或更多的钝齿，同一花瓣只有一种颜色。栽培。辽宁有栽培 …………………………
　…………………… 1b. 齿瓣诸葛菜 Orychophragmus violaceus var. odontopetalus L. Wang & C. P. Yang
　2. 花瓣全缘，同一花瓣上有白色和紫色两种颜色。栽培或生林下、路边。产北镇 …………………
　…………………… 1c. 杂色诸葛菜 Orychophragmus violaceus var. variegatus L. Wang & C. P. Yang

4. 芝麻菜属 Eruca Mill.

Eruca Mill. Gard. Dict. abridged ed. 4. 1. 1754.

本属全世界1种1亚种1变种，分布非洲西北部、欧洲及亚洲西部，其他地方引进栽培。东北地区栽培1亚种1变种，辽宁均有栽培。

1. 长角果无毛。原产欧洲及非洲各国。辽宁各地常有栽培 ………………………………………………
……………………… 1ba. 芝麻菜 Eruca vesicaria subsp. sativa（Mill.）Thell. var. sativa【P.524】
1. 长角果有毛。原产欧洲及非洲。辽宁有栽培 ………………………… 1bb. 绵果芝麻菜 Eruca vesicaria subsp.
sativa（Mill.）Thell. var. eriocarpa（Boiss.）S. M. Zhang, comb. nov.

5. 二行芥属（二列芥属）Diplotaxis DC.

Diplotaxis DC. Syst. Nat. 2；628. 1821.

本属全世界约30种，多分布于非洲西北部、伊比利亚半岛、地中海地区。中国仅辽宁有1归化种。

二行芥（二列芥）Diplotaxis muralis（L.）DC.【P.524】

一年生或二年生草本。茎下部叶以及基生叶稍呈莲座丛状，有长柄，大头羽裂；茎上部叶有短柄，长圆形，有齿或呈缺刻状。总状花序；花瓣比萼片明显长，黄色，花柱短，柱头大，二浅裂。长角果通常直立开展，圆柱形，种子在长角果中成二行排列。生海边湿地、路旁、庭院等地。原产欧洲及地中海地区。产大连、旅顺口、金州。

6. 香花芥属 Hesperis L

Hesperis L. Sp. Pl. 663. 1753.

本属全世界约25种，主产欧洲、中亚及西亚。中国有2种。东北地区产2种，其中栽培1种。辽宁栽培1种。

欧亚香花芥（紫香花草）Hesperis matronalis L.【P.524】

二年至多年生草本。基生叶长圆状椭圆形，边缘有尖波状齿；茎生叶披针形，边缘有具腺的锯齿。总状花序顶生；萼片椭圆形，外面有细长毛；花瓣紫色或白色，倒卵形，顶端圆形或微缺，爪长约1厘米。长角果圆柱状线形，果瓣无毛。花果期5—7月。原产欧洲、亚洲中部及西部。大连、熊岳有栽培。

7. 糖芥属 Erysimum L.

Erysimum L.，Sp. Pl. 660. 1753.

本属全世界约100种，多产欧洲及亚洲。中国有15种。东北地区产7种1变种。辽宁产5种。

分种检索表

1. 花小，花瓣长3~5毫米；花梗长于萼片；一年生草本。
　　2. 叶通常全缘；花瓣倒卵形或倒卵状匙形；长角果长1.2~1.5（~2）厘米。生山坡、山谷、路旁及村旁荒地。产大连 ························ 1. 小花糖芥（桂竹糖芥）Erysimum cheiranthoides L.【P.524】
　　2. 叶边缘有浅波状齿；花瓣线状长圆形；长角果长2.5~4厘米。生沙质地、海岛。产长海 ·····················
　　·························· 2. 波齿糖芥（华北糖芥）Erysimum macilentum Bunge【P.525】
1. 花较大，花瓣长7~26毫米；花梗短于萼片；一或二年生草本或多年生草本。
　　3. 二年生或多年生草本；花无苞片；花瓣长12~26毫米，黄色或橙黄色；长角果线形，长4.5~8.5厘米，宽约1毫米，稍呈四棱形；果梗长5~7毫米。
　　　　4. 花黄色，花瓣长12~15毫米。生山坡。产金州、旅顺口 ··
　　　　·················· 3. 黄花糖芥（黄瓣糖芥）Erysimum perofskianum Fisch. & C.A.Mey.【P.525】
　　　　4. 花橙黄色，花瓣长16~25毫米。生干山坡、石缝或砂石质地。产凌源、金州、大连等地 ················
　　　　···················· 4. 糖芥 Erysimum amurense Kitag.【P.525】
　　3. 一年生草本；花序少数下部花有1~2苞片；花瓣长约8毫米，黄色；长角果近圆筒状或线状长圆形，长3~9厘米，宽1~1.5毫米，侧扁，相当种子间处稍缢缩；果梗长约3毫米，与长角果一样粗。生杂草地、路边。原产欧洲。产旅顺口 ·················· 5. 粗梗糖芥（粗柄糖芥）Erysimum repandum L.【P.525】

8. 播娘蒿属 Descurainia Webb et Berth.

Descurainia Webb et Berth. Phytogr. Vanar. 1：72. 1836.

本属全世界40多种，主产于北美洲，少数产于亚洲、欧洲、南非。中国有1种。东北地区黑龙江、吉林、辽宁、内蒙古都有分布。

播娘蒿 Descurainia sophia（L.）Schur【P.525】

二年生草本。茎直立。叶卵形，二至三回羽状裂；茎下部叶有短柄，上部叶无柄。总状花序顶生或茎上部叶腋生；花多数，小型，径约2毫米；萼片斜开展，长圆形，顶端钝，边缘膜质，背部有分歧短柔毛；花瓣淡黄色。长角果线形，串珠状。生杂草地、住宅附近、山坡、沙质地或盐碱地。产大连、旅顺口、长海等地。

9. 锥果芥属（星毛芥属）Berteroella O. E. Schulz

Berteroella O. E. Schulz in Beih. Bot. Centrabl. 37. Abt. 2，Heft. 1：127. 1919.

本属全世界仅1种，分布中国、日本和朝鲜。东北地区仅辽宁有分布。

锥果芥（星毛芥）Berteroella maximowiczii（Palib.）O. E. Schulz【P.525】

一年生或二年生草本。茎下部叶长圆状倒卵形或匙形；茎上部叶稍小，全缘，质硬，被有星状毛。总状花序初期伞房状，后伸长成总状；花小，淡粉紫色；萼片长圆形，先端稍钝；花瓣长圆状倒卵形。长角果紧贴主轴着生，果瓣密被星状毛。生山谷溪流旁河滩地。产绥中、旅顺口、金州等地。

10. 大蒜芥属 Sisymbrium L.

Sisymbrium L. Sp. Pl. 657. 1753.

本属全世界约40种，分布于温带的欧亚大陆、地中海及南美洲。中国有10种，主要分布于西北与西部地区。东北地区产5种。辽宁产3种。

分种检索表

1. 茎生叶卵形至狭卵形，边缘有不整齐波状齿或有时为大头羽裂状；花瓣长12~14毫米；长角果长（8~）10~14厘米。生山坡、灌丛间。产本溪、凤城等地 ·············
··········· 1. 全叶大蒜芥（黄花大蒜芥）Sisymbrium luteum（Maxim.）O. E. Schulzz【P.526】
1. 茎生叶羽状分裂；花瓣长3~9毫米；长角果长1~8厘米。
　2. 长角果下垂，果梗丝状，比长角果显著细；花小，花瓣长3~4毫米。生林下、阴坡、河边。产建平、北镇、南票、沈阳等地 ·············· 2. 垂果大蒜芥 Sisymbrium heteromallum C. A. Mey.【P.526】
　2. 长角果斜向上开展，果梗粗壮，和长角果一样粗甚至还稍较粗；花较大，花瓣长7~9毫米。生草地、路边。产大连、宽甸等地 ·············· 3. 大蒜芥（田蒜芥）Sisymbrium altissimum L.【P.526】

11. 花旗杆属（花旗竿属）Dontostemon Andrz.

Dontostemon Andrz. ex C. A. Meyer in Ledebour, Fl. Altaic. 3：118. 1831.

本属全世界约11种，主产于亚洲。中国有11种，分布于东北、华北、华东、西南、西北等地区。东北地区产5种2变种。辽宁产3种2变种。

分种检索表

1. 茎生叶线形或长圆状线形，全缘。
　2. 花瓣淡紫色，倒卵形，长4~6毫米，比萼片略长。生山坡草地、河滩、固定沙丘及山沟。产彰武、凌源、铁岭、抚顺等地 ····· 1. 小花花旗杆（小花花旗竿）Dontostemon micranthus C. A. Mey.【P.525】
　2. 花瓣淡紫色或白色，线状长椭圆形，长3.5~5毫米，为萼片长度的1.5倍。
　　3. 植株具黄色或黑色乳头状腺毛。多生于草原沙地及沙丘上。产彰武 ·············
····· 2a. 线叶花旗杆（线叶花旗竿）Dontostemon integrifolius（L.）Ledeb. var. integrifolius【P.525】
　　3. 植株无头状腺毛。生山坡沙地及沙丘。产彰武 ·············
··········· 2b. 无腺花旗竿 Dontostemon integrifolius var. eglandulosus（DC.）Turcz.
1. 茎生叶椭圆状披针形，叶缘具疏齿。
　4. 总花梗、花梗及萼片不被黄色乳头状腺毛。生山坡路旁、林缘、石质地、草地。产辽宁各地 ···········
··········· 3a. 花旗杆（花旗竿）Dontostemon dentatus（Bunge）Ledeb. var. dentatus【P.525】
　4. 总花梗、花梗及萼片均被黄色乳头状腺毛。生山坡路旁、林缘、石质地、草地。产沈阳、抚顺、大连等地 ·············· 3b. 腺花旗杆（腺花旗竿）Dontostemon dentatus var. glandulosus Maxim.

12. 蔊菜属 Rorippa Scop.

Rorippa Scop. Fl. Carn. ed. 1. 520. 1760.

本属全世界约75种，广布于北半球的温暖地区。中国有9种，南北各省区均有分布。东北地区产8种。辽宁产7种。

分种检索表

1. 短角果球形，直径1~2毫米，成熟时2瓣裂；果梗长7~9毫米；子房2室。生湿地、河岸。产彰武、沈阳、鞍山、西丰、岫岩、凤城、庄河、大连、长海、普兰店、瓦房店、旅顺口等地 ………………………………………………………… 1. 风花菜（球果蔊菜）Rorippa globosa（Turcz.）Thell.【P.526】
1. 长角果长圆形、圆柱形或线形，长（4~）5~27毫米或更长。
  2. 总状花序在花下方有叶状苞片，花单生于苞片叶腋；果梗长1~3毫米；长角果圆柱形，长6~10毫米。生河滩、湿地或山坡路旁。产辽阳、鞍山、庄河、大连、长海等地 ……………………………………… 2. 广州蔊菜（苞蔊菜）Rorippa cantoniensis（LouRorippa）Ohwi【P.526】
  2. 总状花序内不具苞片；果梗长5~10毫米。
    3. 长角果长4~8毫米。
      4. 花瓣等于或稍短于萼片；叶大头羽状深裂；长角果的宿存花柱长0.2~0.6（~）毫米。生潮湿环境或近水处、溪岸、路旁、田边、山坡草地及草场。产辽宁各地 ……………………………………… 3. 沼生蔊菜（风花菜）Rorippa palustris（L.）Besser【P.526】
      4. 花瓣长于萼片。
        5. 叶羽状深裂。生田边、水沟边及潮湿地。自然分布欧洲、亚洲及中国新疆。大连、旅顺口、金州、铁岭等地有分布 ………… 4. 欧亚蔊菜（辽东蔊菜）Rorippa sylvestris（L.）Bess.【P.527】
        5. 叶缘有不整齐的锯齿但不羽裂。喜生河岸边、河流冲积地、路边等。原产北美洲。大连、金州、旅顺口、鞍山、铁岭、北镇等地有分布 …… 5. 两栖蔊菜Rorippa amphibia（L.）Besser【P.527】
    3. 长角果长10~27毫米或更长。
      6. 长角果长10~20毫米，宽1~1.5毫米；有花瓣；茎直立，粗壮，不分枝或分枝。生路旁、田边、园圃、河边、屋边墙脚等较潮湿处。产大连、丹东等地 …………………………………… 6. 蔊菜（印度蔊菜）Rorippa indica（L.）Hiern【P.527】
      6. 长角果长20~27毫米或更长，宽0.6~1毫米；通常无花瓣；茎细、柔弱，上升或近直立，通常自基部多分枝。生山坡路旁、山谷、河边湿地等较潮湿处。辽宁有记载 ………………………………… 7. 无瓣蔊菜Rorippa dubia（Pers.）Hara【P.526】

13. 山芥属Barbarea R. Br.

Barbarea R. Br. in Air. Hort. Kew ed. 2. 4：109. 1812.

本属全世界约22种，主产亚洲西南部、欧洲、澳大利亚和北美洲。中国有5种。东北地区产3种。辽宁产1种。

山芥（山芥菜）Barbarea orthoceras Ledeb.【P.526】

二年生直立草本。叶基部有耳，抱茎；基生叶大头羽裂；茎下部及中部叶似基生叶；茎上部叶浅裂或不裂。总状花序顶生，花密集，果期伸长；萼片长圆状披针形，背部隆起；花瓣黄色，有时白花。长角果直立，贴近果轴，圆柱状四棱形。生湿地、溪谷、杂木林内。产新宾、本溪、岫岩、凤城、宽甸、庄河等地。

14. 旗杆芥属Turritis L.

Turritis L. Sp. Pl. 666. 1753.

本属全世界2种，分布于欧洲、亚洲、北美洲和澳大利亚。中国有1种。东北地区吉林、辽宁有分布。

旗杆芥（赛南芥）Turritis glabra L.【P.526】

二年生直立草本，灰蓝色。基生叶莲座状，长圆状披针形，边缘有波状或缺刻状齿；茎生叶基部箭形，抱茎。总状花序顶生，细长；花瓣淡黄白色，狭倒卵状长圆形，基部渐狭。长角果线形，扁四棱状，直立，贴近主轴着生；种子无翅，在长角果中成两行排列。生江边沙地、山坡和灌丛间。产旅顺口、本溪、丹东等地。

15. 碎米荠属 Cardamine L.

Cardamine L., Sp. Pl. 2：654. 1753.

本属全世界约有200种，广布于全球，主产温带地区。中国约有48种，广布南北各地。东北地区产14种。辽宁产9种。

分种检索表

1. 单叶；花白色；茎生叶叶柄有宽翼，基部抱茎。生于林下、林缘、湿草地。产本溪、桓仁、宽甸、辽阳等地 ………………………………………………… 1. 翼柄碎米荠 Cardamine komarovii Nakai【P.527】
1. 羽状复叶。
  2. 叶柄基部具狭披针形或披针形的耳部抱茎，耳部边缘有睫毛。生路旁、山坡、沟谷、水边或阴湿地。产宽甸 …………………………………………… 2. 弹裂碎米荠 Cardamine impatiens L.【P.527】
  2. 叶柄基部无耳部，不抱茎。
    3. 茎下部常伏卧，匍匐生根或具短而密的纤维状根。
      4. 长角果长2~4厘米，宽1.3~2毫米；小叶5~9，顶小叶通常稍大于侧小叶。生林内及林缘的小溪流水中或水边、湿地等处。产宽甸、凤城等地 …………………… 3. 浮水碎米荠（伏水碎米荠）Cardamine prorepens Fisch. ex DC.【P.527】
      4. 长角果长15~17毫米，宽约1毫米；小叶3~5枚，顶小叶显著大于侧小叶，且先端不规则的3裂，中央裂片明显较大且伸长。生海拔约1700米的湿地上。产宽甸、桓仁 …………………… 4. 圆齿碎米荠（大顶叶碎米荠、长白山碎米荠）Cardamine scutata Thunb.【P.527】
    3. 茎直立，不匍匐生根或有时在茎基部生出地上匍匐枝。
      5. 花瓣长5~14毫米，通常约超过萼片长的1倍。
        6. 全株无毛；小叶3~11枚，侧生小叶显著小于顶生小叶；茎基部常生出地上匍匐枝，匍匐枝上生单叶。生湿草地、水田及河边。产沈阳 …………………………… 5. 水田碎米荠 Cardamine lyrata Bunge【P.527】
        6. 全株密被短毛。
          7. 小叶5枚，稀为7枚，侧生小叶与顶生小叶近等大。生林缘、林下、林间、灌丛下及湿草地。产西丰、清原、开原、抚顺、新宾、鞍山、本溪、桓仁、岫岩、凤城、宽甸、庄河、辽阳等地 …………………… 6. 白花碎米荠 Cardamine leucantha（Tausch）O. E. Schulz【P.527】
          7. 小叶2~5对；基生叶少数，顶生小叶稍大；茎生叶上下部小叶不同形，下部的小叶较圆，有或无小叶柄，上部的小叶卵形、长卵形至线形。生山坡、路旁、荒地及耕地的草丛中。产岫岩、庄河 ……………………………………… 7. 碎米荠 Cardamine hirsuta L.【P.527】
      5. 花瓣长1.5~5毫米，通常短于萼片长的1倍，或有时达到萼片长的1倍。
        8. 小叶1~8对，长圆形至线形或倒披针状线形，全缘，长2~5（~6）毫米。生河边湿地。产长海 …………………………………………………… 8. 小花碎米荠 Cardamine parviflora L.
        8. 小叶3~7对，倒卵形、椭圆形、近圆形等，通常均有不规则的缺刻、圆齿或浅裂状，长7~20毫米。生田边、路旁及较湿的草地。产大连、丹东等地 …………………………………………… 9. 弯曲碎米荠 Cardamine flexuosa With.【P.527】

16. 香芥属 Clausia Kornuch-Trotzky

Clausia Kornuch-Trotzky, Index Sem. Kasan. 1834. 1834.

本属全世界5种，分布中亚和东亚，欧洲东南部。中国有2种。东北产1种，辽宁有分布。

毛萼香芥（香花芥、香芥）Clausia trichosepala（Turcz.）Dvorak【P.528】

二年生直立草本。基生叶在花期枯萎，茎生叶长圆状椭圆形或窄卵形，顶端急尖，基部楔形，边缘有不等尖锯齿；叶柄长5~10毫米。总状花序顶生；花径约1厘米；萼片直立，外轮2片条形，内轮2片窄椭圆形；花瓣倒卵形。长角果窄线形，无毛。生在山坡。产凌源。

17. 南芥属 Arabis L.

Arabis L., Sp. Pl. 2：664. 1753.

本属全世界约70多种，分布于亚洲和欧洲，北美洲很少，也分布于南半球。中国有14种，分布于东北、西北、华北及西南各地。东北地区产2种，辽宁均有分布。

分种检索表

1. 长角果水平伸展后向下弯垂。生林缘、林下、草甸、山坡、向阳草地及河岸。产北镇、沈阳、辽阳、抚顺、清原、西丰、法库、本溪、桓仁、鞍山、营口、岫岩、凤城、宽甸、丹东、普兰店、金州、大连等地 ·················· 1. 垂果南芥 Arabis pendula L.【P.528】
1. 长角果直立，贴靠花序轴。生林缘、林内、草甸、灌丛、湿草地、沼泽性湿地、河滩等处。产开原、新宾、宽甸、桓仁等地 ·················· 2. 硬毛南芥（毛南芥）Arabis hirsuta（L.）Scop.【P.528】

18. 鼠耳芥属 Arabidopsis（DC.）Heynh.

Arabidopsis Heynhold in Holl & Heynhold, Fl. Sachsen. 1：538. 1842.

本属全世界9种，分布亚洲东部和北部，欧洲，北美洲。中国有3种。东北地区产1种3亚种。辽宁产1种1亚种。

分种下单位检索表

1. 茎直立或斜上、不匍匐生根，花后也不伏地生出新叶丛与根；长角果长达1.7厘米。生高山砂砾质土壤的林下、草丛中或岩石缝中。产凤城、抚顺 ··················
   ······ 1a. 圆叶鼠耳芥（圆叶南芥）Arabidopsis halleri（L.）O'Kane & Al-Shehbaz subsp. halleri【P.528】
1. 茎柔弱，近基部常匍匐生根，开花后茎通常伏地，于节处生出新叶丛；长角果长1~2（~2.3）厘米。生山坡林下或水沟边或高山冻原。产宽甸 ·············· 1b. 叶芽鼠耳芥（叶芽南芥）Arabidopsis halleri subsp. gemmifera（Matsum.）O'Kane & Al-Shehbaz【P.528】

19. 紫罗兰属 Matthiola R. Br.

Matthiola R. Br. in W. et W. T. Aiton, Hort. Kew. ed. 2. 4：119. 1812.

本属全世界约50种，分布于地中海地区、欧洲、亚洲西部及中部和南非洲。中国有2种，1种为栽培，1种为野生。东北仅辽宁栽培1种。

紫罗兰 Matthiola incana（L.）R. Br.【P.528】

二年生或多年生草本，全株密被柔毛。叶片长圆形至匙形，全缘或呈微波状。总状花序顶生和腋生，花多数，较大，花序轴果期伸长；萼片直立，长椭圆形，内轮萼片基部呈囊状，边缘膜质，白色透明；花瓣紫红、淡红或白色。长角果圆柱形。原产地中海沿岸地区及欧洲南部。大连有栽培。

20. 萝卜属 Raphanus L.

Raphanus L., Sp. Pl. 669. 1753.

本属全世界约50种，分布非洲东部和北部，亚洲、欧洲。中国有2种。东北地区有2种，其中栽培1种，辽宁均有。

分种检索表

1. 直根肉质肥大；长角果种子间微缢缩，果实横隔肥厚，海绵质，喙较粗短。原产欧洲。东北各地栽培，有红萝卜、白萝卜、水萝卜等品种 ·· 1. 萝卜 Raphanus sativus L.【P.528】

1. 直根细弱，不呈肉质肥大；长角果种子间紧缩，果瓣坚实，顶端具细长的喙。原产欧洲、亚洲北部及北美洲。新宾等地有栽培，金州、朝阳等地有逸生 ·············· 2. 野萝卜 Raphanus raphanistrum L.【P.528】

21. 离子芥属（离子草属）Chorispora R. Br. ex DC.

Chorispora R. Br. ex DC. Syst. Nat. 2：435. 1821.

本属全世界约11种，主产于亚洲，欧洲东南部也有分布。中国有8种。东北地区仅辽宁产1种。

离子芥（离子草）Chorispora tenella（Pall.）DC.【P.528】

一年生草本。茎斜上或铺散。基生叶有短柄，叶片长圆形；茎下部叶有深波状齿；茎上部叶有齿或近全缘。总状花序稀疏而短，果期伸长；花紫色；萼片淡蓝紫色，具白色边缘；花瓣狭倒卵状长圆形或长圆状匙形。长角果细圆柱形，直或稍弯。生沟边、草地、田地。产旅顺口、大连。

22. 臭荠属 Coronopus J. G. Zinn

Coronopus J. G. Zinn, Catal. Pl. Hort. Acad. Gott. 325. 1757.

本属全世界10种，主要分布于非洲，欧洲西南部，南美洲。中国有2种。东北地区仅辽宁产1种。

臭荠 Coronopus didymus（L.）J. E. Smith【P.528】

一年生或二年生匍匐草本，全株有臭味。主茎短且不显明，基部多分枝。叶为一回或二回羽状全裂，裂片3~5对，线形或窄长圆形，全缘，两面无毛。花极小，直径约1毫米，萼片具白色膜质边缘；花瓣白色，长圆形，比萼片稍长，或无花瓣；雄蕊通常2。短角果肾形。生路旁或荒地。产大连、长海。

23. 独行菜属 Lepidium L.

Lepidium L.，Sp. Pl. 2：643. 1753.

本属全世界约180种，全世界广布。中国约有16种，全国各地均有分布。东北地区产9种，其中栽培1种。辽宁产7种。

分种检索表

1. 多年生草本；基生叶不分裂，边缘有锯齿状齿；短角果先端近全缘。生河边、湖边、海边盐碱地或沙地。产沈阳、营口、大连、长海、凌海、大洼等地 ·······································
 ·· 1. 宽叶独行菜（北独行菜）Lepidium latifolium L.【P.528】
1. 一、二年生草本；基生叶大头羽裂、羽状分裂、浅裂或有缺刻；短角果先端微缺。
 2. 花瓣明显，比萼片长或等长。
 3. 茎生叶基部抱茎；花白色或淡黄色。
 4. 茎生叶披针形或椭圆状披针形，基部箭形，边缘有波状小齿；基生叶大头羽裂或羽状浅裂；花白色。生山坡上。原产欧洲及小亚细亚。大连、旅顺口有分布 ·······
 ································· 2. 绿独行菜 Lepidium campestre（L.）R. Br.【P.529】
 4. 茎生叶卵形至近圆形，基部深心形，全缘；基生叶2~3次羽状分裂；花淡黄色。生向阳草地、路边。原产北美洲。大连有分布 ············ 3. 抱茎独行菜（穿叶独行菜）Lepidium perfoliatum L.
 3. 茎生叶基部不抱茎；花白色。原产北美洲。长海、庄河有分布 ·······················
 ······································· 4. 北美独行菜 Lepidium virginicum L.【P.529】
 2. 无花瓣或花瓣退化成丝状，比萼片短1/2。
 5. 基生叶2次羽状分裂，茎生叶通常为羽状分裂，裂片常少而小或生于茎顶部者有时全缘。生江岸沙地、荒地。产鞍山、旅顺口、大连等地 ··············· 5. 柱毛独行菜 Lepidium ruderale L.【P.529】
 5. 基生叶有锯齿状缺刻或有时为羽状分裂，茎生叶不分裂，边缘有锯齿或少为全缘。

6. 茎、分枝、花轴上有柱状短柔毛；种子边缘有极狭的透明白边；茎生叶基部多渐狭为柄。生向阳草地、路边、田边、河边海边沙地及干坡等处。产大连、长海、庄河、沈阳、抚顺、清原、辽阳、鞍山、本溪、桓仁、盖州、丹东、东港等地 … 6. 密花独行菜 Lepidium densiflorum Schrad.【P.529】

6. 茎、分枝、花轴上有棍棒状短柔毛；种子无透明边缘；茎生叶一般基部较宽，无柄，时常稍呈耳状抱茎。生向阳草地、路旁、沟边、庭园等处。产辽宁各地 …………………………………………
………………………………………… 7. 独行菜（腺独行菜）Lepidium apetalum Willd.【P.529】

24. 荠属 Capsella Medic.

Capsella Medic. Pflanzengatt. 85、99. 1792.

本属全世界约5种，主产地中海地区、欧洲及亚洲西部。中国产1种。东北各地普遍分布。

荠（荠菜）Capsella bursa-pastoris（L.）Medic.【P.529】

一、二年生草本。茎直立。基生叶呈莲座状，叶片长圆形，羽状全裂至全缘；茎生叶互生，长圆形或披针形，基部箭形，抱茎。总状花序初呈伞房状，花后伸长呈总状；花瓣倒卵形，白色。短角果倒三角状心形，成熟时开裂。花果期5—6月。生草地、田边、路旁、耕地或杂草地等处。产辽宁各地。

25. 屈曲花属 Iberis L.

Iberis L. Sp. Pl. 649. 1753.

本属全世界27种，主产地中海地区。中国引进栽培2种。辽宁均有栽培。

分种检索表

1. 叶披针形，全缘或仅在先端有1~2齿；花瓣玫瑰紫色或紫色。原产欧洲。大连栽培，有逸生……………
…………………………………………… 1. 披针叶屈曲花 Iberis intermedia Guersent【P.529】

1. 上部叶披针形或长圆状楔形，每边有2~4疏生齿，下部叶全缘；花瓣白色或浅紫色。原产西欧。大连有栽培，也见少量逸生 …………………………………………… 2. 屈曲花 Iberis amara L.【P.529】

26. 菥蓂属（遏蓝菜属）Thlaspi L.

Thlaspi L. Sp. Pl. 645. 1753.

本属全世界约75种，多产北温带欧洲及亚洲大陆，少数产北美洲和南美洲。中国有6种。东北地区产2种，辽宁均有分布。

分种检索表

1. 多年生草本；花瓣长5~6毫米；短角果倒三角状楔形，长6~10毫米，宽3~6毫米；种子表面平滑。生山坡、向阳草地、草甸、沙质地。产彰武 ………………… 1. 山菥蓂 Thlaspi cochleariforme DC.【P.529】

1. 一年生草本；花瓣长3~3.5毫米；短角果广椭圆形或近圆形，长10~16毫米，宽8~12毫米；种子表面有多数弯沟。生向阳草地、林缘、沟边、河边、住宅附近。产开原、沈阳、鞍山、抚顺、本溪、凤城、桓仁、丹东、东港、大连、长海、金州等地 ………………… 2. 菥蓂（遏蓝菜）Thlaspi arvense L.【P.529】

27. 亚麻荠属 Camelina Crantz.

Camelina Crantz, Stirp. Austr. 17. 1762.

本属全世界6~7种，分布于地中海地区和欧洲。中国有2种，辽宁均有分布。

分种检索表

1. 果瓣中脉自基部通向顶端；植株无毛或具细分枝毛，偶有长单毛。生江岸、山坡路边或杂草地。产大连
…………………………………………… 1. 亚麻荠 Camelina sativa（L.）Crantz

1. 果瓣中脉最少可达果实1/3或更长；植株上的毛为分枝毛或单毛。生路旁沟边、铁道旁、山坡上。产大连 …………………………………………………… 2. 小果亚麻荠 Camelina microcarpa Andrz.【P.529】

28. 辣根属（马萝卜属）Armoracia P. Gaertn. et al.

Armoracia P. Gaertn. et al., B. Mey. et Scherb. in Fl. Wetterau 2：426. 1800。
本属全世界约3种，分布欧洲与亚洲。中国引种1种。东北各地有栽培。

辣根（马萝卜）Armoracia rusticana（Lam.）Gaertn.【P.529】

多年生直立草本。根肉质肥大，纺锤形，白色，下部分枝。基生叶长圆形或长圆状卵形，边缘具圆齿；茎下部叶长圆形至长圆状披针形，边缘通常羽状浅裂。花序排列成圆锥状，花白色。短角果卵圆形至椭圆形，有宿存短花柱及扁压状柱头。原产欧洲。鞍山、沈阳等地栽培，有逸生。

29. 葶苈属 Draba L.

Draba L., Sp. Pl. 2：642. 1753.
本属全世界约350种，主要分布于北半球北部高山地区。中国有48种，主要分布于西南、西北高山地区。东北地区产5种1变种。辽宁产1种1变种。

分种下单位检索表

1. 短角果被单毛。生向阳草地、田边、路边、山坡、林下。产开原、沈阳、辽阳、鞍山、抚顺、本溪、凤城、瓦房店、金州、庄河、大连、宽甸、丹东 …… 1a. 葶苈 Draba nemorosa L. var. nemorosa【P.530】
1. 短角果无毛。生境同原变种。产大连、普兰店、沈阳、本溪、鞍山、凤城、丹东、宽甸等地 …………………………………………………… 1b. 光果葶苈 Draba nemorosa var. leiocarpa Lindbl.

30. 庭荠属 Alyssum L.

Alyssum L., Sp. Pl. 650. 1753.
本属全世界约170种，主要分布于地中海及中东地区。中国有10种，主要分布于西北各省区。东北地区产5种1变种，其中栽培1种。辽宁产2种，其中栽培1种。

分种检索表

1. 多年生草本；花黄色；萼片脱落。原产欧洲中南部至高加索。大连有栽培 …………………………………………………… 1. 山庭荠 Alyssum montanum L.【P.530】
1. 一年生草本；花白色；萼片宿存。生草地。分布于欧洲、亚洲西部，并传播至北美洲。旅顺口有记载 …………………………………………………… 2. 欧洲庭荠（欧庭荠）Alyssum alyssoides L.

31. 团扇荠属 Berteroa DC.

Berteroa DC. Syst. Nat. 2：290. 1821.
本属全世界5种，分布亚洲、欧洲，北美洲有归化。中国有1种，主要分布于西北地区，东北地区仅辽宁有分布。

团扇荠 Berteroa incana（L.）DC.

二年生草本，被分枝毛。基生叶早枯，茎生叶向上渐小，下部叶顶端钝圆或略尖，基部渐窄成柄，边缘具不明显的波状齿或齿，上部叶顶端渐尖，基部楔形，边缘有不明显的齿。伞房花序；花瓣白色，顶端2深裂。短角果椭圆形，花柱宿存。生山脚、山坡、农田及河边。产沈阳。

32. 群心菜属 Cardaria Desv.

Cardaria Desv. in Journ. de Bot. 3：163. 1814.

本属全世界2种，分布欧洲及亚洲。中国有2种。东北地区仅辽宁产1种。

群心菜 Cardaria draba（L.）Desv.【P.530】

多年生直立草本。基生叶及茎下部叶有柄，叶片倒披针形，边缘波状；茎中部和上部叶无柄，椭圆状长圆形，基部心状箭形，抱茎，边缘疏生波状齿。花白色；花瓣倒卵形，基部渐狭成爪，比萼片长1倍；雄蕊6。短角果广心形，花柱宿存。生路旁、山坡、田边。产大连、旅顺口。

33. 香雪球属 Lobularia Desv.

Lobularia Desv. in Journ. de Bot. Appl. 3：162. 1814.

本属全世界4种，分布于地中海地区。中国常见栽培1种，东北各地均有栽培。

香雪球 Lobularia maritima（L.）Desv.【P.530】

多年生草本。茎自基部向上分枝，常呈密丛。叶条形或披针形，全缘。花序伞房状，果期极伸长；萼片长约1.5毫米，外轮的宽于内轮的，外轮的长圆卵形，内轮的窄椭圆形或窄卵状长圆形；花瓣淡紫色或白色。短角果椭圆形，果瓣扁压而稍膨胀。原产地中海沿岸。辽宁多地栽培。

34. 菘蓝属 Isatis L.

Isatis L. Sp. Pl. 670. 1753.

本属全世界约50种，分布于中欧、地中海地区、西亚及中亚。中国有4种。东北地区产3种，其中栽培1种，辽宁均产。

分种检索表

1. 短角果先端渐狭，具短尖头。生草地。产沈阳、昌图 ………………………………………………………
   ……………………………………………… 1. 长圆果菘蓝（矩叶大青）Isatis oblongata DC.【P.530】
1. 短角果先端圆或微凹。
   2. 短角果长圆形，长13~17毫米，基部楔形，先端圆形或微凹，中部有不明显纵肋。原产欧洲。辽宁各地
      药圃有栽培 …………………………………………………… 2. 欧洲菘蓝 Isatis tinctoria L.【P.530】
   2. 短角果长圆状倒卵形，长10~13毫米，两端圆形，中部有凸起纵肋。生较干的山坡或山沟。产本溪……
      ……………………………………………… 3. 三肋菘蓝（肋果菘蓝）Isatis costata C. A. Mey.

35. 匙荠属 Bunias L.

Bunias L.，Sp. Pl. 669. 1753.

本属全世界3种，分布北非、东亚和西南亚、欧洲。中国有2种，分布于东北与华北地区，辽宁均产。

分种检索表

1. 花黄色；短角果常有少数瘤状突起，幼嫩果及子房较明显；茎具瘤状突起，下部有倒生单毛。生田野、草地。产沈阳、西丰 ………………………………………… 1. 疣果匙荠（瘤果匙荠）Bunias orientalis L.
1. 花白色；短角果平滑；茎不具瘤状突起，也无毛，分枝甚多。生沙质荒漠、草原、荒地等处。产海城
   ……………………………………………… 2. 匙荠 Bunias cochlearioides Murr.【P.530】

六十五、木犀草科 Resedaceae

Resedaceae Martinov，Tekhno–Bot. Slovar 541（1820），nom. cons.

本科全世界6属，约80种，主产地中海地区；欧洲其他地区至亚洲西部，中国、印度、非洲、美洲北部亦有分布。中国有2属4种。东北地区仅辽宁有1属1种。

木犀草属 Reseda L.

Reseda L. Sp. Pl. 448. 1753.

本属全世界约60种，分布于地中海地区、欧洲其他地区至亚洲西部、印度、非洲北部和东部。中国有3种。东北地区仅辽宁产1种。

黄木犀草（细叶木犀草）Reseda lutea L.【P.530】

多年生草本。茎直立或斜升，丛生。单叶互生，3~5深裂或全裂。总状花序；花黄绿色；萼片6枚，果期宿存；花瓣6枚，与萼片近等长，上部3裂；雄蕊15~20枚，早落；雌蕊由3个心皮组成。蒴果圆柱形，三棱状。生铁路沿线及附近的丘陵地区。原产欧洲及地中海地区。产大连、旅顺口、金州等地。

六十六、景天科 Crassulaceae

Crassulaceae J. St.–Hil.，Expos. Fam. Nat. 2：123（1805）.

本科全世界有35属、1500种以上。分布非洲、亚洲、欧洲、美洲。以中国西南部、非洲南部及墨西哥种类较多。中国有13属233种。东北地区有6属27种4变种。辽宁产4属18种3变种。

分属检索表

1. 心皮有柄或基部渐狭，全部分离，直立。
 2. 基生叶不形成莲座状；花瓣分离，花瓣基部渐狭 ························· 1. 八宝属 Hylotelephium
 2. 基生叶形成莲座状；花瓣基部合生 ····························· 2. 瓦松属 Orostachys
1. 心皮无柄，基部不渐狭，常在基部合生。
 3. 叶片扁平，边缘有锯齿或圆齿；种皮具纵肋或近平滑 ················· 3. 费菜属 Phedimus
 3. 叶非扁平，边缘全缘；种皮网状或具乳突状 ····················· 4. 景天属 Sedum

1. 八宝属 Hylotelephium H. Ohba

Hylotelephium H. Ohba in Bot. Mag. Tokyo 90：46. 1977.

本属全世界约33种，分布欧亚大陆及北美洲。中国有16种。东北地区产7种1变种。辽宁产5种1变种。

分种检索表

1. 叶常为3~5轮生，有时下部为对生；叶腋内常有白色肉质珠芽；子房稍呈倒卵形。
 2. 叶比节间长。生山坡草丛中或沟边阴湿处。产庄河、本溪、新宾、岫岩等地 ··························
 ························· 1. 轮叶八宝 Hylotelephium verticillatum（L.）H. Ohba【P.530】
 2. 叶比节间短。生混交林内、阴湿的石砬子处及沙质地。产庄河、丹东、本溪、凤城、北镇、辽阳等地
 ························· 2. 珠芽八宝 Hylotelephium viviparum（Maxim.）H. Ohba【P.530】
1. 叶对生或互生；叶腋不具珠芽；子房椭圆形。
 3. 叶对生，稀3叶轮生，广卵形至长圆状广卵形；花药紫色；雄蕊比花冠长。

4. 叶全缘或有少数微波状齿。生多石山坡及干石墙隙。产本溪、桓仁、鞍山、西丰、普兰店、大连、旅顺口、金州、北镇等地 ……………………………………………………………………
…………………… 3a. 长药八宝 Hylotelephium spectabile（Boreau）H. Ohba var. spectabile【P.530】
4. 叶边缘有齿。生石质山坡、林边。产鞍山、金州、长海、旅顺口等地 …………………………
…………………… 3b. 狭叶长药八宝 Hylotelephium spectabile var. angustifolium（Kitag.）S. H. Fu
3. 叶常为互生，椭圆状倒卵形、椭圆状披针形至长圆状卵形；花药黄色。
5. 花白色；根不为胡萝卜状。生河边石砾滩及林下草地上。产西丰 ……………………………
…………………………………… 4. 白八宝 Hylotelephium pallescens（Freyn）H. Ohba【P.531】
5. 花紫色；块根多数，呈胡萝卜状。生山坡草原上或林下阴湿山沟边。产西丰…………………
…………………………………………… 5. 紫八宝 Hylotelephium telephium L.【P.531】

2. 瓦松属 Orostachys（DC.）Fisch.

Orostachys（DC.）Fisch. Cat. Hort. Gorenk. 99. 1808.
本属全世界13种，分布中国、朝鲜、日本、蒙古至俄罗斯。中国有8种。东北地区产6种，辽宁均有分布。

分种检索表

1. 全部叶不具刺尖，椭圆形至长圆状披针形，顶端钝或短渐尖；花白色或带绿色。生山坡林下及多石山坡和沙岗。产彰武…………………… 1. 钝叶瓦松 Orostachys malacophylla（Pall.）Fisch.【P.531】
1. 茎生叶具刺尖。
2. 莲座叶顶端无白色软骨质附属物；花白色，雄蕊与花瓣等长或稍长，花药暗红色。生干山坡岩石上。产鞍山、凤城、庄河等地… 2. 晚红瓦松（日本瓦松）Orostachys japonicus（Maxim.）A. Berger【P.531】
2. 莲座叶顶端具白色软骨质附属物。
3. 莲座叶顶端软骨质附属物具流苏状锯齿；花红色。生石质山坡、岩石上及屋顶上。产鞍山、清原、金州、大连、旅顺口、普兰店、瓦房店、凌源、阜新、清原、建昌、建平等地 ……………………………
………………………… 3. 瓦松 Orostachys fimbriata（Turcz.）A. Berger【P.531】
3. 莲座叶顶端附属物全缘。
4. 花黄绿色；花药黄色，雄蕊通常比花瓣长。生山坡石缝中、林下岩石上及屋顶上。产金州、瓦房店、庄河、鞍山、营口、东港、新宾、清原、西丰等地 ………………………………
………………………… 4. 黄花瓦松 Orostachys spinosa（L.）C. A. Mey.【P.531】
4. 花白色、红色或淡红色；花药紫色或暗灰色。
5. 植株较高，高10厘米以上；花白色；雄蕊较花瓣短，花药暗灰色。生瓦房顶、固定沙丘、干山坡等处。产阜新、彰武、西丰、鞍山、庄河、岫岩、盖州、金州、普兰店、大连等地 ……………
………………………… 5. 狼爪瓦松 Orostachys cartilaginea A. Bor.【P.531】
5. 植株矮小，高2~6厘米；花红色或淡红色；雄蕊与花瓣等长。生林下、屋顶上。产鞍山、岫岩、庄河等地 ………………………… 6. 小瓦松 Orostachys minuta（Kom.）A. Berber【P.531】

3. 费菜属 Phedimus Rafinesque

Phedimus Rafinesque，Amer. Monthly Mag. & Crit. Rev. 1：438. 1817.
本属全世界约20种，分布亚洲、欧洲。中国有8种。东北地区产5种3变种。辽宁产4种2变种。

分种检索表

1. 植株被柔毛。生山坡石碴子上。产东港 …………………………………………………………
…………………… 1. 灰毛费菜（灰毛景天、毛景天）Phedimus selskianus（Regel & Maack）'t Hart【P.532】
1. 植株无毛或仅在茎上具微乳头状突起。
2. 根状茎短粗，具胡萝卜状块根；植株高达80厘米；花序平顶，花密生。

城、宽甸、本溪、桓仁、丹东、鞍山、凌源、庄河、瓦房店等地 ···
·· 2. 落新妇 Astilbe chinensis（Maxim.）Franch et Sav.【P.532】

3. 鬼灯檠属 Rodgersia Gray

Rodgersia Gray in Mem. Amer. Acad. Ser. 2. 6（1）：389. 1858.

本属全世界有5种，分布于东亚和喜马拉雅地区。中国有4种，产东北、西北、华中和西南地区，主产西南。东北地区产1种，辽宁有分布。

鬼灯檠 Rodgersia podophylla Gray【P.532】

多年生草本。根状茎粗壮，有鳞片。基生叶具长柄；掌状复叶，具5小叶，小叶长倒卵形，边缘具不整齐锐锯齿。花多数组成复聚伞状圆锥花序；花萼筒短，5裂；无花瓣；雄蕊10；子房上位，2~3室，胚珠多数，花柱2~3，宿存。果实为蒴果。生山坡阴湿处。产鸭绿江边。

4. 虎耳草属 Saxifraga Tourn. ex L.

Saxifraga Tourn. ex L. Sp. Pl. ed. I. 1：398. 1753.

本属全世界约450种，分布于北极、北温带和南美洲（安第斯山）。中国有216种，南北均产，主产西南和青海、甘肃等省的高山地区。东北地区产9种1变种。辽宁产5种1变种，其中栽培1种。

分种检索表

1. 基生叶长圆状楔形或长倒卵形，仅上部边缘具尖齿；花瓣基部具2黄色斑点。生高山冻原或岳桦林下。产桓仁 ·· 1. 长白虎耳草 Saxifraga laciniata Nakai et Takeda【P.532】
1. 基生叶近圆形或肾形。
  2. 茎生叶叶腋具珠芽。生林下、林缘、高山草甸和高山碎石隙。产凌源 ···························
  ··· 2. 零余虎耳草 Saxifraga cernua L.【P.533】
  2. 叶腋无珠芽。
    3. 地下具小球茎。生林下、灌丛、高山草甸和石隙。产北镇 ·······························
    ··· 3. 球茎虎耳草 Saxifraga sibirica L.【P.533】
    3. 地下无球茎。
      4. 花整齐。
        5. 野生；花白色或淡紫红色；叶肾形，边缘具19~21阔卵形齿牙，腹面被腺柔毛，背面无毛。生高山苔原或林缘岩石湿地。辽宁有记载 ········· 4. 斑点虎耳草 Saxifraga nelsoniana D. Don【P.533】
        5. 栽培；花红色、粉红、白色等；叶掌状，3~7深裂，叶两面均被毛。原产欧洲西部、中部。大连有栽培 ·· 5. 蔷薇虎耳草 Saxifraga rosacea Moench【P.533】
      4. 花不整齐；基生叶圆状肾形或近圆形。生阴湿的山坡岩石缝间及林下岩石缝间。产本溪、凤城、宽甸、桓仁、岫岩、庄河、丹东等地 ···
      ··· 6b. 镜叶虎耳草 Saxifraga fortunei var. koraiensis Nakai【P.533】

5. 岩白菜属 Bergenia Moench

Bergenia Moench，Meth. 664. 1794（nom. cons.）.

本属全世界有9种，星散分布于亚洲（主要在东亚、南亚北部和中亚东南部），生于海拔200~4800米的林下、灌丛、高山草甸和岩坡石隙。中国有6种，产西北和西南地区，主产四川、云南和西藏。东北栽培1种。

岩白菜 Bergenia purpurascens（Hook. f. et Thoms.）Engl.

多年生草本。叶均基生；叶片革质，多为倒卵形、狭倒卵形至近椭圆形，先端钝圆，边缘具波状齿至近全缘，基部楔形，两面具小腺窝；叶柄长2~7厘米。聚伞花序圆锥状；萼片革质，近狭卵形，腹面和边缘无毛，背面密被具长柄之腺毛；花瓣紫红色。产四川西南部、云南北部及西藏南部和东部。辽宁省沈阳世博园有栽培。

6. 槭叶草属 Mukdenia Koidz.

Mukdenia Koidz. in Acta Phytolax. Geobot. 4：120. 1935.
本属全世界有2种，分布于中国东北和朝鲜，辽宁均产。

分种检索表

1. 叶掌状5~7中裂至深裂。生湿润的石褶子缝或山谷石缝间。产本溪、凤城、宽甸、丹东、岫岩等地………
……………………………………………… 1. 槭叶草 Bergenia rossii（Oliv.）Koidz.【P.533】
1. 叶不分裂或3浅裂。生山崖岩石缝间。产庄河、本溪等地 ……………………………………………
……………………………………………… 2. 岩槭叶草 Bergenia acanthifolia Nakai【P.533】

7. 矾根属（肾形草属）Heuchera L.

Heuchera L.，Sp. Pl. 1：226. 1753.
本属全世界约37种，分布北美洲和墨西哥。中国有几种栽培。东北仅辽宁栽培1种。

美洲矾根 Heuchera americana L.【P.533】

常绿多年生草本，株高30~60厘米。枝叶被毛，叶互生，叶片圆卵形，基部心形，叶面粗糙，被疏毛，叶缘有明显锯齿，形似枫叶状。叶色丰富，以红色、紫色以及大理石花纹等为主。总状花序多花，花朵小，粉红色，铃形下垂。原产北美洲中部和东部。大连有栽培。

8. 唢呐草属 Mitella L.

Mitella L. Sp. Pl. ed. 1. 1：406. 1753.
本属全世界约有20种，分布于西伯利亚、东亚和北美洲。中国产2种。东北地区产1种，辽宁有分布。

唢呐草 Mitella nuda L.【P.533】

多年生草本，高12~20厘米。根状茎细长、匍匐。基生叶2~4，具长柄；叶片肾状心形或卵状心形，径1.5~3厘米，边缘具圆齿，两面被伏毛。总状花序，疏生数花，被腺毛；花两性，5数，萼裂片卵形，花瓣羽状细裂，裂片丝状。蒴果。生海拔700~1100米的林下或水边。产桓仁县。

9. 独根草属 Oresitrophe Bunge

Oresitrophe Bunge in Mem. Sav. Etr. Acad. St.–Petersb. 2：10，1835.
本属全世界仅1种，为中国特有，分布辽宁、河北和山西。

独根草 Oresitrophe rupifraga Bunge.【P.533】

多年生草本。根状茎粗壮，有鳞片。叶基生，具长柄；叶片卵状心形，有锯齿。复聚伞花序圆锥状；萼筒短，基部与子房合生，萼裂片5~7，花瓣状；无花瓣；雄蕊10~14，着生于花萼基部；子房上位，1室，侧膜胎座，胚珠少数。蒴果。生山谷或悬崖石缝中。产凌源、庄河等地。

10. 金腰属（金腰子属）Chrysosplenium L.

Chrysosplenium L. Sp. Pl. ed. 1. 1：398. 1753.
本属全世界有65种，亚洲、欧洲、非洲、美洲均有分布，但主产亚洲温带地区。中国有35种，南北均产，主产陕西、甘肃、四川、云南和西藏。东北地区产7种2变种，辽宁均有分布。

分种检索表

1. 叶对生。
  2. 植株有毛。
    3. 花萼钟状，裂片直立，花盘黄绿色；叶边缘有圆齿或波状齿。
      4. 叶扇形；种子无肋状凸起，有稀疏小乳头状突起。生林下湿地或林内洼地。产本溪、凤城、宽甸、鞍山等地 ·················· 1. 林金腰 Chrysosplenium lectus-cochleae Kitag.【P.533】
      4. 叶近圆形；种子有多数纵列肋状凸起，沿肋有乳头状突起。
        5. 株高14~16厘米；花枝叶背面不呈暗紫色。
          6. 茎生叶和苞叶边缘具不明显之波状圆齿，两面均无毛；种子之纵沟较深。生林下阴湿地及北坡阴处。产凤城、宽甸、庄河、丹东等地 ··· 2a. 毛金腰 Chrysosplenium pilosum Maxim. var. pilosum【P.533】
          6. 茎生叶和苞叶边缘具明显钝齿，腹面无毛，背面和边缘具褐色柔毛；种子之纵沟较浅。生千米以上的林下阴湿处或山谷石隙。辽宁有记录，产地不详 ··· 2b. 柔毛金腰 Chrysosplenium pilosum var. valdepilosum Ohwi
        5. 茎近直立，较高，7~11厘米；花枝叶背面带暗紫色。辽宁有记录，产地不详 ··· 2c. 娇金腰 Chrysosplenium pilosum var. amabile（Kitag.）Kitag.
    3. 花萼碟状，裂片平展，花盘暗紫红色，凸起；叶边缘有扁平而内曲的齿牙，齿端被短毛。生林下。产西丰、宽甸等地 ·················· 3. 多枝金腰 Chrysosplenium ramosum Maxim.【P.534】
  2. 植株无毛或仅在不孕枝的叶丛叶腋有锈色毛；顶部叶大，长达10厘米，下部叶小。生林下或水边湿地。产西丰、本溪、凤城、宽甸、桓仁等地 ·············· 4. 中华金腰（异叶金腰）Chrysosplenium sinicum Maxim.【P.534】
1. 叶互生。
  7. 植株由基生叶叶腋生出不孕枝，无毛，先端着地生根，集生大型圆肾状叶。生林缘下潮湿地或溪流旁湿润地。产庄河、本溪、凤城、宽甸、桓仁等地 ··· 5. 蔓金腰 Chrysosplenium flagelliferum Fr. Schmidt【P.534】
  7. 植株有地下生匍匐茎或珠芽。
    8. 植株基部有珠芽；苞片及花呈绿色；种子有微小乳头状突起。生林下。产鞍山、宽甸等地 ············ 6. 日本金腰（珠芽金腰）Chrysosplenium japonicum（Maxim.）Makino
    8. 植株无珠芽，具地下匍匐茎；苞片和花呈鲜黄色；种子平滑。生林区湿地或溪畔。产西丰、本溪、宽甸、桓仁、鞍山等地 ·········· 7. 五台金腰（互叶金腰）Chrysosplenium serreanum Hand.【P.534】

11. 大叶子属（山荷叶属）Astilboides Engl.

Astilboides Engl. in Engl. et Prantl, Nat. Pflanzenfam. ed. 2. 18a：116. 1928.

本属全世界仅1种，分布中国和朝鲜。东北地区吉林和辽宁有分布。

大叶子（山荷叶）Astilboides tabularis（Hemsl.）Engler et Irmsch.【P.534】

多年生草本。茎直立、粗壮、单一，不分枝。基生叶大，1片，近圆形，边缘有大齿状缺刻；茎生叶较小，掌状3~5浅裂。顶生圆锥花序，多花，花小，白色或微带紫色；萼裂片4~5，卵形至长圆形；花瓣4~5，卵状长圆形。蒴果。生山坡阔叶林下或山谷沟边。产凤城、宽甸、本溪、抚顺、岫岩、庄河等地。

12. 梅花草属 Parnassia L.

Parnassia L. Sp. Pl. ed. 1. 273. 1753.

本属全世界约70种，分布于北温带高山地区，亚洲东南部和中部较为集中，其次为北美洲，极少数分布到欧洲。中国有63种。东北地区产1变种，辽宁有分布。

多枝梅花草Parnassia palustris L. var. multiseta Ledeb.【P.534】

多年生草本。基生叶丛生，有柄，卵圆形；茎生叶1，无柄。花单生茎顶，白色；萼裂片5，长圆形；花瓣5，卵圆形，有脉纹；雄蕊5；退化雄蕊分枝多，（11~）13~23条，比雄蕊长，比花瓣稍短，裂片先端有头状腺体。蒴果卵圆形。生林下潮湿地或水沟旁及山坡湿地。产新民、彰武、凌源、新宾、抚顺、本溪、凤城、桓仁、庄河等地。

13. 溲疏属Deutzia Thunb.

Deutzia Thunb. in Nov. Gen. Pl. 19. 1871.

本属全世界约60种，分布于温带东亚、墨西哥及中美洲。中国有50种，各省区都有分布，但以西南部最多。东北地区产5种1变种，辽宁均有分布。

分种检索表

1. 花序具花1~3朵。
  2. 叶背面淡绿色，散生4~8条辐射状星毛，毛斜状，不连续覆盖叶背。生山坡岩石缝隙及向阳石砾山顶。产鞍山、本溪、凤城、宽甸、岫岩、丹东、庄河、金州、瓦房店、大连、北镇、盖州、义县、葫芦岛、喀左等地 ················ **1. 钩齿溲疏（李叶溲疏）Deutzia baroniana** Diels【P.534】
  2. 叶背面灰白色，密被6~12条辐射状星毛，毛紧贴叶背面，并连续覆盖叶背面。生丘陵低山灌丛中。产盖州、建平、凌源等地 ························· **2. 大花溲疏Deutzia grandiflora** Bunge【P.534】
1. 花序具花多数。
  3. 伞房花序。
    4. 萼筒除边缘被微柔毛其他部分无毛，花及果实无毛；叶背面无毛。生山坡岩石间或陡山坡林下。产庄河、瓦房店、普兰店、西丰、清原、鞍山、本溪、凤城、丹东、宽甸、桓仁、岫岩、北镇等地 ·······
    ·················· **3. 光萼溲疏（无毛溲疏）Deutzia glabrata** Kom.【P.534】
    4. 萼筒密被星状毛，花及果实有星状毛；叶背面或多或少有毛。
      5. 叶背面有（6~）8~12条辐射状星毛，主脉有单毛，两面同色。生山谷林缘。产义县、北镇、绥中、建昌、凌源等地 ·················· **4a. 小花溲疏Deutzia parviflora** Bunge var. parviflora【P.534】
      5. 叶背面有4~8条辐射状星毛，主脉无单毛，色淡。生于海拔300~800米杂木林下或灌丛中。产西丰、清原、本溪、凤城、宽甸、桓仁、丹东、庄河、义县、凌源、建昌、建平等地 ·················
      ·················· **4b. 东北溲疏Deutzia parviflora** var. amurensis Regel
  3. 圆锥花序；叶卵形或卵状披针形，先端渐尖或急渐尖，基部圆形或阔楔形，边缘具细圆齿。原产日本。沈阳世博园有栽培 ·················· **5. 齿叶溲疏Deutzia crenata** Sieb. et Zucc.【P.534】

14. 绣球属（绣球花属）Hydrangea L.

Hydrangea L. Sp. Pl. 397. 1753.

本属全世界约有73种，分布于亚洲东部至东南部，北美洲东南部至中美洲和南美洲西部。中国有33种，全国很多地方有分布，尤以西南部至东南部种类最多。东北地区产4种，其中栽培3种，辽宁均产。

分种检索表

1. 叶片长圆状卵形；伞房状聚伞花序或圆锥花序。
  2. 伞房状聚伞花序；叶对生背面灰白色，密被毛。生山谷溪边、山坡密林或疏林中。产凌源、建昌 ·········
  ·················· **1. 东陵绣球花Hydrangea bretschneideri** Dipp.【P.535】
  2. 圆锥花序；叶对生或3片轮生，背面绿色，散生毛。生山谷、山坡疏林下或山脊灌丛中。产西北、华东、华中、华南、西南地区。辽宁各地栽培 ·················· **2. 圆锥绣球（大花圆锥绣球）Hydrangea paniculata** Sieb.【P.535】

1. 叶卵形至阔卵圆形；伞房状聚伞花序。
　3. 花多数不育；不育花萼片粉红色、淡蓝色或白色；雄蕊近等长。分布中国长江流域以南。大连有露地栽培 ……………………………………………… 3. 绣球 Hydrangea macrophylla（Thunb.）Seringe【P.535】
　3. 花多数可育；不育花萼片白色、淡绿色或淡黄白色；雄蕊不等长。原产美国东部。大连有栽培 ……… …………………………………………… 4. 乔木绣球 Hydrangea arborescens L.【P.535】

15. 山梅花属 Philadelphus L.

Philadelphus L. Sp. Pl. 470. 1753.

　　本属全世界约70种，产于北温带地区，尤以东亚较多。中国有22种17变种，几乎遍全国，但主产西南部各省区。东北地区产6种2变种，其中栽培2种，辽宁均产。

分种检索表

1. 枝与花梗有毛。
　2. 花萼外面疏被短柔毛。
　　3. 花柱无毛；叶质较薄。生阔叶林或针阔叶混交林中。产西丰、清原、新宾、鞍山、本溪、宽甸等地 ………………………… 1. 薄叶山梅花（堇叶山梅花）Philadelphus tenuifolius Rupr.【P.535】
　　3. 花柱有毛；叶近革质。
　　　4. 花序由5~7花组成。
　　　　5. 叶卵形或椭圆状卵形，先端渐尖，基部楔形或阔楔形；花瓣倒卵或长圆状倒卵形；花盘无毛，花柱被长硬毛。生阔叶林或针阔叶混交林中。产西丰、清原、鞍山、瓦房店、普兰店、庄河、本溪、凤城、宽甸等地 …… 2a. 东北山梅花 Philadelphus schrenkii Rupr. var. schrenkii【P.535】
　　　　5. 叶阔卵形，先端急尖，基部阔圆形；花瓣近圆形；花盘和花柱均被微柔毛。生山坡杂木林内。产桓仁 …………………… 2b. 毛盘山梅花 Philadelphus schrenkii var. mandshuricus（Maxim.）Kitag.
　　　4. 花序由9~14花组成；叶通常广卵形。生阔叶林中。产鞍山、岫岩 ……………………………………… 3. 千山山梅花 Philadelphus tsianschanensis Wang et Li【P.535】
　2. 花萼外面密被紧贴糙伏毛。自然分布山西、陕西、甘肃、河南、湖北、安徽和四川。沈阳有少量栽培 ………………………………………… 4. 山梅花 Philadelphus incanus Koehne【P.535】
1. 枝与花梗无毛。
　6. 叶背面脉腋有白毛；花柱分裂至中部。原产南欧。熊岳有栽培 ……………………………… ………………………………………… 5. 洋山梅花 Philadelphus coronarius L.【P.535】
　6. 叶背面无毛或脉腋有褐色毛；花柱上部分裂。
　　7. 叶卵形或椭圆状卵形。生山坡阔叶林中。产北镇、义县、葫芦岛、朝阳、建昌、凌源等地 ………… ……………………… 6a. 太平花（京山梅花）Philadelphus pekinensis Rupr. var. pekinensis【P.535】
　　7. 叶披针形，长4~6.5厘米，宽1~2厘米，先端短渐尖，基部楔形。生山坡阔叶林中、林缘。产凌源 … ……………………… 6b. 长叶太平花 Philadelphus pekinensis Rupr. var. lanceolatus S. Y. Hu

16. 茶藨子属（茶藨属）Ribes L.

Ribes L. Sp. Pl. 200. 1753.

　　本属全世界有160余种，主要分布于北半球温带和较寒冷地区，少数种类延伸到亚热带和热带山地，直至南美洲的南端。中国有59种，主产西南部、西北部至东北部。东北地区产20种9变种，其中栽培3种。辽宁产13种3变种，其中栽培3种。

分种检索表

1. 枝无刺。
　2. 花单性，雌雄异株。

3. 总状花序。

　　4. 叶近圆形，3~5裂，裂片钝，表面无毛，基部圆形、截形或广楔形；花萼裂片尖；浆果近球形。

　　　　5. 叶宽卵圆形或近圆形，长2~6厘米，宽2~5厘米，基部近圆形至截形。生山坡阔叶林中或林缘。产清原、本溪、凤城、宽甸、桓仁、庄河等地 ……………………………………………………………………… 1a. 长白茶藨子（长白茶藨）Ribes komarovii A. Pojark. var. komarovii【P.535】

　　　　5. 叶较狭，长3~5厘米，宽2.5~4厘米，基部广楔形。生山坡阔叶林中或林缘。产清原、本溪、凤城、桓仁等地 …………………… 1b. 楔叶长白茶藨子 Ribes komarovii var. cuneifolium Liou

　　4. 叶掌状3~5裂，裂片尖，表面有伏毛，基部近截形或微心形；萼裂片钝；浆果广椭圆形或倒卵形。生阔叶林或针阔混交林中。产本溪、宽甸、凤城等地 ………………………………………………………… 2. 尖叶茶藨子（尖叶茶藨）Ribes maximowiczianum Kom.【P.536】

3. 伞形花序；浆果红褐色；叶掌状3~5裂。生山坡灌木林下。产旅顺口 ……………………………………………………… 3b. 华蔓茶藨子（华茶藨）Ribes fasciculatum var. chinense Maxim.【P.536】

2. 花两性。

　　5. 小枝、叶及浆果散生黄色腺点，稀浆果无腺点。

　　　　6. 花萼浅红色或苍白色，具短柔毛和黄色腺体，萼筒近钟形；花柱先端2裂；子房疏生短柔毛或腺体；果实疏生腺体。生湿润谷底、沟边或坡地云杉林、落叶松林下或针、阔混交林下。庄河、沈阳、西丰、开原、抚顺、新宾、本溪、桓仁、喀左等地有栽培 ………………………………………………………… 4. 黑茶藨子（黑果茶藨、兴安茶藨）Ribes nigrum L.【P.536】

　　　　6. 花萼浅黄白色，具短柔毛，无腺体，萼筒钟状短圆筒形；花柱不裂或仅柱头2浅裂；子房和果实无毛、无腺体。原产北美洲。辽宁有庭园栽植 ……………………………………………………………… 5. 美洲茶藨子（美国茶藨）Ribes americanum Mill.

　　5. 小枝、叶及浆果均无腺点。

　　　　7. 枝直立或近直立。

　　　　　　8. 萼筒短，钟形或平展；浆果红色。

　　　　　　　　9. 叶背面密被短柔毛。生阔叶林或针阔叶混交林下。产西丰、清原、本溪、宽甸、桓仁、丹东、凌源、普兰店、庄河、辽阳、阜新等地 …………………… 6a. 东北茶藨子（东北茶藨）Ribes mandshuricum（Maxim.）Kom. var. mandshuricum【P.536】

　　　　　　　　9. 叶背面灰绿色，仅叶脉疏生毛。生山坡林下或沟谷。产西丰、鞍山、本溪、桓仁等地 ………………………………………………………… 6b. 光叶东北茶藨子 Ribes mandshuricum var. subglabrum Kom

　　　　　　8. 萼筒长管状，花萼黄色，花瓣红色；浆果黑色。原产美国。沈阳、熊岳、大连等地栽培 …………………………………………………………… 7. 香茶藨子（香茶藨）Ribes odoratum Wendl.【P.536】

　　　　7. 枝横卧；总状花序短，长约4厘米，花带红色；叶肾形或圆肾形，密集。生云杉、冷杉林下或针、阔叶混交林下及杂木林内。产凤城 ………………… 8. 矮茶藨子（矮茶藨）Ribes triste Pall.【P.536】

1. 枝有刺。

　　10. 花单性，雌雄异株；小枝节上有1对刺。

　　　　11. 叶倒卵状楔形，3浅裂，宽1~3厘米，无毛；花淡黄绿色。生沙丘、沙质草原及河岸边。辽宁可能有分布 ……………………………………… 9. 双刺茶藨子（楔叶茶藨）Ribes diacanthum Pall.

　　　　11. 叶近圆形，掌状3~5深裂。

　　　　　　12. 花黄绿色；浆果密被腺质刺毛或近无毛。

　　　　　　　　13. 叶柄、叶两面和花序轴上密被茸毛、腺毛或硬毛；果实具腺毛。生山坡、沟谷或海岸岩石上。产金州、大连、旅顺口 ……………………………………………………… 10a. 陕西茶藨子（腺毛茶藨）Ribes giraldii Jancz. var. giraldii【P.536】

　　　　　　　　13. 叶柄、叶两面和花序轴上的腺毛较原变种稀少；果实无腺毛。

　　　　　　　　　　14. 叶基部楔形。生滨海荒山林下。产大连 …………………………………………………………………………… 10b. 滨海茶藨子（楔叶腺毛茶藨）Ribes giraldii var. cuneatum Wang et Li

14. 叶基部宽楔形至近截形。生山坡、沟谷。产旅顺口、大连、熊岳、法库 ·······················
····························· 10c. 旅顺口茶藨子 Ribes giraldii var. polyanthum Kitag.

　12. 花淡红色；浆果无毛。生多石砾山坡、沟谷、黄土丘陵或阳坡灌丛中。产法库 ·············
····························· 11. 美丽茶藨子（美丽茶藨）Ribes pulchellum Turcz.【P.536】

10. 花两性。

　15. 小枝密生细针刺；叶宽卵圆形，掌状 3~5 深裂；果实圆球形，直径约 1 厘米，暗红黑色，具多数黄褐色小刺。生山地针阔混交林中或溪流旁。产旅顺口、金州及辽宁东部山区 ·············
····························· 12. 刺果茶藨子（刺果茶藨）Ribes burejense Fr. Schmidt

　15. 小枝节上有 1~3 粗刺；叶近圆形，3~5 浅裂；果实球形，直径达 14 毫米，黄绿色或红色，被柔毛或混生腺毛，稀无毛。原产欧洲。丹东、法库、西丰、鞍山、海城等地栽培 ··············
····························· 13. 欧洲醋栗（圆醋栗茶藨、圆茶藨）Ribes uva-crispa L.【P.536】

六十八、金缕梅科 Hamamelidaceae

Hamamelidaceae R. Br., Narr. Journey China 374（1818），nom. cons.
　本科全世界 30 属，约 140 种，主要分布于亚洲东部、北美洲、中美洲、非洲南部、马尔加什、大洋洲也有少量分布。中国有 18 属 74 种，集中于中国南部。东北地区仅辽宁栽培 1 属 1 种。

枫香树属 Liquidambar L.

Liquidambar L. Sp. Pl. 1：999. 1753.
　本属全世界 5 种，分布中国、小亚细亚、北美洲、中美洲。中国有 2 种。东北地区仅辽宁栽培 1 种。

北美枫香 Liquidambar styraciflua L.【P.536】

　大型落叶阔叶树种。叶片 5~7 裂，互生，长 10~18 厘米，叶柄长 6.5~10 厘米，春、夏叶色暗绿，秋季叶色变为黄色、紫色或红色。头状果序圆球形，有蒴果多数；蒴果木质，有宿存花柱及萼齿。原产美国东南部。大连有作绿化树种栽培。

六十九、杜仲科 Eucommiaceae

Eucommiaceae Engl.，Syllabus（ed. 5）139（1907），nom. cons.
　本科全世界仅 1 属 1 种，中国特有，分布于华中、华西、西南及西北各地。东北地区仅辽宁有栽培。

杜仲属 Eucommia Oliver

Eucommia Oliver in Hook. f. Ic. Pl. 20：t. 1950，1890.
　属的特征和地理分布同科。

杜仲 Eucommia ulmoides Oliver【P.536】

　落叶乔木。树皮灰褐色，粗糙。叶椭圆形，薄革质；基部圆形或阔楔形，先端渐尖；侧脉 6~9 对；边缘有锯齿。花生当年枝基部。翅果扁平，长椭圆形，先端 2 裂，基部楔形，周围具薄翅；坚果位于中央，稍凸起。早春开花，秋后果实成熟。生长于海拔 300~500 米的低山、谷地或低坡的疏林里。产陕西、甘肃、河南、湖北、四川、云南、贵州、湖南及浙江等省。大连、沈阳、丹东等地栽培。

七十、悬铃木科 Platanaceae

Platanaceae T. Lestib., Botanogr. Élém. 526（1826），nom. cons.

本科全世界只有1属，有8~11种，分布于北美洲、东南欧、西亚及越南北部。中国南北各地栽培3种，东北地区仅辽宁有栽培。

悬铃木属 Platanus L.

Platanus L. in Gen. Pl. ed. 1. 986. 1754.

属的特征和地理分布同科。

分种检索表

1. 叶深裂或浅裂，中裂片长不大于宽；每果枝具球状果序1~3，小坚果下部的长毛不比果长，不突出于果序外。
  2. 叶中裂片宽大于长；每果枝具球状果序1~2，小坚果下部的长毛仅为果的1/2。原产欧洲东南部及亚洲西部。大连有栽培 ·················· **1. 一球悬铃木 Platanus occidentalis** L.【P.537】
  2. 叶中裂片长宽近等；每果枝具球状果序（1~）2~3，小坚果下部的长毛与果等长或稍短。原产欧洲。大连、丹东、鞍山等地有栽培 ·············· **2. 二球悬铃木 Platanus acerifolia**（Aiton）Willd.【P.537】
1. 叶深裂，中裂片长大于宽；每果枝具3~6个球状果序，小坚果下部的长毛比果长，凸出于果序外。原产欧洲东南部及亚洲西部。大连有栽培 ·························· **3. 三球悬铃木 Platanus orientalis** L.【P.537】

七十一、蔷薇科 Rosaceae

Rosaceae Juss., Gen. Pl.［Jussieu］334（1789），nom. cons.

本科全世界有95~125属，2825~3500种，广布世界各地，北温带地区较多。中国有55属950种，广布全国各地。东北地区有36属199种68变种17变型，其中栽培62种16变种12变型。辽宁产34属179种54变种16变型，其中栽培72种17变种11变型。

分属检索表

1. 果实为开裂的蓇葖果，通常1~5（~12）聚合在一起，稀为蒴果；叶通常无托叶，稀有托叶（Ⅰ. **绣线菊亚科 Spiraeoideae**）。
  2. 落叶灌木。
    3. 果实为蓇葖果，开裂；种子无翅；花径不超过2厘米。
      4. 单叶。
        5. 心皮5，稀（1~）3~4；有托叶或无。
          6. 心皮离生；蓇葖果不膨大，沿腹缝线开裂；无托叶 ····················· 1. **绣线菊属 Spiraea**
          6. 心皮基部合生；蓇葖果膨大，沿背腹两缝线开裂；有托叶 ········· 2. **风箱果属 Physocarpus**
        5. 心皮1~2；有托叶，早落。
          7. 花序总状或圆锥状；萼筒钟状至筒状；蓇葖果有2~12粒种子 ············· 3. **绣线梅属 Neillia**
          7. 花序圆锥状；萼筒杯状；蓇葖果有1~2粒种子 ············ 4. **小米空木属 Stephanandra**
      4. 奇数羽状复叶 ·· 5. **珍珠梅属 Sorbaria**
    3. 果实为蒴果；种子有翅；花径2厘米以上 ·························· 6. **白鹃梅属 Exochorda**
  2. 多年生草本；一至三回羽状复叶，无托叶；心皮离生；蓇葖果 ··················· 7. **假升麻属 Aruncus**

1. 果实为梨果、核果或瘦果，不开裂；叶有托叶。

  8. 不为梨果；子房上位，稀下位。

    9. 瘦果或小核果，萼片宿存；心皮多数；通常为复叶，稀单叶（Ⅱ. 蔷薇亚科Rosoideae）。

      10. 瘦果或核果生于扁平、凸起或微凹的花托上。

        11. 灌木，稀草本；单叶或复叶。

          12. 叶对生；花4数；果为小核果 ·············· 8. 鸡麻属 Rhodotypos

          12. 叶互生；花5数。

            13. 花无副萼，花瓣黄色；茎无刺；果为瘦果 ·············· 9. 棣棠花属 Kerria

            13. 花有副萼。

              14. 茎有刺，稀无刺；花瓣白色或红色；果为核果，聚生在花托上而成浆果状聚合果 ········
                  ·············· 10. 悬钩子属 Rubus

              14. 茎无刺；花瓣黄色或白色；果为瘦果 ·············· 11. 委陵菜属 Potentilla

        11. 多年生草本或半灌木；复叶，稀单叶。

          15. 花无副萼。

            16. 萼片与花瓣各为8~9；常绿半灌木；单叶，不分裂 ·············· 12. 仙女木属 Dryas

            16. 萼片与花瓣各为5；草本；单叶，分裂或为复叶。

              17. 雄蕊5；叶羽状分裂，裂片线形 ·············· 13. 地蔷薇属 Chamaerhodos

              17. 雄蕊多数；叶为间断的羽状分裂或为复叶，顶生裂片大 ·············· 14. 蚊子草属 Filipendula

          15. 花有副萼。

            18. 花柱侧生或基生。

              19. 果熟时花托肉质；叶基生，小叶3。

                20. 花白色，伞房花序；副萼片小，不分裂 ·············· 15. 草莓属 Fragaria

                20. 花黄色，单生于叶腋；副萼片大，先端3裂 ·············· 16. 蛇莓属 Duchesnea

              19. 果熟时花托干燥，有时海绵质；小叶3枚以上。

                21. 花黄色或白色，花瓣先端钝或微缺，长于萼片 ·············· 11. 委陵菜属 Potentilla

                21. 花紫色，花瓣先端锐尖，短于萼片 ·············· 17. 沼委陵菜属 Comarum

            18. 花柱顶生；瘦果多数，花柱宿存，上部钩状弯曲；羽状复叶或深裂 ········
              ·············· 18. 路边青属（水杨梅属）Geum

      10. 瘦果生于坛状、杯状或管状花托内。

        22. 多年生草本；茎无刺。

          23. 总状花序，花黄色，有副萼及花瓣；心皮2；瘦果生于杯状花托内；花托上有钩状刺毛 ······
          ·············· 19. 龙芽草属（龙牙草属）Agrimonia

          23. 穗状或头状花序，花紫色、淡紫色或白色，无副萼和花瓣；心皮1；瘦果单生于管状花托内；
            花托无钩状刺毛 ·············· 20. 地榆属 Sanguisorba

        22. 灌木；茎或枝有刺；瘦果多数，生于坛状花托内 ·············· 21. 蔷薇属 Rosa

    9. 核果，萼片通常脱落；心皮1，稀2或5；单叶（Ⅲ. 李亚科Prunoideae）。

      24. 枝具腋生青灰色的枝刺，髓心片状；花柱侧生，胚珠直立 ·············· 22. 扁核木属 Prinsepia

      24. 枝无刺，稀有刺但不为腋生，髓心充实；花柱顶生，胚珠下垂。

        25. 果实无纵沟，无白霜；总状花序具10花以上，花序基部有叶，稀无叶 ······ 23. 稠李属 Padus

        25. 果实有纵沟，常被茸毛或白霜；如果果实无纵沟，无白霜，则花单生、簇生或为伞形花序或10
          花以下成伞房总状花序 ·············· 24. 李属 Prunus

  8. 梨果或浆果状，稀小核果状梨果；子房下位、周位，稀上位；心皮（1~）2~5，与杯状花托内壁合生
（Ⅳ. 苹果亚科Maloideae Weber）。

    26. 心皮成熟时变为坚硬骨质小核状，1~5枚。

      27. 叶全缘；枝无刺 ·············· 25. 栒子属 Cotoneaster

27. 叶有锯齿或裂片；枝通常有刺。
　　28. 叶常绿；心皮5，各有成熟的胚珠2枚 ·························· 26. 火棘属 Pyracantha
　　28. 叶凋落，稀半常绿；心皮1~5，各有成熟的胚珠1枚 ·············· 27. 山楂属 Crataegus
26. 心皮成熟时变为革质或纸质；梨果。
　29. 复伞房花序或圆锥花序，有花多朵。
　　30. 单叶常绿，稀凋落；总花梗及花梗常有瘤状突起；心皮在果实成熟时仅顶端与萼筒分离，不裂
　　　开 ·· 28. 石楠属 Photinia
　　30. 单叶或复叶，均凋落；总花梗及花梗无瘤状突起。
　　　31. 单叶或复叶；心皮2~4，稀5，全部或大部分与花托合生·············· 29. 花楸属 Sorbus
　　　31. 单叶；心皮5，仅下部与花托合生 ·························· 30. 腺肋花楸属 Aronia
　29. 伞形总状花序或总状花序或簇生状，有时单花。
　　32. 每心皮内含多数种子；花单生或簇生 ························ 31. 木瓜属 Chaenomeles
　　32. 每心皮含1~2种子；花序伞形总状或总状。
　　　33. 花序伞形总状；子房和果实2~5室，每室具种子2。
　　　　34. 花柱离生；果实具多数石细胞 ·························· 32. 梨属 Pyrus
　　　　34. 花柱基部合生；果实多无石细胞 ·························· 33. 苹果属 Malus
　　　33. 花序总状，稀花单生；子房和果实有不完全的6~10室，每室具种子1 ··············
　　　　·· 34. 唐棣属 Amelanchier

1. 绣线菊属 Spiraea L.

Spiraea L. Sp. Pl. 489. 1753.

本属全世界有80~100种，分布于北半球温带至亚热带山区。中国有70种。东北地区产25种8变种，其中栽培7种3变种。辽宁产20种7变种，其中栽培8种。

分种检索表

1. 圆锥花序，塔形或长圆形，生于当年生长枝顶端；花粉红色；叶长圆状披针形至披针形，叶缘密生锐锯
　齿。生溪流边、山脚、山沟等湿润处。产宽甸、桓仁、本溪、新宾、清原、庄河等地 ·················
　·························· 1. 绣线菊（柳叶绣线菊）Spiraea salicifolia L.【P.537】
1. 不为圆锥花序。
　2. 复伞房花序。
　　3. 花序大，生于当年生直立新枝顶端。
　　　4. 花粉红色；小枝细长，近圆柱形，无光泽。
　　　　5. 花序被短柔毛。
　　　　　6. 叶背面被短柔毛。原产日本、朝鲜。辽宁省各地栽培 ···················
　　　　　·················· 2a. 粉花绣线菊 Spiraea japonica L. var. japonica【P.537】
　　　　　6. 叶背面无毛。辽宁省有栽培 ·······································
　　　　　·········· 2b. 光叶绣线菊（光叶粉花绣线菊）Spiraea japonica var. fortune（Planchon）Rehd.
　　　　5. 花序及叶均无毛。辽宁省有栽培 ·····································
　　　　·················· 2c. 无毛绣线菊（无毛粉花绣线菊）Spiraea japonica var. glabra（Regel）Koidz.
　　　4. 花大多为白色，也见粉色；枝条较粗壮，具明显条棱，有光泽。
　　　　7. 花白色。
　　　　　8. 叶卵形或长圆状卵形，基部宽楔形，叶上面无毛，稀沿叶脉有稀疏短柔毛，下面具短柔毛。生
　　　　　杂木林中、林缘、多石砾地等处。产凌源、北镇、建昌、建平、朝阳、喀左、义县、鞍山、海
　　　　　城、盖州等地 ···················· 3a. 华北绣线菊 Spiraea fritschiana Schneid. var. fritschiana
　　　　　8. 叶宽卵形、卵状椭圆形或近圆形，基部圆形，两面无毛。生干燥山坡地。产建平、建昌、凌

源、喀左、义县、北镇等地 ……………………………………………………………………………
……………………………… 3b. 小叶华北绣线菊 Spiraea fritschiana var. parvifolia Liou【P.537】

　　7. 花粉色。生山涧河岸边。产宽甸下露河镇川沟 ………… 3c. 粉花华北绣线菊 Spiraea fritschiana
　　　　var. roseolum S. M. Zhang, var. nov. in Addenda P.465.【P.537】

　3. 花序较小，于去年生短枝上侧生；花白色。

　　9. 冬芽先端钝，具数枚外露鳞片；叶至少近顶部有锯齿，长2~7厘米，背面密被长柔毛；花序被长柔
　　　毛；小枝圆形。自然分布陕西、甘肃、湖北、四川、贵州、云南。辽宁省有栽培 …………………
　　　……………………………………………………………………… 4. 翠蓝绣线菊 Spiraea henryi Hemsl.

　　9. 冬芽先端急尖或渐尖，具2枚外露鳞片；叶全缘或中部以上有少数锯齿；花序被短柔毛。

　　　10. 叶卵状长圆形至倒卵状长圆形，长1.2~4厘米，全缘，两面无毛；叶柄长2~6毫米。生溪流附近
　　　　　杂木林中、山沟、林缘、山顶草地。产辽宁东部山区 ……………………………………………
　　　　　…………………………………………… 5. 毛果绣线菊 Spiraea trichocarpa Nakai【P.537】

　　　10. 叶卵形至倒卵形，长1~2厘米，中部以上有钝齿，背面被短柔毛；叶柄长2毫米。自然分布西藏
　　　　　南部及东南部。辽宁有栽培 ………… 6. 楔叶绣线菊 Spiraea canescens D. Don【P.537】

2. 不为复伞房花序。

　11. 花序为具总梗的伞形或伞形总状花序，基部常具叶。

　　12. 冬芽具数枚外露鳞片。

　　　13. 叶有锯齿或缺刻，有时分裂。

　　　　14. 叶、花序和果均无毛。

　　　　　15. 叶先端急尖或短渐尖。

　　　　　　16. 叶菱状披针形至菱状倒披针形，不分裂，羽状脉。自然分布广东、广西、福建、浙江、
　　　　　　　　江西。大连有栽培 ……………………… 7. 麻叶绣线菊 Spiraea cantoniensis Lour.

　　　　　　16. 叶菱状长卵形至菱状倒卵形，常3~5浅裂，3~5出脉。分布山东、江苏、广东、广西、四
　　　　　　　　川等省。大连、盖州等地有栽培 …………………………………………………………………
　　　　　　　　…………………………… 8. 菱叶绣线菊 Spiraea vanhouttei（Briot）Zabel【P.537】

　　　　　15. 叶先端圆钝。

　　　　　　17. 叶近圆形，常3裂，基部圆形或近心形。生向阳山坡或灌木丛中。产凌源、建平、北镇、
　　　　　　　　绥中、大连、旅顺口、长海等地…………… 9. 三裂绣线菊 Spiraea trilobata L.【P.538】

　　　　　　17. 叶菱状卵形至倒卵圆形，中部以上具圆钝缺刻状齿或不明显3~5浅裂。生向阳山坡、杂木
　　　　　　　　林内或路旁。产建昌、建平、凌源、海城、本溪、凤城、开原等地 ………………………
　　　　　　　　………………………………… 10. 绣球绣线菊 Spiraea blumei G. Don【P.538】

　　　　14. 叶背面被毛；花序和果有毛或无毛。

　　　　　18. 花序无毛；果仅腹缝有毛；叶菱状卵形至椭圆形，先端急尖，基部广楔形。

　　　　　　19. 叶背面淡绿色，被灰色短柔毛。生向阳多石山坡灌丛中及林间空地。产辽宁各地 ………
　　　　　　　　………………… 11a. 土庄绣线菊 Spiraea pubescens Turcz. var. pubescens【P.538】

　　　　　　19. 叶背面灰白色，被白色蛛丝状柔毛。生向阳山坡。产凌源等辽宁西部地区 ……………
　　　　　　　　………………………… 11b. 白背土庄绣线菊 Spiraea pubescens var. hypoleuca Nakai

　　　　　18. 花序和果均有毛。

　　　　　　20. 叶片下面被短柔毛；叶菱状卵形至椭圆形，稀倒卵形，先端常3裂，裂片有锯齿。生山坡
　　　　　　　　半阳处岩石上或疏林下。产金州、盖州等地 …………………………………………………
　　　　　　　　………………………… 12. 金州绣线菊 Spiraea nishimurae Kitag.【P.538】

　　　　　　20. 叶片下面密被茸毛。

　　　　　　　21. 萼片卵状披针形；叶片菱状卵形至倒卵形，锯齿尖锐，下面密被黄色茸毛。自然分布
　　　　　　　　　西北、西南等地。熊岳树木园有栽培 ……………………………………………………
　　　　　　　　　………………………… 13. 中华绣线菊 Spiraea chinensis Maxim.【P.538】

21. 萼片三角形或卵状三角形；叶片菱状卵形，先端多急尖，锯齿较钝，下面密被白色茸毛。生向阳干燥坡地。产凌源 …… **14. 毛花绣线菊 Spiraea dasyantha** Bunge【P.538】

13. 叶全缘或仅先端有不整齐锯齿。

22. 小枝近无毛；叶长 1~2.5 毫米，背面被稀疏柔毛。生多石山地、山坡草原或疏密杂木林内。产桓仁 ……………………………… **15. 欧亚绣线菊 Spiraea media** Schmidt【P.538】

22. 小枝密被柔毛；叶长 1.5~4.5 厘米，背面密被长绢毛。生干燥山坡、杂木林内或林缘草地上。产凤城、桓仁 …………………… **16. 绢毛绣线菊 Spiraea sericea** Turcz.【P.538】

12. 冬芽具 2 枚外露鳞片。

23. 叶长圆形至长卵圆形，基部楔形或圆形，中部以上有单锯齿；小枝具显著棱角。

24. 叶背面有稀疏短柔毛或无毛，具白霜，基部楔形；花序无毛。生针叶阔叶混合林下或林边、河岸以及沙丘、岩石坡地。产本溪 ……………………

…………… **17a. 曲萼绣线菊 Spiraea flexuosa** Fisch. ex Cambess var. **flexuosa**【P.538】

24. 叶背面具短柔毛，沿叶脉较多，基部圆形；花序被稀疏柔毛。生杂木林中。产本溪 …………

…………………………… **17b. 柔毛曲萼绣线菊 Spiraea flexuosa** var. **pubescens** Liou

23. 叶广卵形，基部圆形或广楔形，边缘有重锯齿或不规则缺刻状锯齿；小枝具明显棱角。生山坡杂木林或针阔混交林中。产清原、本溪、宽甸等地 ……………………

………………………… **18. 石蚕叶绣线菊 Spiraea chamaedryfolia** L.【P.538】

11. 花序为无总梗的伞形花序，基部无叶或具极少数叶。

25. 叶卵形至长卵状披针形，长 1.5~3 厘米，背面被短柔毛。

26. 花重瓣。自然分布陕西、湖北、湖南、山东、江苏、浙江、江西、安徽等省。大连、沈阳等地有栽培 …………………… **19a. 李叶绣线菊 Spiraea prunifolia** Sieb. & Zucc. var. **prunifolia**

26. 花单瓣。大连、沈阳、丹东等地栽培

…………………… **19b. 单瓣李叶绣线菊 Spiraea prunifolia** var. **simpliciflora** Nakai

25. 叶线状披针形，长 2.5~4 厘米，背面无毛；花单瓣。原产华东。大连、沈阳、熊岳、丹东等地有栽培 ………………… **20. 珍珠绣线菊 Spiraea thunbergii** Sieb. ex Blume【P.538】

2. 风箱果属 Physocarpus（Cambess.）Maxim.

Physocarpus（Cambess.）Maxim. in Acta Hort. Petrop. 6：219. 1879.

本属全世界约有 20 种，主要分布于北美洲。中国有 2 种。东北地区产 2 种 2 栽培品种，其中栽培 1 种 2 栽培品种。辽宁栽培 2 种 2 品种。

分种检索表

1. 叶缘有重锯齿，叶片基部心形或近心形，花梗、花萼密被星状毛，蓇葖果微被星状毛。生山沟、林边。产黑龙江。辽宁各地有栽培 ……………… **1. 风箱果 Physocarpus**（Maxim.）Maxim.【P.538】

1. 叶边锯齿较钝，叶片基部楔形至宽楔形；花梗和花萼无毛或有稀疏柔毛；蓇葖果无毛。原产北美洲。辽宁各地有栽培 ………………… **2. 无毛风箱果（美国风箱果）Physocarpus opulifolius**（L.）Maxim.【P.539】

辽宁各地尚有栽培紫叶风箱果 *Physocarpus opulifolius* cv. 'Summer wine' 和金叶风箱果 *Physocarpus opulifolius* cv. 'Darts gold'。

3. 绣线梅属 Neillia D. Don

Neillia D. Don, Prodr. Fl. Nepal. 228. 1825.

本属全世界约有 17 种，主要分布于中国、朝鲜、印度和印度尼西亚。中国有 15 种。东北地区产 1 种，辽宁有分布。

东北绣线梅Neillia uekii Nakai【P.539】

直立灌木。叶片卵形至椭圆卵形，边缘有重锯齿和羽状分裂。总状花序，具花10~25朵，微被短柔毛或星状毛；花径5~6毫米；花瓣匙形，先端钝，白色；雄蕊15，略短于花瓣。蓇葖果具宿萼，外被腺毛及短柔毛。生于山坡灌丛中。产桓仁、宽甸等地。

4. 小米空木属 Stephanandra Sieb. & Zucc.

Stephanandra Sieb. & Zucc. in Abh. Akad. Wiss. Munch. 3：740. 1843.

本属全世界5种，分布于亚洲东部。中国产2种。东北仅辽宁产1种。

小米空木 Stephanandra ncise（Thunb.）Zabel【P.539】

灌木。小枝细弱，常呈"之"字形弯曲。叶片卵形，边缘通常3~4深裂，表面绿色，背面灰白色或淡绿色。顶生疏松聚伞状圆锥花序；花径约4毫米；花瓣倒卵形，白色；雄蕊10，短于花瓣。蓇葖果近球形，2~3毫米，外被柔毛。生于山坡灌丛中或沟边溪流旁草地。产岫岩、桓仁、宽甸、凤城、东港、长海等地。

5. 珍珠梅属 Sorbaria（Ser.）A. Br. ex Aschers.

Sorbaria（Ser.）A. Br. ex Aschers. Fl. Brandenb. 177. 1860.

本属全世界约有9种，分布于亚洲。中国约有3种，产东北、华北至西南各省区。东北地区产2种1变种，辽宁均有分布。

分种检索表

1. 雄蕊20~25，约与花瓣等长；圆锥花序宽短而疏松。生山坡阳处、杂木林中。产北镇、义县、鞍山等地 ··· 1. 华北珍珠梅 Sorbaria kirilowii（Regel）Maxim.【P.539】
1. 雄蕊40~50，长为花瓣的1.5~2倍；圆锥花序狭长而紧密。
  2. 叶背面无毛或近无毛。生山坡疏林、山脚、溪流沿岸。产营口、海城、庄河、岫岩、凤城、宽甸、本溪、桓仁、新宾、清原、西丰等地 ··· 2a. 珍珠梅 Sorbaria sorbifolia（L.）A. Br. var. sorbifoli【P.539】
  2. 叶背具疏生星状毛。多生山地灌木丛中。产岫岩、本溪、清原、西丰、盖州等地 ··· 2b. 星毛珍珠梅 Sorbaria sorbifolia var. stellipila Maxim.

6. 白鹃梅属 Exochorda Lindl.

Exochorda Lindl. in Gard. Chron. 1858：925. 1858.

本属全世界4种，产亚洲中部到东部。中国有3种。东北地区仅辽宁有2种，其中栽培1种。

分种检索表

1. 叶全缘；花梗长5毫米以上；雄蕊15。分布山西、河南、安徽等省。大连、盖州、沈阳有栽培 ··· 1. 白鹃梅 Exochorda racemosa（Lindl.）Rehd.【P.539】
1. 叶缘中部以上有锯齿；花梗长不及5毫米；雄蕊25。生山阴坡、河边灌丛。产朝阳、北票、建平、喀左、凌源、铁岭、鞍山等地 ·································· 2. 齿叶白鹃梅 Exochorda serratifolia S. Moore【P.539】

7. 假升麻属 Aruncus L.

Aruncus L.，Opera Var. 259. 1758.

本属全世界有3~6种，分布于北半球冷温带地区。中国产2种。东北地区产1种，辽宁有分布。

假升麻 Aruncus sylvester Kostel.【P.539】

多年生高大草本，基部木质化。大型二至三回羽状复叶；小叶片3~9，菱状卵形等，边缘有不规则的尖锐重锯齿。圆锥花序，花多数，单性，雌雄异株；花冠白色，花瓣5；雄蕊多数，明显超出花冠。蓇葖果下垂。生山沟、山坡杂木林下。产庄河、丹东、岫岩、凤城、本溪、鞍山等地。

8. 鸡麻属 Rhodotypos Sieb. et Zucc.

Rhodotypos Sieb. et Zucc. Fl. Jap. 1：185. 1835.

本属全世界仅1种，产中国、日本、朝鲜。东北地区仅辽宁有分布。

鸡麻 Rhodotypos scandens（Thunb.）Makino【P.539】

灌木。叶片卵形，边缘有尖锐重锯齿。花单生新枝顶端；花径3~5厘米；花瓣4，近圆形，基部具爪，先端钝，白色；雄蕊多数，长约为花瓣1/2；花柱约与雄蕊等长。果实近斜椭圆形，褐黑色，有光泽，包于宽大宿存的萼片中。生山沟林中。产长海县（海洋岛），沈阳、北镇等地有栽培。

9. 棣棠花属 Kerria DC.

Kerria DC. in Trans. Linn. Soc. 12：156. 1817.

本属全世界仅有1种，产于中国和日本。东北地区仅辽宁有栽培。

分种下单位检索表

1. 花单瓣。生山坡灌丛中。产甘肃、陕西、山东、河南、湖北、江苏、安徽、浙江、福建、江西、湖南、四川、贵州、云南。大连有栽培 ·················· 1a. 棣棠花 Kerria japonica（L.）DC. f. japonica【P.539】
1. 花重瓣。湖南、四川和云南有野生。大连、盖州有栽培 ································ ···················· 1b. 重瓣棣棠花 Kerria japonica f. plena C. K. Schneid

10. 悬钩子属 Rubus L.

Rubus L. Sp. Pl. 482. 1753.

本属全世界700余种，分布于全世界，主产地在北半球温带地区，少数分布到热带和南半球。中国有208种。东北地区产11种3变种1变型。辽宁产8种，其中栽培2种。

分种检索表

1. 复叶。
  2. 草本植物；三出复叶；卵状菱形至长圆状菱形，边缘有粗重锯齿；茎、叶被柔毛和小针刺；花梗与花萼无腺毛；花白色，2~10朵，构成伞房花序；聚合果有5~6枚小核果。生高海拔石砾地，灌丛或针、阔叶混交林下。辽宁有记载 ·················· 1. 石生悬钩子 Rubus saxatilis L.【P.539】
  2. 灌木。
    3. 羽状复叶，小叶3~5。
      4. 叶背面密被白色或灰白色茸毛。
        5. 植株密被刺毛、针刺和腺毛；小叶3~5；花白色，常5~9朵成伞房花序；果密被柔毛；花梗、花托、花萼均被腺毛。生山坡湿地密林下、疏林内、林间草地。产宽甸、岫岩、凤城等地 ········· ···················· 2. 库页悬钩子 Rubus sachalinensis H. Lév.【P.539】
        5. 植株被刺毛和柔毛，无腺毛。
          6. 茎伏卧或匍匐；小叶3，菱状卵圆形至倒卵形，先端圆钝或急尖；花粉红色或紫红色；果无毛。生山坡灌丛、山沟多石质地以及杂木林中和林缘。产西丰、宽甸、本溪、桓仁、凤城、丹东、东港、庄河、长海、大连、金州、瓦房店、盖州、营口、绥中等地 ·············· ···················· 3. 茅莓（茅莓悬钩子）Rubus parvifolius L.【P.540】
          6. 茎直立；小叶3~5，卵状椭圆形，先端短渐尖至渐尖或急尖；花白色；果实被柔毛。生山地杂木林边、灌丛或荒野。宽甸、凤城、庄河等地栽培 ····························

·· 4. 复盆子（覆盆子）Rubus idaeus L.【P.540】

　　4. 叶背面绿色，无茸毛，仅沿主脉被疏柔毛；植株被刺毛和针刺，偶有腺毛。生海拔 500~1500 米的山坡林缘、石坡和林间采伐迹地。大连、沈阳有栽培 ··
·· 5. 绿叶悬钩子 Rubus komarovii Nakai【P.540】

　　3. 掌状复叶，小叶（3~）5（~7）；托叶与叶柄离生。原产北美洲。大连、旅顺口、金州、沈阳等地有栽培 ·· 6. 黑莓 Rubus allegheniensis Porter【P.540】

1. 单叶。

　　7. 叶片 3~5 掌状分裂，基部通常掌状五出脉，两面疏被毛；花数朵簇生或组成短总状花序；花瓣几乎与萼片等长；果实无毛，有光泽。生灌丛、林缘、林中荒地。产辽宁各地 ··
·· 7. 牛叠肚（山楂叶悬钩子）Rubus crataegifolius Bunge【P.540】

　　7. 叶片不分裂或 3 浅裂，基部通常掌状三出脉，两面被细柔毛；花单生或少数生于短枝上；花瓣长于萼片；果实密被细柔毛。生阔叶林的向阳山坡、灌丛、溪边、山谷。辽宁有记载 ··
·· 8. 山莓 Rubus corchorifolius L. f.

11. 委陵菜属 Potentilla L.

Potentilla L. Sp. Pl. 495. 1753.

　　本属全世界 500 余种，大多分布北半球温带、寒带及高山地区，极少数种类接近赤道。中国有 86 种，全国各地均产，但主要分布于东北、西北和西南各省区。东北地区产 36 种 16 变种。辽宁产 25 种 7 变种，其中栽培 3 种。

分种检索表

1. 灌木或小灌木。

　　2. 花黄色；小叶 5~9。

　　　　3. 小叶 5~9，线形或线状披针形，下面 2 对常密集似轮生，两面密被白色绢毛，边缘反卷。辽宁有栽培
·· 1. 小叶金露梅 Potentilla parvifolia Fisch. ap. Lehm.【P.540】

　　　　3. 小叶 5，长圆形，明显羽状排列，表面被伏毛，背面无毛，边缘具丝状毛，稍反卷或平展。生山坡草地、砾石坡、灌丛及林缘。大连有栽培 ·················· 2. 金露梅 Potentilla fruticosa L.【P.540】

　　2. 花白色；小叶 3~5。生山坡草地、河谷岩石缝中、灌丛及林中，海拔 1400~4200 米。沈阳有栽培
·· 3. 银露梅 Potentilla glabra Lodd.【P.540】

1. 一年生或多年生草本。

　　4. 花单生于叶腋；茎匍匐、斜升或半卧生。

　　　　5. 羽状复叶，小叶 6~11 对，幼时表面密被灰白色绢毛，成长后渐脱落，呈绿色，背面密被灰白色绢毛。生湿地、水边、碱性沙地。产黑山、彰武、凌源、建平、绥中、新宾、沈阳、长海、东港等地 ······
·· 4. 蕨麻（鹅绒委陵菜）Potentilla anserina L.【P.540】

　　　　5. 掌状复叶，小叶 3~5，两面无毛，均为绿色。

　　　　　　6. 小叶 3，侧生小叶不分裂；茎斜升、半卧生或匍匐，节处常生根。

　　　　　　　　7. 小叶明显具柄，小叶片边缘疏具浅齿；茎无毛或疏被毛。生林下、草甸、河边及村旁。产西丰、清原、开原、本溪、岫岩、庄河等地 ····· 5. 蛇莓委陵菜 Potentilla centigrana Maxim.【P.540】

　　　　　　　　7. 小叶近无柄，小叶片边缘具粗圆状齿或缺刻状齿；茎密被柔毛。生林下溪边阴湿处。产沈阳、朝阳 ·· 6. 等齿委陵菜 Potentilla simulatrix Wolf【P.540】

　　　　　　6. 小叶 3，侧生小叶常 2 深裂或小叶 5；茎匍匐。

　　　　　　　　8. 小叶 3，广倒卵形或菱形，宽 2~3 厘米，侧生小叶常 2 深裂。生山坡、田边湿地。产大连、本溪等地
····· 7b. 绢毛匍匐委陵菜（深齿匍匐委陵菜）Potentilla reptans var. sericophylla Franch.【P.540】

　　　　　　　　8. 小叶 5，披针形或长圆状披针形，宽 1~1.2 厘米。生林下、林缘、草甸。产建平、凌源、北镇、沈阳、凤城、昌图、金州、长海、大连等地 ··

　　　　　　　　　　　…………………… 8. **匍枝委陵菜（蔓委陵菜）Potentilla flagellaris** Willd. ex Schlecht【P.541】

4. 花多数，排成顶生聚伞花序，稀为腋生总状花序。

　　9. 掌状复叶，小叶4~5，倒卵形或长圆状卵形，先端圆形；茎斜升或平卧，有时节处生根；花径8~10毫米。生草甸、河边、林缘湿地。产北镇、岫岩、瓦房店、庄河、沈阳、鞍山等地 ………………………
　　　　　　………………………………… 9. **蛇含委陵菜 Potentilla kleiniana** Wight et Arn.【P.541】

　　9. 三出复叶或羽状复叶。

　　　10. 三出复叶。

　　　　11. 小叶背面密被灰色或白色茸毛。

　　　　　12. 小叶长圆形或椭圆形；花较大，直径1.5厘米。生高山冻原。产凤城 ……………………………
　　　　　　　……………………………… 10. **雪白委陵菜（假雪委陵菜）Potentilla nivea** L.【P.541】

　　　　　12. 小叶长圆状披针形或披针形；花较小，直径7~10毫米。

　　　　　　13. 基生叶小叶3。生干草原、石质地、岩石缝间。产大连、建平、凌源、喀左等地 …………
　　　　　　　… 11a. **白萼委陵菜（白叶委陵菜）Potentilla betonicifolia** Poir. var. **betonicifolia**【P.541】

　　　　　　13. 基生叶小叶5，掌状或近掌状，基部两小叶较小。生山坡草地及岩石缝间。产大连、凌源等地 ………… 11b. **五叶白叶委陵菜 Potentilla betonicifolia** var. **pentaphyll** Liou et C. Y. Li

　　　　11. 小叶两面均为绿色，背面无毛或有毛，但不为白色茸毛。

　　　　　14. 茎直立或斜升；小叶卵状披针形或长圆状披针形，先端渐尖或长渐尖。生林缘、路边和草地上。产本溪、凤城、宽甸、桓仁、新宾、鞍山、沈阳及大连各地 ……………………………………
　　　　　　………………………………… 12. **狼牙委陵菜 Potentilla cryptotaeniae** Maxim.【P.541】

　　　　　14. 茎半卧生，细弱。

　　　　　　15. 无根状茎，具匍匐枝；小叶卵状菱形或倒卵状菱形。生林下、石砾质地、干山坡及草甸。产凤城、庄河、本溪等地 ………………………………………………
　　　　　　　………………… 13. **曲枝委陵菜（匍枝委陵菜）Potentilla rosulifera** H. Lév.【P.541】

　　　　　　15. 根状茎粗壮，横生或斜升，念珠状，无匍匐枝；小叶长圆形或卵状长圆形。生山坡草地、溪边及疏林下阴湿处。产凤城、本溪、鞍山、沈阳等地 ……………………………………
　　　　　　　………………………………… 14. **三叶委陵菜 Potentilla freyniana** Bornm.【P.541】

　　10. 羽状复叶。

　　　16. 小叶表面绿色，疏被毛或无毛，背面密被灰白色茸毛、绵毛或毡毛。

　　　　17. 小叶边缘有齿，不分裂。

　　　　　18. 植株疏被柔毛。

　　　　　　19. 小叶3~7，表面有粗皱纹，上面绿色或暗绿色，伏生疏柔毛，下面灰色或灰绿色，密生柔毛。生山坡草地和岩石缝间。产鞍山、营口、大连、金州、普兰店、凤城、岫岩等地……
　　　　　　　… 15a. **皱叶委陵菜（钩叶委陵菜）Potentilla ancistrifolia** Bunge var. **ancistrifolia**【P.541】

　　　　　　19. 小叶7~9，表面无皱纹，两面绿色，被稀疏柔毛或脱落几乎无毛。生山坡岩石缝中、沟边、草地及林下。产凌源、绥中 ………………… 15b. **薄皱叶委陵菜（同色钩叶委陵菜）Potentilla ancistrifolia** var. **dickinsii** (Franch. et Sav.) Koidz.【P.541】

　　　　　18. 植株密被白色绵毛；小叶7~9，表面疏被白色绵毛，背面密被灰色茸毛。生草甸、草原、干山坡。产凌源、建昌、绥中、沈阳、鞍山、庄河、瓦房店、长海、凤城、丹东等地
　　　　　　………………………………… 16. **翻白草（翻白委陵菜）Potentilla discolor** Bunge【P.541】

　　　　17. 小叶羽状分裂或轮生。

　　　　　20. 基生叶小叶轮生或近轮生，线形，宽1毫米，先端微尖或钝，边缘反卷。生干旱山坡、河滩沙地、草原及灌丛下。产建平、彰武、朝阳等地 ………………………………………
　　　　　　………………………………… 17. **轮叶委陵菜 Potentilla verticillaris** Steph. ex Willd.【P.541】

　　　　　20. 基生叶小叶对生，羽状浅裂至全裂。

　　　　　　21. 基生小叶5~11对，羽状深裂。

22. 株高10~30厘米；小叶5~7对，裂片蓖齿状；茎平卧或近斜升。生向阳山坡、草地和路边。产黑山、北镇、彰武、盖州、沈阳、大连等地 ……………………………………………… …………………………………… **18. 多茎委陵菜 Potentilla multicaulis** Bunge【P.541】

22. 株高30~60厘米；小叶8~11对，裂片三角形；茎直立。

23. 小叶裂片宽，三角卵形、三角状披针形或长圆披针形。生山坡草地、沟谷、林缘、灌丛或疏林下。产辽宁各地 ………………………………………………………………… ………………… **19a. 委陵菜 Potentilla chinensis** Ser. var. **chinensis**【P.542】

23. 小叶裂片狭，线形。生向阳山坡、草地、草甸、荒山草丛中。产西丰、桓仁、普兰店、金州、新民、葫芦岛、锦州 ………………… **19b. 细裂委陵菜（线叶委陵菜）** **Potentilla chinensis** var. **lineariloba** Franch. et Sav.

21. 基生小叶3~5（~6）对，裂片长圆形或线形，先端钝或微尖；羽轴上无小裂片。

24. 小叶羽状全裂，裂片线形或披针状线形，排列稀疏而不整齐。生高海拔山坡草地、沟谷及林缘。产辽宁西部 ………………………………………………………………… …………………… **20. 多裂委陵菜（细叶委陵菜）Potentilla multifida** L.【P.542】

24. 小叶羽状浅裂至深裂，裂片长圆形，排列紧密而整齐；茎及叶表面为绿色，仅叶背面被灰白色茸毛；花序开展。生耕地边、山坡草地、沟谷、草甸及灌丛中。产凌源、朝阳、北镇 ………… **21. 大萼委陵菜（大头委陵菜）Potentilla conferta** Bunge【P.542】

16. 叶两面均为绿色；花黄色。

25. 小叶先端通常2裂，偶有3裂或不裂。

26. 株高可达5~25厘米，全株近无毛，有时疏被伏毛；花朵较大，直径1.2~1.5厘米；瘦果表面光滑。生草原、山坡、河边。产凌源、建平、东港 ………………………………………… …… **22b. 长叶二裂委陵菜（光叉叶委陵菜）Potentilla bifurca** var. **major** Ledeb.【P.542】

26. 株高约7厘米，全株密被绢状伏毛；花朵较小，直径6~8毫米；瘦果成熟后有脉纹。生干旱砾质灰钙土，河滩及阴湿草地。产北镇、凌源等辽西地区 ………………………………… ………………………………………… **23. 覆瓦委陵菜 Potentilla imbricata** Kar. & Kir.

25. 小叶先端不为2裂。

27. 总状花序，腋生。

28. 小叶7~9，长7~12毫米，宽5~8毫米；植株较粗壮。生荒地、路旁、林缘、河岸。产丹东、鞍山、盖州、沈阳、西丰、葫芦岛、北镇、彰武、凌源、大连等地 ………………… …………… **24a. 朝天委陵菜（伏委陵菜）Potentilla supina** L. var. **supina**【P.542】

28. 小叶3~5，长5~8毫米，宽3~4毫米；植株细弱。生草甸、河谷。产沈阳、大连、凤城等地………………………………… **24b. 三叶朝天委陵菜（东北委陵菜）Potentilla supina** L. var. **ternata** Peterm.【P.542】

27. 聚伞花序，顶生。

29. 花序开展或稍开展。

30. 基生叶小叶2~3（~4）对，顶生3小叶明显大，边缘具粗锯齿；全株被开展长柔毛。生沟边、草地、灌丛及疏林下。产凌源、建昌、朝阳、绥中、庄河、瓦房店、凤城、桓仁、丹东、东港、盖州、西丰、开原、鞍山、沈阳等地 ………………………………… ………………………………………… **25. 莓叶委陵菜 Potentilla fragarioides** L.【P.542】

30. 基生叶小叶5~9对，顶生小叶稍大；植株下部被糙硬毛或茸毛。

31. 小叶披针形，边缘具细锐锯齿。生山坡草地、低洼地、沙地、草原、丛林边及黄土高原。产大连、建平、凌源、喀左、建昌、昌图等地………………… **26a. 菊叶委陵菜（蒿叶委陵菜）Potentilla tanacetifolia** Willd. ex Schlect. var. **tanacetifolia**【P.542】

31. 小叶长圆形，边缘具浅圆齿。生沙地、向阳山坡及山脚下。产彰武、北镇、大连等地 ………………………………………… **26b. 浅齿蒿叶委陵菜 Potentilla tanacetifolia**

var. *crenato-serrata* Liou et C. Y. Li

29. 花序不开展，梗直立，花梗、花萼均密被腺毛。生固定沙丘、林缘草地、沙质草地。产大连、彰武等 ···

·············· 27. 腺毛委陵菜（粘委陵菜）Potentilla longifolia Willd. ex Schlecht. 【P.542】

12. 仙女木属 Dryas L.

Dryas L. Sp. Pl. 148. 1753.

本属全世界 3~14 种，分布北半球温带高山及寒带地区。中国产 1 种。东北地区产 1 变种，辽宁有分布。

东亚仙女木（宽叶仙女木）Dryas octopetala var. asiatica（Nakai）Nakai【P.542】

常绿半灌木，高 3~6 厘米。茎丛生，匍匐，基部多分枝。叶亚革质，椭圆形或近圆形，边缘外卷，有圆钝锯齿。花茎密生毛；花直径 1.5~2 厘米；花瓣倒卵形，白色，先端圆形；雄蕊多数，花丝长 4~5 毫米；花柱有绢毛。瘦果矩圆卵形，褐色，有长柔毛。生高山草原。产桓仁县。

13. 地蔷薇属 Chamaerhodos Bunge

Chamaerhodos Bunge in Ldh. Fl. Alt. 1：429. 1829.

本属全世界约 8 种，分布于亚洲和北美洲。中国产 5 种。东北地区产 3 种。辽宁产 2 种。

分种检索表

1. 多年生草本；茎丛生，较矮，高 10~30 厘米；花瓣通常长于萼片。生草原、干山坡、固定沙丘上。产大连、喀左、凌源等地 ··········· 1. 灰毛地蔷薇（毛地蔷薇）Chamaerhodos canescens J. Krause【P.542】
1. 一年生草本或二年生草本；茎单一，较高，高 12~50 厘米；花瓣短于萼片，或与之等长或稍长。生山坡、丘陵或干旱河滩。产凌源、建平、北镇等地 ····· 2. 地蔷薇 Chamaerhodos erecta（L.）Bunge【P.542】

14. 蚊子草属 Filipendula Mill.

Filipendula Mill. Gard. Dict. ed 4. 1. 1754.

本属全世界 10 余种，分布于北半球温带至寒温带地区。中国约 7 种，主要分布于东北、西北、华北地区，云南及台湾也有分布。东北地区产 4 种 1 变种。辽宁产 2 种 1 变种。

分种检索表

1. 叶背面绿色，无毛，侧生小叶通常不分裂；花粉红色，稀白色；瘦果 5~6 枚。生林缘、林下及湿草地。产新宾、清原、凤城、桓仁、宽甸、本溪等地 ········ 1. 槭叶蚊子草 Filipendula glaberrima Nakai【P.543】
1. 叶背面灰白色，侧生小叶通常 3 裂；花白色；瘦果 6~8 枚。
  2. 叶背面密被灰白色短茸毛。生山坡草地、河岸湿地及草甸。产桓仁、凤城、岫岩等地 ··················

·············· 2a. 蚊子草 Filipendula palmata（Pall.）Maxim. var. palmata【P.543】
  2. 叶背面无毛。生山谷溪边、灌丛下。产桓仁

·············· 2b. 光叶蚊子草 Filipendula palmata var. glabra Ldb. ex Kom.

15. 草莓属 Fragaria L.

Fragaria L. Sp. Pl. 494. 1753.

本属全世界 20 余种，分布于北半球温带至亚热带地区，欧洲、亚洲习见，个别种分布向南延伸到拉丁美洲。中国有 9 种。东北地区产 4 种，其中栽培 1 种。辽宁产 3 种，其中栽培 1 种。

分种检索表

1. 叶质薄，背面灰白色；果较小，直径 0.5~1.5 厘米。

2. 四倍体；花单性，常雌雄异株。生山坡草地或林下。产凤城 ······················
·················· 1. 东方草莓Fragaria orientalis Lozinsk.【P.543】
2. 二倍体；花两性，雌雄同株。生山坡草地。产凤城 ·····························
·················· 2. 东北草莓Fragaria mandshurica Staudt【P.543】
1. 叶质厚，近革质，背面淡绿色；果较大，直径2~3厘米。杂交种。辽宁各地栽培··············
·················· 3. 草莓Fragaria × ananassa Duchesnes【P.543】

16. 蛇莓属Duchesnea J. E. Smith

Duchesnea J. E. Smith in Trans. Linn. Soc. 10：372. 1811.
本属全世界有2种，分布于亚洲南部、欧洲及北美洲。中国产2种。东北地区产1种，辽宁有分布。

蛇莓Duchesnea indica（Andr.）Focke【P.543】

多年生草本，全株被长柔毛。茎匍匐，纤细，节处生不定根。三出复叶。花单生叶腋，两性；萼片5，狭卵形，锐尖；副萼片5，倒卵形，先端3~5齿裂，比萼片大；花瓣5，黄色；花托扁平，果期增大，海绵质。瘦果近圆形，红色。生山坡、路旁、沟边或田埂杂草中。产桓仁、宽甸、凤城、鞍山、大连等地。

17. 沼委陵菜属Comarum L.

Comarum L. Sp. Pl. 502. 1753.
本属全世界约5种，产北半球温带地区。中国产2种。东北地区产1种，辽宁有分布记录。

沼委陵菜（东北沼委陵菜）Comarum palustre L.【P.543】

多年生草本。奇数羽状复叶，小叶片5~7个。聚伞花序；萼片深紫色，三角状卵形，开展，先端渐尖，外面及内面皆有柔毛；副萼片披针形至线形，外面有柔毛；花瓣卵状披针形，深紫色，先端渐尖。瘦果着生在膨大半球形花托上。生沼泽地。辽宁有记载。

18. 路边青属（水杨梅属）Geum L.

Geum L. Sp. Pl. 500. 1753.
本属全世界约70种，广泛分布于南北两半球温带地区。中国有3种，分布南北各省区。东北地区产1种2变型，辽宁均有分布。

分种下单位检索表

1. 花单瓣。生山坡半阴处或路边、河边。产辽宁各地 ······························
·················· 1a. 路边青（水杨梅）Geum aleppicum Jacq f. aleppicum【P.543】
1. 花重瓣。
2. 花黄色，重瓣或半重瓣。生山坡半阴处、河边。产桓仁、岫岩等地 ·················
·················· 1b. 重瓣水杨梅Geum aleppicum f. plenum Yang et P. H. Huang
2. 花橘黄色，重瓣或半重瓣。生山坡半阴处。产桓仁等地 ·······················
·················· 1c. 桔黄重瓣水杨梅Geum aleppicum f. aurantiaco-plenum Yang et L. H. Zhuo

19. 龙芽草属（龙牙草属）Agrimonia L.

Agrimonia L.，Sp. Pl. 418. 1753.
本属全世界有10余种，分布于北温带和热带高山及拉丁美洲。中国有4种，分布南北各省。东北地区产2种1变种，辽宁均有分布。

分种检索表

1. 托叶镰形或半圆形，边缘锯齿急尖；花彼此靠近，间距小于1厘米；雄蕊5~15枚；果实钩刺幼时直立，老时向内靠合，连钩刺长7~8毫米。

  2. 小叶倒卵形，倒卵椭圆形或倒卵披针形，基部楔形至宽楔形。生荒山坡草地、路旁、草甸、林下、林缘及山下河边等地。产辽宁各地 ⋯⋯ **1a. 龙芽草（龙牙草）Agrimonia pilosa** Ledeb. var. pilosa【P.543】

  2. 小叶近圆形或卵状圆形，先端钝圆。生草甸、河边湿草地。产大连、庄河、建昌等地 ⋯⋯⋯⋯⋯⋯ ⋯⋯⋯⋯⋯⋯⋯⋯ **1b. 圆叶龙牙草Agrimonia pilosa** var. rotundifolia Liou et C. Y. Li

1. 托叶扇形或宽卵形，边缘有圆钝齿；花极为疏离，间距为1.5~4厘米；雄蕊17~24枚；果实钩刺向外开展，连钩刺长8~10毫米。生林缘及山坡灌丛旁。产庄河、鞍山、凤城、本溪、新宾、绥中等地 ⋯⋯⋯⋯⋯⋯ ⋯⋯⋯⋯⋯⋯⋯⋯ **2. 托叶龙芽草（朝鲜龙牙草）Agrimonia coreana** Nakai【P.543】

20. 地榆属 Sanguisorba L.

Sanguisorba L. Sp. Pl. 116. 1753.

  本属全世界约30种，分布于欧洲、亚洲及北美洲。中国有7种，南北各省均有分布。东北地区产4种5变种。辽宁产4种4变种。

分种检索表

1. 穗状花序自基部开始向上逐渐开放；花序通常较细长，直立；花白色。生山地、山谷、湿地、疏林下及林缘。辽宁有记载 ⋯⋯⋯⋯⋯⋯⋯⋯⋯⋯ **1. 大白花地榆 Sanguisorba canadensis** L.【P.543】

1. 穗状花序自顶端开始向下逐渐开放；花序椭圆形、圆柱形或长圆柱形，直立或下垂；花紫红色、红色、粉红色或白色。

  2. 花丝呈丝状，与萼片近等长或稍长。

    3. 花丝与萼片近等长。

      4. 基生小叶卵形或长圆状卵形，基部心形至微心形。

        5. 花紫红色、红色或淡紫色。生干山坡、柞林缘、草甸及灌丛间。产辽宁各地 ⋯⋯⋯⋯⋯⋯ ⋯⋯⋯⋯⋯⋯ **2a. 地榆 Sanguisorba officinalis** L. var. officinalis【P.543，544】

        5. 花粉红色或白色。生山体的阴坡。产朝阳 ⋯⋯⋯⋯⋯⋯⋯⋯⋯⋯ ⋯⋯⋯⋯ **2b. 粉花地榆 Sanguisorba officinalis** var. carnea（Fisch.）Regel ex Maxim.【P.544】

      4. 基生小叶带状长圆形至带状披针形，基部微心形、圆形至宽楔形。生山坡草地、溪边、灌丛中、湿草地及疏林中。产辽阳、金州 ⋯⋯⋯⋯⋯⋯ ⋯⋯⋯⋯ **2c. 长叶地榆 Sanguisorba officinalis** var. longifolia（Bertol.）Yu et Li【P.544】

    3. 花丝伸出萼片外面。生沟边及草原湿地。产大连、彰武、凌源等地 ⋯⋯⋯⋯⋯⋯ ⋯⋯⋯⋯ **2d. 长蕊地榆（直穗粉花地榆）Sanguisorba officinalis** var. longifila（Kitag.）Yu et Li【P.544】

  2. 花丝显著扁平扩大，比萼片长0.5~2倍。

    6. 基生叶小叶片带状披针形，基部圆形，微心形至斜宽楔形，边有缺刻状急尖锯齿。

      7. 花红色或淡红带白，花丝比萼片长1/2~1倍。生水甸边、湿草地、水沟边湿地。产彰武 ⋯⋯⋯⋯ ⋯⋯⋯⋯ **3a. 细叶地榆（垂穗粉花地榆）Sanguisorba tenuifolia** Fisch. ex Link var. tenuifolia【P.544】

      7. 花白色，花丝比萼片长1~2倍。生湿地、草甸、林缘及林下。产大连、彰武等地 ⋯⋯⋯⋯⋯⋯ ⋯⋯⋯⋯⋯⋯⋯⋯ **3b. 小白花地榆 Sanguisorba tenuifolia** var. alba Trautv. et Mey.【P.544】

    6. 基生叶小叶卵形、椭圆形或长圆形，基部心形，边有粗大圆钝锯齿。生山沟阴湿处、溪边或疏林下。产长海 ⋯⋯⋯⋯⋯⋯⋯⋯⋯⋯ **4. 宽蕊地榆 Sanguisorba applanata** Yu et Li【P.544】

21. 蔷薇属 Rosa L.

Rosa L. Sp. Pl. 491. 1753.

本属全世界约有200种，广泛分布亚洲、欧洲、北非、北美洲寒温带至亚热带地区。中国有95种。东北地区产16种13变种5变型，其中栽培10种4变种3变型。辽宁产17种9变种5变型，其中栽培12种3变种4变型。

分种检索表

1. 萼筒坛状；瘦果着生在萼筒边周及基部。
　　2. 托叶离生或仅基部贴生，脱落；伞形花序；花瓣白色或黄色，单瓣或重瓣。自然分布四川、云南。辽宁有栽培 ·· **1. 木香花 Rosa banksiae** Ait.【P.544】
　　2. 托叶与叶柄合生，宿存；不为伞形花序。
　　　　3. 托叶篦齿状或有不规则锯齿；花柱合生，伸出花托口外，与雄蕊近等长；多花，成伞房花序或圆锥花序。
　　　　　　4. 托叶篦齿状；小叶质较薄，背面被柔毛，表面通常无光泽；枝仅具皮刺，无刺毛；圆锥花序。
　　　　　　　　5. 花单瓣。
　　　　　　　　　　6. 花白色。产江苏、山东、河南等省。辽宁省各地常见栽培 ··············
　　　　　　　　　　·· **2a. 野蔷薇 Rosa multiflora** Thunb.【P.544】
　　　　　　　　　　6. 花粉红色。多生山坡、灌丛或河边等处。产河北、河南、山东、安徽、浙江、甘肃、陕西、江西、湖北、广东、福建。大连有栽培 ·················
　　　　　　　　　　··········· **2b. 粉团蔷薇 Rosa multiflora** var. **cathayensis** Rehd. et Wils.【P.544】
　　　　　　　　5. 花重瓣。
　　　　　　　　　　7. 花白色，直径2~3厘米。辽宁省各地有栽培 ···
　　　　　　　　　　············ **2c. 白玉堂 Rosa multiflora** var. **albo-plena** Yu et Ku et Ku
　　　　　　　　　　7. 花粉红色至紫红色，直径3~4厘米。辽宁省各地有栽培 ························
　　　　　　　　　　··········· **2d. 七姊妹（荷花蔷薇）Rosa multiflora** var. **carnea** Rehd. et Wils
　　　　　　4. 托叶有不规则锯齿，不为篦齿状；小叶质较厚，两面无毛，表面有光泽；枝具皮刺和刺毛；伞房花序。
　　　　　　　　8. 花萼及萼片光滑。生长在林缘和灌木丛中。产宽甸、凤城、丹东、岫岩、庄河、长海、普兰店、瓦房店、绥中 ··· **3a. 伞花蔷薇 Rosa maximowicziana** Regel f. **maximowicziana**【P.544、545】
　　　　　　　　8. 花萼及萼片被腺毛。生长在林缘和灌木丛中。产庄河、岫岩、绥中等地 ···················
　　　　　　　　··········· **3b. 腺萼伞花蔷薇 Rosa maximowicziana** f. **adenocalyx** Nakai
　　　　3. 托叶全缘或具细腺齿；花柱离生，短于雄蕊；花单生或2~3朵集生，稀数朵集生。
　　　　　　9. 花柱伸出花托口外，长约为雄蕊1/2或近等长；小叶通常3~5，无毛；花红色、粉红色至白色；萼片常羽裂。
　　　　　　　　10. 直立灌木。
　　　　　　　　　　11. 花重瓣。原产中国。辽宁各地栽培 ···
　　　　　　　　　　··········· **4a. 月季花（月季）Rosa chinensis** Jacq. var. **chinensis**【P.545】
　　　　　　　　　　11. 花单瓣。产湖北、四川、贵州。大连等地有栽培 ···························
　　　　　　　　　　··········· **4b. 单瓣月季花 Rosa chinensis** var. **spontanea**（Rehd. et Wils.）Yu et Ku
　　　　　　　　10. 蔓性或攀援藤本植物。杂交种，大连各地栽培 ·································
　　　　　　　　··········· **5. 藤本月季 Rosa hybrida** 'Climbing'
　　　　　　9. 花柱不伸出花托口外，或微露出形成头状。
　　　　　　　　12. 花黄色。
　　　　　　　　　　13. 小叶具单锯齿。
　　　　　　　　　　　　14. 小枝有皮刺和针刺；小叶片下面无毛，叶边锯齿较尖锐；花径比较大，4~5.5厘米。产山西、陕西、甘肃、青海、四川。辽宁有栽培 ······ **6. 黄蔷薇 Rosa hugonis** Hemsl.【P.545】
　　　　　　　　　　　　14. 小枝有散生皮刺，无针刺；小叶片幼嫩时下面有稀疏柔毛，逐渐脱落，叶边锯齿不尖锐；

花径3~4（~5）厘米。

  15. 花重瓣。辽宁各地常见栽培 …… **7a. 黄刺玫 Rosa xanthina Lindl. f. xanthina** 【P.545】

  15. 花单瓣。辽宁各地常见栽培 ……………………

   ………………………………………… **7b. 单瓣黄刺玫 Rosa xanthina f. normalis Rehd. et Wils.**

 13. 小叶具重锯齿，下面有腺，倒卵状椭圆形，叶基楔形。自然分布河北、河南、山西、甘肃、陕西、四川。沈阳有栽培 ………………………………… **8. 樱草蔷薇 Rosa primula Bouleng.**

12. 花不为黄色。

 16. 萼片羽状分裂，果实成熟时多数脱落

  17. 小叶长不超过1.5厘米，背面密被腺体；花梗、花萼有腺毛。原产欧洲和西亚。大连、旅顺口有栽培，并已归化

   ………………………… **9. 锈红蔷薇（白玉山蔷薇、香叶蔷薇）Rosa rubiginosa L.** 【P.545】

  17. 小叶长2厘米以上，背面无腺体；花梗、花萼无腺毛。原产欧洲。沈阳、熊岳、大连等地有栽培，旅顺口地区已经归化 ………………… **10. 犬蔷薇 Rosa canina L.** 【P.545】

 16. 萼片不分裂，果实成熟时宿存。

  18. 小叶7~13，长不超过1.5厘米，背面被疏柔毛；花白色或带粉色，萼片不分裂；果熟时萼片宿存，果纺锤形或长卵圆形。生阴湿而排水良好的针叶林或针阔混交林下。产凤城、庄河

   ……………………………………… **11. 长白蔷薇 Rosa koreana Kom.** 【P.545】

  18. 小叶3~9，长2厘米以上。

   19. 小枝和皮刺密被茸毛；小叶质厚，表面有明显皱纹，背面密被茸毛和腺体；果扁球形。

   20. 皮刺多而密；小叶宽，表面皱纹明显。

    21. 花单瓣。

     22. 花紫红色。生低地及海岛。产庄河、长海、金州、大连、东港、鲅鱼圈等地 ……

      ………………………… **12aa. 玫瑰 Rosa rugosa Thunb. var. rugosa f. rugosa** 【P.545】

     22. 花白色。生低地及海岛。沈阳有栽培 ………… **12ab. 白花单瓣玫瑰（白玫瑰）Rosa rugosa var. rugosa f. alba（Ware）Rehd.**

    21. 花重瓣，紫色。生沿海低地及海岛。产金州、葫芦岛、北镇，辽宁各地常见栽培 …

     ……………… **12ac. 紫花重瓣玫瑰（重瓣紫玫瑰）Rosa rugosa var. rugosa f. plena（Regel）Rehd.**

   20. 皮刺稀少；小叶狭，表面皱纹不甚明显。生沿海低地及海岛。产金州、北镇、庄河、沈阳、鞍山有栽培 ………… **12b. 稀刺玫瑰 Rosa rugosa var. chamissoniana Mey.**

   19. 小枝和皮刺均无毛，或仅幼时被疏柔毛；小叶质较薄，表面无明显皱纹；果不为扁球形。

    23. 小叶背面有白霜和腺体（深山蔷薇除外）；枝干下部常无针刺或少有针刺；花白色或粉红色。

    24. 皮刺直；花单生，白色；蔷薇果椭圆形。原产俄罗斯。沈阳、大连有栽培 ………

     ………………… **13. 腺齿蔷薇（俄罗斯大果蔷薇）Rosa albertii Regei** 【P.545】

    24. 皮刺稍弯；花单生或2~3朵集生，粉红色；蔷薇果球形、扁球形、卵球形、纺锤形、倒卵状长椭圆形至卵状长椭圆形。

     25. 小枝上皮刺稀疏。

      26. 小叶背面有白霜和腺体

       27. 小叶长1.5~3.5厘米，下面灰绿色，有腺点和稀疏短柔毛。

        28. 果近球形。生山坡、山脚、灌丛中。产辽宁各地 ……

         …… **14a. 山刺玫（刺玫蔷薇）Rosa davurica Pall. var. davurica** 【P.545】

        28. 果纺锤形、倒卵状长椭圆形至卵状长椭圆形。生山坡、山脚及路旁灌丛中。产桓仁、本溪、岫岩等地 …………………………

         ……………… **14b. 长果山刺玫 Rosa davurica var. ellipsoidea Nakai**

27. 小叶较原变种稍大，长可达4厘米，下面无粒状腺体，通常无毛，仅沿脉有短柔毛。生山坡、山脚及路旁灌丛中。辽宁省有记载 ………………………………………… 14c. 光叶山刺玫 Rosa davurica var. glabra Liou

26. 小叶背面无白霜和腺体。生800~1600米山顶、山坡林中和林缘。盖州等地有栽培 ………… 14e. 深山蔷薇 Rosa davurica var. alpestris（Nakai）M. Kitag.

25. 小枝上密生大小不等的皮刺；小叶下面有或无粒状腺体，通常无毛，仅在下面沿脉上有短柔毛。生山坡。产鞍山、沈阳等地 ………………………………………… 14d. 多刺山刺玫 Rosa davurica var. setacea Liou

23. 小叶背面无白霜和腺体；枝干下部常有密集针刺；花粉红色。
　29. 花梗长10毫米以上；托叶下部常无成对的皮刺。
　　30. 果实光滑，无腺毛或刺毛。生海拔800米以上山坡林中及山顶。产庄河、宽甸、桓仁、本溪等地 ………………………… 15a. 刺蔷薇 Rosa acicularis Lindl.【P.545】
　　30. 果实被腺毛。生林下、林缘。产宽甸 …………………………………………………… 15b. 腺果刺蔷薇 Rosa acicularis var. glandulosa Liou
　29. 花梗短，长5~10毫米；托叶下部常有一对皮刺；小叶（5~）7~9；果椭圆状卵球形，直径1~1.5厘米，顶端有短颈，猩红色，有腺毛。产内蒙古、河北、山西、河南等省区。辽宁有栽培 ……… 16. 美蔷薇（美丽蔷薇）Rosa bella Rehd. et Wils.【P.545】

1. 萼筒杯状；瘦果着生在基部凸起的花托上；花柱离生不外伸。自然分布西北、西南、华东等地。辽宁有栽培 …………………………………………… 17. 缫丝花 Rosa roxburghii Tratt.【Pl.001】

22. 扁核木属 Prinsepia Royle

Prinsepia Royle Ill. Pll. Himal. 206. t. 38. f. 1. 1835.

本属全世界有5种，分布于喜马拉雅山区、不丹、锡金。中国有4种。东北地区有2种，其中栽培1种，辽宁均有分布或记载。

分种检索表

1. 花簇生稀单生，花瓣黄色；花梗长1~1.8厘米；叶片卵状披针形至披针形。生山沟杂木林及林缘灌丛中。产庄河、宽甸、凤城、桓仁、本溪、清原等地 ………………………………………… 1. 东北扁核木 Prinsepia sinensis（Oliv.）Oliv. ex Bean【P.546】

1. 花单生或2~3朵簇生于叶丛内，花瓣白色；花梗长3~5毫米；叶片长圆披针形或狭长圆形。自然分布河南、山西、陕西、内蒙古、甘肃和四川等省区。熊岳有栽培记录 …………………………………………… 2. 蕤核 Prinsepia uniflora Batal.【P.546】

23. 稠李属 Padus Mill.

Padus Miller, Gard. Dict. Abr, ed. 4.［999］. 1754.

本属全世界有20余种，主要分布于北温带地区。中国有15种，各地均有分布，但以长江流域、陕西和甘肃南部较为集中。东北地区产3种4变种。辽宁产3种3变种，其中栽培1种。

分种检索表

1. 初生叶绿色，逐渐变成紫色。原产于北美洲。辽宁各地常见栽培 ………………………………………… 1. 紫叶稠李 Padus virginiana 'Canada Red'【P.546】
1. 叶始终为绿色。
　2. 叶背面无褐色腺点；花序基部具数枚叶片；雄蕊长约为花瓣的1/2；树皮灰黑色。
　　3. 叶片边缘有不规则锐锯齿。
　　　4. 叶两面无毛。

5. 小枝幼时被短绒毛，以后脱落无毛；花序、总花梗和花梗通常无毛；叶两面无毛；叶柄幼时被短绒毛，以后脱落近无毛。生山中溪流边、沟谷地。产丹东、宽甸、凤城、桓仁、本溪、沈阳、鞍山、庄河、凌源等地 …………………………… 2a. 稠李 Padus avium Mill. var. avium【P.546】

5. 小枝、花序、花梗、总花梗均被短柔毛。生山坡、林缘或阔叶林中以及丘陵或河岸等处，海拔800米以上。辽宁省有记录 ………………………………………………………………………………………… 2b. 北亚稠李 Padus avium var. asiatica（Kom.）T. C. Ku & B. M. Barthol.

4. 叶背面主、侧脉密被锈色毛。产内蒙古。沈阳世博园有栽培 ………………………………………………………………………… 2c. 锈毛稠李 Padus avium var. rufo-ferruginea Nakai ex Mori

3. 叶片边缘为开展或贴生重锯齿，或为不规则近重锯齿，齿披针形；小枝、叶片下面、叶柄和花序基部均密被棕褐色长柔毛。生山坡林中和河谷溪流旁。产凤城、本溪、宽甸、西丰等地 ……………………………………………………… 2d. 毛叶稠李（多毛稠李）Padus avium var. pubescens（Regel & Tiling）T. C. Ku & B. M. Barthol.

2. 叶背面散生褐色腺点；花序基部通常不具叶；雄蕊与花瓣近等长；树皮黄褐色，有光泽。生林中溪流边、林缘。产庄河、桓仁、本溪、宽甸等地 ……… 3. 斑叶稠李 Padus maackii（Rupr.）Kom.【P.546】

24. 李属 Prunus L.

Prunus L. Sp. Pl. 473. 1753.

本属全世界230种，分布北美洲、中美洲、南美洲、欧洲、非洲、大洋洲（澳大利亚），大多数种类分布于北半球。中国有71种。东北地区产27种17变种9变型，其中栽培17种12变种9变型。辽宁产26种17变种8变型，其中栽培17种12变种8变型。

分种检索表

1. 果实无纵沟，无白霜。

　2. 乔木；腋芽单生；花单生或多花形成伞形花序或伞房总状花序 [Ⅰ. 樱桃组 Sect. Cerasus（Adans.）Focke]。

　　3. 伞房总状花序，苞片宿存或脱落。

　　　4. 每花序有花3~10，苞片大，绿色，宿存；叶长3.5~9厘米，边缘有粗锐重锯齿。生阳坡杂木林中或有腐殖质土石坡上。产本溪、桓仁、宽甸、鞍山等地 ………………………………………………………………… 1. 黑樱桃 Prunus maximowiczii Rupr.【P.546】

　　　4. 每花序有花3~6，苞片小，绿褐色，脱落；叶长1.3~3.5厘米，边缘有圆钝细锯齿。原产欧洲及西亚。大连有栽培…………………… 2. 圆叶樱桃（少花圆叶樱桃）Prunus mahaleb L.【P.546】

　　3. 花单生、簇生、伞形或近伞形花序，苞片果期脱落。

　　　5. 花柱基部有短毛。

　　　　6. 叶两面无毛或仅背面沿脉被疏毛；总花梗短于苞片；萼筒管状；花单瓣。原产日本。大连、丹东等地栽培 …………………………… 3. 东京樱花 Prunus yedoensis Matsum.【P.546】

　　　　6. 叶两面均被短柔毛，背面毛更密；总花梗长1~2.5厘米；萼筒钟状；花重瓣。原产日本。丹东、旅顺口有栽培 ………………………………… 4. 南殿樱 Prunus sieboldii（Carr.）Wittm.

　　　5. 花柱无毛。

　　　　7. 叶缘锯齿长刺芒状；总花梗长1~3厘米；花单瓣或重瓣，白色或粉红色。生山沟、溪旁及杂木林中。辽南有栽培 ……………………………… 5. 山樱花（樱花）Prunus serrulata Lindl.【P.546】

　　　　7. 叶缘锯齿非刺芒状或具短刺芒；总花梗短或无。

　　　　　8. 花梗、萼筒均被短柔毛，稀无毛。

　　　　　　9. 伞形花序无总梗或梗极短；花先叶开放；花序有花3~5，粉红色。

　　　　　　　10. 枝条直立或斜升。原产日本。丹东、大连、旅顺口有栽培 ……………………………………………… 6a. 大叶早樱（日本早樱）Prunus subhirtella Miq. var. subhirtella【P.546】

10. 枝条下垂。旅顺口有栽培 ……………………………………………………………………………
　　　　　…… 6b. 垂枝大叶早樱（垂枝早樱）Prunus subhirtella var. pendula（Maxim.）Tanaka
　　9. 伞形或近伞形花序，有总花梗，长1厘米以下，短于总苞；花与叶同时开放；每花序有花1~
　　　　3。生山坡阔叶林中、山谷溪流沿岸。产庄河、东港、丹东、凤城、宽甸、桓仁、本溪、沈
　　　　阳等地 ………… 7. 毛叶山樱花（毛山樱花、山樱桃）Prunus leveilleana Koehne【P.546】
　8. 花梗与萼筒均无毛。
　　11. 叶缘有圆钝锯齿；萼片反折；总花梗短；花白色。
　　　12. 叶背面被短柔毛；萼片全缘；花序无叶状苞片；果味甜。原产欧洲和西亚。大连、绥
　　　　　中、沈阳等地有栽培 ………………………… 8. 欧洲甜樱桃 Prunus avium（L.）L.【P.547】
　　　12. 叶背面无毛；萼片边缘有腺齿；花序基部常有叶状苞片；果味酸。原产欧洲和西亚。大
　　　　　连、沈阳、鞍山等地有栽培 ……………… 9. 欧洲酸樱桃 Prunus cerasus Ledeb.【P.547】
　　11. 叶缘有锐重锯齿，稍具短芒；萼片直立；花无总梗或近无总梗，蔷薇色。原产日本、俄罗
　　　　斯。旅顺口、大连有栽培 ……………………… 10. 大山樱 Prunus sargentii Rehd.【P.547】
2. 灌木；腋芽3枚并立，中间为叶芽，两侧为花芽 [Ⅱ. 小樱桃组 Sect. Microcerasus Spach]。
　13. 小枝及叶两面均密被茸毛；叶宽大；萼筒管状，长为宽的2倍以上；子房有毛。
　　14. 果实红色。生山坡灌丛。产丹东、宽甸、桓仁、本溪、庄河、大连、瓦房店、金州、鞍山、北
　　　　镇、义县、沈阳等地 ………… 11a. 毛樱桃 Prunus tomentosa Thunb. var. tomentosa【P.547】
　　14. 果实白色。生灌丛中。产大连、凌源等地，也有栽培 ……………………………………………
　　　　………… 11b. 白果樱桃 Prunus tomentosa var. leueocorpa（Kehder.）S. M. Zhang
　13. 小枝及叶均无毛或被微茸毛；叶狭小；萼筒钟形或杯状，长宽近相等；子房无毛或被疏毛。
　　15. 叶倒卵状披针形或长圆状披针形，中部或中部以上最宽，基部楔形。
　　　16. 叶倒卵状狭披针形或倒卵状椭圆形，长2.5~4.5厘米，宽0.7~1.5厘米，叶柄长1~2毫米；小枝被
　　　　　短柔毛；花单瓣。生山坡灌丛、半固定沙丘、草地。产建昌、建平、朝阳、兴城、葫芦岛、绥
　　　　　中、彰武、北镇、义县、法库、铁岭、沈阳、鞍山、盖州、瓦房店、大连、金州、旅顺口、凤
　　　　　城等地 ………………………………………………… 12. 欧李 Prunus humilis Bunge【P.547】
　　　16. 叶椭圆状披针形或卵状长圆形，长3~8厘米，宽（1~）1.5~3厘米，叶柄长3~6毫米；小枝无
　　　　　毛；花重瓣。
　　　　17. 花白色。分布中国长江流域及其以南地区。辽宁各地栽培 …………………………………
　　　　　………………… 13b. 重瓣白花麦李 Prunus glandulosa f. albo-plena（Pers.）Koehne
　　　　17. 花粉色。分布中国长江流域及其以南地区。辽宁各地栽培 ……………… 13c. 重瓣粉红麦李
　　　　　（重瓣麦李）Prunus glandulosa Thunb. f. siensis（Pers.）Koehne【P.547】
　　15. 叶卵形、椭圆状卵形至卵状披针形，中部以下最宽；花梗及花萼均无毛，花白色至淡粉红色。
　　　18. 叶基部圆形。
　　　　19. 叶柄长2~3毫米，花梗长5~12毫米。生山坡灌丛。产西丰、桓仁、本溪、凤城等地 …………
　　　　　………………………… 14a. 郁李 Prunus japonica Thunb. var. japonica【P.547】
　　　　19. 叶柄长3~5毫米，花梗长1~2厘米以上。生山地向阳山坡。沈阳有栽培 …………………
　　　　　………………………… 14b. 长梗郁李 Prunus japonica var. nakaii（Levl.）Yu et Li
　　　18. 叶基部心形至浅心形，花梗长10~15（~20）毫米。生山坡灌丛。产岫岩、庄河、凤城、宽甸
　　　　等地 ………………………… 14c. 东北郁李 Prunus japonica var. engleri Koehne
1. 果实有纵沟，常被茸毛或白霜。
　20. 叶芽单生；幼叶于芽内常席卷状；花单生或2~3朵簇生。
　　21. 子房或果实无毛，有白霜；花梗细长 [Ⅲ. 李亚属 Subgen. Prunus]。
　　　22. 叶片下面被短柔毛；果红色、紫色或黄色和绿色，被蓝黑色果粉，通常有明显纵沟。原产西亚和
　　　　　欧洲。辽宁有栽培 ……………………………………… 15. 欧洲李 Prunus domestica L.【P.547】
　　　22. 叶片下面无毛或稍有微柔毛或沿中脉被柔毛；果黄色或红色，不被蓝黑色果粉。

23. 花通常3朵簇生，稀2；叶绿色。

  24. 果实大，直径5~7厘米；叶片光滑或脉腋间具柔毛。

    25. 叶片长圆倒卵形、长椭圆形，稀长圆卵形；核卵圆形或长圆形，有皱纹。辽宁各地栽培 ………………………………………………… 16. 李 Prunus salicina Lindl.【P.547】

    25. 叶椭圆形或倒卵状椭圆形；核扁圆形，表面有浅网状纹。辽宁各地栽培 …………… 17. 李梅杏 Prunus limeixing（J. Y. Zhang & Z. M. Wang）Y. H. Tong & N. H. Xia

  24. 果实小，直径1.5~2.5厘米；叶片下面略被柔毛。生于林边或溪流附近。产凤城、本溪、清原、西丰等地 …………………… 18. 东北李 Prunus ussuriensis Kov. et Kost.【P.547】

23. 花单生或2朵并生；叶红紫色。

  26. 花径2.0~2.5厘米。

    27. 叶绿色。产新疆。辽宁熊岳有栽培 …………………………………………………… 19a. 樱桃李 Prunus cerasifera Ehrhart f. cerasifera

    27. 叶红紫色。辽宁常见栽培 ………………………………………………………………… 19b. 紫叶李 Prunus cerasifera Ehrhart f. atropurpurea（Jacq.）Rehd.【P.548】

  26. 花径1.0~1.5厘米；叶红紫色。大连等地有栽培 ………………………………………… 20. 紫叶矮樱 Prunus × cistena【P.548】

21. 子房及果实被茸毛；花近无梗或梗极短 [Ⅳ. 杏亚属 Subg. Armeniaca（Mill.）Nakai]。

  28. 叶紫红色；花重瓣；花梗长1.5厘米左右。大连有栽培 …………………………………… 21b. 美人梅 Prunus × blireana cv. 'Meiren'【P.548】

  28. 叶绿色；花单瓣或重瓣；花梗无或6毫米以下。

    29. 一年生枝灰褐色至红褐色。

      30. 叶缘具单锯齿；花近无梗。

        31. 乔木，高达10米；叶广卵形或椭圆状卵形，先端极尖或短渐尖；果肉多汁，熟时不开裂。

          32. 花单瓣。

            33. 叶片两面无毛，或下面脉腋间具簇生柔毛；叶柄长2~3厘米，无毛。原产亚洲西部，中国西藏有野生。辽宁各地栽培 …………………………………………………… 22a. 杏 Prunus armeniaca L. var. armeniaca【P.548】

            33. 叶片下面沿叶脉密被黄褐色柔毛；叶柄较短，密被柔毛。熊岳栽培… 22b. 熊岳大扁杏 Prunus armeniaca var. xiongyueensis（T. Z. Li et al.）Y. H. Tong & N. H. Xia

          32. 花重瓣，直径约4.5厘米；花瓣约70片，不平展；雄蕊百余枚；柱头较长。产陕西眉县。熊岳有栽培 …………………… 22c. 陕梅杏 Prunus armeniaca var. meixianeensis（T. Z. Li et al.）Y. H. Tong & N. H. Xia【P.548】

        31. 灌木或小乔木，高1.5~3米；叶卵形或近圆形，先端尾状渐尖；果肉干燥，熟时开裂。

          34. 花单瓣；叶两面无毛；果核表面较平滑，腹面宽而锐利。生阳坡杂木林中、固定沙丘上。产北镇、阜新、建平、凌源、建昌、绥中、金州、沈阳等地 …………………………… 23a. 山杏（西伯利亚杏）Prunus sibirica L. var. sibirica【P.548】

          34. 花重瓣，约30片；叶两面被柔毛，背面较密；果核表面粗糙。生山坡。产北票、凌源 …………………………………………………………… 23b. 辽梅杏（辽海杏）Prunus sibirica var. pleniflora（J. Y. Zhang et al.）Y. H. Tong & N. H. Xia

      30. 叶缘具重锯齿；花梗长5~6毫米；乔木，高达15米。

        35. 叶片幼时两面具毛，老时仅下面脉腋间具柔毛。生山坡疏林。产鞍山、盖州、营口、丹东、凤城、桓仁、宽甸、本溪、清原等地…… 24a. 东北杏 Prunus mandshurica（Maxim.）Koehne var. mandshurica【P.548】

        35. 叶片两面均无毛。生于低海拔的山地。产瓦房店 …………………………………… 24b. 光叶东北杏 Prunus mandshurica（Maxim.）Koehne var. glabra Nakai

29. 一年生枝绿色；叶边具小锐锯齿，幼时两面具短柔毛，老时仅下面脉腋间有短柔毛；果实黄色或绿白色，具短梗或几乎无梗；核具蜂窝状孔穴。辽宁有栽培 ……………………………………………………………………… 25. 梅 Prunus mume（Sieb.）Sieb. et Succ.【P.548】

20. 腋芽并生，两侧为花芽，中间为叶芽；幼叶于芽内对折；子房及果实均被茸毛［Ⅴ. 桃亚属 Subgen. Amygdalus（L.）Benth.et Hook. f.］。

36. 乔木；果核表面有沟纹和孔穴；叶先端渐尖或长渐尖，不分裂，两面无毛。

37. 树皮粗糙，暗红褐色；叶缘锯齿圆钝；萼片外被短柔毛；果大，多汁。

38. 不坐果或坐果，果实卵形、宽椭圆形；核大，椭圆形或近圆形，表面具纵、横沟纹和孔穴。

39. 花单瓣。原产中国。辽宁各地栽培 ……………………………………………………………………… 26aa. 桃 Prunus persica（L.）Batsch. f. persica【P.548】

39. 花半重瓣或重瓣。

40. 花半重瓣。

41. 花白色或间有红色或有红色条纹。

42. 花纯白色。辽宁有栽培 ……………………………………………………………… 26ab. 白碧桃 Prunus persica f. alba–plena（Schneid）S. M. Zhang

42. 花白色，有时一枝上之花兼有红色和白色，或白花而有红色条纹。辽宁有栽培 ……………………………………………… 26ac. 撒金碧桃 Prunus persica f. versicolor（Voss.）S. M. Zhang

41. 花桃红色。

43. 叶绿色。辽宁有栽培 ……………………………………………………………… 26ad. 红碧桃 Prunus persica f. rubro–plena（Schneid）S. M. Zhang

43. 叶紫色。辽宁有栽培 …………………………………………………… 26ae. 紫叶碧桃 Prunus persica f. atropurpurea（Schneid）S. M. Zhang

40. 花重瓣，菊花型，花瓣30枚左右。辽宁有栽培 …………………………………………………………… 26af. 菊花桃 Prunus persica cv. "Chrysanthemoides"

38. 坐果，果实扁平；核小，圆形，有深沟纹。辽宁有栽培 ……………………………………… 26b. 蟠桃 Prunus persica var. compressa（Yu et Lu）S. M. Zhang

37. 树皮光滑，暗紫红色；叶缘锯齿细，尖锐；萼片外面无毛；果小，果肉薄，干燥。

44. 小枝细长，直立。

45. 花单瓣。

46. 花淡粉红色。生于山坡、山谷沟底或荒野疏林及灌丛内。产辽宁凌源 …………………………………………… 27a. 山桃（山毛桃）Prunus davidiana（Carr.）Franch. var. davidiana【P.548】

46. 花白色或深粉红色。

47. 花白色。辽宁各地常见栽培 ……………… 27b. 白花山桃 Prunus davidiana cv. 'Alba'

47. 花深粉红色。辽宁各地常见栽培 ……… 27c. 红花山桃 Prunus davidiana cv. 'Rubra'

45. 花白色，重瓣。金州有栽培 ………… 27d. 白花山碧桃 Prunus davidiana cv. 'Alba–plena'

44. 小枝近直立而自然扭曲。

48. 花淡粉红色。锦州、大连有栽培 ………… 27e. 曲枝山桃 Prunus davidiana cv. 'Tortuosa'

48. 花白色。锦州有栽培 ………… 27f. 白花曲枝山桃 Prunus davidiana cv. 'Alba Tortuosa'

36. 灌木；果核表面无孔穴，仅有浅沟纹；叶先端短渐尖，有时3裂，中裂片较长或有时具数齿牙而近平截，背面被柔毛。

49. 花单瓣。生低至中海拔的坡地或沟旁林下或林缘。产凌源、建平、阜新等地。各地常见栽培 …………………………………………………………… 28a. 榆叶梅 Prunus triloba Lindl. f. triloba【P.548】

49. 花重瓣。

50. 萼裂片常在10枚以上；花梗比萼筒长。各地常见栽培 …………………………………………………………… 28b. 重瓣榆叶梅 Prunus triloba f. multiplex（Bunge）Rehder

50. 萼裂片10枚；花梗约与萼筒等长。各地常见栽培 ·····························
··· 28c. 兰枝 Prunus triloba f. petzoldii（K. Koch）Q. L. Wang

25. 枸子属 Cotoneaster B. Ehrhart

Cotoneaster B. Ehrhart, Oecon, Pflanzenhist. 10：170. 1761.

本属全世界约有90种，分布于亚洲、欧洲和北非的温带地区。中国有59种，主产西部和西南部。东北地区产10种，其中栽培2种。辽宁产8种，栽培4种。

分种检索表

1. 花序有花3~15朵，极稀到20朵；叶片中形。
　2. 花瓣粉红色，直立；果红色或黑色；叶背面密被茸毛。
　　3. 果红色，无毛或被微柔毛。
　　　4. 花2~5（~7）朵，花序长不及叶片1/2，花径7~8毫米。
　　　　5. 萼筒、萼片全无毛。生山坡岩石缝、沙丘、山坡草甸。辽宁有栽培 ·····················
　　　　·· 1. 全缘枸子 Cotoneaster integerrimus Medic.【P.549】
　　　　5. 萼筒、萼片均被柔毛。生于灌木丛中。产朝阳、凌源 ·································
　　　　·· 2. 西北枸子 Cotoneaster zabelii Schneid.【P.549】
　　　4. 花3~7朵，花序长约与叶片相等，花径6~7毫米；萼片外面无毛，内面先端沿边缘有白色柔毛。生海拔较高的山坡或河滩地灌丛中。产凌源 ···············
　　　··· 3. 细弱枸子 Cotoneaster gracilis Rehd. & Wils.【P.549】
　　3. 果蓝黑色，有蜡粉。生山坡、疏林间或灌木丛中。辽宁有栽培 ························
　　··· 4. 黑果枸子 Cotoneaster melanocarpus Lodd.【P.549】
　2. 花瓣白色，平展；果红色；叶背面有毛或无毛。
　　6. 花梗和萼筒均无毛；叶背面无毛。生山坡灌丛、杂木林中。产朝阳、建平、大连、金州 ··············
　　··· 5. 水枸子 Cotoneaster multiflorus Bge.【P.549】
　　6. 花梗和萼筒外面有稀疏柔毛；叶背面有短柔毛。生岩石缝间或灌木丛中。产朝阳、大连 ···········
　　··· 6. 毛叶水枸子 Cotoneaster submultiflorus Popov【P.549】
1. 花单生，稀2~3（~7）朵簇生；果实红色；叶片多小形，长不足2厘米，先端圆钝或急尖。
　7. 平铺矮生灌木；花1~2朵；果实近无柄，小核3稀2。自然分布陕西、甘肃、湖北、湖南、四川、贵州、云南。大连等地栽培 ············ 7. 平枝枸子 Cotoneaster horizontalis Dcne.【P.549】
　7. 直立灌木；花2~3（~4）朵；果实有短柄，2小核。生多石砾坡地及山沟灌木丛中。沈阳有栽培 ·········
　··· 8. 散生枸子 Cotoneaster divaricatus Rehd. & Wils.【P.549】

26. 火棘属 Pyracantha Roem.

Pyracantha Roem. Fam. Nat. Reg. Veg. Syn. 3：104. 219. 1847.

本属全世界有10种，产亚洲东部至欧洲南部。中国有7种。东北仅辽宁栽培1种。

火棘 Pyracantha fortuneana（Maxim.）Li【P.549】

常绿灌木。叶片倒卵形，边缘有钝锯齿。复伞房花序；花径约1厘米；萼筒钟状；萼片三角卵形，先端钝；花瓣白色，近圆形；雄蕊20，花柱5，子房上部密生白色柔毛。果实近球形，直径约5毫米，橘红色或深红色。分布陕西、河南、江苏、浙江、福建、湖北、湖南、广西等地。大连有栽培。

27. 山楂属 Crataegus L.

Crataegus L. Sp. Pl. 475. 1753.

本属全世界至少1000种，广泛分布于北半球，北美洲种类很多。中国有18种。东北地区产7种3变种，其中栽培3种2变种。辽宁产8种2变种，其中栽培6种1变种。

分种检索表

1. 叶羽状深裂，侧脉达裂片先端或裂片分裂处。
　　2. 果径1.5~2.5厘米，小核3~5。
　　　　3. 果径1.5厘米左右；叶片两侧各有3~5羽状深裂片；野生。
　　　　　　4. 叶片、总花梗和花梗均被柔毛。生山坡林中或灌丛。产辽宁各地 ················
　　　　　　·············· 1a. 山楂 Crataegus pinnatifida Bunge var. pinnatifida【P.549】
　　　　　　4. 叶片、花梗和总花梗均无毛。生灌丛、沙地。产宽甸、凤城、桓仁、本溪、鞍山、新宾、西丰、北镇等地 ··············· 1b. 无毛山楂 Crataegus pinnatifida var. psilosa C. K. Schn.
　　　　3. 果形较大，直径可达2.5厘米；叶片大，分裂较浅；栽培。辽宁常见栽培 ···········
　　　　　　············ 1c. 山里红（大果山楂）Crataegus pinnatifida var. major N. E. Br.【P.549】
　　2. 果径1.1厘米左右，小核1。原产欧洲、西亚及北非。金州有引种 ·················
　　　　　　·················· 2. 欧洲山楂 Crataegus laevigata（Poir.）DC.【P.549】
1. 叶羽状浅裂，侧脉达裂片先端，分裂处无侧脉。
　　5. 幼枝、叶背面、花梗及总花梗均密被柔毛。
　　　　6. 枝刺长1.5~3.5厘米；托叶边缘具腺齿；果熟时红色。生杂木林中或林边、河岸沟边及路边。产黑龙江、吉林、内蒙古。辽宁有栽培 ················· 3. 毛山楂 Crataegus maximowiczii Schneid.【P.550】
　　　　6. 枝刺长达4.5厘米；托叶边缘具锐齿；果熟时黑色。熊岳有栽培 ·················
　　　　　　·············· 4. 绿肉山楂（毛黑山楂）Crataegus chlorosarca Maxim.【P.550】
　　5. 花梗及总花梗无毛；幼枝、叶背面被微毛或无毛。
　　　　7. 叶基部楔形，两面微被短柔毛；果实血红色，直径1厘米，小核3（5）。生林中。产开原 ···············
　　　　　　·············· 5. 辽宁山楂（血红山楂）Crataegus sanguinea Pall.【P.550】
　　　　7. 叶基部截形或广楔形；果径小于1厘米。
　　　　　　8. 叶无裂片或仅有1~3对浅裂片，小核3。原产北美洲。金州有栽培 ···········
　　　　　　·············· 6b. 冬绿王山楂 Crataegus viridis "Winter King"【P.550】
　　　　　　8. 叶有3~7对浅裂片，小核2~4。
　　　　　　　　9. 子房顶端无毛；叶菱状卵形或椭圆状卵形，具3~5对浅裂片；果实橘红色，直径6~8毫米，小核2~4。生河岸林间草地或沙丘坡上。沈阳有栽培 ·················
　　　　　　　　·············· 7. 光叶山楂 Crataegus dahurica Koehne ex C. K. Schneid.【P.550】
　　　　　　　　9. 子房顶端有柔毛；叶广卵形，有5~7对浅裂片；果实红色，直径8~10毫米，小核2~3。产甘肃、山西、河北、陕西、贵州、四川。沈阳有栽培 ··· 8. 甘肃山楂 Crataegus kansuensis Wils.【P.550】

28. 石楠属 Photinia Lindl.

Photinia Lindl. in Trans. Linn. Soc. 13：103. t. 10. 1822.

本属全世界约有60种，分布于亚洲东部及南部。中国有43种。东北仅辽宁栽培2种。

分种检索表

1. 叶为绿色。产陕西、甘肃、河南、江苏、安徽、浙江、江西、湖南、湖北、福建、台湾、广东、广西、四川、云南、贵州。大连市有少量栽培 ········ 1. 石楠 Photinia serratifolia（Desfontaines）Kalkman【P.550】
1. 下部叶绿色或带紫色，上部嫩叶鲜红色或紫红色。杂交种，大连市常见栽培 ···············
　　·············· 2. 红叶石楠 Photinia × fraseri【P.550】

29. 花楸属 Sorbus L.

Sorbus L. Sp. Pl. 477. 1753.

全世界约有100种，分布于北半球的亚洲、欧洲、北美洲。中国有67种。东北地区产6种2变种，其中栽培3种。辽宁产5种1变种，其中栽培3种。

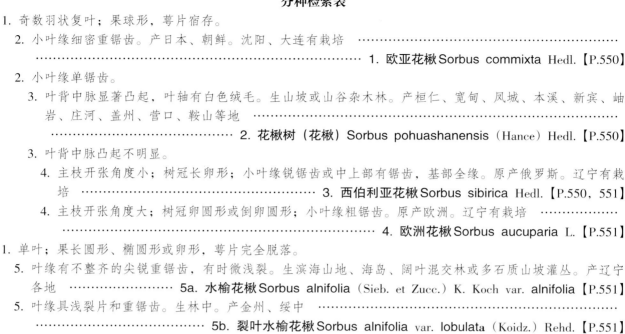

分种检索表

1. 奇数羽状复叶；果球形，萼片宿存。
  2. 小叶缘细密重锯齿。产日本、朝鲜。沈阳、大连有栽培 ·····························
    ····································· 1. 欧亚花楸 Sorbus commixta Hedl.【P.550】
  2. 小叶缘单锯齿。
    3. 叶背中脉显著凸起，叶轴有白色绒毛。生山坡或山谷杂木林。产桓仁、宽甸、凤城、本溪、新宾、岫岩、庄河、盖州、营口、鞍山等地 ·······························
    ······················· 2. 花楸树（花楸）Sorbus pohuashanensis（Hance）Hedl.【P.550】
    3. 叶背中脉凸起不明显。
      4. 主枝开张角度小；树冠长卵形；小叶缘锐锯齿或中上部有锯齿，基部全缘。原产俄罗斯。辽宁有栽培 ·············· 3. 西伯利亚花楸 Sorbus sibirica Hedl.【P.550，551】
      4. 主枝开张角度大；树冠卵圆形或倒卵圆形；小叶缘粗锯齿。原产欧洲。辽宁有栽培 ·············
      ························· 4. 欧洲花楸 Sorbus aucuparia L.【P.551】
1. 单叶；果长圆形、椭圆形或卵形，萼片完全脱落。
  5. 叶缘有不整齐的尖锐重锯齿，有时微浅裂。生滨海山地、海岛、阔叶混交林或多石质山坡灌丛。产辽宁各地 ·············· 5a. 水榆花楸 Sorbus alnifolia（Sieb. et Zucc.）K. Koch var. alnifolia【P.551】
  5. 叶缘具浅裂片和重锯齿。生林中。产金州、绥中 ·····························
  ························· 5b. 裂叶水榆花楸 Sorbus alnifolia var. lobulata（Koidz.）Rehd.【P.551】

30. 腺肋花楸属 Aronia Medikus

Aronia Medikus，Philos. Bot. 1：140，155. 1789.
本属全世界有2种，分布北美洲。中国近年引种1种。东北地区仅辽宁有栽培。

黑果腺肋花楸 Aronia melanocarpa Elliot【P.551】

落叶灌木，树高1.5~2.5米，丛状树形。树皮光滑，多年生枝条灰褐色，新梢淡褐色；皮孔圆形，灰色。冬芽赤褐色，圆锥形，为混合芽。叶片互生，单叶椭圆形，叶缘重锯齿，叶脉羽状，深绿而光滑。复伞房花序6~8厘米，由10~40朵小花组成；花为完全花，白色；花冠径1.5厘米，花萼花瓣各5枚，离生雄蕊15~18枚，花药为背着药，粉红色；雌蕊为合生心皮，5小室，每室1~2个胚珠，子房下位。浆果，果实甜酸略有微涩味，球形，果皮紫黑色，果肉暗红色。原产美国东北部，大连有栽培。

31. 木瓜属 Chaenomeles Lindl.

Chaenomeles Lindl. in Trans Linn. Soc. 13：97. 1822.
本属全世界约有5种，产亚洲东部。中国有5种。东北地区仅辽宁栽培4种。

分种检索表

1. 小乔木；枝无刺；花单生，后叶开放，萼片反折；托叶膜质。产山东、陕西、湖北、江西、安徽、江苏、浙江、广东、广西等地。大连、金州、旅顺口有栽培 ·····························
  ························· 1. 木瓜 Chaenomeles sinensis（Thouin）Koehne【P.551】
1. 灌木；枝有刺；花簇生，先叶或与叶同时开放，萼片直立；托叶草质。
  2. 叶椭圆形至披针形，叶缘有芒状细尖锯齿，幼时背面密被褐色茸毛；花柱基部被柔毛或绵毛。产陕西、甘肃、江西、湖北、湖南、四川、云南、贵州、广西。大连有栽培 ·····························
  ························· 2. 毛叶木瓜 Chaenomeles cathayensis（Hemsl.）Schneid.【P.551】

2. 叶卵形、倒卵形、匙形或长椭圆形，叶缘具有尖锐锯齿或圆钝锯齿，幼时背面无毛或有短柔毛；花柱基部无毛或微具毛。

  3. 株高可达2米；叶卵形至长椭圆形，叶缘具有尖锐锯齿，齿尖开展；叶柄长约1厘米；托叶肾形或半圆形，稀卵形，边缘有尖锐重锯齿。产陕西、甘肃、四川、贵州、云南、广东。大连、旅顺口、金州、盖州等地有栽培 ·················· 3. 皱皮木瓜 Chaenomeles speciosa（Sw.）Nakai【P.551】

  3. 株高不及1米；叶倒卵形、匙形至宽卵形，叶缘有圆钝锯齿，齿尖向内合拢；叶柄长约5毫米；托叶肾形，有圆齿。原产日本。沈阳、大连有栽培 ·····································
    ·············· 4. 日本木瓜 Chaenomeles japonica（Thunb.）Lindl. ex Spach【P.551】

32. 梨属 Pyrus L.

Pyrus L. Sp. Pl. 479. 1753.

本属全世界约有25种，分布亚洲、欧洲至北非。中国有14种。东北地区产9种，其中栽培6种，辽宁均有分布。

分种检索表

1. 萼片宿存；花柱4~5。
  2. 叶缘锯齿尖锐刺芒状。
    3. 果黄色、黄绿色或带红晕，直径2~6厘米，果梗长1~2厘米；叶缘刺芒长；花柱5。生山坡林缘或林中。产辽宁各地 ·················· 1. 秋子梨 Pyrus ussuriensis Maxim.【P.551】
    3. 果褐色，直径1.5~2.5厘米，果梗长1.5~3厘米；叶缘刺芒短；花柱4。生山坡下部。产凌源、盖州等地
    ·················· 2. 河北梨 Pyrus hopeiensis Yu【P.551】
  2. 叶缘锯齿圆钝；花柱5；果黄色，直径2~7厘米，果梗长2.5~4厘米。原产欧洲及亚洲西部。辽宁有少量栽培 ·················· 3. 西洋梨 Pyrus communis L.【P.551】
1. 萼片脱落；花柱2~5。
  4. 叶缘锯齿尖锐短刺芒状，齿尖向内靠贴；花柱4~5。
    5. 果黄色；叶基部广楔形。辽宁常见栽培 ·················· 4. 白梨 Pyrus bretschneideri Rehd.【P.552】
    5. 果褐色；叶基部圆形或近心形。辽宁有栽培 ······· 5. 沙梨 Pyrus pyrifolia（Burm. f.）Nakai【P.552】
  4. 叶缘锯齿无刺芒，齿尖开展；花柱2~3。
    6. 果实近球形，2~3室，直径0.5~1厘米。
      7. 幼枝、花序和叶片下面均被茸毛；小枝具刺；叶菱状长卵形，缘有粗尖锯齿；果暗褐色。分布华北、西北及华中地区。辽宁西部有野生；大连、沈阳等地栽培 ·····································
      ·················· 6. 杜梨 Pyrus betulifolia Bunge【P.552】
      7. 幼枝、花序和叶片下面均无毛；小枝无刺；叶卵形至椭圆形，缘有钝锯齿；果黑褐色。产山东、河南、江苏、浙江、江西、安徽、湖北、湖南、福建、广东、广西。沈阳、大连有栽培 ·············
      ·················· 7. 豆梨 Pyrus calleryana Dcne.【P.552】
    6. 果实球形或卵形，3~4室，直径1.2~2.5厘米。
      8. 果实直径2.0~2.5厘米；幼枝、花序和叶柄、叶片下面略具茸毛。分布河北、山东、山西、陕西、甘肃。辽宁有栽培 ·················· 8. 褐梨 Pyrus phaeocarpa Rehd.【P.552】
      8. 果实直径1.2~1.5厘米；幼枝、花序和叶柄、叶片下面均光滑无毛。生山坡。产金州大黑山 ······
      ·················· 9. 和尚梨 Pyrus corymbifera Nakai

33. 苹果属 Malus Mill.

Malus Mill. Gard. Dict. abridg. ed. 4. 1754.

本属全世界约有55种，广泛分布于北温带地区，亚洲、欧洲和北美洲均产。中国有25种。东北地区产12种，其中栽培9种。辽宁产11种，其中栽培7种。

分种检索表

1. 萼片脱落；花柱3~5；果小，直径不超过1.5厘米。
　2. 叶不分裂，在芽中呈席卷状。
　　3. 萼片披针形，稀卵形，长于萼筒。
　　　4. 花白色或淡粉色。
　　　　5. 花白色。
　　　　　6. 果实近球形，红色或黄红色，直径1厘米以下；萼片先端渐尖，完全脱落；花柱基部有长柔毛；叶柄、叶脉、花梗及萼筒外部均无毛。生山坡、山谷杂木林中、溪流旁。产辽宁各地 …………………………………………………………………… 1. 山荆子 Malus baccata（L.）Borkh.【P.552】
　　　　　6. 果实椭圆形或倒卵形，直径8~12毫米，红色；叶柄、叶脉、花梗及萼筒外部均被疏柔毛。生山坡杂木林中、山顶、山沟。产大连、旅顺口及辽宁东部山区 ……………………………… 2. 毛山荆子 Malus mandshurica（Maxim.）Kom. ex Juz.【P.552】
　　　　5. 花淡粉色。果倒卵球形，紫红色。生山坡杂木林中。产旅顺口、金州等地 ……………………………… 3. 金州山荆子 Malus jinxianensis J. Q. Deng & J. Y. Hong【P.552】
　　　4. 花粉红色；果径多在1厘米以上，通常直径1~1.5厘米；萼片多数脱落，部分宿存。分布华北、西北地区。辽宁各地栽培 …………………… 4. 西府海棠 Malus micromalus Makino【P.552】
　　3. 萼片三角状卵形，与萼筒等长或稍短。
　　　7. 叶缘锯齿细钝；萼片先端钝；花柱4或5；果梨形或倒卵形。产江苏、浙江、安徽、陕西、四川、云南等省。大连有栽培 …………………… 5. 垂丝海棠 Malus halliana Koehne【P.552】
　　　7. 叶缘锯齿细锐；萼片先端急尖或渐尖；花柱3或4；果椭圆形或近球形。产湖北、湖南、江西、江苏、浙江、安徽、福建、广东、甘肃、陕西、河南、山西、山东、四川、云南、贵州。大连有栽培 …………………… 6. 湖北海棠 Malus hupehensis（Pamp.）Rehd.【P.552】
　2. 叶3~5浅裂，稀有不裂，在芽中呈对折状；萼片三角状卵形，与萼筒等长或稍长；花淡粉红色，花柱基部有长柔毛；果实无石细胞。生山坡杂木林或灌木丛中。旅顺口、金州、丹东、盖州等地栽培 ……………………………………………… 7. 三叶海棠 Malus sieboldii（Regel）Rehd.【P.552】
1. 萼片宿存；花柱4（5）；果实大，直径通常在2厘米以上。
　8. 萼片先端渐尖，比萼筒长；果实基部下陷。
　　9. 叶缘锯齿钝；果实扁球形至球形，萼洼下陷。原产欧洲及亚洲中部。辽宁常见栽培 ……………………………………………… 8. 苹果 Malus pumila Mill.【P.553】
　　9. 叶缘锯齿尖锐；果实卵形，萼洼微凸。
　　　10. 果实较大，直径4~5厘米，果梗长不起过2厘米。适宜生长山坡阳处、平原沙地。辽南有栽培 …………………… 9. 花红 Malus asiatica Nakai【P.553】
　　　10. 果实较小，直径2~2.5厘米，果梗长2~3.5厘米。生山坡、平地或山谷梯田边。辽宁各地栽培 …………………… 10. 楸子 Malus prunifolia（Willd.）Borkh.【P.553】
　8. 萼片先端急尖，比萼筒短或等长；果实常为黄色，基部不下陷。分布华北、华东等地区。大连有栽培 …………………… 11. 海棠花 Malus spectabilis（Ait.）Borkh.【P.553】

34. 唐棣属 Amelanchier Medic.

Amelanchier Medic. Philos. Bat. 1：135. 155. 1789.

本属全世界约有25种，多分布于北美洲。中国有2种，产华东、华中和西北等地区。东北地区仅辽宁有2种，其中栽培1种。

分种检索表

1. 叶边全部有锯齿；花梗、总花梗及嫩叶下面均密被茸毛。资料记载辽宁凤城有分布。大连有栽培 ………

.... 1. 东亚唐棣Amelanchier asiatica（Sieb. & Zucc.）Endl. ex Walp.【P.553】

1. 叶边仅上半部有锯齿，基部全缘；花梗及总花梗无毛，嫩叶下面仅在中脉附近稍具柔毛。产河南、甘肃、陕西、湖北、四川。沈阳栽培 .... 2. 唐棣Amelanchier sinica（Schneid.）Chun【P.553】

七十二、豆科Fabaceae（Leguminosae）

Fabaceae Lindl., Intr. Nat. Syst. Bot., ed. 2. 148（1836），nom. cons.

Leguminosae Juss., Gen. Pl.［Jussieu］345（1789）.

本科全世界约有650属，约18000种，广布世界各地。中国有167属1673种。东北地区产50属185种6亚种28变种21变型，其中栽培15种3亚种2变型。辽宁产46属123种7亚种20变种20变型，其中栽培40种4亚种3变种5变型。

分属检索表

1. 花辐射对称，花瓣镊合状排列；雄蕊多数，无定数 .... 1. 合欢属Albizia
1. 花两侧对称，花瓣覆瓦状排列；雄蕊有定数。
  2. 花冠不为蝶形，最上面1花瓣在最里面，各瓣形状相似；雄蕊通常分离。
    3. 叶为羽状复叶。
      4. 乔木，通常有刺，刺粗壮，常分歧；叶为一至二回偶数羽状复叶 .... 2. 皂荚属Gleditsia
      4. 乔木、灌木或草本，通常无刺；叶为一回偶数羽状复叶。
        5. 总花梗顶端有小苞片；花瓣不等长；荚果弹性开裂，裂片卷曲 .... 3. 山扁豆属Chamaecrista
        5. 总花梗顶端无小苞片；花瓣近等长；荚果不裂或不规则开裂 .... 4. 番泻决明属Senna
    3. 叶为单叶，全缘；花在老干上簇生或呈总状花序，具不相等的花瓣；荚果在腹缝线上具狭翅 .... 5. 紫荆属Cercis
  2. 花冠蝶形，各花瓣极不相似；雄蕊通常合生成两体或单体，少有分离。
    6. 雄蕊10，分离或仅基部合生。
      7. 叶为奇数羽状复叶。
        8. 荚果扁平，含1至数粒种子，不于种子间缢缩成串珠状 .... 6. 马鞍树属Maackia
        8. 荚果圆筒形，含少数至多数种子。
          9. 灌木；荚果呈不明显的串珠状 .... 7. 苦参属Sophora
          9. 乔木；荚果呈明显串珠状 .... 8. 槐属Styphnolobium
      7. 叶为具3小叶的掌状复叶 .... 9. 野决明属Thermopsis
    6. 雄蕊10，合生成单体或两体。
      10. 荚果如含有种子2粒以上时，不在种子间裂成节荚，通常2瓣裂或不开裂。
        11. 花药长、短两型交互而生。
          12. 小乔木；掌状三出复叶，小叶全缘 .... 10. 毒豆属Laburnum
          12. 草本、亚灌木或灌木。
            13. 单叶或三出复叶 .... 11. 猪屎豆属（野百合属）Crotalaria
            13. 掌状复叶，小叶5个以上 .... 12. 羽扇豆属Lupinus
        11. 花药通常均为一式。
          14. 叶通常为具3小叶的复叶。
            15. 小叶边缘通常均有锯齿；托叶常与叶柄相连合；子房基部无鞘状花盘。
              16. 叶为具3小叶的羽状复叶；瓣爪不与雄蕊筒相连，花脱落。
                17. 总状花序细长而稍稀疏；荚果小而膨胀，卵球形或近球形，稀为长圆形，长2~10毫米，先端的喙很短或不明显，含1~2粒种子 .... 13. 草木犀属Melilotus

17. 花序短总状较密，或密集成近头状，或1至数花腋生；英果扁平或膨胀而较长，或短小膨胀具显著的长喙。

  18. 英果两缝不等长，镰形至螺旋形，先端具内贴短喙；小叶先端或基部以上具锯齿 ······································ **14. 苜蓿属 Medicago**

  18. 英果直或弧曲，通常线形，先端具直喙；小叶边缘几乎全部具尖齿 ····················· **15. 胡卢巴属 Trigonella**

16. 叶为具3小叶的掌状复叶，稀为具5~7小叶；瓣爪与雄蕊筒相连，花枯后不脱落；英果小，几乎完全包于萼内 ······················ **16. 车轴草属 Trifolium**

15. 小叶全缘或具裂片；托叶不与叶柄相连合；子房基部常有鞘状花盘以包围之。

19. 花常为总状花序，其花轴于花着生处常凸出为节、或隆起如瘤；花柱具毛茸或否。

  20. 花柱无毛；木质藤本 ······································ **17. 葛属 Pueraria**

  20. 花柱上部于后方具纵列的须毛，或于柱头周围有毛；草本（东北）。

    21. 龙骨瓣先端卷曲半圈至数圈 ···················· **18. 菜豆属 Phaseolus**

    21. 龙骨瓣先端钝或具喙，但不卷曲。

      22. 柱头侧生而倾斜；英果呈线状圆柱形，细长 ··········· **19. 豇豆属 Vigna**

      22. 柱头顶生；英果扁，镰刀形、半圆形或少为带形 ········· **20. 扁豆属 Lablab**

19. 花有时单生或簇生，但通常为短总状花序，其花轴延续一致，无节与瘤；花柱光滑无毛。

  23. 花有两种类型，有花瓣与无花瓣；英果也有两型，有地下结实和地上结实 ·· **21. 两型豆属 Amphicarpaea**

  23. 花同为一种类型；英果也是一型，皆为地上结实 ··········· **22. 大豆属 Glycine**

14. 叶通常为具4至多枚小叶的复叶（稀仅有1~3小叶）。

24. 叶为偶数羽状复叶。

  25. 木本植物；叶轴先端为针刺状 ···················· **23. 锦鸡儿属 Caragana**

  25. 草本植物；叶轴先端为卷须或有时为刚毛状或稍呈刺状。

    26. 花柱圆柱形，在其上部四周被长柔毛或顶端具1束髯毛；雄蕊筒顶端倾斜（不为截形） ································ **24. 野豌豆属 Vicia**

    26. 花柱扁，在其上部里面被长柔毛，如刷状；雄蕊筒顶端截形或近截形。

      27. 花柱向外面纵褶；托叶叶状，比小叶大 ·········· **25. 豌豆属 Pisum**

      27. 花柱无纵褶；托叶通常不为叶状，比小叶小 ······· **26. 山黧豆属 Lathyrus**

24. 叶为奇数羽状复叶、指状3小叶或为单叶。

28. 植株具贴生的丁字毛；药隔顶端具腺体或延伸成小毫毛 ········· **27. 木蓝属 Indigofera**

28. 植株不具贴生的丁字毛（仅黄耆属有时植株被丁字毛）；药隔顶端不具任何附属体。

  29. 叶具腺点。

    30. 花蓝紫色，仅有旗瓣，翼瓣及龙骨瓣不存在 ········· **28. 紫穗槐属 Amorpha**

    30. 花紫色、蓝色、粉红或白色，不仅有旗瓣，还有翼瓣及龙骨瓣 ··· **29. 补骨脂属 Cullen**

  29. 叶不具腺点；英果通常含种子2至多数；花通常为具5花瓣的蝶形花。

    31. 木质藤本植物 ································ **30. 紫藤属 Wisteria**

    31. 草本、灌木或乔木，不为木质藤本。

      32. 英果扁平，呈带状长圆形 ···················· **31. 刺槐属 Robinia**

      32. 英果不扁平，膨大或不同程度膨胀，或为圆筒形。

        33. 花柱后方具纵列的须毛；旗瓣常较宽而开展或向后翻。

          34. 灌木；总状花序；花黄色 ············ **32. 鱼鳔槐属 Colutea**

          34. 草本或半灌木。

            35. 英果膨胀近球形 ············ **33. 苦马豆属 Sphaerophysa**

            35. 英果狭椭圆形到卵球形 ······ **34. 膨果豆属 Phyllolobium**

33. 花柱通常光滑无毛；旗瓣直立或开展。

    36. 药室于顶端连合；植株常有腺毛或腺点 ·················· 35. 甘草属 Glycyrrhiza

    36. 药室不于顶端连合。

        37. 龙骨瓣顶端具一凸出的喙状尖。

            38. 小叶对生、互生或轮生 ·················· 36. 棘豆属 Oxytropis

            38. 通常 5 小叶，下方 2 枚（托叶状，不贴生叶柄），上方 3 枚 ··················
            ·· 37. 百脉根属 Lotus

        37. 龙骨瓣顶端不具凸出的喙状尖。

            39. 龙骨瓣极短小，长为旗瓣的 1/3~1/2 以下；英果 1 室；通常无地上茎（或茎极短缩），自基生叶间抽出总花梗，在总花梗顶端通常有 2~8 花排列成伞形花序 ·················· 38. 米口袋属 Gueldenstaedtia

            39. 龙骨瓣比旗瓣稍短或有时近等长；英果 1 室、不完全 2 室至 2 室；通常有地上茎，少为短缩或无地上茎；花序通常为腋生总状花序或密集如头状或穗状，少为腋生 1 至数花，极稀为伞形花序 ·········· 39. 黄耆属 Astragalus

10. 英果如含有种子 2 粒以上时，在种子间横裂或紧缩为 2 至数节，各英节含 1 粒种子而不开裂，或有时英节退化而仅具 1 节 1 粒种子。

    40. 萼具细长的花梗状的萼管；花后子房因雌蕊柄延长而伸入地下结实 ········ 40. 落花生属 Arachis

40. 萼不具细长的花梗状的萼管；花后子房不伸入地中结实。

    41. 雄蕊 10，连合成 5 与 5 的两体；叶为具多数小叶的羽状复叶 ··················
    ··· 41. 合萌属（田皂角属）Aeschynomene

    41. 雄蕊 10，连合成 9 与 1 两体，有时其单一的雄蕊与雄蕊筒的一部分合生或大部分合生或有时合生成单体。

        42. 花聚为腋生而有长梗的伞形花序；所有的花丝或至少有数条花丝于顶部膨大 ··················
        ·· 42. 小冠花属 Coronilla

        42. 花通常为腋生的总状或穗状花序，也有时仅 1 至数朵花生于叶腋，少为伞形花序、圆锥花序等；花丝不于顶部膨大。

            43. 英果有节英 2~5，具细长或稍短的果颈（子房柄），各节英的边缘一侧较短而直、另一侧边缘较长呈弓形弯曲 ·················· 43. 长柄山蚂蝗属 Hylodesmum

            43. 英果仅具 1 节或 1 至数节，各节英的两侧边缘略均等。

                44. 叶为具多数小叶的奇数羽状复叶（稀为具 3~7 小叶或仅 1 小叶）；英果具二至数节，稀为 1 节 ·················· 44. 羊柴属（山竹子属）Corethrodendron

                44. 叶具 3 小叶；英果仅具 1 节、1 粒种子。

                    45. 花梗无关节；每苞片腋内生有 2 花，每花有 2 小苞片；雄蕊管宿存而与英果贴生；托叶草质 ·················· 45. 胡枝子属 Lespedeza

                    45. 花梗有关节；每苞片腋内有 1 花，每花有 3~4 小苞片；雄蕊管于果时脱落；托叶膜质 ··· 46. 鸡眼草属 Kummerowia

1. 合欢属 Albizia Durazz.

Albizia Durazz. Mag. Tosc. 3：10. 1772.

    本属全世界 120~140 种，产亚洲、非洲、大洋洲及美洲的热带、亚热带地区。中国有 16 种，大部分产西南部、南部及东南部各省区。东北地区仅辽宁产 2 种，其中栽培 1 种。

分种检索表

1. 花粉红色；小叶比较小，长 1.8 厘米以下，宽 1 厘米以下。生于山坡或栽培。产长海、大连偶见野生，各地栽培 ·· 1. 合欢 Albizia julibrissin Durazz.【P.553】

1. 花初白色，后变黄；小叶比较大，长1.5~4.5厘米，宽0.7~2厘米。分布华北、西北、华东、华南至西南部各省区。大连有栽培 ······ 2. 山槐Albizia kalkora（Roxb.）Prain.【P.553】

2. 皂荚属 Gleditsia L.

Gleditsia L. Sp. Pl. 1056. 1753.

本属全世界约16种。分布于亚洲中部和东南部、南北美洲。中国产6种2变种，广布于南北各省区。东北地区产3种2变型，其中栽培1种2变型。辽宁产3种1变种1变型，其中栽培1种1变型。

分种检索表

1. 小叶大，长2.5厘米以上，边缘具不规则齿牙；荚果长6厘米以上，具种子多颗。
  2. 小叶3~10对，卵形或椭圆形，顶端钝；子房无毛或仅缝线处和基部被柔毛。
    3. 荚果挺直、不扭转；枝刺圆柱形。分布华北、西北、华东、华南。大连有栽培 ······ 1. 皂荚Gleditsia sinensis Lam.【P.553】
    3. 荚果扭转；枝刺扁平。
      4. 枝及茎上有刺。生山沟阔叶林间或山坡。产沈阳、鞍山、海城、本溪、凤城、宽甸、桓仁、丹东、大连、北镇、绥中等地 ······ 2a. 山皂荚Gleditsia japonica Miq. f. japonica【P.553】
      4. 枝及茎上无刺。大连有栽培···2b. 无刺山皂荚Gleditsia japonica f. inarmata Nakai
  2. 小叶11~18对，椭圆状披针形，顶端急尖；子房被灰白色茸毛。原产美国。大连栽培 ······ 3b. 无刺美国皂荚Gleditsia triacanthos f. inermis（L.）C. K. Schneid.【P.553】
1. 小叶小，长6~24毫米，全缘，植株上部的小叶远比下部的为小；荚果长3~6厘米，具1~3颗种子。生山坡阳处或路边。产凌源 ······ 4. 野皂荚Gleditsia microphylla Gordon ex Y. T. Lee【P.553】

3. 山扁豆属 Chamaecrista Moench

Chamaecrista Moench, Methodus. 272. 1794.

本属全世界约270种，大部分种分布于美洲，少数种分布亚洲热带地区。中国有3种。东北有2种，其中栽培1种，辽宁均产。

分种检索表

1. 一年生草本；小叶8~28对；雄蕊4枚，有时5枚。生向阳山坡、草地、河边及荒地。产西丰、清原、新宾、沈阳、桓仁、本溪、凤城、宽甸、丹东、岫岩、普兰店、庄河、金州、大连、锦州、葫芦岛等地 ······ 1. 豆茶决明（豆茶山扁豆）Chamaecrista nomame（Sieb.）H. Ohashi【P.554】
1. 一年生或多年生亚灌木状草本；小叶20~50对；雄蕊10枚。原产美洲热带地区，现广布于全世界热带和亚热带地区。辽宁有栽培逃逸记录 ······ 2. 山扁豆（含羞草决明）Chamaecrista mimosoides（L.）Greene

4. 番泻决明属 Senna Miller

Senna Miller, Gard. Dict. Abr., ed. 4. 1754.

本属全世界约260种，泛热带分布。中国有15种。东北地区产3种，均为栽培。辽宁产2种。

分种检索表

1. 小叶5~10对；荚果近圆筒形，长仅5~10厘米。分布中国中部、南部各省区。大连、沈阳等有栽培 ······ 1. 槐叶决明Senna sophera（L.）Roxb.【P.554】
1. 小叶2~4对；荚果近四棱柱形，长达15厘米。原产美洲热带地区。辽宁省各地常有栽培 ······ 2. 决明Senna tora（L.）Roxb.【P.554】

5. 紫荆属 Cercis L.

Cercis L. Sp. Pl. 374. 1753.

本属全世界约11种，分布北美洲、欧洲东部和南部及中国。中国有5种。东北地区仅辽宁栽培1种1变型。

分种下单位检索表

1. 花玫瑰红色。分布华北、华东、西南及华中地区。大连各地有栽培 ·· 1a. 紫荆 Cercis chinensis Bunge f. chinensis【P.554】

1. 花为白色。大连、旅顺口等有栽培 ·················· 1b. 白花紫荆 Cercis chinensis f. alba Hsu

6. 马鞍树属 Maackia Rupr. et Maxim.

Maackia Rupr. et Maxim. in Bull. Phys.–Math. Acad. Imp. Sci. St. Petersb. 15：143. 1856.

本属全世界约12种，产东亚。中国有7种。东北地区产1种1变种。辽宁产1种。

朝鲜槐（檵槐）Maackia amurensis Rupr. et Maxim.【P.554】

落叶乔木。奇数羽状复叶；小叶对生或近对生，7~11枚。总状或复总状花序顶生，花密；萼钟状，5浅裂；花冠白色，长约10毫米。荚果扁平，线状长圆形，褐色，沿缝线开裂。生阔叶林内、林边、溪流、灌木丛间。产庄河、瓦房店、绥中、凌源、桓仁、盖州、沈阳、抚顺等地。

7. 苦参属 Sophora L.

Sophora L. Sp. Pl. 373. 1753.

本属全世界70种左右，广泛分布于两半球的热带至温带地区。中国有19种，主要分布于西南、华南和华东地区，少数种分布到华北、西北和东北地区。东北地区产1种，产黑龙江、吉林、辽宁、内蒙古。

苦参 Sophora flavescens Ait.【P.554】

落叶直立灌木或半灌木；主根粗壮，味苦；奇数羽状复叶互生，小叶6~12对；总状花序顶生并于顶部腋生，比叶长；花瓣淡黄色或黄白色；荚果圆筒状，种子间缢缩。多生长在山坡草地、沙地及河岸砾质地等处。产辽宁各地。

8. 槐属 Styphnolobium Schott

Styphnolobium Schott, Wiener Z. Kunst 1830（3）：844. 1830.

本属全世界约4种。中国有2种。东北地区仅辽宁产1种3变种2变型，其中栽培3变种2变型。

分种下单位检索表

1. 当年生枝条绿色；叶绿色。
  2. 花冠黄白色。
    3. 大枝不弯曲，小枝不下垂。
      4. 小叶4~7对。生山坡、林缘肥沃湿润土壤。产绥中、凌源、朝阳、建平、喀左、兴城、葫芦岛等地 ·················· 1aa. 槐 Styphnolobium japonicum（L.）Schott var. japonicum f. japonicum【P.554】
      4. 小叶1~2对，集生叶轴先端成为掌状，或仅为规则的掌状分裂。辽宁有栽培 ·················· 1ab. 五叶槐 Styphnolobium japonicum var. japonicum f. oligophylla Franch.【P.554】
    3. 大枝弯曲扭转，小枝下垂，树冠如伞。辽宁各地广泛栽培 ·················· 1ac. 龙爪槐 Styphnolobium japonicum var. japonicum f. pendula Hort. apud Loud.
  2. 翼瓣和龙骨瓣紫色，旗瓣白色或先端带有紫红脉纹。大连有栽培 ··················

.... 1b. **董花槐** Styphnolobium japonicum var. violacea Carr.

1. 当年生枝条金黄色或黄绿色。

    5. 当年生枝条黄色或黄绿色；嫩叶黄色，后变黄绿色（阳光越足，叶片越黄）。大连常见栽培 ....

.... 1c. **金叶国槐** Styphnolobium japonicum 'Chrysophylla'

    5. 当年生枝条金黄色；嫩叶黄色，后变绿色。大连常见栽培 ....

.... 1d. **金枝国槐** Styphnolobium japonicum 'Chrysoclada'

9. 野决明属 Thermopsis R. Br.

Thermopsis R. Br. in Ait. Hort. Kew. ed. 2, 3: 3. 1811.

    本属全世界25种，产北美洲、西伯利亚、朝鲜、日本、蒙古、中亚细亚和中国。中国有12种，分布北部、西北和西南部。东北地区产2种。辽宁产1种。

披针叶野决明（牧马豆）Thermopsis lanceolata R. Br.【P.554】

    多年生草本。茎直立，具沟棱，被黄白色柔毛。3小叶；小叶狭长圆形、倒披针形。总状花序顶生，具花2~6轮；萼钟形，密被毛，背部稍呈囊状隆起，上方2齿连合，三角形，下方萼齿披针形，与萼筒近等长。花冠黄色。荚果线形。生草原沙丘、河岸和砾滩。产建平县。

10. 毒豆属 Laburnum Fabr.

Laburnum Fabr. Enum. Meth. Pl. 228. 1759.

    本属全世界4种，产欧洲、北非、西亚。中国栽培1种。东北仅辽宁有栽培。

毒豆 Laburnum anagyroides Medic.【P.554】

    小乔木。叶对生，广卵形，背面被白色柔毛。圆锥花序顶生，花序长达30~45厘米；花冠黄色，下唇裂片微凹，内面有2条黄色脉纹及淡紫褐色斑点。蒴果，成熟时2瓣裂；种子长圆形，扁平，宽3毫米以上，两端有长毛。原产美国中部。大连有栽培。

11. 猪屎豆属（野百合属）Crotalaria L.

Crotalaria L., Sp. Pl. 714. 1753.

    本属全世界约550种，分布于美洲、非洲、大洋洲及亚洲热带、亚热带地区。中国产40种3变种，分布于辽宁、山东、河北、河南、安徽、江苏、浙江、江西、湖北、湖南、福建、台湾、贵州、广东、广西、四川、云南、西藏等省区。东北地区产5种，其中栽培1种。辽宁产2种。

分种检索表

1. 花黄色。原产印度。辽宁曾有栽培，沈阳见逸生 .... 1. **菽麻** Crotalaria juncea L.【P.554】
1. 花蓝紫色。生路边、山坡、荒地等处。产抚顺、鞍山、桓仁、宽甸、凤城、丹东、庄河、普兰店、金州、大连、长海等地 .... 2. **野百合** Crotalaria sessiliflora L.【P.554】

12. 羽扇豆属 Lupinus L.

Lupinus L. Sp. Pl. 721. 1753.

    本属全世界约200种，主要分布北美洲，其次分布南美洲、地中海区域和非洲。中国约有7种，均为引进栽培。东北地区仅辽宁栽培1种。

多叶羽扇豆 Lupinus polyphyllus Lindl.【P.555】

    多年生草本。掌状复叶，小叶5~18枚。总状花序远长于复叶；花多而稠密，互生；花梗长4~10毫米；萼二唇形，密被贴伏绢毛，上唇较短，具双齿尖，下唇全缘；花冠蓝色至堇青色。荚果长圆形，密被绢毛，有种子4~8粒。原产美国西部。大连有栽培。

13. 草木犀属 Melilotus Mill.

Melilotus (L.) Mill., Gard. Dict. Abr., ed. 4. 1754.

本属全世界20余种，分布欧洲地中海区域、东欧和亚洲。中国有4种1亚种。东北地区产4种，辽宁均产。

分种检索表

1. 花白色；托叶基部两侧不齿裂；小叶边缘有疏锯齿。生田边、路旁、荒地。生路旁、田边、草地。原产亚洲西部。辽宁各地栽培或半自生 ·· 1. 白花草木犀 Melilotus albus Desr.【P.555】
1. 花黄色。
  2. 托叶长锥形，基部全缘或有1~3细齿；小叶边缘具疏锯齿。
    3. 托叶基部边缘膜质，呈小耳状，偶具2~3细齿；花长不到3毫米，花梗甚短；荚果球形，长约2毫米。生旷地、路旁及盐碱性土壤。原产印度，现世界各地引种试验，在南美洲、北美洲已沦为农田杂草。宽甸、鞍山、昌图等地有栽培逸生 ·········· 2. 印度草木犀 Melilotus indica (L.) All.【P.555】
    3. 托叶基部边缘非膜质，偶具1齿，中央有脉纹1条；花长3.5~7毫米，花梗与苞片等长或稍长；荚果卵形，长3毫米以上。生河岸较湿草地、林缘、路旁、沙质地。产凌源、彰武、岫岩、锦州、沈阳、鞍山、大连等地 ·················· 3. 草木犀 Melilotus suaveolens Ledeb.【P.555】
  2. 托叶基部两侧齿裂；小叶倒卵状长圆形或长圆形，边缘具密的细锯齿。生河岸湿草地、沙丘、碱地或路旁。产沈阳、葫芦岛、新民、大连等地 ····················· ·· 4. 细齿草木犀 Melilotus dentatus (Waldst. et Kit.) Pers.【P.555】

14. 苜蓿属 Medicago L.

Medicago L. Sp. Pl. 778. 1753.

本属全世界约85种，分布地中海区域、西南亚、中亚和非洲。中国有15种。东北地区产5种1亚种，辽宁均产，其中栽培3种1亚种。

分种检索表

1. 荚果螺旋状卷曲；花紫色、黄白色或各色。
  2. 多年生草本。
    3. 荚果旋转2~4 (~6) 圈，中央无孔或近无孔；花紫色或各色。原产欧洲。辽宁各地栽培，有逸生于路旁、田边、草地 ·················· 1a. 紫苜蓿 (苜蓿) Medicago sativa L. subsp. sativa【P.555】
    3. 荚果旋转1~1.5圈，中央有孔；花黄白色或各色。杂交种。大连、金州、彰武等地栽培，有逃逸 ······ ·········· 1b. 杂交苜蓿 Medicago sativa subsp. varia (Martyr) Arcangeli【P.555】
  2. 一、二年生草本；荚果盘形，暗绿褐色，顺时针方向紧旋1.5~2.5 (~6) 圈，每圈具棘刺或瘤突15枚；花黄色。欧洲南部、西南亚，以及整个旧大陆均有分布，并引种到美洲、大洋洲。辽宁有栽培逃逸记录 ·································· 2. 南苜蓿 Medicago polymorpha L.
1. 荚果非螺旋状卷曲；花黄色或黄色带紫色。
  4. 荚果镰刀形或肾形；花黄色。
    5. 荚果肾形，长1.8~2.8毫米，具1粒种子；小叶广倒卵形或倒卵形。多生于湿草地及稍湿草地。产大连、长海、鞍山、凌源、彰武等地 ················· 3. 天蓝苜蓿 Medicago lupulina L.【P.555】
    5. 荚果通常弯曲成镰刀形，长1~1.5厘米，具2~4粒种子；小叶通常为长圆状倒卵形。生较干旱草地、草甸草原、沙质地。产东北、华北、西北各地。金州有栽培 ····· 4. 野苜蓿 Medicago falcata L.【P.555】
  4. 荚果长圆形，顶部具弯曲的喙，两面有网状脉纹；花黄色，带紫色。生草原、草甸草原、沙质地、干山坡、固定和半固定沙丘。产大连、兴城、彰武、凤城等地 ····················· ·· 5. 花苜蓿 (扁蓿豆、辽西扁蓿豆) Medicago ruthenica (L.) Trautv.【P.555】

15. 胡卢巴属 Trigonella L.

Trigonella L. Sp. Pl. 776. 1753.

　　本属全世界约55种，分布地中海沿岸，中欧，南北非洲，西南亚，中亚和大洋洲。中国有8种。东北地区栽培2种。辽宁栽培1种。

胡卢巴 Trigonella foenum-graecum L.【P.555】

　　一年生草本。茎直立，多分枝，微被柔毛。羽状三出复叶；小叶长倒卵形至长圆状披针形。花无梗，1~2朵着生叶腋；萼筒状，萼齿披针形；花冠黄白色或淡黄色，基部稍呈堇青色。荚果圆筒状，先端具细长喙，表面有明显的纵长网纹。分布于地中海东岸、中东、伊朗高原以至喜马拉雅地区。辽宁各地常有栽培。

16. 车轴草属 Trifolium L.

Trifolium L. Sp. Pl. 764. 1753.

　　本属全世界约250种，分布欧亚大陆，非洲，南、北美洲的温带地区，以地中海区域为中心。中国有13种1变种。东北地区产6种1变种，其中栽培4种。辽宁产5种，其中栽培4种。

分种检索表

1. 小叶3。
　　2. 花较大，长通常在12毫米以上，无苞片，近无花梗，萼喉内有一多毛的加厚环。
　　　　3. 花序无总花梗，包于顶生叶的托叶内，卵球形，无总苞；萼被长柔毛；托叶离生部分渐尖。原产欧洲中部。辽宁常见栽培，并见逸生林缘、路旁等处 ……… **1. 红车轴草 Trifolium pratense L.【P.556】**
　　　　3. 花序有总花梗，在花期继续伸长，长筒形，无总苞；萼密被长硬毛；托叶离生部分钝三角形。原产欧洲地中海沿岸。辽宁有栽培逸生记录 ………………………………… **2. 绛车轴草 Trifolium incarnatum L.**
　　2. 花较小，长不到12毫米，具苞片，有花梗，萼喉无毛。
　　　　4. 茎平卧或匍匐，节上生根；总花梗长6~20厘米，萼齿比萼筒短，脉纹10条；花白色或稍带粉红色。原产欧洲。辽宁各地常见栽培，并逸生河岸、路旁等处 ……………………………………………………………………………………………… **3. 白车轴草 Trifolium repens L.【P.556】**
　　　　4. 茎通常上升；总花梗长约5厘米，萼齿比萼筒长或等长，脉纹5条；花淡红色或白色。原产欧洲。辽宁有引种，见逸生林缘、河旁草地等处 ……………… **4. 杂种车轴草 Trifolium hybridum L.【P.556】**
1. 小叶通常5，稀3~7；总花梗于茎上部腋生或顶生；花淡红色至红色，多数、密集于总花梗顶端成头状。生低湿草地、林缘、灌丛或草地上。产瓦房店、彰武、西丰、新宾、海城等地 …………………………………………………………………………………………… **5. 野火球 Trifolium lupinaster L.【P.556】**

17. 葛属 Pueraria DC.

Pueraria DC. in Ann. Sci. Nat. Ser. 1, 9：97. 1825.

　　本属全世界约20种，分布于印度至日本，南至马来西亚。中国有10种，主要分布于西南部、中南部至东南部，长江以北少见。东北地区产1变种，分布吉林、辽宁。

葛麻姆（葛、野葛）Pueraria montana var. lobata（Willd.）Sanjappa & Pradeep【P.556】

　　木质藤本。枝灰褐色，微具棱，疏生褐色硬毛。羽状三出复叶；顶小叶菱状卵形，侧小叶斜广卵形。总状花序腋生，比叶短，总花梗贴生白色短柔毛，密花；花冠紫色。荚果长圆形，扁平，密被黄褐色长硬毛。生山坡、草丛、路旁等处。产本溪、桓仁、鞍山、宽甸、丹东、大连、凌源等地。

18. 菜豆属 Phaseolus L.

Phaseolus L. Sp. Pl. 723. 1753.

本属全世界约50种，分布于全世界的温暖地区，尤以热带美洲为多。中国引种3种，南北均有分布。东北地区栽培2种1变种，辽宁均有栽培。

分种检索表

1. 总状花序比叶短；小苞片卵形；花白色、淡红色或紫色。
  2. 茎长而缠绕。原产南美洲。辽宁各地常见栽培 ··· 1a. 菜豆 Phaseolus vulgaris L. var. vulgaris【P.556】
  2. 茎矮小而直立。清原等地有栽培 ……………………………………………………………………
  …………………………………… 1b. 龙牙豆（五月鲜）Phaseolus vulgaris var. humilis（Hassk.）Alef.
1. 总状花序比叶长；小苞片长圆状披针形；花大红色或白色；茎长而缠绕。辽宁各地栽培 ………………
  ……………………………………… 2. 荷包豆（多花菜豆）Phaseolus coccineus L.【P.556】

19. 豇豆属 Vigna Savi

Vigna Savi in Pisa Nuov. Giorn. Lett. 8：113. 1824.

本属全世界约100种，分布于热带地区。中国有14种，产东南部、南部至西南部。东北地区产4种3亚种，其中栽培2种3亚种，辽宁均有栽培。

分种检索表

1. 荚果被粗硬毛。
  2. 茎高10余厘米；种子有条状排列的黑色突起状细点。生海边丘陵地岩石间或盐渍性沙地上。产大连各沿海地区 ………………………………… 1. 海绿豆 Vigna demissus（Kitag.）S. M. Zhang【P.556】
  2. 茎高30~50厘米；种子光滑。辽宁各地常见栽培 ………… 2. 绿豆 Vigna radiata（L.）Wilczek【P.556】
1. 荚果无毛。
  3. 托叶较大，长1~1.7厘米。
    4. 托叶披针形至卵状披针形，长近1厘米。
      5. 荚果柱形。
        6. 荚果线状圆柱形，长20~30厘米。辽宁各地常见栽培 …………………………………………
          ………………………… 3a. 豇豆（饭豆）Vigna unguiculata subsp. unguiculata Verdc.【P.556】
        6. 荚果柱形，长10~16厘米。原产亚洲。辽宁各地常见栽培 …………………………………………
          ………… 3b. 眉豆（短豇豆、饭豇豆）Vigna unguiculata subsp. cylindrica（L.）Verdc.【P.556】
      5. 荚果线形，长30~90厘米，下垂。辽宁各地常见栽培 ……………………………………………
          ……………… 3c. 长豇豆（线豆）Vigna unguiculata subsp. sesquipedalis（L.）Verdc.【P.556】
    4. 托叶箭头形，长1.7厘米。原产亚洲热带。辽宁各地常见栽培 ……………………………………………
          ……………………… 4. 赤豆（小豆）Vigna angularis（Willd.）Ohwi et Ohashi【P.557】
  3. 托叶披针形，长约4毫米；小叶卵形、圆形、披针形至线形，无毛或被极稀疏的糙伏毛；种子深灰色。生山坡、灌丛、稍湿的砂质草地。产抚顺、桓仁、东港、大连、鞍山等地 ………………………………
          ……………………………… 5. 贼小豆（野小豆）Vigna minima（Roxb.）Ohwi et Ohashi【P.557】

20. 扁豆属 Lablab Adanson

Lablab Adanson Fam. Pl. 2：325. 1763.

本属全世界仅1种，产非洲，全世界热带地区均有栽培。中国南北方各地广泛栽培。辽宁也普遍栽培。

扁豆 Lablab purpureus（L.）Sweet【P.557】

一年生草本。茎缠绕，疏生短毛。羽状复叶，具3小叶。花序总状，腋生，花数朵至10余朵，白色或淡紫红色。荚果扁，镰刀状半月形或长圆形，边缘弯曲。原产印度，辽宁各地栽培。

21. 两型豆属 Amphicarpaea Elliot

Amphicarpaea Elliot in Journ. Acad. Philad. 1：372. 1818.

本属全世界约5种，分布于东亚、北美洲以及非洲东南部等地。中国有3种。东北地区产1种，各地常见。

两型豆 Amphicarpaea edgeworthii Benth.【P.557】

一年生缠绕性草本。羽状复叶，具3小叶。花异型。由地上茎生出的花为短总状，腋生，具花2~7朵，比叶短；萼筒状，具5齿，被褐色长毛；花冠淡紫色。闭锁花无花瓣，生茎基部附近，伸入地中结实。荚果亦为异型。生林缘、疏林下、灌丛草地。产辽宁各地。

22. 大豆属 Glycine L.

Glycine Willd. Sp. Pl. ed. 4, 3：1053. 1802.

本属全世界约9种，分布于东半球热带、亚热带至温带地区。中国产6种。东北地区产3种2变种2变型，其中栽培1种，辽宁均产。

分种检索表

1. 茎粗壮，直立，密被长硬毛；荚果较肥大，长3~5厘米，宽8~12毫米；种子大，黄色或淡绿色等；花白色至淡红色；栽培植物。原产中国。辽宁各地常见栽培 ·············· 1. 大豆 Glycine max（L.）Merr.【P.557】
1. 茎缠绕或平卧；荚果长1.7~3（~4）厘米，宽（3~）4~7毫米；野生植物。
  2. 通常主茎较分枝粗壮；茎、小枝密生淡黄色长硬毛；托叶披针形至线形，被灰白色长柔毛；花冠紫色、淡紫色或白色。
    3. 花淡红紫色。生田边、路旁、沟边及宅旁的草地上或稍湿草地上。产辽宁各地 ·················· ·· 2a. 宽叶蔓豆 Glycine gracilis Skv. var. gracilis【P.557】
    3. 花为白色。生耕地旁、路边。产铁岭 ··········· 2b. 白花宽叶蔓豆 Glycine gracilis var. nigra Skvortsov
  2. 通常主茎纤细以至于与分枝的区别不明显；全株疏被褐色长硬毛；托叶卵状披针形，急尖，被黄色柔毛；花冠淡红紫色或白色。
    4. 花淡红紫色。
      5. 小叶卵状椭圆形、卵形至狭卵形。生湿草地、河岸、沼泽地或灌丛间。产辽宁各地 ·················· ·································· 3aa. 野大豆 Glycine soja Sieb. et Zucc. var. soja f. soja【P.557】
      5. 小叶狭，披针形、线状披针形至线形，长2.5~6厘米，宽0.4~1.4厘米。生湿草地。产地与分布同原变型 ········ 3ab. 狭叶野大豆 Glycine soja var. soja f. lanceolata（Skv.）P. Y. Fu et Y. A. Chen
    4. 花白色。
      6. 小叶卵状椭圆形、卵形至狭卵形。生湿草地。产彰武、盖州、凌源等地 ························· ······················ 3ba. 白花野大豆 Glycine soja var. albiflora P. Y. Fu et Y. A. Chen f. albiflora
      6. 小叶披针形、狭披针形或线形。生湿草地、沼泽。产彰武、海城 ·············· 3bb. 狭叶白花野大豆 Glycine soja var. albiflora P. Y. Fu et Y. A. Chen f. angustifolia P. Y. Fu et Y. A. Chen

23. 锦鸡儿属 Caragana Fabr.

Caragana Fabr. Enum. ed. 2，421. 1763.

本属全世界约100种，主要分布于亚洲和欧洲的干旱和半干旱地区，北由俄罗斯远东地区、西伯利亚、东达中国，南达中亚、高加索、巴基斯坦、尼泊尔、印度，西至欧洲。中国有66种，主产东北、华北、西北、西南各省区。东北地区产15种2变种，其中栽培1种。辽宁产10种1变种，其中栽培3种。

分种检索表

1. 小叶2对，成假掌状。

2. 花黄色，不带红色亦不变红色，旗瓣为广椭圆状倒卵形。生干山坡、林间。产新疆。庄河等地有少量栽培 ································· 1. 黄刺条锦鸡儿（金雀锦鸡儿）Caragana frutex（L.）K. Koch【P.557】

2. 花黄色稍带红色或红色不明显但后期渐变红色，旗瓣狭倒卵形或近倒卵形。

   3. 嫩枝、叶、花梗、萼、子房、荚果均被灰白色短柔毛；树皮深褐色。生山坡。产大连、辽阳 ········· 2. 毛掌叶锦鸡儿 Caragana leveillei Kom.【P.557】

   3. 全株无毛；树皮绿褐色或灰褐色。生山坡、林缘及岩隙。产北镇、黑山、凌源、旅顺口等地，大连、沈阳、盖州等地有栽培 ········· 3. 红花锦鸡儿 Caragana rosea Turcz.【P.557】

1. 小叶 4~10 对，成羽状排列。

  4. 萼筒钟状，长宽近相等，萼齿短钝；小叶长通常在10毫米以上。

    5. 花梗长 1~5 厘米。

     6. 花梗 2~5 簇生。生林间、林缘。大连、沈阳、盖州等地栽培 ································· 4. 树锦鸡儿 Caragana arborescens（Amm.）Lam.【P.557】

     6. 花梗常单生。生干山坡及林缘。辽宁有栽培 ································· 5. 东北锦鸡儿 Caragana manshurica Kom.【P.557】

    5. 花梗长 8~1.5 毫米。生山坡灌丛。产宽甸 ································· 6. 极东锦鸡儿 Caragana fruticosa（Pall.）Bess.【P.558】

  4. 萼筒管状钟形或管状，长显著大于宽，萼齿尖；小叶长通常在10毫米以下。

    7. 子房被绢毛；荚果扁，后期密被柔毛。生于低山山坡或黄土丘陵。产辽宁省西部地区 ································· 7. 北京锦鸡儿 Caragana pekinensis Kom.

    7. 子房无毛；荚果光滑无毛。

     8. 托叶刺长 10~13 毫米；翼瓣柄长为瓣片的 1/3；花梗于中下部有关节。生山坡。产金州、葫芦岛 ································· 8. 金州锦鸡儿 Caragana litwinowii Kom.【P.558】

     8. 托叶刺长 3~10 毫米；翼瓣柄长为瓣片的 1/2 或近等长；花梗近中部或中上部有关节。

      9. 花梗关节近中部；荚果圆筒形，稍扁，长 4~5 厘米，宽 4~5 毫米。

       10. 小叶绿色，幼时被短柔毛。生固定沙丘、沙质地、干山坡、草甸草原。产大连、长海、沈阳、义县、建平等地 ································· 9a. 小叶锦鸡儿 Caragana microphylla Lam. var. microphylla【P.558】

       10. 小叶灰色至灰绿色，两面密生绢毛。彰武、沈阳有栽培 ································· 9b. 多毛小叶锦鸡儿 Caragana microphylla Lam. var. daurica Kom.

      9. 花梗关节在中上部；荚果扁，披针形或长圆状披针形，长 2~3.5 厘米，宽 5~7 毫米。生于半固定和固定沙地。产辽宁西部 ····· 10. 柠条锦鸡儿（中间锦鸡儿）Caragana korshinskii Kom.【P.558】

24. 野豌豆属 Vicia L.

Vicia L. Sp. Pl. 734. 1753.

本属全世界约160种，产北半球温带至南美洲温带和东非，为北温带（全温带）间断分布，但以地中海地域为中心。中国有40种，广布于全国各省区，以西北、华北、西南地区较多。东北地区产21种5变种7变型，其中栽培1种。辽宁产12种4变种7变型，其中栽培1种。

分种检索表

1. 荚果近圆柱形，种子间有横隔膜；小叶 1~3 对，叶轴末端为刺状。原产欧洲南部至非洲北部。大连有栽培 ································· 1. 蚕豆 Vicia faba L.【P.558】

1. 荚果通常稍扁或扁平，种子之间无横隔膜。

  2. 叶轴末端具卷须。

    3. 总状花序具 5~10 朵花或更多，花长 18 毫米以下。

     4. 小叶椭圆形、长圆形、卵形或长卵形，宽 6~25（~35）毫米（山野豌豆的变种除外）。

5. 小叶侧脉极密而明显，与主脉近成直角（60°~85°）；花长 8~10（~11）毫米，花冠蓝紫色。生林缘、灌丛、草甸、山坡、路旁等处。产昌图、西丰、清原、新宾、沈阳、抚顺、本溪、桓仁、岫岩、营口、瓦房店、普兰店、大连、凌源、建昌、绥中等地 ……………………………
…………………………………… 2. 黑龙江野豌豆 Vicia amurensis Oett.【P.558】

5. 小叶侧脉较稀疏，与主脉成锐角（通常在 60°以下）；花长 10~16 毫米。

6. 托叶小，长 4~7（~9）毫米，2 深裂至近基部，裂片线形；小叶椭圆形、卵形、长圆形至长卵形，背面带苍白色或淡绿色，贴生细柔毛。生山崖、河谷、坡地林下。产庄河、大连、沈阳、长海、丹东 …………………………… 3. 东方野豌豆 Vicia japonica A. Gray【P.558】

6. 托叶较大，长 8~16（~25）毫米，半箭头形或半戟形，通常具一至数个锯齿。

7. 小叶卵形或椭圆形，先端稍锐尖、渐尖或钝，长 30~60（~100）毫米，宽 13~25（~35）毫米，侧脉不达到叶缘，在末端互相连合成波状或齿状；旗瓣瓣片比瓣爪稍短。

8. 花冠蓝紫色。

9. 总状花序长于叶，长 4.5~15 厘米，花序轴单一，长于叶。生林缘灌丛、山坡草地、疏林下。产西丰、开原、朝阳、凌源、建平、锦州、葫芦岛、沈阳、本溪、新宾、清原、鞍山、凤城、营口、普兰店、庄河、金州等地 ……………………………………
…… 4a. 大叶野豌豆 Vicia pseudorobus Fisch. et C. A. Mey. f. pseudorobus【P.558】

9. 花序比叶短或近等长，总花梗自近基部分枝，生出数个或多数短花枝，有时如簇生状。生向阳山坡。产鞍山 …………………………………………………………
……… 4b. 短序大叶野豌豆 Vicia pseudorobus f. breviramea P. Y. Fu et Y. A. Chen

8. 花冠白色。生杂木林缘。产西丰、新宾、清原等地 …………………………………
…… 4c. 白花大叶野豌豆 Vicia pseudorobus f. albiflora（Nakai）P. Y. Fu et Y. A. Chen

7. 小叶椭圆形至长圆形，先端圆形或微凹，长 13~35（~40）毫米，宽 6~12（~18）毫米，侧脉末端通常达叶边缘，不连合成波状、齿状或很不明显；旗瓣瓣片比瓣爪稍长或等长。

10. 花冠蓝紫色。

11. 植株被疏柔毛，稀近无毛。

12. 小叶椭圆形至卵披针形。生山坡、灌丛、林缘、草甸、向阳草地。产彰武、阜新、凌源、北镇、法库、沈阳、抚顺、本溪、新宾、清原、丹东、大连等地 …………
………………………… 5a. 山野豌豆 Vicia amoena Fisch. ex DC. var. amoena【P.558】

12. 小叶狭长圆形或长圆状线形，有时近线形。生河滩、岸边、山坡、林缘、灌丛湿地。产彰武、凌源、喀左、昌图、沈阳、丹东、营口、东港、普兰店、金州等地 …
……………………………… 5b. 狭叶山野豌豆 Vicia amoena var. oblongifolia Rege

11. 全株密被绢毛，呈灰色；小叶长圆形至线形，花长 8~12 毫米。生丘陵、山坡、田埂、灌丛及固定沙丘或沙地。产新民、彰武等地 ……………………………………
……………………………… 5ca. 绢毛山野豌豆 Vicia amoena var. sericea Kitag. f. sericea

10. 花冠白色；全株密被绢毛，呈灰色。生山坡草地。产彰武 ……… 5cb. 白花绢毛山野豌豆
Vicia amoena var. sericea Kitag. f. albiflora P. Y. Fu et Y. A. Chen

4. 小叶较狭，长圆状线形、线形、线状披针形或长圆形，通常宽 4~6 毫米以下。

13. 龙骨瓣与旗瓣近等长或微短；小叶线形至长圆形，侧脉明显，排成羽状或近羽状；茎数个至多数丛生。生石砾、沙地、草甸、丘陵、灌丛。产凌源、庄河、金州等地 ……………………………
…………………………………… 6. 多茎野豌豆 Vicia multicaulis Ledeb.【P.558】

13. 龙骨瓣比旗瓣显著短小；小叶侧脉不明显且稀疏，不成羽状；茎多为单一，不为多数丛生。

14. 花冠蓝紫色。

15. 仅茎被柔毛，植物其他部位无毛或有极不明显的毛。生草甸、山坡、灌丛、林缘、草地。产西丰、清原、本溪、凤城、桓仁、丹东、庄河、长海等地 …………………………
…………………………………… 7a. 广布野豌豆 Vicia cracca L. var. cracca【P.558】

15. 植株、小叶两面密生长柔毛，呈灰白色，小叶常较小或较狭而质厚。生林间草地、草甸、灌丛。产新宾 ······ **7b. 灰野豌豆 Vicia cracca** var. **canescens** Maxim. ex Franch. et Sav.

14. 花冠白色。生林缘。产鞍山（千山）······

················· **7c. 白花广布野豌豆 Vicia cracca** var. **albiflorum** Z. S. M.

3. 总状花序具2~3（~5）朵花，花长18~25毫米；一年生草本；小叶长圆形、倒卵形或倒卵状长圆形，先端截形或微凹或为不整齐齿状。生田边、路旁、沙地、湿地、荒地。产辽南、辽西及沈阳 ········

················· **8. 大花野豌豆 Vicia bungei** Ohwi 【P.558】

2. 叶轴末端为刺状。

16. 小叶2~4对。

17. 复总状圆锥花序比叶长或略等长或稍短；萼齿三角形，仅长0.1厘米，比萼筒短5~6倍。

18. 花序轴上部有2~3分支，通常短于叶。

19. 花序轴及其分支的花梗较长，花序复总状近圆锥状。多散生林下、林缘及林间草甸。产新宾、本溪、桓仁、宽甸、鞍山、庄河等地 ·······

················· **9a. 北野豌豆 Vicia ramuliflora**（Maxim.）Ohwi f. **ramuliflora** 【P.559】

19. 花序轴及其分支的花梗缩短，花生叶腋附近，有时聚集如头状。生林下、灌丛及林缘、水边。产岫岩、凤城、本溪等地 ·······

················· **9b. 辽野豌豆 Vicia ramuliflora** f. **abbreviata** P. Y. Fu et Y. A. Chen

18. 花序轴不分枝，比叶长或稍短。散生林下、林缘及林间草甸。产清原、本溪、桓仁等 ··········

················· **9c. 贝加尔野豌豆 Vicia ramuliflora** f. **baicalensis**（Turcz.）P. Y. Fu et Y. A. Chen

17. 总状花序常比叶短；萼齿丝状或线形，与萼筒近等长。生山坡杂木林中、坡地及路旁。产鞍山（千山）··········· **10. 千山野豌豆 Vicia chianshanensis**（P. Y. Fu et Y. A. Chen）Xia 【P.559】

16. 小叶1对。

20. 花序总状，腋生，比叶长。

21. 小叶卵状披针形或近菱形，边缘具小齿状。生林缘、林间草地、草甸、林下。产建平、凌源、建昌、义县、北镇、法库、清原、桓仁、本溪、鞍山、海城、岫岩、庄河、大连等地 ···········

················· **11a. 歪头菜 Vicia unijuga** A. Br. var. **unijuga** 【P.559】

21. 小叶上部明显2~4浅裂至中裂。生林下。产庄河（仙人洞、步云山）·······

················· **11b. 裂叶歪头菜 Vicia unijuga** var. **tricuspidata** Z. S. M. et Y. L. M. 【P.559】

20. 总状花序缩短，生于叶腋呈头状，花密集。

22. 花冠蓝紫色。生于向阳山坡、灌丛、草地和林缘。产凌源、西丰、本溪、凤城、岫岩、丹东、鞍山、营口、大连等地 ················· **12a. 头序歪头菜（短序歪头菜、长齿歪头菜）Vicia ohwiana** Hosokawa f. **ohwiana** 【P.559】

22. 花冠白色。生林缘、林下、山坡草地、路旁。产大连、宽甸、本溪等地 ·······················

················· **12b. 白花歪头菜 Vicia ohwiana** f. **alba**（Kitag.）S. M. Zhang

25. 豌豆属 Pisum L.

Pisum L. Sp. Pl. 727. 1753.

本属全世界有2~3种，产欧洲及亚洲。中国各地常见栽培1种，辽宁有栽培。

豌豆 Pisum sativum L. 【P.559】

一年生攀援草本。全株绿色，被粉霜。叶具小叶4~6片，小叶卵圆形。花于叶腋单生或数朵排列为总状花序；花萼钟状，深5裂，裂片披针形；花冠颜色多样，随品种而异，但多为白色和紫色。荚果肿胀，长椭圆形，顶端斜急尖。原产亚洲西部、地中海地区和埃塞俄比亚、小亚细亚西部，辽宁各地栽培。

26. 山黧豆属 Lathyrus L.

Lathyrus L. Sp. Pl. 729. 1753。

本属全世界约有160种，分布于欧洲、亚洲及北美洲的北温带地区，南美洲及非洲也有少量分布。中国有18种，主要分布于东北、华北、西北及西南地区，华东也有少量分布。东北地区产9种1亚种1变型，其中栽培1种。辽宁产7种1亚种1变型，其中栽培1种。

分种检索表

1. 叶轴末端为卷须。
  2. 花柱扭转；小叶1对；花紫色、白色、粉红色。原产意大利。辽宁有栽培 ……………………………………………………………………………………… 1. 香豌豆 Lathyrus odoratus Lathyrus
  2. 花柱不扭转；小叶2~5（~6）对。
    3. 花黄色；托叶大，半箭头形，长2~7厘米。生林缘、疏林下、灌丛、草坡。产辽宁各地 ……………………………………………………… 2. 大山黧豆 Lathyrus davidii Hance【P.559】
    3. 花粉红色、红紫色、紫色或蓝紫色。
      4. 托叶箭头形，宽0.9~1.8厘米；茎伏卧，上部斜上；花大，长19~26毫米。
        5. 全株光滑无毛。生海滨沙地。产金州、长海、丹东 ………………………… 3a. 海滨山黧豆 Lathyrus maritimus（Lathyrus）Bigelow f. maritimus【P.559】
        5. 植株各部明显被毛。生海滨沙地。辽宁有记录 ………………… 3b. 毛海滨山黧豆 Lathyrus japonicus f. pubescens（Hartm.）Ohashi et Tateishi
      4. 托叶半箭头状，宽1厘米以下，茎不伏卧。
        6. 小叶卵形或椭圆形，背面带苍白色，叶脉网状。生林缘、疏林下、灌丛、草甸。产丹沈铁路沿线一带 ………………………… 4. 矮山黧豆 Lathyrus humilis（Ser.）Spreng.【P.559】
        6. 小叶披针形、近长圆形至线状披针形或线形。
          7. 托叶细长，长5~20（~27）毫米，宽0.5~1.5毫米；小叶具5条明显凸出的纵脉；卷须单一不分歧。生林缘、草甸、沙地、山坡。产长海、昌图、彰武、建平、沈阳等地 ………………………… 5. 山黧豆（五脉山黧豆）Lathyrus quinquenervius（Miq.）Litv. ex Kom. et Alis.【P.559】
          7. 托叶较宽，长6~19毫米，宽1.5~4毫米；小叶叶脉不甚明显；卷须时常分歧。多生于湿草地、林缘草地及河岸。产辽宁各山区 ………………………… 6b. 毛山黧豆 Lathyrus palustris L. subsp. pilosus（Cham.）Hulten【P.559】
1. 叶轴末端为刺状。
  8. 茎有狭翼；小叶有3（~5）条中脉，再分生侧脉；花长13~18毫米。生林下及草地等处。产本溪 ……………………………………………………… 7. 三脉山黧豆 Lathyrus komarovii Ohwi【P.560】
  8. 茎不具翼；小叶有二型，茎下方者为披针形至线状披针形，茎中上部者为卵形、长卵形或长圆形，叶脉网状；花长18~24毫米。生林下、林缘及草地。产鞍山、本溪、凤城、庄河、金州、大连、瓦房店等地 ………………………… 8. 东北山黧豆 Lathyrus vaniotii L.【P.560】

27. 木蓝属 Indigofera L.

Indigofera L. Sp. Pl. 751. 1753.

本属全世界750余种，广布亚热带与热带地区，以非洲占多数。中国有79种。东北地区产3种1变种，其中栽培1种。辽宁产2种1变种。

分种检索表

1. 花较大，长15~18毫米；小叶3~5对，长1.5~5厘米；总状花序比叶短或近等长。
  2. 花冠粉红色。生向阳山坡、山脚或岩隙间，亦生于灌丛或疏林内。产凌源、朝阳、阜新、建平、北镇、义县、葫芦岛、沈阳、本溪、鞍山、岫岩、盖州、大连、旅顺口、金州等地 ……………………………
…………………………………… 1a. 花木蓝 Indigofera kirilowii Maxim. ex Palib. var. kirilowii 【P.560】

2. 花冠白色。生向阳山坡、山脚。产凌源、沈阳、旅顺口
………………………………………… 1b. 白花花木蓝 Indigofera kirilowii var. alba Q. Zh. Han

1. 花较小，长 4~5 毫米；小叶 2~4 对，长 0.5~1.5 厘米；总状花序比叶长，花紫色或红紫色。生山坡岩缝间。
产凌源、朝阳、北镇、长海、瓦房店等地 ………………………………………………………………
………………………………… 2. 河北木蓝（铁扫帚）Indigofera bungeana Walp. 【P.560】

28. 紫穗槐属 Amorpha L.

Amorpha L. Sp. Pl. 713. 1753.
本属全世界约 15 种，主产于北美洲至墨西哥。中国引种 1 种。东北各地常见栽培。

紫穗槐 Amorpha fruticosa L.【P.560】

灌木，丛生。奇数羽状复叶，互生；小叶 11~25，卵状长圆形或长圆形。总状花序密花，花梗短；萼钟
状，5 齿裂，萼齿三角形，边缘有白色柔毛；花冠蓝紫色或暗紫色。荚果长圆形，弯曲，表面有多数凸起的瘤
状腺点。原产美国，辽宁地区历史上有栽培，现有野生或半野生状态。

29. 补骨脂属 Cullen Medikus

Cullen Medikus, Vorles. Churpfälz. Phys.–Öcon. Ges. 2：381. 1787.
本属全世界约 33 种，主产于非洲南部、南北美洲和澳大利亚，少数产于亚洲和温带欧洲，中国有 1 种。
东北地区黑龙江、辽宁栽培 1 种。

补骨脂 Cullen corylifolium（L.）Medikus【P.560】

一年生直立草本。叶为单叶，有时有 1 片侧生小叶；叶宽卵形，边缘有粗而不规则的锯齿，质地坚韧，
两面有明显黑色腺点。花序腋生，有花 10~30 朵，组成密集的总状或小头状花序；花冠黄色或蓝色。荚果卵
形，具小尖头，黑色。花果期 7—10 月。产云南、四川。大连、沈阳等地有栽培。

30. 紫藤属 Wisteria Nutt.

Wisteria Nutt. Gen. Amer. 2：115. 1818.
本属全世界约 6 种，分布于东亚、北美和大洋洲。中国有 4 种。东北地区仅辽宁栽培 3 种。

分种检索表

1. 茎右旋；小叶 6~9 对；花序长 30~90 厘米；花自下而上顺序开放，长 1.5~2 厘米，淡紫色至蓝紫色，也有白
色。原产日本。长江以南普遍栽培。大连有栽培 …………… 1. 多花紫藤 Wisteria floribunda DC.【P.560】
1. 茎左旋；小叶 4~6 对；花序长 10~35 厘米。
2. 老叶两面均有毛，下面尤其明显；花堇青色，自下而上逐次开放。分布河北、山东、江苏、安徽、河
南。旅顺口有栽培 ………………………………………… 2. 藤萝 Wisteria villosa Rehd.【P.560】
2. 老叶秃净或稀被毛；花紫色，上下几乎同时开放。分布华北、西北、华东、华中、华南及西南地区。大
连、沈阳、丹东等地栽培 …………………… 3. 紫藤 Wisteria sinensis（Sims）Sweet【P.560】

31. 刺槐属 Robinia L.

Robinia L. Sp. Pl. 722. 1753.
本属全世界 4~10 种，分布于北美洲至中美洲。中国栽培 2 种 2 变种。东北地区栽培 2 种 2 变种 1 变型，辽
宁均有栽培。

分种检索表

1. 乔木；小枝无毛或幼时微有柔毛。

  2. 植株有刺。

    3. 花冠白色。原产北美洲。辽宁各地常见栽培 ⋯⋯⋯⋯⋯⋯⋯⋯⋯⋯⋯⋯⋯⋯⋯⋯⋯

      ⋯⋯⋯⋯⋯⋯⋯ **1aa. 刺槐**Robinia pseudoacacia L. var. pseudoacacia f. pseudoacacia【P.560】

    3. 花冠粉红色。原产北美洲。辽宁各地栽培 ⋯⋯⋯⋯⋯⋯⋯⋯⋯⋯⋯⋯⋯⋯⋯⋯⋯⋯

      ⋯⋯⋯⋯⋯⋯ **1ab. 红花洋槐**Robinia pseudoacacia var. pseudoacacia f. decaisneana Vass.【P.560】

  2. 植株无刺。

    4. 树冠近球形。大连有栽培 ⋯⋯⋯⋯⋯⋯⋯⋯⋯⋯⋯⋯⋯⋯⋯⋯⋯⋯⋯⋯⋯⋯⋯⋯

      ⋯⋯⋯⋯⋯⋯⋯⋯⋯⋯⋯⋯⋯⋯⋯ **1b. 伞形洋槐**Robinia pseudoacacia var. umbraculifera DC.

    4. 树冠不呈球形。大连、沈阳有栽培 ⋯⋯⋯⋯⋯⋯⋯⋯⋯⋯⋯⋯⋯⋯⋯⋯⋯⋯⋯⋯⋯

      ⋯⋯⋯⋯⋯⋯⋯⋯⋯ **1c. 无刺洋槐**Robinia pseudoacacia var. ineimis（Mirbel）Rehd.

1. 灌木；小枝密被刺毛，枝不具托叶性针刺；花蔷薇紫色。原产美国东南部。大连有栽培 ⋯⋯⋯⋯⋯⋯

  ⋯⋯⋯⋯⋯⋯⋯⋯⋯⋯⋯⋯⋯⋯⋯⋯⋯⋯⋯ **2. 毛刺槐**Robinia hispida L.【P.561】

32. 鱼鳔槐属 Colutea L.

Colutea L. Sp. Pl. 723. 1753.

    本属全世界约28种，分布于欧洲南部，非洲东北部，亚洲西部至中部。中国有4种。东北地区仅辽宁栽培1种。

鱼鳔槐 Colutea arborescens L.【P.561】

    落叶灌木。羽状复叶，小叶7~13片；小叶长圆形至倒卵形，先端微凹或圆钝，具小尖头，上面绿色，无毛，下面灰绿色，疏生短伏毛。总状花序生6~8花；花冠鲜黄色。荚果长卵形，两端尖，带绿色或近基部稍带红色。原产欧洲。大连、盖州曾有栽培。

33. 苦马豆属 Sphaerophysa DC.

Sphaerophysa DC. Prodr. 2：270. 1825.

    本属全世界2种，主要分布于西亚、中亚、东亚及西伯利亚。中国产1种。东北地区仅辽宁西部和内蒙古东部地区有分布。

苦马豆 Sphaerophysa salsula（Pall.）DC.【P.561】

    半灌木或多年生草本。茎直立或下部匍匐；枝开展，具纵棱脊，被灰白色丁字毛。小叶11~21片，下面被细小白色丁字毛。总状花序常较叶长，生6~16花；花冠初呈鲜红色，后变紫红色。荚果椭圆形至卵圆形，膨胀，外面疏被白色柔毛。生山坡、草原、荒地、沙滩、沟渠旁及盐池周围。产彰武县。

34. 膨果豆属 Phyllolobium Fischer

Phyllolobium Fischer in Sprengel，Novi Provent. 33. 1818.

    本属全世界22种，主要分布中国，极个别种分布喜马拉雅和塔吉克斯坦。中国有21种。东北地区产1种，辽宁有分布。

背扁膨果豆（背扁黄耆、扁茎黄耆）Phyllolobium chinense Fischer【P.561】

    多年生草本；茎平卧，有棱；奇数羽状复叶；总状花序生3~7花，较叶长；总花梗疏被粗伏毛；花冠乳白色或带紫红色；荚果略膨胀，狭长圆形，两端尖，背腹压扁，微被褐色短粗伏毛，有网纹。生路边、沟岸、草坡及干草场。产凌源、朝阳、北票、海城、阜新、沈阳、辽阳等地。

35. 甘草属 Glycyrrhiza L.

Glycyrrhiza L. Gen. Pl. ed. 5. 330. 1754.

　　本属全世界约20种，遍布各大洲，以欧亚大陆为多，又以亚洲中部的分布最为集中。中国有8种，主要分布于黄河流域以北各省区，个别种见于云南西北部。东北地区产2种1变型，辽宁均有分布。

分种检索表

1. 荚果卵形或椭圆形，表面具长刺，刺长3~5毫米；小叶椭圆形或椭圆状披针形。
　2. 花淡紫堇色。生湿草地、河岸湿地或河谷坡地。产彰武、清原、沈阳、本溪、抚顺、鞍山、营口、庄河、大连等地 ·························· **1a. 刺果甘草 Glycyrrhiza pallidiflora** Maxim. f. pallidiflora【P.561】
　2. 花白色。生河岸湿地。产沈北新区·············· **1b. 白花刺果甘草 Glycyrrhiza pallidiflora f. albiflorum** S. M. Zhang, f. nov. in Addenda P.465.【P.561】
1. 荚果线状长圆形，弯曲成镰状或环状，表面具短刺，刺长1~2毫米；小叶卵形、倒卵形或广卵形。生沙地、草原沙质地、碱性沙地、路旁及荒地。产建平、北票、阜新、黑山、彰武、康平等地 ·················· ·························· **2. 甘草 Glycyrrhiza uralensis** Fisch.【P.561】

36. 棘豆属 Oxytropis DC.

Oxytropis DC. Astrag. 53. 1802.

　　本属全世界约有310种。主要分布于哈萨克斯坦、乌兹别克斯坦、土库曼斯坦、吉尔吉斯斯坦和塔吉克斯坦，亦分布于东亚、欧洲、非洲和北美洲。中国有133种，多分布于内蒙古和新疆的山地、荒漠和草原地带，也分布于青藏高原和西南横断山脉地区以及东北和华北等地。东北地区产20种4变种2变型。辽宁产6种1变型。

分种检索表

1. 小叶对生。
　2. 荚果单室、内无假隔膜；托叶一部分或大部分贴生于叶柄上；无地上茎或近无地上茎；复叶有小叶3~6对，小叶片线形，宽1~2毫米。生砾石质丘陵坡地及向阳干旱山坡。产喀左等辽西地区 ····················· ·························· **1. 山泡泡 Oxytropis leptophylla**（Pall.）DC.【P.561】
　2. 荚果内具假隔膜，成不完全2室。
　　3. 复叶有小叶4~9对，小叶片卵状披针形或长椭圆形，宽5~15毫米。生干山坡、草甸草原、向阳草地。产凌源、建平、北镇、阜新、沈阳、兴城、盖州、金州、旅顺口等地 ························· ·························· **2. 硬毛棘豆 Oxytropis hirta** Bunge【P.561】
　　3. 复叶有小叶8~22对。
　　　4. 荚果卵状长圆形或长卵形，不膨大，果壁为坚实较硬的膜质；叶长圆状披针形，长10~15毫米，宽5~7毫米；花大，长20~30毫米。生山坡、丘顶、山地草原、石质山坡等处。产凤城 ················· ·························· **3. 大花棘豆 Oxytropis grandiflora**（Pall.）DC.【P.561】
　　　4. 荚果卵形，膨大，膜质；小叶卵形、卵状披针形或长圆形，长5~15毫米，宽2~3毫米；花长18~20（~22）毫米。生高山冻原、高山草甸、高山石缝、林缘和阳山坡。产桓仁 ····················· ·························· **4. 长白棘豆 Oxytropis anertii** Nakai ex Kitag.【P.561】
1. 小叶轮生。
　5. 花小，长8~10毫米；小叶6~12轮，每轮4~6枚；荚果卵状近球形。
　　6. 花冠红紫色、蓝紫色、粉红色。生沙丘。产彰武 ·········· **5a. 砂珍棘豆 Oxytropis racemosa** Turcz. f. racemosa【P.561】
　　6. 花冠白色。生固定沙丘。产彰武 ·············· **5b. 白花砂珍棘豆（白花棘豆）** **Oxytropis racemosa f. albiflora**（P. Y. Fu et Y. A. Chen）C. W. Chang

5. 花较大，长14~20毫米；小叶25~32轮，每轮（4~）6~8（~10）枚，线形等。生沙地、草原、干河沟、丘陵地等地 ················ 6. 多叶棘豆 Oxytropis myriophylla（Pall.）DC.【P.562】

37. 百脉根属 Lotus L.

Lotus L. Sp. Pl. 773. 1753.

本属全世界约125种，分布地中海区域、欧亚大陆、南北美洲和大洋洲温带。中国有8种1变种，主产西北地区。东北地区仅辽宁栽培1种。

百脉根 Lotus corniculatus L.【P.562】

多年生草本。茎丛生，平卧或上升，近四棱形。羽状复叶，小叶5枚。伞形花序；花3~7朵集生总花梗顶端；萼钟形，萼齿近等长，狭三角形，渐尖，与萼筒等长；花冠黄色或金黄色。荚果直，线状圆柱形，褐色，二瓣裂，扭曲。分布西北、西南和长江中上游各省区。大连等地有栽培。

38. 米口袋属 Gueldenstaedtia Fisch.

Gueldenstaedtia Fisch. in Mem. Soc. Nat. Mosc. 6：170. 1823.

本属全世界有12种，分布于亚洲大陆。中国有3种，除宁夏、青海、新疆、广东、海南、福建、台湾外，其他省区均有分布。东北地区产3种，辽宁均有分布。

分种检索表

1. 花长10~14毫米；小叶椭圆形、长圆形、卵形、倒卵形或披针形。
  2. 全株密生毛；花长12~14毫米。生向阳草地、干山坡、沙质地、草甸草原。产彰武、凌源、建昌、黑山、绥中、昌图、沈阳、台安及大连各地 ················
    ·················· 1. 少花米口袋（米口袋）Gueldenstaedtia verna（Georgi）Boriss.【P.562】
  2. 全株无毛；花长10~11.5毫米。生海滨。产辽宁南部沿海地区 ················
    ·················· 2. 光滑米口袋（海滨米口袋）Gueldenstaedtia maritima Maxim.
1. 花长6~8（~9）毫米；小叶长圆形至线形或春季小叶常为近卵形、秋季小叶变狭长；全株有长柔毛。生河边沙质地、向阳草地。产建平、绥中等地 ··· 3. 狭叶米口袋 Gueldenstaedtia stenophylla Bunge【P.562】

39. 黄耆属 Astragalus L.

Astragalus L.，Sp. Pl. 2：755. 1753.

本属全世界约3000种，分布于北半球、南美洲及非洲，稀见于北美洲和大洋洲。中国有401种，南北各省区均产，但主要分布于中国西藏（喜马拉雅山区）、亚洲中部和东北等地。东北地区产24种2变种。辽宁产10种1变种。

分种检索表

1. 植株被丁字毛。
  2. 地上茎不明显或极短，有时伸长而匍匐；总状花序生3~5花，花淡黄色或白色。生山坡石砾质草地、草原、固定沙丘及河岸沙地。产大连、金州、建平、凌源等地 ················
    ·················· 1. 糙叶黄耆 Astragalus scaberrimus Bunge【P.562】
  2. 具发达的地上茎；总状花序生多花，花红紫色或蓝紫色。生向阳草地、山坡、灌丛、林缘。产金州、瓦房店、沈阳、彰武等地 ················ 2. 斜茎黄耆 Astragalus laxmannii Jacq.【P.562】
1. 植株被单毛。
  3. 荚果坚果状，果皮坚而厚，近软骨质或硬革质，几乎为完全的2室；花黄色，翼瓣比龙骨瓣明显短小。生山坡、沙质地、草甸草原、向阳草地。产铁岭、营口、盘山等地 ················
    ·················· 3. 中国黄耆（华黄耆）Astragalus chinensis L. f.【P.562】

3. 荚果不为坚果状，果皮薄，膜质或近草质。

  4. 花序伞形，位于总花梗顶端，有花3~4朵，堇色，长7~8毫米；小叶4~5对，线状披针形。生荒野多沙地。产建平、朝阳、义县一带 ………… **4. 辽西黄耆（伞花黄耆）Astragalus sciadophorus** Franch.

  4. 花序总状或稀为穗状，不为伞形。

    5. 荚果小，椭圆形或卵状球形，径或宽2~4毫米，长2~6毫米；花小，长4~6（~7）毫米，形成细长稀疏的总状花序，翼瓣顶端2裂。

      6. 荚果卵状球形，长（4~）5~6毫米；小叶3~7，卵形至长卵形或倒卵形至广倒卵形，长8~18毫米，宽4~10毫米；花白色或带粉紫色。生河谷沙地、向阳山坡及路旁草地。产辽宁西部地区 ……………………………………………… **5. 草珠黄耆 Astragalus capillipes** Fisch. ex Bunge

      6. 荚果为宽的倒卵球形或椭圆形，长及宽在2~3.5毫米；小叶3~5，两面散生白色短毛。

        7. 小叶3~5，长圆状楔形或线状长圆形，宽1.5~3毫米。生干山坡、向阳草地、草甸草原。产康平、法库、彰武、建平、凌源、沈阳、锦州等地 ……………………………………………………
        … **6a. 草木樨状黄耆（草木犀黄耆）Astragalus melilotoides** Pall. var. **melilotoides【P.562】**

        7. 小叶3，少为5，狭线形或丝状，宽约0.5毫米。向阳山坡、路旁草地或草甸草地。产阜蒙、北镇 ……………… **6b. 细叶黄耆 Astragalus melilotoides** var. **tenuis** Ledeb.【P.562】

    5. 荚果、花及花序不同于上述特征。

      8. 花黄色、淡黄色或绿黄色。

        9. 多年生直立草本；荚果半椭圆形，薄膜质，被黑色或近白色细短伏毛，顶端具细短喙；花有梗，花冠初期黄色或淡黄色，后期带有粉色。生林缘、灌丛、林间草地、疏林下、山坡草地等处。产鞍山、本溪、岫岩、丹东、凤城、清原、庄河等地 ……………………………………
        …………………… **7. 蒙古黄耆（黄耆、膜荚黄耆）Astragalus mongholicus** Bunge【P.562】

        9. 多年生草本，茎外倾；荚果卵圆形，密生粗长毛，顶端有长喙；花近无梗，花冠绿黄色或淡黄色。生河流、沟渠等湿地。原产欧洲。朝阳有分布 ………………………………………………
        …………………………………… **8. 鹰嘴黄耆 Astragalus cicer** L.【P.562】

      8. 花红紫色、紫色、淡紫色、天蓝色或近白色等。

        10. 一或二年生草本；荚果线形，呈镰形弯曲，长约为宽的10倍；茎直立，高达80厘米；花冠紫色，长12~14毫米。生向阳山坡、河岸沙砾地、路旁等处。产新宾、康平、法库、彰武、凌源、朝阳、沈阳、海城、盖州、金州、旅顺口等地 ………………………………
        …………… **9. 达乌里黄耆（兴安黄耆）Astragalus dahuricus**（Pall.）DC.【P.562】

        10. 多年生草本；荚果卵形，长为宽的5（6）倍以下，1室；茎平卧或上升，高15~45厘米；花冠淡红色或近白色，长6~7毫米。生山坡草地或沙地上。产辽宁西部地区 …………………………
        …………………… **10. 小果黄耆 Astragalus zacharensis** Bunge【P.563】

40. 落花生属 Arachis L.

Arachis L. Sp. Pl. 741. 1753.
本属全世界约22种，分布于热带美洲。中国栽培2种。东北各地常见栽培1种。

落花生 Arachis hypogaea L.【P.563】

  一年生草本。茎直立或匍匐，被长毛。偶数羽状复叶，具2对小叶；小叶倒卵形或倒卵状长圆形。花黄色或金黄色，于叶腋单生或少数簇生，花后因子房柄延长而伸入地下结实。荚果长圆形，具明显网纹，种子间通常缢缩。原产巴西，辽宁各地栽培。

41. 合萌属（田皂角属）Aeschynomene L.

Aeschynomene L. Sp. Pl. 2: 713. 1753.
本属全世界约150种，分布于全世界热带和亚热带地区。中国有2种。东北地区产1种，辽宁有分布。

合萌（田皂角）Aeschynomene indica L.【P.563】

一年生直立草本。茎圆柱形，中空。偶数羽状复叶，小叶20~30对，线状长圆形。短总状花序腋生；苞小，卵形至披针形；萼2深裂，成2唇形，下唇具3齿，上唇具2齿；花冠黄色或稍带紫色。果实具5~8节，表面常有乳头状突起。生湿地、河岸边的沙土地。产沈阳、抚顺、营口、盖州、丹东、大连等地。

42. 小冠花属 Coronilla L.

Coronilla L. Sp. Pl. 742. 1753.

本属全世界约55种，多分布于加那列群岛、欧洲北部和中部、地中海地区、非洲东北部、亚洲西部。中国栽培2种。东北地区仅辽宁栽培1种。

绣球小冠花 Coronilla varia L.【P.563】

多年生草本。叶为奇数羽状复叶，具11~25小叶。伞形花序着生腋出的总花梗上端，花12~20朵集成球状；总花梗与叶近等长，疏生小刺；萼广钟形；花冠蔷薇色、白色或紫色。荚果线形，有节，略扁而有四棱，先端具小喙。原产欧洲。大连等地有栽培。

43. 长柄山蚂蝗属 Hylodesmum H. Ohashi & R. R. Mill

Hylodesmum H. Ohashi & R. R. Mill, Edinburgh J. Bot. 57：173. 2000.

本属全世界约14种，主产亚洲，少数种类产美洲。中国有10种，南北均产。东北地区产1种1亚种，辽宁均产。

分种检索表

1. 羽状复叶，具3枚小叶；花蔷薇色；荚果具1~2节。生林缘、疏林下或灌丛中。产庄河、清原、本溪、桓仁等地 ·················· 1b. 宽卵叶长柄山蚂蝗（东北山马蝗）Hylodesmum podocarpum subsp. **fallax**（Schindl.）H. Ohashi & R. R. Mill【P.563】
1. 羽状复叶，具5~7枚小叶；花紫红色；荚果具1~3节。生杂木林下、山坡、灌丛及石砾地。产庄河、鞍山、凤城、岫岩、本溪、桓仁等地 ················· 2. 羽叶长柄山蚂蝗（羽叶山马蝗）Hylodesmum oldhamii（Oliver）H. Ohashi & R. R. Mill【P.563】

44. 羊柴属（山竹子属）Corethrodendron Fischer & Basiner

Corethrodendron Fischer & Basiner, Bull. Cl. Phys.-Math. Acad. Imp. Sci. Saint-Pétersbourg. 4：315. 1845.

本属全世界约5种，分布中国、巴基斯坦、蒙古、俄罗斯。中国有5种。东北地区产2变种，辽宁均有分布。

分种下单位检索表

1. 花序与叶近等高；荚果幼时密被短柔毛，成熟时无刺或仅有少量刺。生半固定沙丘、流动沙丘及砂质草地。产彰武 ····················· 1b. 蒙古山竹子（蒙古岩黄耆、山竹岩黄耆）Corethrodendron fruticosum var. **mongolicum**（Turcz.）Turcz. ex Kitagawa【P.563】
1. 花序常超出叶；子房和荚果无毛和刺。生半固定沙丘、流动沙丘及砂质草地。产彰武 ······················· ··· 1c. 木山竹子（木岩黄耆）Corethrodendron fruticosum var. **lignosum**（Trautv.）Y. Z. Zhao【P.563】

45. 胡枝子属 Lespedeza Michx.

Lespedeza Michx. Fl. Bor. Amer. 2：70. t. 39. 1803.

本属全世界约60种，分布于东亚至澳大利亚东北部及北美洲。中国有25种，除新疆外，广布于全国各省区。东北地区产10种3变种3变型，辽宁均有分布。

分种检索表

1. 不具无瓣花。
  2. 总状花序比叶短，总花梗短缩或近无总花梗。生山坡灌丛间或阔叶林下。产西丰、彰武、抚顺、岫岩、宽甸、凤城、丹东、盖州、兴城、金州、大连、庄河、普兰店、瓦房店等 …………………… 1. 短梗胡枝子 Lespedeza cyrtobotrya Miq.【P.563】
  2. 总状花序比叶长，常形成圆锥花序，总花梗显著。
    3. 小叶先端急尖至长渐尖，上面被疏短毛，下面贴生短柔毛；花萼5裂至中部。生山坡或杂木林下。产长海、金州 …………………… 2. 宽叶胡枝子 Lespedeza maximowiczii Schneid.【P.563】
    3. 小叶先端钝圆或微凹，上面无毛，下面被疏柔毛，老时渐无毛；花萼5浅裂。
      4. 花冠红紫色。
        5. 枝条直立或斜展。生山坡、林缘、林间、灌丛、路边。产辽宁各地 …………………… 3aa. 胡枝子 Lespedeza bicolor Turcz. var. bicolor f. bicolor【P.563】
        5. 枝条明显下垂，非直立或斜展。生荒山坡的灌木丛或杂木林间。产大连 …………………… 3ab. 垂枝胡枝子 Lespedeza bicolor var. bicolor f. pendula Tung et Lu
      4. 花冠白色。生荒山坡的灌木丛或杂木林间。产长海、瓦房店 …………………… 3b. 白花胡枝子 Lespedeza bicolor var. alba Bean
1. 具无瓣花。
  6. 总花梗纤细。
    7. 花紫色；总花梗不为毛发状、稍粗。生山坡与旷野。产大连、旅顺口、金州、瓦房店、阜新、朝阳、凌源、喀左、建平、北镇、锦州、葫芦岛等地 …………………… 4. 多花胡枝子 Lespedeza floribunda Bunge【P.564】
    7. 花黄白色；总花梗毛发状。
      8. 总花梗纤细，毛发状，被白色伏柔毛；小叶椭圆形、长圆形或卵状长圆形，稀近圆形，长0.6~3厘米，宽4~15毫米；花萼，长4~6毫米。生石质山坡。产大连、旅顺口 …………………… 5a. 细梗胡枝子 Lespedeza virgata (Thunb.) DC. var. virgata【P.564】
      8. 茎生叶及总花梗较粗壮，被开展的毛；小叶质较厚，卵状长圆形，长3~3.5厘米，宽10~15毫米，先端圆形；花萼较大，长约7毫米。生石山山坡。产旅顺口及大连西郊 …………………… 5b. 大细梗胡枝子 Lespedeza virgata var. macrovirgata (Kitag.) Kitag.
  6. 总花梗粗壮。
    9. 萼裂片狭披针形，花萼长为花冠的1/2以上。
      10. 植株密被黄褐色茸毛；小叶质厚，椭圆形或卵状长圆形。生干旱的山坡及干草地。产西丰、开原、法库、阜新、朝阳、建昌、北镇、葫芦岛、绥中、沈阳、抚顺、本溪、丹东、鞍山、营口、庄河、金州、大连等地 …………………… 6. 绒毛胡枝子 Lespedeza tomentosa (Thunb.) Sieb. ex Maxim.【P.564】
      10. 植株被粗硬毛或柔毛。
        11. 茎通常稍斜升，不分枝或远离基部分枝；小叶下面被贴伏的短柔毛；花序较叶短或与叶近等长。生干山坡、草地、路旁及海滨沙地。产西丰、法库、彰武、凌源、喀左、建昌、建平、北镇、兴城、绥中、沈阳、抚顺、本溪、金州、大连等地 …………………… 7a. 兴安胡枝子 Lespedeza davurica (Laxm.) Schindl. var. davurica【P.564】
        11. 茎斜升或平卧，常自基部多分枝；小叶下面被灰白色粗硬毛；花序明显超出叶。生荒漠草原、草原带的沙质地、砾石地、丘陵。产昌图、凌源、大连等地 …………………… 7b. 牛枝子 Lespedeza davurica (Laxm.) Schindl. var. prostrata Wang et Fu【P.564】
    9. 萼裂片披针形或三角形，花萼长不及花冠的1/2。

12. 小叶长为宽的10倍。生山坡。产大连、长海等地 ·····················
·························· 8. 长叶胡枝子Lespedeza caraganae Bunge【P.564】
12. 小叶长为宽的5倍以下。
　13. 小叶长1.5~3.5厘米，宽（2~）3~7毫米，先端稍尖或钝圆，有小刺尖，基部渐狭；总状花序稍
　　　超出叶；花冠白色或淡黄色，旗瓣基部带紫斑，花期不反卷或稀反卷；荚果宽卵形，稍超出宿
　　　存萼。
　　14. 旗瓣基部带紫斑，花冠白色或淡黄色。生山坡灌丛间。产西丰、开原、铁岭、彰武、朝阳、建
　　　　平、凌源、建昌、葫芦岛、沈阳、本溪、清原、新宾、抚顺、鞍山、庄河、普兰店、金州等地
　　　····· 9a. 尖叶铁扫帚（尖叶胡枝子）Lespedeza juncea（L. f.）Pers. f. juncea【P.564】
　　14. 旗瓣基部不带紫斑。
　　　15. 花冠白色。生干山坡。产北镇 ·······························
　　　·················· 9b. 白花尖叶胡枝子Lespedeza juncea f. albiflorum S. M. Zhang
　　　15. 花冠紫色。生干山坡。产北镇 ·······························
　　　·················· 9c. 紫花尖叶胡枝子Lespedeza juncea f. purpureum S. M. Zhang
　13. 小叶长1~2（~2.5）厘米，宽0.5~1（~1.5）厘米，先端钝圆或微凹，基部宽楔形或圆形；总状花
　　　序与叶近等长；花冠白色，旗瓣基部带紫斑，花期反卷；荚果倒卵形，短于宿存萼。生干山
　　　坡。产法库、凌源、建昌、锦州、北镇、绥中、抚顺、鞍山、本溪、丹东、庄河、金州、大连
　　　等地 ··············· 10. 阴山胡枝子Lespedeza inschanica（Maxim.）Schindl.【P.564】

46. 鸡眼草属 Kummerowia Schindl.

Kummerowia Schindl. in Fedde，Repert. Sp. Nov. 10：403. 1912.
本属全世界有2种，产俄罗斯（西伯利亚）至中国、朝鲜、日本。中国2种均产。东北各地2种均产。

分种检索表

1. 枝上的毛向下；小叶长圆形或倒卵形，先端通常圆形；荚果比萼稍长或长达1倍，先端锐尖；苞及小苞具
　5~7脉。生路边、田边、沙质地及缓坡草地。产辽宁各地 ···························
　·· 1. 鸡眼草 Kummerowia striata（Thunb.）Schindl.【P.564】
1. 枝上的毛向上；小叶倒卵形或广倒卵形，先端微凹；荚果比萼长1.5~3倍，先端圆形，具微凸小刺尖；苞
　及小苞具1~3脉。生路边、稍湿草地、沙质地、山坡及固定沙丘。产辽宁各地 ·················
　························ 2. 长萼鸡眼草（短萼鸡眼草）Kummerowia stipulacea（Maxim.）Makino【P.564】

七十三、酢浆草科 Oxalidaceae

Oxalidaceae R. Br.，Narr. Exped. Zaire 433（1818），nom. cons.
本科全世界6~8属780种，主要分布两半球的热带和亚热带地区，延伸到温带地区。中国有3属13种。东
北地区产1属4种1变种，其中栽培1变种，辽宁均产。

酢浆草属 Oxalis L.

Oxalis L. Sp. Pl. 433. 1753
本属全世界约700种，广布世界各地，但主要分布于南美洲和南非，特别是好望角。中国有8种。

分种检索表

1. 花黄色。
　2. 茎伏卧，多分歧；托叶小而明显，长圆形，与叶柄贴生。生林下、山坡、路旁、荒地。产北镇、新民、

沈阳、抚顺、鞍山、本溪、桓仁、宽甸、凤城、岫岩、大连、金州、旅顺口等地 ……………………
…………………………………………………………………… 1. 酢浆草 Oxalis corniculata L.【P.564】
  2. 茎直立，单一或分歧；托叶无或不明显。生山坡、林下、山沟、路旁、河谷及山区田边。产沈阳、鞍
    山、本溪、凤城、丹东、岫岩、庄河、金州、大连等地 ………… 2. 直酢浆草 Oxalis stricta L.【P.565】
1. 花白色或紫红色。
  3. 花白色。
    4. 小叶倒心形，顶部心形或深心形；小苞位于花梗中部或中部稍上处；蒴果近球形，长3~4（~6）毫
      米，各室有1~2粒种子。生针叶林、针阔混交林、阔叶林下及灌丛下阴湿地。产本溪、桓仁、宽甸、
      凤城、盖州、庄河等地 …………………… 3. 白花酢浆草（山酢浆草）Oxalis acetosella L.【P.565】
    4. 小叶广倒三角形，顶部截形或近截形；小苞位于花梗上部近花基部；蒴果长圆锥形，长3~4毫米，各
      室有4~5粒种子。生林下腐殖土层较厚及杂木林、灌丛及溪流旁。产本溪、凤城、丹东、庄河等地
      …………………………………………………… 4. 三角酢浆草 Oxalis obtriangulata Maxim.【P.565】
  3. 花紫红色或粉红色，基部带绿色。原产南美热带地区。辽宁有作为观赏植物引入，有逸生记录 ………
  ………………… 5. 红花酢浆草 Oxalis debilis subsp. corymbosa（DC.）Oxalis de Bolòs & J. Vigo【P.565】

七十四、牻牛儿苗科 Geraniaceae

Geraniaceae Juss., Gen. Pl.〔Jussieu〕268（1789），nom. cons.
  本科全世界约6属780种，主要分布温带、亚热带和热带山区。中国有2属54种。东北地区产3属16种1变种1变型，其中栽培2种。辽宁产3属13种1变种1变型，其中栽培2种。

分属检索表

1. 花辐射对称，花萼具距。
  2. 雄蕊10，外轮5枚无花药；果成熟时果瓣与中轴分离，喙部由下而上呈螺旋状卷曲……………………
  ……………………………………………………………………………… 1. 牻牛儿苗属 Erodium
  2. 雄蕊10，通常全有花药；果成熟时果瓣与中轴分离，喙部通常反卷，但不为螺旋状卷曲 ………………
  ……………………………………………………………………………… 2. 老鹳草属 Geranium
1. 花稍两侧对称，花萼无距 …………………………………………………… 3. 天竺葵属 Pelargonium

1. 牻牛儿苗属 Erodium L' Her.

Erodium L' Her. in Aiton, Hort. Kew. 2：414. 1789.
  本属全世界约75种，主要分布于欧亚温带、地中海地区、非洲、澳大利亚和南美洲。中国已知有4种，为典型的温带分布，主要分布于长江中下游以北的东北、华北、西北，四川西北和西藏等地。东北地区产2种1变型，辽宁均产。

分种检索表

1. 多年生草本；叶片轮廓卵形或三角状卵形，基部心形，小裂片卵状条形；总花梗被开展长柔毛和倒向短柔
  毛，每梗具2~5花；花梗与总花梗相似，等于或稍长于花。
  2. 花瓣淡紫蓝色。生山坡、河岸沙地或草地。产凌源、建平、北镇、兴城、彰武、阜新、沈阳、大连等地
  ……………………… 1a. 牻牛儿苗 Erodium stephanianum Willd. f. stephanianum【P.565】
  2. 花瓣呈浓黑紫色。生山坡草地、河边沙地。产大连、长海、凌源、沈阳、阜新等地 …………………
  …………………… 1b. 紫牻牛儿苗 Erodium stephanianum f. atranthum（Nakai et Kitag.）Kitag.
1. 一年生或二年生草本；叶片轮廓矩圆形或披针形，小裂片短小；总花梗被白色早落长腺毛，每梗通常具2~
  10花；花梗与总花梗相似，长为花3~4倍。生山地砂砾质山坡、沙质平原草地、荒地等处。产大连

······························ 2. 芹叶牻牛儿苗 Erodium cicutarium（L）L' Her. ex Ait.【P.565】

2. 老鹳草属 Geranium L.

Geranium L. Sp. Pl. 676. 1753.

本属全世界约380种，世界广布，但主要分布于温带及热带山区。中国约50种，全国广布，但主要分布于西南、内陆山地和温带落叶阔叶林区。东北地区产12种1变种。辽宁产9种1变种。

分种检索表

1. 花大，直径2~3厘米。
  2. 花柱长4~7毫米，比花柱分枝明显长；花梗、萼片、蒴果均被腺毛或混生腺毛。
    3. 叶分裂达全长的1/2或略深，裂片边缘具浅缺刻状齿或圆形粗齿。生针阔混交林缘湿地或山坡草地。产桓仁、岫岩等地 ·············· 1. 毛蕊老鹳草 Geranium eriostemon Fisch. ex DC.【P.565】
    3. 叶分裂为全长的3/4，裂片边缘具不整齐深缺刻状大齿。生林下、林缘。本溪、宽甸有记录 ··············
    ································ 2. 北方老鹳草 Geranium erianthum DC.【P.565】
  2. 花柱长1~3毫米，为花柱分枝长的1/3或近等长；花梗、花萼、蒴果均被单毛，无腺毛。
    4. 叶分裂常达基部，裂片2~3深裂，小裂片具缺刻或粗锯齿；花梗果期下弯，花淡红色或苍白色。生草甸、灌丛、荒地、路边等处。产西丰、开原、抚顺、新宾、清原、本溪、鞍山、桓仁、凤城、海城、丹东、普兰店、庄河等地 ·············· 3. 突节老鹳草 Geranium krameri Franch. et Sav.【P.565】
    4. 叶浅裂或裂至2/3，但不达基部，裂片具齿状缺刻或不整齐齿。
      5. 叶分裂达2/3，背面被短柔毛，裂片菱形，边缘具齿状缺刻，顶端近3裂。生河岸湿地、草甸、沼泽地。产凤城、辽阳 ·············· 4. 灰背老鹳草 Geranium wlassovianum Fisch. ex Link【P.565】
      5. 叶浅裂或近中裂，背面无毛或仅沿脉稍被伏毛，裂片广卵形，边缘具不整齐齿。生阔叶林中。产桓仁、本溪、宽甸、庄河、丹东、岫岩等地 ····· 5. 朝鲜老鹳草 Geranium koreanum Kom.【P.565】
1. 花较小，直径2厘米以下。
  6. 花序梗具2花。
    7. 叶掌状5~7深裂；根多数，纺锤形。
      8. 茎直立；基生叶花期常枯萎；叶长3~4厘米，宽5~7厘米；花柱比花柱分枝短。生山地草甸或亚高山草甸。产桓仁 ················ 6a. 粗根老鹳草 Geranium dahuricum DC. var. dahuricum【P.565】
      8. 茎伏卧；基生叶花期宿存；叶长1.5~2厘米，宽2~3厘米；花柱与花柱分枝近等长或稍长。生高山冻原、高山草地。产宽甸、桓仁、本溪等地 ················ 6b. 长白老鹳草 Geranium dahuricum DC. var. paishanense（Y. L. Cheng）Huang et L. R. Xu【P.566】
    7. 叶3~5深裂或中裂；根多数，长绳状。
      9. 叶片肾状三角形，多为3裂，裂片卵状菱形，边缘具缺刻或粗锯齿，齿先端尖；茎节不明显。生林缘、灌丛、阔叶林下。产西丰、沈阳、鞍山、本溪、庄河等地 ····················
      ······························ 7. 老鹳草 Geranium wilfordii Maxim.【P.566】
      9. 叶片肾状五角形，多为5裂，裂片宽卵形，边缘具齿状缺刻，小裂片先端钝圆；茎节明显，稍膨大。生于山地阔叶林林缘、灌丛、荒山草坡。产大连、鞍山 ····················
      ······························ 8. 尼泊尔老鹳草 Geranium nepalense Sweet【P.566】
  6. 花序梗通常具1花；根粗，具1主根，不为纺锤形。生杂草地、宅旁、河岸、林缘。产朝阳、建平、喀左、建昌、葫芦岛、北镇、西丰、沈阳、抚顺、桓仁、鞍山、海城、大连、金州等地 ····················
    ······························ 9. 鼠掌老鹳草 Geranium sibiricum L.【P.566】

3. 天竺葵属 Pelargonium L' Her.

Pelargonium L' Her. in Ait. Hort. Kew. 2：417. 1789.

本属全世界约250种，主要分布于热带地区，特别集中分布于南非。中国已知较为普遍引种的约5种，无野生种。东北地区仅辽宁栽培2种。

七十五、旱金莲科 Tropaeolaceae

Tropaeolaceae Juss. ex DC., Prodr.［A. P. de Candolle］1：683（1824），nom. cons.
本科全世界约3属90种，分布中美洲和南美洲。中国引进栽培1属1种。东北地区仅辽宁有栽培。

旱金莲属 Tropaeolum L.

Tropaeolum L. Sp. Pl. 345. 1753.
本属全世界约90种，分布于墨西哥、中美洲、南美洲。世界各地广泛引种。

旱金莲 Tropaeolum majus L. 【P.566】

一年生肉质草本，蔓生。叶柄着生叶片的近中心处；叶片圆形，有主脉9条。单花腋生；花黄色、紫色、橘红色或杂色，直径2.5~6厘米；萼片5，其中一片延长成一长距；花瓣5，上部2片全缘，下部3片基部狭窄成爪。果扁球形。原产南美秘鲁、巴西等地。大连有栽培。

七十六、亚麻科 Linaceae

Linaceae DC. ex Perleb，Vers. Arzneikr. Pfl. 107（1818），nom. cons.
本科全世界约14属，250余种，广布世界各地，但主要分布于温带地区。中国4属14种，广布全国各地，主要分布于亚热带地区，草木类群主要分布于温带地区，特别是干旱和高寒地区。东北地区产1属6种，其中栽培2种。辽宁产1属3种，其中栽培2种。

亚麻属 Linum L.

Linum L. Sp. Pl. 277. 1753.
本属全世界约180种，主要分布于温带和亚热带山地，地中海区分布较为集中。中国约9种，主要分布于西北、东北、华北和西南等地区。

七十七、白刺科 Nitrariaceae

Nitrariaceae Lindl. 1830.

本科全世界1属约11种，分布北非干旱和半干旱地区，亚洲中部、北部和西部，欧洲东南部。中国有5种。东北地区产1属1种1变种，辽宁均产。

白刺属 Nitraria L.

Nitraria L. Sp. Pl. 1022. 1753.

本属全世界11种，分布于亚洲、欧洲、非洲和澳大利亚。中国有5种，主要分布于西北各省。

分种下单位检索表

1. 浆果状核果椭圆形。生盐渍低洼地、海边沙地、荒漠地。产葫芦岛、盘山、大连等地 ··· **1a. 小果白刺（白刺）Nitraria sibirica** Pall. var. sibirica【P.566】
1. 浆果状核果球状。生盐渍低洼地、海边沙地。产大洼 ··· **1b. 球果白刺 Nitraria sibirica** var. globicaarpa（Kitag.）Kitag.

七十八、蒺藜科 Zygophyllaceae

Zygophyllaceae R. Br., Voy. Terra Austral. 2：545（1814），nom. cons.

本科全世界约26属284种，分布于热带、亚热带和温带地区，主要在亚洲、非洲、欧洲、美洲和大洋洲（澳大利亚）。中国有3属22种，主要生于西北干旱区的沙漠、戈壁和低山。东北产2属3种。辽宁产1属1种。

蒺藜属 Tribulus L.

Tribulus L. Sp. Pl. 386. 1753.

本属全世界约15种，主要分布于热带和亚热带地区，若干种类作为杂草广布于两半球热带和温带地区。中国有2种。东北地区产1种，广布东北各地。

蒺藜 Tribulus terrestris L.【P.567】

一年生草本，全株密被白色丝状毛。茎由基部分枝，平卧。偶数羽状复叶；小叶3~8对。花单生叶腋；萼片5，卵状披针形，膜质状，宿存；花瓣5，黄色。果扁球形，果瓣5，分离，每果瓣具长短棘刺各1对，背面有短硬毛及瘤状突起。生石砾质地、沙质地、路旁、河岸、荒地、田边。产辽宁各地。

七十九、芸香科 Rutaceae

Rutaceae Juss., Gen. Pl.［Jussieu］296（1789），nom. cons.

本科全世界约155属1600种，全世界分布，主产热带和亚热带，少数分布至温带地区。中国有22属126种，分布于全国各地，主产西南和南部。东北地区产8属10种，其中栽培5种。辽宁产7属9种1变种，其中栽培5种。

分属检索表

1. 多年生草本。

2. 花淡紫红色 ·· 1. 白鲜属（白藓属）Dictamnus

2. 花黄色 ··· 2. 芸香属 Ruta

1. 乔木或灌木。

  3. 叶对生，羽状复叶。

    4. 蓇葖果，每果瓣有种子1~2 ·· 3. 四数花属 Tetradium

    4. 浆果状核果，内有种子2~5 ·· 4. 黄檗属 Phellodendron

  3. 叶互生，羽状复叶或指状三出复叶。

    5. 茎枝无刺；指状三出复叶；翅果 ····································· 5. 榆橘属 Ptelea

    5. 茎枝有刺。

      6. 茎枝具皮刺；指状三出复叶；柑果 ······························ 6. 柑橘属 Citrus

      6. 茎枝具棘刺；羽状复叶；蓇葖果 ······························· 7. 花椒属 Zanthoxylum

1. 白鲜属（白藓属）Dictamnus L.

Dictamnus L. Sp. PL. ed. 1，383. 1753.

本属全世界约5种，分布于欧亚大陆，东至中国东北，东南至中国江西省北部。中国有1种。东北各地均有分布。

白鲜（白藓）Dictamnus dasycarpus Turcz.【P.567】

多年生草本。茎直立，基部木质。叶互生，奇数羽状复叶，小叶9~13。总状花序顶生；花瓣5，倒披针形，淡红色或紫红色，稀为白色，花瓣有明显的红紫色条纹。蒴果5室，密被黑紫色腺点和白柔毛，裂瓣顶端具尖喙。生山坡及丛林中。产辽宁各地。

2. 芸香属 Ruta L.

Ruta L. Sp. Pl. ed. 1，383. 1753；Gen. Pl. ed. 5，180. 1754.

本属全世界约10种，分布于加那利群岛、地中海沿岸及亚洲西南部。中国引进栽培2种。东北地区仅辽宁栽培1种。

芸香 Ruta graveolens L.【P.567】

多年生草本，植株各部有浓烈特殊气味。叶二至三回羽状复叶，灰绿或带蓝绿色。花金黄色；萼片4片；花瓣4片；雄蕊8枚，花初开放时与花瓣对生的4枚贴附于花瓣上，与萼片对生的另4枚斜展且外露；花柱短，子房通常4室。果皮有凸起的油点。原产地中海沿岸地区。沈阳有栽培。

3. 四数花属 Tetradium Loureiro

Tetradium Loureiro，Fl. Cochinch. 1：91. 1790.

本属全世界9种，分布东亚、南亚和东南亚。中国有7种，主产中部以南及西南部。东北地区仅辽宁产1种。

臭檀吴萸（臭檀吴茱萸、臭檀）Tetradium daniellii（Benn.）T. G. Hartley【P.567】

落叶乔木。树皮暗灰色。奇数羽状复叶，小叶7~11。聚伞状圆锥花序顶生，雌雄异株；花小形，通常5数，白色；萼片5，卵状三角形；花瓣5，狭卵状椭圆形。蓇葖果紫红色或红褐色，果皮布有透明腺点，分果先端有尖喙。生沟边及疏林，也见栽培。产金州、大连、旅顺口、绥中、凌源等地。

4. 黄檗属 Phellodendron Rupr.

Phellodendron Rupr. in Bull. Cl. Phys.–Math. Imp. Sci. St.–Petersb. 15；353，1857.

本属全世界2~4种，主产亚洲东部。中国有2种及1变种，由东北至西南均有分布，东南至台湾，西南至四川西南部，南至云南东南部，海南不产。东北地区产1种1变种，辽宁均产。

5. 榆橘属 Ptelea L.

Ptelea L. Sp. Pl. ed. 1，118. 1753.

本属全世界6~10种，产北美洲东部至加拿大南部。中国引进1种。东北地区仅辽宁有栽培。

榆橘（榆桔）Ptelea trifoliata L. 【P.567】

灌木。叶互生，有3小叶，小叶无柄，卵形至长椭圆形，中央1片小叶的基部楔尖，全缘或边缘细齿裂。
伞房状聚伞花序；花蕾近圆球形；花淡绿或黄白色，略芳香；花瓣椭圆形或倒披针形，边缘被毛。翅果外形
似榆钱，扁圆，网脉明显。原产美国。大连、熊岳有栽种。

6. 柑橘属 Citrus L.

Citrus L. Sp. Pl. ed. 1，782. 1753.

本属全世界20~25种，原产亚洲东南部及南部。中国有16种，多数为栽培种。东北地区栽培仅辽宁栽培
1种。

枳（枸枳）Citrus trifoliata L. 【P.567】

灌木或小乔木。分枝多，稍扁平，具棱角，密生粗长棘刺。三出复叶，互生；叶柄长1~3厘米，有翅；
小叶近革质，倒卵形或椭圆形。花白色；花瓣5，长圆状倒卵形。柑果球形，直径3~5厘米，黄绿色至橙黄
色，密被短毛，有香气。产我国中部。旅顺口有栽培。

7. 花椒属 Zanthoxylum L.

Zanthoxylum L. Sp. Pl. 1：270. 1753.

本属全世界200多种，广布于亚洲、非洲、大洋洲、北美洲的热带和亚热带地区，温带较少。中国有41
种，自辽东半岛至海南岛，东南部自台湾至西藏东南部均有分布。东北地区仅辽宁产3种，其中栽培2种。

八十、苦木科 Simaroubaceae

Simaroubaceae DC., Nouv. Bull. Sci. Soc. Philom. Paris 2：209（1811）.

本科全世界约20属95种，主产热带和亚热带地区。中国有3属10种。东北地区仅辽宁产2属2种1变种。

分属检索表

1. 小叶13~25，边缘仅基部有1~4粗齿；花序顶生；雄蕊10；翅果 ……………………… 1. 臭椿属 Ailanthus
1. 小叶7~15，边缘有锯齿；花序腋生；雄蕊4~5；小核果 ………………… 2. 苦木属（苦树属）Picrasma

1. 臭椿属 Ailanthus Desf.

Ailanthus Desf. Mem. Acad. Sci. Paris 1786：265. 1788（nom. cons.）

本属全世界约10种，分布于亚洲至大洋洲北部。中国有6种，主产西南部、南部、东南部、中部和北部各省区。东北地区仅辽宁产1种。

臭椿 Ailanthus altissima（Mill.）Swingle【P.567】

落叶乔木，树皮平滑而有直纹。奇数羽状复叶，有小叶13~27，小叶两侧各具1或2个粗锯齿。圆锥花序顶生，直立；花小，多数，白色带绿，雌雄异株；萼片5，花瓣5，雄蕊10，子房由5心皮组成，柱头5裂。翅果长椭圆形。生山坡或林中。产鞍山、岫岩、盖州、瓦房店、普兰店、庄河、大连、凌源等地。

尚有栽培：

红叶椿 Ailanthus altissima cv. 'Purpurata'

春季叶片均呈紫红色，5月中旬渐变为棕红色、棕绿色，6月中旬以后才完全转变为深绿色。花期以后随着秋梢的生长，枝条顶部的新生叶片仍呈鲜艳的紫红色。沈阳、大连等地有栽培。

千头椿 Ailanthus altissima cv. 'Umbraculifera'

树冠圆头形。沈阳、大连等地有栽培。

2. 苦木属（苦树属）Picrasma Bl.

Picrasma Bl., Bijdr. 247. 1825.

本属全世界约9种，多分布于美洲和亚洲的热带和亚热带地区。中国产2种1变种，分布于南部、西南部、中部和北部各省区。东北地区仅辽宁产1种1变种。

分种下单位检索表

1. 叶背面仅幼时沿中脉和侧脉有柔毛，后变无毛；子房和果实均无毛。生山地杂木林中。产长海、宽甸、桓仁、丹东等地 ……… 1a. 苦树（苦木）Picrasma quassioides（D. Don）Benn. var. quassioides【P.567】
1. 叶厚纸质，背面密被柔毛；子房密生毛；果实微被短毛。生山地杂木林中。产大连、旅顺口、蛇岛、长海等地 …………………… 1b. 毛果苦木 Picrasma quassioides var. dasycarpa（Kitag.）S. Z. Liou【P.568】

八十一、楝科 Meliaceae

Meliaceae Juss., Gen. Pl.［Jussieu］263（1789），nom. cons.

本科全世界约50属650种，分布于热带和亚热带地区，少数至温带地区。中国产17属40种，主产长江以南各省区，少数分布至长江以北。东北地区仅辽宁栽培2属2种。

分属检索表

1. 果为核果 ··· 1. 楝属 Melia
1. 果为蒴果 ··· 2. 香椿属 Toona

1. 楝属 Melia L.

Melia L., Gen. Pl. ed. 1. 127. 1737.

本属全世界约3种，产东半球热带和亚热带地区。中国产1种，黄河以南各省区普遍分布。东北地区仅辽宁栽培1种。

楝 Melia azedarach L.【P.568】

落叶乔木。二至三回奇数羽状复叶。圆锥花序约与叶等长；花芳香；花萼5深裂；花瓣淡紫色，倒卵状匙形；雄蕊管紫色，花药10枚；子房近球形，5~6室，花柱细长，柱头头状，顶端具5齿，不伸出雄蕊管。核果球形至椭圆形。广布于亚洲热带和亚热带地区，大连有栽培。

2. 香椿属 Toona Roem.

Toona Roem. Fam. Nat. Reg. Veg. Syn. 1：131，139. 1846.

本属全世界约5种，分布于亚洲至大洋洲。中国产4种6变种，分布于南部、西南部和华北各地。东北地区仅辽宁栽培1种。

香椿 Toona sinensis（A. Juss.）Roem.【P.568】

落叶乔木。偶数羽状复叶，有特殊气味；小叶5~10对。圆锥花序顶生，下垂，多花；萼小，杯状，具5钝齿或浅波状；花瓣5，白色，卵状长圆形，基部黄色，顶端钝。蒴果木质，椭圆状，深褐色，成熟时5瓣裂。产华北、华东、中部、南部和西南部各省区；大连、鞍山、北镇等地栽培。

八十二、远志科 Polygalaceae

Polygalaceae Hoffmanns. & Link，Fl. Portug.［Hoffmannsegg］1：62（1809），nom. cons.

本科全世界13~17属，约1000种，广布于全世界，尤以热带和亚热带地区最多。中国有5属53种，南北均产，而以西南和华南地区最盛。东北地区产1属4种，辽宁均产。

远志属 Polygala L.

Polygala L. Gen. Pl. ed. 5，315. 1754.

本属全世界约500种，广布于全世界。中国有44种，广布于全国各地，而以西南和华南地区最盛。

分种检索表

1. 多年生；叶无柄或稍有柄；花序腋生或顶生；蒴果顶端有凹缺。
  2. 叶线状披针形至长圆形，宽3~15毫米。
    3. 叶较宽，宽5~12（~15）毫米，卵状披针形、卵圆形、长圆形至披针形或纺锤形；花序腋生，比茎稍短；花丝近全部合生。生草地、荒地、山坡及林下。产丹东、本溪、凤城、新宾、沈阳、岫岩、庄河、大连等地 ················ 1. 瓜子金 Polygala japonica Houtt.【P.568】
    3. 叶较狭，宽3~6（~11）毫米，披针形、线状披针形或卵状披针形，稀卵圆形或长圆形；花序腋生或顶生，比茎稍长或略等长；花丝上部1/3离生。生山坡、干草地及柞树林旁。产凌源、绥中、义县、北镇、金州、庄河、瓦房店、大连、长海等地 ··········· 2. 西伯利亚远志 Polygala sibirica L.【P.568】

2. 叶狭线形至线状披针形，宽0.8~1.5（~3）毫米。生多石砾山坡和路旁、灌丛及杂木林中。产凌源、建平、义县、彰武、绥中、葫芦岛、北镇、昌图、开原、西丰、桓仁、本溪、沈阳、营口、盖州、瓦房店、普兰店、大连等地 ·················· 3. 远志Polygala tenuifolia Willd.【P.568】

1. 一年生；叶具柄；花序顶生；蒴果顶端无凹缺。生山坡草地、杂木林下或路旁草丛中。产清原、新宾、本溪、宽甸、岫岩、庄河等地 ·················· 4. 小扁豆（小远志）Polygala tatarinowii Regel【P.568】

八十三、大戟科Euphorbiaceae

Euphorbiaceae Juss., Gen. Pl. ［Jussieu］384（1789），nom. cons.

本科全世界约322属8910种，广布于全球，但主产于热带和亚热带地区。中国有75属406种，分布于全国各地，但主产地为西南地区至台湾。东北地区产8属24种4变种2变型，其中栽培1种。辽宁产7属27种3变种2变型，其中栽培3种。

分属检索表

1. 灌木或亚灌木。
  2. 亚灌木；雌雄同株；有花瓣；雄花2~4朵簇生；无宿存果轴 ····················· 1. 雀舌木属Leptopus
  2. 灌木；雌雄异株；无花瓣；雄花多朵簇生；有宿存果轴 ····················· 2. 白饭树属Flueggea
1. 草本。
  3. 植物体含白色乳汁；花无花被，雌雄花同生于杯状总苞内，组成杯状聚伞花序 ·····················
  ····················· 3. 大戟属Euphorbia
  3. 植物体无乳汁；花有花被，不形成杯状聚伞花序。
    4. 叶大，掌状深裂；聚伞状圆锥花序；花丝分枝 ····················· 4. 蓖麻属Ricinus
    4. 叶较小，不分裂；花单生或数朵排成穗状或总状花序；花丝不分枝。
      5. 叶缘有锯齿。
        6. 叶有柄；穗状花序腋生，稀顶生，花无花瓣 ····················· 5. 铁苋菜属Acalypha
        6. 叶无柄；总状花序顶生，花瓣鳞片状 ····················· 6. 地构叶属Speranskia
      5. 叶全缘，二列；花通常单生，无花瓣 ····················· 7. 叶下珠属（油柑属）Phyllanthus

1. 雀舌木属Leptopus Decne.

Leptopus Decne. in Jacquem. Voy. Ind. Bot. 4：155, tab. 156. 1844.

本属全世界9种，分布自喜马拉雅山北部至亚洲东南部，经马来西亚至澳大利亚。中国有6种，除新疆、内蒙古、福建和台湾外，全国各省区均有分布。东北地区仅辽宁产1种。

雀儿舌头Leptopus chinensis（Bunge）Pojark.【P.568】

小灌木。多分枝。叶互生；叶片卵状椭圆形或卵状披针形。花单性，雌雄同株，稀异株，单生或2~4朵簇生叶腋；花梗线状，比叶柄长，被短柔毛。雄花花瓣5，白色；雌花花瓣小，不足1毫米。蒴果扁球形，棕黄色，果梗下垂。生山坡阴处。产建昌、绥中、兴城、大连等地。

2. 白饭树属Flueggea Willd.

Flueggea Wills. Sp. Pl. 4：637，757. 1805.

本属全世界约13种，分布于亚洲、美洲、欧洲及非洲的热带至温带地区。中国产4种，除西北外，全国各省区均有分布。东北地区产1种，辽宁有分布。

一叶萩（叶底珠）Flueggea suffruticosa（Pall.）Baill.【P.568】

灌木。叶互生；叶片椭圆形、长圆形或倒卵状椭圆形。花小，单性，雌雄异株，淡黄色；雄花数朵簇生叶腋，有短梗；雌花单生或2~3簇生。蒴果三棱状扁球形，红褐色，3浅裂。生于山坡灌丛中及山坡向阳处。产辽宁各地。

3. 大戟属 Euphorbia L.

Euphorbia L. Sp. Pl. 450. 1753.

本属全世界约2000种，是被子植物中特大属之一，遍布世界各地，其中非洲和中南美洲较多。中国有77种，南北均产，但以西南的横断山区和西北的干旱地区较多。东北地区产20种3变种3变型。辽宁产20种2变种2变型，其中栽培3种。

分种检索表

1. 苞叶绿色。
  2. 一或二年生草本。
    3. 叶对生，基部偏斜。
      4. 茎平卧；叶较小，长4~10毫米；杯状聚伞花序单一，生于叶腋。
        5. 叶表面中央有一紫斑。生平原或低山坡的路旁。原产北美洲。分布辽宁各地 ················
        ·· 1. 斑地锦 Euphorbia maculata L.【P.568】
        5. 叶表面中央无紫斑。
          6. 蒴果有毛。
            7. 茎被绒毛；子房和果实的棱上被绒毛。生于路旁、荒地。原产美洲热带和亚热带。大连有分布 ··················· 2. 匍匐大戟 Euphorbia prostrata Ait.【P.568】
            7. 茎被柔毛；子房和果实密被柔毛。生田间、村旁和路旁等处。产大连 ··················
            ························· 3. 千根草（千根草大戟）Euphorbia thymifolia L.【P.568】
          6. 蒴果无毛。
            8. 茎和叶或多或少被毛。
              9. 茎被柔毛或疏柔毛，叶两面被疏柔毛。生荒地、路旁、田野、石砾质山坡及海滩。产辽宁各地 ··············· 4a. 地锦 Euphorbia humifusa Willd. f. humifusa【P.569】
              9. 茎及叶均多毛。生原野荒地、路旁、田间、山坡等地。产凌源、建平、葫芦岛、新宾、西丰、抚顺、岫岩、普兰店、金州、大连等地 ···············
              ··············· 4b. 毛地锦 Euphorbia humifusa f. pilosa（Thell.）S. Z. Liou
            8. 全株无毛。生原野荒地、路旁、田间、山坡等地。产庄河、大连、彰武等地 ··················
            ············· 4c. 光地锦 Euphorbia humifusa f. glabra（Thell.）S. Z. Liou
      4. 茎直立或斜升；叶较大，长1~2.5（~3.5）厘米；杯状聚伞花序数个集生于分枝顶端或有时簇生于叶腋。
        10. 植株较壮，茎直立，直径2~5毫米；蒴果近无毛。
          11. 叶线形、卵形等，边缘全缘、浅裂至波状齿裂。生杂草丛、路旁及沟边。原产北美洲，分布大连、金州、庄河、凌源等地 ·············· 5. 齿裂大戟 Euphorbia dentata Michx.【P.569】
          11. 叶卵状椭圆形，边缘具明显而具短尖的细锯齿。生于山坡、灌丛、路旁及林缘。锦州有记载 ·································· 6. 细齿大戟 Euphorbia bifida Hook. & Arn.
        10. 植株较弱，茎直立或斜升，直径1毫米左右；蒴果有毛或无毛。
          12. 蒴果被贴伏的短柔毛。生田间、路旁。产瓦房店、大连等地 ·····························
          ························· 7. 通奶草（通奶草大戟）Euphorbia hypericifolia L.【P.569】
          12. 蒴果平滑无毛。

13. 叶面具数个紫色斑点；茎光滑。生田野、路边、荒地等处。原产美洲热带和亚热带；近年发现于铁岭 ·················· 8. **紫斑大戟 Euphorbia hyssopifolia** L. 【P.569】

13. 叶面无紫斑；茎幼时被短毛。生田野、路边、荒地等处。原产北美洲，分布于大连 ·········
·············· 9. **大地锦 Euphorbia nutans** Lag. 【P.569】

3. 叶互生、交互对生或轮生，基部不偏斜。

14. 苞叶轮生；一年生草本；叶互生，倒卵形或匙形，先端具牙齿。生山沟、路旁、荒野和山坡。产沈阳、营口、丹东、庄河、长海等地 ··· 10. **泽漆（泽漆大戟）Euphorbia helioscopia** L. 【P.569】

14. 苞叶不轮生；二年生草本；叶交互对生，线状披针形，全缘。原产欧洲。辽宁各地药草园栽培 ···
·············· 11. **续随子 Euphorbia lathyris** L. 【P.569】

2. 多年生草本。

15. 茎上部叶轮生，中部叶轮生或互生，下部叶鳞片状；根粗大肉质。生草原、干燥丘陵地、多石砾干山坡及阳坡疏林下。产大连、瓦房店、庄河、建平、沈阳、凤城、岫岩等地 ··················
·············· 12. **狼毒大戟（狼毒）Euphorbia fischeriana** Steud. 【P.569】

15. 茎上部叶互生，下部叶通常不为鳞片状或仅于基部有鳞片状叶；根不为粗大的肉质根。

16. 蒴果有瘤；叶缘具微锯齿或呈浅波状，或几乎全缘。

17. 蒴果表面瘤通常连成鸡冠状突起；苞片及小苞片绿色，较宽，边缘具微锯齿；叶宽0.6~1.8厘米，长圆形或卵状披针形，边缘具微锯齿；茎灰绿色，通常单一，不丛生。生林下、林缘、灌丛间、草甸子、背阴山坡等地。产大连、鞍山、凤城、桓仁、宽甸、丹东等地 ··················
·············· 13. **林大戟 Euphorbia lucorum** Rupr. 【P.569，570】

17. 蒴果表面瘤呈圆锥形小突起；苞片及小苞片淡黄色，较狭，通常全缘；叶宽0.4~1厘米，狭长圆形至线状长圆形，边缘全缘或稍呈微波状；茎淡红色，通常丛生呈帚状。生山沟旁、石砾地、干山坡、田边、海滩沙地。产凌源、绥中、葫芦岛、昌图、西丰、本溪、大连、庄河、金州、长海等地 ·············· 14. **大戟 Euphorbia pekinensis** Rupr. 【P.570】

16. 蒴果无瘤；叶全缘。

18. 杯状总苞腺体两端附属物呈长锥形，先端锐尖。生山地林下、林缘及灌丛间。产本溪、凤城、桓仁、瓦房店、庄河、长海等地 ··················
·············· 15. **钩腺大戟（锥腺大戟）Euphorbia sieboldiana** Morr. & Decne. 【P.570】

18. 杯状总苞腺体两端附属物较短，先端短角状或钝圆。

19. 叶较宽，卵状长圆形或近卵形，宽0.8~2厘米；伞梗不具无性枝。生河边沙丘及沙质地、河岸湿地、灌丛间、向阳山坡的石砾质地及林缘。产沈阳、本溪、凤城、丹东、岫岩、鞍山、大连等地 ·············· 16. **东北大戟 Euphorbia mandshurica** Maxim. 【P.570】

19. 叶狭，线形或披针形，宽0.1~0.7厘米；伞梗有无性枝。

20. 茎通常多数；伞梗5~10，具2~4次分叉小梗；下部苞片大，上部苞片甚小；通常有无性枝，且繁茂。

21. 叶宽6毫米以下。

22. 叶线状披针形或长圆状披针形，宽2~6毫米。生干燥沙质地、固定沙丘、海边沙地、草原及山坡。产凌源、建昌、建平、朝阳、黑山、彰武、新民、沈阳、本溪、丹东、大连、长海、瓦房店、金州、普兰店等地 ··················
·············· 17a. **乳浆大戟 Euphorbia esula** L. var. esula 【P.570】

22. 叶密集，狭线形，宽1~2毫米。生干山坡。产彰武、盖州、金州、大连等地 ·········
·············· 17b. **松叶乳浆大戟 Euphorbia esula** var. cyparissioides Boiss. 【P.570】

21. 叶宽1~2.5厘米，长倒卵形、广倒披针形或长圆形。生山沟、海边沙地等地。产大连、长海等地 ·············· 17c. **宽叶乳浆大戟 Euphorbia esula** var. latifolia Ledeb. 【P.570】

20. 茎通常少数；伞梗5~6，有时具2次分叉小梗；苞片大，下部苞片与上部苞片相等或稍大；稀有无性枝；叶宽2~4毫米。生山坡草地、草甸、山沟河岸向阳地。产沈阳、铁岭、北镇、本溪、大连等地 ·························· **18. 猫眼大戟 Euphorbia lunulata** Bunge 【P.570】

1. 苞叶白色或花期边缘变白色。

   23. 总苞叶绿色具白色边；蒴果被柔毛；植株较粗壮。原产北美洲南部草原。辽宁省常见栽培 ·············
··················· **19. 银边翠 Euphorbia marginata** Pursh. 【P.570】

   23. 总苞叶纯白色；蒴果光滑；植株较柔弱。原产古巴、墨西哥及美国南部。大连有栽培 ·····················
··················· **20. 禾叶大戟 Euphorbia graminea** Jacquin 【P.570】

4. 蓖麻属 Ricinus L.

Ricinus L. Sp. Pl. 1007. 1753.

本属全世界仅1种，广泛栽培于世界热带地区。中国大部分省区均有栽培。东北各地均有栽培。

蓖麻 Ricinus communis L. 【P.571】

一年生直立草本。叶片盾状圆形，掌状5~11裂。花单性，无花瓣，雌雄同株；花序直立；雄花萼裂片3~5，雄蕊多数，密集，淡黄色，下部多分枝；雌花较小，子房卵形，3室，密被软刺，花柱3，2裂，深红色，粗糙。蒴果具软刺或平滑。原产非洲索马里、肯尼亚等地，辽宁各地栽培。

本种的栽培品种多，依生长期，茎节多少，茎、叶呈红色或绿色，果具软刺或无，种子的大小和斑纹颜色等区分。其中，红色蓖麻为优良观赏植物，茎、叶、果穗均为红色；光果蓖麻又叫"香油蓖麻"，种子炒熟后榨油可以作为食用油。

5. 铁苋菜属 Acalypha L.

Acalypha L. Sp. Pl. 1003. 1753.

本属全世界约450种，广布于世界热带、亚热带地区。中国有18种，除西北地区外，各省区均有分布。东北地区产2种1变种，辽宁均产。

分种检索表

1. 雌花苞片1~2（~4）枚，不深裂，具齿；花序长于1厘米。

  2. 小枝被柔毛；叶长卵形、近菱状卵形或阔披针形，顶端短渐尖，边缘具圆锯齿，下面沿中脉具柔毛。生田间路旁、荒地、河岸沙砾地、山沟山坡林下。产辽宁各地 ····························
·················· **1a. 铁苋菜 Acalypha australis** L. var. **australis** 【P.571】

  2. 全株无毛；叶披针形，顶端钝，边缘有波状齿或钝齿。生田间路旁、荒地、河岸沙砾地、山沟山坡林下。产大连、金州等地 ·················· **1b. 光茎铁苋菜 Acalypha. australis** var. **lanceolata** Hayata

1. 雌花苞片3~5枚，掌状深裂；花序长不及1厘米。生山坡、路旁湿润草地或溪畔、林间小道旁。产沈阳、抚顺 ························· **2. 裂苞铁苋菜 Acalypha supera** Forssk. 【P.571】

6. 地构叶属 Speranskia Baill.

Speranskia Baill. Etud. Gen. Euphorb. 388. 1858.

本属全世界3种，中国特有，除东部和西部外，黑龙江、吉林、辽宁及内蒙古东部均产。东北地区产1种，产吉林、辽宁、内蒙古。

地构叶 Speranskia tuberculata Baill. 【P.571】

多年生草本，带灰绿色。茎直立，基部木质化，有分枝。叶互生，无柄或近无柄，卵状披针形。花单性，雌雄同株，总状花序顶生，花序上部生雄花，下部生雌花，花淡绿近白色，2~4花集生或单生。蒴果扁球状，表面具鸡冠状突起。生草原沙质地及山坡、路旁等干燥沙质地。产大连、旅顺口、彰武、喀左等地。

7. 叶下珠属（油柑属）Phyllanthus L.

Phyllanthus L. Sp. Pl. 1981. 1753.

本属全世界750~800种，主要分布于世界热带及亚热带地区，少数为北温带地区。中国产32种，主要分布于长江以南各省区。东北有1种，产黑龙江、辽宁。

黄珠子草 Phyllanthus virgatus Forst.【P.571】

一年生草本。全株无毛。枝条通常自茎基部发出。叶片近革质、线状披针形、长圆形或狭椭圆形，几乎无叶柄。通常2~4朵雄花和1朵雌花同簇生叶腋。蒴果扁球形，紫红色，有鳞片状凸起；果梗丝状，长5~12毫米；萼片宿存。生山地草坡、沟边草丛或路旁灌丛中。产沈阳、鞍山、抚顺、本溪、海城、普兰店、庄河、旅顺口、东港等地。

八十四、水马齿科 Callitrichaceae

Callitrichaceae Link，Enum. Hort. Berol. Alt. 1：7（1821），nom. cons.
本科全世界1属，约75种，广布于世界各地。中国有8种。东北产2种1变种。辽宁产1种1变种。

水马齿属 Callitriche L.

Callitriche L. Sp. Pl. 969. 1753.
属的特征与地理分布同科。

分种下单位检索表

1. 果仅上部边缘具狭翅。生静水中、沼泽地水中或湿地。产庄河、本溪、清原、沈阳、鞍山、岫岩等地 …………………………………………… 1a. 沼生水马齿 Callitriche palustris L. var. palustris【P.571】
1. 果实周边皆具狭翅。生溪流、沼泽、湿草地。产沈阳、鞍山等地 …………………………………………… 1b. 东北水马齿 Callitriche palustris var. elegans（V. Petr.）Y. L. Chang

八十五、黄杨科 Buxaceae

Buxaceae Dumort.，Commentat. Bot.（Dumort.）54（1822），nom. cons.
本科全世界有4属，约70种，分布非洲、亚洲、欧洲。中国有3属28种，分布于西南部、西北部、中部、东南部，直至台湾。东北地区仅辽宁栽培1属3种。

黄杨属 Buxus L.

Buxus L.（Syst. Nat. 9. 1735.
本属约有100种，分布于亚洲、欧洲、热带非洲以及古巴、牙买加等地区。中国有17种，主要分布于西部和西南部。

分种检索表

1. 小枝具柔毛；叶表面侧脉明显。
    2. 叶广倒卵形、广椭圆形或卵状椭圆形，长达不到宽的2倍，先端圆或钝，常有小凹口，幼叶常为灰绿色，通常中部以上最宽；枝叶较松散。产中国中部。大连、沈阳等地有栽培 …………………………………………… 1. 黄杨 Buxus sinica（Rehd. et Wils.）M. Cheng【P.571】

2. 叶卵状长椭圆形，长约为宽的2倍，先端渐尖，幼叶常为灰绿色，通常中部或中下部最宽；小枝密集。原产亚洲西部、北非、南欧。大连有栽培·················· 2. 锦熟黄杨 Buxus sempervirens L.【P.571】
1. 小枝光滑；叶狭椭圆形，表面侧脉不明显。原产朝鲜。大连、盖州等地有栽培 ·····························
·· 3. 小叶黄杨 Buxus microphylla Sieb. et Zucc.【P.571】

八十六、漆树科 Anacardiaceae

Anacardiaceae R. Br., Narr. Exped. Zaire 431（1818），nom. cons.

本科全世界约77属，600余种，分布全球热带、亚热带地区，少数延伸到北温带地区。中国有17属55种。东北地区产4属6种2变种，辽宁均产，其中栽培2种1变种。

分属检索表

1. 花为单被花·· 1. 黄连木属 Pistacia
1. 花有花萼和花瓣。
　2. 奇数羽状复叶或羽状三小叶；果序上无不孕花。
　　3. 叶轴通常具狭翅；圆锥花序顶生；果被腺毛和具节柔毛或单色，成熟后红色········ 2. 盐肤木属 Rhus
　　3. 叶轴通常无翅；圆锥花序腋生；果无毛或疏被微柔毛或刺毛，成熟后黄绿色 ·······················
·· 3. 漆属 Toxicodendron
　2. 单叶；果序上有多数不孕花 ·· 4. 黄栌属 Cotinus

1. 黄连木属 Pistacia L.

Pistacia L. Gen. Pl. 1108. 1754

本属全世界约10种，分布地中海沿岸、阿富汗、亚洲中部、东部和东南部、菲律宾至中美洲墨西哥和南美洲危地马拉。中国有2种。东北仅辽宁产1种。

黄连木 Pistacia chinensis Bunge【P.571】

落叶乔木。偶数或奇数羽状复叶互生，有小叶5~9对；小叶对生或近对生、纸质、披针形等，先端渐尖，基部偏斜，全缘。花单性异株，先花后叶，圆锥花序腋生；花小，雄花花被片2~4，雌花花被片7~9。核果倒卵状球形，略压扁，直径约5毫米，成熟时紫红色。生山林中。产旅顺口。

2. 盐肤木属 Rhus L.

Rhus L.，Sp. Pl. 1：265. 1753.

本属全世界约250种，分布于亚热带和暖温带地区。中国有6种，除黑龙江、吉林、内蒙古、青海和新疆外均有分布。东北仅辽宁产3种，其中栽培2种。

分种检索表

1. 小叶7~13，叶轴具狭翅。生山坡、沟谷、杂木林中。产绥中、沈阳、盖州、金州、大连、庄河、长海、普兰店、本溪、丹东、宽甸、桓仁等地 ·················· 1. 盐肤木 Rhus chinensis Mill.【P.571】
1. 小叶9~13，叶轴无翅。
　2. 小叶羽裂。原产北美洲。大连有栽培 ·················· 2. 羽裂火炬树 Rhus dissecta Thunb.【P.571】
　2. 小叶非羽裂。原产北美洲。辽宁各地栽培 ·················· 3. 火炬树 Rhus typhina L.【P.572】

3. 漆属 Toxicodendron（Tourn.）Mill.

Toxicodendron（Tourn.）Mill. Gard. Dist. Abridg. ed. 4. 1754.

本属全世界约20种，分布亚洲东部和北美洲至中美洲。中国有16种，主要分布于长江以南各省区。东北地区仅辽宁产2种。

分种检索表

1. 叶柄长4~8厘米，小叶侧脉15~25对，表面中脉密被卷曲柔毛，其余被平伏柔毛，背面密被柔毛或仅脉上较密；圆锥花序长8~15厘米；核果极偏斜，长大于宽。生阳坡疏林中。产普兰店（俭汤乡）…………………………………………………… 1. 木蜡树 Toxicodendron sylvestre（Sieb. et Zucc.）O. Kuntze
1. 叶柄长7~14厘米，小叶侧脉10~15对，表面通常无毛或仅沿中脉疏被柔毛，背面沿脉被平展柔毛，稀近无毛；圆锥花序长15~30厘米；核果对称，宽大于长。生向阳避风山坡。产旅顺口、普兰店、庄河、岫岩、本溪、宽甸、新宾、桓仁等地 ………… 2. 漆 Toxicodendron vernicifluum（Stokes）F. A. Barkl.【P.572】

4. 黄栌属 Cotinus（Tourn.）Mill.

Cotinus（Tourn.）Mill. Gard. Dict. Abridg. ed. 4. 1754.

本属全世界约5种，分布于南欧、亚洲东部和北美洲温带地区。中国有3种，除东北外其余省区均有。东北仅辽宁产2变种，其中栽培1变种，尚有几个栽培品种。

分种下单位检索表

1. 叶表面深绿色，背面浅绿色，侧脉明显，背面、尤其沿脉密被灰白色绢状柔毛；圆锥花序无毛或近无毛。生阴湿的石缝或溪沟边。产辽宁朝阳有野生记录，大连、盖州、沈阳等地栽培 ………………………………………………… 1b. 毛黄栌 Cotinus coggygria Scop. var. pubescens Engl.【P.572】
1. 叶两面或背面被灰色柔毛；圆锥花序有柔毛，果序上有许多伸长成紫色羽毛状不孕性花梗。产河北、山东、河南、湖北、四川。大连、盖州、沈阳等地有栽培 ………………………… 1c. 灰毛黄栌（红叶、光叶黄栌）Cotinus coggygria Scop. var. cinerea Engl.【P.572】
【辽宁尚见栽培以下2个品种：1d. 美国红栌 Cotinus coggygria 'Royal Purple'，叶紫色，秋叶鲜红色。1e. 紫叶黄栌 Cotinus coggygria 'Purpureus'，叶深紫色，有金属光泽】

八十七、冬青科 Aquifoliaceae

Aquifoliaceae Bercht. & J.Presl, Prir. Rostlin Aneb. Rostl. 2（109）：[438]，440（1825）.

本科全世界1属，500~600种，分布中心为热带美洲和热带至暖带亚洲。中国有204种，分布于秦岭南坡、长江流域及其以南地区，以西南地区最盛。东北地区仅辽宁栽培1种。

冬青属 Ilex L.

Ilex L. Sp. pl. 125、1753.

属的特征和地理分布同科。

枸骨 Ilex cornuta Lindl. et Paxt.【P.572】

常绿灌木或小乔木。叶片厚革质，四角状长圆形或卵形，先端具3枚尖硬刺齿。花淡黄色，4基数；花萼盘状，裂片膜质，阔三角形；花冠辐状，花瓣长圆状卵形，反折，基部合生。果球形，成熟时鲜红色。分布长江以南各省。金州、旅顺口近年有栽培，避风向阳处可以越冬。

八十八、卫矛科 Celastraceae

Celastraceae R. Br., Voy. Terra Austral. 2: 554（1814）, nom. cons.

本科全世界约有97属1194种，主要分布于热带、亚热带及温暖地区，少数进入寒温带地区。中国有14属192种，全国均产。东北地区产3属13种7变种，辽宁均产，其中栽培2种4变种。

分属检索表

1. 藤本；叶互生；总状或圆锥花序，花盘杯状。
  2. 蒴果不开裂，有3翅 ································· 1. 雷公藤属 Tripterygium
  2. 蒴果室背3裂 ································· 2. 南蛇藤属 Celastrus
1. 灌木或乔木；叶对生；聚伞花序或单生，花盘扁平；蒴果4~5裂 ··················· 3. 卫矛属 Euonymus

1. 雷公藤属 Tripterygium Hook. F.

Tripterygium Hook. f., Gen. Pl.［Bentham & Hooker f.］1（1）: 368. 1862.

本属全世界仅1种，分布东亚。中国有分布。东北地区分布于黑龙江、吉林、辽宁。

雷公藤（东北雷公藤）Tripterygium wilfordii Hook. F.【P.572】

灌木状藤本。叶纸质，椭圆形或长方卵形，边缘有明显圆齿；叶柄长1~1.5厘米，被短毛。聚伞圆锥花序，花序梗、分枝及小花梗均密被短毛；花白绿色或白色。蒴果翅较薄，近方形，果体窄卵形或线形，长达果翅2/3，侧脉与主脉平行。生山地林缘。产桓仁、丹东、岫岩、凤城。

2. 南蛇藤属 Celastrus L.

Celastrus L. Gen. Pl. ed 1. 59. 1737.

本属全世界30余种，分布于亚洲、大洋洲、南北美洲及马达加斯加的热带及亚热带地区。中国有25种，除青海、新疆尚未见记载外，各省区均有分布，而长江以南为最多。东北地区产2种1变种，辽宁均产。

分种检索表

1. 托叶钩刺状。生林缘或沟谷。产清原、本溪、宽甸、丹东、大连、长海、瓦房店、岫岩等地 ················
    ·················· 1. 刺苞南蛇藤（刺南蛇藤）Celastrus flagellaris Rupr.【P.572】
1. 托叶不为钩刺状。
  2. 两面光滑无毛或叶背脉上具稀疏短柔毛；蒴果径8~10毫米，3裂。生丘陵、山沟或多石灰质山坡的灌丛中。产辽宁各地················ 2a. 南蛇藤 Celastrus orbiculatus Thunb. var. orbiculatus【P.572】
  2. 叶背面沿叶脉疏被粗毛；蒴果径10~12毫米，3~4瓣裂。生丘陵、山沟或多石灰质山坡的灌丛中。产辽西地区················ 2b. 热河南蛇藤 Celastrus orbiculatus var. jeholensis（Nakai）Kitag.【P.572】

3. 卫矛属 Euonymus L.

Euonymus L. Gen. Pl. ed 5, 91. 1754.

本属全世界约有130种，分布东西两半球的亚热带和温暖地区，仅少数种类向北延伸至寒温带地区。中国有90种。东北地区产10种6变种，辽宁均产，其中栽培1种4变种。

分种检索表

1. 常绿或半常绿灌木或小乔木。
  2. 常绿灌木或小乔木，直立；叶倒卵形或椭圆形。

3. 灌木，高可达3米。

    4. 叶中脉无黄斑。

      5. 叶缘绿色。分布中国中部和日本。大连等地常见栽培 ························ ························ 1a. 冬青卫矛 Euonymus japonicus Thunb.【P.572】

      5. 叶缘非绿色。

        6. 叶片边缘金色。园艺品种。大连有栽培 ························ ························ 1b. 金边黄杨 Euonymus japonicus cv. 'Aurea-marginatus'

        6. 叶片边缘银色。园艺品种。大连有栽培 ························ ························ 1c. 银边黄杨 Euonymus japonicus cv. 'Albomarginatus'

    4. 叶片沿中脉有黄斑。园艺品种。大连有栽培 ························ ························ 1d. 金心大叶黄杨 Euonymus japonicus cv. 'Aureomarginatus'

  3. 常绿阔叶树种，高达8~10米。杂交品种。大连有栽培 ························ ························ 1e. 北海道黄杨 Euonymus japonicus cv. 'Cuzhi'

2. 半常绿灌木，稍蔓生；叶广椭圆形或倒卵形。生海边岩石上。产长海、旅顺口（蛇岛）等地，沈阳等地有栽培 ·········· 2. 扶芳藤（胶州卫矛、胶东卫矛）Euonymus fortunei (Turcz.) Hand.-Mazz.【P.572】

1. 落叶灌木或小乔木。

  7. 花通常4基数。

    8. 枝无小黑瘤。

      9. 枝有木栓翅，稀无翅；叶椭圆形或倒卵形。

        10. 叶两面无毛。生针阔混交林中、林缘及山坡草地。产鞍山、瓦房店、大连、庄河、东港等地 ························ 3a. 卫矛 Euonymus alatus (Thunb.) Sieb. var. alatus【P.573】

        10. 叶背面沿脉有毛。生针阔混交林中、林缘及山坡草地。产铁岭、西丰、沈阳、抚顺、清原、新宾、桓仁、宽甸、凤城、丹东、庄河、岫岩、本溪、鞍山、北镇、喀左等地 ························ ························ 3b. 毛脉卫矛 Euonymus alatus var. pubescens Maxim.

      9. 枝无翅。

        11. 蒴果无翅。

          12. 种子紫红色。

            13. 叶片卵状椭圆形、卵圆形或窄椭圆形，基部楔形，先端渐尖；蒴果长不超过1厘米。生阔叶林中。产彰武、阜新、义县、葫芦岛、沈阳、西丰、抚顺、鞍山、营口、金州、大连、庄河、桓仁、丹东、本溪等地 ········ 4. 白杜（华北卫矛）Euonymus maackii Rupr.【P.573】

            13. 叶片长方椭圆形、卵状椭圆形或椭圆状披针形，基部圆，先端尖；蒴果长1~1.5厘米。一般生长于山地林中。产长海、旅顺口等地 ························ ························ 5. 西南卫矛（短柄卫矛）Euonymus hamiltonianus Wall.【P.573】

          12. 种子白色或淡红色。

            14. 叶片卵形或椭圆形，基部广楔形。生林缘或阔叶林中。产沈阳、西丰、鞍山、普兰店、大连、彰武、阜新、朝阳、建昌、凌源等地 ························ 6a. 白杜卫矛 Euonymus bungeanus Maxim. var. bungeanus【P.573】

            14. 叶片较宽，广椭圆形至卵状三角形，基部广楔形至截形。生山坡阔叶林中。产北镇、凌源 ························ 6b. 蒙古卫矛 Euonymus bungeanus var. mongolicus (Nakai) Kitag.

        11. 蒴果有4个长翅；叶长倒卵形。生针阔叶混交林或阔叶林中。产清原、本溪、宽甸、桓仁、丹东、庄河等地 ························ 7. 黄心卫矛（翅卫矛）Euonymus macropterus Rupr.【P.573】

    8. 枝有多数小黑瘤；叶倒卵形或长圆形。生针阔叶混交林或阔叶林中。产西丰、新宾、本溪、宽甸、桓仁、凤城、庄河等地 ························ 8. 少花瘤枝卫矛（瘤枝卫矛）Euonymus verrucosus Scop.【P.573】

  7. 花通常5基数。

    15. 蒴果近球形，无翅；叶卵形。生山坡。产大连 ························

.... 9. 垂丝卫矛（球果卫矛）Euonymus oxyphyllus Miq.【P.573】

15. 蒴果具三角形短翅；叶倒卵形。生阔叶林或针阔叶混交林中。产西丰、清原、本溪、凤城、宽甸、
岫岩、鞍山、盖州、营口、庄河等地 ....
...... 10. 东北卫矛（凤城卫矛、短翅卫矛）Euonymus sachalinensis（F. Schmidt）Maxim.【P.573】

八十九、省沽油科 Staphyleaceae

Staphyleaceae Martinov, Tekhno-Bot. Slovar 598（1820），nom. cons.
　　本科全世界3属，40~50种，产热带亚洲、美洲及北温带地区。中国有3属20种，主产南方各省。东北地区产1属1种，辽宁有分布。

省沽油属 Staphylea L.

Staphylea L., Sp. Pl. ed. 1：270. 1753.
　　本属全世界约13种，产欧洲、印度、尼泊尔至中国及日本、北美洲。我国有6种。

省沽油 Staphylea bumalda DC.【P.573】

　　落叶灌木。树皮紫红色或灰褐色，有纵棱。复叶对生，柄长2.5~3厘米，具三小叶。圆锥花序顶生，直立，花白色；萼片长椭圆形，浅黄白色；花瓣5，白色，倒卵状长圆形，较萼片稍大，长5~7毫米；雄蕊5，与花瓣略等长。蒴果膀胱状。生路旁、山地或丛林中。产庄河、本溪、凤城、桓仁、宽甸等地。

九十、槭树科 Aceraceae

Aceraceae Juss., Gen. Pl. [Jussieu] 250（1789），nom. cons.
　　本科全世界有2属131种，主产亚洲、欧洲、美洲的北温带地区。中国有2属101种。东北地区产1属19种3变种1变型，辽宁均产，其中栽培10种1变种1变型。

枫属（槭属）Acer L.

Acer L. Sp. Pl. ed. 1. 1054. 1753.
　　本属全世界约有129种，分布于亚洲、欧洲及美洲。中国有99种。

分种检索表
1. 叶为单叶。
　2. 叶掌状3~7裂。
　　3. 裂片通常无锯齿。
　　　4. 叶3裂。
　　　　5. 叶常自叶片中段以上3裂，裂片全缘，侧裂片与中裂片大小近于相等；翅果张开成锐角或近于直立。分布山东、河南、江苏、浙江、安徽、江西、湖北等省。大连有栽培 ....
　　　　　　.. 1. 三角枫（三角槭）Acer buergerianum Miq.【P.573】
　　　　5. 叶基部近于截形，深3裂几乎达叶片长度的4/5，裂片长圆形或长圆披针形，全缘或中段以上有2~3枚粗锯齿；翅果张开近于直角。产内蒙古、山西、宁夏、陕西和甘肃。沈阳有栽培 ....
　　　　　　.......... 2b. 细裂枫（细裂槭）Acer pilosum var. stenolobum（Rehder）W. P. Fang【P.573】
　　　4. 叶5或7裂。
　　　　6. 枝条有木栓质的翼；叶掌状5中裂。原产欧洲。大连有栽培 ....

.... 3. 瘤枝槭 Acer campestre L.【P.573】

6. 枝条无木栓质的翼；叶 5 裂或 7 裂。

  7. 叶基部浅心形或近截形；翅长为小坚果的 2~3 倍，宽 5~10 毫米。生林中、林缘及河岸两旁。产辽宁各地 ·················· 4. 色木枫（色木槭）Acer mono Maxim.【P.574】

  7. 叶基部截形，稀微心形；翅与小坚果近等长，宽 10~12 毫米。生阔叶林中。产新宾、沈阳、盖州、凤城、宽甸、东港、庄河、朝阳、北镇、彰武等地 ·······················

·················· 5. 元宝枫（元宝槭）Acer truncatum Bunge【P.574】

3. 裂片有锯齿。

  8. 花红色；叶掌状 3~5 裂。原产美国北部以及加拿大大部分地区。大连有栽培 ·····················

················· 6. 美国红枫 Acer rubrum L.【P.574】

  8. 花黄色。

   9. 叶无毛。

    10. 叶掌状 5 深裂，边缘具缺刻状深锯齿。

     11. 叶长大于宽。原产美国东部。熊岳、沈阳有栽培 ·················· 7. 银槭 Acer saccharinum L.【P.574】

     11. 叶长宽近相等。原产欧洲。大连有栽培 ·····················

················· 8. 挪威槭 Acer platanoides L.【P.574】

    10. 叶 3 裂，边缘具不规则的缺刻状重锯齿。

     12. 叶较大，近圆形，长 7~15 厘米，宽 7~13 厘米，3~5 浅裂；幼枝绿色；翅果张开呈钝角或近平角。生阔叶林中。产新宾、本溪、凤城、桓仁、宽甸、庄河等地 ·····················

················· 9. 青楷枫（青楷槭）Acer tegmentosum Maxim.【P.574】

     12. 叶较小，卵状三角形，长 3~7 厘米，3（~5）裂，中裂片比侧裂片大；幼枝带紫红色；翅果张开呈锐角或直角。生山坡、稀疏林下及林缘。产西丰、抚顺、清原、本溪、凤城、桓仁、庄河、瓦房店、营口等地 ·····················

················· 10b. 茶条枫（茶条槭）Acer tataricum subsp. ginnala（Maxim.）Wesm.【P.574】

   9. 叶背面或沿叶脉密被毛。

    13. 叶 5（~7）裂，背面密被茸毛；总状花序长 8~10 厘米，直立，花多而密集；翅果小，长 1.2~2 厘米，张开呈直角或锐角。生阔叶林中。产桓仁、宽甸、本溪和新宾等地 ·····················

················· 11. 花楷枫（花楷槭）Acer ukurunduense Trautv. et C. Acer Mey.【P.574】

    13. 叶（3~）5 裂，背面疏生毛或沿脉密被毛；短总状花序，下垂，花少；翅果较大，张开呈钝角。

     14. 叶背面及中脉上被带黄色的毛，边缘疏生粗齿牙；翅果长 3.5~4 厘米，小坚果有粗脉棱。生阔叶林中。产新宾、桓仁、宽甸、本溪、凤城、庄河等地 ·····················

················· 12. 髭脉枫（髭脉槭）Acer barbinerve Maxim.【P.574】

     14. 叶背面仅沿叶脉密被灰褐色毡毛，边缘具齿牙状重锯齿；翅果长 2.5~3 厘米，小坚果无粗脉棱。生阔叶林中。产新宾、桓仁、本溪、庄河等地 ·····················

················· 13. 小楷枫（小楷槭）Acer komarovii Pojark.【P.574】

2. 叶掌状 7~13 裂。

 15. 叶裂不少于 9。

  16. 叶 9~13 裂，裂片不及叶的 1/4。原产北美洲。大连有栽培 ·····················

················· 14. 钝翅槭 Acer shirasawanum Koidz.【P.574】

  16. 叶 9 或 11 裂，裂深达叶片的 1/2~1/3；叶柄及花梗有毛；萼片紫色，花瓣白色或淡黄色。

   17. 翅果连同小坚果长 2~2.5 厘米，张开成钝角。生阔叶林、针阔混交林及林缘。产宽甸、桓仁、凤城、清原、本溪、抚顺、沈阳、盖州、北镇、鞍山、岫岩、瓦房店、庄河等地······ 15a. 紫花枫（紫花槭）Acer pseudo-sieboldianum（Pax.）Kom. var. pseudo-sieboldianum【P.574】

17. 翅果较小，连同小坚果长约1.5厘米，张开近平角。生林缘。产桓仁、岫岩等地 ……………………
…………………… 15b. 小果紫花槭Acer pseudo-sieboldianum var. koreanum Nakai

15. 叶7裂或9裂；叶柄和花梗无毛；花紫色，翅果张开呈钝角或平角。

18. 叶裂片长圆卵形，先端锐尖或长锐尖。

19. 上面深绿色；下面淡绿色。分布长江流域各省。大连有栽培 ……………………
……… 16aa. 鸡爪枫（鸡爪槭）Acer palmatum Thunb. var. palmatum f. palmatum【P.575】

19. 叶两面嫩时红色，后期紫红色。大连有栽培 ……………………
…………………… 16ab. 红槭Acer palmatum var. palmatum f. atropurpureum
（Van Houtte）Schewerim【P.575】

18. 叶裂片披针形，先端尾状。大连有栽培 ……………………
…………………… 16b. 羽毛槭Acer palmatum var. dissectum（Thunb.）K. Koch【P.575】

1. 叶为复叶。

20. 小叶3；伞房花序，花杂性，雄花与两性花异株。

21. 叶缘具疏锯齿；花3~5；翅果长3~3.5厘米，无毛。生阔叶林中。产辽阳、新宾、清原、桓仁、庄河等地 ……………… 17. 东北枫（东北槭）Acer mandshuricum Maxim.【P.575】

21. 叶具2~3粗齿，稀近全缘；花3；翅果长4~4.5厘米，被粗毛。

22. 叶质薄，下面略有白粉，无乳头状突起。生针阔混交林中或阔叶杂木林中。产新宾、宽甸、桓仁、凤城、本溪、庄河等地 … 18a. 三花枫（三花槭）Acer triflorum Kom. var. triflorum【P.575】

22. 叶革质或近于革质，下面有小的乳头状突起。生海拔400~1000米的林边或石质山坡。产桓仁……
…………………… 18b. 革叶三花槭Acer triflorum var. aubcoriacea Kom.

20. 小叶3~7（~9）；花单性，雌雄异株，雄花组成聚伞花序，雌花排成总状。原产北美洲。辽宁各地栽培
…………………… 19. 复叶枫（梣叶槭）Acer negundo L.【P.575】

九十一、七叶树科Hippocastanaceae

Hippocastanaceae A. Rich., Bot. Méd. 680（1823），nom. cons.
本科全世界有3属15种，主产亚洲、欧洲、美洲的北温带地区。中国有2属5种。东北仅辽宁栽培1属4种。

七叶树属Aesculus L.

Aesculus L., Sp. Pl. 1：344. 1753.
本属全世界约12种，广布于亚洲、欧洲、美洲。中国有4种，以西南部的亚热带地区为分布中心，北达黄河流域，东达江苏和浙江，南达广东北部。

分种检索表

1. 小叶有显著的小叶柄；花序窄小近于圆柱形；蒴果平滑。中国秦岭有野生。大连、盖州有栽培 …………
…………………… 1. 七叶树Aesculus chinensis Bunge【P.575】

1. 小叶无小叶柄或近于无小叶柄；花序粗大，尖塔形；蒴果有刺或疣状突起。

2. 小叶下面绿色，边缘有钝形的重锯齿；蒴果近于球形，有刺。

3. 花瓣白色，有红色斑纹。原产阿尔巴尼亚和希腊。沈阳有栽培 ……………………
…………………… 2. 欧洲七叶树Aesculus hippocastanum L.【P.575】

3. 花深粉红色，有黄色斑纹。原产北美洲大陆。大连有栽培 ……………………
…………………… 3. 红花七叶树 Aesculus × carnea Zeyh.【P.575】

2. 小叶下面略有白粉，边缘有圆齿；蒴果阔倒卵圆形，有疣状突起。原产日本。沈阳有栽培 ……………………
…………………… 4. 日本七叶树Aesculus turbinata Blume【P.575】

九十二、无患子科 Sapindaceae

Sapindaceae Juss., Gen. Pl. [Jussieu] 246（1789）, nom. cons.

本科全世界约135属1500种，分布于全世界的热带和亚热带地区，温带地区很少。中国有21属52种，多数分布于西南部至东南部。东北地区产3属4种1变种，辽宁均产，其中栽培2种。

分属检索表

1. 果膨大，呈囊状，果皮膜质或纸质；一至二回羽状复叶或二回三出复叶。
   2. 乔木；圆锥花序，花黄色 ·· 1. 栾树属 Koelreuteria
   2. 草质藤本；腋生聚伞花序或总状花序，花白色 ························· 2. 倒地铃属 Cardiospermum
1. 果不膨大，果皮厚，木栓质；奇数羽状复叶；总状花序，花白色 ·············· 3. 文冠果属 Xanthoceras

1. 栾树属 Koelreuteria Laxm.

Koelreuteria Laxm. in Nov. Comm. Acad. Sci. Imp. Petrop. 16: 561, t. 18. 1772.

本属全世界4种，3种及1变种产中国，1种产斐济。东北地区仅辽宁产2种，其中栽培1种。

分种检索表

1. 二回羽状复叶，小叶边缘有小锯齿或全缘，无缺刻；蒴果椭圆形、阔卵形或近球形，顶端圆或钝。产云南、贵州、四川、湖北、湖南、广西、广东等省区。大连有栽培 ···
   ··· 1. 复羽叶栾树 Koelreuteria bipinnata Franch.【P.575】
1. 一回或不完全的二羽状复叶，小叶边缘有稍粗大、不规则的钝锯齿，近基部的齿常疏离而呈深缺刻状；蒴果圆锥形，顶端渐尖。生山坡杂木林中。旅顺口、瓦房店、凌源等地有野生，其他地方有栽培
   ··· 2. 栾树 Koelreuteria paniculata Laxm.【P.575】

2. 倒地铃属 Cardiospermum L.

Cardiospermum L. Sp. Pl. 1: 366. 1753.

本属全世界约12种，多数分布于美洲热带，少数种广布于全世界热带和亚热带地区。中国有1种。东北地区仅辽宁有栽培。

倒地铃 Cardiospermum halicacabum L.【P.576】

草质攀援藤本。二回三出复叶；小叶近无柄，薄纸质，顶生叶斜披针形或近菱形，侧生叶稍小，卵形或长椭圆形，边缘有疏锯齿或羽状分裂。圆锥花序少花；萼片4，被缘毛；花瓣乳白色，倒卵形。蒴果梨形至球形，褐色，被短柔毛。广布于全世界的热带和亚热带地区。大连、沈阳有栽培。

3. 文冠果属 Xanthoceras Bunge

Xanthoceras Bunge, Enum. Pl. China Bor. Coll. 11. 1831.

本属全世界仅1种，产中国北部和朝鲜。东北地区产1种1变种，辽宁均产。

分种下单位检索表

1. 花瓣白色，基部紫红色或黄色，有清晰的脉纹。生丘陵山坡等处。辽西有少量野生，各地有栽培
   ···························· 1a. 文冠果 Xanthoceras sorbifolium Bunge. var. sorbifolium【P.576】
1. 花瓣初为黄绿色，后渐变为紫红色。沈阳、熊岳有栽培 ···
   ···························· 1b. 紫花文冠果 Xanthoceras sorbifolium cv. 'Purpurea'

九十三、凤仙花科Balsaminaceae

Balsaminaceae A. Rich., Dict. Class. Hist. Nat.［Bory］2：173（1822），nom. cons.

本科全世界有2属，约有900余种，主要分布于亚洲热带和亚热带及非洲，少数种分布于欧洲、亚洲温带地区及北美洲。中国有2属228种。东北地区产1属7种1变种1变型，其中栽培4种。辽宁产1属6种1变种1变型，其中栽培3种。

凤仙花属Impatiens L.

Impatiens L. Sp. Pl. 937. 1753.

本属全世界约有900种，分布于旧大陆热带、亚热带山区和非洲，少数种类也产于亚洲和欧洲温带及北美洲。中国有227种。

分种检索表

1. 栽培。
  2. 叶菱状卵形。原产东非。大连有栽培 ·············· 1. 苏丹凤仙花Impatiens walleriana Hook. f.【P.576】
  2. 叶卵状披针形至长椭圆形。
    3. 株高60厘米以上；花明显两侧对称。原产亚洲热带。辽宁各地栽培 ············· ················· 2. 凤仙花Impatiens balsamina L.【P.576】
    3. 株高40厘米以下；花几乎近辐射对称。原产新几内亚。大连有栽培 ············· ················· 3. 新几内亚凤仙花Impatiens hawkeri W. Bull.【P.576】
1. 野生。
  4. 花黄色或白色；总花梗无腺毛；叶卵形或广椭圆形，边缘具粗钝锯齿；蒴果棒状。
    5. 花黄色。生山沟溪流旁、林缘湿地。产清原、新宾、桓仁、本溪、鞍山、宽甸、岫岩、营口、葫芦岛、北镇、大连等地 ················ 4a. 水金凤Impatiens noli–tangere L. var. noli–tangere【P.576】
    5. 花白色。生山沟溪流旁。产凤城 ·············· ················· 4b. 白花水金凤Impatiens noli–tangere var. albiflorum Z. S. M。
  4. 花紫红色或带白色、淡紫色；总花梗有红紫色腺毛；叶菱状披针形或广披针形，边缘具锐锯齿；蒴果狭纺锤形。
    6. 花小，长1~2厘米，带白色，有淡紫红色斑点，距细长；叶菱状披针形。生山谷河边、林缘或草丛中。产鞍山、本溪、宽甸、桓仁、岫岩、普兰店、庄河等地 ············· ················· 5. 东北凤仙花Impatiens furcillata Hemsl.【P.576】
    6. 花较大，长3~4厘米，距较粗而上部膨大；叶广披针形。
      7. 花红紫色。生山沟溪流旁。产庄河、宽甸、桓仁等地 ············· ················· 6a. 野凤仙花Impatiens textori Miq. f. textori【P.576】
      7. 花白色，仅唇瓣内侧具紫色斑点。生山沟溪流旁。产桓仁、庄河等地 ··············· ················· 6b. 白花野凤仙Impatiens textori f. pallescens（Honda）Hara

九十四、鼠李科Rhamnaceae

Rhamnaceae Juss., Gen. Pl.［Jussieu］376（1789），nom. cons.

本科全世界约50属，900多种，广泛分布于温带至热带地区。中国有13属137种，全国各省区均有分布，以西南和华南地区的种类最为丰富。东北地区产2属13种3变种1变型，其中栽培1种1变种2变种。辽宁产2属10种3变种1变型，其中栽培1种1变种1变型。

分属检索表

1. 叶具基生三出脉，通常具托叶刺，枝端不成刺状；肉质核果，内具1核 ·························· 1. 枣属 Ziziphus
1. 叶具羽状脉，托叶不成刺状，枝端常成刺状；浆质核果，具2~4核 ·························· 2. 鼠李属 Rhamnus

1. 枣属 Ziziphus Mill.

Ziziphus Mill. Gard. Dict. ed. 4，3. 1754.

  本属全世界约100种，主要分布于亚洲和美洲的热带和亚热带地区，少数种在非洲和两半球温带也有分布。中国有12种，3变种，主产于西南和华南地区。东北地区产1种3变种1变型，辽宁均产，其中栽培1种2变种1变型。

分种下单位检索表

1. 枝具棘刺。
 2. 主干、枝条、叶柄、叶片、果实均不扭曲。
  3. 果长1.5~5厘米，果核尖锐。
   4. 矩圆形或长卵圆形。原产我国。辽宁各地常见栽培 ·································
    ·················· 1aa. 枣 Ziziphus jujuba Mill. var. jujuba f. jujuba 【P.576】
   4. 果实中部以上缢细而呈葫芦状。大连有少量栽培 ·································
    ·················· 1ab. 葫芦枣 Ziziphus jububa Mill. var. jujuba f. lageniformis（Nakai）Kitag.
  3. 果长0.7~1.5厘米，果核钝头。生向阳或干燥山坡、山谷、丘陵等地。产大连、海城、北镇、锦州、兴城、绥中、朝阳、建平、建昌、喀左、凌源等地 ·································
    ·················· 1b. 酸枣 Ziziphus jujuba var. spinosa（Bunge）Hu ex H. F. Chow.【P.576】
 2. 主干、枝条均扭曲生长，甚至叶柄、叶片也扭曲生长；果实较小，呈圆柱形，稍弯曲，果面高低不平，呈扭曲状。大连有栽培 ·························· 1c. 龙爪枣 Ziziphus jujuba cv. 'Tortuosa'
1. 枝无棘刺。辽宁有栽培 ·························· 1d. 无刺枣 Ziziphus jujuba var. inemmis（Bunge）Rehd.

2. 鼠李属 Rhamnus L.

Rhamnus L. Gen. Pl. ed. 1. 58. 1737.

  本属全世界约150种，分布于温带至热带地区，主要集中于亚洲东部和北美洲的西南部，少数也分布于欧洲和非洲。中国有57种和14变种，分布于全国各省区，其中以西南和华南地区的种类最多。东北地区产12种。辽宁产9种。

分种检索表

1. 枝端具明显的顶芽，有时仅在枝分叉处有短刺。
 2. 叶缘锯齿齿尖不为刺芒状；顶芽及腋芽卵圆形，鳞片淡褐色。生低山地杂木林内阴湿处或河岸灌丛中。产凤城、丹东、桓仁、宽甸、本溪、瓦房店、庄河等地 ······ 1. 鼠李 Rhamnus davurica Pall.【P.576】
 2. 叶缘锯齿齿尖为刺芒状；顶芽长卵形，紫黑色。生山脊或干燥的山坡。产铁岭、沈阳、抚顺、北镇、锦州、义县、北票、建平、建昌、大连等地 ·················· 2. 锐齿鼠李 Rhamnus arguta Maxim.【P.576】
1. 枝端具针刺，有时有少量顶芽。
 3. 叶互生，稀兼近对生，叶宽2厘米以上。
  4. 花萼、花梗被疏短柔毛；叶两面有密毛。生低山地的杂木林及灌丛中。产宽甸、桓仁、丹东、岫岩等地 ·························· 3. 朝鲜鼠李 Rhamnus koraiensis Schneid.【P.577】
  4. 花萼、花梗无毛；叶表面伏生糙毛或短毛，背面沿脉及脉腋有疏毛或无毛。生较高山地的杂木林及灌丛中。产宽甸、桓仁、丹东、庄河等地 ·································

‥‥‥‥‥‥‥‥‥‥‥‥‥‥‥‥‥‥‥‥‥ 4. 东北鼠李（长梗鼠李）Rhamnus yoshinoi Makino【P.577】

3. 叶对生或近对生，稀兼互生。

  5. 全株无毛或近无毛。

    6. 小枝灰褐色，无光泽；叶狭椭圆形或狭长圆形，稀披针状椭圆形或椭圆形，长2~12厘米。生山地林缘或灌丛中。产铁岭、沈阳、北镇、锦州、新宾、清原、抚顺、鞍山、岫岩、本溪、桓仁、宽甸、瓦房店、庄河、凤城、丹东等地 ‥‥‥‥‥‥‥‥‥ 5. 乌苏里鼠李 Rhamnus ussuriensis J. Vass.【P.577】

    6. 小枝暗紫色，平滑而有光泽；叶近圆形、卵圆形、菱状倒卵形或菱状卵形，长1~6厘米。生低山灌丛及林缘湿润处。产抚顺、清原、新宾、桓仁、宽甸、本溪、凤城、鞍山等地 ‥‥‥‥‥‥‥‥‥‥ ‥‥‥‥‥‥‥‥‥‥‥‥‥‥‥‥‥‥‥ 6. 金刚鼠李 Rhamnus diamantiaca Nakai【P.577】

  5. 全株或多或少被毛。

    7. 小枝及叶柄密被短柔毛；叶较大，长2~6厘米，宽1.2~4厘米，近圆形或倒卵状圆形，背面全部或沿脉被柔毛，侧脉3~4对，表面凹下，背面凸出。生山坡林下或灌丛中。产金州、大连 ‥‥‥‥‥‥‥‥ ‥‥‥‥‥‥‥‥‥‥‥‥‥‥‥‥‥ 7. 圆叶鼠李（辽东鼠李）Rhamnus globosa Bunge【P.577】

    7. 小枝及叶柄有微细柔毛；叶较小，长1.2~4厘米，宽0.8~2.5厘米，卵形、菱状倒卵形或菱状椭圆形。

      8. 小枝灰色；叶纸质，卵形或卵状披针形，背面沿脉或脉腋被白色短柔毛；种子背面具长为种子4/5的宽沟。常生山坡阳处或灌丛中。产大连 ‥ 8. 卵叶鼠李 Rhamnus bungeana J. Vass.【P.577】

      8. 小枝褐色；叶厚纸质，菱状倒卵形或菱状椭圆形，背面脉腋窝孔内被疏短柔毛；种子背侧具长为种子4/5的狭沟。生石质山地阳坡或山脊。产大连、沈阳、北镇、朝阳、锦州、义县、北票、建平、建昌、凌源、喀左、绥中、兴城等地 ‥‥‥ 9. 小叶鼠李 Rhamnus parvifolia Bunge【P.577】

九十五、葡萄科 Vitaceae

Vitaceae Juss., Gen. Pl. [Jussieu] 267 (1789), nom. cons.

    本科全世界有14属，900余种，主要分布于热带和亚热带地区，少数种类分布于温带地区。中国有8属146种，南北各省均产，野生种类主要集中分布于华中、华南及西南各省区，东北、华北各省区种类较少。东北地区产4属9种1亚种4变种1变型，辽宁均产，其中栽培4种。

分属检索表

1. 圆锥花序；花瓣于顶部互相粘着，花后呈帽状脱落 ‥‥‥‥‥‥‥‥‥‥‥‥‥‥‥‥‥‥‥‥‥‥ 1. 葡萄属 Vitis
1. 聚伞花序；花瓣离生，花后不呈帽状脱落。

  2. 花盘不明显，与子房连在一起；卷须顶端膨大成吸盘状 ‥‥‥‥ 2. 地锦属（爬山虎属）Parthenocissus
  2. 花盘明显，与子房分离；卷须发达而两歧，顶端不膨大成吸盘状。

    3. 花5数 ‥‥‥‥‥‥‥‥‥‥‥‥‥‥‥‥‥‥‥‥‥‥‥‥‥‥ 3. 蛇葡萄属 Ampelopsis
    3. 花4数 ‥‥‥‥‥‥‥‥‥‥‥‥‥‥‥‥‥‥‥‥‥‥‥‥‥‥‥ 4. 乌蔹莓属 Cayratia

1. 葡萄属 Vitis L.

Vitis L. Sp. Pl. 293. 1753.

    本属全世界有60余种，分布于温带或亚热带地区。中国有37种。东北地区产3种1亚种1变种，辽宁均产，其中栽培2种。

分种检索表

1. 栽培植物；果实紫色、红色、黄色、白色、绿色等，较大。

  2. 叶上面绿色，下面白色或浅红色，密被茸毛；卷须连续性（每节具卷须或花序，与叶对生）；果肉有狐臭味，与种子不容易分离。原产加拿大东南部。辽宁偶见栽培 ‥‥‥ 1. 美洲葡萄 Vitis labrusca L.【P.577】

2. 叶上面绿色，下面浅绿色，无毛或被疏柔毛；卷须断续性（卷须每隔2节间断，与叶对生）；果肉无狐臭味，与种子容易分离。原产亚洲西部。辽宁各地普遍栽培 …… 2. 葡萄（欧洲葡萄）Vitis vinifera L. 【P.577】

1. 野生植物；果实蓝黑色，较小。

  3. 叶背面初时疏被蛛丝状绒毛，以后脱落；叶脉常被短柔毛或脱落几乎无毛。

    4. 叶3稀5浅裂或中裂或不分裂；果径1~1.5厘米。生山坡、沟谷林中或灌丛。产辽宁各地 ………………… ………………………… 3aa. 山葡萄 Vitis amurensis Rupr. subsp. amurensis var. amurensis 【P.577】

    4. 叶3~5深裂；果径0.8~1厘米。生林中。产长海 ………………………………………………………… ………………………………………… 3ab. 深裂山葡萄 Vitis amurensis subsp. amurensis var. dissecta Skvorts.

  3. 叶背面密被紧贴叶面的蛛丝状毛，蛛丝状毛不但数量多，而且覆盖全部叶面。生山坡、灌丛中。产旅顺口 …………………………………………………… 3b. 毛叶山葡萄 Vitis amurensis subsp. pubescens S. M. Zhang

2. 地锦属（爬山虎属）Parthenocissus Planch.

Parthenocissus Planch. in DC. Monogr. Phan. 5：447. 1887.

本属全世界约13种，分布于亚洲和北美洲。中国有9种。东北地区产2种，辽宁均产，其中栽培1种。

分种检索表

1. 叶为单叶，3裂，稀具3小叶。生山坡岩石上及墙壁上。产丹东、凤城、桓仁、营口、庄河、瓦房店、金州、大连等地 ………… 1. 地锦（爬山虎）Parthenocissus tricuspidata（Sieb. et Zucc.）Planch. 【P.577】

1. 叶为复叶，具掌状5小叶。原产北美洲。辽宁常见栽培 ………………………………………………………… ………………………………………… 2. 五叶地锦 Parthenocissus quinquefolia（L.）Planch. 【P.578】

3. 蛇葡萄属 Ampelopsis Michaux

Ampelopsis Michaux，Fl. Bor.-Am. 1：159. 1803.

本属全世界约30种，分布亚洲、北美洲和中美洲。中国有17种，南北均产。东北地区产3种3变种1变型，辽宁均产。

分种检索表

1. 叶为掌状复叶或掌状全裂。

  2. 叶轴及小叶柄有狭翅；植株无毛；果实白色。生山坡地边、灌丛或草地。产沈阳、大连、金州、普兰店、抚顺、凌源、昌图、营口等地 …………… 1. 白蔹 Ampelopsis japonica（Thunb.）Makino 【P.578】

  2. 叶轴无翅；植株无毛或叶背面有疏毛；果实橘红色。

    3. 叶为掌状5小叶，小叶3~5羽裂，披针形或菱状披针形，中央小叶深裂，或有时外侧小叶浅裂或不裂。生沙质地、荒野或干燥山坡。产金州、瓦房店、沈阳、彰武等地 ………………………………… ………………………… 2a. 乌头叶蛇葡萄 Ampelopsis aconitifolia Bunge var. aconitifolia 【P.578】

    3. 叶3或5掌状全裂，小叶通常菱形而宽阔，中央小叶不分裂或浅裂，边缘具粗齿。生山坡、沟边和荒地。产彰武 …… 2b. 掌裂草葡萄（掌叶蛇葡萄）Ampelopsis aconitifolia var. glabra Diels. 【P.578】

1. 单叶，浅裂或中裂，有时3全裂。

  4. 叶3浅裂，背面淡绿色；果实成熟时为鲜蓝色。

    5. 小枝及叶有毛；叶质较薄，边缘有粗钝或急尖锯齿。生山坡林下。产抚顺、沈阳、葫芦岛、建昌、建平、北镇、大连、金州、普兰店、瓦房店、庄河、长海、盖州、岫岩、桓仁、西丰等地 …………………………… 3b. 东北蛇葡萄（蛇葡萄）Ampelopsis glandulosa var. brevipedunculata（Maxim.）Momiy. 【P.578】

    5. 幼枝及叶平滑无毛或近无毛；叶质稍厚，3~5中裂，裂隙具圆弯缺。生山坡及林下。产大连、盖州、西丰、凌源等地 …… 3c. 光叶蛇葡萄 Ampelopsis glandulosa var. hancei（Planch.）Momiy. 【P.578】

4. 叶3~5中裂至深裂或3全裂，背面苍白色；小枝光滑或有微毛；果实成熟时淡黄色至橘红色。

  6. 叶3~5中裂至深裂。生于山坡及林下。产大连、瓦房店、旅顺口、金州、鞍山、本溪、阜新、凌源、建平、建昌、绥中、北镇、开原、彰武、营口、盖州等地 ………………………………………………………………………………………… 4a. 葎叶蛇葡萄 Ampelopsis humulifolia Bunge f. humulifolia【P.578】

  6. 叶3全裂，侧裂片斜卵形，常成不等的2深裂或中裂，中央裂片广菱形。灌丛林缘或林中。产彰武 ………………………………………… 4b. 三叶白蔹 Ampelopsis humulifolia f. trisecta（Nakai）Kitag.【P.578】

4. 乌蔹莓属 Cayratia Juss.

Cayratia Juss. in Dict. Sci. Nat. 10：103. 1818.

本属全世界有60余种，分布于亚洲、大洋洲和非洲。中国有17种，南北均有分布。东北地区仅辽宁栽培1种。

乌蔹莓 Cayratia japonica（Thunb.）Gagnep.【P.578】

草质藤本。叶为鸟足状5小叶。花序腋生，复二歧聚伞花序；花蕾卵圆形，顶端圆形；萼碟形，边缘全缘或波状浅裂；花瓣4，三角状卵圆形，外面被乳突状毛。果实近球形，直径约1厘米，有种子2~4颗。分布河南、山东、安徽、江苏、浙江、湖北、湖南、福建等地。大连有栽培。

九十六、椴树科 Tiliaceae

Tiliaceae Juss., Gen. Pl.［Jussieu］289（1789），nom. cons.

本科全世界约52属500种，主要分布于热带及亚热带地区。中国有11属70种。东北地区产4属11种8变种，辽宁均产，其中栽培4种。

分属检索表

1. 木本植物；核果。
  2. 花无花盘；花瓣基部无腺体；花序梗贴生大苞片；乔木 ……………………………………… 1. 椴树属 Tilia
  2. 花有花盘；花瓣基部有腺体；花序梗无贴生大苞片；灌木 ……………………………………… 2. 扁担杆属 Grewia
1. 草本植物；蒴果。
  3. 蒴果呈长角果状，表面无刺 ……………………………………………………… 3. 田麻属 Corchoropsis
  3. 蒴果近球形，表面有刺或钩刺 ……………………………………………………… 4. 刺蒴麻属 Triumfetta

1. 椴树属 Tilia L.

Tilia L.，Sp. Pl. 1：514. 1753.

本属全世界23~40种，主要分布于亚热带和北温带地区。中国有19种，主产黄河流域以南，五岭以北广大亚热带地区；只少数种类到达北回归线以南，华北及东北地区。东北地区产7种1亚种6变种，辽宁均产，其中栽培4种。

分种检索表

1. 花有退化雄蕊。
  2. 小枝密被黄褐色星状毛；叶背面密被星状毛，边缘粗齿具芒状尖。
   3. 果实有5条不明显的棱。
    4. 果上无疣状突起。
     5. 果顶端无嘴状突起。生山间、沟谷、杂木林中。产辽宁各地 ……………………………………………… 1a. 辽椴（糠椴）Tilia mandshurica Rupr. et Maxim. var. mandshurica【P.578】

5. 果顶端具明显嘴状突起。生针阔混交林及阔叶林中。产桓仁 ··························
·················· 1b. 卵果辽椴（卵果糠椴）Tilia mandshurica var. ovalis（Nakai）Liou et Li
　　4. 果上有大的疣状突起。生山坡草地。产鞍山（千山）
········· 1c. 瘤果辽椴（疣果糠椴）Tilia mandshurica var. tuberculata Liou et Li
　　3. 果具明显5棱。生山坡草地。产丹东 ···························
1d. 棱果辽椴（棱果糠椴）Tilia mandshurica var. megaphylla（Nakai）Liou et Li
　2. 小枝无毛，稀有长疏毛；叶背面无毛，仅脉腋处具簇毛。
　　6. 叶缘具不整齐粗大锯齿；树皮灰褐色；小枝黄褐色。生山坡及阔叶林中。产金州、大连、营口及辽西
　　　等地 ························ 2. 蒙椴Tilia mongolica Maxim.【P.578】
　　6. 叶缘具粗锯齿；树皮有深色皱纹；小枝绿色。原产美国。沈阳、大连、瓦房店有栽培 ··············
　　　 ···················· 3. 美洲椴Tilia americana L.【P.579】
1. 花无退化雄蕊。
　7. 叶较小，长4~6厘米，宽4~5.5厘米。
　　8. 叶基部心形，稀截形；果实密被长绒毛。原产自英国西部石灰石悬崖和潮湿的林地中。大连、沈阳有
　　　引种栽培 ···················· 4a. 心叶椴Tilia cordata Mill subsp. cordata
　　8. 叶基部截形，稀浅心形或宽楔形；果实密被短绒毛。生山坡上。产凌源等地 ··············
　　　 ············ 4b. 西伯利亚椴 Tilia cordata subsp. sibirica（Bayer）Pigott【P.579】
　7. 叶较大，长4.5~12厘米，宽4~12厘米，基部心形、斜心形，稀截形。
　　9. 叶基部斜心形，稀截形；果实有棱或无棱；当年生枝、叶柄及幼叶叶背有毛。
　　　10. 叶长5~12厘米，宽4~12厘米；果具明显4~5棱，顶端有1短喙。原产欧洲。大连有栽培 ··········
　　　 ············ 5. 大叶欧椴Tilia platyphyllos Scop.【P.579】
　　　10. 叶长3~8厘米，宽3.5~7厘米；果无棱、无喙。原产欧洲。大连有栽培 ··············
　　　 ···················· 6. 欧椴 Tilia europaea L.【P.579】
　　9. 叶基部心形，边缘齿内弯；果实无棱无喙；当年生枝、叶柄无毛，或嫩枝初时有毛后渐脱落。
　　　11. 果实卵圆形。
　　　　12. 叶边缘有锯齿，非3裂。
　　　　　13. 嫩枝初时有白丝毛，很快变秃净；上面无毛，下面仅脉腋内有毛丛；叶长4.5~6厘米，宽4~5.5
　　　　　厘米。生山坡及阔叶红松林中。产瓦房店、普兰店、庄河、建昌及辽东地区等地 ··········
　　　　　 ············ 7a. 紫椴Tilia amurensis Rupr. var. amurensis【P.579】
　　　　　13. 嫩枝及幼叶背面密被棕色星状毛，后渐脱落；叶亦较原变种小。生山坡林中。辽宁东部山区
　　　　　有分布 ·········· 7b. 小叶紫椴Tilia amurensis var. taquetii（Schneid.）Liou et Li
　　　　12. 叶上部明显3裂。生山坡林中。产金州、盖州等地 ·······················
　　　　　 ············ 7c. 裂叶紫椴Tilia amurensis var. tricuspidata Lion et Li
　　　11. 果为梨形。生山坡林中。产金州 ·········· 7d. 朝鲜紫椴Tilia amurensis var. koreana Nakai

2. 扁担杆属Grewia L.

Grewia L. Sp. Pl. 1：964. 1753.

　　本属全世界约90种，分布于东半球热带地区。中国有27种，主产长江流域以南各地。东北地区仅辽宁产1种1变种。

分种下单位检索表

1. 叶两面有稀疏星状粗毛。生山坡或山沟边。产长海 ·························
　 ···················· 1a. 扁担杆Grewia biloba G. Don. var. biloba【P.579】
1. 叶下面密被软茸毛。生山坡。产长海、大连、旅顺口、金州、凌源 ···············
　 ·········· 1b. 小花扁担杆（扁担木）Grewia biloba var. parviflora（Bunge）Hand.–Mazz.

3. 田麻属 Corchoropsis Sieb. et Zucc.

Corchoropsis Sieb. et Zucc. in Abh. Akad. Munchen. 3：737. tab. 4. 1843.

本属全世界仅1种，分布于东亚。中国南北均产。东北地区仅辽宁有分布。

分种下单位检索表

1. 蒴果有星状柔毛。生山坡、林下或干燥石质地。产大连、长海、金州、瓦房店、东港、凤城等地 ………
……………………………… 1a. 田麻 Corchoropsis tomentosa （Thunb.） Makino var. tomentosa【P.579】
1. 蒴果无毛。产金州、庄河、瓦房店、普兰店、鞍山、朝阳等地 ………………………………………………
………… 1b. 光果田麻 Corchoropsis tomentosa var. psilocarpa （Harms & Loes.） C. Y. Wu & Y. Tang

4. 刺蒴麻属 Triumfetta L.

Triumfetta L. Sp. Pl. 1：444. 1753.

本属全世界100~160种，广布于热带亚热带地区。中国有7种，产南部及东部各省区。东北地区仅辽宁有1种栽培逃逸记录。

刺蒴麻 Triumfetta rhomboidea Jacq.

亚灌木；嫩枝被灰褐色短茸毛；茎下部叶阔卵圆形，先端常3裂，基部圆形；茎上部叶长圆形；叶上面有疏毛，下面有星状柔毛，基出脉3~5条，边缘有不规则的粗锯齿；聚伞花序数枝腋生；花瓣比萼片略短，黄色；果球形，被灰黄色柔毛，具长2毫米针刺。分布热带亚洲及非洲。辽宁有栽培逃逸记录。

九十七、锦葵科 Malvaceae

Malvaceae Juss., Gen. Pl. ［Jussieu］ 271 （1789）, nom. cons.

本科全世界约有100属，约1000种，分布于热带至温带地区。中国有19属81种，产全国各地，以热带和亚热带地区种类较多。东北地区产8属18种1变种，其中栽培12种。辽宁产8属17种1变种，其中栽培12种。

分属检索表

1. 果为分果；子房由几个离生心皮组成。
  2. 子房每室含2或多个胚珠，心皮8或更多 ……………………………………………… 1. 苘麻属 Abutilon
  2. 子房每室含1个胚珠。
    3. 无小苞片。
      4. 花冠紫色或淡紫色，很少白色 ………………………………………………… 2. 阿洛葵属 Anoda
      4. 花冠黄色 ………………………………………………………………………… 3. 黄花稔属 Sida
    3. 小苞片2~9。
      5. 小苞片2~3 ……………………………………………………………………… 4. 锦葵属 Malva
      5. 小苞片6~9 ……………………………………………………………………… 5. 蜀葵属 Alcea
1. 果为蒴果；子房由数个合生心皮组成。
  6. 小苞片3，叶状；种子椭圆形，有长棉毛 …………………………………………… 6. 棉属 Gossypium
  6. 小苞片5~15；种子肾形。
    7. 萼佛焰苞状，花后沿一侧裂开而早落；果长尖；种子无毛 ……………………… 7. 秋葵属 Abelmoschus
    7. 萼钟形或杯形，5裂或具5齿，宿存；果圆形至长圆形；种子有毛或腺状乳突 …… 8. 木槿属 Hibiscus

1. 苘麻属 Abutilon Miller

Abutilon Miller, Gard. Dict. Abr. ed. 4, 1, 1754.

本属全世界约200种，分布于热带和亚热带地区。中国有9种，分布于南北各省区。东北地区栽培2种，并逸生，辽宁栽培均产。

分种检索表

1. 灌木；叶掌状3~5裂；花钟形，下垂，橘黄色，具紫色条纹，花瓣长3~5厘米。原产南美洲的巴西、乌拉圭等地。辽宁有栽培 ···························· 1. 金铃花 Abutilon striatum Dickson.【P.579】
1. 一年生亚灌木状草本；叶圆心形；花单生叶腋，黄色，花瓣长约1厘米。生路旁、荒地、田野。辽宁各地常见栽培，并逸生 ·············· 2. 苘麻 Abutilon theophrasti Medic【P.579】

2. 阿洛葵属 Anoda Cavanilles

Anoda Cavanilles, Diss. 1：38, plate 10, fig. 3； plate 11, figs. 1, 2. 1785.

本属全世界有23种，分布北美洲、西印度群岛、中美洲、南美洲、大洋洲（澳大利亚）。中国有1归化种，东北地区仅辽宁有分布。

阿洛葵 Anoda cristata（L.）Schlecht【P.579】

一年生直立草本。茎叶散生硬毛。叶互生，叶柄基部有托叶；叶片卵状三角形，3~5浅裂，边缘具锯齿。花单生叶腋；萼裂片三角形，于果期增大，先端渐尖；花径7~12毫米，白色、淡蓝至淡蓝紫色。果实由10~20个排成圆环的片状分果瓣组成。原产美洲。近年发现于金州、大连。

3. 黄花稔属 Sida L.

Sida L., Sp. Pl. 683, 1753.

本属全世界有100~150种，分布于全世界，其中2/3分布于美国。中国有14种，产西南至华东各省区。东北地区仅辽宁产2种。

分种检索表

1. 花柱5分枝；分果爿5；叶片基部心形或近心形；叶柄与茎交界处通常具小刺状瘤；花瓣长5毫米左右。生路旁、牧场、扰动地面。原产美洲。大连有归化 ···························· 1. 刺黄花稔 Sida spinosa L.【P.580】
1. 花柱7~14分枝；分果爿7~14；叶片基部通常楔形或截形，有时圆形或近心形到心形；叶柄与茎交界处不具小刺状瘤；花瓣长圆形，长6~8毫米。产热带、亚热带地区，近年发现于金州某大豆加工厂区 ···························· 2. 心叶黄花稔 Sida cordifolia L.

4. 锦葵属 Malva L.

Malva L., Sp. Pl. 2：687. 1753.

本属全世界约30种，分布亚洲、欧洲和北非洲。中国有5种，产各地。东北地区产5种1变种，其中栽培3种。辽宁产4种1变种，其中栽培3种。

分种检索表

1. 花大，鲜艳，通常具明显的花梗。
  2. 叶浅裂。
    3. 二年生或多年生直立草本；花3~11朵簇生。辽宁各地栽培，偶见逸生 ····························
      ···························· 1. 锦葵 Malva cathayensis Malva G. Gilbert【P.580】
    3. 一年生草本；花单生于叶腋间。原产欧洲地中海沿岸。大连有栽培 ····························

.... 2. 三月花葵Malva trimestris （L.）Salisb【P.580】

  2. 叶掌状裂。原产欧洲和亚洲西南部。宽甸有栽培 ....

                   3. 麝香锦葵Malva moschata L.【P.580】

1. 花小，非鲜艳花，近无梗，簇生叶腋。

  4. 茎上部的叶裂片三角形；花紧密簇生；花梗均短，被花或果实遮住。生杂草地、庭园、住宅附近及山坡。产金州、建平、凌源、彰武等地 ....

    .... 4a. 野葵（北锦葵）Malva verticillata L. var. verticillata【P.580】

  4. 茎上部的叶裂片圆形；花簇松散生于叶腋，花梗不等长，其中长的不被花或果实遮住。 生杂草地、山坡、庭院和住宅附近。产凌源............. 4b. 中华野葵Malva verticillata L. var. rafiqii Abedin【P.580】

5. 蜀葵属 Alcea L.

Alcea L., Sp. Pl. 2：687. 1753.

  本属全世界约60种植物，分布于亚洲中、西部各温带地区。中国有2种（包括栽培种），产新疆和西南各省。东北栽培1种，各地均有栽培。

蜀葵Alcea rosea L.【P.580】

  二年生直立草本，茎枝密被刺毛。叶近圆心形，掌状5~7浅裂或波状棱角。花腋生；花梗被星状长硬毛；小苞片杯状，常6~7裂；花径6~10厘米，有红色、紫色、白色、粉红色、黄色和黑紫色等，单瓣或重瓣。果盘状，被短柔毛，分果爿近圆形。原产我国西南地区。辽宁各地栽培。

6. 棉属 Gossypium L.

Gossypium L., Sp. Pl. 693. 1753.

  本属全世界约20种，分布于热带和亚热带。中国栽培4种2变种。东北地区栽培1种，辽宁有栽培。

陆地棉Gossypium hirsutum L.【P.580】

  一年生草本至亚灌木，疏被柔毛。叶掌状5裂，通常宽超过长。花单生叶腋，花梗长1~2厘米，被长柔毛；小苞片阔三角形，宽超过长，先端具6~8齿，沿脉被疏长毛；花萼杯状，5浅裂；花黄色，内面基部紫色，直径5~7厘米。蒴果卵圆形。原产阿拉伯和小亚细亚。辽南和辽西有栽培。

7. 秋葵属 Abelmoschus Medicus

Abelmoschus Medicus, Malv. 45, 1787.

  本属全世界约15种，分布于东半球热带和亚热带地。中国有6种和1变种（包括栽培种），产于东南至西南各省区。东北栽培2种，辽宁均有栽培。

分种检索表

1. 小苞片4~5，卵状披针形，宽达4~5毫米；蒴果卵状椭圆形，长4~5厘米，直径2.5~3厘米，密被硬毛。原产我国南方。辽宁各地有栽培.................. 1. 黄蜀葵Abelmoschus manihot（L.）Medic.【P.580】

1. 小苞片6~12，线形，宽1~3毫米；蒴果筒状尖塔形，长10~25厘米，顶端具长喙，疏被糙硬毛（根据果实颜色，分两个品种，果实绿色为黄秋葵，果实红色为红秋葵）。原产印度。大连、沈阳、熊岳等地有栽培 .... 2. 咖啡黄葵Abelmoschus esculentus（L.）Moench【P.580】

8. 木槿属 Hibiscus L.

Hibiscus L., Sp. Pl. 2：693, 1753.

  本属全世界约200种，分布于热带和亚热带地区。中国有25种，遍布全国各地。东北地区产4种5变型，辽宁均产，其中栽培3种5变型。

分种检索表

1. 灌木或小乔木。
　2. 花单瓣。
　　3. 花淡紫色。产中国中部各省。辽宁各地有栽培 ························· ·································· 1a. 木槿 Hibiscus syriacus L. f. syriacus【P.580】
　　3. 花桃红色或白色。
　　　4. 花桃红色。大连等地有栽培 ··· ·································· 1b. 大花木槿 Hibiscus syriacus L. f. grandiflorus Hort. ex Rehd.
　　　4. 花纯白色。大连等地有栽培 ··· ·································· 1c. 白花单瓣木槿 Hibiscus syriacus L. f. totus-albus T. Moore
　2. 花重瓣。
　　5. 花白色。大连等地有栽培 ············· 1d. 白花重瓣木槿 Hibiscus syriacus L. f. albus-plenus Loudon
　　5. 花粉紫色或粉红色。
　　　6. 花粉紫色，花瓣内面基部洋红色。大连等地有栽培 ············· ·································· 1e. 粉紫重瓣木槿 Hibiscus syriacus L. f. amplissimus Gagnep. f.
　　　6. 花粉红色，花瓣内面基部无其他色彩。大连等地有栽培 ············· ·································· 1f. 雅致木槿 Hibiscus syriacus L. f. elegantissixnus Gagnep. f.
1. 草本。
　7. 多年生高大直立草本。原产美国东部。大连等地有栽培 ··· ·································· 2. 芙蓉葵 Hibiscus moscheutos L.【P.580】
　7. 一年生草本。
　　8. 茎高20~50厘米，常铺散伏地，被毛；萼膜质；花冠淡黄色，基部紫色。生山坡、草地、河边、路旁及田野。产辽宁各地 ························· 3. 野西瓜苗 Hibiscus trionum L.【P.581】
　　8. 茎高1~3米，直立，具刺；萼革质；花冠黄色，基部红色。原产印度。辽宁有少量栽培 ············· ·································· 4. 大麻槿（洋麻）Hibiscus cannabinus L.

九十八、梧桐科 Sterculiaceae

Malvaceae Juss., Gen. Pl. [Jussieu] 271 (1789), nom. cons.

本科全世界有68属约1100种，分布于东西两半球的热带和亚热带地区，只有个别种可分布到温带地区。中国有19属90种，主要分布于华南和西南各省，而以云南为最盛。东北仅辽宁栽培1属1种。

梧桐属 Firmiana Marsili

Firmiana Marsili in Sagg. Sci. Lett. Acc. Padova 1：106~116. 1786.

本属全世界约有16种，分布于亚洲和非洲东部。中国有7种，主要分布于广东、广西和云南。

梧桐 Firmiana simplex（L.）W. Wight【P.581】

落叶乔木。树皮青绿色，平滑。叶心形，掌状3~5裂。圆锥花序顶生，花淡黄绿色；萼5深裂几乎至基部，萼片条形，向外卷曲；雄花的雌雄蕊柄与萼等长；雌花的子房圆球形。蓇葖果膜质，有柄，成熟前开裂成叶状，每蓇葖果有种子2~4个。中国从海南到华北均产。大连、旅顺口有栽培。

九十九、猕猴桃科 Actinidiaceae

Actinidiaceae Engl. & Gilg, Syllabus (ed. 9 & 10) 279 (1924), nom. cons.

本科全世界有3属357余种，主产热带和亚洲热带及美洲热带，少数散布于亚洲温带和大洋洲。中国有3属66种，主产长江流域、珠江流域和西南地区。东北地区有1属5种1变种，辽宁均产，其中栽培2种。

猕猴桃属 Actinidia Lindl.

Actinidia Lindl., Nat. Syst. ed. 2, 439. 1836.

本属全世界约55种，产亚洲，分布于马来西亚至俄罗斯西伯利亚东部的广阔地带。中国有52种，是优势主产区，集中产地是秦岭以南和横断山脉以东的大陆地区。

分种检索表

1. 植物体无毛，或仅萼片、子房被毛，或叶的腹面散生少量小糙伏毛、背面脉腋上有髯毛。
  2. 叶背面绿色或浅绿色。
    3. 小枝具实心的髓，髓白色；花药黄色；萼片花后宿存；叶前端部位有时变为白色或淡黄色。生杂木林中。产凤城、本溪、宽甸、岫岩、鞍山、庄河等地 ························ 1. 葛枣猕猴桃（木天蓼）Actinidia polygama (S. et Z.) Planch ex Maxim.【P.581】
    3. 小枝具片状髓，髓白色或褐色。
      4. 髓褐色；花药黄色；萼片宿存；叶质较薄，上半部通常变白色或粉红色；果实顶端尖。生阔叶林或针阔混交林中。产宽甸、桓仁、凤城、本溪、西丰、鞍山、新宾、清原、庄河等地 ························ 2. 狗枣猕猴桃 Actinidia kolomikta (Maxim. et Rupr.) Maxim.【P.581】
      4. 髓白色或浅褐色；花药暗紫色或黑色；萼片花后脱落。
        5. 叶阔椭圆形，有时为阔倒卵形，基部圆形；花绿白色或黄绿色，花药暗紫色。生阔叶林或针阔混交林中。产西丰、清原、桓仁、凤城、本溪、岫岩、庄河、瓦房店、绥中等地 ············ 3a. 软枣猕猴桃 Actinidia arguta (Sieb. et Zucc.) Planch. ex Miq. var. arguta【P.581】
        5. 叶阔卵形至圆形，基部心形；花乳白色，花药黑色。生于海拔700米以上山地的丛林中。辽阳等地有栽培 ························ 3b. 心叶猕猴桃 Actinidia arguta var. cordifolia (Miq.) Bean
  2. 叶背面银白色。原产日本。金州有少量栽培 ························ 4. 白背叶猕猴桃（红心猕猴桃）Actinidia hypoleuca Nakai【P.581】
1. 植物体毛被发达，小枝、芽体、叶片、叶柄、花萼、子房、幼果等均被毛。自然生我国南部地区低海拔山林中。大连、金州、旅顺口有栽培 ························ 5. 中华猕猴桃 Actinidia chinensis Planch.【P.581】

一〇〇、金丝桃科 Hypericaceae

Hypericaceae Juss., Gen. Pl. [Jussieu] 254 (1789), nom. cons.

本科全世界约40属1200种，主要分布于热带地区。中国有8属95种。东北地区有2属4种1亚种1变种。辽宁产1属3种1亚种1变种。

金丝桃属 Hypericum L.

Hypericum L. Sp. Pl. 783. 1753.

本属全世界约460种，除南北两极地或荒漠地及大部分热带低地外，广布世界各地。中国有64种，几乎产于全国各地，主要集中在西南地区。东北地区产3种1亚种1变种，辽宁均产。

分种检索表

1. 柱头、心皮及雄蕊束均为5数。
    2. 花较大，直径4~8厘米；萼片卵形，顶端钝圆；种子一侧具狭翼。
        3. 长为子房的1/2至为其2倍，自基部或至上部4/5处分离。生山坡林缘及草丛中、向阳山坡及河岸湿地。产辽宁各地 ┄┄┄┄┄┄
        ┄┄┄┄┄┄ **1aa. 黄海棠（长柱金丝桃）** Hypericum ascyron L. subsp. ascyron var. ascyron 【P.581】
        3. 花柱通常长为子房的1.5倍，于上部1/3处5裂。生山坡林缘及草丛中、向阳山坡及河岸湿地。产丹东、凤城、桓仁、西丰、凌源等地 ┄┄┄
        ┄┄┄┄┄ **1ab. 东北长柱金丝桃** Hypericum ascyron subsp. ascyron var. longistylum Maxim. 【P.581】
    2. 花较小，直径2.5~4厘米，花柱长为子房的1/2，于基部5裂；萼片卵状长圆形或卵状披针形，顶端渐尖；种子一侧具翼且一端宽大。生山坡林缘及草丛中、向阳山坡及河岸湿地。产北镇、绥中、凤城、鞍山、长海等地 ┄┄┄┄┄┄ **1b. 短柱金丝桃** Hypericum ascyron subsp. gebleri (Ledeb.) N. Robson 【P.581】
1. 柱头、心皮及雄蕊束均为3数。
    4. 雄蕊多数；花柱长4~5毫米，与子房等长或稍长；茎、叶、萼片、花瓣及花药散生黑腺点；萼片顶端尖；花序为3~7花；叶卵状披针形至长圆状卵形；茎高30~70厘米，具2棱线。生田野、半湿草地、山坡草地、林下及石砾地。产凌源、北镇、建平、本溪、桓仁、凤城、清原、沈阳、阜新、鞍山、丹东、瓦房店、大连等地 ┄┄┄┄┄┄┄┄┄┄┄┄┄┄┄┄ **2. 赶山鞭（乌腺金丝桃）** Hypericum attenuatum Choisy 【P.581】
    4. 雄蕊8~10；花柱长0.5~1毫米；全株无腺点；萼片顶端钝；花序为1~3花；叶广卵形；茎高5~35厘米，具4棱线。生田边、沟边、草地以及撂荒地上。丹东有记载 ┄┄
    ┄┄┄┄┄┄┄┄┄┄┄┄┄┄┄┄┄ **3. 地耳草（小金丝桃）** Hypericum japonicum Thunb. ex Murray

一〇一、沟繁缕科 Elatinaceae

Elatinaceae Dumort., Anal. Fam. Pl. 44, 49 (1829).

本科全世界有2属，约50种，分布于温带或热带地区。中国有2属6种。东北地区产1属2种。辽宁产1属1种。

沟繁缕属 Elatine L.

Elatine L. Sp. Pl. 367. 1753.

本属全世界约25种，分布于热带、亚热带和温带地区。中国产3种。

沟繁缕（三蕊沟繁缕）Elatine triandra Schkuhr 【P.581】

矮小软弱的一年生草本。茎匍匐、圆柱状，分枝多，节间短，节上生根。叶对生，近膜质，卵状长圆形至披针形，全缘，侧脉细，2~3对。花单生叶腋；萼片2~3，卵形，基部合生；花瓣3，白色或粉红色；雄蕊3，花柱3。蒴果扁球形，3瓣裂。生水田、池沼和溪流等地。产沈阳市。

一〇二、柽柳科 Tamaricaceae

Tamaricaceae Link, Enum. Hort. Berol. Alt. 1：291 (1821), nom. cons.

本科全世界有3属，约110种，主要分布于草原和荒漠地区。中国有3属32种。东北地区产2属2种。辽宁产1属1种。

柽柳属 Tamarix Linn.

Tamarix L., Sp. Pl. 270. 1753.

本属全世界约90种，主要分布于亚洲大陆和北非，部分分布于欧洲的干旱和半干旱区域，间断分布于南非西海岸。中国约产18种1变种，主要分布于西北、华北地区及内蒙古。东北地区产1种，辽宁有分布。

柽柳 Tamarix chinensis Lour. 【P.582】

落叶灌木或小乔木。幼枝细长，扩展而下垂。叶极小，淡蓝绿色，钻形。圆锥花序，生当年生枝的顶端，花淡粉红色；花瓣5，倒卵状椭圆形，先端钝圆，宿存，先端2裂；雄蕊5，生花盘裂片间，较花瓣稍长；子房上位，花柱3。蒴果狭卵状锥形。喜生潮湿盐碱地和沙荒地。产盘山、金州、普兰店等地。

一〇三、堇菜科 Violaceae

Violaceae Batsch, Tab. Affin. Regni Veg. 57（1802）.

本科全世界约有22属，900~1000种，广布世界各洲，温带、亚热带及热带地区均产。中国有3属101种。东北地区产1属38种1亚种7变种4变型，其中栽培2种。辽宁产1属33种1亚种5变种4变型，其中栽培2种。

堇菜属 Viola L.

Viola L. Sp. Pl. 933. 1753.

本属全世界约500种，广布温带、热带及亚热带地区；主要分布于北半球的温带。中国有96种，南北各省区均有分布，大多数种类分布于西南地区，东北、华北地区种类也较多。

分种检索表

1. 有地上茎。
  2. 花大，直径1.5~4.5厘米，通常三色。
    3. 花径3.5~4.5厘米，形偏圆；花中间有深色圆点。原产欧洲。辽宁各地栽培
      ······················ 1. 三色堇 Viola tricolor L.【P.582】
    3. 花径1.5~2.5厘米，形偏长；花中间无深色圆点，只有猫胡须一样的黑色直线。原产欧洲。大连、沈阳等有栽培 ················ 2. 角堇 Viola cornuta L.【P.582】
  2. 花较小，直径0.8~2.5厘米，通常单色，不为三色。
    4. 花黄色。
      5. 侧瓣里面无须毛，花柱上部深裂；茎生叶及基生叶通常肾形，稀近圆形，先端圆形，稀稍有突尖或钝，基部心形。生于海拔较高的湿草地、高山冻原、针阔混交林内。产宽甸、凤城 ···················
        ················ 3. 双花堇菜 Viola biflora L.【P.582】
      5. 侧瓣里面有须毛，柱头呈头状，两侧有须毛；茎生叶卵形、广卵形，有时卵圆形或广椭圆形，少有肾形。
        6. 根状茎细长，横升，长数厘米至10厘米；基生叶心形或肾形，两面疏被白色细毛，但下面脉上毛较密；花较大，下瓣连距长2~2.5厘米；花梗无毛。生湿润或腐殖质丰富的林地上。产宽甸、桓仁、庄河 ·············· 4. 大黄花堇菜 Viola muehldorfii Kiss.【P.582】
        6. 根状茎粗，通常斜升，长0.5~5厘米；基生叶叶片卵形、宽卵形或椭圆形，上面几乎无毛，下面被短毛；花较小，下瓣连距长1~1.5（~2）厘米；花梗被白色细毛，有时无毛。多生山坡草地、灌丛、林缘、阔叶林下及腐殖土层较厚处。产本溪、桓仁、宽甸、凤城、丹东、东港、庄河等地
          ·············· 5. 东方堇菜（黄花堇菜）Viola orientalis（Maxim.）W. Beck.【P.582】
    4. 花堇色、蓝紫色、淡紫色、白色等。

7. 叶披针形或倒披针形，基部楔形；托叶有齿或羽状深裂；花紫色。生山地疏林下。产宽甸 ………
……………………………………………………… 6. 蓼叶堇菜Viola websteri Hemsl.【P.582】

7. 叶肾形、圆形、肾状广椭圆形、广卵形及卵形等。

  8. 托叶全缘或近全缘。

    9. 花紫堇色、淡紫色或暗紫色。生阔叶林或针阔混交林下、林缘、山地灌丛及草坡等处。产沈
    阳、凤城、本溪、桓仁等地……………………………… 7. 奇异堇菜Viola mirabilis L.【P.582】

    9. 花白色、苍白色或带淡黄色。生湿草地、山坡草丛、灌丛、林缘、田野、宅旁等处。产桓仁、
    凤城、丹东、庄河等地 …………………… 8. 如意草（堇菜）Viola arcuata Blume【P.582】

  8. 托叶羽状深裂或边缘具细尖齿。

    10. 托叶羽状深裂；花近白色或淡紫色或紫色，下瓣连距长10~15毫米；根状茎上无暗褐色鳞片。

      11. 花近白色或淡紫色。生杂木林林下、林缘、灌丛、山坡草地或溪谷湿地等处。产辽宁各地
      ……………………………… 9a. 鸡腿堇菜Viola acuminata Ledeb. var. acuminata【P.582】

      11. 花紫色。生杂木林林下、林缘。产宽甸、桓仁 ………………………………………………
      9b. 紫花鸡腿堇菜Viola acuminata var. purpureum Z. S. M.【P.582】

    10. 托叶边缘具细尖齿；花淡紫色，下瓣连距长约17毫米；根状茎上常被暗褐色鳞片；侧瓣里面
    基部有须毛，柱头有乳头状附属物。生山地林下或林缘。产西丰、清原、宽甸、本溪、凤
    城、庄河、岫岩、鞍山等地 ………………………… 10. 库页堇菜Viola sacchalinensis H. Boiss.

1. 无地上茎。

12. 叶分裂或有不整齐的大小缺刻与缺刻状齿。

  13. 叶掌状5全裂。生山地落叶阔叶林及针阔混交林林下或林缘腐殖质层较厚的土壤上；在灌丛或岩石阴
  处缝隙中也有生长。庄河和旅顺口有记录 ………… 11. 掌叶堇菜Viola dactyloides Roem.【P.582】

  13. 叶掌状3~5全裂或深裂并再裂，或近羽状深裂，或叶不深裂，仅叶缘为不整齐的缺刻状浅裂至中裂。

    14. 花淡紫堇色至紫堇色（白花裂叶堇菜除外）；萼片附属物极短，长1~1.5毫米；叶最终裂片线形。

      15. 叶掌状3~5全裂或深裂并再裂或近羽状深裂。

        16. 花淡紫堇色至紫堇色。

          17. 花梗、叶柄、叶片的后期均无毛。生向阳山坡草地、林下、林缘。产清原、海城、庄河、
          金州、大连、凌源、建平等地 …………………………………………………………
          12aa. 裂叶堇菜 Viola dissecta Ledeb. var. dissecta f. dissecta【P.583】

          17. 花梗、叶柄、叶片幼时和后期均被短柔毛，有时叶片仅在叶脉及叶缘有毛。生向阳山坡草
          地。产清原、建平、大连等地 …………………………………………………………
          ………… 12ab. 短毛裂叶堇菜Viola dissecta var. dissecta f. pubescens（Regel）Kitag.

        16. 花白色。生林缘。产凌源

         ………………………………… 12b. 白花裂叶堇菜Viola dissecta var. albiflorum Z. S. M.

      15. 叶缘为不整齐的缺刻状浅裂至中裂，叶基部广楔形。生林缘、向阳草地、草甸草原。产金州、
      大连、凌源 ………… 12c. 总裂叶堇菜Viola dissecta var. incisa（Turcz.）Y. S. Chen【P.583】

    14. 花白色、浅黄色或淡紫色；萼片附属物发达，长4~6毫米；叶最终裂片卵圆状披针形，披针形或线
    状披针形或长圆形。生阔叶林下或林缘、溪谷阴湿处、阳坡灌丛及草坡。产本溪、宽甸、凤城、
    庄河、瓦房店、大连、鞍山等地 …………………………………………………………
    ………………………… 13. 南山堇菜Viola chaerophylloides（Regel）W. Bckr.【P.583】

12. 叶不裂，无缺刻或缺刻状齿，边缘较整齐或者叶缘为不整齐的浅裂至中裂，裂具不整齐的锯齿。

  18. 根状茎细长，横走，于节处生叶或残存有褐色托叶，节间长。生针叶林下、林缘、灌丛、草地或溪
  谷湿地苔藓群落中。产宽甸、庄河…… 14. 溪堇菜Viola epipsiloides Á. Löve & D. Löve【P.583】

  18. 根状茎不同上。

    19. 蒴果球形，密被毛，果梗向下弯曲，常使果实与地面接触。生林下、山坡草地、阴湿的草地。产
    桓仁、本溪、凤城、庄河、瓦房店、金州、大连、营口、鞍山、岫岩、沈阳等地 ……………

·· 15. 球果堇菜 Viola collina Bess.【P.583】

19. 蒴果不同上。

20. 花堇色、紫色、淡紫色、蓝紫色等。

21. 托叶不与叶柄合生；花期叶缘两侧向内卷。生针阔混交林或阔叶林林下或林缘、灌丛、山坡草地。产本溪、凤城、岫岩、庄河等地 ·············· 16. 辽宁堇菜 Viola rossii Hemsl.【P.583】

21. 托叶与叶柄大部分或一部分合生。

22. 叶柄密生或疏生白色细长毛，常如蛛丝状毛（花期显著）。生阔叶林林下、林缘或灌丛、山坡草地等处。产桓仁、本溪、凤城、东港、丹东、庄河等地 ···
·· 17. 毛柄堇菜 Viola hirtipes S. Moore【P.583】

22. 叶柄毛与上不同或无毛。

23. 叶片狭长，长圆形、舌形、披针形、卵状长圆形、匙形等。

24. 根赤褐色；侧瓣有明显的须毛。

25. 花堇色至蓝紫色。生草地、草坡、灌丛、林缘、疏林下、田野荒地及河岸沙地等处。产西丰、开原、新宾、桓仁、宽甸、本溪、丹东、凤城、东港、岫岩、北镇、沈阳、鞍山、庄河、瓦房店、长海、大连等地 ··············
·············· 18a. 东北堇菜 Viola mandshurica W. Becker f. mandshurica【P.583】

25. 花白色，花瓣有紫色脉。生山地路旁或河边沙地。产凤城、长海 ·······················
·········· 18b. 白花东北堇菜 Viola mandshurica f. albiflora P. Y. Fu et Y. C. Teng

24. 根白色至淡黄褐色；侧瓣无须毛或稍有须毛。生向阳草地、林缘、灌丛、草甸草原、沙地。产辽宁各地 ·············· 19. 紫花地丁 Viola philippica CaViola【P.583】

23. 叶片较宽，卵形、广卵形、圆形、卵圆形或长圆状卵形等。

26. 根状茎长，长 1~10 余厘米，粗 1~6 毫米。

27. 叶近圆形或广卵形，基部深心形，被细伏毛；根状茎细，长 1 至数厘米或更长，粗 1~1.5 毫米，常具稀疏的结节。生针阔混交林、落叶阔叶林、溪谷、沟旁阴湿处等地。产铁岭、本溪、宽甸、凤城、金州、庄河、鞍山等地 ···
·· 20. 深山堇菜 Viola selkirkii Pursh【P.583】

27. 叶椭圆状卵形或广卵形，基部为较平的浅心形，稀为近圆形，两面无毛，稀稍有微毛；根状茎粗，长 2~6 厘米或更长，粗 2~6 毫米。生山麓及山坡草地。产建平、凌源、建昌等地·············· 21. 北京堇菜 Viola pekinensis（Regel）W. Beck.【P.583】

26. 根状茎短而粗，长 2~10（~15）毫米，粗 2~8 毫米，有密结节。

28. 子房有毛；蒴果稍有毛或无毛；花堇色；叶基部微心形（花期）。生向阳的山坡、草地、灌丛、林间、林缘及采伐迹地等处。产桓仁、本溪、凤城、东港、北镇、绥中、建平、凌源、锦州、沈阳、丹东、庄河、大连等地 ···
·· 22. 茜堇菜 Viola phalacrocarpa Maxim.【P.583】

28. 子房无毛；蒴果无毛。

29. 叶表面沿叶脉具明显的白斑，花期尤显著。

30. 叶背面带红紫色。生草地、撂荒地、草坡及山坡的石质地、疏林地或灌丛间。产西丰、开原、铁岭、本溪、桓仁、宽甸、凤城、岫岩、绥中、建平、抚顺、丹东、庄河、金州、大连等地 ···
·············· 23a. 斑叶堇菜 Viola variegata Fisch. ex Link f. variegata【P.584】

30. 叶两面绿色。生疏林间。产建昌·············· 23b. 绿斑叶堇菜 Viola variegata f. viridis（Kitag.）P. Y. Fu et Y. C. Teng【P.584】

29. 叶脉不具白斑。

31. 叶长圆状卵形或卵形，基部通常钝圆，叶柄具明显的稍宽的翼。生向阳的草地、山坡、荒地、林缘、沟边等处。产辽宁各地 ···

·· 24. 早开堇菜 Viola prionantha Bunge 【P.584】

31. 叶卵形、广卵形或卵圆形，基部微心形或心形，叶柄近无翼或上端微具狭翼。

  32. 叶片无毛或沿叶脉及叶缘有微柔毛；叶柄无毛；萼片无毛；侧方花瓣里面基部稍有须毛或无毛；子房无毛。生山坡草地较湿润处、灌木林中、林下或林缘。产本溪、盖州、瓦房店、金州、大连、绥中、凌源、建平、鞍山、沈阳、阜新、朝阳等地 ·······································

    ······ 25a. 细距堇菜 Viola tenuicornis W. Becker subsp. tenuicornis 【P.584】

  32. 叶片被短柔毛及颗粒状凸起；叶柄具向下短毛；萼片边缘被白色柔毛；侧方花瓣基部具较多须毛；子房被短毛。生山地阳坡或旷野较干旱的环境。产凌源 ··· 25b. 毛萼堇菜 Viola tenuicornis subsp. trichosepala W. Beck 【P.584】

20. 花白色或近白色（仅朝鲜堇菜花除了白色，还有淡紫色或粉色）。

  33. 根暗赤褐色；花距短，长 1.5~3 毫米；叶椭圆形至长圆形或卵状椭圆形至卵状长圆形。生湿草地、草地、灌丛及林缘等处。产桓仁、凤城、大连、庄河、沈阳等地 ·············

    ···························· 26. 白花地丁 Viola patrinii DC. ex Ging. 【P.584】

  33. 根不为赤褐色；花距长 4~7 毫米。

    34. 叶长三角形或长圆形，基部稍呈箭形。生草地。产大连 ·······················

      ·················· 27. 白花堇菜（宽叶白花堇菜）Viola lactiflora Nakai 【P.584】

    34. 叶卵形、长圆状卵形、广卵形、心形以至近圆形等，基部深心形或浅心形。

      35. 托叶不与叶柄合生；叶通常单一，较大，有时 2~3 枚（果期）；花距长约 4 毫米。生阔叶林下。产本溪、桓仁、凤城、岫岩、庄河等地 ·························

      ·················· 28. 大叶堇菜 Viola diamantiaca Nakai 【P.584】

      35. 托叶至少在下部 1/2 与叶柄合生；叶数枚以上；花距长（4~）5~7 毫米。

        36. 全株被短毛；萼基部附属物发达，长 3~4 毫米，末端有不整齐的大尖齿，通常具睫毛；根状茎长 0.5~2 厘米。生阔叶林林下、山地灌丛间及山坡草地。产金州、大连、凌源、建昌、西丰、本溪、鞍山等地·········· 29. 阴地堇菜 Viola yezoensis Maxim. 【P.584】

        36. 全株近无毛，叶面稍有毛至无毛。

          37. 根状茎短，长 3~7 毫米；花被片大，下瓣连距长 1.8~2.2 厘米，萼附属物发达，长 3~4 毫米。

            38. 叶片不裂，边缘具内弯的钝锯齿；花白色。生阔叶林下、林缘及灌丛间等处。产凤城、庄河等地 ·········· 30a. 朝鲜堇菜 Viola albida Palibin var. albida 【P.584】

            38. 叶片边缘浅裂至中裂，裂片具不整齐的锯齿；花白色或淡紫色。生阔叶林林下含腐殖质的土壤上。产凤城、庄河等地 ··· 30b. 菊叶堇菜（辽东堇菜）Viola albida var. takahashii（Nakai）Nakai 【P.584】

          37. 根状茎较长，长（0.5~）1~4 厘米或更长；花较小，下瓣连距长 1.4~1.8（~2）厘米，萼附属物较短，长 2~2.5（~3）毫米。

            39. 根状茎长 0.5~2 厘米。

              40. 叶卵形、长卵形或广卵形，先端尾状渐尖，基部深心形，基部两端内缘几乎靠拢，花期沿叶脉稍有白斑。生林缘、向阳山坡、腐殖土层较厚的林缘。产西丰、清原、宽甸、本溪、凤城、庄河、岫岩、鞍山等地·········· 31b. 凤凰堇菜 Viola tokubuchiana Makino var. takedana（Makino）F. Maekawa 【P.584】

              40. 叶片广卵形，先端急尖或钝，基部为较平的浅心形，边缘具圆齿，花期沿叶脉无白斑。生阴坡阔叶林林下、林缘、山村附近水沟边。产凤城 ··················
              ················· 32. 西山堇菜 Viola hancockii W. Beck. 【P.584】

          39. 根状茎长 1~4 厘米或更长；叶广卵状心形、心形或椭圆状心形，先端钝或尖，基部浅心形或心形，通常具去年残叶。

41. 下方花瓣连距长 1.5~2 厘米，萼片附属物长 2~2.5 毫米。生林下、林缘草地、山坡、石砾地等处。产西丰、新宾、本溪、凤城、东港、丹东、鞍山、庄河、瓦房店、金州、大连、绥中、喀左等地 ················· **33a. 蒙古堇菜（长距堇菜）** Viola mongolica Franch. f. mongolica【P.585】

41. 花较大，下瓣连距长 2~2.3 厘米，萼片附属物长 3~4 毫米。生山坡草地。产庄河、东港、凤城 ············· **33b. 长萼蒙古堇菜** Viola mongolica f. longisepala P. Y. Fu et Y. C. Teng【P.585】

一〇四、大风子科 Flacourtiaceae

Flacourtiaceae Rich. ex DC., Prodr. [A. P. de Candolle] 1：255（1824），nom. cons.

本科全世界约有 87 属，900 余种，主要分布于热带和亚热带某些地区。中国现有 12 属 39 种，主产华南、西南地区，少数种类分布到秦岭和长江以南各省区。东北地区仅辽宁栽培 1 属 1 种 1 变种。

山桐子属 Idesia Maxim.

Idesia Maxim. in Bull. Acad. Sc. St. Petersb. ser. 3，10：485. 1866.

本属全世界仅 1 种，分布于中国、日本和朝鲜。

分种下单位检索表

1. 叶下面有白粉，脉腋有丛毛；叶柄无毛；浆果扁圆形，紫红色。产甘肃、陕西、山西、河南、台湾，西南、中南、华东、华南等省区。辽宁省熊岳树木园栽培 ···················· ················· **1a. 山桐子 Idesia polycarpa** Maxim. var. polycarpa【P.585】

1. 叶下面无白粉而为棕灰色，有密柔毛，脉腋无丛毛；叶柄有短毛；浆果长圆球形至圆球状，血红色。生落叶阔叶林中。产陕西、甘肃、河南、华东、中南、华南、西南等省区。辽宁大连英歌石植物园有栽培 ··· **1b. 毛叶山桐子 Idesia polycarpa** var. vestita Diels

一〇五、秋海棠科 Begoniaceae

Begoniaceae C. Agardh, Aphor. Bot. 200（1824），nom. cons.

本科全世界 2~3 属 1400 多种，广布于热带和亚热带地区。中国仅有 1 属 173 种，主要分布南部和中部。东北地区仅辽宁产 1 属 2 种 1 亚种，其中栽培 2 种。

秋海棠属 Begonia L.

Begonia L. Gen. Pl. ed. 2. 516. 1742.

本属全世界约 1400 种，广布于热带和亚热带地区，尤以中美洲、南美洲最多。中国有 173 种，分布长江流域以南各省区，以云南东南部和广西西南部最集中，极少数种广布到华北地区和甘肃、陕西南部。

分种检索表

1. 茎基部具圆球形的块茎。
  2. 茎多分枝，粗壮；花淡红色，直径 2.5~3.5 厘米。分布华北、西南、华东等地。大连有栽培 ············· ················· **1a. 秋海棠 Begonia grandis** Dry. subsp. grandis【P.585】
  2. 茎很少分枝，较细弱；花粉红色，直径不超过 2.5 厘米。生山谷阴湿岩石上、滴水的石灰岩边、疏林阴处等地。产凌源 ············· **1b. 中华秋海棠 Begonia grandis** subsp. sinensis（A. DC.）Irmsch.【P.585】

1. 茎基部具纤维根；茎直立、较矮、肉质、分枝多从基部分出。原产巴西。大连有栽培 ··············
·· 2. **四季海棠Begonia cucullata Willd.【P.585】**

一〇六、葫芦科Cucurbitaceae

Cucurbitaceae Juss., Gen. Pl.［Jussieu］393（1789），nom. cons.

本科全世界约123属800种，大多数分布于热带和亚热带地区，少数种类散布到温带地区。中国有35属151种，主要分布于西南部和南部，少数散布到北部。东北地区产15属20种6变种，其中栽培13种5变种。辽宁产14属18种5变种，其中栽培12种5变种。

分属检索表

1. 花黄色、淡黄绿色、白色等，花冠裂片全缘或近全缘。
  2. 雄蕊5，药室卵形而通直。
    3. 花较小，花冠裂片长不及1厘米；果熟后盖裂。
      4. 叶心状戟形、心状卵形至披针状三角形，基部无腺体；果熟后由近中部盖裂；种子无翅 ············
      ··· 1. **盒子草属 Actinostemma**
      4. 叶近圆形，基部裂片顶端有1~2对凸出的腺体；果熟后由顶端盖裂；种子顶端有膜质翅 ············
      ··· 2. **假贝母属 Bolbostemma**
    3. 花较大，花冠裂片长约2厘米；果实浆果状，不开裂 ················· 3. **赤瓟属 Thladiantha**
  2. 雄蕊（2~）3，极稀5者而药室折曲。
    5. 花及果小型，直径3厘米以下。
      6. 萼筒杯状或钟状，裂片5，披针形或钻形；果实卵状或圆锥状，平滑或有小疣状突起，先端成喙状
      ··· 4. **裂瓜属 Schizopepon**
      6. 萼筒阔钟形或碟形，萼齿5，小，离生，钻形或缺失；果革质或稍木质，侧扁，或多角形、卵圆形、椭圆形或短剑形，顶端尖或具喙，有刺，稀无刺 ················· 5. **野胡瓜属 Sicyos**
    5. 花及果中等大或大型，直径6厘米以上。
      7. 花冠辐状或钟状，5深裂。
        8. 花白色或淡黄色。
          9. 花小，白色或淡黄色，雄花萼筒半球形；果实肉质，倒卵形，上端具沟槽 ·············
          ··· 6. **佛手瓜属 Sechium**
          9. 花大，白色，雄花萼筒长，筒状或漏斗状；果实形状多型，不开裂，嫩时肉质，成熟后果皮木质、中空，表面不具沟槽 ················· 7. **葫芦属 Lagenaria**
        8. 花黄色。
          10. 花梗上有盾状苞片；果实表面常有明显的瘤状突起，成熟后由顶端3瓣裂 ·············
          ··· 8. **苦瓜属 Momordica**
          10. 花梗上无盾状苞片。
            11. 雄花生于总状或聚伞花序上；果实细长圆柱状 ················· 9. **丝瓜属 Luffa**
            11. 雄花单生或簇生。
              12. 叶两面密被硬毛；花萼裂片叶状，有锯齿，反折 ················· 10. **冬瓜属 Benincasa**
              12. 叶两面被柔毛状硬毛；花萼裂片钻形，近全缘，不反折。
                13. 卷须2~3分叉；叶羽状深裂；药隔不伸出 ················· 11. **西瓜属 Citrullus**
                13. 卷须不分叉；叶3~7浅裂；药隔伸出 ········· 12. **黄瓜属（甜瓜属）Cucumis**
      7. 花冠钟状，5中裂；叶被长硬毛或刺毛；花黄色；果实大型 ················· 13. **南瓜属 Cucurbita**
1. 花白色，花冠裂片流苏状 ················· 14. **栝楼属 Trichosanthes**

1. 盒子草属 Actinostemma Griff.

Actinostemma Griff., Pl. Cantor. 24, t. 3. 1837.

本属全世界仅1种，分布于东亚（从日本到东喜马拉雅）。中国南北普遍分布。东北各省均产。

盒子草 Begonia tenerum Griff.【P.585】

一年生缠绕性草本。叶互生，叶片质薄，戟形，三角状披针形或卵状心形。雄花序腋生，总状圆锥花序；雌花单生雄花花序基部叶腋内，或雌雄同序；花小，黄绿色。果实绿色，卵形，长约1.5厘米，疏生暗绿色鳞片状凸起，自近中部盖裂。生水边草丛中。产沈阳、新民、铁岭、开原、辽阳、营口、大连等地。

2. 假贝母属 Bolbostemma Franquet

Bolbostemma Franquet in Bull. Mus. Hist. Nat. Par. Ser. 2, 2：325. 1930.

本属全世界有2种1变种，为中国特有，间断分布于华北平原、黄土高原向西南到四川、云南和湖南西北部。东北仅辽宁产1种。

假贝母 Bolbostemma paniculatum（Maxim.）Franquet【P.585】

多年生攀援草本。鳞茎肉质，直径达3厘米。叶片卵状近圆形，茎基部叶5或3浅裂，茎上部叶5深裂。花单性，雌雄异株，花序为疏散圆锥状，有时单生于叶腋；花黄绿色。蒴果圆筒状，平滑，熟后顶端盖裂，果盖圆锥形。生山沟林下及阳坡林间草甸。产沈阳、大连等地。

3. 赤瓟属 Thladiantha Bunge

Thladiantha Bunge, Enum. Pl. Chin. Bor. 29. 1833.

本属全世界有23种10变种，主要分布中国西南部，少数种分布到黄河流域以北地区；个别种也分布到朝鲜、日本、印度半岛东北部、中南半岛和大巽他群岛。东北产1种，辽宁有分布。

赤瓟 Thladiantha dubia Bunge【P.585】

攀援草质藤本。根块状。茎稍粗壮，有棱沟。叶片宽卵状心形。花单性，雌雄异株；花萼裂片披针形，反折，花冠鲜黄色，5深裂；雌花具退化雄蕊5，子房长圆形或椭圆形，花柱3深裂。果实卵状长圆形，鲜红色。生住宅附近、山坡、林缘、田边。产沈阳、大连、长海、庄河、鞍山、盖州、岫岩、丹东、宽甸、桓仁、新宾、彰武、北镇等地。

4. 裂瓜属 Schizopepon Maxim.

Schizopepon Maxim., Mem. Acad. Sc. St.-Petersb. Sav. Etrang. 9：110. 1859.

本属全世界8种2变种，分布于亚洲东部至喜马拉雅。中国全部种类均产，分布东北、华北、华中到西南地区，以西南部种类最多。东北地区产1种，辽宁有分布。

裂瓜 Schizopepon bryoniifolius Maxim.【P.585】

一年生攀援草本。茎细弱。叶片卵状圆形或阔卵状心形，膜质，边缘有3~7个角或不规则波状浅裂。花极小，两性；花冠辐状，白色，裂片长椭圆形。果实阔卵形，成熟后由顶端向基部3瓣裂。生山沟林下或水沟旁。产庄河、沈阳、本溪、桓仁、清原、西丰等地。

5. 野胡瓜属 Sicyos L.

Sicyos L., Sp. Pl. 1010. 1753.

本属全世界约40种，分布美国、太平洋岛屿、澳大利亚、新西兰及热带非洲。中国归化1种。东北地区仅辽宁有分布。

刺果瓜 Sicyos angulatus L.【P.586】

一年生攀援草本植物。叶子长和宽近等长，具有3~5角或裂。雌雄同株。雄花序总状或头状；花冠白色至淡黄绿色，具有绿色脉。雌花较小，10~15朵着生在花序梗顶端。果实3~20个簇生，长卵圆形，其上密布长刚毛，内含种子1枚。原产北美洲，大连、旅顺口、长海、庄河、丹东等地有分布。

6. 佛手瓜属 Sechium P. Browne

Sechium P. Browne, Cir. Nat. Hist. Jam. 355. 1756.

本属全世界仅1种，主要分布于美洲热带地区。中国南方普遍栽培。东北地区仅辽宁有栽培。

佛手瓜 Sechium edule（Jacq.）Swartz【P.586】

多年生宿根草质藤本，具块状根。叶片膜质，近圆形，中间的裂片较大。雌雄同株。雄花成总状花序；雌花单生；花萼筒短，裂片展开；花冠辐状，分裂到基部，裂片卵状披针形，5脉。果实淡绿色，倒卵形，上部有5条纵沟。原产南美洲。大连有栽培。

7. 葫芦属 Lagenaria Ser.

Lagenaria Ser., Mom. Soc. Phys. Geneve 3（1）: 25. t. 2. 1825.

本属全世界6种，主要分布于非洲热带地区。中国栽培1种3变种，东北各地均有栽培。

分种下单位检索表

1. 果实中间缢细，上下部膨大，顶部大于基部。
  2. 植株较壮；结实较少，果长可达数十厘米。广泛栽培于世界热带到温带地区。辽宁各地栽培 ……………………………… 1a. 葫芦 Lagenaria siceraria（Molina）StandLagenaria var. siceraria【P.586】
  2. 植株细弱；结实较多，果长12厘米以下。辽宁有栽培 ……………………………… 1b. 小葫芦 Lagenaria siceraria var. microcarpa（Naud.）Hara
1. 果实中间不缢细。
  3. 果实扁球形或广卵形，直径达30厘米。辽宁各地栽培 ……………………………… 1c. 瓠瓜 Lagenaria siceraria var. depresses（Ser.）Hara
  3. 果实圆柱状，通直或稍弧形，长60~80厘米，绿白色；果肉白色，嫩时柔软多汁。辽宁各地栽培 ……………………………… 1d. 瓠子 Lagenaria siceraria var. hispida（Thunb.）Hara

8. 苦瓜属 Momordica L.

Momordica L., Sp. Pl. ed. 1. 1009. 1753.

本属全世界约80种，多数种分布于非洲热带地区，少数种类在温带地区有栽培。中国产4种，主要分布于南部和西南部，个别种南北普遍栽培。东北地区栽培1种1变种，辽宁均有栽培。

分种下单位检索表

1. 果实圆柱形，长10~20厘米，瘤状突起不明鲜。广泛栽培于世界热带到温带地区。大连、旅顺口等地有栽培 ……………………………… 1a. 苦瓜 Momordica charantia L. var. charantia【P.586】
1. 果实纺锤形，比原变种短，长6~10厘米，瘤状突起非常明显。辽宁各地栽培 ……………………………… 1b. 癞瓜 Momordica charantia var. abbreviate Ser.

9. 丝瓜属 Luffa Mill.

Luffa Mill., Gard. Dict. ed. 4. 1754.

本属全世界约8种，分布于东半球热带和亚热带地区。中国通常栽培2种。东北地区栽培2种。辽宁栽培1种。

丝瓜 Luffa aegyptiaca Mill.【P.586】

一年生攀援藤本。叶片三角形或近圆形，通常掌状5~7裂。雌雄同株。雄花：通常15~20朵生总状花序上部；花冠黄色，辐状，雄蕊通常5，稀3。雌花：单生；子房长圆柱状，有柔毛，柱头3，膨大。果实圆柱状，通常有深色纵条纹。广泛栽培于世界温带、热带地区，云南南部有野生。辽宁普遍栽培。

10. 冬瓜属 Benincasa Savi

Benincasa Savi，Bibl. Ital. 9：158. 1818.

本属全世界仅1种，栽培于世界热带、亚热带和温带地区。中国各地普遍栽培。东北各地常见栽培。

冬瓜 Benincasa hispida（Thunb.）Cogn.【P.586】

一年生草本。茎蔓生，密被棕黄色刺毛。叶广卵形或肾状近圆形，5~7浅裂或中裂。花单性，雌雄同株；花梗被硬毛；花萼裂片三角状卵形，绿色，反折；花冠黄色，辐状，裂片广倒卵形。果实长椭圆形或近球形，幼时绿色、密被粗毛，成熟后有蜡质白粉。辽宁各地均栽培。

11. 西瓜属 Citrullus Schrad.

Citrullus Schrader，Enum. Pl. Afric. Austral. 2：279. 1836.

本属全世界9种，分布于地中海东部、非洲热带、亚洲西部。中国栽培1种。东北各地均有栽培。

西瓜 Citrullus lanatus（Thunb.）Matsum. et Nakai【P.586】

一年生蔓生藤本。叶片纸质，三角状卵形，两面具短硬毛。雌雄同株。雄花：花萼筒宽钟形，密被长柔毛，花萼裂片狭披针形；花冠淡黄色，雄蕊3。雌花：花萼和花冠与雄花同；子房卵形，柱头3，肾形。果实肉质多汁，果皮光滑，色泽及纹饰多样。原产非洲，辽宁各地栽培。

12. 黄瓜属（甜瓜属）Cucumis L.

Cucumis L.，Sp. Pl. ed. 1，1011. 1753.

本属全世界约70种，分布于世界热带到温带地区，以非洲种类较多。中国有4种3变种。东北栽培2种1变种，各地均有栽培。

分种检索表

1. 叶三角状广卵形；果实狭长圆形或圆柱状，常有带刺尖的瘤状突起。原产印度。辽宁各地栽培 ·· 1. 黄瓜 Cucumis sativus L.【P.586】
1. 叶近圆形或肾形；果实无带刺尖的瘤状突起。
  2. 果实的形状、颜色因品种而异，通常为球形或长椭圆形，有香甜味。世界温带至热带地区广泛栽培。辽宁各地栽培 ······················ 2a. 甜瓜（香瓜）Cucumis melo L. var. melo【P.586】
  2. 果实通常为微弧曲的长圆状圆柱形或近棒状，无香甜味。辽宁有少量栽培 ·· 2b. 菜瓜 Cucumis melo var. conomon（Thunb.）Makino

13. 南瓜属 Cucurbita L.

Cucurbita L.，Sp. Pl. ed. 1. 1010. 1753.

本属全世界约30种，分布于热带及亚热带地区，温带地区广泛栽培。中国栽培3种。东北各地均有栽培。

分种检索表

1. 叶浅裂或不裂；果梗有浅棱沟或无棱沟。
  2. 叶浅裂；花萼裂片线形，先端扩大成叶状；果梗具浅棱沟，与果实接触处扩大成喇叭状；果实表面有纵

沟和隆起。原产墨西哥到中美洲一带。辽宁常见栽培 ••
•••••••••••••••••••••••••• 1. 南瓜 Cucurbita moschata（Duch. ex Lam.）Duch. ex Poiret【P.586】

2. 叶不裂或有缺刻状浅裂；花萼裂片披针形，先端不扩大成叶状；果梗圆柱形无棱，与果实接触处不扩
大；果实表面平滑。原产印度。辽宁常见栽培 ••••••••••••••••••••••••••••••••••••••
••••••••••••••••••••••••••••••• 2. 笋瓜（玉瓜）Cucurbita maxima Duch. ex Lam.【P.586】

1. 叶3~7中裂或深裂；果梗具深棱沟，与果实接触处渐粗并膨大成五裂状。原产欧洲。辽宁常见栽培••••••••
•••••••••••••••••••••••••••••••••• 3. 西葫芦（荬瓜）Cucurbita pepo L.【P.586】

14. 栝楼属 Trichosanthes L.

Trichosanthes L., Sp. Pl. 1008. 1753.

本属全世界约50种，分布于东南亚，由此向南经马来西亚至澳大利亚北部，向北经中国至朝鲜、日本。中国有34种和6变种，分布于全国各地，而以华南和西南地区最多。东北地区产2种，其中栽培1种，各地均有。

分种检索表

1. 多年生草质藤本；具圆柱状块根；雌雄异株；果实近圆球形，光滑，黄褐色。生山谷疏林中。产大连、金
州、长海等地，各地有栽培 •••••••••••••••••••••••••••• 1. 栝楼 Trichosanthes kirilowii Maxim.【P.587】
1. 一年生草质藤本；无块根；雌雄同株；果实细长圆柱状，旋扭，绿白色。原产印度。辽宁各地有栽培 ••••••
••••••••••••••••••••••••••••••••••• 2. 蛇瓜 Trichosanthes anguina L.【P.587】

一〇七、瑞香科 Thymelaeaceae

Thymelaeaceae Juss., Gen. Pl.［Jussieu］76（1789），nom. cons.

本科全世界约48属650种，广布两半球各地。中国有9属115种。东北地区产4属5种，辽宁均产。

分属检索表

1. 灌木。
  2. 下位花盘盘状或环形；头状花序或穗状花序；花萼筒内无鳞片 •••••••••••••••••••••• 1. 瑞香属 Daphne
  2. 下位花盘裂片状或狭舌状；总状花序；花萼筒内有鳞片 •••••••••••••••••••••• 2. 荛花属 Wikstroemia
1. 草本。
  3. 一年生；穗状花序疏散；花较小、下位花盘盘状；叶线形；茎具多数分枝 ••••••••••••••
  •••••••••••••••••••••••••••• 3. 草瑞香属（粟麻属）Diarthron
  3. 多年生；头状花序；花较大，下位花盘裂片状；叶长圆状披针形；茎丛生 ••••••••••••••••
  •••••••••••••••••••••••••••••••• 4. 狼毒属 Stellera

1. 瑞香属 Daphne L.

Daphne L. Sp. Pl. 256. 1753.

本属全世界约有95种，主要分布于欧洲经地中海、中亚到中国、日本，南到印度至印度尼西亚。中国有52种，主产于西南和西北地区。东北地区产2种，辽宁均产。

分种检索表

1. 叶互生；花带黄色。生海拔600~1800米的针阔混交林及针叶林的林下和林缘。产本溪、桓仁 •••••••••••
••••••••••••••••••• 1. 东北瑞香（长白瑞香）Daphne pseudo-mezereum A. Gray【P.587】
1. 叶对生；花淡红色。生山坡、灌丛。产瓦房店、长海、旅顺口 •••••••••••••••••••••••••••
••••••••••••••••••••••••••••• 2. 芫花 Daphne genkwa Sieb. et Zucc.【P.587】

2. 荛花属 Wikstroemia Endl.

Wikstroemia Endl. Prodr. Fl. Norfolk. 47. 1833.

本属全世界约70种，分布于亚洲北部经喜马拉雅、马来西亚、大洋洲、波利尼西亚到夏威夷群岛。中国有49种，主产长江流域以南，西南及华南地区分布最多。东北地区仅辽宁记载1种。

河朔荛花 Wikstroemia chamaedaphne Meisn.

落叶小灌木，多分枝，枝具棱，无毛。单叶对生或近对生，无毛，长2~2.5厘米，宽0.3~0.8厘米。花黄色，穗状花序或圆锥花序，顶生或腋生，被灰色短柔毛；花被筒状，裂片4，长8~10毫米，被黄色绢毛；雄蕊8。浆果卵形。生山坡及路旁。辽宁有记载。

3. 草瑞香属（粟麻属）Diarthron Turcz.

Diarthron Turcz. in Bull. Soc. Imp. Mosc. 5：204. 1832.

本属全世界有16种，分布于中亚。中国有4种，分布于西北至东北地区。东北产1种，各地均产。

草瑞香 Diarthron linifolium Turcz.【P.587】

一年生草本，多分枝。单叶互生，稀近对生，散生小枝上，草质，线形至线状披针形。总状花序顶生；无苞片。花梗极短，长约1毫米；花萼筒状，长2.5~5毫米，下端绿色，上端初始白色，后来变成暗红色，外面无毛或疏被毛，裂片4，卵状椭圆形，长不及1毫米，先端渐尖，直立或微开展。坚果卵形或圆锥状，黑色，为宿存的花萼筒所包围。生山坡草地、林缘及灌丛间。产辽宁各地。

4. 狼毒属 Stellera L.

Stellera L. Sp. Pl. 559. 1753.

本属全世界10~12种，分布于亚洲东部至西部的温带地区。中国有1种。东北各省均有分布。

狼毒 Stellera chamaejasme L.【P.587】

多年生草本。茎直立，丛生，不分枝。叶散生，稀对生或近轮生，薄纸质，披针形或长圆状披针形。头状花序顶生，圆球形，具绿色叶状总苞片；花白色、黄色至带紫色，芳香。果实圆锥形，上部或顶部有灰白色柔毛，为宿存的花萼筒所包围。生干燥向阳的高山草坡、草坪或河滩台地。产建平、彰武等地。

一〇八、胡颓子科 Elaeagnaceae

Elaeagnaceae Juss., Gen. Pl.［Jussieu］74（1789），nom. cons.

本科全世界约3属90种，分布北半球和热带地区。中国有2属74种。东北地区产3属4种1亚种，辽宁均产，其中栽培2种。

分属检索表

1. 花两性或杂性；花萼4裂。
  2. 雄蕊4 ··· 1. 胡颓子属 Elaeagnus
  2. 雄蕊8 ··· 2. 水牛果属 Shepherdia
1. 花单性，多雌雄异株；花萼2裂 ····························· 3. 沙棘属 Hippophae

1. 胡颓子属 Elaeagnus L.

Elaeagnus L.，Sp. Pl. 121. 1753.

本属全世界约有90种，广布于亚洲东部及东南部的亚热带和温带，少数种类分布于亚洲其他地区及欧洲温带地区，北美洲也有。中国有67种，全国各地均产，但长江流域及以南地区更为普遍。东北地区产3种，辽宁均产3种，其中栽培1种。

分种检索表

1. 乔木或大灌木；果大，黄色，无汁，粉质或干棉质；叶椭圆状披针形至狭披针形。分布东北、华北、西北等地。大连、盖州、沈阳、丹东等地栽培 ·················· 1. 沙枣 Elaeagnus angustifolia L.【P.587】
1. 灌木；果小，红色，多汁。
  2. 果卵圆形，长5~7毫米；萼筒漏斗状；叶椭圆形至倒卵状披针形。生向阳疏林或灌丛中。产葫芦岛、庄河、长海、金州、大连等地 ·················· 2. 牛奶子 Elaeagnus umbellata Thunb.【P.587】
  2. 果椭圆形，长12~14毫米；萼筒圆筒形；叶椭圆形或卵形。生山坡、路旁。大连有记载 ·················· ·················· 3. 木半夏 Elaeagnus multiflora Thunb.

2. 水牛果属 Shepherdia Nutt.

Shepherdia Nutt., Gen. N. Amer. Pl.［Nuttall］。 2：240. 1818.
本属全世界有3种。中国引进栽培1种。东北地区仅辽宁有栽培。

银水牛果 Shepherdia argentea Nurr.【P.587】

多年生落叶灌木，株高5米左右。枝白色，有少许刺。叶小，银色，质地紧密，椭圆形，长2~6厘米。雌雄异株，花小，黄色。浆果血红色或金黄色，具有银色斑点。原产美国北部。大连有栽培。

3. 沙棘属 Hippophae L.

Hippophae L., Sp. Pl. 1023 1753.
本属全世界有7种，分布于亚洲和欧洲的温带地区。中国有7种，分布于北部、西部和西南地区。东北地区产1亚种，辽宁、内蒙古有分布。

中国沙棘（沙棘）Hippophae rhamnoides subsp. sinensis Rousi【P.587】

落叶灌木或乔木，棘刺较多，粗壮。叶几乎无柄，对生，纸质，狭披针形或矩圆状披针形，上面绿色，初被白色盾形毛或星状柔毛，下面银白色或淡白色，被鳞片。单性花，雌雄异株。果实圆球形，直径4~6毫米，橙黄色或橘红色。常生谷地、干涸河床地或山坡。产建平、凌源、庄河等地有栽培。

一〇九、千屈菜科 Lythraceae

Lythraceae J. St.-Hil., Expos. Fam. Nat. 2：175（1805），nom. cons.
本科全世界有31属，625~650种，广布热带地区，少数种分布温带地区。中国有10属43种。东北地区有6属8种2变种1变型，辽宁均产，其中栽培3种1变种1变型。

分属检索表

1. 灌木或乔木。
  2. 顶生或腋生的圆锥花序；花瓣6，卷曲，有长爪；蒴果 ·················· 1. 紫薇属 Lagerstroemia
  2. 花顶生或近顶生，单生或几朵簇生或组成聚伞花序；花瓣5~9，多皱褶，覆瓦状排列；浆果球形 ········ ·················· 2. 石榴属 Punica
1. 草本或亚灌木。
  3. 花6基数，花瓣明显，萼筒圆筒形；蒴果不伸出萼筒外。

4. 花左右对称，萼筒斜升，基部背面有圆形的距 ·· 3. 萼距花属 Cuphea

4. 花辐射对称，萼筒直生，基部无距 ·· 4. 千屈菜属 Lythrum

3. 花 4~5 基数，花瓣不明显或无，萼筒钟形或球形；蒴果伸出萼筒外。

5. 蒴果不规则开裂，果壁无横条纹；花单生或组成腋生的聚伞花序或稠密花束 ·····························

·· 5. 水苋菜属 Ammannia

5. 蒴果 2~4 瓣裂，果壁在新鲜时有密横条纹；花单生或组成穗状或总状花序 ········· 6. 节节菜属 Rotala

1. 紫薇属 Lagerstroemia L.

Lagerstroemia L., Syst. ed. 10. 1076. 1759.

本属全世界约 55 种，分布于亚洲东部、东南部、南部的热带、亚热带地区，大洋洲也产。中国有 15 种，主要分布于西南至台湾。东北地区仅辽宁栽培 1 种 1 变型。

分种下单位检索表

1. 花淡红色或紫色。分布华东、华南和西南各省区。大连有栽培 ···

······························ 1a. 紫薇 Lagerstroemia indica L. f. indica 【P.587】

1. 花白色。大连有栽培 ·························· 1b. 银薇 Lagerstroemia indica L. f. alba（Nichols.）Rehd.

2. 石榴属 Punica L.

Punica L., Sp. Pl. 472. 1753.

本属全世界有 2 种。中国引入栽培 1 种。东北仅辽宁有栽培。

分种下单位检索表

1. 花单瓣。原产亚洲中部。大连有栽培 ························· 1a. 石榴 Punica granatum L. 【P.587】

1. 花重瓣。大连有栽培 ·························· 1b. 月季石榴 Punica granatum cv. nana Pers

3. 萼距花属 Cuphea Adans. ex P. Br.

Cuphea Adans. ex P. Br., Nat. Hist. Jamaic. 216. 1756.

本属全世界约 300 种，分布美洲和夏威夷群岛。中国引种 7 种。东北地区仅辽宁栽培 1 种。

萼距花 Cuphea hookeriana Walp. 【P.588】

亚灌木状。叶薄革质，披针形。花梗纤细；花萼基部上方具短距，带红色，密被黏质的柔毛或绒毛；花瓣 6，其中上方 2 枚特大而显著，矩圆形，深紫色，波状，具爪，其余 4 枚极小，锥形，有时消失；雄蕊 11~12 枚，花丝被绒毛；子房矩圆形。原产墨西哥。我国南方常见露地栽培，大连有少量避风向阳处露地栽培。

4. 千屈菜属 Lythrum L.

Lythrum L., Gen. Pl. 138. 1737.

本属全世界约 35 种，广布世界各地，中国有 2 种。东北地区产 1 种 1 变种，辽宁均产。

分种下单位检索表

1. 全株略被粗毛或密被绒毛。生河边、沼泽湿地。产凌源、喀左、大连、瓦房店、普兰店、长海等地 ······

·· 1a. 千屈菜 Lythrum salicaria L. var. salicaria 【P.588】

1. 植株仅叶状苞片边缘具纤毛，其他部位均无毛。生境同原变种。产绥中、凌源、彰武、葫芦岛、铁岭、法库、西丰、清原、鞍山、大连等地 ·······································

·· 1b. 无毛千屈菜（中型千屈菜）Lythrum salicaria var. glabrum Ledeb.

5. 水苋菜属 Ammannia L.

Ammannia L., Gen. Pl. ed. 1. 337. 1737.

本属全世界约25种，广布于热带和亚热带地区，主产于非洲和亚洲。中国有4种，产西南至东部。东北地区仅辽宁产2种。

分种检索表

1. 茎下部叶的基部楔形；花多数，15朵以上；果径1.5毫米；总花梗短，长约2毫米；花柱长为果的1/2。常生湿地或水田中，较少见。产瓦房店········ 1. 多花水苋（多花水苋菜）Ammannia multiflora Roxb.【P.588】
1. 叶基部全为耳形；花少，2~7朵；果径2~3.5毫米；几乎无总花梗；花柱几乎与果等长。常生湿地和稻田中。产鞍山（千山）·············· 2. 长叶水苋菜 Ammannia coccinea Rottboell.【P.588】

6. 节节菜属 Rotala L.

Rotala L., Mant. 2：75. 1771.

本属全世界约46种，主产亚洲及非洲热带地区，少数种产澳大利亚、欧洲及美洲。中国有10种，多产于南方。东北地区有2种，辽宁均产。

分种检索表

1. 叶对生，倒卵形或椭圆形；有花瓣。常生稻田中或湿地上。产沈阳 ···
   ·· 1. 节节菜（节节草）Rotala indica（Willd.）Koehne
1. 叶轮生，广线形或狭披针形；无花瓣。生浅水湿地中。鸭绿江流域有记载 ·······························
   ·· 2. 轮叶节节菜 Rotala mexicana Chamisso & Schlechtendal

一一〇、菱科 Trapaceae

Trapaceae Dumortier

本科全世界1属2种，分布非洲亚热带和温带地区，亚洲、欧洲，引种到澳大利亚和北美洲。中国2种均有分布。东北各地均有分布。

菱属 Trapa L.

Trapa L. Sp. Pl. 120. 1753.

属的特征与地理分布等同科。

分种检索表

1. 植株粗壮；茎粗2.5~6毫米；叶片三角菱形，（4~6）厘米×（4~8）厘米；果三角形或扁菱形，具2~4刺角。生湖泊或河湾旧河床中。产庄河、普兰店、长海、沈阳、新民、凌海、北镇、开原、铁岭、丹东、海城等地 ····· 1. 欧菱（丘角菱、东北菱、格菱、耳菱、黑水菱、弓角菱、冠菱）Trapa natans L.【P.588】
1. 植物小；茎粗1~2.5毫米；叶片三角状菱圆形，（1.5~3）厘米×（2~4）厘米；果三角形，具4刺角。生水泡子中。产开原、普兰店等地 ····························· 2. 细果野菱 Trapa incisa Siebold & Zucc.【P.588】

一一一、八角枫科 Alangiaceae

Alangiaceae DC., Prodr.［A. P. de Candolle］3：203（1828），nom. cons.

本科全世界1属约21种，分布热带和亚热带地区。中国有11种。东北产1种，分布吉林、辽宁。

八角枫属Alangium Lam.

Alangium Lam. Fncycl. Meth. Bot. 1：174. 1783.

属的特征和地理分布同科。

瓜木（三裂叶瓜木、三裂瓜木）Alangium platanifolium（S. et Z.）Harmus【P.588】

落叶灌木或小乔木。叶纸质，近圆形，顶端钝尖，基部近于心脏形或圆形，常偏斜，常有3~7浅裂。聚伞花序，通常有3~5花，花瓣6~7，白色或黄白色，线形而反卷。核果长卵圆形，长约1厘米，直径约7毫米，蓝黑色。生杂木林较阴处。产庄河、旅顺口等地。

一一二、柳叶菜科 Onagraceae

Onagraceae Juss., Gen. Pl. ［Jussieu］317（1789），nom. cons.

本科全世界约7属650种，广布温带和亚热带地区。中国有6属64种。东北产6属21种5亚种1变种，其中栽培4种。辽宁产6属19种3亚种，其中栽培5种。

分属检索表

1. 果为蒴果。
 2. 蒴果室间开裂；萼片、花瓣各为4；雄蕊8；萼片果期脱落；花托于子房上部伸长；无小苞片。
  3. 种子具种缨；总状花序，花紫红色或白色 ·· 1. 柳叶菜属 Epilobium
  3. 种子无种缨；花单生于叶腋，通常黄色 ·· 2. 月见草属 Oenothera
 2. 蒴果珠孔开裂或室轴开裂；萼片、花瓣、雄蕊各为3~5；萼片果期宿存；花托不伸出子房；有小苞片
   ·· 3. 丁香蓼属 Ludwigia
1. 果为坚果或浆果。
 4. 果为坚果；草本。
  5. 萼片、花瓣、雄蕊各为2；果为坚果状，有钩状毛 ····································· 4. 露珠草属 Circaea
  5. 萼片、花瓣各为4，雄蕊8；果为坚果状，有棱 ······································· 5. 山桃草属 Gaura
 4. 果为浆果；直立或攀援灌木或半灌木；花美丽，常下垂 ································· 6. 倒挂金钟属 Fuchsia

1. 柳叶菜属 Epilobium L.

Epilobium L. Sp. Pl. 1：347. 1753.

本属全世界约165种，为温带植物区系成分，广泛分布于寒带、温带与热带高山，北半球与南半球均有，北半球更多。中国37种4亚种，除海南外，全国各省区均产，尤以北方及西南高山种类较多。东北地区产8种3亚种1变种。辽宁产6种2亚种。

分种检索表

1. 柱头4裂。
 2. 花稍两侧对称；雄蕊1轮，下垂。
  3. 茎无毛；叶无柄，基部钝圆或有时宽楔形，两面无毛，边缘近全缘或稀疏浅小齿；花瓣长9~15（~19）毫米，宽3~9（~11）毫米。生开阔地、林缘、山坡或河岸及山谷的沼泽地。产庄河、瓦房店、凌源、岫岩等地 ·············· 1a. 柳兰 Epilobium angustifolium L. subsp. angustifolium【P.588】
  3. 茎中上部周围被曲柔毛；叶具短柄（长2~7毫米），下面脉上有短柔毛，基部楔形，边缘具浅齿；花瓣较大，长12~23毫米，宽7~13毫米。地理分布较南或与柳兰生长同一山上海拔较低地带。辽宁有记载

·················· 1b. 毛脉柳兰 Epilobium angustifolium L. subsp. circumvagum Mosquin

　　2. 花辐射对称；雄蕊2轮，直立。生沟边或沼泽地。产桓仁、彰武、凌源、辽阳、大连、金州等地
···················· 2. 柳叶菜 Epilobium hirsutum L.【P.588】

1. 柱头不分裂，头状或棍棒状。
　　4. 叶全缘或近全缘；茎通常无棱线。
　　　　5. 植株基部具匍匐枝；种子长1.5~1.8毫米，顶端有附属物；花较大，长5~9毫米。生河岸、湖边湿地、
　　　　　沼泽地。产绥中、西丰、本溪、大连等地 ···················
·················· 3. 沼生柳叶菜（水湿柳叶菜）Epilobium palustre L.【P.588】
　　　　5. 植株基部无匍匐枝；种子长1~1.4毫米，顶端无附属物；花较小，长3.5~4（~5）毫米。生潮湿地或湿
　　　　　地。产普兰店、庄河、岫岩、凤城、宽甸、桓仁、西丰、新宾、本溪、彰武、抚顺等地 ···········
·················· 4. 多枝柳叶菜 Epilobium fastigiatoramosum Nakai【P.588】
　　4. 叶具明显的齿；茎通常具棱线。
　　　　6. 柱头头状。
　　　　　7. 茎不分枝或有少数分枝，上部有曲柔毛与腺毛；叶卵形或卵状披针形，长2~4厘米，宽1~2厘米，
　　　　　　基部近圆形。生山区溪沟边、沼泽地、草坡、林缘湿润处。产清原、新宾等地 ···········
·········· 5a. 毛脉柳叶菜（稀花柳叶菜）Epilobium amurense Hausskn. subsp. amurense【P.588】
　　　　　7. 茎常多分枝，上部仅有曲柔毛，无腺毛；叶披针形或长圆状披针形，长3~7厘米，宽1~2厘米。生
　　　　　　中低山河谷与溪沟边、林缘、草坡湿润处。产庄河、岫岩、宽甸、抚顺等地 ···········
······ 5b. 光滑柳叶菜 Epilobium amurense subsp. cephalostigma（Hausskn.）C. J. Chen【P.589】
　　　　6. 柱头棍棒状，稀近头状。生山区溪沟边、河床两岸及荒坡湿处。产建平、凌源、桓仁等地 ···········
·················· 6. 细籽柳叶菜（异叶柳叶菜）Epilobium minutiflorum Hausskn.【P.589】

2. 月见草属 Oenothera L.

Oenothera L. Sp. Pl. 1: 346. 1753.

　　本属全世界约121种，分布北美洲、南美洲及中美洲温带至亚热带地区。中国有10种，均为归化或栽培种。东北地区产6种，辽宁均产，其中栽培3种。

分种检索表

1. 花粉色。原产美国南部地区。大连有栽培 ················ 1. 美丽月见草 Oenothera speciosa Nutt【P.589】
1. 花黄色。
　　2. 种子椭圆状或近球状，不具棱角，表面具整齐注点；茎生叶无柄，线形，宽5~8毫米，基部心形，边缘
　　　疏生齿突；柱头围以花药；花瓣长1.5~2.7厘米。原产南美洲。辽宁有栽培逸生记录 ···················
·················· 2. 待宵草 Oenothera stricta Ledeb. et Link
　　2. 种子短楔形或棱形，具棱角，表面具不整齐注点；茎生叶柄长0~15毫米。
　　　3. 柱头高过花药；花瓣长4~5厘米。生开旷荒地、田园路边。原产欧洲。辽宁有栽培逸生记录 ···········
·················· 3. 黄花月见草 Oenothera glazioviana Mich.【P.589】
　　　3. 柱头围以花药；花瓣长不过3厘米。
　　　　4. 花瓣长2.5~3厘米。生山坡、草地、沙质地、荒地或河岸砂砾地。原产北美洲。分布辽宁各地
·················· 4. 月见草 Oenothera biennis L.【P.589】
　　　　4. 花瓣长不过2厘米。
　　　　　5. 茎、叶、花萼密被贴生曲柔毛与长柔毛；叶侧脉10~12对。常生开旷田园边、荒地、沟边较湿润
　　　　　　处。原产北美洲。分布大连 ·················· 5. 长毛月见草 Oenothera villosa Thunb.【P.589】
　　　　　5. 茎、叶、花萼疏被曲柔毛，有时在茎上部花序与花萼还疏生具疱状基部的长毛与腺毛；叶侧脉6~
　　　　　　8对。生荒坡、沟边湿润处。原产美国东部与中部，在欧洲、亚洲东部、新西兰、南非有栽培并
　　　　　　逸为野生。辽宁有栽培逸生记录 ·················· 6. 小花月见草 Oenothera parviflora L.

3. 丁香蓼属 Ludwigia L.

Ludwigia L. Sp. Pl. 1：118. 1753.

本属全世界约82种，广布于泛热带，少数种可分布到温带地区。中国有9种，产华东、华南与西南热带与亚热带地区，少数种可分布到温带地区。东北地区产1种，辽宁有分布。

假柳叶菜（丁香蓼）Ludwigia epilobioides Maxim.【P.589】

一年生草本。茎四棱形，带紫红色，多分枝，无毛或被微柔毛。叶狭椭圆形至狭披针形，先端渐尖，基部狭楔形。萼片4~5（~6），三角状卵形，被微柔毛；花瓣黄色，倒卵形；雄蕊与萼片同数，花药宽长圆状，开花时以单花粉直接授在柱头上；花柱粗短，柱头球状，顶端微凹。蒴果近无梗，初时具4~5棱，表面瘤状隆起，每室有1列或2列稀疏嵌埋于内果皮的种子。生于湖、塘、稻田、溪边等湿润处。产沈阳、庄河、普兰店等地。

4. 露珠草属 Circaea L.

Circaea L.，Sp. Pl. 8. 1753.

本属全世界有8种，分布于北半球温带。中国有7种。东北地区产3种2亚种，辽宁均产。

分种检索表

1. 果实棍棒状或长圆状倒卵形，无沟，1室，具1种子；萼片与花瓣近等长；植株矮小，高5~30厘米。
  2. 茎高30~50厘米；茎、叶无毛；花瓣白色。生阔叶林下阴湿地或苔藓层上。产庄河、鞍山、岫岩、桓仁、新宾、建昌等地⋯⋯⋯⋯⋯⋯ 1a. 高山露珠草 Circaea alpina L. subsp. alpina【P.589】
  2. 茎高10~30厘米；茎具倒向弯曲短毛；叶表面通常被短柔毛；花瓣红色或粉红色。生潮湿处和苔藓覆盖的岩石及木头上。产桓仁、宽甸、本溪 ⋯⋯⋯⋯⋯⋯⋯⋯⋯⋯⋯⋯⋯⋯⋯⋯⋯⋯⋯⋯⋯
    ⋯⋯⋯⋯⋯⋯ 1b. 深山露珠草 Circaea alpina subsp. caulescens （Kom.）Tatewaki【P.589】
1. 果实倒卵状球形或倒卵形，通常具沟，2室，每室具1种子；萼片比花瓣长；植株较高大，通常高30~80厘米。
  3. 叶卵状心形或广卵形，基部心形或微心形至圆形；果实倒卵状球形。生林缘、山坡灌丛；路旁草地。产庄河、宽甸、桓仁、西丰、清原、鞍山等地 ⋯⋯⋯⋯⋯⋯⋯⋯⋯⋯⋯⋯⋯⋯⋯⋯⋯⋯⋯⋯
    ⋯⋯⋯⋯⋯⋯⋯⋯⋯⋯ 2. 露珠草（曲毛露珠草）Circaea cordata Royle【P.589】
  3. 叶狭卵形或卵状披针形，基部楔形，稀圆形；果实倒卵形。
    4. 茎、叶及花序轴均密被弯曲短柔毛；萼片淡绿色或带白色。生林下、山沟阴湿地。产丹东、庄河 ⋯⋯⋯⋯⋯⋯⋯⋯⋯⋯⋯⋯ 3. 南方露珠草 Circaea mollis Sieb. et Zucc.【P.589】
    4. 茎、叶背面无毛，仅表面沿脉及边缘微被弯曲短毛；萼片紫红色。生针阔叶混交林下、灌丛间、河岸或林下阴湿地、山坡草地。产庄河、普兰店、瓦房店、岫岩、凤城、宽甸、桓仁、新宾、清原、本溪、鞍山、西丰、铁岭、建昌等地 ⋯⋯⋯⋯⋯⋯⋯⋯⋯⋯⋯⋯⋯⋯⋯⋯⋯⋯⋯⋯⋯⋯⋯⋯
    ⋯⋯⋯⋯⋯⋯ 4b. 水珠草 Circaea canadensis subsp. quadrisulcata （Maxim.）Boufford【P.589】

5. 山桃草属 Gaura L.

Gaura L. Sp. Pl. 1：347. 1753.

本属全世界21种，产墨西哥。中国栽培3种，并逸为野生杂草。东北地区仅辽宁产2种，其中栽培1种。

分种检索表

1. 一、二年生草本；花瓣长不过3毫米。生沿海地带。原产北美洲。分布大连、旅顺口、金州 ⋯⋯⋯⋯⋯
⋯⋯⋯⋯⋯⋯⋯⋯⋯⋯⋯ 1. 小花山桃草 Gaura parviflora Dougl.【P.590】

1. 多年生草本；花瓣长12~15毫米。原产北美洲。大连有栽培 ··· 2. 山桃草 Gaura lindheimeri Engelm. et Gray 【P.590】

6. 倒挂金钟属 Fuchsia L.

Fuchsia L., Sp. Pl. 1191. 1753.

本属全世界约253种，主要分布于南美洲沿海、中美洲，少数分布于大洋洲（新西兰、塔希提岛）。中国常见栽培1种。东北地区仅辽宁有栽培记录。

倒挂金钟 Fuchsia hybrida Hort. ex Sieb. & Voss. 【P.590】

半灌木；叶卵形或狭卵形；花下垂；花管红色，筒状，上部较大；萼片4，红色，长圆状或三角状披针形，开放时反折；花瓣紫红色、红色、粉红、白色等；浆果紫红色，倒卵状长圆形。为中美洲材料人工培养出的园艺杂交种，广泛栽培于全世界。辽宁有栽培逃逸记录。

一一三、杉叶藻科 Hippuridaceae

Hippuridaceae Link

本科全世界1属2种，广布温带地区，主要分布于北半球。中国有2种，分布于东北、西北、华北、西南部高山地区及台湾。东北2种均产。辽宁产1种。

杉叶藻属 Hippuris L.

Hippuris L. Sp. Pl. 4. 1753.

属特征和地理分布同科。

杉叶藻 Hippuris vulgaris L. 【P.590】

多年生水生草本。茎直立，多节，常带紫红色，高15~50厘米，上部不分枝，下部合轴分枝，有匍匐白色或棕色肉质根茎，节上生多数纤细棕色须根。叶条形，轮生，两型，无柄。花细小，两性，稀单性。果为小坚果状，卵状椭圆形。生池沼、溪流、河岸、稻田等处。产新民、彰武、沈阳等地。

一一四、小二仙草科 Haloragaceae

Haloragaceae R. Br., Voy. Terra Austral. 2：549（1814），nom. cons.

本科全世界约8属100种，主要分布南半球，尤其是澳大利亚。中国有2属13种。东北地区产1属3种1变种。辽宁产1属2种1变种。

狐尾藻属 Myriophyllum L.

Myriophyllum L. Sp. Pl. 1：992. 1753.

本属全世界约35种，广布于全世界，大多数分布于澳大利亚。中国有11种，产南北各省区。

分种检索表

1. 花单生于水上叶的叶腋；果实广卵形。生于池沼水中。产瓦房店、普兰店、旅顺口、沈阳、辽中、新民、法库、康平、彰武、凌源、北镇等地 ······················· 1. 狐尾藻 Myriophyllum verticillatum L.【P.590】
1. 花为轮生穗状花序，顶生；果实球形。
2. 分果光滑。生池塘或河流较缓的水中。产大连、瓦房店、辽中、新民、北镇、盘山、康平、法库、彰武等地·······················2a. 穗状狐尾藻 Myriophyllum spicatum L. var. spicatum 【P.590】

2. 分果边缘具小瘤状突起。生池塘或河流较缓的水中。产大连、辽中、新民等地 ······························

·······················2b. 瘤果狐尾藻 Myriophyllum spicatum var. muricatum Maxim。

一一五、五加科 Araliaceae

Araliaceae Juss., Gen. Pl. 〔Jussieu〕217（1789），nom. cons.

本科全世界约有50属1350种，分布于两半球热带至温带地区。中国有23属180种，几乎分布于全国各地。东北地区产6属10种2变种，辽宁均产，其中栽培1种3变种。

分属检索表

1. 多年生草本植物，掌状复叶 ································· 1. 人参属 Panax

1. 木本植物，稀草本植物，如为草本植物或半灌木，则为羽状复叶。

  2. 叶为单叶。

    3. 攀援灌木 ·························· 2. 常春藤属 Hedera

    3. 直立灌木或乔木。

      4. 灌木，枝上生较长的针状细刺；花柱仅基部合生 ········· 3. 刺参属 Oplopanax

      4. 乔木，枝上生较短的向基部渐宽的坚硬的棘刺；花柱全部合生成柱状 ········ 4. 刺楸属 Kalopanax

  2. 叶为复叶。

    5. 叶为掌状复叶 ······················ 5. 五加属 Eleutherococcus

    5. 叶为羽状复叶 ······················ 6. 楤木属 Aralia

1. 人参属 Panax L.

Panax L. Gen. Pl. ed. 2. 105. 1742.

本属全世界约有8种，分布于亚洲东部、中部和北美洲。中国有7种。东北地区产2种，其中栽培1种，辽宁均产。

2. 常春藤属 Hedera L.

Hedera L. Sp. Pl. ed. 1. 1：202. 1753.

本属全世界有15种，分布于亚洲、欧洲和非洲北部。中国有2种。东北地区仅辽宁栽培1种。

洋常春藤 Hedera helix L. 【P.590】

常绿攀援灌木，幼枝具褐色星状毛。叶二形，生育枝上的叶卵形，全缘；营养枝上的叶3~5裂，顶端裂片最长、最尖；叶浓绿色，有光泽，叶脉色浅。伞形花序。果实球形。原产欧洲，大连有少量露地栽培，长势良好。

分种检索表

1. 总花梗长于叶柄；小叶边缘锯齿密而有刺尖，叶面散生少数刚毛。生茂密的山地针阔混交林或杂木林内湿润地，多见于阴坡。产铁岭、清原、新宾、本溪、桓仁、宽甸、凤城、鞍山、营口、盖州、庄河等地 ·······················1. 人参 Panax ginseng C. A. Mey. 【P.590】

1. 总花梗不超过叶柄；小叶片边缘的锯齿不规则且较粗大，叶面脉上几乎无刚毛。原产北美洲。新宾等地栽培 ·······················2. 西洋参 Panax quinquefolius L. 【P.590】

3. 刺参属 Oplopanax Miq.

Oplopanax Miq. in Ann. Mus. Lugd.–Bat. 1. 16. 1863.

本属全世界3种，分布于亚洲东部和北美洲。中国有1种。东北地区吉林、辽宁有分布。

刺参 Oplopanax elatus Nakai【P.590】

灌木。小枝密生针状刺。叶互生或于枝端近簇生，叶柄密生针状刺；叶片通常掌状5~7浅裂，基部心形，边缘具不规则齿，两面及边缘常有刺毛或小刺。花黄绿色，花瓣5、雄蕊5。核果近球形，红色或黄红色，具宿存的花柱。生海拔千米以上的落叶阔叶林下。产本溪、桓仁、宽甸等地。

4. 刺楸属 Kalopanax Miq.

Kalopanax Miq. in Ann. Mus. Bot. Lugd.–Bat. 1：16. 1863.

本属全世界仅1种，分布于亚洲东部。中国有分布。东北仅辽宁有分布。

分种下单位检索表

1. 叶片掌状5~7浅裂至近中裂，叶裂片三角状卵形至长圆状卵形，叶背幼时疏生短柔毛，后来脱落。生山地疏林中、林缘或山坡上。产本溪、桓仁、岫岩、丹东、凤城、宽甸、东港、盖州、庄河、金州、大连等地 ······················ 1a. 刺楸 Kalopanax septemlobus（Thunb.）Koidz. var. septemlobus【P.590】
1. 叶片分裂较深，长达全叶片的3/4，裂片长圆状披针形，先端长渐尖，叶背密生长柔毛。生山地疏林中、林缘。产宽甸 ············ 1b. 深裂刺楸 Kalopanax septemlobus var. maximowiczi（V. Houtte）Hand.-Mazz.

5. 五加属 Eleutherococcus Maximowicz

Eleutherococcus Maximowicz, Mém. Acad. Imp. Sci. St.–Pétersbourg Divers Savans. 9 ［Prim. Fl. Amur.］：132. 1859.

全世界约有40种，中国有18种。东北产3种，其中栽培1种，辽宁均产。

分种检索表

1. 伞形花序总状排列，顶生的有总花梗，下部的无总花梗，各花在主轴节上轮生；花两性。
   2. 子房5室；花有梗，长1~2厘米，组成伞形花序；枝上生细长的针状刺，稀近无刺。生山地林下及林缘。产西丰、新宾、清原、桓仁、本溪、鞍山、宽甸、凤城、岫岩、庄河等地 ······················ 1. 刺五加 Eleutherococcus senticosus（Rupr. & Maxim.）Maxim.【P.590】
   2. 子房2室；花无梗，组成紧密的头状花序；枝上疏生尖锐的短刺或无刺，刺向基部渐宽而常稍扁，不为细长针状。生山坡、溪流附近、林下、林边及灌木丛间。产西丰、清原、新宾、桓仁、宽甸、本溪、凤城、岫岩、庄河、大连、沈阳、鞍山等地 ······················ 2. 无梗五加 Eleutherococcus sessiliflorus（Rupr. & Maxim.）S. Y. Hu【P.591】
1. 伞形花序单生；花单性异株。产安徽。大连、沈阳有栽培 ······················ 3. 异株五加 Eleutherococcus sieboldianus（Makino）Koidz.【P.591】

6. 楤木属 Aralia L.

Aralia L. Sp. Pl. 1：273. 173.

本属全世界约有40种，大多数分布于亚洲，少数分布于北美洲。中国有29种。东北地区产2种1变种1变型，辽宁均产。

分种检索表

1. 多年生草本或半灌木，高约1.5（~1）米；枝无刺。生山地林边或灌丛中。产桓仁、本溪、凤城、新宾、清原、岫岩、鞍山、北镇、普兰店、庄河等地 ·············· 1. 东北土当归 Aralia continentalis Kitag.【P.591】
1. 小乔木，高 2~8 米；小枝疏生或密生细刺，极少无刺。
　　2. 小叶纸质或近革质，背面具短柔毛或有时脱落；花梗长 1~6 毫米。
　　　　3. 茎枝疏生或密生刺。生针阔混交林及阔叶杂木林的林下、林间、林缘及阴坡、沟边等处。产西丰、抚
　　　　　　顺、鞍山、本溪、桓仁、宽甸、庄河、普兰店、金州等地 ···············
　　　　　　·············· 2aa. 楤木 Aralia elata (Miq.) Seem. var. elata f. elata【P.591】
　　　　3. 茎枝近无刺。生林下。产庄河、长海 ···············
　　　　　　·············· 2ab. 少刺辽东楤木 Aralia elata. var. elata f. inermis Y. C. Chu
　　2. 小叶膜质或纸质，背面无毛或疏生短柔毛；花梗长 5~10 毫米。生森林、灌丛。产凤城（鸡冠山）······
　　　　·············· 2b. 辽东楤木 Aralia elata var. glabrescens (Franchet & Savatier) Pojarkova

——六、伞形科 Apiaceae（Umbelliferae）

Apiaceae Lindl., Intr. Nat. Syst. Bot., ed. 2. 21（1836），nom. cons.
Umbelliferae Juss., Gen. Pl.［Jussieu］218（1789），nom. cons.
　　本科全世界 250~455 属，3300~3700 种，广布于全球温带地区，主要分布欧洲和中亚。中国有 100 属 614
种。东北地区产 39 属 84 种 1 亚种 12 变种 8 变型，其中栽培 8 种 1 变种。辽宁产 35 属 61 种 1 亚种 8 变种 7 变型，
其中栽培 6 种 1 变种。

分属检索表

1. 果实无毛。
　　2. 单叶全缘或有锯齿，但不分裂。
　　　　3. 叶全缘，叶脉近平行；叶柄不明显，常比叶片短；果实平滑或有颗粒突起，或有皱缩 ···············
　　　　　　·············· 1. 柴胡属 Bupleurum
　　　　3. 叶缘有整齐的锯齿，叶脉网状；叶柄明显，常比叶柄长或近等长；果实被白色狭长的鳞片 ···········
　　　　　　·············· 2. 刺芹属 Eryngium
　　2. 叶分裂或复叶，叶脉网状。
　　　　4. 果实球形；栽培植物 ·············· 3. 芫荽属 Coriandrum
　　　　4. 果实有各种形状，但不为球形。
　　　　　　5. 叶为羽状全裂 ·············· 4. 泽芹属 Sium
　　　　　　5. 叶为三出或二回三出或复叶，或为二至四回羽状全裂（仅东北长鞘当归常为羽状分裂）。
　　　　　　　　6. 叶为三出或二回三出复叶。
　　　　　　　　　　7. 三出复叶，小叶边缘具缺刻及不整齐的锐尖锯齿或重锯齿；伞梗及小伞梗通常 2~4，极不等
　　　　　　　　　　　　长；果实狭长圆形 ·············· 5. 鸭儿芹 Cryptotaenia
　　　　　　　　　　7. 三出至二回三出复叶，小叶边缘具钝齿；伞梗及小伞梗多数，近等长；果实圆形或肾形 ······
　　　　　　　　　　　　·············· 6. 茴芹属 Pimpinella
　　　　　　　　6. 二至四回羽状全裂或三出状全裂。
　　　　　　　　　　8. 果实狭细，线状长圆形，先端细成短喙状，基部有一环刺毛 ·············· 7. 峨参属 Anthriscus
　　　　　　　　　　8. 果实较上宽阔，基部无一环刺毛。
　　　　　　　　　　　　9. 总苞片具羽状缺刻；果实表面有凸镜状突起，果棱狭翼状，肥厚，边缘有微齿，内部中空
　　　　　　　　　　　　　　·············· 8. 棱子芹属 Pleurospermum
　　　　　　　　　　　　9. 总苞片全缘，不分裂。
　　　　　　　　　　　　　　10. 双悬果背腹扁平或横切面近圆形。
　　　　　　　　　　　　　　　　11. 分生果的果棱皆呈翼状；叶二至数回羽状分裂；花柱于果期延长，比花柱基长数倍

　　　　　　　　　　　　　　　　　　　　　　　　　　　　　　　 9. 蛇床属 Cnidium

11. 分生果的果棱不如上。

　12. 果棱肋状，较粗 　　　　　　　　　　　　　　　　　　　 10. 防风属 Saposhnikovia

12. 分生果的侧棱翼状，背棱肋状或隆起。

　　13. 分生果侧翼狭而肥厚，果熟后接着面靠合较紧密。

　　　14. 花黄色；果实大 　　　　　　　　　　　　　　　　 11. 阿魏属 Ferula

　　14. 花白色、淡绿色或淡紫红色；果实较小。

　　　　15. 双悬果卵圆形或阔卵形，基部心形，合生面收缩，主棱5，丝状；分生果横剖
　　　　　面近四方状五角形 　　　　　　　　　　　　　 12. 东俄芹属 Tongoloa

　　　　15. 双悬果椭圆形、长圆形或近圆形，背部扁压，合生面紧紧锁合，不易分离，
　　　　　中棱和背棱丝线形稍凸起，侧棱扩展成较厚的窄翅 　　　　　　
　　　　　　　　　　　　　　　　　　　　 13. 前胡属（石防风属）Peucedanum

　　13. 分生果侧翼宽而薄，果熟后接着面通常分离或易分离（仅东北长鞘当归的分生果
　　　　侧翼较狭）。

　　　16. 伞形花序边花的外侧花瓣比内侧花瓣显著大。

　　　　17. 油管长达分生果的中部或中下部，而不达基部，分生果棱槽中通常具1条油
　　　　　管，接着面具2~4条油管 　　　　　　　 14. 独活属（牛防风属）Heracleum

　　　　17. 油管达分生果基部，分生果的棱槽中通常具3~5条油管，接着面具（7~）10~
　　　　　14条油管 　　　　　　　　　　　　　　　　　 15. 当归属 Angelica

　　　16. 伞形花序的边花的花瓣等大。

　　　　18. 果皮薄膜质，内外果皮各由一层细胞组成；萼齿明显；叶缘无白色软骨质
　　　　　　　　　　　　　　　　　　　　　　　　 16. 山芹属 Ostericum

　　　　18. 果皮较厚，由多层细胞组成；萼齿通常不明显；叶缘具白色软骨质 　　　
　　　　　　　　　　　　　　　　　　　　　　　　　 15. 当归属 Angelica

10. 双悬果两侧压扁。

　19. 萼齿明显。

　　20. 小伞形花序球形；茎直立；根茎肥大，垂直，中空有横隔（有时在春季不明显），无
　　　匍匐枝；果实的心皮柄2裂 　　　　　　　　　　　　 17. 毒芹属 Cicuta

　　20. 小伞形花序不为球形；茎下部伏卧；根状茎不肥大，匍匐，具匍匐枝；果实无心皮
　　　柄 　　　　　　　　　　　　　　　　　　　　　 18. 水芹属 Oenanthe

　19. 萼齿不明显。

　　21. 果棱槽中具2至多数油管。

　　　22. 小伞形花序边花的外侧花瓣增大；叶三至四回羽裂；双悬果长圆状椭圆形 　　
　　　　　　　　　　　　　　　　　　　　　 19. 迷果芹属 Sphallerocarpus

　　　22. 花瓣等大；叶一至三回羽裂；双悬果近卵形 　　　　　 6. 茴芹属 Pimpinella

　　21. 果棱槽中具1条油管或油管不显。

　　　23. 花黄色或黄绿色或白色带红晕。

　　　　24. 叶二至三回羽状分裂，终裂片较宽，倒卵形，基部楔形 　　　　　　　
　　　　　　　　　　　　　　　　　　　　　　　　 20. 欧芹属 Petroselinum

　　　　24. 叶三至四回羽状全裂，终裂片丝状。

　　　　　25. 果实卵形或椭圆形，背棱略呈龙骨状突起，侧棱较宽，呈狭翼状 　　　
　　　　　　　　　　　　　　　　　　　　　　　 21. 莳萝属 Anethum

　　　　　25. 果实长圆形，果棱突起近相等，侧棱不呈狭翼状 　　 22. 茴香属 Foeniculum

　　　23. 花白色，稀粉红色。

　　　　26. 根有强烈香气；分生果的果棱呈狭翼状，尖锐（辽宁产的种类分生果棱槽内具1

条油管）…………………………………………………………… 23. 藁本属 Ligusticum

    26. 根无香气；分生果的果棱丝状或肋状。

      27. 具匍匐的根状茎；分生果的油管不明显 ………… 24. 羊角芹属 Aegopodium

      27. 无根状茎；分生果各棱槽中具1条明显的油管。

        28. 双悬果椭圆形至长圆形；叶二至四回羽状全裂或为复叶，终裂片或小叶为
线形或披针状线形；复伞形花序具显著的较长总梗；野生 …………………
        ………………………………………………………… 25. 葛缕子属 Carum

        28. 双悬果近圆形；叶单羽裂至二回羽裂，终裂片较宽，多近菱形；复伞形花
序的总梗常较短，有时近无梗；栽培 ………………………… 26. 芹属 Apium

1. 果实有毛，或为刚毛、钩刺或为具关节柔毛。

  29. 果实狭细，线形、线状棍棒形至狭长圆形，有刚毛。

    30. 果实先端狭细成短喙状，基部钝圆，具一环刺毛；果棱平钝 …………… 7. 峨参属 Anthriscus

    30. 果实先端尖细成喙，基部尖细成尾，无一环刺毛；果棱明显而尖锐 ……… 27. 香根芹属 Osmorhiza

  29. 果实较宽阔，广椭圆形、椭圆形、广倒卵形、卵圆形、卵形、卵状长圆形或长圆形。

    31. 果实被钩状刚毛或钩刺。

      32. 叶掌状分裂；花序单伞形或不规则伸展的复伞形花序；果实无心皮柄 …… 28. 变豆菜属 Sanicula

      32. 叶为二至三回或多回羽状全裂；花序通常为较规则的复伞形花序；果实有心皮柄。

        33. 总苞片及小总苞片不分裂，线状锥形；果实的主棱线形，平滑，次棱上及棱槽有钩刺，刺的基
部呈小瘤状；心皮柄2裂至1/3~1/2 ………………………… 29. 窃衣属 Torilis

        33. 总苞片及小总苞片羽状分裂；果实的主棱不显著，有刚毛，次棱成窄翅，有刺；心皮柄不裂
        ………………………………………………………… 30. 胡萝卜属 Daucus

    31. 果实被毛或具关节的柔毛。

      34. 果实具关节毛（多细胞毛）；果棱翅状 ……………………… 31. 珊瑚菜属 Glehnia

      34. 果实被毛（单毛）；果棱不成翅状或仅侧棱成翅状。

        35. 果实腹背扁平或压扁；叶二至四回羽裂 ……………………… 32. 岩风属（香芹属）Libanotis

        35. 果实两侧压扁或呈圆柱状；叶一至多回羽状全裂。

          36. 棱槽中通常有3条油管、棱下1条油管、接着面有4条油管；叶三回羽状全裂，终裂片常线形
          ………………………………………………………… 33. 山茴香属 Carlesia

          36. 棱槽中有1条油管，接着面有2条油管。

            41. 叶片二至三回羽状全裂，终裂片广椭圆状楔形或倒卵状楔形 ………………
            ………………………………………… 34. 绒果芹属（滇芎活属）Eriocycla

            41. 叶片二回三出全裂，末回裂片丝线形 ………………… 35. 孜然芹属 Cuminum

1. 柴胡属 Bupleurum L.

Bupleurum L. Sp. Pl. ed 1：236. 1753.

    本属全世界约180种，主要分布于北半球的亚热带地区。中国有42种，多产于西北与西南高原地区，其他地区也有少量分布。东北地区产9种2变种3变型。辽宁产7种1变种2变型。

分种检索表

1. 小总苞片宽大，黄绿色、褐黄色或紫褐色，常明显超出并包围小伞形花序，具5~10脉。

  2. 一至二年生草本，茎单一；总苞片2~5；小总苞片5~7；花瓣外面带紫色。生高山冻原、高山草地或林缘
及灌丛间。产桓仁、宽甸、岫岩等地 ………… 1. 大苞柴胡 Bupleurum euphorbioides Nakai【P.591】

  2. 多年生草本，数茎成丛生状，很少单生；总苞片1~2；小总苞片（5~）7~12；花瓣鲜黄色。生山坡草
地、荒山坡。辽宁有记载 …………………………… 2. 兴安柴胡 Bupleurum sibiricum De Vest

1. 小总苞片较狭小，绿色，常比小伞形花序短、近等长或稍长，具1~3（~5）脉。

3. 小总苞片向下反折；茎中部的叶基部心形或具大形叶耳、抱茎、叶片宽大，椭圆形至匙状椭圆形。
    4. 小伞梗果熟时长 8~15 毫米，比果长（0.5~）1~2.5 倍；果长圆状椭圆形，长 4~7 毫米。生山地林下、林缘、灌丛间。产清原、新宾、本溪、桓仁、宽甸、凤城、岫岩、海城、东港、营口、庄河等地 …………………… 3a. 大叶柴胡 Bupleurum longiradiatum Turcz. var. longiradiatum【P.591】
    4. 小伞梗果熟期几乎不伸长，长 2~3.5 毫米，与果实近等长；果实较小，广椭圆形，长约 3 毫米，宽约 2 毫米。生林下。产庄河 ………… 3b. 短伞大叶柴胡 Bupleurum longiradiatum var. breviradiatum Fr.
3. 小总苞片不反折；茎中部的叶基部楔形，无叶耳，不抱茎或稍抱茎，叶片常狭细，稀长圆状椭圆形至广披针形。
    5. 茎生叶披针形、线状披针形至狭线形，先端长渐尖；果棱钝圆；根通常少有支根，带红棕色，有香气，顶部具多数枯叶纤维。
      6. 茎分枝少；叶披针形或线状披针形；小总苞片与小花近等长或超出小花；果长圆状椭圆形至椭圆形。
        7. 伞辐长 10~20 毫米；小总苞片长 2.5~4 毫米；果棱粗钝凸出。生沙质草原、固定沙丘、草甸或干山坡。产法库、彰武、建平、朝阳、凌源、建昌、绥中、锦州、沈阳、瓦房店、普兰店、大连等地 …… 4a. 红柴胡（细叶柴胡）Bupleurum scorzonerifolium Willd. f. scorzonerifolium【P.591】
        7. 伞辐特长，长 11~35 毫米；小总苞片也特长，长 4~7 毫米；果棱粗而明显。生境同原变型。产辽宁 ………… 4b. 长伞红柴胡 Bupleurum scorzonerifolium Willd. f. longiradiatum Shan et Y. Li
      6. 茎极多分枝；叶狭线形；小总苞片不超出小花；果较圆。生干山坡及多石质坡地。产建平、凌源、建昌、朝阳、葫芦岛、锦州、沈阳、金州、大连等地… ………………………… ………………………… 5. 线叶柴胡 Bupleurum angustissimum（Franch.）Kitag.【P.591】
    5. 茎生叶剑形、长圆状披针形至倒披针形或长圆状椭圆形至广披针形，先端渐尖或短尖；果棱较锐尖；根多支根，棕褐色至黑褐色，香气较差，顶部无枯叶纤维或不明显。
      8. 主根不明显，须根发达；茎中部以上的叶长圆状椭圆形至广披针形，长 8~15 厘米，宽 2~4.5 厘米；茎常单生，稀 2~3 枚。生柞树疏林下、林缘、灌丛间。产岫岩、沈阳、北镇等地 …………………… …………………… 6. 长白柴胡（柞柴胡）Bupleurum komarovianum Lincz.【P.591】
      8. 主根明显；茎中部以上的叶剑形、长圆状披针形至倒披针形，长（3~）5~10（~12）厘米，宽 5~16（~20）毫米；茎 2~3，稀单生，上部分枝多呈"之"字形。
        9. 小总苞片披针形，无白色边缘。生干山坡柞林下、林缘、灌丛间。产辽宁各地 …………………… ………………………… 7a. 北柴胡（柴胡）Bupleurum chinense DC. f. chinense【P.591】
        9. 小总苞片卵状披针形，有白色边缘。生山坡草地。产瓦房店 …………………… ………… 7b. 烟台柴胡 Bupleurum chinense DC. f. vanheurckii（Muell.-Arg.）Shan et Y. Li

2. 刺芹属 Eryngium L.

Eryngium L. Sp. Pl. ed. 1. 32. 1753.

本属全世界 220~250 种，广布于热带和温带地区，尤其是南美洲。中国有 2 种，1 种产广东、广西、云南等省区；另 1 种产我国新疆。东北地区仅辽宁栽培 1 种。

扁叶刺芹 Eryngium planum L.【P.591】

多年生直立草本。基生叶长椭圆状卵形，边缘有粗锯齿，齿端刺尖，基部心形至深心形，表面绿色，背面淡绿色。头状花序着生于各个分枝的顶端，半球形；总苞片 5~6，线形或披针形；花浅蓝色。果实长椭圆形，背腹压扁，外面被白色窄长的鳞片。自然分布欧洲及中国新疆。沈阳、大连有栽培。

3. 芫荽属 Coriandrum L.

Coriandrum L. Gen. Pl. ed 5. 124. 1754.

本属全世界仅 1 种，分布于地中海区域。我国黑龙江、吉林、辽宁、河北、山东、安徽、江苏、浙江、江西、湖南、广东、广西、陕西、四川、贵州、云南、西藏等省区均有栽培。

芫荽 Coriandrum sativum L.【P.592】

一年生草本，全株有香气。茎直立。基生叶及茎下部叶叶片一至二回羽状全裂，茎中部叶及上部叶叶片二至三回羽状全裂。复伞形花序顶生或腋生，伞梗 3~8；小总苞片 5 枚，其 3 枚大，2 枚小；花瓣白色或粉红色。双悬果球形，光滑，果棱稍凸起。原产欧洲地中海地区，辽宁各地栽培。

4. 泽芹属 Sium L.

Sium L. Sp. Pl. 215. 1753.

本属全世界约 10 种，产西伯利亚、东亚、北美洲、欧洲与非洲。中国有 5 种，产东北、西北及华东等地。东北产 2 种 1 变种。辽宁产 1 种。

泽芹 Sium suave Walt.【P.592】

多年生直立草本。下部叶片轮廓呈长圆形至卵形，一回羽状分裂，有羽片 3~9 对，羽片疏离，披针形至线形，边缘有细锯齿或粗锯齿。复伞形花序，花白色；总苞片 6~10，反折；伞辐 10~20，细长。果实卵形，分生果的果棱肥厚，近翅状。生湿地。产彰武、法库、铁岭、葫芦岛、北镇、沈阳、新宾、长海等地。

5. 鸭儿芹属 Cryptotaenia DC.

Cryptotaenia DC. Coll. Mem. 5：42. 1829.

本属全世界 5~6 种，产欧洲、非洲、北美洲及东亚。中国有 1 种。东北地区仅辽宁有分布。

鸭儿芹 Cryptotaenia japonica Hassk.【P.592】

多年生草本。茎直立，光滑，有分枝。基生叶或上部叶有柄，叶鞘边缘膜质；叶片轮廓三角形至广卵形，通常为 3 小叶。复伞形花序圆锥状，花白色，花序梗不等长，总苞片 1，呈线形或钻形。小伞形花序有花 2~4。分生果线状长圆形。生山地、山沟及林下较阴湿的地区。产新宾。

6. 茴芹属 Pimpinella L.

Pimpinella L. Sp. Pl. ed. 1. 263. 1753.

本属全世界约 150 种，产欧洲、亚洲、非洲，少数分布至美洲。中国有 44 种。东北地区产 6 种。辽宁产 4 种。

分种检索表

1. 无萼齿。
  2. 基生叶和茎下部叶二回羽状分裂；伞辐 10~20；无总苞片和小总苞片；果实长卵形。生山地草坡上。产辽阳 ⋯⋯⋯⋯⋯⋯⋯⋯⋯⋯⋯⋯⋯⋯⋯⋯⋯⋯⋯⋯⋯ 1. 蛇床茴芹 Pimpinella cnidioides Pearson ex Wolff
  2. 基生叶和茎下部叶一至二回三出分裂，或三出式二至三回羽状分裂；伞辐 4~8；无总苞或偶有 1 片；小总苞片 2~4；果实卵形。生潮湿谷地、沟边或坡地上。产本溪、桓仁、清原、鞍山、岫岩、凤城、宽甸、庄河、铁岭等地 ⋯⋯⋯⋯⋯⋯⋯⋯⋯⋯⋯ 2. 短柱茴芹（短柱大叶芹）Pimpinella brachystyla Hand.
1. 有萼齿；伞辐 7~15；小伞形花序有花 10~20。
  3. 基生叶和下部茎生叶为三出复叶，稀二回三出复叶；伞辐 7~15；小总苞片 2~5；小伞形花序有花 15~20；果棱线形。生山坡针阔叶林及杂木林下。产新宾、清原、鞍山、本溪、桓仁、宽甸、凤城、岫岩、海城、庄河等地⋯⋯⋯⋯⋯⋯⋯ 3. 短果茴芹（大叶芹）Pimpinella brachycarpa（Komar.）Nakai【P.592】
  3. 基生叶和下部茎生叶为二回三出复叶或三出式二回羽裂；伞辐 9~15；小总苞片 1~3；小伞形花序有花 10~15；果棱不明显。生河边或坡地草丛中。产凤城、辽阳、本溪 ⋯⋯⋯⋯⋯⋯⋯⋯⋯⋯⋯⋯⋯⋯⋯⋯⋯⋯⋯ 4. 辽冀茴芹（辽冀大叶芹）Pimpinella komarovii（Kitag.）Shan et Pu【P.592】

7. 峨参属 Anthriscus（Pers.）Hoffm.

Anthriscus（Pers.）Hoffm. Gen. Umbell. 1：38. 1814.

本属全世界约15种，分布于欧洲、亚洲、非洲、美洲。中国有1种1亚种，辽宁均产。

分种下单位检索表

1. 果实光滑或疏生小瘤点；植物无毛或疏生柔毛。生山区湿地、草甸子、河边及灌丛间。产沈阳、开原、本溪、桓仁、凤城、宽甸、庄河、大连等地 ……………………………………………………………………………………… 1a. 峨参 Anthriscus sylvestris（L.）Hoffm. subsp. sylvestris【P.592】
1. 果实具带黄色的短刺毛，刺毛生果皮的小突起上；植株上的毛较多。生山坡草丛及林下。产本溪、桓仁、凤城、庄河、大连 ……………………………………………………………………………………… 1b. 刺果峨参（东北峨参）Anthriscus sylvestris subsp. nemorosa（M. Bieb.）Koso-Pol.【P.592】

8. 棱子芹属 Pleurospermum Hoffm.

Pleurospermum Hoffm. Gen. Umbeli. ed. 1. P. 8. 1814.

本属全世界约50种，主要分布于亚洲北部和欧洲东部，尤以喜马拉雅地区为多。我国有39种，产西南、西北至东北各省区。东北有1种，各地均产。

棱子芹 Pleurospermum uralense Hoffm【P.592】

多年生草本。茎中空，表面有细条棱。叶三出式二回羽状全裂，末回裂片狭卵形或狭披针形。顶生复伞形花序大；总苞片多数，伞辐20~60，小总苞片6~9；花白色，花瓣宽卵形。果实卵形，果棱狭翅状，边缘有小钝齿，表面密生水泡状微突起。生山坡杂木林下、针阔混交林下、林缘、林间草地及山沟溪流旁。产辽中、清原、新宾、凤城、本溪等地。

9. 蛇床属 Cnidium Cuss.

Cnidium Cuss. in Mem. Soc. Med. Par. 280. 1782.

本属全世界6~8种，主产欧洲和亚洲。中国有5种，分布几乎遍及全国。东北有3种，辽宁均产。

分种检索表

1. 叶一至二回羽裂；茎丛生，高15~25厘米，直立或基部伏卧；果近圆形，长约3毫米。生海滨。产大连各沿海屿 ……………………………………………………………… 1. 滨蛇床 Cnidium japonicum Miq.【P.592】
1. 叶二至三回羽裂；茎不丛生，较高大，直立；果椭圆形、广椭圆形或卵形。
    2. 多年生草本；小总苞片长倒卵形、长圆形或长圆状倒披针形，具极宽的白膜质边缘；叶的终裂片披针形，具缺刻状齿；果实椭圆形，长3~4毫米，宽2.5~3毫米。生草原、河边湿地。产康平 ……………………………………………………………… 2. 兴安蛇床 Cnidium dahuricum（Jacq.）Turcz.【P.592】
    2. 一年生草本；小总苞片细长，线状锥形，边缘的白膜质极狭或不显；叶的终裂片线形或线状披针形；果实广椭圆形，长约2毫米，宽约1.8毫米。生河边草地、碱性草地、田间杂草地。产法库、昌图、西丰、清原、黑山、义县、辽阳、营口、本溪、桓仁、宽甸、凤城、沈阳、丹东、庄河、瓦房店、长海、大连等地 ……………………………………………………………… 3. 蛇床 Cnidium monnieri（L.）Cuss.【P.592】

10. 防风属 Saposhnikovia Schischk.

Saposhnikovia Schischk. in Komarov, Fl. URSS 17：54. 1951.

本属全世界仅1种，主要分布西伯利亚东部及亚洲北部地区。我国东北、华北各地等有分布。

防风 Saposhnikovia divaricata（Turcz.）Schischk.【P.593】

多年生草本。基生叶丛生，叶柄长而宽，基部鞘状，叶片二回羽状全裂。复伞形花序多数，花白色；伞梗5~10，不等长；小总苞片4~6枚，线形。双悬果长卵形，幼时具疣状突起，成熟时渐平滑，分果背棱隆起，侧棱宽厚但不为翼状。生山坡、草原、丘陵、干草甸子、多石质山坡。产辽宁各地。

11. 阿魏属 Ferula L.

Ferula L. Sp. Pl. 246. 1753.

本属全世界有150余种，主要分布于欧洲南部地中海地区和非洲北部，还有伊朗、阿富汗、俄罗斯的中亚部分和西伯利亚地区以及印度、巴基斯坦等地。中国有26种，主产新疆。东北地区有1种，各省均产。

硬阿魏 Ferula bungeana Kitagawa【P.593】

多年生草本，全株被密集的短柔毛，蓝绿色。茎细，单一，二至三回分枝。叶二至三回羽状全裂，末回裂片长椭圆形，再羽状深裂。复伞形花序，花黄色；总苞片0~3片；伞辐4~15，不等长。分生果广椭圆形，背腹扁压，果棱凸起。生沙地、旱田、路边、砾石质山坡等处。产彰武县。

12. 东俄芹属 Tongoloa Wolff

Tongoloa Wolff in Notizbl. Bot. Gart. Berlin. 9：279. 1925.

本属全世界约15种，主产中国西南及西北地区，江西、湖北也有分布。东北地区仅辽宁产1种。

宜昌东俄芹（丝叶石防风）Tongoloa dunnii（de Boiss.）Wolff

多年生草本；较下部的茎生叶柄基部扩大成抱茎叶鞘；叶二至三回羽状全裂或三出式二回羽状全裂，终裂片长线形，宽不足1毫米；复伞形花序；无总苞片和小总苞片；花瓣白色或淡紫红色；分生果卵形至圆心形，主棱明显。生长在山坡林下、沙质地。产辽宁西部地区。

13. 前胡属（石防风属）Peucedanum L.

Peucedanum L. Sp. Pl. 245. 1753.

本属全世界100~200种，分布非洲、亚洲、欧洲。中国有40种，分布全国各地。东北地区产7种2变种。辽宁产5种2变种。

分种检索表

1. 萼齿无或细小不明显。
  2. 总苞片1~3，早落；末回裂片狭线形，顶端不呈刺尖状。生长于草原上。产法库 ……………………………
    …………………………………… 1. 草原前胡（碱蛇床）Peucedanum stepposum Huang
  2. 总苞片多数，宿存；叶末回裂片线形、全缘，顶多刺尖状或具小尖头。生高山顶部石砬子坡、针叶疏林
    下碎石地。产桓仁 …………………… 2. 刺尖前胡（刺尖石防风）Peucedanum elegans Kom.【P.593】
1. 萼齿明显。
  3. 果实侧棱较宽，边缘薄膜状。
    4. 叶片二至三回羽状全裂，末回裂片线形，全缘，短小，长0.2~1厘米，宽约1毫米。生草原、多石质及
      砂质山坡。产彰武、法库、大连等地 ……………………………………
    ………… 3. 兴安前胡（兴安石防风）Peucedanum baicalense（Redow. ex Willd.）Koch.【P.593】
    4. 叶片二至三回羽状分裂或全裂，末回裂片为菱状倒卵形、长卵形、卵状披针形以至披针形。
      5. 叶片广椭圆形至三角状广卵形，第二回小叶无柄，基部通常楔形，羽状中裂至深裂，终裂片全缘或
        有齿。生干山坡、山坡草地、林缘、林下、林间路旁。产辽宁各地 ……………………
      ………… 4a. 石防风 Peucedanum terebinthaceum（Fisch.）Fisch. ex Turcz. var. terebinthaceum

5. 叶片三角形。

6. 叶片三角形，二回小叶羽状浅裂至中裂，终裂片较宽，卵形或卵状披针形。生林下、灌丛间。产建平、建昌、凌源、北镇、葫芦岛、绥中、抚顺、本溪、鞍山、桓仁、凤城、岫岩、盖州、庄河、金州、大连等地 ………………………………… 4b. 宽叶石防风 Peucedanum terebinthaceum var. deltoideum（Makino ex Yabe）Makino【P.593】

6. 叶片三角形，二回小叶羽状中裂至深裂，终裂片较狭，线状披针形或线状长圆形。生林下、林缘、灌丛间及草地。产大连、普兰店、绥中、锦州、凌海、鞍山、建平、建昌、西丰、桓仁、凤城、丹东 …… 4c. 白山石防风 Peucedanum terebinthaceum var. paishanense（Nakai）Huang

3. 果实侧棱狭窄而厚；叶二至三回三出分裂，末回裂片楔状倒卵形。生山坡、山坡疏林下或丘陵峡谷间。产长海 ………………………… 5. 泰山前胡（山东邪蒿）Peucedanum wawrae（Wolff）Su【P.593】

14. 独活属（牛防风属）Heracleum L.

Heracleum L., Sp. Pl. 1: 249. 1753.

本属全世界约70种，多数分布于欧洲与亚洲，1种分布北美洲，少数种分布东非。中国有29种，各省区均有分布，主要分布西南地区。东北地区产2种1变种。辽宁产1种1变种。

分种下单位检索表

1. 叶三出式分裂，裂片广卵形至圆形、心形、不规则的3~5裂，裂片边缘具粗大的锯齿，尖锐至长尖。生林下、林缘、灌丛、溪旁、草丛间等处。产辽宁各地 ……………………………………………………… 1a. 短毛独活（东北牛防风）Heracleum moellendorffii Hance var. moellendorffii【P.593】
1. 叶二回羽状全裂，终裂片狭，卵状披针形。生长于高山林缘、草甸。产本溪、清原等地 ………………… 1b. 狭叶短毛独活（狭叶东北牛防风）Heracleum moellendorffii var. subbipinnatum（Franch.）Kitag.

15. 当归属 Angelica L.

Angelica L. Sp. Pl. ed. 1: 250. 1753.

本属全世界90多种，大部分产于北温带和新西兰。中国有45种，分布于南北各地，主产东北、西北和西南地区。东北地区产11种1变种2变型，其中栽培1种。辽宁产7种1变种2变型。

分种检索表

1. 伞形花序边花的外侧花瓣比内侧花瓣显著大。
    2. 分生果的果棱尖而凸出，狭翅状，侧棱翅状。
        3. 叶的末回裂片披针形或长卵状披针形，宽0.5~2厘米，边缘有不整齐的粗锯齿，有时末回裂片的基部再具1~2个缺刻。生阔叶林下、林缘、灌丛、林区草甸子及湿草甸子处。产西丰、抚顺、本溪、桓仁、凤城、绥中、沈阳、鞍山、辽阳、庄河、大连等地 ………………………………… 1aa. 柳叶芹 Angelica czernaevia（Fisch. & C. A. Mey.）Kitag. f. czernaevia【P.594】
        3. 叶的末回裂片宽，为卵形或长卵形，宽2~4厘米，常具1~2缺刻。生长于阔叶林下及灌丛间。产本溪、凤城、庄河等地 ………… 1ab. 宽叶柳叶芹 Angelica czernaevia f. latipinna（Chu）S. M. Zhang
    2. 分生果的果棱呈肋状，侧棱几乎无翼，棱槽较宽阔。生长于草地、柞木林内及水甸子。产大连西郊 ………………… 1b. 无翼柳叶芹 Angelica czernaevia var. exalatocarpa（Y. C. Chu）S. M. Zhang
1. 伞形花序的边花的花瓣等大。
    4. 小叶柄常呈弧形弯曲。生山区溪旁、林内、山间阴湿地。产西丰、桓仁、宽甸、凤城、丹东、岫岩、凌源、绥中、本溪、鞍山、庄河等地 ……… 2. 拐芹（拐芹当归）Angelica polymorpha Maxim.【P.594】
    4. 小叶柄不呈弧形弯曲。
        5. 花瓣暗紫色，稀白色；花序圆球状或复伞形，伞梗基部有囊状大总苞。
            6. 无萼齿；花序圆球状；伞梗基部有2囊状大总苞。生山地林下溪旁、林缘草地。产本溪、宽甸、凤城、庄河等地 ··············· 3. 朝鲜当归（大当归）Angelica gigas Nakai【P.594】

  6. 萼齿明显；花序复伞形；总苞片1~3枚，囊鞘状，向下反折。

    7. 花深紫色；茎常为紫色。生山地林下溪流旁、林缘湿草甸、灌丛间。产庄河、凤城、宽甸、本溪等地 ··· 4a. 紫花前胡（前胡）Angelica decursiva（Miq.）Franch. et Sav. f. decursiva【P.594】

    7. 花白色；茎常绿色，有时带紫色。生山地林下溪流旁。产康平、彰武、新宾、凤城、丹东、盖州、庄河、大连等地 ······ 4b. 鸭巴前胡 Angelica decursiva f. albiflora（Maxim.）Nakai【P.594】

  5. 花瓣白色；花序不呈球形，伞梗基部常无囊状大总苞。

    8. 叶一回羽状全裂；分生果侧棱具狭翼，宽约0.3毫米；叶柄长鞘状抱茎，背面近无毛。生山坡林下、灌丛间、溪旁或林缘草地。产铁岭、本溪、凤城、岫岩、庄河、丹东、沈阳、鞍山等地 ············· 5. 长鞘当归（东北长鞘当归）Angelica cartilaginomarginata（Makino）Nakai【P.594】

    8. 叶二至四回羽裂。

      9. 根灰褐色，具辛辣香气，辣气较香气重；终叶裂片卵形、长卵形至卵状长圆形，基部多歪楔形，不下延；无总苞片；小总苞片5~7。生山坡、草地、林下、林缘、灌丛及河岸溪流旁。产铁岭、本溪、凤城、岫岩、庄河、丹东、沈阳、鞍山等地 ·· 6. 黑水当归 Angelica amurensis Schischk.【P.594】

      9. 根黄褐色或棕褐色，具浓烈的辛辣香气或芳香气，香气较辣气重；终叶裂片椭圆状披针形或长圆状披针形，基部下延；总苞片通常缺或有1~2，成长卵形膨大的鞘；小总苞片5~10余。生山地河谷、湿草甸、草甸、林缘、溪旁，灌丛。产西丰、清原、新宾、桓仁、本溪、凤城、宽甸、岫岩、绥中、北镇、沈阳、辽阳、海城、营口、盖州等地 ················· 7. 白芷（大活、雾灵当归）Angelica dahurica（Fisch. ex Hoffm.）Benth. et Hook. f. ex Franch. et Sav.【P.594】

16. 山芹属 Ostericum Hoffm.

Ostericum Hoffmann, Gen. Umbell. 162. 1814.

    本属全世界约10种，主产于中国东北、朝鲜、日本和俄罗斯远东地区；少数种类分布于东欧和中亚地区。中国有7种。东北地区产5种2变种1变型。辽宁产3种2变种1变型。

分种检索表

1. 植株具细长地下匍匐枝；终裂片狭细，广披针形至卵状披针形，边缘全缘。生高山至平地、路旁、湿草甸子、林缘或混交林下。产本溪县 ·· 1b. 大全叶山芹 Ostericum maximowiczii var. australe（Kom.）Kitag.【P.594】

1. 植株无地下匍匐枝；终叶裂片宽阔，边缘具锯齿、圆齿或缺刻。

  2. 小叶具2~4深缺刻及粗大的缺刻状齿；分生果的棱槽中各具1条油管，接着面内有2~4（~5）条油管。生山地杂木林下、林缘、灌丛间、山坡草地、山溪旁林下。产辽宁各地 ················· 2. 大齿山芹（碎叶山芹）Ostericum grosseserratum（Maxim.）Kitag.【P.595】

  2. 小叶具锯齿。

    3. 花瓣淡绿色或白色，基部具长达瓣的1/2以上的长爪；分生果的棱槽中各具1条油管，接着面内具2条油管；茎具锐棱。生河边湿草甸、水甸子旁、山沟溪旁。产绥中、沈阳、鞍山等地 ·································· 3. 绿花山芹 Ostericum viridiflorum（Turcz.）Kitag.【P.595】

    3. 花瓣白色，基部具短爪；分生果的棱槽中各具1~3条油管，接着面内具4~6（~8）条油管；茎具钝棱。

      4. 叶片轮廓为三角形；末回裂片菱状卵形至卵状披针形，长5~10厘米，宽3~6厘米，顶端急尖至渐尖，基部截形。

        5. 茎光滑或仅基部稍有短柔毛；叶两面均无毛。生海拔较高的山坡、草地、山谷、林缘和林下。产凌源、北镇、义县、抚顺、本溪、桓仁、宽甸、凤城、东港、岫岩、鞍山、庄河、普兰店、大连等 ··············· 4aa. 山芹 Ostericum sieboldii（Miq.）Nakai var. sieboldii f. sieboldii【P.595】

        5. 茎下部被白色长毛；叶两面脉上及边缘被糙毛。生长于山区林下、草地、山沟溪流旁。产本溪、凤城、岫岩、庄河等地 ··
······························· 4ab. 毛山芹 Ostericum sieboldii var. sieboldiif. hirsutum（Hiyama）Hara
　4. 叶通常排列较紧密，大部分较狭，最下部的羽片显著地短；末回裂片椭圆形、长卵形或近菱形，长
　2.5~8厘米，宽1~3厘米，顶端尖或渐尖，基部通常楔形。生林下、林边草地。产本溪、桓仁等地
······································· 4b. 狭叶山芹 Ostericum sieboldii var. praeteritum（Kitag.）Huang

17. 毒芹属 Cicuta L.

Cicuta L. Sp. Pl. 255. 1753.
　本属全世界约3种，分布于北温带地区。中国有1种。东北地区产1种1变种2变型。辽宁产1种1变型。

分种下单位检索表

1. 叶终裂片线状披针形或窄披针形，长1.5~6厘米，宽3~10毫米。生水边、沟旁、湿草地、林下水湿地。产
　西丰、开原、铁岭、本溪、彰武、新民、沈阳、庄河等地 ···
　······························· 1a. 毒芹 Cicuta virosa L. f. virosa【P.595】
1. 叶终裂片线状披针形至线形，长2~4厘米，宽1~3（~4）毫米。生水边。产彰武、桓仁、长海等地 ········
　······························· 1b. 细叶毒芹 Cicuta virosa f. angustifolia（Kitaibel）Schube

18. 水芹属 Oenanthe L.

Oenanthe L. Sp. Pl. 254. 1753.
　本属全世界25~30种。分布于北半球温带和南非洲。中国有5种，主产于西南及中部地区。东北地区有1
种，各地均产。

水芹 Oenanthe javanica（Blume）DC.【P.595】

　多年生草本，茎直立或基部匍匐。基生叶有柄，基部有叶鞘；茎上部叶无柄；叶片轮廓三角形，一至二
回羽状分裂。复伞形花序，花白色；无总苞；伞梗6~16，不等长；小总苞片2~8，线形。果实筒状长圆形，
侧棱较背棱和中棱隆起，木栓质。多生浅水低洼地或池沼、水沟旁。产开原、铁岭、法库、沈阳、西丰、新
宾、清原、丹东、本溪、台安、营口、大连等地。

19. 迷果芹属 Sphallerocarpus Bess. ex DC.

Sphallerocarpus Best. ex DC. Mem. Ombell. 60. 1829.
　本属全世界仅1种，产俄罗斯西伯利亚东部、蒙古及我国东北和西北部。辽宁有分布。

迷果芹 Sphallerocarpus gracilis（Bess.）K.–Pol.【P.595】

　多年生草本。茎生叶二至三回羽状分裂，末回裂片边缘羽状缺刻或齿裂，通常表面绿色，背面淡绿色；
叶柄长1~7厘米，基部有阔叶鞘。复伞形花序，花白色；伞辐6~13，不等长。果实椭圆状长圆形，两侧微
扁，背部有5条凸起的棱。生山坡路旁、村庄附近、菜园地以及荒草地上。产彰武县。

20. 欧芹属 Petroselinum Hill

Petroselinum Hill Brit. Herb. 424. 1756.
　本属全世界约3种，原产欧洲西部和南部，其中1种栽培或成野生状态，分布于世界各地。中国栽培1
种。东北各省均有栽培。

欧芹 Petroselinum crispum（Mill.）Hill

　茎圆形，稍有棱槽；叶深绿色，表面光亮，二至三回羽状分裂；伞形花序有伞辐10~20（~30），近等长；
总苞片1~2，线形；小伞花序有花20，小总苞片6~8，线形或线状钻形；果实卵形，灰棕色。原产于地中海地

区。辽宁有栽培。

21. 莳萝属 Anethum L.

Anethum L. Sp. Pl. 263. 1753.

本属全世界仅1种，原产欧洲南部，世界各地广泛栽培。我国南北各地均有栽培。

莳萝 Anethum graveolens L.

一年生直立草本，全株有茴香味。基生叶轮廓宽卵形，三至四回羽状全裂，末回裂片丝状。复伞形花序常呈二歧式分枝；无总苞片和小总苞片；小伞形花序有花15~25；花瓣黄色。分生果卵状椭圆形，背部扁压状，侧棱狭翅状，灰白色。原产欧洲南部。沈阳有栽培。

22. 茴香属 Foeniculum Mill.

Foeniculum Mill. Gard. Dict. Abr. ed. 4. 1754.

本属全世界仅1种，分布于欧洲、美洲及亚洲西部。中国包括东北地区在内，各地均有栽培。

茴香 Foeniculum vulgare Mill.【P.595】

二年生草本，栽培者为一年生，全株有强烈的香气。基生叶及茎下部叶三至四回羽状全裂，终裂片线形至丝状。复伞形花序，伞梗不等长，无总苞片和小总苞片；花瓣黄色。双悬果长圆形，具5条隆起的纵棱。原产地中海地区。辽宁各地普遍栽培。

23. 藁本属 Ligusticum L.

Ligusticum L. Sp. Pl. 250. 1753.

本属全世界60种以上，分布于北半球。中国有40种，大部分地区均有分布。东北地区产3种1变种，辽宁均产。

分种检索表

1. 叶二回三出全裂或三回三出羽状全裂，叶质较硬，终裂片卵形或广卵形或线状披针形，边缘具缺刻状裂片或齿；萼齿不明显。
  2. 茎上部分枝；叶的终裂片卵形或广卵形，宽1~2厘米。生山坡、林下多石质地。产辽宁各地 ……………
    …………… **1a. 辽藁本 Ligusticum jeholense**（Nakai et Kitag.）Nakai et Kitag. var. jeholense【P.595】
  2. 茎通常不分枝；叶的终裂片全裂成线状披针形，宽仅2~3毫米。生林下。产凌源、本溪、桓仁、长海等地 …………………………… **1b. 细裂辽藁本 Ligusticum jeholense** var. tenuisectum Chu【P.595】
1. 叶三至四回三出羽状全裂，叶质较软，终裂片线形至宽线形；萼齿明显或不明显。
  3. 总苞片1~2；萼齿不明显；末回裂片宽线形，宽1~5毫米。生石质山坡、杂木林下。产本溪、凤城、岫岩、庄河、瓦房店等地 ………………… **2. 细叶藁本 Ligusticum tenuissimum**（Nakai）Kitag.【P.595】
  3. 总苞片2~4；萼齿钻形；末回裂片线形，宽0.5~1毫米。生高海拔的河岸湿地、石砾荒原及岩石缝间。产桓仁、宽甸、凤城等地 …………………………………………………………………………
    …………… **3. 岩茴香（大茴香）Ligusticum tachiroei**（Franch. et Sav.）Hiroe et Constance【P.595】

24. 羊角芹属 Aegopodium L.

Aegopodium L. Sp. Pl. 265. 1753.

本属全世界约7种，分布于欧洲和亚洲。中国有5种及1变种。东北地区产1种1变型，辽宁均产。

分种下单位检索表

1. 基生叶三出式二回羽状分裂，终裂片卵形或长卵状披针形，长1.5~3.5厘米，宽0.7~2厘米，边缘有不规则的锯齿或缺刻状分裂，齿端尖。生林下、林缘、溪流旁、山顶草地。产开原、西丰、新宾、清原、本溪、桓仁、宽甸、鞍山、庄河等地 ………… **1a. 东北羊角芹 Aegopodium alpestre** Ledeb. f. alpestre【P.596】

1. 基生叶三出式三回羽状分裂，终裂片披针形至卵状披针形，长 0.5~1.8 厘米，宽 0.2~1 厘米，边缘锐裂至羽状半裂。产林下、林缘。产清原、宽甸等辽东山区 ………………………………………………………… ………………… **1b. 小叶东北羊角芹（细叶东北羊角芹）Aegopodium alpestre** f. **tenuisectum** Kitag.

25. 葛缕子属 Carum L.

Carum L. Sp. Pl. 1：263. ed. 1. 1：1753.

本属全世界有 25~30 种，分布于欧洲、亚洲、北非及北美洲。中国有 4 种，广布于东北、华北及西北地区，向南至西藏东南部、四川西部和云南西北部。东北地区产 2 种。辽宁产 1 种。

田葛缕子 Carum buriaticum Turcz.【P.596】

多年生草本。根圆柱形。茎通常单生，基部有叶鞘纤维残留物。基生叶及茎下部叶三至四回羽状分裂；茎上部叶通常二回羽状分裂，末回裂片细线形。总苞片 2~4，线形；小总苞片 5~8，披针形；花瓣白色。果实长卵形，每棱槽内油管 1，合生面油管 2。生田边、路旁、河岸、林下及山地草丛中。产北镇、辽阳、沈阳等地。

26. 芹属 Apium L.

Apium L. Sp. Pl. 264. 1753.

本属全世界约 20 种，分布于全世界温带地区。中国引进 1 种。东北各地有栽培。

旱芹（芹菜）Apium graveolens L.【P.596】

二年生或多年生草本。茎直立，光滑。叶片轮廓为长圆形至倒卵形，通常 3 裂达中部或 3 全裂。复伞形花序顶生或与叶对生，花序梗长短不一；花瓣白色或黄绿色；花丝与花瓣等长或稍长于花瓣。分生果圆形或长椭圆形，果棱尖锐。原产欧洲。辽宁各地栽培。

27. 香根芹属 Osmorhiza Rafin.

Osmorhiza Rafinesque，Amer. Monthly Mag. & Crit. Rev. 4：192. 1819，nom. cons.

本属全世界约 10 种，分布于东亚及北美洲。中国有 1 种。东北三省均有分布。

香根芹 Osmorhiza aristata（Thunb.）Makino et Yabe【P.596】

多年生草本，有香气。基生叶片的轮廓呈阔三角形或近圆形，通常二至三回羽状分裂或二回三出式羽状复叶，羽片 2~4 对。复伞形花序，花白色；总苞片 1~4，早落；伞辐 3~5。果实线形或棍棒状，基部尾状尖，果棱有刺毛，基部的刺毛较密。生长在山坡林下、溪边及路旁草丛中。产本溪、清原、宽甸、桓仁、鞍山等地。

28. 变豆菜属 Sanicula L.

Sanicula L. Sp. Pl. 235. 1753.

本属全世界约 40 种，主要分布于热带和亚热带地区。中国有 17 种。东北地区产 3 种。辽宁产 2 种。

分种检索表

1. 茎有分枝，具茎生叶；花白色或绿白色；果实仅被钩刺。生山沟、路旁、林缘、灌丛间、林下等处。产法库、开原、抚顺、本溪、西丰、清原、沈阳、鞍山、桓仁、宽甸、凤城、丹东、庄河、普兰店、瓦房店等地 ………………………………… **1. 变豆菜 Sanicula chinensis** Bunge【P.596】
1. 茎不分枝，不具茎生叶，或仅有 2 枚对生的苞叶状茎叶；花紫红色；果实中上部被钩刺，下部为瘤状突起。生林缘、灌丛、山坡草地、山沟湿润地。产西丰、开原、抚顺、本溪、鞍山、桓仁、凤城、东港、岫岩、庄河等地 ·························· 2. 红花变豆菜（紫花变豆菜）Sanicula rubriflora Fr. Schmidt【P.596】

29. 窃衣属 Torilis Adans.

Torilis Adans. Fam. Pl. 2：99. 1763.

本属全世界约20种，分布欧洲、亚洲、南北美洲、非洲的热带、新西兰。中国有2种。东北产1种，分布吉林、辽宁、内蒙古。

小窃衣（窃衣）Torilis japonica（Houtt）DC.【P.596】

一年生草本。茎直立，圆柱形，上部分枝，表面具细槽。叶有长柄，叶片二至三回羽状全裂；茎上部叶渐小而简化。复伞形花序有长梗，全部伏生短刚毛；总苞片5~8，伞梗4~6，小总苞片6~8，花瓣白色。双悬果卵形，密被钩状刺。生山坡、路旁、林缘草地、草丛荒地、杂木林下。产沈阳、本溪、西丰、新宾、桓仁、凤城、辽阳、海城、鞍山、瓦房店、庄河、长海、大连等地。

30. 胡萝卜属 Daucus L.

Daucus L. Sp. Pl. 1：242. 1753.

本属全世界约20种，分布于欧洲、非洲、美洲和亚洲。中国有1种。东北各地均有。

分种下单位检索表

1. 根细而多分枝，非肉质，浅棕色，无食用价值。生长于山坡路旁、旷野或田间。分布于欧洲及东南亚地区。旅顺口老铁山有分布 ·························· 1a. 野胡萝卜 Daucus carota L. var. carota【P.596】
1. 根粗肥而不分枝或少分枝，肉质，呈红色或黄色，供蔬菜食用。原产欧洲及亚洲南部。辽宁各地栽培 ······ ·························· 1b. 胡萝卜 Daucus carota L. var. sativa Hoffm.【P.596】

31. 珊瑚菜属 Glehnia Fr. Schmidt ex Miq.

Glehnia Fr. Schmidt ex Miq. in Ann. Mus. Bot. Lugd.–Bat. 3：61. 1867.

本属全世界约2种，分布于亚洲东部及北美洲太平洋沿岸。中国有1种。东北仅辽宁有分布。

珊瑚菜 Glehnia littoralis（A. Gray）Fr. Schmidt ex Miq.【P.596】

多年生草本。叶多数基生，叶片轮廓呈圆卵形至长圆状卵形。复伞形花序顶生，花白色或带堇色；伞梗8~16，不等长；无总苞片；小总苞数片，线状披针形。果实近圆球形或倒广卵形，密被长柔毛及绒毛，果棱有木栓质翅。生海边沙滩。产凌海、葫芦岛、兴城、绥中、盖州、瓦房店、普兰店、金州、长海、大连等地。

32. 岩风属（香芹属）Libanotis Hill.

Libanotis Hill in Brit. Herb. 420. 1756.

本属全世界约30种，分布欧洲和亚洲。中国有18种。分布西北、东北、华东和华中地区，以新疆、甘肃、陕西等省区种类较多。东北产2种。辽宁产1种。

香芹 Libanotis seseloides（Fisch. et C. A. Mey.）Turcz.【P.596，597】

多年生草本。茎直立，粗壮。基生叶有长柄，基部鞘状，叶片三回羽状全裂。复伞形花序，花白色；总苞片0~5；伞梗10~20，稍不等长；小总苞片8~14，线形。双悬果卵圆形，具短毛，分果背棱隆起，侧棱比背棱稍宽。生草甸、开阔的山坡草地、林缘灌丛间。产阜新、沈阳、大连、鞍山、辽阳等地。

33. 山茴香属 Carlesia Dunn.

Carlesia Dunn in Hook. Icon. Pl. 28：2739. 1905.

本属全世界仅1种，分布中国和朝鲜。我国仅辽宁有分布。

山茴香 Carlesia sinensis Dunn【P.597】

多年生草本。茎由基部分枝，基部密被叶柄残基纤维。基生叶多数，有长柄，叶片三回羽状全裂，终裂片线形。复伞形花序顶生；总苞片和小总苞片均为5~8，线形；花瓣白色。双悬果长圆形，有糙毛，分果两侧稍扁，果棱丝状，稍凸起。生山顶石砾子缝或干燥山坡。产建昌、朝阳、凤城、丹东、东港、鞍山、金州、庄河、大连等地。

34. 绒果芹属（滇羌活属）Eriocycla Lindl. Eriocycla Lindl.

Eriocycla Lindl. in Royl. Illustr. Bot. Himal. Mount. 232. 1835.

本属全世界6~8种，分布于伊朗北部至中国西部的温带和高山区。中国有3种2变种，产新疆、西藏、内蒙古、辽宁和河北等省区。东北仅辽宁产1种。

绒果芹（滇羌活）Eriocycla albescens（Franch.）Wolff【P.597】

多年生草本。全株带淡灰绿色，多少被短柔毛。基生叶和茎下部叶的叶片一回羽状全裂，有4~7对羽叶，末回裂片长圆形，全缘或顶端2~3深裂。复伞形花序，花白色；总苞片0~1；伞辐4~6，不等长。分生果卵状长圆形，密生白色长毛。生石灰岩干燥山坡上。产凌源、朝阳等地。

35. 孜然芹属 Cuminum L.

Cuminum L. Sp. Pl. 254. 1753.

本属全世界有2种，分布在地中海和中亚地区。中国有1种，仅在新疆栽培；辽宁有逸生。

孜然芹 Cuminum cyminum L.【P.597】

一年生或二年生草本，全株除果实外光滑无毛。叶片三出式二回羽状全裂，末回裂片狭线形。复伞形花序多数，多呈二歧式分枝；总苞片3~6，线形或线状披针形，边缘膜质，白色，顶端有长芒状的刺，有时3深裂，不等长；小伞形花序通常有7花，小总苞片3~5；花瓣粉红或白色；分生果长圆形，两端狭窄，密被白色刚毛。原产埃及、埃塞俄比亚。中国新疆有栽培。大连海岸带因游人烧烤散落种子有逸生。

一一七、山茱萸科 Cornaceae

Cornaceae Bercht. & J.Presl, Prir. Rostlin 2（23）：91，92（1825），nom. cons.

本科全世界有1属，约55种，分布于全球各大洲的热带至温带以及北半球环极地区，而以东亚为最多。中国有25种，除新疆外，其余各省区均有分布。东北地区产9种2变种，其中栽培2种1变种。辽宁产1属7种1变种，其中栽培3种1变种。

山茱萸属（梾木属）Cornus L.

Cornus L. Sp. Pl. 117. 1753.

属的特征和地理分布同科。

分种检索表

1. 叶互生或对生；伞房状聚伞花序无总苞片；核果球形或近于球形。
    2. 叶对生；果核顶端无孔穴。
        3. 小枝血红色；核果乳白色或浅蓝白色，核两侧压扁状。生河岸、溪流旁及林中。产庄河、本溪、桓仁、宽甸等地 ·· 1. 红瑞木 Cornus alba L.【P.597】

3. 小枝黄绿色、红褐色或紫色；核果黑色或深蓝色，核两侧不成压扁状。

  4. 叶背面淡绿色，疏生毛；侧脉4~5对。

    5. 小枝红褐色或紫色；叶卵状椭圆形，表面近光滑；萼齿三角状披针形，长于花盘。生向阳山坡及岩石缝间。产鞍山（千山）、金州（大黑山）…………………………………………………………………………………………………… 2. 朝鲜梾木（朝鲜山茱萸）Cornus coreana Wanger.【P.597】

    5. 小枝黄绿色至红褐色；叶长椭圆形至椭圆形，表面被伏毛；萼齿三角形，与花盘近等长。生山坡杂木林中。大连有野生和栽培 …………………… 3. 毛梾 Cornus walteri Wanger.【P.597】

  4. 叶背面灰白色，密生毛；侧脉5~7对。生海拔1100~2300米的杂木林内或灌丛中。熊岳有栽培 …………………………………………………… 4. 沙梾 Cornus bretschneideri L. Henry【P.597】

2. 叶互生，侧脉6~8对；果蓝黑色，果核顶端有近四方形孔。生杂木林或溪流旁。产清原、本溪、桓仁、凤城、宽甸、庄河、金州等地 ………… 5. 灯台树 Cornus controversa Hemsl. ex Prain【P.597】

1. 叶对生；伞形花序或头状花序有芽鳞状或花瓣状的总苞片；核果长椭圆形或为聚合状核果。

  6. 伞形花序上有绿色芽鳞状总苞片。自然分布陕西、甘肃、山东、江苏、浙江、安徽、湖南等省。大连、旅顺口、丹东有栽培 …………………… 6. 山茱萸 Cornus officinalis Sieb. et Zucc.【P.597】

  6. 头状花序上有白色花瓣状的总苞片。

    7. 叶薄纸质，背面淡绿色；花萼内侧微被白色短柔毛。原产朝鲜和日本。大连有栽培 ………………………………………… 7a. 日本四照花 Cornus kousa F. Buerger ex Hance var. kousa【P.597】

    7. 叶为纸质或厚纸质，背面粉绿色；花萼内侧有一圈褐色短柔毛。生于海拔600~2200米的森林中。产内蒙古、山西、陕西、甘肃、江苏、安徽、浙江、江西、福建、台湾、河南、湖北、湖南、四川、贵州、云南等省区。辽宁熊岳树木园有栽培 …………………………………………… 7b. 四照花 Cornus kousa var. chinensis（Osborn）Fang【P.598】

——八、杜鹃花科 Ericaceae

Ericaceae Juss., Gen. Pl.［Jussieu］159（1789），nom. cons.

本科全世界约125属4000种，广布于南、北半球的温带地区及北半球亚寒带地区，少数属种环北极或北极分布，也分布于热带高山，大洋洲种类极少。中国有22属826种，分布全国各地，主产西南部山区，尤以四川、云南、西藏三省区相邻地区为盛。东北地区产14属39种1亚种6变种7变型，其中栽培2种1变型。辽宁产8属20种1亚种2变种3变型，其中栽培2种1变型。

分属检索表

1. 多年生草本，或半灌木状，或为腐生植物而无绿色组织。

  2. 绿色草本植物；花药顶孔开裂，在芽内反折。

    3. 叶基生或茎下部生，圆形、卵形或肾形，具长柄；总状花序；蒴果自基部开裂。

      4. 花葶平滑；花不偏向一侧；花药顶孔管状；子房基部不具花盘；叶基生 ……… 1. 鹿蹄草属 Pyrola

      4. 花葶密生乳头状突起；花偏向一侧着生；花药顶孔不为管状；子房基部具花盘；叶数枚于茎下部排成1~3轮 …………………………………………………………………… 2. 单侧花属 Orthilia

    3. 叶茎生，倒披针形或长圆状披针形，具短柄；花聚成伞形花序或为单生；蒴果自顶部向下纵裂 …………………………………………………… 3. 喜冬草属（梅笠草属）Chimaphila

  2. 无绿色的腐生肉质植物，具鳞片状叶；花药纵裂或横裂，在芽内直立。

    5. 子房1室，侧膜胎座；浆果，下垂或半下垂；花单生 ………… 4. 沙晶兰属 Monotropastrum

    5. 子房4~5室，中轴胎座；蒴果，直立；花单生或数花聚成总状花序 ………… 5. 水晶兰属 Monotropa

1. 乔木或灌木。

  6. 蒴果。

7. 叶线形，背面和幼枝密被锈褐色茸毛及腺鳞，全缘；花瓣深裂近离生，伞房花序 ⋯ **6. 杜香属 Ledum**

7. 叶较宽，背面和幼枝无锈褐色毛，但可有锈褐色腺鳞或蜡质糠秕状盾形鳞片；总状花序、伞房花序、
   伞形花序或单生，花冠大，广钟状至漏斗状；蒴果长圆形至短圆柱形，直立向上，室间开裂 ⋯⋯⋯⋯
   ⋯⋯⋯⋯⋯⋯⋯⋯⋯⋯⋯⋯⋯⋯⋯⋯⋯⋯⋯⋯⋯⋯ **7. 杜鹃属（杜鹃花属）Rhododendron**

6. 浆果 ⋯⋯⋯⋯⋯⋯⋯⋯⋯⋯⋯⋯⋯⋯⋯⋯⋯⋯⋯⋯⋯⋯⋯⋯⋯⋯⋯ **8. 越桔属 Vaccinium**

1. 鹿蹄草属 Pyrola L.

Pyrola L. Sp. Pl. ed. 1: 396. 1753.

本属全世界约有30种，是北温带典型属，但在中国分布到亚热带山区。中国有27种3变种，全国南北各地均产。东北地区产8种1亚种。辽宁产3种1亚种。

分种检索表

1. 叶肾形或圆肾形，基部深心形。生山地针叶林下。产大连、宽甸等地 ⋯⋯⋯⋯⋯⋯⋯⋯⋯⋯⋯⋯⋯⋯⋯
   ⋯⋯⋯⋯⋯⋯⋯⋯⋯⋯⋯⋯⋯⋯⋯ **1. 肾叶鹿蹄草 Pyrola renifolia Maxim.【P.598】**

1. 叶近圆形、圆卵形或卵状椭圆形，基部圆形、圆楔形或楔形。

2. 花紫红色，花葶常带带紫色。生林下。产宽甸、鞍山（千山）、开原等地 ⋯⋯⋯⋯⋯⋯⋯⋯⋯⋯⋯
   ⋯⋯⋯⋯⋯ **2b. 红花鹿蹄草 Pyrola asarifolia subsp. incarnate（DC.）Haber & Hir. Takah.【P.598】**

2. 花白色。

3. 萼片披针状三角形；花柱长10~12毫米；苞片线状披针形；叶椭圆形或卵状椭圆形，长3~6厘米，叶
   脉处色较淡。生海拔800~2000米之针阔叶混交林或阔叶林内。产宽甸、辽阳、鞍山等地 ⋯⋯⋯⋯⋯
   ⋯⋯⋯⋯⋯⋯⋯⋯⋯⋯⋯⋯⋯ **3. 日本鹿蹄草 Pyrola japonica Klenze ex Alef.【P.598】**

3. 萼片舌形；花柱长10毫米以下；苞片披针形、长舌形或卵状披针形；叶近圆形或宽卵形，长2.5~4.7
   厘米。生山地针叶林、针阔叶混交林或阔叶林下。产辽宁东部山地 ⋯⋯⋯⋯⋯⋯⋯⋯⋯⋯⋯⋯⋯⋯
   ⋯⋯⋯⋯⋯⋯⋯⋯ **4. 兴安鹿蹄草（圆叶鹿蹄草）Pyrola dahurica（H. Andr.）Kom.【P.598】**

2. 单侧花属 Orthilia Rafin.

Orthilia Rafin. Autik. Bot. 103. 1840.

本属全世界约有4种，主要分布北半球的温带、寒温带地区。中国有2种1变种，主要分布在东北和新疆，西北和西南的亚高山针叶林下也有分布。东北地区产2种。辽宁产1种。

单侧花 Orthilia secunda（Linn.）House【P.598】

常绿草本状小半灌木。叶3~5，轮生或近轮生，薄革质，长圆状卵形。花葶细，上部有疏细小疣；总状花序有8~15花，偏向一侧；花水平倾斜，或下部花半下垂，花冠卵圆形或近钟形，较小，直径4.5~5毫米，淡绿白色。蒴果近扁球形。生针阔叶混交林或暗针叶林下。产鞍山（千山）。

3. 喜冬草属（梅笠草属）Chimaphila Pursh

Chimaphila Pursh, Fl. Am. Sept. 1: 279. 1814.

本属全世界约有10种，主要分布在北半球，尤其东亚与北美洲较多。中国有3种，从东北至西南以及台湾均有分布。东北地区产2种。辽宁产1种。

喜冬草（梅笠草）Chimaphila japonica Miq.【P.598】

常绿草本状半灌木。叶对生或3~4枚轮生，革质，阔披针形，边缘有锯齿，背面苍白色。花葶有细小疣，苞片1~2枚。花1~2，半下垂，白色，直径13~18毫米；花瓣倒卵圆形，雄蕊10，花柱极短，柱头5圆浅裂。蒴果扁球形。生针阔叶混交林、阔叶林或灌丛下。产桓仁、宽甸、鞍山等地。

4. 沙晶兰属 Monotropastrum H. Andr.

Monotropanthum H. Andr. in Fedde, Repert. Sp. Nov. 64: 87. 1961.

本属全世界约有7种，主要分布于亚洲南部及东南部，日本等国也有分布。中国产3种，以西南和东北地区分布较普遍，湖北、浙江、台湾等也有分布。东北地区产1种，各省均有分布。

球果假沙晶兰（球果假水晶兰）Monotropastrum humile（D. Don）H. Hara【P.598】

多年生腐生草本植物，全株肉质。叶鳞片状，无柄，互生。花单一，顶生，下垂，无色，花冠管状钟形；萼片2~5，长圆形；花瓣3~5，长方状长圆形，边缘外卷；雄蕊8~12，花药橙黄色；柱头中央凹入呈漏斗状。浆果近卵球形，下垂。生海拔900米以上的针阔混交林或阔叶林下。产宽甸。

5. 水晶兰属 Monotropa L.

Monotropa L. Sp. Pl. ed. 1: 387. 1753.

本属全世界约近10种，主要分布于北半球。中国有2种1变种，从东北、西北至西南以及台湾均有分布。东北地区产1种1变种，辽宁均产。

分种下单位检索表

1. 茎、花梗、萼片、花瓣、花丝、子房和花柱等各部分均无毛。生山地阔叶林或针阔混交林下。产鞍山、桓仁、宽甸等地 ·················· 1a. 松下兰 Monotropa hypopitys L. var. hypopitys【P.599】
1. 茎、花梗、萼片、花瓣、花丝、子房和花柱等各部分均有白色粗毛，有时上部叶下面基部也有毛。生疏林下。产桓仁 ·················· 1b. 毛花松下兰 Monotropa hypopitys var. hirsuta Roth

6. 杜香属 Ledum L.

Ledum Sp. Pl. 391. 1753.

本属全世界3~4种，分布北极和北半球温带、寒温带地区。中国有1种2变种，分布东北地区和内蒙古东部。东北地区产1种1变种1变型。辽宁产1变种。

宽叶杜香 Ledum palustre L. var. dilatatum Wahl.【P.599】

小灌木。枝纤细，幼枝密被锈色绵毛。叶线状披针形或狭长圆形，宽0.4~1.5厘米，背面被毛。花多数，小型，乳白色；花梗细长，密生锈色茸毛；萼片5，卵圆形，宿存；雄蕊10。蒴果卵形，长3.5~4毫米，宿存花柱长2~4毫米。生针叶林下、林边、湿草地。产宽甸、桓仁。

7. 杜鹃属（杜鹃花属）Rhododendron L.

Rhododendron L. Sp. Pl. 392. 1753.

本属全世界约960种，广泛分布于欧洲、亚洲、北美洲，主产东亚和东南亚，形成本属的两个分布中心，极个别种分布至北极地区和大洋洲。中国约542种，除新疆、宁夏外，各地均有，但集中产于西南、华南地区。东北地区产11种4变型，其中栽培2种1变型。辽宁产10种3变型，其中栽培2种1变型。

分种检索表

1. 野生。
  2. 植株被白色或褐色圆形腺鳞，幼嫩部位尤明显。
    3. 总状花序，多花，花小，直径约8毫米。
      4. 花黄色；花柱较果长约2倍。生山地。模式标本产北票温泉东山海拔500米左右 ··················
        ·················· 1. 辽西杜鹃 Rhododendron liaoxigensis S. L. Tung et Zh. Lu
      4. 花白色；花柱与果近等长。生山地林下、灌丛、山坡及石隙等处。产建平、朝阳、北票、喀左、建

昌、义县、凌源、绥中、北镇、本溪、丹东、鞍山、海城、营口、盖州、普兰店、庄河、大连等地
…………………………………… 2. 照山白（照白杜鹃）Rhododendron micranthum Turcz.【P.599】
3. 花1~4（~5），生枝端，单生或伞房花序，花径1.2~4（~5）厘米。
　5. 叶长1~1.5厘米，宽3~6毫米；花径1.2~1.5厘米；蒴果长3~5毫米。生高山草地。产桓仁 …………
　　………………………… 3. 高山杜鹃（毛毡杜鹃）Rhododendron lapponicum（L.）Wahl.【P.599】
　5. 叶通常长2厘米以上；花径2.5厘米以上；蒴果长1厘米以上。
　　6. 半常绿灌木；叶片近革质，顶端钝圆，下面密被鳞片，鳞片覆瓦状或彼此邻接，或相距为其直径
　　　1/2或1.5倍。生石灰质山坡、石砬子、灌丛中。产北票、桓仁等地 …………………………………
　　　　………………………………… 4. 兴安杜鹃 Rhododendron dauricum L.【P.599】
　　6. 落叶灌木；叶片质薄，顶端锐尖、渐尖、稀钝，下面鳞片相距为其直径的2~4倍。
　　　7. 花粉红色。
　　　　8. 叶表面及边缘无毛。生山坡灌丛中或石砬子上。产辽宁各地 ………………………………
　　　　　…………………… 5a. 迎红杜鹃 Rhododendron mucronulatum Turcz. f. mucronulatum【P.599】
　　　　8. 叶表面及边缘有毛。生山脊林下。产北镇、鞍山、本溪、凤城、金州、大连等地 …………
　　　　　………………… 5b. 缘毛迎红杜鹃 Rhododendron mucronulatum f. ciliatum（Nakai）Kitag.
　　　7. 花白色。生半阴坡林下。产庄河、丹东等地 ……………………………………………………
　　　　………………………… 5c. 白花迎红杜鹃 Rhododendron mucronulatum f. album Nakai
2. 植株无圆形腺鳞。
　9. 叶大，通常长4厘米以上，全缘；花径3厘米以上。
　　10. 花黄色；叶革质。生高山草原地带或苔藓层上。产桓仁 …………………………………………
　　　………………………………… 6. 牛皮杜鹃 Rhododendron aureum Georgi.【P.599】
　　10. 花白色或粉红色；叶纸质。常生低海拔的山地阔叶林下或灌丛中。产宽甸、凤城、丹东、岫岩、
　　　本溪、鞍山、营口、庄河等地 …… 7. 大字杜鹃 Rhododendron schlippenbachii Maxim.【P.599】
　9. 叶长约1厘米，边缘上部有不明显的锯齿；花径约2厘米，红紫色，1~3花生于具叶状苞片的幼枝上。
　　生高山湿润石质坡上。产桓仁 …………………………………………………………………………
　　………………………… 8. 叶状苞杜鹃（苞叶杜鹃）Rhododendron redowskianum Maxim.【P.599】
1. 栽培。
　11. 落叶灌木；叶缘皱波状；花有红色、粉色、橘红色、橘黄色等。杂交种。沈阳、大连、丹东等地有栽
　　培 ……………………………… 9. 红枫杜鹃 Rhododendron hybridum Ker Gawl.【P.599】
　11. 半常绿灌木；叶缘不为皱波状；花粉紫色或淡紫色，花冠喉部有深紫红色斑点。
　　12. 花重瓣。原产朝鲜。丹东有栽培 ………………………………………………………………
　　　……………………… 10a. 淀川杜鹃 Rhododendron yedoense Maxim. ex Regel f. yedoense【P.599】
　　12. 花单瓣。原产朝鲜。丹东有栽培
　　… 10b. 黄杨杜鹃 Rhododendron yedoense f. poukhanense（Lev.）Sugimoto ex T. Yamaz.【P.599】

8. 越桔属 Vaccinium L.

Vaccinium L., Sp. Pl. 1：349. 1753.

　　本属全世界约450种，分布北半球温带、亚热带地区，美洲和亚洲的热带山区，而以马来西亚地区最为集中，有235种以上，有几种环极分布，少数产非洲南部、马达加斯加岛，但不产热带非洲高山和热带低地，也不产南温带。中国已知91种24变种2亚种，南北各地均产，主产西南、华南地区。东北地区产5种3变种1变型。辽宁产3种。

分种检索表

1. 叶缘有齿；果熟时红。
　2. 植株下部匍匐的小灌木，株高10厘米左右；叶小，质厚，边缘锯齿不明显；浆果直径1厘米左右。生疏

林下和高山草甸上。产宽甸 ⋯⋯⋯⋯⋯⋯⋯⋯⋯⋯⋯⋯⋯ 1. 越桔 Vaccinium vitis-idaea L.【P.600】

2. 植株直立，高30~50厘米；叶大，质薄，长4.5~6厘米，先端渐尖，边缘有明显的细锯齿。生山顶石砬上。产宽甸、凤城、岫岩等地 ⋯⋯⋯⋯ 2. 红果越桔（朝鲜越桔）Vaccinium koreanum Nakai【P.600】

1. 叶全缘；果熟时黑紫色；小灌木，高18~80厘米；叶倒卵形、椭圆形或长卵形，稀圆形，长1~3厘米，宽8~15毫米。生苔藓水甸中或湿润山坡。产桓仁 ⋯⋯⋯⋯⋯⋯ 3. 笃斯越桔 Vaccinium uliginosum L.【P.600】

一一九、报春花科 Primulaceae

Primulaceae Batsch ex Borkh., Bot. Wörterb. 2：240（1797），nom. cons.

本科全世界有22属，近1000种，分布于全世界，主产北半球温带。中国有12属517种，产于全国各地，尤以西部高原和山区种类特别丰富。东北地区产6属26种1亚种1变种。辽宁产5属15种。

分属检索表

1. 叶全部基生，莲座状；花于花葶顶端组成伞形花序或单生；花冠裂片在花蕾中覆瓦状或镊合状排列。

 2. 花紫红色、淡紫红色，稀白色；花冠筒明显长于花萼，花冠喉部不收缩 ⋯⋯⋯⋯⋯ 1. 报春花属 Primula

 2. 花白色，稀粉红色；花冠筒短于花萼，花冠喉部收缩而常成坛状 ⋯⋯⋯⋯⋯ 2. 点地梅属 Androsace

1. 叶全部茎生；花组成总状或圆锥花序或单生于叶腋；花冠裂片在花蕾中旋转状排列。

 3. 无花冠；花萼花冠状，粉白色至蔷薇色；叶小，对生，肉质 ⋯⋯⋯⋯⋯⋯ 3. 海乳草属 Glaux

 3. 有花冠；花萼绿色；叶不为肉质。

  4. 花1~3，7基数，生于茎顶端叶腋；花冠白色 ⋯⋯⋯⋯⋯⋯⋯⋯ 4. 七瓣莲属 Trientalis

  4. 花多数，5或6~9基数，组成总状花序或圆锥花序；花冠白色或黄色 ⋯⋯⋯⋯ 5. 珍珠菜属 Lysimachia

1. 报春花属 Primula L.

Primula L. Sp. Pl. ed. 1. 142. 1753.

本属全世界约有500种，主要分布于北半球温带和高山地区，仅有极少数种类分布于南半球，沿喜马拉雅山两侧至云南、四川西部是本属的现代分布中心。中国有293种21亚种和18变种，主产西南、西北诸省区，其他地区仅有少数种类分布。东北地区产7种1变种。辽宁产4种。

分种检索表

1. 苞片基部无浅囊或耳状附属物；叶缘浅裂；花序不为球状伞形。

 2. 叶卵状长圆形至长圆形或广卵形至长圆状卵形，通常为羽状脉。

  3. 叶质较厚，卵状长圆形至长圆形，基部心形或圆形；花萼裂片稍开展。生林下湿处或山坡林缘。产庄河、开原、丹东、凤城、宽甸、新宾、本溪、桓仁 ⋯⋯⋯⋯⋯⋯⋯⋯⋯⋯⋯⋯⋯⋯⋯⋯ 1. 樱草（樱草报春）Primula sieboldii E. Morren【P.600】

  3. 叶质较薄，广卵形至长圆状卵形，基部心形；花萼裂片直立不开展。生林中岩石上湿润处。产凤城、葫芦岛、朝阳、阜蒙等地 ⋯⋯⋯⋯⋯⋯ 2. 岩生报春 Primula saxatilis Kom.【P.600】

 2. 叶肾形至圆状肾形，掌状脉。生林下阴湿处。产岫岩、本溪、凤城、宽甸等地 ⋯⋯⋯⋯⋯⋯⋯⋯⋯⋯⋯⋯⋯⋯⋯⋯⋯⋯ 3. 肾叶报春 Primula loeseneri Kitag.【P.600】

1. 苞片基部稍膨胀呈囊状；叶近全缘或具齿；花序呈球状伞形。生低湿地、草甸地和富含腐殖质的砂质草地。产桓仁 ⋯⋯⋯⋯⋯⋯⋯⋯⋯⋯⋯⋯ 4. 箭报春 Primula fistulosa Turkev.【P.600】

2. 点地梅属 Androsace L.

Androsace L. Sp. Pl. 141. 1753.

本属全世界约有100种，广布于北半球温带地区。中国有71种7变种，主产于四川、云南和西藏等省区；西北、华北、东北、华东以及华南地区亦有少量种类分布。东北地区产9种。辽宁产2种。

分种检索表

1. 叶近圆形，有明显叶柄；花冠直径4~6毫米；花萼深裂几乎达基部，果期裂片增大呈星状开展。生山坡向阳地、草地。产清原、桓仁、宽甸、沈阳、本溪、大连、长海等地 ……………………………………………………………………………………………… 1. 点地梅 Androsace umbellata（Lour.）Merr.【P.600】
1. 叶长圆形或长圆状披针形，基部渐狭下延成柄状；花冠直径约3毫米；花萼杯状，果期裂片不增大。生湿地或林下。产庄河、沈阳、鞍山、凤城、新宾、清原、西丰、开原、桓仁等地 ……………………………………………………………………………… 2. 东北点地梅 Androsace filiformis Retz.【P.600】

3. 海乳草属 Glaux L.

Glaux L. Sp. Pl. 207. 1753.

本属全世界仅有1种，广布于北半球温带地区。东北各省均产。

海乳草 Glaux maritima L.【P.600】

多年生草本。叶近于无柄，交互对生或有时互生，近茎基部的3~4对鳞片状、膜质，上部叶肉质、线形、线状长圆形或近匙形，全缘。花小，直径约6毫米，腋生，近无梗；无花冠；花萼花冠状，粉白色至蔷薇色。蒴果卵状球形，5瓣裂。生海边及内陆河漫滩盐碱地和沼泽草甸中。产彰武、建平、阜新、金州等地。

4. 七瓣莲属 Trientalis L.

Trientalis L. Sp. Pl. 344. 1753.

本属全世界有2种，分布于北半球亚寒带地区。中国产1种。东北各省均有分布。

七瓣莲 Trientalis europaea L.【P.600】

多年生草本，全株无毛。茎单一、直立。叶聚生茎端呈轮生状，叶片披针形等，全缘或具微细圆齿。花1~3朵生茎端叶腋；花萼分裂近达基部；花冠白色，比花萼约长1倍，裂片椭圆状披针形；雄蕊比花冠稍短，子房球形，花柱约与雄蕊等长。蒴果球形，5瓣裂。生针叶林或混交林下。产宽甸、桓仁、凤城、庄河等地。

5. 珍珠菜属 Lysimachia L.

Lysimachia L. Sp. Pl. 146. 1753.

本属全世界180余种，主要分布于北半球温带和亚热带地区，少数种类产非洲、拉丁美洲和大洋洲。中国有132种1亚种17变种。东北地区产7种，辽宁均有分布。

分种检索表

1. 花5基数；花序顶生。
   2. 花黄色；圆锥花序；叶对生或3叶轮生。生草甸、林缘和灌丛中。产鞍山、海城、本溪、凤城、丹东、大连、瓦房店、庄河、彰武、康平、清原、新宾、桓仁、宽甸等地 ……………………………………………………………………………… 1. 黄连花（黄花珍珠菜）Lysimachia davurica Ledeb.【P.600】
   2. 花白色或带蔷薇色；总状花序；叶互生。
      3. 茎、叶均被柔毛；叶片圆状披针形或倒披针形。生草甸、沙地，山坡灌丛间。产辽宁各地 ……………………………………………………………… 2. 虎尾草（狼尾花、狼尾珍珠菜）Lysimachia barystachys Bunge【P.600】
      3. 茎、叶无毛或疏被柔毛。
         4. 叶肉质，倒卵状长圆形，长2~6厘米，宽1~2.5厘米；苞片叶状。生海滨。产大连 ……………………………………………………………… 3. 滨海珍珠菜（滨海珍珠叶）Lysimachia mauritiana Lam.【P.600】
         4. 叶纸质，卵状披针形或线形至披针状线形；苞片线形。

5. 叶卵状披针形，宽达5厘米，表面有黑色斑点。生杂木林下、林缘或山坡草地。产清原、新宾、本溪、凤城、岫岩、桓仁、宽甸、庄河等地 ……………………………………………………………………… 4. 矮桃（珍珠菜）Lysimachia clethroides Duby【P.601】

5. 叶片宽不足2厘米。

6. 叶片倒卵形、倒披针形或线形，长1~5厘米，宽2~12毫米，两面均有黑色或带红色的小腺点；叶无柄或近于无柄。生于田边、溪边和山坡路旁潮湿处。产庄河 ………………………………………………………… 5. 泽珍珠菜 Lysimachia candida Lindl.【P.601】

6. 叶狭披针形至线形，长2~7厘米，宽2~8毫米，上面绿色，下面粉绿色，有褐色腺点；叶柄长约0.5毫米。生山坡荒地、路旁、田边和疏林下。产大连、金州、瓦房店、庄河、盖州、绥中、凌源等地 ……………… 6. 狭叶珍珠菜 Lysimachia pentapetala Bunge【P.601】

1. 花通常6~7基数；花序腋生；花梗短，花密集而呈头状或短穗状；花黄色。生水甸子和湿草地上。产沈阳、彰武 ……………………………………………… 7. 球尾花 Lysimachia thyrsiflora L.【P.601】

一二〇、白花丹科（矶松科）Plumbaginaceae

Plumbaginaceae Juss., Gen. Pl. [Jussieu] 92（1789），nom. cons.

本科全世界约有25属440种，世界广布，主产地中海区域和亚洲中部，南半球最少。中国有7属46种，分布于西南、西北、华北、东北地区，河南和临海各省区，主产于新疆。东北地区产5属9种，其中栽培2种。辽宁产4属6种，其中栽培2种。

分属检索表

1. 花序密集成半球形；叶片线形或披针形。栽培 …………………………………………… 1. 海石竹属 Armeria
1. 花序伞房状、圆锥状或穗状，罕为头状；叶片椭圆形、长圆形、圆形或倒卵形。
　2. 花柱1枚；木本或草本。
　　3. 木本或多年生草本；花大；花萼的筒部或裂片都有腺体 ………………………………… 2. 白花丹属 Plumbago
　　3. 一年生草本；花小；花萼只是裂片上有腺体 ………………………………………… 3. 鸡娃草属 Plumbagella
　2. 花柱5枚；多年生草本 …………………………………………………………… 4. 补血草属 Limonium

1. 海石竹属 Armeria Willdenow

Armeria Willdenow, Enum. Pl. 1：333. 1809.

本属全世界约50种，分布北美洲、南美洲、欧洲、西亚、非洲。中国引进栽培1种。东北有栽培。东北仅辽宁栽培1种。

海石竹 Armeria maritime（Mill.）Willd.【P.601】

多年生低矮草本；丛生状；叶线状长剑形，全缘；花茎细长，小花紫红色，聚生花茎顶端，呈半圆球形。原产欧洲、美洲。大连有栽培。

2. 白花丹属 Plumbago L.

Plumbago L. Sp. Pl. 151. 1753.

本属全世界约17种，主要分布于热带地区。中国有2~3种，分布于华南和西南各省区南部；另引进1种。东北地区仅辽宁栽培1种。

蓝花丹 Plumbago auriculata Lam.【P.601】

常绿柔弱半灌木。叶通常菱状卵形至狭长卵形。穗状花序；苞片线状狭长卵形，小苞长狭卵形或长卵形；花冠淡蓝色至蓝白色，冠檐宽阔；雄蕊略露于喉部之外，蓝色；子房近梨形，有5棱。原产南非南部，中国华南、华东、西南地区和北京常有栽培。辽宁省沈阳、大连有栽培。

3. 鸡娃草属 Plumbagella Spach

Plumbagella Spach, Hist. Nat. Veg. Phan. 10：333. 1841. in nota.

本属全世界仅有1种。分布于蒙古、前苏联和中国青藏高原至天山北坡和阿尔泰山区。辽宁省西部地区绿化带有分布，可能是引种带入。

鸡娃草 Plumbagella micrantha（Ledeb.）Spach【P.601】

一年生草本，或多或少被细小钙质颗粒。茎直立，具条棱，沿棱有稀疏细小皮刺。茎下部叶匙形至倒卵状披针形，向上部茎叶渐变为狭披针形至卵状披针形，由无明显的柄部至完全无柄。花序通常含4~12个小穗；小穗含2~3花；花冠淡蓝紫色。蒴果暗红褐色，有5条淡色条纹；种子红褐色。生长在细砂基质的路边、耕地和山坡草地不遮阴的地方。主产西藏、四川、甘肃、青海、新疆、内蒙古。兴城地区绿化带有分布，可能是引种带入。

4. 补血草属 Limonium Mill.

Limonium Mill. Gard. Dict. Abridg. ed. 4. 1754.

本属全世界约有300种，分布世界各地，主要欧亚大陆的地中海沿岸。中国有17~18种，分布于东北、华北、西北地区，西藏、河南和滨海省区；主产于新疆。东北地区产5种。辽宁产3种。

分种检索表

1. 萼檐白色或淡紫色部分达到萼的中部，开张幅径与萼长相等。
  2. 花冠黄色；花序小枝近扁平，二棱形；叶匙形至倒披针形。生平原区草地、山坡、沙丘边缘及盐碱地上。产彰武、盘锦 ·················· 1. 二色补血草 Limonium bicolor（Bunge）Kuntze【P.601】
  2. 花冠淡紫色；花序小枝圆柱状或稍有棱；叶倒卵状长圆形至长圆状披针形。生海滨至近海地区的山坡或沙地上。产瓦房店、长海、旅顺口等地 ··
  ············· 2. 烟台补血草（圆萼补血草、紫萼补血草）Limonium franchetii（Debx.）Kuntze【P.601】
1. 萼檐白色部分较短，不到萼的中部，开张幅径小于萼长；叶狭倒卵形至卵状披针形；花冠黄色。生滨海及内陆盐碱地。产绥中、兴城、葫芦岛、大连、旅顺口等地 ····························
  ······················ 3. 补血草（中华补血草）Limonium sinense（Girard）Kuntze【P.601】

一二一、柿科（柿树科）Ebenaceae

Ebenaceae Gürke, Nat. Pflanzenfam.［Engler & Prantl］4（1）：153（1892），nom. cons.

本科全世界有3属，500余种，主要分布于两半球热带地区，在亚洲的温带和美洲的北部种类少。中国有1属60种。东北仅辽宁栽培1属2种。

柿属（柿树属）Diospyros L.

Diospyros Sp. Pl. 1057. 1753.

本属全世界约500种，主产全世界的热带地区。中国有57种，各地都有，主要分布于西南部至东南部。

分种检索表

1. 树皮灰褐色，深裂成小方块状；幼枝及叶具灰色毛；叶背面苍白色；浆果近球形或椭圆形，直径1~1.5厘米，熟后黑色。分布中国华北、华东、西北、中南及西南地区。大连及辽西地区有栽培 ··················

.... 1. 君迁子Diospyros lotus L.【P.602】

1. 树皮灰黑色，鳞片状开裂；幼枝及叶具褐色毛；叶背面淡绿色；浆果卵圆形或扁球形，直径3.5~8厘米，熟后橘黄色或黄色。分布中国长江流域。大连及辽西地区有栽培 … 2. 柿Diospyros kaki Thunb.【P.602】

一二二、山矾科Symplocaceae

Symplocaceae Desf.，Mém. Mus. Hist. Nat. 6：9（1820），nom. cons.

本科全世界有1属，约200种，广布于亚洲、大洋洲和美洲的热带和亚热带，非洲不产。中国有42种，主要分布于西南部至东南部，以西南部的种类较多。东北地区产1种，分布吉林、辽宁。

山矾属Symplocos Jacq.

Symplocos Jacq.，Enum. Pl. Carib. 5：24. 1760.

属的特征和地理分布同科。

白檀Symplocos paniculata（Thunb.）Miq.【P.602】

落叶灌木或小乔木。叶膜质或薄纸质，阔倒卵形。圆锥花序；花萼长2~3毫米，萼筒褐色，裂片稍长于萼筒，淡黄色；花冠白色，长4~5毫米，5深裂几乎达基部；雄蕊40~60枚，子房2室，花盘具5凸起的腺点。核果熟时蓝色，卵状球形。生山坡、林下或灌丛中。产本溪、丹东、宽甸、桓仁、凤城、岫岩、鞍山、海城、庄河、金州、长海、绥中等地。

一二三、安息香科（野茉莉科）Styracaceae

Styracaceae DC. & Spreng.，Elem. Philos. Bot. 140（1821），nom. cons.

本科全世界有11属，约180种，主要分布于亚洲东南部至马来西亚和美洲东南部（从墨西哥至南美洲热带），只有少数分布至地中海沿岸。中国有10属54种，分布北起辽宁东南部南至海南岛，东自台湾，西达西藏，而主要种类集中于北纬23°~35°，东经100°~120°；垂直分布从海拔50~2500米，超越这个界限，种类则逐渐稀少。东北地区产1属2种，其中栽培1种，辽宁均产。

安息香属（野茉莉属）Styrax L.

Styrax L. Sp. Pl. ed. 1. 444. 1753.

本属全世界约130种，主要分布于亚洲东部至马来西亚和北美洲的东南部经墨西哥至安第斯山，只有1种分布至欧洲地中海周围。中国约有30种7变种，除少数种类分布至东北或西北地区外，其余主产长江流域以南各省区。

分种检索表

1. 叶二型，小枝下部两叶较小而近对生，上部的叶大而互生，广椭圆形至近圆形，背面密被星状茸毛；总状花序有10~20余花，白色或带粉红色。生山地杂木林中。产本溪、桓仁、宽甸、凤城、丹东、岫岩、庄河等地 .... 1. 玉铃花（玉铃茉莉花）Styrax obassia Sieb. et Zucc.【P.602】

1. 叶一型，全为互生，椭圆形至卵状椭圆形，背面疏被星状毛；总状花序花少，2~4花，白色。从秦岭分布至黄河以南。熊岳有栽培记录 .... 2. 野茉莉Styrax japonicus Sieb. et Zucc.

一二四、木犀科 Oleaceae

Oleaceae Hoffmanns. & Link, Fl. Portug. [Hoffmannsegg] 1: 62 (1809), nom. cons.

本科全世界有28属，约400种，广布于两半球的热带和温带地区，亚洲地区种类尤为丰富。中国产10属160种，南北各地均有分布。东北地区产8属29种5亚种6变种8变型，辽宁均产，其中栽培17种2变种7变型。

分属检索表

1. 果实为翅果。
  2. 单叶，全缘；果实卵形或椭圆形，扁平，周围具翅 ………………………………… 1. 雪柳属 Fontanesia
  2. 羽状复叶；果实长圆形至线形，顶端具翅 ……………………… 2. 梣属（白蜡树属）Fraxinus
1. 果实为蒴果、核果或浆果。
  3. 蒴果。
    4. 花黄色；枝中空或具片状髓；叶缘常有齿 …………………………………… 3. 连翘属 Forsythia
    4. 花紫色、红色或白色；枝具实髓；叶全缘 ……………………………… 4. 丁香属 Syringa
  3. 核果或浆果。
    5. 核果。
      6. 花冠裂片在花蕾时呈覆瓦状排列；花多簇生，稀为短小圆锥花序 ………… 5. 木犀属 Osmanthus
      6. 花冠裂片在花蕾时呈镊合状排列；花常排列成圆锥花序 ……………… 6. 流苏树属 Chionanthus
    5. 浆果状核果或浆果。
      7. 浆果；三出复叶或羽状复叶；花冠常呈白色或黄色，稀红色或紫色，高脚碟状或漏斗状 …………
      ………………………………………………………………………… 7. 素馨属（茉莉属）Jasminum
      7. 浆果状核果或核果状而开裂；单叶对生；花冠白色，近辐状、漏斗状或高脚碟状 …………
      ………………………………………………………………………………… 8. 女贞属 Ligustrum

1. 雪柳属 Fontanesia Labill.

Fontanesia Labill. Icon. Pl. Syr. 1: 9, t. 1. 1791.

本属全世界有2种，中国和地中海地区各产1种。东北仅辽宁产1种。

雪柳 Fontanesia fortunei Carr.【P.602】

落叶灌木或小乔木。叶片纸质、披针形等。圆锥花序顶生或腋生；花两性或杂性同株，白色，稍带绿色；花萼微小，杯状，深裂；花冠深裂至近基部；雄蕊伸出或不伸出花冠外，柱头2叉。果黄棕色，倒卵形，扁平，先端微凹，边缘具窄翅。生山野、沟边、路旁。产本溪、宽甸、凤城、岫岩、大连等地。

2. 梣属（白蜡树属）Fraxinus L.

Fraxinus L. Sp. Pl. 1057. 1753.

本属全世界约60种，大多数分布在北半球暖温带地区，少数伸展至热带森林中。中国产27种，遍及各省区。东北地区产6种1亚种，其中栽培3种，辽宁均产。

分种检索表

1. 圆锥花序生于去年生枝上；花单性，无花冠，先叶开放。
  2. 小叶较小，长3~4（~5.5）厘米，宽0.5~1.8厘米；花序短，花密集，簇生；小叶叶缘具锐锯齿，侧脉6~7对。产于湖北。我国特有种。大连有栽培 … 1. 湖北梣 Fraxinus hupehensis Ch'u, Shang & Su【P.602】

2. 小叶较大，长（2.5~）4~13（~20）厘米，宽（1~）2~8厘米；花序长或短，花稍疏离。

 3. 小叶7~11（~13），近无柄，基部着生处密生黄褐色茸毛；叶轴具狭翅；翅果长圆状披针形，扭曲，无宿存花萼。生土壤湿润、肥沃之缓坡和山谷。产南票、海城、瓦房店、普兰店、庄河及辽东山区等地 ┈┈┈┈┈┈┈┈┈┈┈┈┈┈┈┈┈┈┈ 2. 水曲柳 Fraxinus mandshurica Rupr.【P.602】

 3. 小叶5~9，无柄或有柄，基部着生处无黄褐色茸毛；叶轴无翅；翅果狭长圆形，扁平，不扭曲，具宿存花萼。

  4. 小叶无柄或近无柄，上面黄绿色，下面淡绿色；果翅下延超过坚果的1/3，几乎达中部。原产北美洲。大连、盖州等有栽培 ┈┈┈┈┈ 3. 美国红桉（红桉）Fraxinus pennsylvanica Marsh.【P.602】

  4. 小叶柄长0.5~1.5厘米，上面暗绿色，下面苍白；果翅下延不超过坚果的1/3处。原产北美洲。金州有少量试验栽培 ┈┈┈┈┈┈┈┈ 4. 美国白桉 Fraxinus americana L.【P.602】

1. 圆锥花序生于当年生有叶枝上；花两性，花冠有或无，与叶同时开放或后叶开放。

 5. 有花冠；叶长4~10厘米，小叶5，稀3或7，近菱状卵形，基部一对小叶不比其他小叶小或稍小。生山坡、疏林、沟旁。产凌源、喀左、绥中、建平、北票等地 ┈┈┈┈┈┈┈┈┈┈┈┈┈┈┈┈ 5. 小叶桉（小叶白蜡树）Fraxinus bungeana DC.【P.602】

 5. 无花冠；叶长10厘米以上，基部一对小叶较小。

  6. 树皮纵裂；叶长20厘米以下，小叶椭圆形至卵状披针形，小叶柄长3~5毫米；雄花花药与花丝近等长；雌花花柱细长；翅果匙形，上中部最宽，先端锐尖。生沟谷溪流旁、山坡、丘陵或平原地区。产庄河、凌源、丹东等地 ┈┈┈ 6a. 白蜡树（桉）Fraxinus chinensis Roxb. subsp. chinensis【P.602】

  6. 树皮光滑，老时浅裂；叶长达27厘米，小叶广卵形至倒卵形，小叶柄长0.2~1.5厘米；雄花花丝细，长达3毫米；雌蕊具短花柱；翅果线形，先端钝圆、急尖或微凹。生阔叶林中。产建昌、朝阳、义县、北镇、法库、沈阳、鞍山、宽甸、丹东、庄河、普兰店、大连等地 ┈┈┈┈┈┈┈┈ 6b. 花曲柳 Fraxinus chinensis subsp. rhynchophylla（Hance）A. E. Murray【P.602】

3. 连翘属 Forsythia Vahl

Forsythia Vahl, Enum. Pl. 1；39. 1804.

 本属全世界约11种，除1种产欧洲东南部外，其余均产亚洲东部。中国有7种。东北地区产4种1变种，辽宁均产，其中栽培3种。

分种检索表

1. 枝在节间具片状髓。

 2. 叶椭圆形至椭圆状披针形或卵圆形，两面均无毛。

  3. 叶椭圆形至长圆状披针形，稀倒卵状披针形，通常中部以上有锯齿；花梗长约1厘米。分布江苏、安徽、浙江、江西、福建、湖北、湖南、云南。大连等地有栽培 ┈┈┈┈┈┈┈┈┈┈┈┈┈┈┈┈┈ 1. 金钟花（金钟连翘）Forsythia viridissima Lindl.【P.603】

  3. 叶卵圆形或广卵形，边缘有锯齿或近全缘；花梗极短。原产朝鲜。丹东、大连等地栽培 ┈┈┈┈┈┈┈┈┈┈┈┈┈┈┈┈┈┈┈ 2. 卵叶连翘 Forsythia ovata Nakai【P.603】

 2. 叶广卵形或近圆形，表面无毛，背面及叶柄疏生短柔毛。生山坡。产岫岩、凤城、沈阳、盖州、大连等地栽培 ┈┈┈┈┈┈┈┈ 3. 东北连翘 Forsythia mandschurica Uyeki【P.603】

1. 枝在节间中空；叶卵形或长圆状卵形，萌生枝的叶有时为3小叶或3深裂。

 4. 枝开展。产于河北、山西、陕西、山东、安徽西部、河南、湖北、四川。沈阳、盖州、大连等地栽培有栽培 ┈┈┈┈┈┈ 4a. 连翘 Forsythia suspensa（Thunb.）Vahl. var. suspensa【P.603】

 4. 枝细长而下垂。生山坡灌丛。建昌县白狼山有野生，大连等地有栽培 ┈┈┈┈┈┈┈┈┈┈┈┈┈┈┈┈┈┈┈┈ 4b. 垂枝连翘 Forsythia suspensa var. sieboldii Zabel

4. 丁香属 Syringa L.

Syringa L. Sp. Pl. 9. 1753.

本属全世界约19种，分布东南欧、日本、阿富汗、喜马拉雅地区、朝鲜、中国。中国有16种，主要分布于西南及黄河流域以北各省区。东北地区产8种5亚种4变种10变型，其中栽培5种3变种9变型。辽宁产8种5亚种4变种8变型，其中栽培4种1变种7变型。

分种检索表

1. 花冠筒与萼等长或稍长，花丝较细长，伸出于花冠之外；花白色或黄白色。
  2. 树皮紫灰褐色，具细裂纹；叶片厚纸质，叶脉在叶面明显凹入；花丝与花冠裂片近等长或长于裂片可达1.5毫米；果端常钝，或锐尖、突尖。生山阳坡、沟谷杂木林中或林缘。产辽宁各山区 ·················· 1b. **暴马丁香** Syringa reticulata subsp. **amurensis** （Rupr.） P. S. Green & M. C. Chang【P.603】
  2. 树皮褐色或灰棕色，纵裂；叶片纸质，叶脉在叶面平；花丝略短于或稍长于裂片；果端锐尖至长渐尖。生山阳坡、河沟旁灌丛中。产朝阳、凌源、北票、建平、喀左等地 ·············· 1c. **北京丁香** Syringa reticulata subsp. **pekinensis** （Rupr.） P. S. Green & M. C. Chang【P.603】
1. 花冠筒明显长于花萼，花丝极短，雄蕊内藏于花冠筒之中；花紫红色、淡紫色、紫青色或白色。
  3. 具顶芽；花序顶生，花序轴基部有叶。
    4. 叶表面暗绿色，常明显皱褶，背面淡绿色，常有白粉；花冠淡紫红色、粉红色至白色，花冠筒较长，细圆柱形，裂片外展；小枝有疣状突起及星状毛。生河边或山坡砾石地。产凤城、新宾、桓仁等地，各地常见栽培 ····················· 2a. **红丁香** Syringa villosa Vahl. subsp. **villosa**【P.603】
    4. 叶表面绿色，不皱，背面灰绿色，有毛；花紫青色，花冠筒较短，漏斗形，裂片近于直立，先端内曲；小枝光滑无毛或疏生星状毛。生山坡杂木林中、灌丛中、林缘或河边等处。产凤城、本溪、庄河等地 ··· 2b. **辽东丁香** Syringa villosa subsp. **wolfii** （C. K. Schneid.） Jin Y. Chen & D. Y. Hong【P.603】
  3. 通常无顶芽；花序发自侧芽，花序轴基部无叶。
    5. 单叶。
      6. 叶有毛，至少在叶背面沿中脉有毛；花冠直径约6毫米，花药紫色或带蓝灰色；果有疣状突起或近光滑；冬芽被短柔毛。
        7. 叶较大，长通常在3厘米以上，广卵形、卵形、椭圆形、椭圆状卵形或卵状长圆形。
          8. 叶广卵形或卵形，基部圆形，先端突尖至短渐尖，背面沿脉生有灰白色短柔毛；花序轴、花梗、花萼无毛。生山坡、山谷灌丛中或河边沟旁。产朝阳 ····················· 3a. **巧玲花** Syringa pubescens Turcz. subsp. **pubescens**【P.603】
          8. 叶椭圆形、椭圆状卵形或卵状长圆形，基部楔形、广楔形至近圆形，表面有疏毛，背面有极密的短茸毛；小枝、花序轴、花梗上具短而疏的毛。生山坡灌丛中。产铁岭、西丰、新宾、清原、鞍山、岫岩、宽甸、凤城、本溪、桓仁、北镇等地 ·············· 3b. **关东巧玲花** （毛叶丁香、关东丁香） Syringa pubescens Turcz. subsp. **patula** （Palibin） M. Z. Chang【P.603】
        7. 叶小，长1~3（~4）厘米，近圆形、广卵形至椭圆状卵形。
          9. 花紫色。
            10. 叶片椭圆状卵形或椭圆状倒卵形或近圆形，有时卵形，长2~5厘米，宽1.5~3.5厘米。栽培种，最初发现栽种于北京丰台庭园中。朝阳、大连等地有栽培 ····················· 4a. **蓝丁香** Syringa meyeri Schneid. var. **meyeri**【P.604】
            10. 叶片近圆形或宽卵形，较小，长1~2厘米，宽0.8~1.8厘米，近于掌状5出脉。生山坡石缝间。产金州、大连 ····················· 4ba. **小叶蓝丁香** （四季丁香） Syringa meyeri var. **spontanea** M. C. Chang【P.604】
          9. 花白色。生山坡石缝间。产金州····················· 4bb. **白花小叶蓝丁香** （白花四季丁香） Syringa meyeri var. **spontanea** f. **alba** （Wang, Fuh & Chao） M. C. Chang

6. 叶无毛；花冠直径8~10毫米，花药黄色；果实光滑；冬芽无毛。

11. 叶不裂。

12. 叶卵圆形、广卵圆形至肾形，基部常为心形；花冠筒长10~15毫米；花药着生在花冠筒中部稍上。

13. 叶广卵形至肾形，宽大于长，先端短突尖；花冠筒长10~12毫米。

14. 花紫色。

15. 叶背面和花枝均无毛。生山坡灌丛。产朝阳、北票、凌源、喀左、义县、阜新、北镇、盖州、本溪、凤城、庄河等地 ·················· 5aa. 紫丁香 Syringa oblata Lindl. subsp. oblata var. oblata【P.604】

15. 叶背面有微柔毛，花枝有短柔毛或无毛。辽宁省有记载 ················· 5ab. 毛紫丁香 Syringa oblate subsp. oblata var. giraldii（Lemoine）Rehd.

14. 花白色。生山地。辽宁省葫芦岛有野生。各地常见栽培 ················· 5ac. 白丁香 Syringa oblate subsp. oblata var. **alba** Hort. ex Rehd.

13. 叶卵圆形，长大于宽，先端短渐尖至渐尖；花冠筒长12~15毫米。生山坡灌丛。产北票、凌源、建昌、北镇、鞍山（千山）、海城、凤城等地 ·············· 5b. 朝阳丁香（朝鲜丁香）Syringa oblata subsp. dilatata（Nakai）P. S. Green & M. C. Chang【P.604】

12. 叶广卵形、卵形至卵状披针形，基部楔形、广楔形或圆形，稀为心形；花冠筒长约10毫米；花药着生在花冠筒喉部稍下。

16. 叶较大，长6.5~12厘米，广卵形至长圆状卵形，基部圆形，稀为广楔形或浅心形，先端短渐尖至渐尖。

17. 花紫色或蓝色。

18. 花紫色或淡紫色。原产东南欧。辽宁各地栽培 ················· 6a. 欧丁香（洋丁香）Syringa vulgaris L. f. vulgaris【P.604】

18. 花蓝色。沈阳有栽培 ········· 6b. 蓝花欧丁香（蓝花洋丁香）Syringa vulgaris f. caerulea（Weston）Schelle

17. 花白色，重瓣。大连有栽培 ················· 6c. 白花重瓣洋丁香 Syringa vulgaris f. albipleniflora S. D. Zhao

16. 叶较小，长4~8厘米，卵状披针形至长圆状披针形，基部楔形、广楔形，先端渐尖。

19. 花单瓣。

20. 花非白色。

21. 花紫色或淡紫色。原产欧洲。大连、沈阳有栽培 ················· 7a. 什锦丁香 Syringa × chinensis Willd. f. chinensis【P.604】

21. 花淡红色或紫红色。

22. 花淡红色而带紫。辽宁有栽培 ··· 7b. 淡红花什锦丁香 Syringa × chinensis f. metensis（Simon-Louis）Schelle

22. 花紫红色。辽宁有栽培 ········ 7c. 紫红花什锦丁香 Syringa × chinensis f. saugeana（Loud.）Mckelvey

20. 花白色或近白色。辽宁有栽培 ················· 7d. 白花什锦丁香 Syringa × chinensis f. alba（Kirchn.）Schelle

19. 花重瓣。辽宁有栽培 ················· 7e. 重瓣什锦丁香 Syringa × chinensis f. duplex（Lemoine）Schelle

11. 叶全缘或部分叶3~9裂，长圆状披针形，长1.5~3.5厘米，宽1~1.7厘米。

23. 叶全缘。

24. 花淡紫红色。产中亚、西亚、地中海地区至欧洲。大连、沈阳有栽培 ················· 8aa. 花叶丁香 Syringa × persica L. var. persica f. persica【P.604】

24. 花白色或近白色。辽宁有栽培 ···
·················· 8ab. 白花花叶丁香 Syringa × persica var. persica f. alba（Weston）Voss
　　　23. 叶3~9裂。辽宁有栽培 ·············· 8b. 裂叶花叶丁香 Syringa × persica var. laciniata West.
　5. 羽状复叶。产于内蒙古和宁夏交界的贺兰山地区以及陕西南部、甘肃、青海东部和四川西部。熊岳有
　　栽培 ··· 9. 羽叶丁香 Syringa pinnatifolia Hemsl.【P.604】

5. 木犀属 Osmanthus Lour.

Osmanthus Lour. Fl. Cochinch. 1：28. 1790.

　　本属全世界约30种，分布于亚洲东南部和美洲。中国产25种3变种，主产南部和西南地区。东北仅辽宁栽培1种。

木犀（桂花）Osmanthus fragrans Lour.【P.604】

　　常绿乔木或灌木。叶片革质，椭圆形、长椭圆形或椭圆状披针形。聚伞花序；花冠黄白色（银桂）、淡黄色、黄色（金桂）或橘红色（丹桂）。果歪斜，椭圆形，长1~1.5厘米，呈紫黑色。原产中国西南部，北方以室内盆栽为主。旅顺口有露地栽培丹桂，此丹桂是以流苏树为母本嫁接而成，种植环境避风向阳。

6. 流苏树属 Chionanthus L.

Chionanthus L. Sp. Pl. 8. 1753.

　　本属全世界2种，分布北美洲、中国、日本、朝鲜。中国有1种。东北地区仅辽宁有分布。

流苏树 Chionanthus retusus Lindl. et Paxt.【P.604】

　　落叶灌木或乔木。叶片革质、长圆形等。聚伞状圆锥花序生枝端；单性而雌雄异株或为两性花；花冠白色，4深裂，裂片线状倒披针形，花冠管短；雄蕊藏于管内或稍伸出，柱头球形，稍2裂。果椭圆形，被白粉，呈蓝黑色或黑色。生山坡或河谷，喜生向阳处。产凌源、金州、旅顺口（蛇岛）、盖州等地。

7. 素馨属（茉莉属）Jasminum L.

Jasminum L. Sp. Pl. 7. 1753.

　　本属全世界约200种，分布于非洲、亚洲、澳大利亚以及太平洋南部诸岛屿；南美洲仅有1种。中国产47种1亚种4变种4变型，其中2种系栽培，分布于秦岭山脉以南各省区。东北仅辽宁栽培1种。

迎春花 Jasminum nudiflorum Lindl.【P.604】

　　落叶灌木，直立或匍匐，枝条下垂，小枝四棱形。叶对生，三出复叶，小枝基部常具单叶。花单生；花萼绿色，裂片5~6枚，窄披针形；花冠黄色，直径2~2.5厘米，花冠管长0.8~2厘米，基部直径1.5~2毫米，向上渐扩大，裂片5~6枚，长圆形或椭圆形。分布中国甘肃、陕西、四川、云南西北部、西藏东南部。大连市各地园林常见栽培。

8. 女贞属 Ligustrum L.

Ligustrum L. Sp. Pl. 7. 1753.

　　本属全世界约45种，主要分布于亚洲温暖地区，向西北延伸至欧洲，另经马来西亚至新几内亚、澳大利亚；东亚约有35种，为本属现代分布中心。中国产29种，以西南地区种类最多，约占东亚总数的1/2。东北仅辽宁产6种，其中栽培5种。

分种检索表

1. 花冠管与裂片近等长。
　2. 花冠裂片不反折；果实近球形；灌木或小乔木。产江苏、浙江、安徽、江西、福建、台湾、湖北、湖南、

广东、广西、贵州、四川、云南。大连、旅顺口有栽培 ········· 1. 小蜡 Ligustrum sinense Lour.【P.604】
　2. 花冠裂片反折；果实肾形或近肾形；灌木或小乔木至大乔木。分布长江以南。大连有栽培 ··············
　 ··· 2. 女贞 Ligustrum lucidum Ait.【P.605】
1. 花冠管约为裂片长的2倍或更长。
　3. 常绿灌木或小乔木；幼枝及花序无毛。
　　4. 叶金黄色。杂交种。辽省各地栽培 ········· 3. 金叶女贞 Ligustrum × vicaryi Rehder【P.605】
　　4. 叶绿色。原产日本。大连有栽培 ········· 4. 卵叶女贞 Ligustrum ovalifolium Hassk.【P.605】
　3. 落叶灌木；幼枝及花序有短柔毛。
　　5. 花药达花冠裂片1/2；花萼及花梗光滑无毛；叶厚纸质，边缘微向外反卷。产陕西、甘肃、江苏、安
　　　徽、浙江、江西、福建、湖北、湖南、四川。大连有栽培 ······································
　　　 ······························ 5. 蜡子树 Ligustrum leucanthum（S. Moore）P. S. Green
　　5. 花药与花冠裂片等长；花萼及花梗具短柔毛；叶纸质。生山坡。产辽宁南部 ······················
　　　 ··················· 6. 辽东水蜡树（水蜡树）Ligustrum obtusifolium Sieb. et Zucc.【P.605】

一二五、马钱科 Loganiaceae

Loganiaceae R. Br. ex Mart., Nov. Gen. Sp. Pl.（Martius）2（2）：133（1827），nom. cons.
　本科全世界有29属，约500种，分布于热带至温带地区。中国产8属45种，分布于西南部至东部，少数
分布于西北部，分布中心在云南。东北仅辽宁栽培1属2种。

醉鱼草属 Buddleja L.

Buddleja L. Sp. Pl. 112. 1753.
　本属全世界约100种，分布于美洲、非洲和亚洲的热带至温带地区。中国产29种，全国许多省区有分布。

分种检索表

1. 叶对生。分布陕西、甘肃、江苏、浙江、江西、湖北、湖南、广东等省。大连有栽培 ······················
　 ······························ 1. 大叶醉鱼草 Buddleja davidii Franch.【P.605】
1. 叶在长枝上互生，在短枝上为簇生。分布内蒙古、河北、山西、陕西、宁夏、甘肃、四川和西藏等省区。
　大连有栽培 ······························ 2. 互叶醉鱼草 Buddleja alternifolia Maxim.【P.605】

一二六、龙胆科 Gentianaceae

Gentianaceae Juss., Gen. Pl.［Jussieu］141（1789），nom. cons.
　本科全世界有80属，约700种，广布世界各洲，但主要分布在北半球温带和寒温带地区。中国有20属
419种，绝大多数的属和种集中于西南山岳地区。东北地区产9属32种4变种。辽宁产6属20种2变种。

分属检索表

1. 茎直立或斜升。
　2. 花药螺旋状扭卷；花柱细长；花冠裂片间无褶 ·························· 1. 百金花属 Centaurium
　2. 花药不卷曲；花柱较短，稀粗而长。
　　3. 蜜腺着生于子房基部；花冠裂片间具褶；花5数，稀6~7·················· 2. 龙胆属 Gentiana
　　3. 蜜腺着生于花冠筒基部。
　　　4. 花4数，花冠裂片两侧下方边缘呈剪割状或齿状；花萼裂片两长两短，其间基部有小三角口袋状的

  萼内膜 ……………………………………………………………………… 3. 扁蕾属 Gentianopsis

 4. 花4~5数，花冠裂片不呈剪割状或齿状。

  5. 花4~5数，花冠筒基部有明显的腺窝 ……………………………… 4. 獐牙菜属 Swertia

  5. 花4数，花冠裂片基部有由腺窝形成的距 ……………………… 5. 花锚属 Halenia

1. 茎缠绕；花4数，花萼筒状，花冠裂片间无褶 ……………………… 6. 翼萼蔓属 Pterygocalyx

1. 百金花属 Centaurium Hill.

Centaurium Hill, Brit. Herb. 62. 1756；Gilib. Fl. Lithuan. 1：85. 1781.

  本属全世界40~50种，除非洲外都有广布。中国有2种。东北地区产1变种、分布辽宁、内蒙古。

百金花 Centaurium pulchellum var. altaicum（Griseb.）Kitag. et Hara【P.605】

  一年生小型草本。叶对生、无柄，椭圆形或长圆状披针形。花白色或粉红色，花萼5深裂；花冠漏斗状或高脚杯状，筒部狭长圆柱形，顶端5裂；雄蕊5，着生于花冠喉部，花药呈螺旋状卷曲；子房上位，2室，花柱稍长，柱头2裂。蒴果圆柱形。生潮湿的田野、草地、水边、沙滩地。产彰武、大连、桓仁、喀左等地。

2. 龙胆属 Gentiana L.

Gentiana L. Sp. Pl. 227. 1753.

  本属全世界约400种，分布于欧洲、亚洲、澳大利亚北部及新西兰，整个北美洲，并沿安第斯山脉达合恩角，非洲北部。中国有247种，遍及全国，大多数种类集中在西南山岳地区，主要生长在高山流石滩、高山草甸和灌丛中。东北地区产15种1变种。辽宁产12种1变种。

分种检索表

1. 植株较大，高20厘米以上，粗壮。

 2. 花蓝紫色。

  3. 茎基部无枯叶纤维；茎下部叶较小，呈鳞片状或无；种子通常具翅。

   4. 叶线形或披针形。

    5. 花冠裂片先端钝圆或稍突尖。

     6. 花蓝紫色，花冠筒里面无斑点，叶具1条脉。生草甸、林缘或疏林中。产沈阳、桓仁等地……

      ………………………………………………… 1. 三花龙胆 Gentiana triflora Pall.【P.605】

     6. 花蓝色稍带紫，花冠筒里面有斑点，裂片先端钝圆稍具突尖；叶具3条脉。生林缘草地。产新宾、桓仁等地 ……………… 2. 朝鲜龙胆（金刚龙胆）Gentiana uchiyamae Nakai【P.605】

    5. 花冠裂片尖；叶线形或线状披针形；根较粗长。生湿草地。产康平、彰武等地 ……………………

      3. 条叶龙胆（东北龙胆）Gentiana manshurica Kitag.

   4. 叶卵形、卵状披针形，具3条或5条脉，边缘及主脉粗糙；花冠蓝紫色，长4~6厘米，裂片间的褶对称。生山坡草地、路边、河滩、灌丛、林缘及林下。产西丰、抚顺、清原、新宾、本溪、东港、凤城、岫岩、宽甸、桓仁、鞍山、海城、庄河、金州等地

      …………………………………………… 4. 龙胆（粗糙龙胆）Gentiana scabra Bunge【P.605】

  3. 茎基部具枯叶纤维；基生叶较大，莲座状；种子无翅。

   7. 聚伞花序多呈头状；花萼非筒状，一侧开裂，萼齿小。生河滩、路旁、水沟边、山坡草地、草甸、林下及林缘。产建平、凌源等地 ……… 5. 秦艽（大叶龙胆）Gentiana macrophylla Pall.【P.605】

   7. 花序聚伞状；花萼筒状，萼齿线形，明显。生田边、路旁、河滩、水沟边、向阳山坡及干草原等处。产彰武 ……… 6. 达乌里秦艽（达乌里龙胆）Gentiana dahurica Fisch.【P.605】

 2. 花黄白色，花冠筒带绿条纹或黑紫色斑点；叶长披针形。生高山冻原、山顶草甸。产桓仁 …………

    ………………………………………………… 7. 高山龙胆 Gentiana algida Pall.【P.606】

1. 植株矮小，高5~15厘米，细弱。

8. 茎通常单一或上部分枝，几乎无毛；花冠较大，长 17~30 毫米。

    9. 茎直立，无匍匐枝；叶卵圆形或卵形，顶端具小芒刺。生山坡、林下、林缘。产沈阳、鞍山、金州、大连、庄河、丹东、本溪、凤城、宽甸、桓仁、新宾、建昌等地 ……………………………………………………… 8. 笔龙胆 Gentiana zollingeri Fawcett【P.606】

    9. 茎下部具匍匐枝；叶广披针形或长圆形，先端稍钝。生山坡草地、林下。产辽东山区 ………………………………………………… 9. 长白山龙胆（白山龙胆）Gentiana jamesii Hemsl.【P.606】

8. 茎自下部分枝或单一；花冠较小，长 7~13 毫米。

    10. 植株具短腺毛；萼片先端反卷。生山坡、山谷、山顶、河滩、荒地、路边、灌丛中。产沈阳、开原、大连、金州、瓦房店、鞍山、岫岩、本溪、北镇、东港、凤城、宽甸、桓仁、凌源等地 ……………………………………………………… 10. 鳞叶龙胆 Gentiana squarrosa Ledeb.【P.606】

    10. 植株几乎无毛或稍被短毛；萼片直立或稍反卷

        11. 基生叶特别发达，较大，多数；花长 9~14 毫米。生河滩、水沟边、山坡草地。产沈阳、大连、丹东、桓仁、凌源等地 …………………… 11. 假水生龙胆 Gentiana pseudoaquatica Kusn.【P.606】

        11. 基生叶不发达，较小，少数；花长 15~17 毫米。

            12. 植株高可达 15 厘米，花蓝色、淡蓝紫色。生高山冻原或草地。产桓仁、凤城 ……………… 12a. 丛生龙胆（春龙胆）Gentiana thunbergii (G. Don) Griseb. var. thunbergii【P.606】

            12. 植株小，5~10 厘米，花白色。生高山冻原或草甸。产桓仁、凤城 ………………………………………………… 12b. 小春龙胆（白花龙胆）Gentiana thunbergii var. minor Maxim.

3. 扁蕾属 Gentianopsis Ma.

Gentianopsis Ma，植物分类学报 1（1）：7. 1951.

    本属全世界约 24 种，分布于亚洲、欧洲和北美洲。中国有 5 种，除华南地区外，大部分地区均有。东北地区产 3 种。辽宁产 2 种。

分种检索表

1. 叶线状披针形或线形；花冠长 3~4（~7）厘米，筒部黄白色，檐部蓝色或淡蓝色。生水沟边、山坡草地、林下、灌丛中、沙丘边缘。产彰武 …………………… 1. 扁蕾 Gentianopsis barbata (Froel.) Ma

1. 叶椭圆形或长圆形；花冠长 2~2.5 厘米，淡蓝色。生山地阔叶林中。产本溪、瓦房店 …………………………………………………………… 2. 迥旋扁蕾（回旋扁蕾）Gentianopsis contorta (Royle) Ma

4. 獐牙菜属 Swertia L.

Swertia L. Sp. Pl. 226. 1753.

    本属全世界约有 170 种，主要分布于亚洲、非洲和北美洲，只有少数种类分布于欧洲。中国有 79 种，以西南山岳地区最为集中。东北地区产 7 种。辽宁产 3 种。

分种检索表

1. 腺窝外缘具鳞片；雄蕊花丝基部具流苏状毛。生河边、山坡、林缘。产宽甸 …………………………………………………………… 1. 歧伞獐牙菜（腺鳞草）Swertia dichotoma L.

1. 腺窝边缘具流苏状毛或近无毛；雄蕊花丝基部无毛。

    2. 花冠淡紫色或白色，直径 1~1.5 厘米，裂片长圆状披针形；腺窝边缘的流苏状长毛表面光滑。生草原或山坡。产大连、沈阳、西丰、本溪、新宾、清原、阜新等地 …………………… 2. 北方獐牙菜（淡花獐牙菜）Swertia diluta (Turcz.) Benth. & Hook.【P.606】

    2. 花冠淡蓝紫色，有紫色条纹，直径 2~2.5 厘米，裂片卵状披针形或长卵形；腺窝边缘的流苏状长毛表面具小瘤状突起。生山坡灌丛、杂木林下、路边、荒地。产辽宁各地 …………………… 3. 瘤毛獐牙菜 Swertia pseudochinensis Hara【P.606】

5. 花锚属 Halenia Borkh.

Halenia Borkh. in Roem. Arch. 1（1）：25. 1796.

本属全世界约100种，主要分布于北美洲西南部、拉丁美洲西北部，少数种类分布于亚洲及欧洲东部。中国有2种，分布西南、西北、华北、东北地区。辽宁产1种，另外1种有记载。

分种检索表

1. 花冠黄色；花萼裂片狭兰角状披针形。生山坡草地、林下及林缘。产桓仁、宽甸等地 ·························
   ·· 1. 花锚 Halenia corniculata（L.）Cornaz【P.606】
1. 花冠蓝色或紫色；花萼裂片卵形或椭圆形。生于高山林下及林缘、山坡草地、灌丛中、山谷水沟边。辽宁
   有记载，待调查核实 ··· 2. 椭圆叶花锚 Halenia elliptica D. Don【P.606】

6. 翼萼蔓属 Pterygocalyx Maxim.

Pterygocalyx Maxim. Prim. Fl. Amur. 198. 1858.

本属全世界仅1种，分布于亚洲。中国多地有分布。东北三省均有分布。辽宁产1种。

翼萼蔓 Pterygocalyx volubilis Maxim.【P.606】

一年生缠绕蔓生草本植物。叶质薄、披针形、全缘，微粗糙，叶脉1~3条；叶柄宽扁，基部抱茎。花腋生或顶生，1~3朵，单生或呈聚伞花序；花萼膜质，钟形，萼筒长1厘米，沿脉具4个宽翅；花冠蓝色。蒴果椭圆形，具短柄，柄长约5毫米。生山坡林下及林缘。产新宾、本溪、凤城等地。

一二七、睡菜科 Menyanthaceae

Menyanthaceae Dumort., Anal. Fam. Pl. 20，25（1829），nom. cons.

本科全世界有5属60种，广布温带和热带。中国有2属7种。东北地区产2属4种，辽宁均有分布。

分属检索表

1. 单叶，漂浮水面；蒴果不裂或不规则开裂；花1至多数束生 ·············· 1. 荇菜属（莕菜属）Nymphoides
1. 叶三出，超出水面；蒴果2裂；总状花序 ··· 2. 睡菜属 Menyanthes

1. 荇菜属（莕菜属）Nymphoides Seguier

Nymphoides Seguier, Pl. Veron. 3：121. 1754.

本属全世界约20种，广布于全世界的热带和温带地区。中国有6种，大部分省区均产。东北地区产3种，辽宁均产。

分种检索表

1. 花白色；花萼长 3~7 毫米。
   2. 叶小，直径 2~5 厘米；花梗长 1~2 厘米；花萼长 3~4 毫米；花冠纯白色。生水塘中。产沈阳、普兰店、金
      州、庄河等地 ················ 1. 小荇菜（白花荇菜）Nymphoides coreana（H. Lév.）H. Hara【P.606】
   2. 叶大，直径 3~15 厘米；花梗长 2~5 厘米；花萼长 4~7 毫米；花冠内面基部黄色。生湖沼或水塘中。产沈
      阳 ················ 2. 金银莲花（印度荇菜、印度莕菜）Nymphoides indica（L.）O. Kuntze【P.607】
1. 花黄色；花萼长 8~12 毫米；花冠较大，长 1.5~2.5 厘米；叶近圆形，直径 2~9 厘米。生水塘或池塘中。产沈
   阳、新民、铁岭、彰武、盘山、凌海、丹东、庄河、鞍山等地 ··
   ···························· 3. 荇菜（莕菜）Nymphoides peltata（S. G. Gmel.）O. Kuntze【P.607】

2. 睡菜属 Menyanthes L.

Menyanthes L. Sp. Pl. 145. 1753.

本属全世界仅1种，分布于北温带地区。中国有分布。东北各省均有分布。

睡菜 Menyanthes trifoliata L.【P.607】

多年生沼生草本。叶全部基生，挺出水面，三出复叶。总状花序多花；花5数；花冠白色，筒形，上部内面具白色长流苏状毛，其余光滑，裂片椭圆状披针形；雄蕊着生冠筒中部，整齐，花丝扁平，线形，花药箭形；花柱线形，柱头2裂。蒴果球形。在沼泽中成群生长。产彰武、清原等地。

一二八、夹竹桃科 Apocynaceae

Apocynaceae Juss., Gen. Pl. [Jussieu] 143（1789），nom. cons.

本科全世界有155属，约2000种，分布于热带、亚热带地区，少数在温带地区。中国产44属145种，主要分布于长江以南各省区及台湾等沿海岛屿，少数分布于北部及西北部。东北地区产2属2种，其中栽培1种，辽宁均产。

分属检索表

1. 直立半灌木，具乳汁；圆锥状聚伞花序一至多歧；花冠圆筒状钟形 ⋯⋯⋯⋯⋯⋯⋯ 1. 罗布麻属 Apocynum
1. 一年生或多年生草本，有水液；花2~3朵组成聚伞花序；花冠高脚碟状 ⋯⋯⋯⋯ 2. 长春花属 Catharanthus

1. 罗布麻属 Apocynum L.

Apocynum L. Sp. Pl. ed. 1：213. 1753.

本属全世界约14种，广布于北美洲、欧洲及亚洲的温带地区。中国产1种，分布于西北、华北、华东及东北各省区。

罗布麻 Apocynum venetum L.【P.607】

半灌木或多年生宿根草本，具乳汁。叶对生，长圆形、披针形至卵状披针形，边缘具细锯齿。花小，粉红色或淡紫红色，钟形；花盘边缘有蜜腺；子房由2离生心皮组成。蓇葖果双生，棒状，下垂。种子小，顶端有一簇白色种毛。生盐碱荒地、河流两岸等。产新民、彰武、阜新、凌源、北镇、台安、盘山、大洼、康平、营口、岫岩、鞍山（千山）、金州、大连、长海等地。

2. 长春花属 Catharanthus G. Don

Catharanthus G. Don, Gen. Hist. 4：95. 837.

本属全世界约6种，产于非洲东部及亚洲东南部。中国栽培1种2变种。东北栽培1种，辽宁有栽培。

长春花 Catharanthus roseus（L.）G. Don【P.607】

半灌木，有水液；叶倒卵状长圆形；聚伞花序腋生或顶生，有花2~3朵；花冠红色，高脚碟状；蓇葖双生，直立。原产非洲东部，现栽培于各热带和亚热带地区。大连有栽培。

一二九、萝藦科Asclepiadaceae

Asclepiadaceae Borkh., Bot. Wörterb 1：31（1797）, nom. cons.

本科全世界有250属，约2000种，分布于世界热带、亚热带地区，少数分布于温带地区。中国产44属270种，多分布于西南及东南部，少数分布于西北与东北各省区。东北地区产4属16种2变种，其中栽培1种，辽宁均产。

分属检索表

1. 木质藤本；花丝离生，四合花粉生于匙形载粉器上 ················· 1. 杠柳属Periploca
1. 茎草质；花丝合生呈筒形，花粉粒连成块状，藏在一层软韧的薄膜内，通常通过花粉块柄系结于粉腺上。
  2. 茎直立或缠绕；副花冠由5个完全离生的小片组成，每片内有一舌状片 ··········· 2. 马利筋属Asclepias
  2. 茎缠绕；副花冠环状或杯状，顶端5~10条裂或片裂。
    3. 花较大，直径1厘米以上，副花冠环状；柱头延伸成丝状，伸出花药外；果皮有明显瘤状突起 ········
·· 3. 萝藦属Metaplexis
    3. 花较小，直径1厘米以下，副花冠杯状；柱头短，不延伸；果皮无瘤状突起 ·····················
································· 4. 鹅绒藤属（白前属）Cynanchum

1. 杠柳属Periploca L.

Periploca L. Gen. Pl. ed. 5, 100. 1754.

本属全世界约12种，分布于亚洲温带地区、欧洲南部和非洲热带地区。中国产4种，分布于东北、华北、西北、西南地区及广西、湖南、湖北、河南和江西等省区。东北地区产1种，各省区均有。

杠柳Periploca sepium Bunge【P.607】

木质藤本。叶对生，叶片卵状披针形，革质。聚伞花序；花冠暗紫色，5深裂，花冠筒短，花冠裂片长圆状披针形，反折，中央加厚成纺锤形，里面密生白绒毛，外面无毛；副花冠环状，10裂，其中5裂延伸呈丝状。蓇葖果圆柱形。生沿海石砾山坡及干燥沙质地。产彰武、葫芦岛、沈阳、本溪、盖州、大洼、庄河、长海、金州、大连等地。

2. 马利筋属Asclepias L.

Asclepias Sp. Pl. 214. 1753.

本属全世界约120种，分布于美洲、非洲、南欧和亚洲热带及亚热带地区。中国各地广泛栽培1种。东北地区黑龙江、辽宁有栽培。

马利筋Asclepias curassavica L.【P.607】

多年生直立草本，全株有白色乳汁。叶膜质，披针形。聚伞花序；花萼裂片披针形，被柔毛；花冠紫红色，裂片长圆形，反折；副花冠生合蕊冠上，5裂，黄色，匙形，有柄，内有舌状片。蓇葖披针形；种子卵圆形，顶端具白色绢质种毛。原产拉丁美洲的西印度群岛。大连等地有栽培。

3. 萝藦属Metaplexis R. Br.

Metaplexis R. Br. in Mem. Wern. Soc. 1：48. 1810.

本属全世界约6种，分布于亚洲东部。中国产2种，分布于西南、西北、东北和东南地区。东北地区产1种，各省区均有分布。

萝藦 Metaplexis japonica（Thunb.）Makino【P.607】

多年生草质藤本。叶膜质，卵状心形。花冠白色或淡粉色，有淡紫红色斑纹，近辐状，花冠筒短，花冠裂片披针形，张开，顶端反折，内面被柔毛；副花冠环状，着生合蕊冠上，短5裂，裂片兜状。蓇葖果叉生，纺锤形。生山坡、路旁、河边及灌丛中。产清原、沈阳、本溪、凤城、丹东、大洼、盖州、大连、北镇、建昌、凌源等地。

4. 鹅绒藤属（白前属）Cynanchum L.

Cynanchum L. Gen. Pl. ed. 5. 101. 1754.

本属全世界约200种，分布于非洲东部、地中海地区及欧亚大陆的热带、亚热带及温带地区。中国产53种12变种，主要分布于西南各省区，也有分布在西北及东北各省区。东北地区产13种1亚种1变种1变型，辽宁均产。

分种检索表

1. 茎直立。
  2. 叶卵形、广卵形或卵状椭圆形。
    3. 叶两面被白毛；无总花梗；花深紫红色。生河边、干荒地、草丛、山沟、林下。产西丰、昌图、新民、北镇、义县、喀左、建平、建昌、绥中、清原、抚顺、沈阳、本溪、凤城、丹东、庄河、金州、大连等地 ·· 1. 白薇 Cynanchum atratum Bunge【P.607】
    3. 叶被微毛、近无毛或仅脉上被微毛；有总花梗。
      4. 叶无柄，倒卵状椭圆形或近长圆状倒卵形，基部心形，抱茎。
        5. 花白色。生沿海山坡草地或沙滩草丛中。产康平、法库、铁岭、彰武、新民、沈阳、鞍山、大连、瓦房店、长海等地 ···································
        ··············· 2a. 合掌消 Cynanchum amplexicaule（Sieb. et Zucc.）Hemsl. f. amplexicaule
        5. 花紫色。生山坡草地或田边、湿草地及沙滩草丛中。产沈阳、康平、法库、瓦房店（土城子）、长海县（海洋岛）·······················
        ··········· 2b. 紫花合掌消 Cynanchum amplexicaule f. castaneum（Makino）C. Y. Li【P.607】
      4. 叶具短柄。
        6. 花白色。生山坡、林缘、林下。产西丰、清原、鞍山、岫岩、本溪、凤城、瓦房店、庄河等地 ······································· 3. 潮风草 Cynanchum acuminatifolium Hemsley【P.607】
        6. 花黄色或黄绿色或紫红色。
          7. 花黄色，花径3毫米；叶卵形，基部圆形或近心形。生山地疏林、灌木丛中、山顶、山坡草地上。产庄河、凌源等地 ·········· 4. 竹灵消 Cynanchum inamoenum（Maxim.）Loes.【P.607】
          7. 花紫红色，花径约7毫米；叶卵状披针形，基部宽楔形。生山岭旷野。产建昌、庄河、凤城 ······································ 5. 华北白前 Cynanchum mongolicum（Maxim.）Hemsl.【P.608】
  2. 叶狭线形、线形或线状披针形。
    8. 花紫红色；叶线状披针形，长1.5~5厘米，宽1~5毫米。生山坡、灌丛、石砬子上。产建昌 ··········· ····················· 6. 紫花杯冠藤 Cynanchum purpureum（Pall.）K. Schum.【P.608】
    8. 花黄绿色、黄色或黄白色。
      9. 叶长5~13厘米，宽5~15毫米；蓇葖果披针形，长5~7厘米，直径约6毫米。生山坡林下、灌丛。产辽宁各地 ····················· 7. 徐长卿 Cynanchum paniculatum（Bunge）Kitag.【P.608】
      9. 叶长2.5~6厘米，宽2~5毫米；蓇葖果纺锤形，长5~7厘米，直径约2厘米。
        10. 茎直立，自基部多分枝。生山坡、沙丘或干旱山谷、荒地、田边等处。产辽宁各地 ················· 8a. 地梢瓜 Cynanchum thesioides（Freyn）K. Schum. var. thesioides【P.608】
        10. 茎柔弱，顶端常伸长而缠绕，分枝极少。生水沟旁、河岸边或山坡、路旁的灌木丛草地上。产

辽宁各地 ·············· 8b. 雀瓢 Cynanchum thesioides var. australe（Maxim.）Tsiang et P. T. Li

1. 茎缠绕。

11. 叶披针形，长2~9厘米，宽0.5~2厘米，基部微心形；花黄色。生湿草甸子等处。产大连、丹东、抚顺等地 ····················· 9. 蔓白前 Cynanchum volubile（Maxim.）Hemsl.【P.608】

11. 叶卵形、广卵形、卵状心形或戟形。

12. 茎自基部缠绕。

13. 花淡黄色；叶卵形，基部耳状深心形；茎被单列毛。生山坡、山谷或灌木丛中或路边草地。产西丰、凤城、鞍山、瓦房店、庄河、大连、长海等地 ·················· ············ 10. 隔山消 Cynanchum wilfordii（Maxim.）Forb. et Hemsl.【P.608】

13. 花白色或内面紫色。

14. 花外面和内面均为白色。

15. 叶卵形或长卵形，基部多少向两侧扩展并呈耳状深心形。生山坡、山谷或河坝、路边的灌木丛中。产金州、凌源、建平、南票、北镇等地 ················· ·············· 11. 白首乌 Cynanchum bungei Decne.【P.608】

15. 叶心形或广卵状心形，基部心形，不向两侧扩展。生向阳山坡灌木丛中或路旁、河畔、田埂边。产康平、彰武、建平、葫芦岛、沈阳、鞍山、盖州、营口、金州、长海、大连等地 ······ ·············· 12. 鹅绒藤 Cynanchum chinense R. Br.【P.608】

14. 花冠外面白色，内面紫色。生山坡。产辽宁省瓦房店龙潭山 ·············· 13b. 戟叶鹅绒藤 Cynanchum acutum subsp. sibiricum（Willdenow）K. H. Rechinge【P.608】

12. 茎上部缠绕；叶卵形或椭圆形，花初为黄色，后渐变黑紫色。生灌木丛中及溪流旁。产凌海、绥中、鞍山、海城、盖州、庄河、瓦房店、普兰店、金州、大连、长海等地 ·············· ·············· 14. 变色白前 Cynanchum versicolor Bunge【P.608】

一三〇、旋花科 Convolvulaceae

Convolvulaceae Juss., Gen. Pl.［Jussieu］132（1789），nom. cons.

本科全世界约58属1650种，广泛分布于热带、亚热带和温带地区，主产美洲和亚洲的热带、亚热带地区。中国有20属129种，南北均有，大部分属种则产西南和华南地区。东北地区产6属28种2亚种2变种，其中栽培9种。辽宁产6属25种3亚种1变种，其中栽培7种。

分属检索表

1. 寄生植物，无叶，具吸器；花小而不显著；花冠管内侧雄蕊下有5个流苏状鳞片 ······ 1. 菟丝子属 Cuscuta

1. 非寄生植物，有叶；花通常显著。

2. 子房分裂为2，花柱2，基生着生于离生心皮之间，匍匐小草本，具心形、肾形或圆形的小型叶片 ······ ·············· 2. 马蹄金属 Dichondra

2. 子房不分裂，花柱1或2，顶生。

3. 柱头1，头状或2裂；花粉粒有刺 ·············· 3. 番薯属 Ipomoea

3. 柱头2。

4. 柱头长圆形、线形或扁平；花粉粒无刺。

5. 花萼包藏在两片大苞片内；子房1室或不完全2室，柱头长圆形或椭圆形，扁平 ·············· ·············· 4. 打碗花属 Calystegia

5. 花萼不为大苞片所包，苞片小，与花萼远离；子房2室，柱头线形或近棒状 ·············· ·············· 5. 旋花属 Convolvulus

4. 柱头头状 ·············· 6. 鱼黄草属 Merremia

1. 菟丝子属 Cuscuta L.

Cuscuta L. Sp. Pl. 124. 1753.

本属全世界约170种，广泛分布于全世界暖温带地区，主产美洲。中国有8种，南北均产。东北地区产7种。辽宁产5种。

分种检索表

1. 茎较粗壮，直径1~3毫米；花柱单一。
  2. 柱头有明显2裂片；茎较粗壮，肉质，直径1~2毫米，黄色，常带紫红色瘤状斑点；花冠钟状；蒴果卵圆形，长约5毫米，近基部周裂。寄生草本或灌木上。产北镇、沈阳、本溪、桓仁、凤城、岫岩、鞍山、营口、丹东、庄河、金州、大连等地 ……………………… 1. 金灯藤 Cuscuta japonica Choisy【P.608】
  2. 柱头微2裂；茎粗壮，细绳状，直径达3毫米，红褐色，具瘤；花冠圆筒状；蒴果卵形或卵状圆锥形，长7~9毫米，通常在顶端具凋存的干枯花冠。寄生于乔灌木或多年生草本植物上。产辽阳、岫岩、丹东、本溪、桓仁、庄河等地 ……………………… 2. 啤酒花菟丝子 Cuscuta lupuliformis Krocker【P.608】
1. 茎纤细，直径不及1毫米；花柱2，离生，柱头2。
  3. 柱头头状，不伸长。
    4. 花白色；蒴果全为宿存花冠所包围，成熟时整齐开裂。通常寄生豆科、菊科、蒺藜科等多种植物上。产康平、彰武、开原、沈阳、锦州、凌源、抚顺、丹东、营口、新宾、庄河、长海、金州、大连等地 ……………………… 3. 菟丝子 Cuscuta chinensis Lam.【P.609】
    4. 花乳白色或黄色；蒴果仅下半部为宿存花冠所包围，成熟时不规则开裂。寄生田边、路旁的豆科、菊科蒿子属、马鞭草科牡荆属植物上。产大连、绥中等地 ……………………… 4. 南方菟丝子 Cuscuta australis R. Br.【P.609】
  3. 柱头棒状，伸长；花淡红色。寄生多种植物上，尤以豆科、菊科、藜科植物最多。产抚顺、铁岭、鞍山、大连等地 ……………………… 5. 欧洲菟丝子 Cuscuta europaea L.【P.609】

2. 马蹄金属 Dichondra J. R. et G. Forst.

Dichondra J. R. et G. Forst. in Char. Gen. Pl. 39. t. 20. 1776.

本属全世界5~8种，大多数分布美洲，1种产新西兰，1种广布于两半球热带亚热带地区，中国产1种。东北仅辽宁栽培1种。

马蹄金 Dichondra micrantha Urban【P.609】

多年生匍匐草本，茎细长，被灰色短柔毛，节上生根。叶肾形至圆形，先端宽圆形或微缺，基部阔心形，叶面微被毛，背面被贴生短柔毛，全缘。花单生叶腋，花柄丝状；花冠钟状，黄色，深5裂。蒴果近球形，短于花萼。产我国长江以南各省及台湾。大连英歌石植物园有栽培。

3. 番薯属 Ipomoea L.

Ipomoea L. Sp. Pl. 159. 1753.

本属全世界大约500种，广泛分布于热带至暖温带地区，特别是美国北部和南部；中国有29种。东北地区产12种，其中栽培8种。辽宁产10种，其中栽培6种。

分种检索表

1. 雄蕊和花柱内藏；花冠漏斗状。
  2. 萼片先端渐尖，被硬毛或伏柔毛；子房3室，具6胚珠。
    3. 叶通常全缘，偶有3裂；外萼片长椭圆形。生田边、路边、宅旁或山谷林内。原产热带美洲。分布辽宁各地 ……………………… 1. 圆叶牵牛 Ipomoea purpurea（L.）Rothin【P.609】

3. 叶3裂，偶有不裂；外萼片披针状线形。

  4. 叶宽卵形或近圆形，长宽近相等。生田边路旁或栽培。原产热带美洲。分布辽宁各地 ……………
………………………………………………………………… 2. 牵牛 Ipomoea nil（L.）Rothin【P.609】

  4. 叶形大，心状扁圆形，长明显大于宽。原产亚洲和非洲热带。大连有栽培 ……………………
……………………………………… 3. 大花牵牛 Ipomoea limbata（Lindl.）S. M. Zhang【P.609】

2. 萼片先端钝或锐尖；子房2室或4室，具4胚珠。

 5. 地下部分有块根；茎平卧或上升，茎节易生不定根；叶通常宽卵形，全缘或有3~7裂。原产南美洲及
  大、小安的列斯群岛。辽宁各地栽培 ………………… 4. 番薯 Ipomoea batatas（L.）Lam.【P.609】

 5. 地下部分无块根。

  6. 萼片外面无毛；花冠长3.5~5厘米；叶全缘不分裂；茎具节，节间中空。原产中国，水生或旱生。
   大连、长海等有旱地栽培 ………………………………… 5. 蕹菜 Ipomoea aquatica Forsk【P.609】

  6. 萼片外面有毛或有缘毛；花冠长2厘米以下；叶分裂或不分裂；茎不具节。

   7. 花冠多为白色，很少为淡红色至紫色；花药紫红色；蒴果卵球形，直径0.7~1厘米，中上部具疣
    基毛，顶端具宿存的锥状花柱基。生荒地。原产北美洲。分布大连开发区 ………………………
………………………………………………………………… 6. 野甘薯 Ipomoea lacunosa L.【P.609】

   7. 花冠淡红色；花药白色；蒴果近球形，高5~6毫米，被细刚毛，顶端具花柱基形成的细尖。生荒
    地。原产北美洲。分布大连开发区、瓦房店 …………… 7. 三裂叶薯 Ipomoea triloba L.【P.609】

1. 雄蕊和花柱多少外伸；花冠高脚碟状。

 8. 叶全缘。原产南美洲。大连、旅顺口有栽培，有逸生 …………………………………………………
………………………………………………… 8. 橙红莺萝 Ipomoea cholulensis Kunth【P.609】

 8. 叶深裂。

  9. 叶羽状深裂，裂片线形。原产南美洲。辽宁各地常有栽培，有逸生 ……………………………
……………………………………………………… 9. 莺萝 Ipomoea quamoclit L.【P.610】

  9. 叶掌状深裂，裂片披针形。原产南美洲。大连、旅顺口有栽培，有逸生 ………………………
……………………………………… 10. 葵叶莺萝 Ipomoea sloteri（House）Ooststr.【P.610】

4. 打碗花属 Calystegia R. Br.

Calystegia R. Br. Prodr. Fl. Nov. Holl. 483. 1810.

  本属全世界约25种，分布于两半球的温带和亚热带地区。中国有5种，南北均产。东北地区产4种3亚种，辽宁产4种2亚种。

分种检索表

1. 叶肾形。生海滨沙地。产丹东、东港、兴城、绥中、瓦房店、庄河、长海、大连等地 ……………………
………………………………………… 1. 肾叶打碗花 Calystegia soldanella（L.）R. Br.【P.610】

1. 叶非肾形。

 2. 植株被长柔毛或柔毛。

  3. 叶长为宽3~4倍，侧脉3~5对。生耕地、荒地或山坡草丛。产彰武、凌源、建平、锦州、沈阳、辽
   阳、营口、庄河、大连等地 ……………………………………………………………………………
………………… 2a. 藤长苗（缠绕天剑）Calystegia pellita（Ledeb.）G. Don subsp. pellita【P.610】

  3. 叶长为宽4~7倍，侧脉4~9对。生境同原亚种。产辽阳、大连、金州等地 ……………………………
……………………………… 2b. 长叶藤长苗 Calystegia pellita subsp. longifolia Brummitt【P.610】

 2. 植株无毛或稍被毛。

  4. 叶基部戟形或近戟形；花较大，长4厘米以上。

   5. 叶基部为显著的戟形，两侧明显向外开展，具2~3个大齿状裂片。生路旁、溪边草丛、农田边或山
    坡林缘。产凌源、北镇、清原、本溪、桓仁、岫岩、鞍山、庄河等地 ………………………………

······················· 3. 旋花（宽叶打碗花）Calystegia sepium（L.）R. Br.【P.610】

  5. 叶基部戟形或近戟形，两侧向外开展，全缘，无大齿状裂片。生山坡、平原或山地。产锦州、昌图、庄河等地 ··························

········· 4. 柔毛大碗花（缠枝牡丹、长裂旋花、日本打碗花）Calystegia pubescens Lindl.【P.610】

  4. 叶基部心形；花较小，长2~2.5厘米；茎基部叶卵状戟形，近全缘，上部叶三角状卵形，3~5裂。生田间、路旁、荒地。产北镇、沈阳、大洼、长海、大连等地 ··························

································· 5. 打碗花 Calystegia hederacea Wall.【P.610】

5. 旋花属 Convolvulus L.

Convolvulus L. Sp. Pl. 153. 1753.

  本属全世界约250种，广布于两半球温带及亚热带地区，极少数在热带地区。中国8种。东北地区产3种，辽宁均产。

分种检索表

1. 全株密被银灰色绢毛；叶线形或线状披针形。
  2. 草本，分枝不坚硬，不具刺。生山坡、干沙质地。产朝阳、凌源、建平 ··························
······························· 1. 银灰旋花 Convolvulus ammannii Desr.【P.610】
  2. 半灌木，分枝坚硬，具刺。生海拔500米的石灰岩山地阳坡石质坡地上。仅见于建昌县的云山洞和赵屯一带 ············· 2. 刺旋花 Convolvulus tragacanthoides Turcz【P.610】
1. 全株被微毛或无毛；叶卵状椭圆形或椭圆形，不裂或3裂。生固定沙丘或平地。产大连、瓦房店、辽阳、凌源、彰武、喀左、建平、绥中、北镇等地 ··························
····························· 3. 田旋花（中国旋花）Convolvulus arvensis L.【P.610】

6. 鱼黄草属 Merremia Dennst.

Merremia Dennst. in Schluss. Hort. Malab. 34. 1818.

  本属全世界约80种，广布于热带地区。中国约有16种，主产台湾、广东、广西、云南等省区。东北地区产1种2变种。辽宁产1种1变种。

分种下单位检索表

1. 蒴果近球形，顶端圆，高5~7毫米；种子无毛；花冠淡红色。生路边、田边、山地草丛或山坡灌丛。产凌源、建平、北镇、营口、辽阳、鞍山、开原等地 ··························
··············· 1a. 北鱼黄草（西伯利亚番薯）Merremia sibirica（L.）Hall. f. var. sibirica【P.610】
1. 蒴果卵状圆锥形，高8~10毫米；种子被糠粃状鳞片毛，长约4毫米；花常白色。生林中或沟边杂木林内。产旅顺口、沈阳、抚顺等地 ··························
··············· 1b. 毛籽鱼黄草 Merremia sibirica var. trichosperma C. C. Huang ex C. Y. Wu et H. W. Li

一三一、花荵科 Polemoniaceae

Polemoniaceae Juss., Gen. Pl. ［Jussieu］136（1789），nom. cons.

  本科全世界有19属，320~350种，主产北美洲西部，少数种类产欧洲、亚洲。中国有3属6种。东北地区产2属6种1变种，其中栽培2种。辽宁产2属3种，其中栽培2种。

分属检索表

1. 叶羽状分裂或为羽状复叶；雄蕊着生在花冠管内的等高位置上 ·············· 1. 花荵属 Polemonium

1. 单叶，不裂；雄蕊着生在花冠管内的位置不等高 ……………………………………………… 2. 天蓝绣球属Phlox

1. 花荵属Polemonium L.

Polemonium L. Syst. ed. 1. 1735, et Gen. ed. 1. 46. 1737.

本属全世界约50种，分布欧洲、北亚、北美洲、墨西哥和智利。中国有4种。东北地区产4种1变种。辽宁产1种。

花荵（柔毛花荵）Polemonium caeruleum L.【P.611】

多年生草本。奇数羽状复叶，小叶19~27，狭披针形至卵状披针形。圆锥状聚伞花序；花萼长3~5毫米，约与花冠筒近等长，被短的或疏长腺毛；花冠裂片三角形或狭三角形；花冠长12~17毫米，蓝色或淡蓝色，辐状或广钟状。蒴果广卵球形。生湿草甸子及草地、林下。产彰武、清原、本溪、凤城、庄河等地。

2. 天蓝绣球属Phlox L.

Phlox L. Gen. ed. 1. 52. 1737.

本属全世界约66种，主产北美洲。中国引入栽培3种。东北仅辽宁栽培2种。

分种检索表

1. 多年生直立草本；叶交互对生，有时3叶轮生，长圆形或卵状披针形。原产北美洲东部。大连等地栽培 …
…………………………………………………………………… 1. 天蓝绣球 Phlox paniculata L.【P.611】
1. 多年生矮小、丛生、铺散草本；叶对生或簇生节上，钻状线形。原产北美洲东部。大连等地栽培 ………
…………………………………………………………………… 2. 针叶天蓝绣球 Phlox subulata L.【P.611】

一三二、紫草科 Boraginaceae

Boraginaceae Juss., Gen. Pl.〔Jussieu〕128（1789），nom. cons.

本科全世界156属，约2500种，分布于世界的温带和热带地区，地中海区为其分布中心。中国有47属294种，遍布全国，以西南地区最为丰富。东北地区产23属46种2亚种3变种，其中栽培7种。辽宁产21属27种1亚种2变种，其中栽培8种。

分属检索表

1. 高大乔木；栽培 ………………………………………………………………… 1. 厚壳树属 Ehretia
1. 草本植物。
　2. 子房不分裂，花柱顶生；果实为核果，木栓质，具4个小核 ………………… 2. 紫丹属 Tournefortia
　2. 子房4裂，花柱生于子房裂片间的基部；果实通常为分离的小坚果。
　　3. 花冠喉部或筒部平滑，或有折皱或凸起，但无鳞片状附属物。
　　　4. 雄蕊螺旋状排列；小坚果有柄 ………………………………………… 3. 紫筒草属 Stenosolenium
　　　4. 雄蕊轮生；小坚果无柄。
　　　　5. 一年生植物；花冠喉部多毛；小坚果梨形，表面有瘤或皱纹 ………………………………
　　　　…………………………………………………………………… 4. 田紫草属 Buglossoides
　　　　5. 多年生植物。
　　　　　6. 花冠喉部不多毛；小坚果卵圆形，表面光滑 ……………………… 5. 紫草属 Lithospermum
　　　　　6. 花冠喉部或具短毛丛；小坚果卵形，腹面纵龙骨状 ……………… 6. 肺草属 Pulmonaria
　　3. 花冠喉部或筒部有5个内向的与花冠裂片对生的鳞片状附属物。
　　　7. 花萼裂片不等大，果期有些裂片强烈增大，呈蚌壳状，边缘有不整齐的齿状裂片，网脉隆起 ……

.... 7. 糙草属 Asperugo

  7. 花萼裂片近等大，果期稍增大，不呈蚌壳状，边缘无齿，脉不隆起。

    8. 小坚果有锚状刺（*Eritrichium mandshuricum* 和 *E. rupestre* 除外）。

      9. 小坚果着生面居腹面的中上部，腹面下部游离；花托金字塔形；叶椭圆形、卵形、披针形或长圆状披针形 .... 8. 琉璃草属 Cynoglossum

      9. 小坚果着生面居腹面的中下部或可达于中上部，但腹面下部（或近基部）为着生面决不游离。

        10. 花托锥状，与小坚果近等长或比小坚果长 .... 9. 鹤虱属 Lappula

        10. 花托金字塔形，比小坚果显著短。

          11. 花萼裂片果期反折或少有平伸，果实裸露；小坚果有锚状长刺 ... 10. 假鹤虱属 Hackelia

          11. 花萼裂片果期斜向上，被覆着果实；小坚果有锚状短刺 .... 11. 齿缘草属 Eritrichium

    8. 小坚果无锚状刺。

      12. 花柱伸出花冠外。

        13. 茎生叶常聚生于茎顶，近轮生 .... 12. 山茄子属 Brachybotrys

        13. 茎生叶近等距排列。

          14. 叶肉质，较小，长数厘米 .... 13. 滨紫草属 Mertensia

          14. 叶非肉质，大型，长达十几厘米以上。

            15. 花冠筒状钟形，淡紫红色至白色；小坚果卵形，有时稍偏斜，通常有疣点和网状皱纹，较少平滑，着生面在基部，碗状，边缘有细齿 .... 14. 聚合草属 Symphytum

            15. 花显著左右对称，蓝色、紫色或粉红色；小坚果卵形或狭卵形，伸直，有疣状突起或平滑，着生面在基部 .... 15. 蓝蓟属 Echium

      12. 花柱内藏。

        16. 小坚果背面有碗状突起，着生面在腹面顶部 .... 16. 盾果草属 Thyrocarpus

        16. 小坚果背面无碗状突起，着生面在小坚果基部或腹面的下部或基部。

          17. 小坚果有皱褶或小瘤状突起，腹面有凹陷。

            18. 小坚果有皱褶 .... 17. 牛舌草属 Anchusa

            18. 小坚果具瘤状突起。

              19. 花冠喉部附属物有毛；花药分离，背部无细条状附属物 .... 18. 琉璃苣属 Borago

              19. 花冠喉部和花药不如上 .... 19. 斑种草属 Bothriospermum

          17. 小坚果无皱褶或瘤状突起，腹面无凹陷。

            20. 花托明显隆起，呈金字塔形；小坚果斜陀螺形 .... 11. 齿缘草属 Eritrichium

            20. 花托平或凹陷。

              21. 花冠裂片花蕾时覆瓦状排列；小坚果四面体形 .... 20. 附地菜属 Trigonotis

              21. 花冠裂片花蕾时旋转状排列；小坚果透镜状 .... 21. 勿忘草属 Myosotis

1. 厚壳树属 Ehretia L.

Ehretia L. Syst. ed. 10. 936. 1759.

  本属全世界约50种，大多分布于非洲、亚洲南部，美洲有极少量分布。中国有12种1变种，主产长江以南各省区。东北仅辽宁栽培1种。

粗糠树 Ehretia dicksonii Hance【P.611】

  落叶乔木。叶宽椭圆形至倒卵形，先端尖，边缘具开展的锯齿，上面密生短硬毛，下面密生短柔毛；叶柄长1~4厘米，被柔毛。聚伞花序顶生，呈伞房状或圆锥状；花近无梗；花冠筒状钟形，白色至淡黄色，芳香。核果黄色，近球形，直径10~15毫米。产西南、华南、华东地区、台湾、河南、陕西、甘肃南部和青海南部。旅顺口有栽培。

2. 紫丹属 Tournefortia L.

Tournefortia L. Sp. Pl. 140. 1753；Gen. Pl. ed. 5. 68. 1754.

本属全世界约150种，分布于热带或亚热带地区。中国有2种，产云南、广东及台湾。东北地区产1种1变种，辽宁均产。

分种下单位检索表

1. 叶倒披针形或长圆状披针形，宽达2厘米。生沿海沙地及盐碱地。产绥中、兴城、丹东、盖州、庄河、金州、大连等地 ·················· 1a. 砂引草 Tournefortia sibirica L. var. sibirica【P.611】
1. 叶披针状线形或线形，宽达0.6毫米。生山坡、路边及河边沙地。产彰武、康平、义县、大连等地 ·········
··· 1b. 细叶砂引草（狭叶砂引草）Tournefortia sibirica var. angustior（DC.）G. L. Chu & M. G. Gilbert

3. 紫筒草属 Stenosolenium Turcz.

Stenosolenium Turcz. in Bull. Soc. Nat. Mosc. 8：253. 1840.

本属全世界仅1种，分布俄罗斯西伯利亚、蒙古及中国东北、华北至西北地区。辽宁有分布。

紫筒草 Stenosolenium saxatile（Pall.）Turcz.【P.611】

一年生草本。茎自基部向上多分枝，密生开展的长硬毛。叶披针状线形或狭披针形，两面密被糙毛。花梗极短；萼5裂至近基部；花冠蓝紫色、紫色或白色，花冠筒细长，长约10毫米，顶端5裂，喉部无附属物。小坚果4，有短柄，表面被小瘤状突起。生低山、丘陵及平原地区的草地、路旁、田边等处。产彰武、建平、凌源等地。

4. 田紫草属 Buglossoides Moench

Buglossoides Moench，Meth. 418. 1794.

本属全世界有9~10种。产温带欧洲和亚洲。中国有1种。东北地区仅辽宁有分布。

田紫草（麦家公）Buglossoides arvensis（L.）I. M. Johnst.【P.611】

一年生草本。茎被贴生的糙毛。叶无柄，倒披针形至线形，先端急尖。聚伞花序生枝上部；花冠高脚碟状，白色，有时蓝色或淡蓝色，筒部长约4毫米，外面稍有毛，檐部长约为筒部的1/2，裂片卵形或长圆形。小坚果淡褐色，有瘤状突起。生石质山坡草地及田间。产旅顺口等地。

5. 紫草属 Lithospermum L.

Lithospermum L. Sp. Pl. 132. 1753.

本属全世界约50种，分布美洲、非洲、欧洲及亚洲。中国产5种，除青海、西藏外，各省区均有分布。东北地区产2种。辽宁产1种。

紫草 Lithospermum erythrorhizon Sieb. et Zucc【P.611】

多年生直立草本。茎被开展的糙毛。叶无柄，卵状披针形至宽披针形。花序生茎和枝上部；苞片与叶同形而较小；花萼裂片线形，背面有短糙伏毛；花冠白色，长7~9毫米。小坚果卵球形，乳白色或带淡黄褐色，平滑，有光泽，腹面中线凹陷呈纵沟。生干燥多石质的山坡草地、灌丛间及路旁草地。产辽宁各地。

6. 肺草属 Pulmonaria L.

Pulmonaria L. Sp. Pl. 135. 1753.

本属全世界约5种，分布中亚至欧洲。中国产1种（不含栽培种）。东北栽培仅辽宁栽培1种。

疗肺草（药用肺草）Pulmonaria officinalis L.【P.611】

株高约30厘米，植株有长硬毛；叶互生，上面有白色斑点；花冠粉红或蓝紫色。原产欧亚大陆。沈阳市有栽培。

7. 糙草属 Asperugo L.

Asperugo L. Sp. Pl. 138. 1753.

本属全世界仅1种，分布于欧洲及亚洲。中国有分布。辽宁可能有分布。

糙草 Asperugo procumbens L.

一年生蔓性草本，茎被弯曲的短刚毛。茎下部叶有柄，上部叶无柄，叶片长圆形至狭长圆形，两面有短糙毛。花单生于叶腋，有短梗；萼于花期5深裂；花冠小，长约0.8毫米，喉部有附属物5；雄蕊内藏。小坚果4，有小瘤状突起。生山地草坡、村旁、田边等处。辽宁西南部可能有分布。

8. 琉璃草属 Cynoglossum L.

Cynoglossum L. Sp. Pl. 134. 1753.

本属全世界约60种，除北极地区外均有分布。中国有10种2变种，广布全国各省区，但主产云南、贵州、四川及西藏。东北地区产3种，其中栽培1种。辽宁产2种，其中栽培1种。

分种检索表

1. 花柱线状圆柱形或果期为圆锥形；小坚果边缘具翅状边。产云南、贵州西部、西藏西南部至东南部、四川西部及甘肃南部。大连、东港等有栽培 ········· 1. **倒提壶 Cynoglossum amabile** Stapf et Drumm.【P.611】
1. 花柱肥厚，略呈四棱形；小坚果边缘无翅状边。生于山坡、草地、沙丘、石滩及路边。产彰武、建平、义县、凌源等地 ·············· 2. **大果琉璃草 Cynoglossum divaricatum** Steph. ex Lehm【P.611】

9. 鹤虱属 Lappula Gilib.

Lappula V. Wolf, Gen. Pl. 17. 1776.

本属全世界约61种，分布于亚洲、欧洲温带、非洲、北美洲。中国有31种7变种，主产新疆、西北、华北、内蒙古及东北地区。东北地区产6种。辽宁产2种。

分种检索表

1. 小坚果边缘有2（~3）行锚状刺。生山坡脚下草地、杂草地及路旁草地。产辽宁各地 ·····················
 ······················ 1. **鹤虱 Lappula squarrosa**（Retz.）Dumort.【P.611】
1. 小坚果边缘有1行锚状刺。生荒地、田间、沙地及干旱山坡等处。产凌源、彰武、沈阳、旅顺口、大连、金州等地 ················ 2. **卵盘鹤虱（东北鹤虱、蒙古鹤虱）Lappula redowskii**（Lehm.）Greene【P.612】

10. 假鹤虱属 Hackelia Opiz

Hackelia Opiz ex Berchtold, Oekon.-techn. Fl. Böhm. 2（2）: 147. 1839.

本属全世界约45种，主要分布于北半球的温带地区，中美洲和南美洲。中国有4种。东北地区产1种，各省区均有分布。

丘假鹤虱 Hackelia deflexa（Wahl.）Opiz【P.612】

一、二年生草本，较粗壮，全株被疏柔毛；基生叶倒卵形，茎生叶披针形、倒披针形或线形，两面被稀疏的细糙毛；总状花序；花冠小，浅蓝色，喉部附属物5；小坚果腹背压扁，广卵形，背面有很小的瘤，边缘生一行锚状刺，基部合生成翼。生沙地、山坡和路旁草地。产丹东、鞍山。

11. 齿缘草属 Eritrichium Schrad.

Eritrichium Schrad. in Comm. Gotting, 4: 186. 1820.

本属全世界约50种，主要分布亚洲，少数分布欧洲和北美洲。中国产39种。东北地区产9种1变种。辽宁产1种。

北齿缘草 Eritrichium borealisinense Kitag.【P.612】

多年生草本。植株较粗壮，形成较大的丛，茎、叶贴生长柔毛。茎生叶倒披针形或披针形。花序分枝2~4个；苞片线状披针形；花萼裂片长圆状线形；花冠蓝色，钟状辐形，附属物半月形至矮梯形，伸出喉外。小坚果腹侧面及背面均生有小瘤并有毛。生山坡草地、石缝、灌丛和石质干山坡。产建平、凌源等地。

12. 山茄子属 Brachybotrys Maxim.

Brachybotrys Maxim. ex Oliv. in Hook. Icon. Pl. 13: 43. 1878.

本属全世界仅1种，分布于中国东北、朝鲜及俄罗斯远东地区。东北三省均有分布。

山茄子 Brachybotrys paridiformis Maxim【P.612】

多年生直立草本。茎上部有短伏毛。茎下部叶鳞片状，中、上部叶有长柄，互生，顶部叶5~6枚近轮生，倒卵状长圆形，两面有糙毛。伞形花序顶生，花蓝色，花冠筒喉部有附属物5；雄蕊伸出；花柱更显著伸出。小坚果4，黑褐色，四面体形，有短毛。生山坡灌丛及林下草地。产瓦房店、普兰店、庄河、宽甸、凤城、鞍山、本溪等地。

13. 滨紫草属 Mertensia Roth

Mertensia Roth, Cat. Bot. 1: 24. 1797.

本属全世界约15种，分布于东欧、北美洲和亚洲热带以外的地区。中国产2种。东北地区产2种。辽宁产1种。

滨紫草 Mertensia asiatica（Takeda）Macbr.

多年生草本。茎肉质，丛生，多分枝，铺散地上。基生叶及茎生叶椭圆形、卵形或倒卵形，宽2~6厘米。总状花序顶生，具叶状苞；萼5全裂，裂片卵状披针形；花冠天蓝色，钟状，上部5浅裂，喉都有附属物5。小坚果4，卵状椭圆形，扁平，平滑无毛。生海滨沙地。旅顺口有记载。

14. 聚合草属 Symphytum L.

Symphytum L. Sp. Pl. 136. 1753.

本属全世界约20种，分布于高加索至中欧，世界各地均有栽培。中国栽培1种。东北地区黑龙江、辽宁有栽培。

聚合草 Symphytum officinale L.【P.612】

多年生草本，全株密被短刚毛。基生叶有长柄，叶片卵状披针形；茎生叶互生，较小，边缘通常波状。总状花序顶生，花淡紫红色，花冠筒长约1厘米，先端5裂，喉部有5个披针形附属物；雄蕊内藏，花柱稍伸出。小坚果4，黑色，背面有网状皱褶。生河畔、林缘及山地平原。原产俄罗斯高加索地区，大连、鞍山、凌源等地栽培。

15. 蓝蓟属 Echium L.

Echium L. Sp. Pl. 139. 1753.

本属全世界有40余种，分布于非洲、欧洲及亚洲西部。中国有2种。东北仅辽宁栽培1种。

车前叶蓝蓟 Echium plantagineum L.【P.612】

1~2年生直立草本，株高20~60厘米。基生叶莲座状，长可达14厘米，粗糙有毛。花长在穗状分枝上，有蓝色、紫色、白色、粉红色等，花长15~20毫米，所有的雄蕊凸出。原产地中海周边国家。大连等地栽培。

16. 盾果草属 Thyrocarpus Hance

Thyrocarpus Hance in Ann. Sci. Nat. ser. 4. 18：225. 1862.
本属全世界约3种，分布于中国和越南。中国产2种。东北地区仅辽宁产1种。

弯齿盾果草 Thyrocarpus glochidiatus Maxim.【P.612】

一年生草本，全株被开展的长糙毛。基生叶及茎下部叶匙形或倒披针形，上部叶较小。花序总状，花冠淡蓝色，花冠筒喉部有附属物5；雄蕊5，内藏；花柱短，内藏。小坚果4，浅碟状，密被小瘤状突起，背面有两层碗状突起。生林下草地及向阳山坡草地。产大连。

17. 牛舌草属 Anchusa L.

Anchusa L. Sp. Pl. 133. 1753.
本属全世界约35种，主要分布地中海沿岸，非洲、欧洲及亚洲西部也有。中国栽培2种。东北地区栽培2种。辽宁栽培1种。

药用牛舌草 Anchusa officinalis L.【P.612】

多年生草本。苞片三角状披针形；花萼裂至2/3，与花冠筒等长，裂片狭卵状披针形，先端钝，外面有白色糙伏毛；花冠蓝色，长约8.5毫米，檐部稍短于筒部，裂片宽卵形，喉部附属物的先端和边缘肥厚，有密毛。小坚果表面有凸起的网纹和密疣点。原产欧洲。沈阳有栽培。

18. 琉璃苣属 Borago L.

Borago Sp. Pl. 1：137（1753）.
本属全世界有3种，分布于地中海区。中国常见栽培1种。辽宁有栽培。

琉璃苣 Borago officinalis L.【P.612】

一年生草本植物，株高可达120厘米，被粗毛，稍具黄瓜香味。叶互生，长圆形，粗糙，有柄。花序松散，下垂；花梗通常淡红色；花星状，鲜蓝色，有时白色或玫瑰色；雄蕊鲜黄色，5枚，在花中心排成圆锥形。小坚果平滑或有乳头状突起。原产欧洲与非洲北部地区。大连有栽培。

19. 斑种草属 Bothriospermum Bunge

Bothriospermum Bunge in Mem. Acad. Sci. St. Pkersb. 2：121（Enum. Pl. Chin. Bor. 47. 1833）1835.
本属全世界约5种，广布亚洲热带及温带地区。中国有5种，广布南北各省区。东北地区产4种，辽宁均产。

分种检索表

1. 小坚果有网状皱褶，腹面有横向凹陷，果长2.1~2.5毫米；茎、叶被开展或近开展的长糙毛。生荒野路边、山坡草丛。产义县、北镇等地 ················· 1. 斑种草 Bothriospermum chinense Bunge【P.612】
1. 小坚果有瘤状突起，腹面有纵向椭圆形或近长圆形的凹陷，果长0.9~2.3毫米。
  2. 小坚果长0.9~1.1毫米；茎下部伏卧，上部斜升或纤弱斜升或近直立；茎、叶贴生短糙毛。生山坡路边、田间草丛、山坡草地及溪边阴湿处。产大连、长海、金州、庄河、瓦房店等地 ·······················
  ················· 2. 柔弱斑种草 Bothriospermum zeylanicum（J. Jacq.）Druce【P.612】
  2. 小坚果长1.5~2.3毫米；茎较粗壮，直立或近直立；茎、叶通常被开展或近开展的长糙毛。

3. 小坚果长 1.7~2.3 毫米，被瘤状突起；叶狭披针形、线状倒披针形或近线形；花常生于花轴的两侧。生山坡道旁、农田及林缘。产凌源、建平、朝阳、沈阳、瓦房店、庄河、大连等地 ……………………………………………… 3. 狭苞斑种草 Bothriospermum kusnezowii Bunge【P.612】

3. 小坚果长 1.5 毫米（稀稍小），被细小而显著瘤状突起；叶狭椭圆形或长圆状披针形，稀狭长圆形；花常生于花轴的一侧。生山坡、河床、路边、灌木林、山谷溪边阴湿处等地。产葫芦岛、北镇、铁岭、沈阳、鞍山、抚顺、庄河、瓦房店、大连等地 ……………………………………………… 4. 多苞斑种草 Bothriospermum secundum Maxim.【P.613】

20. 附地菜属 Trigonotis Stev.

Trigonotis Stev. in Bull. Soc. Nat. Mosc. 24：603. 1851.

本属全世界约 57 种，分布于亚洲中部、中国、日本、朝鲜、菲律宾、北婆罗洲、巴布亚新几内亚。中国有 34 种 6 变种，分布中心为云南及四川。东北地区产 3 种 1 亚种 1 变种。辽宁产 2 种 1 亚种 1 变种。

分种检索表

1. 一、二年生草本；花小，檐部直径 1.5~3.5 毫米。
  2. 花冠檐部直径约 1.5 毫米；萼片先端尖。生平地、山坡草地、田间及路旁。产大连、庄河、鞍山、清原、丹东、凤城、宽甸、东港、本溪、桓仁、北镇、建昌、绥中、沈阳、法库、西丰、盖州 …………… ……… 1a. 附地菜 Trigonotis peduncularis (Trev.) Benth. ex Baker et Moore var. peduncularis【P.613】
  2. 花冠檐部直径（2.5~）3~3.5 毫米；萼片先端通常钝或有时近圆形。生低山山坡草地、林缘、灌丛或田间、荒野。产北镇、建昌等地 ………………………………………… … 1b. 钝萼附地菜 Trigonotis peduncularis var. amblyosepala (Nakai & Kitag.) W. T. Wang【P.613】
1. 多年生草本；花较大，檐部直径 5~10 毫米。
  3. 总状花序内无叶；叶柄短，茎上部叶近无柄或柄很短，下部叶最长的叶柄长不超过叶片的 1/3；叶片基部楔形。生沼泽草甸或沟边湿地。产宽甸、桓仁 …………………………………………… ……………………… 2. 水甸附地菜 Trigonotis myosotidea (Maxim.) Maxim.【P.613】
  3. 总状花序内有叶或叶状苞，花通常生于叶腋上方；叶有明显较长叶柄，茎下部和基部叶的叶柄至少长于叶片的 1/2 以至显著地长于叶片；叶片基部圆楔形，近圆形或微心形。生林缘、灌丛间及稍湿草地。产沈阳、法库、北镇、桓仁、本溪、西丰、清原、丹东、凤城、宽甸、东港、瓦房店、庄河、鞍山等地 ……………………………………… 3b. 朝鲜附地菜（森林附地菜）Trigonotis radicans (Turcz.) Stev. subsp. sericea (Maxim.) Riedl【P.613】

21. 勿忘草属 Myosotis L.

Myosotis L. Sp. Pl. 131. 1753； Gen. Pl. ed. 5. 63. 1754.

本属全世界约 50 种，分布于欧亚大陆的温带、热带非洲、南非洲、大洋洲。中国有 4 种。东北地区产 2 种 1 亚种。辽宁产 1 种。

湿地勿忘草 Myosotis laxa subsp. caespitosa (Schultz) Hyl. ex Nordh.【P.613】

多年生草本。全株贴生短糙毛。茎下部叶具柄，叶片长圆形至倒披针形，全缘。花萼钟状，萼齿裂至花萼长度的 1/2；花冠淡蓝色，长 2~3 毫米，筒部与花萼近等长，檐部直径 3~4 毫米，喉部黄色，有 5 个附属物。小坚果卵形，光滑，暗褐色。生溪边、水湿地及山坡湿润地。产彰武县。

一三三、马鞭草科 Verbenaceae

Verbenaceae J. St.-Hil., Expos. Fam. Nat. 1：245 (1805).

本科全世界91属，约2000种，主要分布于热带和亚热带地区，少数延至温带地区；中国有20属182种。东北地区产6属12种1亚种2变种1变型，辽宁均产，其中栽培6种1变种。

分属检索表

1. 木本植物。
  2. 果实不为干燥的蒴果，中果皮多少肉质。
    3. 掌状复叶或单叶；花冠二唇形 ·· 1. 牡荆属（黄荆属）Vitex
    3. 单叶；花冠整齐。
      4. 花小，花冠4裂；通常为腋生聚伞花序 ······························ 2. 紫珠属 Callicarpa
      4. 花大，花冠5裂；为顶生或上部腋生聚伞花序或圆锥花序 ····· 3. 大青属（赪桐属）Clerodendrum
  2. 果实为干燥开裂的蒴果；叶全缘或有齿，不深裂成小叶；花萼通常深5裂，很少4或6裂；雄蕊显著伸出花冠外 ·· 4. 莸属 Caryopteris
1. 草本植物或亚灌木。
  5. 子房4室；果实成熟后4瓣裂；叶片深裂至浅裂，边缘有不整齐锯齿 ············· 5. 马鞭草属 Verbena
  5. 子房2室；果实成熟后2瓣裂；叶片不分裂，边缘有近整齐的锯齿。匍匐草本；花萼2裂成二唇形；花冠裂片二唇形 ·· 6. 过江藤属 Phyla

1. 牡荆属（黄荆属）Vitex L.

Vitex L. Sp. Pl. 638. 1753.

本属全世界约250种，主要分布于热带和温带地区。中国有14种7变种3变型。主产长江以南，少数种类向西北经秦岭至西藏高原，向东北经华北至辽宁等地。东北地区产1种1亚种2变种1变型，辽宁均产。

分种检索表

1. 匍匐灌木；单叶，广倒卵形或广椭圆形，先端圆或钝，全缘。生海滨沙地。产金州、长海 ··················
             1b. 单叶蔓荆（蔓荆）Vitex trifolia subsp. litoralis Steenis 【P.613】
1. 直立灌木；掌状复叶。
  2. 小叶全缘。生山坡或灌丛中。产凌源 ··············· 2a. 黄荆 Vitex negundo L. var. negundo 【P.613】
  2. 小叶边缘有锯齿或缺刻状锯齿。
    3. 小叶边缘有缺刻状锯齿，浅裂或深裂，幼时背面密生灰白色绒毛。
      4. 花淡紫色。生山坡或灌丛中。产凌源、建平、朝阳、建昌、北镇、兴城、绥中、沈阳、大连、金州等地 ········ 2ba. 荆条 Vitex negundo var. heterophylla（Franch.）Rehd. f. heterophylla 【P.613】
      4. 花白色。生山坡或灌丛中。产朝阳、凌源 ··
    ··· 2bb. 白花黄荆 Vitex negundo var. heterophylla f. albiflora H. W. Jen & Y. J. Chang 【P.614】
    3. 小叶边缘有锯齿，幼时背面疏生柔毛。生山坡或灌丛中。产大连 ····································
    ·················· 2c. 牡荆 Vitex negundo var. cannabifolia（Sieb. et Zucc.）Hand.-Mazz. 【P.614】

2. 紫珠属 Callicarpa L.

Callicarpa L. Sp. Pl. 111. 1753.

本属全世界约190种，主要分布于热带和亚热带亚洲和大洋洲，少数种分布于美洲，极少数种可延伸到亚洲和北美洲的温带地区。中国有46种，主产长江以南，少数种可延伸到华北至东北和西北的边缘。东北地区仅辽宁产2种，其中栽培1种。

分种检索表

1. 叶倒卵形、卵形或卵状椭圆形；花丝与花冠等长或稍长。生山坡灌丛间。产大连、旅顺口、金州、庄河、长海等地 ·· 1. 日本紫珠 Callicarpa japonica Thunb. 【P.614】

1. 叶倒卵形或披针形；花丝长约为花冠的2倍。生溪边和山坡灌丛中。庄河有记载 ·····················
·· 2. 白棠子树 Callicarpa dichotoma（Lour.）K. Koch【P.613】

3. 大青属（赪桐属）Clerodendrum L.

Clerodendrum L. Sp. Pl. 637. 1753 et Gen. Pl. ed. 5：285. 1754.

本属全世界约400种，分布热带和亚热带地区，少数分布温带地区，主产东半球。中国34种6变种，大多数分布在西南、华南地区。东北地区仅辽宁产1种。

海州常山 Clerodendrum trichotomum Thunb.【P.613】

落叶灌木或小乔木。叶对生；叶片广卵形。聚伞花序；苞叶状，椭圆形，早落；花萼宿存，花蕾时绿白色，后变紫红色，5深裂；花冠白色或带粉红色，花冠管细长，顶端5裂，裂片长圆形。核果近球形，成熟时蓝紫色，包于宿存花萼内。生丘陵、山坡、路旁、林边、沟谷及溪边丛林中。产丹东、庄河、金州、大连等地。

4. 莸属 Caryopteris Bunge

Caryopteris Bunge，Pl. Mongholico-Chin. 27. 1835.

本属全世界16种，分布亚洲中部和东部，中国产14种。东北地区仅辽宁栽培2种。

分种检索表

1. 叶缘有锯齿；叶背脉明显；子房顶端被短毛。分布江苏、安徽、浙江、江西、湖南、湖北、福建、广东、广西。大连有栽培 ································· 1. 兰香草 Caryopteris incana（Thunb.）Miq.【P.613】
1. 叶片全缘，稀有齿；叶背脉不明显；子房无毛。产河北、山西、陕西、内蒙古、甘肃。大连有栽培
··· 2. 蒙古莸 Caryopteris mongholica Bunge【P.614】

5. 马鞭草属 Verbena L.

Verbena L. Sp. Pl. 18. 1753.

本属全世界约250种，除2~3种产东半球外，全部产于热带至温带美洲。中国有7种。东北地区仅辽宁产6种，其中栽培5种。

分种检索表

1. 花冠几乎被苞片覆盖；茎平卧或外倾；叶披针形。生路边、荒地、空旷的斜坡等处。原产北美洲。分布大连、金州 ···························· 1. 长苞马鞭草 Verbena bracteata Cav. ex Lag. & J. D. Rodriguez【P.614】
1. 花冠明显超出苞片。
  2. 穗状花序。
    3. 穗状花序较粗壮；花大，花冠长于1厘米；叶长圆形、卵圆形，边缘具粗齿。原产北美洲。大连、铁岭等地有栽培，有逃逸，见于路边的绿化带、荒地 ······ 2. 绒毛马鞭草 Verbena stricta Vent.【P.614】
    3. 穗状花序细瘦；花小，花冠长4~8毫米；叶片卵圆形至长圆状披针形，基生叶的边缘通常有粗锯齿和缺刻，茎生叶多数3深裂。分布全世界的温带至热带地区。大连、沈阳等地有栽培 ·····················
·· 3. 马鞭草 Verbena officinalis L.【P.614】
  2. 聚伞花序或穗状花序短缩呈头状。
    4. 聚伞花序；叶十字对生，初期椭圆形，花茎抽高后的叶细长如柳叶状，叶缘略有缺刻。原产南美洲。大连等地有栽培 ···················· 4. 柳叶马鞭草 Verbena bonariensis L.【P.614】
    4. 穗状花序短缩呈头状。
     5. 叶长圆状披针状三角形，有不等大的宽圆齿或近基部稍分裂；花冠长2~2.5厘米。原产巴西、秘鲁、乌拉圭等地。大连、沈阳等地有栽培 ················· 5. 美女樱 Verbena hybrida Voss.【P.614】

5. 叶二回羽状细裂，裂片线形；花冠长约1.2厘米。原产美洲热带地区。大连等地有栽培 ……………
………………………………………………………………… 6. 细叶美女樱 Verbena tenera Spreng.【P.614】

6. 过江藤属 Phyla Lour.

Phyla Lour. Fl. Cochinch. 66. 1790.

本属全世界约10种，分布于亚洲、非洲、美洲。中国有1种1变种。东北地区仅辽宁栽培1变种。

姬岩垂草 Phyla nodiflora var. minor（Hook.）N. O′Leary & M. E. Múlgura【P.614】

多年生草本。茎四方形，有时基部木质化，匍匐或斜升，节易生根。单叶对生，叶披针形，上半部边缘有锯齿。花序头状，小花白色黄心，有香味；花萼小，膜质，近二唇形；花冠柔弱，下部管状，上部扩展呈二唇形，上唇较小，下唇较大。原产智利。大连有栽培。

一三四、唇形科 Lamiaceae（Labiatae）

Lamiaceae Martinov，Tekhno-Bot. Slovar 355（1820），nom. cons.

Labiatae Juss.，Gen. Pl.［Jussieu］110（1789），nom. cons.

本科全世界有220余属，3500余种，广布世界各地，但最集中的分布区在地中海和西亚。中国有96属807种。东北地区产33属106种2亚种23变种5变型，其中栽培17种2变种。辽宁产30属85种2亚种17变种3变型，其中栽培19种1变种。

分属检索表

1. 花柱着生点高于子房基部，果脐大，为果高的1/2；花冠单唇形或假单唇形（上唇不发达），少为二唇形。
　2. 4个雄蕊均发育；花冠单唇形或假单唇形。
　　3. 花冠假单唇形，上唇极短，下唇3裂，很大；花冠筒内有毛环 ………… 1. 筋骨草属 Ajuga
　　3. 花冠单唇形，无上唇，下唇5裂；花冠筒内无毛环 …………………… 2. 香科科属 Teucrium
　2. 前雄蕊能育，后雄蕊退化；花冠二唇形。
　　4. 聚伞花序集成圆锥状；花小，蓝色至紫蓝色；叶3~4深裂 ………………… 3. 水棘针属 Amethystea
　　4. 轮伞花序密集多花，在枝顶成单个头状花序，或为多个而远离；花大，花冠鲜艳，有红色、紫色、白色、灰白色、黄色，常具斑点；叶缘具齿 ………………… 4. 美国薄荷属 Monarda
1. 花柱着生于子房裂隙的基部，果脐小；花冠二唇形或整齐。
　5. 花萼二唇形。
　　6. 种子多少横生；子房有柄；小坚果具瘤或各种毛，稀具翅 ………… 5. 黄芩属 Scutellaria
　　6. 种子直生；子房通常无柄；小坚果光滑；多年生栽培植物，具披针状线形而边缘内卷的叶；花萼1/4式二唇 ……………………… 6. 薰衣草属 Lavandula
　5. 花萼具5（~3）齿，不为二唇形，或为二唇形但均无盾片或突起。
　　7. 雄蕊上升或平展而直伸，不平卧于花冠下唇或包于其内。
　　　8. 雄蕊藏于花冠筒内；花冠筒通常不伸出花萼；叶近圆形、掌状分裂 ……… 7. 夏至草属 Lagopsis
　　　8. 两性花的雄蕊不藏于花冠筒内。
　　　　9. 花药近圆形，药室平叉开，顶端汇合成一室，散粉后扁平展开；萼齿5，近相等；雄蕊4；穗状花序；花冠二唇形，裂片5（~4），明显不相等；花于花序上多偏向一侧，苞片与花相对 …………
………………………………………………………………… 8. 香薷属 Elsholtzia
　　　　9. 花药非球形，药室平行或叉开，顶端不汇合成一室（仅糙苏属、龙头草属除外），在散粉后均不扁平展开。
　　　　　10. 雄蕊2，药隔延长，线形，与花丝有关节相连成丁字形；萼齿3~5 ……… 9. 鼠尾草属 Salvia

10. 雄蕊4或2，药隔与花丝无关节相连；萼齿5。

  11. 花冠明显二唇形。

    12. 雄蕊4。

      13. 后雄蕊比前雄蕊长。

        14. 两对雄蕊彼此不平行。

          15. 后雄蕊下倾，前雄蕊上升，两者交叉；花冠下唇中裂片基部不狭窄成爪状；叶不分裂 ·· **10. 藿香属 Agastache**

          15. 后雄蕊上升，前雄蕊多少向前直伸；花冠下唇中裂片向基部狭窄成爪状；叶分裂 ·· **11. 荆芥属 Nepeta**

        14. 两对雄蕊平行上升于花冠上唇之下。

          16. 萼齿基部夹角处有瘤状突起 ················ **12. 青兰属 Dracocephalum**

          16. 萼齿基部夹角处无瘤状突起。

            17. 无地上匍匐枝。

              18. 花萼囊状，果时膨胀成膀胱状；花大 ············ **13. 假龙头花属 Physostegia**

              18. 花萼管状，果时稀膨大；花小 ············ **11. 荆芥属 Nepeta**

            17. 有地上匍匐枝。

              19. 药室叉开成90°；叶先端通常钝 ········· **14. 活血丹属（连钱草属）Glechoma**

              19. 药室平行；叶先端通常尖 ················ **15. 龙头草属 Meehania**

      13. 后雄蕊比前雄蕊短。

        20. 花萼二唇形，萼齿不同型。

          21. 花萼下唇于果期上弯封闭萼的喉部；4雄蕊均上升至花冠上唇之下；多年生草本 ·· **16. 夏枯草属 Prunella**

          21. 花萼下唇于果期不上弯封闭萼喉；4雄蕊自基部展开直伸，不上升至花冠上唇之下；矮小半灌木 ·············· **17. 百里香属 Thymus**

        20. 花萼不为二唇形，萼齿近同型。

          22. 花萼先端平截，具5小尖齿；花柱先端2裂片极不等长；后雄蕊花丝基部常突出成附属物 ················ **18. 糙苏属 Phlomoides**

          22. 花萼先端不平截，具5带刺尖的齿；花柱先端2裂片等长或近等长；花丝基部无附属物。

            23. 花冠下唇有2角状突起；药室于花期横裂，内瓣较小、有纤毛，外瓣无毛 ······ ·· **19. 鼬瓣花属 Galeopsis**

            23. 花冠下唇无突起；药室不横裂，平行或平叉开。

              24. 小坚果三棱形，顶端平截。

                25. 花冠喉部腹状膨大；萼齿非针状 ············ **20. 野芝麻属 Lamium**

                25. 花冠喉部不甚膨大；萼齿顶多刺状；植株无刺；花冠筒比萼筒长 ············ ·· **21. 益母草属 Leonurus**

              24. 小坚果近卵球形或长圆形，无三棱，顶端不平截、常钝圆。

                26. 花柱先端2裂片明显不等大；苞片线形或针状，通常生有开展的长刺毛 ··· ·· **22. 风轮菜属 Clinopodium**

                26. 花柱先端2裂片近等大；苞片有各种形状，无开展的长刺毛 ············ ·· **23. 水苏属 Stachys**

      12. 雄蕊2，后雄蕊退化或无 ················ **24. 石荠苎属（荠苎属）Mosla**

  11. 花冠近整齐。

    27. 花萼二唇形，果期增大，俯垂 ················ **25. 紫苏属 Perilla**

    27. 花萼通常整齐，果期不俯垂。

28. 前雄蕊能育，后雄蕊退化为丝状或消失 ………… 26. **地笋属（地瓜苗属）Lycopus**

28. 4个雄蕊均能育 ………………………………………… 27. **薄荷属 Mentha**

7. 雄蕊下倾，平卧于花冠下唇之上或包于其内；花冠下唇单一，全缘，上唇4浅裂。

29. 花冠下唇内凹。

30. 雄蕊花丝在基部连合成筒形的鞘；花萼 1/4 或 3/2 式二唇，果时增大，但不甚改变；花序多种多样，但常具有色苞片 ………………………… 28. **马刺花属（延命草属）Plectranthus**

30. 雄蕊花丝分离；花萼有相等的5齿或3/2式二唇；聚伞花序排列成总状或圆锥状；花冠上唇具4圆裂片 ………………………………………… 29. **香茶菜属 Isodon**

29. 花冠下唇扁平或微凹，与上唇近等长或微较长，花冠筒不伸出花萼；轮伞花序排列成穗状、总状或圆锥状 ………………………………………… 30. **罗勒属 Ocimum**

1. 筋骨草属 Ajuga L.

Ajuga L. Sp. Pl. ed.: 561. 1753.

本属全世界40~50种，广布于欧亚大陆温带地区，极少数种出现于热带山区。中国有18种12变种5变型。东北地区产2种3变种，辽宁均产。

分种检索表

1. 茎生叶椭圆状卵圆形至椭圆状长圆形，有时为卵状披针形，长 1~3.5（~5）厘米，宽 8~18（~30）毫米。

2. 花冠蓝紫色或蓝色。

3. 植株高 6~20 厘米；茎基部叶不为莲座状；花长 10~12 毫米。

4. 植株高达 20 厘米；茎及花序被柔毛；密集的穗状聚伞花序；在花序下方的叶对生，椭圆状长圆形或椭圆状卵圆形，无柄；苞叶大，下部者与茎叶同形，向上渐小，呈披针形或卵形，被柔毛状糙伏毛。生开阔的山坡疏草丛或河边草地或灌丛中。产沈阳、抚顺、新宾、凤城、丹东、鞍山、庄河、金州、大连等地 …………………… 1a. **多花筋骨草 Ajuga multiflora** Bunge var. **multiflora【P.614】**

4. 植株高约 12 厘米；茎及花序密被长绢毛；花序短而密，长 3~4 厘米；在花序下方的叶常互生，披针形或长圆状披针形，具长柄，苞叶较小，披针形，被长绢毛。生开阔的山坡疏草丛。产鞍山（千山） ………… 1b. **多花筋骨草短穗变种 Ajuga multiflora** var. **brevispicata** C. Y. Wu et C. Chenv

3. 植株较粗壮，高 13~23 厘米；茎基部叶常作莲座状，卵状长圆形，上部的叶及苞叶常为宽卵形或几圆形，边缘具粗锯齿；花长达 18 毫米。生开阔的山坡疏草丛。产沈阳 …………………………………………………………… 1c. **多花筋骨草莲座变种（莲座筋骨草）Ajuga multiflora** var. **serotina** Kitag.

2. 花冠粉红色。生开阔的山坡疏草丛或疏林下。产庄河 ……………………………………………………………………………… 1d. **粉花筋骨草 Ajuga multiflora** var. **roseolum** Z. S. M.

1. 茎生叶线形、线状披针形或线状倒披针形，长 3~7 厘米，宽 4~9 毫米。生山地干草坡及沟边。产大连、瓦房店 ……………………………… 2. **线叶筋骨草 Ajuga linearifolia** Pamp.【P.615】

2. 香科科属 Teucrium L.

Teucrium L. Sp. Pl. 563. 1753.

本属全世界100~300种，遍布于世界各地，盛产于地中海区。中国有18种10变种，分布于全国各地，集中于西南部。东北地区产2种，辽宁均产。

分种检索表

1. 花冠长 11~12 毫米；叶片长圆状卵形，长 3~5 厘米；叶柄长 4~8 毫米。生向阳山坡及路边。产大连、金州、喀左等地 ………………………… 1. **黑龙江香科科 Teucrium ussuriense** Kom.【P.615】

1. 花冠长 7~8 毫米；叶片近圆形或卵状三角形，长 2~4 厘米；叶柄长 1~2 厘米。生山地林下。产鞍山、大连、昌图、本溪、宽甸 ……………… 2. **裂苞香科科 Teucrium veronicoides** Maxim.【P.615】

3. 水棘针属Amethystea L.

Amethystea L. Sp. Pl. 21. 1753.

本属全世界仅1种，分布极广，自俄罗斯西伯利亚，南至我国云南，东至日本，西至伊朗。东北各地有分布。

水棘针Amethystea caerulea L.【P.615】

一年生直立草本。茎带紫色，多分枝。叶对生，叶柄有狭翼；叶片通常为3全裂或3深裂。圆锥花序；苞叶与叶同形，向上渐小；花冠蓝色或紫蓝色，花冠筒略长于萼或内藏，冠檐二唇形，上唇近直立，2裂，下唇略开展，3裂。生田间、田边、路旁、荒地、杂草地、山坡、灌丛等处。产辽宁各地。

4. 美国薄荷属Monarda L.

Monarda L. Sp. Pl. ed. 1：22. 1753.

本属全世界6~12种，分布于北美洲（至墨西哥）。中国栽培2种。东北仅辽宁栽培1种。

美国薄荷Monarda didyma L.【P.615】

多年生直立草本。叶片卵状披针形，侧脉9~10对。轮伞花序多花，在茎顶密集成头状花序；苞片叶状，短于花序；花萼管状，稍弯曲，干时紫红色，萼齿5；花冠紫红色或深红色，长约为花萼2.5倍，冠檐二唇形，上唇全缘，下唇3裂。原产美洲，大连有栽培。

5. 黄芩属Scutellaria L.

Scutellaria L. Sp. Pl. 598. 1753.

本属全世界大约350种，广布世界各地，但热带非洲少见，非洲南部全无。中国产98种。东北地区产12种6变种。辽宁产8种5变种。

分种检索表

1. 根状茎念珠状。生山地泉旁碎石滩上草丛及沼地中。产桓仁 ……………………………………………
  …………………………………… 1. 念珠根茎黄芩（串珠黄芩）Scutellaria moniliorrhiza Kom.【P.615】
1. 根状茎不呈念珠状。
  2. 单花腋生。
    3. 叶多少呈戟形，锯齿十分发达；花长5~6.5毫米；花梗花后不下垂；苞叶与茎叶同形，变小。生海拔250米以下的溪畔或落叶松林中湿地上。产西丰、新宾、本溪、北镇等地 ……………………………………
      ………………………………… 2. 纤弱黄芩Scutellaria dependens Maxim.【P.615】
    3. 叶不呈戟形。
      4. 叶背面生有颗粒状的小腺点，边缘通常全缘或稍有低平的疏齿。生河岸或沼泽地。产沈阳、法库、铁岭、桓仁、新宾、北镇 ………………………… 3. 狭叶黄芩Scutellaria regeliana Nakai【P.615】
      4. 叶背面生有明显的凹陷的腺点，边缘有齿。
        5. 叶两面密被硬毛或糙伏毛；茎大多自基部开展分枝；叶多为椭圆形，稀卵圆形或长圆形，边缘锯齿较不发达。生海边沙地。产大连、长海、绥中、东港等地 …………………………………
          ………………………………………… 4. 沙滩黄芩Scutellaria strigillosa Hemsl.【P.615】
        5. 叶上面无毛或被具节长伏毛；茎不分枝，或具或多或少或长或短的分枝；叶片三角状狭卵形，三角状卵形，或披针形，边缘大多具浅锐的齿。
          6. 叶上面无毛；茎只在棱上疏被微柔毛或几乎无毛。
            7. 叶三角状狭卵形、三角状卵形或披针形，长1.5~3.8厘米，宽0.4~1.4厘米，先端大多钝，稀微尖，边缘大多具浅锐牙齿，稀生少数不明显的波状齿，极少近全缘，具多数凹点或不具凹

点。生草地、住宅附近、田边、沙地等处。产昌图、新民、彰武、凌源、庄河、长海等地
.... 5a. 并头黄芩Scutellaria scordifolia Fisch. ex Schrank var. scordifolia【P.615】

      7. 叶披针状线形至线形，长1.4~4厘米，宽2~6毫米，先端极钝，极全缘或具少数远离的小圆
         齿，上面无毛，下面只在脉上疏被微柔毛，密生凹点。生海拔1400米以下的沙地上。辽宁有
         记载 .... 5b. 并头黄芩喜沙变种Scutellaria scordifolia var. ammophila（Kitag.）
         C. Y. Wu et W. T. Wang

    6. 叶上面和茎或多或少被毛。
      8. 叶上面及茎上部毛被较密，且系具节长伏毛。生山阴坡落叶林下。产建平 ....
         .... 5c. 并头黄芩雾灵山变种（雾灵黄芩）Scutellaria scordifolia var. wulingshanensis
         （Nakai & Kitag.）C. Y. Wu et W. T. Wang
      8. 叶上面疏被但在下面除脉外亦被有紧贴微柔毛；茎沿棱上被有较密的上曲微柔毛。生于山地
         草坡上或湿草甸上。产昌图 ....
         .... 5d. 并头黄芩微柔毛变种Scutellaria scordifolia var. puberula Regel ex Komarov

2. 顶生总状花序。
  9. 叶全缘。生向阳草地及撂荒地。产法库、本溪、凤城、营口、盖州、普兰店、长海、金州、大连、北
    镇、葫芦岛、兴城、绥中、建平、建昌、凌源等地 ... 6. 黄芩Scutellaria baicalensis Georgi【P.615】
  9. 叶有齿。
    10. 一年生草本；根状茎细长，常分生细长匍匐枝；茎被柔毛或无毛；花冠长15~18毫米。
      11. 茎及叶柄常绿色，不带紫色。
        12. 茎疏被上曲的白色小柔毛，以茎上部者较密；花萼密被小柔毛；叶草质，两面疏被伏贴的小
           柔毛，下面以沿各脉上较密。生林缘、林间、沟边湿地、溪旁草地、干山坡。产西丰、铁
           岭、沈阳、本溪、宽甸、庄河、长海、大连、兴城等地 ....
           .... 7a. 京黄芩Scutellaria pekinensis Maxim. var. pekinensis【P.616】
        12. 茎几乎无毛或被极疏的小柔毛；花萼仅脉上被疏柔毛；叶膜质，上面无毛或着生于基部者被
           糙伏毛，下面仅沿脉上被极疏的柔毛。生林下、林缘、湿草地、溪流旁。产凤城、宽甸、本
           溪、桓仁、鞍山、大连、金州、普兰店、瓦房店等地 .... 7b. 黑龙江黄芩（乌苏里黄芩）
           Scutellaria pekinensis var. ussuriensis（Regel）Hand.-Mazz.
      11. 茎及叶柄常带紫色，密被短柔毛；叶两面疏被具节柔毛，下面沿脉上密被短柔毛。生疏林下。
        产凤城 .... 7c. 京黄芩紫茎变种Scutellaria pekinensis var. purpureicaulis（Migo）
        C. Y. Wu et H. W. Li
    10. 多年生草本；根状茎粗而长，木质，垂直、斜升或横走；茎密被开展或下曲的粗硬毛；花冠长24~
      29毫米。生山坡及阴坡沟旁多石地。产凌源 ....
      .... 8. 木根黄芩Scutellaria planipes Nakai et Kitag.【P.616】

6. 薰衣草属Lavandula L.

Lavandula L. Sp. Pl. 572. 1753.

    本属全世界约28种，分布于大西洋群岛及地中海地区至索马里，巴基斯坦及印度。中国栽培4种。东北
仅辽宁栽培4种。

分种检索表

1. 叶全缘。
  2. 穗状花序所有苞片均不超出萼片。原产地中海地区。大连等地有栽培 ....
    .... 1. 薰衣草Lavandula angustifolia Mill.【P.616】
  2. 穗状花序顶部有超出萼片的紫色苞片。原产地中海地区。大连等地有栽培 ....
    .... 2. 法国薰衣草Lavandula stoechas L.【P.616】

1. 叶缘有齿裂。
  3. 叶羽状分裂。原产加那利群岛。大连等地有栽培 ……………………………………………
  …………………………………………… 3. 羽叶薰衣草 Lavandula pinnata Lundmark【P.616】
  3. 叶非羽状分裂，狭长而叶缘锯齿状。原产西班牙和南法。大连等地有栽培 ………………
  …………………………………………… 4. 齿叶薰衣草 Lavandula dentata L.【P.616】

7. 夏至草属 Lagopsis Bunge ex Benth.

Lagopsis Bunge ex Benth Labiat Gen et Sp. 586. 1836.

本属全世界有4种，主要分布于亚洲北部，自俄罗斯西伯利亚西部经中国至日本。中国产3种。东北地区产1种，各省区均有分布。

夏至草 Lagopsis supina（Steph.）Ik.【P.616】

多年生草本。茎直立或上升，被倒生柔毛。叶对生，近圆形而掌状3深裂，两面绿色，被微毛。轮伞花序腋生；花萼管状钟形，密被微毛，顶端5齿裂；花冠白色，二唇形，花冠筒通常不伸出于萼。小坚果卵状三角形，褐色。生路旁、旷地上。产大连、鞍山、盖州、沈阳、北镇等地。

8. 香薷属 Elsholtzia Willd.

Elsholtzia Willd. in Bot. Mag. Roem. & Ust. Ⅳ. 9：3. 1790.

本属全世界约40种，主产亚洲东部，1种延至欧洲及北美洲，3种产非洲（埃塞俄比亚）。中国约有33种，15变种及5变型。东北地区产6种1变种。辽宁产5种。

分种检索表

1. 半灌木；苞片狭，披针形或线状披针形。生山坡、路旁坡地及沙质地。产凌源、绥中、锦州等地 ………
  ……………………………………… 1. 木香薷 Elsholtzia stauntonii Benth.【P.616】
1. 草本；苞片较宽，半圆形、广卵圆形或近圆形等。
  2. 苞片交互对生，在花序内排成纵列的4行，花序明显或不太明显地偏向一侧。
    3. 叶片三角形或狭卵状三角形。生林缘、灌丛、草地、多石地、田边。产本溪、宽甸、凤城、庄河、鞍山、岫岩等地 ……………… 2. 海州香薷 Elsholtzia splendens Nakai ex F. Maekawa【P.616】
    3. 叶片披针形。
      4. 株高10~20厘米；叶披针形至线状披针形，长1~4.5厘米，宽0.1~1厘米；穗状花序不明显偏向一侧，略呈四面向，长1~2（~2.5）厘米。生岩石缝中。产庄河 ……………………………………… 3. 岩生香薷 Elsholtzia serotina Kom.【P.616】
      4. 株高30~50厘米；叶狭披针形至线状披针形，长（1.5~）2~5.5厘米，宽0.2~0.8（~1）厘米；穗状花序偏向一侧，长3.5~4.5厘米。生山区的山坡、林缘、路边、草地及岩石缝隙间等环境。产北镇、营口、海城、庄河、金州、凤城、东港、鞍山、抚顺等地 ……………………………… 4. 狭叶香薷 Elsholtzia angustifolia（Loes.）Kitag.【P.616】
  2. 苞片对生，在花序内排列成纵列的2行，使花序外形压扁，显著地偏向一侧。生路旁、山坡、荒地、林内、河岸。产辽宁各地 ……………………………… 5. 香薷 Elsholtzia ciliata（Thunb.）Hyl.【P.616】

9. 鼠尾草属 Salvia L.

Salvia L. Sp. Pl. 23. 1753.

本属全世界700~1050种，生于热带或温带地区。中国有78种，24变种，8变型，分布于全国各地，尤以西南为最多。东北地区产8种1变种1变型，辽宁均产，其中栽培4种。

分种检索表

1. 羽状复叶或单叶间有具3小叶的复叶。
  2. 羽状复叶，小叶3~5（~7），卵圆形、椭圆状卵形或披针形。
    3. 花蓝紫色，长2~3厘米。生山坡向阳处、林下、溪旁。产凌源、建昌、绥中、普兰店、大连等地 ……
      …………………… **1aa. 丹参 Salvia miltiorrhiza** Bunge var. miltiorrhiza f. miltiorrhiza【P.617】
    3. 花白色。生山坡向阳处。产大连湾一带 …………………………………………………………
      …………………… **1ab. 白花丹参 Salvia miltiorrhiza** var. miltiorrhiza f. alba C. Y. Wu et H. W. Li
  2. 叶为单叶，间有具3小叶的复叶，叶片或小叶片圆形或近圆形。生草丛、山坡或路旁。产大连 …………
    ………………… **1b. 单叶丹参 Salvia miltiorrhiza** var. charbonnelii（Levl.）C. Y. Wu【P.617】
1. 单叶。
  4. 一年生或两年生；花红色、蓝色、紫色等。
    5. 茎无毛；花大，长1~4.5厘米，红色或紫色；栽培植物。
      6. 花红色，长4~4.5厘米。原产巴西。辽宁各地栽培
        ………………………………………………… **2. 一串红 Salvia splendens** Ker.–Gawl.【P.617】
      6. 花冠蓝紫色或灰白色，长1.2~2.0厘米。原产欧洲。辽宁各地栽培 …………………………………
        ………………………… **3. 蓝花鼠尾草（一串蓝）Salvia farinacea** Benth.【P.617】
    5. 茎被毛；花较小，长0.4~2厘米，淡紫色、淡红色至蓝色；野生植物。
      7. 花长0.4~0.5厘米；叶片椭圆状卵形或椭圆状披针形，边缘具齿。生山坡、路旁、沟边、田野潮湿的
        土壤上。产绥中、兴城、沈阳、盖州、瓦房店、大连、长海、庄河、丹东、本溪等地 …………
        …………………… **4. 荔枝草（小花鼠尾草）Salvia plebeia** R. Br.【P.617】
      7. 花长1~2厘米。
        8. 叶片披针形到狭椭圆形，边缘具稀锯齿。生路旁、河边。原产北美洲。分布辽宁西部各地 ……
          ………………………………………… **5. 矛叶鼠尾草 Salvia reflexa** Hornem.【P.617】
        8. 叶片三角形或卵圆状三角形，边缘具重圆齿或其他类型的齿。生于山坡、谷地或路旁。产朝阳
          ……………………………………… **6. 荫生鼠尾草 Salvia umbratica** Hance【P.617】
  4. 多年生；花冠紫色或蓝色。
    9. 叶片卵圆形或披针状卵圆形；花冠长9~10毫米；花柱与花冠等长。原产欧洲。辽宁各地有栽培
      ……………………………………… **7. 新疆鼠尾草 Salvia deserta** Schang【P.617】
    9. 叶片三角状或椭圆状戟形；花冠长2.1~4.0厘米；花柱伸出花冠。原产欧洲、亚洲西部和非洲北部。辽
      宁各地栽培 ……………………………… **8. 草甸鼠尾草 Salvia pratensis** L.【P.617】

10. 藿香属 Agastache Clayt. et Gronov

Agastache Clayt. et Gronov in Gronov Fl. Virgin 88. 1762.

本属全世界9种，1种产亚洲东部，8种产北美洲。中国产1种。东北各省区有分布。

藿香 Agastache rugosa（Fisch. et Meyer）O. Ktze.【P.617】

多年生直立草本。叶片心状卵形至长圆状卵形，基部心形，边缘具钝齿，先端尾状长渐尖。穗状花序；花萼管状，萼齿三角形；花冠淡红紫色至淡蓝紫色，上唇稍弯，顶端微缺，下唇3裂；雄蕊伸出花冠外；花柱先端2裂。生河边、山坡草地。产清原、抚顺、海城、鞍山、瓦房店、金州、大连、普兰店、庄河、岫岩、凤城、宽甸、桓仁、丹东等地。

11. 荆芥属 Nepeta L.

Nepeta L. Sp. Pl. 570. 1753.

本属全世界约250种，分布亚洲温带、北美洲、欧洲，集中分布区是地中海区及西南亚、中亚。中国有

42种。东北地区产6种，其中栽培1种。辽宁产4种，其中栽培2种。

分种检索表

1. 叶指状三裂或羽状或二回羽状深裂；两对雄蕊彼此不平行。
 2. 叶通常为指状3裂或有时羽状深裂，裂片较细，线状披针形；花小，花冠长约4毫米；苞片广披针形。生山沟、山坡路旁、林缘。产朝阳、凌源、阜新、普兰店、大连等地 ……………………………………………………………………………… 1. **裂叶荆芥** Nepeta tenuifolia Benth.【P.617】
 2. 叶羽状深裂或浅裂，有时具不规则浅裂以至全缘；花较大，花冠长6~8毫米；苞片广卵形，先端骤尖。生松林林缘、山坡草丛中。产凌源 ……………………… 2. **多裂叶荆芥** Nepeta multifida L.【P.617】
1. 叶卵状至三角状心脏形，具齿；两雄蕊平行上升于花冠上唇之下。
 3. 花白色。多生宅旁或灌丛中。产吉林、新疆、甘肃、陕西、河南、山西、山东、湖北、贵州、四川及云南等地。辽宁有药草园栽培 …………………………………… 3. **荆芥** Nepeta cataria L.【P.618】
 3. 花紫色。杂交种。辽宁常见栽培 …… 4. **费森杂种荆芥** Nepeta × faasenii Bergmans ex Stearn【P.618】

12. 青兰属 Dracocephalum L.

Dracocephalum L. Sp. Pl. 2：594. 1753.

  本属全世界约70种，主要分布于温带亚洲，少数在欧洲和北美洲。中国有35种。东北地区产7种。辽宁产5种。

分种检索表

1. 叶近无柄，叶片全缘；花药有毛。
 2. 茎几乎无毛；萼下部被小毛，上部无毛；花药密被长柔毛；叶长圆状披针形或线状披针形，长1.5~6.7厘米，宽0.5~0.8厘米。生山坡草地、草原、灌丛中。产新宾、西丰、开原、喀左、建平等地 ……………………………………………… 1. **光萼青兰** Dracocephalum argunense Fisch. ex Link【P.618】
 2. 茎下部疏被小毛；萼外面全部被小毛；花药疏被长柔毛；叶线形或披针状线形，长3~6厘米，宽0.2~0.5厘米。生山地草甸或草原多石处。产凤城、本溪 …………………… 2. **青兰** Dracocephalum ruyschiana L.
1. 叶有柄，叶片边缘具齿；花药无毛。
 3. 花较小，花冠长9.6~11.3毫米；花药有毛。原产北美洲。大连市区绿化带有发现 ………………………………………………………………………… 3. **小花青兰** Dracocephalum parviflorum Nutt.
 3. 花较大，花冠长15~40毫米；花药无毛。
  4. 一年生草本；茎生叶长圆状披针形至线状披针形，边缘具不规则的齿，齿端常具刺尖；苞片长椭圆形，顶端及两侧有具长刺的齿。生干燥山地、山谷、河滩多石处。产朝阳、喀左、建平、新民等地 ………………………………………… 4. **香青兰** Dracocephalum moldavica L.【P.618】
  4. 多年生草本；茎中部叶三角状卵形、长圆状卵形或近圆形；苞片具带长刺的小齿。生高山草原、草坡或疏林下阳处。产本溪、凤城、建平、凌源、朝阳等地 …………………………………………………… 5. **毛建草（岩青兰）** Dracocephalum rupestre Hance【P.618】

13. 假龙头花属 Physostegia Bentham

Physostegia Benth., Edwards's Bot. Reg. 15：sub t. 1289. 1829.

  本属全世界有3种。中国常见栽培1种。东北地区仅辽宁有栽培。

假龙头花 Physostegia virginiana Benth【P.618】

  多年生宿根草本。茎丛生而直立，四棱形。单叶对生，披针形，亮绿色，边缘具锯齿。穗状花序顶生；每轮有花2朵，花筒长约2.5厘米；唇瓣短，花淡紫红色。原产北美洲，大连等地栽培。

14. 活血丹属（连钱草属）Glechoma L.

Glechoma L. Sp. Pl. 578. 1753.

本属全世界约8种4变种，广布于欧亚大陆温带地区。中国有5种2变种。东北地区产1种1变种，辽宁均产。

分种下单位检索表

1. 叶缘无白色斑块。生疏林下、溪边。产新宾、抚顺、鞍山、沈阳、瓦房店、大连、庄河、桓仁、丹东等地 ·················· 1a. 活血丹 Glechoma longituba（Nakai）Kupr【P.618】
1. 叶缘具白色斑块。园艺品种，大连等地有栽培 ·· 1b. 花叶活血丹 Glechoma longituba cv.'Variegata'

15. 龙头草属 Meehania Britt. ex Small et Vaill.

Meehania Britt. ex Small et Vaill. Bull. Torr. Bot. Club. 21：34, t. 173. 1894.

本属全世界约7种，1种分布于北美洲东部，6种分布于亚洲东部温带至亚热带地区。我国有5种及5变种，主要分布于东北、江南及西南的针阔叶林下。东北地区产1种1变种，辽宁均产。

分种下单位检索表

1. 花淡蓝紫色或紫色。生林下。产清原、鞍山、庄河、岫岩、凤城、本溪、宽甸、桓仁、丹东等地 ········ ·················· 1a. 荨麻叶龙头草 Meehania urticifolia（Miq.）Makino var. urticifolia【P.618】
1. 花白色。生林下。产桓仁 ·· ························ 1b. 白花荨麻叶龙头草 Meehania urticifolia var. albiflorum Z. S. M.

16. 夏枯草属 Prunella L.

Prunella L. Sp. Pl. 600. 1753.

本属全世界约15种，广布于欧亚温带地区及热带山区，非洲西北部及北美洲也有。中国产4种3变种，其中1种为引种栽培。东北地区产1种1亚种，其中栽培1种。辽宁均产。

分种检索表

1. 花序具短梗或无梗；花萼上唇3齿不明显；花冠具直伸的冠筒。生林下、林缘、灌丛、山坡、路旁湿草地。产清原、沈阳、鞍山、岫岩、凤城、本溪、桓仁、丹东、庄河等地 ··················· ·················· 1. 山菠菜（东北夏枯草）Prunella vulgaris subsp. asiatica（Nakai）H. Hara【P.618】
1. 花序具长梗；花萼上唇3齿明显；花冠具有向上弯曲的冠筒。原产欧洲经巴尔干半岛及西亚至亚洲中部。旅顺口有栽培 ························· 2. 大花夏枯草 Prunella grandiflora（Linn.）Jacq.【P.618】

17. 百里香属 Thymus L.

Thymus L. Sp. Pl. 590. 1753.

本属全世界300~400种，分布在非洲北部、欧洲及亚洲温带地区。中国有11种2变种，多分布于黄河以北地区。东北地区产8种2变型。辽宁产4种1变型。

分种检索表

1. 茎及枝具明显的四棱，毛被通常在节间两面交互对生；叶具极明显的圆齿；花萼上唇的齿伸长，超过上唇全长的1/2。生砾石草地、沙质谷地。产凤城 ·············· 1. 长齿百里香 Thymus disjunctus Klok.【P.618】
1. 茎及枝大部分是圆柱形或稀有不明显的四棱，全部被毛或偶有在枝的节间交互对生；叶全缘。
  2. 上唇萼齿三角形，长约为萼上唇的1/3，萼下唇稍长于上唇或与上唇等长；当年花枝在花序下方具1~4

（~5）节。生多石山地、斜坡、山谷、山沟、路旁及杂草丛。产凌源 ·················
······················ 2. 百里香Thymus mongolicus Ronn.【P.618，619】
2. 上唇萼齿三角形至狭长三角形或近披针形，明显长于萼上唇长的1/3直至为其2/5或近1/2。
    3. 当年花枝在花序下方通常具有6~13（~15）节；叶干后通常带棕色；上唇萼齿狭长三角形或近披针形，
        约为萼上唇长的2/5或近1/2。生山坡、海边低丘上。产北镇、营口、大连、普兰店、金州等··········
        ················· 3. 地椒（五脉百里香）Thymus quinquecostatus Cêlak.【P.619】
    3. 当年花枝在花序下方具1~6（~8）节；叶干后通常绿色；上唇萼齿三角形至狭三角形，长于萼上唇的
        1/3但短于其1/2。
        4. 花粉红色。生山坡沙质地及固定沙丘上。产彰武、阜新、建平等地 ·················
            ················· 4a. 兴安百里香（地椒亚洲变种）Thymus dahuricus Serg. f. dahuricus【P.619】
        4. 花白色。生山坡沙质地或山坡草地。产建平、凌源 ·····························
            ················· 4b. 白花兴安百里香Thymus dahuricus f. albiflora C. Y. Li

18. 糙苏属Phlomoides L.

Phlomoides Moench，Methodus（Moench）403. 1794.

本属全世界100种以上，产地中海、近东、亚洲中部至东部。中国有43种、15变种、10变型，分布于全国各地，西南各省区种类最多。东北地区产7种1变种。辽宁产4种1变种，其中栽培1种。

分种检索表

1. 植株无基生叶；后对雄蕊无距状附属器。生林下、山坡灌丛间或路旁沟边。产凌源、建昌、朝阳、庄河、
    金州、普兰店、大连、长海、凤城、本溪、桓仁、东港等地 ·····························
    ················· 1. 糙苏 Phlomoides umbrosa（Turcz.）Kamelin & Makhm.【P.619】
1. 植株有基生叶；后对雄蕊有距状附属器。
    2. 有木质块根；茎单生或少分枝；小坚果顶端显著被毛。生湿草原或山沟中，海拔1200~2100米。产沈阳
        有栽培 ················· 2. 块根糙苏 Phlomoides tuberose（L.）Moench【P.619】
    2. 无木质块根；茎多分枝，少单生；小坚果无毛。
        3. 苞片披针形；花萼仅沿脉生有具节刚毛、无星状毛；基生叶阔卵形，先端渐尖，基部浅心形。
            4. 花冠粉红色。生林缘或河岸。产清原、岫岩、本溪、凤城、桓仁等地·················· 3a. 大叶糙苏
                Phlomoides maximowiczii（Regel）Kamelin & Makhm. var. maximowiczii【P.619】
            4. 花冠白色。生林缘。产宽甸
                ················· 3b. 白花大叶糙苏 Phlomoides maximowiczii var. albiflorum Z. S. M.
        3. 苞片线形、线状钻形或针刺状；花萼外被星状毛；基生叶三角形或三角状卵形，先端圆形，基部心
            形。生山地草甸及草甸草原。产内蒙古及辽宁西部 ·····························
            ················· 4. 尖齿糙苏 Phlomoides dentosa（Franch.）Kamelin & Makhm.【P.619】

19. 鼬瓣花属Galeopsis L.

Galeopsis L. Sp. Pl. 579. 1753.

本属全世界约10种，分布于欧洲及亚洲温带地区，主要集中于西欧。中国有1种。东北各省区均有分布。

鼬瓣花Galeopsis bifida Boenn.【P.619】

一年生草本。茎粗壮，被倒生刚毛。叶片卵形、披针形等，边缘有粗钝锯齿，两面被具节的毛。轮伞花序腋生，紧密排列于茎顶及分枝顶端；花萼管状钟形，5齿裂，先端为长刺尖；花冠粉红色或近白色。小坚果倒卵状三棱形。生林缘、路旁、田边、灌丛、草地等空旷处。产本溪、丹东。

20. 野芝麻属 Lamium L.

Lamium L. Sp. Pl. 579. 1753。

本属全世界约40种，产欧洲、北非及亚洲，输入北美洲。中国有4种4变种。东北地区产2种1亚种，辽宁均产。

分种检索表

1. 叶较小，圆形或肾形，叶缘具深圆齿；花冠紫红色或粉红色。生路旁、林缘、宅旁、荒地。产旅顺口、大连、庄河 ································· **1. 宝盖草 Lamium amplexicaule L.【P.619】**
1. 叶较大，卵圆形或卵圆状披针形，叶缘有微内弯的锯齿；花冠白色，或浅黄色，或浅粉色。
  2. 茎几乎无毛，四棱形；花冠白色或浅黄色。生林下、林缘、河边或采伐迹地等土质较肥沃的湿润地。产鞍山、本溪、凤城、宽甸、桓仁、东港、瓦房店、庄河、新宾等地 ································· ································· **2a. 野芝麻 Lamium album L. subsp. album【P.620】**
  2. 茎被倒生硬毛，稍坚硬，但不为锐四棱形；花白色或浅粉色。生山坡、路旁。产桓仁、岫岩等地 ······ ································· **2b. 野芝麻硬毛亚种（粉花野芝麻）Lamium album subsp. barbatum (Siebold & Zucc.) Mennema【P.620】**

21. 益母草属 Leonurus L.

Leonurus L. Gen. Pl. 254. 1754.

本属全世界14~20种，分布于欧洲、亚洲温带，少数种在美洲、非洲各地逸生。中国有12种2变型。东北地区产6种2变型。辽宁产4种1变型。

分种检索表

1. 叶近圆形或卵形，3裂或边缘具缺刻状大齿；花较大，长2~3厘米。
  2. 叶不分裂，边缘具缺刻状大齿，稀3裂；萼齿长5~8毫米；花淡紫色。生草坡及灌丛中。产凌源、北镇、西丰、铁岭、鞍山、抚顺、新宾、清原、普兰店、金州、本溪、桓仁等地 ································· ································· **1. 大花益母草 Leonurus macranthus Maxim.【P.620】**
  2. 叶3中裂至深裂；萼齿长3~5毫米；花白色、粉白色，稀淡紫色。生山坡、丘陵地。产法库、桓仁、盖州、庄河、金州、营口、北镇、锦州、阜新、喀左、建昌、建平、凌源等地 ································· ································· **2. 錾菜（假大花益母草）Leonurus pseudomacranthus Kitag.【P.620】**
1. 叶掌状分裂；花较小，长2厘米以下。
  3. 花序上部叶分裂；花冠下唇比上唇短。生石质及砂质草地上及松林中。产大连、西丰、康平、新民、彰武、桓仁等地 ································· **3. 细叶益母草 Leonurus sibiricus L.【P.620】**
  3. 花序上部叶全缘；花冠下唇与上唇近相等。
    4. 花冠粉红色。生多种生境，尤以阳处为多。辽宁各地普遍生长 ································· ································· **4a. 益母草 Leonurus japonicus Houtt. f. japonicus【P.620】**
    4. 花冠白色。生林缘、路旁。产鞍山、辽阳、沈阳等地 ································· ································· **4b. 白花益母草 Leonurus japonicus f. albiflora (Migo) Y. C. Chu**

22. 风轮菜属 Clinopodium L.

Clinopodium L. Sp. Pl. ed. 1：587. 1753.

本属全世界约20种，分布于欧洲、中亚及亚洲东部。中国产11种5变种1变型。东北地区产1种1亚种，辽宁均产。

1. 苞片针状，极细，无明显中肋。生山坡、草丛、路边、沟边、灌丛、林下。产凌源、大连、本溪等地 ……………………………………… 1a. 风轮菜 Clinopodium chinense（Benth.）O. Ktze. subsp. chinense【P.620】

1. 苞片线形，带紫红色，明显具中肋。生沟边、灌丛、林下。产辽宁各地 ……………………………………… 1b. 麻叶风轮菜（风车草）Clinopodium chinense subsp. grandiflorum（Maxim.）H. Hara【P.620】

23. 水苏属 Stachys L.

Stachys L. Sp. Pl. 580. 1753.

本属全世界约300种，广布于南北半球的温带，在热带中除在山区外几乎不见，有少数种扩展到较寒冷的地方或高山，不见于澳大利亚及新西兰，非洲南部及智利少见。中国产18种11变种。东北地区产4种4变种。辽宁产4种3变种，其中栽培1种。

分种检索表

1. 小苞片微小，不明显，比花梗短或稍长，早落。
  2. 根状茎顶端肥大成螺蛳状块茎；叶柄长1~3厘米，被硬毛；叶片卵形或长圆状卵形，内面被或疏或密的贴生硬毛。生山坡石缝间或较湿润处。产本溪、桓仁，各地常见栽培 ……………………………………… 1. 甘露子 Stachys affinis Bunge【P.620】
  2. 根状茎长，无肥大的块茎。
    3. 茎在棱及节上密被或疏被倒向至平展的刚毛，余部无毛。
      4. 茎在棱及节上密被倒向至平展的刚毛；花萼外面沿肋及齿缘密被柔毛状刚毛。生湿草地及河岸上。产沈阳 ……………………… 2a. 毛水苏 Stachys riederi Cham. var. riederi【P.620】
      4. 茎沿棱上及节上疏被小刚毛；花萼疏被柔毛状刚毛。生潮湿地。产辽宁有记载 ……………………………………… 2b. 毛水苏小刚毛变种 Stachys riederi var. hispidula（Regel）H. Hara
    3. 茎无毛或仅沿棱疏生倒向刺毛，节上明显。
      5. 叶有柄，无毛；叶片卵状长圆形，边缘有明显的圆锯齿，两面均无毛。生水沟边、河旁湿地。产凤城、瓦房店、庄河、沈阳等地 … 2c. 水苏 Stachys riederi var. japonica（Miq.）H. Hara【P.621】
      5. 叶无柄或近无柄；叶片长圆状披针形至线形，边缘有小圆齿或近全缘上面疏被小刚毛或老时脱落，下面无毛或沿脉上疏被小刚毛。
        6. 花冠淡紫色或紫色。生湿草地、河边及水甸子边等处。产辽宁各地 ……………………………………… 3a. 华水苏 Stachys chinensis Bunge ex Benth. var. chinensis【P.621】
        6. 花冠白色。生路旁湿地。产瓦房店 … 3b. 白花华水苏 Stachys chinensis var. albiflora C. Y. Li

1. 小苞片明显，比花梗长很多，常达花萼的1/2或以上；植株各部密被灰白色丝状绵毛；叶质肥厚；轮伞花序多数密集组成紧密的长穗状花序。原产巴尔干半岛、黑海沿岸至西亚。大连有栽培 ……………………………………… 4. 绵毛水苏 Stachys byzantina K. Koch【P.621】

24. 石荠苎属（荠苎属）Mosla Buch.-Ham. ex Maxim.

Mosla Buch.-Ham. ex Benth. in Wall. Pl. Asiat. Rar. 1: 66. 1830.

本属全世界约22种，分布于印度、中南半岛、马来西亚，南至印度尼西亚及菲律宾，北至中国、朝鲜及日本。中国有12种1变种。东北地区产2种1变种，辽宁均产。

分种检索表

1. 叶卵形或卵状披针形，边缘基部以上有锯齿；花冠筒内基部有毛环；小坚果表面有凹陷的雕纹。
  2. 花冠粉红色。生山坡、林缘、杂木林下及溪边草地。产本溪、桓仁、宽甸、凤城、丹东、岫岩、庄河、长海等地 …………… 1a. 石荠苎 Mosla scabra（Thunb.）C. Y. Wu et H. W. Li var. scabra【P.621】

2. 花冠白色。生境同原变种。群生或与原变种混生。产庄河 ……………………………………
…………………………………… 1b. 白花石荠苎 Mosla scabra var. albiflorum Z. S. M.
1. 叶卵形或菱状卵形，边缘基部以上有3~5疏锯齿；花冠筒内基部无毛环；小坚果表面有网纹。生河边草地
及灌丛间。产桓仁、凤城、鞍山、金州等地 ……………………………………………………
…………………………… 2. 小鱼荠苎（荠苎）Mosla dianthera（Hamilton）Maxim.【P.621】

25. 紫苏属 Perilla L.

Perilla L. Sp. Pl. 597. 1753

本属全世界仅1种3变种，产亚洲东部。东北地区产1种1变种，其中栽培1变种、各地均产。

分种下单位检索表

1. 叶缘具粗锯齿。生沟边、路旁。辽宁各地均有野生和栽培 ……………………………………………
…………………………………… 1a. 紫苏 Perilla frutescens（L.）Britton var. frutescens【P.621】
1. 叶缘具狭而深的锯齿。辽宁各地栽培 ……………………………………………………………………
…………………………… 1b. 回回苏 Perilla frutescens var. crispa（Thunb.）Hand.–Mazz.【P.621】

26. 地笋属（地瓜苗属）Lycopus L.

Lycopus L. Sp. Pl. ed. 1: 21. 1753.

本属全世界10~14种，广布于东半球温带及北美洲。中国产4种4变种。东北地区产3种2变种。辽宁产3
种1变种。

分种检索表

1. 叶较大，均比节间长很多，边缘非具浅波状齿。
　2. 茎叶边缘均具锐尖粗锯齿，或茎下部叶近羽状深裂，中部叶有疏锯齿，上部叶近全缘。
　　3. 茎无毛或在节上疏生小硬毛；叶长圆状披针形，通常长4~8厘米，宽1.2~2.5厘米，边缘具锐尖粗锯
　　　齿。生沼泽地、水边、沟边等潮湿处。产西丰、彰武、沈阳、新宾、清原、本溪、桓仁、鞍山、凤
　　　城、丹东、营口、长海、大连等地 ………………………………………………………………
　　　…………………… 1a. 地笋（地瓜苗）Lycopus lucidus Turcz. var. lucidus【P.621】
　　3. 茎棱上被向上小硬毛，节上密集硬毛；叶披针形，暗绿色，上面密被细刚毛状硬毛，叶缘具缘毛，下
　　　面主要在肋及脉上被刚毛状硬毛，两端渐狭，边缘具锐齿。生水边潮湿处。产大连 ………………
　　　………………………… 1b. 硬毛地笋 Lycopus lucidus var. hirtus Regel【P.621】
　2. 茎下部及中部叶在基部两侧近于对称的羽状深裂，裂片上具单脉或具网脉，具齿或全缘，先端渐次为粗
　　齿，上部叶大多具粗齿。生于田边、沟边、潮湿草地。产彰武、康平 …………………………………
　　………………………………… 2. 欧地笋 Lycopus europaeus L.【P.622】
1. 叶小，略长于或短于节间，长圆状卵圆形至卵圆形，边缘在基部以上疏生浅波状齿。生路边、草地。产长
海 ………… 3. 小花地笋（小叶地笋、小花地瓜苗、朝鲜地瓜苗）Lycopus uniflorus Michx.【P.622】

27. 薄荷属 Mentha L.

Mentha L. Sp. Pl. ed. 1: 576. 1753.

本属全世界有30种左右，广泛分布于北半球的温带地区，少数种见于南半球。中国有12种。东北地区产
4种，其中栽培1种。辽宁均产。

分种检索表

1. 轮伞花序着生于茎叶腋内，远离，有时几乎于全部茎上着生；茎叶高出轮伞花序。
　2. 茎多分枝，上部被微柔毛，下部仅沿棱上被微柔毛；萼齿被微柔毛。生江湖及水沟旁、山坡湿处、林缘

湿草地。产沈阳、新民、清原、新宾、本溪、桓仁、铁岭、西丰、康平、北镇、彰武、凌源、建平、丹东、鞍山、庄河、普兰店、大连、长海 ………………………………… 1. 薄荷 Mentha canadensis L.【P.620】

 2. 茎不分枝或上部分枝，密被柔毛；萼齿被长疏柔毛。生河旁、潮湿草地。产辽宁各地 …………… ………………………………… 2. 东北薄荷 Mentha sachalinensis（Briq.）Kudo【P.621】

1. 轮伞花序密集成顶生的常无叶的头状或穗状花序；茎叶低于轮伞花序。

 3. 轮伞花序于茎顶部1~3轮密集成顶生的近似头状的花序，在其下方的轮伞花序稍隔离而为腋生；萼齿广三角形。生水湿草地、湿草甸子及路旁。产沈阳 ……………………………………………… ……………………………… 3. 兴安薄荷 Mentha dahurica Fisch. ex Benth.【P.621】

 3. 轮伞花序组成顶生细长穗状花序，沿全长间断；萼齿三角状披针形。原产南欧、加那利群岛、马德拉群岛、俄罗斯。大连有栽培 ………………………………… 4. 留兰香 Mentha spicata L.【P.621】

28. 马刺花属（延命草属）Plectranthus L'Hér.

Plectranthus L'Hér., Stirp. Nov. 84. 1788.

 本属全世界约351种，产东半球热带及澳大利亚。中国有7种，均产于云南、贵州、广西、广东、福建、台湾等省区，2种为园圃栽培。东北地区栽培2种。辽宁均有栽培。

分种检索表

1. 叶正面深绿色带紫色，背面紫色，厚纸质至薄革质。为非洲园艺师罗杰·贾克斯于20世纪90年代晚期培育出来的杂交品种。沈阳有栽培 ………………… 1. 艾克伦香茶菜 Plectranthus ecklonii Benth.【P.622】
1. 叶色多变，常多色混杂，草质。原产亚太热带地区。大连有栽培 ………………………………………… ……………………………… 2. 五彩苏 Plectranthus scutellarioides（L.）R. Br.【P.622】

29. 香茶菜属 Isodon（Schrader ex Bentham）Spach

Isodon（Schrader ex Bentham）Spach, Hist. Nat. Veg. 9：162. 1840.

 本属全世界约150种，产非洲南部、热带非洲，热带、亚热带亚洲。中国产90种21变种，其中以西南各省种数最多。东北地区产4种1变种，辽宁均产。

分种检索表

1. 叶长圆状披针形，膜质；圆锥花序少花；小坚果扁椭圆形，褐色，无毛。生山坡、路旁。产沈阳、鞍山等地 ……………………………………… 1. 辽宁香茶菜 Isodon websteri（Hemsl.）Kudô【P.622】
1. 叶卵形、广卵形、卵圆形或三角状卵形；圆锥花序多花，开展。

 2. 小坚果顶端具白色髯毛；叶卵形或卵状披针形，长3~10（~12）厘米，宽1.5~6厘米。生山坡路旁、沟边、草地。产彰武、沈阳、桓仁、鞍山、岫岩、庄河等地 …………………………………………… ……………………… 2. 溪黄草（毛果香茶菜）Isodon serra（Maxim.）Kudô【P.622】

 2. 小坚果无毛。

  3. 叶三角状卵形，长4~8厘米，宽3~7厘米，质稍厚，被短柔毛。生山坡草地、林边或灌丛下。产凌源、西丰、丹东、桓仁、鞍山、金州、普兰店、大连等 ………………………………………… ……………………… 3. 内折香茶菜 Isodon inflexus（Thunb.）Kudô【P.622】

  3. 叶广卵形至卵状圆形，而不为三角状卵形。

   4. 叶先端为深凹缺，凹缺中具一尾状尖的长顶齿；花萼绿色或稍带蓝色。生林缘、路旁、杂木林下和草地。产鞍山、抚顺、新宾、桓仁、宽甸、岫岩、庄河等地 ………………………………… ……………………… 4. 尾叶香茶菜 Isodon excisus（Maxim.）Kudô【P.622】

   4. 叶卵形或广卵形，先端无凹缺，具卵形或披针形渐尖顶齿；花萼蓝色或带蓝色。生山坡路旁、林缘、草地。产辽宁各地 ………………… 5b. 毛叶香茶菜蓝萼变种（蓝萼香茶菜）Isodon japonicus var. glaucocalyx（Maxim.）H. W. Li【P.622】

30. 罗勒属 Ocimum L.

Ocimum L. Sp. Pl. ed. 1：597. 1753.

本属全世界100~150种，分布于全球温暖地带，在非洲及美洲的巴西较亚洲为多，非洲南部尤为广布。中国有5种。东北地区栽培仅辽宁栽培2种。

分种检索表

1. 茎直立；叶长2.5~5厘米，宽1~2.5厘米，卵圆形至卵圆状长圆形，两面近无毛。非洲至亚洲温暖地带常见栽培。大连、沈阳等地有栽培 ······················ **1. 罗勒** Ocimum basilicum L.【P.622】
1. 茎多分枝上升；叶小，长圆形，两面均有毛。杂交种。大连等地有栽培 ··························· ······························ **2. 疏柔毛罗勒** Ocimum × africanum Lour.【P.623】

一三五、茄科 Solanaceae

Solanaceae Juss., Gen. Pl.〔Jussieu〕124（1789），nom. cons.

Solanaceae Adans., Fam. Pl.（Adanson）2：215（1763）.

本科全世界95属，约2300种，广泛分布于全世界温带及热带地区，美洲热带种类最为丰富。中国产20属101种。东北地区产14属38种11变种1变型，其中栽培18种1变种1变型。辽宁产14属35种11变种1变型，其中栽培19种4变种1变型。

分属检索表

1. 具棘刺灌木；花冠漏斗状 ·· **1. 枸杞属** Lycium
1. 草本，稀为半灌木，无棘刺；花冠钟状，辐状、高脚碟状或漏斗状。
  2. 浆果；花冠钟状或辐状。
    3. 花萼在花后显著增大，完全或几乎完全包围果实。
      4. 花萼5深裂至近基部，裂片基部深心形，具2尖锐耳片，果期花萼增大成5棱状 ······················ ································· **2. 假酸浆属** Nicandra
      4. 花萼5浅裂或5中裂，果期增大成卵状或近球状。
        5. 果萼贴近于浆果而不成膀胱状，无纵肋，具三角状肉质凸起 ·········· **3. 散血丹属** Physaliastrum
        5. 果萼不贴近浆果而成膀胱状，有显著的10条纵肋 ····················· **4. 酸浆属** Physalis
    3. 花萼在花后不显著增大，不包围果实，而仅宿存于果实基部（仅茄属中黄花刺茄及蒜芥茄果实全部或大部分被果萼包被）。
      6. 花冠辐状、钟状或筒状钟形；花药不合生。
        7. 花较大，花冠筒状钟形，紫色；浆果球状，多汁液，无空腔 ····················· **5. 颠茄属** Atropa
        7. 花较小，花冠辐状，白色；浆果少汁液，具空腔 ····················· **6. 辣椒属** Capsicum
      6. 花冠辐状；花药合生成筒或围绕花柱而靠合。
        8. 单叶（仅马铃薯为羽状复叶）；花白色或淡紫色；花药不向顶端渐狭，顶孔开裂 ····················· ································· **7. 茄属** Solanum
        8. 羽状复叶；花黄色；花药向顶端渐狭而成一长尖头，侧裂 ················ **8. 番茄属** Lycopersicon
  2. 蒴果；花冠漏斗状、钟状或高脚碟状。
    9. 花冠漏斗状或钟状；蒴果盖裂。
      10. 花集生于顶生的聚伞花序上；萼于果期膨大成泡囊状；果萼的齿不具强壮的边缘脉，顶端无刚硬的针刺 ··························· **9. 泡囊草属** Physochlaina
      10. 花腋生，在植株顶端密集于有叶的花轴上成总状，常偏向一侧；萼于果期不膨大成泡囊状；果萼

的齿有强壮的边缘脉，顶端有刚硬的针刺　…………………………………… 10. 天仙子属Hyoscyamus
　9. 花冠漏斗状、高脚碟状或筒状钟形；果盖2~4瓣裂。
　　11. 子房不完全4室；花萼于花后自近基部截断状脱落而仅基部增大而宿存。
　　　12. 小乔木；花俯垂生；果实为浆果状，表面平滑，俯垂生 …………… 11. 曼陀罗木属Brugmansia
　　　12. 一年生草本；花直立或斜升；蒴果，表面多针刺或稀无刺，成熟后规则或不规则4瓣裂 ………
　　　………………………………………………………………………… 12. 曼陀罗属Datura
　　11. 子房2室；花萼全部宿存。
　　　13. 花聚生成圆锥式或总状式聚伞花序；花萼5浅裂至中裂，果期稍增大，完全或不完全包围果实
　　　………………………………………………………………………… 13. 烟草属Nicotiana
　　　13. 花单独顶生或腋生；花萼5深裂或几乎全裂 ………………………… 14. 碧冬茄属Petunia

1. 枸杞属Lycium L.

Lycium L., Sp. Pl. 191. 1753, et Gen. Pl. ed. 5. 88. 1754.

　　本属全世界约80种，主要分布在南美洲，少数种类分布于欧亚大陆温带；中国产7种3变种，主要分布于北部。东北地区产3种2变种。辽宁产2种2变种。

分种检索表

1. 花萼通常3中裂或4、5齿裂；花冠裂片边缘有缘毛，筒部明显短于裂片。
　2. 枝长；叶宽0.5~2.5厘米。
　　3. 叶卵形、卵状菱形、长椭圆形、卵状披针形；花冠裂片缘毛较密；雄蕊较花冠稍短，或因花冠裂片外展而伸出花冠。生山坡、荒地、丘陵地、盐碱地及路旁。产沈阳、辽阳、鞍山、大连、金州、凌源等地 …………………………………… 1a. 枸杞Lycium chinense Mill. var. chinense【P.623】
　　3. 叶披针形或线状披针形；花冠裂片缘毛稀疏；雄蕊稍长于花冠。生向阳山坡、沟旁、村庄附近。产沈阳、北镇等地 …………………… 1b. 北方枸杞Lycium chinense var. potaninii（Pojark.）A. M. Lu
　2. 枝短；叶宽2.5~5厘米，卵形、菱形或椭圆形。生海边沙地。产长海、大连、旅顺口等沿海地区 ………
　　…………………………………… 1c. 菱叶枸杞Lycium chinense var. rhombifolium（Dippel）S. Z. Liu
1. 花萼通常2中裂，或有时其中1裂片再微2齿裂；花冠裂片边缘无缘毛，筒部明显长于裂片。生沟岸、山坡、田埂和宅旁。沈阳、瓦房店、喀左等地栽培或野生 ……… 2. 宁夏枸杞Lycium barbarum L.【P.623】

2. 假酸浆属Nicandra Adans

Nicandra Adans., Fam. Nat. 2：219. 1763.

　　本属全世界仅1种，原产南美洲。中国有栽培或逸出而成野生。东北各省区均有分布。

假酸浆Nicandra physalodes（L.）Gaertn.【P.623】

　　一年生草本。叶互生，卵形或椭圆形，边缘具不规则圆缺粗齿或浅裂。花单生于枝腋，与叶对生；花萼球状，5深裂至近基部，裂片基部深心形具2尖锐耳片，果期花萼增大成5棱状球形包围果实，直径2~2.5厘米；花冠钟状，浅蓝色。浆果球状，黄色。生田边、荒地或住宅区。原产南美洲。分布大连、沈阳、朝阳、庄河、丹东等地。

3. 散血丹属Physaliastrum Makino

Physaliastrum Makino in Bot. Mag. Tokyo 28：20. 1914.

　　本属全世界7种，分布于亚洲东部。中国5种，产东北、华北、华东、中南及西南地区。东北地区有1种，各省均产。

日本散血丹 Physaliastrum echinatum（Yatabe）Makino【P.623】

多年生草本。茎有稀疏柔毛。叶草质，卵形，顶端急尖，基部偏斜楔形并下延到叶柄。花常2~3朵生叶腋或枝腋，俯垂，花梗长2~4厘米；花萼短钟状，萼齿极短，扁三角形，大小相等；花冠钟状，5浅裂，裂片有缘毛。浆果球状，被果萼包围。生山坡草丛中。产辽宁各地。

4. 酸浆属 Physalis L.

Physalis L., Sp. Pl. 182. 1753.

本属全世界约75种，大多数分布于美洲热带及温带地区，少数分布于欧亚大陆及东南亚。中国6种2变种。东北地区产3种1变种1变型，其中栽培2种1变型，辽宁均产。

分种检索表

1. 多年生草本，具根状茎。
   2. 花冠白色；浆果成熟时橙红色至火红色。常生田野、沟边、山坡草地、林下或路旁水边。产辽宁各地，也常见栽培 ·················· 1b. 挂金灯 Physalis alkekengi var. francheti（Mast.）Makino【P.623】
   2. 花冠黄色而喉部有紫色斑纹；浆果成熟时黄色。原产南美洲。辽宁有栽培逸生记录 ·······················
   ··· 2. 灯笼果 Physalis peruviana L.
1. 一年生草本，无根状茎。
   2. 叶狭卵状椭圆形至卵状披针形；花冠黄色，直径1.5~2厘米；果萼带紫色；果实较大，直径2.5~3.5厘米。原产北美洲。绥中、沈阳、法库等地有栽培 ···
   ······················ 3b. 大果酸浆 Physalis longifolia f. macrophysa（Rydb.）Steyerm.
   2. 叶卵形、卵状椭圆形或广卵形、卵状心形；花冠淡黄色，直径6~10毫米；果萼草绿色或浅橙黄色；果实较小，直径约1.2厘米。
      3. 叶基部阔楔形或楔形，全缘或有不等大的牙齿。生村庄耕地旁。产普兰店、旅顺口、大连等地 ·················· 4. 苦蘵（苦蘵酸浆）Physalis angulata L.【P.623】
      3. 叶基部歪斜心脏形，边缘通常有不等大的尖牙齿。原产美洲。辽宁各地栽培，有逸生 ·················· 5. 毛酸浆 Physalis philadelphica Lam.【P.623】

5. 颠茄属 Atropa L.

Atropa L., Sp. Pl. 181. 1753.

本属全世界约4种，分布于欧洲至亚洲中部。中国栽培1种。东北各地药草园有栽培。

颠茄 Atropa belladonna L.

一年生草本，高0.5~2米；茎带紫色，嫩枝绿色，多腺毛，老时逐渐脱落；叶片卵形、卵状椭圆形或椭圆形，顶端渐尖或急尖，基部楔形并下延到叶柄，两面沿叶脉有柔毛；花俯垂，花梗密生白色腺毛；花冠筒状钟形，下部黄绿色，上部淡紫色；浆果球状，成熟后紫黑色。原产欧洲中部、西部和南部。辽宁有药草园栽培。

6. 辣椒属 Capsicum L.

Capsicum L., Sp. Pl. 188. 1753.

本属全世界约20种，主要分布南美洲。中国栽培和野生2种。东北栽培1种3变种，辽宁均有栽培。

分种下单位检索表

1. 果实单生。
   2. 果实不为球状、圆柱状或扁球状。

3. 果梗较粗壮，俯垂；果实长指状，顶端渐尖且常弯曲，成熟后成红色、橙色等，味辣。原产南美洲。辽宁各地栽培 ················· 1a. 辣椒 Capsicum annuum L. var. annuum【P.623】

3. 果梗及果实直立；果实较小，圆锥状，长1.5~3厘米，成熟后红色或紫色，味极辣。栽培变种。辽宁常见栽培 ··············· 1b. 朝天椒 Capsicum annuum var. conoides（Mill.）Irish

2. 果实大型，肉质，近球状、圆柱状或扁球状，直径5~10厘米，具纵沟，无辣味。栽培变种。辽宁常见栽培 ··············· 1c. 菜椒 Capsicum annuum var. grossum（L.）Sendt.

1. 果实在枝下部单生，在枝顶端簇生状，指状或圆锥状，长4~10厘米，微弓曲，直立，成熟后成红色，味很辣。栽培变种。辽宁常见栽培 ············· 1d. 簇生椒 Capsicum annuum var. fasciculatum（Sturt.）Irish

7. 茄属 Solanum L.

Solanum L., Sp. Pl. 184. 1753.

本属全世界1200余种，分布于全世界热带及亚热带，少数达到温带地区，主产南美洲的热带。中国有41种。东北地区产15种2变种，其中栽培6种。辽宁产14种2变种，其中栽培6种。

分种检索表

1. 茎直立。
 2. 植株无刺；花药较短粗，顶端不延长，顶孔向内或向上。
  3. 无地下块茎；叶不分裂或羽状深裂，裂片近相等；花序为蝎尾状花序或聚伞花序。
   4. 叶不分裂；蝎尾状花序，花白色。
    5. 果实黑色或绿黄色；叶无毛或几乎无毛。
     6. 植株纤细；花序近伞状，通常着生1~6朵花；果及种子均较小。生荒地。产金州 ··························· 1. 少花龙葵 Solanum americanum Mill.【P.623】
     6. 植株粗壮；短的蝎尾状花序通常着生4~10朵花；果及种子均较大。
      7. 果实黑色。生田边、路旁、坡地阴湿肥沃的荒地上。产沈阳、大连、庄河、金州、瓦房店、普兰店、法库、锦州、建平等地 ········ 2a. 龙葵 Solanum nigrum L. var. nigrum【P.623】
      7. 果实绿黄色，直径8~10毫米。生农田、庭院、路边。产鞍山、庄河 ······················· 2b. 黄果龙葵 Solanum nigrum var. flavovirens S. Z. Liou et W. Q. Wang
    5. 果实淡黄褐色；叶被短柔毛或腺状长柔毛。原产北美洲。分布朝阳、本溪 ······················· 3. 毛龙葵 Solanum sarrachoides Sendt.【P.623】
   4. 叶羽状深裂；聚伞花序或蝎尾状花序，花蓝紫色。
    8. 聚伞花序；果实球形或卵形，直径8毫米左右；叶羽裂或全缘。
     9. 果实球形；叶5~7羽状深裂。生山坡向阳处、沙丘或低洼湿地及村边路旁。产彰武、建平、凌源等地 ··············· 4a. 青杞 Solanum septemlobum Bunge var. septemlobum【P.624】
     9. 果实卵形；叶3~5裂或近全缘。生向阳山坡、沙丘、路旁、林下、湿草地。产凌源 ··············· 4b. 卵果青杞 Solanum septemlobum var. ovoidocarpum C. Y. Wu et S. C. Huang
    8. 蝎尾状花序；果实卵状椭圆形，直径1.5~2厘米；叶自基部3~5深裂。原产大洋洲。沈阳有栽培 ··············· 5. 澳洲茄 Solanum laciniatum Aiton【P.624】
  3. 具地下块茎；叶为奇数羽状复叶，小叶大小相间；伞房花序顶生。原产热带美洲的山地。辽宁各地栽培 ··············· 6. 阳芋（马铃薯）Solanum tuberosum L.【P.624】
 2. 植株具直而尖锐皮刺；花药长，并在顶端延长，顶孔细小，向外或向上。
  10. 植株具星状毛或长柔毛状腺毛。
   11. 叶5~7深裂，裂片边缘又作不规则的齿裂及浅裂；花白色；成熟果淡黄色，宿萼不膨大包果。可能原产于巴西；广泛分布于热带亚洲和非洲。辽宁有栽培逃逸记录 ··············· 7. 喀西茄 Solanum aculeatissimum Jacquem
   11. 叶羽状深裂；花黄色或亮紫色；果实全部或大部分被宿存萼包被。

11. 叶羽状深裂；花黄色或亮紫色；果实全部或大部分被宿存萼包被。

    12. 植株具带柄星状毛；叶片不规则羽状深裂；花黄色；果实全部被宿萼包被。生干燥草原及荒地。原产北美洲。分布阜新、朝阳、建平、北镇、旅顺口、金州等地 ················· ···················· 8. **黄花刺茄**Solanum rostratum Dunal【P.624】

    12. 植株被长柔毛状腺毛；叶羽状深裂或半裂，裂片尖；花亮紫色；果实朱红色，大部分被宿存萼包被。原产南美洲。沈阳有栽培 ············· 9. **蒜芥茄**Solanum sisymbriifolium Lam.【P.624】

10. 植株无毛或疏被纤毛，或被星状茸毛；花白色或紫色；果萼不包被果实。

    13. 小枝及叶无毛或疏被纤毛；花白色；果实球形，直径约3.5厘米，橙红色。喜生路旁荒地、疏林或灌木丛中。大连、金州有栽培 ·············· 10. **牛茄子**Solanum capsicoides Allioni

    13. 小枝及叶被星状毛。

        14. 野生种；浆果球形，具深色条纹，直径8~20毫米，未成熟时绿色，成熟后黄色。原产南美洲。产金州 ·············· 11. **北美刺龙葵**Solanum carolinense L.【P.624】

        14. 栽培种；果实圆形或长圆形，不具条纹，直径或长10厘米以上，成熟后黄色或紫色。原产亚洲热带。辽宁各地栽培 ·············· 12. **茄**Solanum melongena L.【P.624】

1. 茎蔓性。

  15. 植株无毛或被疏短柔毛；叶三角状披针形或卵状披针形，全缘或波状，稀自基部3浅裂。生荒坡、山谷、水边、路旁及山崖疏林下。产大连、长海、建昌、朝阳等地 ·············· ·················· 13. **野海茄** Solanum japonense Nakai【P.624】

  15. 茎、叶均被具节长柔毛；叶通常3~5浅裂为戟形或琴形。生山谷草地或路旁、田边。产长海 ············· ·················· 14. **白英**Solanum lyratum Thunb.【P.624】

8. 番茄属Lycopersicon Mill.

Lycopersicon Mill., Gard. Dict. ed. 4, n. 2. 1754.

本属全世界有9种，产于南美洲，世界各地广泛栽培。中国栽培1种1变种。东北各地均有栽培。

分种下单位检索表

1. 花序有花3~7朵；浆果扁球状或近球状，大型。原产南美洲。辽宁各地栽培 ·············· ·················· 1a. **番茄**Lycopersicon esculentum Mill.【P.624】

1. 花序有花十几朵至数十朵；浆果椭球状或近球状，小型。原产南美洲。辽宁各地栽培 ·············· ·················· 1b. **樱桃番茄**Lycopersicon esculentum var. cerasiforme Alefeld【P.624】

9. 泡囊草属Physochlaina G. Don

Physochlaina G. Don, Gen. Hist. 4：470. 1838.

本属全世界约12种，分布于喜马拉雅、中亚至亚洲东部。中国有7种，分布于西部、中部和北部。东北地区产1种，辽宁有栽培。

泡囊草Physochlaina physaloides（L.）G. Don【P.625】

多年生草本。叶卵形，全缘而微波状，两面幼时有毛。伞形聚伞花序，有鳞片状苞片；花萼筒状狭钟形，5浅裂，密生缘毛，果时增大成卵状或近球状；花冠漏斗状，长超过花萼的1倍，紫色，筒部色淡，5浅裂，裂片顶端圆钝。产我国新疆（准噶尔盆地和阿尔泰山）、内蒙古、黑龙江和河北。沈阳、大连等地有栽培。

10. 天仙子属Hyoscyamus L.

Hyoscyamus L., Sp. Pl. 179. 1753.

本属全世界约6种，分布于地中海区域到亚洲东部。中国3种，产北部和西南部，华东有栽培。东北地区产2种，辽宁均产。

分种检索表

1. 二年生草本；根粗壮而肉质；茎基部常有莲座状叶丛；叶通常有羽状浅裂或深裂；夏季开花。生村边宅旁多腐殖质的肥沃土壤上。产凌源 ………………………… 1. 天仙子Hyoscyamus niger L.【P.625】
1. 一年生草本；根细瘦而木质；茎基部无莲座状叶丛；叶有极浅的浅裂或不分裂；夏末开花。常生于山坡、路旁、住宅区及河岸沙地。产沈阳、本溪、鞍山、盖州、庄河、彰武、阜新、建平、兴城、凌源 ……… ……………………………………… 2. 小天仙子Hyoscyamus bohemicus F. W. Schmidt【P.625】

11. 曼陀罗木属Brugmansia Pers.

Brugmansia Pers., Syn. Pl.［Persoon］1：216. 1805.

本属全世界约5种，全部在南美洲。中国栽培1种。东北仅辽宁栽培1种。

木本曼陀罗Brugmansia arborea（L.）Steud.【P.625】

小乔木。茎粗壮，上部分枝。叶卵状披针形、矩圆形或卵形。花单生，俯垂，花梗长3~5厘米；花萼筒状，中部稍膨胀，裂片长三角形；花冠长漏斗状，筒中部以下较细而向上渐扩大成喇叭状，长达20多厘米，檐部裂片有长渐尖头，直径8~10厘米。原产美洲热带；大连偶见避风向阳处栽培，冬季需加以防寒保护或者移到室内。

12. 曼陀罗属Datura L.

Datura L., Sp. Pl. 179. 1753.

本属全世界约11种，多数分布于热带和亚热带地区，少数分布于温带。中国3种，南北各省（区）分布，野生或栽培。东北地区产3种3变种，其中栽培2种1变种，辽宁均产。

分种检索表

1. 果实直立，规则4瓣裂；花萼筒部具5棱角；花冠长6~10厘米。
  2. 蒴果表面有针刺。
    3. 茎、枝不带紫色，花白色。生村旁、路边或草丛中。原产墨西哥，分布沈阳、本溪、海城、大连、葫芦岛、朝阳等地 …………… 1a. 曼陀罗Datura stramonium L. var. stramonium【P.625】
    3. 茎、枝带紫色，花淡紫色。生境同原变种。产辽宁省各地 ………………………………………… ……………………………… 1b. 紫花曼陀罗Datura stramonium var. tatula Torrey
  2. 蒴果表面无针刺。生境同原变种。沈阳有栽培，大连见野生 ……………………………………… ………………………… 1c. 无刺曼陀罗Datura stramonium var. inermis（Jacq.）Schinz
1. 果实斜升或俯垂，不规则4瓣裂；花萼筒部圆筒状，不具5棱角；花冠长14~20厘米。
  4. 全株密生细腺毛及短柔毛；蒴果俯垂，表面密生细针刺。生村边、路旁。原产美国、墨西哥。辽宁常见栽培，有逃逸 ……………………………… 2. 毛曼陀罗Datura innoxia Mill.【P.625】
  4. 全株无毛或仅幼嫩部分被稀疏短柔毛；蒴果斜升至横生，表面针刺短而粗壮。
    5. 花单瓣。原产热带及亚热带地区。沈阳、大连有栽培 ……………………………………………… ……………………………… 3a. 洋金花Datura metel L. var. metel【P.625】
    5. 花重瓣。沈阳有栽培 ……………… 3b. 重瓣曼陀罗Datura metel var. fastuosa L.【P.625】

13. 烟草属Nicotiana L.

Nicotiana L., Sp. Pl. 180. 1753.

本属全世界约60种，分布于南美洲、北美洲和大洋洲。中国栽培4种。东北均有栽培。辽宁栽培3种。

分种检索表

1. 叶柄无翅；花较小，花冠筒状钟形，黄绿色。原产南美洲。沈阳、新宾、法库等地栽培，兴城农村有逸生 ·· 1. 黄花烟草 Nicotiana rustica L. 【P.625】
1. 叶柄有翅或叶近无柄；花较大，花冠漏斗状，粉红色或淡绿色。
  2. 花序圆锥状，多花，花长4~6厘米，花冠粉红色。原产南美洲。辽宁各地栽培 ·················· ·· 2. 烟草 Nicotiana tabacum L. 【P.625】
  2. 花序假总状，少数，花长9~10厘米，花冠淡绿色。原产南美洲。沈阳、朝阳等地有栽培 ·················· ·· 3. 花烟草 Nicotiana alata Link et Otto 【P.625】

14. 碧冬茄属 Petunia Juss.

Petunia Juss., in Ann. Mus. Par. 2；915. t. 74. 1803.
本属全世界约3种，主要分布于南美洲。中国栽培1种。东北各省区均有栽培。

碧冬茄 Petunia hybrida Vilm. 【P.625】

一年生草本，全体生腺毛。叶卵形，顶端急尖，基部阔楔形或楔形。花单生叶腋；花萼5深裂，裂片条形，顶端钝，果时宿存；花色丰富，有紫红、鲜红、桃红、纯白、肉色及多种带条纹品种，花型漏斗状，长5~7厘米，5浅裂。蒴果圆锥状。原产南美洲。辽宁各地常见栽培。

一三六、玄参科 Scrophulariaceae

Scrophulariaceae Juss., Gen. Pl. 〔Jussieu〕117 (1789), nom. cons.
本科全世界220属，约4500种，广布全球各地。中国有61属681种。东北地区产30属50种3亚种3变种，其中栽培11种。辽宁产29属52种3亚种3变种2变型，其中栽培12种1变种。

分属检索表

1. 乔木；花萼革质，被星状毛；茎、叶幼时常有星状毛 ·································· 1. 泡桐属 Paulownia
1. 草本；花萼草质或膜质；茎、叶无星状毛。
  2. 叶背面有腺点；蒴果4瓣裂；叶轮生或对生，羽状细裂；水生或沼生 ··········· 2. 石龙尾属 Limnophila
  2. 叶背面无腺点；蒴果2瓣裂或4瓣裂或不规则开裂；陆生，稀水生或湿生。
   3. 花冠有囊或距。
    4. 花冠有一个囊或距。
     5. 花冠基部有囊。
      6. 上唇2裂，下唇3裂，隆起封闭喉部，使花冠呈假面状 ················ 3. 金鱼草属 Antirrhinum
      6. 花冠5裂，裂片均向四面扩展 ·································· 4. 香彩雀属 Angelonia
     5. 花冠基部有长距；蒴果不偏斜 ·································· 5. 柳穿鱼属 Linaria
    4. 花冠有成对的囊或距 ·································· 6. 双距花属 Diascia
   3. 花冠无距。
    7. 植株只有匍匐茎；湿生或水生，具长柄的叶和具长花梗的花成丛生状 ········ 7. 水茫草属 Limosella
    7. 茎直立或匍匐；陆生，稀水生；叶和花非丛生。
     8. 雄蕊5枚，若4枚花冠辐状，几乎无筒。
      9. 花冠不为辐状。
       10. 聚伞圆锥花序；花上唇2裂片长于下唇3裂片 ··············· 8. 玄参属 Scrophularia
       10. 轮伞花序；花上唇2裂片短于下唇3裂片 ··············· 9. 钓钟柳属 Penstemon

9. 花冠辐状；花丝被长绵毛；叶互生 ·················· **10. 毛蕊花属 Verbascum**
8. 雄蕊2枚或4枚，花冠不为辐状，有明显的筒部（仅 *Vermnica* 属有许多种的花冠近于辐状，但雄蕊为2枚）。
  11. 雄蕊2枚，无退化雄蕊；花冠近辐状或稍呈唇形，（3~）4~5裂；花序密穗状或总状；叶对生或轮生，稀互生。
    12. 花冠筒长，裂片比筒短；萼齿5，通常近等长 ·················· **11. 腹水草属 Veronieastrum**
    12. 花冠筒短，裂片比筒长；萼齿通常4，如5枚则后方1枚极小而退化。
      13. 总状花序顶生，形成长而密集的穗状花序；苞片小而窄；蒴果近球形，稍压扁；茎多数超过30厘米高 ·················· **12. 穗花属 Pseudolysimachion**
      13. 总装花序腋生或顶生，通常短而松散；苞片似叶；蒴果通常强烈压缩；茎高多数小于25厘米 ·················· **13. 婆婆纳属 Veronica**
  11. 雄蕊4枚，如2枚时则在花冠前方有2枚退化雄蕊；花冠明显唇形，下唇3裂，上唇2裂或全缘，或檐部5裂片几乎成辐射对称；总状花序，稀为穗状花序。
    14. 花冠上唇伸直或向后反卷，不成盔状，花药成对靠拢或完全不靠拢，药室基部钝，稀具突尖。
      15. 花萼具5棱或翅状肋。
        16. 蒴果室背开裂；前方一对花丝在花管深处即分离 ·················· **14. 沟酸浆属 Mimulus**
        16. 蒴果室间开裂；前方一对花丝自花冠喉部发出，其下部与花管结合 ·················· **15. 蝴蝶草属 Torenia**
      15. 花萼无翅及明显的棱，深裂成明显的5裂片。
        17. 能育雄蕊2枚，花冠前方有2枚退化雄蕊；生水边或湿地。
          18. 花萼下有1对小苞片；茎肉质；叶长圆形或披针形 ·················· **16. 水八角属 Gratiola**
          18. 花萼下无小苞片；茎纤细非肉质；叶线状披针形或线形··· **17. 泽番椒属 Deinostema**
        17. 能育雄蕊4枚；陆生。
          19. 花冠大，长超过3厘米；基生叶大，成莲座状，茎生叶多少存在。
            20. 花萼有筒，钟状；花冠上下唇近等长，内外均被多细胞长柔毛或腺毛 ·················· **18. 地黄属 Rehmannia**
            20. 花萼分裂几乎达基部，裂片长圆状卵形；花冠上唇极短，仅下唇先端被白色柔毛 ·················· **19. 毛地黄属 Digitalis**
          19. 花冠小，长不超过2厘米；叶全部茎生或有莲座状基生叶，叶较小。
            21. 花萼5深裂几乎达基部；花丝基部常有附属物；蒴果室间开裂 ·················· **20. 母草属 Lindernia**
            21. 花萼钟状或漏斗状，约裂至中部；花丝无附属物；蒴果室背开 ·················· **21. 通泉草属 Mazus**
    14. 花冠上唇向前方弓曲成盔状，全部雄蕊的花药靠拢一起，药室基部常有突尖或距。
      22. 苞片具尖齿至刺毛状齿，稀全缘；花冠上唇边缘密被须毛；种子1~4，大而平滑；花紫红色 ·················· **22. 山罗花属（山萝花属）Melampyrum**
      22. 苞片常全缘；花冠上唇边缘不密被须毛；种子多数，小而有饰纹。
        23. 花萼下无小苞片。
        23. 花萼4裂，均等分裂或前后方深裂；蒴果顶端钝而微凹。
          25. 圆锥花序，花梗细长；花萼前后方较深裂 ·················· **23. 脐草属 Omphalothrix**
          25. 总状或穗状花序；花萼分裂近相等。
            26. 叶卵圆形；苞片常比叶大，近圆形；花冠上唇边缘向外反卷 ·················· **24. 小米草属 Euphrasia**
            26. 叶线状披针形；苞片比叶小，披针形；花冠上唇边缘不外卷 ··················

·· 25. 疗齿草属 Odontites

24. 花萼5裂，或仅在前方深裂而具2~5齿；蒴果顶端尖锐或平而微凹。

27. 叶互生、对生或轮生，具篦状齿或羽状分裂；花萼常在前方深裂，具2~5齿；花冠上唇常延长成喙，边缘不外卷 ···················· 26. 马先蒿属 Pedicularis

27. 叶对生，羽状分裂；花萼均等5裂；花冠上唇边缘外卷 ············· 27. 松蒿属 Phtheirospermum

23. 花萼下有1对小苞片。

28. 叶羽状分裂，无鳞片状叶；花萼细长管状，具10条明显的纵脉；花冠长2~2.5厘米 ·· 28. 阴行草属 Siphonostegia

28. 叶全缘，稀具2~3裂片，具鳞片状叶；花萼筒状钟形，具11条脉；花冠长2.5~4.5厘米 ·· 29. 芯芭属 Cymbaria

1. 泡桐属 Paulownia Sieb. et Zucc.

Paulownia Sieb. et Zucc. in Fl. Jap. 1：25. t. 10. 1835.

本属全世界有7种，均产中国，除东北北部、内蒙古、新疆北部、西藏等地区外全国均有分布，栽培或野生，有些地区正在引种。东北仅辽宁栽培3种1变种1变型。

分种检索表

1. 叶卵状心形或长卵状心形；花蕾倒卵形或长倒卵形；花萼浅裂至1/3或2/5，花后毛逐渐脱落；果实卵形或椭圆形。

2. 叶卵状心形，长宽几乎相等；花蕾倒卵形；花冠较宽，漏斗状钟形；果实卵形或椭圆形。产河南。大连有栽培 ···················· 1. 兰考泡桐 Paulownia elongata S. Y. Hu【P.626】

2. 叶长卵状心形，长约为宽的2倍；花蕾长倒卵形；花冠狭，筒状漏斗形；果实椭圆形。产太行山区。大连有栽培 ·················· 2. 楸叶泡桐 Paulownia catalpifolia T. Gong ex D. Y. Hong【P.626】

1. 叶广卵状心形或五角状卵圆形；花蕾近圆形；花萼深裂达中部以下，毛不脱落；果实卵圆形。

3. 叶背面密被毛。

4. 花冠紫色。大连常见栽培 ·· ··········· 3aa. 毛泡桐 Paulownia tomentosa（Thunb.）Steud. var. tomentosa f. tomentosa【P.626】

4. 花冠白色。大连偶见栽培 ············· 3ab. 白花毛泡桐 Paulownia tomentosa（Thunb.）Steud. var. tomentosa f. album S. M. Zhang, f. nov. in Addenda P.465.【P.626】

3. 叶背面无毛或被稀疏毛。大连有栽培 ·· ························ 3b. 光泡桐 Paulownia tomentosa var. tsinlingensis（Pai）Gong Tong

2. 石龙尾属 Limnophila R. Br.

Limnophila R. Br. Prodr. 442. 1810.

本属全世界约有35种，分布于旧大陆热带亚热带地区。中国有9种。东北地区产2种。辽宁产1种。

石龙尾 Limnophila sessiliflora（Vahl）Blume【P.626】

多年生两栖草本。茎细长。茎及花萼无腺点。沉水叶多裂，裂片细而扁平或毛发状；气生叶全部轮生，椭圆状披针形。花近无梗，单生叶腋；萼长4~6毫米，萼裂片卵形，长2~4毫米；花冠长6~10毫米，紫蓝色或粉红色。蒴果近于球形，两侧扁。生水塘、沼泽、水田、路旁、沟边湿处。产沈阳、庄河、普兰店等地。

3. 金鱼草属 Antirrhinum L.

Antirrhinum L., Sp. Pl. 2：612. 1753.

本属全世界有42种，产北温带。中国引种1种。东北各省区均有栽培。

金鱼草 Antirrhinum majus L.【P.626】

一年生草本。茎直立或中上部具腺毛。叶对生或互生，叶柄短；叶片线状披针形或长圆状披针形，全缘。总状花序顶生，密被腺毛，苞片卵形；花萼5深裂；花冠筒状唇形，长3~4厘米，颜色多样。蒴果卵球形，被腺毛。原产地中海沿岸。大连、沈阳等地栽培。

4. 香彩雀属 Angelonia L.

Angelonia Bonpl., Pl. Aequinoct.〔Humboldt & Bonpland〕2：92（t. 108）1812.

本属全世界有30种，分布美洲热带。中国广泛栽培1种。东北仅辽宁有栽培。

香彩雀 Angelonia angustifolia Benth.【P.626】

一年生草本，株高25~35厘米。茎秆细，直立，多分枝。叶对生，长椭圆形，有短柄，叶缘有锯齿。花生叶腋，由下而上逐渐开放，花瓣唇形，上方四裂；花色有浓紫色、淡紫色、粉色、白色，还有双色。原产南美洲，大连栽培观赏。

5. 柳穿鱼属 Linaria Mill.

Linaria Mill. Gard. Dict. n 14. 1768.

本属全世界约100种，分布于北温带地区，主产欧洲、亚洲。中国产10种。东北地区产3种2亚种，其中栽培1种。辽宁产2种1变种，其中栽培1种。

分种检索表

1. 野生；叶互生、对生或轮生；花黄色。
  2. 茎高15~40厘米，上升，常分枝；叶卵形至椭圆状披针形，对生或3~4枚轮生，上部的常不规则轮生或互生；种子肾形，边缘加厚。生海边沙地。瓦房店、普兰店、长海有记载 ………………………………
    ……………………………… 1. **海滨柳穿鱼 Linaria japonica Miq.**
  2. 茎高20~80厘米，直立，常在上部分枝；叶线形，多数互生，少数下部的轮生，上部的互生，更少全部叶都成4枚轮生的；种子盘状，边缘具宽翅。生山坡、河岸石砾地、草原、固定沙丘、路边。产彰武、绥中、瓦房店、普兰店、长海、鞍山等地 …………………………………………………
    ……………………… 2b. **柳穿鱼 Linaria vulgaris subsp. sinensis**（Bebeaux）Hong【P.626】
1. 栽培；叶对生，线状披针形，下部叶轮生；花色有红色、黄色、白色、雪青色、青紫色等。原产摩洛哥。大连有栽培 ………………………………… 3. **摩洛哥柳穿鱼 Linaria maroccana Hook.【P.626】**

6. 双距花属 Diascia Link & Otto

Diascia Link & Otto, Icon. Pl. Select. 7，t. 2. 1820.

本属全世界有63种，特产于非洲南部地区。东北地区仅辽宁栽培1种。

双距花 Diascia barberae Hook. f.【P.626】

多年生草本植物，植株高25~40厘米，茎细长，单叶对生，叶片三角状卵形。花序总状，小花有两个距，花色丰富，有红色、粉色、白色等。原产地不详。大连有栽培。花形奇特，可用于布置花坛或盆栽。

7. 水茫草属 Limosella

Limosella L. Sp. Pl. 631. 1753.

本属全世界约7种，广布于全球各地。中国有1种。东北各省区均有分布。

水茫草Limosella aquatica L.【P.626】

一年生草本，高 2.5~5（~10）厘米；叶基生成莲座状，叶片广线形或狭匙形，长 5~15毫米；花单生于叶腋，花梗细长；花冠钟形，筒部短，裂片5，辐状，白色或带红色；蒴果卵圆形，超出宿存萼。生河岸、溪旁、水沟或林缘湿地。产沈阳、桓仁、抚顺、铁岭、北镇。

8. 玄参属Scrophularia L.

Scrophularia L. Sp. Pl. 619. 1753.

本属全世界有200余种，分布于欧亚大陆的温带地区，地中海地区尤多，在美洲只有少数种类。中国有36种。东北地区产8种，其中栽培1种。辽宁产5种，其中栽培1种。

分种检索表

1. 茎及叶柄具翅；叶片卵形或长圆状卵形；花冠红褐色，退化雄蕊倒卵状圆形；根粗大呈纺锤形。生河岸、海边和草地。辽宁有记载 ······················· **1. 大玄参**Scrophularia grayana Maxim. ex Kom.
1. 茎无翅，稀具狭翅。
  2. 萼裂片顶端钝圆。
    3. 根纺锤状或胡萝卜状。
      4. 聚伞状圆锥花序大，花疏散，花冠褐紫色。生海拔1700米以下的竹林、溪旁、丛林及高草丛中。为我国特产，产河北、河南、山西、陕西、湖北、安徽、江苏、浙江、福建、江西、湖南、广东、贵州、四川等地。金州、瓦房店及大连有引种栽培 ········ **2. 玄参**Scrophularia ningpoensis Hemsl.
      4. 聚伞状圆锥花序狭长，花密集，花冠黄绿色。生山坡阔叶林中或湿草地。产西丰、辽阳、凤城、桓仁、丹东、凌源、普兰店、庄河、长海等地 ··· **3. 北玄参**Scrophularia buergeriana Miq.【P.626】
    3. 根不为纺锤形或胡萝卜状；聚伞状圆锥花序，花冠绿色或黄绿色；退化雄蕊扇形。生草地、河流旁、山沟阴处或林下。产建昌等地··········· **4. 山西玄参（谷玄参）**Scrophularia modesta Kitag.【P.627】
  2. 萼裂片顶端尖；聚伞状圆锥花序；花冠暗紫红色或外面绿色里面带紫褐色；蒴果广卵形。生山坡灌丛、林下、路旁。产丹东、岫岩、辽阳等地··········· **5. 丹东玄参**Scrophularia kakudensis Franch.【P.627】

9. 钓钟柳属Penstemon Schmidel

Penstemon Schmidel, Icon. Pl., Ed. Keller 2. 1763.

本属全世界约有250种，分布美洲、亚洲。中国广泛栽培2种。东北仅辽宁有栽培。

分种检索表

1. 总状花序，花冠淡粉色或白色。原产美洲。沈阳有栽培 ··
 ······························**1. 毛地黄钓钟柳**Penstemon digitalis Nutt. ex Sims【P.627】
1. 聚伞圆锥花序，花冠红色、蓝色、紫色、粉色等。原产墨西哥及危地马拉。大连有栽培 ·····················
 ························· **2. 钓钟柳**Penstemon campanulatus（Cav.）Willd.【P.627】

10. 毛蕊花属Verbascum L.

Verbascum L. Gen. Pl. ed. 5. 83. 1754.

本属全世界约有300种，主要分布于欧亚温带地区。中国产6种。东北栽培1种，辽宁有栽培。

毛蕊花 Verbascum thapsus L.【P.627】

二年生高大草本，全株密被灰黄色星状毛。基生叶及茎下部叶卵状长圆形等，上部茎生叶较小，基部下延成狭翅，边缘具浅齿。穗状花序，花密集；萼5深裂，裂片披针形；花冠黄色，辐状，几乎无筒。蒴果卵球形，密被灰白色毛。我国新疆、西藏、云南、四川有分布。沈阳、熊岳、大连等地有栽培。

11. 腹水草属 Veronieastrum Heist. ex Farbic.

Veronicastrum Heist. ex Farbic., Enum. Pl. Hort. Helmsted. 111. 1759.

本属全世界近20种，产亚洲东部和北美洲。中国有13种。东北地区产2种，辽宁均产。

分种检索表

1. 叶4~8枚轮生，广披针形或长圆状披针形。生林缘草甸、山坡草地及灌丛。产西丰、清原、岫岩、宽甸、桓仁、本溪、鞍山、庄河等地 ……………………………………………………………………………………… 1. 草本威灵仙（轮叶腹水草）Veronieastrum sibiricum（L.）Pennell【P.627】
1. 叶互生，线形或线状披针形。生湿草地和灌丛中。产金州、大连、庄河、北镇、彰武等地 …………………… 2. 管花腹水草 Veronieastrum tubiflorum（Fisch. et C. A. Mey.）H. Hara【P.627】

12. 穗花属 Pseudolysimachion（W. D. J. Koch）Opiz

Pseudolysimachion（W. D. J. Koch）Opiz, Seznam. 80. 1852.

本属全世界约20种。中国有10种，大部分产东北和新疆。东北地区产4种4亚种。辽宁产4种3亚种。

分种检索表

1. 叶线形或线状披针形，边缘具小齿；花冠蓝色，偶见白色。
  2. 叶全部互生或下部的对生；叶片线形或线状披针形，宽2~7毫米。生山坡草地、林边、灌丛、草原、沙岗及路边 ……………………… 1a. 细叶穗花（细叶婆婆纳）Pseudolysimachion linariifolium（Pall. ex Link）Holub subsp. linariifolium【P.628】
  2. 叶几乎完全对生，至少茎下部的对生；叶片宽条形至卵圆形，宽0.5~2厘米。生山坡草地、林缘、灌丛、草原。产沈阳、抚顺、西丰、法库、鞍山、长海、瓦房店、普兰店、本溪、桓仁、凤城、北镇、绥中、阜新、建平、建昌、凌源等地 ……… 1b. 水蔓菁（宽叶婆婆纳）Pseudolysimachion linariifolium subsp. dilatatum（Nakai & Kitag.）D. Y. Hong
1. 叶非线形，边缘具锯齿；花白色、粉色、紫色或蓝色。
  3. 叶无柄。
    4. 叶披针形或近椭圆形，稀卵形，宽1.5~3厘米，两面无毛或仅下面沿叶脉疏被柔毛。生草甸、林缘草地、山坡或沼泽地。产庄河、长海、本溪等地 …… 2b. 东北穗花（东北婆婆纳）Pseudolysimachion rotundum subsp. subintegrum（Nakai）D. Y. Hong【P.628】
    4. 叶卵形，宽3~6厘米，两面被毛或仅叶脉上被毛。生山坡草地。产沈阳、本溪、桓仁、庄河等地 ………………………… 2c. 朝鲜穗花（朝鲜婆婆纳）Pseudolysimachion rotundum subsp. coreanum（Nakai）D. Y. Hong【P.628】
  3. 叶有柄。
    5. 花白色、粉色或淡紫色；花序被腺毛；叶柄长7~20毫米；叶片卵形或卵状披针形，边缘具缺刻状粗齿或重锯齿，基部常羽状深裂。生草地、沙丘及疏林下。产庄河 …………………………………………… 3. 大穗花（大婆婆纳）Pseudolysimachion dauricum（Steven）Holub【P.628】
    5. 花蓝色或紫色；花序被短卷毛或短柔毛。
      6. 花序被白色短卷毛；叶对生或3~4枚轮生；叶柄长2~6（~10）毫米；叶披针形或长圆形，边缘具深缺刻状尖锯齿或重锯齿。生草甸、山坡草地、林缘草地、桦木林下。产凤城、庄河等地 ………… 4. 兔儿尾苗（长尾婆婆纳）Pseudolysimachion longifolium（L.）Opiz【P.628】
      6. 花序被短柔毛；叶对生；叶柄长10~25毫米；叶片卵状披针形或三角状卵形，边缘具锯齿或尖锯齿。生山坡草地及林缘草地。产本溪、丹东、宽甸、庄河等地 …………… 5. 长毛穗花（长毛婆婆纳）Pseudolysimachion kiusianum（Furumi）T. Yamaz.【P.628】

13. 婆婆纳属 Veronica L.

Veronica L., Sp. Pl. 1：9. 1753.

本属全世界约250种，广布于全球，主产欧亚大陆。中国产53种，各省区均有，但多数种类产西南山地。东北地区产10种1变种。辽宁产6种。

分种检索表

1. 总状花序顶生；茎直立或上升；叶常3~5对，下部的有短柄，中上部的无柄，卵形至卵圆形，边缘具圆或钝齿；花蓝紫色或蓝色。生于路边及荒野草地。原产于欧洲。分布庄河 ……………………………………………………………………………………………………… 1. **直立婆婆纳 Veronica arvensis L.【P.628】**
1. 总状花序常成对侧生于叶腋。
  2. 陆生。
    3. 一年生草本；茎铺散、多分枝；叶卵形或圆形，边缘具钝齿；苞片与叶同形且几乎等大。生路边、荒地、草坪中。原产亚洲西部及欧洲。分布大连、旅顺口、金州等地 ……………………………………………………………………… 2. **阿拉伯婆婆纳 Veronica persica Poir【P.628】**
    3. 多年生草本；茎直立或上升；叶卵形或广卵形，边缘具缺刻状钝齿或圆齿；苞片条状椭圆。生草地或铁路边。产沈阳、凤城 ……………………… 3. **石蚕叶婆婆纳 Veronica chamaedrys L.【P.629】**
  2. 水生或沼生。
    4. 多年生草本（稀为一年生草本）；花梗与花序轴成锐角，果期弯曲向上，使蒴果靠近花序轴；蒴果近圆形，长宽近相等，几乎与萼等长。生水边或沼泽地。产大连、本溪、彰武、凌源等地 ……………… ……………………… 4. **北水苦荬（水苦荬婆婆纳）Veronica anagallis-aquatica L.【P.629】**
    4. 一、二年生草本。
      5. 一年生草本；花梗与花序轴呈60°~70°角；蒴果椭圆形或宽椭圆形，超出花萼。生河边湿地或水中。产清原、南票等地………… 5. **长果水苦荬（长果婆婆纳）Veronica anagalloides Guss.【P.629】**
      5. 一、二年生草本；花梗在果期挺直，横叉开，与花序轴几乎成直角；蒴果近扁球形，不超出花萼。生水边或湿地。产西丰、本溪、清原、彰武、北镇、建平、凌源、大连等地 ……………………… ……………………… 6. **水苦荬（水婆婆纳）Veronica undulata Wall.【P.629】**

14. 沟酸浆属 Mimulus L.

Mimulus L. Sp. Pl. 634. 1753.

本属全世界约150种，广布于全球，以美洲西北部最多。中国有5种，主产于西南各省。东北地区产1种，各省区均有分布。

沟酸浆 Mimulus tenellus Bunge【P.629】

一年生草本，全株无毛。茎柔弱，下部倾卧匍匐生根。叶对生；叶片卵状三角形或卵形，基部圆形或广楔形，先端锐尖，边缘具疏齿。花单生于叶腋，黄色，稍呈二唇形；花萼筒状钟形，具翅状肋5条。蒴果椭圆形，包于宿存萼筒内。生水边及潮湿地。产凌源、北镇、新宾、清原、桓仁、本溪、宽甸、盖州、大连等地。

15. 蝴蝶草属 Torenia L.

Torenia L. Sp. Pl. 619. 1753.

全世界约50种，主要分布于亚非热带地区。中国有10种，分布于长江以南和台湾等省区。东北地区栽培1种。

兰猪耳Torenia fournieri Linden. ex Fourn.【P.629】

直立草本；叶片长卵形或卵形；花具长1~2厘米的梗，通常在枝的顶端排列成总状花序；花冠筒淡青紫色，背黄色；上唇直立，浅蓝色，宽倒卵形，顶端微凹；下唇裂片矩圆形或近圆形，紫蓝色，中裂片的中下部有一黄色斑块；花丝不具附属物。蒴果长椭圆形。原产越南。沈阳、大连有栽培。

16. 水八角属 Gratiola L.

Gratiola L. Sp. Pl. 17. 1753.
本属全世界约25种，主要分布于温带同亚热带地区。中国有2种，产东北至西南各省。东北地区产1种，各省区均有分布。

白花水八角Gratiola japonica Miq.

一年生草本，全株无毛。茎直立或上升，肉质。叶对生，无柄，长椭圆形至披针形，基部半抱茎，全缘。花单生于叶腋，几乎无梗，小苞片2；花萼5深裂；花冠近二唇形，白色或带黄色。蒴果球形，棕褐色。生稻田及水边带黏性的淤泥上。资料记载产沈阳苏家屯。

17. 泽番椒属 Deinostema Yamazaki

Deinostema T. Yamazaki, J. Jap. Bot. 28：131. 1953.
本属全世界有2种，分布日本、韩国、俄罗斯。中国有2种。东北地区仅辽宁产1种。

泽番椒（泽蕃椒）Deinostema violacea（Maxim.）Yamazaki

植株纤细，高约20厘米，全体无毛。叶对生，条状钻形，全缘，长达1厘米，宽约1毫米。花单朵腋生，花梗极短至长4毫米；花萼果期长3~5毫米，裂片钻形。蒴果卵状椭圆形，长2毫米。生沼泽地和湿地。资料记载产丹东。

18. 地黄属 Rehmannia Libosch. ex Fisch. et Mey.

Rehmannia Libosch. ex Fisch. et Mey., Ind. Sem. Hort. Petrop. 1：36. 1835.
本属全世界有6种，全部产中国。东北地区产1种，辽宁有分布。

地黄Rehmannia glutinosa（Gaertn.）Libosch. ex Fisch. et Mey.【P.629】

多年生草本，全株密被毛。根状茎肉质。茎直立，带紫红色。叶多基生，莲座状；叶片倒卵形或长椭圆形，边缘具不规则钝或尖齿；茎生叶无或互生，向上渐小。总状花序顶生；花冠筒狭长，外面紫红色，里面黄紫色，里外均被毛。蒴果卵形。生砂质壤土、荒山坡、山脚、墙边、路旁等处。产大连、金州、凌源、建平、兴城、绥中、北镇等地。

19. 毛地黄属 Digitalis L.

Digitalis L. Sp. Pl. 621. 1753
本属全世界约25种，分布于欧洲和亚洲的中部与西部。中国栽培1种。东北各地均有栽培。

毛地黄Digitalis purpurea L.【P.629】

一年生或多年生草本，全株被毛。茎生叶多数，莲座状；叶片卵形或长椭圆形，边缘具带短尖的圆齿。总状花序顶生；苞片叶状；花萼5裂几乎达基部，裂片长圆状卵形；花冠筒状，色彩丰富，腹面膨胀，里面具斑点，先端被白柔毛。蒴果卵形。原产欧洲。大连、沈阳有栽培。

20. 母草属 Lindernia All.

Lindernia All. Misc. Taurin. 3：178. 1766.

本属全世界约有70种。主要分布于亚洲的热带和亚热带，美洲和欧洲也有少数种类。中国约有26种。东北地区产1种，各省区均有分布。

陌上菜 Lindernia procumbens（Krock.）Philcox【P.629】

一年生草本。茎平卧、上升或直立，多分枝。叶对生，无柄，卵状椭圆形至长圆形，全缘或有不明显钝齿。花单生于叶腋，花梗纤细；花萼钟形，5深裂几乎达基部；花冠二唇形，粉红色或淡紫色。蒴果卵球形，等长或稍长于萼。生水边、水田边及潮湿地。产铁岭、清原、沈阳、本溪、普兰店等地。

21. 通泉草属 Mazus Lour.

Mazus Lour., Fl. Cochinch. 385. 1790.

本属全世界约35种，分布于中国、印度、朝鲜、日本、俄罗斯、蒙古，南到越南、菲律宾、印度尼西亚、马来西亚、大洋洲至新西兰。中国约有22种，全国多数地区均有，集中分布于西南和华中地区。东北地区产2种。辽宁均产。

分种检索表

1. 多年生草本；茎基部木质化，上升或直立，高15~30厘米，密被白色多细胞长柔毛；花萼漏斗状。生山坡草地、林缘或山阳坡石砾质地。产沈阳、鞍山、盖州、庄河、金州、法库、昌图、北镇、义县、绥中等地 ······ 1. 弹刀子菜 Mazus stachydifolius（Turcz.）Maxim.【P.629】
1. 一年生草本；茎草质，上升或平卧，高5~15厘米，疏生短柔毛；花萼钟状。生潮湿草地及路旁、沟旁、林缘等地。产本溪、凤城、清原、宽甸、金州、大连、长海等地 ···················· ······ 2. 通泉草 Mazus pumilus（Burm. f.）Steenis【P.629】

22. 山罗花属（山萝花属）Melampyrum L.

Melampyrum L. Sp. Pl. 605. 1753.

本属全世界约20种，产北半球。中国产3种。东北地区产1种1变种，辽宁均产。

分种下单位检索表

1. 苞片绿色，仅基部具尖齿或刺毛状齿，先端锐尖。生疏林下及林缘草地。产大连、凌源、喀左、沈阳、鞍山、营口、盖州、普兰店、西丰、清原、新宾、桓仁等地 ················· ············ 1a. 山罗花（山萝花）Melampyrum roseum Maxim. var. roseum【P.630】
1. 苞片紫红色或绿色，整个边缘具刺毛状齿，先端长渐尖。生林缘或灌丛间。产凤城、宽甸等地 ·········· ······ 1b. 狭叶山萝花（山罗花狭叶变种）Melampyrum roseum var. setaceum Maxim. ex Paiib【P.630】

23. 脐草属 Omphalothrix Maxim.

Omphalothrix Maxim. Mem. Acad. Sci. St.-Petersb., 9：208，tab. 10. 1859.

本属全世界仅1种，分布于中国华北和东北，朝鲜、俄罗斯远东地区。东北各省区均有分布。

脐草 Omphalothrix longipes Maxim.

一年生直立草本。茎纤细，被白色倒毛。叶无柄，条状椭圆形，无毛，每边有几个尖齿，果期全部叶脱落。花梗细长，果期稍伸长；花萼长3~5毫米，裂片卵状三角形，边缘有糙毛；花冠白色，长5毫米，外被柔毛。蒴果与花萼近等长，被细刚毛。生湿地。产彰武等地。

24. 小米草属 Euphrasia L.

Euphrasia L. Sp. Pl. 604. 1753.

本属全世界200种左右，广布于世界各地。中国产11种。东北地区产5种。辽宁产1种。

高枝小米草（小米草高枝亚种、芒小米草）Euphrasia maximowiczii Wetst.【P.630】

一年生草本。茎直立，被白色柔毛。叶与苞叶无柄，叶片卵圆形至三角状圆形。穗状花序；苞叶广卵形或近圆形，边缘齿先端呈芒状；花萼筒状，被刚毛，裂片狭三角形，渐尖；花冠白色或淡紫色，外面被柔毛。蒴果长圆形，被柔毛。生山坡草地、林缘、灌丛及草甸草原。产本溪、营口、普兰店、瓦房店、庄河、清原、新宾等地。

25. 疗齿草属 Odontites Ludwig

Odontites Ludwig，Inst. Reg. Veg. ed. 2. 120. 1757.

本属全世界约20种，分布于欧洲、非洲北部及亚洲温带地区。中国产1种。东北有分布，产黑龙江、辽宁、内蒙古。

疗齿草 Odontites vulgaris Moench【P.630】

一年生草本，全株被白色细硬毛。叶无柄，披针形至条状披针形，边缘疏生锯齿。穗状花序顶生；花萼长4~7毫米，果期多少增大，裂片狭三角形；花冠紫色、紫红色或淡红色，外被白色柔毛。蒴果上部被细刚毛。生湿草地。产彰武。

26. 马先蒿属 Pedicularis L.

Pedicularis L.，Sp. Pl. edit. I（1753），607.

本属全世界有600种，产北半球，极少数超越赤道，多数种类生于寒带及高山上。中国有352种，主要分布于西南地区。东北地区产14种3亚种2变种1变型。辽宁产7种1变种1变型。

分种检索表

1. 植株无主茎。生海拔千米的石坡草丛中和林下较干处。产凌源 ························
   ························ 1. 埃氏马先蒿 Pedicularis artselaeri Maxim.【P.630】
1. 植株有主茎。
   2. 叶互生稀对生。
     3. 花黄色或淡黄色。
       4. 花冠属于无齿型，盔尖圆钝无齿；基生叶大，多数丛生，羽状分裂；蒴果近球形。多生河岸低湿地。产辽东山区 ·················· 2. 旌节马先蒿 Pedicularis sceptrum-carolinum L.
       4. 花冠属于有齿型，盔向尖端作镰形弯曲或略镰形弓曲。
         5. 植株高20~100厘米，较粗壮；叶裂片线形，边缘有浅锯齿；穗状花序长而紧密，苞片小，近全缘；萼齿卵状三角形，近全缘；盔瓣带紫色脉纹。生高山草原及疏林中。产建平 ··················
   ·················· 3. 红纹马先蒿 Pedicularis striata Pall.【P.630】
         5. 植株高25~40厘米，较细弱；叶裂片线状披针形，有深重锯齿；总状花序短而疏散，苞片大，叶状；萼齿长，叶状，边缘具重锯齿；盔瓣无脉纹。生海拔1000米左右的湿润的腐殖土中及岩上。产本溪、岫岩、凤城等地 ··················
   ·················· 4. 鸡冠子花（鸡冠马先蒿）Pedicularis mandshuricum Maxim.【P.630】
     3. 花紫红色或粉红色。
       6. 茎、叶、苞片、花萼均无毛或具疏毛。
         7. 茎常单出，上部多分枝；叶薄。生草地、林缘、针叶林下、山坡灌丛、山沟、杂木林中。产开原、西丰、鞍山、本溪、东港、宽甸、桓仁、岫岩、庄河等地 ……………………………
……………… 5aa. 返顾马先蒿 Pedicularis resupinata L. var. resupinata f. resupinata【P.630】

　　7. 植株多分枝；叶厚。生林缘、林下、灌丛、山顶草甸、山坡草地、湿地。产开原、鞍山、庄河、
桓仁 ……………… 5ab. 多枝返顾马先蒿 Pedicularis resupinata var. resupinata f. ramosa Kom.

　6. 茎、叶、苞片、花萼均被白色柔毛。生沟谷、高山冻原、林缘、湿草地、林下、灌丛。产鞍山、清
原、新宾、本溪、桓仁、东港、岫岩、宽甸、彰武等地 ………………………………………
……………………………… 5b. 毛返顾马先蒿 Pedicularis resupinata var. pubescens Nakai

2. 叶（3~）4（~6）轮生。
　　8. 一年生草本；植株大，高30~80厘米；叶羽状中裂至深裂；花冠上唇顶端微凹缺，比下唇短约1/2；蒴
果卵形，长7~8毫米。生海拔1000米以上的草地、溪流旁及灌丛中。产桓仁、凤城、岫岩 …………
…………………………………………… 6. 穗花马先蒿 Pedicularis spicata Pall.【P.631】
　　8. 多年生草本；植株较矮，高7~26厘米；叶羽状深裂至全裂；花冠上唇全缘，比下唇短约1/3；蒴果披
针形，长11~15毫米。生高山冻原或高山草甸。产辽宁有记载 …………………………………
………………………………………… 7. 轮叶马先蒿 Pedicularis verticillata L.【P.631】

27. 松蒿属 Phtheirospermum Bunge

Phtheirospermum Bunge in Fisch. et Mey. Ind. Sem. Hort. Peterop. 1：35. 1835.
　　本属全世界约3种，分布于亚洲东部。中国有2种。东北地区产1种1变型，辽宁均产。

分种下单位检索表

1. 花紫红色至淡紫红色。生山坡草地、灌丛间及草地。产辽宁各地 ……………………………………
…………………… 1a. 松蒿 Phtheirospermum japonicum（Thunb.）Kanitz. f. japonicum【P.631】
1. 花白色。生山阴坡或半阴坡草地。产凌源、清原 ……………………………………………………
………………………… 1b. 白花松蒿 Phtheirospermum japonicum f. album C. F. Fang

28. 阴行草属 Siphonostegia Benth.

Siphonostegia Benth. in Hk. et Arn. Bot. Beech. Voy.（1835）203.
　　本属全世界4种，1种产小亚细亚，3种分布于中亚与东亚。中国有2种。东北地区产1种，各省区均有
分布。

阴行草（北刘寄奴）Siphonostegia chinensis Benth.【P.630】

　　一年生草本。叶对生，三角状卵形，二回羽状深裂至全裂，小裂片线状披针形，叶两面密被短毛。总状
花序，花腋生；苞片叶状，羽状分裂；萼筒长管状，具10条脉；花冠黄色，筒部细长，上唇近镰状弓曲，下
唇3裂。蒴果披针状长圆形。生向阳山坡与草地。产沈阳、新民、法库、铁岭、开原、彰武、阜新、凌源、
海城、营口、大连、丹东、桓仁、凤城等地。

29. 芯芭属 Cymbaria L.

Cymbaria L. Gen. Pl. ed. 2（1742）282.
　　本属全世界4~5种，分布中国、俄罗斯。中国有2种，产东北、华北以至西北诸省。东北地区产1种，各
省区均有分布。

达乌里芯芭 Cymbaria daurica L.【P.630】

　　多年生草本，高7~23厘米，全株密被灰白色绢毛。茎多数自根状茎顶端生出，斜升。叶对生，无柄，线
形至线状披针形，先端尖。花1~4，顶生或腋生；花萼筒状，具5齿；花冠长4~6厘米，唇形，黄色。蒴果卵
形。生干山坡与砂砾草原上。产朝阳、建平。

一三七、紫葳科 Bignoniaceae

Bignoniaceae Juss., Gen. Pl. [Jussieu] 137（1789），nom. cons.

　　本科全世界116~120属，650~750种，广布于热带、亚热带地区，少数种类延伸到温带地区，但欧洲、新西兰不产。中国有12属35种，南北均产，但大部分种类集中于南方各省区。东北地区产4属8种，其中栽培6种。辽宁产4属7种，其中栽培5种。

分属检索表

1. 木本。
　　2. 乔木；单叶 ··· 1. 梓属（梓树属）Catalpa
　　2. 藤本；奇数羽状复叶。
　　　3. 以气生根攀援；花大而鲜艳 ··································· 2. 凌霄属 Campsis
　　　3. 无气生根；花小，粉红色 ·································· 3. 非洲凌霄属 Podranea
1. 草本 ··· 4. 角蒿属 Incarvillea

1. 梓属（梓树属）Catalpa Scop.

Catalpa Scopoli，lntrod. Hist. Natur. 170. 1777.

　　本属全世界约13种，分布于美洲和东亚。中国有5种，除南部外，各地均有。东北地区产4种，其中栽培3种。辽宁产3种，其中栽培2种。

分种检索表

1. 花冠浅黄色，长1.5~2厘米；叶通常3~5浅裂，背面近无毛。生河岸、山沟。产沈阳、鞍山、岫岩、抚顺、营口、凤城、丹东、普兰店、庄河、北镇、绥中、铁岭等地，各地常见栽培
　　·································· 1. 梓（梓树）Catalpa ovata G. Don【P.630】
1. 花冠白色，长4~5厘米；叶全缘或有2齿裂，背面有毛。
　　2. 叶卵状长圆形至广卵形，背面密被短柔毛；花序少花，10余朵；蒴果较短粗，长20~30厘米，直径约1.5厘米。原产美国中部至东部。大连、沈阳、盖州有栽培 ······································
　　　··················· 2. 黄金树 Catalpa speciosa（Ward. ex Barn.）Ward. ex Engelm.【P.631】
　　2. 叶卵形至广卵状圆形，背面疏被短柔毛；花序多花；蒴果细长，长25~40厘米，直径6~8毫米。原产北美洲。大连、沈阳等地有栽培 ·················· 3. 紫葳楸 Catalpa bignonioides Walt.【P.631】

2. 凌霄属 Campsis Lour.

Campsis Lour. Fl. Cochinch. 377. 1790.

　　本属全世界2种，1种产北美洲，另1种产中国和日本。东北仅辽宁栽培2种。

分种检索表

1. 小叶9~11枚，叶下面被毛，至少沿中脉及侧脉及叶轴被短柔毛；花萼5裂至1/3处，裂片短，卵状三角形。原产美洲。大连常见栽培 ·················· 1. 厚萼凌霄 Campsis radicans（L.）Seem.【P.631】
1. 小叶7~9枚，叶下面无毛；花萼5裂至1/2处，裂片大，披针形。分布长江流域以及河北、山东、河南、福建、广东、广西、陕西等省区。大连有栽培 ········ 2. 凌霄 Campsis grandiflora（Thunb.）Loisel.【P.632】

3. 非洲凌霄属 Podranea Sprague

Podranea Sprague，Fl. Cap.（Harvey）4（2.3）：449. 1904.

本属全世界有2种。中国均有引种。东北仅辽宁栽培1种。

非洲凌霄 Podranea ricasoliana（Tanf.）Sprague【P.632】

木质藤本；无气生根；羽状复叶，小叶7~11枚，叶缘有齿；花小，粉红色，花萼膨大；蒴果线形。原产非洲。长海有少量栽培。

4. 角蒿属 Incarvillea Juss.

Incarvillea Juss. Gen. 138. 1789.

本属全世界约15种，分布自中亚，经喜马拉雅山区至东亚。中国产11种3变种。东北地区产1种，各省区均有分布。

角蒿 Incarvillea sinensis Lam.【P.632】

一年生草本。叶片二至三回羽状深裂或全裂，羽片4~7对，最终裂片线形或线状披针形。总状花序顶生，有花3~15朵，有苞片及小苞片；花萼钟状，裂片5；花冠红色或淡红紫色，钟状漏斗形。蒴果圆柱形，先端细尖，外弯。生山坡、路旁、荒地。产新民、法库、彰武、凌源、绥中、盖州、岫岩、瓦房店等地。

一三八、胡麻科 Pedaliaceae

Pedaliaceae R. Br., Prodr. Fl. Nov. Holland. 519（1810），nom. cons.

本科全世界13~14属，62~85种，分布于旧大陆热带与亚热带的沿海地区及沙漠地带，一些种类已在新大陆热带驯化。中国有2属2种。东北地区产2属2种1变型，其中栽培1种，辽宁均产。

分属检索表

1. 水生植物；具2有药雄蕊；子房下位；蒴果不开裂，有刺状附属物 ························· 1. 茶菱属 Trapella
1. 陆生植物；具4有药雄蕊；子房上位；蒴果2~4瓣裂，无刺状附属物 ····················· 2. 胡麻属 Sesamum

1. 茶菱属 Trapella Oliv.

Trapella Oliv. in Hook. Icon. Pl. 14：Pl. 1595. 1887.

本属全世界2种，分布于亚洲东部。中国产1种。东北地区产1种1变型，辽宁均产。

分种下单位检索表

1. 蒴果具3翅，翅明显或不明显。群生池塘中。产庄河、凤城、沈阳、新民、铁岭等地 ····························
···························· 1a. 茶菱 Trapella sinensis Oliv. f. sinensis【P.631】
1. 蒴果翅明显宽，达5毫米。生池塘中。产新民 ···
···························· 1b. 宽翅茶菱 Trapella sinensis f. antennifera（Levl.）Kitag.

2. 胡麻属 Sesamum L.

Sesamum L. Coroll. Gen. 11. 1753.

本属全世界约30种，分布于热带非洲和亚洲。中国南北各地栽培1种。

芝麻（胡麻）Sesamum indicum L.【P.631】

一年生直立草本。叶矩圆形或卵形，下部叶常掌状3裂，中部叶有齿缺，上部叶近全缘。花单生或2~3朵同生叶腋内；花萼裂片披针形，被柔毛；花冠长2.5~3厘米，筒状，白色而常有紫红色或黄色的彩晕。蒴果矩圆形，有纵棱，直立，被毛。原产印度，汉时引入中国，栽培极广。辽宁各地栽培。

一三九、列当科Orobanchaceae

Orobanchaceae Vent., Tabl. Regn. Vég. 2：292（1799），nom. cons.

本科全世界有15属，150余种，主要分布于北温带地区，少数种分布到非洲、大洋洲、亚洲和美洲。中国产9属42种，主要分布于西部，少数种分布到东北部、北部、中部、西南部和南部。东北地区产4属4种1变种。辽宁产2属6种。

分属检索表

1. 植株有毛；花冠筒细长成管状；穗状花序 ·· 1. 列当属 Orobanche
1. 植株无毛；花冠筒状；花3~10集生于茎顶成束状 ····························· 2. 黄筒花属 Phacellanthus

1. 列当属 Orobanche L.

Orobanche L. Sp. Pl. 632. 1753.

本属全世界约有100种，主要分布于北温带地区，少数种分布到中美洲南部和非洲东部及北部。中国产23种3变种1变型，大多数分布于西北部，少数分布到北部、中部及西南部等地。东北地区产6种1变种1变型。辽宁产5种。

分种检索表

1. 花药有毛。
  2. 植株密被白色蛛丝状长绵毛。生山坡沙质地。产彰武 ······ 1. 毛药列当 Orobanche ombrochares Hance
  2. 植株密被短腺毛。
    3. 花通常淡黄色，花序密集，下部的苞片与花近等长。生沙丘、山坡及草原上，寄生蒿属（*Artemisia* L.）植物根上。产沈阳、鞍山、彰武、昌图、北镇等地·······························
    ·························· 2. 黄花列当 Orobanche pycnostachya Hance【P.631】
    3. 花通常紫堇色，花序稍疏生，苞片比花短。生山坡、路旁及草地，寄生蒿属（*Artemisia* L.）植物根上。产鞍山、大连、金州、瓦房店、义县、铁岭、昌图 ·······························
    ·························· 3. 黑水列当 Orobanche amurensis（G. Beck）Kom.【P.632】
1. 花药无毛。
  4. 花序被长棉毛，花深蓝色、蓝紫色或淡紫色。生固定沙丘、山坡草地，寄生在蒿属（*Artemisia* L.）植物的根部。产彰武、建平、凌源、海城、鞍山、大连等地 ·······························
  ·························· 4. 列当 Orobanche coerulescens Steph.【P.632】
  4. 花序被腺毛，花淡蓝色或淡蓝紫色。生针茅草原、山坡、林下、路边及沙丘上，常寄生蒿属（*Artemisia* L.）植物或谷类植物根上。产阜新 ················ 5. 弯管列当（欧亚列当）Orobanche cernua Loefling

2. 黄筒花属 Phacellanthus Sieb. et Zucc.

Phacellanthus Sieb. et Zucc. in Abh. Akad. Munchen 4（3）：141. 1846.

本属全世界仅1种，分布于中国、朝鲜、日本和俄罗斯的远东地区。东北地区吉林、辽宁有分布。

黄筒花 Phacellanthus tubiflorus Sieb. et Zucc.【P.632】

全株几乎无毛，株高5~11厘米。茎直立，单生或簇生，不分枝。叶较稀疏地螺旋状排列于茎上，卵状三角形或狭卵状三角形。花常4至十几朵簇生茎端成近头状花序；花冠筒状二唇形，白色，后渐变浅黄色。蒴果长圆形。生山坡林下。产本溪、凤城、宽甸、庄河等地。

一四〇、苦苣苔科 Gesneriaceae

Gesneriaceae Dumort., Anal. Fam. Pl. 30（1829）.

本科全世界约133属，3000余种，分布于亚洲东部和南部、非洲、欧洲南部、大洋洲、南美洲、墨西哥的热带至温带地区。中国有56属442种，自西藏南部、云南、华南至河北及辽宁西南部广布，多数属、种分布于云南、广西和广东等省区的热带及亚热带丘陵地带，向北则属、种的数目逐渐减少，只有2种越过秦岭分布至我国北部。东北地区产1属2种，辽宁均产或产1种。

旋蒴苣苔属（牛耳草属）Boea Comm. ex Lain.

Boea Comm. ex Lam. Encycl. Meth. 1：401. 1785.

本属全世界约20种，分布于中国及印度东部、缅甸、中南半岛、马来西亚、澳大利亚至波利尼西亚。中国有3种，分布于中南、华东地区，河北、辽宁、山西、陕西、四川和贵州。

分种检索表

1. 叶卵形，具柄。生山坡岩石缝中。辽西靠近河北地区有记载 ⋯⋯ 1. **大花旋蒴苣苔**Boea clarkeana Hemsl.
1. 叶近圆形，无柄。生山阴坡岩石上。产凌源、绥中、喀左、朝阳等地 ⋯⋯⋯⋯⋯⋯⋯⋯⋯⋯⋯⋯
⋯⋯⋯⋯⋯⋯⋯⋯⋯⋯⋯⋯ 2. **旋蒴苣苔**（猫耳旋蒴苣苔）Boea hygrometrica（Bunge）R. Br.【P.632】

一四一、茜草科 Rubiaceae

Rubiaceae Juss., Gen. Pl.〔Jussieu〕196（1789）, nom. cons.

本科全世界约660属11150种，广布全世界的热带和亚热带地区，少数分布至北温带地区。中国有97属701种，主要分布在东南部、南部和西南部，少数分布西北部和东北部。东北地区产5属22种12变种1变型，其中栽培2种。辽宁产5属18种8变种1变型，其中栽培2种。

分属检索表

1. 藤本或灌木。
　2. 灌木 ⋯⋯⋯⋯⋯⋯⋯⋯⋯⋯⋯⋯⋯⋯⋯⋯⋯⋯⋯⋯⋯⋯ 1. **野丁香属**Leptodermis
　2. 柔弱缠绕灌木或藤本 ⋯⋯⋯⋯⋯⋯⋯⋯⋯⋯⋯⋯⋯⋯⋯⋯ 2. **鸡矢藤属**Paederia
1. 草本或亚灌木。
　3. 叶对生；花冠具长管，喉部扩大，裂片4~6，镊合状排列 ⋯⋯⋯⋯⋯ 3. **五星花属**Pentas
　3. 叶数枚轮生。
　　4. 花（3~）4基数；果实干质 ⋯⋯⋯⋯⋯⋯⋯⋯⋯⋯⋯⋯⋯⋯ 4. **拉拉藤属**Galium
　　4. 花5基数；果实肉质，浆果 ⋯⋯⋯⋯⋯⋯⋯⋯⋯⋯⋯⋯⋯⋯ 5. **茜草属**Rubia

1. 野丁香属 Leptodermis Wall.

Leptodermis Wall. in Roxb. Ind. Fl. ed. Carey, 2：191. 1824.

本属全世界约40种，分布于喜马拉雅地区至日本。中国有35种，主要分布在四川、云南、西藏等地区。东北地区仅辽宁可能产1种。

薄皮野丁香（薄皮木）Leptodermis oblonga Bunge

灌木。枝褐灰色，细弱。叶对生及假轮生，具短柄；叶片披针形或长圆状披针形。花2~10朵簇生于枝顶或叶腋；花冠淡红色，漏斗形，长12~18毫米，花冠筒长，裂片披针形。蒴果椭圆形，长5~6毫米，5裂至基部。生山坡、路边等向阳处，亦见于灌丛中。绥中、建昌、凌源可能有分布。

2. 鸡矢藤属 Paederia L.

Paederia L. Syst. Nat. ed. 12，2：135，189.〔L. Mant. Pl. 1：7，52.〕1767.

本属全世界20~30种，大部分产于亚洲热带地区，其他热带地区亦有少量分布。中国有11种1变种，分布于西南、中南至东部，而以西南部为多。东北仅辽宁栽培1种。

鸡矢藤 Paederia foetida L.【P.632】

藤本。叶对生，卵形至披针形。聚伞花序腋生和顶生，扩展，分枝对生；萼管陀螺形，萼檐裂片5，裂片三角形；花冠浅紫色，外面被粉末状柔毛，里面被绒毛，顶部5裂，顶端急尖而直。果球形，成熟时近黄色，有光泽，平滑。分布西北、华北、华东、华南地区。大连有栽培。

3. 五星花属 Pentas Benth.

Pentas Benth. in Hook. Bot. Mag. t. 4086. 1844.

本属全世界约50种，分布于非洲和马达加斯加。中国栽培1种。东北仅辽宁有栽培。

五星花 Pentas lanceolata（Forsk.）K. Schum【P.632】

多年生直立或下部匍匐亚灌木。叶对生，浅绿色，膜质，卵形、椭圆形或披针状矩圆形，长4~15厘米，宽1~5厘米，先端渐尖，基部渐狭而成一短柄，有毛。伞房花序顶生或腋生，每花序有花20朵余；花筒长2~4厘米，花冠五星状，颜色多样。原产非洲热带和阿拉伯地区，大连栽培观赏。

4. 拉拉藤属 Galium L.

Galium L. Sp. Pl. 105. 1753.

本属全世界有600余种，广布于全世界，主产温带地区，热带地区极少。中国有63种，广布全国，尤以西南和北方为多。东北地区产15种11变种。辽宁产12种7变种。

分种检索表

1. 花冠钟形，花4基数。
  2. 叶4~8枚轮生，狭倒卵形、卵状椭圆形、披针形或长圆形；圆锥花序疏散。生林间草地或灌丛。产西丰、鞍山、本溪、凤城、宽甸、桓仁、岫岩、丹东、庄河、瓦房店、北镇、绥中、凌源、建昌等地 ·················· 1. 异叶轮草（异叶车叶草）Galium maximowiczii（Kom.）Pobed.【P.632】
  2. 叶4枚轮生，卵圆形或椭圆形，近革质；圆锥花序密集。生林下。产宽甸、桓仁等地 ······················· ·················· 2. 卵叶轮草（卵叶车叶草）Galium platygalium（Maxim.）Pobed.【P.633】
1. 花冠辐状或短钟状，花3~4基数。
  3. 叶4枚轮生。
    4. 茎直立，无倒生小刺。
      5. 叶具3脉；果实密被钩刺毛或疏被钩刺毛。
        6. 叶两面无毛。生山坡及林缘。产庄河 ·················· ·················· 3a. 北方拉拉藤（砧草拉拉藤）Galium boreale L. var. boreale【P.633】
        6. 叶背面沿中脉及边缘疏被短硬毛。生山坡、河滩、沟边、田边、草地。产鞍山 ·················· ·················· 3b. 硬毛拉拉藤 Galium boreale var. ciliatum Nakai

【据中国植物志71（2）：261~263. 1999和Fl. China 19：117~118. 2011，辽宁尚有以下变种：①茜砧草 Galium boreale var. rubioides（L.）Celak. 叶卵状披针形或卵形，叶下面至少在脉上有疏柔毛或粗糙；萼管和果无毛。②堪察加拉拉藤 Galium boreale var. kamtschaticum（Maxim.）Nakai 叶阔

披针形或卵状披针形，叶下面至少在脉上面有疏毛或粗糙】
    5. 叶具1脉，线形，宽1~1.5毫米；果实无毛。生山地草坡、林下、灌丛、草地。产桓仁、新宾、宽甸等地 ……………………………………………… 4. 线叶拉拉藤 Galium linearifolium Turcz.【P.633】
  4. 茎攀援或上升，稀直立，通常具倒生小刺。
    7. 花白色；果实密被钩刺毛。
      8. 叶广椭圆形或倒卵形，近等大，具3脉。生针叶林下或林缘。产辽东山区 ………………………………… 5. 三脉猪殃殃（三脉拉拉藤）Galium kamtschaticum Stell. ex Schult. & Schult. f.
      8. 叶卵形，具1脉，通常4叶轮生，两大两小，有时2叶对生，稀3叶轮生。生针阔叶混交林下。产本溪、凤城、宽甸、庄河等地 … 6. 林猪殃殃（林拉拉藤）Galium paradoxum Maxim.【P.633】
    7. 花黄绿色；果实密被小鳞片状钩刺毛；叶长圆状披针形。生山地、丘陵、旷野、田间、沟边、灌丛或草地。产大连、长海、旅顺口、新宾等地 …………………………………… 7. 四叶葎（四叶葎拉拉藤）Galium bungei Steud.【P.633】
3. 叶4~10（~15）枚轮生。
  9. 叶4~8枚轮生。
    10. 果实被钩刺毛；叶6~8枚轮生，稀为4~5片。
      11. 花序由1~2稀数花组成；茎沿棱具2倒刺毛；叶线状披针形或匙状长圆形，宽2~5（~8）毫米。生山坡、旷野、沟边、林缘、草地。产建平、丹东等地 …………………………… 8. 猪殃殃（拉拉藤、少花拉拉藤、细拉拉藤）Galium spurium L.【P.633】
      11. 聚伞花序顶生或腋生，多花，二至三回分歧；茎沿棱疏生倒刺毛或近无刺毛。
        12. 叶6片轮生，有时4~5片，线状披针形、线状长圆形或狭长圆形，长0.7~4厘米，宽3~11毫米，顶端短尖或稍钝，具短硬尖，基部急渐狭，在边缘和下面中脉上有倒向的小刺毛，在上面和中脉上有向上的糙硬毛。生沟边、山地的林下、灌丛或草地。产沈阳、鞍山、本溪、桓仁等地 …………………… 9. 山猪殃殃（山拉拉藤、东北拉拉藤、东北猪殃殃）Galium pseudoasprellum Makino【P.633】
        12. 叶6~8片轮生，稀为4~5片，带状倒披针形或长圆状倒披针形，长1~5.5厘米，宽1~7毫米，顶端有针状凸尖头，基部渐狭，两面常有紧贴的刺状毛，常萎软状。生路旁草地或沙地。产沈阳、彰武、鞍山、本溪、庄河、大连、长海 …………………… 10b. 拉拉藤（刺果拉拉藤）Galium aparine L. var. echinospermum（Wallr.）Cuf【P.633】
    10. 果实无毛或疏被短毛；叶4~6枚轮生。
      13. 叶5~6枚轮生，狭倒卵状长圆形或倒披针形，先端具白色刺尖；茎沿棱具明显的倒生刺毛。生林中或草地。产沈阳、彰武、清原、新宾、本溪、岫岩等地 …………………………… 11. 大叶猪殃殃（兴安拉拉藤）Galium dahuricum Turcz.【P.633】
      13. 叶4~6枚轮生，倒披针形，先端钝，稍凹下，具短尖；茎沿棱具倒生刺毛。生山地、河边、旷野的林下或草地。产铁岭、西丰、新宾等地 …………………………… 12. 钝叶拉拉藤（花拉拉藤）Galium tokyoense Makino【P.633】
  9. 叶 7~10（~15）枚轮生。
    14. 茎、叶及果实无刺毛。
      15. 花冠黄色。
        16. 株高25~45厘米；叶长1.5~3厘米。生山地、河滩、旷野、沟边、灌丛或林下。产沈阳、抚顺、清原、西丰、昌图、彰武、义县、北镇、建平、凌源、辽阳、鞍山、大连、庄河、丹东、凤城、本溪等地 ………… 13a. 蓬子菜（蓬子菜拉拉藤）Galium verum L. var. verum【P.634】
        16. 植株较粗壮，高50~120厘米；叶长5~7厘米。生山坡草地或林下。辽宁省有记载 …………………………… 13b. 长叶蓬子菜 Galium verum var. asiaticum Nakai
      15. 花冠淡黄色。生山坡草地或林下。辽宁省有记载 ……………………………… 13c. 淡黄蓬子菜 Galium verum var. leiophyllum Wallr.

14. 茎、叶或果实有刺毛。

  17. 叶上面被毛，粗糙；萼管和果无毛或有毛。

    18. 花冠白色。生山坡草地或林下。产模式标本采自辽宁 ·······································
         ················· **13d. 白花蓬子菜（白花蓬子菜拉拉藤）** Galium verum var. lacteum Maxim.

    18. 花冠黄色。生山坡草地或林下。产大连 ···
         ················· **13e. 粗糙蓬子菜** Galium verum var. trachyphyllum Wallr.

  17. 叶上面无毛，但萼管和果被毛。生山坡草地或林下。产鞍山、大连、丹东、桓仁等地 ···········
        ················· **13f. 毛果蓬子菜（毛果蓬子菜拉拉藤）** Galium verum var. trachycarpum DC.

5. 茜草属 Rubia L.

Rubia L. Sp. Pl. 109. 1753.

本属全世界约80种，分布于西欧、北欧、地中海沿岸、非洲、亚洲温带、喜马拉雅地区、墨西哥至美洲热带。中国有38种，产全国各地，以云南、四川、西藏和新疆种类最多。东北地区产4种1变种1变型。辽宁产3种1变种1变型。

分种检索表

1. 茎攀援；叶4~8枚或更多轮生，卵圆形、圆形、披针形或长圆状披针形。

  2. 叶膜状纸质，卵圆形至近圆，基部深心形，基出脉5~7条；叶柄长2~11厘米或过之，有微小皮刺。生阔叶林下或灌丛中。产沈阳、辽阳、铁岭、法库、北镇、凌源、鞍山、本溪、凤城、宽甸、桓仁、丹东、庄河、大连等地 ················· **1. 林生茜草（林茜草）** Rubia sylvatica（Maxim.）Nakai 【P.634】

  2. 叶纸质，披针形或长圆状披针形，基部浅心形，基出脉3条，极少外侧有1对很小的基出脉；叶柄长通常1~2.5厘米，有倒生皮刺。

    3. 浆果橘红色。生阔叶林下、林缘草地或灌丛。产大连、鞍山、铁岭、西丰、建平、建昌等地 ·······
        ················· **2a. 茜草** Rubia cordifolia L. var. cordifolia 【P.634】

    3. 浆果黑色。生疏林、林缘、灌丛或草地上。产沈阳、西丰、清原、鞍山、瓦房店、普兰店、大连、庄河、岫岩、东港、桓仁、凤城、本溪、葫芦岛、建平、凌源等地 ····································
        ················· **2b. 黑果茜草** Rubia cordifolia var. pratensis Maxim.

1. 茎直立；叶4枚轮生，广卵形至长卵形。

  4. 茎疏生倒刺，叶疏生短毛。生阔叶林下。产西丰、清原、鞍山、本溪、凤城、宽甸、桓仁、岫岩、庄河等地 ················· **3a. 中国茜草** Rubia chinensis Regel et Maack f. chinensis 【P.634】

  4. 全株无刺毛或仅沿叶脉疏被短毛，叶缘被纤毛。生阔叶林下。产庄河、丹东等地 ·················
    ················· **3b. 无毛大砧草（无毛茜草）** Rubia chinensis f. glabrescens（Nakai）Kitag.

一四二、爵床科 Acanthaceae

Acanthaceae Juss., Gen. Pl.［Jussieu］102（1789），nom. cons.

本科全世界约220属4000种，分布广，有4个主要分布区，即印度至马来西亚、非洲、南美巴西和中美洲，此外，还分布至地中海、北美洲、大洋洲等。中国有35属304种，多产长江以南各省区，以云南种类最多，四川、贵州、广东、广西、海南和台湾等地也很丰富，仅少数种类分布至长江流域。东北地区仅辽宁栽培2属2种。

分属检索表

1. 花具梗，通常组成疏松的圆锥花序或有时紧密总状花序呈头状；花冠管筒状或膨大；子房每室有胚珠3至多粒；蒴果线状长圆形或线状椭圆形 ················· **1. 穿心莲属 Andrographis**

1. 花近无梗，组成顶生穗状花序；花冠管圆柱状或基部稍阔；子房每室有胚珠2；蒴果狭棒状 ……………
…………………………………………………………………………………………… 2. 驳骨草属Gendarussa

1. 穿心莲属 Andrographis Wall.

Andrographis Wall. ex Nees in Wall., Pl. As. Rar. 3：77. & 116. 1832.

本属全世界约20种，分布在亚洲热带地区的印度、缅甸、中南半岛、马来半岛至加里曼丹岛，模式种延至澳大利亚。印度是分布中心。中国有2种。东北地区仅辽宁栽培1种。

穿心莲 Andrographis paniculata（Burm. f.）Nees【P.634】

一年生草本；茎4棱，节膨大；叶片卵状矩圆形至矩圆状披针形，全缘；大型圆锥花序；花冠白色，下唇带紫色斑纹，外有腺毛和短柔毛，2唇形，3深裂，上唇微2裂，花冠筒与唇瓣等长；蒴果扁，中有一沟，疏生腺毛。原产地可能在南亚。辽宁省有药草园栽培。

2. 驳骨草属 Gendarussa Nees

Gendarussa Nees in Wall., Pl. As. Rar. 3：76, 103. 1832.

本属全世界约3种，分布在亚洲东南部、印度至中国、菲律宾、马来西亚。中国产2种，广东、海南、台湾均有。东北仅辽宁栽培1种。

小驳骨 Gendarussa vulgaris Nees

多年生草本或亚灌木；叶狭披针形至披针状线形，全缘，中脉和侧脉均呈深紫色或有时侧脉半透明；穗状花序顶生；花冠白色或粉红色，长1.2~1.4厘米，上唇长圆状卵形，下唇浅3裂。分布于印度、斯里兰卡、中南半岛至马来半岛。辽宁有栽培逃逸记录。

一四三、狸藻科 Lentibulariaceae

Lentibulariaceae Rich., Fl. Paris. 〔Poiteau & Turpin〕1：23（ed. fol.），26（ed. qto.）（1808）.

本科全世界有3属，约290种，分布于全球大部分地区，以热带为多。中国有2属27种，广布南北各地。东北地区产2属6种。辽宁产1属1种。

狸藻属 Utricularia L.

Utricularia L. Sp. Pl. 18. 1753.

本属全世界约220种，主产中美洲、南美洲、非洲、亚洲和澳大利亚热带地区，少数种分布于北温带地区。中国有25种，主产长江以南各省区，少数种分布于长江以北地区。东北地区产5种。辽宁产1种。

狸藻 Utricularia vulgaris L.【P.634】

多年生水草。叶二至三回羽状分裂，边缘具刺状齿；捕虫小囊体着生于叶裂片上。疏总状花序，具6~14花；花萼2裂，绿色，上萼片卵状披针形或卵形，下萼片广卵形，先端2浅裂；花冠黄色，唇形。蒴果球形，外被宿存萼，花后果实下垂。生水塘中、河边水中或沼泽地。产旅顺口、金州、新民、康平、北镇、彰武、辽阳、盖州等地。

一四四、透骨草科 Phrymaceae

Phrymaceae Schauer，Prodr. 〔A. P. de Candolle〕11：520（1847），nom. cons.

本科全世界仅1属1种2变种，间断分布于北美洲东部及亚洲东部。中国有1变种，东北、华北地区及陕西、甘肃南部、四川及其以南（海南、台湾除外）各省区均有分布。东北地区产1变种1变型。辽宁均产。

透骨草属 Phryma L.

Phryma L., Sp. Pl. 601. 1753.
属的特征和地理分布同科。

分种下单位检索表

1. 瘦果淡黄褐色。生山坡、林缘、林下、山沟、草地等处。产凌源、绥中、沈阳、鞍山、金州、大连、本溪、凤城、丹东、宽甸、桓仁、清原等地 ……………………………………………………………………
………………………………… 1ba. 透骨草 Phryma leptostachya L. var. asiatica Hara. f. asiatica【P.634】
1. 瘦果深褐色至黑褐色。生林缘。产丹东 ………………………………………………………………………
……………………………… 1bb. 黑穗透骨草 Phryma leptostachya var. asiatica f. melanostachya Kitag.

一四五、车前科 Plantaginaceae

Plantaginaceae Juss., Gen. Pl. [Jussieu] 89（1789），nom. cons.
本科全世界3属，约200种，广布于全世界。中国有1属20种，分布于南北各地。东北地区产1属11种4变种，其中栽培1种。辽宁产1属6种4变种，其中栽培1种。

车前属 Plantago L.

Plantago L., Sp. Pl. 112. 1753.
本属全世界190多种，广布世界温带及热带地区，向北达北极圈附近。中国有20种。

分种检索表

1. 地上茎发达；无根茎；叶对生，或兼三叶轮生；花序梗较短；花冠筒有横皱。原产欧洲、北非、亚洲西南部等地。辽宁有栽培或逸生 …………………………………… 1. 对叶车前 Plantago arenaria Waldst. et Kit.
1. 地上茎不存在；根茎短而直立；叶螺旋状互生，紧缩成莲座状；花序梗花葶状；花冠筒无横皱。
  2. 根为须根。
    3. 穗状花序细长，下部花疏生，间断；苞片狭卵状三角形或三角状披针形，长过于宽；蒴果顶端尖，具种子4~6（~8）；种子长1.5~2毫米，黑褐色。
      4. 叶卵形或广卵形，基部近圆形或广楔形，先端钝圆；叶柄长3~15厘米；穗状花序长5~25厘米，多花密集，下部间断花疏生；蒴果卵状椭圆形或椭圆形。生草地、沟边、河岸湿地、田边、路旁或村边空旷处。产辽宁各地……………………… 2a. 车前 Plantago asiatica L. var. asiatica【P.634】
      4. 叶披针状卵形、卵形至广卵形或卵状椭圆形，基部渐狭成楔形，先端尖；叶柄长达22厘米；穗状花序长13~60厘米，多花，下部疏生；蒴果椭圆状圆锥形。生林下、水甸子边。产抚顺、桓仁、彰武、北镇、建平、清原、鞍山、普兰店 ………… 2b. 疏花车前 Plantago asiatica var. laxa Pilger
    3. 穗状花序细长，花密集；苞片宽卵状三角形，宽等于或略超过长；蒴果顶端钝，具种子8~20；种子小，长约1毫米，褐色。
      5. 全株无毛或疏被短柔毛。
        6. 叶缘全缘或下部具不规则齿牙。生田间路旁、草地、水沟等潮湿地。产旅顺口、大连、沈阳、康平、法库、开原、铁岭、建平、北镇、朝阳、彰武等地 ………………………………………………
        ……………………………………… 3a. 大车前 Plantago major L. var. major【P.634】
      6. 叶缘深波状或具齿牙或具小裂片。生林缘。产沈阳、西丰、大连、凌源、彰武、清原、营口 …

························· 3b. 波叶车前 Plantago major var. sinuata（Lain.）Decne.

  5. 全株密被柔毛。生干旱的田边、路旁及沙地。产建平、朝阳、大连等地 ·············

·········· 3c. 毛大车前 Plantago major var. jehohlensis（Koidz.）S. H. Li

 2. 根为直根，圆柱形。

  7. 穗状花序长达25厘米，上部花密集，下部疏生；蒴果具种子4~5；叶狭椭圆形至椭圆状披针形或卵状披针形，具5~7脉。

   8. 全株密被白色茸毛；叶质厚；花序长4~9厘米；蒴果长约5毫米，顶端钝；种子长1.5~2毫米。生海滨沙地。产大连、长海 ·············· 4. 海滨车前 Plantago camtschatica Link【P.634】

   8. 全株无毛或略被柔毛。

    9. 叶缘具不规则疏齿，两面及叶柄无毛或略被柔毛；花葶被柔毛。生草地、河滩、沟边、草甸、田间及路旁。产辽宁各地·············· 5a. 平车前 Plantago depressa Willd. var. depressa【P.635】

    9. 叶近全缘，两面及叶柄均密被白色长毛，近直立，质稍软；花葶上部被伏毛而下部被开展毛。生草地、河滩、沟边、草甸、田间及路旁。产义县、建平、朝阳、昌图、法库、康平、辽阳等地·············· 5b. 毛平车前 Plantago depressa var. montana Kitag

  7. 穗状花序长达8厘米，多花密集，不间断；蒴果具种子2；叶披针形，具3~5脉，叶柄短或长。生海滩、路边、荒地等处。产旅顺口、大连 ·············

·············· 6. 长叶车前（披针叶车前）Plantago lanceolata L.【P.635】

一四六、桔梗科 Campanulaceae

Campanulaceae Juss., Gen. Pl.［Jussieu］163（1789），nom. cons.

  本科全世界有86属，大约2300种。世界广布，但主产地为温带和亚热带。我国产16属159种。东北地区产7属34种4亚种18变种4变型，其中栽培3种。辽宁产7属28种2亚种10变种4变型，其中栽培3种1变种。

分属检索表

1. 花两侧对称 ··· 1. 半边莲属 Lobelia
1. 花辐射对称。
 2. 花冠浅裂。
  3. 直立草本；叶缘具锐锯齿。
   4. 蒴果于侧面开裂。
    5. 花柱基部无花盘；蒴果于基部、中部或顶端孔裂 ·············· 2. 风铃草属 Campanula
    5. 花柱基部有花盘；蒴果基部孔裂 ················· 3. 沙参属 Adenophora
   4. 蒴果于顶端5瓣裂 ································· 4. 桔梗属 Platycodon
  3. 缠绕性草本；叶全缘或具不明显波状齿 ················· 5. 党参属 Codonopsis
 2. 花冠深裂。
  6. 无花冠管，花冠5裂至基部，呈离瓣花状，裂片条形 ············· 6. 牧根草属 Asyneuma
  6. 花冠管长柱形，裂片5 ················· 7. 石星花属（同瓣草属）Lithotoma

1. 半边莲属 Lobelia L.

Lobelia L., Gen. Pl. 401. 1754.

  本属全世界约414种，分布各大陆的热带和亚热带地区，特别是非洲和美洲，少数种延伸到温带，欧洲只有2种。中国有23种，主产长江流域以南各省区。东北地区产3种，其中栽培2种，辽宁均产。

2. 风铃草属 Campanula L.

Campanula L., Sp. Pl. 163. 1753.

本属全世界约420种，几乎全在北温带地区，多数种类分布于欧亚大陆北部，少数种类在北美洲。中国有22种，主产西南山区，少数种类产北方，个别种也产广东、广西和湖北西部。东北地区产6种2变种，其中栽培2种。辽宁产4种2变种，其中栽培2种1变种。

3. 沙参属 Adenophora Fisch.

Adenophora Fisch., Mem. Soc. Nat. Mosc. 6：165. 1823.

本属全世界约62种，主产亚洲东部，尤其是中国东部，其次为朝鲜、日本、蒙古和俄罗斯远东地区，欧洲只产1种，印度东北部、尼泊尔一带仅有2种。中国有48种，四川至东北一带最多。东北地区产21种4亚种16变种4变型。辽宁产15种2亚种7变种4变型。

··· 1b. 多歧沙参Adenophora potaninii subsp. wawreana（Zahlbr.）S. Ge & D. Y. Hong【P.636】

 4. 萼裂片披针形，全缘；花冠长3.5~4厘米。生林间草地。产凤城、旅顺口、鞍山（千山）等地······
·· 2. 大花沙参Adenophora grandiflora Nakai【P.636】

 3. 茎生叶全部具明显的柄。

  5. 叶质较厚硬。

   6. 茎下部叶心形，上部叶心形、广卵形或卵形，基部心形或圆形。

    7. 花紫色。生山坡草地或林边。产辽宁各地 ·····························
·················· 3a. 荠苨Adenophora trachelioides Maxim var. trachelioides【P.636】

    7. 花白色。生山坡草地或林边。产旅顺口 ······························
··················· 3b. 白花荠苨Adenophora trachelioides var. albiflorum
S. M. Zhang, var. nov. in Addenda P.465.【P.636】

   6. 茎叶均为卵状披针形，基部楔形。生山坡林下。产大连市金石滩 ·······
············· 3c. 长叶荠苨Adenophora trachelioides var. altenifolia S. M. Zhang【P.636】

  5. 叶质薄而软，茎下部叶圆形或心形，有时广楔形，上部叶卵形至卵圆形，基部楔形、广楔形或圆
形。生林下、林缘。产辽阳、凌源、本溪、桓仁、宽甸、海城、盖州、庄河等地 ·············
··················· 4. 薄叶荠苨Adenophora remotiflora（Sieb. ex Zucc.）Miq.【P.636】

2. 茎生叶无柄，仅个别种的少数植株下部有极短而带翼的柄。

 8. 萼裂片边缘有齿，稀全缘。

  9. 萼裂片宽，卵形或卵状披针形，具明显网状脉，边缘具齿或浅裂；花柱稍长于花冠。生沼泽、草
甸。产辽宁西部 ································ 5. 沼沙参Adenophora palustris Kom.【P.636】

  9. 萼裂片狭，背面不具明显网状脉；花柱稍短于花冠。

   10. 茎常单一，不分枝；茎生叶宽5毫米以上；花冠长1.5~2厘米；萼裂片卵状三角形，下部宽，常
向后反叠，具2对长齿。生湿草甸、桦木林下、向阳山坡。产鞍山 ·······················
··· 6. 锯齿沙参Adenophora tricuspidata（Fisch. ex Roem. et Schult.）Adenophora DC.【P.636】

   10. 茎丛生，常多分枝，呈扫帚状；茎生叶针状至长椭圆状线形，宽5毫米以下；花冠长1~1.3厘
米；萼裂片全缘或具1~2对瘤状小齿。生于草地、草原。产沈北、庄河、彰武 ···············
································· 7. 扫帚沙参Adenophora stenophylla Hemsl.【P.637】

 8. 萼裂片全缘。

  11. 花柱伸出花冠。

   12. 花柱明显伸出花冠

    13. 花柱伸出花冠近于花冠的1倍。

     14. 花冠长0.8~1.2厘米，近筒状，口部稍缢缩；萼裂片毛发状，长3~5毫米；茎生叶常无毛或
被疏毛。生干山坡、林缘。产大连、金州等地·············· 8b. 细叶沙参（紫沙参）
Adenophora capillaris subsp. paniculata（Nannfeldt）D. Y. Hong & S. Ge【P.637】

     14. 花冠长1~1.7厘米，近筒状或筒状钟形；萼裂片狭披针形，长1.5~2.5毫米；叶两面被糙毛。

      15. 叶全缘，茎生叶丝状线形或线形。生山地草甸草原。产朝阳、新宾等地 ·············
········· 9a. 长柱沙参Adenophora stenanthina（Ledeb.）Kitag. var. stenanthina【P.637】

      15. 叶缘具齿，茎生叶线形至披针形，边缘具锯齿。生山地草甸草原。产凌源 ··········
········· 9b. 丘沙参Adenophora stenanthina var. collina（Kitag.）Y. Z. Zhao

    13. 花柱伸出花冠近于花冠的1/2倍；茎叶大部分针状全缘；有时下部茎叶条状，宽2~4毫米，叶
缘有齿。

     16. 花深蓝色。生干旱向阳的石质山坡草地。产大连、金州 ·······················
··················· 10a. 松叶沙参Adenophora pinifolia Kitag. var. pinifolia【P.637】

     16. 花近白色。生干旱向阳的石质山坡草地。产大连 ·····························
··················· 10b. 白花松叶沙参Adenophora pinifolia var. albiflorum Z. S. M.

12. 花柱稍伸出花冠，有时在花大时与花冠近等长。

  17. 花冠口部缢缩成坛状钟形。生山沟丘陵地及山野较干燥的阳坡。产沈阳、朝阳、凌源、北镇、阜蒙等地 ……………………………………………………………………………………

    ………… 11. 缢花沙参 Adenophora contracta（Kitag.）J. Z. Qiu & D. Y. Hong【P.637】

  17. 花冠口部不缢缩。

    18. 萼裂片无毛或疏生糙硬毛；蒴果长 5~7 毫米；茎和叶无毛或被微柔毛。生山沟丘陵地及山野较干燥的阳坡。产凌源、西丰、铁岭、鞍山、营口、盖州、岫岩、丹东、庄河、普兰店、金州、大连等地 …… 12a. 石沙参 Adenophora polyantha Nakai subsp. polyantha【P.637】

    18. 萼裂片具糙硬毛；蒴果长 6~12 毫米；茎和叶具糙硬毛。生向阳山坡草地。产大连、凌源 …………………………… 12b. 毛萼石沙参 Adenophora polyantha subsp. scabricalyx（Kitagawa）J. Z. Qiu & D. Y. Hong【P.637】

 11. 花柱不伸出花冠；叶线形至狭披针形，全缘或具疏齿，密集或集生于茎中部；萼裂片披针形或线状披针形，花盘长（1.3~）2~3 毫米。生草甸草原、山坡草地或林缘。产彰武、沈阳、本溪、大连、旅顺口等地 ………………… 13. 狭叶沙参 Adenophora gmelinii（Spreng.）Fisch.【P.637，638】

1. 叶轮生或部分轮生。

 19. 茎生叶全部轮生。

  20. 花序分枝大部轮生，仅花序轴最顶端的花呈互生状；花柱明显长于花冠。

   21. 茎无毛；叶两面疏生短柔毛；花萼无毛。

    22. 叶椭圆形至倒披针形，宽达 2 厘米。生山地林缘、山坡草地以及河滩草甸等处。产辽宁各地 ………… 14a. 轮叶沙参 Adenophora tetraphylla（Thunb.）Fisch. f. tetraphylla【P.638】

    22. 叶狭线形，宽 0.5~1 厘米。生林缘、山坡草地。产彰武、鞍山、昌图等地 …………………… 14b. 狭轮叶沙参 Adenophora tetraphylla f. angustifolia（Regel）C. Y. Li

   21. 全株密被白毛。产本溪 ………………… 14c. 白毛沙参 Adenophora tetraphylla f. hirsuta Makino

  20. 花序下部分枝轮生，中部以上分枝互生；花柱与花冠近等长。

   23. 叶菱状卵形至菱状圆形。生山地草甸及林缘。产建昌、沈阳、辽阳、鞍山、丹东、庄河、大连等地 ………… 15a. 展枝沙参 Adenophora divaricata Franch. et Sav. f. divaricata【P.638】

   23. 叶线形至披针状线形。生山地草甸及林缘。产建昌、北镇等地 ………………………………………… 15b. 狭叶展枝沙参 Adenophora divaricata f. angustifolia Adenophora I. Baranov

 19. 茎生叶部分轮生或呈轮生状。

  24. 花柱伸出花冠，花盘长 0.5~1.5 毫米。

   25. 花蓝紫色或淡蓝紫色。

    26. 叶菱状倒卵形。生山坡、林缘、森林灌丛或林间草地。产凌源、建昌、义县、北镇、鞍山、本溪、新宾、桓仁、宽甸、庄河、普兰店等地 ……… 16aa. 长白沙参 Adenophora pereskiifolia（Fisch.）G. Don var. pereskiifolia f. pereskiifolia【P.638】

    26. 植株中部以上叶长而窄，通常线形，下部叶稍短，有时呈倒卵状披针形或长圆状披针形。产鞍山（千山）………………………… 16ab. 线叶长白沙参 Adenophora pereskiifolia var. pereskiifolia f. linearifolia Bar.

   25. 花白色。生山坡。产凤城 … 16b. 白花长白沙参 Adenophora pereskiifolia var. albiflorum Z. S. M.

  24. 花柱不伸出花冠，花盘长 1.5~2 毫米。

 26. 茎生叶大部分轮生或近轮生，少部分互生或对生，狭披针形或披针形，长 3~5 厘米，宽 5~13 毫米。生山坡。产北镇 ………… 17a. 北方沙参 Adenophora borealis Hong et Zhao Ye-Zhi var. borealis【P.638】

 26. 茎生叶多数互生，少对生或近轮生，叶片多为倒卵形、倒卵状披针形或披针形，长 1.5~6 厘米，宽 0.7~2 厘米。生林缘或山顶草甸。产新宾 ……… 17b. 山沙参 Adenophora borealis var. oreophila Y. Z. Zhao

4. 桔梗属 Platycodon A. DC.

Platycodon A. DC., Munogr. Camp. 125. 1830.

本属全世界仅1种，产亚洲东部。东北地区产1种2变种。辽宁产1种1变种。

分种下单位检索表

1. 花蓝色。生山坡草地、山地林缘、灌丛、草甸、草原。产辽宁各地 ……………………………………………… 1a. 桔梗 Platycodon grandiflorus（Jacq.）A. DC. var. grandiflorus【P.639】
1. 花白色。生山地林下。产大连，各地有栽培 ……………………………………………………………………………… 1b. 白花桔梗 Platycodon grandiflorus var. albus Stubenrauch

5. 党参属 Codonopsis Wall.

Codonopsis Wall. in Roxb., Fl. Ind. ed. Carey 2：103. 1842.

本属全世界42种，分布于亚洲东部和中部。中国有40种，各地均产，但主产西南各省区。东北地区产3种，辽宁均产。

分种检索表

1. 叶互生或对生；花无斑点；根长柱状。生山地灌木丛间及林缘。产清原、新宾、桓仁、抚顺、本溪、宽甸、凤城、岫岩、庄河等地 …………………………………… 1. 党参 Codonopsis pilosula（Franch.）Nannf.【P.639】
1. 叶3~4枚簇生于短侧枝末端呈假轮生状；花有紫斑；根纺锤状或块状。
  2. 根通常纺锤状；种子有膜质翅；花黄色或黄绿色。生山地灌木林下阴湿地或阔叶林内。产西丰、清原、桓仁、宽甸、凤城、丹东、鞍山、抚顺、本溪、庄河、金州、凌源、建昌、朝阳、阜新等地 …………………… 2. 羊乳（轮叶党参）Codonopsis lanceolata（Sieb. et Zucc.）Traut.【P.639】
  2. 根通常块状，近球形；种子无翅；花紫红色。生林缘、林内或林下。产清原、新宾、桓仁、抚顺、本溪、宽甸、凤城、岫岩、庄河等地 ……………………………………………………………… 3. 雀斑党参（乌苏里党参）Codonopsis ussuriensis（Rupr. et Maxim.）Hemsl.【P.639】

6. 牧根草属 Asyneuma Griseb. et Schenk

Asyneuma Griseb. et Schenk, Wiegm. Archiv. 18（1）：335. 1852.

本属全世界23种，分布于欧亚温带地区，主产地中海地区。中国有3种，分布西南和东北地区。东北地区产1种，各省区均有分布。

牧根草 Asyneuma japonicum（Miq.）Briq.【P.639】

多年生直立草本。叶互生，茎中下部叶有柄，上部叶无柄或近无柄；叶片卵形、广卵形或长卵形，基部圆形或广楔形，沿脉下延，边缘具锐尖齿。花紫色，于茎上部形成总状或圆锥花序，花冠深裂至近基部，裂片线形；雄蕊5。蒴果具宿存萼。生山地阔叶林下或林缘草地。产辽宁各地。

7. 石星花属（同瓣草属）Lithotoma E. B. Knox

Lithotoma E. B. Knox, Proc. Natl. Acad. Sci. U. S. A. 111（no. 30）：11101（2014）.

本属全世界10种左右，产大洋洲、中南美洲、加勒比海地区，主产澳大利亚。中国引进几种不详。东北地区仅辽宁栽培1种。

同瓣草（流星花）Lithotoma axillaris（Lindl.）E. B. Knox【P.639】

草本，株高20~40厘米；单叶对生或轮生，羽裂状戟形，不规则深裂或浅裂；花单生，顶生或腋生；花瓣5，蓝紫色或淡白色。原产大洋洲。辽宁大连有栽培。

一四七、五福花科 Adoxaceae

Adoxaceae E. Mey., Preuss. Pfl.-Gatt. 198（1839）, nom. cons.

本科全世界约4属220种，主产北温带地区。中国有4属813种。东北地区产3属14种2变种，其中栽培5种。辽宁产3属12种3变种，其中栽培5种。

分属检索表

1. 单叶；子房1室；核果通常具有1粒种子；灌木或小乔木 ···························· 1. 荚蒾属 Viburnum
1. 复叶；子房3~5室；核果通常具有3~5粒种子；灌木，多年生草本或小乔木。
 2. 灌木或小乔木，少数为50厘米以上高度的多年生草本 ·················· 2. 接骨木属 Sambucus
 2. 多年生草本，高不到30厘米 ·· 3. 五福花属 Adoxa

1. 荚蒾属 Viburnum L.

Viburnum L. Sp. Pl. 267. 1753.

本属全世界约有200种，分布于温带和亚热带地区；亚洲和南美洲种类较多。中国有73种，广泛分布于全国各省区，以西南部种类最多。东北地区产10种2变种，其中栽培5种。辽宁产9种2变种，其中栽培5种。

分种检索表

1. 叶被星状毛，不分裂。
 2. 叶长不超过10厘米，叶缘有明显的锯齿，或有波状尖齿或浅齿。
  3. 花序全部由大型的不孕花组成。分布湖北西部和贵州中部。大连有栽培 ···········
  ·· 1. 粉团 Viburnum plicatum Thunb.【P.639】
  3. 花序全部由可孕花组成。
   4. 花冠白色，辐状。
    5. 叶宽倒卵形至宽卵形；复伞形聚伞花序，花药乳白色或黄白色；核果红色，椭圆状卵圆形。
     6. 叶柄长1~1.5厘米；无托叶。产河北、陕西、江苏、浙江、福建、台湾、河南等地。金州有栽培 ······················ 2. 荚蒾 Viburnum dilatatum Thunb.【P.639】
     6. 叶柄短，长不超过5毫米；托叶钻形，宿存。生山坡林下或灌丛中。产长海 ····················
     ·· 3. 宜昌荚蒾 Viburnum erosum Thunb.【P.639】
    5. 叶卵圆形、椭圆形或椭圆状倒卵形；聚伞花序，花药黄色；核果红色变黑色，椭圆形至矩圆形。生山坡、林间隙地及河岸。产旅顺口、凌源、朝阳、鞍山、盖州、本溪、宽甸、凤城、新宾、桓仁等地 ········· 4. 修枝荚蒾（暖木条荚蒾）Viburnum burejaeticum Regel et Herd.【P.639】
   4. 花冠淡黄白色，筒状钟形，花瓣裂片短，微开展，不成辐射状；叶广卵形至椭圆状广卵形或近圆形。生山坡疏林下或河滩地。产凌源、朝阳 ··
   ·· 5. 蒙古荚蒾 Viburnum mongolicum（Pall.）Rehd.【P.639】
 2. 叶长7~20厘米，全缘或微有浅齿。
  7. 叶长8~18厘米，卵状矩圆形至卵状披针形，基部圆形或微心形，侧脉6~8（~12）对。生于山坡林下或灌丛中。产陕西南部、湖北西部、四川东部和东南部及贵州。大连英歌石植物园有栽培 ···········
  ·· 6. 皱叶荚蒾 Viburnum rhytidophyllum Hemsl.【P.639】
  7. 叶长7~20厘米，椭圆形至矩圆形或矩圆状倒卵形至倒卵形，有时近圆形，基部宽楔形，稀圆形，侧脉5~6对。产福建东南部、湖南南部、广东、海南和广西。熊岳树木园有栽培 ·····················
  ·· 7. 珊瑚树（珊瑚荚蒾）Viburnum odoratissimum Ker.-Gawl.【P.639】
1. 叶无星状毛，广卵形至卵圆形，常3裂。

8. 树皮质薄而非木栓质；花药黄白色。产新疆西北部。分布欧洲和俄罗斯高加索与远东地区。大连有栽培
  ·· 8. 欧洲荚蒾 Viburnum opulus L.【P.640】
8. 树皮厚，木栓质；花药紫红色，偶见黄色。
  9. 花药紫红色。
    10. 小枝、叶柄及叶背面无毛。生林下、山坡和山谷。产西丰、新宾、抚顺、凌源、建昌、绥中、朝
      阳、义县、北镇、沈阳、鞍山、盖州、本溪、宽甸、凤城、桓仁、丹东、岫岩、庄河等地
      ·················· 9a. 鸡树条（鸡树条荚蒾）Viburnum sargentii Koehne var. sargentii【P.640】
    10. 小枝、叶柄及叶背面被密短柔毛。生山坡溪谷矮林内或河流附近杂木林中或林缘。产凤城 ·········
      ·············· 9b. 毛叶鸡树条（毛鸡树条荚蒾）Viburnum sargentii var. puberulum（Kom.）Kitag.
  9. 花药黄色；叶背面有毛。生林下、山坡和山谷。产宽甸 ·····················
    ······························ 9c. 黄药鸡树条荚蒾 Viburnum sargentii var. flavum Rehder

2. 接骨木属 Sambucus L.

Sambucus L. Sp. Pl. 269. 1753.

本属全世界10种左右，分布极广，几乎遍布于北半球温带和亚热带地区。中国有4种，另从国外引种栽培1~2种。东北地区产2种1变种，辽宁均产。

分种检索表

1. 幼枝、叶柄、花序轴及分枝、小花梗常有毛，或叶有毛而花序无毛；果实红色。生林内。产本溪、宽甸等地 ····························· 1. 西伯利亚接骨木（毛接骨木）Sambucus sibirica Nakai【P.640】
1. 幼枝、叶柄无毛或近无毛；花序轴、分枝及小花梗无毛；果实红至红黑色，偶见黄色或金黄色。
  2. 花序大型，伞状，花序轴、分枝粗壮，向上斜展，疏花。生林下、灌丛及路旁。产凌源、彰武、义县、
    沈阳、抚顺、鞍山、本溪、凤城、丹东、盖州、瓦房店、庄河、旅顺口等地 ······························
    ·············· 2a. 接骨木（东北接骨木、钩齿接骨木）Sambucus williamsii Hance var. williamsii【P.640】
  2. 花序较小，外形圆锥形至卵形，最下一对花序分枝近平展，密花。生山地灌丛、林缘及山坡。产沈阳、
    鞍山、本溪、凤城、岫岩、庄河等地 ·····························
    ······························ 2b. 朝鲜接骨木 Sambucus williamsii var. coreana（Nakai）Nakai【P.640】

3. 五福花属 Adoxa L.

Adoxa L., Gen. Pl. ed. 5. 172. no. 450. 1754.

本属全世界3~4种，产于北温带的北美洲、欧洲和亚洲。中国分布于东北、华北、西北地区及青藏高原、横断山区等地。东北地区产2种。辽宁产1种。

五福花 Adoxa moschatellina L.【P.640】

多年生草本。根状茎匍匐或直立。茎近直立。基生叶为一至二回三出复叶；茎生叶对生，一至二回三出复叶。聚伞花序5~9朵集成头状，顶生，顶花4数，侧花5~6数；花小，两性，淡黄绿色，辐射对称。果实为核果状。生山坡、林缘、腐殖质土较厚的岩石缝间。产西丰、鞍山、本溪、桓仁、凤城、丹东、庄河、瓦房店、普兰店等地。

一四八、锦带花科 Diervillaceae

Diervillaceae（Raf.）N. Pyck, Taxon 47（3）: 658（1998）:（1998）.

本科全世界2属约15种，分布东亚和北美洲东北部。中国有1属2种。东北地区产1属2种1变种1变型，其中栽培1种1变种，辽宁均产。

锦带花属 Weigela Thunb.

Weigela Thunb. in Svenska Vetensk. Akad. Handl. ser. 2, 1: 137, t. 5. 1780.

本属全世界约10种，主要分布于东亚和美洲东北部。中国有2种，另有庭园栽培1~2种。东北地区产2种1变种1变型，其中栽培1种1变种，辽宁均产。

分种检索表

1. 萼齿达萼檐基部。
  2. 花冠白色或淡红色。为栽培种。大连、旅顺口、金州等地有栽培 ………………………………………………………………………………………………… 1. 海仙花 Weigela coraeensis Thunb.【P.640】
  2. 花冠胭脂红色。杂交种。辽宁各地栽培 ………………………………… 2b. 红王子锦带 Weigela japonica cv. "Red Prince"【P.640】
1. 萼齿达萼檐中部。
  3. 花冠紫红色或玫瑰红色。生山坡石砬子上。产新宾、桓仁、本溪、凤城、丹东、宽甸、葫芦岛、凌源、喀左、建昌、北镇、沈阳、抚顺、鞍山、岫岩、盖州、庄河、瓦房店、金州、大连 ………………………………… 3a. 锦带花（早锦带花）Weigela florida（Bunge）A. DC. f. florida【P.640】
  3. 花冠白色。生杂木林下或山顶灌木丛中。产宽甸、丹东、庄河、鞍山等地 ………………………………… 3b. 白锦带花（白花早锦带花）Weigela florida f. alba（Nakai）C. F. Fang

一四九、忍冬科 Caprifoliaceae

Caprifoliaceae Juss., Gen. Pl.［Jussieu］210（1789），nom. cons.

本科全世界5属约207种，主要分布于东亚温带地区和北美洲的东北部。中国有5属66种。东北地区产3属19种5变种1变型，其中栽培4种3变种1变型。辽宁产3属17种5变种1变型，其中栽培4种1变种1变型。

分属检索表

1. 草本 ………………………………………………………………………………………………… 1. 莛子藨属 Triosteum
1. 木本。
  2. 核果；花簇生或单生于侧枝顶部叶腋成穗状或总状花序 ………………………… 2. 毛核木属 Symphoricarpos
  2. 浆果；花总梗上常并生2花，2花之萼筒常略微合生 ………………………… 3. 忍冬属 Lonicera

1. 莛子藨属 Triosteum L.

Triosteum L. Sp. Pl. 176. 1753.

本属全世界约6种，分布于亚洲中部至东部和北美洲。中国产3种。东北地区产1种，分布黑龙江、吉林、辽宁。

腋花莛子藨 Triosteum sinuatum Maxim.【P.640】

多年生草本，密被刺刚毛和腺毛。叶对生，相对之叶的基部合生，茎贯穿其中，倒卵状椭圆形等，两面有毛及腺毛。花1~2朵腋生，花冠筒黄绿色，长约14毫米，基部有囊，裂片2唇形。核果近球形，红色或白色，有腺毛和刚毛。生林下、沟边等处。产西丰、桓仁、铁岭、新宾、抚顺、凤城、宽甸、庄河、辽阳等地。

2. 毛核木属 Symphoricarpos Duhamel

Symphoricarpos Duhamel, Traite Arb. Arbust 2: 295, Pl. 82. 1755.

本属全世界有16种，其中15种产于北美洲至墨西哥，中国中南部产1种。东北仅辽宁栽培1种。

小花毛核木Symphoricarpos orbiculatus Moench【P.641】

小灌木，株高1米左右，直立。小枝纤细，有毛；叶片长3厘米，革质，卵形深绿色，有毛。花簇生或单生于侧枝顶部叶腋成穗状或总状花序；花淡粉色，钟状。果径0.6厘米，卵圆形，酒红色。原产美国东海岸。大连有栽培。

3. 忍冬属Lonicera L.

Lonicera L. Sp. Pl. 173. 1753.

本属全世界约200种，产北美洲、欧洲、亚洲和非洲北部的温带和亚热带地区，在亚洲南达菲律宾群岛和马来西亚南部。中国有98种，广布于全国各省区，而以西南部种类最多。东北地区产17种6变种1变型，其中栽培3种4变种1变型。辽宁产15种6变种1变型，其中栽培3种1变种1变型。

分种检索表

1. 花单生，常6朵成1轮，2至数轮生于小枝顶；花序下的1~2对叶基部相连成盘状。原产北美洲。沈阳、盖州有栽培 ·················· 1. 贯月忍冬（穿叶忍冬）Lonicera sempervirens L.【P.641】
1. 花成对，稀单生；叶对生，基部不连成盘状。
  2. 缠绕藤木。
    3. 幼枝浅红褐色；幼叶不带紫红色；花冠白色，后变黄色。生山坡、林缘。产北镇、宽甸、金州、大连、旅顺口、长海等地，亦常有栽培 ·················· 2a. 忍冬（金银花）Lonicera japonica Thunb. var. japonica【P.641】
    3. 幼枝紫黑色；幼叶带紫红色；花冠外面紫红色，内面白色。生于海拔800米的山坡。产安徽（岳西）。大连有栽培 ·················· 2b. 红白忍冬Lonicera japonica var. chinensis（Wats.）Bak.
  2. 茎直立，不缠绕。
    4. 果蓝色。生落叶林下或林缘荫处灌丛中。产凤城（蒲石河） ·················· 3. 蓝果忍冬（蓝靛果忍冬）Lonicera caerulea L.【P.641】
    4. 果通常红色或暗褐色。
      5. 小枝具黑褐色的髓，后因髓消失而变中空。
        6. 老叶呈蓝绿色；植株各个部分有腺毛。原产土耳其。大连、沈阳有栽培 ·················· 4. 蓝叶忍冬Lonicera korolkowii Stapf.【P.641】
        6. 老叶不呈蓝绿色；植株各个部分有或无腺毛。
          7. 花梗较果短；相邻的两果离生。
            8. 花冠白色，后变黄色；小苞片和幼叶不带淡紫红色。
              9. 花长可达2厘米，子房与苞之间无短柄；叶卵状椭圆形至卵状披针形，顶端渐尖或长渐尖。生林中或林缘溪流附近的灌木丛中。产西丰、彰武、北镇、新宾、桓仁、本溪、抚顺、沈阳、鞍山、宽甸、凤城、盖州、岫岩、庄河、大连等地 ·················· 5aa. 金银忍冬Lonicera maackii（Rupr.）Maxim. var. maackii f. maackii【P.641】
              9. 花小，子房与苞之间有短柄；叶椭圆状卵形或椭圆形，先端突渐尖。沈阳有栽培 ·················· 5ab. 小花金银忍冬Lonicera maackii var. maackii f. prodocarpa Rehd.
            8. 花冠、小苞片和幼叶均带淡紫红色。沈阳、大连有栽培 ·················· 5b. 红花金银忍冬（粉花金银忍冬）Lonicera maackii var. erubescens Rehd.
        7. 花梗较果长；相邻的两果基部结合或双果之一常不发育。
          10. 花玫瑰红色、粉红色或黄白色；双果之一常不发育。
            11. 花冠粉红色或白色；全株近于无毛。产新疆北部。大连、沈阳、盖州有栽培 ·················· 6a. 新疆忍冬（桃色忍冬）Lonicera tatarica Lonicera var. tatarica【P.641】
            11. 花冠黄白色；全株多部位有柔毛，或微糙毛，或睫毛。产新疆伊犁。大连有栽培 ·······

··················· 6b. 小花忍冬Lonicera tatarica Lonicera var. micrantha Trautv.

10. 花白色或黄色；相邻的两果基部结合。

　　12. 叶基部通常楔形；两面脉上被糙伏毛，叶缘有直毛；萼筒具腺。生山坡及林缘。产桓仁、本溪、宽甸、鞍山、岫岩、凌源、建昌等地 ························

　　················· 7. 金花忍冬（黄花忍冬）Lonicera chrysantha Turcz.【P.641】

　　12. 叶基部通常圆形、截形或近心形；叶背面密被短柔毛；萼筒秃净。生沟谷、林下或灌丛中。产开原、黑山、清原、抚顺、沈阳、本溪、凤城、盖州等地 ·····················

　　··················· 8. 长白忍冬Lonicera ruprechtiana Regel【P.641】

5. 小枝具白色、密实的髓。

　13. 叶基部通常楔形，至少枝端的叶为楔形。

　　14. 花先叶开放。

　　　15. 花冠粉色。生山坡林内及灌丛中。产凌源、沈阳、本溪、鞍山、宽甸、凤城、庄河等地

　　　·············· 9a. 早花忍冬Lonicera praeflorens Batalin var. praeflorens【P.641】

　　　15. 花冠淡黄色。生山坡林内。产鞍山（千山） ·····························

　　　·················· 9b. 淡黄花早花忍冬Lonicera praeflorens var. lutescens S. M. Zhang

　　14. 花与叶同时开放或开于叶后。

　　　16. 花冠近整齐或稍不整齐，但非唇形；双花的相邻两萼筒分离。

　　　　17. 双花及其2苞片均发育；萼檐长1~2毫米，有钝齿。生沟谷或山坡丛林或灌丛中。产凌源

　　　　··················· 10. 北京忍冬Lonicera elisae Franch.【P.641】

　　　　17. 双花之一连同其苞片均退化；萼檐极短，长不足0.5毫米，口缘截状或浅波状。生山坡及林缘。产桓仁、本溪、宽甸、凤城等地 ·····················

　　　　··················· 11. 单花忍冬Lonicera subhispida Nakai【P.641】

　　　16. 花冠唇形；双花的相邻两萼筒连合。

　　　　18. 小枝、叶柄无毛；叶圆卵形、卵形至卵状矩圆形。产河北、湖北、安徽、浙江、江西等地。辽宁有栽培

　　　　·····　12a. 郁香忍冬Lonicera fragrantissima Lindl. et Paxt. var. fragrantissima【P.642】

　　　　18. 小枝、叶柄常有糙毛；叶卵状矩圆形或卵状披针形。生海岸带山坡林中或灌丛中。产旅顺口、长海

　　　　·····　12b. 苦糖果Lonicera fragrantissima var. lancifolia（Rehder）Q. E. Yang【P.642】

　13. 叶基部多圆形、截形或近心形。

　　19. 果为坛状壳斗包裹，成熟后裂开，露出红色浆果；小枝及花梗有粗毛和腺毛；花冠淡黄色，长10~15毫米。生向阳山坡林中或林缘灌丛中。产凤城、桓仁、旅顺口等地 ···············

　　　··············· 13. 葱皮忍冬（秦岭忍冬、波叶忍冬）Lonicera ferdinandii Franch.【P.642】

　　19. 果无坛状壳斗包裹，合生至中部或中上部；小枝通常无粗毛和腺毛；花冠紫色。

　　　20. 叶革质，通常长圆状披针形，背面有茸毛；花长8毫米。生山坡。产桓仁、凤城、本溪、旅顺口等地 ··············· 14. 华北忍冬（藏花忍冬）Lonicera tatarinowii Maxim.【P.642】

　　　20. 叶纸质，通常卵形或卵状披针形，背面被疏长毛，稀近无毛；花长1厘米。

　　　　21. 叶背面被疏长毛；萼齿宽三角形。生林中或林缘。产宽甸、凤城 ················

　　　　··················· 15a. 紫花忍冬（紫枝忍冬）Lonicera maximowiczii（Rupr.）Regel var. maximowiczii【P.642】

　　　　21. 叶无毛；萼齿披针形。生山坡杂木林中、林缘。产凌源、本溪等地 ···············

　　　　··················· 15b. 无毛紫枝忍冬Lonicera maximowiczii var. sachalinensis Fr. Schmidt.

一五〇、北极花科Linnaeaceae

Linnaeaceae（Raf.）Backlund，Taxon 47（3）：658（1998）：（1998）.

本科全世界7属19种，分布阿富汗、中国、印度、日本、朝鲜、吉尔吉斯斯坦、尼泊尔、巴基斯坦、俄罗斯、乌兹别克斯坦、欧洲、北美洲。中国有6属15种。东北地区产3属3种，其中栽培1种，辽宁均产。

分属检索表
1. 花成对生于小枝顶端；果实近圆形或卵圆形，顶端无宿存的萼裂片；常绿匍匐小灌木 ……………… ……………………………………………………………… 1. 北极花属（林奈草属）Linnaea
1. 花单生或集合成聚伞花序；果实椭圆形、矩圆形至圆柱形，顶端有宿存的萼裂片；落叶直立灌木。
　2. 果实分离，外面无长刺刚毛；萼裂片2~5，花开后增大；果实圆柱形，稍扁，萼筒超出子房部分不发育成细长的颈 ……………………………………………………… 2. 六道木属Zabelia
　2. 相邻两个果实合生，外被长刺刚毛；萼裂片5，花开后不增大；果实近圆形，萼筒超出子房部分缢缩而发育成细长的颈 ……………………………………………………… 3. 蝟实属Kolkwitzia

1. 北极花属（林奈草属）Linnaea Gronov. ex L.

Linnaea L. Sp. Pl. 631. 1753.

本属全世界仅1种，广布于北半球高寒地带。中国东北各省、内蒙古和新疆均有分布。

北极花（林奈草）Linnaea borealis L.【P.642】

常绿蔓生小灌木。茎细弱。叶近圆形或广倒卵形，长5~10毫米，宽4~9毫米，先端微尖或钝。花粉白色，具紫色条纹，生于细长的总花梗上，有腺毛；总苞片4，小苞片2，密生腺毛；萼片披针形，萼筒卵形，有腺毛；花冠钟形。瘦果小，黄色。花果期7—8月。生山地针叶林下苔藓地上。产桓仁。

2. 六道木属Zabelia（Rehder）Makino

Zabelia（Rehder）Makino，Makinoa. 9：175. 1948.

本属全世界6种，分布阿富汗、中国、印度、日本、朝鲜、塔吉克斯斯坦、尼泊尔、俄罗斯。中国有3种。东北地区产1种，分布于黑龙江、辽宁、内蒙古。

六道木（二花六道木）Zabelia biflora（Turczaninow）Makino【P.642】

落叶灌木，茎及枝具六条沟，幼枝被倒生硬毛或无毛。叶矩圆形至矩圆状披针形，全缘或中部以上羽状浅裂而具1~4对粗齿，上面深绿色，下面绿白色，两面疏被柔毛或无毛。花2朵，腋生，有小苞片3，萼片4；花冠管状，淡黄色。瘦果状核果。生山坡灌丛、林下及沟边。产凌源、建昌、绥中、朝阳、凤城、辽阳等地。

3. 蝟实属Kolkwitzia Graebn.

Kolkwitzia Graebn. in Bot. Jahrb. 29：593. 1901.

本属全世界仅1种，为中国特有，产山西、陕西、甘肃、河南、湖北及安徽等省。东北地区仅辽宁有栽培。

蝟实Kolkwitzia amabilis Graebn.【P.642】

多分枝直立灌木。叶椭圆形等，两面散生短毛。伞房状聚伞花序；苞片披针形，紧贴子房基部；萼筒外面密生长刚毛，上部缢缩似颈；花冠淡红色，外有短柔毛，内面具黄色斑纹。果实密被黄色刺刚毛，顶端伸长如角，冠以宿存的萼齿。中国特有种。分布山西、陕西、甘肃、河南、湖北及安徽等省。大连、沈阳有栽培。

一五一、川续断科 Dipsacaceae

Dipsacaceae Juss., Gen. Pl.〔Jussieu〕194（1789），nom. cons.

本科全世界10属约250种，分布非洲、亚洲、欧洲。中国有4属17种。东北地区产2属4种3变种2变型。辽宁产2属4种3变种1变型。

分属检索表

1. 植株具刺；花同型；总苞片草质 ·· 1. 川续断属 Dipsacus
1. 植株无刺；花异型，边花比中央花大；总苞片草质 ························· 2. 蓝盆花属 Scabiosa

1. 川续断属 Dipsacus L.

Dipsacus L., Sp. Pl. 97. 1753.

本属全世界约20种，主要分布于欧洲、北非和亚洲。中国有9种1变种，主产西南各省区。东北地区产1种，分布产黑龙江省、辽宁、内蒙古。

日本续断（川续断）Dipsacus japonicus Miq.【P.642】

多年生或二年生草本。茎直立，散生刺毛或倒钩刺。基生叶长圆形，3裂或不裂；茎生叶对生，倒卵状椭圆形等，常3~5裂。花序近球形，小花紫红色，萼裂片针刺状。瘦果顶端具宿存萼。生山坡、路旁和草坡。产建昌、凌源等地。

2. 蓝盆花属 Scabiosa L.

Scabiosa L., Sp. Pl. 98. 1753.

本属全世界约100种，产欧洲、亚洲、非洲南部和西部，主产地中海地区。中国有9种2变种。产东北、华北、西北及台湾等地。东北地区产3种3变种2变型。辽宁产3种3变种1变型。

分种检索表

1. 基生叶与茎生叶均为羽状全裂，裂片线形，宽1~2毫米。
  2. 茎疏或密被贴伏白色短柔毛，在茎基部和花序下最密；叶两面均光滑或疏生白色短伏毛，茎生叶一至二回狭羽状全裂，裂片线形。生沙地及草原。产彰武 ·············
    ····················· 1a. 蓝盆花（窄叶蓝盆花）Scabiosa comosa Fisch. ex Roem. et Schult. var. comosa
  2. 茎下部具开张的刚毛和短而卷曲柔毛，上部仅有短而卷曲柔毛，而在花序下有伸展的刚毛；叶两面具短或甚短的卷曲柔毛，茎生叶大头羽裂，裂片线状披针形。生林缘、灌丛、河岸沙地、草坡上。产彰武 ·············
    ····················· 1b. 毛叶蓝盆花 Scabiosa comosa var. lachnophylla（Kitag.）Kitag
1. 基生叶与下部茎生叶常不裂或大头羽裂，上部叶羽状深裂至全裂，裂片披针形，宽2~4毫米。
  3. 叶裂片先端渐尖。
    4. 花蓝紫色。生草地、林缘、灌丛、山坡。产法库、抚顺、新宾、开原、西丰、鞍山、营口、本溪、凤城、桓仁、岫岩、彰武、北镇、建平、朝阳、凌源、建昌等地 ·············
    ····················· 2a. 华北蓝盆花 Scabiosa tschiliensis Grun. f. tschiliensis【P.642】
    4. 花白色。生山坡草地。产凌源 ·············
    ····················· 2b. 白花华北蓝盆花 Scabiosa tschiliensis f. albiflora S. H. Li & S. Z. Liu
  3. 叶裂片先端钝或急尖。
    5. 叶裂片先端钝。
      6. 植株高30~80厘米；头状花序，直径2.5~4.5厘米。生山顶草甸。产本溪、桓仁 ·············

······················· **3a.** 日本蓝盆花*Scabiosa japonica* Miq. var. *japonica*【P.642】

6. 植株高15~40厘米；头状花序，直径4~5厘米。生海拔千米以上的山顶悬崖缝隙。产凤城··········

················· **3b.** 高山日本蓝盆花*Scabiosa japonica* var. *alpina* Takeda【P.642】

5. 叶裂片先端尖。生海拔千米以上的山顶草甸。产桓仁 ··

··················· **3c.** 尖裂日本蓝盆花*Scabiosa japonica* var. *acutiloba* H. Hara

一五二、败酱科Valerianaceae

Valerianaceae Batsch, Tab. Affin. Regni Veg. 227（1802），nom. cons.

本科全世界12属约300种，几乎都分布于温带地区。中国有3属33种。东北地区产2属8种1亚种，辽宁均产。

分属检索表

1. 花冠黄色或白色；果实无冠毛；根有臭味 ······························· 1. 败酱属 Patrinia
1. 花冠粉紫色或粉红色；果实有冠毛；根有香味 ······················· 2. 缬草属 Valeriana

1. 败酱属 Patrinia Juss.

Patrinia Juss. in Ann. Mus. Par. 10：311. 1807.

本属全世界约20种，产亚洲东部至中部和北美洲西北部。中国有10种3亚种和2变种，全国各地均产。东北地区产7种1亚种。辽宁产6种1亚种。

分种检索表

1. 花黄色。
  2. 瘦果无翅状苞片。生山坡林下、林缘和灌丛中以及路边、田埂边的草丛中。产辽宁各地 ···········
··················· **1. 败酱** *Patrinia scabiosifolia* Fisch. ex Trevir.【P.643】
  2. 瘦果具翅状苞片。
    3. 雄蕊4。
      4. 花较大，直径5~7毫米；果翅状苞片大，近圆形，直径8~10毫米。生草原带、森林草原带的石质丘陵坡地石缝或较干燥的阳坡草丛中。产新民、阜新、北镇、锦州、建平、朝阳、凌源等地 ·······
··················· **2. 糙叶败酱** *Patrinia scabra* Bunge【P.643】
      4. 花较小，直径2~4毫米；果翅状苞片较小，直径5~7毫米。
        5. 基生叶椭圆形或长圆形，边缘具缺刻状齿；茎生叶羽状深裂至全裂，裂片披针形或线状披针形；花冠径3~4毫米。生山坡石砾处或林间草地。产抚顺、开原、鞍山、庄河、宽甸、本溪、桓仁等地 ················· **3. 岩败酱** *Patrinia rupestris*（Pall.）Juss.【P.643】
        5. 基生叶卵形，边缘具圆齿，多毛；茎生叶羽状浅裂、深裂至全裂或不裂，顶端裂片大，卵形或卵状披针形；花冠径2.5~3毫米。生山地岩缝中、草丛中、路边、沙质坡地。产北镇、绥中、凌源、瓦房店等地 ······················ **4. 墓头回（异叶败酱）** *Patrinia heterophylla* Bunge【P.643】
    3. 雄蕊1~2（~3）；叶椭圆形，不分裂或基部有1~2对小裂片，边缘有粗齿。生山坡草地。产大连、旅顺口、长海等地 ···················· **5. 少蕊败酱（单蕊败酱）** *Patrinia monandra* C. B. Clarke【P.643】
1. 花白色。
  6. 花序最下分枝处的总苞叶不分裂；叶片上面均鲜绿色或浓绿色，无棕红色微腺；地下根状茎长而横走，偶在地表匍匐生长。生林下、林缘、灌丛中、草丛中。产鞍山、本溪、宽甸、凤城、庄河、北镇等地 ············· **6a. 攀倒甑（白花败酱）** *Patrinia villosa*（Thunb.）Juss. subsp. *villosa*【P.643】
  6. 花序最下分枝处的总苞叶常有1（~2）对侧裂片；叶片上面具棕红色微腺；通常无地下根茎。生于海拔

800米以下的山坡草丛中、灌丛中、林缘或路旁。产桓仁、新宾、岫岩、庄河等地 ·······················
··························· 6b. 斑叶败酱 Patrinia villosa subsp. punctifolia H. J. Wang【P.643】

2. 缬草属 Valeriana L.

Valeriana L., Sp. Pl. 31. 1753.

本属全世界约有300种，分布于欧亚大陆、南美和北美洲中部。中国产21种。东北地区产2种，辽宁均产。

分种检索表

1. 茎上部及花序被腺毛；茎生叶对生，羽状裂片5~7（~11）对。生林缘、沼泽化草甸。产昌图、鞍山 ······
·································· 1. 黑水缬草 Valeriana amurensis P. Smirn. ex Kom.【P.644】
1. 茎上部及花序无腺毛；茎生叶对生或互生，羽状裂片7~9（~11）对。生山坡草地、林下、沟边。产大连、
   庄河、沈阳、鞍山、岫岩、铁岭、法库、西丰、本溪、新宾、桓仁、宽甸、凤城、义县、彰武
   ·································· 2. 缬草（北缬草）Valeriana officinalis L.【P.644】

一五三、菊科 Asteraceae（Compositae）

Asteraceae Bercht. & J. Presl, Prir. Rostlin 254（1820），nom. cons.

Compositae Giseke, Prael. Ord. Nat. Pl. 538（1792），nom. cons.

本科全世界1600~1700属24000种，广布于全世界，主产温带，热带较少。中国有248属2336种。东北地区产117属400种9亚种53变种12变型，其中栽培55种5变种。辽宁产104属290种6亚种28变种6变型，其中栽培55种5变种。

分属检索表

1. 头状花序花同型或异型，中央花管状；植物无乳汁（Ⅰ. 管状花亚科 Carduoideae Kitam.）
   2. 花柱丝状，分枝披针形或线形。
     3. 花药基部钝或微尖。
       4. 花柱分枝圆柱形，先端有棒锤状或稍扁而钝的附片；头状花序盘状，花同型，均为管状花；叶通常对生（1. 泽兰族 Trib. Eupatorieae）。
         5. 冠毛糙毛状，冠毛较长，每一下位瘦果有冠毛多数。
           6. 下位瘦果10棱；头状花序排列成穗状或总状 ··························· 1. 蛇鞭菊属 Liatris
           6. 下位瘦果5棱；头状花序排列成伞房状。
             7. 总苞片2~3层，不等长 ······························· 2. 泽兰属 Eupatorium
             7. 总苞片1层，5~6枚，近等长 ························· 3. 甜菊属 Stevia
         5. 冠毛棒锤状，非毛状，冠毛较短，每一下位瘦果仅3~5枚冠毛 ············· 4. 藿香蓟属 Ageratum
       4. 花柱分枝非上述情况；头状花序辐射状，边花常为舌状，或盘状而无舌状花。
         8. 花柱分枝通常一面平一面凸，先端有尖或三角形附片，有时先端钝（2. 紫菀族 Trib. Astereae）。
           9. 舌状花黄色。
             10. 植株有黏液 ·· 5. 胶菀属 Grindelia
             10. 植株无黏液 ·· 6. 一枝黄花属 Solidago
           9. 舌状花白色或紫色，有时无舌状花。
             11. 外层总苞片大，叶状，内层膜质；冠毛2层，外层膜质，环状，内层毛状 ·················
             ·· 7. 翠菊属 Callistephus
             11. 外层总苞片不为叶状；冠毛1至多层，毛状或膜片状或无冠毛。

12. 无冠毛 ·· 8. 雏菊属 Bellis

12. 有冠毛，膜片状或毛状。

    13. 舌状花及管状花冠毛均不发达，退化为短毛状或膜片状。

      14. 多年生草本；舌状花 1~2 层；花药基部钝，全缘；花柱分枝附片三角形或披针形 ·································· 9. 马兰属 Kalimeris

      14. 一年生和多年生草本或小灌木；舌状花 1 层；花药基部钝，通常具顶端附属物；花柱分枝附片具小乳突 ·········· 10. 鹅河菊属（雁河菊属）Brachyscome

    13. 舌状花及管状花冠毛均为毛状，等长或不等长，或舌状花冠毛膜片状。

      15. 总苞片多层，覆瓦状排列，或为 2 层，近等长；舌状花 1 层；花柱分枝先端具披针形附片。

       16. 舌状花比冠毛长，有时无舌状花。

        17. 冠毛 1~2 层，外层极短或膜片状，内层糙毛状，花后不伸长。

         18. 瘦果圆柱形，具 5 条纵肋，两端稍长，冠毛 1 层，毛状；叶两面被糙毛；花白色 ························ 11. 东风菜属 Doellingeria

         18. 瘦果稍扁，长圆形或卵形。

          19. 瘦果边缘有细肋，两面无肋，被长密毛；头状花序小，多数，密集成复伞房状 ·········· 12. 女菀属 Turczaninovia

          19. 瘦果有边肋，两面有肋或无肋，被疏毛或或密毛。

           20. 瘦果有明显的肋；边缘的小花结实；冠毛 1~2 层，外层极短或较短 ·································· 13. 紫菀属 Aster

           20. 瘦果无明显的肋；边缘的小花不结实；冠毛有 2~3 层糙毛；叶具 3 脉 ·································· 14. 乳菀属 Galatella

        17. 冠毛多层，毛状，花后伸长；头状花序多数，排成伞房状；瘦果两面各有 1 条肋，无毛或疏被毛；叶披针形，不为禾草状 ·········· 15. 碱菀属 Tripolium

       16. 舌状花短于冠毛 ·········· 16. 联毛紫菀属 Symphyotrichum

      15. 总苞片 2~3 层，狭，近等长；舌状花多层；花柱分枝短，三角形 ··· 17. 飞蓬属 Erigeron

8. 花柱分枝截形，无或有尖或三角形附片，有时分枝钻形。

  21. 无冠毛或有冠毛，呈鳞片状、芒状或冠状，总苞片多层。

    22. 总苞片叶质。

      23. 花序托通常有托片；头状花序辐射状，极稀盘状；叶通常对生（3. 向日葵族 Trib. Heli-antheae）。

        24. 头状花序花同型，单性，雌雄同株，雌头状花序总苞片合生呈坚果状，外具钩刺或刺尖，内含 1~2 朵花，无花冠。

         25. 雄头状花序总苞片合生，雌头状花序总苞外具 1 列钩刺或疣，内含 1 朵花；叶互生或对生 ·········· 18. 豚草属 Ambrosia

         25. 雄头状花序总苞片分离，1~2 层，雌头状花序总苞外具多数钩刺，内含 2 朵花；叶互生 ·········· 19. 苍耳属 Xanthium

        24. 头状花序花异型，雌花舌状或细管状，或花同型，两性。

         26. 两性花不结果实，其花柱不分枝；花托托片膜质 ·· 20. 黑足菊属（美兰菊属）Melampodium

         26. 两性花通常结果实，其花柱有分枝；花托托片膜或干膜质，常折叠，或平，或内凹。

          27. 冠毛异型，舌状花冠毛毛状，管状花冠毛膜片状；总苞片 5，质薄，近等长；瘦果圆锥状，有棱，通常腹背扁平 ·········· 21. 牛膝菊属 Galinsoga

         27. 无冠毛或冠毛同型，星状或芒状。

28. 植株具树脂状汁腋；瘦果边缘有翼，先端凹陷，无冠毛 … **22. 松香草属Silphium**
28. 植株无树脂状汁液。

29. 舌状花宿存于瘦果上，随瘦果脱落；花序托圆锥状或圆柱状；瘦果具1~3芒
………………………………………………………… **23. 百日菊属Zinnia**
29. 舌状花不宿存于瘦果上。

30. 瘦果腹背压扁。

31. 冠毛芒状，具倒生小刺；叶对生或上部互生。

32. 瘦果顶端有喙；舌状花红色或紫色 …………… **24. 秋英属Cosmos**
32. 瘦果顶端狭，无喙；舌状花黄色或白色，或无舌状花 …………
…………………………………………………… **25. 鬼针草属Bidens**

31. 冠毛鳞片状或芒状，但无倒生小刺或无冠毛；叶对生。

33. 根块状；雌花舌状，白色、红色或紫色 ………… **26. 大丽花属Dahlia**
33. 根不为块状。

34. 边花舌状，开展 …………………………… **27. 金鸡菊属Coreopsis**
34. 边花退化为短筒状 ………………………… **28. 假苍耳属Iva**

30. 瘦果近圆柱形或两侧压扁。

35. 瘦果为内层总苞片包围，外层总苞片5，开展，肉质，密被腺毛 ………
…………………………………………………… **29. 豨莶属Sigesbeckia**
35. 内层总苞片扁平，不包围瘦果，外层总苞片不如上。

36. 花序托托片平，狭长，舌状花1~2层，舌片小，无冠毛 ……………
…………………………………………………… **30. 鳢肠属Eclipta**
36. 花序托托片内凹或对折，多少包围两性花。

37. 花序托凸起，圆锥状或圆柱状；无冠毛或冠毛短冠状。

38. 叶互生，稀对生；总苞片2层，花托呈圆柱状或圆锥状凸起，舌状
花黄色、橙色或红色 …………………… **31. 金光菊属Rudbeckia**
38. 叶对生；总苞片2~3层，花托呈锥状凸起，舌状花无或呈黄色至橘
黄色 …………………………………… **32. 赛菊芋属Heliopsis**

37. 花序托平或稍凸起；冠毛鳞片状、刺状或芒状，或无冠毛；叶对生
或上部互生。

39. 舌状花结实。

40. 总苞片短于托片或稀与托片等长；瘦果顶端截形，无冠毛环
…………………………………………… **33. 卤地菊属Melanthera**
40. 总苞片长于托片；瘦果顶端稍收缩而浑圆，有冠毛环 …………
…………………………………………… **34. 蟛蜞菊属Sphagneticola**

39. 舌状花不结实。

41. 头状花序，直径达50厘米，花序梗上部不膨大；冠毛膜片状，
脱落 ……………………………………… **35. 向日葵属Helianthus**
41. 头状花序，直径5~15厘米，花序梗上部膨大呈棒锤状；冠毛鳞
片状，脱落或宿存 ………………… **36. 肿柄菊属Tithonia**

23. 花序托无托片；头状花序辐射状；叶对生或互生（**4. 堆心菊族Trib. Helenieae**）。

42. 叶对生；总苞片1层，常结合，等长，有时在外面另有小总苞片；冠毛有常具芒或毛的
鳞片；冠毛有5~6芒 ……………………………………………… **37. 万寿菊属Tagetes**
42. 叶常互生；总苞片2~4层。

43. 花托凸起成半球形、圆柱形或圆锥形。

44. 花托凸起或半球形，总苞片无刺 ………………………… **38. 天人菊属Gaillardia**

44. 花托圆锥形或圆柱形，总苞片具刺 ┄┄┄┄ 39. 松果菊属（紫锥花属）Echinacea

43. 花托凸起成球形或长圆形 ┄┄┄┄┄┄┄┄┄┄┄┄┄ 40. 堆心菊属 Helenium

22. 总苞片全部或边缘干膜质；头状花序盘状或辐射状；叶互生（5. 春黄菊族 Trib. Anthemid-eae）。

  45. 花序托有托片。

    46. 头状花序小，总苞径 2~5（7~9）毫米，于枝端排成伞房状 ┄┄┄┄┄ 41. 蓍属 Achillea

    46. 头状花序大，总苞径 7~15 毫米，单生于分枝顶端 ┄┄┄┄ 42. 果香菊属 Chamaemelum

  45. 花序托无托片，有托毛或裸露。

    47. 边花 1 层；瘦果无毛；花药先端有附属物。

      48. 头状花序，直径 1 厘米以上，有舌状花，稀无舌状花。

        49. 花序托平或稍凸起呈半球形。

          50. 瘦果有翅肋；半灌木或一年生草本。

            51. 半灌木；瘦果有长 0.4 毫米的冠状冠毛 ┄┄┄ 43. 木茼蒿属 Argyranthemum

            51. 一年生草本；瘦果无冠状冠毛 ┄┄┄┄┄┄┄┄ 44. 茼蒿属 Glebionis

          50. 瘦果无翅肋；多年生草本。

            52. 舌状花花色丰富；果肋在瘦果顶端不形成冠齿伸延 ┄┄┄┄┄

              ┄┄┄┄┄┄┄┄┄┄┄┄┄┄┄┄┄ 45. 菊属 Chrysanthemum

            52. 舌状花白色；果肋在瘦果顶端伸延成钝形冠齿 ┄ 46. 滨菊属 Leucanthemum

        49. 花序托凸起呈圆锥形。

          53. 瘦果压扁，背面凸起，顶端无红色腺体，腹面有 3~5 条细肋 ┄┄┄┄┄┄

            ┄┄┄┄┄┄┄┄┄┄┄┄┄┄┄┄┄┄┄ 47. 母菊属 Matricaria

          53. 瘦果圆筒状三棱形，具 3 条龙骨状凸起的肋，背面顶端有 2 红色腺体 ┄┄┄┄

            ┄┄┄┄┄┄┄┄┄┄┄┄┄┄┄┄ 48. 三肋果属 Tripleurospermum

      48. 头状花序，直径 1 厘米以下，无舌状花。

        54. 头状花序排成聚伞状伞房花序。

          55. 瘦果有 5~7 条纵肋，冠毛冠状 ┄┄┄┄┄┄┄┄┄ 49. 菊蒿属 Tanacetum

          55. 瘦果有 2~6 条脉纹或钝棱，无冠毛；叶羽状全裂，裂片线形，质硬 ┄┄┄┄

            ┄┄┄┄┄┄┄┄┄┄┄┄┄ 50. 线叶菊属（兔毛蒿属）Filifolium

        54. 头状花序排成总状、穗状或圆锥状；瘦果无毛。

          56. 雌花及两性花均结实或两性花不结实 ┄┄┄┄┄┄┄ 51. 蒿属 Artemisia

          56. 雌花及少数两性花结实，多数两性花不结实；叶及苞叶为栉齿状羽裂 ┄┄┄

            ┄┄┄┄┄┄┄┄┄┄┄┄┄┄┄┄ 52. 栉叶蒿属 Neopallasia

    47. 边花多层；瘦果有毛；花药先端无附属物；植株矮小 ┄┄┄┄ 53. 石胡荽属 Centipeda

21. 冠毛毛状；总苞片 1 层；头状花序盘状或辐射状；叶互生（6. 千里光族 Trib. Senecioneae）。

  57. 两性花不结实，花柱不分枝；雌雄异株，头状花序具杂性小花；花序梗具数个头状花序
┄┄┄┄┄┄┄┄┄┄┄┄┄┄┄┄┄┄┄┄┄┄┄┄ 54. 蜂斗菜属 Petasites

  57. 两性花结实，花柱分枝，先端截形、锐尖或有附片；头状花序只有一种形状，雌花舌状或无，黄色或白色。

    58. 头状花序花同型，管状，两性。

      59. 花柱分枝先端具细长钻状附片；花冠黄色。

        60. 花柱分枝直立，顶端具钻状乳头状毛的附器 ┄┄┄ 55. 菊三七属（三七草属）Gynura

        60. 花柱分枝外弯，顶端无钻状长乳头状毛的附器。

          61. 边缘小花雌性，丝状 ┄┄┄┄┄┄┄┄┄┄┄┄┄ 56. 菊芹属 Erechtites

          61. 边缘小花雌性，辐射状，或无边缘花。

            62. 花柱分枝顶端无合并的乳头状毛的中央附器 ┄┄┄┄ 57. 千里光属 Senecio

  62. 花柱分枝顶端具合并的乳状毛的中央附器 ······ 58. 野茼蒿属 Crassocephalum

 59. 花柱分枝先端具短圆锥状附片；花冠白色，带紫色或带黄色。

  63. 基生叶 1，幼叶反卷折叠呈破伞状，子叶 1，纵折 ············ 59. 兔儿伞属 Syneilesis

  63. 基生叶多数，幼叶不反卷呈伞状，子叶 2 ················ 60. 蟹甲草属 Parasenecio

 58. 头状花序花异型，雌花舌状，两性花管状。

  64. 叶基部具叶鞘抱茎；花柱分枝先端钝，无画笔状毛 ·············· 61. 橐吾属 Ligularia

  64. 叶基部无叶鞘；花柱分枝先端截形，具画笔状毛。基生叶花期宿存，叶不分裂；头状

   花序少数，排列成紧密的伞形状；总苞基部无附苞片；花丝颈部不膨大 ··········

    ··· 62. 狗舌草属 Tephroseris

3. 花药基部锐尖、截形或尾状。

 65. 花柱先端无被毛的节，花柱分枝先端截形，无附片或有三角形附片；头状花序盘状或辐射状而边

  花舌状。

  66. 管状花花冠浅裂，不为二唇形。

   67. 冠毛通常毛状，有时无冠毛；头状花序盘状，或辐射状而边缘有舌状花（**7. 旋覆花族 Trib.**

    Inuleae）。

    68. 头状花序盘状，花异型，雌雄同株，或花同型、雌雄异株，雌花冠细管状，花柱长于花

     冠；总苞片膜质。

     69. 花序托有托片，托片折合，基部贴于子房上，两性花花柱分枝粗短，先端钝；头状花序

      通常密集成团伞状 ············ 63. 含苞草属（合苞菊属）Symphyllocarpus

     69. 花序托无托片，两性花花柱分枝先端截形或有时花柱不分枝；有冠毛。

      70. 两性花花柱不分枝、浅裂或短分枝，不结实；头状花序数个密集，稀单生，外围有开

       展的星状苞叶群，头状花序具多层雌花及少数两性花，或仅有两性花或雌花；两性花

       冠毛先端稍粗厚；总苞片边缘膜质 ············ 64. 火绒草属 Leontopodium

      70. 两性花花柱有分枝，全部或大部结实；冠毛基部分离或连合 ············

        ······························· 65. 鼠麴草属（鼠曲草属）Gnaphalium

    68. 头状花序辐射状或盘状，花异型或仅有同型的两性花；雌花花冠舌状或细管状，花柱短于

     花冠；总苞片草质或革质，有时叶状。

     71. 有冠毛，近等长；瘦果有肋 ···························· 66. 旋覆花属 Inula

     71. 无冠毛。

      72. 花极多数，全部结实；瘦果有肋，上部狭成喙··· 67. 天名精属（金挖耳属）Carpesium

      72. 花少数，部分结实；瘦果无肋 ·········· 68. 和尚菜属（腺梗菜属）Adenocaulon

   67. 冠毛不存在；头状花序辐射状（**8. 金盏花族 Trib. Calenduleae**）。

    73. 中央的小花不育。

     74. 舌状花顶端明显 3 裂；舌片橘黄色或黄色 ············ 69. 金盏花属 Calendula

     74. 舌状花顶端不裂或微有齿；舌片蓝紫色或白色 ································

       ······························· 70. 骨子菊属（蓝目菊属）Osteospermum

    73. 中央小花部分或全部可育 ··············· 71. 异果菊属 Dimorphotheca

  66. 管状花花冠不规则深裂或为二唇形（**9. 帚菊木族 Trib. Mutisieae**）。

   75. 植株有春、秋二型，春型植株矮小，两性花花冠明显二唇形，冠毛短于花冠；秋型植株高

    大，通常丛生，两性花为管状闭锁花，冠毛长于花冠 ·············· 72. 大丁草属 Leibnitzia

   75. 植株无春、秋二型；花冠常为不明显二唇形或舌状。

    76. 灌木；冠毛糙毛状；总苞片 5~8，近等长；雌雄异株 ·········· 73. 蚂蚱腿子属 Myripnois

    76. 草本；冠毛羽毛状；总苞片多数，覆瓦状排列；雌雄同株 ·········· 74. 兔儿风属 Ainsliaea

 65. 花柱先端有稍膨大被毛的节，节以上分枝或不分枝。

  77. 头状花序仅具 1 花，多数头状花序形成球形或卵形的复头状花序，外为 1~2 层苞叶所包围，每个

　　　　头状花序基部有多数扁平刚毛状基毛（10. **蓝刺头族 Trib. Echinopsideae**）…………………………………
　　　　………………………………………………………………………………………… 75. **蓝刺头属 Echinops**
　　77. 头状花序花多数，基部无基毛，花同型，管状，有时有不结实的辐射状花（11. **菜蓟族 Trib. Cynareae**）。
　　　　78. 叶有刺；瘦果着生面基生。
　　　　　　79. 头状花序基部为针刺状羽裂的苞叶所包围；根状茎结节状；瘦果密被长柔毛，先端无喙；冠毛羽毛状 ………………………………………………………… 76. **苍术属 Atractylodes**
　　　　　　79. 头状花序基部无羽裂的苞叶包围；根状茎不为结节状；瘦果无毛，先端多少有齿状喙。
　　　　　　　　80. 茎具翼，翼边缘具刺齿或针刺；花丝有毛；叶背面密或疏被灰白色蛛丝状绵毛 …………
　　　　　　　　………………………………………………………………………… 77. **飞廉属 Carduus**
　　　　　　　　80. 茎无翼。
　　　　　　　　　　81. 叶有白斑；冠毛糙毛状 ………………………………… 78. **水飞蓟属 Silybum**
　　　　　　　　　　81. 叶无白斑；冠毛羽毛状 ……………………………………… 79. **蓟属 Cirsium**
　　　　78. 叶无刺，稀具刺状齿；瘦果着生面侧生或基生。
　　　　　　82. 无冠毛或有冠毛；头状花序外为苞叶所包围，总苞片先端附属物刺齿状，稀无刺齿；叶常具刺状齿 ……………………………………………………… 80. **红花属 Carthamus**
　　　　　　82. 有冠毛，稀无冠毛。
　　　　　　　　83. 冠毛多层，糙毛状，稀无冠毛。
　　　　　　　　　　84. 总苞片先端附属物干膜质；头状花序单生 ………………… 81. **漏芦属 Rhaponticum**
　　　　　　　　　　84. 总苞片先端膜质、刺状或钩刺状；头状花序多数。
　　　　　　　　　　　　85. 叶通常卵形或广卵形，边缘波状、具齿或全缘，稀羽状分裂。
　　　　　　　　　　　　　　86. 总苞片坚硬；瘦果着生面侧生。
　　　　　　　　　　　　　　　　87. 总苞片先端渐尖呈针刺；花药基部附属物结合成管，包围花丝 …………………
　　　　　　　　　　　　　　　　……………………………………………………… 82. **山牛蒡属 Synurus**
　　　　　　　　　　　　　　　　87. 总苞片先端具膜质附属物或为栉齿状针刺；花药基部附属物极小 …………………
　　　　　　　　　　　　　　　　……………………………………………………… 83. **矢车菊属 Centaurea**
　　　　　　　　　　　　　　86. 总苞片先端钩刺状；瘦果着生面基生 ………… 84. **牛蒡属 Arctium**
　　　　　　　　　　　　85. 叶通常羽状分裂，稀不分裂；总苞片先端具刺尖。
　　　　　　　　　　　　　　88. 头状花序花异型，边花雌性，细管状，中央花两性，管状；叶羽状全裂，裂片边缘有锯齿 ………………………………………… 85. **伪泥胡菜属 Serratula**
　　　　　　　　　　　　　　88. 头状花序花同型，两性，管状；叶不分裂或羽状浅裂至深裂 ……………………
　　　　　　　　　　　　　　……………………………………………………… 86. **麻花头属 Klasea**
　　　　　　　　83. 冠毛 2 层。
　　　　　　　　　　89. 外层冠毛羽毛状，内层膜片状；总苞片先端具鸡冠状附属物 ……………………………
　　　　　　　　　　……………………………………………………………… 87. **泥胡菜属 Hemistepta**
　　　　　　　　　　89. 外层冠毛糙毛状，内层羽毛状；总苞片先端无附属物，稀具膜质或栉齿状附属物，不为鸡冠状 ………………………………………………… 88. **风毛菊属 Saussurea**
　　2. 花柱圆柱形，先端膨大，分枝线形（12. **熊耳菊族 Tr. Arctotideae**）………… 89. **勋章菊属 Gazania**
1. 头状花序花同型，舌状，花柱分枝细长线形，先端无附片；植物有乳汁（Ⅱ. **舌状花亚科 Cichorioideae Kitam.；13. 菊苣族 Trib. Laetuceae**）。
　　90. 冠毛鳞片状；花蓝色，总苞片 2 层，近等长；瘦果顶端截形 …………………… 90. **菊苣属 Cichorium**
　　90. 冠毛羽毛状或糙毛状。
　　　　91. 冠毛羽毛状，有时边花冠毛短膜片状。
　　　　　　92. 花托有毛；总苞片多层；瘦果有喙或边花瘦果先端截形，冠毛羽毛状或无冠毛 …………………
　　　　　　………………………………………………………………………… 91. **猫儿菊属 Hypochaeris**

1. 蛇鞭菊属 Liatris J. Gaertner ex Schreber

Liatris J. Gaertner ex Schreber, Gen. Pl. 2：542. 1791.

本属全世界约38种，分布巴哈马群岛和北美洲。中国常见栽培1种。东北仅辽宁有栽培。

蛇鞭菊 Liatris spicata（L.）Willd.【P.644】

茎基部膨大，地下块茎呈扁球形；地上茎直立，株形锥状。叶线形或披针形，由上至下逐渐变小；下部叶长约17厘米，宽约1厘米，平直或卷曲；上部叶约5厘米，宽约4毫米，平直，斜向上伸展。密穗状花序；花淡紫色和纯白色。原产美国东部地区。大连等地栽培。

2. 泽兰属 Eupatorium L.

Eupatorium L.，Sp. Pl. 836，1753.

本属全世界有600余种，主要分布于中南美洲的温带及热带地区。欧洲、亚洲、非洲、大洋洲的种类很少。中国有14种。东北地区产3种。辽宁产2种。

分种检索表

1. 叶无柄，叶片披针形或线状披针形，不分裂或3深裂至全裂，先端钝或尖。生山坡草地及向阳地和沙地。产西丰、开原、新宾、抚顺、庄河、营口、大连、鞍山、凌源、彰武、本溪、丹东等地 ·················· ·························· 1. 林泽兰 Eupatorium lindleyanum DC.【P.644】
1. 叶有柄，叶片卵形或广披针形，不分裂，先端长渐尖。生山坡草地、路旁、林下或灌丛间。产庄河、鞍山、岫岩、桓仁、宽甸、凤城、本溪等地 ····· 2. 白头婆（泽兰）Eupatorium japonicum Thunb.【P.644】

3. 甜菊属 Stevia Cav.

Stevia Cavanilles, Icon. 4：32，plates 354，355. 1797.

本属全世界约240种，分布美洲西部、墨西哥、中美洲、南美洲。中国栽培1种。东北仅辽宁有栽培。

甜菊 Stevia rebaudiana（Bertoni）Hemsl.

宿根性草本。株高可达1米。茎粗约1厘米，分枝性强，老茎半木质化。叶倒卵形或广披针形。中上部叶缘有粗齿，鲜绿色，表面粗糙，有细短绒毛。头状花序成伞房状排列。种子纺锤形。原产南美洲巴拉圭。铁岭、开原、西丰、凌源、朝阳、兴城、盘锦等地有栽培。

4. 藿香蓟属 Ageratum L.

Ageratum L.，Sp. Pl. 839，1753.

本属全世界约30种，主产于中美洲。中国有2种。东北栽培1种。

熊耳草 Ageratum houstonianum Miller【P.644】

一年生草本。茎直立，被白色绒毛或薄棉毛。叶对生，有时上部的叶近互生，宽或长卵形，或三角状卵形，边缘有规则的圆锯齿，基部心形或平截，两面被稀疏或稠密的白色柔毛。伞房或复伞房花序；花序梗密被柔毛；总苞钟状，总苞片2层，狭披针形，全缘，外面被腺质柔毛；花冠檐部淡紫色，5裂。瘦果黑色，有5纵棱。原产墨西哥及毗邻地区。大连等地有栽培，有逃逸。

5. 胶菀属 Grindelia Willdenow

Grindelia Willdenow in Prodr. 5：106. 1836.

本属全世界约30种，主要分布于美洲。中国归化1种。东北地区仅辽宁有分布。

胶菀 Grindelia squarrosa（Pursh）Dunal【P.644】

多年生草本。茎直立，具纵棱，有黏质。叶互生，矩圆形，基部多少抱茎，叶缘锯齿状。头状花序排成聚伞花序；总苞呈宽阔的坛状，总苞片5~10层，外层反折，具有黏质；舌状花多数，黄色，具能育雌蕊；管状花多数，为能育两性花，黄色。生路边、溪流边。原产美国和墨西哥。分布金州。

6. 一枝黄花属 Solidago L.

Solidago L. Sp. Pl. 878，1753.

本属全世界约120种。主要集中于美洲。中国有4种。东北地区均产，其中栽培2种，辽宁亦如此。

分种检索表

1. 叶线状披针形或披针形，宽1~1.8厘米。
  2. 上部茎叶具锐锯齿，背面脉疏生毛；总苞2.5~3毫米；下部茎无毛或有毛。原产北美洲。大连洲、凌源等地有栽培 ·················· 1. 加拿大一枝黄花 Solidago canadensis L.【P.644】

2. 上部茎叶全缘，背面脉密生毛；总苞3~4毫米；下部茎有毛。原产北美洲。大连有栽培 ……………… …………………………………………………………… 2. 高大一枝黄花Solidago altissima L.【P.644】

1. 叶椭圆状披针形、广卵状披针形或广卵形，宽3~4厘米。

  3. 叶质厚，椭圆状披针形、广卵状披针形；瘦果上部或仅顶端疏被短毛。生林缘。产本溪 …………… … 3. 兴安一枝黄花（毛果一枝黄花寡毛变种）Solidago dahurica（Kitag.）Kitag. ex Juzepczuk【P.644】

  3. 叶质薄，广卵形；瘦果无毛。生林下。产本溪、凤城、宽甸、桓仁、新宾、清原、丹东、岫岩等地 ………………………………………… 4. 钝苞一枝黄花（朝鲜一枝黄花）Solidago pacifica Juz.【P.644】

7. 翠菊属 Callistephus Cass.

Callistephus Cass. in Dict. Sci. Nat. 37：491，1825.

本属全世界仅1种，分布中国、日本、朝鲜。世界各地广泛栽培。东北各地均产。

翠菊 Callistephus chinensis（L.）Nees.【P.644】

一年生直立草本，全株密被白色短毛。叶互生，有柄；叶片卵状菱形，基部下延至柄成翼，边缘具粗大齿及缘毛。头状花序单生茎顶或枝端；总苞半球形，总苞片2层，外层叶状；边花舌状，蓝色，栽培种颜色丰富；中央花管状，黄色。瘦果倒卵形。生山坡撂荒地、山坡草丛、水边或疏林阴处，也有栽培。产凌源、北镇、建昌、营口、庄河、金州、普兰店、西丰、新宾、沈阳、本溪、凤城、鞍山、岫岩、海城等地。

8. 雏菊属 Bellis L.

Bellis L.，Sp. Pl. 886. 1753.

本属全世界有8种，分布亚洲、欧洲。中国常见栽培1种。东北各地均有栽培。

雏菊 Bellis perennis L.【P.645】

一年生或多年生草本。叶基生，匙形或广倒披针形，基部渐狭成柄，先端钝，边缘中部以上有波状齿。头状花序单生；总苞半球形，总苞片2层；边花舌状，1层，白色、粉红色等；中央花管状，黄色。瘦果扁，倒卵形，有边肋。原产欧洲。辽宁各地栽培。

9. 马兰属 Kalimeris Cass.

Kalimeris Cass.，Dict. Sc. Nat. 24：331. 1822.

本属全世界约20种，分布于亚洲南部及东部，喜马拉雅地区及西伯利亚东部。中国有7种。东北地区产5种4变种。辽宁产4种4变种。

分种检索表

1. 叶全缘，边缘稍反卷；植株密被灰绿色短柔毛。

  2. 舌片淡紫色。生山坡、路旁草地、林缘、灌丛间。产凌源、建昌、彰武、阜新、葫芦岛、锦州、沈阳、抚顺、辽阳、盖州、本溪、凤城、庄河、长海等地 …………………………………………… ………………………………… 1a. 全叶马兰Kalimeris integrifolia Turcz. ex DC. var. integrifolia【P.645】

  2. 舌片白色。生境同正种。产昌图 ………………………………………………… ………………………………… 1b. 白花全叶马兰Kalimeris integrifolia var. albiflorum S. M. Zhang

1. 叶边缘具疏齿或分裂，但上部叶常全缘；植株疏被毛，不为灰绿色。

  3. 总苞较小，直径10~12毫米；总苞片较狭小，长4~5毫米；叶有缺刻状齿或间有羽状披针形尖裂片。

    4. 舌片淡紫色。生河岸、林阴处、灌丛中及山坡草地。产凌源、建昌、绥中、新民、沈阳、抚顺、普兰店、庄河、旅顺口、本溪等地……… 2a. 裂叶马兰Kalimeris incisa（Fisch.）DC. var. incisa【P.645】

    4. 舌片白色。生境同正种。产庄河、旅顺口 ……………………………………………… ……………………………………… 2b. 白花裂叶马兰Kalimeris incisa var. albiflorum S. M. Zhang

3. 总苞较大，直径10~15毫米；总苞片较宽大，长5~7毫米，宽2~3毫米；叶全缘或有羽状浅裂片或疏浅齿或羽状中裂。

    5. 叶全缘或有羽状浅裂片或疏浅齿，质地较厚。

      6. 舌片淡紫色。生山坡、湿草甸、林缘、沟边。产西丰、新宾、抚顺、岫岩、普兰店、瓦房店、大连、凌源、彰武、喀左、葫芦岛、锦州、北镇、桓仁、东港等地 ·· 3a. 山马兰 Kalimeris lautureana（Debeaux）Kitam. var. lautureana【P.645】

      6. 舌片白色。生境同正种。产大连 ·· 3b. 白花山马兰 Kalimeris lautureana var. albiflorum S. M. Zhang

    5. 叶羽状中裂，质地较薄。

      7. 舌片淡紫色。生河岸、路旁草地、山坡灌丛中。产建昌、喀左、葫芦岛、葫芦岛、沈阳、本溪、普兰店、大连等地 ······ 4a. 蒙古马兰 Kalimeris mongolica（Franch.）Kitam. var. mongolica【P.645】

      7. 舌片白色。生境同正种。产大连 ·· 4b. 白花蒙古马兰 Kalimeris mongolica var. albiflorum S. M. Zhang

10. 鹅河菊属（雁河菊属）Brachyscome Cass.

Brachyscome Cass., Bull. Sci. Soc. Philom. Paris 199. 1816.

本属全世界约有70种，多数仅分布澳大利亚，少数分布在新西兰和新几内亚。中国东北地区仅辽宁栽培2种。

分种检索表

1. 一年生草本；花径2.5厘米以上。原产澳大利亚。沈阳有栽培 ·· 1. 五色菊 Brachyscome iberidifolia Benth.【P.645】

1. 多年生草本；花径2厘米以下。原产地不详。大连有栽培 ·· 2. 姬小菊 Brachyscome angustifolia A. Cunn.【P.645】

11. 东风菜属 Doellingeria Nees

Doellingeria Nees，Gen. et Sp. Ast. 177. 1833.

本属全世界约7种，分布于亚洲东部。中国有2种。东北地区产1种，各省区均有分布。

东风菜 Doellingeria scaber（Thunb.）Ness【P.645】

多年生直立草本。茎被糙毛。叶心形或卵状三角形，基部心形、圆形或截形，下延成翼，先端锐尖，边缘具粗齿。花序伞房状，总苞半球形，总苞片3层；舌状花白色，管状花黄色。瘦果圆柱形，具5条纵肋；冠毛1层，毛状，污白色。生阔叶林下、灌丛中及林缘草地。产西丰、开原、沈阳、鞍山、营口、庄河、金州、大连、旅顺口、长海、锦州、绥中、北镇、本溪、宽甸、桓仁、丹东等地。

12. 女菀属 Turczaninovia DC.

Turczaninovia DC.，Prodr. 5：277. 1836.

本属全世界仅1种，分布于中国北部至东部、朝鲜、日本、俄罗斯西伯利亚东部。东北地区均有分布。

女菀 Turczaninovia fastigiata（Fisch.）DC.【P.645】

多年生直立草本。茎密被短柔毛。叶无柄，线状披针形等，全缘或具微齿。头状花序，直径5~8毫米，多数，密集成伞房状；总苞片4层，密被短柔毛；舌状花白色。瘦果长圆形，密被短毛，两面无肋；冠毛糙毛状。生河岸潮湿地、草地、山脚下平地及路旁。产法库、西丰、辽阳、海城、鞍山、营口、庄河、普兰店、彰武、葫芦岛、丹东等地。

13. 紫菀属 Aster L.

Aster L., Sp. Pl. 2：872. 1753.

本属全世界约152种，分布亚洲、欧洲、北美洲。中国有123种。东北地区产10种5变种。辽宁产7种4变种。

分种检索表

1. 管状花花冠两侧对称，1裂片较长。
  2. 多年生草本；全部小花有同形冠毛。
    3. 舌片浅蓝紫色。
      4. 茎直立或斜升。
        5. 茎通常从基部分枝，高10~30厘米，斜升，基部多少俯卧；分枝有1头状花序或稍再分枝。生山坡草地、干草坡或路旁草地等处。产大连、金州、绥中、凌源、建平、建昌、彰武、葫芦岛、锦州、新民、抚顺、法库、本溪、宽甸等地 ·················· 1b. 阿尔泰狗娃花 Aster altaicus Willdenow var. scaber【P.645】
        5. 茎通常在中部以上分枝，或分枝多而短且等长，高20~60厘米；分枝有1头状花序。
          6. 茎直立，通常在中部以上分枝，被疏伏毛；叶披针形，长约3厘米，宽约0.4厘米；花序少分枝。生开旷的山坡和草地。产彰武 ··········· 1c. 粗糙阿尔泰狗娃花（阿尔泰狗娃花糙毛变种）Aster altaicus var. scaber（Avé-Lallemant）Handel-Mazzetti
          6. 茎直立或斜升，有多数近等长而开展的分枝；叶条形或条状披针形，长1~2厘米，宽1~2.5毫米，开展；花序多分枝，有密生的叶。生石质或黄土山坡及台地。产朝阳、凌源等辽宁西部地区 ············ 1d. 千叶阿尔泰狗娃花（阿尔泰狗娃花千叶变种、多叶阿尔泰狗娃花）Aster altaicus var. millefolius（Vaniot）Handel-Mazzetti
      4. 茎平卧，分枝开展，叶密生，宽1~3毫米。生干山坡。产大连 ·· 1e. 伏生阿尔泰狗娃花 Aster altaicus var. distortus（Turcz.）Poplavskaja
    3. 舌片白色。生境同正种。产金州 ·· 1f. 白色阿尔泰狗娃花 Aster altaicus var. albiflorum S. M. Zhang
  2. 一年生或二年生草本；小花有同形冠毛或外层小花有短冠毛或无冠毛。
    6. 舌状花瘦果狭长，不育，有时无冠毛。生河岸沙地、林下沙丘、山坡草地。产彰武、建昌、营口、大连 ··············· 2. 砂狗娃花 Aster meyendorffii（Regel & Maack）Voss【P.646】
    6. 舌状花瘦果能育，有短冠毛。
      7. 舌状花瘦果的冠毛为膜片状短冠；茎生叶矩圆状披针形或条形，全缘。
        8. 舌片浅蓝紫色。生山坡草地、河岸草地、海边石质地、林下等处。产建昌、建平、彰武、葫芦岛、抚顺、西丰、本溪、凤城、桓仁、宽甸、普兰店、大连、金州、旅顺口等地 ·················· 3a. 狗娃花 Aster hispidus Thunberg var. hispidus【P.646】
        8. 舌片白色。生山坡草地。产大连 ··· 3b. 白色狗娃花 Aster hispidus var. albiflorum S. M. Zhang
      7. 舌状花瘦果的冠毛少数或极短而非膜片状；茎生叶匙状矩圆形，有圆齿。生山坡。产辽阳、凤城 ···································· 4. 圆齿狗娃花 Aster crenatifolius Hand.-Mazz.【P.646】
1. 管状花花冠辐射对称，5裂片等长。
  9. 茎下部叶有长柄，叶片长圆状匙形，边缘具粗大齿。生林下、林缘及灌丛间草地。产法库、西丰、新宾、沈阳、抚顺、金州、彰武、喀左、绥中、葫芦岛、北镇、本溪、凤城、桓仁、宽甸等地 ·· 5. 紫菀 Aster tataricus L. f.【P.646】
  9. 茎下部叶无柄，叶片椭圆形或长圆状披针形。
    10. 头状花序，直径1.2~1.5厘米；叶椭圆形或长圆状披针形，边缘有粗齿。生山坡、草地、林缘等处。产辽宁各地 ·························· 6. 三脉紫菀 Aster ageratoides Turcz.【P.646】

10. 头状花序，直径 3~4.5 厘米；叶长椭圆状披针形，边缘有小尖头状浅锯齿或全缘。生湿草甸、灌丛、河岸林下及路旁。产庄河、宽甸等地 ························· **7. 圆苞紫菀** Aster maackii Regel【P.646】

14. 乳菀属 Galatella Cass.

Galatella Cass., in Dict. Sci. Nat. 37：463，488. 1825.

本属全世界约有40种，广泛分布于欧洲和亚洲大陆。中国有12种，主要分布于新疆和东北地区。东北地区产1种，各省区均有分布。

兴安乳菀 Galatella dahurica DC.

多年生直立草本，全株被乳头状短毛。叶密集，互生，无柄，全缘，表面密被腺点；茎下部叶线状披针形，具3条脉；茎上部叶线形，具1条脉。头状花序半球形，排成伞房状；总苞片3~4层；边花舌状，淡蓝紫色；中央花管状，黄色。生山坡草地、碱地和草原。产彰武、丹东。

15. 碱菀属 Tripolium Nees

Tripolium Nees，Gen. et Sp. Aster，152. 1833.

本属全世界仅1种，分布于亚洲及欧洲、非洲北部及北美洲。东北地区均有分布。

碱菀 Tripolium pannonicum（Jacquin）Dobroczajeva【P.646】

一年生草本。茎直立，平滑，有棱，基部带红色。叶互生，稍肉质，披针状线形或线形，全缘或有疏齿。头状花序多数，排列成复伞房状；舌状花紫堇色，稀白色；管状花黄色。瘦果狭长圆形，长2~2.5毫米，宽1毫米，稍扁，被伏毛。生盐碱地。产彰武、葫芦岛、新民、沈阳、铁岭、营口、普兰店、庄河、金州、大连、东港等地。

16. 联毛紫菀属 Symphyotrichum Nees

Symphyotrichum Nees，Gen. Sp. Aster. 135. 1832.

本属全世界约90种，分布亚洲、欧洲、北美洲、南美洲。中国有3种。东北地区产3种，其中栽培1种，辽宁均产。

分种检索表

1. 头状花序，直径1~3厘米。
　2. 头状花序，直径1~2厘米；总苞片线形；边花细管状，无色。生山坡荒野、山谷河滩或盐碱湿地上。产阜蒙、建平、朝阳、葫芦岛、黑山、旅顺口、凤城等地 ······································
　　···························· **1. 短星菊** Symphyotrichum ciliatum（Ledeb.）G. L. Nesom【P.646】
　2. 头状花序，直径2~3厘米；总苞片披针形；边花舌状，蓝紫或白色。原产北美洲。辽宁有栽培··········
　　···························· **2. 荷兰菊** Symphyotrichum novi-belgii（L.）G. L. Nesom【P.646】
1. 头状花序，直径小于1厘米；叶线状披针形。喜生潮湿的地方，路边也常见。原产北美洲。分布辽宁 ······
　　···························· **3. 钻叶紫菀** Symphyotrichum subulatum（Michaux）G. L. Neso【P.646】

17. 飞蓬属 Erigeron L.

Erigeron L.，Sp. Pl. 863 1753.

本属全世界约有200种，主要分布于欧洲、亚洲大陆及北美洲，少数也分布于非洲和大洋洲。中国有35种，主要集中于新疆和西南部山区。东北地区产7种2亚种。辽宁产6种1亚种。

分种检索表

1. 花二型，有舌状花和管状花。

2. 头状花序有显著展开的舌状雌花。

   3. 茎具白色海绵质髓；茎生叶不抱茎，全缘或具齿；缘花冠毛退化，长不足1毫米。

     4. 叶较密，常具粗锯齿；茎具长而开展的毛。生林缘、林下、田边。原产北美。分布辽宁各地 ·· 1. 一年蓬 Erigeron annuus（L.）Pers.【P.646】

     4. 叶稀疏，全缘或具少数齿；茎具短而稍平伏的毛。原产北美洲。大连市有分布 ···························· 2. 糙伏毛飞蓬 Erigeron strigosus Muhlenberg ex Willdenow【P.646】

   3. 茎中空；茎生叶半抱茎，具钝齿、粗锯齿或羽状分裂；缘花冠毛短鳞片状，无刚毛。生路旁、旷野、山坡、林缘及林下。原产北美洲。分布大连 ············· 3. 春飞蓬 Erigeron philadelphicus L.【P.647】

2. 头状花序有细管状的雌花。

   5. 植株灰绿色，被贴生短毛和疏长毛；叶两面被灰白色短糙毛；头状花序较大，直径5~10毫米。常生荒地、田边、路旁。原产南美洲。分布大连、长海 ·· 4. 香丝草 Erigeron bonariensis L.【P.647】

   5. 植株绿色，被疏长硬毛；叶两面或仅上面被疏短毛，边缘常被上弯的硬缘毛；头状花序小，直径3~4毫米。生山坡、田边、荒地、路旁。原产北美。分布辽宁各地 ·· 5. 小蓬草（小飞蓬）Erigeron canadensis L.【P.647】

1. 花三型，于舌状花与管状花之间还有一种细管状花，雌性，结实。

   6. 茎及总苞均为绿色，少浅紫色；总苞被开展的密长毛。生碎石山坡、沙质地、林缘、田边。产西丰、新宾、本溪、宽甸、庄河等地 ············· 6a. 飞蓬 Erigeron acris L. subsp. acris【P.647】

   6. 茎及总苞均为紫色，稀绿色；总苞片背部被腺毛，并疏被长毛。生低山开旷山坡草地、沟边及林缘。产桓仁 ··················· 6b. 长茎飞蓬 Erigeron acris subsp. politus（Fries）H. Lindberg

18. 豚草属 Ambrosia L.

Ambrosia L. Sp. Pl. 987. 1753.

    本属全世界约43种，分布新世界热带、亚热带和温带地区，主要分布北美洲。中国有3种。东北地区产2种，辽宁均产。

分种检索表

1. 雄头状花序总苞具3~5肋；叶掌状3~5深裂或不分裂，裂片卵状披针形。常见于山坡、田园、宅旁、路边、铁路沿线及沟渠沿岸。原产北美洲。分布辽宁各地 ········· 1. 三裂叶豚草 Ambrosia trifida L.【P.647】

1. 雄头状花序总苞无肋；叶二回羽状分裂，裂片线形。生路旁、河岸湿草地。原产北美洲。分布辽宁 ·· 2. 豚草 Ambrosia artemisiifolia L.【P.647】

19. 苍耳属 Xanthium L.

Xanthium L., Sp. Pl. ed. 1，987. 1753.

    本属全世界约有3种，主要分布于美洲的北部和中部、欧洲、亚洲及非洲北部。中国有3种。东北地区产2种1亚种，辽宁均产。

分种检索表

1. 叶腋具3针刺；叶披针形或椭圆状披针形。生路旁。原产南美洲。旅顺口有少量分布 ·· 1. 刺苍耳 Xanthium spinosum L.【P.647】

1. 叶腋不具针刺；叶广卵状三角形。

   2. 雌花总苞成熟时较小；总苞具刺，刺长4毫米以下，刺上无腺毛。生田间、撂荒地、荒山坡、宅旁。产辽宁各地 ··················· 2. 苍耳 Xanthium strumarium L.【P.647】

   2. 雌花总苞成熟时较大；总苞刺较粗大，刺上密布腺毛。生荒野、路旁及田边。原产美洲和南欧。产辽宁各地 ·············· 3b. 意大利苍耳 Xanthium orientale subsp. italicum（Moretti）Greuter【P.647】

20. 黑足菊属（美兰菊属）Melampodium L.

Melampodium L.，Sp. Pl. 2：921. 1753.

本属全世界有42种，分布南美洲和北美洲。中国引进栽培1种。东北仅辽宁有栽培。

皇帝菊 Melampodium divaricatum（Rich.）DC.【P.647】

一年生草本。叶对生，阔披针形或长卵形，先端渐尖。头状花序顶生，每侧枝着花1~3朵，金黄色及黄色，花径2~3.5厘米。原产南亚热带地区。大连有栽培。

21. 牛膝菊属 Galinsoga Ruiz et Pav.

Galinsoga Ruiz et Pav. Prodr. Fl. Per. 110，t. 24，1794.

本属全世界15~33种，主要分布于美洲。中国有2个归化种，东北地区均产，辽宁均产。

分种检索表

1. 茎不分枝或自基部分枝，全部茎枝被疏散或上部稠密的贴伏短柔毛和少量腺毛，茎基部和中部花期脱毛或稀毛。生杂草地、荒坡、路旁、果园、农田等处。原产南美洲。分布沈阳、大连、本溪、丹东等地 ………………………………………………… 1. 牛膝菊 Galinsoga parviflora Cav.【P.647】
1. 茎多分枝，全部茎枝具浓密刺芒和细毛，茎基部和中部花期也不脱毛。生杂草地、荒坡、路旁、果园、农田等处。原产中美洲和南美洲。分布大连 …… 2. 粗毛牛膝菊 Galinsoga quadriradiata Ruiz et Pav.【P.648】

22. 松香草属 Silphium L.

Silphium L.，Sp. Pl. 2：919. 1753.

本属全世界有12种，分布北美洲。中国常见栽培1种。东北地区仅辽宁有栽培。

串叶松香草 Silphium perfoliatum L.【P.648】

多年生直立草本。茎四棱，上部分枝。叶长椭圆形，叶面皱缩，稍粗糙，叶缘有缺刻，成锯齿状。头状花序，花盘直径2~2.5厘米；边花舌状，雌性，黄色；中央花管状，雄性，褐色。瘦果心脏形，扁平，褐色，边缘有翅。原产北美洲。辽宁各地有栽培，且有逃逸。

23. 百日菊属 Zinnia L.

Zinnia L. Syst. ed. 10. 1221，1759.

本属全世界约有17种，主要分布美国、墨西哥及中美洲、南美洲。中国栽培3种。东北地区栽培2种。辽宁栽培1种。

百日菊 Zinnia elegans Jacq.【P.648】

一年生直立草本。叶宽卵圆形或长圆状椭圆形，两面粗糙。头状花序，直径5~6.5厘米，单生枝端；总苞宽钟状，总苞片多层；舌状花深红色、玫瑰色等，舌片倒卵圆形；管状花黄色或橙色，先端裂片卵状披针形，上面被黄褐色密茸毛。原产墨西哥。辽宁各地栽培。

24. 秋英属 Cosmos Cav.

Cosmos Cav.，Icon. et Descr. Pl. 1：9. t. 14，79. 1791.

本属全世界约有26种，分布于美洲热带、亚热带，尤其是墨西哥，世界各地广泛引种。中国常见栽培2种。东北栽培2种。辽宁均有栽培。

分种检索表

1. 叶末回裂片线形或丝状线形；舌状花粉红色、紫色、白色等。原产墨西哥。辽宁各地庭院普遍栽培 ·················· 1. 秋英 Cosmos bipinnatus Cav.【P.648】
1. 叶末回裂片呈披针形；舌状花黄色或橙黄色。原产墨西哥至巴西。大连等地有栽培 ··················· 2. 硫磺菊 Cosmos sulphureus Cav.【P.648】

25. 鬼针草属 Bidens L.

Bidens L. Sp. Pl. 831. 1753.

本属全世界150~260种，广布于全球热带及温带地区，尤以美洲种类最为丰富。中国有10种，几乎遍布全国各地。东北地区产10种1变种。辽宁产8种。

分种检索表

1. 瘦果较宽，楔形或倒卵状楔形，顶端截形。
  2. 瘦果4棱，顶端芒刺4枚；叶披针形，无柄，基部半抱茎状，边缘具疏锯齿。生河套、水边、湖边湿地。产彰武、西丰、大连等地 ·················· 1. 柳叶鬼针草 Bidens cernua L.【P.648】
  2. 瘦果扁平，顶端芒刺通常2枚，稀3~4枚。
    3. 茎中部叶为羽状复叶；盘花花冠5裂。生田野湿润处及荒地。原产北美洲。分布辽宁各地 ·················· 2. 大狼杷草（大狼把草）Bidens frondosa L.【P.648】
    3. 茎中部叶羽状深裂；盘花花冠4裂。
      4. 头状花序宽与高约相等，外层总苞片5~9枚；瘦果长6~11毫米，边缘有倒刺毛；叶侧裂片披针形至狭披针形，顶生裂片披针形或长椭圆状披针形。生湿草地、沟边、稻田边。产大连、凌源、建平、喀左、葫芦岛、锦州、新民、凤城、桓仁、本溪、抚顺、沈阳、清原、西丰等地 ·················· 3. 狼杷草（狼把草）Bidens tripartita L.【P.648】
      4. 头状花序宽大于高，外层总苞片9~14枚；瘦果长3~4.5毫米，边缘浅波状，具小瘤或有时啮齿状；叶裂片条形或条状披针形。生路边、河边湿地。产彰武 ·················· 4. 羽叶鬼针草 Bidens maximowicziana Oett.【P.648】
1. 瘦果条形，顶端渐狭。
  5. 瘦果顶端芒刺2枚；盘花花冠4裂；叶羽状分裂，裂片宽约2毫米。生山坡湿草地、石质山坡、沟边、田边、荒地。产建平、北镇、西丰、清原、开原、抚顺、金州、普兰店、大连、庄河、凤城、宽甸、本溪、桓仁、东港等地 ·················· 5. 小花鬼针草 Bidens parviflora Willd.【P.648】
  5. 瘦果顶端芒刺3~4枚；盘花花冠5裂。
    6. 总苞外层苞片匙形，先端增宽，无毛或仅边缘有稀疏柔毛；叶通常为三出复叶，无毛或被极稀疏的柔毛；舌状花白色或无舌状花。生村旁、路边及荒地中。原产美洲热带。分布大连 ·················· 6. 鬼针草 Bidens pilosa L.【P.649】
    6. 总苞外层苞片披针形，先端不增宽，被柔毛；叶二至三回羽状分裂，两面被柔毛；舌状花黄色。
      7. 叶顶生裂片卵形，先端短渐尖，边缘具稍密且近均匀的锯齿。生山坡路旁、沟边、耕地、荒地。产建昌、北镇、鞍山、大连、金州、旅顺口、庄河、宽甸、桓仁、东港等地 ·················· 7. 金盏银盘 Bidens biternata（Lour.）Merr. et Sherff【P.649】
      7. 叶顶生裂片狭窄，先端渐尖，边缘具稀疏不规整的粗齿。生路边湿地、水边或海边湿地。产凌源、朝阳、锦州、葫芦岛、大连、丹东、东港、宽甸等地 ····· 8. 婆婆针 Bidens bipinnata L.【P.649】

26. 大丽花属 Dahlia Cav.

Dahlia Cav., Ic. et Descr. Pl. 1: 56. 1791.

本属全世界约15种，原产南美洲、墨西哥和美洲中部。中国广泛栽培1种。东北各地均有栽培。

大丽花 Dahlia pinnata Cav. 【P.649】

多年生直立草本，有巨大棒状块根。叶一至三回羽状全裂，上部叶有时不分裂。头状花序大，常下垂；总苞片外层约5个，卵状椭圆形，叶质，内层膜质，椭圆状披针形；舌状花1层，白色、红色等；管状花黄色；栽培种有的全部为舌状花。原产墨西哥，辽宁各地栽培。

27. 金鸡菊属 Coreopsis L.

Coreopsis L., Sp. Pl. 907. 1753.

本属全世界约有35种，主要分布于美洲、非洲南部及夏威夷群岛等地。中国常见栽培3~6种。东北地区栽培3种，辽宁均常见栽培。

分种检索表

1. 管状花红褐色；舌状花上部黄色，基部红褐色；瘦果无翅。原产北美洲。大连等地有栽培 ………………………………………………………………………… 1. 两色金鸡菊 Coreopsis tinctoria Nutt. 【P.649】
1. 管状花黄色；舌状花黄色；瘦果有翅。
  2. 瘦果广椭圆或近圆形，边缘有较厚的翅，内凹成耳状，内面有多数小瘤状突起；下部叶羽状全裂，裂片线形或线状长圆形。原产美洲。大连等地有栽培 ………………………………………………………………… 2. 大花金鸡菊 Coreopsis grandiflora Hogg. 【P.649】
  2. 瘦果圆形，边缘有薄膜质的翅，稍内凹，内面常有胼胝体；下部叶全缘，匙形或线状倒披针形。原产北美洲。大连、丹东等地有栽培 ……………… 3. 剑叶金鸡菊 Coreopsis lanceolata L. 【P.649】

28. 假苍耳属 Iva L.

Iva L., Sp. Pl. 2：988. 1753.

本属全世界约有9种，主要分布于北美温带地区，少数分布于亚热带地区。中国仅辽宁归化1种。

假苍耳 Iva xanthiifolia Nutt. 【P.649】

一年生高大直立草本。叶片广卵形至近圆形，边缘有缺刻状尖齿，表面被糙毛，背面密被柔毛。穗状或圆锥状花序，花序轴被粘毛；总苞陀螺状，总苞片2层；雌花花被片退化成短筒，雄花多数。瘦果倒卵形，表面密布颗粒状细纵纹。生农田内外、路旁、村落和荒地。原产北美和欧洲。产沈阳、昌图、朝阳、阜新等地。

29. 豨莶属 Sigesbeckia L.

Sigesbeckia L., Sp. Pl. 900, 1753.

本属全世界约4种，分布两半球热带、亚热带及温带地区。中国有3种。东北地区产2种1变型。辽宁产2种。

分种检索表

1. 花梗及分枝上部密被开展的长柔毛及腺毛；叶广卵形或卵形。生田边、沟边、山坡沙质地、杂草地。产辽宁各地 ………………… 1. 腺梗豨莶（毛豨莶）Sigesbeckia pubescens（Makino）Makino 【P.649】
1. 花梗及分枝上部被伏短柔毛；叶卵形或三角状卵形。生田间、灌丛、路旁。产庄河、岫岩、海城、本溪、桓仁、宽甸等地 ……………… 2. 毛梗豨莶（光豨莶）Sigesbeckia glabrescens Makino 【P.649】

30. 鳢肠属 Eclipta L.

Eclipta L., Mant. 2：157. 1771.

本属全世界有4种，主要分布于南美洲和大洋洲。中国有1种。东北地区仅辽宁有分布。

鳢肠 Eclipta prostrata（L.）L.【P.649】

一年生草本，全株被短糙伏毛。茎铺散，通常自基部分枝。叶披针形，两面被糙伏毛。头状花序1~3，直径4~8毫米；总苞球状钟形，总苞片2层；边花雌性，舌状，白色；中央花两性，管状钟形。生河边、田边或路旁。产旅顺口、大连、金州、普兰店、瓦房店、庄河、东港等地。

31. 金光菊属 Rudbeckia L.

Rudbeckia L., Sp. Pl. 906. 1753.

本属全世界约23种，产北美洲及墨西哥。中国常见栽培7~10种。东北地区栽培2种2变种，辽宁均有栽培。

分种检索表

1. 叶不分裂；管状花褐紫色或黑紫色；瘦果四棱形，长2毫米；无冠毛。
　2. 舌状花各部分均为鲜黄色。原产北美洲。辽宁各地均有栽培，有逸生 ……………………………………………………………………………… 1a. **黑心金光菊 Rudbeckia hirta L.【P.649】**
　2. 舌状花基部为橙色或红色，其他部分为黄色。原产北美洲。辽宁各地均有栽培，有逸生 ……………………………………………………………………… 1b. **二色金光菊 Rudbeckia hirta var. bicolor Clute**
1. 叶3~5深裂；管状花黄色或黄绿色；瘦果压扁，稍有4棱，长5~6毫米；冠毛冠状，具4齿。
　3. 花单瓣。原产北美洲。辽宁各地均有栽培，有逸生 ……………………………………………………………………… 2a. **金光菊 Rudbeckia laciniata L. var. laciniata【P.650】**
　3. 花重瓣。原产北美洲。辽宁各地均有栽培，有逸生 ……………………………………………………………………… 2b. **重瓣金光菊 Rudbeckia laciniata var. hortensia L. H. Bailey**

32. 赛菊芋属 Heliopsis Persoon

Heliopsis Persoon，Syn. Pl. 2：473. 1807.

本属全世界有15种，分布于南美洲和北美洲。中国常见栽培1种，辽宁有栽培。

赛菊芋 Heliopsis helianthoides Sweet【P.650】

多年生草本。株高60~150厘米。茎分枝。叶对生，具柄，有主脉3条，边有粗齿。头状花序；总苞片2~3层；舌状花黄色，雌性，1层，结实或不孕，宿存于果上；盘花两性，结实，一部分为花序的托片所包藏。原产北美。大连等地栽培。

33. 卤地菊属 Melanthera Rohr

Melanthera Rohr, Skr. Naturhist.–Selsk. 2（1）：213. 1792.

本属全世界约20种，分布非洲、亚洲、美洲、太平洋岛。中国有1种。东北地区仅辽宁有记载。

卤地菊 Melanthera prostrata（Hemsley）W. L. Wagner & H. Robinson

一年生草本。茎匍匐，分枝，基部茎节生不定根，茎枝疏被短糙毛。叶无柄或有短柄，叶片披针形，边缘有1~3对齿，稀全缘，两面密被短糙毛。头状花序少数，直径约10毫米；总苞近球形，总苞片2层；舌状花、管状花均为黄色。生海岸干燥沙土地。1888年Hemsley记录大连湾产本种，但之后研究者野外未见此植物，也未见标本。

34. 蟛蜞菊属 Sphagneticola O. Hoffm.

Sphagneticola O. Hoffm.，Notizbl. Königl. Bot. Gart. Berlin. 3：36. 1900.

本属全世界约4种，分布热带和亚热带地区。中国有2种。东北地区仅辽宁2种均有记载。

分种检索表

1. 叶通常具三角形裂片和明显的边缘齿，无毛或疏生短柔毛。原产墨西哥和热带美洲。辽宁有归化记录 …… ……………………………………… 1. 南美蟛蜞菊 Sphagneticola trilobata（L.）J. F. Pruski【P.650】
1. 叶全缘或有1~3对疏粗齿，两面疏被贴生的短糙毛。生于路旁、田边、沟边或湿润草地上。辽宁有分布记录…………………………………… 2. 蟛蜞菊 Sphagneticola calendulacea（L.）J. F. Pruski

35. 向日葵属 Helianthus L.

Helianthus L. Sp. Pl. 904. 1753.

本属全世界约有52种，主要分布于美洲北部，少数分布于南美洲的秘鲁、智利等地，其中一些种世界各地广泛栽培。中国引进栽培3种。东北地区栽培2种1变种，辽宁均产。

分种检索表

1. 多年生草本，有块茎；头状花序小，直径10~20厘米。原产北美洲。辽宁各地常见栽培，有的地方已经成为半自生状态 ………………………………………………… 1. 菊芋 Helianthus tuberosus L.【P.650】
1. 一年生草本，无块茎；头状花序大，直径20~50厘米。
   2. 管状花棕色或紫色。原产北美洲。辽宁各地常见栽培，有自生态 ……………………………… …………………………………………… 2. 向日葵 Helianthus annuus L.【P.650】
   2. 管状花黄色。原产北美洲。大连等地栽培 ……………………………………………………… ………………… 3b. 千瓣葵 Helianthus decapetalus L. var. multiflorus Hort.【P.650】

36. 肿柄菊属 Tithonia Desf. ex Juss.

Tithonia Desf. ex Juss., Gen. 189. 1789.

本属全世界约11种，原产美洲中部及墨西哥。中国引种1种。东北地区仅辽宁有栽培。

肿柄菊 Tithonia diversifolia（Hemsl.）A. Gray

一年生高大草本；茎直立，有粗壮的分枝；叶卵形或卵状三角形或近圆形，3~5深裂；头状花序大，宽5~15厘米；总苞片4层，外层椭圆形或椭圆状披针形，基部革质；舌状花1层，黄色；管状花黄色。瘦果长椭圆形，扁平，被短柔毛。原产墨西哥。沈阳有栽培。

37. 万寿菊属 Tagetes L.

Tagetes L., Sp. Pl. 887. 1753.

本属全世界约40种，产美洲中部及南部。中国常见栽培及归化种3种。东北地区3种均有，其中栽培2种，辽宁亦如此。

分种检索表

1. 头状花序小，总苞长0.8~1.2厘米；舌状花淡黄色至奶油色。原产于南美洲南部。分布大连 …………… ……………………………………… 1. 印加孔雀草 Tagetes minuta L.【P.650】
1. 头状花序大，总苞长1.5~2厘米；舌状花黄色至橙红色。
   2. 头状花序梗顶端稍增粗；舌状花金黄色或橙黄色，带红色斑，舌片多少圆形，管部常短于冠毛；叶的裂片线状披针形。原产墨西哥。辽宁各地栽培 …………………… 2. 孔雀草 Tagetes patula L.【P.650】
   2. 头状花序梗顶端棍棒状膨大；舌状花黄色或暗橙黄色，无红色斑，舌片倒卵形，管部几乎与冠毛等长；叶的裂片长椭圆形或披针形。原产墨西哥。辽宁各地栽培 ……… 3. 万寿菊 Tagetes erecta L.【P.650】

38. 天人菊属 Gaillardia Foug.

Gaillardia Foug. in Obs. Phys. 29: 55, 1786.

本属全世界约20种，原产南北美洲热带地区。中国有2种。辽宁有栽培。

分种检索表

1. 一年生草本；舌状花红紫色。原产北美洲。大连等地有栽培 ······················· ·······················1. 天人菊 Gaillardia pulchella Foug.【P.650】

1. 多年生草本；舌状花黄色。原产北美洲。大连等地有栽培 ···························· ····························2. 宿根天人菊 Gaillardia aristata Pursh.【P.650】

39. 松果菊属（紫锥花属）Echinacea Moench

Echinacea Moench, Methodus. 591. 1794.

本属全世界有9种，分布北美洲。东北地区仅辽宁栽培1种。

松果菊 Echinacea purpurea（L.）Moench.【P.650】

多年生草本植物。株高60~150厘米，全株具粗毛，茎直立。基生叶卵形或三角形，茎生叶卵状披针形，叶柄基部稍抱茎。头状花序单生枝顶，或数朵聚生，花径达10厘米，舌状花紫红色，管状花橙黄色。原产北美洲。大连等地栽培。

40. 堆心菊属 Helenium L.

Helenium L., Sp. Pl. 2: 886. 1753.

本属全世界约有32种，分布北美洲、中美洲、南美洲及西印度。中国常见栽培2种。东北地区仅辽宁栽培2种。

分种检索表

1. 叶披针形至长圆形；舌状花黄色、褐紫或具红条纹；管状花深褐紫色。原产北美洲。大连等地有栽培 ··· ·······················1. 堆心菊 Helenium flexuosum Rafinesque【P.651】

1. 叶狭披针形；舌状花黄色；管状花黄色带红晕。原产北美洲。大连有栽培 ·············· ·······················2. 细叶堆心菊 Helenium amarum（Raf.）H. Rock【P.651】

41. 蓍属 Achillea L.

Achillea L., Sp. Pl. 896. 1753.

本属全世界约200种，广泛分布于北温带地区。中国有11种。东北地区产6种。辽宁产3种，其中栽培1种。

分种检索表

1. 叶一至二回羽状浅裂至深裂；舌状花白色。
　　2. 舌状花舌片长不及1毫米，稍超出总苞，总苞长圆形，直径3~4毫米。生河谷草甸、山坡路旁、灌丛间。产辽宁各地 ··················· 1. 短瓣蓍 Achillea ptarmicoides Maxim.【P.651】
　　2. 舌状花舌片长2~3毫米，显著超出总苞，总苞半球形，直径5~7毫米。生山坡湿草地、林缘、沟旁、路旁等地。产庄河、西丰、沈阳、彰武、新民、鞍山、桓仁、宽甸等地 ····················· ·······················2. 高山蓍 Achillea alpina L.【P.651】
1. 叶三至多回羽状全裂；舌状花白色、粉色、紫红色等。生山坡草地、林缘、草甸。辽宁各地有栽培 ·······················3. 蓍 Achillea millefolium L.【P.651】

42. 果香菊属 Chamaemelum Mill.

Chamaemelum Mill. Gard., Dict. Abridg. ed. 4, 28, 1754.

本属全世界2~3种,主要分布南欧与北非。中国引种1种,辽宁有栽培。

果香菊 Chamaemelum nobile (L.) All.【P.651】

多年生草本,通常自基部多分枝,有强烈的香味。叶互生,无柄,全形矩圆形或披针状矩圆形,二至三回羽状全裂,末回裂片条形或宽披针形。头状花序单生于茎和长枝顶端,直径约2厘米;总苞片具宽膜质边缘,3~4层,覆瓦状排列;舌状花雌性,白色;管状花两性,黄色。瘦果具3(~4)凸起的细肋,无冠状冠毛。原产欧洲、北非、亚洲西部;北美洲和其他地方引进。大连有栽培。

43. 木茼蒿属 Argyranthemum Webb

Argyranthemum Webb, Hist. Nat. Iles Canaries (Phytogr.). 3 (2.2, livr. 44). t. 90. 1839.

本属全世界约10种,几乎全部集中于北非西海岸加那利群岛。中国栽培1种。东北地区有栽培。

木茼蒿 Argyranthemum frutescens (L.) Sch.–Bip.【P.651】

半灌木。叶宽卵形、椭圆形或长椭圆形,二回羽状分裂。头状花序多数,在枝端排成不规则的伞房花序。全部苞片边缘白色宽膜质,内层总苞片顶端膜质扩大几乎成附片状。舌状花瘦果有3条具白色膜质宽翅形的肋。两性花瘦果有1~2条具狭翅的肋,并有4~6条细间肋。冠状冠毛长0.4毫米。原产北非加那利群岛。我国各地公园或植物园常栽培。大连有栽培。

44. 茼蒿属 Glebionis Cassini

Glebionis Cassini in F. Cuvier, Dict. Sci. Nat. 41: 41. 1826.

本属全世界有3种,分布地中海区,世界各地引种。中国引种3种。东北栽培2种1变种,辽宁均产。

分种检索表

1. 叶二回羽状分裂;舌状花瘦果有3条强烈突起的宽翅肋。
  2. 舌状花黄色;盘心黄色。原产欧洲和地中海地区。辽宁各地栽培作蔬菜 ……………………………
    …………………… 1a. 蒿子杆 Glebionis carinata (Schousb.) Tzvelev var. carinata【P.651】
  2. 舌状花白色、红色、橙色、黄色、雪青色等,基部或先端带有红色、白色、黄色、褐红色形成二轮环状色彩;盘心呈黄色、绿色、红色或兼有二色。大连作观赏植物栽培 …………………………………
    …………………… 1b. 花环菊 Glebionis carinata cv. "Shining Aura"
1. 叶边缘有不规则大锯齿或羽状浅裂;舌状花瘦果有2条强烈凸起的椭圆形侧肋。我国南方广泛栽培作蔬菜。大连等地有栽培 ……………………………… 2. 南茼蒿 Glebionis segetum (L.) Fourreau【P.651】

45. 菊属 Chrysanthemum L.

Chrysanthemum L., Sp. Pl. 2: 887. 1753.

本属全世界约37种,主要分布中国、日本、朝鲜和俄罗斯。中国有22种。东北地区产11种1变种,其中栽培1种。辽宁产9种1变种,其中栽培1种。

分种检索表

1. 栽培植物;叶裂片先端钝;花色丰富。原产中国和日本。辽宁广泛栽培 ………………………………
  ………………… 1. 菊花 Chrysanthemum morifolium Ramat.【P.651】
1. 野生植物。
  2. 舌状花白色;瘦果具冠状冠毛;叶中部以下羽状深裂;茎无白粉,具长地下匍匐茎。生沼泽地。产彰武、沈阳 ··· 2. 小滨菊 Chrysanthemum lineare Matsum.
2. 舌状花黄色、紫红色、粉红色或白色；瘦果无冠状冠毛。
　3. 舌状花黄色。
　　4. 叶羽状浅裂至深裂，背面绿色，疏被短柔毛；头状花序，直径 2~2.5（~3）厘米。
　　　5. 舌片黄色。生山坡、石质地、灌丛、河边。产兴城、北镇、抚顺、凤城、沈阳、铁岭、法库、阜
　　　　新、本溪、朝阳、普兰店、大连、建昌、葫芦岛、丹东、鞍山等地 ··
　　　　······································· 3a. 野菊 Chrysanthemum indicum L. var. indicum【P.651】
　　　5. 舌片白色。生山坡。产庄河 ··
　　　　····························· 3b. 白花野菊 Chrysanthemum indicum var. albiflorum S. M. Zhang
　　4. 叶一至二回羽状深裂至全裂；头状花序，直径 1~2 厘米。
　　　6. 叶大而薄、软，羽状深裂，侧裂片先端钝，背面灰白色，密被叉状毛，无羽轴；头状花序径 1 厘
　　　　米左右。生丘陵地、山坡、荒地等处。产锦州、西丰、沈阳、法库、大连、旅顺口、金州、铁
　　　　岭、抚顺、清原、凤城、丹东、宽甸、鞍山、本溪、桓仁等地 ··
　　　　···························· 4. 甘野菊 Chrysanthemum seticuspe（Maxim.）Hand.-Mazz.【P.651】
　　　6. 叶较甘野菊小且厚、硬，一至二回羽状深裂至全裂，侧裂片先端尖，有羽轴；头状花序，直径 1~
　　　　2 厘米。
　　　　7. 叶密生腺点，疏被伏柔毛及叉状毛。生石质山坡。产凌海、凌源、朝阳、葫芦岛、锦州、北
　　　　　镇、阜新、建平、建昌、庄河、鞍山、抚顺、桓仁、丹东、宽甸 ·······································
　　　　　················ 5. 甘菊 Chrysanthemum lavandulifolium（Fisch. et Trantv.）Makino【P.652】
　　　　7. 叶质厚，两面灰白色，密布茸毛。生石质山坡。产旅顺口（蛇岛） ·································
　　　　　······································· 6. 绒毛菊 Chrysanthemum namikawanum Kitam.【P.652】
　3. 舌状花紫红色、粉红色或白色。
　　8. 基生叶及茎下部叶掌状或羽状浅裂至中裂，稀深裂；全部茎枝有稀疏的毛，茎顶及接头状花序处的
　　　毛稍多，少有几乎无毛的。
　　　9. 叶广卵形或近圆形，基部微心形或截形。生林下、林缘、石质地。产凌源、建平、建昌、鞍山、
　　　　岫岩、金州、普兰店、大连、庄河、本溪等地 ···
　　　　··· 7. 小红菊 Chrysanthemum chanetii H. Lév.【P.652】
　　　9. 叶长圆状卵形或椭圆形，基部楔形或广楔形，下延至柄。生林下、林缘。产辽宁有记载 ·········
　　　　·· 8. 楔叶菊 Chrysanthemum naktongense Nakai【P.652】
　　8. 叶二回羽状分裂；全株几乎无毛至光滑。生草原、林下、林缘。产庄河、宽甸、本溪、丹东、盖州
　　　等地 ································· 9. 紫花野菊（山菊）Chrysanthemum zawadskii Herb.【P.652】

46. 滨菊属 Leucanthemum Mill.

Leucanthemum Miller，Gard. Dict. Abr.，ed. 4. ［769］. 1754.
本属全世界有 33 种，主要分布于中欧和南欧山区。中国引进栽培 1 种。东北地区仅辽宁有栽培。

滨菊 Leucanthemum vulgare Lam.【P.652】

多年生直立草本。基生叶长椭圆形至卵形；中下部茎叶长椭圆形或线状长椭圆形。头状花序单生茎顶，
有长花梗，或茎生 2~5 个头状花序，排成疏松伞房状；总苞径 10~20 毫米，全部苞片无毛，边缘白色或褐色；
舌片长 10~25 毫米。欧洲、俄罗斯、北美洲、日本等地有野生类型，大连有栽培。

47. 母菊属 Matricaria L.

Matricaria L.，Sp. Pl. 890. 1753.
本属全世界有 7 种，分布于欧洲、地中海，亚洲西部、北部和东部，非洲南部，美洲西北部。中国有 2
种。东北地区产 2 种。辽宁产 1 种。

同花母菊 Matricaria matricarioides（Less.）Porter ex Britton【P.652】

一年生草本。叶矩圆形或倒披针形，二回羽状全裂，无叶柄，基部稍抱茎，两面无毛，终裂片长1.5~3毫米，条形。头状花序同型，管状，淡绿色，先端4裂；总苞片3层，近等长。瘦果具3~5条细肋，两侧各具1条红色条纹，具冠状冠毛。生旷野、路边、宅旁。产宽甸。

48. 三肋果属 Tripleurospermum Sch.–Bip.

Tripleurospermum Sch.–Bip., Tanacet. 31. 1844.

本属全世界约38种，分布欧洲和亚洲温带地区，少数种分布于北非和北美洲。中国有5种。东北地区产2种，辽宁均产。

分种检索表

1. 舌状花与总苞近等长；头状花序，直径1.2~1.7厘米；总苞片具白色或淡褐色宽膜质边。生湖边、江岸或海滨沙地、水甸边、盐碱地。产北镇、沈阳、普兰店、长海、大连、宽甸、丹东等地 ·················· 1. 三肋果 Tripleurospermum limosum（Maxim.）Pobed.【P.652】
1. 舌状花长于总苞；头状花序，直径2~3.5厘米；总苞片具淡褐色狭膜质边。生河岸沙地、路旁空地。产沈阳、丹东、长海等地 ·················· 2. 东北三肋果 Tripleurospermum tetragonospermum（Fr. Schmidt）Pobed.【P.652】

49. 菊蒿属 Tanacetum L.

Tanacetum L., Sp. Pl. 843. 1753.

本属全世界约100种，分布北非、中亚、欧洲。中国有19种，大部集中在新疆。东北地区产2种，其中栽培1种。辽宁栽培1种。

除虫菊 Tanacetum cinerariifolium（Treviranus）Schultz Bipontinus

多年生直立草本。茎被白粉及灰色柔毛。叶一至三回羽状深裂，叶两面银灰色，被短毛。头状花序单生茎顶或茎生3~10个头状花序，排成疏松伞房花序；总苞片约4层；舌状花白色。瘦果有5~7条椭圆形纵肋。原产欧洲。辽宁有栽培。

50. 线叶菊属（兔毛蒿属）Filifolium Kitam.

Filifolium Kitam. in Act. Phytotax. et Geobot. 9：157. 1940.

本属全世界仅1种，分布于中国、朝鲜、日本、俄罗斯。东北各省区均有分布。

线叶菊 Filifolium sibiricum（L.）Kitam.【P.652】

多年生草本。茎丛生，密集。叶二至三回羽状全裂，末次裂片丝形。伞房花序；总苞球形或半球形，总苞片3层；边花约6朵，花冠筒状，具2~4齿；盘花多数，花冠管状，黄色，顶端5裂齿。瘦果倒卵形或椭圆形稍压扁，黑色，无毛，腹面有2条纹。生山坡草地。产大连、法库、西丰、昌图、凌源、建平、阜新、北镇等地。

51. 蒿属 Artemisia L.

Artemisia L. Sp. Pl. 2：845. 1753.

本属全世界约380种，主产亚洲、欧洲及北美洲的温带、寒温带及亚热带地区，少数种分布到亚洲南部热带地区及非洲北部、东部、南部及中美洲和大洋洲地区。中国有186种，遍布全国，西北、华北、东北及西南省区最多。东北地区产65种21变种1变型。辽宁产38种2变种。

分种检索表

1. 雌花及两性花全部结实，两性花花期子房明显，花柱与花冠等长或近等长，花柱分枝叉开。
   2. 花托具毛或鳞片状托毛，有时初具毛，后脱落，雌花花冠瓶状或狭圆锥状，先端通常3~4齿裂。
      3. 一、二年生草本；基生叶连柄长达8厘米；植物无不育枝，茎被白色柔毛，有时后渐脱落。
         4. 叶裂片线形或丝状线形。
            5. 茎常带红色；头状花序陀螺状、倒圆锥状或半球形。
               6. 叶裂片呈叉状开展；花梗长3~8毫米；头状花序陀螺状，直径3.5~5毫米。生碱性草地、沙坨子碱洼地。产营口 ………………………………… 1. 碱蒿（大蒔萝蒿）Artemisia anethifolia Web.
               6. 叶裂片不呈叉状开展；花梗长1~2毫米；头状花序半球形或陀螺状半球形，直径2~2.5毫米。生于沙质地、砂质草地。产旅顺口、大连等地 … 2. 蒔萝蒿 Artemisia anethoides Mattf.【P.652】
            5. 茎灰黄色或褐黄色，下部常带淡紫褐色；头状花序椭圆状倒圆锥形，直径3~4毫米。生海边盐地。产绥中等地 ………………………………… 3. 矮滨蒿 Artemisia nakai Pamp.【P.653】
         4. 叶广卵状三角形，二至三回羽状分裂，裂片线状披针形或长圆状线形，边缘撕裂状或具缺刻状齿，背面被灰白色绢毛或绒毛；头状花序半球形，直径5~7毫米。生山坡、沙质地、林缘、荒地、杂草地、住宅附近。产辽宁各地 ………… 4. 大籽蒿 Artemisia sieversiana Ehrh. ex Willd.【P.653】
      3. 多年生草本或半灌木；基生叶连柄长达18厘米；具不育枝；全株密被灰白色，稀淡黄色蛛丝状绢毛。
         7. 叶一至三回羽状分裂，叶裂片线形或长圆状线形，长1~1.2厘米，宽0.5毫米；头状花序多数，近球形，直径3~5毫米。生干草原、沙丘、盐碱地。产彰武县 ……………………………………………………………… 5. 冷蒿（小白蒿）Artemisia frigida Willd.【P.653】
         7. 叶不为羽状分裂，匙状楔形，先端3齿裂或半裂，或全缘；头状花序半球形，直径4~6毫米。生山地、石砬子上、石质地。辽宁有记载 ……………………………………………………………… 6. 白山蒿 Artemisia lagocephala（Fisch. ex Bess.）DC.【P.653】
   2. 花托裸露，无托毛。
      8. 头状花序球形或半球形；叶裂片狭线形或线状披针形或为栉齿状，宽5毫米以下。
         9. 一、二年生草本。
            10. 叶二回羽状深裂至全裂，裂片长圆状披针形，边缘具锐尖齿；花序托凸起，半球形；头状花序多数，形成大圆锥花序。
               11. 茎下部叶二回羽状分裂，羽轴具栉齿状裂片；头状花序半球形，直径4~6毫米。生草地、撂荒地、沙质地。大连、营口、辽阳有记载 ………… 7. 青蒿 Artemisia carvifolia Buch.-Ham.
               11. 茎下部叶三回羽状分裂，羽轴无栉齿状裂片；头状花序近球形，直径1~2毫米。生杂草地、荒地、住宅附近。产辽宁各地 ……………… 8. 黄花蒿 Artemisia annua L.【P.653】
            10. 叶一至三回羽状全裂，裂片丝状线形或狭线状披针形；花序托凸起，卵状圆锥形；头状花序径3毫米，数个团集成间断的穗状圆锥花序。生草原、森林草原、河湖边湿地。产彰武县 ………………………………………………………… 9. 黑蒿 Artemisia palustris L.
         9. 多年生草本、亚灌木或小灌木状。
            12. 叶一至三回羽状全裂，裂片狭线形或狭线状披针形，宽1毫米，边缘反卷，背面被灰白色绒毛；头状花序长卵形或长圆状钟形，直径2.5~3.5毫米，总苞背部密被白色蛛丝状毛。生岩石缝、石砬子上。产凌源、建平、建昌等地 ………… 10. 山蒿 Artemisia brachyloba Franch.【P.653】
            12. 叶二至三回羽状全裂，裂片长圆形、披针形、卵状披针形或线状披针形，宽1毫米以上。
               13. 叶二回羽状深裂，裂片较密集，羽轴具栉齿状小裂片。
                  14. 中部叶为三回栉齿状的羽状分裂，末回小裂片栉齿状短线形或短线状披针形，先端尖，叶背面被黄色蛛丝状柔毛；头状花序球形，直径3~4毫米。生干草原、多石质山坡、空旷地、杂木林灌丛。产辽宁各地 ………… 11. 细裂叶莲蒿（万年蒿）Artemisia sacrorum Ledeb.【P.653】
                  14. 中部叶二至三回栉齿状的羽状分裂，末回小裂片小，边缘常具数枚栉齿状的深裂齿，裂齿细小，近椭圆形，叶背面被短柔毛或脱落无毛或被密绒毛；头状花序半球形，直径2~3.5毫米。

  15. 叶两面均为灰白色，表面被绵毛，背面密被白色绵毛。生干山坡、多砂石山坡、干燥丘陵地。产大连、凌源、建平、北镇、阜新、锦州、盖州、法库等地 ……………………

    ………………… **12a. 毛莲蒿（毛莲蓬）** Artemisia vestita Wallica var. vestita【P.653】

  15. 叶表面绿色，无毛，背面被灰白色毛。生干山坡、丘陵地或草地。产大连、凌源、建平、北镇、阜新、锦州、盖州、法库等地 ………… **12b. 两色毛莲蒿（两色毛莲蓬）**
Artemisia vestita var. discolor（Kom.）Kitag.【P.653】

 13. 叶一至二回羽状深裂至全裂，裂片排列稀疏，斜上，稍开展，狭长圆形，边缘具深齿或深裂，小裂片具1~2尖齿；头状花序，直径4~6毫米。生湿草原、沙地、山坡。辽宁有记载 …

  ………………………………… **13. 宽叶蒿** Artemisia latifolia Ledeb.【P.653】

8. 头状花序长卵形、椭圆形或卵状钟形，稀球形或半球形；叶裂片宽线形、线状披针形或椭圆形，宽2毫米以上，或叶不分裂，全缘或具齿。

 16. 茎中部叶不分裂，边缘有细锯齿、全缘或为浅裂齿；头状花序排列成狭圆锥花序。

  17. 茎、枝及叶背面密被蛛丝状绒毛；叶长椭圆形或线状披针形，宽1.5~3厘米，先端锐尖，边缘疏具深或浅裂齿，不反卷；头状花序长圆状钟形，直径不及3毫米。生林缘、山坡、草原、草甸。产辽河平原沿河低洼地段 ………………… **14. 柳叶蒿（柳蒿）** Artemisia integrifolia L.【P.654】

  17. 茎、枝及叶背面均无毛；叶倒卵形、长圆状楔形或倒卵状楔形；头状花序近球形，直径3~4毫米。生干山坡、石砬子上。产西丰、清原、岫岩、普兰店、金州、凤城、桓仁、东港、丹东等地 ………………… **15. 无齿蒌蒿（莪闾）** Artemisia keiskeana Miq.【P.654】

 16. 茎中部叶一至三回羽状分裂。

  18. 叶近掌状5或3全裂或深裂，稀7裂或不分裂，裂片线形或线状披针形，中部以上有锯齿。生林缘、草甸、水甸边湿地。产大连、鞍山、丹东等地 …………………………

    ………………… **16. 蒌蒿（水蒿）** Artemisia selengensis Turcz. ex Bess.【P.654】

  18. 叶一至三回羽状深裂至全裂，稀不分裂，而具浅裂齿。

   19. 叶表面不具白色腺点和小凹点或具稀疏腺点。

    20. 头状花序长圆状钟形，直径2~2.5毫米；叶裂片长卵状披针形或长圆状披针形。生林下。产西丰、凌源、建平、建昌等地 ………………… **17. 魁蒿** Artemisia princeps Pamp.【P.654】

    20. 头状花序钟形或广钟形。

     21. 叶质薄，侧裂片远离；花序枝细弱，较长；头状花序，直径1~1.5毫米，排列稀疏。生林下。产庄河、西丰、沈阳、建昌、鞍山、本溪、凤城、宽甸、桓仁等地 …………………

     ………………… **18. 阴地蒿（林地蒿、林艾蒿）** Artemisia sylvatiea Maxim.【P.654】

     21. 叶质厚，侧裂片接近生；花序枝粗短；头状花序，直径2.5~3.5毫米，排列较紧密。生林下、林缘。产法库、西丰、鞍山、北镇、凌源、普兰店、新宾、桓仁、宽甸等地 ………

     ………………… **19. 歧茎蒿** Artemisia igniaria Maxim.【P.654】

   19. 叶表面具明显或不明显白色腺点或小凹点，稀无腺点。

    22. 叶表面具不明显白色腺点或小凹点，稀无腺点。

     23. 头状花序聚生；叶一至二回羽状全裂，裂片狭长，1~2对，接近生。

      24. 叶裂片狭线状披针形，宽2毫米，先端渐尖，全缘，表面微被蛛丝状毛；头状花序钟形，直径1.5~2毫米，总苞背部密被灰白色蛛丝状绒毛。生碱地、河谷沙质地、荒地、田边。产昌图、大连等地 ………………………………………………

      ………………… **20. 蒙古蒿** Artemisia mongolica Fiseh. ex Bess.【P.654】

      24. 叶裂片线状披针形或长圆状披针形，宽3~7毫米，表面无毛或疏被蛛丝状毛；头状花序狭钟形，直径1.5毫米，总苞背部微被蛛丝状毛；茎下部及叶柄带紫红色。生林缘、河谷灌丛、草地、撂荒地。产凌源、建平、彰武、葫芦岛、锦州、北镇、营口、沈阳、金州、普兰店、庄河、凤城、宽甸、桓仁等地 ……………………………………
…………………………………… 21. 红足蒿 Artemisia rubripes Nakai【P.654】
　23. 头状花序疏生；叶羽状深裂或全裂，裂片 2~3 对。
　　25. 头状花序长圆状钟形，长 4~5 毫米，宽 3.5 毫米；叶羽状深裂，裂片卵状长圆形或长圆
　　　状倒披针形，边缘具缺刻状大齿或缺刻状裂片。生草原沙地、森林草原区、石砬子
　　　上。产大连等地 ………………………… 22. 五月艾 Artemisia indica Willd.【P.655】
　　25 头状花序狭筒状，长 2~2.5 毫米，宽 1 毫米；叶羽状全裂，裂片披针形或长圆状披针
　　　形，全缘或具小齿。生湿地。产建平、喀左、营口、大连、旅顺口等地 …………………
　　　………………………… 23. 辽东蒿 Artemisia verbenacea（Kom.）Kitag.【P.655】
　22. 叶表面具明显白色腺点及小凹点。
　　26. 头状花序狭筒形，总苞无毛或初被毛。
　　　27. 叶集生，羽状全裂，裂片狭小，线形，长 2~3.5 厘米，宽 2~3 毫米，先端钝，全缘；头
　　　　状花序长 2~3 毫米，宽 1 毫米，总苞背部无毛，稍有光泽。生林下、山地、山沟。产锦
　　　　州、北镇、营口、铁岭、海城、抚顺、鞍山、金州、普兰店、大连、长海等地
　　　　……………………………………… 24. 矮蒿 Artemisia lancea Van【P.655】
　　　27. 叶不集生，一至二回羽状深裂或全裂，裂片线状披针形，长达 5 厘米，宽 2~4（~7）毫
　　　　米；头状花序长 3 毫米，宽 1~1.2 毫米，总苞背部初被毛，后渐脱落。生林缘、路旁。
　　　　产大连、西丰、鞍山、宽甸、桓仁、建昌等地 ………………………………………
　　　　………………………… 25. 野艾蒿 Artemisia umbrosa（Bess.）Turcz.【P.655】
　　26. 头状花序钟形，总苞背部密被灰白色绵毛。
　　　28. 茎中部叶一至二回羽状深裂至半裂。
　　　　29. 叶裂片椭圆形或倒卵状长椭圆形，每裂片有 2~3 枚小裂齿。生山坡、田边、林缘沟
　　　　　边、路旁。产辽宁各地 ……………………………………………………………
　　　　　………………… 26a. 艾（艾蒿）Artemisia argyi Level et Vant. var. argyi【P.655】
　　　　29. 叶裂片狭披针形或线状披针形，全缘。生路旁、林缘及山坡等地。产凌源、建平、
　　　　　彰武、北镇、葫芦岛、沈阳、盖州、抚顺、普兰店、大连、鞍山、凤城等地
　　　　　………… 26b. 朝鲜艾（朝鲜艾蒿）Artemisia argyi var. gracilis Pamp.【P.655】
　　　28. 叶不分裂，边缘具不整齐缺刻状大齿，或羽状浅裂至深裂，先端钝，基部下延至柄呈
　　　　翼，表面无毛。生林缘、林下、撂荒地、山坡。产西丰、新宾、桓仁、凤城、鞍山、
　　　　北镇、瓦房店、普兰店等地 …………………………………………………………
　　　　………………… 27. 宽叶山蒿 Artemisia stolonifera（Maxim.）Kom.【P.655】
1. 雌花结实，两性花不结实，花期两性子房退化或不存在，花柱短于花冠，长仅及花冠中部或中上部，花
　柱分枝不叉开或稍叉开。
　30. 小灌木或半灌木。
　　31. 茎粗壮，直径达 1.8 厘米；总苞片革质；头状花序卵形，直径 2~3 毫米；茎、枝、叶质初时微有灰白
　　　色短柔毛，后无毛。生流动沙丘、半固定沙丘。产彰武 …………………………………………
　　　………………… 28. 盐蒿（差不嘎蒿）Artemisia halodendron Turcz. ex Bess.【P.655】
　　31. 茎细，直径不及 0.5 厘米；总苞片膜质；头状花序卵形，直径 1.5~2 毫米；不育枝叶无毛。生草原、
　　　固定沙丘、山坡、砂质碱地。产凌源、建昌、建平、彰武等地……………………29. 光沙蒿（光
　　砂蒿）Artemisia oxycephala Kitag.【P.655】
　30. 草本或半灌木状草本。
　　32. 茎生叶不分裂，披针形或线状披针形，全缘；头状花序球形，直径 2~4 毫米，俯垂。生碱性草地、草
　　　甸、森林草原、山坡、撂荒地。辽宁有记载 …………… 30. 龙蒿 Artemisia dracunculus L.【P.656】
　　32. 茎生叶羽状分裂。
　　　33. 一、二年生草本；头状花序球形或卵球形，直径 0.5~1 毫米；叶细软，二至三回羽状全裂，裂片丝

状线形，常呈毛发状。生路旁、田间、山坡、林缘、撂荒地。产辽宁各地 ……………………
…………………………………………… 31. 猪毛蒿 Artemisia scoparia Wald. et Kit. 【P.656】

33. 多年生草本或半灌木状草本。
　34. 叶不分裂或羽状分裂，裂片线形或线状披针形。
　　35. 花序枝短，纤细，上升，头状花序组成狭圆锥花序。
　　　36. 基生叶匙形，上端截平或半圆形，通常有细锯齿，不分裂或有斜向的3~5浅裂或深裂，其裂
　　　　片宽，非狭线形。生山坡灌丛、河岸沙地、砾石地、杂木林间、草甸。产葫芦岛、清原、
　　　　桓仁、新宾、宽甸、抚顺、沈阳、丹东、大连等地 ………………………………………
　　　　………………………………………… 32. 牡蒿 Artemisia japonica Thunb. 【P.656】
　　　36. 基生叶一至二回羽状深裂、全裂或与中部叶同，但叶质厚。
　　　　37. 茎中部叶羽状深裂，裂片宽线形或线状披针形，先端具3裂片状齿；头状花序近球形或宽
　　　　　卵球形，直径1.5~2毫米。生山坡、林缘、灌丛、路旁及沟边。产西丰、抚顺、宽甸、桓
　　　　　仁、建昌、营口、大连等地 ……………………………………………………………
　　　　　………………………… 33. 东北牡蒿 Artemisia manshurica（Kom.）Kom. 【P.656】
　　　　37. 茎中部叶羽状全裂，裂片狭线形，宽0.8~1毫米；头状花序卵球形或近球形，直径1~1.5
　　　　　毫米。生低海拔地区的山坡及路旁。产长海 ………………………………………………
　　　　　………………………… 34. 狭叶牡蒿 Artemisia angustissima Nakai 【P.656】
　　35. 花序枝长，较粗壮，开展，头状花序组成大圆锥花序。
　　　38. 有不育枝，不育枝叶及茎下部叶圆匙形、圆形或广卵形，不分裂或一至二回羽状深裂至全
　　　　裂，裂片偏广卵状楔形或倒卵形，先端至边缘具缺刻状裂齿或裂片，并有尖齿；头状花序
　　　　长圆状卵形或椭圆形，常偏向一侧。生疏林下、灌丛、林缘、森林草原、山地草原。产凌
　　　　源、建平、葫芦岛、大连、长海、庄河等地 ………………………………………………
　　　　……………………………………… 35. 南牡蒿 Artemisia eriopoda Bunge 【P.656】
　　　38. 无不育枝，茎下部叶广卵圆形，三回羽状深裂至全裂，小裂片线形、长圆状线形或披针
　　　　形，先端锐尖；头状花序长圆状卵形，不偏向一侧。生林下、林缘灌丛。产鞍山（千山）、
　　　　辽中 ……………… 36. 千山蒿 Artemisia chienshanica Ling et W. Wang 【P.656】
　34. 叶一至二回羽状全裂，小裂片狭线形或丝状线形。
　　39. 叶具长柄，叶片二回羽状全裂，小裂片狭线形，宽0.5~1毫米；头状花序卵状球形或广卵形，
　　　直立或斜上。生山坡、草原、林缘、森林草原、灌丛。产旅顺口、普兰店、瓦房店等地
　　　……………………………………… 37. 变蒿 Artemisia commntata Bess. 【P.656】
　　39. 叶具短柄或近无柄，叶片一至二回羽状全裂，裂片丝状线形，宽约0.5毫米；头状花序卵形或
　　　长卵形，常偏向一侧，俯垂。生砂质河、湖、海岸、干燥丘陵地、草原、灌丛。产凌源、建
　　　平、建昌、葫芦岛、营口、大连、庄河、丹东、西丰、开原等地 ………………………………
　　　………………………………… 38. 茵陈蒿 Artemisia capillaris Thunb. 【P.656】

52. 栉叶蒿属 Neopallasia Poljak.

Neopallasia Poljak. in Not. Syst. Herb. Inst. Blot. Acad. Sc. URSS. 17：429. 1955.
本属全世界仅1种，分布于中国、蒙古和俄罗斯。东北地区有分布，产吉林、辽宁、内蒙古。

栉叶蒿 Neopallasia pectinata（Pall.）Poljak 【P.656】

一、二年生直立草本。茎被白色绒毛。叶质硬，无柄；基生叶二回羽状全裂，裂片丝状；茎生叶栉齿状
羽状全裂，裂片线状钻形。头状花序无梗或近无梗，卵形，直径2.5~3毫米，通常基部具栉齿状羽状全裂的苞
叶1~4枚；总苞无毛，总苞片3层。生荒漠、河谷砾石地及山坡荒地。产彰武、建平、阜新等地。

53. 石胡荽属 Centipeda Lour.

Centipeda Lour., Fl. Cochinch. 492. 1790.

本属全世界10种，产亚洲、大洋洲及南美洲。中国有1种。东北地区黑龙江、辽宁有分布。

石胡荽 Centipeda minima (L.) A. Br. et Ascherson 【P.657】

一年生小草本。茎多分枝，匍匐状。叶互生，无柄，匙状楔形，先端钝，上部边缘具2~4缺刻状齿。头状花序扁球形，直径3~4毫米；总苞片2层，长圆形，外层较大；雌花多层，细管状钟形，淡黄绿色；两性花管状，淡紫红色。生路旁、住宅附近及阴湿地。产大连、庄河、长海、本溪、桓仁、新宾、清原等地。

54. 蜂斗菜属 Petasites Mill.

Petasites Mill. Gard. Dict. Abridg., ed. 4. 1754.

本属全世界19种，分布于欧洲、亚洲和北美洲。中国有6种，分布东北、华东和西南部。东北地区产3种，其中栽培1种。辽宁产2种，其中栽培1种。

分种检索表

1. 叶厚纸质，肾状心形，长3~5.5厘米；头状花序6~9个伞房状排列；总苞倒锥状，长8~10毫米，宽5~10毫米。生林下或林缘。产桓仁 ·············· 1. 长白蜂斗菜 Petasites rubellus (J. F. Gemel.) Toman 【P.657】
1. 叶质薄而较大，深心形，或圆肾形，长8~12厘米或更长；头状花序在花茎端密集成伞房状，花后总状；总苞筒状，长6毫米，宽7~8（~10）毫米。产江西、安徽、江苏、山东、福建、湖北、四川和陕西。大连有栽培 ·················· 2. 蜂斗菜 Petasites japonicus (Sieb. et Zucc.) Maxim. 【P.657】

55. 菊三七属（三七草属）Gynura Cass.

Gynura Cass., Dict. Sci. Nat. 34：392. 1825.

本属全世界约40种，分布于亚洲、非洲及澳大利亚。中国有10种，主产于南部、西南部及东南部。东北仅辽宁栽培2种。

分种检索表

1. 叶倒卵形或倒披针形，边缘具波状齿或小尖，上面绿色，下面带紫色。主产南方。大连有栽培 ············· 1. 红凤菜 Gynura bicolor (Willd.) DC. 【P.657】
1. 叶羽状深裂或大头羽裂，两面均为绿色。主产南方。大连有栽培 ·················· 2. 菊三七 Gynura japonica (Thunb.) Juel. 【P.657】

56. 菊芹属 Erechtites Rafin

Erechtites Rafinesque, Fl. Ludov. 65. 1817.

本属全世界约15种，主要分布于美洲和大洋洲。中国有2逸生种，分布于华南、西南地区及福建、台湾。东北地区仅辽宁产1种。

梁子菜 Erechtites hieracifolia (L.) Raf. ex DC. 【P.657】

一年生直立草本。茎具条纹，被疏柔毛。叶无柄，具翅，基部渐狭或半抱茎，披针形至长圆形，边缘具不规则的粗齿，羽状脉。伞房花序；总苞筒状，淡黄色至褐绿色；总苞片1层；小花全部管状，淡绿色或带红色。瘦果具明显的肋；冠毛白色。生山坡、林下、灌木丛中或湿地上。原产北美洲南部墨西哥。丹东、岫岩、大连等地有分布。

57. 千里光属 Senecio L.

Senecio Li. Sp. Pl. 866. 1753.

本属全世界约1200种，除南极洲外遍布于全世界。中国有65种，主要分布于西南部山区，少数种也产于北部、西北部、东南部至南部。东北地区产6种2变种2变型，其中栽培1种。辽宁产5种1变种1变型，其中栽培1种。

分种检索表

1. 一年生草本。
  2. 茎、叶被白色柔毛而成银白色；头状花序有黄色的舌状花和管状花。原产南欧。大连有栽培 ………… …………………………………………………………………… 1. 雪叶莲 Senecio cineraria DC.【P.657】
  2. 茎、叶绿色；头状花序无舌状花，有黄色管状花。生山坡、林缘、路旁、耕地及庭园。原产欧洲。分布辽宁各地 ……………………………………………… 2. 欧洲千里光 Senecio vulgaris L.【P.657】
1. 多年生草本。
  3. 叶不分裂，卵状长圆形或卵状披针形，基部无叶耳，边缘具齿。生山谷、溪边、草地、林缘及林下。产建昌 ……………………………… 3. 林荫千里光（黄菀）Senecio nemorensis L.【P.657】
  3. 叶羽状深裂，稀不分裂。
    4. 头状花序较小，直径1.5~2厘米，舌状花长10~15毫米；叶整齐羽状分裂。
      5. 叶裂片披针形，宽5~10毫米，边缘具齿、缺刻或近全缘。生山坡、草地、林缘、灌丛。产辽宁各地 ……………… 4a. 额河千里光（羽叶千里光）Senecio argunensis Turcz. f. argunensis【P.657】
      5. 叶裂片线形，宽1~1.5毫米，全缘。生碱地、砂砾地、干草原。产法库、彰武、鞍山等地 ……………………… 4b. 狭羽叶千里光 Senecio argunensis f. angustifolius Komar.
    4. 头状花序较大，直径2.5~3厘米，舌状花长15~30毫米；叶不整齐羽状分裂，顶生裂片不明显，侧生裂片5~8对，长圆形，具不规则齿或细裂。
      6. 舌片黄色。生草地、河岸湿地、海滨沙地。产新民、西丰、清原、开原、法库、鞍山、长海、大连、凌源、建平、建昌、葫芦岛、锦州、宽甸、桓仁、东港等地 ……………………………………… …… 5a. 琥珀千里光（大花千里光）Senecio ambraceus Turcz. ex DC. var. ambraceus【P.657】
      6. 舌片白色或乳白色。生山坡草地。产庄河 …………………………………………………………… ……………………………… 5b. 白花大花千里光 Senecio ambraceus var. albiflorum S. M. Zhang

58. 野茼蒿属 Crassocephalum Moench

Crassocephalum Moench. Meth. Pl. 516. 1794.

本属全世界约21种，主要分布于热带非洲。中国有2种。东北地区仅辽宁产1种。

野茼蒿 Crassocephalum crepidioides（Benth.）S. Moore【P.657】

一年生直立草本。叶椭圆形等，边缘有不规则锯齿。伞房花序；总苞钟状；总苞片1层，线状披针形，等长；小花全部管状，两性，花冠红褐色或橙红色，檐部5齿裂。瘦果狭圆柱形，有肋，被毛；冠毛白色，易脱落。常见于山坡路旁、水边、灌丛中。原产热带非洲，分布旅顺口、庄河、丹东等地。

59. 兔儿伞属 Syneilesis Maxim.

Syneilesis Maxim., Prim. Fl. Amur. 165 t. Ⅶ, figs 8~18. 1859.

本属全世界有7种，分布东亚，主产于中国、朝鲜和日本。中国产4种。东北地区产1种，各省区均有分布。

兔儿伞 Syneilesis aconitifolia（Bunge）Maxim.【P.658】

多年生直立草本。基生叶1枚，幼时反卷折叠呈破伞状，叶片盾状圆形，掌状7~9全裂，裂片再1~3叉状深裂；茎生叶较小，形同基生叶；最上部叶线状披针形，全缘。密伞房花序；总苞紫褐色；花管状钟形，白色，先端粉红色。生向阳干山坡草地、林缘、路旁。产辽宁各地。

60. 蟹甲草属 Parasenecio W. W. Smith et J. Small

Parasenecio W. W. Smith et Small in Trans. Proc. Bot. Soc. Edinb. 38：38；93. 1922.

本属全世界约60种，主要分布于东亚及中国喜马拉雅地区，俄罗斯欧洲部分及远东地区也有。中国有52种，主产于西南部山区。东北地区产6种1变种。辽宁产3种1变种。

分种检索表

1. 茎中部叶大，近圆形，直径60~90厘米，掌状浅裂至中裂，叶柄基部抱茎。生林缘、林间空地。产桓仁 ……………………………………………… 1. 大叶蟹甲草 Parasenecio firmus（Komar.）Y. L. Chen【P.658】
1. 茎中部叶小，三角状戟形或肾形，宽达40厘米，不分裂，叶柄基部抱茎或不抱茎。
  2. 叶柄基部有叶耳，具宽翼，抱茎；叶五角星状戟形，基部截形或微心形。生林下、林缘。产岫岩、宽甸、本溪、桓仁、新宾、清原等地 ………………………………………………………………… …………………… 2. 星叶蟹甲草 Parasenecio komarovianus（Poljark.）Y. L. Chen【P.658】
  2. 叶柄基部无叶耳，不抱茎；叶片三角状戟形，基部下延呈楔形。
    3. 叶下面和总苞片外面被密腺状短柔毛。生林缘、灌丛、草甸。产丹东、抚顺、清原、鞍山、铁岭、凤城、本溪、宽甸、北镇 ……… 3a. 山尖子 Parasenecio hastatus（L.）H. Koyama var. hastatus【P.658】
    3. 叶下面无毛或仅沿脉被疏短柔毛，总苞片外面无毛或仅基部被微毛。生林缘、灌丛或草地。产庄河、海城、鞍山、辽阳、清原、本溪、铁岭、北镇等地 ……………………………………………… …………… 3b. 无毛山尖子 Parasenecio hastatus var. glaber（Ledeb.）Y. L. Chen【P.658】

61. 橐吾属 Ligularia Cass.

Ligularia Cass. in Bull. Soc. Philom. 198. 1816.

本属全世界约140种，绝大多数种类产亚洲，仅2种分布于欧洲。中国有123种，大部分种类集中于西南山区。东北地区产11种1变型。辽宁产5种。

分种检索表

1. 总苞片合生，先端3~5裂；叶两面灰绿色；基生叶卵形或近圆形，基部圆形或心形；头状花序1~3；无冠毛。生海拔1000米左右的高山上。产本溪、凤城、辽阳 …… 1. 无缨橐吾 Ligularia biceps Kitag.【P.658】
1. 总苞片离生；叶表面绿色，背面灰绿色。
  2. 头状花序单生于茎顶；叶三角状戟形。生高山冻原。辽宁有记载 ……………………………………… ……………………… 2. 长白山橐吾（单花橐吾）Ligularia jamesii（Hemsl.）Kom.【P.658】
  2. 头状花序多数，排列成总状或圆锥状。
    3. 基生叶长圆形、卵形或长圆状卵形，全缘或波状缘。生沼泽草甸、山坡、林间及灌丛。产建平 …… …………………………………………… 3. 全缘橐吾 Ligularia mongolica（Turcz.）DC.【P.658】
    3. 基生叶肾形或心形，边缘有整齐的齿。
      4. 苞叶长卵形、卵状披针形或披针形；茎被褐色或黄褐色毛。生湿草地、灌丛、林下、草甸。产北镇、庄河、抚顺、新宾、清原、宽甸、桓仁、岫岩、本溪等地 …………………………………… …………………………… 4. 蹄叶橐吾 Ligularia fischeri（Ledeb.）Turcz.【P.658】
      4. 苞叶线形；茎上部被白色蛛丝状绵毛或无毛。生水边、山坡、林缘、林下。产北镇、凌源 ……… ………………………………………… 5. 狭苞橐吾 Ligularia intermedia Nakai【P.658】

62. 狗舌草属 Tephroseris（Rchb.）Rehb.

Tephroseris Reichenb. Deutsche Bot. Fl. Sax. 146. 1842.

本属全世界约50种，分布于温带及极地欧亚地区，1种扩伸至北美洲。中国有14种。东北地区产6种1变型。辽宁均产。

分种检索表

1. 多年生；舌状花13~15朵，黄色或橘红色，管状花黄色或带紫色；瘦果有毛或无毛；冠毛果期不伸长。
 2. 叶卵状长圆形、近匙形或披针形，羽状脉；总苞片18~20（~25）枚；舌状花11~13（~15）朵。
  3. 瘦果有毛；舌状花黄色或橘红色。
   4. 舌状花橘红色，管状花黄色；瘦果疏被柔毛。生山坡、林缘。产西丰、清原、本溪、宽甸、凤城、辽阳等地 ·················· 1. 红轮狗舌草 Tephroseris flammea（Turcz. ex DC.）Holub【P.659】
   4. 舌状花黄色，管状花黄色或带紫色。
    5. 总苞片带褐红色；瘦果疏被毛。生高山冻原、山顶草地。产凤城、本溪 ·················
    ·············· 2. 长白狗舌草 Tephroseris phaeantha（Nakai）C. Jeffrey et Y. L. Chen【P.659】
    5. 总苞片不带褐红色；瘦果密被硬毛。
     6. 基生叶无柄或具短柄；叶片卵形或披针形；花序梗较短，排列成较紧密的伞房状。生山坡、路旁、矮灌丛。产辽宁各地 ·················
     ·············· 3a. 狗舌草 Tephroseris kirilowii（Turcz. ex DC.）Holub f. kirilowii【P.659】
     6. 基生叶具长柄；叶片近匙形；花序梗较长，排列成松散的伞房状。生境同正种。产大连、瓦房店、沈阳、丹东、凤城、东港、本溪、凤城、桓仁 ·················
     ·············· 3b. 北狗舌草 Tephroseris kirilowii f. spathulatus（Miq.）R. Yin et C. Y. Li【P.659】
  3. 瘦果无毛；舌状花黄色。生沼泽、湿地、河岸。产辽阳、沈阳、凤城、彰武等地 ·················
  ·············· 4. 尖齿狗舌草（河滨千里光）Tephroseris subdentatus（Bunge）Holub.【P.659】
 2. 叶正三角形，掌状脉；总苞片13枚；舌状花7朵。生林下阴湿处。产桓仁 ·················
 ··· 5. 朝鲜蒲儿根（朝鲜华千里光）Tephroseris koreana（Komarov）B. Nordenstam & Pelser【P.659】
1. 一年生或二年生；舌状花20~25朵，淡黄色；冠毛果期伸长。生沼泽及潮湿地或水池边。产黑龙江、辽宁、内蒙古 ·················· 6. 湿生狗舌草 Tephroseris palustris（L.）Four.

63. 含苞草属（合苞菊属）Symphyllocarpus Maxim.

Symphyllocarpus Maximowicz Mém. Acad. Imp. Sci. St.–Pétersbourg Divers Savans. 9：151. 1859.

本属全世界仅1种，分布中国、俄罗斯。东北地区有分布。

含苞草（合苞菊）Symphyllocarpus exilis Maxim.【P.659】

一年生草本，株高6~30厘米；分枝二歧状或四歧状，在枝腋有2~4个密集稀单生的头状花序；叶披针形或线状披针形，边缘有1~3个疏齿，有时全缘；头状花序球形，无柄，淡黄色，直径3~5毫米；总苞半球状；总苞片2层；小花极多数；瘦果长圆柱形。生于淤泥地、淹没地、浅滩或河岸。产辽阳、凌源等地。

64. 火绒草属 Leontopodium R. Brown

Leontopodium R. Brown in Traps. Linn. Soc. Lond. 12：124. 1817.

本属全世界约有58种，主要分布于亚洲和欧洲的寒带、温带和亚热带地区的山地。中国有37种，主要集中于西部和西南部。东北地区产4种。辽宁产1种。

火绒草 Leontopodium leontopodioides（Willd.）Beauv.【P.659】

多年生丛生草本，全株密被灰白色绵毛。茎中部叶线形或线状披针形。头状花序3~7集生，外有1~4枚不等长的线状披针形苞叶；总苞半球形，总苞片3~4层；雌花花冠丝状，雄花管状漏斗形。瘦果长椭圆形，密被粗毛；冠毛白色或污白色。生石质山坡、丘陵地、林缘及河岸沙地等处。产西丰、昌图、沈阳、盖州、金州、普兰店、大连、庄河、凤城、本溪、宽甸、丹东、凌源、建平、彰武、北镇等地。

65. 鼠麴草属（鼠曲草属）Gnaphalium L.

Gnaphalium L., Sp. Pl. 850. 1753.

本属全世界约800种，广布于全球。中国有6种，南北均产，大部分种类分布于长江流域和珠江流域。东北地区产1种，各省区均分布。

湿生鼠麴草（贝加尔鼠麴草、东北鼠麴草）Gnaphalium uliginosum L.【P.659】

一年生草本。植株高25~35（~50）厘米，全株被灰白色绵毛。分枝斜升，与主茎等长。叶长圆状披针形，全缘。头状花序密集成团伞状圆锥花序；总苞半球形，总苞片2~3层；雌花多数，丝状线形；两性花5~7，花冠管状。瘦果长椭圆形。生河边水湿地、荒地、湿草地上。产大连、普兰店、长海、西丰、营口、本溪、宽甸等地。

66. 旋覆花属 Inula L.

Inula L. Sp. Pl. 881. 1753.

本属全世界约100种，分布于欧洲、非洲及亚洲，以地中海地区为主。中国有14种，特有种集中于西部和西南部，其他是广布种。东北地区产6种3变种。辽宁产6种2变种，其中栽培1种。

分种检索表

1. 亚灌木；叶稍肉质，披针形或长圆状线形，长5~10毫米，宽1~3毫米，全缘。生干草原、流沙地、固定沙丘。产辽宁西部 ·················· 1. 蓼子朴 Inula salsoloides（Turcz.）Ostenf.【P.659】
1. 多年生草本。
  2. 头状花序较小，直径小于4厘米；总苞片外层狭，线形或披针形，草质或干膜质；株高20~100厘米。
    3. 叶近革质，有光泽，背面脉明显凸起；瘦果无毛。生湿草地、草原或山坡。产彰武、抚顺、瓦房店、大连、旅顺口、长海等地 ·················· 2. 柳叶旋覆花 Inula salicina L.【P.659】
    3. 叶草质，背面脉不凸起；瘦果有毛。
      4. 叶线状披针形，基部渐狭，无小耳，边缘反卷；总苞外面有腺。生湿地、林缘湿地、草甸、山沟。产长海、金州、瓦房店、西丰、清原、沈阳、鞍山、抚顺、绥中、葫芦岛、北镇、本溪、凤城、宽甸、新宾、桓仁、东港等地 ·················· 3. 线叶旋覆花 Inula linariifolia Turcz.【P.659】
      4. 叶长圆状披针形或披针形，基部有耳，边缘不反卷；总苞外面有毛及腺或无腺。
        5. 叶长圆状披针形或广披针形，基部宽大，心形，有耳。生沟边湿地、湿草甸、河滩、田边、林缘及盐碱地。产新民、沈阳、铁岭、盖州、岫岩、普兰店、凤城、本溪、宽甸等地 ··················
        ·················· 4. 欧亚旋覆花 Inula britannica L.【P.660】
        5. 叶披针形至长圆形，基部渐狭，有小耳。
          6. 茎高15~60厘米，通常简单；头状花序通常1~6。
            7. 叶披针形到长圆形，边缘全缘。生山坡、路旁、湿润草地、河岸及田旁。产法库、新宾、沈阳、鞍山、铁岭、普兰店、大连、凌源、彰武、本溪、凤城、宽甸等地 ··················
            ·················· 5a. 旋覆花 Inula japonica Thunb. var. japonica【P.660】
            7. 叶片卵形，宽卵形，或长圆状卵形，边缘稍有细锯齿。生田边、山坡下湿地、河岸。产凌源、建平 ·················· 5b. 卵叶旋覆花 Inula japonica var. ovata C. Y. Li
          6. 茎高1米，分枝在上半部分；头状花序多数。生阔叶林下、山坡、溪流边。产鞍山、凌源、岫岩、新民、法库 ·················· 5c. 多枝旋覆花 Inula japonica var. ramosa（Kom.）C. Y. Li
  2. 头状花序大，直径5~8厘米；总苞片外层宽大，卵圆形，草质；植株高大。原产欧洲。鞍山、沈阳有

栽培 …………………………………………………………………………………………… 6. 土木香 Inula helenium L.【P.660】

67. 天名精属（金挖耳属）Carpesium L.

Carpesium L. Sp. Pl. 859，1753.

本属全世界约20种，大部分分布于亚洲中部，特别是中国西南山区，少数种类广布欧亚大陆。中国有16种。东北地区产5种。辽宁产4种。

分种检索表

1. 外层总苞片草质或叶状，与内层近等长，常与苞叶无明显区别。
  2. 头状花序，直径达3厘米；叶广卵形，宽达10厘米，叶柄长，有翼，边缘具不整齐重锯齿。生林缘及山坡草地。产西丰、清原、新宾、抚顺、本溪、桓仁、宽甸等地 ……………………………………… 1. 大花金挖耳 Carpesium macrocephalum Franch. et Savat.【P.660】
  2. 头状花序，直径5~12毫米。
    3. 叶匙状长椭圆形，基部楔形，下延至柄；总苞壳斗状，直径1~2厘米，长7~8毫米；花序梗顶端显著膨大，向下弯曲。生草地、山谷林缘。产旅顺口、大连、金州、庄河、长海、瓦房店、营口、宽甸等地 ……………………………………… 2. 烟管头草 Carpesium cernuum L.【P.660】
    3. 叶广卵形或长圆状卵形，基部圆形，突然下延至柄呈宽翼；总苞钟状，长5~6毫米，直径4~10毫米；花序梗顶端不膨大。生林下及溪边。产新宾、清原、本溪、桓仁、宽甸等地 ……………………………………… 3. 暗花金挖耳 Carpesium triste Maxim.【P.660】
1. 外层总苞片干膜质，先端稍草质，短于内层总苞片，与苞叶有明显区别；头状花序无梗或近无梗。生村旁、路边荒地、溪边及林缘。产华东、华南、华中、西南各省区及河北、陕西等地。大连有栽培，有逸生 ……………………………………… 4. 天明精 Carpesium abrotanoides L.【P.660】

68. 和尚菜属（腺梗菜属）Adenocaulon Hook.

Adenocaulon Hook., Bot. Misc. 1：19. t. 15. 1829.

本属全世界约5种，分布亚洲东部及南北美洲。中国有1种。东北地区有分布，产黑龙江、吉林、辽宁。

和尚菜（腺梗菜）Adenocaulon himalaicum Edgew.【P.660】

多年生直立草本。茎密被白色蛛丝状毛。叶具长柄；叶片肾形或三角状肾形，基部下延至柄成翼，边缘波状，具大齿，背面密被毛。头状花序排列呈圆锥状；总苞片1层；边花1层，雌性，白色；中央花两性，淡白色。瘦果棍棒状，密被黑色腺毛。生林缘路旁、林下、灌丛中、林下溪流旁、河谷湿地。产瓦房店、庄河、西丰、新宾、沈阳、铁岭、鞍山、本溪、凤城、桓仁等地。

69. 金盏花属 Calendula L.

Calendula L. Sp. Pl. 921. 1753.

本属全世界15~20种，主产于地中海、西欧和西亚。中国常见栽培2种。辽宁均有栽培。

分种检索表

1. 头状花序大，直径4~5厘米。原产地中海沿岸。辽宁常见栽培 ……………………………………… 1. 金盏花 Calendula officinalis L.【P.660】
1. 头状花序较小，直径7~9毫米。原产欧洲。大连有栽培 ……………………………………… 2. 欧洲金盏花 Calendula arvensis（Vaill.）L.【P.660】

70. 骨子菊属（蓝目菊属）Osteospermum L.

Osteospermum L.，Sp. Pl. 2：923. 1753.

本属全世界72种，分布埃及至非洲南部地区和阿拉伯半岛。中国常见栽培1种。东北仅辽宁有栽培。

非洲万寿菊（蓝目菊、蓝眼菊）Osteospermum ecklonis（DC.）Norl.【P.660】

多年生宿根草本，常作一年生栽培。叶基生，叶柄长，叶片长圆状匙形，羽状浅裂或深裂。头状花序单生，高出叶面20~40厘米，花径10~12厘米，总苞盘状，钟形，舌状花瓣1~2或多轮呈重瓣状，花色丰富。春秋两季花最盛。原产非洲。大连有栽培。

71. 异果菊属 Dimorphotheca Moench

Dimorphotheca Moench，Methodus. 585. 1794.

本属全世界约有19种，分布津巴布韦至非洲南部地区。中国栽培1种。东北仅辽宁有栽培。

异果菊 Dimorphotheca sinuata DC.【P.660】

一年生草本。叶互生，长圆形至披针形，叶缘有深波状齿；茎上部叶小，无柄。头状花序顶生；舌状花橙黄色，有时基部紫色；盘心管状花黄色。舌状雌花所结瘦果3棱或近圆柱状；盘心两性花所结瘦果心脏形，扁平，有厚翅。原产南非，大连等地栽培。

72. 大丁草属 Leibnitzia Cass.

Leibnitzia Cassini in F. Cuvier, Dict. Sci. Nat. 25：420. 1822.

本属全世界有6种。中国有4种。东北地区产1种，各地均有分布。

大丁草 Leibnitzia anandria（L.）Turcz.【P.661】

多年生草本，春、秋二型。春型植株矮小，全株被白色绵毛；基生叶莲座状，有长柄，密被白色绵毛；头状花序单生茎顶；边花淡紫色；中央花二唇形。秋型植株较高大；基生叶大头羽裂；头状花序较大，闭锁花。生山坡草地、林缘、路旁。产辽宁各地。

73. 蚂蚱腿子属 Myripnois Bunge

Myripnois Bunge in Mem. Acad. Sci. St. Petersb. Sav. Etrang. 2：112.（Enum. Pl. chin, Bor. 38）1833.

本属全世界仅1种，特产于中国北部地区。东北地区有分布，产辽宁、内蒙古。

蚂蚱腿子 Myripnois dioica Bunge【P.661】

落叶小灌木。枝多而细直，呈帚状。叶互生，广披针形或卵状圆形，全缘，具三出脉，幼时两面被较密的长柔毛，老时脱毛。雌雄异株，头状花序单生于侧枝上，花先叶开放；总苞片膜质，5~8枚，近等长，背部密被绢毛及腺；雌花花冠舌状，紫红色，结实；两性花花冠二唇形，白色，不结实。生山坡或林缘路旁。产凌源、建平、朝阳、建昌、绥中等地。

74. 兔儿风属 Ainsliaea DC.

Ainsliaea DC. Prodr. 7：13. 1838.

本属全世界约50种，分布于亚洲东南部。中国有40种，主产于长江流域及其以南各省区。东北地区仅辽宁产1种。

槭叶兔儿风 Ainsliaea acerifolia Sch.–Bip.【P.661】

多年生直立草本。叶4~7枚集生于茎中部，近轮生或上部互生，具柄；叶片质薄，肾状圆形或心状卵形，7~11掌状浅裂或缺刻状齿裂，裂片具粗大齿或3浅裂，先端锐尖，边缘具尖刺齿。穗状花序，头状花下垂；总苞狭筒状，花白色。生林下。产本溪、凤城、宽甸、新宾、岫岩等地。

75. 蓝刺头属 Echinops L.

Echinops L., Sp. Pl. 814，1753.

本属全世界约120种，分布南欧、北非和俄罗斯中亚。中国有17种。东北地区产5种。辽宁产4种。

分种检索表

1. 一年生草本；花近白色。生沙地。产彰武 ························· 1. 砂蓝刺头 Echinops gmelinii Turcz.【P.661】
1. 多年生草本；花蓝色。
 2. 茎灰白色，被稀疏或密厚的蛛丝状毛或蛛丝状绵毛，无长或短刚毛或糙毛。
  3. 中下部茎叶羽状分裂；全部苞片24~28个；叶全部裂片边缘有细密均匀的刺状缘毛。生山坡。产大连、金州 ·············· 2. 华东蓝刺头 Echinops grijsii Hance【P.661】
  3. 中下部茎叶二回羽状分裂；总苞片14~17个；叶全部裂片边缘具不规则刺齿或三角形齿刺。生山坡、疏林下。产大连、旅顺口、金州、凌源、桓仁等地 ···············
   ·············· 3. 驴欺口（宽叶蓝刺头）Echinops atifolius Tausch.【P.661】
 2. 茎中下部密被褐色糙毛，并疏被白色绵毛；叶上面无毛或有稀疏蛛丝状毛或仅沿脉有稀疏短糙毛；叶二回羽状分裂；总苞片16~19个；基毛长不超过总苞片长度之半。生山坡、林缘、河边。产大连、金州、凌源、桓仁 ·············· 4. 东北蓝刺头（褐毛蓝刺头）Echinops dissectus Kitag.【P.661】

76. 苍术属 Atractylodes DC.

Atractylodes DC.，Prodr. 7：48，1838.

本属全世界约6种，分布亚洲东部地区。中国有4种。东北地区产3种，辽宁均产。

分种检索表

1. 茎下部叶柄长2.5~3厘米；叶片3~5全裂。生柞林下、林缘、干山坡。产西丰、清原、新宾、抚顺、铁岭、本溪、桓仁、宽甸等地 ···············1. 关苍术 Atractylodes japonica Koidz. ex Kitam.【P.661】
1. 茎下部叶柄长1厘米以下或近无柄；叶羽状分裂、具缺刻或不分裂。
 2. 叶质厚，革质，羽状分裂、具缺刻或不分裂，边缘疏具粗齿，最宽处在叶片上部或中部以上。生干山坡、灌丛。产建平、建昌、凌源、义县、喀左、葫芦岛、北镇、金州、大连等地 ···············
  ·············· 2. 苍术（北苍术）Atractylodes lancea（Thunb.）DC.【P.661】
 2. 叶质较薄或近革质，不分裂，边缘密生刺状细尖锯齿，最宽处在叶片下部或中部。生林缘、林下、干山坡。产鞍山、盖州、营口、普兰店、长海、庄河、岫岩、凤城、桓仁等地 ···············
  ·············· 3. 朝鲜苍术 Atractylodes koreana（Nakai）Kitam.【P.661】

77. 飞廉属 Carduus L.

Carduus L.，Sp. Pl. 820，p. p.，1753.

本属全世界约有95种，分布欧亚、北非及非洲热带地区。中国有3种。东北地区产3种，其中栽培1种，辽宁均产。

分种检索表

1. 头状花序大；总苞钟状，直径4~7厘米；中外层苞片宽，宽4~5毫米，中部或中部以上曲膝状弯曲。生山谷、田边或草地。产大连湾前关 ···············1. 飞廉 Carduus nutans L.【P.661】
1. 头状花序小；总苞卵形或卵球形，直径1.5~2（~2.5）厘米；中外层总苞片狭窄，宽0.7~2毫米，中部或中部以上无曲膝状弯曲。
 2. 叶两面同色，绿色，两面沿脉有多细胞长节毛。生山坡、草地、林缘、灌丛中或田间。产辽宁各地 ···············
  ·············· 2. 节毛飞廉 Carduus acanthoides L.【P.662】

2. 叶两面异色或近异色，上面绿色，沿脉有稀疏多细胞长节毛，下面灰绿色或浅灰白色，被薄蛛丝状棉毛。生山坡草地、田间、荒地、河旁及林下。产辽宁各地 ⋯ **3. 丝毛飞廉 Carduus crispus** L.【P.662】

78. 水飞蓟属 Silybum Adans.

Silybum Adans., Fam. 2：116，1763.

本属全世界2种，分布中欧、南欧、地中海地区与中亚。中国引种栽培1种。东北各省区均有栽培。

水飞蓟 Silybum marianum（L.）Gaertn.【P.662】

一年生或二年生草本。全部茎枝有白色粉质物。莲座状基生叶与下部茎叶椭圆形或倒披针形，羽状浅裂至全裂；中部与上部茎叶渐小。头状花序较大，生枝端；总苞球形或卵球形，直径3~5厘米，总苞片6层；小花红紫色，檐部5裂。原产欧洲、地中海地区、北非及亚洲中部。大连、沈阳、北镇等地有栽培，有些地区有逃逸。

79. 蓟属 Cirsium Mill.

Cirsium Mill., Gard. Dict. Arb. ed. 4，1，1754.

本属全世界250~300种，广布欧洲、亚洲、北非、北美洲和中美大陆。中国有46种。东北地区产10种2变种1变型。辽宁产10种2变种。

分种检索表

1. 雌雄异株；雌株头状花序较大，花雌性；雄株头状花序较小，花两性，管状。
　2. 叶边缘具羽状缺刻状齿或羽状浅裂；植株高达2米。生林下、林缘、田间、荒地、路边杂草地。产辽宁各地 ⋯⋯⋯⋯⋯⋯⋯⋯⋯⋯⋯⋯ **1. 大刺儿菜 Cirsium setosum**（Willd.）Bieb.【P.662】
　2. 叶全缘或具波状缘；植株较矮小，高20~70厘米。生田间、荒地、路边杂草地。产辽宁各地 ⋯⋯⋯⋯⋯⋯⋯⋯⋯⋯ **2b. 刺儿菜 Cirsium arvense** var. **integrifolium** Wimm. & Grab.【P.662】
1. 雌雄同株；头状花序花同型，两性，管状。
　3. 花冠下筒部短于上筒部或近等长或长出1/3~1/2；头状花序直立或下垂。
　　4. 叶不分裂。
　　　5. 叶两面同色，绿色，无毛或被多细胞长节毛。生于湿地、溪旁、路边或山坡。产凤城、辽阳、朝阳等地 ⋯⋯⋯⋯⋯⋯⋯⋯⋯⋯ **3. 块蓟 Cirsium viridifolium**（Handel-Mazzetti）C. Shih【P.662】
　　　5. 两面异色，上面绿色，被多细胞长节毛，下面灰白色，密被蛛丝状丛卷毛。生林下、林缘、林间草地、荒地。产西丰、清原、抚顺、鞍山、金州、庄河、凤城、本溪、桓仁、宽甸等地 ⋯⋯⋯⋯⋯⋯⋯⋯⋯⋯ **4. 绒背蓟 Cirsium vlassovianum** Fisch. ex DC.【P.662】
　　4. 叶羽状分裂，稀不分裂、具缺刻状齿或全缘。
　　　6. 叶两面均为绿色，背面无毛或被疏毛。
　　　　7. 植株无茎或茎极短；头状花序集生于莲座叶丛中。生湿草甸、海岸、河边。产葫芦岛 ⋯⋯⋯⋯⋯⋯⋯⋯⋯⋯ **5. 莲座蓟 Cirsium esculentum**（Siev.）C. A. Mey.【P.662】
　　　　7. 植株具直立的茎；头状花序生于茎、枝顶端。
　　　　　8. 头状花序下垂；叶质薄，羽状浅裂至全裂，裂片宽达1厘米，水平开展；茎上部叶不分裂，基部扩大抱茎。生林下、林缘草甸、河边。产沈阳、桓仁、宽甸 ⋯⋯⋯⋯⋯⋯⋯⋯⋯⋯ **6. 林蓟 Cirsium schantarense** Trautv. et Mey.【P.662】
　　　　　8. 头状花序直立。
　　　　　　9. 叶长椭圆形或长披针形或宽线形，不规则缺刻状羽裂或具缺刻状齿，稀全缘；茎上部叶基部不扩大抱茎。生山沟及山坡草丛中。产大连、旅顺口、长海等地 ⋯⋯⋯⋯⋯⋯⋯⋯⋯⋯ **7. 绿蓟 Cirsium chinense** Gardn. et Champ.【P.663】
　　　　　　9. 叶卵形、长倒卵形、椭圆形或长椭圆形，羽状深裂或几乎全裂，柄翼边缘有针刺及刺齿；茎上部叶基部扩大半抱茎。生于山坡林中、林缘、灌丛中、草地、荒地、田间、路旁或溪旁。
　　产长海 ┄┄┄┄┄┄┄┄┄┄┄┄┄┄┄ 8. 蓟 Cirsium japonicum Fisch. ex DC.【P.663】
　6. 叶两面异色，表面绿色，背面灰白色。
　　10. 叶羽状浅裂至深裂，背面被灰白色茸毛；全部苞片背面有黑色黏腺。
　　　11. 花紫红色。生林下、林缘湿草地、山坡草地、撂荒地。产清原、沈阳、盖州、大连、金州、
　　　　庄河、瓦房店、长海、岫岩、凤城、宽甸、本溪、义县等地 ┄┄┄┄┄┄┄┄┄┄┄
　　　　┄┄┄┄┄┄┄┄┄┄┄┄ 9a. 野蓟 Cirsium maackii Maxim. var. maacki【P.663】
　　　11. 花白色。生林下、林缘湿草地。产金州 ┄ 9b. 白花野蓟 Cirsium maackii var. albiflorum Han
　　10. 叶不分裂，背面或至少上部叶背面被薄茸毛；全部苞片背面无黑色黏腺。生山坡、林下、草甸
　　　湿地及路旁。产凌源、彰武、葫芦岛、抚顺、鞍山、普兰店、旅顺口、大连等地 ┄┄┄┄┄┄
　　　┄┄┄┄┄┄┄┄┄ 10. 线叶蓟（线叶绒背蓟）Cirsium lineare（Thunb.）Sch.–Bip【P.663】
　3. 花冠下筒部长为上筒部的2~3倍；头状花序下垂。生林下、河边、湿草甸。产庄河、大连、西丰、沈
　　阳、葫芦岛、彰武、宽甸、桓仁等地 ┄┄┄┄┄┄ 11. 烟管蓟 Cirsium pendulum Fisch. ex DC.【P.663】

80. 红花属 Carthamus L.

Carthamus L., Sp. Pl. 830. 1735.
　　本属全世界约47种，分布中亚、西南亚及地中海区。中国引进1种。东北各省区均有栽培。

红花 Carthamus tinctorius L.【P.663】

　　一年生草本。叶互生，近无柄，基部抱茎，边缘具不规则齿，齿端具针刺。伞房花序；头状花径3~4厘米；总苞卵圆形或半球形，总苞片4层，外层竖琴状，中下部缢缩，黄白色，上部叶质，绿色，先端附属物刺齿状；花同型，管状，两性，橘红色。原产埃及，庄河等地有栽培。

81. 漏芦属 Rhaponticum Ludwig.

Rhaponticum Ludwig, Inst. Reg. Veg. ed. 2 123. 1757.
　　本属全世界约26种，分布非洲、亚洲、澳大利亚、欧洲。中国有4种。东北地区产1种1变种，辽宁均产。

分种下单位检索表

1. 花淡紫色。生草原、林下、山坡、山坡砾石地、沙质地等处。产辽宁各地 ┄┄┄┄┄┄┄┄┄┄┄
　┄┄┄┄┄┄┄┄┄┄ 1a. 漏芦（祁州漏芦）Rhaponticum uniflorum（L.）DC. var. uniflorum【P.663】
1. 花白色。生山坡。产大连 ┄┄┄┄┄┄┄┄┄┄┄┄┄┄┄┄┄┄┄┄┄┄┄┄┄┄┄┄┄┄
　┄┄┄┄┄┄┄┄┄ 1b. 白花漏芦 Rhaponticum uniflorum var. albiflorum S. M. Zhang

82. 山牛蒡属 Synurus Iljin

Synurus Iljin in Not. Syst. Herb. Inst. Bot. Acad. Sci. URSS 6（2）：35，1926.
　　本属全世界仅1种，分布中国、日本、朝鲜、俄罗斯、蒙古。东北各省区均有分布。

山牛蒡 Synurus deltoides（Aiton）Nakai【P.663】

　　多年生直立草本。基生叶及茎下部叶柄长10~25厘米；叶片卵形、卵状长圆形或三角形，边缘具不规则缺刻状齿。头状花序大，单生茎顶或枝端，花期下垂；总苞钟状或球状，被蛛丝状毛；花冠管状，红紫色。瘦果长圆形；冠毛淡褐色。生山坡草地、林缘草地及灌丛间。产辽宁各地。

83. 矢车菊属 Centaurea L.

Centaurea L., Sp. Pl. 2：909. 1753.

本属全世界300~450种，主要分布地中海地区及西南亚地区。中国有7种，有些是引入栽培供观赏的，野生种全部分布在新疆地区。东北地区仅辽宁产3种，其中栽培2种。

分种检索表

1. 头状花序全部为筒状花，没有舌状花。原产欧洲。大连有栽培 ……………………………………………………
　………………………………… 1. 大花矢车菊 Centaurea macrocephala Puschk. ex Willd.【P.663】
1. 头状花序边花舌状，中央为筒状花。
　2. 外、中层总苞片先端附属物具栉齿状针刺；植株密被糙毛，并疏被蛛丝状毛；叶一至二回羽状全裂。生路边、荒地。原产欧洲。分布旅顺口 …………………… 2. 铺散矢车菊 Centaurea diffusa Lam.【P.663】
　2. 全部总苞片先端附属物白色膜质；植株被灰白色蛛丝状毛；叶全缘或边缘具疏齿至大头羽裂。原产欧洲。辽宁各地有栽培………………………………………… 3. 矢车菊 Centaurea cyanus L.【P.664】

84. 牛蒡属 Arctium L.

Arctium L., Sp. Pl. 816，1753.

本属全世界约11种，分布欧亚温带地区。中国2种。东北地区产1种，各省区均有分布。

牛蒡 Arctium lappa L.【P.664】

二年生直立草本。根肉质。基生叶丛生，有长柄，叶片三角状卵形；茎生叶有柄，广卵形，向上渐小。头状花序簇生或呈伞房状，直径3.5~4厘米；总苞球形，总苞片多层，披针形，先端具钩刺；花冠红色管状。瘦果两侧压扁，黑色；冠毛淡黄棕色。生林下、林缘、山坡、村落、路旁，也有栽培。产辽宁各地。

85. 伪泥胡菜属 Serratula L.

Serratula L., Sp. Pl. 816. 1753.

本属全世界2种，分布亚洲、欧洲。中国有1种。东北各省区均有分布。

伪泥胡菜 Serratula coronata L.【P.664】

多年生直立草本；基生叶与下部茎叶全形长圆形或长椭圆形，羽状全裂，侧裂片8对，全部裂片长椭圆形；头状花序数个，生枝端；总苞广钟形，总苞片7~8层；花异型，紫色，边花雌性，花冠管状，4裂，稀3或5裂；中央花两性，花冠管状，先端5裂；瘦果长圆形，具细条纹，黄褐色。生林下、林缘、山坡、草甸、路旁等处。产庄河、西丰、鞍山、凌源等地。

86. 麻花头属 Klasea Cassini

Klasea Cassini in F. Cuvier, Dict. Sci. Nat. 35：173. 1825.

本属全世界约45种，分布北非、亚洲、欧洲。中国有8种。东北地区产3种4亚种1变型。辽宁产1种2亚种1变型。

分种检索表

1. 叶羽状深裂或不规则大头羽裂。
　2. 头状花序少数，排列成不明显的伞房花序；总苞卵形或长卵形，直径1.5~2厘米，上部有收缢或稍见收缢。生灌丛、干山坡、干草原、沙质地。产凌源、葫芦岛、新民等地 ……………………………………………
　… 1a. 麻花头（草地麻花头）Klasea centauroides（L.）Cassini ex Kitag. subsp. centauroides【P.664】
　2. 头状花序多数，排列呈伞房状；总苞筒状钟形，直径1~1.5厘米。

3. 花紫色。生山坡路旁、干草地、耕地及荒地。产凌源、建平、喀左、阜新、北镇、沈阳、法库、金州等地 …………………… 1ba. 多花麻花头 Klasea centauroides subsp. polycephala（Iljin）L. Martins f. polycephala【P.664】

3. 花白色。生沙质地。产法库、朝阳等地 ……………………………………………………………
…… 1bb. 白花多头麻花头 Klasea centauroides subsp. polycephala f. leucantha（Kitag.）S. M. Zhang

1. 叶不分裂或为不规则大头羽裂；头状花序广钟形，上部缢缩，基部广楔形或圆形，有时凹陷。生山坡、林间草地、河边。产西丰、凌源、本溪、新宾等地 ………………………………………………………
………… 1c. 钟苞麻花头 Klasea centauroides subsp. cupuliformis（Nakai & Kitag.）L. Martins【P.664】

87. 泥胡菜属 Hemistepta Bunge

Hemistepta Bunge in Dorp. Jahrb. Litt. 1：222，1833.

本属全世界仅1种，分布东亚、南亚及澳大利亚。东北各省区均有分布。

泥胡菜 Hemistepta lyrata（Bunge）Bunge【P.664】

二年生直立草本。基生叶莲座状，具柄；茎中部叶无柄，椭圆形，羽状分裂；茎上部叶线状披针形或线形。头状花序多数；总苞球形，总苞片5~8层，背部具龙骨状附属物；花同型，管状、两性、紫色或红色。生路旁、林下、荒地、海滨沙质地。产辽宁各地。

88. 风毛菊属 Saussurea DC.

Saussurea DC. in Ann. Mus. Paris 16：156. et 198. 1810.

本属全世界约415种，分布亚洲与欧洲。中国有289种，遍布全国。东北地区产37种4变种3变型。辽宁产20种2变种3变型。

分种检索表

1. 总苞片先端具附属物。
　2. 总苞片先端附属物膜质或草质，扩大或稍扩大，不为栉齿状。
　　3. 总苞片先端附属物草质，不为紫红色，稍扩大；叶线全缘；头状花序单生于枝端。生沼泽地、草甸、潮湿地。产法库、营口、彰武 …… 1. 京风毛菊 Saussurea chinnampoensis Levl. et Vaniot【P.664】
　　3. 总苞片先端附属物膜质，紫红色或粉红色，扩大呈圆形或稍扩大；叶全缘、具齿或羽状分裂；头状花序少数或多数，在茎枝顶端成伞房花序状排裂。
　　　4. 叶全缘或具齿，稀羽状浅裂；总苞圆柱状或狭钟状；外层总苞片无附片。生荒地、湿草地、耕地边、沙质地。产凌源、建平、新民、沈阳、铁岭、大连等地 …………………………………
………………………… 2. 草地风毛菊 Saussurea amara（L.）DC.【P.664】
　　　4. 叶羽状深裂至浅裂；总苞卵球状或宽钟状；全部总苞片顶端有附片。
　　　　5. 总苞狭筒状钟形。
　　　　　6. 茎无翼。
　　　　　　7. 总苞片附属物及花均为紫红色或紫色。生山坡灌丛间、林下、沙质地。产凌源、建平、建昌、彰武、葫芦岛、新民、普兰店、大连等地 ………………………………………
………………………… 3a. 风毛菊 Saussurea japonica（Thunb.）DC. f. japonica【P.664】
　　　　　　7. 总苞片附属物及花均为白色。生山坡、草地。产金州 …………………………………
………………………… 3b. 白花风毛菊 Saussurea japonica f. leucocephala（Nakai et Kitag.）Nakai
　　　　　6. 叶下延至茎成翼。生山坡、平岗或针阔混交林下。产旅顺口 …………………………………
………………………… 3c. 翼茎风毛菊 Saussurea japonica f. alata（Chen）Kitag.
　　　　5. 总苞球形或广钟形。
　　　　　8. 叶两面无毛或背面疏被毛。生山坡、灌丛、林缘、林下、沟边、路旁。产西丰、法库、鞍山、岫岩、庄河、营口、东港等地 ……………………………………………………………………………………

………… 4a. 美花风毛菊（球花风毛菊）Saussurea pulchella Fisch. ex DC. f. pulchella【P.664】

8. 叶表面被乳头状毛，背面密被灰白色柔毛。生草原、草甸、湖岗沙地。产凤城、抚顺、葫芦岛

……………………………… 4b. 毛球花风毛菊 Saussurea pulchella f. subtomentosa（Kom.）Kitag.

2. 总苞片先端附属物栉齿状，草质。

9. 叶裂片5~8对，裂片卵形或披针形；总苞径8~10毫米，总苞片先端附属物4~5对，栉齿狭披针形。

10. 花紫色。生山坡、石砾地、宅旁。产普兰店、金州、凌源、建昌、北镇等地 ……………………………

…… 5a. 篦苞风毛菊（羽苞风毛菊）Saussurea pectinata Bunge ex DC. var. pectinata【P.665】

10. 花白色。生山坡。产凌源… 5b. 白花羽苞风毛菊 Saussurea pectinata var. albiflorum S. M. Zhang

9. 叶裂片10对以上，裂片线形；总苞径约5毫米，总苞片栉齿状附属物2~3对，栉齿三角形。

11. 花紫色。生灌丛、林下、山坡。产西丰、沈阳、抚顺、鞍山、金州、普兰店、庄河、大连、葫芦岛、北镇、东港等地 ………………………………………………………………………………

… 6a. 齿苞风毛菊 Saussurea odontolepis（Herd.）Seh.-Bip. ex Herd. var. odontolepis【P.665】

11. 花白色。生山坡。产凌源 ……………………………………………

………………………… 6b. 白花齿苞风毛菊 Saussurea odontolepis var. albiflorum S. M. Zhang

1. 总苞片先端无附属物。

12. 叶背面密被白色或灰白色毛。

13. 叶背面密被银白色毡毛；叶片披针状三角形或卵状三角形，基部心形或戟形；总苞密被灰白色伏毛。生山坡林缘、林下及灌丛中。产凌源、建昌等地 ……………………………

……………………………………… 7. 银背风毛菊 Saussurea nivea Turcz.【P.665】

13. 叶背面密被灰白色蛛丝状绵毛。

14. 叶宽肾形。生山坡林下。产凤城、宽甸 ………………………………

…………………………………… 8. 肾叶风毛菊 Saussurea acromelaena Hand.-Mazz.【P.665】

14. 叶卵形或卵状披针形，基部心形或楔形。

15. 叶卵形至卵状披针形，先端渐尖，边缘具微尖齿或全缘。生山坡、林缘、路旁。产凌源 ………

………………………………………… 9. 北风毛菊 Saussurea discolor（Willd.）DC.

15. 叶卵形或长圆状卵形，先端细尖，边缘具波状齿。生阴湿岩石上。产宽甸 …………………

…………………………………… 10. 岩风毛菊 Saussurea komaroviana Lipsch.【P.665】

12. 叶背面无毛或微被柔毛。

16. 茎具明显的全缘或近全缘翼；叶卵状长圆形或广卵状长圆形，边缘不反卷，具明显尖齿，基部狭楔形下延至柄，柄长3~10毫米；总苞筒状钟形，总苞片绿色或先端稍带暗黑色，先端钝圆；冠毛不超出总苞。生落叶松林林缘及林间草甸。产沈阳 …………………………………

……………………………… 11. 齿叶风毛菊 Saussurea neoserrata Nakai【P.665】

16. 茎无翼；叶草质；植株绿色。

17. 叶羽状分裂，稀不分裂。

18. 总苞片先端渐尖，常反折。

19. 总苞广钟形，直径10~15毫米，总苞片上部紫红色，背部被柔毛；叶上面被稀疏的糙硬毛，下面被稀疏的短柔毛。生林缘、灌丛或山坡草地。产本溪 …………………………

………… 12. 折苞风毛菊（亚卷苞风毛菊）Saussurea recurvata（Maxim.）Lipsch.【P.665】

19. 总苞狭钟形，直径5~7毫米，总苞片上部绿色，先端渐尖；叶质较厚，两面被短糙毛。生山坡、林下、灌丛中、路旁及草坡。产建昌、朝阳等地 …………………………………

………… 13. 蒙古风毛菊（华北风毛菊）Saussurea mongolica（Franch.）Franch.【P.665】

18. 总苞片先端钝或锐尖，不反折；叶羽状全裂或深裂，侧裂片4~6对，倒披针形、长椭圆形或宽线形，顶端急尖或渐尖，有小尖头。生山坡、林下、灌丛中。产宽甸、瓦房店、大连、鞍山 ……

……………………………… 14. 羽叶风毛菊 Saussurea maximowiczii Herd.【P.665】

17. 叶不分裂，边缘具粗大齿，稀羽裂。

  20. 叶质薄，草质或近纸质。

    21. 叶卵形或三角状卵形，基部心形，先端尾状渐尖。

      22. 总苞筒状，总苞片直立，紧贴，背部疏被褐色茸毛，总苞片广卵形或近圆形。生林缘和林内。产新宾、本溪 ······················ 15. 长白风毛菊 Saussurea tenerifolia Kitag.【P.666】

      22. 总苞钟形或卵形，直径大于1厘米，总苞片3~4层，稍开展，疏松，被长柔毛，外层矩圆形，长7毫米，宽2~3毫米，黄褐色或黄绿色，背面先端被褐色茸毛和缘毛。生灌丛及林缘草地。产西丰、抚顺、鞍山、庄河、岫岩、本溪、桓仁等地 ·······················

            ············ 16. 大叶风毛菊（卵叶风毛菊）Saussurea grandifolia Maxim.【P.666】

    21. 叶长卵状三角形或正三角形，基部戟形、心形或近截形。

      23. 总苞狭筒状，无毛，直径5~10毫米。生针阔混交林、杂木林及岩石上。产桓仁、本溪、庄河 ························ 17. 东北风毛菊 Saussurea manshurica Kom.【P.666】

      23. 总苞狭钟状，有蛛丝状毛，直径5~8毫米。生山坡草地、林下及河岸边。产宽甸、东港、丹东、桓仁、西丰、凤城、大连、长海 ··· 18. 乌苏里风毛菊 Saussurea ussuriensis Maxim.

  20. 叶质厚，近革质或厚纸质。

    24. 总苞钟形或广钟形，长2厘米，直径1~1.5厘米，无毛，总苞片反折；叶卵形至狭披针形，基部楔形至近截形，下部边缘具密齿；叶柄基部不扩大抱茎。生山阴坡岩壁上。产凌源、建平等辽西地区 ·············· 19. 卷苞风毛菊 Saussurea tunglingensis F. H. Chen【P.666】

    24. 总苞筒状钟形，长1.5厘米，直径0.5~1厘米，疏被蛛丝状毛，总苞片直立；叶卵状三角形或长卵状三角形，基部截形或心形，边缘具不整齐刺尖齿或微齿。生高山冻原、林下。产宽甸 ················ 20. 毛苞风毛菊 Saussurea triangulata Trautv. et Mey.【P.666】

89. 勋章菊属 Gazania Gaertn.

Gazania Gaertn., Fruct. Sem. Pl. 2: 451. 1791.

本属全世界有19种。中国栽培1种。东北有栽培。

勋章菊 Gazania rigens（L.）Gaertn【P.666】

多年生草本；叶着生于短茎上，披针形，全缘或羽状浅裂，叶面绿色，叶背银白色；头状花序大，7~10厘米，总苞片2层或更多，舌状花黄色、浅黄色、紫红色、白色、粉红等，基部常有紫黑、紫色等彩斑，或中间带有深色条纹。原产南非、澳大利亚等地。沈阳有栽培。

90. 菊苣属 Cichorium L.

Cichorium L., Sp. Pl. 813. 1753.

本属全世界约6种，分布欧洲、亚洲、北非，主要分布地中海地区和西南亚。中国有3种。东北地区产2种，辽宁均产，其中栽培1种。

分种检索表

1. 多年生草本；膜片状冠毛长0.2~0.3毫米。生山脚湿地、滨海荒山。产大连、鞍山、沈阳等地 ··············· ···················· 1. 菊苣 Cichorium intybus L.【P.666】

1. 一年生或二年生草本；膜片状冠毛长0.4~0.8毫米。原产南欧。辽宁各地栽培 ···························· ···················· 2. 栽培菊苣 Cichorium endivia L.【P.666, 667】

91. 猫儿菊属 Hypochaeris L.

Hypochaeris L., Sp. Pl. 810. 1753.

本属全世界约60种，主要分布南美洲，欧洲与亚洲有少数种。中国有6种。东北地区产1种，黑龙江、吉林、辽宁及内蒙古东部均产。

猫儿菊 Hypochaeris ciliata（Thunb.）Makino【P.667】

多年生直立草本。茎被长毛和硬刺毛。基生叶及茎下部叶有柄；叶片长圆状匙形，基部下延至柄呈翼，边缘具不整齐锐尖齿及刺毛状缘毛，背面被刺毛；茎中上部叶无柄，基部抱茎。头状花序单生，总苞半球形，直径3.5~4厘米，花橙红色。生于山坡灌丛间及干草甸子。产西丰、铁岭、昌图、沈阳、抚顺、盖州、金州、长海、凌源、阜新、义县、葫芦岛、岫岩、本溪、东港等地。

92. 婆罗门参属 Tragopogon L.

Tragopogon L.，Sp. Pl. 789. 1753.

本属全世界约150种，主要集中在地中海沿岸地区、中亚及高加索。中国有19种，集中分布于新疆。东北地区产2种，辽宁均产。

分种检索表

1. 总苞明显长于舌状花；瘦果喙长。生沙质地、干山坡、路旁、荒地。原产欧洲。分布大连、鞍山、盖州等地 …………………………… 1. 霜毛婆罗门参（长喙婆罗门参）Tragopogon dubius Scop.【P.667】
1. 总苞短于舌状花；瘦果喙较短。生草地、干山坡。产沈阳 ……………………………………………………………………………… 2. 黄花婆罗门（远东婆罗门参）Tragopogon orientalis L.【P.667】

93. 毛连菜属 Picris L.

Picris L.，Sp. Pl. 792. 1753. ed. 2. 1114. 1763.

本属全世界约50种，分布欧洲、亚洲与北非地区。中国有7种。东北地区产1种1亚种，辽宁均产。

分种下单位检索表

1. 茎被稠密或稀疏的亮色分叉的钩状硬毛。生于山坡草地、林下、沟边、田间、撂荒地或沙滩地。产辽宁各地 …………………… 1a. 毛连菜（兴安毛连菜）Picris hieracioides L. subsp. hieracioides【P.667】
1. 茎，特别是下部茎，被稠密褐色或紫褐色的长硬毛，硬毛为单毛，不呈分叉的钩毛状。生于山坡草地及林下。产宽甸 …………………… 1b. 单毛毛连菜 Picris hieracioides subsp. fuscipilosa Hand.-Mazz.【P.667】

94. 鸦葱属 Scorzonera L.

Scorzonera L.，Sp. Pl. 790. 1753.

本属全世界约180种，分布欧洲、西南亚及中亚，北非有少数种。中国有24种，主要分布于西北地区。东北地区产8种。辽宁产7种。

分种检索表

1. 茎有分枝；头状花序数个生于枝端。
  2. 茎高2.5~30厘米，丛生，自基部铺散，稀直立，灰绿色，无毛；基生叶小，长不超过7厘米，稍肉质，披针形或线状披针形；头状花序狭圆锥状，长1.8~2.8厘米；冠毛白色。生盐碱地、海滨草地及沙质地。产营口、大连等地 …………………………………… 1. 蒙古鸦葱 Scorzonera mongolica Maxim.【P.667】
  2. 茎高50~100厘米，单生，直立，绿色，被白色绵毛；基生叶大，长达30厘米，扁平，线形；头状花序圆筒形，长4厘米；冠毛污黄色。生山坡、干草地、固定沙丘、荒地、林缘。产西丰、沈阳、辽阳、盖州、大连、长海、建平、彰武、绥中、北镇、义县、大洼、本溪、桓仁等地 ……………………………… 2. 华北鸦葱（笔管草）Scorzonera albicaulis Bunge【P.667】
1. 茎不分枝；头状花序单生于茎顶。
  3. 根颈部被鳞片状残叶，不为棕榈状枯叶纤维；茎生叶发达，线形或线状披针形。生山坡、草原、林缘、沙丘。产大连、长海、铁岭、法库 ⋯⋯⋯⋯⋯⋯⋯⋯⋯⋯⋯⋯⋯⋯⋯⋯⋯⋯⋯⋯⋯⋯⋯⋯⋯⋯
⋯⋯⋯⋯⋯⋯⋯⋯⋯⋯⋯⋯⋯ 3. 毛梗鸦葱（狭叶鸦葱）Scorzonera radiata Fisch. ex Ledeb.【P.667】
3. 根颈部被多数棕榈状枯叶纤维；茎生叶退化为鳞片状苞叶。
　　4. 基生叶披针状线形，宽2~4毫米，稍弯曲或长线形，边缘席卷，常折叠；瘦果有毛。生干山坡、石砾
　　　地、沙丘上或干草原。产新宾、抚顺、沈阳、盖州、大连、凤城、丹东等地 ⋯⋯⋯⋯⋯⋯⋯⋯⋯⋯⋯⋯
　　　⋯⋯⋯⋯⋯⋯⋯⋯⋯⋯⋯⋯⋯⋯⋯⋯⋯ 4. 东北鸦葱Scorzonera manshurica Nakai【P.667】
　　4. 基生叶披针形或广披针形，宽1.5~2.5厘米。
　　　5. 瘦果无毛。
　　　　6. 叶披针形至长圆状披针形，边缘波状皱曲。生干山坡、丘陵地及灌丛间。产旅顺口、大连、长
　　　　　海、凌源、建平、建昌、绥中等地 ⋯⋯⋯⋯⋯⋯⋯⋯⋯⋯⋯⋯⋯⋯⋯⋯⋯⋯⋯⋯⋯⋯⋯⋯⋯
　　　　　⋯⋯⋯⋯⋯⋯⋯⋯⋯⋯⋯⋯⋯ 5. 桃叶鸦葱Scorzonera sinensis Lipsch. & Krasch.【P.667】
　　　　6. 叶广披针形至长圆状卵形，边缘平展，不皱曲。生山坡、沙丘、石砾地。产辽宁各地 ⋯⋯⋯⋯
　　　　　⋯⋯⋯⋯⋯⋯⋯⋯⋯⋯⋯⋯⋯⋯⋯⋯⋯ 6. 鸦葱Scorzonera austriaca Willd.【P.668】
　　　5. 瘦果有毛。生干山坡。产大连、金州 ⋯⋯⋯⋯⋯⋯⋯⋯⋯⋯⋯⋯⋯⋯⋯⋯⋯⋯⋯⋯⋯⋯⋯⋯⋯
　　　　⋯⋯⋯⋯⋯⋯⋯⋯⋯ 7. 毛果鸦葱Scorzonera ikonnikovii Lipsch. et Krasch. ex Lipsch.【P.668】

95. 蒲公英属Taraxacum Wigg.

Taraxacum F. H. Wigg. in Prim. Fl. Holsat. 56. 1780.

本属全世界约2500种，主产北半球温带至亚热带地区，少数产热带南美洲。中国有116种，广布于东北、华北、西北、华中、华东及西南各省区，西南和西北地区最多。东北地区产13种。辽宁产11种。

分种检索表

1. 花白色，稀淡黄色；外层总苞片有明显角状突起。生山坡、草甸、撂荒地、路边湿地。产西丰、清原、沈
　阳、鞍山、金州、大连、建昌、北镇、庄河、凤城、丹东等地 ⋯⋯⋯⋯⋯⋯⋯⋯⋯⋯⋯⋯⋯⋯⋯⋯⋯⋯
　⋯⋯⋯⋯⋯⋯⋯⋯⋯⋯⋯ 1. 朝鲜蒲公英（白花蒲公英）Taraxacum coreanum Nakai【P.668】
1. 花黄色或鲜黄色，稀淡黄色。
　2. 外层总苞片边缘白色宽膜质；叶全缘至羽状深裂。生林缘、林下向阳草地。产北镇、沈阳、凤城、丹东
　　等地 ⋯⋯⋯⋯⋯⋯⋯⋯⋯⋯⋯⋯⋯ 2. 白缘蒲公英Taraxacum platypecidum Diels【P.668】
　2. 外层总苞片边缘不为宽膜质。
　　3. 外层总苞片花期反卷，瘦果具小刺状突起。生山坡杂草地。产辽宁各地 ⋯⋯⋯⋯⋯⋯⋯⋯⋯⋯
　　　⋯⋯⋯⋯⋯⋯⋯⋯⋯⋯⋯⋯ 3. 丹东蒲公英（卷苞蒲公英）Taraxacum antungense Kitag.【P.668】
　　3. 外层总苞片花期不反卷，稀反卷。
　　　4. 花托具膜质托片；植株高达35厘米；叶为整齐或不整齐羽状分裂；外层总苞片背部先端具短角状突
　　　　起；瘦果喙长10~15毫米。生林缘、路旁、宅旁、河边。产沈阳、鞍山 ⋯⋯⋯⋯⋯⋯⋯⋯⋯⋯
　　　　⋯⋯⋯⋯⋯⋯⋯⋯⋯⋯⋯⋯ 4. 芥叶蒲公英Taraxacum brassicifolium Kitag.【P.668】
　　　4. 花托无膜质托片；植株矮小。
　　　　5. 叶表面有黑紫色斑点或斑纹。生林缘、山沟路旁。产沈阳。⋯⋯⋯⋯⋯⋯⋯⋯⋯⋯⋯⋯⋯⋯⋯
　　　　　⋯⋯⋯⋯⋯⋯⋯⋯⋯⋯⋯ 5. 斑叶蒲公英（红梗蒲公英）Taraxacum variegatum Kitag.【P.668】
　　　　5. 叶表面无紫斑。
　　　　　6. 叶裂片间不夹生小裂片或齿。
　　　　　　7. 外层总苞片广卵形。
　　　　　　　8. 叶顶裂片三角形或菱状三角形；植株较大；外层总苞片背部先端无角状突起。生山坡、路
　　　　　　　　旁、荒野等地。产西丰、新宾、沈阳、抚顺、凤城、桓仁、丹东、大连等地 ⋯⋯⋯⋯⋯
　　　　　　　　⋯⋯⋯⋯ 6. 东北蒲公英（长春蒲公英）Taraxacum ohwianum Kitam.【P.668】
　　　　　　　8. 叶顶裂片三角状戟形；植株矮小；外层总苞片全缘或具不整齐小齿，背部先端微具胼胝或

短角状突起。生林缘、路旁。产沈阳 ··

······················· 7. 光苞蒲公英 Taraxacum lamprolepis Kitag.【P.668，669】

  7. 外层总苞片卵状披针形、披针形或线形。

    9. 外层总苞片背部先端具明显角状突起。生杂草地、河边、山沟路旁。产辽宁各地 ·········

··············· 8. 蒲公英（蒙古蒲公英、台湾蒲公英、辽东蒲公英、凸尖蒲公英）Taraxacum mongolicum Hand.–Mazz.【P.669】

    9. 外层总苞片背部先端无角状突起，且先端为淡紫色。生草原、湿地、河边沙地、山坡。产凌源、建平、绥中、沈阳、金州、瓦房店、大连、长海等地 ···

···················· 9. 华蒲公英 Taraxacum borealisinense Kitam.【P.669】

 6. 叶裂片间夹生小裂片。

   10. 外层总苞片狭卵状披针形，先端渐尖，直立或反卷，背部先端有紫红色突起或较短的小角，边缘白色膜质；叶顶裂片三角状戟形。生向阳山坡、林缘、疏林草地、河边。产法库、鞍山、沈阳、大连、桓仁等地 ···

········ 10. 亚洲蒲公英（戟片蒲公英、兴安蒲公英）Taraxacum asiaticum Dahlst.【P.669】

   10. 外层总苞片披针形，先端锐尖，紧贴，后反折，背部先端有模糊的红色，增厚或略具小角，边缘狭膜质；叶顶裂片三角形。生路边、草地、山坡。产西丰、抚顺、鞍山、建昌、本溪、凤城、桓仁等地 ········ 11. 异苞蒲公英 Taraxacum heterolepis Nakai et Koidz. ex Kitag.

96. 苦苣菜属 Sonchus L.

Sonchus L., Sp. Pl. 793. 1753.

  本属全世界约90种，分布欧洲、亚洲与非洲。中国有5种。东北地区产3种2变种。辽宁产3种1变种。

分种检索表

1. 一、二年生草本；叶大头羽裂或不分裂，边缘具不整齐刺尖齿；花梗被腺毛；瘦果扁平，每面具3条纵肋。

  2. 叶基部扩大呈戟状抱茎；瘦果边缘有微齿，纵肋间具横皱纹。

    3. 花黄色。生田间、撂荒地。产大连、长海、鞍山等地 ···

···························· 1a. 苦苣菜 Sonchus oleraceus L. var. oleraceus【P.669】

    3. 花白色或乳白色。生境同正种。产旅顺口、金州 ···

···························· 1b. 白花苦苣菜 Sonchus oleraceus var. albiflorum S. M. Zhang

  2. 叶基部扩大呈圆耳状抱茎；瘦果边缘无微齿，纵肋间无横纹。生路旁、林缘、水边、绿化区等。产大连、旅顺口、金州等地 ···················· 2. 花叶滇苦菜（续断菊）Sonchus asper（L.）Hill【P.669】

1. 多年生草本；叶长圆形或倒披针形，边缘疏具波状齿或羽状浅裂；花梗无腺毛；瘦果稍扁。生田间、撂荒地、河滩、山坡、湿草甸。产西丰、清原、抚顺、沈阳、鞍山、庄河、岫岩、营口、建平、锦州、本溪、宽甸、桓仁等地 ··················· 3. 长裂苦苣菜（苣荬菜）Sonchus brachyotus DC.【P.669】

97. 莴苣属（山莴苣属）Lactuca L.

Lactuca L., Sp. Pl. 2：795. 1753.

  本属全世界50~70种，主要分布北美洲、欧洲、中亚、西亚及地中海地区。中国有12种，集中分布于新疆，少数见于云南横断山脉。东北地区产8种5变种，其中栽培1种4变种，辽宁均产。

分种检索表

1. 花蓝紫色；瘦果多少压扁。

  2. 基生叶花期枯萎；茎生叶长圆状披针形或披针形，全缘、稍有微齿或有时具波状倒向羽状缺刻，稀叶片中部以下倒向羽裂；冠毛污白色。生林下、田间、草甸、沼泽地。产宽甸、大连、辽阳 ··················

···················· 1. 山莴苣（北山莴苣）Lactuca sibirica（L.）Benth. ex Maxim.【P.669】

2. 基生叶花期宿存；茎生叶长圆形，倒向羽状浅裂或深裂，上部叶全缘；冠毛白色，有光泽。生河边、沟边、路边沙质地、田边及固定沙丘上。产彰武、旅顺口、瓦房店等地 ··················
··········· 2. 乳苣（蒙山莴苣）Lactuca tatarica（L.）C. A. Mey.【P.669】

1. 花黄色或白色；瘦果极扁。

3. 叶近圆形或倒卵圆形，平展或皱缩，边缘有齿，基部戟形，抱茎。

4. 茎非肥厚、肉质。

5. 基生叶非圆形。

6. 叶边缘不皱缩。

7. 基生叶倒披针形、椭圆形或椭圆状倒披针形，茎直立。原产欧洲。辽宁各地栽培 ···········
··················· 3a. 莴苣 Lactuca sativa L. var. sativa【P.669】

7. 基生叶长倒卵形，密集成甘蓝状叶球。辽宁各地栽培 ···················
·············· 3b. 生菜 Lactuca sativa var. romosa Hort.

6. 叶边缘常皱缩。辽宁各地栽培 ··············· 3c. 玻璃生菜 Lactuca sativa var. crispa Hort.

5. 基生叶圆形，彼此抱卷成甘蓝式叶球。辽宁各地栽培 ···················
··············· 3d. 卷心莴苣 Lactuca sativa var. capitata DC

4. 茎肥厚、肉质，茎生叶长圆形或披针形。辽宁各地栽培 ···················
··················· 3e. 莴笋 Lactuca sativa var. angustata Irish.

3. 叶大头羽裂或倒向羽裂或不分裂，边缘具疏齿。

8. 瘦果每面有3条或1条脉纹。

9. 瘦果每面有3条脉纹。

10. 叶不分裂，卵形、宽卵形、椭圆形、三角状卵形、三角形或椭圆形。生山谷或山坡林缘、林下、灌丛中或路边。产凌源、昌图等地 ···················
··········· 4. 高大翅果菊（高大山莴苣）Lactuca elata Hemsl. ex Hemsl.【P.670】

10. 叶羽状或大头羽状深裂，顶裂片大或较大或与侧裂片等大，三角形、卵状三角形、近菱形或卵状披针形。生林下、林缘、草甸、灌丛。产普兰店、瓦房店、新宾、清原、沈阳、葫芦岛、鞍山、本溪、宽甸、桓仁等地 ···················
··········· 5. 毛脉翅果菊（毛脉山莴苣）Lactuca raddeana Maxim.【P.670】

9. 瘦果每面有1条脉纹；果喙粗短，长0.1~1.5毫米。

11. 叶线形、线状长椭圆形、长椭圆形或倒披针状长椭圆形，规则或不规则二回羽状分裂或不分裂。

12. 花黄色。生湿草甸、撂荒地、灌丛、林缘。产西丰、沈阳、抚顺、盖州、金州、凌源、彰武、葫芦岛、北镇等地 ····· 6a. 翅果菊（山莴苣）Lactuca indica L. var. indica【P.670】

12. 花白色或淡黄色。生荒地。产大连、鞍山 ···················
··········· 6b. 淡黄花山莴苣 L. indica var. lutescens S. M. Zhang

11. 叶三角状戟形或宽卵状心形，不分裂。生林下、林缘、山坡。产大连、本溪、宽甸、桓仁等地 ··········· 7. 翼柄翅果菊（翼柄山莴苣）Lactuca triangulata Maxim.【P.670】

8. 瘦果每面有8~10条细脉或细肋；果喙2倍或近2倍长于瘦果；全部叶或裂片边缘有细齿或刺齿或细刺或全缘，下面沿中脉有黄色刺毛。生荒地、路旁、河滩等处。原产欧洲。分布辽宁各地
··········· 8. 野莴苣 Lactuca serriola L.【P.670】

98. 还阳参属 Crepis L.

Crepis L., Sp. Pl. 805. 1753.

本属全世界约200种，广布欧洲、亚洲、非洲及北美洲大陆。中国有18种。东北地区产4种。辽宁产1种。

屋根草Crepis tectorum L.【P.670】

一年生直立草本。基生叶花期枯萎，茎生叶多数，倒披针形、线状披针形或线形，茎下部叶边缘具疏齿或不规则羽裂，上部叶全缘；全部叶两面被小刺毛及腺毛。头状花序在茎枝顶端排成伞房状或伞房圆锥状；总苞钟状，总苞片3~4层；舌状花黄色。生山地林缘、河谷草地、田间或撂荒地。产沈阳、铁岭等地。

99. 假还阳参属Crepidiastrum Nakai

Crepidiastrum Nakai, Bot. Mag.（Tokyo）. 34：147. 1920.

本属全世界约15种，分布东亚、东南亚。中国有9种。东北地区产5种。辽宁产3种。

分种检索表

1. 叶质较厚，大型，边缘具浅齿，或茎下部叶羽状浅裂至深裂；植株较壮实。
 2. 基生叶花期枯萎；茎生叶广椭圆形或长圆状倒卵形，边缘具波状或缺刻状齿，基部扩展抱茎或楔形不抱茎。生林下、林缘、干山坡或沙质地。产西丰、鞍山、海城、金州、普兰店、北镇、本溪、凤城、宽甸、桓仁、东港等地 … 1. 黄瓜假还阳参（黄瓜菜、羽裂黄瓜菜、苦荬菜）Crepidiastrum denticulatum（Houttuyn）Pak & Kawano【P.670】
 2. 基生叶花期宿存；茎生叶卵形，基部扩展抱茎，先端急尖呈尾状，中下部叶羽状浅裂或深裂。生山坡、疏林下、撂荒地。产辽宁各地 ······ 2. 尖裂假还阳参（抱茎小苦荬、抱茎苦荬菜）Crepidiastrum sonchifolium（Maxim.）Pak & Kawano【P.670】
1. 叶质薄，小型，羽状全裂，裂片具缺刻状齿，基生叶花期枯萎；植株细弱。生海拔较高的石砬子上或干山坡。产本溪、宽甸、桓仁、庄河等地 ········· 3. 少花假还阳参（少花黄瓜菜、岩苦荬菜、碎叶苦荬菜）Crepidiastrum chelidoniifolium（Makino）Pak & Kawano【P.670】

100. 黄鹌菜属Youngia Cass.

Youngia Cass. in Ann. Soc. Nat. Paris ser. 1, 23：88. 1831.

本属全世界约30种，主要分布中国、日本、朝鲜、蒙古及俄罗斯（西伯利亚、远东地区）有少数种。中国有28种。东北地区仅辽宁产1种。

黄鹌菜Youngia japonica（L.）DC.【P.670】

一年生草本。茎裸露或几乎裸露，无茎叶或几乎无茎叶；根生叶大头羽状分裂。头状花序含10~20枚舌状小花；总苞圆柱状，总苞片4层；舌状小花黄色，花冠管外面有短柔毛。瘦果纺锤形，有11~13条粗细不等的纵肋，肋上有小刺毛。生山坡、林缘、林下、潮湿地、河边沼泽地、田间与荒地上。产大连、沈阳。

101. 苦荬菜属Ixeris Cass.

Ixeris（Cass.）Cass. in F. Cuvier Dict. Sci. Nat. 25：62. 1822.

本属全世界有8种，产东亚和南亚。中国有6种。东北地区产4种1变种。辽宁产3种1亚种1变种。

分种检索表

1. 植株具明显的匍匐枝或茎匍匐。
 2. 根状茎及茎均匍匐，横走沙中；叶掌状3深裂至全裂。生海岸沙地。产绥中、盖州、大连、长海等地 ··········· 1. 沙苦荬菜（沙苦卖菜）Ixeris repens（L.）A. Gray【P.670】
 2. 匍匐枝横走地面，茎直立；叶线形或倒披针状线形，全缘或仅中部以下具羽状缺刻或羽状分裂。生海边低湿地。辽宁南部有记录 ··· 2b. 剪刀股（低滩苦荬菜）Ixeris debilis（Thunb.）A. Gray var. salsuginosa（Kitag.）Kitag.
1. 植株无匍匐枝或茎直立。

3. 叶形多变化，狭线形至披针形，边缘具不规则尖齿、羽状缺刻或羽状分裂，稀全缘；茎生叶少数，基部楔形，稍抱茎；花白色、淡黄色或淡紫色。

    4. 基生叶倒卵形至剑形，大头羽裂至近全缘；茎生叶长圆状披针形、线状披针形，有细小齿。生田间、路旁、撂荒地。产辽宁各地 …… **3a. 中华苦荬菜（中华小苦荬、山苦菜）**Ixeris chinensis（Thunb.）Nakai subsp. chinensis【P.671】

    4. 基生叶丝形或线状丝形；茎叶极少，与基生叶同形，全缘。生路旁、田野、河岸、沙丘或草甸上。产彰武、新民、昌图等地 ……………… **3b. 多色苦荬（丝叶苦菜、丝叶小苦荬）**Ixeris chinensis subsp. versicolor（Fischer ex Link）Kitamura【P.671】

3. 中下部茎叶披针形或线形，长5~15厘米，宽1.5~2厘米，顶端急尖，基部箭头状半抱茎；全部叶边缘全缘，极少下部边缘有稀疏的小尖头；花黄色，极少白色。生山坡林缘、灌丛、草地、田野路旁。产铁岭 …………………………………………………………………… **4. 苦荬菜**Ixeris polycephala Cass.【P.671】

102. 耳菊属 Nabalus Cassini

Nabalus Cassini in F. Cuvier, Dict. Sci. Nat. 34：94. 1825.

本属全世界约15种，分布东亚、北美洲。中国有3种。东北地区产3种1亚种。辽宁产2种。

分种检索表

1. 基生叶及茎下部叶大头羽状分裂或掌式羽状分裂。生山谷、山坡林缘、林下、草地或水旁潮湿地。产西丰、新宾、抚顺、本溪、凤城、岫岩、桓仁等地 …………………………………………………… **1a. 盘果菊（福王草）**Nabalus tatarinowii（Maxim.）Nakai subsp. tatarinowii【P.671】
1. 基生叶及茎下部叶掌状5深裂，裂片近全缘或有粗齿。生林下。产本溪、桓仁、宽甸、新宾等地 ……………… **1b. 多裂耳菊（多裂福王草、槭叶福王草）**Nabalus tatarinowii subsp. macrantha（Stebbins）N. Kilian.【P.671】

103. 山柳菊属 Hieracium L.

Hieracium L., Sp. Pl. 799. 1753.

本属全世界约800种，分布欧洲、亚洲、美洲与非洲山地。中国有6种，主要分布新疆。东北地区产2种。辽宁产1种。

山柳菊（伞花山柳菊）Hieracium umbellatum L.【P.671】

多年生直立草本。茎、叶均无毛或微被毛。基生叶花期枯萎；叶线状披针形或长圆状披针形，基部楔形或圆形，先端渐尖，边缘疏具小齿。伞房状花序，花序梗密被短毛；总苞钟形，总苞片3层；舌状花黄色。瘦果稍扁，具10条纵肋，冠毛淡褐色。生林下、林缘、路旁、山坡等处。产普兰店、长海、庄河、金州、西丰、鞍山、丹东、本溪、宽甸等地。

104. 全光菊属 Hololeion Kitamura

Hololeion Kitamura, Acta Phytotax. Geobot. 10：301. 1941.

本属全世界约3种，分布东亚。中国有1种。东北各省区均有分布。

全光菊（全缘叶山柳菊）Hololeion maximowiczii Kitamura【P.671】

多年生直立草本。茎、枝、叶、总苞片光滑无毛。基生叶花期常宿存，线形等，基部狭楔形收窄成长或短的翼柄，全缘。疏松伞房或伞房圆锥花序；总苞宽圆柱状；总苞片约4层；舌状小花淡黄色。瘦果圆柱状，有15条高起等粗的细肋；毛污黄色。生草甸、沼泽草甸及近溪流低湿地。产彰武、沈阳。

一五四、禾本科Poaceae（Gramineae）

Poaceae Barnhart，Bull. Torrey Bot. Club 22（1）：7（1895），nom. cons.

本科全世界约有700属11000种，是单子叶植物中仅次于兰科的第二大科，广布世界各地。中国有226属1795种，各省区都有分布。东北地区产91属263种13亚种43变种，其中栽培27种2变种。辽宁产79属180种3亚种25变种，其中栽培24种2变种。

分属检索表

1. 秆木质，多年生；主秆叶与普通叶明显不同，主秆叶即笋壳，叶片缩小，无叶柄，而普通叶片具短柄，且与叶鞘相连处成一关节，易自叶鞘上脱落；花序不具真正延续的穗轴；秆的节间常于分枝的一侧多少有些扁平（Ⅰ. 竹亚科Bambosoideae Nees；1. 毛竹族Trib. Phyllostachyeae Keng）……………………………………………………………………………………… 1. 刚竹属（毛竹属）Phyllostachys
1. 秆草质稀为木质，多年生或一年生；主秆叶即普通叶，通常无叶柄，也不自叶鞘脱落。
　2. 小穗含多花至一花，多为两侧压扁，通常脱节于颖之上并常在各小花之间逐节断落；小穗轴常延伸至最上部小花内稃之后而呈细柄状或刚毛状。
　　3. 小穗仅一花结实；颖退化或仅在小穗柄间留有痕迹；成熟花的内、外稃边缘互相紧扣；内稃具（2~）3脉，中脉成脊，稀2脊；雄蕊6，稀1或3；多为水生植物（Ⅱ. 稻亚科Oryzoideae Care；2. 稻族Trib. Oryzieae Dum.）。
　　　4. 小穗两性，两侧压扁而具脊。
　　　　5. 颖缺如 ………………………………………………………………… 2. 假稻属Leersia
　　　　5. 颖极退化呈半月形 ……………………………………………………… 3. 稻属Oryza
　　　4. 小穗单性 ……………………………………………………………………… 4. 菰属Zizania
　　3. 小穗含结实花1至多数；2颖或其中1颖通常明显；成熟花的内、外稃边缘并不互相紧扣，但外稃可紧包内稃；内稃具2脉而成2脊。
　　　6. 成熟花的外稃具3或1脉（但冠芒草族、獐毛族有7~9脉）；芒若存在则不膝曲；叶舌通常有纤毛或为一圈毛所代替。
　　　　7. 小穗2至数花（三芒草属为1花），至少于开花前常呈圆柱形或稍两侧压扁，有柄，形成圆锥花序（Ⅲ. 芦竹亚科Arundioideae Tat.）。
　　　　　8. 小穗2至数花；外稃无芒或有一不分叉的芒（3. 芦竹族Trib. Arundineae）。
　　　　　　9. 外稃背面中部以下遍生丝状柔毛；基盘短小，两侧有毛 ………………… 5. 芦竹属Arundo
　　　　　　9. 外稃无毛；基盘延长，密被丝状柔毛 ………………………………… 6. 芦苇属Phragmites
　　　　　8. 小穗1花；外稃顶生三叉的芒或3芒（4. 三芒草族Trib. Aristideae）…… 7. 三芒草属Aristida
　　　　7. 小穗1至多花，通常明显两侧压扁，稀背腹压扁或圆筒形，如无柄或近无柄则常多少排列于穗轴的一侧，亦可有柄；花序为穗状、总状或圆锥花序（Ⅳ. 画眉草亚科Eragrostjojdeae Pilger）。
　　　　　10. 外稃7~9脉。
　　　　　　11. 外稃具9至多数常呈羽毛状的芒（5. 冠芒草族Trib. Pappophoreae）………………………………………………………………………………… 8. 九顶草属（冠芒草属）Enneapogon
　　　　　　11. 外稃无芒；小穗近无柄排列于穗轴一侧（6. 獐毛族Trib. eluropodeae）………………………………………………………………………………… 9. 獐毛属Aeluropus
　　　　　10. 外稃（1~）3（~5）脉。
　　　　　　12. 小穗具（2~）3至多数结实小花（7. 画眉草族Trib. Eragrostideae）。
　　　　　　　13. 小穗有柄，背部圆或两侧扁，排列为紧缩或开展的圆锥花序，稀为总状花序；果实为颖果。

14. 小穗背部圆或微两侧扁而具脊；外稃通常具芒或于2裂齿间生一小尖头，基盘多少具短柔毛。

   15. 叶片枯老后自叶鞘脱落；小穗具短柄；叶鞘内有隐藏的小穗 ······················· ·· 10. 隐子草属 Cleistogenes

   15. 叶片枯老后不自叶鞘脱落；小穗无柄或近无柄；叶鞘内无隐藏的小穗。

     16. 穗状花序单生于秆顶；外稃顶端具1或3芒 ·················· 11. 草沙蚕属 Tripogon

     16. 穗状花序多数，呈总状排列于主轴上；外稃顶端常2齿裂，裂齿间生有小尖头或短芒 ······························· 12. 千金子属 Leptochloa

14. 小穗两侧扁，背部明显具脊；外稃常无芒，基盘无毛；小穗有柄，形成圆锥花序 ······ ·· 13. 画眉草属 Eragrostis

13. 小穗无柄，背部明显两侧扁，排列为穗状花序，再以数枚呈指状排列于秆顶；外稃无芒；多为囊果 ······························· 14. 穇属 Eleusine

12. 小穗仅1结实小花。

  17. 小穗有柄，如无柄或近无柄时则不排列于穗轴一侧。

    18. 圆锥花序开展或紧缩（8. 鼠尾粟族 Trib. Sporoboleae）。

     19. 小穗两侧扁或为细圆柱形；果实成熟时不外露。

      20. 外稃无芒，基盘无毛；小穗脱节于颖下 ·················· 15. 隐花草属 Crypsis

      20. 外稃有芒，基盘有毛；小穗脱节于颖上 ············ 16. 乱子草属 Muhlenbergia

     19. 小穗或为背腹或无颖；果实成熟时外露 ·················· 17. 龙常草属 Diarrhena

    18. 穗状花序或穗形总状花序，或小穗簇生于花序轴上，第一颖微小或缺如（9. 结缕草族 Trib. Zoysieae）。

     21. 小穗单生，两侧扁，第一颖缺 ······························· 18. 结缕草属 Zoysia

     21. 小穗2~5簇生于主轴上，背腹扁，每簇中最下部2枚结实并合并为一刺球状；第一颖微小或缺 ······························· 19. 锋芒草属 Tragus

  17. 小穗无柄或近无柄，排列于穗轴一侧形成穗形总状花序，再排列圆锥状、总状或指状花序（10. 虎尾草族 Trib. Chlorideae）。

    22. 花单性，雌雄同株或异株，植物体低矮具匍匐茎 ··············· 20. 野牛草属 Buchloe

    22. 花两性。

     23. 穗状花序呈指状排列。

      24. 外稃有芒 ······························· 21. 虎尾草属 Chloris

      24. 外稃无芒 ······························· 22. 狗牙根属 Cynodon

     23. 穗状花序呈总状排列于穗轴上 ······························· 23. 米草属 Spartina

6. 成熟花的外稃具5至多脉，或在小穗含1花的种类中因质地坚硬而不明显（雀麦属及早熟禾属的某些种可少至3脉）；芒如存在则膝曲或否；叶舌通无纤毛，稀具疏纤毛（V. 早熟禾亚科 Pooideae Macf. et Wats.）。

  25. 小穗无柄或几乎无柄，排列成穗状花序；子房或果实顶端通常密生柔毛（11. 小麦族 Trib. Triticeae）。

    26. 小穗常2~4（~6）枚生于穗轴各节。

     27. 颖缺或极微小，并多少呈芒状或锥状；小穗排列稀疏，成熟时水平开展或上举，外稃具长芒 ······························· 24. 猬草属 Hystrix

     27. 颖均存在，较第一小花短或微长。

      28. 小穗含1小花，3个小穗同生于一节；穗轴均具关节，常逐节断落 ······················· ·· 25. 大麦属 Hordeum

      28. 小穗含2至数小花，2至数个小穗生于各节；穗轴无关节，不逐节断落。

       29. 植物体不具根状茎，基部不为碎裂成纤维状的叶鞘所包；外稃具长芒，芒常弯曲；小

穗常1~3个生于一起 ……………………………………………………………… 26. 披碱草属Elymus

29. 植物体具根状茎，基部常为枯老碎裂呈纤维状的叶鞘所包；外稃无芒或具极短的直芒；小穗2~6个生于一起 …………………………………………………… 27. 赖草属Leymus

26. 小穗单生于穗轴的各节。

30. 外稃无基盘；颖果与内外稃相分离；栽培植物。

31. 颖锥状，仅具1脉 ……………………………………………………………… 28. 黑麦属Secale

31. 颖卵形，具3至数脉 …………………………………………………………… 29. 小麦属Triticum

30. 外稃有显著的基盘；颖果通常与内外稃相贴着；野生植物。

32. 小穗通常紧密排列于较短的穗轴上，顶生小穗不孕或退化；颖及外稃两侧压扁或背部显著具脊 …………………………………………………………… 30. 冰草属Agropyron

32. 小穗稀疏排列于延长的穗上，顶生小穗大部分发育正常；颖及外稃背部近圆形 ………… …………………………………………………………………………………… 26. 披碱草属Elymus

25. 小穗有柄，稀无柄或近无柄，排列为开展或紧缩的圆锥花序。

33. 小穗2至多花；如为1花时则外稃有5条以上的脉。

34. 小穗的两性小花1至多数，位于不孕花的下方，稀位于小穗中部。

35. 第二颖通常短于第一小花；芒若存在时则直（稀反曲）而不扭转，通常自外稃顶端伸出，有时亦可在外稃顶端2裂齿间或裂隙的下方伸出（12. 早熟禾族 Trib. Poeae）。

36. 圆锥花序或总状花序。

37. 外稃通常有7或更多脉，稀3~5脉；叶鞘通常全部或下部闭合，稀不闭合。

38. 子房顶端无毛或偶有短柔毛；内稃脊上无毛或具短纤毛或柔毛；颖果顶端无附属物或喙，或有时有无毛的短喙。

39. 颖的脉不明显或仅有1脉，也可第二颖具3脉；外稃脉平行，不于顶端汇合 …… …………………………………………………………………………………… 31. 甜茅属Glyceria

39. 第一颖具3脉，第二颖具5脉；外稃诸脉不平行，于顶端汇合 ………………… …………………………………………………………………………………… 32. 臭草属Melica

38. 子房顶端有糙毛；内稃脊上亦有毛；颖果顶端具被毛的附属物或短喙。

40. 叶鞘闭合；花柱生于子房前下方 ……………………………… 33. 雀麦属Bromus

40. 叶鞘不闭合或基部闭合；花柱顶生；小穗柄极短… 34. 短柄草属Brachypodium

37. 外稃（3~）5脉，稀较多；叶鞘通常不闭合或仅基部闭合，边缘互相覆盖。

41. 外稃背部具脊。

42. 小穗几乎无柄；小穗两侧压扁，紧密排列于圆锥花序分枝上端之一侧；外稃硬纸质，顶端具短芒 ………………………………………………… 35. 鸭茅属Dactylis

42. 小穗有柄；圆锥花序紧缩或开展；外稃纸质或较厚，无芒；基盘常有绵毛；子房通常无毛 …………………………………………………………… 36. 早熟禾属Poa

41. 外稃背部圆形。

43. 外稃顶端尖或有芒，诸脉在顶端汇合；颖果脐为线形……… 37. 羊茅属Festuca

43. 外稃顶端钝且具缺刻，诸脉平行不于顶端汇合；颖果脐为点状 ………………… …………………………………………………………………………………… 38. 碱茅属Puccinellia

36. 穗状花序，侧生小穗无第一颖 ……………………… 39. 黑麦草属（毒麦属）Lolium

35. 第二颖通常等于或长于第一小花；芒若存在则多膝曲而有扭转的芒柱，常由外稃背部或顶端裂齿间伸出（13. 燕麦族 Trib. Aveneae）。

44. 外稃无芒或顶端具小尖头，具3~5脉；圆锥花序紧缩呈穗状 ………………… …………………………………………………………………………………… 40. 落草属Koeleria

44. 外稃明显有芒，如无芒则圆锥花序不呈穗状；小穗下垂；二颖近等长，具7~11脉 …… …………………………………………………………………………………… 41. 燕麦属Avena

34. 小穗含 3 小花，其中仅 1 两性小花位于不孕花的上方，或因不孕花退化而使小穗仅含 1 小花；成熟外稃质硬，无芒 **（14. 虉草族 Trib. Phalarideae）。**

  45. 植株干燥后无香味；小穗下部 2 不孕花外稃空虚，退化为小鳞片状而无芒，远较顶生花的外稃为短；小穗明显两侧扁；二颖近等长；内稃具不明显 2 脉 ……… 42. 虉草属 Phalaris

  45. 植株干燥后有香味；小穗下部 2 不孕花外稃内有或无雄蕊；圆锥花序开展或结实时紧缩但不呈穗状；小穗微两侧扁，棕色，有光泽，下部 2 小花为雄性 … 43. 茅香属 Hierochloe

33. 小穗通常仅含 1 小花；外稃 5 脉稀更少。

  46. 外稃多为膜质，通常短于颖，或与颖略等长，如长于颖时则质地稍硬，成熟时疏松包着颖果或几乎不包围 **（15. 剪股颖族 Trib. Agrostideae）。**

    47. 圆锥花序开展或紧缩，但不呈圆柱形。

      48. 小穗多少具柄，长圆形，排列为开展或紧缩的圆锥花序。

        49. 小穗脱节于颖之上。

          50. 外稃基盘有长柔毛 ………………………… 44. 拂子茅属 Calamagrostis

          50. 外稃基盘无毛或仅有微毛 ……………………… 45. 剪股颖属 Agrostis

        49. 小穗脱节于颖之下；花序疏散；小穗轴延伸到内稃之后 ……… 46. 单蕊草属 Cinna

      48. 小穗无柄，圆形，覆瓦状排列于穗轴的一侧组成圆锥花序 … 47. 茵草属 Beckmannia

    47. 圆锥花序极紧密呈圆柱状或长圆形。

      51. 圆锥花序穗状，紧密；小穗脱节于颖之上；外稃无芒 ………… 48. 梯牧草属 Phleum

      51. 圆锥花序圆柱形；小穗脱节于颖之下；外稃有芒 ……… 49. 看麦娘属 Alopecurus

  46. 外稃质厚于颖，至少背部比颖坚硬，成熟后与内稃一起紧包着颖果 **（16. 针茅族 Trib. Stipeae）。**

    52. 外稃无芒，基盘不明显；内、外稃均坚硬，平滑而有光泽 ………… 50. 粟草属 Milium

    52. 外稃有芒，基盘明显。

      53. 芒下部扭转且与外稃顶端成关节；外稃常有排列成纵行的短柔毛；基盘长而尖锐；内稃结果时不外露，常无毛 …………………………………… 51. 针茅属 Stipa

      53. 芒下部扭转或否，不与外稃顶端成关节；外稃常有散生柔毛；内稃结果时外露，脊间有毛；小穗柄较粗壮，通常短于小穗 ……………… 52. 芨芨草属 Achnatherum

2. 小穗仅含 2 小花，下部花不孕而为雄性以至仅剩一外稃使小穗仅含 1 花，背腹扁或为圆筒形，稀两侧压扁，脱节于颖下（野古草族例外）；小穗轴从不延伸，因此在成熟花内稃之后从无一柄状或类似刚毛状物存在 **（Ⅵ. 黍亚科 Panicoideae A. Br.）。**

  54. 第二小花的外稃及内稃通常质地坚韧而无芒。

    55. 小穗成对，稀单生，脱节于颖上；成熟花外稃多具芒，基盘常有毛 **（17. 野古草族 Trib. Arundinelleae）** ……………………………………… 53. 野古草属 Arundinella

    55. 小穗单生或成对，脱节于颖下；成熟花外稃无芒，基盘无毛 **（18. 黍族 Trib. Paniceae）。**

      56. 花序中有不育小枝所成的刚毛，穗轴细长或较短缩，其上端及下方的某些小穗均托以刚毛或小穗着生于主轴上而托以 1 至多数刚毛。

        57. 刚毛互相连合成刺苞，内含小穗 1~4 枚 ………………… 54. 蒺藜草属 Cenchrus

        57. 刚毛分离，不形成刺苞或有时托附于某些小穗之下。

          58. 小穗脱落时，附于其下的刚毛宿存于花序上 ………… 55. 狗尾草属 Setaria

          58. 小穗同刚毛一起脱落 ………………………… 56. 狼尾草属 Pennisetum

      56. 花序中无不育小枝形成的刚毛，穗轴不延伸至最上端小穗后方。

        59. 小穗排列为开展或紧缩的圆锥花序。

          60. 小穗脱节于颖之上，第一小花雄性稀两性，与第二小花等大 ……… 57. 柳叶箬属 Isachne

          60. 小穗脱节于颖之下，第一小花雄性或中性。

            61. 圆锥花序通常紧缩呈穗状；小穗柄短而顶端呈盘状；第二颖膨大呈囊状 …………………

.... 58. 囊颖草属 Sacciolepis

61. 圆锥花序开展；小穗柄略延伸；第二颖不膨大为囊状 ·················· 59. 黍属 Panicum

59. 小穗排列于穗轴的一侧，构成穗状或穗形总状花序，通常再由这些花序组成指状、总状或圆锥花序，稀单独存在。

62. 第二外稃膜质或软骨质，通常有扁平而质薄之边缘覆盖内稃使内稃稍露出；小穗具短柄；总状花序作指状排列 ·················· 60. 马唐属 Digitaria

62. 第二外稃骨质或革质，略有些坚硬，通常有狭而内卷的边缘，内稃明显露出。

63. 颖及第一外稃均无芒，第一颖通常无或极小，小穗基部有环状或珠状基盘；第二外稃背部为离轴性 ·················· 61. 野黍属 Eriochloa

63. 颖及外稃顶端有芒（稗属有的种可无芒）；小穗无上述基盘。

64. 颖有芒，第一颖芒最长；叶片披针形，具叶舌 ·················· 62. 求米草属 Oplismenus

64. 颖无芒或几乎无芒；叶片线形，无叶舌 ·················· 63. 稗属 Echinochloa

54. 第二小花的外稃及内稃为膜质或透明膜质，具芒稀无芒。

65. 小穗两性或结实小穗与不孕小穗同时混生于穗轴上（19. 蜀黍族 Trib. Andropogoneae）。

66. 成对小穗同型均成熟，或有柄小穗成熟并具长芒，而无柄小穗不孕且无芒。

67. 穗轴延续无关节，小穗均有柄而自柄上脱落。

68. 圆锥花序穗状紧缩；小穗无芒；植株具延长根状茎 ·················· 64. 白茅属 Imperata

68. 圆锥花序开展，花序分枝强壮；小穗有芒，稀无芒；植株不具延长根状茎 ·················· 65. 芒属 Miscanthus

67. 穗轴具关节，各节连同其上无柄小穗一齐脱落。

69. 总状花序以多数呈圆锥状排列于延长的主轴上；第一颖无明显脊；秆直立 ·················· 66. 大油芒属 Spodiopogon

69. 总状花序 1 至多数指状排列或簇生于一短缩之主轴上；第一颖背部具 2 脊；秆蔓生；叶片披针形常具短柄 ·················· 67. 莠竹属 Microstegium

66. 成对小穗并非均可成熟，无柄小穗成熟，有柄小穗退化。

70. 穗轴节间及小穗柄粗短，呈三棱形、圆柱形或较宽扁而顶端膨大，两者互相紧贴，亦可全部或部分互相愈合而形成纳入无柄小穗之凹穴。

71. 无柄小穗含 2 小花，第二外稃通常 2 裂且于裂齿间生芒；总状花序二枚合生且互相紧贴为一同柱形 ·················· 68. 鸭嘴草属 Ischaemum

71. 无柄小穗含 1 或 2 小花，第二外稃无芒。

72. 总状花序呈伞状兼指状排列，稀单生；穗轴节间与小穗柄均为三棱形，彼此分离而不愈合 ·················· 69. 束尾草属 Phacelurus

72. 总状花序单生；穗轴节间与小穗柄愈合而成凹穴，无柄小穗生于凹穴 ·················· 70. 牛鞭草属 Hemarthria

70. 穗轴节间及小穗柄细长，有时上端变粗或膨胀。

73. 无柄小穗之第二外稃芒生于稃体基部；叶片披针形，基部抱茎 ········ 71. 荩草属 Arthraxon

73. 无柄小穗之芒不生于稃体基部。

74. 总状花序呈圆锥状排列，若呈指状排列则穗轴节间及小穗柄边缘变厚而中部呈纵沟。

75. 无柄小穗第二外稃正常发育，2 裂，裂齿间有芒，背腹扁，基盘短而钝圆；第一颖下部草质，平滑而具光泽 ·················· 72. 高粱属 Sorghum

75. 无柄小穗第二外稃退化呈柄状，其上延伸成芒。

76. 总状花序多节至数节，呈指状至圆锥状排列 ·················· 73. 孔颖草属 Bothriochloa

76. 总状花序 5 节或少至 1 节，呈圆锥状排列；花序分枝上的小枝常呈毛细管状 ·················· 74. 细柄草属 Capillipedium

74. 总状花序成对或单生，稀呈指状排列，有时具佛焰苞的总状花序。

　　　　77. 总状花序单生于秆顶或分枝的顶端，其下无舟状佛焰苞 ……………………………………………… 75. 裂稃草属 Schizachyrium
　　　　77. 总状花序为舟状佛焰苞所包。
　　　　　　78. 植株有香味，每一佛焰苞中伸出成对的总状花序；结实小穗背部压扁 …………………………… 76. 香茅属 Cymbopogon
　　　　　　78. 植株无香味，每一佛焰苞中伸出单一总状花序；结实小穗背部圆形 …………………………… 77. 菅属 Themeda
　65. 小穗单性，雌小穗与雄小穗生于不同的花序上或花序的不同部位（20. 玉蜀黍族 Trib. Maydeae）。
　　　79. 雄小穗及雌小穗分别位于不同的花序上，即雄小穗为顶生圆锥花序，雌小穗腋生具鞘苞穗状花序 …………………………………………………………………………………… 78. 玉蜀黍属 Zea
　　　79. 雌、雄小穗位于同一花序上，雄小穗在上部 …………………………………… 79. 薏苡属 Coix

1. 刚竹属（毛竹属）Phyllostachys Sieb. et Zucc.

Phyllostachys Siebold & Zuccarini, Abh. Math.–Phys. Cl. Königl. Bayer. Akad. Wiss. 3：745. 1843.

　　本属全世界至少51种，分布中国、印度、日本、缅甸。中国有51种。东北地区仅辽宁栽培2种。

分种检索表

1. 箨鞘无箨耳，淡红褐色或淡绿色，有紫色细条纹；新竹均匀地被白粉，老秆节下有白粉环；每小枝2~3叶。分布中国黄河流域至长江流域各地。大连有栽培 …… 1. 淡竹 *Phyllostachys glauca* McClure【P.671】
1. 箨鞘有明显箨耳，黄褐色，具黑褐色斑点或斑块，具毛；新秆、老秆均无白粉；每小枝初5~6叶，后2~3叶。分布中国黄河流域及其以南各地。大连有栽培 …………………………………………… 2. 桂竹（刚竹）*Phyllostachys bambusoides* Sieb. et Zucc.【P.671】

2. 假稻属 Leersia Solander ex Swartz

Leersia Soland. ex Swartz. Prodr. Veg. Ind. Occ. 21. 1788, nom. conserv.

　　本属全世界有20种，分布于两半球的热带至温暖地带。中国有4种。东北地区产1种，产黑龙江、辽宁、内蒙古。

蓉草（稻李氏禾、假稻）Leersi oryzoides（L.）Sw.【P.671】

　　多年生植物。秆下部倾卧，节着土生根，具分枝，节生髭毛，花序以下部分粗糙。叶鞘被倒生刺毛；叶片线状披针形，两面与边缘具小刺状，粗糙。圆锥花序疏展，分枝具3~5枚小枝；小穗长椭圆形，先端具短喙，基部具短柄。生河岸沼泽湿地。产沈阳、大连、北镇等地。

3. 稻属 Oryza L.

Oryza L. Sp. Pl. 333. 1753. et Gen. Pl. ed. 5：155. 1754.

　　本属全世界约24种。分布于两半球热带、亚热带地区，亚洲、非洲、大洋洲及美洲。中国有5种，引种栽培2种。东北各地栽培1种。

稻（水稻）Oryza sativa L.【P.671】

　　一年生水生草本。叶线形，通常幼时有明显叶耳，老时脱落。圆锥花序成熟时下垂；小穗长圆形，含1成熟花，颖退化成两半月形，退化外稃锥状，无毛，孕性外稃及内稃密被细毛，稀无毛，外稃5脉，有或无芒；内稃具3脉，边缘为外稃紧抱。粮食作物。辽宁各地栽培。

4. 菰属 Zizania L.

Zizania L. Sp. Pl. 991. 1753.

本属全世界有4种，1种为广布种，主产东亚，其余产北美洲。中国有1种，近年从北美洲引种2种。东北地区产1种，各省区均有分布。

菰（茭白）Zizania latifolia (Griseb.) Stapf.【P.671】

多年生直立草本，株高2~3米。叶鞘肥厚，基部者常有横脉；叶片扁平，长30~100厘米，宽1~2.5厘米。圆锥花序大型，花单性，花序上部为雌性，下部为雄性，每小穗含1小花；雄小穗长10~15毫米，带紫色；雌小穗长15~25毫米，外稃具长15~30毫米的芒。

5. 芦竹属 Arundo L.

Arundo L. Sp. Pl. 81. 1753, et Gen. Pl. ed. 5：35. 1754.

本属全世界3种，分布于地中海至中国。中国有2种。东北地区仅辽宁栽培1种。

芦竹 Arundo donax L.【P.672】

多年生粗大直立草本，秆高2~7米。叶片扁平，上面与边缘微粗糙，基部白色，抱茎。圆锥花序极大型；小穗含2~4小花；外稃中脉延伸成1~2毫米之短芒，背面中部以下密生长柔毛，基盘长约0.5毫米，两侧上部具短柔毛；雄蕊3，颖果细小黑色。分布热带、亚热带地区。大连有栽培。

6. 芦苇属 Phragmites Adanson

Phragmites Adanson, Fam. Pl. 2：34，559. 1763.

本属全世界有4~5种，分布于全球热带、大洋洲、非洲、亚洲。中国有3种。东北地区产3种1变种，辽宁均产。

分种检索表

1. 叶及叶鞘具白色硬毛，秆节上具短柔毛。生沙地、干山坡。产大连、阜新等地 ····················· ······························ 1. 毛芦苇 Phragmites hirsuta Kitag.【P.672】
1. 叶及叶鞘无毛，稀叶鞘具细毛。
  2. 具长的地上匍匐枝；第一颖长等于第一外稃1/2~2/3，小穗长8~12毫米。
    3. 秆具发达的匍匐茎，但不及10米；秆高约1.5米，约有16节；叶鞘与其节间等长或稍长；圆锥花序长约20厘米，宽5~8厘米；小穗柄长6~7毫米，散生柔毛，基部具长约2毫米的柔毛；小穗含3~4小花。生水中或沼泽地。产宽甸、鞍山、海城、岫岩、凌源等地 ·················· ············· 2a. 日本苇（日本芦苇）Phragmites japonica Steud. var. japonica【P.672】
    3. 秆具十分发达的地上匍匐茎，匍匐茎可长达10米；秆高1.5~2米，具18~20节；叶鞘长于其节间；圆锥花序较小，长13厘米，宽5厘米；小穗柄长2~3毫米，无毛；小穗含5~6花。生山区河滩沙石地、山间河岸等地下水位较高且土层较薄处。产岫岩 ·· ················· 2b. 爬苇 Phragmites japonicus var. prostrata (Makino) L. Liu
  2. 具长的根状茎；第一颖长等于或小于第一外稃1/2，小穗长12~17毫米。生河岸、湖边、池沼及沙丘旁。产辽宁各地 ··· 3. 芦苇 Phragmites australis (Clav.) Trin.【P.672】

7. 三芒草属 Aristida L.

Aristida L., sp. Pl. 82. 1753.

本属全世界约有300种，广布于温带和亚热带的干旱地区。中国有10种。东北地区产1种，分布吉林、辽宁、内蒙古。

三芒草 Aristida adscensionis L.【P.672】

一年生草本。秆基部分枝，丛生，直立或开展，高10~80厘米。叶鞘短于节间，光滑无毛；叶狭线形，表面具纤毛。圆锥花序长5~10厘米，小穗具1小花，带白色或带紫色；颖不等长，狭锥形；外稃狭线形，顶端具1个三叉的芒。生山坡、沙地。产沈阳、锦州、北镇、凌源、朝阳等地。

8. 九顶草属（冠芒草属）Enneapogon Desv. ex Beauv.

Enneapogon Desv. ex Beauv. Ess. Agrost. 81. 1812.

本属全世界28种，多生长于干旱地区。中国产2种。东北地区产1种，分布辽宁、内蒙古。

九顶草（冠芒草）Enneapogon desvauxii P. Beauv.【P.672】

多年生密丛草本。基部鞘内常具隐藏小穗。秆节常膝曲，被柔毛。叶片多内卷，密生短柔毛，基生叶呈刺毛状。圆锥花序紧缩呈圆柱形，铅灰色；小穗通常含2~3小花；颖披针形，顶端尖；外稃长约2毫米，基盘被柔毛，顶端具9条直立羽毛状长芒。生干燥山坡及草地。产朝阳、建平、喀左等地。

9. 獐毛属 Aeluropus Trin.

Aeluropus Trin. Fund. Agrost. 143. 1820.

本属全世界约10种，分布于地中海区域、小亚细亚、喜马拉雅和北部亚洲。中国有4种1变种。东北地区产1变种，分布辽宁、内蒙古。

獐毛 Aeluropus littoralis var. sinensis Debeaux【P.672】

多年生草本。秆直立或倾斜，有时匍匐，节上生根。叶鞘长于节间，叶片质硬，多卷折为针状。圆锥花序穗状；小穗卵状披针形，具4~10小花；第一颖3脉，第二颖5~7脉；第一外稃长3毫米；内稃与外稃近等长，脊上微具纤毛。生海边沙地或盐碱地。产营口、盖州、瓦房店、旅顺口、长海等地。

10. 隐子草属 Cleistogenes Keng

Cleistogenes Keng，Sinensia. 5：147. 1934.

本属全世界约13种，分布于欧洲南部以及亚洲中部和北部。中国有10种。东北地区产8种1变种。辽宁产7种。

分种检索表

1. 叶鞘平滑无毛，鞘口有毛或无毛。

  2. 小穗含1~3小花。

    3. 秆直立，高20~45厘米，基部密生短小鳞芽；小穗含1~3小花；外稃长6~7毫米，芒长2~3毫米。多生于山坡草地、林缘灌丛。产鞍山（千山） … 1. 薄鞘隐子草 Cleistogenes festucacea Honda【P.672】

    3. 秆直立或铺散，高10~30厘米，基部无鳞芽；小穗含2~3小花；外稃长5~6毫米，芒长较稃体为短或近等长。生干山坡及草地。产彰武、新民、喀左、金州等地 ……………………………………………………… 2. 糙隐子草 Cleistogenes squarrosa（Trin.）Keng

  2. 小穗含2~6小花。

    4. 外稃芒长2~9毫米。生山坡、草地、林缘。产大连、锦州等地 …………………………………………… 3. 朝阳隐子草（中华隐子草、宽叶隐子草）Cleistogenes hackelii（Honda）Honda【P.672】

    4. 外稃芒长0.5~1毫米。

      5. 圆锥花序不偏于一侧，分枝斜上；秆径约1毫米；内稃与外稃近等长。生干燥山坡、林缘灌丛。产大连、锦州等地 …………………… 4. 丛生隐子草 Cleistogenes caespitosa Keng【P.672】

      5. 圆锥花序近偏于一侧，分枝单一；秆径1~1.5毫米；内稃与外稃不等长。生山坡草地。产凌源 …………………………………………… 5. 凌源隐子草 Cleistogenes kitagawae Honda【P.673】

1. 叶鞘及鞘口均具疣毛。

  6. 小穗含2~5花，外稃芒长2~9毫米。生山坡、草地、林缘。产大连、锦州等地 ……………………………

6. 小穗含 3~7 小花，外稃芒长 0.5~2 毫米。

11. 草沙蚕属 Tripogon Roem. et Schult.

Tripogon Roem. et Schult. Syst. Veg. 2：34. 1817.

　　本属全世界约有 30 种，多数分布于亚洲和非洲，大洋洲有 1 种，美洲有 2 种。我国有 11 种。东北地区产 1 种，产黑龙江、辽宁、内蒙古。

中华草沙蚕 Tripogon chinensis（Franch.）Hack.【P.673】

　　多年生密丛直立草本。秆细弱，光滑无毛；叶鞘仅鞘口处有白色长柔毛；叶舌膜质，具纤毛；叶片狭线形，常内卷成刺毛状，宽约 1 毫米。穗状花序细弱，穗轴微扭曲，多平滑无毛；小穗线状披针形，铅绿色，含 3~5 小花；外稃芒长 1~2 毫米。生多石质的山坡。产大连、金州、长海、辽阳、凌源等地。

12. 千金子属 Leptochloa Beauv.

Leptochloa P. Beauvois, Ess. Agrostogr. 71. 1812.

　　本属全世界有 32 种，主要分布于全球的温暖区域。我国有 3 种。东北地区仅辽宁产 1 种。

双稃草 Leptochloa fusca（L.）Kunth【P.673】

　　一年生或多年生草本。叶鞘无毛，疏松，长于节间；叶片常内卷，宽 1.5~3 毫米，微粗糙或背面平滑。圆锥花序；小穗灰绿色，成 2 行排列于穗轴的一侧，披针形，具 8~14 花；外稃下部侧脉上具疏柔毛，中脉从裂齿间延伸成短芒，基盘两侧有稀疏毛。生海滨潮湿地或沟边湿地。产大连、绥中。

13. 画眉草属 Eragrostis Wolf

Eragrostis Wolf, Gen. Pl. Vocab. Char. Def. 23. 1776.

　　本属全世界约有 350 种，多分布于全世界的热带与温带区域。我国有 32 种。东北地区产 7 种，其中栽培 1 种，辽宁均产。

分种检索表

4. 多年生；颖长1.5~2.5毫米；叶片常弯作弓形；花序分枝腋间具细柔毛。原产非洲。大连有栽培 ⋯⋯⋯⋯⋯⋯⋯⋯⋯⋯⋯⋯⋯⋯⋯⋯⋯⋯⋯⋯⋯⋯ 4. 弯叶画眉草 Eragrostis curvula（Schrad.）Nees【P.673】
4. 一年生；颖长0.5~1.8毫米。
  5. 第一颖、第二颖均具1脉；外稃侧脉明显。生路旁、草地。产大连、北镇 ⋯⋯⋯⋯⋯⋯⋯⋯⋯⋯⋯⋯⋯⋯⋯⋯⋯⋯⋯⋯⋯ 5. 秋画眉草 Eragrostis autumnalis Keng【P.674】
  5. 第一颖无脉，第二颖具1脉；外稃侧脉不明显。
    6. 花序分枝腋间具柔毛。生荒芜田野或路旁、园边。产彰武、桓仁、本溪、锦州、沈阳、鞍山、岫岩、盖州、庄河、长海等地 ⋯⋯⋯⋯⋯⋯ 6. 画眉草 Eragrostis pilosa（L.）Beauv.【P.674】
    6. 花序分枝腋间无毛。生荒野、路旁。产沈阳、西丰 ⋯⋯⋯⋯⋯⋯⋯⋯⋯⋯⋯⋯⋯⋯⋯⋯⋯⋯⋯⋯⋯ 7. 多秆画眉草 Eragrostis multicaulis Steudel

14. 穇属 Eleusine Gaertn.

Eleusine Gaertn. Fruct. Sem. Pl. 1：7. 1788.

本属全世界9种，分布热带和亚热带。中国有2种。东北地区均产。

牛筋草 Eleusine indica（L.）Gaertn.【P.674】

一年生草本。秆丛生，基部倾斜。叶鞘扁平而具脊；叶片扁平或卷折，宽3~5毫米。3至数枚穗状花序呈指状排列于秆顶；小穗含3~6小花；颖不等长，具1脉；第一外稃长3~3.5毫米，具脊，脊上具狭翼；内稃短于外稃。生路旁、杂草地或荒地。产沈阳、鞍山、海城、大连等地。

15. 隐花草属 Crypsis Ait.

Crypsis Ait. Hort. Kew 1：48. 1789.

本属全世界9~12种，分布中心在地中海区和亚洲西南部，延伸分布到中非和从欧洲到中国，世界各地引种。中国有2种。东北地区产1种，黑龙江、吉林、辽宁及内蒙古东部均产。

隐花草 Crypsis aculeata（L.）Ait.【P.674】

一年生草本。秆平卧或斜升，光滑无毛。叶片披针形，边缘内卷，顶端呈针刺状。圆锥花序呈头状，长不及1厘米，下面紧托两片苞片状叶鞘；小穗含1花，近无柄；颖不等长，具1脉；内稃与外稃等长或略长于外稃。生海滨盐碱地。产彰武、康平、大连等地。

16. 乱子草属 Muhlenbergia Schreb.

Muhlenbergia Schreb. in L. Gen. Pl. ed. 8. 1：44. 1789.

本属全世界约有155种，多数产于北美西南部和墨西哥，也产中美洲、南美洲和亚洲东部。中国有6种。东北地区产3种，辽宁均产。

分种检索表

1. 秆基部倾斜或横卧，常无根茎，稀具较短根茎，有厚纸质鳞片小花的；颖长为小花的3/5~2/3。生山坡及路旁草地的潮湿地。产沈阳、建昌、北镇、清原、本溪、桓仁、凤城、岫岩、海城、金州、普兰店、大连、庄河等地 ⋯⋯⋯⋯⋯⋯⋯⋯⋯⋯⋯⋯⋯⋯ 1. 日本乱子草 Muhlenbergia japonica Steud.【P.674】
1. 秆基部直立或倾斜上升，具长的匍匐根茎，其上被质地较厚的鳞片。
  2. 颖卵形，先端钝，无脉，稀可第二颖具1脉，其长为小花的1/4~1/3。生山谷、河边湿地、林下和灌丛中。产鞍山、本溪、桓仁、清原、沈阳等地 ⋯⋯⋯⋯⋯⋯ 2. 乱子草 Muhlenbergia huegelii Trin.【P.674】
  2. 颖披针形，先端尖或渐尖，具1脉，其长为小花的1/2~4/5。生于山坡草地、路旁潮湿处或林下草丛中。产大连、宽甸 ⋯⋯⋯⋯⋯⋯⋯⋯⋯⋯ 3. 弯芒乱子草 Muhlenbergia curviaristata（Ohwi）Ohwi【P.674】

17. 龙常草属 Diarrhena Beauv.

Diarrhena Beauv. Ess. Agrost. 142. 1812.

本属全世界有5种，1种产北美洲，3种产东亚。中国有3种。东北地区产2种。辽宁均产。

分种检索表

1. 花序分枝单纯，各具2~5小穗；外稃脉上粗糙，第一外稃长4~5.5毫米；叶表面具短纤毛。生林下及荒草地。产沈阳、清原、桓仁、本溪、凤城、鞍山、庄河等地 ………………………………………………………………………………… 1. 龙常草 Diarrhena mandshurica Maxim.【P.674】
1. 花序分枝可再分枝，各具4~13小穗；外稃脉上近平滑，第一外稃长3~3.5毫米；叶表面无毛。生林下及路边草地。产清原、新宾、宽甸、凤城、本溪、沈阳、鞍山、铁岭 ………………………………………………………………………… 2. 法利龙常草（小果龙常草）Diarrhena fauriei（Hack.）Ohwi【P.674】

18. 结缕草属 Zoysia Willd.

Zoysia Willd. in Ges. Naturf. Fr. Berl. Neue Schr. 3：440. 1801. nom. conserv.

本属全世界约10种，分布于非洲、亚洲和大洋洲的热带和亚热带地区。中国有5种1变种。东北地区产3种1变种，辽宁均产。

分种检索表

1. 花序基部伸出叶鞘外；小穗宽在1.5毫米以下，在主轴上排列稍疏。
　2. 小穗柄长约4毫米，弯曲，通常长于小穗；小穗卵形，长2~3.5毫米。
　　3. 小穗黑紫褐色。生路边、山坡草地。产绥中、鞍山、岫岩、凤城、丹东、东港、盖州、庄河、金州、瓦房店、长海、大连等地 ………………… 1a. 结缕草 Zoysia japonica Steud. var. japonica【P.674】
　　3. 小穗黄白色或绿色。生草地。产大连、鞍山 ……………………………………………………………… 1b. 青结缕草 Zoysia japonica var. pallida Nakai ex Honda
　2. 小穗柄长约2毫米，劲直，通常短于小穗；小穗披针形，长4~6（~7）毫米。生河岸、路边及山坡。产大连 ………………………………………… 2. 中华结缕草 Zoysia sinica Hance【P.674】
1. 花序基部为叶鞘所包；小穗宽约2毫米或过之，在主轴上排列较紧密。生海滨沙地上。大连沙河口区石庙子有记载 …………………………… 3. 大穗结缕草 Zoysia macrostachya Franch. et Sav.

19. 锋芒草属 Tragus Hall.

Tragus Hall. Hist. Stirp. Helv. 2：203. 1768, nom. conserv.

本属全世界7种，分布于非洲、欧洲、亚洲和美洲的温热地区。中国有2种。东北地区产2种，辽宁均产。

分种检索表

1. 小穗长4~4.5毫米，通常3个簇生；第二颖顶端具明显伸出刺外的尖头。生荒野、路旁、丘陵和山坡草地中。产凌源 ……………………………… 1. 锋芒草 Tragus mongolorum Ohwi【P.675】
1. 小穗长2~3毫米，通常2个簇生；第二颖顶端无明显伸出刺外的尖头。生山坡、路旁。产朝阳、大连等地 …………………………………… 2. 虱子草 Tragus berteronianus Schult.【P.675】

20. 野牛草属 Buchloe Engelm.

Buchloe Engelm. in Trans. Acad. Sci. St. Louis 1：432. t. 12, 14. f. l. bis 17. 1859.

本属全世界仅1种，产美洲。中国有引种。东北地区仅辽宁有栽培。

野牛草 Buchloe dactyloides（Nutt.）Engelm.【P.675】

多年生草本，具长匍匐枝。叶鞘及叶两面疏生柔毛，叶片线形。雄花序2~3，排列成总状花序，雄小穗具2花，无柄；雌花序头状，常两个花序并生，为上部膨大的叶鞘所包，4~5个小穗簇生，雌小穗具1花。原产北美洲。辽宁各大城市栽培，有逸生。

21. 虎尾草属 Chloris Sw.

Chloris Sw. in Prodr. Veg. Ind. Occ. 25. 1788.

本属全世界约55种，分布于热带至温带，美洲的种类最多。中国有5种。东北地区产1种，各省区均有分布。

虎尾草 Chloris virgata Swartz【P.675】

一年生草本。秆直立或基部膝曲。叶鞘具脊；叶片平滑，有时边缘粗糙。穗状花序，4~10余枚呈指状排列于秆顶；小穗具2~3小花；颖不等长，第二颖具短芒；第一外稃长3~4毫米，3脉，边脉具长柔毛，芒自顶端以下伸出，长5~15毫米。生路旁、荒野、河岸沙地等。产彰武、西丰、凌源、锦州、沈阳、宽甸、海城、营口、盖州、普兰店、金州、大连等地。

22. 狗牙根属 Cynodon Rich.

Cynodon Rich. in Pers. Syn. Pl. 1：85. 1805.

本属全世界约10种，分布于欧洲、亚洲的亚热带及热带。中国产2种1变种。东北仅辽宁栽培1种。

狗牙根 Cynodon dactylon（L.）Pers.【P.675】

多年生低矮草本。秆细而坚韧，下部匍匐地面蔓延甚长，节上常生不定根。叶片线形。穗状花序2~6枚；小穗灰绿色或带紫色，仅含1小花；外稃舟形，具3脉，背部明显成脊，脊上被柔毛；内稃与外稃近等长；花药淡紫色。分布中国黄河以南各省，大连栽培，有逸生。

23. 米草属 Spartina Schreb. ex J. F. Gmel.

Spartina Schreb. ex J. F. Gmel. Syst. 123. 1791.

本属全世界17种，分布于欧洲、美洲沿海地区，主产北美洲及欧洲沿海海滩。中国引种2种。东北地区仅辽宁有栽培或有记录2种。

分种检索表

1. 小穗具柔毛；秆高0.1~0.5米；叶片宽0.7~1厘米。生海滨。原产欧洲，庄河、兴城沿海早年有引进·········
·· 1. 大米草 Spartina anglica C. E. Hubb.【P.675】
1. 小穗无毛，有时龙骨突上具短毛；秆高0.5~3米；叶片宽1~2厘米。原产于北美洲与南美洲的大西洋沿岸。据资料记载，辽宁有分布，待调查核实 ·············· 2. 互花米草 Spartina alterniflora Loisel.【P.675】

24. 猬草属 Hystrix Moench

Hystrix Moench, Meth. P1. 294. 1794.

本属全世界约有10种，分布于亚洲、新西兰、北美洲。中国有4种。东北地区产2种，辽宁均产。

分种检索表

1. 外稃具疏柔毛，有长芒，芒长1~1.5厘米。生林下。产本溪 ·····························
·· 1. 东北猬草（柯马猬草）Hystrix komarovii（Rosh.）Ohwi
1. 外稃微粗糙，芒短，长2~3毫米。生河岸上的沙地。辽宁有记载·····························
·· 2. 高丽猬草（朝鲜猬草）Hystrix coreana（Honda）Ohwi

25. 大麦属 Hordeum L.

Hordeum L. Gen. Pl. ed. 5.37. 1754.

本属全世界30~40种，分布于全球温带或亚热带的山地或高原地区。中国有10种。东北地区产5种2变种，其中栽培1种1变种。辽宁产3种2变种，其中栽培1种1变种。

分种检索表

1. 一年生；小穗常无柄，皆发育完全。
 2. 颖果成熟时黏着于稃体，不脱出；外稃被先端常延伸为8~14毫米的芒。辽宁各地较为普遍栽培 ………
 …………………………………… 1a. 大麦 Hordeum vulgare L. var. vulgare【P.675】
 2. 颖果成熟时脱离稃体，不黏着；外稃具1直伸长芒。大连有栽培 ……………………………………
 …………………………………… 1b. 青稞 Hordeum vulgare var. nudum Hook. f.【P.675】
1. 多年生；侧生小穗有柄，发育不完全或雄性；中间小穗无柄。
 2. 颖均退化为细软长芒，长5~6厘米。生田野或路旁。原产北美洲。分布辽宁各地 ………………………
 …………………………………… 2. 芒颖大麦草 Hordeum jubatum L.【P.675】
 2. 颖呈针状或基部稍宽，但较粗糙，长不超过1.5厘米；外稃芒长1~2毫米。
  3. 外稃背部无短刺毛。生草原、田边、路旁及林中湿草地。产北镇、彰武 ………………………………
  ………… 3a. 短芒大麦草 Hordeum brevisubulatum（Trin.）Link var. brevisubulatum【P.676】
  3. 外稃背部具短刺毛。生草原、田边、路旁及林中湿草地。产铁岭 ………………………………
  …………………………… 3b. 刺稃大麦草 Hordeum brevisubulatum var. hirtellum Chang et Skv.

26. 披碱草属 Elymus L.

Elymus L., Sp. Pl. 1：83. 1753.

本属全世界约170种，分布两半球温带区，主要分布亚洲。中国有88种。东北地区产18种1亚种5变种，其中栽培1种。辽宁产9种1亚种2变种，其中栽培1种。

分种检索表

1. 小穗常2~4（~6）枚生于穗轴的各节，或在上、下两端每节可有单生者。
 2. 花序明显下垂；穗状花序较疏松而下垂；颖显著短于第一小花。多生路旁和山坡上。产沈阳、建平、凤城、清原等地 …………………………………… 1. 老芒麦 Elymus sibiricus L.【P.676】
 2. 花序直立；穗状花序较紧密而直立；颖稍短或等于第一小花。生山坡、草地、村旁或河岸。产锦州、彰武、建平、北镇、沈阳、凤城、清原、桓仁 ……………………………………
 …………………… 2. 披碱草（肥披碱草、圆柱披碱草）Elymus dahuricus Turcz.【P.676】
1. 小穗单生于穗轴的各节，顶生小穗大部分发育正常。
 3. 植物体通常无地下根状茎；小穗脱节于颖上，小穗轴于各小花间折断。
  4. 外稃通常有芒，芒结实期劲直或稍屈曲。
   5. 颖等长或稍短于第一外稃。
    6. 外稃背部具贴生刺毛或柔毛，或粗糙而仅于近顶端处疏生短硬毛，边缘具长纤毛。
     7. 下部叶鞘常具倒毛；叶片无毛或近无毛；外稃背部全部粗糙或近顶端处疏生短硬毛。生河边、路旁、山坡林下。产抚顺、本溪、桓仁、建平、彰武、鞍山、长海、大连 ……………………
     …………………………… 3a. 缘毛披碱草（缘毛鹅观草）Elymus pendulinus（Nevski）Tzvelev subsp. pendulinus【P.676】
     7. 叶鞘无毛；叶片表面疏生长柔毛，背面无毛；外稃背部全部或上半部显著有毛。生山坡、草地。产大连、鞍山、沈阳 ………… 3b. 多秆缘毛草（多秆鹅观草）Elymus pendulinus subsp. multiculmis（Kitag.）Á. Löve【P.676】

6. 外稃背部无毛，边缘粗糙；基部叶鞘具倒毛；叶表面粗糙，背面无毛。生山坡。产北镇、大连
　　……………… 4. 本田鹅观（五龙山鹅观草、河北鹅观草）Elymus hondae（Kitag.）S. L. Chen
　5. 颖显著短于第一外稃；颖及外稃边缘白色宽膜质状，外稃背部无毛或沿脉稍粗糙。生山坡或草地。
　　产北镇、兴城、沈阳、丹东、大连 ……………………………………………………………………
　　……………………………… 5. 柯孟披碱草（鹅观草）Elymus tsukushiensis Honda【P.676】
4. 外稃芒结实期向外反曲。
　8. 内稃仅为外稃长的 2/3~3/4。
　　9. 叶鞘光滑无毛；外稃背部被粗毛，边缘具长而硬的纤毛。
　　　10. 叶两面及边缘无毛。生山坡、草地、路旁。产沈阳、法库、昌图、铁岭、长海、大连、丹
　　　东、本溪、清原、岫岩、盖州、兴城、绥中、北镇、凌源、建平、朝阳 …………………………
　　　………… 6a. 纤毛披碱草（纤毛鹅观草）Elymus ciliaris（Trin.）Tzvelev var. ciliaris【P.676】
　　　10. 叶两面及边缘密生柔毛。生山坡。产大连、长海、凌源 ……………………………………
　　　……… 6b. 毛叶纤毛草（粗毛鹅观草）Elymus ciliaris var. lasiophyllus（Kitag.）S. L. Chen
　　9. 下部叶鞘有毛，上部叶鞘无毛；外稃背部粗糙至具短刺毛，边缘具短纤毛；叶两面及边缘密生柔
　　毛。生山坡、草地、河岸。产建平、盖州、铁岭、大连等地 …………………………………………
　　…………… 6c. 阿麦纤毛草（毛叶鹅观草）Elymus ciliaris var. amurensis（Drobow）S. L. Chen
　8. 内稃与外稃等长或稍短。
　　11. 秆较粗壮，高约 1 米；外稃除脉上和边缘的上部具微硬毛外均无毛，芒长 15~30 毫米。生山坡、
　　草地。产沈阳 ……………………… 7. 吉林披碱草（吉林鹅观草）Elymus nakaii（Kitag.）S. L. Chen
　　11. 秆较细瘦；外稃背部全部被细硬毛，芒长 25~45 毫米。生山坡、草地。产兴城、大连等地 ……
　　……………………… 8. 真穗披碱草（直穗鹅观草）Elymus gmelinii（Ledeb.）Tzvelev
3. 植物体通常具地下根状茎或匍匐茎；小穗脱节于颖下，小穗轴不于各小花间折断；颖基横缢。分布新
　疆、甘肃、青海、西藏等省区。大连等地栽培，有逸生 ………………………………………………
　…………………………………………………… 9. 偃麦草 Elymus repens（L.）Gould【P.676】

27. 赖草属 Leymus Hochst.

Leymus Hochst. in Flora 31：118. 1848.

　本属全世界约有 50 种，分布于北半球温寒地带，多数种类产于亚洲中部，欧洲和北美也有些种类。中国
产 24 种。东北地区产 5 种，其中栽培 1 种。辽宁产 4 种，其中栽培 1 种。

分种检索表

1. 颖长圆状披针形，具 3~5 脉，正覆盖小穗。
　2. 叶绿色。生海岸沙地。产长海、东港、绥中等地 ………… 1. 滨麦 Leymus mollis（Trin.）Hara【P.676】
　2. 叶蓝绿色。原产加拿大。辽宁省沈阳有栽培 ……………………………………………………………
　…………………………………… 2. 蓝滨麦 Leymus condensatus（J. Presl）Á. Löve【P.676】
1. 颖锥状，具 1 脉，偏覆盖小穗。
　3. 小穗 2~3（~4）个生于穗轴的每节上；外稃多少被毛。生草地、盐碱地、沙质地、河岸及路旁。产大
　连、沈阳、建平、黑山、盖州等地 ………………… 3. 赖草 Leymus secalinus（Georgi）Tzvel.【P.676】
　3. 小穗 1~2 个生于穗轴的每节上；外稃无毛。生草地、盐碱地、河岸及路旁。产辽宁各地 ……………
　…………………………………………… 4. 羊草 Leymus chinensis（Trin.）Tzvel.【P.676】

28. 黑麦属 Secale L.

Secale L. Gen. Pl. ed. 36. 1754, et Sp. Pl. ed. 1. 84. 1753.

　本属全世界约有 5 种，产欧亚大陆温带地区。中国有 3 种。东北各地栽培 1 种。

黑麦Secale cereale L.

二年生草本；秆较粗壮，疏丛生，花序以下部分密生柔毛。叶片宽5~10毫米，平展。穗状花序；小穗含2花；外稃长圆状披针形，具5脉，中脉成锐利之脊，沿脊及边缘具刺状纤毛，先端有芒；内稃与外稃近等长。颖果与内外稃分离。模式标本采自欧洲。我国北方山区和较寒冷地区有栽培。辽宁也有栽培。

29. 小麦属Triticum L.

Triticum L. Gen. Pl. ed. 5. 37. 1754.

本属全世界约有25种，为重要粮食作物，欧亚大陆和北美洲广为栽培。中国常见4种4变种。东北各地栽培1种。

普通小麦（小麦）Triticum aestivum L.【P.677】

一年生草本，栽培状况下多为二年生。叶片长披针形，平展。穗状花序直立；小穗单生轴各节上，含3~6小花，上部常不结实；颖革质，顶部具脊，5~9脉，先端具短尖头；外稃厚纸质，具5~9脉，顶端通常有齿，有芒或无芒；内稃与外稃近等长。辽宁各地栽培。

30. 冰草属Agropyron Gaertn.

Agropyron Gaertn. in Nov. Comm. Acad. Sci. Petrop. 14；539. 1770.

本属全世界约15种，大都分布于欧亚大陆温寒带区域之高草原及沙地上。中国有5种4变种1变型。东北地区产5种5变种。辽宁产1种1变种。

分种下单位检索表

1. 颖脊上连同背部脉间被长柔毛；外稃被有稠密的长柔毛或显著地被稀疏柔毛。生沙地、草地或干山坡。产大连、彰武 ·················· 1a. 冰草 Agropyron cristatum （L.）Gaertn. var. cristatum【P.677】
1. 颖与外稃全部平滑无毛或疏被0.1~0.2毫米的短刺毛。生干山坡。产彰武 ·················
·················· 1b. 光穗冰草（山冰草）Agropyron cristatum var. pectinatum （M. Bieb.）B. Fedtsch.

31. 甜茅属Glyceria R. Br.

Glyceria R. Br. Prodr. Fl. Nov. Holl. 1；179. 1810，nom. conserv.

本属全世界约40种，分布于两半球温带，亚热带、热带山地也有少量分布。中国有10种1变种。东北地区产5种。辽宁产3种。

分种检索表

1. 颖锐尖，长3~4.5毫米；外稃长4~5毫米；叶片宽3~5毫米；花序分枝斜开展。生水边湿地或沼泽中。产彰武 ·················· 1. 狭叶甜茅 Glyceria spiculosa （Fr. Schmidt）Rosh.
1. 颖钝或稍尖锐，长不超过3.5毫米；外稃长不超过4毫米；叶片宽常5毫米以上。
　2. 花药长0.5~0.8毫米；第二颖长2~2.5毫米；叶舌长0.5~1毫米；圆锥花序密集或疏松开展；小穗卵形或长圆形，绿色，成熟后变黄褐色；内稃等于或稍长于外稃。生湿地及沼泽中。产西丰、新宾、本溪等地 ·················· 2. 假鼠妇草 Glyceria leptolepis Ohwi【P.677】
　2. 花药长1~2毫米；第二颖长2~3毫米；叶舌长3~6毫米；圆锥花序开展；小穗淡绿色或成熟后带紫色；内稃较短或等长于外稃。生浅水及沼泽中。产南票、北票、北镇、新宾、清原、大连等地 ·················
·················· 3. 东北甜茅（散穗甜茅）Glyceria arundinacea Kunth【P.677】

32. 臭草属Melica L.

Melica L. Sp. Pl. 66. 1753，et Gen. Pl. ed. 5；31. 1754.

本属全世界约90种，分布于两半球的温带区域或亚热带、热带山区。中国有23种。东北地区产5种2变种。辽宁产5种1变种。

分种检索表

1. 圆锥花序分枝细长，开展成金字塔形；小穗线状披针形，顶端不育外稃仅1枚，而不形成粗棒状及小球形。生沟边、林缘、路旁。产辽宁西部和南部曾有记载… **1. 广序臭草（小野臭草）Melica onoei** Franch. et Sav.
1. 圆锥花序分枝较短或稍长，常紧缩成穗状或总状；小穗较宽，广披针形或椭圆形，顶端数枚不育外稃聚集成粗棒状及小球形。
  2. 颖顶端钝或稍尖；外稃背部不具颗粒。
    3. 圆锥花序广而开展；外稃中部以下通常被糙毛。生山地林缘、阴坡草丛中。产大连 ··· **2. 大臭草 Melica turczaninoviana** Ohwi
    3. 圆锥花序狭，几乎呈总状；外稃无糙毛。
      4. 颖淡绿色或有时带紫色。生林下。产本溪、凤城、新宾等地 ·················· **3a. 大花臭草Melica grandiflora**（Hack.）Koidz. var. **grandiflora**【P.677】
      4. 颖白色而有光泽。生林下或路旁。产本溪、鞍山、北镇、沈阳、绥中、盖州、开原、凤城 ········· **3b. 直穗臭草Melica grandiflora** var. **angyrolepis** Kom.
  2. 颖顶端尖；外稃背部具颗粒而粗糙。
    5. 两颖几乎等长；第一颖与第一外稃几乎等长。生山野或田边。产沈阳、鞍山、大连、北镇、建昌、盖州、长海等地 ·················· **4. 臭草 Melica scabrosa** Trin.【P.677】
    5. 两颖明显不等长；第一颖约为第一外稃的1/2。生山坡草地、阳坡多砾石处或沟底路旁。产建昌 ········· **5. 抱草 Melica virgata** Turcz. ex Trin.【P.677】

33. 雀麦属 Bromus L.

Bromus L. Sp. Pl. 76. 1753.

本属全世界约150种，分布于欧洲、亚洲、美洲的温带地区，非洲、亚洲、南美洲热带山地。中国有55种。东北地区产11种1变种，其中栽培1种。辽宁产5种。

分种检索表

1. 小穗两侧压扁，外稃具7~13脉，中脉显著成脊。
  2. 外稃具长约1厘米的芒；内稃约等长于其外稃。原产欧洲西北部和北美洲。分布金州 ·············· **1. 显脊雀麦 Bromus carinatus** Hook. et Arn.【P.677】
  2. 外稃无芒或具长1毫米的芒尖；内稃长为其外稃的1/2。原产美洲。分布金州 ·················· **2. 扁穗雀麦 Bromus catharticus** Vahl.【P.677】
1. 小穗略呈圆筒形或两侧压扁，外稃具5~9脉，背部圆形或中脉成脊。
  3. 多年生，常具地下根状茎；第一颖1脉，第二颖3脉；外稃无芒或仅具1~2毫米的短芒，无毛或基部疏被短柔毛；叶鞘通常无毛。生山坡、路旁、沙地。产沈阳、彰武等地 ·················· **3. 无芒雀麦 Bromus inermis** Leyss.【P.677】
  3. 一年生，常无地下根状茎；颖具3~9脉，稀1~3脉。
    4. 颖及外稃均无毛；外稃广椭圆形。生山坡、路旁。产大连、铁岭 ·················· **4. 雀麦 Bromus japonicus** Thunb.【P.677】
    4. 颖及外稃均有毛；外稃狭披针形。生路边草地。产大连 ·················· **5. 旱雀麦 Bromus tectorum** L.【P.677】

34. 短柄草属 Brachypodium Beauv.

Brachypodium Beauv. Ess. Agrost. 100. 1812.

本属全世界约20种；大多分布于欧亚大陆温带，以及地中海地区、非洲和美洲热带高海拔山地。中国有7种。东北地区产2种。辽宁产1种。

短柄草（东北短柄草）Brachypodium sylvaticum（Huds.）Beauv.【P.678】

多年生草本。秆丛生、直立或膝曲上升，具6~7节，节密生细毛。叶片宽12毫米左右，两面散生柔毛。穗形总状花序着生10余枚小穗；小穗圆筒形，含6~16小花；外稃长圆状披针形，具7~9脉，芒细直；内稃短于外稃，顶端截平。生山坡。产长海大耗子岛、旅顺口（蛇岛）。

35. 鸭茅属 Dactylis L.

Dactylis L. Sp. Pl. 71. 1753.

本属全世界仅1种，分布于欧亚大陆温带和北非。中国有分布。东北仅辽宁有栽培，有逃逸。

鸭茅 Dactylis glomerata L.【P.678】

多年生草本。叶鞘无毛，通常闭合达中部以上；叶舌薄膜质，顶端撕裂；叶片扁平，长10~30厘米，宽4~8毫米。圆锥花序长5~15厘米，小穗密集；小穗长5~9毫米，含2~5小花，颖几乎等长；外稃与小穗近等长，顶端具1毫米的短芒。生山坡、草地及林下。大连、沈阳、鞍山等地有栽培，有逃逸。

36. 早熟禾属 Poa L.

Poa L.，Sp. Pl. 1：67. 1753.

本属全世界有500余种，广布于全球温寒带以及热带、亚热带高海拔山地。中国有81种。东北地区产17种7亚种3变种，其中栽培1种。辽宁产14种2亚种2变种，其中栽培2种。

分种检索表

1. 内稃脊上具细长丝状毛；一年生植物。
　　2. 外稃基盘无绵毛；花序分枝光滑。生路边草地及湿草地。产大连、沈阳等地 ………………………
　　…………………………………………………………………… 1. 早熟禾 Poa annua L.【P.678】
　　2. 外稃的基盘具绵毛；花序分枝粗糙。
　　　　3. 内稃沿两脊全具丝状毛；外稃长2~3毫米。生林缘及湿地。产金州、凤城等地 ………………
　　　　…………………………………………………… 2. 白顶早熟禾 Poa acroleuca Steud.【P.678】
　　　　3. 内稃沿两脊下部具纤毛或上部粗糙；外稃长3.5~3.8毫米。生于阳坡灌丛湿地草甸中。辽宁有记载 …
　　　　……………… 3b. 日本早熟禾 Poa nepalensis var. nipponica（Koidzumi）Soreng & G. Zhu【P.678】
1. 内稃脊上粗糙或具短纤毛；多年生植物。
　　4. 外稃基盘无绵毛。
　　　　5. 植株具很短根状茎或仅具根头；小穗常含2~3小花，长4~6毫米；外稃间脉明显；花药长1.5~2毫米。
　　　　　　生林缘及山坡草地。产大连、宽甸、岫岩等地 ……… 4. 西伯利亚早熟禾 Poa sibirica Rosh.【P.678】
　　　　5. 植株具长地下根状茎。
　　　　　　6. 秆具2~3节；圆锥花序大型开展，金字塔形，每节具2~3分枝；小穗含3~5小花；颖宽披针形，第一
　　　　　　　　颖具1脉，第二颖具3脉；外稃宽披针形。生河边湿及湿草甸。产沈阳、旅顺口 ……………………
　　　　　　　　………………………………………………… 5. 散穗早熟禾 Poa subfastigiata Trin.
　　　　　　6. 秆具5~6节；圆锥花序狭窄，每节具1~3枚分枝；小穗含2~4小花，两颖披针形，近相等，具3脉；
　　　　　　　　外稃长圆形。生于林带湿草地。欧洲、亚洲和北美广泛分布。大连有引种 …………………………
　　　　　　　　………………………………………… 6. 加拿大早熟禾 Poa compressa L.【P.678】
　　4. 外稃基盘具绵毛。
　　　　7. 植株不具地下根状茎，或仅具简短的根头。
　　　　　　8. 叶舌长1~5（~6）毫米。

9. 叶舌长 1~2 毫米。

　　10. 秆高约 20 厘米，具 2~3 节；叶鞘长于节间；圆锥花序各节具 2~3 分枝；花药长 2 毫米。生干草原。产本溪、大连 ┄┄┄┄┄┄┄┄ **7b. 瑞沃达早熟禾（额尔古纳早熟禾）Poa versicolor** subsp. **reverdattoi（Roshevitz）Olonova & G. Zhu【P.679】**

　　10. 秆高约 60 厘米，具 4~5 节；叶鞘短于节间；圆锥花序每节具 4~5 分枝；花药长 1 毫米。生多石山坡及干草原。产阜蒙、兴城、北镇、沈阳、长海等地 ┄┄┄┄┄┄┄┄ **7c. 低山早熟禾（葡系早熟禾、华灰早熟禾）Poa versicolor** subsp. **stepposa（Krylov）Tzvelev【P.679】**

9. 叶舌长 3~5（~6）毫米。

　　11. 外稃边脉有毛；至少边脉基部有毛。

　　　　12. 圆锥花序紧缩；秆紧接花序以下和节下均略微糙涩。

　　　　　　13. 叶鞘顶生者短于其叶片；叶舌长约 4 毫米；内稃等长于外稃；花药长约 1 毫米。生山坡、路旁、草地。产彰武、铁岭、北镇、黑山、沈阳、鞍山、凤城、盖州、普兰店、大连等地 ┄┄┄┄┄┄┄┄ **8a. 硬质早熟禾 Poa sphondylodes** Trin. var. **sphondylodes【P.679】**

　　　　　　13. 叶鞘顶生者与其叶片近等长；叶舌长 1.5~2.5 毫米；内稃稍短于外稃；花药长 2 毫米。生于山坡草地。产大连 ┄┄┄┄ **8b. 多叶早熟禾 Poa sphondylodes** var. **erikssonii Melderis**

　　　　12. 圆锥花序开展，具上升分枝；秆光滑；外稃中脉不明显。生沼泽、草甸、林缘、路旁。产大连、沈阳、鞍山、本溪等地 ┄┄┄┄┄┄┄┄ **9. 泽地早熟禾 Poa palustris L.【P.679】**

　　11. 外稃边脉无毛，仅脊上具柔毛；叶舌长达 5 毫米。生山坡、草地、林缘。大连有栽培 ┄┄┄┄┄┄┄┄ **10. 普通早熟禾 Poa trivialis L.【P.679】**

8. 叶舌长 1 毫米以下。

　　14. 外稃脊下部 1/2 与边脉基部 1/3 具柔毛。生林下、林缘。产桓仁、宽甸、凤城、岫岩、本溪、沈阳等地 ┄┄┄┄┄┄┄┄ **11. 林地早熟禾 Poa nemoralis L.【P.679】**

　　14. 外稃脊下部 2/3 与边脉基部 1/2 具柔毛；小穗轴无毛。生林缘、草地。产沈阳、北镇、本溪、岫岩、凤城等地 ┄┄┄┄┄┄┄┄ **12. 高株早熟禾（孪枝早熟禾、蒙古早熟禾、假泽早熟禾）Poa alta Hitchc.【P.679】**

7. 植株具地下根状茎。

　　15. 花序分枝极粗糙。

　　　　16. 小穗具 3~5（~6）小花；花药长 1.2 毫米；外稃长 3.5~4.5（~5）毫米，脊与边脉下部生柔毛，基盘有少量绵毛，5 脉明显。生林缘及林下。产本溪、宽甸等地 ┄┄┄┄┄┄┄┄ **13a. 乌苏里早熟禾 Poa urssulensis** Trin. var. **urssulensis**

　　　　16. 小穗含 2~3 花；花药长 1.5~1.8 毫米；外稃长 3~3.5 毫米，除脊下部有稀少柔毛外几近无毛，间脉不明显。生于山坡草地。辽宁有记载 ┄┄┄┄┄┄┄┄ **13b. 坎博早熟禾 Poa urssulensis** var. **anboensis（Ohwi）Olonova & G. Zhu**

　　15. 花序分枝微粗糙或下部平滑。

　　　　17. 植株疏丛生；叶鞘平滑或糙涩，长于其节间，并较其叶片为长；叶片线形，扁平或内卷，宽 3~5 毫米；小穗绿色至草黄色。生山坡、草地、林缘。产彰武、铁岭、本溪、凤城、东港、丹东、大连等地 ┄┄┄┄┄┄┄┄ **14. 草地早熟禾 Poa pratensis L.【P.679】**

　　　　17. 植株密丛生；叶鞘稍短于其节间而数倍长于其叶片；叶片狭线形，对折或扁平，宽约 2 毫米；小穗绿色或带紫色。生山坡、干草原。产沈阳、本溪、大连等地 ┄┄┄┄┄┄┄┄ **15. 细叶早熟禾 Poa angustifolia L.【P.680】**

37. 羊茅属 Festuca L.

Festuca L., Sp. Pl. 1：73. 1753.

　　本属全世界约有 450 种，分布于全世界的温寒地带、温带及热带的高山地区。中国有 55 种。东北地区产 15 种 2 亚种，其中栽培 1 种。辽宁产 6 种，其中栽培 1 种。

分种检索表

1. 叶片扁平，宽3毫米以上；植株高大。
 2. 植株具根茎。
  3. 外稃无芒；叶具披针形叶耳，叶舌及叶耳具纤毛。生山坡草地、河谷、水渠边。原产欧洲。分布沈阳、本溪、凤城、清原等地 ⋯⋯⋯⋯⋯⋯⋯⋯⋯⋯⋯⋯⋯⋯⋯⋯⋯⋯ 1. 草甸羊茅 Festuca pratensis Huds.
  3. 外稃芒长4~8毫米；叶无叶耳。生山坡、路边、林下。产庄河、沈阳、本溪、凤城、清原、建昌、北镇等地 ⋯⋯⋯⋯⋯⋯⋯⋯⋯ 2. 远东羊茅 Festuca extremiorientalis Ohwi【P.680】
 2. 植株不具根茎；外稃顶端无芒或具长约0.5毫米的短尖；叶鞘下部粗糙。生河谷阶地、灌丛、林缘等潮湿处。分布于欧亚大陆温带。大连有栽培，也见逸生 ⋯⋯⋯ 3. 苇状羊茅 Festuca arundinacea Schreb.
1. 叶片内卷或对折，稀扁平，宽3毫米以下；植株通常矮小。
 4. 野生种；叶多为绿色。
  5. 秆平滑，高30~60厘米；小穗轴节间长约0.8毫米，粗糙；外稃顶端锐尖，无芒。生草原沙地及沙丘上。产彰武 ⋯⋯⋯⋯⋯⋯⋯⋯⋯⋯ 4. 达乌里羊茅 Festuca dahurica (St.-Yves) V. I. Krecz. & Bobrov
  5. 秆具条棱，高15~20厘米，细弱；小穗轴节间长约0.5毫米，被微毛；外稃顶端具芒，芒长1~1.5毫米。生林缘草地及干山坡。产宽甸、凤城等地 ⋯⋯⋯⋯⋯ 5. 羊茅 Festuca ovina L.【P.680】
 4. 栽培品种；叶片强烈内卷几乎成针状或毛发状，蓝绿色，具银白霜；圆锥花序直立，长10厘米左右。大连有栽培 ⋯⋯⋯⋯⋯⋯⋯⋯⋯ 6. 埃丽蓝羊茅 Festuca glauca "Elijah Blue"【P.680】

38. 碱茅属 Puccinellia Parl.

Puccinellia Parl. Fl. Ital. 1: 366. 1848, nom. gen. conserv.

本属全世界约200种。分布于北半球温寒带地区。中国有50种。东北地区产10种。辽宁产5种。

分种检索表

1. 花药长0.3~0.8毫米。
 2. 小穗含2~3小花，淡黄色，后带紫色；外稃长圆形，先端截平；花药长约0.5毫米。生水边湿地、草丛。产大连、长海等地 ⋯⋯⋯⋯⋯⋯ 1. 微药碱茅 Puccinellia micrandra (Keng) Keng【P.680】
 2. 小穗含5~8小花，绿色或带紫色；外稃倒卵形，先端宽圆而钝；花药长0.3~0.6毫米。生河边、湿地及盐碱地。产铁岭、北镇、沈阳、大连、金州、普兰店等地 ⋯⋯⋯⋯⋯⋯⋯⋯⋯⋯⋯⋯⋯⋯⋯⋯⋯⋯⋯⋯ 2. 鹤甫碱茅 Puccinellia hauptiana (V. Krecz.) V. Krecz.【P.680】
1. 花药长1~2.1毫米。
 3. 外稃有毛，至少基部有毛；小穗含3~6小花，常为紫色。
  4. 小穗含4~5小花；外稃长2.5~3毫米；花药长1.3~1.8毫米。生草原、草甸。产北镇、长海 ⋯⋯⋯⋯⋯⋯⋯⋯⋯⋯⋯⋯⋯⋯⋯⋯⋯⋯⋯ 3. 热河碱茅（长稃碱茅）Puccinellia jeholensis Kitag.
  4. 小穗含5~7小花；外稃长1.8~2毫米；花药长1~1.2毫米。生湿地。产北镇、长海、营口等地 ⋯⋯⋯⋯⋯⋯⋯⋯⋯⋯⋯⋯⋯⋯⋯⋯ 4. 朝鲜碱茅 Puccinellia chinampoensis Ohwi【P.680】
 3. 外稃无毛；小穗含2~4小花；叶宽1~3毫米；圆锥花序长8~15厘米，每节分枝2~5。生草原、盐化草甸。产大连 ⋯⋯⋯⋯⋯⋯⋯⋯ 5. 星星草 Puccinellia tenuiflora (Griseb.) Scribn. et Merr.

39. 黑麦草属（毒麦属）Lolium L.

Lolium L. Sp. Pl. 83. 1953.

本属全世界约8种，主产地中海区域，分布于欧亚大陆的温带地区。中国有6种，多由国外输入。东北地区产5种1变种，其中栽培2种。辽宁产4种。

1. 颖片宽大，长于其小穗；颖果成熟后肿胀，厚约2毫米，长不超过宽的3倍；外稃芒长12~18毫米。原产欧洲、中亚等地。辽宁有引种，有逸生 ‥‥‥‥‥‥‥‥‥‥‥‥ 1. 毒麦 Lolium temulentum L.【P.680】
1. 颖片短于小穗，长约为小穗1/2；颖果成熟后不肿胀，厚约0.5毫米，长超出宽的3倍。
    2. 外稃无芒；多年生。原产欧洲。分布大连等地。内蒙古有栽培 ‥‥‥‥‥‥‥‥‥‥‥‥‥‥
    ‥‥‥‥‥‥‥‥‥‥‥‥‥‥‥‥‥‥‥‥‥‥ 2. 黑麦草 Lolium perenne L.【P.680】
    2. 外稃有芒；一年生。
        3. 小穗含11~22小花，侧生于穗轴上。原产欧洲。大连、沈阳有栽培，有逸生 ‥‥‥‥‥‥‥‥‥
        ‥‥‥‥‥‥‥‥‥‥‥‥‥‥‥ 3. 多花黑麦草 Lolium multiflorum Lam.【P.680】
        3. 小穗含3~10小花，多少嵌陷于穗轴中。生于河边、山坡、路旁、盐化草甸土上。原产伊朗、中亚、高加索、帕米尔。大连有分布 ‥‥‥‥‥ 4. 欧黑麦草 Lolium persicum Boiss. et Hoh. ex Boiss.【P.680】

40. 洽草属 Koeleria Pers.

Koeleria Pers. Svn. Pl. 1：97. 1805.
　　本属全世界约35种，多分布于北温带地区。中国有4种。东北地区产3种。辽宁产2种。

1. 外稃背部顶端稍下1毫米处生芒，芒长0.5~2.5毫米；小穗轴被长0.5~1毫米的柔毛；小穗长5~6毫米；叶片边缘具较长的纤毛，两面被短柔毛，亦可无毛。生山坡草地。产凤城、大连、鞍山等地 ‥‥‥‥‥‥‥‥
‥‥‥‥‥‥‥‥‥‥‥‥‥‥‥‥ 1. 芒洽草 Koeleria litvinowii Dom.【P.681】
1. 外稃背部无芒，仅顶端具小尖头；小穗轴无毛或具微毛；小穗长4~5毫米；叶上面无毛，下面被短柔毛。生山坡、草地或路旁。产彰武、昌图、建平、北镇、黑山、沈阳、盖州、瓦房店、金州、大连等地
‥‥‥‥‥‥‥‥‥‥‥‥‥‥‥‥ 2. 洽草 Koeleria macrantha（Ledeb.）Schult.【P.681】

41. 燕麦属 Avena L.

Avena L. Sp. Pl. 79. 1753.
　　本属全世界约有25种，分布于欧亚大陆的温寒带。中国有5种，多为栽培种。东北地区产3种，其中栽培2种。辽宁产2种，其中栽培1种。

1. 外稃背部有毛；小穗含2~3小花。生荒芜田野或为田间杂草。产大连 ‥‥‥‥‥‥‥‥‥‥‥‥‥‥
‥‥‥‥‥‥‥‥‥‥‥‥‥‥‥‥‥‥‥ 1. 野燕麦 Avena fatua L.【P.681】
1. 外稃背部无毛或仅基部有少量；小穗含3~6小花。我国西北、西南、华北和湖北等省区有栽培，也有野生于山坡路旁、高山草甸及潮湿处。辽宁有栽培
‥‥‥‥‥‥‥‥‥‥‥‥‥‥ 2. 莜麦 Avena chinensis（Fisch. ex Roem. et Schult.）Metzg.【P.681】

42. 虉草属 Phalaris L.

Phalaris L. Sp. Pl. 54. 1753.
　　本属全世界约18种，分布于北半球的温带，主产欧洲、美洲。中国有5种。东北地区产1种1变种，其中栽培1变种，辽宁均产。

1. 叶片绿色无条纹。生林下、潮湿草地或水湿处。产彰武、建昌、清原、沈阳、鞍山等地 ‥‥‥‥‥‥‥‥
‥‥‥‥‥‥‥‥‥‥ 1a. 虉草 Phalaris arundinacea L. var. arundinacea【P.681】

1. 叶片绿色而有白色条纹间于其中，柔软而似丝带。大连等地有栽培 ························
·················· 1b. 丝带草 Phalaris arundinacea var. picta L.【P.681】

43. 茅香属 Hierochloe R. Br.

Hierochloe R. Br. in Prodr. Fl. Nov. Holl. 208. 1810. nom. conserv.

本属有20种，多分布于寒温地带和高山地区。中国有4种1变种，产西南部至东北部。东北地区产3种1变种。辽宁产2种。

分种检索表

1. 雄花外稃背部无毛，仅边缘具纤毛；叶鞘密生短柔毛。生沙地及山坡湿地。产彰武、兴城、沈阳、凤城、新宾、丹东、东港、庄河、大连、鞍山、盖州等地
··················· 1. 光稃香草（光稃茅香）Hierochloe glabra Trin.【P.681】
1. 雄花外稃具毛，边缘具纤毛；叶鞘无毛或毛极少。生阴坡、河漫滩或湿润草地。产桓仁、凌源 ··········
·································· 2. 茅香 Hierochloe odorata（L.）Beauv.【P.682】

44. 拂子茅属 Calamagrostis Adans.

Calamagrostis Adans. Fam. Pl. 2；31. 1763.

本属全世界约有20种，多分布于东半球的温带区域；中国有6种及4变种。东北地区产13种7变种。辽宁产7种5变种。

分种检索表

1. 小穗轴不延伸至内稃之后，稀微延伸，通常无毛而不呈画笔状；外稃通常比颖短很多；基盘毛明显长于外稃。
   2. 颖不等长；芒生于外稃顶端。生河岸沙湿地或山坡草地。产彰武、铁岭、沈阳、建平、义县、绥中等地
   ··················· 1. 假苇拂子茅 Calamagrostis pseudophragmites（Hall. f.）Koel.【P.682】
   2. 颖等长或不等长；芒生于外稃中部或中上部。
     3. 小穗长5~7毫米，颖几乎等长。
       4. 圆锥花序紧密或疏展，具间断。
         5. 圆锥花序长10~25（~30）厘米；小穗长5~7毫米；外稃芒长2~3毫米。生湿草地、林缘及林内草地。产辽宁各地 ··········· 2a. 拂子茅 Calamagrostis epigeios（L.）Roth var. **epigeios**【P.682】
         5. 圆锥花序较小而紧密，长6~9厘米；小穗长4~4.5毫米；外稃芒较短，仅1.5毫米。生河边。产辽中
         ······ 2b. 小花拂子茅（远东拂子茅）Calamagrostis epigeios var. parviflora Keng ex T. F. Wang
       4. 圆锥花序更紧缩而密集，几乎无间断。生河边。产大连 ·········
         ······························ 2c. 密花拂子茅 Calamagrostis epigeios var. densiflora Griseb.
     3. 小穗长8~10毫米，颖不等长。
       6. 第一颖长9~11毫米，第二颖长7~9毫米；外稃长4~5毫米，背部无倒刺状粗糙；小穗轴不延伸于内稃之后。生河边沙地及湿草地。产彰武、沈阳、盖州、瓦房店、新宾等地 ···········
         ············· 3a. 大拂子茅 Calamagrostis macrolepis Litv. var. macrolepis【P.682】
       6. 第一颖长7.5~8（~10）毫米，第二颖长4~5~6（~8）毫米；外稃长4~4.5毫米，背部有倒刺状粗糙；小穗轴延伸于内稃之后，极短，长0.1~0.4毫米。生山坡草地、撂荒地。产清原 ···········
         ············· 3b. 硬拂子茅 Calamagrostis macrolepis var. rigidula T. F. Wang
1. 小穗轴明显延伸到内稃之后，具长柔毛而呈画笔状；外稃比颖稍短；基盘毛与外稃近等长或稍短。
   7. 基盘毛通常长不超过外稃的2/3，稀微超过。
     8. 圆锥花序稀疏，具少数小穗。生山坡草地。产辽阳大黑山 ···········
       ··· 4. 疏穗野青茅 Calamagrostis effusiflora（Rendle）P. C. Kuo & S. L. Lu ex J. L. Yang【P.682】
     8. 圆锥花序紧缩，具多数小穗。

9. 叶鞘无毛或鞘颈具柔毛。生山坡草地及湿草地。产建平、凌源、建昌、本溪、清原、旅顺口 ……

…………………… 5a. **野青茅** Calamagrostis arundinacea（L.）Roth var. arundinacea【P.682】

9. 叶鞘疏生或密生柔毛。

　　10. 叶鞘疏生柔毛，基盘毛长为外稃的 1/3~1/2。生山坡草地、路旁。产西丰、开原、沈阳、法库、建平、建昌、葫芦岛、凤城、宽甸、本溪、桓仁、营口、鞍山、普兰店、大连 ……………

………………… 5b. **短毛野青茅** Calamagrostis arundinacea var. brachytricha（Steud.）Hack.

　　10. 叶鞘密生柔毛，基盘毛长为外稃。生山坡草地、路旁。产凌源、锦州、北镇、本溪、大连、长海 …………………… 5c. **糙毛野青茅** Calamagrostis arundinacea var. hirsuta Hack.

7. 基盘毛与外稃近等长。

　　11. 叶舌长约 4 毫米，背面粗糙，叶片宽 1~3.5 毫米，稀达 5 毫米，常内卷；小穗长 2.5~4 毫米；植株高 25~80 厘米，紧密丛生，常形成密丛。生湿地及沼泽中。产彰武、鞍山等地 …………………………

………………………………………………… 6. **小叶章** Calamagrostis angustifolia Kom.【P.682】

　　11. 叶舌长 4~10 毫米，背面常生短毛，叶片宽 4~8（~10）毫米，常扁平；小穗长 3~6 毫米；植株高大粗壮，高 70~150 厘米，常大片生长。生路旁及沟边湿地。产丹东、新民、本溪 …………………

………………………………………… 7. **大叶章** Calamagrostis purpurea（Trin.）Trin.【P.683】

45. 剪股颖属 Agrostis L.

Agrostis L. Gen. Pl. ed. 5. 30. 1754.

本属全世界约 200 种，多分布于寒温地带地区，尤以北半球居多。中国有 25 种。东北地区产 7 种。辽宁产 4 种

分种检索表

1. 内稃长为外稃的 1/2~2/3。

　　2. 叶舌膜质，长 2~3.5 毫米；圆锥花序长椭圆形或较狭窄，每节具 2~3 枚分枝；小穗黄绿色；基盘无毛；内稃长为外稃 1/2。生路旁湿地。产彰武、建平等地 ……………………………………………

…………………………… 1. **西伯利亚剪股颖**（匍匐茎剪股颖）Agrostis stolonifera L.【P.683】

　　2. 叶舌长 5~6 毫米；圆锥花序长椭圆形或较狭窄，每节具 2~3 枚分枝；小穗黄绿色；基盘无毛；内稃长为外稃的 1/2。生潮湿山坡及山谷中。产大连 ………… 2. **巨序剪股颖**（小糠草）Agrostis gigantea Roth

1. 内稃长小于外稃的 1/3 或无内稃。

　　2. 外稃无芒；花药长 0.4~0.6 毫米；一年生或 2~3 年生。生林缘、湿草地。产清原、桓仁、本溪、沈阳、建平、瓦房店等 …………………………………………… 3. **华北剪股颖** Agrostis clavata Trin.【P.683】

　　2. 外稃具短芒；花药长 1~1.5 毫米；多年生。生湿草地。产康平、北镇、北票、沈阳、本溪等地 ……………

…………………………………… 4. **巨药剪股颖** Agrostis macranthera Chang et Skv.【P.683】

46. 单蕊草属 Cinna L.

Cinna L. Sp. Pl. 1：5. 1753.

本属全世界约有 4 种，分布于北半球之温带。中国有 1 种。东北各省区均有分布。

单蕊草 Cinna latifolia（Trev.）Griseb.【P.683】

多年生草本。秆无毛，粗糙。叶鞘粗糙；叶片扁平，宽 8~12 毫米，两面及边缘粗糙。圆锥花序疏松而开展，每节着生 3~6 分枝，分枝下垂；小穗淡绿色，含 1 小花，颖近等长，比稃稍长；外稃顶端上具长 1 毫米的短芒；内稃稍短于外稃。生林缘、林间空地及水边。产本溪、宽甸等地。

47. 菵草属 Beckmannia Host

Beckmannia Host，Gram. Austr. 3：5. t. 6. 1805.

本属全世界有2种，广布于世界的温寒地带。中国有1种1变种。东北均有分布。辽宁产1种1变种。

1. 颖光滑，花药长约1毫米。生湿地、水沟边及浅的流水中。产彰武、绥中、兴城、沈阳、抚顺、本溪、丹东、大连、金州、长海等地 ·································
··························· 1a. 茵草Beckmannia syzigachne（Steud.）Fernald var. syzigachne【P.683】
1. 颖上具硬毛，花药较小。生水边湿地。产鞍山（千山）·································
··························· 1b. 毛颖茵草Beckmannia syzigachne var. hirsutiflora Rosh.【P.683】

48. 梯牧草属Phleum L.

Phleum L. Sp. Pl. 1：59. 1753.

本属全世界约16种，分布于两半球寒温带。中国有4种。东北地区产3种，其中栽培1种。辽宁栽培1种。

梯牧草Phleum pratense L.【P.683】

多年生草本。秆直立，基部常球状膨大并宿存枯萎叶。叶鞘松弛，光滑无毛；叶片扁平，两面及边缘粗糙。圆锥花序圆柱状，灰绿色；小穗长圆形；颖膜质，具3脉，脊上具硬纤毛，顶端具长0.5~1毫米的尖头；内稃略短于外稃。产新疆。辽宁栽培为牧草，也见逸生荒野路旁。

49. 看麦娘属Alopecurus L.

Alopecurus L. Sp. Pl. 1：60. 1753.

本属全世界40~50种，分布于北半球的寒温带地区。中国有8种。东北地区产5种。辽宁产3种。

分种检索表

1. 多年生。
  2. 花序广椭圆形或短圆柱形，长1~4厘米；颖两侧脉间密被长柔毛。生绿化带及其周边。产大连 ··········
  ··························· 1. 短穗看麦娘Alopecurus brachystachyus Bieb.【P.684】
  2. 花序短圆柱形或长圆柱形，长（3~）4~8厘米；颖两侧无毛或疏生短毛。生高山草地、阴坡草地、谷地及林缘草地。产新宾 ··························· 2. 大看麦娘 Alopecurus pratensis L.
1. 一年生；小穗长1.5~2.5毫米；花序细圆柱状；外稃芒长1.5~3.5毫米。生田边及潮湿地。产绥中、兴城、北镇、沈阳、凤城、新宾、丹东、东港、鞍山、大连等地 ·································
··························· 3. 看麦娘Alopecurus aequalis Sobol.【P.684】

50. 粟草属Milium L.

Milium L. Sp. Pl. ed. 1. 61. 1753.

本属全世界有5种，分布于欧亚寒温地区。中国有1种。东北地区有分布，产黑龙江、吉林、辽宁。

粟草Milium effusum L.【P.684】

多年生草本。秆光滑无毛。叶鞘光滑无毛；叶舌膜质；叶片宽5~15毫米，边缘微粗糙。圆锥花序较开展，分枝细长，光滑，下部者多数簇生，分枝下部裸露；小穗椭圆形，含1小花，脱节于颖上；颖近等长，稍长于外稃。生林下及阴湿草地。产新宾、凤城、本溪、鞍山等地。

51. 针茅属Stipa L.

Stipa L. Gen. Pl. ed. 5. 34. 1754.

本属全世界约有100种，分布于全世界温带地区，在干旱草原区尤多。中国有23种6变种，主产西部。东北地区产5种1亚种2变种。辽宁产3种。

分种检索表

1. 颖长 9~15 毫米；外稃长 4.5~6 毫米；芒长 10 厘米以下，上部具疏毛；基生叶鞘常具隐藏的小穗。生路边草地及干山坡。产大连、建平、兴城等地 ························· 1. 长芒草 Stipa bungeana Trin.【P.684】
1. 颖长 20~40 毫米；外稃长 10~17 毫米。
  2. 芒长（18~）20~25 厘米，第一芒柱长 5.5~7.5 厘米；外稃长 14~17 毫米；叶舌长 3~5 毫米。生干草原发干山坡。产建平县 ···························· 2. 大针茅 Stipa grandis P. Smirn.【P.684】
  2. 芒长 13~18（~20）厘米，第一芒柱长 3~4.5（~5）厘米；外稃长（11.5~）12~15（~16）毫米；叶舌长 1~2 毫米。生草地及干山坡。产建平、北镇、大连等地 ······ 3. 狼针草 Stipa baicalensis Roshev.【P.684】

52. 芨芨草属 Achnatherum Beauv.

Achnatherum Beauvois，Ess. Agrostogr. 19，146. 1812.
    本属全世界 50 种，分布于欧洲、亚洲温寒地带。中国有 14 种。东北地区产 5 种。辽宁产 4 种。

分种检索表

1. 芒近于直立或稍弯曲，但不扭转，易脱落；第一颖显著短于第二颖。生微碱性的草滩及砂土山坡上。产长海 ································ 1. 芨芨草 Achnatherum splendens（Triin）Nevski【P.684】
1. 芒下部扭转或略扭转，宿存；二颖近等长。
  2. 小穗长 11~13 毫米。生干山坡及山坡草地。产彰武、西丰、新民、北镇、建平、凌源、建昌、阜新、凤城、沈阳、抚顺、本溪、桓仁、营口、盖州、鞍山、金州、大连 ··················· 2. 京芒草（远东芨芨草）Achnatherum pekinense（Hance）Ohwi【P.684】
  2. 小穗长 5.5~10 毫米。
    3. 小穗长 5.5~6.5 毫米；花药顶端无毛或仅有 1~3 根毛。生山坡草地。产大连、朝阳、凌源、建平等地 ··················· 3. 朝阳芨芨草 Achnatherum nakaii（Honda）Tateoka【P.684】
    3. 小穗长 7~10 毫米；花药顶端有毛。生山坡草地、林缘及路旁。产彰武、西丰、阜新、建平、凌源、建昌、葫芦岛、北镇、沈阳、鞍山等地 ·········· 4. 羽茅 Achnatherum sibiricum（L.）Keng【P.684】

53. 野古草属 Arundinella Raddi

Arundinella Raddi. Agrost. Bras. 36. t. 1. f. 3. 1823.
    本属全世界约 60 种，广布于热带、亚热带；主产于亚洲，少数延伸至温带地区。中国有 20 种，除西北外各地均有，主产于西南及华南地区。东北地区产 1 种，各省区均有分布。

毛秆野古草（野古草）Arundinella hirta（Thunb.）Koidz.【P.684】

    多年生草本，具根状茎。秆单生，直立，质较坚硬。叶鞘仅边缘具纤毛或全部密生疣毛；叶片扁平或边缘稍内卷。圆锥花序；小穗灰绿色或带深红紫色，含 2 小花；颖不等长，具 3~5 脉；第一外稃顶端无芒，第二外稃无芒或具芒状小尖头。生干山坡草地及林荫潮湿处。产辽宁各地。

54. 蒺藜草属 Cenchrus L.

Cenchrus L. Gen. Pl. 470. 1750.
    本属全世界约有 25 种，分布于全世界热带和温带地区，主要在美洲和非洲温带的干旱地区，印度、亚洲南部和西部到澳大利亚有少数分布。中国有 4 种。东北地区产 1 种，分布辽宁、内蒙古。

光梗蒺藜草（少花蒺藜草）Cenchrus spinifex Cav.【P.684】

    一年生草本。秆高 15~50 厘米，少数丛生，常横卧地面而节上生根。叶片较柔软。花序呈穗状直立，由 6~16 个刺苞组成；刺苞内具 2~6 个簇生小穗；小穗卵形，长 4.6~4.9 毫米，宽 2.5~2.8 毫米；第一小花雄性或中性；第二小花两性。生海滨沙地、荒野田边。原产北美洲。分布彰武、阜新、朝阳、黑山、新民、旅顺口等地。

55. 狗尾草属 Setaria Beauv.

Setaria Beauv. Ess. Agrost. 51. Pl. 13. f. 3. 1812.

本属全世界约有130种，广布于全世界热带和温带地区。甚至可分布至北极圈内，多数产于非洲。中国有14种。东北地区产7种1亚种1变种，其中栽培1种。辽宁产4种，其中栽培1种。

分种检索表

1. 谷粒自颖分离而易脱落。广泛栽培于欧亚大陆的温带和热带。辽宁普遍栽培 ……………………
……………………………………………………… 1. 粱（谷子）Setaria italica（L.）Beauv.【P.685】
1. 谷粒连同颖及第一外稃一起脱落。
　2. 花序主轴上每簇常3至数个小穗；第二颖与谷粒等长或是谷粒的3/4长。
　　3. 小穗长约3毫米，顶端尖，成熟后甚为肿胀；第二颖长约为谷粒的3/4；小穗下具1~3枚较粗而直的刚
　　　毛。生山坡、路旁、田园或荒野。产桓仁、宽甸、新宾、大连等地 …………………………………
　　　…………………………………………………… 2. 大狗尾草 Setaria faberi Herrmann【P.685】
　　3. 小穗长约2毫米，顶端钝，成熟后微肿胀；第二颖与谷粒等长；小穗下具多条长刺毛。生荒野、田
　　　间、路旁。产辽宁各地 …………………………… 3. 狗尾草 Setaria viridis（L.）Beauv【P.685】
　2. 花序主轴上每簇仅具1小穗，稀另具1不育小穗；第二颖长为谷粒的1/2；小穗下具5~12条刚毛；谷粒明
　　显具皱纹。生荒野、路旁及田间。产彰武、西丰、葫芦岛、锦州、沈阳、庄河、海城、金州、长海等地
　　…………………………… 4. 金色狗尾草 Setaria pumila（Poiret）Roemer & Schultes【P.685】

56. 狼尾草属 Pennisetum Rich.

Pennisetum Rich. in Pers. Syn. Pl. 1：72. 1805.

本属全世界约80种，主要分布于全世界热带、亚热带地区，少数种类可达温寒地带，非洲为本属分布中心。中国有11种。东北地区产3种，其中栽培1种，辽宁均产。

分种检索表

1. 多年生；刚毛长于小穗。
　2. 小穗簇总梗不明显，花序主轴无柔毛。生山坡。产彰武、阜新、凌源等地 ………………………………
　　…………………………………………………… 1. 白草 Pennisetum flaccidum Griseb.【P.685】
　2. 小穗簇具明显的总梗，梗长2~3毫米；花序主轴具疏柔毛。生山坡、田边及路旁。产绥中、葫芦岛、营
　　口、金州、大连、长海等地 ………………… 2. 狼尾草 Pennisetum alopecuroides（L.）Spreng【P.685】
1. 一年生；刚毛等于或短于小穗。原产非洲。大连等地栽培观赏 ………………………………………………
……………………………………………… 3. 豫谷（御谷）Pennisetum glaucum（L.）R. Br.【P.685】

57. 柳叶箬属 Isachne R. Br.

Isachne R. Br. Prodr. Fl. Nov. Holl. 196. 1810.

本属全世界约90种，分布于全世界的热带或亚热带地区。中国现知有18种，主要分布于长江流域以南各省。东北地区仅辽宁产1种。

柳叶箬 Isachne globosa（Thunb.）Kuntze

多年生丛生草本。秆下部常倾斜。叶鞘光滑无毛，边缘有纤毛；叶片线状披针形，宽3~9毫米，两面粗糙，边缘略成波状而质地稍厚。圆锥花序，小枝及小穗柄上均有黄色腺点；小穗光滑无毛；第一小花雄性，长于第二小花，第二小花雌性。生河边或山坡湿地。产大连、庄河。

58. 囊颖草属 Sacciolepis Nash

Sacciolepis Nash in Brit. Man. Fl. North. Stat. Canada 89. 1901.

本属全世界约30种，分布于热带和温带地区，多数产于非洲。中国3种1变种。东北1种，产黑龙江、辽宁。

囊颖草 Sacciolepis indica（L.）A. Chase【P.685】

一年生草本。秆直立或基部膝曲。叶片扁平，线状披针形。圆锥花序较狭，呈柱状，密生小穗；小穗卵状披针形，背部弓形弯曲，灰绿色或带紫色；颖不等长，第二颖背部弓形弯曲，基部呈囊状；第一小花中性，第二小花两性；外稃光亮，包卷内稃。生稻田旁或潮湿处。产大连。

59. 黍属 Panicum L.

Panicum L. Sp. Pl. ed. 1：55. 1753.

本属全世界约500种，分布于全世界热带和亚热带地区，少数分布达温带地区。中国有21种。东北地区产3种1变种，其中栽培1种，辽宁均产。

分种检索表

1. 叶鞘密生柔毛或仅边缘具毛。
  2. 鳞被纸质，多脉；叶鞘密生柔毛。
    3. 圆锥花序下垂而致密；栽培作物。辽宁各地栽培 ……………………………………………………………………………………… 1a. 稷（黍）Panicum miliaceum L. var. miliaceum【P.685】
    3. 花序直立，花序分枝硬而开展。生干沙丘地。产凌源、建平、朝阳、北票、锦州、沈阳、大连等地 ……………………………………… 1b. 野稷 Panicum miliaceum var. ruderale Kitag.【P.685】
  2. 鳞被膜质，具3~5脉；仅叶鞘边缘具毛；圆锥花序直立而疏松。生荒野湿地。产辽阳、沈阳、凤城、宽甸、大连等地 ……………………………………… 2. 糠稷 Panicum bisulcatum Thunb.【P.685，686】
1. 叶鞘平滑有光泽；圆锥花序直立而疏松。原产北美洲。沈阳、金州有分布 …………………………………………………………………………………… 3. 洋野黍 Panicum dichotomiflorum Michx.【P.685】

60. 马唐属 Digitaria Hall.

Digitaria Hall. Stirp. Helv. 2：244. 1768, nom. conserv.

本属全世界250种，分布于全世界热带地区，中国有22种。东北地区产4种，辽宁均产。

分种检索表

1. 小穗三枚簇生，长1.5~2.5毫米，为其宽的1~2倍；第一颖不存在；第二小花成熟后多为黑紫色或棕褐色。
  2. 总状花序2~4枚呈指状排列；第二外稃有光泽。多生河边、田野、路旁等地较湿润的地方。产彰武、西丰、葫芦岛、锦州、沈阳、抚顺、清原、宽甸、鞍山、大连等地 ……………………………………… 1. 止血马唐 Digitaria ischaemum（Schreb.）Schreb.【P.686】
  2. 总状花序4~10枚呈指状排列于茎顶或散生主轴上；第二外稃有纵行颗粒状粗糙，革质。生山坡草地、路边、荒野。产长海、旅顺口等地 ……………………………………… 2. 紫马唐 Digitaria violascens Link【P.686】
1. 小穗孪生，长（2.5~）3~4毫米，为其宽的3~4倍；第一颖小，三角形，有时缺；第二小花成熟后浅绿色或带铅色。
  3. 第二颖及第一外稃通常无长纤毛或仅边缘具纤毛。生草地、荒野、路旁。产彰武、西丰、铁岭、沈阳、大连、营口等地 ……………………………………… 3. 马唐 Digitaria sanguinalis（L.）Scop.【P.686】
  3. 第二颖及第一外稃具长纤毛，成熟后毛外展。生草地、荒野、路旁。产西丰、开原、凌源、沈阳、抚顺、营口、大连、海城、本溪等地 ………………………………………………………

61. 野黍属 Eriochloa Kunth

Eriochloa Kunth in Humb. et Bonpl. Nov. Gen. et Sp. 1：94. 1816.

本属全世界约30种，分布全世界热带与温带地区。中国2种。东北地区产1种，各省区均有分布。

野黍 Eriochloa villosa（Thunb.）Kunth【P.686】

一年生草本。秆直立或基部蔓生，节上具髭毛。叶舌具纤毛；叶片扁平，边缘粗糙。圆锥花序，密生柔毛；小穗卵状披针形；第一颖微小；第二颖与第一外稃与小穗等长；第一小花中性；第二小花两性；第二外稃革质，有横皱纹及乳状突起。生旷野、山坡或潮湿地。产彰武、西丰、开原、桓仁、新宾、清原、本溪、大连等地。

62. 求米草属 Oplismenus Beauv.

Oplismenus Beauv. Fl. Oware et Benin 2：14. pl. 68. f. 1. 1807.

本属全世界有5~9种，广布于全世界温带地区。中国4种11变种。东北地区仅辽宁产1种。

求米草 Oplismenus undulatifolius（Arduino）Beauv.【P.686】

多年生草本。秆纤细，基部平卧地面，节处生根。叶鞘具疣基刺毛。叶片扁平，披针形，具横脉。圆锥花序；小穗卵圆形，被硬刺毛；第一颖顶端具长0.5~1.5厘米硬直芒；第二颖顶端芒长2~5毫米；第一外稃顶端芒长1~2毫米。生疏林下阴湿处。产庄河、大连、旅顺口、绥中等地。

63. 稗属 Echinochloa Beauv.

Echinochloa Beauv. Ess. Agrost. 53：161. 1812.

本属全世界约35种，分布全世界热带和温带地区。中国有8种。东北地区产2种5变种，其中栽培1种，辽宁均产。

分种检索表

1. 第二颖稍短于小穗；小穗阔卵形，成熟时淡绿色，无芒，谷粒不易脱落；花序分枝弯曲。广泛栽培于亚洲热带及非洲温暖地区。辽宁有栽培············· 1. **湖南稗子（稗子）**Echinochloa frumentacea（Roxb.）Link
1. 第二颖等长于小穗；小穗卵形、卵状披针形或卵状椭圆形，有芒或无芒，成熟时绿色或紫色，谷粒易脱落；花序分枝不弯曲。
  2. 第二外稃草质；植株基部常向外开展。
    3. 圆锥花序直立或稍点头；小穗无芒或芒长1.5厘米以下。
      4. 圆锥花序开展。
        5. 小穗脉上有疣基毛，顶端具有芒或无芒。
          6. 小穗芒长0.5~1.5厘米；花序分枝柔软，斜上举或贴向主轴。生沼泽及湿地。产彰武、西丰、沈阳、葫芦岛、营口、大连等地 ···························· 2a. **稗（野稗）**Echinochloa crusgalli（L.）Beauv. var. crusgalli【P.686】
          6. 小穗无芒或芒长不超过0.5毫米；花序分枝挺直，斜上举而开展。生路边及野草地。产彰武、开原、西丰、铁岭、凌源、建平、葫芦岛、锦州、新宾、本溪、营口、大连等地 ·············· 2b. **无芒稗（无芒野稗）**Echinochloa crusgalli var. mitis（Pursh）Peterm.【P.686】
        5. 小穗脉上无疣基毛但疏生刺毛，顶端具小尖头但无芒。生水边或稻田中。产北镇等辽宁西部地区 ·············· 2c. **西来稗**Echinochloa crusgalli var. zelayensis（H. B. K.）Hitchc.
    4. 圆锥花序狭窄；植株基部常带紫色；小穗无芒或具极短的芒，脉上具疣基毛或刺毛。生于路边草丛中。产北镇等辽宁西部地区 ·············· 2d. **细叶旱稗**Echinochloa crusgalli var. praticola Ohwi

3. 圆锥花序柔软，稍下垂；小穗芒长1.5~5厘米。多生田边、路旁及河边湿润处。产彰武、沈阳、辽中、大连等地 ········· 2e. **长芒稗（长芒野稗）** Echinochloa crusgalli var. caudata（Rosh.）Kitag. 【P.686】

　2. 第二外稃近革质或至少中间变革质，硬而光亮；小穗无芒或具长仅0.5厘米的芒；植株直立，基部不向外开展。生水田中及水湿处。产凌源、锦州、清原、盖州等地 ···································· ·················· 2f. **水田稗** Echinochloa crusgalli var. oryzicola（Vasing）Ohwi

64. 白茅属 Imperata Cyr.

Imperata Cyrillo，Pl. Rar. Neap. 2：26. 1792.
　本属全世界约含10种，分布于全世界的热带和亚热带地区。中国有3种。东北地区产1种，各省区均有分布。

白茅（印度白茅）Imperata cylindrica（Linn.）Beauv. 【P.686】

　多年生草本。根状茎长，密生鳞片。秆丛生。叶片线形或线状披针形。圆锥花序圆柱形，长5~15厘米；小穗披针形，长5~6毫米，基部密生长柔毛，毛长1.5厘米；颖等长，第二外稃披针形，长约1.2毫米，内稃与外稃等长。生路旁、山坡、草地、田边、沟岸等处。产彰武、昌图、沈阳、大连等地。

65. 芒属 Miscanthus Anderss.

Miscanthus Andersson，Öfvers. Kongl. Vetensk.–Akad. Förh. 12：165. 1855.
　本属全世界约14种，主要分布于东南亚，在非洲也有少数种类。中国有7种。东北地区产3种，辽宁均产。

分种检索表

1. 外稃无芒或具短芒，但芒不露出小穗外。生山坡或湿草地。产西丰、锦州、沈阳、新民、抚顺、宽甸、丹东、庄河、普兰店等地 ···························· 1. **荻** Miscanthus sacchariflorus（Maxim.）Hack. 【P.687】
1. 外稃具长芒，芒露出小穗外。
　2. 小穗较大，总状花序的数目少，仅5~15枚。生山坡草地。产金州 ································ ····························· 2. **金县芒** Miscanthus jinxianensis L. Liu 【P.687】
　2. 小穗较小，总状花序多达数十枚。生山坡草地或灌丛间。产辽宁各地 ································ ····························· 3. **芒（紫芒）** Miscanthus sinensis Anderss. 【P.687】

66. 大油芒属 Spodiopogon Trin.

Spodiopogon Trin. Fund. Agrost. 192，Pl. 17. 1820.
　本属全世界约15种，分布于亚洲。中国有9种。东北地区产1种，各省区均有分布。

大油芒 Spodiopogon sibiricus Trin. 【P.687】

　多年生草本。具长根状茎。叶片宽线形。圆锥花序长圆形，每节具2小穗，一个有柄，一个无柄；小穗灰绿色至草黄色，长5~5.5毫米，基部具短毛；两颖几乎等长，第二小花两性，外稃稍短于小穗，顶端深裂几乎达基部，裂齿间伸出长1~1.5厘米的芒。生山坡草丛。产辽宁各地。

67. 莠竹属 Microstegium Nees

Microstegium Nees in Lindl. Nat. Syst. Bot. ed. 2：447. 1836.
　本属全世界约20种，分布于东半球热带与暖温带地区。中国有13种。东北地区产1种，产吉林、辽宁、内蒙古。

柔枝莠竹（莠竹）Microstegium vimineum（Trinius）A. Camus 【P.687】

　一年生草本。秆下部匍匐地面，节上生根，多分枝，无毛。叶片线状披针形，边缘粗糙，中脉白色。总状花序2~6枚，近指状排列于主轴上；无柄小穗长5~6毫米；有柄小穗相似无柄小穗或稍短，小穗柄短于穗轴节间；第二外稃具长达9毫米的芒。生阴湿草地。产建昌、新宾、清原、本溪、宽甸、鞍山、海城、大连等地。

68. 鸭嘴草属 Ischaemum L.

Ischaemum L. Gen. Pl. ed. 5. 469. 1754.

本属全世界约70种，分布全世界热带至温带南部，主产亚洲南部至大洋洲。中国有12种。东北地区仅辽宁产1变种。

鸭嘴草 Ischaemum aristatum L. var. glaucum（Honda）Koyama

多年生草本。叶鞘疏生疣基毛；叶片线状披针形，边缘粗糙。总状花序孪生于秆顶呈圆柱形，穗轴三棱形；无柄小穗狭披针形；颖等长；第一小花雄性；第二小花雌性，第二外稃顶端二浅裂，裂齿间具一短芒；有柄小穗较无柄小穗短小，雄性。生溪边及沿海沙地上。产长海（广鹿岛）。

69. 束尾草属 Phacelurus Griseb.

Phacelurus Grisebach, Spic. Fl. Rumel. 2：423. 1846.

本属全世界10种，分布于非洲东部、欧洲南部及亚洲东部及南部。中国有3种。东北地区仅辽宁产1种。

束尾草 Phacelurus latifolius（Steudel）Ohwi【P.687】

多年生草本，具根状茎。秆直立。叶鞘光滑无毛；叶舌短；叶片狭长，质硬，无毛。总状花序2~4枚作伞房状兼指状排列，稀单生；小穗成对，一个有柄，一个无柄；无柄小穗披针形，具2小花，第一小花雄性，第二小花两性；有柄小穗雄性或不发育。生海岸及河边。产丹东、营口、大连等地。

70. 牛鞭草属 Hemarthria R. Br.

Hemarthria R. Br. Prodr. Fl. Nov. Holl. 207. 1810.

本属全世界14种，分布于旧大陆热带至温带地区。中国有6种，各地均产，但多数产南方地区。东北地区产1种，各省区均有分布。

大牛鞭草（牛鞭草）Hemarthria altissima（Poir.）Stapf et C. E. Hubb.【P.687】

多年生草本，具根状茎。叶舌短小，具一圈毛；叶片线形，两面无毛。总状花序单生或簇生。无柄小穗长6~8毫米；第一颖卵状披针形；第二颖膜质，略与穗轴贴生；第二小花两性，第二外稃无芒，内稃微小；有柄小穗渐尖，与无柄小穗近等长。生河滩及草地。产葫芦岛、锦州、康平、沈阳、鞍山、盖州、大连、长海等地。

71. 荩草属 Arthraxon Beauv.

Arthraxon Beauv. Ess. Agrost. 111. 152. 1812.

本属全世界约26种，分布于东半球的热带与亚热带地区。中国有12种。东北地区产1种2变种，辽宁均有分布。

分种下单位检索表

1. 叶片除下部边缘生疣基毛外余均无毛。
  2. 穗轴节间无毛，长为小穗的2/3~3/4；小穗长3~5毫米，第一颖脉上粗糙至生疣基硬毛，尤以顶端及边缘为多。生山坡草地、路旁、荒野湿地。产彰武、西丰、锦州、鞍山、本溪、海城、大连等地 …………………………………… 1a. 荩草 Arthraxon hispidus（Thunb.）Makino var. hispidus 【P.687】
  2. 穗轴两侧具短纤毛，节间长为小穗的1/2；小穗长可达5.5毫米，第一颖脉上具短硬毛。生山坡草地、湿草地。产锦州、本溪、鞍山、海城等地 ···
··· 1b. 虎氏荩草 Arthraxon hispidus var. hookeri（Hack.）Honda
1. 叶片两面有毛。生湿草地、路旁湿地、山坡湿地。产清原 ·······································
··· 1c. 中亚荩草 Arthraxon hispidus var. centrasiaticus（Griseb.）Honda

72. 高粱属 Sorghum Moench

Sorghum Moench，Meth. Pl. 207. 1794，nom. conserv.

本属全世界约有30种，分布于全世界热带、亚热带和温带地区。中国有5种。东北地区产3种，其中栽培2种，辽宁均产。

分种检索表

1. 多年生，具根状茎。生田野、路旁。原产地中海沿岸各国。分布大连开发区 ·······················
······························· 1. 石茅（宿根高粱）Sorghum halepense（L.）Pers.【P.687】
1. 一年生，无根状茎。
　2. 无柄小穗倒卵形或倒卵状椭圆形，长4.5~6毫米，宽3.5~4.5毫米；两颖均革质。粮食作物。辽宁各地普遍栽培 ··················· 2. 高粱（多脉高粱、甜高粱）Sorghum bicolor（L.）Moench【P.687】
　2. 无柄小穗长椭圆形或长椭圆状披针形，长6~7.5毫米，宽2~3毫米；第一颖纸质。原产非洲。辽宁有栽培
···························· 3. 苏丹草 Sorghum × drummondii（Nees ex Steud.）Millsp. & Chase【P.688】

73. 孔颖草属 Bothriochloa Kuntze

Bothriochloa Kuntze，Rev. Gen. Pl. 2：762. 1891.

本属全世界约30种，分布于世界温带和热带地区；中国有3种，属全国均有分布，但以长江流域以南各省区为多。东北地区仅辽宁产1种。

白羊草 Bothriochlo ischaemum（L.）Keng【P.688】

多年生丛生草本，具短根状茎。叶片线形，两面疏生疣基柔毛或下面无毛。总状花序4至多数着生秆顶呈指状。无柄小穗长4~5毫米；基盘有毛；颖草质，具2脊，脊上具柔毛；第二外稃退化成线形，顶端延伸成长10~15毫米的芒。有柄小穗雄性，无芒。生向阳山坡或路旁。产凌源、建平、建昌、葫芦岛、阜新、北镇、大连等地。

74. 细柄草属 Capillipedium Stapf

Capillipedium Stapf in Prain，Fl. Trop. Mr. 9：169. 1917.

本属全世界约14种，分布于旧大陆的温带、亚热带和热带地区。中国有5种。东北地区仅辽宁产1种。

细柄草 Capillipedium parviflorum（R. Br.）Stapf.【P.688】

多年生簇生草本。叶鞘无毛或有毛；叶片线形，两面无毛或被糙毛。圆锥花序长圆形，分枝簇生，通常紫色，分枝纤细。无柄小穗长3~5毫米，基盘具白色长柔毛；颖等长；第二外稃线形，顶端具膝曲长芒。有柄小穗中性或雄性。生山坡草地、河边、灌丛中。产葫芦岛、锦州、大连等地。

75. 裂稃草属 Schizachyrium Nees

Schizachyrium Nees，Agrost. Bras. 331：1829.

本属全世界约60种，遍布热带和亚热带地区。中国有4种。东北地区仅辽宁产1种。

裂稃草 Schizachyrium brevifolium（Sw.）Nees ex Buse【P.688】

一年生草本。秆细弱，基部常平卧或倾斜。叶片线形或长圆形。总状花序纤细，下具鞘状苞片。无柄小

穗长约3毫米；第一外稃边缘具小纤毛；第二外稃深裂几乎达基部，芒长1厘米，中部以下膝曲扭转。有柄小穗退化仅剩1颖，颖上具细直芒。多生阴湿地或山坡草地。产丹东、普兰店等地。

76. 香茅属Cymbopogon Spreng.

Cymbopogon Spreng. Pl. Pugill. 2：14. 1815.

本属全世界70余种，分布于东半球热带与亚热带。中国有24种。东北地区仅辽宁产1种。

橘草（桔草）Cymbopogon goeringii（Steud.）A. Camus【P.688】

多年生直立草本，具根状茎。叶片线形。伪圆锥花序，分枝总状，带紫色，其下托以佛焰苞。无柄小穗长圆状披针形，基盘具微毛；颖不同形；第一外稃稍具2脊，第二外稃极狭，顶端有长8~10毫米的芒；内稃不存在。有柄小穗长4~6毫米，雄性或中性。生山坡草地。产旅顺口。

77. 菅属Themeda Forssk.

Themeda Forssk. Fl. Aegpt-Arab. 178. 1775.

本属全世界27种，分布于亚洲和非洲的温暖地区，大洋洲亦有分布；中国13种，主产西南和华南地区。东北地区产1种，分布辽宁、内蒙古。

黄背草（阿拉伯黄背草）Themeda triandra Forssk.【P.688】

多年生草本。秆粗壮，直立。叶片线形，中脉明显。伪圆锥花序由数枚总状花序组成，每一总状花序基部具一佛焰苞，内具7小穗。无柄小穗两性，常一枚，基盘具棕色柔毛，第二外稃具长5~6厘米的芒。有柄小穗2枚，雄性或中性，无芒。生干燥山坡草地。产西丰、开原、凌源、建平、建昌、葫芦岛、锦州、北镇、凤城、丹东、抚顺、营口、庄河、金州、普兰店等地。

78. 玉蜀黍属Zea L.

Zea L. Sp. Pl. 971. 1753.

本属全世界5种，4种原产分布中美洲，1种为世界各地广泛种植的重要谷类作物。中国栽培1种。东北各地均有栽培。

玉蜀黍（玉米）Zea mays L.【P.688】

一年生高大栽培草本。叶片宽大，线状披针形。雄圆锥花序顶生，小穗长达1厘米，含2小花；雌花序生于植株中部；雌小穗双生，排列于粗壮穗轴上，第一小花不育，第二小花两性，雌蕊具极长而细弱的花柱。颖果多为马牙形。原产墨西哥高原，辽宁各地栽培。

79. 薏苡属Coix L.

Coix L. Sp. Pl. 972. 1753.

本属全世界有4种，分布于热带亚洲。中国有2种。东北栽培1种1变种，辽宁均产。

分种下单位检索表

1. 雌小穗外面包以骨质念珠状之总苞。分布于亚洲东南部与太平洋岛屿，世界的热带、亚热带均有种植或逸生。辽宁各地栽培 ·························· **1a. 薏苡 Coix lacryma-jobi L. var. lacryma-jobi**【P.688】
1. 雌小穗外面包以甲壳质的总苞。辽宁各地栽培 ···
·························· **1b. 薏米 Coix lacryma-jobi L. var. mayuen（Rom. Caill.）Stapf**【P.688】

一五五、菖蒲科 Acoraceae

Acoraceae Martinov（1820）.

本科全世界1属2种，分布亚洲和北美洲的温带、亚热带、亚洲热带，欧洲、新几内亚和北美洲有引种或归化。中国均产。东北地区产1种，各省区均有分布。

菖蒲属 Acorus L.

Acorus L. Spec. Pl. ed. 1：324. 1753.

属特征和地理分布同科。

菖蒲 Acorus calamus L.【P.688】

多年生草本。全株有特殊香气。肉质根状茎匍匐。叶基生，剑状线形，2列，中下部叶鞘套摺状。花序梗基生，三棱形，佛焰苞与叶同型；肉穗花序圆柱状，黄绿色，花两性，花被片6；雄蕊6，花丝略超出花被片；子房长圆柱形。浆果熟时红色。生浅水池塘、水沟旁及水湿地。产丹东、凤城、宽甸、桓仁、新宾、清原、抚顺、岫岩、庄河、普兰店、瓦房店、营口、盘锦、辽阳、辽中、新民、沈阳、铁岭、开原、昌图、法库、康平等地。

一五六、天南星科 Araceae

Araceae Juss.，Gen. Pl. ［Jussieu］23（1789）.

本科全世界约110属3500余种，分布于热带和亚热带地区，92%的属分布热带地区，极大多数的属不是限于东半球，即是限于西半球。中国有26属181种，西南、华南各省区种类比较丰富，至东北、西北种类则远为贫乏。东北地区产6属10种2变种5变型，其中栽培3种。辽宁产6属9种2变种5变型，其中栽培3种。

分属检索表

1. 花两性；植株具根状茎。
　2. 花具花被，花被片4；佛焰苞罩状，罩住肉穗花序 ⋯⋯⋯⋯⋯⋯⋯⋯⋯⋯ 1. 臭菘属 Symplocarpus
　2. 花无花被；佛焰苞自基部展开，肉穗花序与佛焰苞分离 ⋯⋯⋯⋯⋯⋯⋯⋯ 2. 水芋属 Calla
1. 花单性；植株具块茎，少为具肥厚根状茎。
　3. 佛焰苞喉部张开；雌花序不与佛焰苞合生。
　　4. 雌雄同株（同序），上部雄花序与下部雌花序之间有一段间隔。
　　　5. 雄蕊分离 ⋯⋯⋯⋯⋯⋯⋯⋯⋯⋯⋯⋯⋯⋯⋯⋯⋯⋯⋯⋯⋯⋯⋯⋯ 3. 斑龙芋属 Sauromatum
　　　5. 雄蕊合生成一体 ⋯⋯⋯⋯⋯⋯⋯⋯⋯⋯⋯⋯⋯⋯⋯⋯⋯⋯⋯⋯⋯ 4. 芋属 Colocasia
　　4. 雌雄异株，稀同株同序，同序者雌雄花序间无间隔 ⋯⋯⋯⋯⋯⋯⋯⋯ 5. 天南星属 Arisaema
　3. 佛焰苞喉部近闭合；雌花序背面与佛焰苞合生 ⋯⋯⋯⋯⋯⋯⋯⋯⋯⋯⋯ 6. 半夏属 Pinellia

1. 臭菘属 Symplocarpus Salisb.

Symplocarpus Salisb. in Nutt.，Gen. N. Amer. Pl. 1：105. 1818.

本属全世界有4~5种，东亚、北美洲间断分布。中国有2种。东北地区产2种。辽宁产1种。

日本臭菘 Symplocarpus nipponicus Makino【P.688】

多年生草本。叶莲座状基生；叶柄长达20厘米；叶片绿色，长卵状心形或卵状椭圆至长圆形，基部为微心形或浅心形，先端钝或稍渐尖；网状脉，中脉凸出，侧脉6~7对。穗状花序椭圆形，后于叶生出；花序梗紫色，长；佛焰苞浅紫色或斑点深紫色，宽椭圆形和舟状，革质；花密集排列。生潮湿的地方，海拔300米以下。产宽甸。

2. 水芋属 Calla L.

Calla L., Sp. Pl. ed. 1: 968. 1753.

本属全世界仅1种，分布北温带和亚洲、欧洲和北美洲的亚北极地区。中国仅东北各省区有分布。

水芋 Calla palustris L.【P.689】

多年生水生草本。根状茎匍匐。叶基生，下部具鞘；叶片心形，长、宽近相等，侧脉呈弧形。肉穗花序短圆柱形；佛焰苞广卵形，外面淡绿色，内面乳白色，自基部展开；花无花被。果序短圆柱形，熟时红色。常于草甸、沼泽等浅水域成片生长。产彰武县。

3. 斑龙芋属 Sauromatum Schott

Sauromatum Schott, Melet. 1: 17. 1832.

本属全世界有8种。分布于非洲、东南亚至大洋洲。中国有7种。东北各地栽培1种。

独角莲 Sauromatum giganteum（Engler）Cusimano & Hetterscheid【P.689】

多年生草本。全株无毛。块茎倒卵形等，外被暗褐色小鳞片。叶片幼时内卷如角状，后即展开，箭形。佛焰苞紫色，管部圆筒形或长圆状卵形；檐部卵形，展开。肉穗花序几乎无梗；有雌花序、中性花序和雄花序；附属器紫色。生荒地、山坡、水沟旁。大连等地有栽培。

4. 芋属 Colocasia Schott

Colocasia Schott, Melet. 1: 18. 1832.

本属全世界约20种。分布于亚洲热带及亚热带地区。中国有6种，大都产江南各省。东北地区仅辽宁栽培1种。

芋（芋头）Colocasia esculenta（L.）Schott.【P.689】

多年生草本。块茎通常卵形。叶片卵状。佛焰苞管部绿色，长卵形；檐部披针形或椭圆形，展开成舟状，边缘内卷，淡黄色至绿白色。肉穗花序短于佛焰苞；雌花序长圆锥状；中性花序细圆柱状；雄花序圆柱形，顶端骤狭；附属器钻形。原产我国和印度、马来半岛等热带地区。大连等地栽培。

5. 天南星属 Arisaema Mart.

Arisaema Mart. in Flora 14: 458–459. 1831.

本属全世界约180种。大都分布于亚洲热带、亚热带和温带地区，少数产热带非洲，中美洲和北美洲也有数种。中国有78种，南北均有分布，以云南最为丰富。东北地区产3种2变种5变型，辽宁均产。

分种检索表

1. 肉穗花序顶端附属体棒状，不超出佛焰苞；叶中裂片不比相邻侧裂片小。
　2. 叶裂片5~17枚或更多，长圆形、长圆状披针形或有时近椭圆形或倒卵状椭圆形，先端具狭细尾尖。
　　3. 叶2枚。
　　　4. 叶裂片5~17枚。
　　　　5. 佛焰苞绿色，具白色脉纹。生山地阴坡林下、沟边或林间灌丛间。产丹东、凤城、宽甸、本溪、桓仁、新宾、清原、抚顺、庄河、岫岩、盖州、鞍山等地⋯⋯⋯⋯ 1aa. 细齿南星（朝鲜天南星）Arisaema peninsulae Nakai var. peninsulae f. peninsulae【P.689】

5. 佛焰苞紫色，具白色脉纹。

　　　　　6. 叶全缘。生山坡、林下、灌丛。产凤城 ………… 1ab. 紫苞朝鲜天南星Arisaema peninsulae var. peninsulae f. atropurpureum Y. C. Chu et D. C. Wu

　　　　　6. 叶边缘具不规则锯齿。生山坡、林下、阴湿地。产凤城 ………… 1ac. 齿叶紫苞朝鲜天南星 Arisaema peninsulae var. peninsulae f. serratum T. K. Zheng et X. S. Wan

　　　　4. 叶为二回鸟趾状分裂，裂片19~35枚或更多。生林下阴湿地。产凤城 …………………………

　　　　………… 1b. 多裂朝鲜天南星Arisaema peninsulae var. polyschistum T. K. Zheng et X. S. Wan

　　　3. 植株仅具1枚叶。生林下阴湿地。产凤城 ……………………………………………………

　　　…… 1c. 单叶朝鲜天南星Arisaema peninsulae var. manshuricum（Nakai）Y. C. Chu et T. K. Zheng

　　2. 叶裂片5枚（幼株叶裂片3枚），广倒卵形、倒卵形或倒卵状披针形，先端骤尖或短渐尖。

　　　7. 佛焰苞绿色，具白色脉纹。

　　　　8. 叶全缘。生山地林下、林缘、灌丛间阴湿地。产辽宁各地 ……………………………

　　　　…………………… 2a. 东北南星（东北天南星）Arisaema amurense Maxim. f. amurense【P.689】

　　　　8. 叶裂片边缘有不规则锯齿。生境同正种。产丹东、凤城、宽甸、本溪、桓仁、鞍山、凌源等地 …

　　　　…………… 2b. 齿叶东北南星（齿叶东北天南星）Arisaema amurense f. serratum（Nakai）Kitag.

　　　7. 佛焰苞紫色，具白色脉纹。

　　　　9. 叶裂片全缘。生境同正种。产丹东、凤城、宽甸、本溪、桓仁、鞍山等地 …………

　　　　…………………………… 2c. 紫苞东北天南星Arisaema amurense f. violaceum（Engler）Kitag.

　　　　9. 叶裂片边缘有不规锯齿。生境同正种。产丹东、凤城、宽甸、本溪、桓仁、鞍山等地 …………

　　　　………………… 2d. 齿叶紫苞东北天南星Arisaema amurense f. purpureum（Nakai）Kitag.

1. 肉穗花序顶端附属体长鞭状或长尾状，超出佛焰苞；叶裂片11~19枚，中裂片比相邻侧裂片明显较小。生山地林下、林缘、灌丛及路旁阴湿地。产丹东、宽甸、凤城、岫岩、长海、庄河等地 …………………………

　　……………………………… 3. 天南星（异叶天南星）Arisaema heterophyllum Blume【P.689】

6. 半夏属Pinellia Tenore

Pinellia Tenore，Atti Reale Accad. Sci. Sez. Soc. Reale Borbon. 4：69. 1839.

　　本属全世界有9种，分布中心在亚洲东部。中国南北有9种。东北地区产2种，其中栽培1种，辽宁均产。

分种检索表

1. 叶三全裂，幼苗常为单叶全缘；叶柄上（或有时在叶片基部）常着生一珠芽；佛焰苞管部长1.5~2厘米，檐部长4~5厘米。生山沟石缝、山脚较湿润的田间、荒地。产辽宁各地 ……………………………

　　…………………………………………… 1. 半夏Pinellia ternata（Thunb.）Breit.【P.689】

1. 叶鸟足状分裂，裂片6~11；叶柄不生珠芽；佛焰苞管部长2~4厘米，檐部长8~15厘米。中国特有，分布于北京、河北、山西、陕西、山东、江苏、上海、安徽、浙江、福建、河南、湖北、湖南、广西、四川、贵州、云南等地。沈阳有栽培 …………………… 2. 虎掌Pinellia pedatisecta Schott【P.689】

一五七、浮萍科Lemnaceae

Lemnaceae Gray，Nat. Arr. Brit. Pl. 2：729（1822），nom. cons.

　　本科全世界有5属38种，广布世界各地。中国有4属8种。东北地区产2属6种。辽宁产2属4种。

分属检索表

1. 根1条；叶状体具1~3条脉 ……………………………………………………… 1. 浮萍属Lemna

1. 根3至多条，成束；叶状体具3~10条脉 ……………………………………… 2. 紫萍属Spirodela

1. 浮萍属 Lemna L.

Lemna L., Sp. Pl. ed. 1：970. 1753.

本属全世界约13种。广布于南北半球温带地区。中国有6种。东北地区产5种。辽宁产3种。

分种检索表

1. 叶状体狭卵形、长圆形或椭圆状披针形，两侧边缘对称，有细长柄，数代至多代以长柄相连，形成大的群体；悬浮植物，除开花时外，悬浮于水中。生河、湖及池沼边缘的静水中。产沈阳 …………………………………………………………………………………………………… 1. 品藻 Lemna trisulca L.
1. 叶状体倒卵形、椭圆形或近圆形，两侧边缘对称或不对称，无柄；漂浮植物，漂浮于水面上。
    2. 根鞘有翼，根冠锐尖；叶状体为斜的倒卵形或椭圆形，两侧边缘不对称；胚珠直立。生池沼、水田、水沟、河边等静水中。产大连、金州、沈阳、本溪等地 …… 2. 稀脉浮萍 Lemna aequinoctialis Welwitsch
    2. 根鞘无翼，根冠钝或稍钝；叶状体倒卵形、椭圆形或近圆形，两侧边缘对称；胚珠弯生。生水田、池沼或其他静水水域。产辽宁各地 ………………………………………… 3. 浮萍 Lemna minor L.【P.689】

2. 紫萍属 Spirodela Schleid.

Spirodela Schleid. in Linnaea 13：391. 1839.

本属全世界有2种，分布于温带和热带地区。中国有1种。东北各省区均有分布。

紫萍 Spirodela polyrrhiza（L.）Schleid.【P.689】

多年生漂浮小草本。根着生叶状体背面近中央处，7~10条束生，纤细，下垂。在叶状体近基部两侧产生新芽，萌发后成长为1小叶状体。叶状体广倒卵圆形，通常2~5个相连成一群体，表面绿色，背面紫色。花单性，雌雄同株。果实圆形，边缘具翅。生静水池塘、水田、溪沟内。产辽中、新民、开原、本溪、盖州、庄河、沈阳、鞍山、抚顺、丹东、大连等地。

一五八、泽泻科 Alismataceae

Alismataceae Vent., Tabl. Regn. Vég. 2：157（1799），nom. cons.

本科全世界有13属，约100种，主产于北半球温带至热带地区，大洋洲、非洲亦有分布。中国有6属18种，南北均有分布。东北地区产3属7种1亚种1变型。辽宁产2属4种1亚种1变型。

分属检索表

1. 花两性；叶披针形、椭圆形或卵圆形 ……………………………………………… 1. 泽泻属 Alisma
1. 花单性，有时杂性；叶箭头形 ………………………………………… 2. 慈姑属（慈菇属）Sagittaria

1. 泽泻属 Alisma L.

Alisma L. Sp. Pl. 342. 1753.

本属全世界有11种，主要分布于北半球温带和亚热带地区，大洋洲有2种。中国有6种。东北地区产3种1亚种。辽宁产2种1亚种。

分种检索表

1. 挺水叶卵形、椭圆形或浅心形；花柱直立或稍弯曲，但绝不呈钩状。
    2. 内轮花被片边缘具粗齿；花柱明显长于子房。生于湖泊、河湾、溪流、水塘的浅水带，沼泽、沟渠及低洼湿地亦有生长。辽宁有记载，待调查核实 ……………………………………………

························ 1a. 泽泻 Alisma plantago-aquatica L. subsp. plantago-aquatica

 2. 内轮花被片边缘波状；花柱较子房短或等长。生水边。产辽宁各地 ·······················
························ 1b. 东方泽泻（泽泻）Alisma plantago-aquatica subsp. orientale（Sam.）Sam.【P.689】

1. 挺水叶披针形或长圆状披针形；花柱钩状弯曲，短于子房。生水边。产康平、铁岭等地 ···················
························ 2. 草泽泻 Alisma gramineum Lej.【P.689】

2. 慈姑属（慈菇属）Sagittaria L.

Sagittaria L. Sp. Pl. 993. 1753.

本属全世界约30种，广布于世界各地，多数种类集中于北温带，少数种类分布在热带或近于北极圈。中国有9种，除西藏等少数地区无记录外，其他各省区均有分布。东北地区产3种1变型，辽宁均产。

分种检索表

1. 叶披针形，基部楔形。喜生浅水沼泽、河流、河口潮汐区域。原产北美。分布丹东鸭绿江口 ··············
························ 1. 禾叶慈姑 Sagittaria graminea Michx.【P.690】
1. 叶箭头形或戟形。
　2. 叶箭头形，基部裂片的长度为叶全长的1/2~2/3。
　　3. 叶裂片宽，不为线状披针形或披针形，叶脉5条或7条。生池塘、沼泽、沟渠、水田等水域。产彰武、北票、法库、沈阳、新民、铁岭、鞍山、新宾、丹东、大连 ······························
························ 2a. 野慈姑（三裂慈菇）Sagittaria trifolia L. f. trifolia【P.690】
　　3. 叶裂片狭，线状披针形或披针形，叶脉3条。生沟渠、河边、沼泽。产康平、铁岭、北票、彰武、新民 ··············· 2b. 剪刀草（狭叶慈菇）Sagittaria trifolia f. longiloba（Turcz.）Makino
　2. 叶戟形或箭头形，基部裂片的长度仅为叶全长的1/4~1/3，稀叶为披针形或长圆形，基部圆形。生水塘、河流及水沟边。产北票、沈阳等地 ············· 3. 浮叶慈姑（小慈菇）Sagittaria natans Pall.【P.690】

一五九、花蔺科 Butomaceae

Butomaceae Mirb., Hist. Nat. Pl. 8：194（1804），nom. cons.

本科全世界1属，1~2种，分布于美洲、亚洲和欧洲，主产美洲热带。中国有1种，产中国北部和云南。东北各省区均有分布。

花蔺属 Butomus L.

Butomus L.，Sp. Pl. 372. 1753.

属的特征和地理分布同科。

花蔺 Butomus umbellatus L.【P.690】

多年生水生草本。叶基生，无柄，先端渐尖，基部扩大成鞘状，鞘缘膜质。花葶圆柱形；花序基部3枚苞片卵形；花柄长4~10厘米；花被片外轮较小，萼片状，绿色而稍带红色，内轮较大，花瓣状，粉红色。蓇葖果成熟时沿腹缝线开裂，顶端具长喙。生水塘、沟渠的浅水中。产北镇、康平、法库、铁岭、沈阳、辽阳、台安、海城、盖州、瓦房店等地。

一六〇、水鳖科 Hydrocharitaceae

Hydrocharitaceae Juss., Gen. Pl.［Jussieu］67（1789），nom. cons.

本科全世界有18属，约120种，广泛分布于全世界热带、亚热带，少数分布于温带。中国有11属34种，主要分布于长江以南各省区，东北、华北、西北地区亦有少数种类。东北地区产6属10种。辽宁产5属9种。

分属检索表

1. 叶线形或线状长圆形，无柄或近无柄。
  2. 植株无匍匐茎；叶扁平，近无柄。
    3. 叶基生或互生；雄蕊3~9 ·· 1. 水筛属Blyxa
    3. 叶轮生或假轮生、对生。
      4. 叶轮生；雄蕊3 ·· 2. 黑藻属Hydrilla
      4. 叶假轮生或对生；雄蕊1 ······································· 3. 茨藻属Najas
  2. 植株有匍匐茎；叶横切面呈微凸透镜形，无叶柄；雄蕊1~3 ············· 4. 苦草属Vallisneria
1. 叶披针形或心形，叶柄明显或者长；植株有匍匐茎；佛焰苞由1或2离生的苞片组成，无翅；花单性，花瓣较萼片大，花柱6 ·· 5. 水鳖属Hydrocharis

1. 水筛属Blyxa Thou. ex Rich.

Blyxa Thou. ex Rich. in Mem. Inst. Paris 12（2）：19. 1811.

本属全世界约11种，分布于热带和亚热带地区。中国有5种，产华东、华南、华中和西南等地区。东北地区仅辽宁产1种。

水筛Blyxa japonica（Miq.）Maxim. ex Aschers & Gurke【P.690】

沉水草本。直立茎分枝，圆柱形，绿色。叶螺旋状排列，披针形，基部半抱茎，边缘有细锯齿；叶脉3条，中脉明显。佛焰苞腋生，长管状，绿色，具纵细棱。花两性；萼片3，线状披针形，绿色，中肋紫色；花瓣3，白色，线形。果圆柱形。生水田、池塘和水沟中。产普兰店、清原。

2. 黑藻属Hydrilla Rich.

Hydrilla Rich in Mem. Cl. Sci. Math. Inst. Natl. France 12（2）：9，61. 1814.

本属全世界仅1种1变种，广布于温带、亚热带和热带。中国均产，普遍分布于东北、华北、华东、华南、西南各地区。

黑藻Hydrilla verticillata（L. f.）Royle【P.690】

多年生沉水草本。叶3~8枚轮生、线形或长条形，常具紫红色或黑色小斑点。花单性，雌雄同株或异株。雄佛焰苞近球形，绿色；雄花萼片3，白色，花瓣3，白色或粉红色。雌佛焰苞管状，绿色，苞内雌花1朵。果实圆柱形，表面有2~9个刺状凸起。全株浸没于净水塘或长期不用的水井中。产辽宁各地。

3. 茨藻属Najas L.

Najas L., Sp. Pl. 1015. 1753.

本属全世界约40种，分布于温带、亚热带和热带地区。中国有11种。东北地区产5种，辽宁均产。

分种检索表

1. 植株较粗壮；茎上有尖锐短刺；叶鞘全缘，有时或有不明显的齿；叶宽1.5~3毫米，边缘有粗齿。生池塘、缓流河水中。产康平、法库、沈阳、新民、大连等地 ···
·································· 1. 大茨藻（茨藻）Najas marina L.【P.690】
1. 植株纤细；茎上无刺或有稀疏刺毛；叶鞘上缘有齿；叶宽1毫米左右，边缘有细齿或仅有齿尖。
  2. 叶片反曲，呈锥形，向先端渐尖锐，边缘有多细胞的齿。生水塘中。产康平、沈阳、抚顺、金州等地
·································· 2. 小茨藻Najas minor All.【P.690】

2. 叶片直伸或斜展或稍向下弯曲，纤细，边缘仅有1~3个细胞的齿或仅有齿尖。

    3. 叶耳圆形至截形或无；花药1室或4室。

        4. 叶多为5叶假轮生，少数为3叶或5叶以上假轮生，多呈簇生的数枚叶与单枚叶拟对生状态；花药1室。多生稻田或藕田中，亦见于水沟和池塘的浅水处。产沈阳 ·······························3. 纤细茨藻（丝叶茨藻）Najas gracillima（A. Br.）Magnus

        4. 叶近对生或3叶假轮生，于枝端较密集；花药4室。生于池塘、水沟、藕田、水稻田和缓流河中。产地不详 ······················ 4. 东方茨藻 Najas chinensis N. Z. Wang【P.690】

    3. 叶耳为狭而长的三角形，稀圆形；花药1室。生静水池塘、藕田、水稻田和缓流中。产大连、沈阳、抚顺等地 ·························· 5. 草茨藻（细叶茨藻）Najas graminea Delile【P.690】

4. 苦草属 Vallisneria L.

Vallisneria L., Sp. Pl. 1015. 1753.

    本属全世界约8种，分布于两半球热带、亚热带、暖温带地区。中国有3种，南北各省区均产。东北地区产1种，三省均有分布。

苦草 Vallisneria natans（Lour.）Hara【P.690】

    沉水草本。叶基生，线形或带形。花单性；雌雄异株。雄佛焰苞卵状圆锥形，成熟的雄花浮在水面开放。雌佛焰苞筒状，先端2裂，绿色或暗紫红色；雌花单生佛焰苞内，花瓣3，极小，白色。果实圆柱形，长15~20厘米，直径约5毫米。生溪沟、河流、池塘之中。产盘山。

5. 水鳖属 Hydrocharis L.

Hydrocharis L., Sp. Pl. 1036. 1753.

    本属全世界有3种，分布西欧、小亚细亚、北美洲、非洲中部、亚洲、大洋洲。中国产1种。东北有分布，产黑龙江、辽宁。

水鳖 Hydrocharis dubia（Bl.）Backer【P.690】

    多年生漂浮水草，具匍匐茎。叶近圆心形，浮水面，背面常有气室，但伸出水面后消失。花单性，白色，雄花2~3朵生于佛焰苞内；雄蕊6~9，仅3~6枚能育；雌花单生，常有6枚退化雄蕊，子房下位，6室。果实肉质，近球形。生静水池沼中。产新民、辽中、沈阳等地。

一六一、水麦冬科 Juncaginaceae

Juncaginaceae Juss., Gen. Pl.［Jussieu］43（1789），nom. cons.
    本科全世界有4属18种，广布。中国有1属2种。东北各省区均产。

水麦冬属 Triglochin L.

Triglochin L., Sp. Pl. 338. 1753.
    本属全世界约15种，分布中国、澳大利亚和美国南部温带地区。中国有2种，产东北及西南等地区。

分种检索表

1. 无匍匐茎；花被片绿色；蒴果成熟后6瓣裂。生海边、盐滩、湿沙地。产彰武、大连等地 ····························· 1. 海韭菜 Triglochin maritima L.【P.690】

1. 有匍匐茎；花被片绿紫色；蒴果成熟后3瓣裂。生沼泽地或盐碱湿地。产康平、建平、丹东、长海、大连等地 ···························· 2. 水麦冬 Triglochin palustris L.【P.690】

一六二、大叶藻科 Zosteraceae

Zosteraceae Dumort.，Anal. Fam. Pl. 65~66. 1829.

本科全世界有3属18种，广泛分布温带和亚热带水域。中国有2属7种。东北地区仅辽宁产2属5种。

分属检索表

1. 雌雄同株，子房、果长卵形至圆柱形，基部圆形；根状茎常细长，稀短；叶常不丛生；佛焰苞不呈虾状弯曲 ··· 1. 大叶藻属 Zostera
1. 雌雄异株，子房、果广卵形，基部箭形；根状茎短；叶丛生；佛焰苞呈虾状弯曲 ·············· ··· 2. 虾海藻属 Phyllospadix

1. 大叶藻属 Zostera L.

Zostera L.，Sp. Pl. 968. 1753.

本属全世界约12种，世界广布，尤以北半球温带沿海水域种类较多。中国5种，主要分布于辽宁、河北、山东等省沿海。东北地区仅辽宁产4种。

分种检索表

1. 叶宽3~15毫米以上，叶鞘闭锁呈筒状；穗轴两侧每花下无小苞片。
  2. 根状茎细长，匍匐，水平分枝。
    3. 叶宽通常为（3~）5~7毫米，先端圆头，具5~7脉。生浅海中。产绥中、大连等地 ············· ··· 1. 大叶藻 Zostera marina L.【P.691】
    3. 叶宽通常为10~15毫米，先端圆或微凹头，9（~11）脉。生浅海中。产普兰店、金州、庄河、大连等地 ··· 2. 宽叶大叶藻 Zostera asiatica Miki
  2. 根状茎短，不匍匐；植株丛生。生浅海中。产绥中、大连等地 ······························· ··· 3. 丛生大叶藻 Zostera caespitosa Miki
1. 叶宽1.5~2毫米，叶鞘开裂；穗轴两侧每花下有一小苞片；根状茎细长匍匐。生浅海中。产绥中、大连、旅顺口等地 ··························· 4. 矮大叶藻 Zostera japonica Aschers. et Graebn.

2. 虾海藻属 Phyllospadix Hook.

Phyllospadix Hook.，Fl. Bor. Amer. 2：171. 1838.

本属全世界约5种；广布于太平洋北部，如亚洲东海岸和北美洲西海岸。中国产2种。东北地区仅辽宁产1种。

黑纤维虾海藻（虾海藻）Phyllospadix japonicus Makino【P.691】

多年生海草。根状茎粗短，残存有淡黑褐色的叶纤维。茎短。叶线形，具3条脉，全缘或有不明显的微齿；叶鞘长5~10厘米。花序轴扁平，长3~5厘米，肉穗花序包于虾状弯曲的佛焰苞内。果端有喙，基部箭形。生低潮线礁石或硬质沙地上。产大连。

一六三、眼子菜科 Potamogetonaceae

Potamogetonaceae Bercht. & J. Presl，Prir. Rostlin Aneb. Rostl. 1（Sig. 7~13）；1，3（1823）.

本科全世界有3属，约85种，广布世界各地。中国产2属24种。东北地区产2属18种。辽宁产2属14种。

分属检索表

1. 叶漂浮水面或沉没水中，具柄或无柄；托叶与叶片离生，稀基部稍合生，但不形成叶鞘；穗状花序花期伸出水面，花为风媒传粉；内果皮背部盖状物自基部直达顶部 ·················· 1. 眼子菜属 Potamogeton

1. 叶全部为沉水叶，无柄；托叶与叶片基部贴生，形成明显的叶鞘；穗状花序花期漂浮于水面，花为水表传粉；内果皮背部盖状物较短小，仅自基部向上约达果长的2/3处 ··············· 2. 篦齿眼子菜属 Stuckenia

1. 眼子菜属 Potamogeton L.

Potamogeton L., Sp. Pl. 126. 1753.

本属全世界约75种，分布全球，尤以北半球温带地区分布较多。中国约有20种，南北各省区均有分布。东北地区产17种，辽宁产13种。

分种检索表

1. 叶有沉水叶和浮水叶两型。
  2. 浮水叶大形，通常长超过4厘米，宽超过2厘米。
    3. 沉水叶较狭成柄状；果长4~5毫米。生沟塘等静水或缓流中，水体多呈微酸性。产抚顺、新民等地 ·················· 1. 浮叶眼子菜 Potamogeton natans L.【P.691】
    3. 沉水叶较宽，有明显的叶片，常为披针形，有柄；果长 3~3.5毫米。生池沼及小河中。产金州、康平、开原、法库、沈阳、盖州等地 ·················· 2. 眼子菜 Potamogeton distinctus A. Bennett【P.691】
  2. 浮水叶小形，通常长不及4厘米，宽不及2厘米。
    4. 果的背脊有鸡冠状突起；喙细长。生池沼及水田中。产沈阳、盖州 ·················· 3. 鸡冠眼子菜（突果眼子菜）Potamogeton cristatus Regel et Maack
    4. 果无鸡冠状突起；喙较短；浮水叶长圆形或披针形。生池塘、缓流河沟中，水体多呈微酸性。产清原、开原、北票、新民、大连等地 ·················· 4. 南方眼子菜（钝脊眼子菜、小浮叶眼子菜）Potamogeton octandrus Poir.【P.691】
1. 叶全部为沉水叶。
  5. 叶有柄。
    6. 叶具长柄，长 2~6厘米；叶条形或条状披针形，长 5~19厘米，宽 1~2.5厘米，先端钝圆而具小突尖。生静水池塘、水库、水田中。产康平、法库、铁岭、沈阳、大连等地 ·················· 5. 竹叶眼子菜 Potamogeton wrightii Morong【P.691】
    6. 叶无柄或具短柄，有时柄长可达2厘米；叶长椭圆形、卵状椭圆形至披针状椭圆形，长 2~18厘米，宽 0.8~3.5厘米，先端尖锐，常具0.5~2厘米长的芒状尖头。生池沼及小河中。产沈阳 ·················· 6. 光叶眼子菜 Potamogeton lucens L.
  5. 叶无柄。
    7. 叶较宽，通常宽在5毫米以上，边缘有波皱。
      8. 叶广披针形或线状披针形，基部不抱茎。生池沼及水田中。产建昌、黑山、新民、沈阳、大连、长海等地 ·················· 7. 菹草（菹草眼子菜）Potamogeton crispus L.【P.691】
      8. 叶广卵形或卵状披针形，基部宽而抱茎。生池沼、沟渠及缓流河中。产凌源、北票等地 ·················· 8. 穿叶眼子菜 Potamogeton perfoliatus L.【P.691】
    7. 叶较狭，宽在5毫米以下，边缘无波皱。
      9. 托叶与叶基部合生而围茎成鞘；茎多分枝；叶缘具微齿，叶片狭线形，长 3~5厘米，宽 2~3毫米。生池沼及湖水中。产新民 ·················· 9. 微齿眼子菜 Potamogeton maackianus A. Benn.
      9. 托叶与叶基部分离，有时托叶下部合生成筒状。
        10. 托叶下部合生成筒状；茎丝状，直径 0.3~0.8毫米；叶的侧细脉仅 2条。生池沼及沟渠中。产朝阳、沈阳、长海等地 ·················· 10. 小眼子菜 Potamogeton pusillus L.【P.691】

10. 托叶下部不合生成筒状，有时边缘互相覆盖。

  11. 茎极扁，有时具狭翼；叶宽2~4毫米，顶端锐尖；花序圆柱状；核果卵形，背部具2脊，顶端具短喙。生池沼及缓流河中。产北票 ·····································

································· 11. 扁茎眼子菜（柳叶眼子菜）Potamogeton compressus L.【P.691】

  11. 茎近圆形或略扁。

    12. 叶脉3或5条。生池沼及沟渠中。产凌源 ································

························· 12. 钝叶眼子菜（钝头眼子菜）Potamogeton obtusifolius Mert. et Koch

    12. 叶脉7~11条。生池塘、溪沟之中。产北票、铁岭、抚顺等地 ················

··················· 13. 尖叶眼子菜 Potamogeton oxyphyllus Miq.【P.692】

2. 篦齿眼子菜属 Stuckenia Börner

Stuckenia Börner, Bot.-Syst. Not. 258. 1912.

本属全世界有7种，广布世界各地。中国有4种。东北地区产1种，黑龙江、吉林、辽宁及内蒙古东部均产。

篦齿眼子菜 Stuckenia pectinata（L.）Börner【P.692】

沉水草本。叶全缘，狭线形，长3~10厘米，宽1~2毫米，基部与托叶贴生成鞘。穗状花序顶生，具花4~7轮，间断排列；花被片4，圆形或宽卵形；雌蕊4枚，通常仅1~2枚可发育为成熟果实。果实倒卵形，顶端斜生长约0.3毫米的喙，背部钝圆。生河沟、水渠、池塘等各类水体。产康平、法库、沈阳、新民、大连、金州、普兰店、岫岩等地。

一六四、角果藻科 Zannichelliaceae

Zannichelliaceae Chevall., Fl. Gen. Env. Paris 2: 256（1827），nom. cons.

本科全世界仅1属1种，广布世界各地。东北地区有分布，产黑龙江、辽宁、内蒙古。

角果藻属 Zannichellia L.

Zannichellia L., Sp. Pl. 2: 969. 1753.

属的特征和地理分布同科。

角果藻 Zannichellia palustris L.【P.692】

细弱的沉水草本。具根状茎。茎细，具少数分枝，长约20厘米。2~4叶轮生；花微小，单性，腋生，雌雄花各一，同生于一膜质苞内。果为长圆状肾形，脊上具齿，具长喙。生淡水池沼或海滨及内陆的咸水中。产凌源、旅顺口、金州、大连湾等地。

一六五、川蔓藻科 Ruppiaceae

Ruppiaceae Horan., Prim. Lin. Syst. Nat. 46（1834），nom. cons.

本科全世界有1属3~10种，分布于全球温带及亚热带海域或内陆盐碱湖。中国有1种1变种。东北地区仅辽宁有分布。

川蔓藻属Ruppia L.

Ruppia L., Sp. Pl. 127. 1753.
特征和地理分布同科。

分种下单位检索表

1. 总果柄长 5 厘米，不扭旋。生海边盐田或内陆盐碱湖。产葫芦岛、金州、大连、旅顺口等地 ··················
·· 1a. 川蔓藻Ruppia maritima L. var. maritima【P.692】
1. 总果柄长超过 6 厘米，且螺旋弯曲。生海边盐田或内陆盐碱湖。产金州 ···································
··· 1b. 卷须川蔓藻Ruppia maritima var. spiralis Moris.

一六六、香蒲科Typhaceae

Typhaceae Juss., Gen. Pl.〔Jussieu〕25（1789），nom. cons.
本科全世界有 2 属约 35 种，分布热带和温带地区。中国有 2 属 23 种。东北地区产 2 属 16 种 1 亚种。辽宁产 2 属 10 种 1 亚种。

分属检索表

1. 花序穗状，雄花序生于上部至顶端，雌性花序位于下部，与雄花序紧密相接，或相互远离；雄花和雌花均无花被 ·· 1. 香蒲属Typha
1. 花序由许多个雄性和雌性头状花序组成大型圆锥花序、总状花序或穗状花序；雄花和雌花均有花被片，其中雌花花被片 4~6 枚 ································· 2. 黑三棱属Sparganium

1. 香蒲属Typha L.

Typha L., Sp. 971. 1753.
本属全世界约有 16 种，分布于热带至温带地区，主要分布于欧亚大陆和北美洲，大洋洲有 3 种。中国有 12 种，南北广泛分布，以温带地区种类较多。东北地区产 9 种。辽宁产 7 种。

分种检索表

1. 雌、雄花穗相接；雄花穗径 6~11 毫米。
  2. 雌蕊柄上的长毛比花柱长而较柱头稍短、等长或稍长；柱头匙形；花粉粒单一。生水塘边或沼泽中。产大连、西丰、沈阳、本溪、辽阳、东港等地 ·················· 1. 香蒲Typha orientalis Presl.【P.692】
  2. 雌蕊柄上的长毛明显短于柱头；柱头披针形；花粉粒为四合体。生水塘边及沼泽中。产北票、清原、新宾、沈阳等地···················· 2. 宽叶香蒲Typha latifolia L.【P.692】
1. 雌、雄花穗不连接，离生；雄花穗径通常不超过 6 毫米。
  3. 植株高大，通常高 1.5 米以上；叶宽 5 毫米以上；果穗圆柱形，长 8 厘米以上。
    4. 雄花序轴具褐色扁柔毛，单出，或分叉，花药长约 2 毫米；柱头约与花柱等宽。生水边及水甸中。产彰武、桓仁、宽甸、沈阳、台安、盘锦、抚顺等地 ························
··················· 3. 水烛（狭叶香蒲）Typha angustifolia L.【P.692】
    4. 雄花序上柔毛较少，不分叉而有齿裂，花药长约 1.4 毫米；柱头宽于花柱。生河流、池塘浅水处及湿地。产西丰、铁岭、彰武、北镇、沈阳、本溪、新宾、台安、海城、盘锦等地 ·····
··················· 4. 长苞香蒲（大苞香蒲）Typha domingensis Pers.【P.692】
  3. 植株较矮小，高通常 1 米左右；叶宽 5 毫米以下；果穗长圆形、椭圆形至短圆柱形，长 6 厘米以下。
    5. 植株高 1 米以上，基部无鞘状叶。

6. 雌花无小苞片；柱头匙形；雄性花序轴具白色、灰白色、黄褐色柔毛。生水边。产长海、铁岭、法库、本溪、抚顺、辽阳 ······ 5. 无苞香蒲（短穗香蒲）Typha laxmannii Lepech.

6. 雌花具匙形小苞片；柱头条形或披针形；雄性花序轴光滑。生水塘、水沟及沟边湿地等环境。产北票、新宾、新民、沈阳、辽阳、台安、盘锦、长海等地 ···················· 6. 达香蒲 Typha davidiana（Kronf.）Hand.-Mazz.【P.692】

5. 植株高约0.8米或更矮，基部通常只有鞘状叶，如叶片存在，宽1~2毫米，不长于花序；雄花序轴无毛。生沙丘间湿地或河滩低湿地。产大连、彰武等地 ······ 7. 小香蒲 Typha minima Funk【P.692】

2. 黑三棱属 Sparganium L.

Sparganium L. Sp. Pl. 971. 1753.

本属全世界约19种，北半球温带或寒带，仅1或2种分布于东南亚、澳大利亚和新西兰等地。我国有11种。东北地区产7种1亚种。辽宁产3种1亚种。

分种检索表

1. 圆锥花序开展，侧枝和主枝一样有雄头花序和雌头状花序；子房和果下部收缩无柄。
　　2. 叶宽6毫米以上，横切面微扁三角形，龙骨突起明显；圆锥花序具3个以上的侧枝，雌头状花序直径10~20毫米；果实明显有棱，内果皮具6~10条纵肋。生水边及沼泽中。产凌源、彰武、康平、开原、铁岭、抚顺、新民、辽阳、丹东、金州、大连、普兰店等地 ······ 1b. 黑三棱 Sparganium eurycarpum subsp. coreanum（H. Lév.）C. D. K. Cook & M. S. Nicholls【P.698】
　　2. 叶宽2~3毫米，横切面三角形；圆锥花序通常只有1个侧枝，稀无侧枝，雌头状花序，直径约7毫米；果实无棱或有棱，内果皮无明显的纵肋。生水边及沼泽中。产彰武 ······ 2. 狭叶黑三棱 Sparganium subglobosum Morong【P.698】
1. 圆锥花序收缩，侧枝上无雄头状花序，只有1个雌头状花序；子房和果有短柄。
　　3. 雄头状花序3~5个，与雌头状花序远离。生沼泽或水边。产北票、本溪、丹东等地 ······ 3. 小黑三棱 Sparganium emersum Rehm.【P.693】
　　3. 雄头状花序1~2个，雄、雌各头状花序都紧接在一起。生水边与湿地。产桓仁 ······ 4. 短序黑三棱（密序黑三棱）Sparganium glomeratum Least. ex Beurl.

一六七、莎草科 Cyperaceae

Cyperaceae Juss., Gen. Pl.［Jussieu］26（1789），nom. cons.

本科全世界约106属5400余种，广布除南极洲以外世界各地。中国有33属865种，广布于全国。东北地区产3亚科3族17属206种5亚种18变种3变型，其中栽培1种1变种。辽宁产2亚科3族13属110种2亚种5变种1变型，其中栽培1种1变种。

分属检索表

1. 花两性或单性，无先出叶所形成的果囊（I. 藨草亚科 Scirpoideae）。
　　2. 鳞片螺旋状排列；通常具退化的花被或无；小穗最下部鳞片与其他鳞片相同（藨草族 Scirpeae）。
　　　3. 花柱基部膨大。
　　　　4. 全部叶退化成鞘 ······ 1. 荸荠属 Eleocharis
　　　　4. 至少有的叶具发育很好的叶片。
　　　　　5. 花柱基宿存；花柱常光滑 ······ 2. 球柱草属 Bulbostylis
　　　　　5. 花柱基脱落；花柱常有毛 ······ 3. 飘拂草属 Fimbristylis
　　　3. 花柱基部不膨大。

  　　6. 下位刚毛常多于6条，细长，呈绢丝状 ···························· 4. 羊胡子草属 Eriophorum
  　　6. 下位刚毛6条或较少，稀退化或缺如。
  　　　　7. 苞片禾叶状或佛焰苞状；花序顶生或侧生兼有。
  　　　　　　8. 根状茎具地下匍匐枝，且具球状块茎；小穗大，长1~1.5（~2）厘米；鳞片背部具糙硬毛；小坚
  　　　　　　　 果长3~4毫米 ··· 5. 三棱草属 Bolboschoenus
  　　　　　　8. 根状茎或长或短，但无球形块茎；小穗较小，长0.2~0.8（~1.5）厘米；鳞片背部无糙硬毛；小
  　　　　　　　 坚果长0.8~1毫米 ··· 6. 藨草属 Scirpus
  　　　　7. 苞片似秆之延长；花序假侧生。
  　　　　　　9. 花序通常分枝，具2~8个辐射枝；具长根状茎或匍匐枝 ········ 7. 水葱属 Schoenoplectus
  　　　　　　9. 花序通常头状，无辐射枝；根状茎极短 ············· 8. 泽田藨属 Schoenoplectiella
  　2. 鳞片成二行排列；无花被；小穗最下部鳞片与其他鳞片不同，多少具2条龙骨状突起（莎草族 Cypere-
  　　ae）。
  　　10. 小穗轴无关节。
  　　　　11. 小坚果背腹扁，面向小穗轴着生 ···································· 9. 莎草属 Cyperus
  　　　　11. 小坚果两侧扁，棱向小穗轴着生 ···································· 10. 扁莎属 Pycreus
  　　10. 小穗轴具关节。
  　　　　12. 柱头3；小坚果三棱形 ·· 11. 湖瓜草属 Lipocarpha
  　　　　12. 柱头2；小坚果双凸、平凸或两面凹形 ······················ 12. 水蜈蚣属 Kyllinga
1. 花单性，雌花有先出叶，绝大多数先出叶在边缘合生而成果囊，很少完全离生（II. 薹草亚科 Caricoideae
薹草族 Cariceae） ·· 13. 薹草属 Carex

1. 荸荠属 Eleocharis R. Br.

Eleocharis R. Brown, Prodr. 224. 1810.

　　本属全世界约有250种，除两极外，广布于全球各地，热带、亚热带地区特别多。中国有35种。东北地区产12种。辽宁产8种。

分种检索表

1. 柱头3；小坚果三棱形或钝三棱形。
　2. 小坚果长圆状倒卵形，较狭，具纵肋，表面细胞具网纹；秆毛发状。生于沼泽湿地。产本溪、清原、沈
　　阳、长海、绥中等地 ···
　　·········· 1. 牛毛毡（长刺毛牛毡）Eleocharis yokoscensis（Franch. et Savat.）Tang et Wang【P.693】
　2. 小坚果倒卵形，较宽，表面细胞平滑；秆较粗壮。
　　3. 小坚果较小，长0.9~1毫米；花柱基较小，长0.1~0.4毫米，宽小于长；下位刚毛具倒刺。
　　　4. 花柱基宽小于长；下位刚毛比小坚果长；小穗暗褐色或紫褐色，基部通常具穗生苗。生于沟边湿
　　　　地。产庄河 ··············· 2. 透明鳞荸荠（穗生苗荸荠）Eleocharis pellucid J. Presl & C. Presl
　　　4. 花柱基宽大于长；下位刚毛比小坚果短；小穗苍白色，基部通常不具穗生苗。生于沼泽。产瓦房店
　　　　·· 3. 细秆荸荠 Eleocharis maximowiczii Zinserl.
　　3. 小坚果较大，长（1.2~）1.5~2毫米；花柱基较大，长约1毫米；下位刚毛具扁刺，呈羽毛状，比小坚
　　　果长。生沼泽、草甸。产大连、长海、凤城、新宾、凌源 ···
　　　·· 4. 羽毛荸荠 Eleocharis wichurae Bockeler【P.693】
1. 柱头2；小坚果双凸状。
　6. 下位刚毛5条；植株高大，秆肋间横隔明显；花柱基广三角形或广圆锥状乳头形，通常长比宽小。生沼
　　泽、草甸。产宽甸… 5. 乌苏里荸荠（圆果乳头基荸荠、乳头基荸荠）Eleocharis ussuriensis G. Zinserl.
　6. 下位刚毛4条或无。
　　7. 鳞片顶端钝；秆坚硬，具明显纵肋。生湿地及水边。产大连、长海、瓦房店、沈阳、彰武、黑山、凌

源·················· 6. 槽秆荸荠（木贼状荸荠、具刚毛荸荠）Eleocharis mitracarpa Steud.【P.693】

7. 鳞片顶端锐尖；秆柔弱，无明显肋，具纵纹。生沼泽。产凤城 ·············

················· 7. 沼泽荸荠（中间型荸荠）Eleocharis palustris（L.）Roem. & Schult.

5. 小穗基部具空鳞片1枚；花柱基卵形至三角形，与小坚果近等长。生湿地。产大连 ···········

················· 8. 大基荸荠（无刚毛荸荠）Eleocharis kamtschatica（C. A. Mey.）Kom.【P.693】

2. 球柱草属Bulbostylis Kunth

Bulbostylis Kunth，Enum. Pl. 2：205. 1837.

本属全世界约有100种，分布全世界热带至温带地区。中国有3种，分布于沿海、华中及西南各省。东北地区产2种，辽宁均产。

分种检索表

1. 小穗单生，排列成简单或复出长侧枝聚伞花序；鳞片暗棕色，顶端具不明显的短尖。生河岸及河湿沙地。产东港、金州、普兰店、瓦房店、庄河等地 ···········

················· 1. 丝叶球柱草Bulbostylis densa（Wall.）Hand.–Mazz.【P.693】

1. 小穗成簇，排列成头状；鳞片锈色，带绿色，顶端具明显反曲短尖。生沙地。产沈阳、营口、瓦房店、庄河、金州 ················· 2. 球柱草Bulbostylis barbata（Rottb.）C. B. Clarke【P.693】

3. 飘拂草属Fimbristylis Vahl

Fimbristylis Vahl，Enum. Pl. 2：285. 1806.

本属全世界约有200种，广布世界各地，集中分布区是亚洲东南部。中国有53种，广布于全国各省。东北地区产8种1亚种1变种1变型。辽宁产4种1亚种1变种1变型。

分种检索表

1. 小坚果倒卵形或倒三角形。

2. 小穗无棱角。

3. 小坚果表面具明显网纹，无柄或具长约0.1毫米的极短柄；花序伞房状至有少数小穗。

4. 植株有毛；小坚果表面细胞横长圆形；鳞片小，长2.2~2.5毫米；小穗较小。

5. 植株高15~50厘米；叶线形或狭线形。

6. 秆高15~50厘米；叶线形，略短于秆或与秆等长，宽1~2.5毫米；长侧枝聚伞花序复出，小穗单生于辐射枝顶端。生湿地。产建平、大连、丹东、凤城等地········ 1aa. 两歧飘拂草（飘拂草）Fimbristylis dichotoma（L.）Vahl subsp. dichotoma f. dichotoma【P.693】

6. 秆高5~25厘米；叶狭线形，较秆为短，宽0.5~2毫米；长侧枝聚伞花序简单，小穗1~7个。生长在田中或浅水处。辽宁有记载 ··········· 1ab. 线叶两歧飘拂草Fimbristylis dichotoma subsp. dichotoma f. annua（All.）Ohwi

5. 植株纤细；叶刚毛状；小穗单一或2~3个。生湿地。产北镇、丹东、庄河等地 ··········· 1b. 矮两歧飘拂草（矮飘拂草）Fimbristylis dichotoma subsp. depauperata（R. Br.）J. Kern【P.693】

4. 植株无毛；小坚果表面细胞为六角形；鳞片较大，长约3.5毫米；小穗较大。生湿地及海岸。产旅顺口 ··········· 2. 长穗飘拂草Fimbristylis longispica Steud.

3. 小坚果表面近平滑，具明显小柄，柄长0.5~0.6毫米；花序通常具一小穗。生湿地。产大连、金州、普兰店等地 ··········· 3b. 双穗飘拂草（单穗飘拂草）Fimbristylis tristachya var. subbispicata（Nees）T. Koyama【P.693】

2. 小穗由于鳞片背脊隆起而有棱角，单个着生于第一次或第二次辐射枝顶端，鳞片顶端具反曲长尖，长0.5~1毫米；花柱基部具向下的长毛。生湿地。产大连 ···········

······························· 4. 畦畔飘拂草（曲芒飘拂草）Fimbristylis squarrosa Vahl【P.693】

1. 小坚果长圆形，呈不明显三棱状或双凸状，无乳头状突起；柱头 2~3；鳞片淡棕褐色。生湿地。产铁岭、
   沈阳、瓦房店、金州、大连等地 ··
   ·················· 5. 烟台飘拂草（光果飘拂草）Fimbristylis stauntonii Debeaux et Franch.【P.693】

4. 羊胡子草属 Eriophorum L.

Eriophorum L. Sp. Pl. ed. l（1753）52.

本属全世界有 25 种，大多分布于寒温带，高山和北半球的北极。中国有 7 种，多分布于东北、西北和西南各省。东北地区产 4 种。辽宁产 2 种。

分种检索表

1. 鳞片通常仅 1 脉；秆较粗壮；叶片扁平，顶端三棱形，宽 3~7 毫米。生沼泽、湿地。产彰武、清原等地 ···
   ········· 1. 宽叶羊胡子草（东方羊胡子草）Eriophorum angustifolium Honck.【P.694】
1. 鳞片具多数脉；秆较细弱；叶片扁三棱形，宽约 1 毫米。生沼泽。产清原 ·······················
   ······················· 2. 细秆羊胡子草 Eriophorum gracile Koch【P.694】

5. 三棱草属 Bolboschoenus（Ascherson）Palla

Bolboschoenus（Ascherson）Palla in Hallier & Brand, Syn. Deut. Schweiz. Fl., ed. 3. 3；2531. 1905.

本属全世界有 8 种，主要分布于北美洲和东亚。中国有 4 种。东北地区产 2 种，辽宁均产。

分种检索表

1. 小坚果两侧扁，淡褐色；柱头 2；长侧枝聚伞花序短缩成头状，稀具 1~2 辐射枝或有时仅 1 小穗；植株矮
   小。生沼泽、湿地。产铁岭、彰武、新民、沈阳、葫芦岛、绥中、盖州、金州、大连、长海等地 ········
   ············· 1. 扁秆荆三棱（扁秆蔗草）Bolboschoenus planiculmis（F. Schmidt）T. V. Egorova【P.694】
1. 小坚果正三棱形，黑褐色；柱头 3；长侧枝聚伞花序疏松，伞房状，常具 6~8 个辐射枝；植株高大。生沼
   泽、湿地及浅水中。产彰武、沈阳、长海、清原 ····································
   ······················· 2. 荆三棱 Bolboschoenus yagara（Ohwi）Y. C. Yang & M. Zhan【P.694】

6. 蔗草属 Scirpus L.

Scirpus L., Sp. Pl. 1：47. 1753.

本属全世界约有 35 种，大部分分布北半球温带地区，集中分布区在北美洲。中国有 12 种。东北地区产 5 种。辽宁产 4 种。

分种检索表

1. 小穗暗绿色或铅黑色；下位刚毛不伸出鳞片外；植株通常具匍匐枝。
   2. 下位刚毛比小坚果长 2~3 倍，显著弯曲，通常平滑；辐射枝及小穗柄光滑，每个小穗柄具 1 个小穗。生
      沼泽及河岸浅水中。产彰武、沈阳等地 ············ 1. 东北蔗草（单穗蔗草）Scirpus radicans Schkuhr
   2. 下位刚毛与小坚果近等长，具倒生刺；辐射枝及小穗柄粗糙；每个小穗柄具 1~3 个小穗。生沼泽及河岸水
      中。产北镇、新宾、清原、本溪、丹东、瓦房店等地 ······ 2. 东方蔗草 Scirpus orientalis Ohwi【P.694】
1. 小穗棕色，下位刚毛微伸出鳞片外；植株无匍匐枝。
   3. 长侧枝聚伞花序顶生及侧生兼有，形成圆锥形；小穗长圆形。生湿地。产大连 ·······················
      ······················· 3. 华东蔗草 Scirpus karuisawensis Makino
   3. 长侧枝聚伞花序顶生；小穗近球形。生草甸。产桓仁、丹东、大连等地 ·······················
      ························ 4. 庐山蔗草（茸球蔗草）Scirpus lushanensis Ohwi【P.694】

7. 水葱属 Schoenoplectus（Reichenbach）Palla

Schoenoplectus（Reichenbach）Palla, Verh. K. K. Zool-Bot. Ges. Wien. 38（Sitzungsber.）: 49. 1888.

本属全世界约77种，广布世界各地。中国有22种。东北地区产4种。辽宁产2种。

分种检索表

1. 秆锐三棱形；鳞片背面无小疣；根状茎细长，紫红色。生湿地。产新宾、彰武、法库、阜新、凌源、建平、北镇、沈阳、东港、盖州、鞍山、庄河、金州、普兰店、大连等地 ……………………………………………………… 1. 三棱水葱（蔗草）Schoenoplectus triqueter（L.）Palla【P.694】
1. 秆圆形；鳞片背面通常具紫色小疣；根状茎粗壮，褐色。生沼泽及浅水中。产彰武、新宾、沈阳、本溪、大连、长海、盖州 ………… 2. 水葱 Schoenoplectus tabernaemontani（C. C. Gmel.）Palla【P.694】

8. 泽田蔗属 Schoenoplectiella Ley

Schoenoplectiella Lye, Lidia 6（1）: 20. 2003.

本属全世界约有58种。东北地区产5种1变种。辽宁产2种1变种。

分种检索表

1. 秆粗壮，锐三棱形。生沼泽、湿地。产葫芦岛、盘锦 …………………………………………………… 1. 水毛花 Schoenoplectiella mucronata（L.）J. Jung & H. K. Choi
1. 秆无棱，圆柱形或近圆形。
   2. 小穗（2~）3~5（~7）个聚成头状，卵形或长圆状卵形，宽3.5~4毫米；鳞片宽卵形或卵形，顶端骤缩成短尖；小坚果宽倒卵形，或倒卵形，平凸状，长约2毫米。生湿地。产铁岭、长海等地 …………………… 2a. 萤蔺 Schoenoplectiella juncoides（Roxb.）Lye var. juncoides【P.694】
   2. 小穗单生或2~3个聚集成头状，宽卵形或卵球形，宽3.5~6.5毫米；鳞片圆盘状倒卵形或近于圆形，顶端具短尖；小坚果三棱形，长2.5毫米。生路旁湿地及水边湿地。产大连等地 ……………………… 2b. 细秆萤蔺 Schoenoplectiella juncoides var. hotarui（Ohwi）S. M. Zhang

9. 莎草属 Cyperus L.

Cyperus L. Sp. Pl. ed. 1（1753）44.

本属全世界约有600种，广布温带、亚热带和热带地区。中国有62种，大多数分布于华南、华东、西南各省，少数种在东北、华北、西北一带亦常见到。东北地区产19种1变种1变型，其中栽培2种。辽宁产15种2变种，其中栽培1种1变种。

分种检索表

1. 柱头2；小坚果背腹扁，面向小穗轴着生。
   2. 长侧枝聚伞花序复出，通常具长的辐射枝；小穗排列成穗状；根状茎长；苞片开展。生河边及湿地。产彰武、法库、凌源、建平、沈阳、盘山、盖州、大连、庄河、旅顺口、长海、瓦房店、丹东等地 …………………………………………………… 1. 水莎草 Cyperus serotinus Rottb.【P.694】
   2. 长侧枝聚伞花序短缩成头状，假侧生，无辐射枝；根状茎短；苞片直立。生河边湿地。辽宁有记载 ……………………………………………… 2. 花穗水莎草 Cyperus pannonicus Jacq.
1. 柱头3，极少2；小坚果三棱形。
   3. 小穗在辐射枝顶端排成穗状花序。
      4. 多年生草本。
         5. 鳞片紫红色，长3~3.5毫米，背部具脊。生河岸沙地。产长海、大连等地 ……………………………………………… 3. 香附子（莎草）Cyperus rotundus L.【P.694】

5. 鳞片黄褐色，长约2.8毫米，背部具多条凹沟。原产地中海地区。沈阳、铁岭、大连有栽培 ………

………………………………………… 4b. 油莎草 Cyperus esculentus L. var. **sativus** Boeck.

4. 一年生草本。

　6. 鳞片狭长圆形，具1脉；小坚果狭长圆形；秆粗壮，肥厚；小穗极多，密集成头状。生草甸、水田。产凌源、彰武、葫芦岛、沈阳、本溪、金州、普兰店等地 ………………………………………

………………………………………… 5. 头状穗莎草（头穗莎草）Cyperus glomeratus L.【P.695】

　6. 鳞片广倒卵形或广椭圆形，具多数脉；小坚果倒卵形；秆稍细；小穗少数至多数，但不密集成头状。

　　7. 鳞片短小，长1~1.5毫米；小坚果与鳞片近等长；穗状花序轴较长，小穗稀疏排列。

　　　8. 穗状花序轴具缘毛；小穗紫红褐色；鳞片顶端无短尖。

　　　　9. 叶状苞片多3~4枚，下面1~2枚常长于花序；穗状花序宽卵形或卵状长圆形；小穗排列稍疏松，初为斜展开，后期为平展。生河岸、湿地。产西丰、沈阳、北镇、凤城、宽甸、新宾、东港、岫岩、大连、金州、瓦房店、庄河、普兰店等地 …………… 6a. 三轮草（毛笠莎草）Cyperus orthostachyus Franch. et Sav. var. orthostachyus【P.695】

　　　　9. 叶状苞片较花序长很多；穗状花序长圆形或长圆状圆柱形；小穗排列紧密，近于直立。生沼泽地里。产大连、丹东 …………………………………………

………………… 6b. 长苞三轮草 Cyperus orthostachyus var. longibracteatus L. K. Dai

　　　8. 穗状花序轴平滑无毛；小穗淡黄色或红褐色；鳞片顶端具短尖。

　　　　10. 长侧枝聚伞花序复出；小穗直立或近斜上展开，淡黄色，有时带赤褐色；鳞片短尖不反曲。

　　　　　11. 小穗轴无翼；鳞片具极短小尖头，尖不凸出鳞片外。生湿地及田中。产沈阳、瓦房店、大连、长海等地 …………………… 7. 碎米莎草 Cyperus iria L.【P.695】

　　　　　11. 小穗轴具白色狭翼；鳞片具明显短尖，尖伸出鳞片外。生田中及湿地。产沈阳、锦州、新民、宽甸、东港、鞍山、庄河、盖州、金州、普兰店、大连、长海等地 …………………

………………………… 8. 具芒碎米莎草（黄颖莎草）Cyperus microiria Steud.【P.695】

　　　　10. 长侧枝聚伞花序简单；小穗通常水平开展，褐色；鳞片具反曲短尖。生湿地及河岸沙地。产铁岭、抚顺、本溪、凤城、桓仁、庄河、海城、普兰店、大连、金州、旅顺口等地 ……

………………… 9. 阿穆尔莎草（黑水莎草）Cyperus amuricus Maxim.【P.695】

　　7. 鳞片较大，长3~3.5毫米；小坚果长为鳞片的1/3，穗状花序轴较短，小穗排列紧密。生田野。产丹东 …………………………………………… 10. 扁穗莎草 Cyperus compressus L.【P.695】

3. 小穗在辐射枝的顶端呈指状排列或簇生。

　12. 长侧枝聚伞花序疏松，辐射枝发达。

　　13. 苞片1~3枚。

　　　14. 苞片2~3枚，叶状，长于花序；小穗红褐色；鳞片钝或圆。

　　　　15. 小穗5~15个，组成疏散的头状花序；鳞片复瓦状排列，宽卵形，顶端钝，中间黄绿色，两侧深紫褐色或褐色。生湿地。产凌源、建平、葫芦岛、康平、大连、长海等地 …………………

………………………… 11. 褐穗莎草（密穗莎草）Cyperus fuscus L.【P.695】

　　　　15. 小穗多数，组成紧密的头状花序；鳞片排列稍松，近于扁圆形，顶端圆，中间淡黄色，两侧深红紫色或栗色。生湿地。产沈阳、本溪、瓦房店、大连等地 …………………

………………………… 12. 异型莎草（球穗莎草）Cyperus difformis L.【P.695】

　　　14. 苞片1，如秆之延长；小穗绿色；鳞片具反曲短尖。生湿地。产丹东 ………

………………………………………… 13. 绿穗莎草 Cyperus flaccidus R. Br.

　　13. 苞片10~20枚，呈放射状伸展，近等长；叶鞘顶端无叶片；秆高0.6~1.5米，粗6~8毫米。原产非洲。大连有栽培 ………………………… 14. 风车草 Cyperus involucratus Rottb.【P.695】

　12. 长侧枝聚伞花序简化为头状。

　　16. 鳞片2列。生湿地。产沈阳、本溪、大连等地 …………………………………………

………………………… 15. 白鳞莎草 Cyperus nipponicus Franch. et Sav.【P.695】

16. 鳞片螺旋状排列。生湿地及河岸沙地。产昌图、沈阳、大连、长海、北镇、本溪等地 ……………
………………………… 16. 旋鳞莎草（头穗蔗草）Cyperus michelianus（L.）Link【P.695】

10. 扁莎属 Pycreus P. Beauv.

Pycreus P. Beauv. Fl. Oware Ⅱ（1807）48，t. 86.

本属全世界约有70种，分布于亚洲、欧洲、非洲、澳洲以及美洲。中国有11种，多分布于华南、西南及华东各省，仅有少数种类广布于全国各省。东北地区产4种，辽宁均产。

分种检索表

1. 小坚果表面具横纹；小穗宽3毫米，含少数花。生河岸沙地及草甸。产大连 ……………………………
………………………………………… 1. 东北扁莎 Pycreus setiformis（Korsh.）Nakai
1. 小坚果表面具凸起细点；小穗宽1.5~3毫米。
 2. 鳞片两侧具宽槽；小穗含少数花，宽3毫米。生河岸沙地。产本溪、清原、辽中、建平、阜新、金州、瓦房店、大连等地 …………… 2. 红鳞扁莎（槽鳞扁莎）Pycreus sanguinolentus（Vahl）Nees【P.695】
 2. 鳞片两侧无宽槽；小穗含多数花，宽1.5~2.5毫米。
  3. 鳞片暗棕褐色，卵形；花药长圆形；秆细。生湿沙地或湿地。产彰武、康平、建平、营口、普兰店、大连等地 …………………………… 3. 球穗扁莎 Pycreus flavidus（Retz.）T. Koyama【P.696】
  3. 鳞片黄色或红棕色，狭卵形；花药线形；秆较粗壮。生海岸或湿地。产旅顺口、沈阳 ……………
…………………… 4. 多枝扁莎（扁莎）Pycreus polystachyos（Rottb.）P. Beauv.【P.696】

11. 湖瓜草属 Lipocarpha R. Br.

Lipocarpha R. Br. in Tuekey，Narrat. Exped. Congo（1818）459.

本属全世界约有35种，分布于温带和亚热带地区。中国产4种。东北地区仅辽宁产1种。

华湖瓜草（湖瓜草）Lipocarpha chinensis（Osbeck）J. Kern【P.696】

一年生小草本。叶丝状。苞片2，不等长，比花序长；花序头状，通常由3个穗状花序组成，具多数小穗；小穗无柄，基部具关节，下面2鳞片中空无花，最下部鳞片长约1.5毫米，上部具1两性花；雄蕊2，柱头3。小坚果长圆形，三棱形，具细点。生河岸沙地或湿地。产沈阳、本溪、金州、庄河、普兰店等地。

12. 水蜈蚣属 Kyllinga Rottb.

Kyllinga Rottb. Descr. et Ic.（1773）12，t. 4.

本属全世界约有75种，分布于中国及非洲、喜马拉雅山区、印度以至马来西亚、印度尼西亚、菲律宾、日本、澳洲和美洲热带地区。中国有7种，多分布于华南、西南各省，只有1种广布于全国。东北地区产2种，辽宁均产。

分种检索表

1. 秆三棱形，平滑；鳞片脊上疏生刺。生河岸湿地。产营口、庄河等地 …………………………………
………………………………………… 1. 短叶水蜈蚣（水蜈蚣）Kyllinga brevifolia Rottb.
1. 秆具明显肋；鳞片脊上无刺毛。生山坡、路旁、田边、溪边、海边沙滩上。产沈阳、本溪、宽甸、庄河、长海、金州、普兰店等地 …………… 2. 无刺鳞水蜈蚣（光颖水蜈蚣）Kyllinga gracillima Miq.【P.696】

13. 薹草属 Carex L.

Carex L.，Gen. Pl. ed 1，280，1737.

本属全世界约有2000种，广布世界各地。中国有527种，分布于全国各省区。东北地区产130种4亚种14变种1变型。辽宁产61种1亚种4变种。

分种检索表

1. 枝先出叶存在（位于小穗柄基部者）呈鞘状；柱头通常3，稀2；小坚果三棱形，稀平凸状或双凸状；小穗常具柄。

  2. 柱头3；小坚果三棱形。

    3. 果囊为三棱形或膨大三棱形。

      4. 叶及叶鞘具横隔；果囊喙口质硬，2齿或2深裂（但 *C. heterostachya* 的鞘可无横隔）。

        5. 植株或果囊无毛，但有时果囊边缘粗糙。

          6. 果囊膜质，具长喙。

            7. 植株高大粗壮，通常高100厘米以上；雌小穗长3~7.5厘米；果囊水平开展，顶端急缩为长喙；叶片宽8~15毫米；植株绿色。生沼泽。产桓仁 ……………………………… 1. **大穗薹草** Carex rhynchophysa C. A. Mey.【P.696】

            7. 植株较细弱，高30~60（~70）厘米；雌小穗长1~3厘米。

              8. 果囊斜展膨大，喙稍2齿裂；秆基部叶鞘紫红色而无叶片；叶稍短于秆，宽2~5毫米。生河岸、沼泽。产彰武、沈阳等地 … 2. **胀囊薹草**（膜囊薹草）Carex vesicaria L.【P.696】

              8. 果囊不膨大，喙齿呈弯钩状；秆基部具少数紫褐色无叶片的鞘；叶长于秆或稍短于秆，宽3~8毫米。生湿地。产彰武、沈阳、大连、清原等地 …………………………… 3. **弓喙薹草**（弓嘴薹草、羊角薹草）Carex capricornis Meinsh. ex Maxim.【P.696】

          6. 果囊木栓质，稀为厚革质状，无喙或具短喙。

            9. 果囊厚革质，长3~4毫米，具明显突起脉至近无脉，喙明显。

              10. 秆基叶鞘褐色；叶背面密被乳头状突起；雌小穗卵形至长椭圆形；果囊近无脉。生干山坡及草地。产沈阳、黑山、盖州、大连等地 ……………………………… 4. **异穗薹草** Carex heterostachya Bunge【P.696】

              10. 秆基叶鞘紫红色；叶背面无乳头状突起；雌小穗细长；果囊具明显突起脉。生草甸及湿地。产昌图、彰武、凌源、沈阳、本溪等地 ……………………………… 5. **叉齿薹草**（红穗薹草）Carex gotoi Ohwi【P.696】

            9. 果囊木栓质或海绵状厚革质，长4~7毫米，具沉入果囊壁中的脉，喙不显著。

              11. 雌小穗接近生；秆节间短；叶成束状；果囊干后绿黄色，仅基部具明显脉。生海边。产兴城、盖州、瓦房店、金州、大连、长海等地 ……………………………… 6. **矮生薹草**（栓皮薹草）Carex pumila Thunb.【P.696】

              11. 雌小穗远离生；秆节间长，叶不成束状；果囊干后灰褐色或黄褐色，具凹下脉，喙粗糙；雌小穗短，长1.5~2厘米。生海边及沿海湿地。产兴城、营口、金州、大连等地 ……………………………… 7. **糙叶薹草**（钢草）Carex scabrifolia Steud.【P.697】

        5. 植株或果囊有稀疏糙毛或密生毛。

          12. 雄小穗2~5个；下部苞片具长鞘。

            13. 果囊草质，卵形，疏生糙毛；叶背面无颗粒状细点；苞片下部者具鞘，上部者无鞘；喙口较浅裂。生林缘、湿地。产鞍山、凤城、丹东、大连等地 ……………………………… 8. **辽东薹草** Carex glabrescens (Kukenth.) Ohwi【P.697】

            13. 果囊薄革质，长圆状披针形或圆锥状卵形，无毛，稀边缘稍有毛；叶背面具颗粒状细点。

              14. 果囊长圆状披针形，长8~10毫米。生河岸沙地。产海城 ……………………………… 9. **锥囊薹草**（河沙薹草）Carex raddei Kfikenth.【P.697】

              14. 果囊长圆状卵形，长6~8毫米。生沼泽、湿地。产彰武、沈阳、瓦房店、大连等地 ……………………………… 10. **直穗薹草** Carex atherodes Spreng.【P.697】

          12. 雄小穗单一；下部苞片鞘甚短，长仅0.5~1毫米。生林下湿地、森林草甸。产沈阳 ……………………………… 11. **宽鳞薹草** Carex latisquamea Kom.【P.697】

4. 叶及叶鞘无横隔；果囊喙口膜质状，全缘或微二齿裂。

  15. 苞片具长鞘或短鞘。

    16. 叶长线形或丝状。

      17. 顶生小穗为雄小穗，其余为雌小穗。

        18. 果囊无毛。

          19. 叶扁平，线形；果囊膜质状；雌小穗具多数花。

            20. 果囊具长喙。

              21. 雌小穗圆柱形或长圆形，伸长，具多数花，密生。

                22. 雄小穗2~3个；果囊倒卵形至卵形；柱头脱落。生山坡林缘。产开原、沈阳、凤城、丹东等地 ………… **12. 麻根薹草**Carex arnellii Christ ex Scheutz【P.697】

                22. 雄小穗单一；果囊长圆状披针形；柱头宿存。生林中湿地及林间草地。产沈阳、鞍山、岫岩、凤城、瓦房店、庄河等地 …………………………………… ………… **13. 卷柱头薹草（柔薹草）**Carex bostrychostigma Maxim.【P.697】

              21. 雌小穗线形，具4~10花，花疏生。

                23. 果囊长圆状卵形，长6~7毫米；叶无毛。生林内。产凤城、鞍山、庄河等地 … ………………… **14b. 少囊薹草**Carex filipes var. oligostachys Kük.【P.698】

                23. 果囊倒卵形，长4~5毫米；叶边缘及两面具疏柔毛。生林内；产凤城 ………… …………………………… **15. 毛缘薹草**Carex pilosa Scop.【P.698】

            20. 果囊具短喙。

              24. 果囊不膨大；小坚果紧密地包于果囊中；下方雌小穗常下垂。生林中湿地及草地。产大连、鞍山、本溪等地 …… **16. 鸭绿薹草**Carex jaluensis Kom.【P.698】

              24. 果囊膨大；小坚果疏松地包于果囊中；小穗直立；果囊具凸起脉。生海岛湿地。产长海、庄河 ……… **17. 亚澳薹草（海洋薹草）**Carex brownii Tuckerm.【P.698】

          19. 叶边缘内卷呈丝状；果囊近革质，成熟后带褐色；雌小穗具2~3花。生林下。产桓仁 ………………………………… **18. 乌苏里薹草** Carex ussuriensis Kom.【P.698】

        18. 果囊被短柔毛或糙毛，或至少喙边缘粗糙。

          25. 果囊小型，长2~4（~5）毫米，无喙或具短喙，喙口微缺或二齿裂。

            26. 小坚果顶端无帽状体或盘状附属物；果囊梨状倒卵形，近无喙；苞片常佛焰苞状。

              27. 果囊钝三棱形，脉明显或否；喙不明显或极短，向外弯曲。

                28. 秆高大，不隐藏于叶丛基部，高10~35厘米，与叶近等长或稍短。

                  29. 果囊具明显凸起脉；雌花鳞片披针形，顶端渐尖。生森林及林缘草地。产新宾、凤城、宽甸、东港、本溪、沈阳、鞍山、岫岩、瓦房店、大连等地 …… ………………… **19a. 大披针薹草（凸脉薹草）**Carex lanceolata Boott var. lanceolata

                  29. 果囊无脉或具极不明显脉；雌花鳞片椭圆形，顶端稍圆形，具芒状尖。生草地。产凌源、沈阳、丹东、大连等地 ………………… **19b. 亚柄薹草（早春薹草）** Carex lanceolata Boott var. subpediformis Kukenth.【P.698】

              28. 秆极短，隐藏于叶丛基部，为叶长的1/6~1/2。

                30. 小穗2~3个，雄小穗有多数花，雌小穗有2~4朵花。生山坡及林中。产宽甸、丹东、岫岩、瓦房店、大连等地 …………………………………… ………………… **20. 低矮薹草（低薹草）**Carex humilis Leyss.【P.698】

                30. 小穗2~4个，雄小穗具3~4花，雌小穗具1~2花。生石质山坡、荒山、松树与柞树混交林或油松林下。产昌图、绥中、沈阳、凤城、大连、沈阳 ………… ……… **21b. 矮丛薹草**Carex callitrichos V. Krecz. var. nana（Levl. et Vant.） Ohwi【P.698，699】

27. 果囊锐三棱形，无脉；喙明显或较长，直立或近直立；苞片的鞘顶端无叶片，红褐色；雌小穗轴膝曲，通常具 2~4 花；雌花鳞片顶端广圆形，具骤尖。生红松林中。产凤城、宽甸等地 … **22. 四花薹草 Carex quadriflora（Kük.）Ohwi【P.699】**

26. 小坚果顶端具帽状体或盘状附属物，稀呈喙状；果囊卵形或倒卵形，具短喙；苞片叶状。

  31. 小坚果顶端缢缩为盘状或帽状体。

    32. 雄花鳞片苍白色或带绿色；雄小穗苍白色。

      33. 雄小穗较小，贴生于紧相邻雌小穗的侧方，常不高出或稍高出；小穗聚生；果囊小，长 2~2.5 毫米；雌花鳞片具长芒；苞片具短鞘或不明显鞘。生山坡、草甸。产绥中、建昌、北镇、沈阳、本溪、凤城、清原、丹东、鞍山、大连等地 … **23. 青绿薹草（等穗薹草）Carex breviculmis R. Br. Prodr.【P.699】**

      33. 雄小穗较大，明显高出相邻雌小穗；小穗远离生；果囊大，长约 3 毫米；雌花鳞片具短芒；苞片具长鞘。生草地及疏林中。产义县、凤城、丹东、东港、鞍山、宽甸、庄河、金州、瓦房店等地 ……………… **24. 豌豆形薹草（白雄穗薹草）Carex pisiformis Boott【P.699】**

    32. 雄花鳞片黄褐色或红锈色；雄小穗锈色或锈褐色；果囊长 2.5 毫米，广倒卵形，顶端急收缩为喙。生干山坡及疏林中。产沈阳、鞍山、庄河等地 …………………………………… **25. 绿囊薹草 Carex hypochlora Freyn.【P.699】**

  31. 小坚果顶端不缢缩为盘状或帽状体，呈喙状；基部无退化小穗轴；根状茎短，无地下匍匐枝，紧密丛生。生湿草地；产鞍山 ………………… **26. 喙果薹草 Carex pseudo-hypochlora Y. L. Chang et Y. L. Yang**

25. 果囊大型，长 6~8 毫米，具长喙，喙口通常深裂。

  34. 植株具短或斜升的根状茎，紧密丛生；苞片短叶状，短于花序。生林中及灌丛。产本溪 ……………… **27. 长嘴薹草 Carex longerostrata C. A. Mey.【P.699】**

  34. 植株具长的匍匐枝或根状茎，非丛生；苞片基部的叶状，长于花序，最上面的鳞片状。生林中、草地。产凤城……… **28. 细穗薹草 Carex tenuistachya Nakai【P.699】**

17. 顶生小穗为雄小穗或雌雄顺序；植株纤弱；果囊具短喙。生沙丘旁湿地及草甸。产彰武…………… **29. 小粒薹草 Carex karoi（Freyn）Freyn**

16. 叶广披针形，宽达 3 厘米。

  35. 小穗皆为雌雄顺序；果囊平滑无毛；秆高达 30 厘米；叶宽，扁平，边缘稍粗糙。生林中。产新宾、沈阳、凤城、本溪、丹东、鞍山、庄河、长海、旅顺口、金州、普兰店、大连等地 … **30a. 宽叶薹草 Carex siderosticta Hance var. siderosticta【P.699】**

  35. 顶生小穗为雄小穗，其余皆为雌雄顺序；果囊被白色柔毛；秆高达 12 厘米；叶狭，边缘波状，具纤毛。生林中。产凤城、丹东、大连等地 ……………… **30b. 毛缘宽叶薹草 Carex siderosticta var. pilosa Levl. ex Nakai**

15. 苞片无鞘，叶状或鳞片状。

  36. 顶生小穗为雄小穗，其余者为雌小穗。

    37. 雌小穗长圆柱状或短圆柱状，下部者具短柄；小坚果疏松地包于果囊中；苞片明显为叶状；植株大型。

      38. 秆扁三棱形或锐三棱形，具翼；果囊较大，无乳头状突起，具长喙。

        39. 果囊干后淡绿色，有光泽，顶端具圆锥状喙。

          40. 果囊斜向或水平开展，喙向背侧稍倾斜，平滑；上部雌小穗与雄小穗接近生；叶片宽 5~10 毫米。生林中。产西丰、清原、宽甸、凤城、本溪等地 ……………………… **31. 扁秆薹草（阴地薹草）Carex planiculmis Kom.【P.699】**

          40. 果囊直立，喙直立，通常稍粗糙；小穗远离生；叶较狭，宽 2~4 毫米。生森林草地及湿地。产凤城、本溪、鞍山、岫岩等地 ……………………………………………………………
………………………… 32. 日本薹草（软薹草）Carex japonica Thunb.【P.699】
39. 果囊干后暗绿褐色，无光泽，顶端为弯曲的喙。生沼泽、湿地。产开原、新宾、沈阳、
丹东等地 ………… 33. 皱果薹草（薹草）Carex dispalata Boott ex A. Gray【P.700】
38. 秆三棱形，无翼；果囊小型，密被乳头状突起，具短喙。生草甸、沼泽。产凌源、沈阳、
大连 ……………………………… 34. 米柱薹草 Carex glauciformis Meinsh.【P.700】
37. 雌小穗球形或椭圆形，近无柄；小坚果紧密地包于果囊中；苞片通常为鳞片状，稀刚毛状或
叶状；植株小型。
41. 果囊具短柔毛或糙硬毛，无光泽，草质状，喙口微缺或稍二齿裂；雄花鳞片紫褐色，顶端
钝。生山坡。辽宁有记载 ……………………… 35. 鳞苞薹草 Carex vanheurckii Maell.
41. 果囊平滑无毛，有光泽，草质状，喙口斜截形；雄花鳞片淡黄褐色。生干山坡及沙地。产
彰武、沈阳等地 ……………… 36. 黄囊薹草 Carex korshinskyi Kom.【P.700】
36. 顶生小穗为雌雄顺序，其余者为雌小穗。
42. 秆顶端的花序直立；雌花鳞片小，长1.5~2毫米，顶端钝或稍急尖；果囊小，长2~3毫米；顶
生小穗通常为雄小穗，其余为雌小穗或有时下部具雄花；小穗狭圆柱形，长2~3厘米，远离
生。生森林、草地、湿地。产本溪、凤城等地 ………………………………………………
……………………………… 37. 短鳞薹草 Carex angustinowiczii Meinsh. ex Korsh.
42. 秆顶端的花序下倾；雌花鳞片大，长2.5~5.5毫米，顶端具芒或渐尖；果囊长3~5毫米。
43. 小穗短，花密生；果囊具不明显脉，顶端急缩为喙；雌花鳞片长2.5~3毫米，紫褐色，顶端
渐尖；叶背面无乳头状突起。生林中湿地及山坡草地。产辽南和辽西 ……………………
……………………… 38. 点叶薹草（华北薹草）Carex hancockiana Maxim.【P.700】
43. 小穗较长，花稍稀疏；果囊具明显突起脉，顶端渐狭为喙；雌花鳞片长3~4毫米，苍白色至
淡褐色，顶端渐狭为芒状；叶背面具乳头状突起。生林中。产凤城 ………………………
……………………… 39. 白头山薹草（长白薹草）Carex peiktusanii Kom.【P.700】
3. 果囊背腹扁，不呈三棱形；小穗远离生，几乎达秆之基部。生湿地。产彰武 ………………
……………………………… 40. 离穗薹草 Carex eremopyroides V. Krecz.【P.701】
2. 柱头2；小坚果平凸状或双凹状。
44. 具短柄至长柄，下垂；雌花鳞片顶端通常急尖或凹缺或有芒。
45. 果囊膨大，长4~4.2毫米，密被乳头状突起，具细脉；雌小穗宽0.7~1厘米；雌花鳞片顶端急尖或
圆形。生湿草地。产丹东、长海等地 ……………………………………………………………
……………………… 41. 乳突薹草（麦薹草）Carex maximowiczii Miq.【P.701】
45. 果囊不膨大，长2.5~3毫米，无乳头状突起，无脉；雌小穗宽5毫米；雌花鳞片顶端凹缺。生水边
湿地。产长海等地 ………… 42. 二形鳞薹草（二形薹草）Carex dimorpholepis Steud.【P.701】
44. 小穗无柄或具短柄，直立；雌花鳞片顶端钝，有时可具小尖头。
46. 果囊具长喙，喙长0.5~1.5毫米，喙口2齿裂；秆基部叶鞘明显细裂成网状。
47. 果囊喙长1.2~1.5毫米，粗糙；根状茎短，形成踏头；秆紧密丛生。生水边、湿地。产凤城、鞍
山、盖州、大连等地 ……………………… 43. 溪水薹草 Carex forficula Franch. et Sav.【P.701】
47. 果囊喙长约0.5毫米，平滑；根状茎具长匍匐枝；秆疏丛生。生河谷地及低湿地。产建昌、北
镇、大连等地 ……………………… 44. 异鳞薹草 Carex heterolepis Bunge【P.701】
46. 果囊无喙或具短喙，喙口全缘或凹缺；秆基部叶鞘网状细裂不明显。
48. 果囊具脉。
49. 果囊椭圆形，长3~3.5毫米；雌花鳞片长2.5~2.8毫米；下部雌小穗具短柄。生水边湿草地。产
大连、沈阳等地 ……………………… 45. 陌上菅 Carex thunbergii Steud.【P.701】
49. 果囊宽倒卵形或近圆形，长2~2.5毫米，平凸状，顶端急缩成明显的短喙，喙口凹缺成2齿；
雌花鳞片长1.5~1.7毫米；下部雌小穗无柄。生草原中湿地。产凌源

　　　　　　　…………………… 46. 双辽薹草 Carex platysperma Y. L. Chang et Y. L. Yang【P.701，702】

　　48. 果囊无脉；喙口全缘；雌花鳞片披针形，具3脉；秆基部叶鞘褐色。生沼泽、湿地。产沈阳 ……

　　　　　　　…………………………… 47. 灰化薹草（匍匐枝薹草）Carex cinerascens Kükenth.

1. 枝先出叶已退化不存在；柱头2，稀3；小坚果平凸状，稀三棱形；小穗无柄。

　　50. 小穗单一，顶生；雌雄同株或异株。

　　　　51. 雌花鳞片顶端钝圆；小坚果基部通常有退化小穗轴；小穗线形；植株较小。生石质山坡上。沈阳附
　　　　　　近曾有记录 ………………………………… 48. 石薹草 Carex rupestris Bell. ex All.

　　　　51. 雌花鳞片后来脱落；小坚果基部无退化小穗轴。

　　　　　　52. 小穗雄花部分发育明显；果囊卵形至广卵形；秆上部稍粗糙；叶丝状，宽0.5~1毫米。生林中湿
　　　　　　　　地。产沈阳、凤城、长海、大连、旅顺口、金州、瓦房店等地 ……………………………
　　　　　　　　…………………………… 49. 发秆薹草（单穗薹草）Carex capillacea Boott【P.702】

　　　　　　52. 小穗雄花部分发育不显著，具5~6个果囊；果囊卵状披针形或长圆形；秆三棱形，粗糙；叶扁平，
　　　　　　　　宽1~3毫米。生林中湿地。产彰武、本溪、新宾、凤城、鞍山等地 ………………………
　　　　　　　　…………………… 50. 针叶薹草（阴地针薹草）Carex onoei Franch. et Savat.【P.702】

　　50. 小穗2至多数，雄雌顺序或雌雄顺序，稀部分小穗为单性。

　　　　53. 小穗雄雌顺序（有时部分小穗皆为雄花或雌花），稀雌雄异株。

　　　　　　54. 柱头2，果囊长不超过7毫米；雌雄同株。

　　　　　　　　55. 根状茎短，秆丛生。

　　　　　　　　　　56. 果囊边缘具宽翅；苞片叶状，长于花序若干倍。生湿地及草甸。产锦州、沈阳、本溪、凤
　　　　　　　　　　　　城、新宾、庄河、瓦房店、长海等地 ………… 51. 翼果薹草 Carex neurocarpa Maxim.【P.702】

　　　　　　　　　　56. 果囊边缘无翅，具微增厚的边；苞片刚毛状或鳞片状，不明显或短于花序。

　　　　　　　　　　　　57. 苞片通常明显，刚毛状，长于小穗；叶宽3~5毫米；果囊具紫色小点，喙平滑；叶鞘膜质部
　　　　　　　　　　　　　　分顶端截形。生湿地及草甸。产昌图、铁岭、北镇、义县、沈阳、本溪、鞍山、凤城、清
　　　　　　　　　　　　　　原、金州等地 …………………… 52. 尖嘴薹草 Carex leiorhyncha C. A. Mey.【P.702】

　　　　　　　　　　　　57. 苞片通常不明显，鳞片状，短于小穗；叶宽约1.3毫米；果囊无紫色小点，喙微粗糙；叶鞘
　　　　　　　　　　　　　　膜质部分顶端半圆状凸出。生草甸及林缘草地。产开原、鞍山、大连等地 …………………
　　　　　　　　　　　　　　…………………………… 53. 假尖嘴薹草 Carex iaevissima Nakai【P.702】

　　　　　　　　55. 根状茎长而匍匐或具地下匍匐枝；秆散生。

　　　　　　　　　　58. 果囊边缘具翅，或仅上部边缘具狭翅，粗糙，喙口通常微深裂。

　　　　　　　　　　　　59. 果囊具短硬毛，时常具小疣，边缘具宽翅。生林中或草甸。产桓仁 ………………………
　　　　　　　　　　　　　　…………………………… 54. 疣囊薹草 Carex accrescens Ohwi【P.702】

　　　　　　　　　　　　59. 果囊平滑无毛，边缘具狭翅。

　　　　　　　　　　　　　　60. 果囊卵形，具4~6脉，顶端渐狭为长喙。生山地森林。产昌图、沈阳、抚顺等地 ………
　　　　　　　　　　　　　　　…………………………… 55. 山林薹草 Carex yamatscudana Ohwi【P.702】

　　　　　　　　　　　　　　60. 果囊广卵形，具多数脉，顶端明显急缩为长喙。生湿地及草甸。产彰武、北镇、沈阳、
　　　　　　　　　　　　　　　本溪等地 ……………………… 56. 二柱薹草 Carex lithophila Turcz.【P.702】

　　　　　　　　　　58. 果囊边缘无翅，喙口通常斜裂或浅裂。

　　　　　　　　　　　　61. 果囊革质状，背侧喙口微缺；根状茎具纤细的地下匍匐枝，由其末端成束丛生新植株。

　　　　　　　　　　　　　　62. 雌花鳞片通常比果囊短，具狭的白色膜质边缘；花序淡褐色；叶片通常内卷成针状。生
　　　　　　　　　　　　　　　草原中沙地及干山坡。分布在努鲁儿虎山脉的南段，建平和凌源等地的西部 …………………
　　　　　　　　　　　　　　　…………… 57a. 寸草 Carex duriuscula C. A. Mey. subsp. duriuscula【P.702】

　　　　　　　　　　　　　　62. 雌花鳞片通常比果囊长或等长，具宽的白色膜质边缘；花序淡白色；叶片扁平。生草
　　　　　　　　　　　　　　　地、山坡。产彰武、昌图、建昌、沈阳、凤城、鞍山、盖州、庄河、大连、长海等地 …
　　　　　　　　　　　　　　　…………… 57b. 白颖薹草 Carex duriuscula subsp. rigescens（Franch.）
　　　　　　　　　　　　　　　S. Y. Liang et Y. C. Tang【P.702】

61. 果囊膜质状，背侧喙口2齿裂；根状茎粗壮，匍匐，秆每1~3株排列生出；叶细，内卷成针状。生盐碱地草地上。产昌图、彰武等地 ……………………………………………………………………………… 58. 走茎薹草 Carex reptabunda（Trautv.）V. Krecz.

54. 柱头3，果囊长约10毫米，穗粗壮；通常雌雄异株。生海边及湖边沙地。产绥中、大连、长海等地 ……………………………………………………… 59. 筛草（砂砧薹草）Carex kobomugi Ohwi【P.702】

53. 小穗为雌雄顺序。

    63. 柱头3。生于草地及林中。产沈阳 …………… 60. 穹隆薹草（穹窿薹草）Carex gibba Wahlenb.

    63. 柱头2。

      64. 花序下苞片叶状，明显长于花序。

        65. 小穗之间有距离，构成间断长穗状花序。生林中湿地及河边。产清原、本溪等地 ………………………………………………………… 61. 丝引薹草 Carex remotiuscula Wahlenb.【P.703】

        65. 小穗密集成圆头状。生河边沙地及湿地。产普兰店、庄河 ………………………………………………………… 62. 莎薹草 Carex bohemica Schreb.【P.703】

      64. 花序下具鳞片状苞片，稀下部者呈刚毛状。

        66. 果囊近直立，边缘具翅；小穗10~14个，花密生。生河岸、湿地。产沈阳 …………………………………………………… 63. 卵果薹草 Carex maackii Maxim.【P.703】

        66. 果囊成熟时极向外反折，边缘无翅；小穗3~4个。生湿地。产凤城 …………………………………………………… 64. 星穗薹草 Carex omiana Franch. et Savat.

一六八、谷精草科 Eriocaulaceae

Eriocaulaceae Martinov，Tekhno-Bot. Slovar 237（1820），nom. cons.

本科全世界有10属，约1150种，主要分布于热带和亚热带地区。中国有1属35种，主产西南部和南部。东北地区产1属4种。辽宁产1属2种。

谷精草属 Eriocaulon L.

Eriocaulon Gron. Virg. 14 ex L. Gen. Pl. ed. 2. 29 no. 81. 1743.

本属全世界约400种，广布于热带、亚热带，以亚洲热带为分布中心，在非洲和南美洲也有很丰富的代表，仅有1种分布达北美洲东部和欧洲西部。

分种检索表

1. 总苞片长圆形，显著长于总苞内的头状花序；雌、雄花的内外花被片均各为2枚；雄蕊4（有时其中1、3不发育）；子房2室，花柱2裂。生湿地、水边、河谷等处。产鞍山、海城、大连等地 ………………………………………………………………… 1. 长苞谷精草 Eriocaulon decemflorum Maxim.

1. 总苞片广椭圆形、近圆形或长圆形，于果期比头状花序短2~4倍；花被片均为3数性；雄蕊6；子房3室，花柱3裂。生湿地。产丹东 …………… 2. 高山谷精草 Eriocaulon alpestre Hook. f. & Thomson ex Körn.

一六九、鸭跖草科 Commelinaceae

Commelinaceae Mirb.，Hist. Nat. Pl. 8：177（1804）.

本科全世界约40属650种，主要分布于热带，少数种分布于亚热带和温带地区。中国有15属59种。东北地区产4属5种2变型，其中栽培1种，辽宁均产。

分属检索表

1. 能育雄蕊6。
  2. 茎直立或匍匐；叶无柄 ……………………………………… 1. 紫露草属（紫背万年青属）Tradescantia
  2. 缠绕草本；叶具长柄 ……………………………………………………………… 2. 竹叶子属 Streptolirion
1. 能育雄蕊3（偶见2），具1~3退化雄蕊。
  3. 总苞片佛焰苞状；花瓣不同形、不等大，其中2枚明显较大，1枚较小 ……… 3. 鸭跖草属 Commelina
  3. 总苞片不为佛焰苞状；花瓣近同形、近等大 ……………………………………… 4. 水竹叶属 Murdannia

1. 紫露草属（紫背万年青属）Tradescantia L.

Tradescantia L., Sp. Pl. 1：288. 1753.

本属全世界约70种，主要分布于美洲热带。中国栽培2种。东北地区仅辽宁栽培1种。

无毛紫露草 Tradescantia virginiana L.【P.703】

多年生草本。茎通常簇生，直立。叶片线形或线状披针形，渐尖，近扁平或向下对折。花冠紫蓝色，花瓣近圆形，直径1.4~2厘米；花蕊黄色。蒴果长5~7毫米，无毛。原产北美洲。大连有栽培。

2. 竹叶子属 Streptolirion Edgew.

Streptolirion Edgew. in Proc. Linn. Soc. 1：254. 1845.

本属全世界仅1种，分布于亚洲东南部。中国有分布。东北地区除黑龙江省外均有分布。

竹叶子 Streptolirion volubile Edgew.【P.703】

一年生缠绕草本，茎柔弱。叶柄连鞘长4~11厘米，鞘口通常有毛；叶片卵状心形或心形，长5~12厘米，宽3~10厘米。聚伞花序具1至数朵花；萼片3，长圆形；花瓣3，线形，白色；雄蕊6，花丝中上部通常有白毛。蒴果广椭圆状三棱形。生山沟石碴子边或水沟阴湿地。产西丰、昌图、本溪、桓仁、宽甸、凤城、庄河等地。

3. 鸭跖草属 Commelina L.

Commelina L., Sp. Pl. 1：60. 1753.

本属全世界约170种，广布于全世界，主产热带、亚热带地区。中国有8种，主产南方，仅鸭跖草1种广布。东北地区产2种2变型，辽宁均产。

分种检索表

1. 佛焰苞因下缘连合而成漏头状或风帽状；叶片卵形至宽卵形，长不超过7厘米，明显具柄。常生长在阴湿地或林下潮湿的地方。产大连、金州、长海等地 ……… 1. 饭包草 Commelina benghalensis L.【P.703】
1. 佛焰苞边缘分离，基部心形或浑圆；叶片卵状披针形、披针形，长3~9厘米，基部下延成膜质抱茎的叶鞘。
  2. 花瓣深蓝色。生稍湿草地、草甸、山坡阴湿处、沟边、路旁等处。产辽宁各地 ………………………………
    …………………………… 2a. 鸭跖草 Commelina communis L. f. communis【P.703】
  2. 花瓣白色或粉红色。
    3. 花瓣白色。生境同正种。产沈阳、庄河等地 ………………………………………………………
    …………………………… 2b. 白花鸭跖草 Commelina communis f. albiflora Makino
    3. 花瓣粉红色。生境同正种。产庄河 …………………………………………………………………
    …………………………… 2c. 粉花鸭跖草 Commelina communis f. caeruleopurpurascens Makino

4. 水竹叶属 Murdannia Royle

Murdannia Royle，Illustr. Bot. Himal. 403. tab. 95. fig. 3. 1839.

本属全世界约50种，广布于全球热带及亚热带地区。中国有20种，大多数产南方，个别种达到长江以北。东北地区产1种，各省区均有分布。

疣草 Murdannia keisak（Hassak.）Hand.–Mazz.【P.703】

一年生草本。茎基部匍匐、多分枝。叶2列互生，线状披针形。聚伞花序有花1~3朵；苞片披针形；萼片3枚，长圆形；花瓣3枚，倒卵圆形，蓝紫色或淡红色，稍长于萼片或与萼片近等长。蒴果长圆形，不明显三棱，先端锐尖；种子扁。生水边湿地或水沟旁。产沈阳、新民、辽中、北镇、桓仁、凤城、宽甸、庄河、普兰店等地。

一七〇、雨久花科 Pontederiaceae

Pontederiaceae Kunth，Nov. Gen. Sp.［H. B. K.］1（3）：265（ed. qto.）(1816).

本科全世界有6属，约40种，广布热带、亚热带地区。中国有3属5种。东北地区产3属4种，其中栽培2种，辽宁均产。

分属检索表

1. 花序有花50朵；果为囊状，具1枚种子 ·························· 1. 梭鱼草属 Pontederia
1. 花序有花少于30朵；果为蒴果，具多数种子。
  2. 花有梗，辐射对称，花被不形成花被管；雄蕊6，5枚具短花丝，1枚具长花丝或长花药··················
  ·························· 2. 雨久花属 Monochoria
  2. 花无梗，花被两侧对称，基部合生成花被管；雄蕊6，3长3短 ··· 3. 凤眼蓝属（凤眼莲属）Eichhornia

1. 梭鱼草属 Pontederia L.

Pontederia L.，Sp. Pl. 1：288. 1753.

本属全世界有6种，分布西半球。中国广泛栽培1种。东北仅辽宁有栽培。

梭鱼草 Pontederia cordata L.【P.703】

多年生挺水或湿生草本植物。叶柄绿色，圆筒形，横切断面具膜质物；叶片光滑，呈橄榄色，倒卵状披针形；叶基生广心形，端部渐尖。穗状花序顶生；小花密集，蓝紫色带黄斑点；花被裂片6枚，近圆形，裂片基部连接为筒状。果实成熟后褐色。原产北美洲，大连、沈阳等地有栽培。

2. 雨久花属 Monochoria Presl

Monochoria Presl，Rel. Haenk. 1：128. 1827.

本属全世界约4种，分布于非洲东北部、亚洲东南部至澳大利亚南部。中国产3种。东北地区产2种，辽宁均产。

分种检索表

1. 叶卵状披针形、披针形、广披针形或三角状卵形，基部通常圆形或广心形；总状花序不超出叶，具花1~6朵。生于稻田、池沼及水沟边。产辽宁各地 ··· 1. 鸭舌草 Monochoria vaginalis（Bunm. f.）Presl【P.703】
1. 叶通常广卵状心形、心形或广卵形，基部通常心形，稀近圆形；圆锥花序或少为总状花序，超出叶，具花7~10朵或有时多达30余朵。生于稻田、池沼及水沟边。产西丰、开原、康平、彰武、沈阳、营口、庄河、普兰店、金州、大连、新民、辽中、凤城等地 ······ 2. 雨久花 Monochoria korsakowii Regel et Maack【P.703】

3. 凤眼蓝属（凤眼莲属）Eichhornia Kunth

Eichhornia Kunth, Enum. Pl. 4：129. 1843.

本属全世界约7种，分布于美洲和非洲的热带和暖温带地区。通常生长于池塘、河川或沟渠中。中国引进1种。东北仅辽宁有栽培。

凤眼蓝（凤眼莲）Eichhornia crassipes Solms–Laub.【P.703】

多年生浮水草本或泥沼植物。叶基生，莲座状；叶柄中下部膨大成气囊；叶片倒卵状圆形或肾圆形。短穗状花序；花蓝紫色；花被片6，淡紫色，中央具黄色斑点。蒴果卵形。多生池塘、沟渠中。原产南美洲。庄河、普兰店等地有栽培。

一七一、灯心草科 Juncaceae

Juncaceae Juss., Gen. Pl. 43（1789），nom. cons.

本科全世界约8属，约400种，广布两半球温带和寒冷地区，热带则分布于高纬度区。中国有2属92种。东北地区产2属21种4变种。辽宁产2属9种2变种。

分属检索表

1. 叶鞘开裂；叶缘无毛；蒴果3室或1室，种子多数 ······················· 1. 灯心草属 Juncus
1. 叶鞘闭合；叶缘有白色长毛；蒴果1室，种子3 ························· 2. 地杨梅属 Luzula

1. 灯心草属 Juncus L.

Juncus L., Sp. Pl. 325. 1753.

本属全世界约240种，广泛分布于世界各地。主产温带和寒带地区。中国有76种，南北各地均产，尤以西南地区种类较多。东北地区产15种1变种。辽宁产7种1变种。

分种检索表

1. 叶退化仅具叶鞘、贴生于茎的基部，先端常为刺芒状，无正常开展的叶片；花序假侧生，总苞叶直立，延伸如茎；雄蕊3（极稀6）；茎圆柱形。生湿地、湿草甸、水边。产新宾、清原、本溪、凤城、桓仁、丹东、鞍山、大连等地 ······················· 1. 灯心草 Juncus effusus L.【P.704】
1. 叶正常发育，基生和茎生，叶片扁平或圆筒状；聚伞花序或为由多数头状花序所组成的聚伞花序顶生。
   2. 花序顶生。
     3. 花单生、集成聚伞花序，不为每数朵花集成头状花序各头状花序再组成聚伞花序。
       4. 一年生；植株高4~20（~30）厘米；花被片长4~7毫米，锐尖，外花被片比内花被片长。生水边、湿地、山坡草地、河套沙质地及碱泡子。产清原、彰武、建平、沈阳、北镇、丹东、大连等地 ························· 2. 小灯心草 Juncus bufonius L.【P.704】
       4. 多年生；植株高15~60厘米；花被片长约2毫米，先端钝圆；雄蕊6；蒴果比花被片长。生湿草地、水边及海滩湿地。产本溪、清原、彰武、北镇、沈阳、大连等地 ······························ 3. 扁茎灯心草（细灯心草）Juncus compressus Jacq.【P.704】
     3. 每二至数朵花集生成头状花序，各头状花序再组成聚伞花序。
       5. 雄蕊3枚；蒴果顶端渐尖、急尖或骤突尖。
         6. 头状花序具2~4朵花；蒴果披针状三棱锥形，顶端渐尖。生湿草地、沼泽湿草地、水边。产庄河、普兰店、瓦房店、金州、丹东等地 ··

························· 4. 乳头灯心草 Juncus papillosus Franch. et Sav.【P.704】

  6. 头状花序具3~8朵花；蒴果三棱状长圆形，顶端急尖至骤凸尖。生湿草地、河边、水沟边。产本溪、桓仁、新宾、庄河等地 ·················· 5. 针灯心草 Juncus wallichianus Laharpe【P.704】

5. 雄蕊6枚或在同株上也杂有（3~）4~5枚的；蒴果顶端骤突尖。

  7. 花序下方的总苞叶明显短于全花序；株高20~45厘米；花被片长圆状披针形，顶端常钝，内轮稍短于外轮。生湿地和沼泽。产彰武 ···

··· 6b. 热河灯心草 Juncus turczaninowii (Bueh.) Freyn var. jeholensis (Satake) K. F. Wu et Ma

  7. 花序下方的总苞叶长于全花序；株高4~18厘米；花被片披针形，内轮比外轮稍长或近等长。生山坡、路旁、河边、湿草地。产沈阳、凤城、新宾等地 ·······································

·························· 7. 短喙灯心草 Juncus krameri Franch. et Say.

2. 花序假侧生。生河谷水旁、路边。产本溪草河掌 ···················· 8. 丝状灯心草 Juncus filiformis L.

2. 地杨梅属 Luzula DC.

Luzula DC. in Lam. et DC. Fl. Franc. 1：198 et 3：158. 1805.

    本属全世界约75种，广布于温带和寒带地区，尤以北半球为最多，少数种分布在靠近热带的高山地区。中国有16种，主产东北、华北、西北和西南部。东北地区产6种3变种。辽宁产2种1变种。

分种检索表

1. 聚伞花序具数朵至10余朵花，其花皆单生、不为2（~3）朵集生成小头状。
  2. 蒴果长2.5~3毫米，与花被片等长、稍长或稍短。生湿草地、林下湿地或沼泽地。产凤城 ·················
    ··················· 1a. 火红地杨梅 Luzula rufescens Fisch. ex E. Mey. var. rufescens【P.704】
  2. 蒴果长4毫米，明显长于花被片。生山沟路旁、水边湿地。产本溪、庄河等地 ···················
    ··························· 1b. 大果地杨梅 Luzula rufescens var. macrocarpa Buchenau
1. 每3至多朵花集成头状的花序，再由数个至多数此头状花序组成聚伞花序或为仅具一个较大的头状花序；花被片淡黄褐色、锈褐色或近赤褐色，外花被片长于内花被片。生湿草地、草甸、山坡稍湿地、疏林下。产清原、新宾等地 ······················ 2. 淡花地杨梅 Luzula pallescens Swartz【P.704】

一七二、百合科 Liliaceae

Liliaceae Juss., Gen. Pl.〔Jussieu〕48（1789）, nom. cons.

    本科全世界约250属3500种，广布世界各地，尤其是温带和亚热带为多。中国有57属726种。东北地区产30属114种1亚种18变种9变型，其中栽培17种3变种。辽宁产29属95种1亚种12变种7变型，其中栽培14种2变种。

分属检索表

1. 叶一轮常4至多枚；花4基数或更多，内轮花被片远比外轮花被片为狭 ····················· 1. 重楼属 Paris
1. 叶和花非上述情况。
  2. 浆果；具根状茎，不具鳞茎。
    3. 叶退化为鳞片状；具叶状枝 ························· 2. 天门冬属 Asparagus
    3. 叶正常发育，不为鳞片状；无叶状枝。
      4. 花单性、异株，生于腋出的伞形花序上；叶柄两侧边缘通常具长或短的翅状鞘，鞘上方有1对卷须
      ··························· 3. 菝葜属 Smilax
      4. 花两性，稀为单性异株，但花序不为腋出伞形；叶柄上无翅状鞘与卷须。
        5. 茎木质化；叶近簇生于茎或枝的顶端，条状披针形至长条形，常厚实、坚挺而具刺状顶端，边缘

有细齿或丝裂；圆锥花序从叶丛抽出；花近钟形 ·· **4. 丝兰属 Yucca**

  5. 草本植物。

    6. 花被片合生，仅上部分离，花冠呈筒状或钟状。

      7. 叶2~3枚基生；花生于侧生的花葶上排成总状花序 ··············· **5. 铃兰属 Convallaria**

      7. 叶4至多枚茎生，无基生叶；花生于叶腋或腋出的总花梗上 ········ **6. 黄精属 Polygonatum**

    6. 花被片离生或仅基部合生。

      8. 叶3枚轮生于茎顶 ··· **7. 延龄草属 Trillium**

      8. 叶非3枚轮生。

        9. 叶基生；具花葶 ··· **8. 七筋姑属 Clintonia**

        9. 叶茎生，无基生叶；无花葶。

          10. 花被片宿存；顶生圆锥花序或总状花序 ··············· **9. 舞鹤草属 Maianthemum**

          10. 花被片脱落；花腋生或为1至数朵花（呈伞形）生于茎或分枝顶端或生于与叶对生的短枝顶端。

            11. 花单朵腋生或为2朵生于腋出的总花梗上；花梗（或总花梗）的基部因与相邻的茎合生并向下扭曲而常使花梗位于叶的下方；花被片基部无囊或距 ·····················
·· **10. 扭柄花属 Streptopus**

            11. 花1至数朵（成伞形）生于茎或分枝顶端或生于与叶对生的短枝顶端；花梗正常发育，不向下扭曲；花被片基部成囊状或距，稀不成囊或距状 ·····················
·· **11. 万寿竹属 Disporum**

2. 蒴果；具鳞茎或根状茎。

  12. 具根状茎，不具鳞茎。

    13. 蒴果未成熟时果皮早期破裂；种子浆果状 ·································· **12. 山麦冬属 Liriope**

    13. 蒴果正常开裂；种子不呈浆果状。

      14. 花被片离生或基部稍合生，宿存。

        15. 蒴果室背开裂；雄蕊3 ··· **13. 知母属 Anemarrhena**

        15. 蒴果室间开裂；雄蕊6。

          16. 叶从椭圆形至条形，在茎下部的较宽，向上逐渐变狭，并过渡为苞片状；圆锥花序具许多花 ··· **14. 藜芦属 Veratrum**

          16. 叶卵形、矩圆形至椭圆形；花单生或簇生，常排成顶生和生于上部叶腋的二歧聚伞花序
·· **15. 油点草属 Tricyrtis**

      14. 花被下部合生至大部分合生，上部分离。

        17. 花大，长度通常在5厘米以上。

          18. 叶椭圆形、卵形或倒披针形等，具弧形脉及纤细的横脉，有明显较长的叶柄；花通常为白色、紫色、红紫色、蓝紫色等，花被裂片明显地短于花被筒 ········· **16. 玉簪属 Hosta**

          18. 叶线形或带形，具平行脉，无叶柄；花黄色、橙黄色、橙红色等，花被裂片明显地长于花被筒
·· **17. 萱草属 Hemerocallis**

        17. 花小，长度不达5厘米 ··· **18. 火把莲属 Kniphofia**

  12. 具鳞茎。

    19. 伞形花序，基部具白色膜质总苞片，在蕾期包住花序；植株大多具葱蒜味 ········ **19. 葱属 Allium**

    19. 不为伞形花序或有时如为伞形花序亦无白色膜质总苞片在蕾期包住花序，总苞片绿色叶状；植株无葱蒜味。

      20. 蒴果室间开裂；花被片里面具顶端分裂的肉质腺体；花药1室，横向开裂 ·····················
·· **20. 棋盘花属 Anticlea**

      20. 蒴果室背开裂；花被片里面不具顶端分裂的肉质腺体；花药2室，纵裂。

        21. 植株仅具基生叶。

22. 花被离生，野生 ·· 21. 绵枣儿属 **Barnardia**
　　22. 花被合生，栽培 ·· 22. **风信子属 Muscari**
21. 植株具茎生叶、或具基生叶或两者兼有。
　　23. 花药背着；植株具显著的茎及多数茎生叶。
　　　24. 花被片里面近基部有明显凹陷的蜜腺窝；花丝着生于花药背面的下部；鳞茎外面为鳞茎皮所包被 ·· 23. **贝母属 Fritillaria**
　　　24. 花被片里面有蜜腺但无凹陷的蜜腺窝；花丝着生于花药背面中央；鳞茎外面无鳞茎皮包被 ·· 24. **百合属 Lilium**
　　23. 花药基生；植株具少数茎生叶或主为基生叶。
　　　25. 花被片宿存；花较小，花被片长不超过2厘米。
　　　　26. 花被于果期增大并变厚，比蒴果长0.5~1倍或更多；鳞茎近球形或卵形等，鳞茎皮通常不向上延伸成筒状 ································ 25. **顶冰花属 Gagea**
　　　　26. 花被片于果期枯干萎缩，不增大，短于蒴果，或与之等长或稍长；鳞茎通常狭卵形，鳞茎皮向上延伸成筒状 ································ 26. **洼瓣花属 Lloydia**
　　　25. 花被片脱落；花较大，花被片长2~7厘米或更长，稀长2厘米以下。
　　　　27. 花下垂，花后花被片反卷；鳞茎皮内无毛；茎上生有2枚对生叶，叶多少具网状脉 ································ 27. **猪牙花属 Erythronium**
　　　　27. 花直立，开花后花被片不反卷；鳞茎皮内生有柔毛或糙毛，稀无毛；茎上生有2~6枚叶，互生或稀为对生，叶具平行脉。
　　　　　28. 叶在茎上互生，花下部无苞叶；花柱不明显或比子房短；果实无明显的喙 ·········· ································ 28. **郁金香属 Tulipa**
　　　　　28. 叶常2枚对生，花下部有2~3（~4）枚对生或轮生的苞叶；花柱与子房近等长；果实具明显的喙 ································ 29. **老鸦瓣属 Amana**

1. 重楼属 Paris L.

Paris L., Sp. Pl. ed. 1, 367. 1753.

　　本属全世界约有24种，分布于欧洲和亚洲温带和亚热带地区。中国有22种。东北地区产2种1变种。辽宁产1种1变种。

分种下单位检索表

1. 外轮被片4；雄蕊8；花柱4。生林下、林缘、草丛、沟边。产本溪、鞍山、丹东、庄河、开原、西丰、凤城、桓仁、清原、凌源等地 ·············· 1a. **北重楼 Paris verticillata** M.-Bieb. var. verticillata【P.704】
1. 外花被片5；雄蕊9~10枚；花柱5。生山坡草地。产鞍山、丹东等地 ·· ································ 1b. **倒卵叶重楼 Paris verticillata** var. obovata（Ledeb.）Hara.

2. 天门冬属 Asparagus L.

Asparagus L., Sp. Pl. ed. 1, 313. 1753.

　　本属全世界有160~300种，除美洲外，全世界温带至热带地区都有分布。中国有31种，广布于全国各地。东北地区产9种。辽宁产7种，其中栽培1种。

分种检索表

1. 茎直立。
　　2. 茎中部以上强烈回折状。生山地、路旁、田边或荒地上。产凌源、建平等地 ······················· ································ 1. **曲枝天门冬 Asparagus trichophyllus** Bunge【P.704】
　　2. 茎直立，不呈回折状。

3. 叶状枝上部扁平（叶状），下部三棱形或压扁，中心通过维管束部分外形如叶具明显的中脉之状；花梗长 0.5~1 毫米。生林下或草坡上。产沈阳、鞍山、本溪、清原、北镇、凤城、普兰店、金州等地 …………………………………………… 2. 龙须菜 Asparagus schoberioides Kunth【P.704】

3. 叶状枝圆柱形或稍压扁，具几条槽或棱，决不扁平和如叶具中脉状；花梗长 3~20 毫米。

  4. 花小，雄花长 3~4 毫米，雌花长约 1.5 毫米；花梗长 3~5（~7）毫米；叶状枝通常单一或 2~3 簇生，稀达 5~6 枚。生沙丘、多沙坡地和干燥山坡。产大连、长海、锦州、北镇、彰武、建昌、凌源、盖州、义县等地 ……………………… 3. 兴安天门冬 Asparagus dauricus Fisch. ex Link【P.704】

  4. 花较大，雄花长 5~9 毫米，雌花长约 3~3.5 毫米；花梗长 5~20 毫米；叶状枝 3 枚以上簇生。

    5. 小枝、叶状枝疏生或密生软骨质齿；花通常每 2 朵腋生，淡紫色。生山坡、林下或灌丛中。辽宁可能有分布 ……………………………… 4. 长花天门冬 Asparagus longiflorus Franch.

    5. 小枝、叶状枝不具软骨质齿（或有时嫩时偶见）；花通常每 1~4 朵腋生，黄绿色。

      6. 植株较挺直，茎与分枝伸直；叶状枝较硬，具 3 棱状突起，通常（3~）5~12 枚簇生；花每 1~2 朵腋生。生林下、山沟、草原。产沈阳、本溪、鞍山、丹东、大连、金州、清原、西丰、北镇、建平、凤城、盖州等地 ………… 5. 南玉带 Asparagus oligoclonos Maxim.【P.704，705】

      6. 植株较柔弱，茎与分枝常稍弧曲或俯垂；叶状枝通常纤细，横断面近圆形，常 3~6 枚簇生；花每 1~4 朵腋生。中国仅新疆西北部有野生。大连等地有栽培 …………………………………………… 6. 石刁柏 Asparagus officinalis L.【P.705】

1. 茎攀援；小枝或叶状枝具软骨质齿；花梗长 4~6 毫米；花紫褐色。生海滨山坡。产旅顺口、金州、长海 …………………………………………… 7. 攀援天门冬 Asparagus brachyphyllus Turcz.【P.705】

3. 菝葜属 Smilax L.

Smilax L., Sp. Pl. ed. 1, 1028. 1753.

本属全世界约 300 种，广布于全球热带地区，也见于东亚和北美洲的温暖地区，少数种类产地中海一带。中国有 79 种，大多数分布于长江以南各省区。东北地区产 4 种 1 变种，辽宁均产。

分种检索表

1. 草本植物，无刺。

  2. 叶背面近苍白色，有粉尘状微柔毛；叶柄近基部有卷须或无卷须；花药椭圆形，长 1~1.2 毫米；总花梗较粗壮，果期尤甚。

    3. 叶柄近基部有卷须。生林下或山坡草丛中。产庄河、凤城、宽甸等地 ……………………………………………………… 1a. 白背牛尾菜 Smilax nipponica Miq. var. nipponica【P.705】

    3. 叶柄近基部无卷须。林下。产凤城、宽甸、岫岩等地 ……………………………………… 1b. 东北牛尾菜 Smilax nipponica var. manshurica（Kitag.）Kitag.【P.705】

  2. 叶背面绿色，无毛，有时沿脉有很微小的乳头状突起；叶柄通常在中部以下有卷须；花药线形，多少弯曲，长 1.5~2 毫米；总花梗较纤细。生林下、灌丛或草丛中。产大连、庄河、沈阳、辽阳、鞍山、本溪、丹东、清原、新民、凤城、宽甸等地 ……………… 2. 牛尾菜 Smilax riparia A. DC.【P.705】

1. 灌木或半灌木，具刺。

  4. 刺直或近于直，较细长，针状，带黑色；老叶纸质。生林下、灌丛、山坡草丛中。产大连、长海、金州等地 ……………………………………… 3. 华东菝葜 Smilax sieboldii Miq.【P.705】

  4. 刺较宽，三角形或狭三角形，老枝上的刺先端弯曲成钩状，白色；老叶革质或近革质。生林下、灌丛、山坡。庄河、长海有记载 ……………………………… 4. 菝葜 Smilax china L.

4. 丝兰属 Yucca L.

Yucca L., Sp. Pl. ed. 1, 319. 1753.

本属全世界 35~40 种，分布于中美洲至北美洲。中国有引种栽培。东北地区仅辽宁栽培 1 种。

凤尾丝兰Yucca gloriosa L.【P.705】

常绿灌木，茎通常不分枝或分枝很少。叶片剑形，顶端尖硬，螺旋状密生茎上，叶质较硬，有白粉，边缘光滑或老时有少数白丝。圆锥花序高1米多；花朵杯状，下垂；花瓣6片，乳白色。蒴果椭圆状卵形。原产南北美洲。大连等地栽培。

5. 铃兰属Convallaria L.

Convallaria L.，Sp. Pl. ed. 1. 314. 1753

本属全世界仅1种，广泛分布于北温带地区。中国有分布。东北各省区均有分布。

铃兰Convallaria keiskei Miq.【P.705】

多年生草本。叶椭圆形或卵状披针形，叶柄长8~20厘米。总状花序；苞片膜质；花白色，俯垂，偏向一侧，短钟状，花被顶端6浅裂；雄蕊6，着生花被筒基部，花药基着；子房卵状球形，花柱柱状。浆果球形，熟后红色。生林下、林缘。产庄河、丹东、本溪、鞍山、凤城、新宾、西丰等地。

6. 黄精属Polygonatum Mill.

Polygonatum Mill.，Gard. Dict. Abridg. ed. 4, 1754.

本属全世界约有60种，广布于北温带地区，主要分布喜马拉雅至日本。中国有39种。东北地区产10种。辽宁产9种。

分种检索表

1. 叶轮生，间有互生或对生；花被片长6~13毫米。
  2. 叶先端弯曲或拳卷成钩状；花梗长（2.5~）4~10毫米。生向阳草地、山坡、灌丛附近及林下。产大连、长海、鞍山、本溪、盖州、彰武、凌源、建昌、法库等地 ······················· 1. 黄精Polygonatum sibiricum Redoute【P.705】
  2. 叶先端直伸；总花梗和花梗均极短，前者长3~4毫米，后者长1~2毫米。生林下、林缘、草甸或灌丛中。产昌图、本溪、桓仁、清原、凤城、庄河等地 ···································· 2. 狭叶黄精Polygonatum stenophyllum Maxim.【P.705】
1. 叶互生，长圆形或广卵形；花被片长（13~）15~30毫米。
  3. 苞片披针形、钻形或线状披针形，通常近白色、膜质，长1.2厘米以下，无脉或具3~5脉，或无苞片。
    4. 花筒里面具短绵毛；叶具显著的柄，柄长5~15毫米。
      5. 植株高大，高50~100厘米；根状茎径（4~）5~10毫米；叶（5~）6~9枚，长8~16厘米；苞片长4~8（~10）毫米，具3~5脉，着生于花梗基部。生林下或林边。产庄河、鞍山、本溪、凤城、宽甸、岫岩、清原等地 ························· 3. 毛筒玉竹Polygonatum inflatum Kom.【P.705】
      5. 植株矮小，高20~30厘米；根状茎径3~4（~5）毫米；叶4~5枚，长5~9厘米；苞片微小，长约3毫米，无脉，着生于花梗上部。生林下。产大连、西丰等地 ·················· 4. 五叶黄精Polygonatum acuminatifolium Kom.【P.705】
    4. 花筒无毛；叶无柄或具短柄，柄长5（7）毫米以下。
      6. 叶背面具短糙毛；根状茎粗1.5~5毫米。生林下、林缘或山坡、草地。产大连、凤城、宽甸、本溪、清原、新宾、法库、沈阳、岫岩、西丰等地 ······················· 5. 小玉竹Polygonatum humile Fiseh. ex Maxim.【P.705】
      6. 叶背面无毛；根状茎粗4~20毫米。
        7. 花序具1~2（~4）朵花，总花梗长1~1.5厘米。生山坡、林缘、林下及灌木丛中。产辽宁各地 ····················· 6. 玉竹Polygonatum odoratum（Mill.）Druee【P.705】
        7. 花序具（3~）5~12（~17）朵花，总花梗长3~5厘米。生林下或阳坡岩石上。产大连、鞍山、岫岩、阜新、建昌、凌源、建平、绥中、义县等地 ………………………………………………
……………………………………… 7. 热河黄精 Polygonatum macropodium Turcz.【P.706】
3. 苞片广卵形或披针形，绿色，纸质，长（1~）1.5~3厘米，具10~30条脉。
　　8. 苞片广卵形，长2~3厘米，宽1~3厘米，成对包着花。生林下或阴湿山坡。产丹东、本溪、鞍山、凤
　　　　城、庄河、桓仁、清原、绥中、义县等地 ………………………………………………………
……………………………………… 8. 二苞黄精 Polygonatum involucratum Maxim.【P.706】
　　8. 苞片披针形，长1.5~2.8厘米，宽0.3~0.7厘米，不包着花。生林下。产宽甸、凤城、本溪等地 ………
……………………………………… 9. 长苞黄精 Polygonatum desoulavyi Kom.【P.706】

7. 延龄草属 Trillium L.

Trillium L., Sp. Pl. ed. 1, 329. 1753.

本属全世界约有46种，分布于中国、不丹、印度、日本、朝鲜、缅甸、尼泊尔、俄罗斯、锡金和北美洲。中国有4种，产于西南、西北和东北地区。东北地区产1种，产黑龙江、吉林、辽宁。

吉林延龄草（白花延龄草）Trillium camschatcense Ker Gawl.【P.706】

多年生草本。茎直立，高35~50厘米。叶菱状扁圆形或卵圆形，近无柄。花梗长1.5~4厘米；外轮花被片绿色，内轮花被片白色；雄蕊短于花被片，花丝长3~4毫米，花药长7~8毫米，顶端有稍凸出的药隔；子房圆锥状。浆果卵圆形。生林下、林边或潮湿之处。产宽甸、桓仁等地。

8. 七筋姑属 Clintonia Raf.

Clintonia Raf. in Amer. Monthly Magaz. 266. 1818.

本属全世界约有5种，分布于亚洲和北美洲温带地区。中国有1种。东北各省区均有分布。

七筋姑 Clintonia udensisTrautv. et Mey.【P.706】

多年生草本。叶基生，3~5枚，倒卵形或倒披针形，全缘。花葶直立，通常单一，有白色短柔毛；总状花序，花梗密生柔毛；花白色，少有淡蓝色。果实球形至矩圆形。生高山疏林下或阴坡疏林下。产本溪、凤城、宽甸、桓仁等地。

9. 舞鹤草属 Maianthemum Web.

Maianthemum F. H. Wiggers, Prim. Fl. Holsat. 14. 1780.

本属全世界约35种，主要分布于东亚和北美洲，也分布于北亚、中美洲和北欧。中国有19种。东北地区产6种。辽宁产5种。

分种检索表

1. 花4数性。
　　2. 叶及花轴平滑；叶缘具半圆形的小突起；叶2~3枚。生针叶林及针阔混交林中。产凤城 ………………
　　　　…………………… 1. 舞鹤草 Maianthemum dilatatum（Alph. Wood）A. Nelson & J. F. Macbr.【P.706】
　　2. 叶背面及花轴有突起的柱状毛；叶缘具微细的锯齿；叶多为2枚。生针叶林及针阔混交林中。产本溪、
　　　　开原、凤城、庄河等地 …………… 2. 二叶舞鹤草 Maianthemum bifolium（L.）F. W. Schmidt.【P.707】
1. 花3数性。
　　3. 叶无柄或近无柄；总状花序上的花2~4朵簇生。生林下或山坡阴湿处。产义县 ……………………………
　　　　…………… 3. 兴安鹿药 Maianthemum dahuricum（Turcz. ex Fisch. & C. A. Mey.）LaFrankie【P.707】
　　3. 叶具短柄；圆锥花序具10~20余朵花。
　　　　4. 花轴密被毛；花白色。生林下阴湿处或岩缝中。产辽宁各地 ……………………………………………
　　　　…………………………… 4. 鹿药 Maianthemum japonicum（A. Gray）LaFrankie【P.707】

4. 花轴被少量毛；花黄绿色或绿色，后逐渐变为紫色。生林下多石砾地。产宽甸、凤城等辽东山区 ⋯

⋯⋯⋯⋯⋯⋯⋯⋯⋯⋯ 5. 两色鹿药 Maianthemum bicolor（Nakai）Cubey【P.706】

10. 扭柄花属 Streptopus Michx.

Streptopus Michx., Fl. Bor. Am. 1：200, t. 18. 1803.

本属全世界约有10种，分布于北温带地区。中国产5种。东北地区产2种，辽宁均产。

分种检索表

1. 花1~2朵，通常腋生，由于花梗常与邻近的茎愈合，有时貌似与叶对生或出自叶下面，较少兼有顶生的；花被片先端短尖；花柱无；种子矩圆形，多少有点弯。生针叶林下。产桓仁 ⋯⋯⋯⋯⋯⋯⋯⋯⋯⋯⋯⋯⋯⋯⋯

⋯⋯⋯⋯⋯⋯⋯⋯⋯⋯⋯⋯ 1. 丝梗扭柄花 Streptopus koreanus（Kom.）Ohwi【P.706】

1. 花（2~）3~4朵生于茎或枝条的顶端；花被片先端尾状；花柱存在；种子近圆形，不弯。生山地林下、林缘、灌丛间及草丛中。产庄河、本溪、凤城、岫岩、桓仁、新宾等地 ⋯⋯⋯⋯⋯⋯⋯⋯⋯

⋯⋯⋯⋯⋯⋯ 2. 卵叶扭柄花（金刚草）Streptopus ovalis（Ohwi）Wang et Y. C. Tang【P.706】

11. 万寿竹属 Disporum Salisb.

Disporum Salisbury, Trans. Hort. Soc. London. 1：331. 1812.

本属全世界约有20种，分布于北美洲至亚洲东南部。中国有14种。东北地区产2种，辽宁均产。

分种检索表

1. 花黄色，花被片狭倒卵形或倒卵状披针形，长20~30毫米，里面下部及边缘具明显的细毛。生山坡林下阴湿处或灌丛中。产庄河、鞍山、本溪、绥中等地 ⋯⋯⋯⋯⋯⋯⋯⋯⋯

⋯⋯⋯⋯⋯⋯⋯⋯⋯ 1. 少花万寿竹（宝铎草、黄花宝铎草）Disporum uniflorum Baker【P.707】

1. 花淡绿色或白色，花被片长圆状披针形，长15~18毫米，里面基部稍有毛或近无毛。生林下或山坡草地。产沈阳、大连、本溪、鞍山、凤城、宽甸、岫岩、西丰等地 ⋯⋯⋯⋯⋯⋯⋯⋯⋯⋯⋯⋯⋯

⋯⋯⋯⋯⋯⋯⋯⋯⋯⋯⋯⋯⋯ 2. 宝珠草 Disporum viridescens（Maxim.）Nakai【P.707】

12. 山麦冬属 Liriope Lour.

Liriope Lour., Fl. Cochinch. 200. 1790.

本属全世界约有8种，分布于越南、菲律宾、日本和中国。中国有6种，主产秦岭以南各省区。东北地区仅辽宁产2种。

分种检索表

1. 叶宽1~3毫米；总状花序长1~3厘米，花少数，5~10余朵；花梗长2~3毫米。生山坡。产旅顺口、长海 ⋯⋯⋯⋯⋯⋯⋯⋯⋯⋯⋯⋯⋯ 1. 矮小山麦冬 Liriope minor（Maxim.）Makino【P.707】

1. 叶宽3~7毫米；总状花序长5~10厘米，花多数，20~30朵或者更多；花梗长3~5毫米。生山坡、山谷林下、路旁或湿地。产大连、旅顺口、长海等沿海地区 ⋯⋯⋯⋯⋯⋯⋯⋯⋯⋯⋯⋯⋯

⋯⋯⋯⋯⋯⋯⋯⋯⋯⋯⋯⋯ 2. 山麦冬 Liriope spicata（Thunb.）Lour.【P.707】

13. 知母属 Anemarrhena Bunge

Anemarrhena Bunge in Mem. Acad. Sci. Petersb. Sav. Etrang. 2：140. 1831.

本属全世界仅1种，产中国、朝鲜。东北各省区均有分布。

知母Anemarrhena asphodeloides Bunge.【P.707】

多年生草本。根状茎于地下横走，粗壮。叶基生，线形。花葶自叶丛间生出，总状花序，花淡紫红色或淡黄白色，花被片6，2轮，宿存；雄蕊3，比花被片短，花丝贴生于内轮花被片；子房3室。蒴果长卵形，顶端有短喙，室背开裂。生山坡、草地。产大连、营口、北镇、彰武、葫芦岛、盖州等地。

14. 藜芦属 Veratrum L.

Veratrum L.，Sp. Pl. ed. 1，1044. 1753.

本属全世界约40种，分布于亚洲、欧洲和北美洲。中国有13种和1变种。东北地区产4种2变型。辽宁产3种2变型。

分种检索表

1. 花被片全缘，黑紫色（绿花藜芦 *V. maackii* f. *viridiflora* Nakai 除外）；茎基部具叶鞘枯死后残留的纤维网眼；叶片宽不超过10厘米。
　2. 叶椭圆形、宽卵状椭圆形或卵状披针形，宽约10厘米；花密生。生山坡、林内或灌丛间。产庄河、瓦房店、丹东、桓仁、本溪、建昌等地 ………………………………… 1. **藜芦 Veratrum nigrum L.【P.707】**
　2. 叶折扇状，长矩圆状披针形至狭长矩圆形，宽1~4（~8）厘米；花疏生。
　　3. 花被片黑紫色。
　　　4. 花被片长5~7毫米，宽2~3毫米。生林下、灌丛、山坡、草甸。产金州、瓦房店、庄河、本溪、西丰、清原、桓仁、岫岩等地 ………… 2a. **毛穗藜芦 Veratrum maackii Regel f. maackii【P.707】**
　　　4. 花被片较大，长7~8毫米，宽3~4毫米。生山坡。产桓仁 …………………………………………………… 2b. **大花藜芦 Veratrum maackii f. macranthum（Loes. F.）T. Shimizu**
　　3. 花被片黄绿色。生林下。产清原、本溪 ………… 2c. **绿花藜芦 Veratrum maackii f. viridiflora Nakai**
1. 花被片边缘具细牙齿，绿白色；茎基部密生无网眼的纤维束；叶宽达14厘米，基部无柄并抱茎。生草甸、湿草地、林缘、林下。产本溪、桓仁、宽甸、凤城、西丰、凌源等地 …………………………………………………………… 3. **尖被藜芦 Veratrum oxysepalum Turcz.【P.707】**

15. 油点草属 Tricyrtis Wall.

Tricyrtis Wall.，Tent. Fl. Nepal. 2：61，t. 46. 1826.

本属全世界约18种，分布于亚洲东部，从不丹、锡金至日本。中国有9种，产于华北和秦岭以南各省区。东北地区仅辽宁产1种。

黄花油点草 Tricyrtis maculata（D. Don）Machride【P.708】

多年生草本。茎上部疏生或密生短的糙毛。叶卵状椭圆形、矩圆形至矩圆状披针形，先端渐尖或急尖，两面疏生短糙伏毛，基部心形抱茎或圆形而近无柄，边缘具短糙毛。二歧聚伞花序顶生或生上部叶腋，花通常黄绿色；花被片向上斜展或近水平伸展。生山坡林下、路旁等处。产凌源。

16. 玉簪属 Hosta Tratt.

Hosta Tratt.，Arch. Gewächsk. 1：55，t. 89. 1812，nom. conserv.

本属全世界约45种，分布于亚洲温带与亚热带地区，主要分布于日本。中国有4种，多数见于长江流域诸省。东北地区产4种2变种，其中栽培3种，辽宁均产。

分种检索表

1. 花白色；常具内、外2种苞片，外苞片长2.5~7厘米，内苞片很小。分布中国西南、华东地区。辽宁各地有栽培 ……………………………………… 1. **玉簪 Hosta plantaginea（Lam.）Aschers.【P.708】**

1. 花紫色或淡紫色；具1种苞片。

  2. 叶柄的上半部或大部分都具有狭翅，翅宽2~5毫米（每侧）；叶片具5~8对侧脉。

    3. 叶矩圆状披针形、狭椭圆形至卵状椭圆形，基部楔形或钝，具4~6（~8）对侧脉；苞片长5~10毫米。

      4. 叶皆为基生，花茎上无叶。

        5. 叶披针形或长圆状披针形。生林缘、灌丛、阴湿山地。产庄河、本溪、凤城、桓仁、清原、北镇等地 ················ **2a. 东北玉簪**Hosta ensata F. Mackawa var. ensata【P.708】

        5. 叶卵形或卵状椭圆形。生林缘、疏林下。产凤城、桓仁 ················
··············· **2b. 卵叶玉簪**Hosta ensata var. normalis（F. Maekawa）Q. S. Sun【P.708】

      4. 除基生叶外花茎上生有1~3枚茎生叶；苞片小，披针形。生路旁湿地、灌丛中。产桓仁 ·············
··············· **2c. 安图玉簪**Hosta ensata var. foliata Q. S. Sun

    3. 叶心状卵形、卵形或卵圆形，基部心形或近截形，侧脉7~11对；苞片长10~20毫米。产华东、华南、西南。大连有栽培 ················ **3. 紫萼（紫萼玉簪）**Hosta ventricosa（Salisb.）Stearn.【P.708】

  2. 叶柄仅在靠近叶片基部处有狭翅，翅宽1~2毫米；叶片具4~5对侧脉。原产日本。辽宁各地常见栽培
·············· **4. 紫玉簪**Hosta albo-marginata（Hook.）Ohwi【P.708】

17. 萱草属Hemerocallis L.

Hemerocallis L., Sp. Pl. ed. 1，324. 1753.

    本属全世界约15种，主要分布于亚洲温带至亚热带地区，少数也见于欧洲。中国有11种。东北地区产5种2变种1变型。辽宁产5种2变种，其中栽培1种1变种。

分种检索表

1. 苞片披针形，宽2~5（~10）毫米；花疏生，不簇生。

  2. 花黄色。

    3. 花序分枝，具多花；花梗短或长。

      4. 花梗短，不及1厘米；花长8~12（~14）厘米，花被筒长3~5厘米。生山坡、草地。产大连、长海、瓦房店等地，辽宁各地有栽培 ········ **1. 黄花菜（朝鲜萱草）**Hemerocallis citrina Baroni【P.708】

      4. 花梗长，1~2厘米；花长7~10厘米，花被筒长1~3厘米。生山坡、草地。产金州、西丰、北镇、海城等地。 ········ **2. 北黄花菜**Hemerocallis lilio-asphodelus L.【P.708】

    3. 花序不分枝，具1~2（~3）花；花梗短或无。生草甸、湿地、林间及山坡稍湿草地。产大连、普兰店、桓仁、义县等地 ················ **3. 小黄花菜**Hemerocallis minor Mill.【P.708】

  2. 花橘红色至橘黄色。

    5. 花单瓣。中国秦岭以南有野生。辽宁各地栽培 ················
········ **4a. 萱草**Hemerocallis fulva（L.）L. var. fulva【P.709】

    5. 花重瓣，雌、雄蕊发育不全。辽宁各地栽培 ················
········ **4b. 重瓣萱草**Hemerocallis fulva var. kwanso Regel

1. 苞片广卵形，宽8~15毫米；花序通常短缩，花近簇生或彼此靠近。

  6. 苞片长1.8~4厘米，先端长渐尖至近尾状。生山坡、林缘、草甸。产清原、本溪、桓仁、凤城、岫岩、丹东、法库、庄河等地 ······ **5a. 大苞萱草**Hemerocallis middendorffii Mey. var. middendorffii【P.709】

  6. 苞片长3~6厘米，先端长尾状。生林下。产宽甸 ················
········ **5b. 长苞萱草**Hemerocallis middendorffii var. longibracteata Z. T. Xiong【P.709】

18. 火把莲属Kniphofia Moench

Kniphofia Moench, Methodus（Moench）631. 1794.

    本属全世界有71种。中国栽培数种。东北地区栽培1种。

火炬花 Kniphofia uvaria（L.）Oken【P.709】

多年生草本。茎直立；叶丛生，草质，剑形，叶片的基部常内折，抱合成假茎，假茎横断面呈菱形。总状花序呈火炬形，花冠橘红色；蒴果黄褐色；种子棕黑色，成不规则三角形。原产于南非。我国南方广泛种植。辽宁省沈阳、大连有栽培。

19. 葱属 Allium L.

Allium L.，sp. Pl. ed. 1，294. 1755.

本属全世界约有660种，分布于北半球，主要分布于亚洲、非洲和中美洲，南美洲也有一些种。中国有38种，主要分布在东北、华北、西北和西南地区。东北地区产30种1亚种5变种1变型，其中栽培3种2变种。辽宁产22种1亚种3变种1变型，其中栽培5种1变种。

分种检索表

1. 植株具葱蒜味；花梗长不超过4.5厘米；花被片分离。
　2. 叶2~3枚，椭圆形、披针形或卵圆形。
　　3. 叶广椭圆形至披针形，基部楔形。多生阴湿山坡、林下、草地或沟边。产凤城、宽甸等地 ……………………………………………………………………… 1. 茖葱 Allium victorialis L.【P.709】
　　3. 叶片椭圆形至卵圆形，基部圆形至心形。生林下。产凌源、建昌 ………………………………………………………… 2. 对叶山葱（对叶韭）Allium listera Stearn【P.709】
　2. 叶非上述形状。
　　4. 伞形花序简化，仅有花1~4朵。生山坡或林下。产鞍山、本溪、桓仁、西丰、凤城、宽甸、大连等地 ……………………………………………………… 3. 单花韭 Allium monanthum Maxim.【P.709】
　　4. 伞形花序有数朵花以上，或为珠芽所代替。
　　　5. 鳞茎球形，具2~10或更多的肉质瓣状的小鳞茎紧密排列而成。原产亚洲西部或欧洲。辽宁各地栽培 ……………………………………………………… 4. 蒜 Allium sativum L.【P.709】
　　　5. 鳞茎不分瓣。
　　　　6. 鳞茎外皮纤维破裂呈网状或近网状。
　　　　　7. 子房基部具凹陷的蜜穴；鳞茎外皮的纤维呈明显的网状；花紫红色、淡紫红色或红色；花丝与花被片近等长或略较长。生山坡、林下、湿地或草地上。产庄河、本溪等地 ……………………………………………………… 5. 辉韭 Allium strictum Schrader【P.709】
　　　　　7. 子房基部不具凹陷的蜜穴；鳞茎外皮的纤维近网状破裂。
　　　　　　8. 叶线形，扁平或三棱状线形，宽1.5~8毫米；花白色，稀淡红色；花丝为狭长的三角形；子房外壁具细的疣状突起。
　　　　　　　9. 叶线形，扁平，实心；花被片常具绿色中脉。生干山坡上。辽宁各地栽培，也见野生 …………………………………………… 6. 韭 Allium tuberosum Rottler ex Spreng【P.709】
　　　　　　　9. 叶三棱状线形，背面呈龙骨状隆起，中空；花被片常具红色中脉。生向阳山坡及草地。产大连、沈阳、丹东、凤城、彰武、凌源等地 ……………… 7. 野韭 Allium ramosum L.【P.709】
　　　　　　8. 叶半圆柱状至圆柱状，宽0.5~1.5毫米；花紫红色或淡红色、稀白色；内轮花丝基部扩大成卵形，具齿或无；子房外壁无疣状突起。
　　　　　　　10. 内轮花丝基部扩大，每侧各具1齿，稀无齿；花丝等于或略长于花被；花梗基部具小苞片。生碱性草地及山坡。产大连和辽西 ……………………………………………… 8. 碱韭 Allium polyrhizum Turcz. ex Regel【P.710】
　　　　　　　10. 内轮花丝基部扩大成卵形，无齿；花丝短于花被片；花梗基部无小苞片。生荒漠、沙地或干旱山坡。产辽西地区 ……………… 9. 蒙古韭 Allium mongolicum Regel【P.710】
　　　　6. 鳞茎外皮膜质、薄革质或革质，不破裂或破裂成片状或条状，或仅顶端呈纤维状。

11. 鳞茎球形、狭卵状或卵状。

 12. 内轮花丝基部扩大，每侧各具1齿；叶为中空的圆筒状；花葶中下部膨大为圆筒状。

  13. 植株单生或仅2~3株聚生，抽葶开花；以种子繁殖；鳞茎粗大，近球状至扁球状。原产亚洲西部。辽宁各地有栽培 ·················· 10a. 洋葱 Allium cepa L. var. cepa 【P.710】

  13. 植株密集丛生，不抽葶开花；以鳞茎繁殖；鳞茎聚生，矩圆状卵形、狭卵形或卵状圆柱形。原产亚洲西部。辽宁各地栽培 ······ 10b. 火葱 Allium cepa var. aggregatum G. Don

 12. 内轮花丝基部无齿。

  14. 叶宽线形，宽1~3厘米；伞形花序球状，直径6~7厘米；花梗长约3厘米；花被片紫色，披针形；雄蕊比花被长。原产亚洲中部。大连、沈阳有栽培 ··················
··················· 11. 大花葱 Allium giganteum Regel 【P.710】

  14. 叶半圆柱形或三棱状线形。

   15. 鳞茎近球形，外皮不破裂；伞形花序；内轮花丝基部扩大约为外轮的1.5倍。

    16. 花瓣均为淡紫色或淡红色，中脉颜色略深；花药紫色。

     17. 伞形花序花少而疏，具珠芽。生田野、草地和山坡上。产辽宁各地 ·················
·················· 12aa. 薤白 Allium macrostemon Bunge subsp. macrostemon var. macrostemon 【P.710】

     17. 伞形花序花多而密，无肉质珠芽。生干燥草地、田野间或林缘。产大连、鞍山、昌图、西丰、新宾、岫岩、本溪 ··········· 12ab. 密花小根蒜 Allium macrostemon subsp. macrostemon var. uratense（Franch.）Airy-Shaw 【P.710】

    16. 花瓣仅中脉为紫色或粉色，其余部分均为白色；花药黄色。生沟谷林缘。产阜新 ········ 12b. 白花薤白 Allium macrostemon subsp. albiflorum S. M. Zhang 【P.710】

   15. 鳞茎狭卵状或卵状，外皮顶端常破裂成纤维状；伞形花序无珠芽；花丝基部稍扩大，内外轮花丝基部近等宽。生山坡、草地、湿地、林下。产辽宁各地 ·····················
·························· 13. 球序韭 Allium thunbergii G. Don 【P.710】

11. 鳞茎圆柱状、卵状圆柱形或近圆锥状。

 18. 内轮花丝基部扩大，每侧常各具1钝齿；花红色至淡紫色；花丝略短于花被片；子房基部无凹陷的蜜穴。生向阳山坡、石砬子及草原上。产建平、海城等地 ·····················
················· 14. 砂韭 Allium bidentatum Fisch. ex Prokh. 【P.710】

 18. 内轮花丝无齿。

  19. 花丝短于花被片。

   20. 外轮花被片卵状长圆形至广卵状长圆形，长3~4毫米，先端钝；子房基部无凹陷的蜜穴。

    21. 植株高10~40厘米；花梗近等长。生山坡、草地或沙丘上。产大连、金州、鞍山、西丰、铁岭、开原、康平、彰武、葫芦岛、北镇、法库、喀左、建平 ·····················
·················· 15. 细叶韭 Allium tenuissimum L. 【P.710】

    21. 植株高30~60厘米；花梗不等长。

     22. 花梗、花葶和叶纵脉均光滑。生山坡、草地或沙丘上。产大连、北镇、凌源、义县、西丰、康平、法库、绥中、兴城、建平、彰武 ·····················
·················· 16a. 矮韭 Allium anisopodium Ledeb. var. anisopodium 【P.710】

     22. 花梗、花葶和叶纵脉均具明显的细糙齿。生山坡、草地。产瓦房店 ·················
··· 16b. 糙葶韭 Allium anisopodium var. zimmermannianum（Gilg）Wang et Tang

   20. 外轮花被片披针形，长圆状披针形或长圆形，长7~11毫米，先端渐尖，呈尾状；子房基部具小的凹陷蜜穴。生山坡、草地。大连有栽培 ·····················
·················· 17. 北葱 Allium schoenoprasum L. 【P.711】

  19. 花丝长于花被片或近等长。

23. 叶线形，扁平；花葶上部稍扁，两侧具狭翼。

    24. 花淡红色至紫红色。生山坡、草地。产本溪、大连、庄河、金州、长海、开原、北镇、彰武等地 ················· 18a. 山韭Allium senescens L. f. senescens【P.711】

    24. 花白色。生林下、山坡。产辽阳 ··

    ·············· 18b. 白花山韭Allium senescens f. albiflorum Q. S. Sun

23. 叶管状、圆柱状或半圆柱状；花葶圆，不具翼。

    25. 花淡紫色、淡紫红色或紫红色。生多石山坡。产金州、旅顺口等地 ···············

    ········· 19. 蒙古野韭Allium prostratum Trevir.【P.711】

    25. 花白色或黄色。

      26. 花黄色；花梗基部具小苞片；子房基部有带帘的蜜穴；鳞茎外皮红褐色，有光泽。生山坡、草地。产大连、金州、凤城、葫芦岛、北镇、法库、建平等地 ······

      ··················· 20. 黄花葱Allium condensatum Turcz.【P.711】

      26. 花白色或稍带黄色；花梗基部无小苞片；子房基部具不明显的缝状蜜穴；鳞茎外皮白色，膜质；花白色。原产俄罗斯。辽宁各地栽培 ·················

      ···················· 21. 葱Allium fistulosum L.【P.711】

1. 植株无葱蒜味；花梗长4.5~11厘米；花紫红色（偶见白色），花被片基部彼此靠合成管状。生山坡、草地、沙地。产大连、金州、长海、北镇、兴城、盖州、彰武、凌源、法库、葫芦岛等地 ·················

    ········ 22. 长梗合被韭（长梗韭）Allium neriniflorum（Herbert）Baker【P.711】

20. 棋盘花属Anticlea Kunth

Anticlea Kunth，Enum. Pl.［Kunth］4：191. 1843.

本属全世界约10种，主要分布于北美洲。中国产1种。东北各省区均有分布。

棋盘花Anticlea sibirica（L.）Kunth【P.711】

多年生草本。鳞茎小葱头状。叶基生，条形，在花葶下部常有1~2枚短叶。总状花序或圆锥花序具疏松的花；花梗长7~20毫米，基部有苞片；花被片绿白色，内面基部上方有一顶端2裂的肉质腺体。蒴果圆锥形。生林下和山坡草地上。产凤城。

21. 绵枣儿属Barnardia Lindley

Barnardia Lindley，Bot. Reg. 12：t. 1029. 1826.

本属全世界有2种，分布中国、日本、朝鲜、俄罗斯、北非、欧洲西南部。中国产1种和1变种。辽宁均有分布。

分种下单位检索表

1. 花紫红色、粉红色。生多石质山坡草地。产大连、瓦房店、庄河、长海、丹东、东港、凌源、葫芦岛、彰武、绥中、北镇、凌海、义县、法库、盖州、开原、西丰等地 ·······················

    ·············· 1a. 绵枣儿Barnardia japonica（Thunb.）Schult. & Schult. f. var. japonica【P.711】

1. 花白色。生林下。产大连滨海路东段 ··

    ·············· 1b. 白花绵枣儿Barnardia japonica var. albiflorus（C. L. Mi）S. M. Zhang

22. 风信子属Muscari P. Miller

Muscari Miller，Gard. Dict. Abr.，ed. 4 vol. 2. 1754.

本属全世界约有30种，分布欧洲温带、北非、西南亚，世界各地引种。中国引进栽培多种。东北地区仅辽宁栽培1种。

葡萄风信子 Muscari botryoides Mill.【P.711】

多年生草本。鳞茎卵圆形，皮膜白色；球茎 1~2 厘米。叶基生，线形，稍肉质，暗绿色，边缘常内卷，长约 20 厘米。花茎自叶丛中抽出，1~3 支，花茎高 15~25 厘米；总状花序，小花多数密生而下垂；花冠小坛状，顶端紧缩，蓝色、白色等，单瓣或重瓣。原产欧洲中部的法国、德国及波兰南部。大连栽培观赏。

23. 贝母属 Fritillaria L.

Fritillaria L., Sp. Pl. ed. 1, 303. 1753.

本属全世界约 130 种，主要分布于北半球温带地区，特别是地中海区域、北美洲和亚洲中部。中国产 24 种，除广东、广西、福建、台湾、江西、内蒙古、贵州，其他省区均有分布。东北地区产 3 种 2 变型，其中栽培 1 种，辽宁均产。

分种检索表

1. 栽培；花大型，多数轮状顶生总花梗上端。原产印度北部、阿富汗及伊朗。大连有栽培 ·················
   ···················· 1. 冠花贝母 Fritillaria imperialis L.【P.711】
1. 野生；花中型，1~3 朵生于总花梗上端。
   2. 茎顶端的花具 1 枚叶状苞片，叶状苞片先端不卷曲；茎中上部有 1~2 轮轮生叶，每轮具 3~6 枚叶，有时其上部还另有 1~2 枚互生叶。
      3. 花被片紫色，稍有黄色小方格。生山坡、沟谷溪流附近。产绥中、建昌等地 ·················
         ·················· 2a. 轮叶贝母 Fritillaria maximowiczii Freyn f. maximowiczii【P.711】
      3. 花被片黄色，具紫色方格斑纹。生山坡上。产建昌 ·················
         ·········· 2b. 黄花轮叶贝母 Fritillaria maximowiczii f. flaviflora Q. S. Sun et H. Ch. Luo
   2. 茎顶端的花具 4~6（~8）枚叶状苞片，叶状苞片先端强烈卷曲如卷须状；茎中上部叶对生和互生，下部叶轮生，每轮具 3 枚叶。
      4. 花被片紫色而具黄色小方格。生低海拔地区的林下、草甸或河谷。产丹东、本溪、桓仁、新宾、宽甸、凤城、清原等地 ················· 3a. 平贝母 Fritillaria ussuriensis Maxim. F. ussuriensis【P.711】
      4. 花被片土黄色，并有紫色方格斑纹。生林下、河滩地。产凤城 ·················
         ·················· 3b. 黄花平贝母 Fritillaria ussuriensis f. lutosa Ding et Fang.

24. 百合属 Lilium L.

Lilium L., Sp. Pl. ed. 1, 302. 1753.

本属全世界约 115 种，分布于北半球温带和高山区，尤其是东亚。中国有 55 种，南北均有分布，尤以西南和华中最多。东北产 10 种 6 变种，其中栽培 1 变种。辽宁产 9 种 5 变种，其中栽培 2 变种。

分种检索表

1. 花直立，花被片稍外弯或不弯；雄蕊向中心靠拢。
   2. 花喇叭形；花被片先端外弯；雄蕊上部向上弯；栽培种，辽宁常见栽培 ·································
      ·················· 1b. 百合 Lilium brownii var. viridulum Baker【P.712】
   2. 花钟形；花被片先端不弯或微弯；雄蕊向中心靠拢；野生。
      3. 花被片长（6~）7~9 厘米；子房连同花柱长（4~）5~6 厘米，花柱长为子房的 2 倍或更多；叶基部常有一簇白绵毛；花冠橙红色或红色，有紫色斑点。生山坡、林下、林缘、路边草地。产庄河、本溪等地
         ·················· 2. 毛百合 Lilium pensylvanicum Ker Gawl.【P.712】
      3. 花被片长 2.5~5.5 厘米；子房连同花柱长 1.4~3.5（~4）厘米，花柱比子房短或近等长；叶基部无一簇白绵毛；花冠红色，偶见黄色，有斑点或无斑点。
         4. 花被片深红色，无紫色斑点。生山坡、林缘或灌丛间、路旁。产大连、瓦房店、建平、凌源、兴

城、义县、法库、朝阳、鞍山、西丰、岫岩、本溪 ·································
································· **3a. 渥丹** Lilium concolor Salisb. var. concolor

4. 花被片红色或黄色，有紫色斑点。

  5. 花被片红色，有紫色斑点；叶宽3~6毫米，两面无毛。生阳坡草地和林下湿地。产沈阳、鞍山、岫岩、凌源、清原、建平、北镇、西丰、庄河、长海 ·································
··············· **3b. 有斑百合** Lilium concolor var. pulchellum（Fisch.）Regel【P.712】

  5. 花被片黄色，具紫色斑点。生山坡草地。产庄河、义县、铁岭、本溪、凤城等地 ·································
··············· **3c. 渥金** Lilium concolor var. coridion（Sieb. et Vreis）Baker

1. 花下垂或倾斜，花被片反卷；雄蕊向外伸展。

  6. 叶互生。

    7. 茎上部叶腋具珠芽；花橙红色，具紫黑色斑点。生山坡灌木林下、草地、路边或水旁。产大连、凤城、北镇、鞍山、沈阳、义县等地。各地常见栽培 ········ **4. 卷丹** Lilium lancifolium Thunb.【P.712】

    7. 茎上部叶腋无珠芽。

      8. 叶狭披针形、披针形至长圆形。

        9. 植株有毛。

          10. 植株、花梗具白色硬毛；花被片散生的紫黑色斑点不突起，蜜腺两边没有流苏状突起；株高0.4~1米。生山坡、灌丛间及柞林内。产丹东、凤城、东港、沈阳等地·································
··············· **5. 秀丽百合（朝鲜百合）** Lilium amabile Palib.【P.712】

          10. 植株、花梗具白绵毛；花被片散生的紫黑色斑点突起，蜜腺两边有流苏状突起；株高0.8~2米。生山坡、林下。产凤城凤凰山 ·································
··············· **6. 凤凰百合** Lilium floridum J. Lilium Ma & Y. J. Li【P.712】

        9. 植株无毛；花橘红色，具紫色斑点，蜜腺两边有流苏状突起。生草甸、林缘、沟谷沙质地。产鞍山、凤城、宽甸、桓仁、新宾等地 ·································
·········· **7b. 大花卷丹** Lilium 1eichtlinii Hook. f. var. maximowiczii（Regel）Baker【P.712，713】

      8. 叶线形或狭线形。

        11. 花柱比子房短；苞片2枚（有时1枚），顶端明显加厚。生山坡或草丛中。产沈阳、凌源、义县 ·································
··············· **8. 条叶百合** Lilium callosum Sieb. et Zucc.【P.713】

        11. 花柱比子房长0.5~1倍或更多；苞片1枚，顶端不增厚或微增厚。

          12. 花紫红色或鲜红色，偶见橘红色或黄色，通常无斑点，较少偶见几个斑点；叶长4~7（~9）厘米，宽0.5~1.5（~2）毫米，通常散生于茎中部。生山坡草地、草甸、草甸草原及林缘。产大连、沈阳、昌图、法库、凤城、丹东、义县、北镇、兴城、凌源、建平、建昌 ·································
··············· **9. 山丹** Lilium pumilum DC.【P.713】

          12. 花淡紫红色或橙黄色，有斑点。

            13. 茎无小乳头状突起；花被片淡紫红色，有深紫色斑点；内轮花被片与外轮花被片等宽，长3.5~4.5厘米；花柱长约为子房的1倍。生山坡草地或林缘。产金州、庄河、岫岩、本溪、桓仁、宽甸、凤城、新宾、清原、西丰、葫芦岛、北镇等地 ·································
··············· **10. 垂花百合** Lilium cernuum Kom.【P.713】

            13. 茎密被小乳头状突起；花橙黄色，有紫黑色斑点；内轮花被片比外轮花被片宽，长5~6厘米；花柱长为子房的2倍以上。产湖北西部、陕西南部、四川东部和云南。金州有栽培·································
··············· **11b. 兰州百合** Lilium davidii var. willmottiae（E. H. Wilson）Raffill【P.713】

  6. 叶轮生，仅1轮；花橙红色。生林缘、草丛、林下。产金州、普兰店、庄河、鞍山、岫岩、西丰、丹东、宽甸、凤城、本溪、桓仁等地 ·············· **12. 东北百合** Lilium distichum Nakai ex Kamib.【P.713】

25. 顶冰花属 Gagea Salisb.

Gagea Salisb. in Koenig et Sims., Ann. of Bot. 2：555. 1806.

本属全世界约90种。主要分布于欧洲、地中海区域和亚洲温带地区。中国有17种。东北地区产3种，辽宁均产。

分种检索表

1. 植株仅具基生叶，无茎生叶；花黄色或绿黄色，柱头头状。
　2. 鳞茎径5~10毫米，外皮黑褐色；叶线形，宽2~5毫米；花被片长7~9毫米。生山坡、沟谷及河岸草地。产大连、瓦房店、普兰店、凤城、东港、桓仁、凌源、彰武 ………………………………………………………………… 1. 小顶冰花 Gagea hiensis Pascher【P.713】
　2. 鳞茎径7~12毫米，外皮灰黄色；叶广线形或近披针形，宽5~10毫米；花被片长8~12（~15）毫米。生林缘、林下、草地。产沈阳、鞍山、本溪、桓仁、凤城、宽甸、新宾等地 ……………………………………… 2. 顶冰花（朝鲜顶冰花）Gagea nakaiana Kitag.【P.713】
1. 植株除具基生叶外，亦具1~4枚茎生叶；花黄色，柱头3深裂。生草原山坡、田边空地或沙丘上。产彰武 ……………………………………………………… 3. 少花顶冰花 Gagea pauciflora Turcz.【P.714】

26. 洼瓣花属 Lloydia Salisb.

Lloydia Salisb. in Trans. Hort. Soc. 1：828. 1812.

本属全世界约20种，从欧洲、地中海区域至亚洲、北美洲的温带地区都有分布。中国有8种，产西南、西北、华北和东北地区。东北地区产2种。辽宁产1种。

三花洼瓣花（三花顶冰花）Lloydia triflora（Ledeb.）Baker【P.714】

多年生草本。鳞茎广卵形。基生叶1~2枚，茎生叶1~4枚。花2~4朵排成二歧的伞房花序；苞片披针形；花被片6，白色，具3条绿色脉纹，线状长圆形，先端钝，无蜜腺窝，柱头不明显地3裂。蒴果三棱状倒卵形。生山坡或河岸边。产开原、本溪、凤城、宽甸、庄河、桓仁等地。

27. 猪牙花属 Erythronium L.

Erythronium L., Sp. Pl. ed. 1, 305. 1753.

本属全世界约24种，分布于北半球温带地区。中国有2种，分布东北与新疆。东北地区产1种2变型，辽宁均产。

分种下单位检索表

1. 叶有白色斑纹或紫色斑纹。
　2. 花被片紫红色，下部有近三齿状的黑色斑纹。生林下润湿地。产凤城、宽甸、桓仁等地 ……………………………………… 1a. 猪牙花 Erythronium japonicum Decne. f. japonicum【P.714】
　2. 花白色，花被片基部无黑紫色斑纹。产宽甸、凤城 ……………………………………… 1b. 白花猪牙花 Erythronium japonicum f. album Fang et Qin
1. 叶无白色斑纹或紫色斑纹。产宽甸、凤城 ……………………………………… 1c. 无斑叶猪牙花 Erythronium japonicum f. immaculatum Q. S. Sun

28. 郁金香属 Tulipa L.

Tulipa L., Sp. Pl. ed. 1, 305. 1753.

本属全世界约150种，产亚洲、欧洲及北非，以地中海至中亚地区为最丰富。中国有13种，主产新疆。东北地区产2种，其中栽培1种。辽宁栽培1种。

郁金香 Tulipa gesneriana L.【P.714】

多年生草本。茎叶光滑具白粉。叶3~5枚，长椭圆状披针形等。花单生，直立，长5~7.5厘米；花瓣6

片，倒卵形；雄蕊6，离生；花柱3裂至基部，反卷，呈鸡冠状；花形有杯形、碗形、卵形等，有单瓣也有重瓣；花色有白色、红色、紫色、褐色、黄色等。蒴果3室。原产地中海南北沿岸及中亚细亚和伊朗、土耳其等地，大连等地栽培。

29. 老鸦瓣属 Amana Honda

Amana Honda，Bull. Biogeogr. Soc. Jap. 6：20. 1935.

本属全世界有5种。中国有1种。东北仅辽宁有分布。

老鸦瓣 Amana edulis（Miq.）Honda【P.714】

多年生细弱草本。茎常分枝。叶基生，通常2片，线形，远比花长。花葶由鳞茎中央生出，花1~5朵，花下方有对生的近线形的叶状苞片2~4枚；花被片6，长2~3厘米，白色，外面带紫色纵条脉。蒴果扁球形。生向阳山坡草地。产旅顺口、大连、金州、丹东、宽甸、凤城等地。

一七三、石蒜科 Amaryllidaceae

Amaryllidaceae J. St.-Hil.，Expos. Fam. Nat. 1：134（1805）.

本科全世界有100多属1200多种，广布热带、亚热带和温带。中国有10属34种。东北仅辽宁栽培2属2种。

分属检索表

1. 子房下位 ·· 1. 水仙属 Narcissus
1. 子房上位 ·· 2. 百子莲属 Agapanthus

1. 水仙属 Narcissus L.

Narcissus L. Sp. Pl. 289. 1753.

本属全世界约有60种，分布于地中海、中欧及亚洲。中国常见栽培有2种及1变种。

黄水仙 Narcissus pseudo-narcissus L.【P.714】

鳞茎球形。叶4~6枚，直立向上，宽线形，钝头。花茎高约30厘米，顶端生花1朵；佛焰苞状总苞长3.5~5厘米；花梗长12~18毫米；花被管倒圆锥形，长1.2~1.5厘米，花被裂片长圆形，长2.5~3.5厘米，淡黄色、黄色等；副花冠稍短于花被或近等长。原产欧洲。大连有栽培。

2. 百子莲属 Agapanthus L′Hér.

Agapanthus L′Hér.，Sert. Angl. 17. 1789.

本属约15种，产南部非洲，中国有引种。东北地区栽培1种。

百子莲 Agapanthus africanus Hoffmgg.【P.714】

多年生草本，具鳞茎。叶线状披针形或带形，近革质，从根状茎上抽生而出；花葶粗壮，直立，花10~50排成顶生伞形花序，花被合生，漏斗状，鲜蓝色，花被裂片长圆形，与筒部等长或稍长；蒴果。原产非洲南部。辽宁省沈阳有栽培。

一七四、薯蓣科 Dioscoreaceae

Dioscoreaceae R. Br., Prodr.［A. P. de Candolle］294（1810），nom. cons.

本科全世界约有9属650种，广泛分布热带和温带地区，尤其是热带美洲。中国有1属52种。东北地区产3种，其中栽培1种，辽宁均产。

薯蓣属 Dioscorea L.

Dioscorea L. Sp. Pl. 1032. 1753.

本属全世界约600种，广布于热带及温带地区。中国有52种，主产西南和东南部，西北和北部较少。

分种检索表

1. 地下为根状茎；叶腋内无珠芽。生山坡灌木丛中和稀疏杂木林内及林缘。产辽宁各地 …………………………………………………………………… 1. 穿龙薯蓣 Dioscorea nipponica Makino【P.714】
1. 地下为块茎；叶腋内常生有珠芽。
  2. 块茎长圆柱形；茎通常带紫红色，右旋。生山谷或山坡灌丛间。产大连、金州、绥中、岫岩、凤城、宽甸等地，各地也常见栽培 ………………………… 2. 薯蓣 Dioscorea polystachya Turcz.【P.714】
  2. 块茎卵圆形或梨形；茎浅绿色稍带红紫色，左旋。分布河南、安徽、浙江、福建、湖南、广东等地。大连、沈阳等地有栽培 …………………………………… 3. 黄独 Dioscorea bulbifera L.【P.714】

一七五、鸢尾科 Iridaceae

Iridaceae Juss., Gen. Pl.［Jussieu］57（1789），nom. cons.

本科全世界有70~80属，约1800种，几乎分布世界各地，尤其是南非、亚洲和欧洲。中国有3属61种。东北地区产4属30种5变种1变型，其中栽培7种。辽宁产4属25种5变种，其中栽培9种1变种。

分属检索表

1. 地下部为根状茎。
  2. 花柱圆柱形，顶端三浅裂，不为花瓣状；根状茎为不规则的块状；内、外花被片近同形 …………………………………………………………………………… 1. 射干属 Belamcanda
  2. 花柱上部3分枝，分枝扁平、花瓣状；根状茎圆柱形，很少块状；内、外花被片通常明显异形 ………………………………………………………………………… 2. 鸢尾属 Iris
1. 地下部为球茎。
  3. 叶丛生，不互相套叠；花茎短，不伸出地面；花被管细长 ……………………… 3. 番红花属 Crocus
  3. 叶2列，互相套叠；花茎较长，伸出地面；花被管较短稍弯曲 ………………… 4. 唐菖蒲属 Gladiolus

1. 射干属 Belamcanda Adans.

Belamcanda Adans. Fam. Pl. 2：60.［Belam-Canda］，542［Belamkande］. 1763.

本属全世界有1种，分布巴基斯坦、中国、印度、日本、朝鲜、缅甸、尼泊尔、菲律宾、俄罗斯。东北各省区均有分布。

射干 Belamcanda chinensis（L.）DC.【P.714】

多年生草本。叶互生，嵌叠状排列，剑形，基部鞘状抱茎。花序顶生，叉状分枝；花橙红色，散生紫褐色的斑点，直径4~5厘米；花被裂片6，2轮排列，外轮花被裂片倒卵形或长椭圆形，内轮较外轮花被裂片略短而狭。蒴果倒卵形或长椭圆形。生林缘、山坡、干草地。产本溪、桓仁、丹东、长海、大连等地。

2. 鸢尾属 Iris L.

Iris L. Sp. Pl. ed. 1，38. 1753.

本属全世界约225种，分布于北温带地区。中国有58种，主要分布于西南、西北及东北地区。东北地区产26种5变种1变型，其中栽培4种。辽宁产21种5变种，其中栽培6种1变种。

分种检索表

1. 花茎二歧式分枝；植株基部无残存的老叶鞘纤维；叶数枚至十枚基生或在花茎近基部互生，排列于一个平面上呈扇形，叶片剑形，直或呈镰状外弯。
　2. 花蓝紫色或浅蓝色，有褐色斑纹。生向阳草地、干山坡、固定沙丘、沙质地。产西丰、铁岭、沈阳、阜新、凌源、建昌、北镇、葫芦岛、鞍山、丹东、大连等地 ……………………………………………………………………………………… 1a. 野鸢尾 Iris dichotoma Pall. var. dichotoma【P.714】
　2. 花白色，下部黄色，无斑纹。生山坡。产大连 …………………………………………………………………… 1b. 白花野鸢尾 Iris dichotoma var. albiflorum S. M. Zhang
1. 花茎不为二歧式分枝。
　3. 外花被片中脉上无附属物。
　　4. 花茎有一至数个细长分枝。
　　　5. 外花被裂片提琴形。分布中国甘肃、新疆。丹东、沈阳等地有栽培 ……………………………………………………………………………… 2. 喜盐鸢尾 Iris halophila Pall.【P.715】
　　　5. 外花被裂片非提琴形。
　　　　6. 花黄色。
　　　　　7. 花径5~5.5厘米；叶中脉不明显。生沼泽地、水边湿地。产丹东 ……………………………………………………………………………… 3. 乌苏里鸢尾 Iris maackii Maxim.
　　　　　7. 花径10~11厘米；叶中脉较明显。原产欧洲。辽宁各地常见栽培 ……………………………………………………………………………… 4. 黄菖蒲 Iris pseudacorus L.【P.715】
　　　　6. 花蓝紫色。生亚高山湿草甸或沼泽地。沈阳有栽培 ……………………………………………………………………………… 5. 山鸢尾 Iris setosa Pall. ex Link【P.715】
　　4. 花茎不分枝或有1~2个短侧枝，或花茎很短、不明显。
　　　8. 植株形成密丛；根状茎木质。
　　　　9. 花被管短，长约0.3厘米；子房长3~4.5厘米；根状茎通常非块状而斜伸。
　　　　　10. 花乳白色。生荒地、路旁、多沙地及山坡草丛。产凌源 ……………………………………………………………… 6a. 白花马蔺 Iris lactea Pall. var. lactea【P.715】
　　　　　10. 花淡蓝色、蓝色或蓝紫色。生境同正种。产辽宁各地 ………………………………… 6b. 马蔺（白花马蔺原变种）Iris lactea var. chinensis（Fisch.）Koidz.【P.715】
　　　　9. 花被管长2.5~6（~8）厘米；子房长0.7~1.5厘米；根状茎通常为块状。
　　　　　11. 苞片互相套叠合抱并明显膨大，卵圆形、椭圆状披针形或纺锤形。生于固定沙丘、草原、草甸草原、砂质草甸、山坡草地。产建平、凌源、葫芦岛等地 ……………………………………………………………………………… 7. 囊花鸢尾 Iris ventricosa Pall.【P.715】
　　　　　11. 苞片披针形或狭披针形，不膨大或稍膨大。
　　　　　　12. 叶丝状，两面略凸起，宽1~2毫米，通常纵卷。生固定沙丘、沙砾地、干山坡。产彰武、沈阳等地 ………………………………………………………… 8. 细叶鸢尾 Iris tenuifolia Pall.【P.715】
　　　　　　12. 叶线形或狭线形，通常扁平，宽约3毫米，不纵卷。生于干燥丘陵地。产大连、旅顺口 ……………………………………………………………………… 9. 矮鸢尾 Iris kobayashii Kitag.【P.715】

8. 植株不形成密丛。

    13. 每花茎顶端生1朵花。

        14. 花黄色；根状茎细长，近于丝状，横走。生于山坡、灌丛、林缘、疏林下。产盖州、凤城、丹东等地 ·················· **10. 小黄花鸢尾 Iris minutoaurea Makino【P.715】**

        14. 花蓝紫色；根状茎较粗。

            15. 花被管长（4~）5~7厘米；苞片线状披针形或狭披针形，先端长渐尖。生向阳山坡及林缘草地。产新宾、凤城、丹东等地 ························· **11. 长尾鸢尾 Iris rossii Baker【P.715】**

            15. 花被管长1~1.5厘米；苞片披针形、广披针形或椭圆状卵形，先端渐尖、骤尖或钝。

                16. 苞片较软，膜质，披针形或广披针形，先端渐尖，淡绿色带红紫色或仅先端与边缘带红紫色。生于向阳草地或阳山坡。产建昌、建平、绥中、沈阳、凤城、丹东、大连等地 ·················· **12. 紫苞鸢尾 Iris ruthenica Ker-Gawl.【P.715】**

                16. 苞片较硬，干膜质或纸质，广披针形或椭圆状卵形，先端骤尖或钝，少有渐尖，绿色或黄绿色，有时顶缘略带紫红色。

                    17. 花茎高8~14厘米；叶宽4~15毫米。生于干山坡、林缘、林间草地、疏林下。产西丰、开原、阜新、北镇、沈阳、本溪、丹东、大连等地 ·················· **13a. 单花鸢尾 Iris uniflora Pall. ex Link var. uniflora【P.715】**

                    17. 花茎高约10厘米；叶宽2~6毫米。生较干旱的草原或山坡。产凌源、建昌、建平、凌海、北镇、阜新、铁岭、西丰、开原、沈阳、法库、丹东、本溪、桓仁、鞍山、营口、庄河 ·················· **13b. 窄叶单花鸢尾 Iris uniflora var. caricina Kitag.【P.716】**

    13. 每花茎顶端生2（~3）朵花。

        18. 叶中脉明显。

            19. 苞片膜质，顶端渐尖，平行脉不明显。生沼泽地、水边湿地、草甸。产沈阳 ·················· **14. 北陵鸢尾 Iris typhifolia Kitag.【P.716】**

            19. 苞片近革质，顶端急尖、渐尖或钝，平行脉明显。

                20. 叶条形，宽0.5~1.2厘米。生湿草地、沼泽地、草甸、林缘。产西丰、岫岩、北镇、沈阳 ·················· **15a. 玉蝉花 Iris ensata Thunb. var. ensata【P.716】**

                20. 叶宽线形，花由白色至暗紫色等，单瓣或重瓣。为园艺变种，辽宁各地栽培 ·················· **15b. 花菖蒲 Iris ensata var. hortensis Makino et Nemoto**

        18. 叶中脉不明显。

            21. 花柱分枝顶端的裂片长1.5厘米以下；花蓝色或蓝紫色，外花被裂片基部有黑褐色的网纹及黄色的斑纹。生湿草地、沼泽地、草甸、林缘、山坡。产桓仁 ·················· **16. 溪荪 Iris sanguinea Donn ex Horn.【P.716】**

            21. 花柱分枝顶端的裂片长1.5~2厘米；花蓝紫色，外花被裂片中央下陷呈沟状，色鲜黄。生沼泽地及湿草地。产辽宁各地有栽培 ·················· **17. 燕子花 Iris laevigata Fisch.【P.716】**

3. 外花被裂片中脉上有鸡冠状或须毛状附属物。

    22. 外花被裂片上有鸡冠状的附属物；花紫色；叶宽剑形，宽1.5~3.5厘米。分布山西、江苏、福建、湖北、江西、陕西、云南等地。大连有栽培 ·················· **18. 鸢尾 Iris tectorum Maxim.【P.716】**

    22. 外花被裂片上有须毛状的附属物。

        23. 植株较高大，花茎高可达1米；叶宽2~5厘米；内花被裂片圆形或近倒卵形，长宽约为5厘米。原产欧洲。辽宁各地常见栽培 ·················· **19. 德国鸢尾 Iris germanica L.【P.716】**

        23. 植株较矮小，花茎高40厘米以下；叶宽1.5厘米以下；内花被裂片狭椭圆形或倒披针形。

            24. 花黄色。生向阳草地、山坡及疏林灌丛间。产庄河、开原、铁岭、义县、清原、本溪、凤城、沈阳等地 ·················· **20. 长白鸢尾 Iris mandshurica Maxim.【P.717】**

            24. 花蓝紫色。

                25. 花径3.5~3.8厘米，外花被裂长约3.5厘米；花茎通常高2~4厘米；叶宽1.5~3毫米。生较干

山坡、灌丛、向阳草地、沙质地。产凌源、建平、铁岭、沈阳、金州、大连等地 ··············
··············· 21a. **粗根鸢尾**Iris tigridia Bunge var. tigridia【P.717】

25. 花径4.5~5厘米，外花被裂片长约5厘米；花茎高10~20厘米；叶宽3~6毫米。生向阳山坡及林缘草地。产铁岭 ··············· 21b. **大粗根鸢尾**Iris tigridia var. fortis Y. T. Zhao【P.717】

3. 番红花属Crocus L.

Crocus L. Sp. Pl. ed. 1，36. 1753.

本属全世界约80种，主要分布于欧洲、地中海、中亚等地。中国野生的1种，常见栽培的2种。东北仅辽宁栽培2种。

分种检索表

1. 秋季开花，花柱分枝弯曲下垂。原产欧洲南部。大连有栽培记录 ··············
··············· 1. **番红花**Crocus sativus L.【P.717】
1. 早春开花，花柱分枝不弯曲下垂。原产欧洲中南部。大连有栽培 ··············
··············· 2. **番紫花**Crocus vernus Hill【P.717】

4. 唐菖蒲属Gladiolus L.

Gladiolus L. Sp. Pl. 36. 1753.

本属全世界约260种，产地中海沿岸、非洲热带、亚洲西南部及中部。中国常见栽培的有1种。东北地区各省区常见栽培。

唐菖蒲Gladiolus gandavensis Van Houtte【P.717】

多年生草本。球茎扁圆球形。叶剑形，套折状排成2列，基部鞘状，先端渐尖。花茎单一，直立；穗状花序顶生；花单生，两侧对称，有黄、红、白和粉红等色，花被裂片6，2轮排列，卵形或椭圆形。蒴果椭圆形或倒卵形。原产非洲南部，辽宁各地有栽培。

一七六、姜科 Zingiberaceae

Zingiberaceae Martinov，Tekhno-Bot. Slovar 682（1820），nom. cons.

本科全世界约有50属1300种，主产亚洲、美洲。中国有20属216种。东北地区仅辽宁栽培1属1种。

姜属 Zingiber Boehm.

Zingiber Boehm. in Ludwig，Def. Gen. Pl. 89. 1760.

本属全世界100~150种，分布于亚洲的热带、亚热带地区。中国有42种，产西南部至东南部。

姜Zingiber officinale Rosc.【P.717】

根茎肥厚，多分枝，有芳香及辛辣味。叶片披针形或线状披针形，无柄。穗状花序球果状；苞片卵形，淡绿色或边缘淡黄色，顶端有小尖头；花冠黄绿色，裂片披针形；唇瓣中央裂片长圆状倒卵形，短于花冠裂片，有紫色条纹及淡黄色斑点，侧裂片卵形。我国中部、东南部至西南部广为栽培。庄河、大连等地有栽培。

一七七、美人蕉科 Cannaceae

Cannaceae Juss.，Gen. Pl. [Jussieu] 62（1789），nom. cons.

本科全世界仅1属，约55种，产美洲的热带和亚热带地区。中国常见栽培约6种。东北地区仅辽宁栽培2种。

美人蕉属Canna L.

Canna L. , Sp. Pl. 1. 1753.
属的特征和地理分布与科同。

分种检索表

1. 退化雄蕊比较宽大，长5~10厘米，宽2~3.5厘米；总状花序密花，花冠黄色、红色、白色等。原产美洲热带和亚热带。辽宁各地栽培 ························· 1. 大花美人蕉Canna generalis Bailey【P.717】
1. 退化雄蕊比较狭小，长3.5~5.5厘米，宽不过1厘米；总状花序疏花，花冠红色。原产印度。辽宁各地有栽培 ······························· 2. 美人蕉Canna indica L.【P.717】

一七八、竹芋科Marantaceae

Marantaceae R. Br. , Voy. Terra Austral. 2：575（1814），nom. cons.
本科全世界约32属，约525种，分布于热带地区，主产美洲。中国有4属8种。东北栽培仅辽宁栽培1属1种。

再力花属Thalia L.

Thalia L. , Sp. Pl. 2：1193. 1753.
本属全世界有6种，分布温带至热带，北美东南部、墨西哥、西印度、中美洲、南美洲、西非。中国广泛引进栽培1种。

再力花Thalia dealbata Fraser【P.717】

多年生挺水草本。全株附有白粉。叶卵状披针形，浅灰蓝色，边缘紫色，长达50厘米，宽达25厘米。复总状花序，花柄可高达2米以上，花小，紫堇色。原产美国南部和墨西哥。大连、沈阳有栽培。

一七九、兰科Orchidaceae

Orchidaceae Juss. , Gen. Pl.［Jussieu］64（1789），nom. cons.
本科全世界约有800属25000种，产全球热带地区和亚热带地区，少数种类也见于温带地区。中国有194属1388种。东北地区产25属44种3变种5变型。辽宁产21属32种1变种2变型。

分属检索表

1. 腐生植物；叶退化为鳞片状或鞘状，无绿色叶。
    2. 能育雄蕊2枚，1枚与中萼片对生，另1枚与唇瓣对生；无蕊喙；唇瓣与侧花瓣形状相似 ·············· ·························· 1. 双蕊兰属Diplandrorchis
    2. 能育雄蕊1枚，与中萼片对生。
        3. 萼片与侧花瓣合生成壶状或筒状；根状茎肥厚，成大型块状，横生，具环纹状的节 ·············· ·························· 2. 天麻属Gastrodia
        3. 萼片与侧花瓣不合生成壶状或筒状；植株不具大型块状的根状茎。
            4. 无蕊喙，柱头顶生；唇瓣与侧花瓣形状相似（东北种类）或不相似 ········ 3. 无喙兰属Holopogon

4. 具蕊喙，柱头侧生；唇瓣与侧花瓣形状或大小通常明显不同。

　5. 根极多，盘结成鸟巢状，无珊瑚状肉质根状茎；唇瓣上面无褶片 ……………………………
　　　…………………………………………………………………………… 4. 鸟巢兰属 Neottia

　5. 根少数，不成鸟巢状，具珊瑚状分枝的肉质根状茎；唇瓣位于上方，3裂或不裂，上面常具2~6纵
　　褶片，基部有距；花粉块2，粉质，具花粉块柄和粘盘；蕊柱无翅 ……… 5. 虎舌兰属 Epipogium

1. 陆生植物；有绿色的叶。

　6. 唇瓣为囊状；内轮有2枚侧生雄蕊能育，外轮有1枚大型的退化雄蕊略覆盖蕊柱；花粉粒状，不成花粉
　　块 ……………………………………………………………………… 6. 杓兰属 Cypripedium

　6. 唇瓣非囊状；仅外轮1枚雄蕊能育，内轮2枚侧生雄蕊退化而小型，且有时不存在；花粉成为花粉块，
　　粉质或蜡质。

　　7. 花序成螺旋状扭转；叶数枚基生或近基生，具肉质簇生的根；花粉块粉质，呈粒状，柔软 …………
　　　…………………………………………………………………………… 7. 绶草属 Spiranthes

　　7. 花序不成螺旋状扭转（仅斑叶兰属有时花序稍扭转）。

　　　8. 植株具假鳞茎；唇瓣无距；花粉块蜡质。

　　　　9. 唇瓣位于上方；萼长2~3毫米；花粉块不具花粉块柄和粘盘 ………………………………
　　　　　…………………………………………………………… 8. 原沼兰属（沼兰属）Malaxis

　　　　9. 唇瓣位于下方；萼片长5~15毫米。

　　　　　10. 唇瓣全缘（东北）；花茎节上无鞘；花粉块不具花粉块柄和黏盘；植株仅具2枚基生叶（东
　　　　　　北）……………………………………………………………… 9. 羊耳蒜属 Liparis

　　　　　10. 唇瓣3裂；花茎节上具鞘；花粉块具花粉块柄和粘盘；植株具1~2枚基生叶 …………………
　　　　　　…………………………………………………………………… 10. 山兰属 Oreorchis

　　　8. 植株不具假鳞茎；唇瓣有距或无距；花粉块粉质。

　　　　11. 植株具地下块茎；唇瓣有距（仅角盘兰属有时无距为例外）。

　　　　　12. 块茎掌状分裂；植株具2至数枚或多枚茎生叶。

　　　　　　13. 花紫红色、粉红色或红紫色；唇瓣3裂或几乎不裂；距细长，弯曲；柱头2；粘盘裸露……
　　　　　　　……………………………………………… 11. 手参属（手掌参属）Gymnadenia

　　　　　　13. 花绿色或黄绿色；唇瓣先端3浅裂，由于中裂片显著小于两侧裂片而使唇瓣先端呈凹缺状
　　　　　　　………………………………………………………… 12. 掌裂兰属 Dactylorhiza

　　　　　12. 块茎不裂；植株具2至数枚茎生叶或仅具1~2枚基生叶。

　　　　　　14. 花紫红色、粉红色或红紫色；柱头2；植株仅具1~2枚基生叶。

　　　　　　　15. 萼片中下部合生，内凹如兜呈盔瓣状，侧花瓣紧贴于中萼片与侧萼片相连合处；总状花
　　　　　　　　序的花偏向一侧；植株仅具2枚基生叶（东北）；粘盘裸露 …… 13. 兜被兰属 Neottianthe

　　　　　　　15. 萼片与花瓣分离，不呈盔瓣状；总状花序的花不偏向一侧；植株仅具1枚基生叶；粘盘为
　　　　　　　　蕊喙边缘小囊所掩盖 ……………………………………… 14. 无柱兰属 Amitostigma

　　　　　　14. 花绿色、黄绿色、淡绿白色或白色。

　　　　　　　16. 唇瓣3裂，裂片连同唇瓣基部交叉成十字形；柱头2；叶数枚茎生 ……………………
　　　　　　　　………………………………………………………… 15. 玉凤花属 Habenaria

　　　　　　　16. 唇瓣不成十字形；柱头1或2；叶（1~）2至数枚，茎生或近基生。

　　　　　　　　17. 唇瓣呈舌状线形或宽线形，不分裂；柱头1；粘盘不卷成角状 ………………………
　　　　　　　　　………………………………………………………… 16. 舌唇兰属 Platanthera

　　　　　　　　17. 唇瓣3裂；柱头2；粘盘常卷成角状 ……………………… 17. 角盘兰属 Herminium

　　　　11. 植株不具块茎，具根状茎或具稍肉质的纤维根；唇瓣无距或有距。

　　　　　18. 叶表面常有斑；茎基部通常匍匐，节间较长，由茎基部的一些节处生根 …………………………
　　　　　　………………………………………………………………… 18. 斑叶兰属 Goodyera

　　　　　18. 叶表面无斑；茎直立，节不生根。

19. 唇瓣中部缢缩狭窄，将唇瓣分为上、下（或前、后）两部（称上唇及下唇）。

    20. 花直立或稍斜展，几乎与花序轴近平行；花被片多少靠合，一般不张开；唇瓣基部有囊或短距 ·· **19. 头蕊兰属 Cephalanthera**

    20. 花平展或下垂，常与花序轴垂直；花被片张开；唇瓣基部无囊或距 ·················· ·· **20. 火烧兰属 Epipactis**

19. 唇瓣不分成上、下两部，全缘或 3（2~4）裂或为不规则波状缘。

    21. 唇瓣舌状线形或宽线形，不分裂；粘盘裸露 ·················· **16. 舌唇兰属 Platanthera**

    21. 唇瓣自顶部 3（2~4）浅裂或为顶部具不规则的波状边缘或稀近全缘但不呈舌状；粘盘藏于黏囊之中 ·· **21. 盔花兰属 Galearis**

1. 双蕊兰属 Diplandrorchis S. C. Chen

Diplandrorchis S. C. Chen S. C. Chen in Acta Phytotax. Sin. 17（1）：1. fig. 1. 1979.
本属全世界仅1种，产中国辽宁。

双蕊兰 Diplandrorchis sinica S. C. Chen【P.717】

    腐生多年生小草本，无叶。根状茎短，具较密生稍肉质的根。茎上部、花序轴、苞片、花梗、子房、花被片均具乳突状毛。茎高不分枝，具2~3枚圆筒状叶鞘。顶生总状花序具10~20朵花；花绿白色，贴近花轴直立；能育雄蕊2枚。生海拔700~800米的柞木林下或荫蔽山坡上。产新宾、桓仁。

2. 天麻属 Gastrodia R. Br.

Gastrodia R. Br.，Prodr. 330. 1810.
本属全世界约20种，分布于东亚、东南亚至大洋洲。中国有15种。东北地区产1种1变型，辽宁均产。

分种下单位检索表

1. 茎黄褐色；花黄色、淡褐黄色。生山坡稀疏林下。产本溪、新宾、桓仁、宽甸、庄河、岫岩等地 ········· ·· **1a. 天麻 Gastrodia elata Blume f. elata【P.717】**
1. 茎淡蓝绿色；花淡蓝绿色至白色。生山坡稀疏林下。产凤城、丹东 ························· ·················· **1b. 绿天麻（白花天麻）Gastrodia elata f. viridis（Makino）Makino【P.718】**

3. 无喙兰属 Holopogon Komarov & Nevski

Holopogon Komarov et Nevski in Komarov，Fl. USSR 4：751. 1935.
本属全世界有6种，产东亚至印度西北部。中国有2种。东北地区仅辽宁产1种。

无喙兰 Holopogon gaudissartii（Hand.–Mazz.）S. C. Chen

    腐生多年生草本，具多数稍肉质纤维根，密集如鸟巢状。茎直立，红褐色，无绿叶，中部以下具3~5枚鞘。总状花序具10~17花；花苞片披针形，膜质；花梗细长，被乳突状柔毛；花近辐射对称，直立，紫红色；柱头顶生，盘状，无蕊喙。生海拔1300~1900米的林下。产清原、桓仁等地。

4. 鸟巢兰属 Neottia Guett.

Neottia Guett. in Hist. Acad. Roy. Sci. Mem. Math. Phys. 1750.
本属全世界约70种，分布东亚、北亚、欧洲、北美洲，少数种分布到亚洲热带。中国有35种。东北地区产4种。辽宁产1种。

凹唇鸟巢兰（裂唇鸟巢兰）Neottia papilligera Schltr.【P.718】

    茎直立，中部以下具数枚鞘，无绿叶。总状花序顶生；子房近椭圆形，花肉色；萼片倒卵状匙形；花瓣近长圆形，与萼片近等长；唇瓣比萼片显著长，近倒卵形，基部明显凹陷，先端2深裂；蕊柱直立或稍向前倾斜；蕊喙大，直立。蒴果卵状椭圆形。生林下，产宽甸、桓仁等地。

5. 虎舌兰属 Epipogium Gruel.

Epipogium Gmelin ex Borkhausen，Tent. Disp. Pl. Germ. 139. 1792.

本属全世界有3种，分布于欧洲、亚洲温带与热带地区，大洋洲与非洲热带地区。中国均产之。东北地区产1种，辽宁有记载。

裂唇虎舌兰 Epipogium aphyllum（F. W. Schmidt）Sw.

腐生多年生草本，无绿叶。根状茎具多数粗短分枝。茎单一，直立。顶生总状花序具2至数朵花；花淡黄色或带淡紫红色，花被片长11~15毫米，唇瓣近基部3裂，中裂片较大且内凹如舟状，内面具数条鸡冠状突起的褶片，侧裂片直伸，距较粗大。生林下、岩隙或苔藓丛生之地，辽宁有记载，待调查核实。

6. 杓兰属 Cypripedium L.

Cypripedium L.，Sp. Pl. ed. 1，2：951. 1753.

本属全世界约50种，主产东亚、北美洲、欧洲等温带地区和亚热带山地，向南可达喜马拉雅地区和中美洲的危地马拉。中国有36种，广布于自东北地区至西南山地和台湾高山，绝大多数种类均可供观赏。东北地区产6种1变型。辽宁产4种。

分种检索表

1. 茎生叶2枚；唇瓣白色带紫红色斑。生林缘、林间、林下。产凤城、桓仁等地 ………………………………
……………………………… 1. 紫点杓兰（斑花杓兰）Cypripedium guttatum Sw.【P.718】
1. 茎生叶3~7枚。
　2. 花序仅有1朵花；花较大，唇瓣长4~6厘米；花瓣不扭转。生林缘、林间、林下、灌丛、草甸。产开原、
　　 西丰、清原、本溪、宽甸、桓仁、丹东等地 ……… 2. 大花杓兰 Cypripedium macranthos Sw.【P.718】
　2. 花序通常具2花，较少1花或3花；花较小，唇瓣长1.8~3厘米；花瓣扭转或不扭转。
　　3. 唇瓣黄色，无斑点，长约3厘米；花瓣扭曲；退化雄蕊平展。生林下、林缘、灌木丛中或林间草地
　　　 上。产本溪、桓仁等地 ……………………………… 3. 杓兰 Cypripedium calceolus L.【P.718】
　　3. 唇瓣褐色，具斑点，长约1.8厘米；花瓣不扭转或稍扭转；退化雄蕊舟状。生林下或草坡上。产桓仁
　　　 ……………………………… 4. 山西杓兰 Cypripedium shanxiense S. C. Chen【P.718】

7. 绶草属 Spiranthes L. C. Rich.

Spiranthes L. C. Rich.，De Orchid. Eur. ：20，28，36. Aug.–Sep. 1817.

本属全世界约50种，主要分布于北美洲，少数种类见于南美洲、欧洲、亚洲、非洲和澳大利亚。中国有3种，广布于全国各省区。东北地区产1种，各省区均有分布。

绶草 Spiranthes sinensis（Pers.）Ames【P.718】

陆生多年生草本。根数条簇生，指状，肉质。茎纤细，直立。基生叶线形，茎生叶稍小于基生叶，基部成鞘状抱茎。总状花序似穗状，螺旋状扭转；花小，粉红色或紫红色；中萼片与侧花瓣靠合成兜状，唇瓣中部稍缢缩。蒴果具3棱。生林缘、稍湿草地、林下。产凌源、北镇、康平、沈阳、鞍山、海城、本溪、丹东、大连、金州、普兰店、宽甸、桓仁等地。

8. 原沼兰属（沼兰属）Malaxis Soland ex Swartz

Malaxis Soland. ex Sw.，Prodr. 8，119. Jul. 1788.

本属全世界约有300种，广泛分布于全球热带与亚热带地区，少数种类也见于北温带地区。中国有1种。

东北各省区均有分布。

原沼兰（沼兰）Malaxis monophyllos（L.）Sw.【P.718】

地生草本。假鳞茎卵形，外被白色的薄膜质鞘。叶1~2枚，斜立，卵形或近椭圆形，基部收狭成柄。花葶直立；总状花序；花小，较密集，淡黄绿色至淡绿色；唇瓣位于上方，稍短于萼片，中部凹陷，上部两侧边缘有疣状突起，基部两侧有耳状裂片。生林下、灌丛中或草坡上。产宽甸、桓仁等地。

9. 羊耳蒜属 Liparis L. C. Rich.

Liparis L. C. Rich., Orch. Europ. Annot. 21, 30, 38. 1817.

本属全世界约有320种，广泛分布于全球热带与亚热带地区，少数种类也见于北温带地区。中国有63种。东北地区产4种。辽宁产3种。

分种检索表

1. 萼片长5~8毫米；唇瓣长5~7毫米，上半部急剧并显著向外弯（反折）；花淡绿色或黄绿色。生林下、林缘、向阳草地、湿草地。产庄河、鞍山、本溪、西丰、桓仁、宽甸等地 ····················· ···························· 1. 曲唇羊耳蒜 Liparis kumokiri F. Maek.【P.718】
1. 萼片长7~13毫米；唇瓣长7~13毫米，略向外弯但不为突然显著向外弯；花红紫色、带暗色、紫褐色或为淡绿色或微带污紫色。
  2. 萼片长（8~）9~13毫米；唇瓣长（8~）9~13毫米，宽6.5~9毫米，宽倒卵形或近广椭圆形，基部突然收狭成宽爪状；蕊柱长4~6毫米；花带暗紫色、紫褐色或红紫色，极稀近黄绿色。生林下、林缘、林间草地、灌丛间。产西丰、清原等地 ····················· 2. 北方羊耳蒜 Liparis makinoana Schltr.【P.718】
  2. 萼片长7~9（~10）毫米；唇瓣长7~9（~10）毫米，宽4.5~6毫米，椭圆状倒卵形或近倒卵形，向基部渐狭；蕊柱长3~4毫米；花淡绿色或绿白色或微带污紫色。生林下及林缘。产大连、鞍山、本溪、凤城、宽甸、桓仁、西丰等地········ 3. 羊耳蒜（齿唇羊耳蒜）Liparis campylostalix H. G. Reichenbach【P.719】

10. 山兰属 Oreorchis Lindl.

Oreorchis Lindl. in J. Proc. Linn. Soc. Bot. 3：27. 1859.

本属全世界约16种，分布于喜马拉雅地区至日本和西伯利亚。中国有11种。东北地区产1种，产黑龙江、吉林、辽宁。

山兰 Oreorchis patens（Lindl.）Lindl.【P.719】

多年生草本。根状茎横走，常具数个假鳞茎。茎直立，具数节，节上生有膜质长鞘。叶1~2枚基生，披针形。疏总状花序；花淡黄褐色；侧花瓣狭长圆形，与萼片近等长；唇瓣稍较短，自下部3裂，侧裂片较中裂片狭且短。生林下。产凤城、清原、桓仁、宽甸、大连等地。

11. 手参属（手掌参属）Gymnadenia R. Br.

Gymnadenia R. Br. in Aiton, Hort. Kew ed. 2, 5：191. 1813.

本属全世界约16种，分布于欧洲与亚洲温带及亚热带山地。中国产5种，多分布于西南部，其中2种较为广布。东北地区产1种，黑龙江、吉林、辽宁及内蒙古东部均产。

手参（手掌参）Gymnadenia conopsea（L.）R. Br.【P.719】

多年生草本，具掌状块茎。茎直立。茎基部具2~3枚叶鞘，中部及下部具3~7枚叶；叶无柄，互生，舌状狭披针形，基部成鞘状抱茎。穗状花序密集，具多数花，排列成圆柱状；花粉红色，唇瓣先端3裂；距细长下垂，下部弯曲，长为子房的2倍左右。生山坡林下或湿草甸。产清原、桓仁、宽甸等地。

12. 掌裂兰属Dactylorhiza Necker ex Nevski

Dactylorhiza Necker ex Nevski，Fl. URSS. 4：697，713. 1935.

本属全世界约50种。主要分布于欧洲和俄罗斯，延伸分布东到朝鲜、日本和北美洲，南到亚洲和北非亚热带高山。中国有6种。东北地区产2种。辽宁产1种。

凹舌掌裂兰（凹舌兰）Dactylorhiza viridis（L.）R. M. Bateman

多年生直立草本。块茎肥厚，掌状分裂。叶2~4枚，互生，椭圆状披针形等，基部呈鞘状抱茎。总状花序顶生；花序下方的苞片明显长于花；花绿色或黄绿色；唇瓣长于侧花瓣及萼片，先端呈凹缺状，距卵球形。蒴果直立，椭圆形。生山坡林下、灌丛下或山谷林缘湿地。产朝阳。

13. 兜被兰属Neottianthe Schltr.

Neottianthe Schltr. in Fedde Repert. Sp. Nov. 16：290. 1919.

本属全世界约7种，主要分布于亚洲亚热带至北温带山地，个别种分布至欧洲。中国有7种，四川和云南是其现代分布中心和分化中心。东北地区产1种2变型。辽宁产1种1变型。

分种下单位检索表

1. 叶表面无红紫色斑点。生山坡有土石缝中。产旅顺口、庄河等地 ··················
·················· 1a. 二叶兜被兰Neottianthe cucullata（L.）Schltr. f. cucullata【P.719】
1. 叶表面有红紫色斑点。生海拔千米左右的林缘或林下。产凌源、建昌等地 ··················
·············· 1b. 斑叶兜被兰Neottianthe cucullata f. maculata（Nakai et Kitag.）Nakai et Kitag.【P.719】

14. 无柱兰属Amitostigma Schltr.

Amitostigma Schltr. in Fedde Repert，Sp. Nov. Beih. 4：91. 1919.

本属全世界约30种，主要分布于东亚及其周围地区。中国有22种2变种，尤以西南山区为多，四川、云南和西藏是本属现代分布中心和分化中心。东北地区产1种1变种，辽宁均产。

分种下单位检索表

1. 花淡红紫色；叶宽1~3.5厘米。生山坡岩石上或林下阴湿岩石上。产凤城、金州、庄河等地 ··················
·············· 1a. 无柱兰（细葶无柱兰）Amitostigma gracile Schlechter var. gracile【P.719】
1. 花白色；叶较狭，宽线形。生山坡岩石上或林下阴湿岩石上。产庄河 ··················
·············· 1b. 白花无柱兰Amitostigma gracile var. manshuricum Kitag.【P.719】

15. 玉凤花属Habenaria Willd.

Habenaria Willd.，Sp. Pl. 4：44. 1805.

本属全世界约600种，分布于全球热带、亚热带至温带地区。中国有54种，除新疆外，南北各省均产，主要分布于长江流域及其以南地区，以西南部，特别是横断山脉地区为多。东北地区产1种，黑龙江、吉林、辽宁及内蒙古东部均产。

十字兰Habenaria schindleri Schltr.

多年生直立草本，具1~2个长圆形块茎。叶数枚，禾叶状，线形，基部抱茎。顶生总状花序，花白色或淡绿白色；唇瓣3裂成为十字形；距比子房长或与之近等长，向末端逐渐加粗并外弯。生山坡林下或沟谷草丛中。产北镇、彰武、康平、铁岭、庄河、旅顺口等地。

16. 舌唇兰属Platanthera L. C. Rich.

Platanthera Richard，De Orchid. Eur. 20，26，35. 1817.

本属全世界约200种，主要分布于北温带，向南可达中南美洲和热带非洲以及热带亚洲。中国有42种，南北均产，尤以西南山地为多。东北地区产5种，辽宁均产。

分种检索表

1. 唇瓣舌状线形或宽线形，不分裂；粘盘裸露。
  2. 植株具椭圆形至长圆形、近卵球形、狭卵形或近纺锤形的块茎，无指状伸长的肉质根状茎；茎下部、近基部或中部生有1或2枚通常为椭圆形或长圆形的大型叶，其上生有1至数枚苞片状小叶；花白色、黄绿色或绿色。
    3. 茎下部或近基部具2枚近对生而有鞘状长柄的大型叶，叶宽3~10厘米，其上生有1至数枚苞片状小叶；花白色、带绿色。生林下、林缘、草甸、较湿草地。产西丰、鞍山、本溪、宽甸、庄河、桓仁、岫岩、建昌等地 ······················ 1. 二叶舌唇兰 Platanthera chlorantha Cust. ex Reichb. 【P.719】
    3. 茎中部生有1枚或互生2枚无柄抱茎的大型叶，叶宽1~3.5厘米，其上生有（0~）1~2枚苞片状小叶；花黄绿色。生林下、林间草地。产清原 ···················· 2. 尾瓣舌唇兰（东北舌唇兰，长白舌唇兰）Platanthera mandarinorum H. G. Reichenbach. 【P.720】
  2. 植株具指状伸长的肉质根状茎，无块茎；茎中部及下部互生3~6枚线状披针形的大型叶，茎上部有数枚苞叶状的小形叶；花白色。生湿草地、沼泽边湿地、草甸、林缘。产桓仁 ·· 3. 密花舌唇兰 Platanthera hologlottis Maxim. 【P.720】
1. 唇瓣自基部3裂，即在基部两侧各有一小裂片，中裂片较侧裂片大、呈舌状；粘盘藏于黏囊之中。
  4. 茎中下部叶广椭圆形、椭圆形或长圆形，有时上部稍宽，宽3~10（~12）厘米，茎上部生有1至数枚狭小的苞片状小叶；花被片长3.5~6毫米，距长7~9（~10）毫米。生林下、林缘、灌丛间和林外草地。产西丰、清原、鞍山、本溪、宽甸、桓仁、凤城、丹东、庄河等地 ················ 4. 蜻蜓舌唇兰（蜻蜓兰）Platanthera fuscescens（L.）Kraenzl. 【P.720】
  4. 茎下部叶或中下部叶长圆状披针形、长圆形或近匙形，宽1~3厘米，茎中上部或茎上部生有1至数枚狭小的苞片状小叶；花被片长2~4毫米，距长5~6（~7）毫米。生林下。产清原 ················ 5. 东亚舌唇兰（小花蜻蜓兰）Platanthera ussuriensis（Regel）Maxim. 【P.720】

17. 角盘兰属Herminium L.

Herminium L.，Opera Var. 251. 1758.

本属全世界约25种，主要分布于东亚，少数种也见于欧洲和东南亚。中国有18种，主要分布于西南部，云南、四川和西藏是其现代分布中心和分化中心。东北地区产3种。辽宁产2种。

分种检索表

1. 唇瓣基部凹陷成浅囊状，中裂片显著长于两侧裂片；中萼片椭圆形或长圆状披针形；花瓣近菱形。生林缘、林下、灌丛间、草甸及湿草地。产建平、清原、沈阳、鞍山、本溪、庄河等地 ················ 1. 角盘兰 Herminium monorchis（L.）R. Br. 【P.720】
1. 唇瓣基部具明显的短距，中裂片较侧裂片短；中萼片阔卵形；花瓣上部骤狭成尾状且肉质增厚。生草甸、向阳草地。产北票、凤城 ··················· 2. 裂瓣角盘兰 Herminium alaschanicum Maxim. 【P.720】

18. 斑叶兰属Goodyera R. Br.

Goodyera R. Br. in Ait. Hort. Kew., ed. 2，5：197. 1813.

本属全世界约100种，主要分布于北温带地区，向南可达墨西哥、东南亚、澳大利亚和大洋洲岛屿，非洲的马达加斯加也有。中国产29种，分布全国各地，以西南部和南部为多。东北地区产1种，各省区均有分布。

小斑叶兰 Goodyera repens（L.）R. Br.【P.720】

多年生小草本。茎直立，绿色，具5~6枚叶。叶片卵形，上面深绿色具白色斑纹，背面淡绿色。总状花序，花略偏向一侧；花小，白色或带绿色或带粉红色，半张开；唇瓣位于下方，凹陷成杯状或舟状，无距；子房扭转。生林下或林缘阴湿地。产庄河。

19. 头蕊兰属 Cephalanthera L. C. Rich

Cephalanthera L. C. Rich. in Mem. Mus. Hist. Nat. Paris 4：43，51，60. 1818.

本属全世界约15种，主产欧洲至东亚，北美洲也有，个别种类向南可分布到北非、锡金、缅甸和老挝。中国有9种，主产亚热带地区。东北地区产1种1变种。辽宁产1种。

长苞头蕊兰 Cephalanthera longibracteata Blume【P.720】

陆生多年生直立草本。叶6~8枚，互生，长圆状披针形等，先端渐尖，基部抱茎。总状花序顶生，具少数花；苞片线形，下方的很长，叶状；花白色，贴近花序轴，直立，唇瓣中部缢缩，基部稍延伸、凸出为短距。蒴果长圆状。生山坡疏林下。产庄河、凤城、宽甸、桓仁等地。

20. 火烧兰属 Epipactis Zinn

Epipactis Zinn，Catal. 85. 1757，nom. conserv.

本属全世界约20种，主产欧洲和亚洲的温带及高山地区，北美也有。中国有10种。东北地区产3种。辽宁产2种。

分种检索表

1. 植株全体无毛；花黄色或黄褐色，唇瓣的下唇两侧具耳状凸出、形如侧裂片，上唇三角状卵形，基部两侧具鸡冠状突起的褶片。生海拔约300米的山坡草甸或林下潮湿地上。产彰武、鞍山、本溪 ······················· 1. 北火烧兰（火烧兰）Epipactis xanthophaea Schltr.
1. 植株全体具短柔毛，或者至少上部和花序轴被短柔毛；叶片上面脉上及边缘具白色毛状突起；花淡绿色，唇瓣上唇较窄。生林下。产清原、桓仁、岫岩、凤城、东港、丹东等地 ······················· 2. 细毛火烧兰 Epipactis papillosa Franch. et Sav.【P.720】

21. 盔花兰属 Galearis RafinesqueGalearis Rafinesque

Galearis Rafinesque，Herb. Raf. 71. 1833.

本属全世界约10种，主要分布北温带地区，延伸分布到亚洲亚热带和北美洲高山区。中国有5种。东北产1种，产黑龙江、吉林、辽宁。

卵唇盔花兰（双花红门兰、卵唇红门兰）Galearis cyclochila（Franch. & Sav.）Soó【P.720】

植株具肉质指状根状茎。茎直立，纤细。基生叶1枚，无茎生叶，叶片长圆形，质地较厚，下部抱茎。花茎顶端生1~2朵花；花苞片长圆状披针形；子房细长，圆柱形，扭转；花淡粉红色或白色。果期7—8月。生山坡林下或灌丛下。产宽甸等地。

附录：新分类等级记载

Addenda　Diagnoses Plantarum Novarum

Thalictrum foeniculaceum f. plenum S. M. Zhang, f. nov.

A typo differt floris penifloraque.

Liaoning（辽宁）：Dalian（大连），Nanguanling（南关岭），July6，2020，Li Ding-nan 2020706（type，DLNM）.

Pseudostellaria heterophylla（Miq.）Pax. ex Pax et Hoffm. **f. polypetalus** S. M. Zhang, f. nov.

A typo differt floris penifloraque.

Liaoning（辽宁）：Dandong（丹东），April28，2012，Wu Zhi-jian 2012428（type，DLNM）.

Aconitum coreanum（Levl.）Rap. var. **roseolum** S. M. Zhang, var. nov.

A typo differt floris roseolis.

Liaoning（辽宁）：Anshan（鞍山），Xiuyan（岫岩），September15，2018，Zhang Shu-mei 2018879（type，DLNM）.

Spiraea fritschiana Schneid. var. **roseolum** S. M. Zhang, var. nov.

A typo differt floris roseolis.

Liaoning（辽宁）：Dandong（丹东），Kuandian（宽甸），Xialuhezhenchuangou（下露河镇川沟），June18，2018，Zhang Shu-mei 2018606（type，DLNM）.

Glycyrrhiza pallidiflora Maxim. **f. albiflorum** S. M. Zhang, f. nov.

A typo differt floris albis.

Liaoning（辽宁）：Shenyang（沈阳），Shenbeixinqu（沈北新区），August18，2018，Zhang Shu-mei 2018875（type，DLNM）.

Paulownia tomentosa（Thunb.）Steud. **f. album** S. M. Zhang, f. nov.

A typo differt floris albis.

Liaoning（辽宁）：Dalian（大连），Dadingshan（大顶山），May0，2019，Zhang Shu-mei 2019059（type，DLNM）.

Adenophora trachelioides Maxim. var. **albiflorum** S. M. Zhang, var. nov.

A typo differt floris albis.

Liaoning（辽宁）：Dalian（大连），Lvshunkou（旅顺口），Laotieshan（老铁山），August23，2013，Zhang Shu-mei 2013336（type，DLNM）.

参考文献

[1] 李书心. 辽宁植物志：上册 [M]. 沈阳：辽宁科学技术出版社，1988.

[2] 李书心. 辽宁植物志：下册 [M]. 沈阳：辽宁科学技术出版社，1992.

[3] 周以良. 黑龙江省植物志：4~11卷 [M]. 哈尔滨：东北林业大学出版社，1992—2003.

[4] 韩全忠，王正兴. 大连地区植物志 [M]. 大连：大连理工大学出版社，1993.

[5] 马毓泉. 内蒙古植物志：第二版1~5卷 [M]. 呼和浩特：内蒙古人民出版社，1989—1998.

[6] 傅沛云. 东北植物检索表：第二版 [M]. 北京：科学出版社，1995.

[7] 中国科学院中国植物志编辑委员会. 中国植物志：1~80卷 [M]. 北京：科学出版社，1959—2004.

[8] 中国科学院沈阳应用生态研究所. 东北草本植物志：1~12卷 [M]. 北京：科学出版社，1958—2005.

[9] WuCY, Raven PH, Hong DY. Flora of China, Volumes 1~25. [M]. Beijing：Science Press and St. Louis：Missouri Botanical Garden Press，1994—2013.

[10] 张淑梅，姜学品. 大连植物彩色图谱 [M]. 大连：大连理工大学出版社，2013.

[11] 张淑梅. 辽宁木本植物志 [M]. 沈阳：辽宁科学技术出版社，2018.

[12] 张淑梅，康廷国. 辽宁省维管束植物名称考证 [M]. 沈阳：辽宁科学技术出版社，2019.

[13] 曹伟. 东北植物分布图集 [M]. 北京：科学出版社，2019.

[14] 张淑梅. 辽宁植物（上中下）[M]. 沈阳：辽宁科学技术出版社，2021.

东北石杉（植株一部分）　　　　蛇足石杉（植株一部分）　　　　多穗石松（植株）

玉柏（植株）　　　　鹿角卷柏（植株一部分）　　　　旱生卷柏（植株）

垫状卷柏（植株）　　　　小卷柏（植株）　　　　中华卷柏（植株一部分）

翠云草（植株一部分）　　　　红枝卷柏（植株）　　　　北方卷柏（植株一部分）

卷柏（植株）

阿拉斯加木贼（植株）

木贼（居群）

节节草（植株一部分）

草问荆（居群）

林木贼（植株一部分）

问荆（植株）

犬问荆（植株）

劲直阴地蕨（植株）

粗壮阴地蕨（植株）

狭叶瓶尔小草（居群）

桂皮紫萁（植株一部分）

团扇蕨（植株）　　　　　　　苹（植株一部分）　　　　　　　满江红（居群）

绒紫萁（植株一部分）　　　　　槐叶苹（植株）　　　　　　　细叶满江红（植株）

蕨（叶背面观）　　　　　　　蕨（植株）　　　　　　　　溪洞碗蕨（植株）

溪洞碗蕨（植株一部分）　　　细毛碗蕨（植株）　　　　　细毛碗蕨（植株一部分）

华北薄鳞蕨（叶背面观）

银粉背蕨（叶背面观）

团羽铁线蕨（植株）

掌叶铁线蕨（植株）

尖齿凤丫蕨（叶缘）

尖齿凤丫蕨（植株）

无毛凤丫蕨（叶缘）

无毛凤丫蕨（植株）

冷蕨（植株）

冷蕨（植株一部分）

欧洲羽节蕨（叶轴无腺体）

欧洲羽节蕨（植株）

羽节蕨（叶轴背面具腺体）　　　　　羽节蕨（植株）　　　　　东海铁角蕨（叶背面观）

虎尾铁角蕨（叶背面观）　　　虎尾铁角蕨（植株）　　　　北京铁角蕨（叶背面观）

北京铁角蕨（植株）　　　　华中铁角蕨（叶背面观）　　　华中铁角蕨（植株）

钝齿铁角蕨（叶背面观）　　　　　过山蕨（植株）　　　　　卵果蕨（植株）

卵果蕨（植株一部分）　　　毛叶沼泽蕨（叶背面观）　　　毛叶沼泽蕨（植株）

膀胱蕨（植株）　　　膀胱蕨（植株一部分）　　　岩蕨（植株）

岩蕨（植株一部分）　　　大囊岩蕨（羽片）　　　大囊岩蕨（植株）

等基岩蕨（羽片）　　　　　　等基岩蕨（植株）　　　　　　　　东亚岩蕨（羽片）

东亚岩蕨（植株）　　　　　　耳羽岩蕨（羽片）　　　　　　　　耳羽岩蕨（植株）

密毛岩蕨（植株）　　　　　　荚果蕨（植株）　　　　　　　　　球子蕨（植株）

细齿角蕨（叶背面观）　　　　细齿角蕨（植株）　　　　　　　　朝鲜对囊蕨（羽片）

朝鲜对囊蕨（植株）　　　　　东北对囊蕨（叶背面观）　　　　　东北对囊蕨（植株）

黑鳞双盖蕨（叶背面观）　　　　黑鳞双盖蕨（植株）　　　　　　日本安蕨（叶背面观）

日本安蕨（植株）　　　　　　麦秆蹄盖蕨（叶背面观）　　　　麦秆蹄盖蕨（植株）

东北蹄盖蕨（羽片）　　　　　东北蹄盖蕨（植株）　　　　　　中华蹄盖蕨（叶背面观）

中华蹄盖蕨（植株）　　　　　　禾秆蹄盖蕨（叶背面观）　　　　　　假冷蕨（叶背面观）

禾秆蹄盖蕨（植株）　　　　　　假冷蕨（植株）　　　　　　黑水鳞毛蕨（叶背面观）

黑水鳞毛蕨（植株）　　　　　　虎耳鳞毛蕨（叶背面观）　　　　　　狭顶鳞毛蕨（叶）

狭顶鳞毛蕨（叶背面观）　　　　　　半岛鳞毛蕨（叶背面观）　　　　　　山地鳞毛蕨（叶背面观）

山地鳞毛蕨（植株）　　　　　粗茎鳞毛蕨（叶背面观）　　　　　粗茎鳞毛蕨（植株）

香鳞毛蕨（叶背面观）　　　　　香鳞毛蕨（植株）　　　　　细叶鳞毛蕨（叶背面观）

细叶鳞毛蕨（植株）　　　　中华鳞毛蕨（叶背面观）　　　　中华鳞毛蕨（植株）

裸叶鳞毛蕨（叶背面观）　　　　裸叶鳞毛蕨（植株）　　　　广布鳞毛蕨（叶背面观）

广布鳞毛蕨（植株）　　　　　华北鳞毛蕨（叶背面观）　　　　华北鳞毛蕨（植株）

毛枝蕨（植株）　　　　　　　毛枝蕨（植株一部分）　　　　　鞭叶耳蕨（植株一部分）

布朗耳蕨（叶背面观）　　　　　布朗耳蕨（植株）　　　　　　　戟叶耳蕨（叶）

全缘贯众（植株）　　　　　　　骨碎补（植株）　　　　　　　　睫毛蕨（植株）

东北水龙骨（植株）　　　　　　乌苏里瓦韦（植株）　　　　　　金鸡脚假瘤蕨（居群）

线叶石韦（植株）　　　　　　　华北石韦（植株）　　　　　　　有柄石韦（植株）

银杏（植株一部分）　　　　　　臭冷杉（小枝）　　　　　　　　杉松（植株一部分）

花旗松（植株一部分）　　　　　欧洲云杉（球果枝）　　　　　　红皮云杉（植株一部分）

白扦（植株一部分）

青扦（植株一部分）

蓝粉云杉（植株）

川西云杉（植株一部分）

长白鱼鳞云杉（植株一部分）

落叶松（植株一部分）

华北落叶松（植株一部分）

黄花落叶松（植株一部分）

绿果黄花落叶松（植株一部分）

欧洲落叶松（植株一部分）

日本落叶松（植株一部分）

金钱松（植株一部分）

雪松（植株一部分）　　　　　红松（植株一部分）　　　　　华山松（植株一部分）

乔松（植株一部分）　　　　　北美乔松（植株一部分）　　　　日本五针松（植株一部分）

白皮松（树干）　　　　　　　赤松（植株一部分）　　　　　长白松（植株一部分）

樟子松（居群）　　　　　　　油松（球果）　　　　　　　南欧黑松（植株一部分）

黑松（植株一部分） 西黄松（叶与球果） 刚松（树干）

北美短叶松（植株一部分） 杉木（植株一部分） 日本柳杉（植株一部分）

水杉（植株一部分） 北美香柏（植株一部分） 侧柏（植株一部分）

罗汉柏（植株一部分） 日本花柏（植株一部分） 铺地柏（居群）

粉柏（植株一部分）　　　　杜松（植株一部分）　　　　叉子圆柏（植株一部分）

兴安圆柏（植株一部分）　　　圆柏（植株一部分）　　　　北美圆柏（植株一部分）

粗榧（植株一部分）　　　东北红豆杉（植株一部分）　　　草麻黄（植株一部分）

中麻黄（植株一部分）　　木贼麻黄（植株一部分）　　　　蕺菜（花枝）

银线草（居群）　　　　　　　　银白杨（叶正反面对比）　　　　　　新疆杨（叶背面观）

毛白杨（叶）　　　　　　　　　　山杨（植株一部分）　　　　　　　　河北杨（叶）

加杨（叶）　　　　　　　　　　　黑杨（叶）　　　　　　　　　　　　北京杨（叶）

小黑杨（植株一部分）　　　　　　中东杨（植株一部分）　　　　　　　小叶杨

小钻杨

香杨

大青杨

小青杨

钻天柳

圆叶柳（植株）

垂柳（植株）

长柱柳（叶）

朝鲜柳（小枝）

旱柳（叶）

日本三蕊柳（叶）

腺柳（小枝）

五蕊柳（植株一部分）　　　　　　　　大白柳（叶）　　　　　　　　　越桔柳（果枝）

大黄柳（小枝）　　　　　　　　　崖柳（叶背面观）　　　　　　　　　蒿柳（小枝）

龙江柳（小枝）　　　　　　　　　毛枝柳（小枝）　　　　　　　　　小红柳（小枝）

细叶沼柳（小枝）　　　　　　　细柱柳（叶）　　　　　　尖叶紫柳（植株一部分）

筐柳（小枝）　　　　　　细枝柳（叶背面观）　　　　　　东沟柳（花序）

杞柳（小枝）　　　　　　粉枝柳（植株一部分）　　　　　　司氏柳（花序）

黄柳（植株一部分）　　　　　枫杨（果枝）　　　　　　胡桃（果枝）

胡桃楸（果枝）　　　　　　麻核桃（叶）　　　　　　心形胡桃（叶）

硕桦（果枝）　　　　　　　赛黑桦（叶）　　　　　　　岳桦（果枝）

白桦（叶）　　　　　　垂枝桦（植株）　　　　　　黑桦（植株一部分）

坚桦（果枝）　　　　　　　柴桦（果枝）　　　　　辽东桤木（植株一部分）

日本桤木（植株一部分）　　东北桤木（果枝）　　　　鹅耳枥（果枝）

千金榆（果枝）　　　　　　　毛榛（果枝）　　　　　　　欧榛（果枝）

榛（果枝）　　　　　　　虎榛子（果枝）　　　　　　　板栗（果枝）

日本栗（果枝）　　　　　　　锥栗（小枝）　　　　　　　沼生栎（叶）

红槲栎（叶）　　　　　　　麻栎（叶背面观）　　　　　　　栓皮栎（叶正反面对比）

槲栎（果实）　　　　　　槲栎（叶）　　　　　　槲树（果实）

柞槲栎（植株一部分）　　　蒙古栎（果实）　　　　辽东栎（植株一部分）

欧洲白榆（果序）　　　　　美国榆（果序）　　　　　椆榆（花枝）

裂叶榆（小枝）　　　　　　黑榆（果实）　　　　　　春榆（果实）

榆树（果枝）　　　　　　　　旱榆（果枝）　　　　　　　假春榆（植株一部分）

大果榆（果枝）　　　　　　脱皮榆（果枝）　　　　　　榉树（植株一部分）

大叶榉树（小枝）　　　　　　青檀（果枝）　　　　　　　大叶朴（小枝）

黑弹树（植株一部分）　　　　狭叶朴（小枝）　　　　　　美洲朴（小枝）

朴树（果枝）   刺榆（果枝）   桑（雌花序）

鸡桑（果实）   蒙桑（叶）   构树（果枝）

柘（植株一部分）   无花果（果枝）   大麻（植株）

葎草（植株）   啤酒花（植株一部分）   麻叶荨麻（植株一部分）

欧荨麻（植株）　　　　　　　　　宽叶荨麻（植株）　　　　　　　　狭叶荨麻（植株）

珠芽艾麻（植株）　　　　　　　　蝎子草（植株一部分）　　　　　　　苔水花（植株）

山冷水花（植株上部）　　　　　透茎冷水花（植株）　　　　　　小赤麻（植株上部）

赤麻（植株一部分）　　　　　　　墙草（植株）　　　　　　　　百蕊草（植株一部分）

长叶百蕊草（植株一部分）

急折百蕊草（植株一部分）

北桑寄生（植株一部分）

槲寄生（植株）

木通马兜铃（花）

北马兜铃（植株一部分）

辽细辛（植株一部分）

汉城细辛（植株下部）

东北木蓼（花枝）

苦荞麦（植株一部分）

荞麦（植株一部分）

木藤首乌（植株一部分）

何首乌（植株一部分）　　　　　蔓首乌（果枝）　　　　　篱首乌（植株一部分）

齿翅首乌（花枝）　　　　　虎杖（果枝）　　　　　铁马鞭（植株一部分）

萹蓄（植株一部分）　　　褐鞘萹蓄（植株一部分）　　　普通萹蓄（植株一部分）

尼泊尔蓼（植株）　　　　两栖蓼（居群）　　　毛叶两栖蓼（植株一部分）

红蓼（植株）   蓼（植株）   香蓼（植株一部分）

柳叶刺蓼（植株）   马蓼（植株）   辣蓼（植株）

小蓼（植株一部分）   丛枝蓼（植株）   长鬃蓼（植株一部分）

西伯利亚神雪宁（植株）   谷地神血宁（植株一部分）   宽叶神血宁（植株一部分）

叉分神血宁（植株一部分）

珠芽拳参（花序）

太平洋拳参（植株一部分）

拳参（植株下部）

耳叶拳参（植株）

杠板归（植株一部分）

刺蓼（植株一部分）

糙毛蓼（植株一部分）

箭头蓼（植株一部分）

稀花蓼（植株一部分）

戟叶蓼（植株）

长戟叶蓼（植株一部分）

小酸模（植株）

酸模（茎下部叶）

毛脉酸模（基部叶）

水生酸模（植株下部）

小果酸模（果实）

小果酸模（植株）

皱叶酸模（基生叶）

巴天酸模（基生叶）

狭叶酸模（茎下部叶）

黑龙江酸模（果序一部分）

黑龙江酸模（植株）

长刺酸模（果实）

长刺酸模（植株）

刺酸模（果实）

刺酸模（植株）

波叶大黄（植株一部分）

华北驼绒藜（植株一部分）

沙蓬（植株一部分）

绳虫实（果序一部分）

华虫实（花序一部分）

西伯利亚虫实（植株）

西伯利亚虫实（植株一部分）　　　细苞虫实（果序一部分）　　　宽翅虫实（果序）

大果虫实（果实）　　　长穗虫实（果序一部分）　　　辽西虫实（果实）

屈枝虫实（植株一部分）　　　木地肤（植株）　　　地肤（植株）

轴藜（植株）　　　菠菜（植株）　　　滨藜（植株上部）

中亚滨藜（果序）　　　　　中亚滨藜（植株一部分）　　　　　甜菜（植株）

灰绿藜（植株一部分）　　　　尖头叶藜（植株）　　　　　菱叶藜（植株）

东亚市藜（叶）　　　　　杂配藜（植株）　　　　　杖藜（植株）

小藜（植株上部）　　　　　藜（植株上部）　　　　　矮藜（居群）

刺藜（植株一部分）　　　　　菊叶香藜（植株一部分）　　　　　土荆芥（植株）

盐角草（植株）　　　　　碱蓬（果枝）　　　　　辽宁碱蓬（植株）

盐地碱蓬（植株一部分）　　　　雾冰藜（植株）　　　　刺沙蓬（果期花被具翅）

猪毛菜（植株）　　　　无翅猪毛菜（植株一部分）　　　　老枪谷（植株）

老鸦谷（植株）　　　千穗谷（植株上部）　　　长芒苋（植株）

长芒苋（植株一部分）　　　反枝苋（植株）　　　北美苋（植株）

白苋-植株　　　苋（植株）　　　皱果苋（植株一部分）

凹头苋（植株）　　　合被苋（胞果略长于花被）　　　鸡冠花（植株）

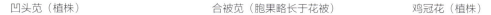

青葙（植株）　　　　　牛膝（植株一部分）　　　　　血苋（植株）

喜旱莲子草（植株）　　千日红（花序侧面观）　　　灰毛千日红（花序侧面观）

紫茉莉（植株一部分）　　叶子花（植株一部分）　　　商陆（植株上部）

垂序商陆（植株一部分）　种棱粟米草（植株一部分）　番杏（植株一部分）

马齿苋（植株一部分）　　　　　环翅马齿苋（植株）　　　　　大花马齿苋（植株）

土人参（植株一部分）　　　　　落葵（植株一部分）　　　　　落葵薯（植株一部分）

拟漆姑（植株一部分）　　　　　细叶孩儿参（植株）　　　　　毛脉孩儿参（茎叶）

蔓孩儿参（植株）　　　　　　　孩儿参（植株）　　　　　　　重瓣孩儿参（花）

狭瓣孩儿参（植株）　　　　　　根叶漆姑草（植株一部分）　　　　　　漆姑草（居群）

鹅肠菜（居群）　　　　　　毛蕊卷耳（植株）　　　　　簇生泉卷耳（植株一部分）

短果卷耳（植株一部分）　　　　　缝瓣繁缕（花）　　　　　　繁缕（植株）

叉歧繁缕（植株一部分）　　　　　雀舌草（植株）　　　　　　长叶繁缕（植株一部分）

细叶繁缕（花侧面观）　　　　　翻白繁缕（植株）　　　　　沼生繁缕（植株一部分）

薄蒴草（植株）　　　　　种阜草（植株一部分）　　　　　无心菜（植株一部分）

老牛筋（植株）　　　　　狗筋蔓（植株一部分）　　　　　高雪轮（花序）

坚硬女娄菜（花序）　　　　　女娄菜（花侧面观）　　　　　女娄菜（植株下部）

白花蝇子草（花序）

白玉草（花序）

石生蝇子草（花）

蔓茎蝇子草（花序）

长柱蝇子草（花序）

山蚂蚱草（花序）

山蚂蚱草（植株）

石缝蝇子草（植株）

麦仙翁（植株）

浅裂剪秋罗（植株一部分）　　　　剪秋罗（花）　　　　　　　皱叶剪秋罗（花序）

麦蓝菜（植株）　　　　　　　须苞石竹（居群）　　　　　　羽裂石竹（花序）

瞿麦（植株上部）　　　　　　长萼瞿麦（花序）　　　　　　石竹（花）

西洋石竹（植株）　　　　　　香石竹（植株一部分）　　　　长蕊石头花（植株一部分）

大叶石头花（植株一部分）

肥皂草（植株）

莲（居群）

芡实（植株一部分）

萍蓬草（植株一部分）

白睡莲（花）

白睡莲（植株）

黄睡莲（植株）

睡莲（花）

金鱼藻（植株一部分）

五刺金鱼藻（茎叶）

粗糙金鱼藻（茎叶）

草芍药（植株一部分）　　　　　　山芍药（植株一部分）　　　　　　芍药（植株一部分）

毛果芍药（花）　　　　　　牡丹（植株）　　　　　　两色乌头（植株一部分）

草地乌头（花序）　　　　　　吉林乌头（植株）　　　　　　细叶黄乌头（植株一部分）

黄花乌头（植株）　　　　　　粉花乌头（植株）　　　　　　宽叶蔓乌头（植株一部分）

蔓乌头（植株一部分）　　　圆锥乌头（植株）　　　蛇岛乌头（植株）　　　展毛乌头（花序一部分）

展毛乌头（植株一部分）　　　　　北乌头（花序）　　　　　北乌头（植株）

高山乌头（植株）　　　宽苞翠雀花（植株一部分）　　　兴安翠雀花（植株）

翠雀（植株一部分）　　　　　　高翠雀花（植株）　　　　　　飞燕草（花序）

类叶升麻（植株）　　　　红果类叶升麻（植株）　　　　　　黑种草（花）

膜叶驴蹄草（植株一部分）　　三角叶驴蹄草（植株一部分）　　　拟扁果草（植株）

紫花耧斗菜（花）　　　　紫花耧斗菜（植株）　　　　尖萼耧斗菜（花序）

华北耧斗菜（植株一部分）　　　　　白山耧斗菜（植株）　　　　　杂种耧斗菜（植株一部分）

兴安升麻（植株）　　　　　　大三叶升麻（植株）　　　　　单穗升麻（居群）

东北扁果草（植株）　　　　　蓝堇草（植株一部分）　　　　　莫葵（花）

长瓣金莲花（植株一部分）　短瓣金莲花（植株一部分）　　　金莲花（居群）

长白金莲花（居群）　　　　　全缘铁线莲（花）　　　　　大叶铁线莲（植株一部分）

棉团铁线莲（植株）　　　　　转子莲（植株一部分）　　　　辣蓼铁线莲（植株一部分）

褐毛铁线莲（花）　　　　　褐毛铁线莲（植株一部分）　　　芹叶铁线莲（植株一部分）

齿叶铁线莲（植株一部分）　　黄花铁线莲（植株一部分）　　　短尾铁线莲（植株一部分）

羽叶铁线莲（植株一部分）　　朝鲜铁线莲（植株一部分）　　半钟铁线莲（植株一部分）

长瓣铁线莲（植株一部分）　　獐耳细辛（花）　　小花草玉梅（植株一部分）

银莲花（植株）　　长毛银莲花（植株）　　多被银莲花（居群）

黑水银莲花（植株）　　阴地银莲花（居群）　　反萼银莲花（花）

毛果银莲花（居群）

细茎银莲花（居群）

欧洲银莲花（植株）

白头翁（植株）

细叶白头翁（植株）

延边白头翁（植株）

朝鲜白头翁（植株）

岩生白头翁（植株）

盾叶唐松草（植株）

丝叶唐松草（植株一部分）

重瓣丝叶唐松草（花背面观）

唐松草（果序）

深山唐松草（植株）

贝加尔唐松草（果序）

瓣蕊唐松草（果序）

瓣蕊唐松草（茎叶）

展枝唐松草（果序）

箭头唐松草（果序）

短梗箭头唐松草（果序）

短梗箭头唐松草（茎叶）

东亚唐松草（果序）

辽吉侧金盏花（花背面观）

侧金盏花（花侧面观）

毛柄水毛茛（叶）

水毛茛（植株一部分）　　　　　浮毛茛（植株）　　　　　茴茴蒜（植株）

长嘴毛茛（花序）　　　　　长嘴毛茛（茎叶）　　　　　匍枝毛茛（植株）

石龙芮（基生叶）　　　　　楔叶毛茛（茎叶）　　　　　毛茛（植株）

单叶毛茛（植株）　　　　　深山毛茛（植株）　　　　　碱毛茛（植株）

珠果黄堇（植株）　　　　　　　黄堇（果序）　　　　　　　黄花地丁（花序）

黄紫堇（花序）　　　　　　　地丁草（植株）　　　　　　　醉蝶花（植株）

花椰菜（植株）　　　　　　　绿花菜（植株）　　　　　　　擘蓝（植株）

结球甘蓝（植株）　　　　　　　羽衣甘蓝（居群）　　　　　　　芥菜（一年生植株）

芥菜疙瘩（植株）　　　　　　　白菜（居群）　　　　　　　　青菜（植株）

芸苔（植株）　　　　　　　　芜菁甘蓝（植株）　　　　　　　白芥（角果）

白芥（植株）　　　　　　　诸葛菜（植株一部分）　　　　　　芝麻菜（植株）

二行芥（植株）　　　　　　欧亚香花芥（植株）　　　　　　小花糖芥（花序）

波齿糖芥（植株）

黄花糖芥（植株）

糖芥（植株）

波齿糖芥（叶）

播娘蒿（植株）

锥果芥（植株一部分）

小花花旗杆（花序）

线叶花旗杆（花序）

花旗杆（植株）

全叶大蒜芥（植株）　　　　　垂果大蒜芥（植株）　　　　　　大蒜芥（植株一部分）

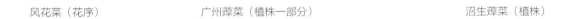

风花菜（花序）　　　　　广州葶菜（植株一部分）　　　　　沼生葶菜（植株）

无瓣葶菜（植株一部分）　　　　　山芥（植株）　　　　　　旗杆芥（花序）

欧亚薄菜（植株一部分）　　　　两栖薄菜（苗期）　　　　薄菜（植株）

旗杆芥（茎叶）　　　　翼柄碎米荠（植株）　　　　弹裂碎米荠（茎叶）

浮水碎米荠（基生叶）　　　　圆齿碎米荠（植株）　　　　水田碎米荠（植株一部分）

白花碎米荠（植株）　　　　碎米荠（基生叶）　　　　弯曲碎米荠（茎叶）

毛萼香芥（植株一部分）　　　　　垂果南芥（植株一部分）　　　　　硬毛南芥（植株一部分）

圆叶鼠耳芥（植株）　　　　　叶芽鼠耳芥（果期植株）　　　　　紫罗兰（植株）

萝卜（植株）　　　　　野萝卜（角果）　　　　　野萝卜（植株）

离子芥（植株一部分）　　　　　臭荠（植株一部分）　　　　　宽叶独行菜（植株）

绿独行菜（植株）　　　　　　　　北美独行菜（花序）　　　　　　　柱毛独行菜（基生叶）

密花独行菜（茎下部叶）　　　　　独行菜（植株一部分）　　　　　　荠（植株）

披针叶屈曲花（植株）　　　　　　屈曲花（植株）　　　　　　　　　山菥蓂（植株一部分）

菥蓂（果序）　　　　　　　　　　小果亚麻荠（果序一部分）　　　　辣根（基生叶）

葶苈（植株）　　　　　　　　　山庭荠（花序）　　　　　　　　　群心菜（植株）

香雪球（植株）　　　　　　　长圆果菘蓝（果序）　　　　　　　欧洲菘蓝（果序）

欧洲菘蓝（植株）　　　　　　　匙荠（植株）　　　　　　　　　黄木犀草（苗期）

轮叶八宝（植株）　　　　　　珠芽八宝（植株一部分）　　　　　长药八宝（植株）

白八宝（植株）　　　　　　　　紫八宝（花序）　　　　　　　　钝叶瓦松（植株）

晚红瓦松（植株一部分）　　　　瓦松（植株）　　　　　　　　黄花瓦松（植株一部分）

狼爪瓦松（花序一部分）　　　　狼爪瓦松（叶）　　　　　　　　小瓦松（植株）

灰毛费菜（植株一部分）　　　　　费菜（植株）　　　　　吉林费菜（植株一部分）

堪察加费菜（居群）　　　　　火焰草（植株）　　　　　垂盆草（植株）

藓状景天（植株）　　　　　扯根菜（植株一部分）　　　　　大落新妇（植株一部分）

落新妇（居群）　　　　　鬼灯檠（植株一部分）　　　　　长白虎耳草（居群）

零余虎耳草（植株）　　　　球茎虎耳草（植株）　　　　斑点虎耳草（植株）

蔷薇虎耳草（植株一部分）　镜叶虎耳草（植株一部分）　槭叶草（植株）

岩槭叶草（居群）　　　　　美洲矾根（居群）　　　　　唢呐草（植株）

独根草（植株）　　　　　　林金腰（植株）　　　　　　毛金腰（植株）

多枝金腰（植株一部分）　　　　中华金腰（植株）　　　　蔓金腰（植株一部分）

五台金腰（植株）　　　　大叶子（居群）　　　　多枝梅花草（花）

钩齿溲疏（花枝）　　　　大花溲疏（花枝）　　　　光萼溲疏（花序）

小花溲疏（花）　　　　齿叶溲疏（花序）　　　　齿叶溲疏（小枝）

 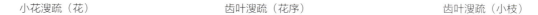

东陵绣球（植株一部分）　　　　圆锥绣球（植株一部分）　　　　绣球（植株）

乔木绣球（植株）　　　　薄叶山梅花（植株一部分）　　　　东北山梅花（植株一部分）

千山山梅花（花序）　　　　山梅花（果枝）　　　　洋山梅花（花序）

洋山梅花（花柱）　　　　太平花（植株一部分）　　　　长白茶藨子（植株一部分）

尖叶茶藨子（果枝）

华蔓茶藨子（花枝）

黑茶藨子（果枝）

东北茶藨子（花枝）

香茶藨子（花枝）

矮茶藨子（植株）

陕西茶藨子（果序）

陕西茶藨子（植株一部分）

美丽茶藨子（植株一部分）

欧洲醋栗（植株一部分）

北美枫香（果枝）

杜仲（植株一部分）

一球悬铃木（植株一部分）　　　　二球悬铃木（植株一部分）　　　　三球悬铃木（植株一部分）

绣线菊（植株）　　　　　　　粉花绣线菊（居群）　　　　　小叶华北绣线菊（叶背面观）

小叶华北绣线菊（植株一部分）　　粉花华北绣线菊（花序）　　　粉花华北绣线菊（居群）

毛果绣线菊（果序）　　　　　楔叶绣线菊（小枝）　　　　菱叶绣线菊（植株一部分）

三裂绣线菊（枝叶）

绣球绣线菊（花枝）

土庄绣线菊（植株一部分）

金州绣线菊（植株一部分）

中华绣线菊（花枝）

毛花绣线菊（叶背面观）

欧亚绣线菊（植株一部分）

绢毛绣线菊（植株一部分）

曲萼绣线菊（植株一部分）

石蚕叶绣线菊（小枝）

珍珠绣线菊（植株一部分）

风箱果（植株一部分）

无毛风箱果（果枝）　　　　东北绣线梅（植株一部分）　　　　小米空木（植株一部分）

华北珍珠梅（花序）　　　　珍珠梅（花枝）　　　　白鹃梅（植株一部分）

齿叶白鹃梅（植株一部分）　　　　假升麻（植株一部分）　　　　鸡麻（植株一部分）

棣棠花（植株一部分）　　　　石生悬钩子（植株）　　　　库页悬钩子（花枝）

茅莓（植株）　　　　　　　覆盆子（植株一部分）　　　　　绿叶悬钩子（叶背面观）

黑莓（植株一部分）　　　　　牛叠肚（植株一部分）　　　　　小叶金露梅（植株一部分）

金露梅（植株一部分）　　　　银露梅（植株一部分）　　　　　蕨麻（植株）

蛇莓委陵菜（叶）　　　　　　等齿委陵菜（植株一部分）　　　绢毛匍匐委陵菜（植株）

匍枝委陵菜（植株一部分）　　　　　蛇含委陵菜（植株一部分）　　　　　假雪委陵菜（叶背面观）

白萼委陵菜（叶背面观）　　　　　　狼牙委陵菜（植株一部分）　　　　　曲枝委陵菜（植株）

三叶委陵菜（植株）　　　　　　　　皱叶委陵菜（植株一部分）　　　　　薄皱叶委陵菜（叶）

翻白草（植株一部分）　　　　　　　轮叶委陵菜（植株）　　　　　　　　多茎委陵菜（标本）

委陵菜（叶）　　　　　　　多裂委陵菜（植株）　　　　　　　多茎委陵菜（植株）

长叶二裂委陵菜（植株）　　　　朝天委陵菜（植株一部分）　　　三叶朝天委陵菜（植株一部分）

莓叶委陵菜（植株）　　　　　　菊叶委陵菜（叶）　　　　　　　腺毛委陵菜（叶）

东亚仙女木（居群）

地蔷薇（植株一部分）

灰毛地蔷薇（植株）

槭叶蚊子草（叶）　　　　蚊子草（植株一部分）　　　　东方草莓（植株）

东北草莓（植株一部分）　　草莓（植株一部分）　　　　蛇莓（植株）

沼委陵菜（植株）　　　　路边青（植株）　　　　龙牙草（植株）

托叶龙芽草（植株）　　　　大白花地榆（花序）　　　　地榆（花序）

地榆（植株）　　　　　　　　粉花地榆（花序）　　　　　　　长叶地榆（茎下部叶）

长蕊地榆（花序）　　　　　　细叶地榆（花序）　　　　　　小白花地榆（植株一部分）

宽蕊地榆（花序）　　　　　　木香花（植株一部分）　　　　　野蔷薇（托叶）

野蔷薇（植株一部分）　　　　粉团蔷薇（花序）　　　　　　伞花蔷薇（花序一部分）

伞花蔷薇（托叶）　　　　　　　月季花（居群）　　　　　　　　黄蔷薇（植株一部分）

黄刺玫（植株一部分）　　　　　　锈红蔷薇（花）　　　　　　　　犬蔷薇（果实）

长白蔷薇（花）　　　　　　　　　玫瑰（植株一部分）　　　　　　腺齿蔷薇（果枝）

山刺玫（花枝）　　　　　　　　　刺蔷薇（果实）　　　　　　　　美蔷薇（果实）

缫丝花（植株一部分）

东北扁核木（植株一部分）

蕤核（植株一部分）

紫叶稠李（植株一部分）

稠李（花枝）

斑叶稠李（植株一部分）

黑樱桃（植株一部分）

圆叶樱桃（植株一部分）

东京樱花（植株一部分）

山樱花（植株一部分）

大叶早樱（植株一部分）

毛叶山樱花（植株一部分）

欧洲甜樱桃（花）

欧洲甜樱桃（植株一部分）

欧洲酸樱桃（花）

大山樱（植株一部分）

毛樱桃（植株一部分）

欧李（植株一部分）

重瓣粉红麦李（植株一部分）

郁李（果枝）

郁李（小枝）

欧洲李（植株一部分）

李（植株一部分）

东北李（植株一部分）

紫叶李（植株一部分）　　　　紫叶矮樱（植株）　　　　美人梅（植株一部分）

杏（植株一部分）　　　　陕梅杏（植株一部分）　　　　山杏（花枝）

山杏（叶）　　　　东北杏（花）　　　　梅（植株一部分）

桃（植株一部分）　　　　山桃（花枝）　　　　榆叶梅（植株一部分）

全缘栒子（植株一部分）

西北栒子（植株一部分）

细弱栒子（植株一部分）

黑果栒子（植株一部分）

水栒子（植株一部分）

毛叶水栒子（植株一部分）

平枝栒子（植株一部分）

散生栒子（植株一部分）

火棘（植株一部分）

山楂（果枝）

山里红（植株一部分）

欧洲山楂（果枝）

毛山楂（植株一部分）　　　　　绿肉山楂（果实）　　　　　绿肉山楂（叶）

辽宁山楂（植株一部分）　　　冬绿王山楂（植株一部分）　　光叶山楂（植株一部分）

甘肃山楂（植株一部分）　　　石楠（植株一部分）　　　　红叶石楠（植株一部分）

欧亚花楸（小叶背面观）　　　花楸树（小叶背面观）　　　西伯利亚花楸（花枝）

西伯利亚花楸（叶）　　　　欧洲花楸（植株）　　　　水榆花楸（果枝）

裂叶水榆花楸（叶）　　　黑果腺肋花楸（果枝）　　　木瓜（植株一部分）

毛叶木瓜（叶的一部分）　　皱皮木瓜（植株一部分）　　日本木瓜（植株一部分）

秋子梨（植株一部分）　　　河北梨（植株一部分）　　　西洋梨（植株一部分）

白梨（植株一部分）

沙梨（植株一部分）

杜梨（植株一部分）

豆梨（植株一部分）

褐梨（植株一部分）

山荆子（花）

毛山荆子（花萼）

金县山荆子（植株一部分）

西府海棠（植株一部分）

垂丝海棠（花）

湖北海棠（植株一部分）

三叶海棠（植株一部分）

苹果（花枝）　　　　　　　花红（植株一部分）　　　　　　楸子（果枝）

海棠花（植株一部分）　　　东亚唐棣（植株一部分）　　　　唐棣（叶）

合欢（植株一部分）　　　　山槐（植株一部分）　　　　　　皂荚（植株一部分）

山皂荚（植株一部分）　　　无刺美国皂荚（小枝）　　　　　野皂荚（果序）

豆茶决明（植株一部分）　　　　槐叶决明（植株一部分）　　　　决明（植株一部分）

紫荆（植株一部分）　　　　朝鲜槐（植株一部分）　　　　苦参（植株）

槐（荚果）　　　　五叶槐（叶）　　　　披针叶野决明（植株）

毒豆（植株一部分）

菽麻（花序）

野百合（植株）

多叶羽扇豆（居群）　　　　白花草木犀（植株一部分）　　　　印度草木犀（叶）

草木犀（托叶）　　　　草木犀（植株一部分）　　　　细齿草木犀（叶）

紫苜蓿（植株一部分）　　　　杂交苜蓿（花序）　　　　天蓝苜蓿（植株一部分）

野苜蓿（植株一部分）　　　　花苜蓿（植株一部分）　　　　胡卢巴（植株）

红车轴草（花序）　　　　白车轴草（植株一部分）　　　　野火球（植株一部分）

杂种车轴草（植株一部分）　　　葛麻姆（植株一部分）　　　　菜豆（植株一部分）

荷包豆（植株一部分）　　　　海绿豆（种子）　　　　绿豆（植株一部分）

长豇豆（植株一部分）　　　　豇豆（植株一部分）　　　　眉豆（植株一部分）

赤豆（植株一部分）

贼小豆（植株）

扁豆（植株一部分）

两型豆（植株一部分）

大豆（植株）

宽叶蔓豆（植株一部分）

野大豆（植株一部分）

黄刺条锦鸡儿（植株一部分）

毛掌叶锦鸡儿（植株一部分）

红花锦鸡儿（植株一部分）

树锦鸡儿（植株一部分）

东北锦鸡儿（植株一部分）

极东锦鸡儿（植株一部分）　　　　　金州锦鸡儿（植株一部分）　　　　　小叶锦鸡儿（植株一部分）

柠条锦鸡儿（植株一部分）　　　　　　蚕豆（植株）　　　　　　黑龙江野豌豆（小叶）

东方野豌豆（植株一部分）　　　　大叶野豌豆（植株一部分）　　　　　山野豌豆（叶）

多茎野豌豆（植株一部分）　　　　　广布野豌豆（叶）　　　　　　大花野豌豆（植株）

北野豌豆（植株一部分）

千山野豌豆（花）

千山野豌豆（植株一部分）

歪头菜（植株一部分）

裂叶歪头菜（植株）

头序歪头菜（植株一部分）

豌豆（植株）

大山黧豆（植株一部分）

海滨山黧豆（植株一部分）

矮山黧豆（植株一部分）

山黧豆（叶）

毛山黧豆（植株一部分）

三脉山黧豆（植株一部分）　　　　东北山黧豆（植株）　　　　　　花木蓝（植株一部分）

河北木蓝（植株一部分）　　　　紫穗槐（植株）　　　　　　补骨脂（植株一部分）

多花紫藤（植株）　　　　　藤萝（花序）　　　　　藤萝（叶）

紫藤（植株一部分）　　　　刺槐（植株一部分）　　　　红花洋槐（植株一部分）

毛刺槐（植株一部分）

鱼鳔槐（植株一部分）

苦马豆（植株一部分）

背扁膨果豆（植株一部分）

刺果甘草（植株一部分）

白花刺果甘草（植株一部分）

甘草（植株一部分）

山泡泡（植株）

硬毛棘豆（植株一部分）

大花棘豆（植株）

长白棘豆（植株）

砂珍棘豆（植株）

多叶棘豆（植株一部分）　　　　百脉根（植株一部分）　　　　少花米口袋（植株）

狭叶米口袋（植株）　　　　糙叶黄耆（植株）　　　　斜茎黄耆（荚果）

中国黄耆（植株一部分）　　　草木樨状黄耆（叶）　　　细叶黄耆（植株一部分）

蒙古黄耆（荚果）　　　　鹰嘴黄耆（荚果）　　　　达乌里黄耆（植株一部分）

小果黄耆（植株一部分）

落花生（植株）

合萌（植株一部分）

绣球小冠花（植株）

宽卵叶长柄山蚂蝗（植株一部分）

羽叶长柄山蚂蝗（植株一部分）

蒙古山竹子（植株）

木山竹子（果序）

短梗胡枝子（植株一部分）

宽叶胡枝子（叶背面观）

宽叶胡枝子（植株一部分）

胡枝子（植株一部分）

多花胡枝子（植株）　　　　　　细梗胡枝子花（花序）　　　　　　细梗胡枝子（植株一部分）

绒毛胡枝子（植株一部分）　　　兴安胡枝子（植株）　　　　　　　长叶胡枝子（植株一部分）

牛枝子（植株一部分）　　　　　尖叶胡枝子（植株一部分）　　　　阴山胡枝子（植株一部分）

鸡眼草（植株一部分）　　　　　长萼鸡眼草（植株一部分）　　　　酢浆草（植株）

直酢浆草（植株）　　　白花酢浆草（居群）　　　三角酢浆草（植株）

红花酢浆草（植株）　　　牻牛儿苗（植株）　　　芹叶牻牛儿苗（植株）

毛蕊老鹳草（植株一部分）　　　北方老鹳草（植株）　　　突节老鹳草（叶）

灰背老鹳草（茎下部叶）　　　朝鲜老鹳草（茎叶）　　　粗根老鹳草（植株）

长白老鹳草（植株一部分）

老鹳草（植株一部分）

尼泊尔老鹳草（植株一部分）

尼泊尔老鹳草（植株）

鼠掌老鹳草（植株一部分）

家天竺葵（植株一部分）

天竺葵（植株）

旱金莲（植株）

野亚麻（植株一部分）

宿根亚麻（植株）

红花亚麻（植株一部分）

小果白刺（果枝）

蒺藜（植株一部分）　　　　白鲜（植株）　　　　芸香（植株）

臭檀吴萸（植株一部分）　　黄檗（植株一部分）　　榆橘（植株一部分）

枳（植株一部分）　　　　青花椒（植株一部分）　　野花椒（小叶）

花椒（复叶）　　　　　臭椿（果枝）　　　　苦树（果枝）

毛果苦木（果实）　　　　　　　　　　棟（花）　　　　　　　　　　香椿（植株一部分）

瓜子金（植株）　　　　　西伯利亚远志（植株）　　　　　　　远志（植株一部分）

小扁豆（植株）　　　　　雀儿舌头（植株一部分）　　　　　一叶萩（植株一部分）

斑地锦（植株一部分）　　　　匍匐大戟（植株一部分）　　　　千根草（植株一部分）

地锦（植株）　　　　　　　　地锦（植株一部分）　　　　　　齿裂大戟（植株一部分）

通奶草（果序）　　　　　　　　通奶草（植株）　　　　　　　　紫斑大戟（植株）

大地锦（植株一部分）　　　　　泽漆（植株一部分）　　　　　　续随子（果实）

续随子（植株）　　　　　　　　狼毒大戟（植株）　　　　　　　林大戟（花序）

林大戟（植株）　　　　　大戟（花序）　　　　　大戟（植株）

钩腺大戟（植株）　　　　东北大戟（花序）　　　　乳浆大戟（植株）

松叶乳浆大戟（植株）　　宽叶乳浆大戟（植株）　　猫眼大戟（植株）

银边翠（花序）　　　　　禾叶大戟（花序）　　　　禾叶大戟（植株）

蓖麻（植株）　　　　　　　铁苋菜（植株）　　　　　　裂苞铁苋菜（植株）

地构叶（植株）　　　　　　黄珠子草（植株）　　　　　沼生水马齿（植株一部分）

黄杨（植株一部分）　　　　锦熟黄杨（叶）　　　　　　小叶黄杨（植株一部分）

黄连木（果序）　　　　　　盐肤木（植株一部分）　　　　羽裂火炬树（叶）

火炬树   漆（果序）   毛黄栌（花序）

灰毛黄栌（植株一部分）   美国红栌（植株）   枸骨（植株一部分）

雷公藤（植株一部分）   刺苞南蛇藤（植株一部分）   南蛇藤（果实）

热河南蛇藤（果实）

冬青卫矛（植株一部分）

扶芳藤（植株一部分）

卫矛（植株一部分）

白杜（植株一部分）

西南卫矛（植株一部分）

白杜卫矛（植株一部分）

黄心卫矛（植株一部分）

少花瘤枝卫矛（植株一部分）

垂丝卫矛（植株一部分）

东北卫矛（植株一部分）

省沽油（植株一部分）

三角枫（植株一部分）

细裂枫（植株一部分）

瘤枝槭（植株一部分）

色木枫（植株一部分）　　　　元宝枫（植株一部分）　　　　美国红枫（叶）

银槭（植株一部分）　　　　挪威槭（植株一部分）　　　　青楷枫（植株一部分）

茶条枫（植株一部分）　　　　花楷枫（植株一部分）　　　　髭脉枫（植株一部分）

小楷枫（植株一部分）　　　　钝翅槭（植株）　　　　紫花枫（植株一部分）

鸡爪枫（植株一部分）　　　　　红槭（植株一部分）　　　　　羽毛槭（植株一部分）

东北枫（植株一部分）　　　　　三花枫（植株一部分）　　　　　复叶枫（植株一部分）

七叶树（植株一部分）　　　　欧洲七叶树（植株一部分）　　　　红花七叶树（植株一部分）

日本七叶树（叶）　　　　　复羽叶栾树（植株一部分）　　　　栾树（植株一部分）

倒地铃（植株一部分）　　　　文冠果（植株一部分）　　　　苏丹凤仙花（植株一部分）

凤仙花（植株）　　　新几内亚凤仙花（植株一部分）　　　水金凤（植株一部分）

东北凤仙花（植株一部分）　　　野凤仙花（植株）　　　枣（植株一部分）

酸枣（植株一部分）　　　鼠李（植株一部分）　　　锐齿鼠李（植株一部分）

朝鲜鼠李（植株一部分）

东北鼠李（小枝）

东北鼠李（植株一部分）

乌苏里鼠李（植株一部分）

金刚鼠李（植株一部分）

圆叶鼠李（植株一部分）

卵叶鼠李（植株一部分）

小叶鼠李（植株一部分）

美洲葡萄（植株一部分）

葡萄（植株一部分）

山葡萄（植株一部分）

地锦（植株一部分）

五叶地锦（植株一部分）

白蔹（茎下部叶）

乌头叶蛇葡萄（植株一部分）

掌裂蛇葡萄（植株一部分）

东北蛇葡萄（植株一部分）

光叶蛇葡萄（植株一部分）

葎叶蛇葡萄（植株一部分）

三叶白蔹（植株一部分）

乌蔹莓（植株一部分）

辽椴（植株一部分）

蒙椴（花序）

蒙椴（植株一部分）

美洲椴（花序）

美洲椴（叶）

心叶椴（植株一部分）

西伯利亚椴（植株一部分）

大叶欧椴（叶）

欧椴（植株一部分）

紫椴（植株一部分）

扁担杆（植株一部分）

田麻（植株一部分）

金铃花（植株一部分）

苘麻（植株一部分）

阿洛葵（植株一部分）

刺黄花稔（植株一部分）　　　　　锦葵（植株）　　　　　三月花葵（植株一部分）

麝香锦葵（植株）　　　　　野葵（植株一部分）　　　　　中华野葵（果序）

蜀葵（植株一部分）　　　　　陆地棉（植株）　　　　　黄蜀葵（植株一部分）

咖啡黄葵（植株）　　　　　木槿（花枝）　　　　　芙蓉葵（植株）

野西瓜苗（植株） 梧桐（植株一部分） 葛枣猕猴桃（果实）

狗枣猕猴桃（果实） 软枣猕猴桃（植株一部分） 白背叶猕猴桃（叶）

中华猕猴桃（植株一部分） 黄海棠（花） 东北长柱金丝桃（花柱）

短柱金丝桃（花） 赶山鞭（植株一部分） 三蕊沟繁缕（植株）

柽柳（植株一部分）　　　　三色堇（植株）　　　　角堇（植株）

双花堇菜（居群）　　　　大黄花堇菜（植株）　　　　东方堇菜（花期）

蓼叶堇菜（植株）　　　　奇异堇菜（植株一部分）　　　　如意草（植株）

鸡腿堇菜（植株）　　　　紫花鸡腿堇菜（植株）　　　　掌叶堇菜（植株）

裂叶堇菜（植株） 总裂叶堇菜（植株） 南山堇菜（植株）

溪堇菜（植株） 球果堇菜（植株） 辽宁堇菜（植株）

毛柄堇菜（植株） 东北堇菜（植株） 紫花地丁（植株）

深山堇菜（植株） 北京堇菜（植株） 茜堇菜（植株）

斑叶堇菜（植株）　　　　　　　绿斑叶堇菜（堇菜）　　　　　　早开堇菜（植株）

细距堇菜（植株）　　　　　　　毛萼堇菜（植株）　　　　　　　白花地丁（根部）

白花地丁（植株）　　　　　　　白花堇菜（植株）　　　　　　　大叶堇菜（居群）

阴地堇菜（植株）

朝鲜堇菜（植株）

菊叶堇菜（植株）

凤凰堇菜（植株）　　　　　西山堇菜（植株）　　　　　蒙古堇菜（植株）

长萼蒙古堇菜（花）　　　　山桐子（植株一部分）　　　　秋海棠（植株）

中华秋海棠（植株）　　　　四季海棠（植株）　　　　盒子草（植株一部分）

假贝母（植株一部分）　　　赤瓟（植株一部分）　　　　裂瓜（植株一部分）

刺果瓜（植株一部分）　　　　佛手瓜（植株）　　　　葫芦（植株）

苦瓜（植株一部分）　　　　丝瓜（植株一部分）　　　　冬瓜（植株一部分）

西瓜（植株一部分）　　　　黄瓜（植株）　　　　甜瓜（植株一部分）

南瓜（果梗）　　　　笋瓜（果实）　　　　西葫芦（植株一部分）

栝楼（植株一部分） 　　　　蛇瓜（植株） 　　　　东北瑞香（花枝）

芫花（花序） 　　　　草瑞香（植株一部分） 　　　　狼毒（植株）

沙枣（植株一部分） 　　　　牛奶子（植株一部分） 　　　　银水牛果（植株一部分）

中国沙棘（植株一部分） 　　　　紫薇（植株一部分） 　　　　石榴（花枝）

萼距花（植株一部分） 千屈菜（植株） 长叶水苋（植株一部分）

多花水苋（植株一部分） 欧菱（植株一部分） 细果野菱（植株一部分）

瓜木（花序） 柳兰（花序） 柳叶菜（植株一部分）

沼生柳叶菜（植株） 多枝柳叶菜（植株一部分） 毛脉柳叶菜（植株一部分）

光滑柳叶菜（植株一部分）　　　细籽柳叶菜（植株一部分）　　　美丽月见草（植株一部分）

黄花月见草（植株一部分）　　　月见草（植株一部分）　　　长毛月见草（植株一部分）

假柳叶菜（植株一部分）　　　高山露珠草（植株）　　　深山露珠草（植株）

露珠草（植株）　　　南方露珠草（植株一部分）　　　水珠草（居群）

小花山桃草（花序）　　　　　　　　山桃草（花）　　　　　　　　倒挂金钟（植株一部分）

杉叶藻（植株）　　　　　　　　狐尾藻（植株）　　　　　　　穗状狐尾藻（植株一部分）

洋常春藤（植株一部分）　　　　　　　人参（植株）　　　　　　　　西洋参（植株）

刺参（植株）　　　　　　　　刺楸（植株一部分）　　　　　　刺五加（植株一部分）

无梗五加（花枝）　　　　　　　　异株五加（植株一部分）　　　　　　东北土当归（植株一部分）

楤木（植株一部分）　　　　　　　　大苞柴胡（植株）　　　　　　　　　大叶柴胡（植株一部分）

红柴胡（花序）　　　　　　　　　　线叶柴胡（果序）　　　　　　　　烟台柴胡（小总苞片有白色边缘）

烟台柴胡（植株）　　　　北柴胡（小伞花序）　　　　　　　　扁叶刺芹（花序）

芫荽（花序）　　　　　　　　　泽芹（植株一部分）　　　　　　　鸭儿芹（果序）

鸭儿芹（茎下部叶）　　　　短果茴芹（植株一部分）　　　　辽冀大叶芹（果序）

短果茴芹（植株）　　　　　辽冀茴芹（植株）　　　　　　峨参（茎下部叶）

东北峨参（果序）　　　　　　　棱子芹（植株）　　　　　　滨蛇床（植株一部分）

兴安蛇床（果序一部分）　　　　　兴安蛇床（茎叶）　　　　　蛇床（植株一部分）

防风（植株一部分）　　　　　硬阿魏（植株一部分）　　　　　刺尖前胡（植株一部分）

兴安前胡（果序）　　　兴安前胡（植株一部分）　　　宽叶石防风（植株一部分）

泰山前胡（茎叶）　　　　　短毛独活（花序一部分）　　　　　短毛独活（植株）

柳叶芹（花序）　　　　　　　　柳叶芹（茎叶）　　　　　　　　拐芹（植株）

朝鲜当归（植株）　　　　　　紫花前胡（花序）　　　　　　紫花前胡（茎下部叶）

鸭巴前胡（花序）　　　　　　鸭巴前胡（茎下部叶）　　　　长鞘当归（植株一部分）

黑水当归（植株）　　　　　　　白芷（植株）　　　　　　　大全叶山芹（茎叶）

大齿山芹（茎叶）　　　　　　　绿花山芹（茎叶）　　　　　　　山芹（植株）

毒芹（植株一部分）　　　　　　　水芹（植株）　　　　　　　迷果芹（果序）

迷果芹（茎叶）　　　　　　　茴香（花序一部分）　　　　　　辽藁本（基生叶）

细裂辽藁本（植株）　　　　　　细叶藁本（茎叶）　　　　　　岩茴香（植株）

东北羊角芹（植株）　　　　　　田葛缕子（茎生叶）　　　　　　旱芹（植株）

香根芹（果序）　　　　　　变豆菜（植株）　　　　　　红花变豆菜（植株）

小窃衣（果序）　　　　　　野胡萝卜（根部）　　　　　　野胡萝卜（花序）

胡萝卜（植株）　　　　　　珊瑚菜（植株）　　　　　　香芹（果序）

香芹（茎叶）　　　　　　　山茴香（果序）　　　　　　　山茴香（植株）

绒果芹（基生叶）　　　　　　孜然芹（果序）　　　　　　　红瑞木（果枝）

朝鲜梾木（植株一部分）　　　毛梾（叶背面观）　　　　　　沙梾（果枝）

灯台树（植株一部分）　　　　山茱萸（植株一部分）　　　　日本四照花（植株一部分）

四照花（植株一部分）　　　　　肾叶鹿蹄草（植株）　　　　　红花鹿蹄草（植株）

日本鹿蹄草（植株）　　　　　兴安鹿蹄草（花序）　　　　　兴安鹿蹄草（基生叶）

单侧花（花序）　　　　　喜冬草（植株）　　　　　球果假沙晶兰（植株）

松下兰（植株）　　　　　　宽叶杜香（花枝）　　　　　　照山白（花枝）

高山杜鹃（植株一部分）　　兴安杜鹃（植株一部分）　　迎红杜鹃（植株一部分）

牛皮杜鹃（植株一部分）　　大字杜鹃（植株一部分）　　叶状苞杜鹃（花）

红枫杜鹃（植株一部分）　　淀川杜鹃（植株一部分）　　黄杨杜鹃（植株一部分）

越桔（植株）　　　　　　　　红果越桔（植株一部分）　　　　　　笃斯越桔（植株一部分）

樱草（植株）　　　　　　　　岩生报春（植株）　　　　　　　　肾叶报春（居群）

箭报春（植株）　　　　　　　点地梅（植株）　　　　　　　东北点地梅（植株）

海乳草（植株一部分）　　　　七瓣莲（居群）　　　　　　　黄连花（植株）

虎尾草（植株上部）　　　　　滨海珍珠菜（植株一部分）　　　　　　　　　矮桃（植株上部）

泽珍珠菜（植株）　　　　　　狭叶珍珠菜（植株）　　　　　　　球尾花（植株一部分）

海石竹（植株）　　　　　　蓝花丹（植株一部分）　　　　　鸡娃草（植株一部分）

二色补血草（花序一部分）　　　烟台补血草（花序一部分）　　　　　补血草（花序一部分）

君迁子（植株一部分）　　　　　　柿（植株一部分）　　　　　　白檀（果序）

玉铃花（植株一部分）　　　　　　雪柳（果枝）　　　　　　湖北梣（植株一部分）

水曲柳（植株一部分）　　　　美国红梣（植株一部分）　　美国白梣（叶正反面对比）

小叶梣（植株一部分）　　　　　　白蜡树（叶）　　　　　　花曲柳（果枝）

金钟花（植株一部分）　　　　　卵叶连翘（反季开花）　　　　　东北连翘（植株一部分）

连翘（植株一部分）　　　　　暴马丁香（植株一部分）　　　　　北京丁香（植株一部分）

红丁香（植株一部分）　　　　　辽东丁香（植株一部分）　　　　　巧玲花（叶背面观）

巧玲花（植株一部分）　　　　　关东巧玲花（小枝）　　　　　关东巧玲花（植株一部分）

蓝丁香（植株一部分）　　　　小叶蓝丁香（植株一部分）　　　　紫丁香（植株一部分）

朝阳丁香（植株一部分）　　　　欧丁香（植株一部分）　　　　什锦丁香（植株一部分）

花叶丁香（植株一部分）　　　　羽叶丁香（植株一部分）　　　　木犀（植株一部分）

流苏树（植株一部分）　　　　迎春花（花）　　　　小蜡（植株一部分）

女贞（植株一部分）　　　　　　金叶女贞（植株一部分）　　　　　卵叶女贞（植株一部分）

辽东水蜡树（植株一部分）　　　　大叶醉鱼草（植株一部分）　　　　互叶醉鱼草（植株一部分）

百金花（花序）　　　　　　　　　三花龙胆（植株一部分）　　　　　朝鲜龙胆（植株上部）

龙胆（植株）　　　　　　　　　　秦艽（植株一部分）　　　　　　　达乌里秦艽（植株）

高山龙胆（植株）

笔龙胆（植株）

长白山龙胆（植株一部分）

鳞叶龙胆（植株）

假水生龙胆（植株）

丛生龙胆（植株）

北方獐牙菜（植株一部分）

瘤毛獐牙菜（植株一部分）

花锚（植株一部分）

椭圆叶花锚（植株一部分）

翼萼蔓（植株一部分）

小荇菜（植株一部分）

金银莲花（花正面观）   荇菜（植株一部分）   睡菜（植株一部分）

罗布麻（植株一部分）   长春花（植株）   杠柳（植株一部分）

马利筋（植株一部分）   萝藦（植株一部分）   白薇（植株）

紫花合掌消（植株一部分）   潮风草（植株）   竹灵消（植株一部分）

华北白前（植株一部分）　　　　　　紫花杯冠藤（植株一部分）　　　　　　徐长卿（植株一部分）

地梢瓜（植株）　　　　　　　蔓白前（植株一部分）　　　　　　隔山消（植株一部分）

白首乌（植株一部分）　　　　　　鹅绒藤（植株一部分）　　　　戟叶鹅绒藤（植株一部分）

变色白前（植株一部分）　　　　　　金灯藤（植株一部分）　　　　啤酒花菟丝子（植株一部分）

菟丝子（植株一部分）

南方菟丝子（花序）

欧洲菟丝子（植株一部分）

马蹄金（植株一部分）

圆叶牵牛（植株一部分）

牵牛（植株一部分）

大花牵牛（植株一部分）

蕹菜（植株一部分）

番薯（植株一部分）

野甘薯（植株一部分）

三裂叶薯（植株一部分）

橙红茑萝（植株一部分）

茑萝（植株一部分）　　　　葵叶茑萝（植株一部分）　　　　肾叶打碗花（植株一部分）

藤长苗（植株一部分）　　　　长叶藤长苗（植株）　　　　旋花（植株一部分）

柔毛大碗花（植株一部分）　　　　打碗花（植株）　　　　银灰旋花（植株）

刺旋花（植株一部分）

田旋花（植株一部分）

北鱼黄草（植株一部分）

花荵（植株）　　　　　　　　天蓝绣球（植株）　　　　　　　　　针叶天蓝绣球（植株一部分）

粗糠树（植株一部分）　　　　　　砂引草（植株）　　　　　　　　紫筒草（植株一部分）

田紫草（植株一部分）　　　　　紫草（植株一部分）　　　　　　　疗肺草（植株）

倒提壶（植株一部分）　　　　大果琉璃草（植株一部分）　　　　　　鹤虱（果实）

卵盘鹤虱（果实）　　　　　　　　丘假鹤虱（果实）　　　　　　　　北齿缘草（植株）

山茄子（植株）　　　　　　　　聚合草（植株一部分）　　　　　　车前叶蓝蓟（植株一部分）

弯齿盾果草（植株一部分）　　　　药用牛舌草（植株）　　　　　　琉璃苣（植株一部分）

斑种草（小坚果）　　　　　　　柔弱斑种草（植株）　　　　　　狭苞斑种草（植株一部分）

多苞斑种草（小坚果）　　　　附地菜（植株）　　　　　钝萼附地菜（植株）

水甸附地菜（植株）　　　　朝鲜附地菜（植株）　　　　湿地勿忘草（植株）

单叶蔓荆（植株一部分）　　　黄荆（叶）　　　　荆条（植株一部分）

白棠子树（植株一部分）　　　海州常山（植株一部分）　　兰香草（植株一部分）

白花黄荆（花序）　　　　　　　牡荆（植株一部分）　　　　　　日本紫珠（花枝）

蒙古莸（植株一部分）　　　　　长苞马鞭草（植株一部分）　　　　绒毛马鞭草（植株）

马鞭草（植株一部分）　　　　　柳叶马鞭草（植株）　　　　　　美女樱（植株一部分）

细叶美女樱（植株一部分）　　　姬岩垂草（植株一部分）　　　　　多花筋骨草（植株）

线叶筋骨草（植株一部分）　　　　黑龙江香科科（植株一部分）　　　　裂苞香科科（植株）

水棘针（植株）　　　　　　美国薄荷（植株）　　　　　　念珠根茎黄芩（根部）

念珠根茎黄芩（植株一部分）　　　　纤弱黄芩（植株一部分）　　　　狭叶黄芩（植株一部分）

沙滩黄芩（植株一部分）　　　　并头黄芩（植株一部分）　　　　黄芩（植株）

京黄芩（植株）　　　　　　木根黄芩（植株）　　　　　　薰衣草（植株）

法国薰衣草（花序）　　　　羽叶薰衣草（植株）　　　　齿叶薰衣草（植株一部分）

夏至草（植株一部分）　　　　木香薷（植株）　　　　　海州香薷（植株）

岩生香薷（植株）　　　　　狭叶香薷（植株）　　　　　香薷（植株）

丹参（植株）　　　　　单叶丹参（植株一部分）　　　　　　　　一串红（植株）

蓝花鼠尾草（植株）　　　　　荔枝草（植株）　　　　　矛叶鼠尾草（植株）

荫生鼠尾草（植株一部分）　　　新疆鼠尾草（植株）　　　　草甸鼠尾草（植株）

藿香（植株）　　　　　裂叶荆芥（植株一部分）　　　　多裂叶荆芥（植株）

荆芥（植株一部分）　　　　　费森杂种荆芥（植株一部分）　　　　　光萼青兰（花序）

香青兰（花序一部分）　　　　　毛建草（植株一部分）　　　　　假龙头花（居群）

活血丹（植株一部分）　　　　　荨麻叶龙头草（植株一部分）　　　　　山菠菜（植株一部分）

大花夏枯草（植株一部分）　　　　　长齿百里香（植株一部分）　　　　　百里香（花序）

百里香（植株一部分）　　　　　　地椒（花序）　　　　　　　　　　地椒（茎叶）

兴安百里香（植株一部分）　　　　糙苏（花序）　　　　　　　　　　糙苏（居群）

块根糙苏（基生叶）　　　　　　　大叶糙苏（花序）　　　　　　　　尖齿糙苏（花序）

尖齿糙苏（植株）　　　　　　鼬瓣花（植株一部分）　　　　　　　宝盖草（植株一部分）

野芝麻（植株）　　　　　　　　野芝麻硬毛亚种（植株）　　　　　　野芝麻硬毛亚种（植株一部分）

大花益母草（植株一部分）　　　　　鏊菜（植株一部分）　　　　　　　细叶益母草（花序）

益母草（花序）　　　　　　风轮菜（苞片无明显中肋）　　　　　风轮菜（植株）

麻叶风轮菜（苞片有明显中肋）　　　甘露子（植株下部）　　　　　　　毛水苏（植株一部分）

水苏（植株）　　　　　　　　　华水苏（植株一部分）　　　　　　绵毛水苏（植株一部分）

石荠苎（植株一部分）　　　　　小鱼荠苎（植株一部分）　　　　　紫苏（植株一部分）

回回苏（植株一部分）　　　　　地笋（植株）　　　　　　　　　　硬毛地笋（植株一部分）

东北薄荷（轮伞花序）　　　　　兴安薄荷（植株一部分）　　　　　留兰香（花序）

欧地笋（植株）　　　　　　　　　　小花地笋（植株）　　　　　　　　　　薄荷（植株一部分）

艾克伦香茶菜（植株一部分）　　　　　五彩苏（植株）　　　　　　　　　　辽宁香茶菜（花序）

辽宁香茶菜（植株一部分）　　　　　　溪黄草（花序一部分）　　　　　　　内折香茶菜（花序一部分）

尾叶香茶菜（植株一部分）　　　　　　毛叶香茶菜蓝萼变种（植株）　　　　　罗勒（花序）

疏柔毛罗勒（植株）　　　　　枸杞（植株一部分）　　　　　宁夏枸杞（果实）

假酸浆（植株）　　　　　日本散血丹（果序）　　　　　挂金灯（植株）

苦蘵（叶）　　　　　毛酸浆（植株一部分）　　　　　辣椒（植株一部分）

少花龙葵（植株一部分）　　　　　龙葵（果序）　　　　　毛龙葵（植株一部分）

青杞（植株一部分）　　　　澳洲茄（植株）　　　　阳芋（植株一部分）

北美刺龙葵（花枝）　　　北美刺龙葵（植株）　　　黄花刺茄（植株）

蒜芥茄（植株一部分）　　　　茄（植株）　　　　野海茄（植株一部分）

白英（茎叶）　　　　番茄（植株）　　　　樱桃番茄（果序）

泡囊草（植株）

天仙子（花序）

小天仙子（植株）

木本曼陀罗（植株）

曼陀罗（植株一部分）

毛曼陀罗（植株）

洋金花（植株）

重瓣曼陀罗（花）

黄花烟草（植株）

烟草（植株）

花烟草（植株）

碧冬茄（植株）

兰考泡桐（植株一部分）　　　　　楸叶泡桐（植株一部分）　　　　　毛泡桐（植株一部分）

白花毛泡桐（植株一部分）　　　　石龙尾（植株一部分）　　　　　金鱼草（植株一部分）

香彩雀（植株一部分）　　　　柳穿鱼（花序）　　　　摩洛哥柳穿鱼（植株一部分）

双距花（花序）　　　　　　水茫草（植株）　　　　　　北玄参（植株）

山西玄参（花序一部分）　　　　　　　山西玄参（植株）　　　　　　　丹东玄参（植株一部分）

毛地黄钓钟柳（花序）　　　　　　　钓钟柳（植株）　　　　　　　毛蕊花（植株）

草本威灵仙（植株）　　　　　　　管花腹水草（花序）　　　　　　　管花腹水草（茎叶）

细叶穗花（植株）　　　　　东北穗花（植株）　　　　　朝鲜穗花（花序）

朝鲜穗花（茎叶）　　　　　大穗花（植株）　　　　　兔儿尾苗（植株）

长毛穗花（植株）　　　　　直立婆婆纳（植株）　　　　　阿拉伯婆婆纳（植株一部分）

石蚕叶婆婆纳（植株一部分）　　　北水苦荬（植株）　　　长果水苦荬（植株一部分）

水苦荬（果序一部分）　　　水苦荬（植株）　　　沟酸浆（植株一部分）

兰猪耳（植株）　　　地黄（植株）　　　毛地黄（植株）

陌上菜（植株）　　　弹刀子菜（植株）　　　通泉草（植株）

山罗花（植株一部分）　　　　　狭叶山罗花（植株一部分）　　　　高枝小米草（植株一部分）

疗齿草（植株）　　　　　　埃氏马先蒿（植株）　　　　　红纹马先蒿（花序）

红纹马先蒿（植株上部）　　　鸡冠子花（植株）　　　　返顾马先蒿（植株一部分）

阴行草（植株）　　　　　达乌里芯芭（植株）　　　　　　梓树（植株一部分）

穗花马先蒿（植株）　　　　　轮叶马先蒿（植株）　　　　　松蒿（植株）

黄金树（植株一部分）　　　　紫葳楸（植株一部分）　　　　厚萼凌霄（花序）

茶菱（植株一部分）　　　　　芝麻（植株一部分）　　　　　黄花列当（植株一部分）

凌霄（植株一部分）　　　　　　　非洲凌霄（植株一部分）　　　　　　　角蒿（植株）

黑水列当（花解剖）　　　　　　　黑水列当（植株）　　　　　　　列当（植株）

黄筒花（植株）　　　　　　　旋蒴苣苔（植株）　　　　　　　鸡矢藤（植株一部分）

五星花（植株）　　　　　　　异叶轮草（花序）　　　　　　　异叶轮草（植株一部分）

卵叶轮草（植株）　　　　　　　北方拉拉藤（花序）　　　　　　北方拉拉藤（植株一部分）

线叶拉拉藤（植株一部分）　　　　林猪殃殃（植株）　　　　　　　四叶葎（植株一部分）

猪殃殃（植株一部分）　　　　山猪殃殃（植株一部分）　　　　　拉拉藤（植株一部分）

大叶猪殃殃（果序）　　　　　大叶猪殃殃（植株一部分）　　　　钝叶拉拉藤（植株一部分）

蓬子菜（植株）　　　　　　蓬子菜（植株一部分）　　　　　林生茜草（植株一部分）

茜草（果序）　　　　　　　茜草（植株一部分）　　　　　　中国茜草（植株）

穿心莲（植株一部分）　　　　狸藻（植株一部分）　　　　　　透骨草（植株一部分）

车前（植株）　　　　　　　大车前（植株）　　　　　　　　海滨车前（植株）

平车前（植株）　　　　　　　　长叶车前（居群）　　　　　　　　山梗菜（花序）

半边莲（植株一部分）　　　　　　六倍利（花序）　　　　　　　紫斑风铃草（植株）

聚花风铃草（植株）　　　　　　丛生风铃草（植株）　　　　　荨麻叶风铃草（植株一部分）

多歧沙参（花背面观）　　　多歧沙参（植株一部分）　　　　　大花沙参（花序）

大花沙参（植株一部分）　　　　荠苨（植株）　　　　　白花荠苨（花序一部分）

长叶荠苨（植株）　　　薄叶荠苨（植株）　　　　沼沙参（花背面观）

沼沙参（植株）　　　锯齿沙参（花侧面观）　　锯齿沙参（植株一部分）

扫帚沙参（花侧面观）　　　　扫帚沙参（植株一部分）　　　　细叶沙参（花序一部分）

长柱沙参（花序）　　　　松叶沙参（花）　　　　松叶沙参（植株）

缢花沙参（花侧面观）　　缢花沙参（植株一部分）　　　　石沙参（花侧面观）

石沙参（茎叶）　　　　毛萼石沙参（茎叶）　　　　狭叶沙参（花萼）

狭叶沙参（植株一部分）

轮叶沙参（花序一部分）

轮叶沙参（植株一部分）

展枝沙参（花序）

展枝沙参（植株一部分）

长白沙参（花序）

长白沙参（植株一部分）

北方沙参（花序一部分）

北方沙参（植株一部分）

桔梗（植株）　　　　　　　　党参（植株）　　　　　　　羊乳（植株一部分）

雀斑党参（根部）　　　　　牧根草（植株）　　　　　同瓣草（植株一部分）

粉团（植株一部分）　　　　荚蒾（植株一部分）　　　宜昌荚蒾（植株一部分）

修枝荚蒾（植株一部分）　　蒙古荚蒾（植株一部分）　　皱叶荚蒾（植株一部分）

珊瑚树（植株一部分）

欧洲荚蒾（可育花）

鸡树条（植株一部分）

西伯利亚接骨木（叶背面观）

西伯利亚接骨木（植株一部分）

接骨木（植株一部分）

朝鲜接骨木（果序）

五福花（居群）

海仙花（花枝）

红王子锦带（花序）

锦带花（花序）

腋花莛子藨（植株）

小花毛核木（植株一部分）　　　　　贯月忍冬（植株一部分）　　　　　忍冬（植株一部分）

蓝果忍冬（植株一部分）　　　　　蓝叶忍冬（植株一部分）　　　　　金银忍冬（花序）

新疆忍冬（植株一部分）　　　　　金花忍冬（植株一部分）　　　　　长白忍冬（植株一部分）

早花忍冬（花枝）　　　　　北京忍冬（花枝）　　　　　单花忍冬（果枝）

郁香忍冬（果枝）　　　　苦糖果（果枝）　　　　葱皮忍冬（植株一部分）

华北忍冬（植株一部分）　　　紫花忍冬（植株一部分）　　　北极花（植株）

六道木（植株一部分）　　　蝟实（植株一部分）　　　日本续断（植株一部分）

华北蓝盆花（植株一部分）　　　日本蓝盆花（基生叶）　　　高山日本蓝盆花（植株）

败酱（茎叶）　　　　　　　　败酱（果序一部分）　　　　　　　糙叶败酱（花序）

糙叶败酱（茎叶）　　　　　　岩败酱（花序）　　　　　　　　岩败酱（基生叶）

墓头回（茎上部叶）　　　　　墓头回（茎下部叶）　　　　　少蕊败酱（花序一部分）

少蕊败酱（植株一部分）　　　　攀倒甑（花序）　　　　　　　斑叶败酱（花序）

黑水缬草（花序）　　　　　　　　缬草（植株）　　　　　　　　蛇鞭菊（花序）

林泽兰（植株）　　　　　　　　白头婆（植株）　　　　　　　　熊耳草（植株）

胶菀（植株一部分）　　　　加拿大一枝黄花（植株一部分）　　　高大一枝黄花（植株一部分）

兴安一枝黄花（植株）　　　　　钝苞一枝黄花（植株）　　　　　　翠菊（植株）

雏菊（植株）　　　　　　　　全叶马兰（植株上部）　　　　　　　裂叶马兰（植株）

山马兰（茎下部叶）　　　　　　蒙古马兰（植株一部分）　　　　　　五色菊（植株一部分）

姬小菊（植株一部分）　　　　　　东风菜（植株）　　　　　　　　女菀（植株一部分）

阿尔泰狗娃花（植株）　　　　阿尔泰狗娃花（植株一部分）　　　　　砂狗娃花（茎叶）

砂狗娃花（植株）　　　　　　狗娃花（植株）　　　　　　　圆齿狗娃花（植株一部分）

紫菀（植株）　　　　　　　三脉紫菀（植株一部分）　　　　圆苞紫菀（植株上部）

碱菀（基生叶）　　　　　　短星菊（植株一部分）　　　　　荷兰菊（植株一部分）

钻形紫菀（植株）　　　　　　一年蓬（植株）　　　　　　　糙伏毛飞蓬（茎中部）

春飞蓬（植株一部分）　　　　香丝草（花序）　　　　小蓬草（植株）

飞蓬（花序）　　　飞蓬（植株一部分）　　　三裂叶豚草（植株一部分）

豚草（植株）　　　刺苍耳（植株一部分）　　　苍耳（植株一部分）

意大利苍耳（总苞结果时）　　　皇帝菊（植株）　　　牛膝菊（植株一部分）

粗毛牛膝菊（植株）　　　　　　粗毛牛膝菊（植株一部分）　　　　串叶松香草（植株一部分）

百日菊（居群）　　　　　　　　百日菊（头状花序）　　　　　　　秋英（植株一部分）

硫磺菊（植株一部分）　　　　　柳叶鬼针草（植株）　　　　　　　大狼杷草（植株一部分）

狼杷草（植株一部分）　　　　　羽叶鬼针草（植株一部分）　　　　小花鬼针草（植株一部分）

鬼针草（植株一部分）　　金盏银盘（植株一部分）　　婆婆针（植株一部分）

大丽花（植株）　　两色金鸡菊（植株一部分）　　大花金鸡菊（植株一部分）

剑叶金鸡菊（植株一部分）　　假苍耳（植株）　　腺梗豨莶（花枝）

毛梗豨莶（花枝）　　鳢肠（植株一部分）　　黑心金光菊（植株一部分）

金光菊（植株一部分）

赛菊芋（植株）

南美蟛蜞菊（植株一部分）

菊芋（植株一部分）

向日葵（植株）

千瓣葵（植株一部分）

印加孔雀草（植株一部分）

孔雀草（植株）

万寿菊（植株）

天人菊（植株）

宿根天人菊（植株）

松果菊（植株）

堆心菊（植株）　　　　　细叶堆心菊（植株一部分）　　　　　　　短瓣蓍（花序）

高山蓍（花序）　　　　　　　　蓍（群落）　　　　　　果香菊（植株一部分）

木茼蒿（植株一部分）　　　蒿子杆（植株一部分）　　　南茼蒿（植株一部分）

菊花（植株一部分）　　　　　　野菊（植株）　　　　甘野菊（植株一部分）

甘菊（植株一部分）　　　　　　　绒毛菊（茎叶）　　　　　　　小红菊（植株一部分）

楔叶菊（植株）　　　　　　　紫花野菊（植株）　　　　　　　滨菊（植株）

同花母菊（植株上部）　　　　　　三肋果（植株）　　　　　　　东北三肋果（植株）

线叶菊（植株）　　　　　　　莳萝蒿（花序）　　　　　　　莳萝蒿（植株一部分）

矮滨蒿（花序）   矮滨蒿（基生叶）   大籽蒿（茎下部叶）

冷蒿（花序一部分）   白山蒿（植株一部分）   黄花蒿（植株一部分）

山蒿（植株一部分）   细裂叶莲蒿（植株一部分）   毛莲蒿（茎叶）

两色毛莲蒿（植株一部分）   宽叶蒿（花序）   宽叶蒿（基生叶）

柳叶蒿（植株）　　　　　　　　无齿蒌蒿（基生叶）　　　　　　　蒌蒿（植株一部分）

魁蒿（花序一部分）　　　　　　魁蒿（茎下部叶）　　　　　　　阴地蒿（植株一部分）

歧茎蒿（花序一部分）　　　　　歧茎蒿（植株一部分）　　　　　　蒙古蒿（花序）

蒙古蒿（茎中部叶）　　　　　　红足蒿（花序一部分）　　　　　　红足蒿（茎下部叶）

五月艾（花序一部分）　　　　　　五月艾（植株一部分）　　　　　　辽东蒿（花序一部分）

辽东蒿（植株一部分）　　　　　矮蒿（植株一部分）　　　　　野艾蒿（花序一部分）

野艾蒿（茎叶）　　　　　　艾蒿（植株一部分）　　　　　朝鲜艾（植株一部分）

宽叶山蒿（植株一部分）　　　　　　盐蒿　　　　　　光沙蒿（植株一部分）

龙蒿（植株一部分）

猪毛蒿（花序一部分）

猪毛蒿（植株一部分）

牡蒿（基生叶）

东北牡蒿（基生叶）

狭叶牡蒿（基生叶）

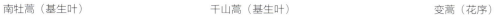

南牡蒿（基生叶）

千山蒿（基生叶）

变蒿（花序）

变蒿（基生叶）

茵陈蒿（苗期植株）

栉叶蒿（植株一部分）

石胡荽（植株一部分）　　　　　长白蜂斗菜（基生叶）　　　　　蜂斗菜（基生叶）

红凤菜（植株）　　　　　　　菊三七（植株）　　　　　　　梁子菜（植株一部分）

雪叶莲（群落）　　　　　　欧洲千里光（植株）　　　　　林荫千里光（植株）

额河千里光（植株）　　　　琥珀千里光（植株一部分）　　　　野茼蒿（植株一部分）

兔儿伞（苗期）

大叶蟹甲草（茎叶）

星叶蟹甲草（茎叶）

山尖子（植株）

山尖子（总苞片外面密被柔毛）

无毛山尖子（总苞片外面无毛）

无缨橐吾（植株）

长白山橐吾（植株）

全缘橐吾（基生叶）

蹄叶橐吾（花序）

蹄叶橐吾（植株）

狭苞橐吾（花序一部分）

红轮狗舌草（植株）　　长白狗舌草（植株）　　狗舌草（植株）

北狗舌草（植株）　　尖齿狗舌草（植株）　　朝鲜蒲儿根（植株）

含苞草（植株一部分）　　火绒草（植株）　　湿生鼠麴草（植株）

蓼子朴（植株一部分）　　柳叶旋覆花（植株）　　线叶旋覆花（基生叶）

欧亚旋覆花（植株一部分）　　　　旋覆花（植株一部分）　　　　土木香（植株）

大花金挖耳（植株一部分）　　　烟管头草（植株一部分）　　　暗花金挖耳（植株下部）

天名精（植株一部分）　　　　和尚菜（植株）　　　　金盏花（植株）

欧洲金盏花（植株）　　　　非洲万寿菊（植株）　　　　异果菊（植株一部分）

大丁草（春季植株）　　　　蚂蚱腿子（植株一部分）　　　　　　　　械叶兔儿风（植株）

砂蓝刺头（植株）　　　　华东蓝刺头（植株一部分）　　　　　　驴欺口（头状花序）

驴欺口（植株一部分）　　　东北蓝刺头（植株）　　　　　　关苍术（植株）

苍术（植株一部分）　　　　朝鲜苍术（植株）　　　　　　飞廉（植株）

节毛飞廉（花序）　　　　　节毛飞廉（叶正反面对比）　　　　丝毛飞廉（叶正反面对比）

水飞蓟（植株）　　　　　　　大刺儿菜（苗期植株）　　　　　　刺儿菜（植株）

块蓟（叶背面观）　　　　　　块蓟（植株）　　　　　　　　绒背蓟（叶背面观）

绒背蓟（植株）　　　　　　　莲座蓟　　　　　　　　　　林蓟（植株）

绿蓟（植株）　　　　　　蓟（叶背面观）　　　　　　蓟（植株一部分）

野蓟（叶背面观）　　　　　野蓟（植株）　　　　　　线叶蓟（植株）

烟管蓟（植株）　　　　　　红花（植株）　　　　　　漏芦（植株）

山牛蒡（花序）　　　　大花矢车菊（植株一部分）　　　铺散矢车菊（基生叶）

矢车菊（植株）　　　　　　　　　　牛蒡（基生叶）　　　　　　　　　　伪泥胡菜（植株上部）

麻花头（植株）　　　　　　　　　多花麻花头（植株）　　　　　　　　钟苞麻花头（植株上部）

泥胡菜（植株）　　　　京风毛菊（头状花序）　　　　　　　　京风毛菊（植株一部分）

草地风毛菊（植株）　　　　　　　　风毛菊（花序）　　　　　　　　　美花风毛菊（花序）

篦苞风毛菊（总苞片）

齿苞风毛菊（花序）

银背风毛菊（基生叶）

肾叶风毛菊（植株一部分）

岩风毛菊（基生叶）

齿叶风毛菊（植株一部分）

折苞风毛菊（茎叶）

折苞风毛菊（头状花序）

蒙古风毛菊（花序）

蒙古风毛菊（植株一部分）

羽叶风毛菊（花序）

羽叶风毛菊（植株一部分）

长白风毛菊（花序）　　　　　　　长白风毛菊（植株一部分）　　　　　大叶风毛菊（头状花序）

大叶风毛菊（植株）　　　　　　　东北风毛菊（花序）　　　　　　东北风毛菊（植株一部分）

卷苞风毛菊（植株）　　　　　　毛苞风毛菊（花序）　　　　　　毛苞风毛菊（基生叶）

勋章菊（植株一部分）　　　　　　　菊苣（植株）　　　　　　　　栽培菊苣（头状花序）

栽培菊苣（植株）　　　　　　　　猫儿菊（植株）　　　　　霜毛婆罗门参（植株一部分）

黄花婆罗门参（植株一部分）　　　毛连菜（茎）　　　　　　毛连菜（植株一部分）

单毛毛连菜（茎）　　　蒙古鸦葱（植株一部分）　　　华北鸦葱（植株一部分）

毛梗鸦葱（植株）　　　东北鸦葱（植株）　　　　　桃叶鸦葱（植株）

鸦葱（植株）　　　　　　　毛果鸦葱（果实）　　　　　　毛果鸦葱（植株）

朝鲜蒲公英（植株）　　　　白缘蒲公英（头状花序）　　　丹东蒲公英（头状花序）

芥叶蒲公英（头状花序）　　芥叶蒲公英（叶）　　　　　斑叶蒲公英（植株一部分）

东北蒲公英（头状花序）　　　东北蒲公英（叶）　　　　　光苞蒲公英（头状花序）

光苞蒲公英（植株）　　　　　蒲公英（头状花序）　　　　　华蒲公英（基生叶）

华蒲公英（头状花序）　　　亚洲蒲公英（头状花序）　　　　　亚洲蒲公英（叶）

苦苣菜（植株）　　　　　花叶滇苦菜（植株）　　　　　长裂苦苣菜（植株）

山莴苣（植株一部分）　　　　乳苣（植株一部分）　　　　　　莴苣（植株）

高大翅果菊（花序）　　　高大翅果菊（植株一部分）　　　毛脉翅果菊（叶背面观）

翅果菊（植株）　　　翼柄翅果菊（植株一部分）　　　野莴苣（植株）

屋根草（植株）　　　黄瓜假还阳参（植株）　　　尖裂假还阳参（植株）

少花假还阳参（植株）　　　黄鹌菜（植株）　　　沙苦荬菜（植株）

中华苦荬菜（植株）　　　　多色苦荬（植株）　　　　苦荬菜（植株）

盘果菊（茎下部叶）　　　　多裂耳菊（基生叶）　　　　山柳菊（植株一部分）

全光菊（植株）　　　　桂竹（每小枝5~6叶）　　　　淡竹（每小枝2~3叶）

蓉草（花序一部分）　　　　稻（花序一部分）　　　　菰（植株）

芦竹（植株）　　　　　　　　毛芦苇（植株一部分）　　　　　　日本苇（植株一部分）

芦苇（植株）　　　　　　　　三芒草（花序一部分）　　　　　　九顶草（植株）

獐毛（花序）　　　　　　　薄鞘隐子草（花序）　　　　　　朝阳隐子草（花序）

糙隐子草（植株一部分）　　　丛生隐子草（花序）　　　　　丛生隐子草（花序一部分）

凌源隐子草（花序）　　　　北京隐子草（花序）　　　　北京隐子草（花序一部分）

多叶隐子草（花序）　　　　中华草沙蚕（植株）　　　　双稃草（花序）

双稃草（花序一部分）　　　　知风草（花序）　　　　小画眉草
　　　　　　　　　　　　　　　　　　　　　　　（花序分枝腋间无毛）

大画眉草　　　　弯叶画眉草（花序一部分）　　　　弯叶画眉草（植株）
（花序分枝腋间具柔毛）

秋画眉草（小穗）　　　　画眉草（花序一部分）　　　　　　　　牛筋草（植株）

隐花草（花序）　　　　　　乱子草（花序）　　　　日本乱子草（花序一部分）

弯芒乱子草（花序一部分）　　　　龙常草（花序一部分）　　　　龙常草（植株）

法利龙常草（花序）　　　　法利龙常草（花序一部分）　　　结缕草（花序一部分）

中华结缕草（植株一部分）　　　锋芒草（花序一部分）　　　虱子草（花序一部分）

野牛草（花序）　　　虎尾草（植株）　　　狗牙根（植株）

大米草（植株）　　　大米草（小穗）　　　互花米草（小穗）

大麦（花序）　　　青稞　　　芒颖大麦草（居群）

短芒大麦草（植株一部分）　　　　　　老芒麦（花序）　　　　　　披碱草（植株一部分）

缘毛披碱草（花序一部分）　　　多秆披碱草（花序一部分）　　　柯孟披碱草（花序一部分）

纤毛披碱草（花序）　　　　　偃麦草（小穗）　　　　　　滨麦（植株）

蓝滨麦（植株）　　　　　　赖草（花序一部分）　　　　　羊草（花序一部分）

普通小麦（小穗）　　　　冰草（花序一部分）　　　　　　假鼠妇草（花序一部分）

东北甜茅（花序）　　　　东北甜茅（花序一部分）　　　　大花臭草（花序）

臭草（植株）　　　　　　抱草（花序一部分）　　　　　　抱草（植株一部分）

显脊雀麦（植株一部分）　　　扁穗雀麦（花序一部分）　　　无芒雀麦（花序）

雀麦（小穗）　　　　　　旱雀麦（花序一部分）　　　　　　短柄草（花序一部分）

鸭茅（花序一部分）　　　　　早熟禾（花序）　　　　　　白顶早熟禾（花序）

白顶早熟禾（花序一部分）　　　日本早熟禾（花序一部分）　　　西伯利亚早熟禾（花序）

西伯利亚早熟禾（花序一部分）　　　加拿大早熟禾（花序）　　　加拿大早熟禾（花序一部分）

瑞沃达早熟禾（花序一部分）　　　　　低山早熟禾（花序一部分）　　　　　硬质早熟禾（花序）

硬质早熟禾（花序一部分）　　　　　泽地早熟禾（花序）　　　　　泽地早熟禾（花序一部分）

普通早熟禾（花序一部分）　　　　　普通早熟禾（植株）　　　　　林地早熟禾（花序一部分）

高株早熟禾（花序一部分）　　　　　高株早熟禾（植株）　　　　　草地早熟禾（花序一部分）

细叶早熟禾（植株一部分）　　　远东羊茅（花序）　　　羊茅（花序一部分）

埃丽蓝羊茅（植株一部分）　　　微药碱茅（花序一部分）　　　鹤甫碱茅（花序）

鹤甫碱茅（花序一部分）　　　朝鲜碱茅（花序一部分）　　　毒麦（花序一部分）

黑麦草（小穗花期）　　　多花黑麦草（小穗）　　　欧黑麦草（花序一部分）

芒䅟草（花序一部分）　　　　　　落草（花序一部分）　　　　　　落草（植株）

野燕麦（花序一部分）　　　　　　莜麦（花序一部分）　　　　　　䅟草（花序）

䅟草（花序一部分）　　　　　　丝带草（植株）　　　　　　光稃香草（花序）

茅香（花序）

假苇拂子茅（花序）

假苇拂子茅（花序一部分）

拂子茅（花序一部分）

拂子茅（居群）

大拂子茅（花序一部分）

大拂子茅（植株）

疏穗野青茅（花序）

疏穗野青茅（花序一部分）

野青茅（花序一部分）

野青茅（植株）

小叶章（花序一部分）

大叶章（花序一部分）　　　　　　大叶章（植株）　　　　西伯利亚剪股颖
（花序一部分）

华北剪股颖（花序一部分）　　巨药剪股颖（花序一部分）　　单蕊草（花序一部分）

茵草（花序一部分）　　　　毛颖茵草（花序一部分）　　　梯牧草（花序一部分）

短穗看麦娘（花序）　　　　　看麦娘（花序）　　　　　粟草（花序）

长芒草（花序）　　　　　大针茅（植株上部）　　　　　狼针草（花序）

芨芨草（花序一部分）　　　京芒草（花序一部分）　　　朝阳芨芨草（花序一部分）

羽茅（花序一部分）　　　毛秆野古草（花序一部分）　　　光梗蒺藜草（花序）

梁（花序）　　　　　　　大狗尾草（花序一部分）　　　　　　狗尾草（花序）

狗尾草（花序一部分）　　　　金色狗尾草（居群）　　　　　　白草（花序）

狼尾草（植株）　　　　　　豫谷（植株）　　　　　　囊颖草（花序）

稷（植株上部）　　　　　野稷（植株上部）　　　　　糠稷（花序）

糠稷（叶）鞘边缘具毛　　　　　　洋野黍（植株一部分）　　　　　　止血马唐（植株）

紫马唐（花序一部分）　　　　　　马唐（花序）　　　　　　纤毛马唐（花序一部分）

野黍　　　　　　求米草（植株）　　　　　　稗（花序）

长芒稗（花序）　　　　　　无芒稗（花序一部分）　　　　　　白茅（花序）

荻（花序一部分）

金县芒（花序）

芒（花序）

芒（花序一部分）

大油芒（花序一部分）

柔枝莠竹（植株）

束尾草（花序）

大牛鞭草（花序）

荩草（植株）

石茅（花序一部分）

石茅（植株）

高粱（植株一部分）

苏丹草（花序）　　　　　白羊草（植株一部分）　　　　　　细柄草（花序）

裂稃草（植株上部）　　　　裂稃草（植株下部）　　　　　　橘草（花序一部分）

黄背草（花序一部分）　　　玉蜀黍（植株一部分）　　　　　薏苡（雌小穗）

薏米（花序）　　　　　　菖蒲（植株一部分）　　　　　日本臭菘（植株）

水芋（植株）　　　　　　　　　　　独角莲（植株）　　　　　　　　　　　芋（植株）

细齿南星（植株）　　　　　　　　　东北南星（植株）　　　　　　　　　天南星（植株）

半夏（居群）　　　　　　　　　　　虎掌（植株）　　　　　　　　　　　浮萍（植株）

紫萍（植株表面和背面对比）　　　　东方泽泻（植株）　　　　　　　　　草泽泻（植株）

禾叶慈姑（植株）　　　　　野慈姑（植株）　　　　　　浮叶慈姑（植株）

花蔺（花序）　　　　　　水筛（植株）　　　　　黑藻（植株一部分）

大茨藻（植株一部分）　　　小茨藻（植株一部分）　　　东方茨藻（植株一部分）

草茨藻（植株一部分）　　　　苦草（植株）　　　　　　水鳖（植株）

海韭菜（花序一部分）

水麦冬（花序一部分）

大叶藻（植株一部分）

黑纤维虾海藻（居群）

浮叶眼子菜（植株一部分）

眼子菜（植株一部分）

南方眼子菜（植株一部分）

竹叶眼子菜（植株一部分）

菹草（植株一部分）

穿叶眼子菜（植株一部分）

小眼子菜（植株一部分）

扁茎眼子菜（植株一部分）

尖叶眼子菜（植株一部分）　　　　篦齿眼子菜（植株一部分）　　　　角果藻（果序）

川蔓藻（植株一部分）　　　　香蒲（植株一部分）　　　　宽叶香蒲（植株一部分）

水烛（植株）　　　　长苞香蒲（植株一部分）　　　　达香蒲（植株一部分）

小香蒲（雌花序）　　　　黑三棱（植株一部分）　　　　狭叶黑三棱（植株一部分）

小黑三棱（植株一部分）　　　　　牛毛毡（植株一部分）　　　　　羽毛荸荠（植株）

槽秆荸荠（植株一部分）　　　　　大基荸荠（花序）　　　　　丝叶球柱草（花序）

球柱草（花序）　　　　　两歧飘拂草（花序）　　　　　矮两歧飘拂草（花序）

双穗飘拂草（花序）　　　　　畦畔飘拂草（花序）　　　　　烟台飘拂草（花序）

宽叶羊胡子草（花序）　　　　　细秆羊胡子草（居群）　　　　　扁秆荆三棱（花序）

荆三棱（花序）　　　　　　东方藨草（植株一部分）　　　　　庐山藨草（花序）

三棱水葱（花序）　　　　　　　水葱（植株）　　　　　　　萤蔺（植株）

水莎草（花序）　　　　　　水莎草（花序一部分）　　　　　香附子（花序）

头状穗莎草（植株一部分）

三轮草（花序一部分）

碎米莎草（花序）

具芒穗莎草（花序）

阿穆尔莎草（花序一部分）

扁穗莎草（植株一部分）

褐穗莎草（植株一部分）

异形莎草（花序）

风车草（植株）

白鳞莎草（植株）

旋鳞莎草（花序）

红鳞扁莎（花序）

球穗扁莎（植株）　　　　多枝扁莎（花序一部分）　　　　华湖瓜草（花序）

无刺鳞水是蜈蚣（花序）　　大穗薹草（雌小穗一部分）　　大穗薹草（花序）

胀囊薹草（雌小穗）　　胀囊薹草（花序）　　　　弓嚎薹草（花序）

异穗薹草（花序）　　　　叉齿薹草（花序）　　　　矮生薹草（植株）

糙叶薹草（花序）　　　　辽东薹草（雌小穗一部分）　　　　辽东薹草（花序）

锥囊薹草（雌小穗一部分）　　　　锥囊薹草（花序）　　　　直穗薹草（雌小穗一部分）

直穗薹草（花序）　　　　宽鳞薹草（雌小穗一部分）　　　　宽鳞薹草（花序）

麻根薹草（雌小穗）　　　　卷柱头薹草（雌小穗）　　　　卷柱头薹草（植株）

少囊薹草（花序）　　　　　毛缘薹草（雌小穗）　　　　　毛缘薹草（花序）

鸭绿薹草（雌小穗一部分）　　　　鸭绿薹草（花序）　　　　　亚澳薹草（花序）

乌苏里薹草（花序）　　　　低矮薹草（雌小穗）　　　　低矮薹草（植株）

亚柄薹草（植株）　　　　　亚柄薹草（雌小穗）　　　　矮丛薹草（花序）

矮丛薹草（早春植株）　　　　　四花薹草（花序）　　　　　青绿薹草（植株）

豌豆形薹草（雌小穗）　　　豌豆形薹草（花序）　　　　　青绿薹草（花序）

长嘴薹草（花序）　　　　　绿囊薹草（雌小穗）　　　　绿囊薹草（花序）

宽叶薹草（植株）　　　　　扁秆薹草（花序）　　　　　日本薹草（植株）

皱果薹草（雌小穗一部分）　　　　　皱果薹草（花序）　　　　　米柱薹草（雌小穗）

黄囊薹草（植株上部）　　　　　黄囊薹草（雌小穗）　　　　　点叶薹草（花序）

点叶薹草（花序）　　　白头山薹草（雌小穗一部分）　　　白头山薹草（花序）

离穗薹草（雌小穗）　　　　　　离穗薹草（花序）　　　　　　乳突薹草（雌小穗）

乳突薹草（花序）　　　　　　二形鳞薹草（雌小穗一部分）　　　　　　二形鳞薹草（花序）

溪水薹草（雌小穗一部分）　　　　　　溪水薹草（花序）　　　　　　异鳞薹草（雌小穗一部分）

异鳞薹草（花序）　　　　　　陌上菅（花序）　　　　　　双辽薹草（雌小穗）

双辽薹草（花序）　　　　　　发秆薹草（花序）　　　　　　针叶薹草（花序）

翼果薹草（花序）　　　　　　尖嘴薹草（花序）　　　　　　假尖嘴薹草（花序）

疣囊薹草（花序）　　　　　　山林薹草（花序）　　　　　　二柱薹草（花序）

寸草（植株）　　　　　　白颖薹草（植株）　　　　　　筛草（植株）

丝引薹草（花序）　　　　　　莎薹草（花序）　　　　　　卵果薹草（花序）

无毛紫露草（植株）　　　　　竹叶子（植株）　　　　　　饭包草（植株）

鸭跖草（植株一部分）　　　　疣草（植株一部分）　　　　梭鱼草（植株）

鸭舌草（植株）　　　　　　　雨久花（植株）　　　　　　凤眼蓝（植株）

灯心草（植株）　　　　　　　　小灯心草（植株）　　　　　　　扁茎灯心草（花序）

乳头灯心草（花序）　　　　　　针灯心草（花序）　　　　　　　火红地杨梅（花序）

淡花地杨梅（花序）　　　　　　北重楼（居群）　　　　　　　　曲枝天门冬（植株一部分）

龙须菜（植株）　　　　　　　　兴安天门冬（植株一部分）　　　南玉带（花期一部分）

南玉带（果期一部分）

石刁柏（植株一部分）

攀援天门冬（花枝）

白背牛尾菜（植株一部分）

东北牛尾菜（植株一部分）

牛尾菜（植株一部分）

华东菝葜（植株一部分）

凤尾丝兰（植株）

铃兰（植株）

黄精（植株）

狭叶黄精（植株一部分）

毛筒玉竹（植株一部分）

五叶黄精（植株）　　　　　　　　　小玉竹（植株）　　　　　　　　　玉竹（植株）

热河黄精（植株）　　　　　　　二苞黄精（植株一部分）　　　　　　长苞黄精（植株一部分）

吉林延龄草（植株）　　　　　　　　七筋姑（植株）　　　　　　　　　舞鹤草（植株）

两色鹿药（花序）　　　　　　丝梗扭柄花（植株一部分）　　　　卵叶扭柄花（植株一部分）

二叶舞鹤草（居群）　　　　兴安鹿药（植株）　　　　鹿药（植株）

少花万寿竹（植株）　　　　宝珠草（植株）　　　　矮小山麦冬（植株）

山麦冬（植株）　　　　知母（植株）　　　　藜芦（花序）

藜芦（植株下部）　　　　毛穗藜芦（苗期植株）　　　　尖被藜芦（花序）

黄花油点草（花）　　　　　　　　　玉簪（植株）　　　　　　　　　东北玉簪（花序）

东北玉簪（基生叶）　　　　　　　卵叶玉簪（居群）　　　　　　　　紫萼（花序）

紫萼（基生叶）　　　　　　　　　紫玉簪（花序）　　　　　　　紫玉簪（植株一部分）

黄花菜（花序）　　　　　　　　　北黄花菜（花序）　　　　　　　　小黄花菜（植株）

萱草（植株）　　　　　　　　大苞萱草（花序）　　　　　　　长苞萱草（花序）

火炬花（居群）　　　　　　　　茖葱（基生叶）　　　　　　　对叶山葱（植株）

单花韭（居群）　　　　　　　　蒜（居群）　　　　　　　　辉韭（花序）

韭（花序）　　　　　　　野韭（花序一部分）　　　　　　野韭（居群）

碱韭（花序）　　　　　　　　碱韭（植株）　　　　　　　　　蒙古韭（植株）

洋葱（植株一部分）　　　　　　大花葱（植株）　　　　　　　　　薤白（花序）

密花小根蒜（花序）　　　　　　白花薤白（花序）　　　　　　　　球序韭（花序）

砂韭（植株）　　　　　　　　　细叶韭（居群）　　　　　　　　　矮韭（花序）

北葱（植株）　　　　　　　　　山韭（植株）　　　　　　　　蒙古野韭（植株）

黄花葱（花序）　　　　　　　　葱（居群）　　　　　　　长梗合被韭（花序）

棋盘花（花序）　　　　　　绵枣儿（植株）　　　　　葡萄风信子（居群）

冠花贝母（花序）　　　　　　轮叶贝母（植株）　　　　　　平贝母（花序）

百合（植株一部分）　　　　　　毛百合（植株一部分）　　　　　　有斑百合（植株）

卷丹（植株一部分）　　　　　　秀丽百合花（花）　　　　　　秀丽百合（茎）

凤凰百合（花）　　　　　　凤凰百合（植株一部分）　　　　　　大花卷丹（花）

大花卷丹（植株一部分）　　　　条叶百合（花）　　　　条叶百合（植株一部分）

山丹（植株）　　　　垂花百合（植株）　　　　兰州百合（植株一部分）

东北百合（植株）　　　　小顶冰花（植株）　　　　顶冰花（植株）

少花顶冰花（植株）　　　　　三花洼瓣花（植株）　　　　　猪牙花（群落）

郁金香（居群）　　　　　　　老鸦瓣（居群）　　　　　　　黄水仙（植株）

百子莲（植株）　　　　　穿龙薯蓣（植株一部分）　　　薯蓣（植株一部分）

黄独（植株一部分）　　　　　射干（群落）　　　　　　　野鸢尾（植株）

喜盐鸢尾（植株）　　　　　　黄菖蒲（花）　　　　　　　山鸢尾（植株）

白花马蔺（植株）　　　　　　马蔺（花）　　　　　　　囊花鸢尾（花枝）

细叶鸢尾（植株）　　　　　　矮鸢尾（植株）　　　　　小黄花鸢尾（植株）

长尾鸢尾（植株）　　　　紫苞鸢尾（花侧面观）　　　单花鸢尾（花侧面观）

窄叶单花鸢尾（植株）

北陵鸢尾（苞片平行脉不明显）

北陵鸢尾（叶中脉明显）

玉蝉花（苞片平行脉明显）

玉蝉花（叶中脉明显）

溪荪（花序）

燕子花（花）

鸢尾（植株）

德国鸢尾（植株）

长白鸢尾（植株）　　　　粗根鸢尾（植株）　　　　大粗根鸢尾（植株）

番红花（植株）　　　　番紫花（植株）　　　　唐菖蒲（植株）

姜（植株）　　　　大花美人蕉（花序）　　　　美人蕉（花序）

再力花（植株）　　　　双蕊兰（植株）　　　　天麻（植株）

绿天麻（花序）　　　　凹唇鸟巢兰（花序一部分）　　　　凹唇鸟巢兰（居群）

紫点杓兰（花）　　　　大花杓兰（花）　　　　杓兰（花）

山西杓兰（花）　　　　绶草（植株）　　　　原沼兰（花序一部分）

曲唇羊耳蒜（花序一部分）　　　　曲唇羊耳蒜（居群）　　　　北方羊耳蒜（花序）

羊耳蒜（花序）　　　　　　　　山兰（居群）　　　　　　　　　手参（花序）

二叶兜被兰（植株）　　　　　斑叶兜被兰（植株）　　　　　　无柱兰（植株）

白花无柱兰（植株）　　　　　二叶舌唇兰（花）　　　　　　　二叶舌唇兰（植株）

尾瓣舌唇兰（植株）

密花舌唇兰（花序）

蜻蜓舌唇兰（植株）

东亚舌唇兰（花序）

角盘兰（花序）

裂瓣角盘兰（植株）

小斑叶兰（花序）

长苞头蕊兰（植株）

细毛火烧兰（花序）

卵唇盔花兰（植株）